Nr. 20
S. 8001–8400

1963
15. Mai

Chemisches Zentralblatt

Vollständiges Repertorium für alle Zweige der reinen und angewandten Chemie

1830 gegründet. 1897—1945 von der Deutschen Chemischen Gesellschaft fortgeführt. Im Auftrage der Deutschen Akademie der Wissenschaften zu Berlin, der Chemischen Gesellschaft in der DDR, der Akademie der Wissenschaften zu Göttingen und der Gesellschaft Deutscher Chemiker (in der BRD)

herausgegeben von Prof. Dr. **Heinrich Bertsch** und Prof. Dr. Dr. h. c. **Wilhelm Klemm**

134. Jahrgang

1963

Chefredakteure: Dr. Eugen Klever und Prof. Dr.-Ing. Eberhard Leibnitz

Akademie-Verlag GmbH., Berlin — Verlag Chemie, GmbH., Weinheim/Bergstr.

Inhalt

Chemisches Zentralblatt

1963 **Bibliographien** **Nr. 20**

Neue Bücher

Geschichte. Unterricht

Edward Bailey, Charles Lyell. Paris: Nelson. 1962. (224 S. m. Abb.) 15 s.

A. Barclay, Pure chemistry: handbook of the collections. Part 2: Descriptive catalogue. London: H.M.S.O. 1962. 7 s. 6 d.

Erik Bergengren, Alfred Nobel: The man and his work. London: Nelson. 1962. 30 s.

H. M. Bottcher, Miracle drugs. London: Heinemann. 1962. 30 s.

Th. Sundorph og H. Jepsen, Kemi for seminarier. 7. opl. København: Gldendal. 1962. (107 S. m. Abb.) dkr 15,—.

A. Allgemeine, physikalische und anorganische Chemie

R. Cornubert, Dictionnaire chimique anglais français. 3e édit. Paris: Dunod. 1962. (236 S.) 28 NF.

Pierre Naslin, Vocabulaire technique trilingue. 2e édit. Paris: Editions de la „Revue d'optique théorique et instrumentale. 1962. (XVIII + 421 S.) 40,50 NF.

A_1. Kernphysik und Kernchemie

S. T. Belyaev, Effect of pairing correlations on nuclear properties. København: Munksgaard. 1962. (55 S. m. Abb.) dkr 10,—.

J. de Boer, H. Brinkman and H. B. G. Casimir, Progress in elementary particle and cosmic ray physic. Vol. 6. Herausgeg. von **J. G. Wilson** und **S. A. Wouthysen**. Amsterdam: Noord-Hollandsche U. M. 1962. (X + 346 S.) hfl 40,—.

Glasstone, Nuclear reactor engineering. London: Macmillan. 1962. 30 s.

G. F. Hewitt and E. W. Sharralt, Bismuth impregnation studies of virgin and oxidised nuclear grade graphite. London: H.M.S.O. 1962. 5 s. 6 d.

M. L. Yeater, ed., Neutron physics. London: Academic. Pr. 1962. (303 S. m. Abb.) = Nuclear science and technology. 2. 86 s.

A_4. Thermodynamik. Thermochemie

Hans Dieter Baehr, Thermodynamik. Berlin, Göttingen, Heidelberg: Springer. 1962. (XV + 431 S. m. 325 Abb. u. Tab.) 8°. DM 38,—.

J. M. Bijvoet, A. F. Peerdeman en E. H. Wiebenga, Korte inleiding tot de chemische thermodynamica. Groningen: J. B. Wolters. 1962. (VII + 189 S.) hfl 9,50.

A_5. Kolloidchemie. Grenzschichtforschung

—, Symposium on adhesives for structural applications, held at Picatinny Arsenal, Dover, New Jersey, September 27—28, 1961. New York, London: Interscience. 1962. (IX + 118 S. m. Abb., Tab. u. Diagr.) 47 s.

A_6. Strukturforschung

William Parrish, Advances in x-ray diffractometry and x-ray spectrography. Eindhoven: Centrex. 1962 (XV + 237 S. m. Abb.) hfl. 10.50.

C. Präparative organische Chemie. Naturstoffe

Ibert Mellan, Polyhydric alcohols. Washington: Spartan. 1962. (208 S. m. Abb.) $ 7.50.

William Burns Renfrow, Organic chemistry laboratory operations. New York: Macmillan. 1962. (216 S. m. Abb.) $ 3.75.

F. Pharmazeutische Chemie. Desinfektion

Wilbur M. Benson, Tranquilizing and antidepressive drugs. Springfield (Illinois): Thomas. 1962. (89 S. m. Abb.) $ 5.25.

G. Analyse. Laboratorium

A. Berton, E. A. M. Dahmen, L. Genevois et J. Baraud, Mises au point de chimie analytique pure et appliquée et d'analyse bromatologique. 10e série. Paris: Masson. 1962. (258 S. m. Abb.) 8°. 55 NF.

Joseph Walter Buttle and David John Daniels, Practical chemistry: an integrated course. London: Butterworths. 1962. (XI + 294 S. m. Abb., Tab. u. Diagr.) 21 s.

Frank M. Guttman, Le test de l'acidification urinaire au chlorure d'ammonium. Genève. 1962. (41 S. m. Abb.) 8°.

Ivo M. Hais a Karel Macek, Monograph on paper chromatography I. Principles and technique. Praha: Verl. der Tschechoslowakischen Akademie der Wissenschaften. 1962. (926 S.) Kčs 89.—.

Walter Herl, Chromatographische Fraktionierung von Pektinstoffen an Diäthylaminoäthylcellulose. Diss. Nr. 3172 techn. Wiss. ETH Zürich. 1962. (IV, IV + 84 S. m. Abb.) 8°.

Josef Kuba, Spektrální analysa. (III. a IV. díl). Hlavni čáry emisni spektrálni analysy s koincidencemi od 2000 do 10000 A. (Spektralanalyse, Bd II (3. und 4. Teil). Die Hauptlinien der Emissionsspektralanalyse mit Koinzidenzen von 2000—10000 A. In tschechisch. Praha. Verl. der Tschechoslowakischen Akademie der Wissenschaften. 1962. (427 S.) Kčs 33.—.

Peter Künzi, Dünnschichtchromatographie der forensisch wichtigen Metalle. Basel. 1962. (23 S. m. Abb.) 8°.

A. N. Litwinowitsch, Untersuchungsmethode seltener, zerstreuter Elemente in Polymetallerzen. Alma-Ata, Verl. der Akad. der Wiss. der KasachSSR. 1961. (106 S.) 18 Kop. [russ.]

K. Macek, I. K. Hais, J. Gasparič, J. Kopecký a V. Rábek, Bibliography of paper chromatography III, 1957—1960 and survey of applications. In engl. Praha: Verl. der Tschechoslowakischen Akademie der Wissenschaften. 1962. (560 S.) Kčs 60.—.

T. L. Markin and R. J. Bones, The determination of changes in free energy for uranium oxides using a high temperature galvanic cell. Part 1. London: H.M.S.O. 1962. 5 s. 6 d.

James F. Munce, Laboratory planning. London: Butterworths. 1962. (369 S. m. Abb.) 75 s.

Pierre Rebeyrotte & Paul L. Decraemer, Microélectrophorèse. Bruxelles: M. Weissenbruch. 1962. (158 S. m. Abb., Tab. u. Diagr.) 8°.

Egon Stahl, Hrsg., Dünnschichtchromatographie. Ein Laboratoriumshandbuch. Berlin, Göttingen, Heidelberg: Springer-Verl. 1962. (XVI + 534 S. m. 197 Abb. u. 2 Taf.) 8°. DM 56,—.

—, Analytical method for the determination of water in powdered metals and compounds by vacuum distillation. Chemical and metallurgical services. London: H.M.S.O. 1962. = PG report 350, S. 1 s. 6 d.

—, Méthodes d'analyse Cetama 1962. Paris: Presses Universitaires de France. 1962. (420 S.) 150 NF.

—, Microchemical apparatus. Group C: Apparatus for the determination of organic groups. Part C1: Alkoxyl and alkylimino group determination apparatus. 1st revision. London: British Standards Institution. 1962. (12 S. m. Tab. u. Diagr.) 5 s.

Johan Felix Herman, Rapid microchemical identification methods in pharmacy and toxology: sulfonamides, sulfones, barbituates and hydantoins. Translated from Dutch. New York: Interscience dist. Wiley. 1962. (VI + 121 S. m. Abb.) $ 9.—.

H_1. Allgemeine chemische Technologie

W. A. H. Adley and Guy Longobardo, Automatic process control. London: Pitman. 1962. 37 s. 6 d.

Horst Jahn und Sigrid Wittling, Technologie der chemischen Industrie. 2., überarb. u. erw. Aufl. Berlin: Verl. Technik. 1962. (524 S. m. Abb.) 8° = Einführung in die Produktionstechnik. Bd 3. DM 14,80.

H. Piraux, Les radio-isotopes et leurs applications industrielles. Eindhoven: Centrex. 1962. (XIV + 274 S. m. Abb.) hfl. 36.—.

Ernest R. Pitman, Dictionary of industrial technology. 2 vols. (in German and English). London: Pitman. 1962. 55 s. each vol.

Gerhard Pohl, Chemie für technische Berufe. 4., verb. Aufl. Hamburg: Verl. Handwerk und Technik. 1962. (184 S. m. Abb.) 8⁰. DM 10,80.

S. Powell, Engineering science, book I. London: Pitman. 1962. 10 s.

J. Stigter, Elementaire theorie van de automatische procesregeling. Deventer: Æ. E. Kluwer. 1962. (112 S.) hfl. 7.95.

J. D. Walker, Engineering science, vol. II. London: E.U.P. 1962. 9 s. 6 d.

H_3. Elektrotechnik

Walter Guggenbühl, Max Julius Otto Strutt und **Willy Wunderlin**, Halbleiterbauelemente. Bd 1: Halbleiter und Halbleiterdioden. Basel, Stuttgart: Birkhäuser. 1962. (255 S. m. Abb.) 8⁰ = Lehr- und Handbücher der Ingenieurwissenschaften. Bd 25. sfr 38,50.

B. Lax and **K. J. Button**, Microwave ferrites and ferrimagnetics. London: McGraw-Hill. 1962. 116 s. 6 d.

H_6. Silicatchemie. Baustoffe

G. M. Stender, Deutsch-russisches Zement-, Beton- und Eisenbetonwörterbuch. Moskau: Gosstroiisdat. 1962. (378 S.) 1 Rbl. 71 Kop. [russ.]

Ju. I. Deschko, M. B. Kreimer und **T. L. Otscharkowa**, Rüsten und wärmetechnische Erprobung von Drehöfen in Zementwerken. Moskau: Gosstroiisdat. 1962. (244 S. m. Abb.; 1 Bl. Abb.) 87 Kop. [russ.]

T. M. Berkowitsch, L. Ss. Bojasny, F. L. Dawydowa u. a., Die Herstellung von Asbestbetonerzeugnissen. 2. überarb. u. vervollst. Ausg. Moskau: Gosstroiisdat. 1962. (368 S. m. Abb.; 2 Bl. Abb.) 1 Rbl. 35 Kop. [russ.]

—, Versuche über das Kriechen unbewehrten Betons. Der Einfluß der Zementart, des Wasser–Zement-Verhältnisses und des Belastungsalters auf das Kriechen von Beton. Bericht. Von **Alfred Hummel, Karlhans Wesche** und **Walter Brand**. Der Einfluß des mineralogischen Charakters der Zuschläge auf das Kriechen von Beton. Bericht. Von **Hubert Rüsch, Karl Kordina** und **Hubert Hilsdorf**. Berlin: Ernst. 1962. (133 S.) 4⁰ = Deutscher Auschuß für Stahlbeton. Heft 146. DM 58,—.

Hans-Joachim Schacht, Handbuch für Eigenprüfungen im Betonwerk. Wiesbaden, Berlin: Bauverl. 1962. (160 S.) 8⁰. DM 14,50.

H_8. Metallurgie. Korrosion

M. A. Abdejew, Polymetallische Steine und ihre Konvertierung. Alma-Ata: Verl. der Akad. der Wiss. der KasachSSR. 1962. (228 S. m. Abb.) 1 Rbl. 70 Kop. [russ.]

Basil Banks and others, Ultrasonic flaw detection in metals: theory and practice. London: Iliffe; Englewood Cliffs (New Jersey): Prentice-Hall. 1962. (8; 256 S. m. Taf., Tab. u. Diagr.) 63 s.

Charles Zbigniew Carroll-Porczynski, Advanced materials: refractory fibres, fibrous metals, composites. New York: Chemical Pub. Co. 1962. (286 S. m. Abb.) $ 11.75.

Heinz D. Feldmann, Cold forging of steel. New York: Chemical Pub. Co. 1962. (268 S. m. Abb.) $ 7.50.

Donald McLean, Mechanical properties of metals. New York: Wiley. 1962. (403 S. m. Abb.) $ 12.—.

A. Ju. Poljakow, L. M. Nowik, B. W. Lintschewski u. a., Die Vakuummetallurgie. Moskau: Metallurgisdat. 1962. (515 S. m. Abb.; 1 einzeln. Bl. Zeichng. u. 1 graph. Darst.) 1 Rbl. 76 Kop. [russ.]

Norman Emme Woldman, Engineering alloys. 4th edit. New York: Reinhold; London: Chapman & Hall. 1962. (XII + 1354 S. m. 5 Tab.) 11 £ 16 s.

—, Stahl und Eisen. Chem. Prüfverfahren. Herausgeg. vom Amt für Standardisierung der Deutschen Demokratischen Republik, Berlin. Leipzig: Fachbuchverl.; Buchhaus Leipzig. 1962. (167 S.) 8⁰ = TGL-Taschenbuch. 4. DM 4,40.

H_9. Organische Industrie

Ss. D. Mechtijew und **Ju. G. Kambarow**, Olefin-Kohlenwasserstoffe und ihre Anwendung in der petrochemischen Industrie. Baku: Aserneschr. 1962. (183 S. m. Zeichng.) 63 Kop. [russ.]

H_{11a}. Farben. Anstriche. Lacke. Naturharze

Winton Gordon Boyce Mills, Paint chemist's handbook. London: S. Greenwood. 1962. (212 S. m. Tab. u. Diagr.) 37 s. 6 d.

H_{18b}. Textilfasern

W. Je. Gussew, Rationelle Bearbeitungsmethoden von Wolle und chemischen Fasern. Moskau: Rosstechisdat. 1962. (358 S. m. Abb.) 1 Rbl. 25 Kop. [russ.]

—, Cotton year book 1962. Manchester, London: Textile Mercury. 1962. (9 + 861 S. m. Abb., Tab. u. Diagr.) 25 s.

H_{19}. Brennstoffe. Erdöl. Mineralöle

Ss. A. Alexejew, Ja. E. Schmuljakowski, A. N. Alexandrow u. a., Untersuchungsmethoden der Produkte der Erdölverarbeitung und erdölchemischen Synthese. Leningrad: Gosstoptechisdat. Leningrader Abt. 1962. (232 S. m. Abb.) 1 Rbl. 15 Kop. [russ.]

N. N. Bobrow und P. I. Woropai, Die Verwendung von Heiz- und Schmiermaterialien. Moskau: Gosstoptechisdat. 1962. (346 S. m. Abb.) 91 Kop. [russ.]

N. M. Gerassimenko, N. B. Shadanowski und W. P. Finelonow, Hydroraffination von Erdölprodukten. Moskau: Gosstoptechisdat. 1962. (133 S. m. Zeichng.) 25 Kop. [russ.]

Ausgewertete Bibliographie-Fachzeitschriften

Belgien	Bibliographie de Belgique — Belgische Bibliographie
ČSSR	Bibliography of Publications Dealing with the Polarography Method. [Praha]
	Bulletin — Die Neuesten Forschungsergebnisse der Tschechoslowakischen Wissenschaft
	Nové Knihy (Neue Bücher)
	Novinky (Neuheiten)
Dänemark	Danske Bogmarked
Deutschland	Börsenblatt für den Deutschen Buchhandel — Frankfurter Ausgabe
	Börsenblatt für den Deutschen Buchhandel — Leipziger Ausgabe
	Deutsche Bibliographie. Wöchentliches Verzeichnis. Ausgabe II. [Frankfurt/Main]
	Deutsche Nationalbibliographie. Reihe A: Neuerscheinungen des Buchhandels [Leipzig]
England	British National Bibliography
Frankreich	Bibliographie de la France
Griechenland	Greek Bibliography [Athen]
Italien	Bibliografia Nazionale Italiana
Niederlande	Nieuwsblad voor de Boekhandel
Österreich	Österreichische Bibliographie
Schweiz	Schweizer Buch. Serie A und Serie B
UdSSR	Bücherverzeichnis des Jahres (Книжная летопись)
	Neue Bücher (Новые книги)
USA	Publishers' Weekly

Namenregister

Patentregister

Chemisches Zentralblatt

1963 Nr. 20 15. Mai

A. Allgemeine, physikalische und anorganische Chemie

Die Atommassenskala mit Kohlenstoff-12 als Bezugsgröße. Abbas Labbauf. (J. chem. Educat. **39**, 282—86, Juni 1962; College Station, Tex., A. and M. Coll.; engl.) — Übersicht über die Vorzüge, die sich durch die Wahl von $^{12}C = 12$ als Bezugsgröße für die Atommassen ergeben. — 28 Literaturangaben. W. Wesly. 10□

Regeln für die anorganisch-chemische Nomenklatur im Schwedischen. Anonym. (Svensk kem. Tidskr. **72**, 448—86, 1960; schwed.) — Am 10/3. 1960 vom Nomenklaturausschuß der Schwed. Chemikervereinigung beschlossene Bearbeitung der Regeln der IUPAC vom 25/7. 1957. A. Senning. 10□

A_1. Kernphysik und Kernchemie

Anregung kollektiver Kernniveaus in schweren μ-Mesoatomen. D. F. Saretzki und W. M. Nowikow. (J. exp. theoret. Physik [UdSSR] **42**, 511—19, Febr. 1962; russ., Auszug: engl.) — Die Quadrupol-Wechselwrkg. eines Myons mit dem Kern in einem schweren Mesoatom wird behandelt. Dabei werden die Wahrscheinlichkeiten für die Anregung kollektiver Kernniveaus berechnet. Untersucht werden ferner die Hyperfeinaufspaltung der kollektiven Kernniveaus, die Myon-Depolarisation u. die Änderung der Zirkularpolarisation des γ-Quants vom 2p–1s-Übergang. M. Wiedemann. 90□

Kernabklingen nach Myoneneinfang und die Zerfallsanomalie des gebundenen Myons. Frank Chilton. (Physic. Rev. Letters **7**, 31—34, 1/7. 1961; Seattle, Wash., Univ. of Washington; engl.) — Betrachtung einiger Kernprozesse, die den Myoneneinfang in komplexen Kernen begleiten. Gerhard Schmidt. 90◇

Erzeugung geladener Pionen in Stößen von 450-MeV-Protonen mit verschiedenen Kernen. Endre Lillethun. (Physic. Rev. [2] **125**, 665—76, 15/1. 1962; Chicago, Ill., Univ. of Chicago, Enrico Fermi Inst. of Nucl. Stud., Phys. Dep.; engl.) — Die differentiellen Querschnitte für $\pi^{\pm}$-Erzeugung an *Be, C, Al, Cu, Sn, Au, Pb* u. *U* wurden für verschiedene Pionenenergien gemessen. Herbert Weber. 90◇

Zur Theorie der Reaktionen $\pi + N \rightarrow N + \pi + \pi$ und $\gamma + N \rightarrow N + \pi + \pi$ nahe der Schwelle. W. W. Anissowitsch, A. A. Ansselm und W. N. Gribow. (J. exp. theoret. Physik [UdSSR] **42**, 224—35, Jan. 1962; Leningrad, Physik.-techn. Inst.; russ., Auszug: engl.) — Nach einer Dispersions-Meth. werden Amplituden u. Wirkungsquerschnitte der Rkk. bis auf in den Schwellenimpulsen quadrat. Glieder ermittelt. Aus einer Analyse der experimentellen Daten lassen sich die Amplituden der $\pi\pi$-Wechselwrkg. bei der Energie Null u. in Zuständen mit den Isospins $T = 0$ u. $T = 2$ berechnen. M. Wiedemann. 90□

Pionenerzeugung in Pion–Nucleon-Stößen und die Pion–Pion-Wechselwirkung. Emma Perez Ferreira. (Physic. Rev. [2] **125**, 676—78, 15/1. 1962; Buenos Aires, Argentina, Comis. Nac. de Energía Atóm.; engl.) — Die Impulsverteilung der Pionen aus der Wechselwrkg. von 960-MeV-π^- mit Protonen wird berechnet. Herbert Weber. 90◇

Die isoskalaren Amplituden für die Photoerzeugung von Mesonen. A. E. A. Warburton und M. Gourdin. (Nuovo Cimento [10] **22**, 362—73, 16/10. 1961; Orsay, Labor. de Phys. Théor. et Hautes Energies; engl.) — Für Photoerzeugung von Mesonen an Nucleonen bis zu 250 MeV werden die isoskalaren Amplituden untersucht. Es werden die Bipion-Approximation der Pion–Pion-Wechselwrkg. u. ein intermediärer Pion–Nucleon-Zustand mit $I = J = 1/2$ angenommen. Die Übereinstimmung mit den experimentellen Werten von $d\sigma^-/d\sigma^+$ ist gut, was einen Beweis für die Ggw. von Pion–Pion-Resonanz darstellt. M. Wiedemann. 90□

Doppelpionen-Photoerzeugung im 1,2-GeV-Bereich. Kiyomi Itabashi. (Physic. Rev. [2] **123**, 2157—59, 15/9. 1961; Tokyo, Univ. of Tokyo, Inst. for Nucl. Study; engl.) — Von der stat. Theorie für das ($N\pi\gamma$)-Syst. ausgehende Berechnung der Energie- u. Winkelverteilungen von π^- aus $\gamma + p \rightarrow p + \pi^+ + \pi^-$. Herbert Weber. 90◇

Doppelpionen-Photoerzeugung. M. Feldman, V. Highland, J. W. DeWire und R. M. Littauer. (Physic. Rev. Letters **5**, 435—37, 1/11. 1960; Ithaca, N.Y., Cornell Univ., Labor. of Nucl. Stud.; engl.) — Unters. der Rkk. $\gamma + p \rightarrow p + \pi^0 + \pi^0$ u. $\gamma + p \rightarrow n + \pi^+ + \pi^0$ mit Synchrotronbremsstrahlung. Herbert Weber. 90◇

Über die Besonderheit der Photoerzeugung eines π^0-Mesons an der Schwelle. A. M. Baldin und A. I. Lebedew. (J. exp. theoret. Physik [UdSSR] **41**, 1688—89, Nov. 1961; Physik. Lebedew-Inst. der Akad. der Wiss. der UdSSR; russ.) — Die Photoerzeugung von π^0 an Protonen unter 0° wird behandelt, die Wirkungsquerschnitte werden in Abhängigkeit von der Energie ermittelt auch für die Rkk. $\gamma + d \rightarrow d + \pi^0$ u. $\gamma + p \rightarrow n + \pi^+$. Der Einfl. des Dispersionsintegrals bzw. der Pion–Pion-Wechselwrkg. wird erörtert, Maximum u. Minimum in der Wirkungsquerschnittskurve werden diskutiert. M. Wiedemann. 90□

Suche nach einem Zwischenmeson mit Spin 1 bei der Photoerzeugung neutraler Pionen. Michael J. Moravcsik. (Physic. Rev. [2] **125**, 734—44, 15/1. 1962; Livermore, Calif., Univ. of California, Lawrence Radiat. Labor.; engl.) — Theoret. Unters. bzgl. des Nachw. von ω^0 über den differentiellen Querschnitt der π^0-Photoerzeugung. Herbert Weber. 90◇

Zerfallsgeschwindigkeiten von neutralen Mesonen. Donald A. Geffen. (Physic. Rev. [2] **128**, 374—77, 1/10. 1962; Minneapolis, Minn., Univ. of Minnesota, School of Phys.; engl.) — Unters. der Beziehung zwischen der Zerfalls-Geschw. von $\omega \rightarrow \pi^+ + \pi^- + \pi^0$ u. der π^0-Lebensdauer sowie Diskussion der Möglichkeit, daß das η ein 1^{--}-Meson ist. Herbert Weber. 90◇

Zerfallsgeschwindigkeit des neutralen Pions. S. K. Bose. (Nuovo Cimento [10] **23**, 408—15, 16/1. 1962; Rochester, Univ., Dep. of Phys. and Astron.; engl.) — In Analogie zur Formel für den Zerfall des geladenen Pions wird die Zerfalls-Geschw. des neutralen Pions aus einer Unters. der Compton-Streuung der Protonen erhalten. Die Lebensdauer ergibt sich zu $\tau = 1{,}4 \cdot 10^{-16}$ s. M. Wiedemann. 90□

$\pi\pi\gamma$-Zerfallsart von neutralen K-Mesonen. D. Stern. (Physic. Rev. [2] **128**, 389—90, 1/10. 1962; Madison, Wis., Univ. of Wisconsin, Dep. of Phys.; engl.) — Die Beobachtung von $K \rightarrow \pi^+ + \pi^- + \gamma$; $\gamma \rightarrow e^+ + e^-$ in der H_2-Blasenkammer gestattet keine Entscheidung darüber, ob es sich um einen direkten $\pi\pi\gamma$-Zerfall oder um innere Bremsstrahlung, die den normalen Zerfall $K_1^0 \rightarrow 2\pi$ begleitet, handelt. Herbert Weber. 90◇

Experimentelle Untersuchung einiger Folgerungen der CP-Invarianz beim Zerfall von K_2^0-Mesonen. M. Ch. Anikina, D. W. Njagu, E. O. Okonow, N. I. Petrow, A. M. Rosanowa und W. A. Russakow. (J. exp. theoret. Physik [UdSSR] **42**, 130—34, Jan. 1962; Verein. Inst. für Kernforsch.; russ., Auszug: engl.) — Mittels einer im Magnetfeld befindlichen Nebelkammer wurden 597 K_2^0-Zerfälle untersucht, dabei wurde kein Zerfall in zwei geladene Pionen u. keiner in zwei geladene Leptonen gefunden. Dies spricht dafür, daß die Zerfalls-Wechselwrkg. der neutralen K-Mesonen CP-invariant ist. M. Wiedemann. 90□

Auswahlregel $\Delta T = 1/2$ und $K_{2\pi}^+$-Zerfall. Myron L. Good und W. G. Holladay. (Physic. Rev. Letters **4**, 138—39, 1/2. 1960; Madison, Wis., Univ. of Wisconsin, Phys. Dep.; engl.) — Unters. von $K^+ \rightarrow \pi^+ + \pi^0$ auf der Grundlage einer starken Anziehung zwischen zwei Pionen im Zustand $T = 2$, $J = 0$ bei niedriger Energie. Herbert Weber. 90◇

K^--Absorption und das Y_0^*. R. L. Schult und R. H. Capps. (Nuovo Cimento [10] **23**, 416—27, 16/1. 1962; Urbana, Ill., Univ. of Illinois; Evanston, Ill., Northwestern Univ.; engl.) — Die Diskrepanz in den K^-–H- u. K^-–D-Absorptionsdaten sowie die K^-–He-Daten lassen sich durch eine Pion–Hyperon-Resonanz, die mit dem Y_0^* ident. sein kann, erklären. Zur Deutung der Diskrepanz muß der reelle Teil der Isospin-Null-Streulänge $< -1{,}3$ fermi sein. M. Wiedemann. 90□

Resonanz globaler Symmetrie bei Pion–Hyperon-Streuung. R. Arnowitt und J. Mazo. (Physic. Rev. [2] **125**, 744—45, 15/1. 1962; Syracuse, N.Y., Syracuse Univ., Dep. of Phys.; engl.) — Unters. zur Y_1^*-Resonanz. Herbert Weber. 90◇

Hyperonen mit und ohne Dublett-Symmetrie. Gregor Wentzel. (Physic. Rev. [2] **125**, 771—76, 15/1. 1962; Chicago, Ill., Univ. of Chicago, Dep. of Phys.; Enrico Fermi Inst. for Nucl. Stud.; engl.) — Unters. der Skalar- u. Pseudoskalartheorie. Herbert Weber. 90◇

Erhaltung der Hyperladung. G. Feinberg. (Physic. Rev. [2] **125**, 728—30, 15/1. 1962; New York, N.Y., Columbia Univ.; engl.) — Unters. zu einer Permutation, die „primitive" Isospindublettfelder einschließt, welche Linearkombinationen von Feldern sind, die den Isospindubletts N, Ξ, K, K^G entsprechen. Herbert Weber. 90◇

Parameter für niedrige Energie der Hyperon-Nucleon-Wechselwirkung und Λ-Hyperfragmente. S. Iwao und E. C. G. Sudarshan. (Physic. Rev. Letters **4,** 140—41, 1/2. 1960; Rochester, N.Y., Univ. of Rochester, Dep. of Phys. and Astronomy; engl.) — Unters. zu den Λ-Bindungsenergien („Projektionstheorem").
Herbert Weber. 90◇

Extrapolationsmethode zur Bestimmung differentieller Streuquerschnitte von instabilen Teilchen. Michael Nauenberg. (Physic. Rev. Letters **5,** 438—39, 1/11. 1960; Berkeley, Calif., Univ. of California, Lawrence Rad. Labor.; engl.)
Herbert Weber. 90◇

Dämpfungstheorie-Untersuchung der elastischen Streuung von Dirac-Teilchen mit Berücksichtigung von Polarisationseffekten. A. A. Sokolov, B. K. Kerimov und I. I. Guseinov. (Nuclear Physics [Amsterdam] **5,** 390—400, Jan. 1958; Moscow, Moscow State Univ., Phys. Dep.; engl.) — Best. der Streuamplitude nach der Strahlungsdämfungstheorie für Streuung an einem Zentrum einer Kraft kurzer Reichweite.
Herbert Weber. 90◇

Dispersionsbeziehungen und Stabilitätsbedingungen. A. Minguzzi und L. Taffara. (Nuovo Cimento [10] **23,** 386—91, 16/1. 1962; Geneva, CERN; engl.) — Unters. zur Gültigkeit der Dispersionsbeziehungen für die elast. Streuung.
M. Wiedemann. 90□

Isoskalare Nucleonenstruktur. R. Blankenbecler und Jan Tarski. (Physic. Rev. [2] **125,** 782—90, 15/1. 1962; Princeton, N.J., Princeton Univ., Palmer Phys. Labor. and Inst. for Advanced Study; engl.) — Unters. des Dreipionenbeitrags nach der Störungstheorie. Herbert Weber. 90◇

Dreipionen-Resonanz oder gebundener Zustand. Geoffrey F. Chew. (Physic. Rev. Letters **4,** 142—43, 1/2. 1960; Berkeley, Calif., Univ. of California, Dep. of Phys. and Lawrence Radiat. Labor.; engl.) — Unters. zur Rolle eines Dreipionenzustandes bei der elektromagnet. Struktur des Nucleons. Herbert Weber. 90◇

Die Phasen der elektromagnetischen Formfaktoren des Protons im zeitähnlichen Bereich. P. G. O. Freund und W. Kummer. (Nuovo Cimento [10] **24,** 1160—64, 16/6. 1962; Geneva, Univ., Inst. of Theoret. Phys., CERN; engl.)
Herbert Weber. 90◇

Ladungsverteilung des Protons. Y. R. Waghmare. (Proc. Indian Acad. Sci., Sect. A **53,** 214—18, April 1961; Ahmedabad, Phys. Res. Labor.; engl.) — Es wird ein Ausdruck für die Ladungsdichte des Protons angegeben u. hieraus ein Formfaktor berechnet, der innerhalb 10% mit den experimentellen Werten übereinstimmt.
M. Wiedemann. 90□

Nucleon-Nucleon-Wechselwirkungen bei Energien größer als 10^{12} eV. P. L. Jain. (Physic. Rev. [2] **125,** 679—87, 15/1. 1962; Buffalo, N.Y., Univ. of Buffalo, Dep. of Phys.; engl.) — Vgl. C. **1963,** 1532. — Ein prim. Jet des Typs 2 + 16p u. ein sek. Jet des gleichen Typs wurden in Kernemulsion beobachtet u. als N-N-Wechselwrkg. analysiert. Die aus der Winkelverteilung der Schauerteilchen berechnete Energie ist $3{,}1 \cdot 10^{12}$ eV bzw. $2{,}5 \cdot 10^{2}$ eV. Die Analyse beider Ereignisse ist im Einklang mit dem „Zwei-Feuerkugeln"-Modell. Herbert Weber. 90◇

Streuung von Teilchen an schweren Kernen und die Nucleon-Nucleon-Korrelationen. J. Dabrowski. (Physica [Utrecht] **26,** S 155—S 161, Dez. 1960; Warsaw, Inst. for Nucl. Res.; engl.) — Diskussion der Rolle von N-N-Korrelationen im opt. Modell für Nucleon-Kern-Streuung u. bei der unelast. Streuung von Elektronen an Kernen. Herbert Weber. 90◇

Winkelverteilung schneller Neutronen bei der Streuung an leichten Kernen. A. G. Gusseinow und M. N. Nikolajew. (Atomenergie [UdSSR] **12,** 243—46, März 1962; russ.) — Ein Neutronenbündel von 50 mm Ø aus der akt.. Zone eines Reaktors wurde unter 45° an Folien von 45 mm Ø aus *Li, Be, B, C, N, O, F, Na, Mg, Al, Si, P, S, Cl* u. *K* gestreut. Als Detektor der Neutronen diente eine ^{232}Th-Spaltkammer. Die Winkelverteilung wurde ermittelt. Sie wird mit den nach dem opt. Modell berechneten differentiellen Wirkungsquerschnitten verglichen; bei $A < 20$ treten Diskrepanzen auf.
M. Wiedemann. 90□

Streuung schneller Neutronen und Einfang durch Atomkerne. M. V. Pasechnik, I. F. Barchuk, I. A. Totsky, V. I. Strizhak, A. M. Korolev, Y. V. Gofman und G. I. Lovchikova. (Progr. nuclear Energy, Ser. I **3,** 88—107, 1959; engl.) — Die Ergebnisse der Streu-Verss. wurden mit errechneten Werten (Compoundkern-Bldg.) verglichen. Die bei der unelast. Streuung auftretenden Energien u. relativen Intensitäten der γ-Strahlung von Isotopen von Mg, Al, Fe, Cu, Sn, Sb sind tabelliert.

Folgende Einfangsquerschnitte für schnelle Neutronen wurden bei 2,5-MeV- bzw. 3,1-MeV-, bzw. 4-MeV-Neutronen gemessen: ^{50}Ti 0,82, 0,73, 0,7; ^{65}Cu 4,2 ± 0,32, 3,9 ± 0,31, 3,5 ± 0,3; ^{69}Ga 13,0 ± 1,5, 12,3 ± 1,8, 12,0 ± 1,3; ^{74}Ge 10,0 ± 0,7, 7,5 ± 0,6, 6,0 ± 0,5; ^{87}Rb 1,5 ± 0,4, 1,4 ± 0,3, 1,1 ± 0,2; ^{100}Mo 6,3 ± 1,2, 5,6 ± 1,0, 4,5 ± 0,7; ^{103}Rh ($t_{1/2}$ = 44 Sek.) 54,6 ± 4,5, 43,5 ± 3,2, 34,6 ± 2,7; ^{103}Rh ($t_{1/2}$ = 4,7 Min.) 9,8 ± 1,9, 8,9 ± 1,4, 7,7 ± 1,1; ^{110}Pd 22,1 ± 2,0, 20,0 ± 1,8, 16,2 ± 1,6; ^{122}Sn 7,5, 6,5, 5,7; $^{128-130}Te$ 12,4 ± 3,3, 10,1 ± 3,0, 7,2 ± 2,1; ^{138}Ba 1,1 ± 0,5, 1,0 ± 0,4, 0,74 ± 0,3; ^{141}Pr 8,6 ± 0,4, 7,1 ± 0,3, 6,3 ± 0,2; ^{186}W 30, 24, 19 u. ^{205}Tl 5,2 ± 0,3, 5,07 ± 0,2, 5,1 ± 0,2 mbarn. — 24 Literaturzitate. H. Schroeder. 90□

Streuung schneller Neutronen an Neon-22. C. P. Sikkema, P. J. Pasma und H. H. van Barneveld. (Nuclear Physics [Amsterdam] **5**, 351—57, Jan. 1958; Groningen, Rijks Univ., Natuurkundig Labor.; engl.) — Die Streuung monoenerget. Neutronen an ^{22}Ne wurde für E_n = 1,9 bis 3,5 MeV untersucht. Der totale Querschnitt zeigt in diesem Bereich 10 Resonanzmaxima. Das Maximum bei 2,32 MeV entspricht wahrscheinlich einer Überlagerung einer $P_{3/2}$- u. einer $D_{3/2}$-Resonanz. Herbert Weber. 90◇

Anwendung der Variationsmethode auf die Berechnung der Proton-Proton-Streuung im Bereich 0—5 MeV. S. Skavlem und I. Espe. (Ark. Fysik **10**, Nr. 8, 89—96, 1956; Blindern, Univ. of Oslo, Inst. for Theoret. Phys.; engl.) Herbert Weber. 90◇

Die Dipol-Riesenresonanz bei der energiereichen Protonenstreuung. Mitsuji Kawai und Tokuo Terasawa. (Progr. theoret. Physics [Kyoto] **22**, 513—25, Okt. 1959; Tokyo, Univ. of Tokyo, Inst. for Solid State Phys.; engl.) — Die Unterss. von Tyren u. Maris (vgl. u. a. C. **1962**, 7035; **1960**, 6388; **1959**, 10787) über die (p,p')-Streuung an Kernen werden in Termen der Coulomb-Anregung analysiert. In der Born-Approximation kann der Querschnitt direkt mit dem Absorptionsquerschnitt für E2-γ-Strahlen in Beziehung gebracht werden. Herbert Weber. 90◇

Elastische Streuung von Protonen an einzelnen Isotopen. Clyde B. Fulmer. (Physic. Rev. [2] **125**, 631—38, 15/1. 1962; Oak Ridge, Tenn., Oak Ridge Nat. Labor.; engl.) — Differentielle Querschnitte für die elast. Streuung von 22,2-MeV-Protonen wurden im Winkelbereich von 20—150° für ^{24}Mg, ^{27}Al, ^{51}V, ^{55}Mn, ^{57}Fe, ^{58}Fe, ^{58}Ni, ^{59}Co, ^{64}Ni, ^{64}Zn, ^{93}Nb, ^{103}Rh, ^{116}Cd, ^{116}Sn, ^{181}Ta, ^{197}Au, ^{208}Pb, ^{209}Bi u. ^{238}U gemessen. Diskussion der Abhängigkeit von (N — Z)/A. Herbert Weber. 90◇

Hochangeregte Zustände in ^{11}C. Elastische Streuung von Protonen an ^{10}B. J. C. Overley und Ward Whaling. (Physic. Rev. [2] **128**, 315—24, 1/10. 1962; Pasadena, Calif., California Inst. of Technol.; engl.) — Anregungsfunktionen für elast. p—^{10}B-Streuung wurden für Schwerpunktswinkel nahe 90, 125 u. 160° für E_p von 0,15—3,0 MeV u. für $^{10}B(p, \alpha_0)^7Be$ von 1,5—2,6 MeV gemessen. Das Verh. der Querschnitte wurde bzgl. der Compoundzustände von ^{11}C analysiert. Herbert Weber. 90◇

Integrierter Querschnitt für ein geschwindigkeitsabhängiges Potential. O. Rojo und J. S. Levinger. (Physic. Rev. [2] **123**, 2177—79. 15/9. 1961; Baton Rouge, La., Louisiana State Univ.; engl.) — Für eine mögliche Unterscheidung zwischen einem Geschw.-abhängigen Zweinucleonenpotential u. einem stat. Potential mit endlichem Rückstoßcore werden ihre Beiträge zum integriertem Querschnitt für den Deuteron-Photoeffekt untersucht. Herbert Weber. 95◇

Beziehung zwischen Vielkörper- und Einzelteilchen-Aspekten in Kernen. G. E. Brown und D. J. Thouless. (Physica [Utrecht] **26**, S 145—S 154, Dez. 1960; Birmingham, Univ., Math. Phys. Dep.; engl.) — Unters.. des Aufbaus gewisser Typen von Kollektivanregungen in Kernen aus Einzelteilchenanregungen durch N-N-Wechselwirkung. Herbert Weber. 95◇

Dublettaufspaltung in der 1p-Schale infolge Tensorwechselwirkung. Paul Goldhammer. (Physic. Rev. [2] **125**, 660—64, 15/1. 1962; Lincoln, Nebr., Univ. of Nebraska, Dep. of Phys.; engl.) — Unters. zum Abstand von $p_{3/2}$- u. $p_{1/2}$-Orbitalen in ^{15}N nach der Störungstheorie zweiter Ordnung. Allg. Beziehungen zur Berechnung der Dublettaufspaltungen in Kernen mit einer geschlossenen Schale plus oder minus ein Nucleon werden entwickelt. Herbert Weber. 95◇

Deformation leichter Kerne. Je. W. Inopin und B. I. Tischtschenko. (Ukrain. physik. J. [UdSSR] **6**, 291—96, Mai/Juni 1961; Charkow, Physik.-techn. Inst. der Akad. der Wiss. der UkrainSSR; ukrain., Auszug: engl.) — Die Gesamtenergie eines Kernes wird als Summe der Energien der einzelnen Teilchen aufgefaßt, die sich im Potential eines anisotropen Oscillators bewegen, die Spin-Bahn-Wechselwrkg. wird berücksichtigt. Für A zwischen 16 u. 40 ist die Übereinstimmung von berechneten u. experimentellen Quadrupolmomenten gut. M. Wiedemann. 95□

E0-Kernübergänge in ^{16}O, ^{40}Ca, ^{72}Ge und ^{90}Zr. M. Nessin, T. H. Kruse und K. E. Eklund. (Physic. Rev. [2] **125,** 639—47, 15/1. 1962; New York, N. Y. Columbia Univ.; engl.) — Unters. der relativen Zerfallsraten der Elektronenzerfallsarten (Konversionselektronen, Paaremissionen) von E0-Übergängen aus den ersten angeregten 0^+-Zuständen mit einem eisenfreien Zwischenbild-Paarspektrometer. Für ^{40}Ca wurde $W_{Konv.}/W_{Paar} = (6{,}94 \pm 0{,}20) \cdot 10^{-3}$ erhalten. Bei ^{90}Zr beträgt dieses Verhältnis $2{,}38 \pm 0{,}08$ u. bei 6,05-MeV-^{16}O-E0-Konversionselektronen $< 10^{-4}$. Für ^{72}Ge ist $W_K/W_{(L+M+N+O)} = 8{,}70 \pm 0{,}06$. Herbert Weber. 95◇

Hyperfeinstruktur und Kernmomente von Thulium-166. J. C. Walker. (Physic. Rev. [2] **127,** 1739—45, 1/9. 1962; Princeton, N.J., Princeton Univ., Palmer Phys. Labor.; engl.) — Nach der Atomstrahl-Magnetresonanz-Meth. erhält Vf. für die Hyperfeinstruktur des 7,7-Std.-^{166}Tm nachst. Werte: $|A| = 19 \pm 6$ MHz, $|B| = 7700 \pm 300$ MHz u. $B/A < 0$. Die Kernmomente von ^{170}Tm ergeben sich zu $|\mu_I| = 0{,}05 \pm 0{,}03$ Kernmagnetonen u. $|Q| = 4{,}6 \pm 0{,}7$ barn mit $Q/\mu_I > 0$. Die Ergebnisse werden vom Standpunkt des deformierten Kerns diskutiert. Gerhard Schmidt. 95◇

Eine statistische Methode zur Trennung der Ausbeuten von Kernreaktionen verschiedener Multiplizität. B. I. Gorjatschew. (Atomenergie [UdSSR] **12,** 246—48, März 1962; russ.) — Es wird eine Meth. theoret. entwickelt, die es im Prinzip erlaubt, die Ausbeuten von Rkk. Z(a, ξ b)Y mit ξ = Multiplizität bei beliebiger Zählgeschw. zu messen. Sie beruht auf der Beachtung des statist. Verh. der Gesamtheit der zu messenden Teilchen. M. Wiedemann. 103□

Analyse von (^{3}He, p)- und (α, n)-Reaktionen. M. El Nadi und H. Sherif. (Proc. physic. Soc. **80,** 1041—56, 1/11. 1962; Cairo, Atom. Energy Establ.; engl.) — Vff. leiten theoret. Ausdrücke für obige Rkk. unter der Annahme ab, daß die Rk. wie ein Strippingprozeß sowohl für das Geschoßteilchen als auch für den Targetkern abläuft. Die Übereinstimmung mit den experimentellen Daten aus den Rkk. $^{12}C(^3He, p)^{14}N$ u. $^9Be(\alpha, n)^{12}C$ ist befriedigend. Gerhard Schmidt. 103◇

Über den Ursprung des Strippings schwerer Teilchen. D. Robson. (Proc. physic. Soc. **80,** 1067—72, 1/11. 1962; Melbourne, Univ., Phys. Dep.; engl.) — Vf. untersucht die formale Theorie der Neuordnungsstöße unter Verw. korrekt symmetrisierter Wellenfunktionen. Der sich ergebende Ausdruck für die Streuamplitude wird unter Benutzung einer verallgemeinerten Approximation der verzerrten Welle diskutiert. Gerhard Schmidt. 103◇

Stripping schwerer Teilchen und die Struktur von ^{14}N. D. R. Inglis. (Physic. Rev. [2] **126,** 1789—94, 1/6. 1962; Argonne, Ill., Argonne Nat. Labor.; engl.) — Vf. findet eine qual. Erklärung für den Gegensatz zwischen den Winkelverteilungen der Gruppen, die bei der Rk. ^{12}C(^{6}Li, α)^{14}N zu dem Grundzustand u. dem zweiten angeregten Zustand gehen. Der ^{6}Li-Kern wird hierbei nach dem Clustermodell, ^{12}C u. ^{14}N werden nach dem Schalenmodell behandelt. Gerhard Schmidt. 103◇

γ-Zerfall des 7,57-MeV-Niveaus von ^{15}N. W. W. Eidson und R. D. Bent. (Physic. Rev. [2] **127,** 913—16, 1/8. 1962; Bloomington, Ind., Indiana Univ.; engl.) — Vff. untersuchen die Rk. ^{12}C(α, pγ)^{15}N mit der Teilchen-γ-Koinzidenztechnik u. dem 22-MeV-α-Bündel des Cyclotrons. Das 7,57-MeV-Niveau von ^{15}N zerfällt unter γ-Emission entweder zum 5,28- oder 5,30-MeV-Niveau. Eine obere Grenze von 10% wird für die Intensität des Grundzustandszweiges angesetzt. Diese u. frühere Verss. lassen eine Spin- u. Paritätszuordnung von $5/2^+$ oder $7/2^+$ für das 7,57-MeV-Niveau vermuten, die mit den Vorhersagen des Schalenmodells im Einklang ist. Gerhard Schmidt. 103◇

Messung des Querschnittes der Reaktion ^{16}O(n, p)^{16}N von 11 bis 19 MeV. J. A. DeJuren, R. W. Stooksberry und M. Wallis. (Physic. Rev. [2] **127,** 1229—32, 15/8. 1962; Pittsburgh, Pa., Westinghouse Electr. Corp., Bettis Atom. Power Labor.; Los Alamos, N.Mex., Los Alamos Sci. Labor.; engl.) — Die Verss. bezwecken, die Genauigkeit u. Energieauflösung des Querschnittes der Rk. ^{16}O(n, p)^{16}N zu verbessern u. den Neutronenenergiebereich zu erweitern. Das O-Target ist in einem fl. Scintillator (Dioxan) enthalten, der durch Neutronen aus dem Beschleuniger bestrahlt wird. Nach der Bestrahlung wird der Scintillator automat. einem 4π-β-Zähl-Syst. zugeführt. Die sich ergebenden Querschnittsdaten zeigen eine bisher nicht bestimmte Resonanz nahe 11,8 MeV. Gerhard Schmidt. 103◇

Kernenergieniveaus von ^{16}N. M. G. Silbert, Nelson Jarmie und Darryl B. Smith. (Nuclear Physics [Amsterdam] **25,** 438—42, Juni 1961; Los Alamos, N. Mex., Univ. of California, Los Alamos Sci. Labor.; engl.) — Vff. bestimmen 13 Energieniveaus von ^{16}N im Anregungsbereich von 0—5,6 MeV durch eine Unters. hoher Auflösung (doppelfokussierendes Magnetspektrometer) des Protonenspektrums aus der Rk.

$^{14}N(t, p)^{16}N$. Niveaus oberhalb des bekannten Grundzustandsquartetts werden bei 3,340, 3,506, 3,965, 4,318, 4,392, 4,773, 5,059, 5,141, 5,230 u. 5,526 MeV beobachtet. Diesen Energien werden Standardabweichungen von 10—25 keV zugeschrieben. Die Niveaubreiten u. Rk.-Querschnitte werden wiedergegeben. Gerhard Schmidt. 103◇

Die Zweistufen-Kernreaktion $^{14}N(t, n)^{16}O^*(p)^{15}N$. Nelson Jarmie, M. G. Silbert und Darryl B. Smith. (Nuclear Physics [Amsterdam] **25**, 443—46, Juni 1961; engl.) — Vgl. vorst. Referat. — Vff. führen ein eindeutiges Beispiel einer Zweistufen-Kern-Rk. an. Breite Protonengruppen, die während des Beschusses von N mit Tritonen beobachtet worden sind, werden der Rk. $^{14}N(t, n)^{16}O^*(p)^{15}N$ zugeschrieben. Diese Rk. verläuft über scharf begrenzte Zustände in ^{16}O bei einer Anregung von ca. 15 MeV. Gerhard Schmidt. 103◇

Die Reaktion $^{24}Mg(d, p)^{25}Mg$ bei E_d = 1,082 MeV. H. Risti und T. Grotdal. (Univ. Bergen, Årbok, naturvitensk. Rekke **1958**, Nr. 14, 1—8, herausgeg. 1959; engl.) — Eine Unters. der Energien u. Winkelverteilungen der Protonengruppen führte zur Zuordnung von $3/2^+$ oder $5/2^+$ zum 3,899-MeV-Niveau in ^{25}Mg. Herbert Weber. 103◇

Spallation von Aluminium durch 28-GeV-Protonen. J. B. Cumming, G. Friedlander, J. Hudis und A. M. Poskanzer. (Physic. Rev. [2] **127**, 950—54, 1/8. 1962; Upton, N.Y., Brookhaven Nat. Labor., Chem. Dep.; engl.) — Bei dem Beschuß von Al-Folienstapeln mit 28-GeV-Protonen aus dem Synchrotron werden die nachst. Querschnitte (mbarn) für die Erzeugung der angeführten Nuclide erhalten: ^{7}Be 7,9 ± 0,5; ^{18}F 6,0 ± 0,3; ^{11}C 4,7 ± 0,2; ^{22}Na 9,8 ± 0,6; ^{13}N 1,18 ± 0,07; ^{24}Na 8,3 ± 0,5; ^{15}O 3,5 ± 1,0 u. ^{27}Mg 0,067 ± 0,006. Für den ^{24}Ne-Querschnitt wird eine obere Grenze von 0,6 mbarn erhalten. Der ^{27}Mg-Querschnitt wird für Sekundär-Rkk. korr. u. stellt nur die Erzeugung durch prim. Protonen, wahrscheinlich durch die $(p, p\pi^+)$-Rk., dar. Die Messungen werden relativ zur Erzeugung der ^{11}C-Aktivität in Polyäthylen- u. Polystyrolfolien durchgeführt. Die Erzeugung von ^{7}Be in den Plastefolien wird ebenfalls beobachtet, sie entspricht einem Querschnitt von 7,7 ± 0,4 mbarn pro C-Kern. Durch Vgl. dieser Querschnitte mit denen bei niedrigeren Beschußenergien zeigt sich kein signifikanter Trend der Anregungsfunktionen. Gerhard Schmidt. 103◇

Photoprotonen aus Vanadin. A. Halsteinslid, K. Nybø und R. B. Møllerud. (Univ. Bergen, Årbok, naturvitensk. Rekke **1958**, Nr. 15, 1—9, herausgeg. 1959; engl.) — Die Energieverteilung der Photoprotonen (durch Bremsstrahlung von 30 MeV) hat ein Maximum bei 4 MeV. Die Winkelverteilung der Protonen mittlerer Energie zeigt eine Asymmetrie in der Vorwärtsrichtung. Herbert Weber. 103◇

Untersuchung der γ-Übergänge bei der Reaktion $^{59}Co(p, n\gamma)^{59}Ni$. A. K. Walter, I. I. Saljubowski, W. O. Kljutscharew und W. P. Lutzik. (Ukrain. physik. J. **6**, 318—32, Mai/Juni 1961; Charkow, Gorki-Univ., Physik. techn. Inst. der Akad. der Wiss. der UkrainSSR; ukrain., Auszug: engl.) — Die γ-Linien von ^{59}Ni wurden mittels eines Scintillationsspektrometers untersucht, dabei wurden die Rk. $^{59}Co(p, n\gamma)^{59}Ni$ u. der Zerfall $^{59}Cu(\beta^+\text{-}\gamma)^{59}Ni$ herangezogen. Die Energien wie Intensitäten der γ-Linien sind tabelliert. Nach diesen Daten wurde ein Termschema von ^{59}Ni mit den Niveaus bei 0, 342, 465, 875, 1206, 1300, 1343 u. 1700 eV aufgestellt, Spins u. Paritäten wurden zugeordnet. M. Wiedemann. 103□

Zerfall von ^{85}Sr. Allan R. Sattler. (Physic. Rev. [2] **127**, 854—59, 1/8. 1962; University Park, Pa., Pennsylvania State Univ., Dep. of Phys.; engl.) — Nach der Scintillationstechnik ermittelt Vf. einen γ-Strahl von 0,878 MeV beim Zerfall von ^{85}Sr zusätzlich zu dem bekannten 0,514-MeV-γ-Strahl. Die Halbwertszeit des ersten γ-Strahls ergibt sich zu 64,9 ± 1,99 Tagen, die Halbwertszeit des letzteren zu 63,9 ± 0,27 Tagen. Es liegt ein berechtigter Beweis für einen 0,356 ± 0,015-MeV-γ-Strahl in Koinzidenz mit dem 0,514-MeV-γ-Strahl vor. Der 0,878-MeV-γ-Strahl ist in Koinzidenz mit dem charakterist. Röntgenstrahl von *Rb* aus Hüllelektroneneinfang. Die relativen Intensitäten der 0,878-, 0,356- u. 0,514-MeV-γ-Strahlen sind ca. $1,07 \cdot 10^{-4}$, $0,2 \cdot 10^{-4}$ bzw. 1,0. Auf Grund dieser Ergebnisse wird ein Zerfallsschema für ^{85}Sr vorgeschlagen. Gerhard Schmidt. 103◇

Zerfall von ^{92}Y und ^{92}Nb. M. E. Bunker, B. J. Dropesky, J. D. Knight und J. W. Starner. (Physic. Rev. [2] **127**, 844—54, 1/8. 1962; Los Alamos, N. Mex., Univ. of California, Los Alamos Sci. Labor.; engl.) — Vff. untersuchen die Strahlungen des 3,50-h-^{92}Y u. des 10,1-d-^{92}Nb mit Scintillationsspektrometern u. einem Solenoid-β-Spektrometer. Die Analyse der experimentellen Ergebnisse zeigt an, daß das ^{92}Y-Zerfallsschema 6 angeregte Zustände von ^{92}Zr mit folgenden Energien (MeV), Spins u. Paritäten einschließt: 0,932 (2^+), 1,380 (0^+), 1,492 (4^+), 1,836 (2^+), 2,05 (2^+) u. 2,33 (3^-). Das Spektrum des 3,64-MeV-β-Überganges von ^{92}Y zum Grundzustand von ^{92}Zr hat einen eindeutig erstverbotenen Verlauf, wodurch ^{92}Y als 2^--Zustand identifiziert wird.

Von ^{92}Nb, das nur zu den 1,836- u. 0,932-MeV-Niveaus von ^{92}Zr zerfällt, wird gefordert, daß es Spin u. Parität 2^- besitzt. Vff. schlagen vor, daß die Hauptkomponenten der 1,380- u. 1,836-MeV-Zustände angeregte Protonenkonfigurationen sind, wogegen die Hauptkomponenten der Niveaus bei 0,932, 1,492 u. 2,05 MeV angeregte Neutronenkonfigurationen sind. Gerhard Schmidt. 103◇

Photo-α-Reaktionen in Silber. J. P. Roalsvig, R. N. H. Haslam, L. D. Skarsgard und E. E. Wuschke. (Canad. J. Physics **37,** 722—29, Juni 1959; Saskatoon, Univ. of Saskatchewan, Phys. Dep.; engl.) — Unters. der (γ, α)-Querschnitte für ^{109}Ag (max. 65 μbarn), ^{107}Ag (max. 94 μbarn) u. Ag (max. 74 μbarn) für $E_\gamma = 15-33$ MeV. Herbert Weber. 103◇

Struktur des Spektrums der Protonen aus der Reaktion $^{122}Te(n, p)^{122}Sb$ bei 14,1 MeV. Jan Turkiewicz. (Physic. Rev. [2] **127,** 570—71, 15/7. 1962; Warsaw, Polish Acad. of Sci., Inst. of Nucl. Res.; engl.) — Vf. untersucht mit Hilfe der Emulsionstechnik (Ilford-C2, 300 μ) die Energie- u. Winkelverteilungen der Protonen aus obiger Reaktion. Die Ergebnisse scheinen anzuzeigen, daß der Beitrag des Mechanismus der direkten Wechselwrkg. groß ist, u. daß hauptsächlich Einzelteilchenniveaus angeregt werden. Gerhard Schmidt. 103◇

Wirkungsquerschnitte der (p, n)- und (p, 2n)-Reaktionen an ^{150}Nd. J. Olkowsky, I. Gratot und M. Le Pape. (Nuclear Physics [Amsterdam] **24,** 84—88, April 1961; Saclay, C.E.N.; franz.) — Nd-Targets (in Form von Oxid) mit 95,65 ^{150}Nd werden mit Protonen ($E_p \leqq 11,1$ MeV) aus dem Cyclotron beschossen. Die abs. Querschnitte für die Rkk. $^{150}Nd(p, n)^{150}Pm$ u. $^{150}Nd(p, 2n)^{149}Pm$ werden bestimmt. Der Vgl. der Summe dieser Querschnitte mit der nach dem opt. Modell erhaltenen liefert befriedigende Übereinstimmung. Durch Verw. eines einfachen Verdampfungsmodells werden theoret. Anregungsfunktionen erhalten, welche die experimentellen Ergebnisse erklären können. Gerhard Schmidt. 103◇

Neutronenquerschnitt von ^{188}Re und Halbwertszeit von ^{189}Re. R. R. Smith. (J. inorg. nuclear Chem. **3,** 157—59, Okt. 1956; Idaho Falls, Idaho, Phillips Petroleum Comp., Atom. Energy Div.; engl.) — Aus den Messungen wird gefolgert, daß entweder der Absorptionsquerschnitt von ^{188}Re ungewöhnlich klein oder die zugrunde gelegte Halbwertszeit von 150d für ^{189}Re falsch ist. Herbert Weber. 103◇

Resonanzeinfang-γ-Strahlen aus Platin. R. E. Chrien, H. H. Bolotin und H. Palevsky. (Physic. Rev. [2] **127,** 1680—88, 1/9. 1962; Upton, N.Y., Brookhaven Nat. Labor.; engl.) — Vff. untersuchen mit dem Schnellschopper u. Resonanzeinfang-γ-Spektrometer die hochenerget. γ-Strahlen, die dem Neutroneneinfang in ein Pt-Target folgen. Die Übergänge zu dem 0^+-Grundzustand u. den beiden ersten angeregten 2^+-Zuständen in ^{196}Pt werden für 15 Resonanzen von 11,9—296 eV gemessen. Die relativen Übergangswahrscheinlichkeiten für diese Fälle werden bestimmt. Gerhard Schmidt. 103◇

Ein neues Isotop ^{201}Pt. J. Facetti, E. Trabal, R. McClin und S. Torres. (Physic. Rev. [2] **127,** 1690—92, 1/9. 1962; Puerto Rico, Puerto Rico Nucl. Center, Nucl. Sci. and Technol. Div.; engl.) — Vff. beobachten ein neues Pt-Isotop durch Bestrahlung von Hg-Verbb., HgO oder $Hg(NO_3)_2 \cdot H_2O$, mit Reaktorneutronen. Die Pt-Aktivitäten werden aus der Mischung durch Fällungen als K_2PtCl_6 getrennt. Bei dieser Fraktion kann eine $2,3 \pm 0,2$-min-Aktivität dem Isotop ^{201}Pt zugeschrieben werden, das durch die Rk. $^{204}Hg(n, \alpha)^{201}Pt$ erzeugt wird. ^{201}Pt zerfällt zu dem bekannten ^{201}Au. ^{201}Au wird durch seine Halbwertszeit u. seine γ-Energie identifiziert. Mit einem NaJ(Tl)-Scintillator in Kopplung mit einem 512-Kanal-Impulshöhenanalysator wird der Anstieg des 0,55-MeV-γ-Strahls, der ^{201}Au entspricht, gemessen. Frühere Werte für ^{201}Au werden bestätigt. Gerhard Schmidt. 103◇

Anwendung der Rückstoßtechnik auf die Untersuchung der Reaktionen $^{226}Ra(\alpha, 4n)^{226}Th$, $^{208}Pb(\alpha, 2n)^{210}Po$ und $^{207}Pb(\alpha, n)^{210}Po$. John R. Morton III und Bernard G. Harvey. (Physic. Rev. [2] **126,** 1798—1804, 1/6. 1962; Berkeley, Calif., Univ. of California, Lawrence Radiat. Labor.; engl.) — Vff. untersuchen die Reichweiten u. Winkelverteilungen der rückstoßenden Restkerne aus obigen Rkk., um Informationen über den Rk.-Mechanismus zu erhalten. Die experimentellen Winkelverteilungen werden mit nach Monte-Carlo-Berechnungen erhaltenen verglichen, die sich auf Compoundkern- u. statist. Modelle stützen. Nur die Ergebnisse aus der $^{226}Ra(\alpha, 4n)$-Rk. stimmen mit den Berechnungen überein, die Daten der $^{208}Pb(\alpha, 2n)$- u. $^{207}Pb(\alpha, n)$-Rkk. erfordern wesentliche Beiträge aus dem Mechanismus der direkten Wechselwirkung. Gerhard Schmidt. 103◇

Neutronenausbeuten aus individuellen Spaltfragmenten. James Terrell. (Physic. Rev. [2] **127,** 880—904, 1/8. 1962; Los Alamos, N. Mex., Univ. of California, Los Alamos Sci. Labor.; engl.) — Vf. führt 2 Meth. zur Best. der Neutronenausbeute allein aus Massenausbeutedaten an. Die eine Meth. verwendet Momente u. Kovarianzen, während die andere Meth. kumulative Verteilungen verwendet. Im Falle der Neutronenspaltung von ^{239}Pu stellen die nach dieser Meth. erhaltenen Neutronenausbeuten die einzige mögliche Information dar. In anderen Fällen liefert die neue Meth. eine Genauigkeit, die vergleichbar oder besser als die durch direkte Zählung der Neutronen erhaltene ist. Gerhard Schmidt. 103◇

Gasdynamische Berechnung der Trenndüsenentmischung. F. Zigan. (Z. Naturforsch. **17a,** 772—78, Sept. 1962; Karlsruhe, Kernforschungszentrum, TH, Inst. für Kernverfahrenstechnik; dt.) — In einer expandierenden Überschallströmung tritt eine teilweise räumliche Entmischung verschieden schwerer Gase ein. Vf. untersucht, welche Entmischungseffekte sich bei einer idealen, isentrop verlaufenden Expansion des Strahles infolge der Druckdiffusion unter Vernachlässigung der Thermodiffusion u. der Konz.-Diffusion im Fall der *Ar*-Isotope ergeben würden. Um den Einfl. einer Überexpansion sowie den einer mechan. Umlenkung des Strahles zu erfassen, werden die Stromflächen verschiedener Strahltypen nach dem Charakteristiken-Verf. mit den entsprechenden Randbedingungen berechnet. Mit den theoret. ermittelten Stromflächenverteilungen werden die zu erwartenden Entmischungseffekte erhalten. Es zeigt sich, daß die wesentlichen Züge des Trenneffektes von der Theorie richtig wiedergegeben werden. Systemat. Abweichungen ergeben sich erwartungsgemäß bei kleinen Einlaßdrücken, bei denen sich die von der Theorie nicht berücksichtigten Einfl. der Reibung u. des Überganges zu mol. Verhältnissen bemerkbar machen. G. M. Neumann. 104□

Trenndüsenverfahren mit leichtem Zusatzgas. E. W. Becker, K. Bier und W. Bier. (Z. Naturforsch. **17a,** 778—85, Sept. 1962; Karlsruhe, TH, Kernforschungszentrum, Inst. für Kernverfahrenstechnik; dt.) — Vgl. C. **1962,** 16564. — Vff. diskutieren den nach der Theorie zu erwartenden Einfl. eines leichten Zusatzgases auf die Trennung eines schweren Isotopengemisches, der die Stromdichte des entmischten Druckdiffusionsstromes beim Trenndüsen-Verf. steigern soll. Im Fall der *Ar*-Isotope ergibt sich durch einen Zusatz von ca. 900 Mol-% *He* bei gleichem Durchsatz u. Abschälverhältnis des Ar eine Steigerung des Elementareffektes der Trennung um den Faktor 1,7. Obwohl die Mitverarbeitung des leichten Gases in einer Trennkaskade einen zusätzlichen Aufwand bedingt, läßt sich auch die Wirtschaftlichkeit des Trennverf. durch ein leichtes Zusatzgas verbessern. Bei den Ar-Isotopen werden durch einen He-Zusatz von 400 Mol-% das spezif. Ansaug-Vol. auf etwa $^1/_4$, die spezif. Schlitzlänge auf etwa $^1/_5$ u. die spezif. Kompressionsarbeit auf etwa $^3/_4$ der Werte für reines Ar gesenkt.
G. M. Neumann. 104□

Herstellung radioaktiver, nach der Szilard-Chalmers-Methode angereicherter Isotope. 1. Mitt. Herstellung von radioaktiven Isotopen von Jod und Brom. Ignacy Złotowski, Aleksander Halpern, Andrzej Polaczek. (Zeszyty naukowe Univ. jagiellońskiego, Ser. Nauk mat.-przyrodniczych, mat., Fizyka, Chem. **1955,** 65—81; Kraków, Uniw. Jagiell., Kat. Chem. jadr.; pol., Auszug: engl.) — Durch die (n, γ)-Rk. mit therm. Neutronen einer Ra-Be-Quelle u. mit Halogenalkylen oder Arylen u. Extraktion des bestrahlten Prod. mit W. zur Anreicherung des gebildeten ^{128}J bzw. ^{82}Br oder ^{80}Br werden Präpp. mit der abs. Aktivität 0,3—0,5 μc erhalten. Die Retentions- u. Anreicherungs-Koeff. sind bei ^{128}J 51% u. $3 \cdot 10^4$, bei ^{80}Br (aus C_2H_5Br) 46%, (aus C_6H_5Br) 52%, (aus C_6H_5Br + 10% $C_6H_5NH_2$) 21% u. ca. 10^4. F. Urban. 104□

Kernenergie. John Cockcroft. (Gazz. chim. ital. **89,** 15—32, Jan. 1959; Harwell, A.E.R.E.; engl.) — Überblick über die Kernenergieforschung u. -kraftwerke u. die thermonuclearen Unterss. in England. Herbert Weber. 110◇

Kernenergie. John Cockcroft. (Gazz. chim. ital. **89,** 33—51. Jan. 1959; ital.) — Italien. Übersetzung der vorst. referierten Arbeit. Herbert Weber. 110◇

Stromkreis für die Stabilisierung der Synchrotronenergie mit veränderlicher Höhe der Bezugsspannung. O. W. Bogdankewitsch. (Atomenergie [UdSSR] **12,** 198 bis 203, März 1962; russ.) — Für das Synchrotron mit 30 MeV Elektronenenergie wurde zur Messung der Ausbeute an Photoneutronen eine Relativ-Meth. entwickelt, die auch bei anderen cycl. Elektronenbeschleunigern zur Messung der Ausbeuten beliebiger Kernphoto-Rkk. dienen kann. Der Einfl. des Drifts auf die Empfindlichkeit der Registrierung wird unterdrückt u. so die Meßgenauigkeit erhöht. Untersucht wurden Photoneutronenausbeuten aus *Cu, Rh, Ag,* ^{16}O, *Pb* u. *Al.* M. Wiedemann. 112□

Über die Verwendung von „Pin"-Moderationssystemen in der Beschleunigungstechnik. A. A. Worobjew und A. N. Didenko. (Atomenergie [UdSSR] **12,** 242—43, März 1962; russ.) — Die Verw. eines zweireihigen Stufen-Syst. mit Wellenleitern wird vorgeschlagen, die Dimensionierung ist angegeben. M. Wiedemann. 112□

Eine Quelle polarisierter Deuteronen und Nachweis der Polarisation durch die (d, T)-Reaktion. H. Rudin, H. R. Striebel. E. Baumgartner, L. Brown und P. Huber. (Helv. physica Acta **34,** 58—83, 15/2. 1961; Basel, Univ., Phys. Inst.; dt.) — Drei Hyperfeinkomponenten eines D-Atomstrahls werden in einem starken magnet. Quadrupolfeld getrennt. Der Strahl tritt dann in ein schwaches homogenes Feld, wo die Atome durch Elektronenbeschuß ionisiert werden. Die Tensorpolarisation des Strahls wurde mit der Rk. T(d, n)^{4}He gemessen. Der Strahl bestand aus 10^{-8} A Deuteronen mit $P_{33} = -0{,}245$. Herbert Weber. 112◇

Niederspannungs-Neutronengeneratoren. E.-G. W. Alexandrowitsch und W. A. Ssokowischin. (Versuchsgeräte u. Versuchstechn. [UdSSR] **6,** Nr. 5, 7—25, Sept./Okt. 1961; russ.) — Übersicht. M. Wiedemann. 112□

Neutronengenerator mit Funkenionenquelle. G. E. Murgulija und A. A. Pljutto. (Versuchsgeräte u. Versuchstechn. [UdSSR] **6,** Nr. 5, 28—30, Sept./Okt. 1961; russ.) — Als Ausgangsmaterial für D^+ dient LiD, als Target $TiD_{1,2}$. Der Generator liefert Neutronenimpulse von ca. 15 μs Dauer. Bei einer Spannung am Generator von 80 kV beträgt die Ausbeute $1{,}5 \cdot 10^5$ Neutronen je Impuls bei einem Neutronenstrom von 10^{10}n/s. M. Wiedemann. 112□

Kollimierung von Neutronen aus der Reaktion T(d, n)^{4}He durch Auswahl der α-n-Koinzidenz. Ju. W. Dukarewitsch und A. N. Djumin. (Versuchsgeräte u. Versuchstechn. [UdSSR] **6,** Nr. 5, 34—36, Sept./Okt. 1961; russ.) — Ein eng kollimierter Neutronenstrahl (14,2 MeV) kann mittels der Rk. T(d, n)^{4}He erhalten werden. Hierbei fallen 145-keV-Deuteronen auf ein T-Zr-Target. Die α-Teilchen werden mittels eines Plastescintillators, die Neutronen mit einem Stilbenkristall nachgewiesen. Koinzidenzen zwischen beiden schränken die Winkelbreite des Bündels auf $\pm 45^0$ ein. Es können dann Messungen, z. B. der differentiellen Wrkg.-Querschnitte, bis auf $2{,}5^0$ durchgeführt werden. M. Wiedemann. 112□

Übersicht über gepulste Neutronenquellen für Neutronenspektrometer. V. V. Vladimirsky und V. V. Sokolovsky. (Progr. nuclear Energy, Ser. I **3,** 74—87, 1959; engl.) — Zusammenstellung der Eigg. einer Reihe von Neutronenflugzeitspektrometern, die in der UdSSR verwendet werden. H. Schroeder. 112□

Konstruktion eines Neutronenspektrometers. J.-M. Cottier, P. Denis, M. Philippe und D. Roux. (Arch. Sci. [Genève] **13 (165),** 375—80, Juli/Sept. 1960; Genève, Univ., Labor. de Rech. nucl.; franz.) — Beschreibung eines Einkristallspektrometers zur Erzeugung monochromat. Neutronen. Herbert Weber. 112◇

Magnetspektrometer zur Untersuchung schwacher Positronenspektren. Ss. Ss. Wassilenko, M. G. Kaganski und D. L. Kaminski. (Versuchsgeräte u. Versuchstechn. [UdSSR] **6,** Nr. 5, 42—47, Sept./Okt. 1961; russ.) — Es wurde ein Spektrometer mit Doppelfokussierung, zunächst in einem transversalen inhomogenen Magnetfeld vom Sektortyp, dann in einem longitudinalen Feld, konstruiert. Das Spektrum der beim Zerfall von ^{110m}Ag entstehenden Positronen wurde aufgenommen. Es können noch Intensitäten von 10^{-8} bis 10^{-9} Positronen je Zerfall erfaßt werden. M. Wiedemann. 112□

Bestimmung von absoluten Bϱ-Werten von Konversionslinien. C. De Vries. (Nuclear Physics [Amsterdam] **18,** 428—45, Sept. (1) 1960; Amsterdam, Inst. of Nucl. Res.; engl.) — Unters. der Eigg. eines eisenfreien doppelfokussierenden Spektrometers vom Siegbahn-Edvarson-Typ u. Best. von abs. Bϱ-Werten im Spektrum von akt. ThB-Niederschlägen. Herbert Weber. 112◇

Hafteffekt von Elektronen in der Ionisationskammer. Je. A. Damasskinski, G. A. Korolew und G. Je. Kotscharow. (Versuchsgeräte u. Versuchstechn. [UdSSR] **6,** Nr. 5, 51—54, Sept./Okt. 1961; russ.) — Vff. zeigen, daß das Haften der Elektronen in der Gitterionisationskammer an elektronegativen Beimengungen nahezu verhindert werden kann, wenn mehratomige Gase der Füllung zugesetzt werden, z. B. N_2 u. O_2 oder CO_2 in Bruchteilen von % dem Ar. M. Wiedemann. 112□

Einfluß einiger Parameter auf die Arbeitsweise eines Ionisationsdetektors für ^{147}Pm. G. A. Gasijew, Ss. N. Osiraner, M. I. Janowski und W. Ss. Kornjakow. (J. physik. Chem. [UdSSR] **35,** 1150—52, Mai 1961; Akad. der Wiss. der UdSSR, Inst. für physik. Chem.; russ., Auszug: engl.) — Als Strahlungsquelle für einen Ionisationsdetektor bei der Gaschromatographie wurde ^{147}Pm benutzt. Im Bereich des Sättigungsstroms konnten $1 \cdot 10^{-9}$ Mol mit Luft, N_2 oder H_2 als Trägergase nachgewiesen werden. Mit Ar konnte die Empfindlichkeit um den Faktor 5—7 gesteigert werden. Bei 1—10 mc Quellenstärke u. 2000 bzw. 2200 V Spannung ließen sich $8 \cdot 10^{-13}$ Mol erfassen. Die Empfindlichkeit gegenüber aliphat. u. aromat. KW-Stoffen war etwa gleich. M. Wiedemann. 112□

Niederdruck-Proportionalzähler. A. B. Kurepin und W. L. Madujew. (Versuchsgeräte u. Versuchstechn. [UdSSR] **6**, Nr. 5, 48—50, Sept./Okt. 1961; russ.) — Proportionalzähler, die mit D_2 von 2—10 mm Hg Druck gefüllt sind, erlauben den Nachw. schwerer geladener Teilchen, von Protonen, Deuteronen, ^3He u. Tritonen geringer Energie auf einem Untergrund von Teilchen hoher Energie, von Sekundärelektronen u. γ-Strahlung. Für Zähler mit Ni-Kathoden wurde der Einfl. der Spannung, des Druckes u. des Durchmessers des Drahtes auf den Gasverstärkungsfaktor untersucht.
M. Wiedemann. 112□

Steuerbare Luminescenzkammer mit einem Arbeitsvolumen des Scintillators von 2500 cm³. Ju. K. Akimow, M. M. Butslow, O. W. Ssawtschenko und L. M. Ssoroko. (Atomenergie [UdSSR] **12**, 413—15, Mai 1962; russ.) — Der Scintillator der Kammer besteht aus einzelnen in Schichten gelegten Fäden. Das Arbeits-Vol. des Scintillators konnte durch Verw. eines elektronenopt. Konverters vergrößert werden. Mit Hilfe der App. wurde eine Reihe von Aufnahmen der Projektion von Höhenstrahlbahnen erhalten. Eine Steigerung der Bildqualität kann man nur durch Erhöhung der Empfindlichkeit des Konverters erreichen. Die App. gestattet u. a. die Best. des Tensors der Polarisationskomponenten von Deuteronen, die durch Rkk. von polarisierten Protonenbündeln entstehen.
Kurt Winkler. 112□

Elektronenverstärker zur Registrierung fliegender geladener Teilchen. A. I. Akischin. (Versuchsgeräte u. Versuchstechn. [UdSSR] **6**, Nr. 5, 54—56, Sept./Okt. 1961; Forsch.-Inst. für Kernphys.; russ.) — Zur Registrierung fliegender geladener Teilchen geringer Energie bei schwacher Bremsung, z. B. der α-Teilchen von ^{210}Po, wurde ein Elektronenverstärker konstruiert, dessen Verstärkungsfaktor im Laufe einiger 1000 Std. von 10^8 auf 10^6 sinkt. Es werden Al-Kathoden benutzt u. Emitter aus Cu mit 2% Be.
M. Wiedemann. 112□

Anordnung zur Messung der β-γ-Korrelation durch Registrierung der Zirkularpolarisation der γ-Quanten. W. I. Gadshokow, A. A. Petuschkow und I. W. Esstulin. (Nachr. Moskauer Univ., Ser. III **16**, Nr. 6, 76—82, Nov./Dez. 1961; Forsch.-Inst. für Kernphys.; russ.) — Die Zirkularpolarisation der γ-Quanten wird durch Messung der Compton-Streuung nach vorn an polarisierten Elektronen ermittelt, diese Messung erfordert lange Zeiten u. daher eine stabile Anlage. Eine solche mit schnell arbeitendem Amplitudenanalysator wird beschrieben. Die Anordnung eignet sich bes. für kurzlebige Strahlungsquellen.
M. Wiedemann. 112□

Das Strahlungsfeld einer punktförmigen, monogerichteten γ-Quelle. L. R. Kimel und O. I. Leipunski. (Atomenergie [UdSSR] **12**, 236—37, März 1962; russ.) — Das Strahlungsfeld punktförmiger, gerichteter Quellen (enge Bündel) von ^{137}Cs u. ^{60}Co wurde in einem Wasserphantom von $90 \times 90 \times 90$ cm³ mittels Filterzählern bestimmt.
M. Wiedemann. 112□

Durchgang von Strahlung durch Spalte. W. N. Mironow. (Atomenergie [UdSSR] **12**, 211—15, März 1962; russ.) — Der Durchgang monoenerget. Strahlung durch rechteckige, zylindr. u. ringförmige Spalte wird für die Fälle berechnet, daß sich die Quelle auf dem Boden oder an den Seitenwänden des Spaltes befindet. Die Formeln können auf Spalte im Schutzmantel oder in der akt. Zone eines Reaktors angewandt werden.
M. Wiedemann. 112□

A_2. Optisches Verhalten der Materie

Das Spektrum von α-Sculptoris. Jun Jugaku und Wallace L. W. Sargent. (Publ. Astronom. Soc. Pacific **73**, 249—55, Aug. 1961; California Inst. of Technol.; Carnegie Inst. of Washington; Mount Wilson and Palomar Observat.; engl.) — Auf Spektren von α-Sculptoris konnten die Linien oder Multipletts der folgenden Elemente identifiziert werden: *H, He I, C II, N II, O I, Na I, Mg II, Si II, Si III, S II, Ca II, Ti II, V II, Cr II, Fe II, Fe III, Sr II* u. *Nd II*. Aus den Intensitäten wird geschlossen, daß der Stern eine für den Spektraltyp B 4 typ. Temp. hat. Die abgeschätzten Häufigkeiten von O u. He waren um einen Faktor 5 zu niedrig u. die von Cr, Ti u. Sr um einen unbestimmten Faktor zu hoch.
C. Gottfried. 113

Zur Untersuchung des interplanetaren Mediums mit Hilfe künstlich eingebrachter Ionenwolken. L. Biermann, R. Lüst, Rh. Lüst und H. U. Schmidt. (Z. Astrophysik **53**, 226—35, 1961; München, MPI für Phys. u. Astrophys.; dt.) — Am geeignetsten wären Ca, Sr u. Ba, da ihre Wahrscheinlichkeiten für die Photoionisation durch Sonnenlicht groß u. ihre Ionen starke Resonanzlinien im Sichtbaren haben. Weiter könnten CO-Moll. verwendet werden, da ihre Ionen, die auch in Kometenschweifen auftreten, wahrscheinlich durch Ladungsaustausch mit korpuskularer Sonnenstrahlung gebildet werden u. so auch einen Indikator für die Intensität dieser Strahlung bilden werden. Diskutiert wird unter verschiedener Annahme die geringste Menge, die notwendig ist, um eine ionisierte Wolke zu erzeugen. C. Gottfried. 113

Eine Himmelsüberwachung des neutralen Wasserstoffes bei λ 21 cm. 1. Mitt. **Die allgemeine Verteilung und Bewegungen des lokalen Gases.** R. X. McGee und J. D. Murray. (Austral. J. Physics **14**, 260—78, Juni 1961; Chippendale, N.S.W., University Grounds, C.S.I.R.O., Div. of Radiophys.; engl.) — Vff. berichten über Beobachtungen des neutralen Wasserstoffes an dem gesamten sichtbaren Himmel von Murraybank nahe Sydney bei λ 21 cm. In Diagrammen sind die Verteilung von N_H, die Halbwertsbreiten der Linien, deren Änderungen eine Beziehung zu den N_H-Konturen zu haben scheinen u. Verteilung der radialen Geschw. der Profilmaxima wiedergegeben. Das Gas scheint im allg. parallel zur galakt. Ebene geschichtet zu sein, jedoch mit einigen Schichten überschüssiger Dichte. Aus der Orientierung der N_H-Konturen wird geschlossen, daß der lokale H etwas mit dem lokalen galakt. magnet. Feld in Wechselwrkg. steht. Die Linienprofile abseits der Milchstraße haben meist einzelne Maxima mit Halbwertsbreiten von 12—35 km/s mit Ausnahme einiger großer Gebiete nahe den galakt. Polen. C. Gottfried. 113

Anregung von Helium im Nordlicht. J. M. Malville. (J. atmospheric terrestr. Physics **21**, 54—64, April 1961; Boulder, Colo., Univ., Dep. of Astro-Geophys., High Altitude Observ.; engl.) — Mit Hilfe der Meth. des statist. Gleichgewichts berechnete Vf. die Besetzungen der angeregten Niveaus eines He-Atoms, das die Atmosphäre mit einer Anfangsenergie im 256 keV durchquert. Es wurde geschätzt, daß jedes 256-keV-He-Teilchen während des Durchquerens der Atmosphäre 450 Photonen von $\lambda = 10830$ u. 40 Photonen von $\lambda = 5876$ erzeugt. Vorhergesagt wurden das Profil u. die Helligkeitskurven der beiden Emissionslinien. C. Gottfried. 113

Die 5577 Å OI-Emissionslinie des Luftleuchtens in Brisbane. I. J. Danziger. (Austral. J. Physics **14**, 304—07, Juni 1961; Univ. of Queensland, Phys. Dep.; engl.) — Vf. registrierte von April bis Juli 1960 die Intensitäten der Nachthimmelemission bei 5577 u. 5300 Å. Die beobachteten Intensitäten ($I^{1/3}$-Werte) sind graph. gegen die Anzahl der Beobachtungen wiedergegeben. Bei einem am 28. April auftretenden magnet. Sturm mit dem K-Index 6 überstieg die Intensität der grünen Linie 500 Rayleigh (mittlerer Intensitätswert ca. 250 Rayleigh). Die Drift-Geschw. in der grünen Emissionschicht lag zwischen 120 u. 150 m/s. Zwischen der Untergrundintensität bei 5300 Å u. den mittleren Intensitäten von 5577 Å wurde eine lineare Beziehung erhalten.
C. Gottfried. 113

Über das OH-Luftleuchten. V. I. Krassovsky, N. N. Shefov und V. I. Yarin. (J. atmospheric terrestr. Physics **21**, 46—53, April 1961; Moscow, USSR Acad. of Sci., Inst. of Phys. of Atmosphere; Jakutsk, Siberian Dep. of USSR Acad. of Sci., Jakutsk Branch; engl.) — In Jakutsk wurden eine Erhöhung der OH-Emissionsintensität bei Rotations-Temp. $> 250^0$K sowie jahreszeitliche Schwankungen der Intensität u. der Rotations-Temp. von OH beobachtet. Im Gegensatz hierzu wurden diese Abhängigkeiten in Zvenigorod nicht beobachtet. Festgestellt wurden an beiden Beobachtungsstellen Änderungen der relativen Besetzungen der OH-Schwingungsniveaus sowie eine Wechselbeziehung zwischen den Intensitäten des OH- u. H_α-Leuchtens.
C. Gottfried. 113

Die Intensität der Rotations-Schwingungsbanden des OH-Moleküls. I. S. Shklovsky. (Mém. Soc. roy. Sci. Liège [4] **18**, 420—25, 1957; Moscow, USSR, Sternberg Astronomical Inst.; engl.) — Neuere Berechnungen des Vf. zeigten, daß die von ihm früher (vgl. C. **1951**, I, 2997) berechneten Übergangswahrscheinlichkeiten in dem Rotations-Schwingungsspektrum des OH-Mol. in der Hauptsache richtig sind. Mit Hilfe dieser berechneten Übergangswahrscheinlichkeiten wurden die Besetzungen auf verschiedenen Rotations-Schwingungsniveaus des OH-Mol. in der Erdatmosphäre bestimmt. Hierbei ergab sich, daß die Häufigkeit mit abnehmendem Niveau zunimmt. Aus den berechneten Übergangswahrscheinlichkeiten läßt sich die Intensität der OH-Emission im fernen IR vorhersagen. Die zu erwartende Intensität im Gebiet von 34000—37000 Å muß danach 10mal größer sein als in dem Gebiet von 9000—11000 Å.
C. Gottfried. 113

Einfache analytische Atom-Wellenfunktionen. Arnold Russek, Charles H. Sherman und David E. Flinchbaugh. (Physic. Rev. [2] **126**, 573—79, 15/4. 1962; Storrs, Conn., Univ. of Connecticut; engl.) — Vff. schlagen eine einfache Meth. zur Best. analyt. Einelektronen-Wellenfunktionen für ein Elektron in einem näherungsweise self-consistent abgeschirmten Coulomb-Feld vor, die eine direkte numer. Lsg.

der Schrödinger-Gleichung vermeidet. Kernpunkt ist die Anpassung zweier Parameter für die Abschirmfunktion. Parameterpaare für die Zustände einiger Alkaliatome einschließlich aller normal gefüllten Zustände von *Na*, des 6s-Zustands von *K* sowie der wichtigsten angeregten *Cs*-Zustände werden angegeben. Mit den so erhaltenen analyt. Wellenfunktionen lassen sich die Erwartungswerte vieler Größen, Feinstrukturen u. Hyperfeinstrukturen einfach berechnen. Die Ergebnisse stimmen mit dem Experiment u. früheren Rechnungen gut überein. D. Jörchel. 114□

Über die Berechnung der nicht-relativistischen S-Zustände von Atomen und Ionen mit 2 Elektronen. A. M. Jermolajew. (Nachr. Leningrader Univ. **16**, Nr. 16, [Ser. Physik Chem.] Nr. 3, 19—33, 1961; russ., Auszug: engl.) — Die Meth. zur Lösung des Problems des Grundzustands He-artiger Atome u. Ionen werden diskutiert. M. Wiedemann. 114

Urey-Bradley-Kraftfeld für tetraedrische Moleküle vom Typ XY_4. K. Venkateswarlu und R. Thanalakshmi. (J. sci. ind. Res. [New Delhi], Sect. B **21**, 461—63, Okt. 1962; Annamalainagar, Annamalai Univ., Dep. of Phys.; engl.) — Berechnung der Kraft-Konst. nachst. Moll. u. Ionen auf der Grundlage des Urey-Bradley-Kraftfeldes: CF_4, SiF_4, $GeCl_4$, $GeBr_4$, GeF_4, GeH_4, $SiBr_4$, $TeBr_4$, AlH_4^-, $CdBr_4^{2-}$, $AlCl_4^-$, BF_4^-, $InBr_4^-$, NH_4^+, ND_4^+, PH_4^+, $PbCl_4$, $HfCl_4$, $HfBr_4$, HfJ_4, $ZrCl_4$, $ZrBr_4$, ZrJ_4, $GaBr_4^-$, GaJ_4^-, InJ_4^-, PO_4^{3-}, CrO_4^{2-}, SeO_4^{2-}, SiO_4^{4-}, JO_4^-, OsO_4, SiH_4. A. Blaschette. 114◇

Ein die Resonanzwechselwirkung berücksichtigendes Valenzkraftfeld für oktaedrische $M(XY)_6$-Moleküle. Llewellyn H. Jones. (J. molecular Spectroscopy **8**, 105—20, Febr. 1962; Los Alamos, N.Mex., Univ. of California, Los Alamos Sci. Labor.; engl.) — Es wird eine Valenzkraft-Potentialfunktion für oktaedr. Moll. abgeleitet, die die bei den Schwingungen auftretenden Wechselwrkg. durch Änderungen der π-Bindungen, des Ionencharakters u. der Hybridisierung berücksichtigt. Die Ableitungen werden hinreichend allg. gehalten, so daß Moll. mit verschiedenartigen Wechselwrkg., wie z. B. $Cr(CO)_6$ u. $[Cr(CN)_6]^{3-}$, behandelt werden können. Als Sonderfall wird bes. das Urey-Bradley-Feld einbezogen. A. Blaschette. 114◇

Statische Jahn-Teller-Verzerrung in kleinen Molekülen: CH_4^+, CF_4^+, NH_3^+ (angeregter Zustand) und NH_3 (angeregter Zustand). C. A. Coulson und H. L. Strauss. (Proc. Roy. Soc. [London], Ser. A **269**, 443—55, 1962; Oxford, Univ., Math. Inst.; engl.) — Die Potentialkurven für beliebige Verschiebungen der Atome in den 4 Moll. werden mit Hilfe des Hellmann-Feynman-Theorems abgeschätzt; sie führen zu einigen einfachen Aussagen über die Lokalisierung u. Verteilung der elektron. Gesamtladung. Bei CH_4^+ u. angeregtem NH_3^+, bei dem das fehlende Elektron aus einem bindenden Orbital stammt, ergibt sich eine beträchtliche stat. Jahn-Teller-Verschiebung in der Gleichgewichtskonfiguration; bei CH_4^+ steigt die Haupt-Normalkoordinate um 0,23 Å. Bei CF_4^+ u. dem angeregten Zustand von NH_3, in welchem die bindenden Elektronen prakt. nicht beeinflußt sind, tritt eine bedeutend geringere stat. Verzerrung auf; die Verlängerung der Hauptkoordinate bei CF_4^+ beträgt ca. 0,02 Å. A. Blaschette. 114◇

Über den Einfluß der interelektronischen Wechselwirkung in Metallen auf die Feinstruktur der Röntgenspektren. W. W. Schmidt. (J. exp. theoret. Physik [UdSSR] **39**, 1269—75, Nov. 1960; russ., Auszug: engl.) — Vf. untersucht die Absorption eines Röntgenquants in einem Metall bei gleichzeitiger Anregung eines Plasmons für Wellenlängen in der Nähe der Absorptionskante. Die Berechnungen sind gültig für Übergangsmetalle der Fe-Gruppe. Der Einfl. der Wechselwrkg. ist sehr wahrscheinlich, wobei die Wahrscheinlichkeit von Ti nach Fe abnimmt. Für einige kurzwellige Satelliten der extrem kurzwelligen Emissionslinie wird eine neue Deutung vorgeschlagen. H. Liepack. 116◇

Röntgen-K- und L_{III}-Niveaubreiten. Armin Meisel und Wadim Nefedow. (Ann. Physik [7] **9**, 48—52, 1961; Leipzig, Karl-Marx-Univ., Phys.-Chem. Inst.; dt.) — Vff. berechnen K- u. L_{III}-Niveaubreiten (NB) für Elemente mit den Ordnungszahlen (Z) 10—50 (*Mg, Al, Ar, K, Zn, Ga, Kr, Rb, Sr, Y, Zr, Nb, Mo, Tc, Ru, Rh, Pd, Ag, Cd, In, Sn, W, Pt, Au, Pb*). Die K-NB wird mit Hilfe der Burhopschen Formel für die K-Fluorescenzausbeute bestimmt; dann ergibt sich die L_{III}-NB als Differenz aus $K\alpha_1$-Halbwertsbreite u. K-NB. Die Abhängigkeit der NB von Z folgt einem $a(Z+b)^4$-Gesetz. G. Krause. 116

Anmerkungen zur anomalen Absorption von Röntgenstrahlen. H. Wagenfeld. (J. appl. Physics **33**, 2907—08, Sept. 1962; Berlin-Dahlem, MPG, Fritz-Haber-Inst.; engl.) — Vf. benutzt die anomale Absorption von Röntgenstrahlen von idealen Kristallen zur exakten Best. der Quantitäten χ_{ih}/χ_{io} nach einer abgewandelten quantenmechan. Unters. der dynam. Theorie von Molière. Der Ausdruck wird in eine Fourier-Reihe aufgelöst, deren Koeff. χ_{ih} (h = h_1, h_2, h_3) über verschiedene Umformungen nach $\chi_{ih}/\chi_{io} = D_h(\tau_{2\Theta}/\tau)$ berechnet werden, worin $\tau_{2\Theta}$ der Absorptions-Koeff. bei einem Streuwinkel von 2 Θ ist. Die berechneten Koeff. sind: τ = 353 (cm^{-1}) bei *CuKα*-Strahlung (gemessen 353 von Bonse, 352 ± 2 von Battermann u. Hildebrandt) u. 328 bei *MoKα*-Strahlung. — Vf. hält die außergewöhnlich genaue Übereinstimmung von Theorie u. Vers. für zufällig u. nicht für einen Beweis der hohen Exaktheit der angewandten theoret. Methoden. W. Sobieski. 116◇

Röntgen-Massenabsorptionskoeffizienten für Mo, Nb, Zr und Ti. W. R. Sweeney, R. T. Seal und L. S. Birks. (Rep. NRL Progr. **1961**, Nr. 171316, 17—18, März; Washington, D.C., U.S. Naval Res. Labor., Optics Div., X-Ray Optics Branch; engl.) — Inhaltlich ident. mit der C. **1962**, 13285 referierten Arbeit. W. Reusse. 116□

Hochenergie-Interferenzeffekte der Bremsstrahlungserzeugung in einem Einkristall von Silicium. A. N. Saxena. (Physic. Rev. [2] **125**, 1720—26, 1/3. 1962; Stanford, Calif., Stanford Univ., High-Energy Phys. Labor.; engl.) — Bei der Unters. des Interferenzeffektes der Bremsstrahlungserzeugung durch 575-MeV-Elektronen in einem Si-Einkristall wurde das Verhältnis der in den zwei Hälften einer Doppel-Ionenkammer gesammelten Ladungen zum Nachw. der Verstärkung der weichen Komponente der Bremsstrahlung benutzt. Herbert Weber. 116◇

Absorptionsspektren durch pulsierende elektrische Entladungen. G. Black und G. Porter. (Spectrochim. Acta [London] **16**, 1442—45, Jan. 1961; Sheffield, Univ., Dep. of Chem.; engl.) — Vff. untersuchten die Absorptionsspektren von Elektronenübergängen, die durch pulsierende elektr. Entladungen direkt oder durch angeregte Atome inerter Gase hervorgerufen sind. Für N_2, O_2, *CO*, CO_2 u. NO_2 wurden keine Übergänge gefunden. Eingehende Unterss. des *He* zeigen kein mol. Triplett, obwohl Absorption durch den 2^3S-Zustand beobachtet wurde. Bei KW-Stoffen (*Äthylen, Acetylen, Naphthalin, Bzl.* u. *Toluol*) stammen die beobachteten Absorptionen von Atomen oder biatomaren Radikalen. Im Falle des H_2O u. wahrscheinlich der meisten anderen Moll. werden die Radikale hauptsächlich durch therm. Dissoziation gebildet, nach dem die elektr. Entladung beendet ist. M.-L. Klaar. 118□

Zeitlicher Verlauf der Linienverbreiterung von Spektrallinien und der Ionenkonzentration in Funkenentladungen. Arpád Bardócz, Tibor Vörös und Márta U. Vanyek. (Magyar fizik. Folyóirat [Ung. physik. Z.] **10**, 251—58, Aug. 1962; ung.) — Auf Grund der Lorenz-Weisskopfschen Theorie, welche einen Zusammenhang zwischen der Ionenzahl pro cm^3 u. der Verbreiterung der Spektrallinien angibt, bestimmten Vff. in einer Funkentladung die Ionen-Konz. von Mg, Zn, Cd u. Hg. im Funken. Die gleiche Theorie ermöglicht die Korrektur der gemessenen Halbwertsbreiten mit dem Maß der Wellenlängenverschiebung der Linien. Die Messungen wurden an zeitlich aufgelösten Spektren — hergestellt mit einem elektron. gesteuertem Funkenerzeuger hoher Präzision (Zeitgenauigkeit ca. 1 μs) — u. mit Hilfe einer Drehoptik ausgeführt. J. Plank. 118

Über die Beobachtung und die Charakterisierung neuer Banden der Systeme ($C^3\Pi$-$B^3\Pi$) und ($^2\Sigma$-$^2\Sigma$) des Stickstoffs im Spektrum einer elektrischen Hochspannungsentladung in einem Methan–Stickstoff-Gemisch. André Stoebner, Ralph Delbourgo und Paul Laffitte. (C. R. hebd. Séances Acad. Sci. **255**, 1936—38, 15/10. 1962; Sorbonne et D.R.M.E., Labor. de Chim. Gén.; franz.) — Im Spektrum einer Hochspannungsentladung (3 kVA, 4200 V) in strömendem, Spuren CH_4 enthaltendem N_2 (320 Liter N_2/h; 1—2 ml CH_4/min; 3,5 Torr Gesamtdruck) treten zahlreiche, z. T. neue Banden auf, deren Zuordnung zu N_2-Syst. diskutiert wird. A. Blaschette. 118◇

Über die Beobachtung und die Charakterisierung neuer Banden des Systems ($B^2\Sigma_u^+$-$X^2\Sigma_g^+$) von CN im Spektrum einer elektrischen Hochspannungsentladung in einem Methan–Stickstoff-Gemisch. André Stoebner, Ralph Delbourgo und Paul Laffitte. (C. R. hebd. Séances Acad. Sci. **255**, 2109—11, 22/10. 1962; franz.) — Vgl. vorst. Referat. — Unter etwas abgeänderten Bedingungen (4,5 kVA; 9500 V; 34 ml CH_4/min; 320 Liter N_2/h; 6 Torr) werden neue Banden des violetten CN-Syst. sowie einige zusätzliche Banden des ($C^3\Pi$-$B^3\Pi$)-Syst. von N_2 beobachtet.
A. Blaschette. 118◇

Durch Stoß von 200-keV-Protonen auf Stickstoff induzierte Spektren. R. H. Hughes, J. L. Philpot und C. Y. Fan. (Physic. Rev. [2] **123**, 2084—86, 15/9. 1961; Fayetteville, Ark., Univ. of Arkansas, Phys. Dep.; Chicago, Ill., Univ. of Chicago, Labor. of Appl. Sci.; engl.) — Eine Unters. im Bereich von 3000—6000 Å zeigte eine starke Anregung des ersten negativen Banden-Syst. von N_2^+. Querschnitte für die Banden dieses Syst. sowie für die N II-Atomlinien u. den Ladungsaustausch-Elektroneneinfang in den Zustand n = 4 von H wurden bestimmt. Zweite positive N_2-Banden traten bei höheren Drücken auf. Herbert Weber. 118◇

Jodkomplexe in inerten Lösungsmitteln. 8. Mitt. **Spektrophotometrische Untersuchungen des Jod-Naphthalinkomplexes.** P. A. D. de Maine und J. Peone jun. (J. molecular Spectroscopy **4**, 262—70, März 1960; Albany, N.Y., State Univ. of New York, New York State Coll. for Teachers, Dep. of Chem.; engl.) — 7. vgl. C. **1958,** 11461. — Vff. untersuchten spektrophotometr. Lsgg. von Naphthalin + J_2 in CCl_4, *Chlf.*, *Cyclohexan*, *n-Heptan* u. *n-Hexan* bei einer Reihe von Temp. zwischen 1 u. 45°. Die Konzz. für Naphthalin lagen zwischen 0,07 u. 1,76 Mol/Liter, die von J_2 zwischen 0,0007 u. 0,0015 Mol/Liter. Bei gleichzeitiger Ggw. von Naphthalin u. J_2 tritt in allen Lsgm. Absorption zwischen 3300 u. 4000 Å mit einem gut definierten Maximum nahe 3500 Å auf, in n-Hexan jedoch ist das Maximum nicht genau feststellbar. Die Bldg.-Wärmen für den Komplex in der vorst. Reihenfolge der Lsgm. betragen —1,65; —1,64; —1,56; —1,38 u. —1,63 (alle ±0,15) kcal/Mol. C. Gottfried. 118

Jodkomplexe in inerten Lösungsmitteln. 12. Mitt. **Spektrophotometrische Untersuchungen des J_4-Komplexes in inerten Lösungsmitteln.** M. M. de Maine, P.A.D. de Maine und G. E. McAlonie. (J. molecular Spectroscopy **4,** 271—75, März 1960; engl.) — 11. vgl. C. **1962,** 4482; 8. vgl. vorst. Referat. — Vff. bestimmten die mol. Extinktions-Koeff. für den J_4-Komplex u. für J_2 in CCl_4, *Chlf.*, *Cyclohexan*, *n-Hexan* u. *n-Heptan* bei 22 u. 45,1°. Es wurde gefunden, daß die mol. Extinktions-Koeff. für J_2 in n-Hexan, n-Heptan oder CCl_4 keine Temp.-Abhängigkeit zeigen, während sie für Chlf. oder Cyclohexan als Lsgm. bei Wellenlängen unterhalb 3000 Å exotherm von der Temp. abhängig zu sein scheinen. Die Formen der mol. Extinktionskurven für J_4 in den 5 Lsgm. scheinen stark zu differieren. Die Δ H-Werte zeigen eine gewisse Abhängigkeit von der DK des Lösungsmittels. Die Bldg.-Wärmen des J_4-Komplexes in der vorst. Reihenfolge der Lsgm. betragen: —1,52 ± 0,29; —2,05 ± 0,40; —1,03 ± 0,11; —1,19 ± 0,20 u. —1,16 ± 0,30 kcal/Mol. C. Gottfried. 118

Einfluß von Sauerstoff auf die Ultraviolettabsorptionsbanden von MgO. W. M. Armstrong, A. C. D. Chaklader und D. G. Evans. (Trans. Brit. ceram. Soc. **61,** 246—58, Mai 1962; Vancouver, Univ., Dep. of Mining and Metallurgy; engl.) — Beim Erhitzen von MgO-Einkristallplättchen in Luft oder O_2 bilden sich 3 Absorptionsbanden bei 5,75; 5,0; 4,40 eV aus; die Höhe der Absorptionsmaxima steigt linear mit $T^{1/2}$. Ein Mechanismus, der die Bldg. der Absorptionszentren für die Maxima bei 5,75 u. 4,40 erklärt, wird angegeben. Es handelt sich dabei um die Oxydation von Fe- u. Mn-Verunreinigungen u. die Diffusion von Mg an die Kristalloberfläche. — 22 Literaturangaben. H. Noack. 118

Identifizierung der Komponenten des Überganges $^4A_2 \rightarrow {}^2F_1$ von Rubin. Jean Margerie. (C. R. hebd. Séances Acad. Sci. **255,** 1598—1600, 1/10. 1962; Paris, Ecole Normale Sup., Labor. de Phys.; franz.) — Vf. untersucht das Absorptionsspektrum von *Rubin* mit 0,17% Cr^{3+} bei 1,83°K zwischen 15250 u. 14750 cm^{-1} u. diskutiert die Zuordnung der Banden bei 15190, 15168 u. 14957 cm^{-1}. Herbert Müller. 118◇

Wellenlängenabhängigkeit des gesamten Infrarotabsorptionsvermögens von elektrolytisch abgeschiedenem Silber. David Cline. (J. appl. Physics **33,** 2310—11, Juli 1962; Boulder, Colo., Nat. Bur. of Standards, Cryogen Engng. Labor.; engl.) — Das gesamte Absorptionsvermögen A von elektrolyt. abgeschiedenem Ag bei 75,8°K wird als Funktion der Strahlungs-Temp. T des schwarzen Körpers mit Hilfe eines dem Dewarschen ähnlichen Calorimeters gemessen. A nimmt mit abnehmendem T zu. Unter der Annahme einer einfachen Beziehung zwischen halbkugelförmigem u. normalem A nimmt letzteres mit zunehmender mittlerer Wellenlänge zu. Direkte Schlüsse auf die Art der Elektronenreflexion an der Oberfläche sind nicht möglich. P. Frenzel. 119◇

Beitrag zur Untersuchung der Infrarotemission der Atom- und Molekülspektren im Spektralbereich von 1—3 μ. Anwendung auf die Linienverbreiterung der Paschen-Serie des Wasserstoffatoms. Georges Hepner. (Ann. Physique [13] **6,** 735—88, Mai/Juni 1961; Paris, Sorbonne, Labor. de Rech. Phys.; franz.) — Im Bereich zwischen 2 u. 2,7 μ wurden eine große Zahl neuer Atomlinien gefunden u. klassifiziert. Es wird eine kurze Darst. der Theorie der Atomniveaus der Edelgase gegeben. Die Mol.-Spektren des He_2 u. N_2 wurden untersucht u. im He_2-Spektrum eine neue Bande entsprechend dem Übergang $b^3\Pi_g \rightarrow a^3\Sigma_u^+$ gefunden, deren Gleichgewichts-Temp. aus der Intensitätsverteilung der Rotationslinien berechnet wurde. Für N_2 konnte das erste positive Syst. bis ins IR ausgedehnt u. eine große Zahl neuer Banden zwischen 1 u. 2,6 μ gefunden werden. Es wurden Banden gefunden, die Quintett-Zuständen zugeschrieben werden. Die Linienkonturen der Paschen-Serie des H-Atoms werden experimentell u. theoret. untersucht. Mit Hilfe der statist. Funktionen von Holtsmark werden die Funktionen, die die Konturen der durch den intermol. Stark-Effekt verbreiterten Linien geben, berechnet u. der Einfl. der Elektronenstöße diskutiert. Der Abschirmeffekt wird untersucht u. die theoret. Ergebnisse auf die experimentellen Profile der Linien $P_{a\alpha}$, $P_{a\beta}$, H_α u. H_β angewandt. Daraus wird die das Plasma charakterisierende Elektronen-Konz. abgeleitet. J.-M. Spaeth. 120□

Das Raman-Spektrum von gasförmigem Sauerstoff. Alfons Weber und Eugene A. McGinnis. (J. molecular Spectroscopy **4**, 195—200, März 1960; New York, N.Y., Fordham Univ., Dep. of Phys.; engl.) — Vff. untersuchten das Rotations-Schwingungs- u. das reine Rotations-Raman-Spektrum von O_2 bei 1 atm Druck. Anregende Linien waren die beiden Hg-Linien 4047 u. 4078 Å. Tabellar. sind die beobachteten u. berechneten Wellenzahlenverschiebungen der Rotationslinien u. der Haupt-Rotations-Schwingungsbande zusammengestellt. Die Analyse des reinen Rotationsspektrums lieferte die Werte $B_0 = 1{,}4378\ cm^{-1}$ u. $D_0 = 5{,}6 \cdot 10^{-6} cm^{-1}$. Mit Hilfe dieser Werte wurden auf dem üblichen Wege die folgenden Mol.-Konst. erhalten: $\Delta \nu_0 = \Delta G_{1/2} = 1556{,}26$; $Be = 1{,}4457$; $\alpha_e = 0{,}0158$ u. $D_0 = D_v = 5{,}6 \cdot 10^{-6} cm^{-1}$. C. Gottfried. 120

Raman-Spektren und Kraftkonstanten ebener quadratischer Moleküle des Typs AB_4. H. Stammreich und R. Forneris. (Spectrochim. Acta [London] **16**, 363—67, April 1960; São Paulo, Univ., Dep. of Phys.; engl.) — Vff. bestimmten die Raman-Spektren der komplexen Ionen $(JCl_4)^-$, $(AuCl_4)^-$, $(AuBr_4)^-$ u. $(PtCl_4)^{2-}$ mit Hilfe der Anregung durch He-Bestrahlung. Die Resultate stimmen mit der berechneten D_{4h}-Symmetrie überein. Ferner wurden die Kraft-Konst. der Schwingungsbewegung in der Ebene berechnet. M.-L. Klaar. 120□

Das Infrarotspektrum und die Potentialfunktion von Nitrosylchlorid. L. Landau und W. H. Fletcher. (J. molecular Spectroscopy **4**, 276—83, März 1960; Oak Ridge, Tenn., Oak Ridge Nat. Labor., Chem. Div.; Knoxville, Tenn., Univ. of Tennessee, Dep. of Chem.; engl.) — Mit einem Prismenspektrometer untersuchten Vff. zwischen 6000 u. 300 cm^{-1} die IR-Spektren von $^{35}Cl^{14}N^{16}O$ u. $^{35}Cl^{15}N^{16}O$. Tabellar. sind die beobachteten Banden mit ihren Bezeichnungen u. die Frequenzen u. harmon. Konst. zusammengestellt. Das Potentialfeld läßt sich befriedigend bei Verw. des van der Waalsschen Abstoßterms zwischen dem Cl- u. dem O-Atom beschreiben oder aber durch die Annahme, daß durch Änderung der Bahnhybridisierung die Spreiz- mit der N—Cl-Valenzschwingung gekuppelt wird. C. Gottfried. 120

Potentialkonstanten und thermodynamische Eigenschaften einiger Silylhalogenide. G. Nagarajan. (J. sci. ind. Res. [New Delhi], Sect. B **21**, 463—67, Okt. 1962; Annamalainagar, Annamalai Univ., Dep. of Phys.; engl.) — Mit Hilfe der FG-Matrix-Meth. von Wilson wird eine Normalkoordinatenanalyse für Moll. vom Typ XY_3Z der Symmetrie C_{3v} durchgeführt u. zur Berechnung der Anharmonizitätsfaktoren aus spektroskop. Daten, der Valenzkraft-Konst. der allgemeinsten Form der quadrat. Potentialfunktion sowie der thermodynam. Funktionen $(H_0-E_0^0)/T$, $-(G_0-E_0^0)/T$, S^0 u. C_p^0 im Temp.-Bereich 200—1700°K der Verbb. SiH_3F, SiD_3F, SiH_3Cl, SiD_3Cl, SiH_3J, SiD_3J benutzt. A. Blaschette. 120◇

Über den Molekülaufbau der Verbindungen des Systems P_2O_5–SiO_2–H_2O. Jean Lecomte, André Boullé, Claudine Dorémieux-Morin und Bernard Lelong. (C. R. hebd. Séances Acad. Sci. **255**, 621—24, 23/7. 1962; Paris, Sorbonne, Labor. de Rech. phys.; Ecole des Mines, Labor. de Chim.; franz.) — Die Auswertung der IR-Spektren von kub. SiP_2O_7 (**I**), monoklinem SiP_2O_7 (**II**), in hexagonalen Platten kristallisierendem $SiO_2 \cdot P_2O_5$ (**III**) u. $Si_3(PO_4)_4$ (**IV**) im Vgl. zum ZrP_2O_7 spricht für folgenden Mol.-Aufbau: **III** liegt als Doppeloxid mit 4fach durch O koordiniertem Si vor; **I** u. **II** werden als echte Diphosphate angesprochen, in denen Si die außergewöhnliche Koordinationszahl 6 gegenüber O besitzt; **IV** ist vermutlich ein Orthophosphat. H. Bürger. 120◇

Verunreinigte Absorptionsbanden der Infrarot-Spektren anorganischer Fluoride. W. R. Heslop, J. A. A. Ketelaar und A. Büchler. (Spectrochim. Acta [London] **16**, 513, Mai 1960; Cambridge, Mass., Arthur D. Little, Inc.; Harvard Univ. u. Amsterdam, Univ.; engl.) — Bei der Unters. von verschiedenen anorgan. Fluoriden u. Chloriden traten die Banden der Na_2SiF_6 bei 13,75 μ u. des SiF_4 als 9,7 μ u. 8,2 μ auf, die von Verunreinigung mit diesen Stoffen herrühren. SiF_4 kann als Verunreinigung in käuflichen Prodd. enthalten sein oder sich als Rk.-Prod. von Fluorid mit Glas bilden. Na_2SiF_6 bildet sich durch Rk. des SiF_6 mit dem NaCl-Fenster der Küvette. Deshalb sind in solchem Fall die Küvettenfenster intensiv nachzupolieren, selbst wenn sie keinen sichtbaren Angriff ihrer Oberfläche zeigen. M.-L. Klaar. 120□

Infrarotuntersuchung einiger aus Gasentladungen ausgefrorener fester Produkte. K. B. Harvey und H. W. Brown. (J. Chim. physique Physico-Chim. biol. **56**, 745—48,

Aug./Sept. 1959; Amsterdam, Labor. voor Algo en Anorg. Chem.; Washington, D.C., Nat. Bur. of Stand.; franz.) — Vorl. Mitt. über die IR-spektroskop. Unters. ausgefrorener (4°K) Prodd. aus Entladungen in H_2O; H_2O_2; $H_2 + O_2$; N_2; N_2 + Zusätze von H_2, CH_4, CO, O_2, H_2O; H_2 + Ar; D_2 + Ar. Während sich keine Hinweise auf die Existenz von HO_2 oder N_3 ergaben, konnten die Radikale *HNO* u. *HDO* eindeutig durch Vgl. der beobachteten IR-Frequenzen mit den aus einer einfachen Potentialfunktion berechneten identifiziert werden. A. Blaschette. 120◇

Absorptionsspektren von Einkristallen im fernen Infrarot (50—1600 μ) bei der Temperatur des flüssigen Heliums: Cäsiumjodid, Quarz, Germanium und Neodymnitrat. Armand Hadni, Jacques Claudel, Edmond Décamps, Xavier Gerbaux und Pierre Strimer. (C. R. hebd. Séances Acad. Sci. **255,** 1595—97, 1/10. 1962; Nancy, Fac. des Sci., Inst. de Phys.; franz.) — Vff. geben die IR-Absorptionsspektren von 0,1—2 mm dicken Einkristallschichten aus *CsJ* (50—250 μ), *Quarz* (70—180 μ), As-dotiertem *Ge* (70—1400 μ) u. $Nd(NO_3)_3 \cdot 6\,H_2O$ (50—350 μ) bei 4°K an. Die charakterist. Absorptionsbanden werden diskutiert. Herbert Müller. 120◇

Verbotene Übergänge in den Infrarotspektren einiger tetraedrischer Anionen. 2. Mitt. Sulfate. S. D. Ross. (Spectrochim. Acta [London] **18,** 1575—78, Dez. 1962; London, Chelesea Coll. of Sci. and Technol., Dep. of Chem.; engl.) — 1. vgl. C. **1962,** 10732. — Die IR-Spektren wurden von Na_2SO_4, K_2SO_4, $(NH_4)_2SO_4$, $MgSO_4 \cdot 7\,H_2O$, $CaSO_4 \cdot 2\,H_2O$, $SrSO_4$, $BaSO_4$, $FeSO_4 \cdot 7\,H_2O$, $CoSO_4 \cdot 7\,H_2O$, $NiSO_4 \cdot 7\,H_2O$, $CuSO_4 \cdot 5\,H_2O$ u. $ZnSO_4 \cdot 7\,H_2O$ im festen Zustand u. in Lsg. (außer den Sulfaten von Ca, Sr u. Ba) aufgenommen u. die Banden mit ihren Zuordnungen tabellar. mitgeteilt. Das Auftreten von Schwingungsbanden in den Spektren der festen Verbb. von gleichem Typ u. gleicher Intensität wie in den Spektren der Perchlorate (vgl. l. c.) wird damit erklärt, daß eine Erniedrigung der Symmetrie des SO_4^{2+} u. ClO_4^- auf die gleichen Faktoren zurückzuführen sein muß. Gerhard Schulze. 120◇

Die Infrarotspektren von Schwefelsäure und Oleum. Paul A. Giguère und Rodrigue Savoie. (Canad. J. Chem. **38,** 2467—76, Dez. 1960; Québec, Univ. Laval, Dép. de Chim.; franz.) — Die IR-Spektren (2—30 μ) nachst. Phasen werden mitgeteilt u. diskutiert: fl. 8,5—100%ig. H_2SO_4; fl. 100%ig. D_2SO_4; festes H_2SO_4, $H_2SO_4 \cdot H_2O$, $H_2SO_4 \cdot 2\,H_2O$ u. $H_2SO_4 \cdot 4\,H_2O$; *Oleum* mit bis zu 70% SO_3. Den verschiedenen Schwingungen des H_2SO_4-Mol. werden Frequenzen zugeordnet. Die Spektren bestätigen frühere Ergebnisse bzgl. der Häufigkeit der Ionen HSO_4^-, SO_4^{2-} u. H_3O^+ in den wss. Lsgg. sowie der Autodissoziation des reinen H_2SO_4 nach $2\,H_2SO_4 \rightleftharpoons HSO_4^- + H_3SO_4^+$. Mit zunehmendem SO_3-Geh. des Oleums erscheinen Banden von $H_2S_2O_7$, $H_2S_3O_{10}$ u. endlich SO_3. A. Blaschette. 120◇

Infrarotspektroskopische Untersuchung der Assoziation von Alkylorthotitanaten. Mathilde Brini und Antonin Deluzarche. (Bull. Soc. chim. France **1961,** 535—56, März; Strasbourg, Inst. de Chim., Groupe de Chim. du Pétrole; franz.) — Bei 1045 bzw. 1100—1150 cm^{-1} auftretende IR-Banden sind charakterist. für die Assoziation von Titansäureestern über Ti—O ··· Ti—O-Brücken. Sie treten beim trimeren Methylorthotitanat auf u. verschwinden beim Verdünnen benzol. Lsgg. von Äthylorthotitanat; tert.-Butylorthotitanat zeigt sie nicht. Die Lage von Ti–O–Ti- u. Ti–O–C-Frequenzen wird diskutiert. H. Bürger. 120◇

Anwendungen des $^{15}NH_3$-Maser zur Messung und Definition der Zeit. J. De Prins. (Ann. Guébhard **37,** 119—82, 1961; Bruxelles, Univ. Libre; franz.) — Bericht über Konstruktion u. Unters. von $^{15}NH_3$-Maser. Messungen der scheinbaren Linienbreiten ergaben eine bevorzugte Verw. der Linie I = K = 3 als Frequenzstandard gegenüber der Linie I = 3, K = 2. Die Stabilität dieser Maser beträgt $2-3 \cdot 10^{-11}$, während die Genauigkeit größenordnungsmäßig 10^{-9} ist. Am Zweistrahlmaser durchgeführte Messungen ergaben, daß in diesem Falle die Stabilität von der Größenordnung 10^{-9} u. die Genauigkeit besser als 10^{-10} ist. Vf. bespricht hierauf die Verw. der Maser zur Definition u. Aufstellung einer Atomzeitskala, zur Analyse der Rotation der Erde u. zur Definition der Sekunde. C. Gottfried. 121

Untersuchungen über die Korngrößenabhängigkeit der Triboluminescenz. 1. Mitt. K. A. Becker und I. Schönewald. (Z. physik. Chem. [Frankfurt/M.] [N. F.] **33,** 241 bis 253, Juli 1962; Berlin, MPG, Fritz-Haber-Inst.; dt.) — Vff. fanden bei Unterss. über die Abhängigkeit der Triboluminescenzaktivität von der Kristallgröße beim Arsenolith, daß der Kurvenverlauf durch ein Maximum geht. Dieses unerwartete Vers.-Ergebnis wird durch eine inhomogene Verteilung der Triboluminescenz verursachenden Gitterstörungen im Kristall erklärt. Es werden Verss. beschrieben, die eine diskontinuierliche Verteilung bestätigen. Eine vereinfachte Modellvorstellung zeigt Möglichkeiten, wie der gefundene Kurvenverlauf rechner. zu erfassen ist. D. Noack. 125◇

Elektrolumineszenz in Zinksulfid infolge Minoritätsladungsträgerinjektion. W. A. Thornton. (J. electrochem. Soc. **108**, 636—45, Juli 1961; Bloomfield, N.J., Westinghouse Electr. Corp., Res. Dep.; engl.) — Vf. berichtet über Beobachtungen von Elektrolumineszenz in ZnS-Kristallen als Folge einer Infektion von Minoritätsladungsträgern beim Durchgang von Wechselstrom durch p-n-Verbindungen. Die Widerstandskomponente des Wechselstroms folgt der Diodengleichung $I = I'[\exp(V/V') - 1]$, wobei V die angelegte Spannung ist, u. die Parameter I' proportional $\exp[-E/kT]$ u. V' proportional der Temp. u. der Schichtdicke sind. G. M. Neumann. 125◇

Elektrolumineszenzlinien von ZnS-Pulverteilchen. 1. Mitt. Einbettungsmittel und grundlegende Beobachtungen. Albrecht G. Fischer. (J. electrochem. Soc. **109**, 1043—49, Nov. 1962; Princeton, N.J., Radio Corp. of America, RCA Labor.; engl.) — Neue Einbettungsmittel mit dem Brechungsindex des ZnS (Mischungen von Se–S, TlBr–TlCl, As–Br–S, As–J–S, As–Se–Br, As–Se–J) ermöglichen die mkr. Unters. von elektrolumineszierenden Teilchen. Licht wird in Form von Linien oder Streifungen fast von der gesamten Oberfläche der Teilchen emittiert. Die Helligkeit der Linien läßt sich in Abhängigkeit von der Spannung, der Frequenz, der Phase u. der Lage auf der einzelnen Linie messen. Vf. zeigt, daß die Elektrolumineszenzlinien mit submkr., linienförmigen u. leitenden Anordnungen von Fehlstellen, die mit Cu-Sulfid dekoriert sind, zusammenhängen. Gröbere sichtbare Fehlstellen sind nicht die Ursache der Elektrolumineszenz. P. Frenzel. 125◇

Elektrophotolumineszenz eines Zink-Cadmiumsulfid-Phosphors in Abhängigkeit von Anregungswellenlänge und Feldimpulsbreite. H. Gutjahr und F. Matossi. (Z. Physik **162**, 105—13, 3/3. 1961; Freiburg/Br., Univ., Inst. für Elektrowerkstoffe der Frauenhofer-Ges.; dt.) — Es werden für die gelbe Lumineszenz eines ZnCdS(Ag)-Leuchtstoffes in Pulverform die Größe u. Vorzeichen der einzelnen Teileffekte als Funktion der Wellenlänge der anregenden Strahlung u. in Abhängigkeit von Gleichspannungsimpulsen unterschiedlicher Breite u. Folgefrequenz untersucht. Bei period. Einw. elektr. Rechteckimpulse zeigt sich, daß die Veränderungen der Elektrophotolumineszenz während der ersten Impulse dazu führen können, daß ein Wechsel der Vorzeichen der Lichtblitze beim Ein- u. Ausschalten eintritt, wobei die Zeiten bis zum Umklappen abhängig von der Anregungswellenlänge sind. I. Zoll. 125◇

Zur Feldverstärkung an ZnSCdS–Mn-Phosphoren bei Röntgenanregung. H. Winkler, H. Röppischer und G. Wendel. (Z. Physik **161**, 330—38, 1961; Ilmenau, Hochsch. für Elektrotechn., Inst. für Phys.; Berlin, Dt. Akad. der Wiss., Phys.-Techn. Inst.; dt.) — Vff. untersuchen an einem ZnSCdS-Mn-Phosphor die Feldverstärkung $\varrho = B/B_0$ in Abhängigkeit von Spannung, Frequenz, Emissionswellenlänge u. Röntgenintensität. Der Spannungsverlauf des Feldfaktors ϱ zeigt einen Wendepunkt u. geht bei höheren Feldstärken in Sättigung über. Die größte Verstärkung ($\varrho \sim 6$) liegt bei tiefen Frequenzen; sie sinkt mit wachsender Frequenz schnell ab. Das Maximum der verstärkten Emission entspricht dem der gelben Manganbande bei 580 nm. Der Phosphor zeigt den von Destriau gefundenen „Gedächtniseffekt". Der Feldfaktor ϱ u. der Vorsensibilisierungsfaktor ν zeigen weitgehend ähnliche Abhängigkeiten. Bei kleinen Röntgenintensitäten nimmt ν stark zu. I. Zoll. 125◇

Anregung und Schädigung der Lumineszenz von $CaWO_4$ und ZnS/Ag durch Ionen. Gerhard Döll. (Z. Physik **162**, 215—28, 1961; Gießen, Univ., Phys. Inst.; dt.) — Vf. untersucht die Abhängigkeit der Lumineszenzintensität sowie Lumineszenzschädigung von Ionenenergie, Ionenmasse u. Ionenstromdichte bei $CaWO_4$ u. ZnS/Ag. Die Lumineszenzintensität nimmt bei Anregung mit Ionen schwerer als He nach dem Gesetz $J_0 = C_Y \cdot (E - E_0)^n$ mit der Energie der Ionen zu, wobei $n = 2$ für ZnS/Ag u. $n < 2$ für $CaWO_4$. Bei Anregung von ZnS/Ag u. CdS durch Ionen verschiedener Masse erhält man eine kompliziertere Abhängigkeit als bei $CaWO_4$. Im allg. nimmt die Lichtausbeute mit wachsender Ionenmasse ab. Bei ZnS/Ag bleibt sie im Bereich mittlerer Atomgew. fast konstant. Bei Anregung mit Ionen schwerer als Ne ändert sich die Lumineszenzschädigung bei $CaWO_4$ kaum, während sie bei ZnS/Ag bei mittelschweren Ionen ein Maximum aufweist. Bei einer Anregung mit 5-keV-Ionen ist bei $CaWO_4$ nur bis zu Stromdichten zwischen 4 u. $6 \cdot 10^{-8}$ A/cm^2 die Lumineszenzintensität proportional der Stromdichte. ZnS/Ag zeigt diese Stromdichteabhängigkeit der Lumineszenz nur bei Beschuß mit leichten Ionen. Die Lumineszenzschädigung ist bei $CaWO_4$ unabhängig von der Ionenstromdichte, bei ZnS/Ag dagegen um so geringer, je größer die Ionenstromdichte ist. I. Zoll. 125◇

Anregung von Zinkoxid durch langsame Elektronen. P. Wachter. (Z. Physik **161**, 62—73, 1961; München, TH, Labor. für Techn. Phys.; dt.) — Unter Anregung mit monochromat. Elektronen beginnt die Lumineszenz eines ZnO-Phosphors mit einer Schirmspannung von 2,8 V (Kontaktpotential 2,4 V). In der Steigung der Lumineszenzkurven tritt zwischen 7 u. 10 V Schirmspannung eine Abflachung auf. Es wird eine Quantenausbeute bei 10 eV-Elektronenanregung von ca. 1/200 erhalten.

I. Zoll. 125◇

Spektrale Zusammensetzung der Thermoluminescenz von gefärbten NaCl-Kristallen. J. Dolejší und A. Bohun. (Czechoslov. J. Physics B **10,** 529—35, 1960; Prague, Czech. Acad. of Sci., Inst. of Techn. Phys.; engl.) — Vgl. C. **1962, 4425.** — Nach der Kyropoulos-Meth. an Luft hergestellte, teilweise mit $<1\cdot10^{-5}$ bis $8\cdot10^{-4}$ Mol-% Cu dotierte NaCl-Einkristalle werden mit Röntgenstrahlen bei Raum-Temp. verfärbt u. die Thermoluminescenz wird zwischen 365 u. 480° K u. 2600—5600 Å spektrograph. untersucht. Der Einfl. der Wechselwrkg. von Leitungselektronen mit verschiedenen Farbzentren wird diskutiert. Herbert Müller. 125□

Luminescenz im System Al_2O_3–AlN. I. Adams, T. R. AuCoin und G. A. Wolff. (J. electrochem. Soc. **109,** 1050—54, Nov. 1962; Forst Monmouth, N.J., U. S. Army Signal Res. and Dev. Labor.; engl.) — Bei ca. 2000° bilden sich im Syst. Al_2O_3 (I)–AlN (II) Mischkristalle u. Rk.-Prodd. der allg. Zus. $Al_{(2+x/3)}O_{(3-x)}N_x$ (x Anzahl der N-Atome). Die beobachteten Phasen sind 1. **I** mit Korundstruktur u. zu vernachlässigendem Geh. an **II,** 2. eine dem δ-**I** ähnliche Phase bei ca. 5,5 (Mol-%) **II,** 3. eine Spinellphase mit bis zu 50 **II,** 4. eine neue Phase mit 50—67 **II,** die stets mit Phase 3 auftritt u. 5. **II** mit Wurtzitstruktur u. bis ca. 17 **I.** Röntgenbeugungsdiagramme werden mitgeteilt. Die Phasen 1—5 fluorescieren nicht, bei Anregung (2537 Å) zeigen sie blaue Phosphorescenz. Aktivierung mit Mn ergibt grüne oder rote Luminescenz, die Übergängen von Mn(II) u. Mn(IV) in verschiedene Gitterlagen zugeschrieben wird. Bei geeigneter Aktivierung (Cl_2 u. Temperung) wird bei allen Phasen Elektroluminescenz m sichtbaren Gebiet beobachtet. P. Frenzel. 125◇

A_3. Elektrizität. Magnetismus. Elektrochemie

Über die Stabilität eines dünnen Plasma-Ringleiters im Magnetfeld. 2. Mitt. Ju. W. Wandakurow. (J. techn. Physik [UdSSR] **30,** 781—89, Juli 1960; Leningrad, Physikal.-techn. Inst. der Akad. der Wiss. der UdSSR; russ.) — 1. vgl. C. **1961,** 11222. — Bedingungen für die Stabilität eines dünnen Plasmaringleiters mit Oberflächenströmen gegen langwellige Störungen (Wellenlänge vergleichbar mit Leiterlänge) werden theoret. in magnetohydrodynam. Näherung aufgestellt. Dabei wird angenommen, daß kein ideal leitender Mantel u. kein bzw. nur ein schwaches äußeres Längsfeld vorhanden ist.

F. Lenz. 131□

Magnetfallen mit Gegenfeldern. S. Yu. Luk'yanov und I. M. Podgornyi. (J. nuclear Energy, Part C **4,** 135—42, April 1962; engl. — C. **1962,** 12922.)

E. Klever. 131◇

Über die Wechselwirkung intensiver Elektronenbündel mit dem Plasma. A. K. Beresin, Ja. B. Fainberg, G. P. Beresina, L. I. Bolotin und W. G. Stupak. (Atomenergie [UdSSR] **11,** 493—97, Dez. 1961; russ.) — Die Energieverluste eines anfangs nicht modulierten Elektronenbündels beim Durchgang durch Plasma, welches sich nicht in einem Magnetfeld befindet, werden experimentell bestimmt. Bei einem Strom von 8 A, einer Energie von 26 keV u. einer Dichte des Plasmas von $7-9\cdot10^{10}$ cm^{-3} erreicht der Verlust 12% der Energie des Elektronenbündels. Der große Verlust wird auf kohärente Wechselwrkg. des Elektronenbündels mit dem Plasma zurückgeführt.

R. Teichmann. 131□

Untersuchung der Elektronendichte beim linearen Pinch mit 8,7-mm-Wellen. Hans Hermansdorfer. (Z. Naturforsch. **15a,** 979—83, Okt. 1960; München, TH, Labor. für Techn. Phys.; dt.) — Vgl. Fünfer u. Mitarbeiter, C. **1959,** 684. — Die Messungen wurden in der l. c. beschriebenen Anordnung bei einem Deuteriumdruck durchgeführt, der Teilchendichten von einigen 10^{15} cm^{-3} entsprach. Es wurde eine auf 35kV aufgeladene Kondensatorbatterie von 30 μf entladen. Die Frequenz des Entladungskreises betrug 10^5 Hz, die maximale Stromstärke ca. $3\cdot10^5$ A. Durch ein Fenster im Stromrückleiter wurde der Plasmazylinder mit einem Mikrowellenstrahl von 34,4 GHz radial bestrahlt u. die Phasenmodulation der durch das Plasma reflektierten Welle beobachtet. Die Bewegung der für die Reflektion krit. Schicht mit einer Elektronendichte von ca. 10^{13} cm^{-3} während des Afterglow u. während der Pinch-Vorgänge wird beschrieben. Bei der starken Plasmakontraktion lag die krit. Schicht innerhalb weniger mm in der Nähe der Gefäßwand. H. Liepack. 131□

Über die in Niederdruck-Gas- und Dampfentladungen auftretende Schichtung. János Bitó. (Magyar fizik. Folyóirat [Ung. physik. Z.] **10,** 303—15, Aug. 1962; Budapest, Fernmelde-Forsch.-Inst.; ung.) — Übersicht. — 92 Literaturangaben.

J. Plank. 131

Über den Entladungsmechanismus im Philips-Ionisationsmanometer (P. I. M.). Nobukazu Miyagawa. (Sci. Pap. Inst. physic. chem. Res. [Tokyo] **54**, 6—15, März 1960; engl.) — Vgl. C. **1961**, 6750. — Zur Erklärung des Mechanismus einer Penning-Entladung, wie sie im P.I.M. benutzt wird, werden eine Reihe von Experimenten angestellt. Sie zeigen, daß die Entladung hauptsächlich durch Ionisation des Gases in der Mittelebene zwischen den beiden Kathoden aufrechterhalten wird. In dieser Ebene werden die ionisierenden Elektronen in der gleichen Art in Bewegung gesetzt wie im Falle der B-Typ-Schwingungen im Magnetron mit geschlitzter Anode (Tomonaga, J. physic. Soc. Japan **3**, [1948], 5662). L. Roth. 131□

Über die Theorie der primären spezifischen Ionisation in Helium. R. T. Van de Walle und C. C. Grosjean. (Nuovo Cimento [10] **19**, 872—902, 1/3. 1961; Gent, Centrum van de Rijksuniv. te Gent, Interuniv. Inst. voor Kernwet.; engl.) — Im Ergebnis einer sorgfältig entwickelten Theorie, in die an Stelle der weniger genauen H-Wellenfunktionen numer. berechnete He-Wellenfunktionen eingeführt werden, kommen Vff. zu einer Formel für die nichtrelativist. prim. spezif. Ionisation der Elektronen in He. Die Formel wird diskutiert u. mit der Betheschen sowie mit einigen experimentellen Werten verglichen. Schließlich wird noch die Geschw.-Verteilung der bei der Ionisation entstehenden Sekundärelektronen untersucht. L. Roth. 131□

Messungen der Anlagerung energiearmer Elektronen an Sauerstoffmoleküle. L. M. Chanin, A. W. Phelps und M. A. Biondi. (Physic. Rev. [2] **128**, 219—30, 1/10. 1962; engl.) — Aus den Wellenformen der Elektronen u. negativen Ionen beim Durchgang eines Photoelektronenimpulses durch eine Laufzeitröhre wurde der Anlagerungs-Koeff. bestimmt. Aus der Druckabhängigkeit des Koeff. folgt, daß für mittlere Elektronenenergien < 1 eV die Anlagerung in Dreikörperstößen erfolgt, an denen 2 Sauerstoff-Moll. oder 1 Sauerstoff-Mol. u. 1 Fremdgas-Mol. beteiligt sind. Der Dreikörper-Koeff. für reinen O_2 nimmt mit der Elektronenenergie bis zu einem Maximum von $5 \cdot 10^{-30}$ cm^6/s bei einer mittleren Energie von 0,09 eV zu u. nimmt dann langsam ab. Der Dreistoßanlagerungs-Koeff. für therm. Elektronen beträgt bei 370°K $3{,}1 \cdot 10^{-30}$, 300 °K $2{,}8 \cdot 10^{-30}$, 195 °K $2 \cdot 10^{-30}$ u. 77°K $< 1 \cdot 10^{-30}$ cm^6/s. Die Häufigkeiten von N_2 u. He als 3. Körper sind ca. 50- u. 100mal kleiner als für O_2. Aus diesen Ergebnissen ist für die untere Ionosphäre auf einen Anlagerungs-Koeff. zu schließen, der um 1—2 Größenordnungen kleiner ist als der bisher angenommene Wert. Für mittlere Elektronenenergien $>$ ca. 1,5 eV sind Druckabhängigkeit u. Größenordnung des Anlagerungs-Koeff. in Übereinstimmung mit Elektronenstrahl-Unterss. der dissoziativen Anlagerung.
H. Liepack. 131◇

Ion-Neutralteilchen-Zusammenstöße beim Nachleuchten. W. L. Fite, J. A. Rutherford, W. R. Snow und V. A. J. Van Lint. (Discuss. Faraday Soc. Nr. **33**, 264 bis 272, 1962; San Diego, Calif., General Dynamics Corp., General Atomic Div.; engl.) — Vff. berichten über massenspektrometr. Unterss. des Nachleuchtens in Gasen, um den Zusammenstoß zwischen Ionen u. Neutralteilchen im Bereich therm. Energien näher zu untersuchen. Das Nachleuchten wurde durch Radiofrequenzentladungen bzw. durch Elektronenimpulse von 20 MeV erzeugt. Es zeigt sich, daß in atmosphär. Gasmischungen Ionenhaufen-Bldg., Ladungsübergänge u. Ionenaustauschprozesse auftreten.
G. M. Neumann. 131◇

Relaxationsprozesse und Trägheitseffekte. 1. Mitt. **Freie Rotation um eine feste Achse.** R. A. Sack. (Proc. physic. Soc., Sect. B **70**, 402—13, 1/7. 1957; Liverpool, Univ., Dep. of Theoret. Phys.; Manchester, British Rayon Res. Assoc.; engl.) — Vf. bespricht die Begrenzungen der üblichen Vorstellungen von Relaxationsprozessen für sehr kurze Perioden u. zeigt, daß bei sehr hohen Frequenzen das Prod. des Verlustfaktors u. der Frequenz dem Wert Null zustrebt. Mit Hilfe vereinfachter Gleichungen wurden die dielektr. Eigg. für ein Syst. starrer Dipole bestimmt, die um feste Achsen in einem viscosen Medium rotieren. Die Ergebnisse waren denen von Gross (C. **1957**, 16) für das gleiche Problem äquivalent u. stimmten für starke viscose Dämpfung mit den Relaxationsformeln von Debye überein, mit Ausnahme bei sehr hohen Frequenzen. Die Polarisation kann durch einen unendlichen diskreten Satz von Relaxationszeiten mit Amplituden alternierenden Vorzeichens beschrieben werden; die längste Relaxationszeit ist ident. mit der, die man nach Debye berechnet. C. Gottfried. 132

Relaxationsprozesse und Trägheitseffekte. 2. Mitt. **Freie Rotation im Raum.** R. A. Sack. (Proc. physic. Soc., Sect. B **70**, 414—26, 1/7. 1957; engl.) — 1. vgl. vorst. Referat. — Die Berechnungen des Einfl. der Trägheit auf die dielektr. Eigg. von Syst. von ident., nicht in Wechselwrkg. stehenden starren Dipolen wurden auf den Fall freier Rotation im Raum ausgedehnt. C. Gottfried. 132

Über die Theorie der thermischen Depolarisation von Photoelektreten. N. Kaschukejew, A. Antonow und G. Sadoroshny. (C. R. Acad. bulg. Sci. **14,** 447—50, 1961; russ., Auszug: engl.) — Die therm. Depolarisation von Photoelektreten im Dunkeln soll mit einem Typ von Haftstellen ablaufen. Sie wird unter folgenden Annahmen behandelt: 1. Die Löcher in der normalen Zone sind unbeweglich. 2. Das elektr. Feld im Modell während der Depolarisation ist infolge Kurzschlusses der Elektroden sehr gering. 3. Der Einfang freier Elektronen aus den Haftstellen überwiegt ihre Rekombination mit den Löchern in der normalen Zone. 4. Die Haftstellen sind nur leicht mit Elektronen gefüllt. M. Wiedemann. 132 □

Über nichtlineare Eigenschaften der Seignetteelektrika bei suprahohen Frequenzen. W. M. Petrow. (Nachr. Akad. Wiss. UdSSR, physik. Ser. **24,** 1372—75, Nov. 1960; Moskau, Lomonossow-Univ., Physik. Fak.; russ.) — Bei einer Frequenz von 3000 MHz wird die Abhängigkeit der DK von *$BaTiO_3$* u. *Varikonden* von der Wechselfeldstärke $E_\sim$ nach der Meth. der koaxialen Meßlinie untersucht. $BaTiO_3$ u. seine nichtlinearen festen Lsgg. zeigen bei 3000 MHz bis zu $E_\sim = 7$ kV/cm keine merkliche Nichtlinearität. Wenn eine solche schon bei $E_\sim = 1$ kV/cm auftritt, handelt es sich offenbar um reine Domänenpolarisation. R. K. Müller. 132 □

Anwendung der Ferroelektrizität auf Energiumwandlungs-Prozesse. W. H. Clingman und R. G. Moore jun. (J. appl. Physics **32,** 675—87, April 1961; Dallas, Tex., Texas Instr., Inc., Central Res. Labor.; engl.) — Es werden die Prinzipien der Umwandlung von Wärme in elektr. Energie bei ferroelektr. Stoffen mit Wärmecyclen um die Curie-Punkte beschrieben u. ein einfacher Ausdruck für den Wrkg.-Grad einer solchen Energieumwandlung abgeleitet. Mit vereinfachten Parameterwerten werden numer. Wirkungsgradzahlen für bestimmte Arbeitsbedingungen erhalten. Daneben wird auch ein allg. Ausdruck hergeleitet, der mit der vereinfachten Meth. verglichen wird. Dabei zeigt diese Analyse, daß für Bariumtitanat die exakte Theorie zu höheren Wirkungs-Graden als die vereinfachte Theorie führt. Dieser Wirkungsgrad steigt allg. mit wachsender äußerer Feldstärke u. mit zunehmender Probentemperatur. Er liegt bei prakt. Bedingungen zwischen 0,5 u. 1,0%. H. Fahlenbrach. 133 □

Anomale Änderungen der Gitterperioden, der dielektrischen und piezoelektrischen Eigenschaften fester Lösungen von (Ba, Pb)TiO_3. Ju. N. Wenewzew, W. Ss. Bondarenko, G. Ss. Shdanow, W. W. Tschkalowa und N. G. Stember. (Kristallographie [UdSSR] **6,** 375—80, Mai/Juni 1961; Phys.-chem. Karpow-Inst.; russ.) — Unterss. der festen Lsgg. von (Ba, Pb)TiO_3 mit einem $PbTiO_3$-Geh. bis zu 20 Gew.-%. Ebenso wie bei früheren, mit Ausgangsmaterial geringerer Reinheit durchgeführten Unterss. wurden sprunghafte Änderungen der im Titel genannten Eigg. sowie der Curie-Temp. mit der Konz. (bei 5,5; 9,2; 11 u. 13,7 Gew.-% $PbTiO_3$) gefunden. Die Zunahme des Verhältnisses c/a der Basisvektoren der tetragonal-verzerrten Zelle vom Perowskit-Typ mit der $PbTiO_3$-Konz. ist diskontinuierlich; die Abhängigkeiten der maximalen DK im Curie-Punkt ε_{max} sowie des Piezomoduls d_{33} von der Konz. haben steile Spitzen bei denselben Konz.-Werten. F. Lenz. 133 □

Über den Piezoeffekt in Varikonden. B. A. Strukow und N. D. Gawrilowa. (Nachr. Akad. Wiss. UdSSR, physik. Ser. **24,** 1369—71, Nov. 1960; Moskau, Lomonossow-Univ., Physik. Fak.; russ.) — Es wird gezeigt, daß bei nichtlinearen dielektr. Elementen (Varikonden) die parasitären piezoelektr. Dickeresonanzen, die gegenüber den Längen- u. Breitenresonanzen weit überwiegen, durch die richtige Wahl der geometr. Dimensionen weitgehend beseitigt werden können. R. K. Müller. 133 □

Über den Ursprung von großen Thermospannungen in einigen Metallen bei niedrigen Temperaturen. A. R. de Vroomen und M. L. Potters. (Physica [Utrecht] **27,** 1083—96, Nov. 1961; Nijmegen, Nederland, R. K. Univ., Phys. Labor.; Amsterdam, Math. Centrum; engl.) — Für Metalle, bei denen die Anomalien der Elektronen-Eigg. durch Übergangsmetallverunreinigungen verursacht werden, wird ein Mechanismus entwickelt, der Thermospannungen bis $\varkappa/e = 86\ \mu$V/Grad ergibt. Am Yosida-Modell werden die Eigg. dieses Mechanismus diskutiert. Die Verteilungsfunktion in Ggw. eines elektr. Feldes deutet auf einen Peltier-Wärmestrom 1. Ordnung u. mit der Kelvin-Relation auf eine Thermokraft 1. Ordnung hin. Bei jedem Modell, bei dem eine Polarisation des Übergangsmetallions über die Entfernung in der Größenordnung der mittleren freien Weglänge stattfindet, wird eine sehr hohe Thermokraft erhalten.
H. Schibilla. 133 □

Theoretische Überlegungen zur Definition des elektrolytischen Peltier-Effekts. Yves Thouvenin. (C. R. hebd. Séances Acad. Sci. **255,** 674—76, 23/7. 1962; Bellevue, S.-et-O., C.N.R.S., Labor. d'Electrolyse; franz.) — Auf Grund thermodynam. Überlegungen definiert Vf. die Peltier-Wärme als diejenige Wärmemenge, die an einer von einem elektr. Strom durchflossenen isothermen Phasengrenzfläche auftritt, wenn die Irreversibilität des Vorganges vernachlässigbar ist. Der Peltier-Koeff. ist gleich der beim Durchgang einer Ladungseinheit auftretenden Wärmemenge, die molare elektrolyt. Peltier-Wärme gleich der beim Übergang von einem Mol des elektrochem. wirksamen Ions von der Phase I zur Phase II auftretenden Wärmemenge. Letztere Größe wird als Funktion der partiellen molaren Entropien, der Transportzahlen u. der molaren Transportwärmen der Ionen angegeben; dabei wird zwischen dem Anfangs- u. dem stationären Zustand unterschieden. A. Blaschette. 133◇

Thermische Emission von positiven Ionen aus Alkalimetallverbindungen. Tomasz Goworek und Jan Kutnik. (Ann. Univ. Mariae Curie-Skłodowska, Sect. A **12,** 41—47, 1957, herausgeg. 1960; Lublin, Uniw. M. Curie-Skłodowskiej, Kat. Fiz. dośw.; pol., Auszug: engl.) — Der Ionenemissionsstrom von Alkalimetallen wurde bei Verw. einer W-Heizspirale in Abhängigkeit von der Temp. der Spirale gemessen. Zur Eliminierung von Schwankungen des Ionenstroms wurde ein Kompensationsgerät konstruiert, das Schwankungen bis auf 0,5% ausgleicht. Gefunden wurden die Austrittsarbeiten für Li (LiCl) 1,63 (eV), für K (KCl) 1,29, für Rb (RbCl) 0,99, für K (KJ) 1,03 u. für Na (NaBr) 2,12. F. Urban. 134□

Heitler-London-Näherung der elektrischen Leitfähigkeit. Jiro Yamashita. (J. appl. Physics, Suppl. zu **32,** Nr. 10, 2215—19, Okt. 1961; Tokyo, Japan, Univ. of Tokyo, Inst. of Solid State Phys.; engl.) — Es wird eine Heitler-London-Näherung der elektr. Leitfähigkeit vorgeschlagen, mit der die Leitung in Halbleitern auf Grund unvollständiger d-Schalen, bei denen die Elektronenbeweglichkeit gering ist, behandelt werden kann. Die physikal. Bedingungen, bei denen die Sprungbewegung der Elektronen vorherrscht, werden untersucht. H. Schibilla. 135□

Über die effektiven Massen eines sich in einem periodischen Feld bewegenden Elektrons. W. P. Smirnow. (Nachr. Leningrader Univ. **16,** Nr. 16, [Ser. Physik Chem.] Nr. 3, 34—39, 1961; russ., Auszug: engl.) — Die Formel für die effektive Masse wird im eindimensionalen Fall abgeleitet. Diese ist am Grund des ersten Bandes größer als die reelle. Wenn das Extrem des Bandes nahe dem verbotenen engen Band ist, ist die effektive Masse gering. Für den dreidimensionalen nichtentarteten Fall gelten ähnliche Formeln. M. Wiedemann. 135□

Optische Untersuchung von Halbleitern an der Universität von Rochester. D. L. Dexter. (Physics Chem. Solids **8,** 473—81, Jan. 1959; Rochester, N.Y., Univ., Inst. of Opt. and Dep. of Phys. and Astron.; engl.) — Vf. gibt einen Überblick über neuere Forschungen am angegebenen Institut, bes. über die opt. Eigg. von Nichtmetallen. Hierbei wird bes. auf die Absorption der Grundschwingung in *CdS*, *Alkali-*, *Ag-* u. *Tl(I)-Halogeniden,* die innere Photoleitung in Alkalihalogeniden, Elektronenvervielfachung in *PbS* u. *PbSe* sowie auf die Theorie der Excitonen eingegangen. G. Ruban. 135□

Fundamentalübergangsprozesse. D. Polder. (Physics Chem. Solids **8,** 536—38, Jan. 1959; Eindhoven, N. V. Philips' Gloeilampenfabrieken, Philips Res. Labor.; engl.) — Allg. Überblick mit bes. Berücksichtigung der Excitonen, Messungen der Absorption der Grundschwingung u. der eigenhalbleitenden Rekombinationsemission in *Si* u. *Ge*, magnetoopt. Verh. von Ge, *InSb* u. Cu_2O, Best. der Temp.-Abhängigkeit der Energielücke in *ZnS*, Auger-Rekombination (Band–Band), Messungen der Kernresonanz (zur Unters. von Quadrupolfeldern in kub. Verbb., z. B. InSb) u. der Spinresonanz (tiefliegende Niveaus in Ge u. Si). G. Ruban. 135□

Halbleitende Verbindungen mit Skutterudit-Struktur. F. Hulliger. (Helv. physica Acta **34,** 782—86, Dez. 1961; Zürich, ETH, Labor. für Festkörperphys.; dt.) — Vgl. C. **1961,** 5692. — Aus der bekannten Struktur des Skutterudits, $CoAs_3$, wird abgeleitet, daß $CoAs_3$ ein Halbleiter mit dem magnet. Atommoment null ist. Das gleiche ist für $CoSb_3$ der Fall. Da entsprechende Ni-Verbb. ein überlappendes d-Elektron besitzen, leiten sie metall. (z. B. $NiAs_3$) oder sind nicht existenzfähig (z. B. $NiSb_3$). Ein ähnlicher Übergang von nichtmetall. zum metall. Verh. tritt auch bei CoAsS → NiAsS u. bei $FeS_2 \rightarrow CoS_2$ auf. Ähnliche halbleitende u. schwachmagnet. Verbb. mit Skutterudit-Struktur wurden auch für Rh u. Ir vorhergesagt. Durch Sintern der Komponenten bei 750° wurden die Verbb. RhP_3, $RhAs_3$, $RhSb_3$, IrP_3, $IrAs_3$ u. $IrSb_3$ dargestellt. Pulveraufnahmen ergaben für alle Verbb. Skutterudit-Struktur mit a = 7,996; 8,451; 9,230; 8,015; $8{,}469_5$ u. 9,250 Å (alle ± 0,002 Å) in der vorst. Reihenfolge. Die Susceptibilität aller Verbb. erwies sich als diamagnet. u. temperaturabhängig. Messungen des elektr. Widerstandes an gepreßten Proben bestätigten den erwarteten Halbleitercharakter. Daneben sind Werte für die Thermospannungen tabellar. angegeben. H. Fahlenbrach. 135□

Diffusion, Löslichkeit und elektrisches Verhalten von Li in GaAs-Einkristallen. C. S. Fuller und K. B. Wolfstirn. (J. appl. Physics **33,** 2507–14, Aug. 1962; Murray Hill, N.J., Bell Telephone Labor., Inc.; engl.) — GaAs-Einkristalle werden nach der Bridgman-Meth. hergestellt, teilweise zonengeschmolzen u. dabei mit S dotiert; die Kristalle sind n-leitend mit spezif. Widerständen zwischen $2 \cdot 10^{-3}$ u. $> 10^3\ \Omega \cdot$cm. Die Proben werden mit metall. Li überzogen u. bei 800° mit Li gesättigt. Die Löslichkeit von Li in GaAs zwischen 500 u. 1150° wird flammenphotometr. bzw. durch Messung der elektr. Leitfähigkeit bestimmt; ein Löslichkeitsmaximum wird bei 1050° mit $4 \cdot 10^{19}$ Li-Atomen/cm^3 beobachtet. Außerdem wird die Löslichkeit beim Imprägnieren der Probenoberflächen mit Li_2O bei 800–1000° bzw. bei Sättigung aus LiBr-Dampf bei 800–1000° bestimmt. Da das Lösen des Li aus gesätt. GaAs-Oberflächen erfolgt, wird aus elektr. Messungen der Diffisuons-Koeff. von Li in GaAs erhalten. Die Diffusion ist nicht ideal u. kann mit dem scheinbaren Diffusions-Koeff. $D^* = 0{,}53 \cdot \exp(-1{,}0/kT)$ beschrieben werden. Aus der Diffusions-Geschw. u. der Kinetik der Locherzeugung folgt, daß Li in GaAs auf Substitutionsplätzen vorliegt. Beim Entfernen von Li durch Diffusion werden Akzeptoren gebildet, da anfänglich stabile Komplexe (Li^+Li^{2-}) auftreten, die auf Grund des Elektron–Loch-Gleichgewichts ein Auflösen von Li als Li^+-Donatoren in der Nähe der Kompensation verursachen. In mit S dotiertem GaAs werden beim Entfernen von Li wesentlich größere Akzeptor-Konzz., bezogen auf die Kompensation, gebildet. Herbert Müller. 135◇

Galvanomagnetische Effekte in Drei-Bänder-Halbleitern. Experimente mit InSb vom p-Typ. Gaston Fischer. (Helv. physica Acta **33,** 463–88, 15/8. 1960; Ottawa, Canada, Nat. Res. Council; engl.) — Widerstand u. Hall-Koeff. (HK) eines p-leitenden InSb-Einkristalls wurden zwischen 78 u. 300° K gemessen. Die Reproduzierbarkeit bei magnet. Feldstärken von −8 bis +8 kOe war gut. HK wechselte bei −160° K das Vorzeichen. Ein Dreibänder-Modell, das dieser u. auch anderen Messungen angepaßt wird, erlaubt es, alle Meßpunkte mit Hilfe von 6 Konst. zu berechnen. In diesem Modell treten 2 Arten von Löchern mit sehr verschiedenen Beweglichkeiten auf. Andere Modelle im Hinblick auf Ehrenreichs Theorie werden diskutiert. H. Föppl. 135□

Raumladungserscheinungen in Halbleitern bedingt durch die Feldabhängigkeit der Beweglichkeit. K. W. Böer. (Mber. dtsch. Akad. Wiss. Berlin **1,** 325–26, 1959; Berlin, Humboldt-Univ., II. Phys. Inst.; dt.) — Vf. berichtet über das Auftreten charakterist. Feldverzerrungen in Halbleitern, die durch Raumladungen hervorgerufen werden, wobei die Raumladungs- u. Feldverläufe durch die Abhängigkeit der Beweglichkeit von der Feldstärke bei hohen Feldern verursacht werden. Der Verlauf des Feldes wird im vereinfachten eindimensionalen Fall für einen n-Leiter durch ein Differentialgleichungs-Syst. gegeben. Harro Zimmer. 135◇

Zur Absorption und Photoleitung an der Grundgitterabsorptionskante besonders reiner CdS-Einkristalle. K. W. Böer und H. Gutjahr. (Mber. dtsch. Akad. Wiss. Berlin **1,** 326–31, 1959; dt.) — Vgl. vorst. Referat. — Es wird über die Absorption u. Photoleitung an der Grundgitterabsorptionskante bes. reiner CdS-Einkristalle berichtet, wobei mit wachsender Wellenlänge steil abfallende Absorption sowie eine bes. kleine Photoleitfähigkeit an der Absorptionskante auftritt. Der spektrale Verlauf der Photoleitung hat bei 500 nm (bei Zimmer-Temp.) ein Maximum, während über 525 nm keine Photoleitung nachzuweisen ist. Zwischen dem Verlauf von Absorption u. Photoleitung an der Grundgitterkante besteht bei reinen CdS-Einkristallen keine Übereinstimmung. Harro Zimmer. 135◇

Anwendung der Methode der gesteuerten Anregung auf das langzeitige Anklingen der Leitfähigkeit von CdS-Einkristallen bei Belichtung. K. W. Böer, D. Böhme und S. Oberländer. (Mber. dtsch. Akad. Wiss. Berlin **1,** 331–36, 1959; dt.) — Vgl. vorst. Referat. — Vff. berechnen für CdS-Einkristalle den Koeff. β, der das Anhaften von Elektronen an Hafttermen darstellt, u. die Konz. H einer diskreten Halttermgruppe, wobei die Meth. der gesteuerten Anregung bei der Unters. des langzeitigen Anklingens der Photoleitfähigkeit von CdS benutzt wird. Harro Zimmer. 135◇

Herstellung und Eigenschaften besonders reiner CdS-Einkristalle. K. W. Böer und Kl. Zimmermann. (Mber. dtsch. Akad. Wiss. Berlin **1,** 336–43, 1959; dt.) — Vgl. vorst. Referate. — Es wird über die Darst. von bes. reinen CdS-Einkristallen durch Züchtung aus der Dampfphase berichtet. Zur Umsublimation wurde gefälltes spektralreines CdS eingesetzt. Das Trägergas bestand aus 52% H_2, 28% N_2 u. 20% H_2S. Die effektive Wachstumszeit der Kristalle betrug ca. 6 Std., während die Abkühlung auf Raum-Temp. ca. 12 Std. dauerte. Einige physikal. Eigg. dieser CdS-Einkristalle, wie Leitfähigkeits-glow-Kurven, kantennahe Ausläuferabsorption u. spektrale Verteilung der Photoleitfähigkeit werden mitgeteilt. Harro Zimmer. 135◇

Polaron-Bändermodell und seine Anwendung auf Ce–S-Halbleiter. J. Appel und S. W. Kurnick. (J. appl. Physics, Suppl. zu **32,** Nr. 10, 2206–10, Okt. 1961; San Diego, Calif., Gen. Atomic. Div. of Gen. Dynamics Corp., John Jay Hopkins Labor. for Pure and Appl. Sci.; engl.) — Die atomare Beschaffenheit des Gitters u. die Ggw. therm. Phononen wird in dem Modell eines „kleinen Polarons" berücksichtigt. Die Eigenzustände dieses Polarons sind abhängig von der Temp., ebenso wie die aus den Eigenzuständen entstehenden Bänder u. Bandbreiten. Aus den Messungen der DK bei hohen u. niedrigen Frequenzen, der Temp.-Abhängigkeit des Seebeck-Effektes u. der Elektronenbeweglichkeit wird geschlossen, daß die Eigenzustände der elektron. Ladungsträger bei Ce–S-Halbleitern mit dem Modell des „kleinen Polarons" hinreichend erfaßt werden können. H. Schibilla. 135□

Untersuchungen an SnS. W. Albers, C. Haas, H. J. Vink und J. D. Wasscher. (J. appl. Physics, Suppl. zu **32,** Nr. 10, 2220–25, Okt. 1961; Eindhoven, Netherlands, N. V. Philips' Gloeilampenfabrieken, Res. Labor.; engl.) — Für das Syst. Sn–S wird die Abhängigkeit des Druckes u. der Temp. vom Mol.-Bruch von S aufgenommen. Der Druck von S_2 im Gleichgewicht mit SnS u. der fl. Phase sowie mit der festen Phase wird bestimmt. Die Lochbeweglichkeit in der Ebene senkrecht zur c-Achse beträgt ca. 90 cm^2/Vs bei Raumtemperatur. In Richtung der c-Achse ist sie 5mal kleiner. Über 200° werden reversible Anlaß-Effekte beobachtet, die durch die Vereinigung neutraler Sn-Leerstellen erklärt werden. Absorptionsmessungen ergeben u. a. eine Bandlücke von 1,08 eV bei 300° K u. 1,115 eV bei 77° K. Zwischenbandübergänge im Valenzband werden festgestellt. Die effektive Atomladung wird mit 0,7 e_0 bestimmt, u. die effektive Masse der Löcher in den 3 Kristall-Hauptrichtungen wird aus Reflexionsmessungen im IR mit $m_a = m_b = 0{,}20\, m_0$; m_c ca. $= m_0$ erhalten. Aus den Ergebnissen der Zustands-Dichtemessungen wird die Masse gemäß des Seebeck-Effektes mit $m_d \geqq 0{,}95\, m_0$ gefunden. Es werden mindestens 4 Äquivalenzmaxima des Valenzbandes beobachtet. H. Schibilla. 135□

Bandstruktur von HgSe und HgSe–HgTe-Legierungen. T. C. Harman und A. J. Strauss. (J. appl. Physics, Suppl. zu **32,** Nr. 10, 2265–70, Okt. 1961; Lexington, Mass., MIT, Lincoln Labor.; engl.) — An HgSe, $HgSe_{0,75}Te_{0,25}$, $HgSe_{0,5}Te_{0,5}$ (I) u. bei $HgSe_{0,25}Te_{0,75}$ mit Überschuß-Donatoren-Konzz. bis 10^{19} cm^{-3} wird das Verh. des Hall-Koeff. u. des Widerstandes zwischen 77 u. 350° K untersucht. Die Ergebnisse werden für I einzeln diskutiert. Sie hängen hauptsächlich von der Donatoren-Konz. ab. Mit einem Bändermodell, bei dem sich das Leitungsband u. das Valenzband überlappen (Überlappungsenergie ca. 0,07 eV), können die experimentellen Ergebnisse einschließlich der IR-Absorption von HgSe erfaßt werden. Daraus wird geschlossen, daß die untersuchten Substanzen mehr Halbmetalle als Halbleiter darstellen. H. Schibilla. 135□

Einflüsse von starker Verformung und Anlassen auf die elektrischen Eigenschaften von Bi_2Te_3. J. M. Schultz, J. P. McHugh und W. A. Tiller. (J. appl. Physics **33,** 2443–50, Aug. 1962; Pittsburgh, Pa., Westinghouse Res. Labor.; engl.) — Aus stöchiometr. Bi_2Te_3 werden durch Strangpressen bei ca. 275° unter Ar 3/32 in. dicke Stäbe hergestellt, an denen der Seebeck-Koeff. α u. der spezif. elektr. Widerstand ϱ als Funktion der Anlaßzeit bei 325–550° bestimmt wird. Durch nichtbasales Gleiten während der plast. Verformung wird ursprünglich p-leitendes Bi_2Te_3 n-leitend u. zeigt eine Abnahme von ϱ, da eine große Anzahl von Fehlstellen vorliegt; die elektr. akt. Fehlstellen sind Leerstellen. Da für das Verhältnis der Leerstellen $V_{Te}/V_{Bi} > 3/2$ gilt, tritt eine Vorzeichenänderung der Majoritätsladungsträger auf. Aus Messungen des Hall-Koeff. folgt, daß durch die Verformung ein Überschuß von $2 \cdot 10^{20}$ negativen Ladungsträgern im Gitter erzeugt wird. Beim Anlassen der verformten Proben in Inertgasatmosphäre steigen Versetzungen in stabile Lagen u. zehren Leerstellen mit einer Geschw. auf, die durch die geringe Wanderungs-Geschw. der Te-Leerstellen bestimmt wird. Dadurch nimmt α zunächst negatives Vorzeichen an u. ϱ steigt infolge einer Akzeptor–Donator-Vernichtung. Nach längeren Temperzeiten wird Bldg. von Versetzungsreihen, Rekristallisation u. Kornwachstum beobachtet; damit tritt weiterhin eine Akzeptor–Donator-Vernichtung auf, die von einem Anstieg der Ladungsträgerbeweglichkeit begleitet ist. Erfolgt das Anlassen in O_2-haltiger Atmosphäre, so wird O_2 im GaAs-Gitter gelöst u. es werden zusätzliche Donatorzustände erzeugt. Herbert Müller. 135◇

Anisotropie der elektrischen Leitfähigkeit und des Seebeck-Koeffizienten von $Bi_8Te_7S_5$. H. H. Soonpaa. (J. appl. Physics **33,** 2542–46, Aug. 1962; Minneapolis, Minn., General Mills, Inc., Electronics Group; engl.) — Vf. untersucht von hexagonal-rhomboedr. $Bi_8Te_7S_5$ (Raumgruppe $R\bar{3}m$) parallel u. senkrecht zur Basisfläche (Spaltebene) die elektr. Leitfähigkeit σ, die Hall-Beweglichkeit μ u. den Seebeck-Koeff. S zwischen 77 u. 400° K. Die Anisotropie von σ beträgt bei 77° K $\sigma_{\parallel}/\sigma_{\perp} = 7{,}56$ u. bei

373° K 5,57, während unterhalb 250° K $S_{\|}-S_{\perp} = -9\ \mu V$/Grad ist. Aus der Temp.-Abhängigkeit von σ, μ u. S folgt ein kompliziertes entartetes Leitungsband.

Herbert Müller. 135◇

Neue Untersuchungen an Rutil (TiO_2). H. P. R. Frederikse. (J. appl. Physics, Suppl. zu **32**, Nr. 10, 2211—15, Okt. 1961; Washington, D. C., Nat. Bur. of Stand.; engl.) — An red. u. mit Fremdionen (Nb) dotiertem Rutil werden die elektr. u. opt. Eigg. u. die Elektronenspin-Resonanzspektren gemessen u. diskutiert. Ein Modell für die Elektronen-Grundzustände u. für die Leitungsenergieniveaus, das den experimentellen Ergebnissen genügt, wird vorgeschlagen. Es wird angenommen, daß die Defekte im red. Rutil Ti(III)-Ionen auf Zwischengitterplätzen sind. Bei sehr niedrigen Temp. werden fast alle Elektronen an Polaronen (Kationenlagen) eingefangen. Bei ansteigender Temp. gehen einige der eingefangenen Elektronen ins Leitungsband über. Unterhalb 50° K liegt die Anregungsenergie dafür bei ca. 0,007 eV, bei Raum-Temp. um 1 Größenordnung höher. Es wird ferner gefolgert, daß die Leitung in dem schmalen 3 d-Band stattfindet, das mit den Ti(III)-Ionen verbunden ist. Mit der Annahme, daß die Polaron-Bindungsenergie mit dem H-Modell erfaßt werden kann, wird eine DK berechnet, die annähernd gleich dem stat. Wert ist. Dieses Ergebnis steht im Widerspruch zu den Vorstellungen der Elektron—Gitter-Kopplung. H. Schibilla. 135□

Über den Gyulai-Hartly-Effekt in Kaliumjodid-Einkristallen bei Temperaturen zwischen 77 und 297° K. Väinö Hovi, Esa Mäntysalo und Pertti Ketolainen. (Suomalaisen Tiedeakatemian Toimituksia [Ann. Acad. Sci. fenn.] Sarja A VI **1961,** Nr. 82, 1—16; Turku, Univ., Wihuri Phys. Labor.; engl.) — Im genannten Temp.-Gebiet ist der Effekt (Zunahme des elektr. Dunkelstromes durch plast. Verformung) temperaturunabhängig. Nach wiederholten Verformungen nimmt der maximale Zusatzstrom ab. Bei 77° K hat Entlastung einen Gegenstrom zur Folge; auch erneute Belastung ruft einen solchen hervor. Für die Deutung der Verss. ist die kleine Verunreinigung des Kristallmaterials durch $10^{18}/cm^3$ zweiwertige Ionen wesentlich. J. Teltow. 135□

Elektronen-Wellenfunktionen in metallischem Lithium. Joseph Callaway und Walter Kohn. (Physic. Rev. [2] **127,** 1913, 15/9. 1962; Riverside, Calif., Univ. of California, Dep. of Phys.; La Jolla, Calif., Univ. of California, Dep. of Phys.; engl.) — Wellenfunktion u. Energie eines Elektrons mit dem Wellenvektor k werden nach der Meth. von Silverman nach Potenzen von k entwickelt. — Vgl. auch Callaway, C. **1962,** 11477 u. früher. H. Liepack. 136◇

Der Hall-Effekt im binären System Eisen—Nickel. W. Jellinghaus und M. P. de Andres. (Inst. Hierro Acero **13,** 169—82, Febr. 1960; Düsseldorf, MPI für Eisenforsch.; span.) — Vgl. C. **1961,** 2886. K. Huste. 136□

Hall-Effekt von verdünnten Ni-Fe-Legierungen bei tiefen Temperaturen. R. Huguenin und D. Rivier. (Helv. physica Acta **34,** 770—73, Dez. 1961; Lausanne, Univ., Labor. de Phys.; franz.) — Zur Prüfung der Luttingerschen Beziehung $R_s = A\varrho^n$. $(1 < n < 2)$ [R_s = Hall-Konst., ϱ = spezif. elektr. Widerstand, A = Konst.] wird zwischen 4 u. 290° K ϱ_H (bei konst. Magnetfeld H) an Ni-Fe-Legg. mit Fe-Geh. von 0,6; 1,6 u. 2,2% u. verschiedenen Verunreinigungen bei Induktionen bis zu 2,9 Vs/m^2 gemessen. Bei 290° K wächst ϱ_H infolge des anomalen Hall-Effektes mit zunehmendem Fe-Geh. bei allen Feldern H. Bei 4,15° K nimmt ϱ_H beim Übergang von Ni auf Ni-Fe-Legg. mit 0,6% Fe zunächst stark ab, wächst aber mit weiter zunehmender Fe-Konz. wieder. R_s nimmt für alle Temp. mit wachsendem Fe-Geh. monoton zu. Die Luttingersche Theorie fordert für sehr tiefe Temp. u. verschwindende Verunreinigungen eine lineare (n = 1) Beziehung zwischen R_s u. ϱ. An den drei Leg.-Proben höchsten Reinheitsgrades konnte diese Linearität bei 4,15° K experimentell bestätigt werden. Bei der gleichen Leg. u. verschiedenen Verunreinigungen ist die Beziehung zwischen R_s u. ϱ dagegen sehr kompliziert. H. Fahlenbrach. 136□

Hall-Effekt von Kobalt bei tiefen Temperaturen. J. Dubois und D. Rivier. (Helv. physica Acta **34,** 773—75, Dez. 1961; Lausanne, Univ., Labor. de Phys.; franz.) — Wegen der unterschiedlichen Meßwerte des Hall-Effektes von Co in der Literatur werden erneute Unterss. an Proben extremer Reinheit (99,998%) bei 293°, 77° u. 4,15° K durchgeführt, wobei auch Strukturunterschieden durch Messungen in verschiedenen Probenrichtungen u. an Proben verschiedener Wärmebehandlung nachgegangen wird. Röntgenunterss. ergaben die Ggw. von 1,5% kub. β-Phase in der hexagonalen α-Phase. Bei den Unterss. ergaben sich Unterschiede im Hall-Widerstand ϱ_H bei geglühten u. nichtgeglühten Co-Proben. In beiden Fällen laufen für B = 0 für alle Temp. die Kurven in einem Punkt zusammen. In Abhängigkeit von B sind die ϱ_H-Kurven in zwei annähernd lineare Anteile zu zerlegen, wobei aber der Knickpunkt deutlich unterhalb der Sättigungsinduktion liegt. ϱ_H ändert sich ferner, bes. bei den ungeglühten Proben, nicht monoton mit der Temperatur. Ferner werden auch zum Teil recht beachtliche Unterschiede der

ϱ_H-Werte bei verschiedenen Meßrichtungen beobachtet. Verglichen mit den nichtgeglühten Proben sind die Hall-Konst. R_s der geglühten Proben deutlich größer. In diesem Fall ändert sich R_s auch monoton mit der Temperatur. H. Fahlenbrach. 136□

Druck- und Volumeneffekte in der Supraleitung. Heinrich Rohrer. (Helv. physica Acta **33,** 675—705, 1/10. 1960; Zürich, ETH, Inst. für calor. App. u. Kältetechn.; dt.) — Vgl. C. **1962,** 741 u. 11459. — Die Vol.-Änderung, die mit dem Übergang in den supraleitenden Zustand verbunden ist, wurde dilatometr. mit Hilfe der Drehspiegel-Meth. bestimmt; $\Delta v/v$ liegt in der Größenordnung 10^{-7} u. nimmt bei den meisten Metallen mit fallender Temp. zu. Untersucht wurden Proben von Sn, Pb, Tl, Ta, La, V, In, Hg, Al u. Cd. Die Ergebnisse sind ausführlich dargestellt u. einer eingehenden theoret. Deutung unterzogen. G. Kirschstein. 136□

Magnetismus bei Legierungen der Übergangsmetalle. M. Lomer. (Brit. J. appl. Physics **12,** 535—36, Okt. 1961; Harwell, Didcot, Berks., Atomic Energy Res. Establ.; engl.) — Obwohl die Elektronen-Struktur der Legg. der Übergangselemente sehr komplex ist, lassen sich doch gewisse einfache Zusammenhänge aufstellen, die aber überprüft werden müssen. Da die Annahme eines lokalen Atomspins nicht ohne Berücksichtigung der Lebensdauer der Spins möglich ist, ist bei kurzen Lebensdauern ein solches Modell völlig ungeeignet. Jedoch ist bei Cr, Mn, Fe, Co, Ni u. deren Legg. mit einfachen Metallen das Modell des lokalen Atomspins anwendbar. H. Fahlenbrach. 137□

Über die Deformationsschwingungen einer Blochwand. Pierre-Gilles de Gennes und Françoise Hartmann-Boutron. (C. R. hebd. Séances Acad. Sci. **253,** 1662—64, 16/10. 1961; franz.) — Unter Berücksichtigung der sich ausbildenden magnet. Streufelder werden die Deformations-Schwingungen von 180°-Bloch-Wänden in ungestörten Kristallen bei verschiedenen äußeren Anregungen berechnet. Dabei wird ferner gezeigt, daß solche Wandbewegungen zu Relaxationsvorgängen geringer Zeit-Konst. Anlaß geben. Dabei sind solche Kern-Relaxationen für Isolatoren hoher magnet. Permeabilität u. für Leiter zu erwarten. H. Fahlenbrach. 137□

Magnetostatische Schwingungsformen einer ferromagnetischen Platte. R. W. Damon und J. R. Eshbach. (Physics Chem. Solids **19,** 308—20, Mai 1961; Schenectady, N.Y., Gen. Electr. Res. Labor.; engl.) — C. **1962,** 8878. H. Fahlenbrach. 137□

Über die Ursache der magnetischen Härte von kaltverformten Fe–Ni–Cr-Legierungen. Günther Rassmann und Otto Henkel. (Physica Status solidi [Berlin] **1,** 517—22, 1961; Dresden, Forsch.-Inst. für metall. Spezialwerkstoffe; dt.) — In Anschluß an eine frühere Unters. der gleichen Vff. (Ber. Arbeitsgemeinsch. Ferromagnetismus **1958,** 120) werden an den gleichen Fe–Ni–Cr-Legg. mit sehr hohen Dauermagnetwerten weitere Unterss. durchgeführt, um die große magnet. Härte verständlich zu machen. Dabei wurde an Scheiben, die aus dicht nebeneinander gewickelten dünnen Drähten nach einem Glättungsstich heraus gestanzt worden waren, die Anisotropie, die Rotationshysterese, die Winkelabhängigkeit der Koerzitivfeldstärke H_c u. die Temp.-Abhängigkeit der Sättigungsmagnetisierung von H_c gemessen. Aus diesen Meßwerten ergibt sich, daß die Ursache der magnet. Härte eine Formanisotropie ferromagnet. kleiner Teilchen in einer paramagnet. Matrix ist. Aus den Werten für das Rotationshysterese-Integral ist zu schließen, daß die Ummagnetisierung über „curling"-Prozesse verläuft, wobei auch Aussagen über das Radienspektrum der α-Teilchen in den Legg. möglich gemacht werden. H. Fahlenbrach. 137□

Magnetostriktion von Eisen–Aluminium-Legierungen durch Abschrecken unter 0° in flüssigem Stickstoff. Ken'ichi Numakura. (Nippon Kinzoku Gakkai-Si [J. Japan Inst. Metals] **25,** 758—61, 1961; jap., Auszug: engl.) — Unterss. über die Magnetostriktion (MS) u. die Magnetisierung von 10 Arten polykristalliner, ferromagnet. Fe–Al-Legg. nach verschiedenen Wärmebehandlungen zeigen: Die MS von Fe-Legg. mit 2,39% Al hat nach 1 std. Erwärmung auf 1200° u. Abschreckung in W. einen Mindestwert nahe der Sättigung. MS der 8,43% Al enthaltenden Probe zeigt nach 1 std. Erwärmen auf 300° u. Abschrecken in fl. N_2 irreversible Hysterese. Einen Höchstwert der Sättigungs-MS zeigt die Probe mit ca. 12% Al, in der die Abweichung der Sättigungs-MS bei Wärmebehandlung am stärksten ist. W. Wesly. 137□

Messung der Dispersion der leichten Richtung in magnetischen dünnen Filmen. R. V. Peacock und G. Winsor. (Nature [London] **193,** 768, 24/2. 1962; Surrey, Salfords, Millard Res. Labor.; engl.) — Vff. nehmen Stellung zu einer Arbeit von Clow (C. **1962,** 1892) u. geben eine bessere Meth. zur Messung der Dispersion der leichten Richtung an, die nicht direkt durch das anisotrope Feld H_K beeinflußt wird. Die Messungen wurden an einem 1000 Å dicken 80/20-Ni–Fe-Film durchgeführt. D. Noack. 137□

Messung der Dispersion der leichten Richtung in magnetischen dünnen Filmen. H. Clow. (Nature [London] **193,** 768—69, 24/2. 1962; Hayes, Middlesex, Electric and Musical Ind. Ltd., Res. Labor.; engl.) — Vf. nimmt Stellung zu der Arbeit von Peacock u. Winsor (vgl. vorst. Ref.), die bestätigt wird. Eine falsche Interpretation eigener Messungen wird zugegeben. D. Noack. 137□

Die Abbildung magnetischer Feinstrukturen mit dem Faraday-Effekt. H. Boersch und M. Lambeck. (Z. Physik **165,** 176—83, 1961; Berlin, TU, 1. Phys. Inst.; dt.) — Mit einer mkr. Anordnung hohen Auflösungsvermögens u. großen Kontrastes werden die Elementarbereiche dünner *Fe*-Schichten mit Hilfe des Faraday-Effektes abgebildet. Durch Drehen der Einfallsebene des Lichtes gelingt es, in den einzelnen Bereichen die Richtung der spontanen Magnetisierung zu bestimmen. Durch Änderungen des von außen angelegten Magnetfeldes im Sinne einer Auf- oder Ummagnetisierung konnten der Übergang der Feinstruktur der Bereichsgrenzen in die Unterbereiche u. deren Feldstärke-Beeinflussungen beobachtet werden. H. Fahlenbrach. 137□

Ein einfaches Verfahren für die Bestimmung der wahren Remanenz an kleinen Dauermagneten. L. Heiszler. (Arch. techn. Messen ind. Messtechn. **1961,** R 137 bis R 139, Okt.; München, Siemens & Halske, Zentr. Prüfungsstelle; dt.) — Für kleine Dauermagneten mit einem Vol. von wenigen Zehntel cm^3 u. mehr u. mit planparallel geschliffenen Polflächen wird ein Meßverf. für die wahre Remanenz beschrieben. Dabei wird der Prüfling mit einem Schnittbandkern u. einem Zwischenstück (beide aus weichmagnet. Werkstoff) zu einem magnet. Kreis kurzgeschlossen u. mit zwei Spulen aufmagnetisiert. Durch Abheben der einen Hälfte des Schnittbandkernes u. Registrieren der dabei auftretenden Flußänderung läßt sich unter Berücksichtigung des Probenquerschnittes die wahre Remanenz ermitteln. Durch geeignete Wahl der Schnittbandkerne je nach Gestalt u. Sorte der zu prüfenden Dauermagnete läßt sich das Verf. sehr vielseitig gestalten. Es wird an einigen Sintermagneten der Sorten Alni 120, Alnico 400 u. Alnico 350 prakt. erprobt. H. Fahlenbrach. 137□

Zur Frage der Zusammensetzung und Rohstoffauswahl von oxidischen Dauermagneten mit Magnetoplumbitstruktur. H. G. Müller, G. Heimke, F. Henneberger und K. Krahl. (Abh. dtsch. Akad. Wiss. Berlin, Kl. Chem., Geol. Biol. **1961,** Nr. 3, 69—76; Dresden, Hochsch. für Verkehrswesen, Phys. Inst.; dt.) — Bei den Unterss. der Eigg. hexagonaler Dauermagnet-Ferrite der Zus. MO·6 Fe_2O_3 (M = Ba, Sr, Ca oder Pb) mit Magnetoplumbit-Struktur, bes. bei *BaO·6 Fe$_2$O$_3$* zeigte sich ein starker Einfl. von *Si*-Zusätzen. Dabei verbessert bes. Ca-Silicat die Dauermagnet-Eigg., da damit eine Förderung der Ferrit-Bldg. (ohne fl. Phase) hervorgerufen wird. Für die Herst. von Ba-Ferrit-Dauermagneten läßt sich Walzensinter ohne Beeinträchtigung der magnet. Güterwerte an Stelle von Fe_2O_3 verwenden. H. Fahlenbrach. 137□

Anregung von Spinwellen durch örtliche magnetische Oberflächenunregelmäßigkeiten. Ju. M. Jakowlew. (Festkörperphysik [UdSSR] **4,** 407—12, Febr. 1962; Leningrad, Elektrotechn.-Uljanow (Lenin)-Inst.; russ.) — Das von Le Craw u. Mitarbeitern (vgl. C. **1959,** 702) beobachtete stark anisotrope Verh. der Linienbreite der ferromagnet. Resonanz bei der Bldg. lokaler, künstlicher Unregelmäßigkeiten auf der Oberfläche einer polierten Ferritkugel wird von Vf. durch ausführliche Verss. an Yttriumgranateinkristallen bestätigt. Die Ergebnisse werden auf der Grundlage der Spinwellentheorie behandelt. H. Roschkowski. 137◇

Optische Beobachtung ferrimagnetischer Domänen. Myron A. Jeppesen und William A. Sloan. (Amer. J. Physics **29,** 789, Nov. 1961; Brunswick, Maine, Bowdoin Coll.; engl.) — Vff. bestimmen nach der Meth. von Dillon u. Earl (vgl. C. **1960,** 11562) mit einem gewöhnlichen Polarisationsmikroskop unter Benutzung der grünen Hg-Linie von λ = 5461 Å u. einer Photozelle anstatt des Okulars die Magnetisierungskurve (Hysteresiskurve) von dünnen Blättchen aus Gd–Fe-Granat bei Raum-Temperatur. Während des Hysteresiscyclus ändert sich die Orientierung der Domänen. K. Huste. 137□

Dynamische magnetische Eigenschaften der Ferrite. F. Voigt. (Abh. dtsch. Akad. Wiss. Berlin, Kl. Chem., Geol. Biol. **1961,** Nr. 3, 42—45, Jena, Inst. für Magnet. Werkstoffe; dt.) — Berichtet wird über die verschiedensten Magnetisierungsprozesse bei Ferriten, u. zwar bei verschiedenen Feldstärken u. bei verschiedenen Frequenzen bis zu 1000 MHz. Dabei ist für Mg-Ferrite bei 60 MHz eine Unterteilung der Magnetisierungsprozesse nach verschiedenen Feldaussteuerungen nicht notwendig. Die dynam. Potentialmulden, in denen die Bloch-Wände elast. festgehalten werden, haben über relativ weite Strecken einen parabelförmigen Verlauf. H. Fahlenbrach. 137□

Über die Schaltzeitmessung an Rechteckferriten. G. Vogler. (Abh. dtsch. Akad. Wiss. Berlin, Kl. Chem., Geol. Biol. **1961,** Nr. 3, 46—48; Jena, Inst. für Magnet. Werkstoffe; dt.) — Vgl. C. **1962,** 2998. — An Mn–Mg-Ferriten mit 40 (Mol.-%) Fe_2O_3, 25 MnO, 35 MgO wurde die Schaltzeit in Abhängigkeit von Aussteuerungs- u. vom Schaltimpuls bei —180, +20 u. +200° gemessen. Mit wachsendem Aussteuerungsimpuls wird die Schaltzeit bei gleichem Schaltimpuls größer, nimmt die Startfeldstärke zu u. die Aufspaltung der Schaltzeitkurven mit zunehmender Temp. ab u. verschwindet bei +200°. Die Meßergebnisse konnten mit einer erweiterten Theorie der Ummagnetisierung durch Keime erklärt werden. H. Fahlenbrach. 137□

Untersuchung über das Temperaturverhalten der Magnetisierung an hartmagnetischen Ferriten. G. Heimke. (Abh. dtsch. Akad. Wiss. Berlin, Kl. Chem., Geol. Biol. **1961,** Nr. 3, 59—68; Dresden, Hochsch. für Verkehrswesen, Phys. Inst.; dt.) — *BaO·6 Fe₂O₃* besitzt eine starke Temp.-Abhängigkeit der magnet. Eigg., die mit der Wechselwrkg. der 5 Untergitter für die Fe^{3+}-Ionen in Zusammenhang gebracht wird. Aus diesen Betrachtungen werden auch Bedingungen hergeleitet, diese Temp.-Abhängigkeit zu beeinflussen. Eine Bestätigung der Überlegungen wird durch $BaTiO_3 \cdot 5\ Fe_2O_3$ mit geringerer Temp.-Abhängigkeit der Remanenz erreicht. H. Fahlenbrach. 137□

Linienbreite der ferromagnetischen Resonanz in kobaltsubstituierten Ferriten. C. Warren Haas und Herbert B. Callen. (Physic. Rev. [2] **123,** 2202, 15/9. 1961; engl.) — Berichtigung von Gleichungen in der C. **1961,** 15293 referierten Arbeit.
Herbert Weber. 137◇

Halbwertsbreiten der ferrimagnetischen Resonanz in poly- und einkristallinen Mg- und Ni-Ferriten. E. Glauche. (Abh. dtsch. Akad. Wiss. Berlin, Kl. Chem., Geol. Biol. **1961,** Nr. 3, 54—58; Jena, Inst. für Magnet. Werkstoffe; dt.) — Zwischen —170 u. +20° u. bei Frequenzen von 9368 u. 24000 MHz werden die Halbwertsbreiten ΔH der ferrimagnet. Resonanz von Mg- u. Ni-Ferriten gemessen. Dabei wurden aus den gleichen Ausgangsstoffen sowohl Poly- als auch Einkristalle für die Unters. hergestellt. Bei den Einkristallen wird sowohl die Größe als auch die Temp.-Abhängigkeit von ΔH vom Geh. an Fe^{2+}-Ionen mitbestimmt. Bei Einkristallen mit Fe^{2+}-Geh. ist ΔH auch von der Kristallorientierung abhängig. Bei den polykristallinen Ferriten wird die Linienverbreiterung durch die Kristallanisotropie u. die Porosität verursacht.
H. Fahlenbrach. 137□

Experimentelle Bestimmung der Komponenten des Permeabilitätstensors und des spektroskopischen Aufspaltungsfaktors an Mg–Mn-Ferriten im Mikrowellengebiet. 1. Mitt. K. H. Gothe. (Ann. Physik [7] **6,** 298—306, 1960; Berlin-Adlershof, Heinrich-Hertz-Inst. der Dtsch. Akad. der Wiss.; dt.) — Vf. berichtet über App. zur experimentellen Best. der Tensorkomponenten bei 3,2 cm Wellenlänge. Die gemessenen Komponenten des Permeabilitätstensors werden für $\lambda = 3{,}18$ cm dargestellt. Aus der ferromagnet. Resonanzabsorption bei 3,2 u. 1,25 cm wurden ein inneres Feld von 90 Oe u. ein „wahrer“ g-Faktor von $2{,}04 \pm 0{,}01$ bestimmt. Die Messungen bei beiden Frequenzen ergaben eine eindeutige Frequenzabhängigkeit des g-Faktors.
H. Liepack. 137□

Eisen–Titanoxid-Mineralien, -Gesteine und aeromagnetische Anomalien im Adirondack-Gebiet, New York. J. R. Balsley und A. F. Buddington. (Econ. Geol. **53,** 777—805, Nov. 1958; Washington, D.C.; Princeton, N.J., Univ.; engl.) — Vgl. C. **1958,** 7382. — Unterss. einer großen Zahl von Proben metamorpher u. Ergußgesteine des Adirondack-Massivs ergaben magnet. Anomalien mit positiver u. negativer Magnetoremanenz. Durch chem. u. mineralog. Analyse der Gesteine wurde die Ggw. von Haematiten, verschiedentlich aber auch verstreute Einlagerungen von Titanohaematit, Ilmenohaematit u. Rutililmenohaematit nachgewiesen. Es zeigte sich, daß die Gesteine mit solchen sehr O-haltigen Einschlüssen eine Umkehrung des erzeugten magnet. Feldes hervorrufen, so daß Gesteine mit bekannt positiver Magnetisierbarkeit mehr oder weniger negativen Magnetismus aufwiesen. R. Kaiser. 137□

Einfluß von Zusätzen auf das Energiespektrum der Elektronen in Wismut. N. B. Brandt und M. W. Rasumejenko. (J. exp. theoret. Physik [UdSSR] **39,** 276—84, Aug. 1960; russ., Auszug: engl.) — Der Einfl. kleiner *Pb*-Verunreinigungen auf die Oscillationen der magnet. Susceptibilität von Bi wurde zwischen 1,7 u. 4,2° K bei verschiedenen Orientierungen des Magnetfeldes zu den kristallograph. Achsen untersucht. Bei Zunahme der Pb-Konz. bis zu 0,037 Gew.-% ändern sich Form der Fermi-Oberfläche u. Tensor der effektiven Elektronenmasse prakt. nicht, während die Fermi-Energie u. die Elektronen-Konz. mit zunehmender Pb-Konz. abnehmen. Die Änderung der Anisotropie der magnet. Susceptibilität von Bi mit zunehmendem Pb-Geh. kann nicht durch die Änderung der Elektronen- u. Defektelektronenparameter erklärt werden, sondern nur durch die Annahme eines stark diamagnet. Valenzbandes in Bi (vgl. Adams II, C. **1954,** 2556). H. Liepack. 137◇

Über die neue magnetische Phase im System Mangan–Aluminium–Kupfer. Ichiro Tsuboya. (J. physic. Soc. Japan **16**, 1875—80, Okt. 1961; Musashino-shi, Tokyo, Nippon Telegraph and Telephone Publ. Corp., Electr. Commun. Labor.; engl. — C. **1962**, 13298.) H. Fahlenbrach. 137□

Die magnetische Susceptibilität aluminiumreicher intermetallischer Verbindungen der Übergangsmetalle. M. A. Taylor. (Proc. physic. Soc. **78**, 1244—54, 1/12. 1961; Cambridge, Cavendish Labor., Crystallographic Labor.; engl.) — In Al-reichen intermetall. Verbb. mit Übergangsmetallen kann das Verh. von Übergangsmetallen in einer elektronenreichen Umgebung untersucht werden. Die Aufzeichnung der Elektronendichten durch Röntgenwerte u. die Berücksichtigung von Brillouin-Zonen für diese Verbb. lieferten bis jetzt noch keine fehlerfreien Ergebnisse über den Zustand der Übergangsmetallatome. Vf. gibt Meßergebnisse für die magnet. Susceptibilitäten von VAl_{10}, V_7Al_{45}, V_4Al_{23}, VAl_3, V_5Al_8, Cr_2Al_{11}, $CrAl_7$, $CrAl_4$, $MnAl_6$, $MnAl_4$, μ(AlMn), Mn_3Al_{10}, Mn_4Al_{11}, Fe_4Al_{13}, Fe_2Al_5, $FeAl_2$, Co_2Al_9, Co_4Al_{13}, $CoAl_3$, $NiAl_3$, Ni_2Al_3 u. Al an. Aus diesen Messungen werden Kenntnisse über den 3d-Zustand der Übergangsmetallatome abgeleitet. R. Esenwein. 137□

Eine Erklärung der Änderung der magnetischen Susceptibilität von Neodymgallat zwischen 20 und 300° K. Jean Thomas. (C. R. hebd. Séances Acad. Sci. **253**, 1772—73, 23/10. 1961; Grenoble, Inst. Fourier, Labor. de Electrostatique et de Phys. du Métal; franz.) — Bisher unveröffentlichte Ergebnisse von Duclos über die Temp.-Abhängigkeit der Susceptibilität von Nd-Gallat zwischen 20 u. 300° K werden zu erklären versucht. Oberhalb 180° K wird die Curie-Konst. C von 1,03 u. der zusätzliche konst. Paramagnetismus α von $0{,}11\cdot10^{-2}$ relativ einfach durch kub. Symmetrie der Umgebung der Nd^{3+}-Ionen erklärt. Unterhalb 180° K soll aber eine weitere Blockierung eintreten, die zu $C = 0{,}6$ u. $\alpha = 0{,}55\cdot10^{2}$ führt. Diese Ergebnisse werden durch eine Änderung der kub. Symmetrie der Nd^{3+}-Umgebung u. durch das Wirksamwerden von Störungsgliedern in der Hamilton-Funktion des Kristallfeldes zu deuten versucht. H. Fahlenbrach. 137□

Die magnetische Susceptibilität von Eisen(II)-fluorosilicat bei tiefen Temperaturen. L. C. Jackson. (Philos. Mag. [8] **4**, 269—72, Febr. 1959; Bristol, Univ., H. H. Wills Phys. Labor.; engl.) — Es wurden die magnet. Susceptibilitäten parallel ($\chi_{\parallel}$) u. senkrecht ($\chi_{\perp}$) zur trigonalen Achse zwischen 1,6—77° K mit einer Sucksmith-Waage gemessen. Bei tiefen Temp. ist $\chi_{\parallel}$ wesentlich kleiner als $\chi_{\perp}$ u. daher nicht mit großer Genauigkeit bestimmbar. Die Genauigkeit für $\chi_{\perp}$ betrug $\pm$ 1%. Das Verhältnis $\chi_{\perp}/\chi_{\parallel}$ wurde bei 77° K zu 1,7, bei 20° K zu 4,5 u. bei 1,6° K zu 160 bestimmt. K. Huste. 137◇

Magnetische Susceptibilität von Neptuniumhexafluorid in Uranhexafluorid. Clyde A. Hutchison jun., Tung Tsang und Bernard Weinstock. (J. chem. Physics **37**, 555—62, 1/8. 1962; Chicago, Ill., Univ. of Chicago, Enrico Fermi Inst. for Nucl. Stud. and Dep. of Chem.; Argonne, Ill., Argonne Nat. Inst.; engl.) — Die magnet. Susceptibilität χ von NpF_6 in UF_6 wurde im Temp.-Bereich zwischen 336,9° K u. dem Kp. von He u. mit Molenbrüchen zwischen 0,04 u. 1,00 gemessen. Bei unendlicher Verdünnung ergibt sich χ_0 zu $165\cdot10^{-6}$ cm^3/Mol, g_s zu 0,605. Die Meßwerte werden tabellar. mitgeteilt. Reines UF_6 hat ein temperaturunabhängiges χ von $(43{,}7 \pm 2{,}6)\cdot10^{-6}$ cm^3/Mol., Quarzglas $(-0{,}412 \pm 0{,}005)\cdot10^{-6}$ cm^3/g. P. Sartori. 137◇

Magnetisierung und magnetocalorischer Effekt in Uranhydrid und -deuterid. A. I. Kartschewski und Je. M. Burjak. (Nachr. Akad. Wiss. UdSSR, physik. Ser. **25**, 1387—88, Nov. 1961; russ.) — Vff. untersuchen die Magnetisierung von UH_3 u. UD_3 bei 4,2 u. 77,4° K in magnet. Feldern bis zu 23 kOe. Im Gebiet des Curie-Punktes wurde die Temp.-Abhängigkeit der Magnetisierung u. des magnetocalor. Effektes für ein großes Intervall der magnet. Feldstärke aufgenommen. Für alle Feldstärken ist die Magnetisierung bei UH_3 um 6% größer als bei UD_3. Für die Temp.-Abhängigkeit der Susceptibilität wurde eine neuer Ausdruck gefunden: $\chi_{mol} = C_{mol}/(T - T_0) + \chi_0$. Der paramagnet. Curie-Punkt liegt für UH_3 bei 176° K, für UD_3 bei 175° K, die ferromagnet. Curie-Punkte liegen entsprechend bei 182,0 u. 178,5° K. Bei 17 kOe beträgt die Größe des magnetocalor. Effektes entsprechend 0,53 u. 0,4°. G. Ewald. 137□

Magnetismus und Molekularstruktur: Abschätzung des Metall–Stickstoff-Bindungseffektes in Zinkchlorid-Komplexen organischer Basen. V. G. Sonalkar und M. G. Datar. (Current Sci. [Bangalore] **29**, 468—70, Dez. 1960; Bombay, Inst. of Sci., Dep. of Chem.; engl.) — Durch Vgl. der molaren Susceptibilitäten schätzen Vff. die relative Stärke der Metall-N-Bindung in Komplexen mit verschiedenen Liganden ab. Es wird eine Bindungsdepression in Richtung NH_3 > o-Toluidin > Pyridin > Anilin > p-Toluidin > m-Toluidin > Chinolin > m-Xylidin festgestellt. H. Kuckertz. 137□

Magnetische Untersuchung von Cu-Butyrat-Monohydrat und von Cu-Stearat. Takashi Watanabe. (J. physic. Soc. Japan **16,** 1677—81, Sept. 1961; Tokyo, Metropolitan Univ., Fac. of Sci., Dep. of Phys.; engl.) — Zwischen 90 u. 300° K wird die magnet. Susceptibilität χ_m von $Cu(C_3H_7COO)_2 \cdot H_2O$ (I), $Cu(C_{17}H_{35}COO)_2$ (II) u. $Cu(CH_3 \cdot COO)_2 \cdot H_2O$ (III) gemessen. Nach der Beziehung $\chi_m = (0{,}125\ g^2/T)\,[1 + (^1/_3) \exp(+ J/kT)]^{-1}$ wird aus den Meßwerten von χ_m auf die Austauschenergie J zwischen den Cu^{2+}-Ionen auf nächstbenachbarten Gitterstellen geschlossen. In °K ergeben sich dabei die J-Werte für **I** zu 430 ± 15, **II** zu 485 ± 15 u. **III** zu 430 ± 15. Der g-Wert von **II** mit 2,32 ± 0,05 ist deutlich größer als der von **III** mit 2,18 ± 0,05.
H. Fahlenbrach. 137□

Standard-Substanzen für magnetische Susceptibilitätsmessungen. P. Cossee. (J. inorg. nuclear Chem. **14,** 127—29, Juli 1960; Leiden, Rijks Univ., Labor. voor Anorg. en Phys. Chem.; engl.) — Die Tutton-Salze $MeSO_4 \cdot (NH_4)_2SO_4 \cdot 6\ H_2O$ ($Me^{2+} = Fe^{2+}$, Co^{2+}, Ni^{2+}) sowie $Fe_2(SO_4)_3(NH_4)_2SO_4 \cdot 24\ H_2O$ (I) werden auf ihre Eignung als Eichsubstanzen für Messungen der magnet. Susceptibilität hin untersucht. Messungen mit der Faradayschen Torsionswaage bei + 20 u. —193° ergaben für das Ni-Salz sowie für I eine hinreichende Unabhängigkeit der Waage-Konst. von der Feldstärke, nicht aber für das Fe- u. das Co-Salz. Für Messungen im Temp.-Bereich bis 1070° K erwies sich Gd_2O_3 als geeignete Eichsubstanz.
W. Betcke. 137◇

Über die Linienform der Elektronenresonanz in einem Teilchen-System mit anisotropem g-Faktor. A. K. Tschirkow und A. A. Kokin. (J. exp. theoret. Physik [UdSSR] **39,** 1381—86, Nov. 1960; russ., Auszug: engl.) — Die Momente u. die Form der Absorptionslinien eines Syst. beliebig orientierter, nicht in Wechselwrkg. stehender Teilchen mit einem anisotropen g-Faktor werden für den Fall fehlender therm. Bewegung berechnet. Die Ergebnisse werden mit experimentellen Werten der Resonanzabsorption in Pulvern, Glas u. unterkühlten Lsgg. verglichen. H. Liepack. 137◇

Dichtemessungen an atomarem Sauerstoff und Stickstoff durch elektronenparamagnetische Resonanz. C. A. Barth, A. F. Hildebrandt und M. Patapoff. (Discuss. Faraday Soc. Nr. **33,** 162—72, 1962; Pasadena, Calif., California Inst. of Technol., Jet Propulsion Labor.; engl.) — Vff. berichten über Messungen der Höhe der Maxima, der Linienbreite u. des doppelt integrierten Signals bei verschiedener Amplitudenmodulation für die J = 1-Linie von O, die zusammengesetzte J = 2-Linie u. die N-Linie. Es zeigt sich, daß bei hohen Modulationsamplituden die Linien sich wie Lorentz-Linien verhalten. Diese Meth. ermöglicht es, die Dichte des atomaren O bei Drücken > 1 mm Hg ohne doppelte Integration des paramagnet. Resonanzsignals zu bestimmen.
G. M. Neumann. 137◇

Elektronenspinresonanz von Gd^{3+} und Eu^{2+} in CaO-Einkristallen. Alexander J. Shuskus. (Physic. Rev. [2] **127,** 2022—24, 15/9. 1962; East Hartford, Conn., United Aircraft Res. Labor.; engl.) — Mit Eu^{2+} u. Gd^{3+} dotierte CaO-Einkristalle wurden durch paramagnet. Resonanz im X-Band bei 290, 77 u. 4,2° K untersucht. Die Spektren von Eu^{2+} u. Gd^{3+} lassen sich durch eine kub. Spin-Hamilton-Funktion beschreiben. Die Konst. des Gd^{3+}-Spektrums bei 290° K sind $g = 1{,}9913 \pm 0{,}0005$, $b_4 = (+11{,}6 \pm 0{,}1) \cdot 10^{-4}\ cm^{-1}$, $b_6 = (-1{,}15 \pm 0{,}1) \cdot 10^{-4}\ cm^{-1}$. Die Aufspaltung des Grundzustandes beträgt $(380 \pm 4) \cdot 10^{-4}\ cm^{-1}$. Die Konst. des Eu^{2+}-Spektrums bei 290° K sind $g = 1{,}9914 \pm 0{,}001$, $b_4 = (+24{,}0 \pm 0{,}5) \cdot 10^{-4}\ cm^{-1}$, $b_6 = (-1{,}6 \pm 0{,}5) \cdot 10^{-4}\ cm^{-1}$, $|A^{151}| = (29.6 \pm 0{,}1) \cdot 10^{-4}\ cm^{-1}$ u. $|A^{153}| = (13{,}05 \pm 0{,}2) \cdot 10^{-4}\ cm^{-1}$. Die Aufspaltung des Grundzustandes beträgt $(781 \pm 20) \cdot 10^{-4}\ cm^{-1}$. Die Aufspaltungsparameter ändern sich nur wenig zwischen 290 u. 4,2° K. H. Liepack. 137◇

Elektronen-Kern-Doppelresonanz-Spektren von F-Zentren in Alkalihalogenid-Kristallen. Horst Seidel. (Z. Physik **165,** 218—38, 1961; Stuttgart, TH, II. Phys. Inst.; dt.) — Die Elektronen-Kern-Doppelresonanzspektren (EKDR) von F-Zentren in NaCl, KF, KCl, KBr u. KJ wurden bei 300, 90 u. teilweise 20° K aufgenommen. Das Verf. erlaubt, die EKDR auch bei relativ kurzen Relaxationszeiten ($\sqrt{T_1 T_2} \geq 10^{-6}$ s) zu messen. Die Sättigung des Absorptionssignals der ESR wird durch ein zusätzliches Hochfrequenzfeld stationär red., wenn dieses Spinresonanzen der mit dem Elektron magnet. gekoppelten Kerne anregt. Die Hyperfeinstrukturwechselwrkg. des F-Zentrenelektrons mit den der Anionenlücke benachbarten Kernen wurden bis maximal zur 8. Schale bestimmt. Ein Vgl. der experimentellen Ergebnisse mit denen der Theorie von Gourary u. Adrian liefert nur für die nächsten u. zweitnächsten Nachbarn gute Übereinstimmung.
I. Zoll. 137◇

Die Dynamik der stationären Elektronen-Kern-Doppelresonanz von F-Zentren in Alkalihalogenid-Kristallen. Horst Seidel. (Z. Physik **165,** 239—52, 1961; dt.) — Vgl. vorst. Referat. — Die Abhängigkeit des stationären EKDR-Signals der F-Zentren in

Alkalihalogenidkristallen von den Feldstärken H_1 des Mikrowellenfeldes zur Sättigung der ESR u. H_2 des Hochfrequenzfeldes für die EKDR-Übergänge wird untersucht. Die wesentlichen Ergebnisse lassen sich an Hand eines einfachen Modells interpretieren: Bei Anregung von EKDR-Übergängen wird die Spin–Gitter-Relaxation des Elektrons dadurch verstärkt, daß die EKDR-Übergänge zusammen mit einem weiteren Relaxationsprozeß eine zusätzliche Verbindung zwischen den Niveaus der gesätt. ESR herstellen. Während die EKDR-Linien der nächstbenachbarten Kerne mit starker Elektron-Kern-Wechselwrkg. inhomogen verbreitert sind, weisen die weiter entfernten Kerne mit schwacher Wechselwrkg. homogene EKDR-Linien auf. Ihre Breite ist kleiner als es der aus der Sättigung der Elektronenspinresonanz entnommenen Relaxationszeit $\sqrt{T_1 T_2}$ des Elektrons entspricht. I. Zoll. 137◇

Ultraschallanregung der Kernresonanz in Kaliumjodid. A. H. Silver. (Physics Chem. Solids **23**, 273–85, März 1962; Dearborn, Mich., Ford Motor Co., Sci. Labor.; engl.) — KJ-Einkristalle werden parallel zur [1 0 0]-Achse mit transversalem bzw. longitudinalem Ultraschall (10 MHz) angeregt u. die Kernresonanz von ^{127}J mit einem Synchrondetektor für Radiofrequenz untersucht; die Ableitung der Absorptionskurve wird durch Modulation des Magnetfeldes mit 35 Hz erhalten. Aus der Unters. des Einfl. mechan. Schwingungen auf die Kernresonanz folgen Relaxationseffekte u. die Verteilung mechan. Spannungen im Kristall. Beide Formen der akust. Wellen können Kernquadrupolübergänge anregen, u. die Anregung wird durch mechan. Resonanz verstärkt. Da die Kernresonanzsignale von ^{127}J durch Gitterfehler inhomogen verbreitert werden, erfolgt keine Entartung der Übergangsfrequenzen der magnet. Dipole mit $\Delta m = \pm 2$. In verschiedenen Teilen der Resonanzlinie werden Verstärkung u. Sättigung der Resonanz beobachtet; diese Effekte werden mit einer Lösung der Geschw.-Gleichungen für die Besetzung des Syst. mit 6 Energiezuständen (Kernspin $m = -5/2$ bis $m = +5/2$) verglichen. Das Verhältnis der therm. Übergangswahrscheinlichkeiten mit $\Delta m = \pm 1$ u. $\Delta m = \pm 2$ wird zu $\alpha = 1$ bestimmt. Die Verw. der Ultraschallanregung zur Unters. der auf mechan. Spannungen beruhenden Verteilung der elektr. Feldgradienten wird beschrieben; in der Meth. wird die Hauptresonanz zum Nachw. der Satelliten benutzt. Herbert Müller. 137□

Untersuchung von Lage und Breite der charakteristischen Kernresonanzlinie des H_2-Moleküls. Marcel Chaigneau, Elie Dayan und Gérard Widenlocher. (C. R. hebd. Séances Acad. Sci. **255**, 2597–99, 12/11. 1962; Bellevue, Seine-et-Oise, C.N.R.S., Labor. des Hautes Pressions; Paris, Fac. de Pharm., C.N.R.S., Labor. des Gaz; franz.) — Die KMR-Spektren (60 MHz) von H_2 u. CH_4 wurden bei 20° u. 20 kg/cm² aufgenommen. Die chem. Verschiebung der H_2-Linie ergibt sich, bezogen auf $(CH_3)_4Si$, zu $2{,}71 \pm 0{,}23$ ppm (zu geringeren Feldstärken), ihre Halbwertsbreite zu 1,6 ppm (96 Hz). Die entsprechenden Werte für CH_4 sind $-(1{,}41 \pm 0{,}03)$ ppm u. ca. 1 Hz. Die beiden Gase wurden durch Rk. von CaH_2 bzw. Al_4C_3 mit W. im Einschlußrohr hergestellt. A. Blaschette. 137◇

Eine Untersuchung von Überführungs- und Solvatationsvorgängen. 1. Mitt. Uranylchlorid in Wasser, Äthanol und Wasser–Äthanol als Lösungsmittel. D. M. Mathews, J. O. Wear und E. S. Amis. (J. inorg. nuclear Chem. **13**, 298–309, Mai 1960; Fayetteville, Ark., Univ. of Arkansas, Chem. Dep.; engl.) — Vff. untersuchten Überführungs- u. Solvatationserscheinungen an UO_2Cl_2 bei $25 \pm 0{,}01°$ in W., A. u. W.–Äthanol. Die Überführungszahl des Anions (t_a) ergab sich durch Extrapolation auf unendliche Verdünnung in W. u. in 99,7% A. zu 0,64, die des Kations zu 0,36. t_a als Funktion der Konz. erreicht bei 19,5 Gew.-% UO_2Cl_2 ein Maximum, nimmt steil ab u. mit höherer Konz. wieder zu. Das Maximum in W. stammt möglicherweise von $[UO_2Cl_3 \cdot Lsgm.]^-$- u. $[UO_2Cl \cdot Lsgm.]^+$-Ionen gleicher Beweglichkeit. Die Abhängigkeit von t_a von der Lsgm.-Zus. stimmt qual. mit der Abhängigkeit von der Ordnung der Elektronenaustausch-Rk. zwischen U(VI)- u. U(IV)-Ionen überein. Die graph. Darst. der Anzahl der Wasser-Moll., die pro Faraday von der Anode zur Kathode befördert wurden, in Abhängigkeit vom A.-Geh. des Lsgm., ergab eine sinusförmige Kurve, die durch alternierenden Austausch der Hydratationshüllen der $UO_2Cl_3^-$- u. UO_2Cl^+-Ionen durch Äthanol erklärt wird. D. Hoene. 138□

Eine Untersuchung von Überführungs- und Solvatationsvorgängen. 2. Mitt. Silberperchlorat in Wasser, Wasser–Äthanol und Äthanol als Lösungsmittel. W. Ves Childs und E. S. Amis. (J. inorg. nuclear Chem. **16**, 114–23, Nov. 1960; engl.) — 1. vgl. vorst. Referat. — Vff. bestimmen nach der l. c. angegebenen Meth. die Überführungszahl (Ü) u. die Solvatation (S) von $AgClO_4$ (I). In W. nimmt Ü mit abnehmender Salz-Konz. ab bis zu einem Wert von $0{,}488 \pm 0{,}005$ bei unendlicher Verdünnung Die

Anzahl der vom Kation mitgeführten Moll. H_2O nimmt mit abnehmendem Perchlorat-Geh. zu. In W.–A. nimmt Ü von Ag^+ mit zunehmendem A.-Geh. bis ca. 55 Gew.-% A. langsam, bis ca. 85% schneller u. ab 85% wieder langsamer ab. Zugabe von Raffinose u. α-Methyl-D-glucosid zu A.–W.-Gemischen beeinflussen Ü von I nicht merklich. Die S-Werte deuten auf eine bevorzugte S von Ag^+ mit W. u. von ClO_4^- mit Äthanol.

D. Hoene. 138□

Eine Untersuchung von Überführungs- und Solvatationsvorgängen. 3. Mitt. **Lithiumchlorid in Wasser–Äthanol- und Äthanol-Lösungen.** J. O. Wear, C. V. McNully und E. S. Amis. (J. inorg. nuclear Chem. **18,** 48—62, März 1961; Fayetteville, Ark., Univ. of Arkansas, Chem. Dep.; engl.) — 2. vgl. vorst. Referat. — Bei 99,7 Gew.-% A. in W. nimmt die Überführungszahl des Cl^--Ions (t_a) von LiCl unterhalb einer Konz. von 0,40 Mol/Liter schnell ab. In verd. wss. LiCl-Lsgg. nimmt t_a mit der Konz. ebenfalls rasch ab. Vff. untersuchten Lsgg. mit hohem A.-Geh. in einem Konz.-Bereich von 0,0714 bis 0,6273 in LiCl. Bei 1,60 Gew.-% LiCl wurde eine lineare Abnahme von t_a mit zunehmendem A.-Geh. gefunden. Die Lsgm.-Menge, die pro Faraday von der Anode zur Kathode bei 1,60 Gew.-% LiCl transportiert wird, zeigt eine sinusförmige Abhängigkeit vom A.-Geh. des Lösungsmittels. Die Frequenz u. die Amplitude der Wellen wachsen mit der A.-Menge. Die Form der Kurve kann durch wechselseitigen Austausch von aufeinanderfolgenden Solvatationsschichten der Li^+- u. Cl^--Ionen erklärt werden. D. Hoene. 138□

Eine Untersuchung von Überführungs- und Solvatationsvorgängen. 4. Mitt. **Kaliumchlorid in Wasser und Wasser–Äthanol-Lösungen.** J. O. Wear, C. V. McNully und E. S. Amis. (J. inorg. nuclear Chem. **19,** 278—85, Okt. 1961; engl.) — 3. vgl. vorst. Referat. — Vff. führten Messungen von Überführungs- u. Solvatationsphänomenen von KCl in W. u. W.–A.-Gemischen durch. Die Hittorfschen Überführungszahlen für das Anion als Funktion der Konz. u. der Zus. des Lsgm. u. die Mengen des zur Kathode transportierten Lsgm. sind für 25,00 ± 0,05° tabelliert.

H. Schroeder. 138□

Eine Untersuchung von Überführungs- und Solvatationsvorgängen. 5. Mitt. **Natriumchlorid in Wasser und Wasser–Äthanol-Lösungen.** J. O. Wear, C. V. McNully und E. S. Amis. (J. inorg. nuclear Chem. **20,** 100—05, Nov. 1961; engl.) — 4. vgl. vorst. Referat. — Vff. führten Messungen von Überführungs- u. Solvatationsphänomenen an NaCl in W. u. A.–W.-Gemischen durch. Die Kationenüberführungszahl nimmt mit steigender Molzahl NaCl in wss. Lsg. linear ab (ca. 0,39 bei 0,2 molaler bis ca. 0,36 bei 0,5 molaler NaCl-Lsg.); die Zahl der von der Anode zur Kathode pro Faraday transportierten Mole H_2O steigt mit zunehmender Molzahl NaCl in wss. Lsg. nicht linear an (—0,8 bei 0,15 molaler bis +1,7 bei 0,49 molaler NaCl-Lsg.). Die entsprechenden Kurven für A.–W.-Gemisch sind sehr komplex u. zeigen Maxima u. Minima (Kationenüberführungszahl gegen Gew.-% A. bei 1,1 Gew.-% NaCl) bzw. einen stufenförmigen Verlauf (Gramm überführtes Lsgm. in Abhängigkeit von Gew.-% A.).

H. Schroeder. 138□

Eine Untersuchung von Überführungs- und Solvatationsvorgängen. 6. Mitt. **Salzsäure in Wasser und Wasser–Äthanol als Lösungsmittel.** J. O. Wear, J. T. Curtis jun. und E. S. Amis. (J. inorg. nuclear Chem. **24,** 93—99, Jan. 1962, herausgeg. Mai 1962; engl.) — 5. vgl. vorst. Referat. — Die H^+-Überführungszahl (n_+) wurde für Lsgg. von HCl in W., W.–A.-Mischungen (12,2—88,0% A.) u. 99,7%ig. A. in Abhängigkeit von der HCl-Konz. (0,1—1,26n) bestimmt. Gleichzeitig wurde der relative Solvatationsgrad an Hand der überführten Mole-Lsgm. gemessen. In wss. Lsg. ist n_+ weitgehend unabhängig von der HCl-Konz., was darauf zurückzuführen ist, daß die Solvatation von der HCl-Konz. nicht bzw. für H^+ u. Cl^- in gleichem Grade abhängig ist. In Abhängigkeit von der A.-Konz. (0,7% in HCl) erreicht n_+ ein Maximum bei ca. 25% A., was sich mit einer Kompensation der Einfl. der mit der A.-Konz. (bis 88%) zunehmenden relativen Solvatation u. der bis 40% A. zu beobachtenden Viscositätszunahme des Lsgm. (die sich stärker auf die Cl^--Beweglichkeit auswirkt) erklären läßt. In 99,7%ig. A. nimmt n_+ oberhalb ca. 0,3n HCl mit der HCl-Konz. zu u. in Übereinstimmung damit die Lsgm.-Überführung ab. W. Betcke. 138□

Die Anreicherung von ^6Li in Dekagramm-Mengen durch Ionenwanderung in geschmolzenem Lithiumchlorid. M. M. Benarie. (J. inorg. nuclear Chem. **18,** 32—41, März 1961; Tel-Aviv, Min. of Def., Sci. Dep.; engl.) — Bei der Weiterentw. der bekannten Verff. zur Anreicherung von ^6Li durch Ionenwanderung zum halbtechn. Verf. war bes. das Problem der dauernden Rückführung des an der Kathode abgeschiedenen, mit ^6Li angereicherten Li in den Salzzustand zu lösen. Dazu wurde eine Graphitkathode konstruiert, durch deren Poren-Syst. das an der Anode abgeschiedene Chlor ebenso schnell in die Schmelze gepreßt wird, wie es mit metall. Li reagiert. Fragen der Wärmegefälle, der Wärmeabführung u. der optimalen Kolonnendimensionierung werden ausführlich diskutiert. Eine auf diesen Grundlagen beruhende App. war mit einem elektr. Kontroll- u. Sicherheits-Syst. ausgerüstet u. erzielte bei einem Aufwand von 127 $A \cdot h \cdot g^{-1}$ einen Anreicherungsfaktor von 3,94, wobei in der Diaphragmazone Stromdichten bis 4,5 $A \cdot cm^{-2}$ erreicht wurden. T. Tamberg. 138□

Elektrolytische Überführung in Silber–Zink-Legierungen. H. G. Feller und Th. Heumann. (Z. physik. Chem. [Frankfurt/M.] [N. F.] **33**, 298–319, Aug. 1962; Münster, Univ., Inst. für Metallforsch.; dt.) — An Ag–Zn-Legg. wurde der durch Gleichstrom verursachte Materietransport gemessen, aus welchem die gemeinsame Überführungszahl u. daraus die partiellen Überführungszahlen (U) beider Komponenten ermittelt werden konnten. U_{Ag} ist in der β-Phase u. auch in der ε-Phase um den Faktor 2–3 größer als U_{Zn}. Aus den Überführungszahlen wurden die scheinbaren Wertigkeiten Z′ berechnet, die für Ag um den Faktor 4 größer sind als für Zn. In der α-, β- u. ε-Phase wandern beide Leg.-Partner zur Anode, in der γ-Phase, wo U_{Zn}/U_{Ag} ca. 7 ist, zur Kathode. Dieser Befund deckt sich mit den bisher gewonnenen Ergebnissen, wonach Elektronenüberschußleiter eine Überführung zur Anode, Defektleiter eine zur Kathode zeigen. In der α-, β- u. ε-Phase werden die Ag-Ionen schneller als die Zn-Ionen transportiert, obwohl letztere die höhere Beweglichkeit besitzen; dies steht mit der Vorstellung im Einklang, daß die Leitungselektronen einen Impuls auf die beweglichen Gitterteilchen ausüben, der entgegen der Feldkraft einen Transport zur Anode bewirkt. In der γ-Phase wandern die Zn-Teilchen schneller, was ebenso zu erklären ist. Die im Temp.-Gefälle durchgeführten Messungen deuten an, daß die Überführung von einer Thermodiffusion überlagert ist. G. Heller. 138◇

Über die Assoziation von Ionen in Lösungen. 2. Mitt. **Ursachen der „anomalen" elektrischen Leitfähigkeit.** A. M. Ssuchotin und S. N. Timofejewa. (J. physik. Chem. [UdSSR] **33**, 1602–09, Juli 1959; russ.) — 1. vgl. J. physik. Chem. [UdSSR] **33**, [1959], 2405. — Es wurde die elektr. Leitfähigkeit von NaJ in Gemischen von A.–CCl_4 u. W.–Dioxan bei 25° gemessen. Das Minimum der Leitfähigkeit in Abhängigkeit von der NaJ-Konz. wird nicht auf der Grundlage der Bldg. von Tripelionen erklärt, sondern durch Veränderung des Ionenaktivitäts-Koeff. f in Abhängigkeit von der NaJ-Konzentration. Die f-Werte werden aus den pK-Werten für NaJ bestimmt. Lothar Müller. 139□

Spektrophotometrische Bestimmung der Dissoziationskonstante von Silberchlorid in Pyridin. Stanley Bruckenstein und Jiro Osugi. (J. physic. Chem. **65**, 1868 bis 1871, Okt. 1961; Minneapolis, Minn., Univ. of Minnesota, School of Chem.; engl.) — Vff. beschreiben eine neue spektrophotometr. Meth. zur Best. der Dissoziations-Konst. von Gleichgewichten der Art $AB \rightleftharpoons A + B$. Das Spektrum von Pyridin-Lsgg. von AgCl im Bereich 300–400 nm ist deutlich konzentrationsabhängig, die Dissoziations-Konst. kann aus der Änderung des scheinbaren molaren Extinktions-Koeff. von AgCl bei 310 nm in Abhängigkeit von der analyt. ermittelten AgCl-Konz. bestimmt werden. Sie wurde zu $8{,}4 \cdot 10^{-5}$ ermittelt. P. Kurzmann. 139◇

Messung der Kontaktpotentialdifferenz nach der Kondensatormethode. Barbara Klamut, Jadwiga Skierczyńska und Janusz Skierczyński. (Ann. Univ. Mariae Curie-Skłodowska, Sect. AA **12**, 129–41, 1957, herausgeg. 1960; Lublin, Uniw. M. Curie-Skłodowskiej, Kat. Fiz. dośw., Kat. Fiz. ogôln.; pol., Auszug: engl.) — Es wird eine App. zur Messung der Kontaktpotentialdifferenz auf der Oberfläche von Metallen u. Halbleitern im Vakuum u. in Gasen beschrieben. Die nach der Kondensator-Meth. arbeitende App. gestattet die Messung von Potentialdifferenzen bis zu 2 mV bei 0,1 mm Kondensatorplattenabstand. F. Urban. 140□

Untersuchungen zur Elektrochemie geschmolzener Elektrolyte. 4. Mitt. **Über die thermodynamischen Eigenschaften des geschmolzenen Systems $CdCl_2$–[LiCl, KCl (Eutektikum)].** Masao Takahashi. (J. electrochem. Soc. Japan [Overseas Edit.] **28**, E228–E231, 1960; Yokohama, Yokohama Nat. Univ., Fac. of Engng., Dep. of Electrochem.; engl.) — 3. vgl. J. electrochem. Soc. Japan [Overseas Edit.] **28**, [1960], E117. — Die EMK der Zelle Cd | $CdCl_2$–[LiCl (43,9 Gew.-%), KCl] | C bei 1 atm Cl_2-Druck wird gemessen. In Abhängigkeit von der Zus. des Elektrolyten werden für 400 u. 600° die Aktivitäten der Komponenten, die Freien Energien u. Entropien u. die partielle molare Freie Exzeßenergie berechnet u. teils tabellar., teils graph. wiedergegeben. H. Roschkowski. 140□

Untersuchungen zur Elektrochemie geschmolzener Elektrolyte. 5. Mitt. **Über die thermodynamischen Eigenschaften des geschmolzenen Systems $CoCl_2$–[LiCl, KCl (Eutektikum)].** Masao Takahashi. (J. electrochem. Soc. Japan [Overseas Edit.]

28, E267—E270, 1960; engl.) — 4. vgl. vorst. Referat. — Aus den EMK-Werten der Zelle Co | $CoCl_2$—[LiCl (43,9 Gew.-%),KCl] | C bei 400, 500 u. 600° werden die Werte der thermodynam. Funktion des Syst. errechnet u. ausführlich tabellar. u. graph. dargestellt. H. Roschkowski. 140□

Untersuchungen zur Elektrochemie geschmolzener Elektrolyte. 6. Mitt. Über die thermodynamischen Eigenschaften des geschmolzenen Systems $NiCl_2$-[LiCl, KCl (Eutektikum)]. Masao Takahashi. (J. electrochem. Soc. Japan [Overseas Edit.] 28, E 271—E 274, 1960; engl.) — 5. vgl. vorst. Referat. — Die EMK der Zelle Ni | $NiCl_2$·[LiCl (43,9 Gew.-%), KCl] | C bei 1 atm Cl_2-Druck wurde gemessen u. analog l. c. wurden die thermodynam. Funktionen des Syst. errechnet. Ausführliche graph. u. tabellar. Darst. der ermittelten Werte. H. Roschkowski. 140□

Beurteilung verschiedener Methoden der Bestimmung der Streufähigkeit von Elektrolyten vom Standpunkt der Ähnlichkeitstheorie. N. P. Gnussin. (J. angew. Chem. [UdSSR] 33, 2268—78, Okt. 1960; russ.) — Für geometr. ähnliche Elektrolysezellen gilt der Index der Gleichmäßigkeit bzw. Ungleichmäßigkeit der Stromverteilung $T = f(E)$, wobei das Kriterium für die elektrochem. Ähnlichkeit $E = \alpha_k/\varrho\ L_0$ ist (α_k = mittlere Polarisierbarkeit der Kathode, ϱ = spezif. Widerstand des Elektrolyten, L_0 = Länge der Elektrolysezelle). Das Streuvermögen $R_l = EL_0 = \alpha_k/\varrho$ ist von den geometr. Eigg. der Zelle unabhängig, L_0 bei Zellen gleicher Dimension konst., T eine Funktion von R_l. Diese Beziehungen werden an Zellen verschiedener Bauart nachgeprüft u. mit experimentellen Daten verglichen. Es ergibt sich, daß R_l innerhalb der Vers.-Fehler für alle untersuchten Zellentypen von gleicher Größenordnung ist, wenn mit gleichen Elektroden u. gleichem Elektrolyt gearbeitet wird, so daß R_l die Eigg. des Elektrolyten u. nicht die geometr. Eigg. der Zelle charakterisiert. R. K. Müller. 141□

Der Einfluß einiger Badzusätze auf die Kinetik der elektrolytischen Kupferabscheidung aus einer Sulfatlösung. 2. Mitt. Versuche an der rotierenden Scheibenelektrode. G. R. Johnson und D. R. Turner. (J. electrochem. Soc. **109,** 918—22, Okt. 1962; Murray Hill, N.J., Bell Telephone, Inc.; engl.) — 1. vgl. C. **1963,** 6104. — Der Einfl. organ. Zusätze auf die Elektrokristallisation von Cu bei Abscheidung aus H_2-gesätt. 1m $CuSO_4$/1m H_2SO_4-Lsg. bei 25° wird mit Hilfe der rotierenden Scheibenelektrode untersucht. *Thioharnstoff* u. *l*(—)-*Cystin* werden kathod. reduziert. Vff. nehmen an, daß diese selbst oder ihre Red.-Prodd. S^{2-}-Ionen bilden, die mit Cu^{2+} reagieren u. an der Kathode als *CuS* ausgefüllt u. eingebaut werden. Bei pyramidalem Wachstum, nicht jedoch bei laminarem, erhöht CuS das Abscheidungspotential. Bewegung bewirkt >3 mA/cm² Depolarisierung. *Gelatine* inhibiert das pyramidale Wachstum bei niedrigen Stromdichten durch Adsorption an der Spitze der Pyramiden. Oberhalb einer Übergangsstromdichte dominiert kub. Wachstum, wobei größere Mengen Gelatine für die Inhibition erforderlich werden. *Glycin* u. *Dextrin* haben keinen oder nur geringen Einfl. auf die Polarisationskurve. P. Frenzel. 141□

Elektrolyse an der Quecksilberkathode. 1. Mitt. Einfluß der Stromdichte. J. F. Herringshaw und Z. M. Kassir. (Analyst **87,** 923—29, Dez. 1962; London, Imp. Coll. of Sci. and Technol., Chem. Dep.; engl.) — Die Abscheidungs-Geschw. von Cu, Cd, Zn u. Fe aus 0,3n H_2SO_4 an einer Hg-Kathode wurde bei verschiedenen Stromdichten untersucht. Gleichzeitige H_2-Entw. erhöht die Geschw. der Metallabscheidung über den bei Elektrolyse mit kontrolliertem Potential erhaltenen Wert. Diese Zunahme wird durch eine Erhöhung der Wanderungs-Geschw. der Metallionen zur Elektrode verursacht. Sie läßt sich nicht durch Zunahme des Elektrolyttransports erklären u. muß deshalb hauptsächlich einer Zunahme durch Konvektions- u. Diffusionsvorgänge (z. B. Rühren) zugeschrieben werden. Daher wird die Abscheidungs-Geschw. pro Oberflächeneinheit durch zusätzliches Rühren nicht stark beeinflußt (gegenüber dem Rühren durch H_2-Entw.), ist aber von der Elektrodenoberfläche abhängig. Gerhard Schulze. 141◇

Beseitigung von SiO_2 aus Wasser durch Elektrolyse. 4. Mitt. Belagbildung auf der Aluminium-Kathode. Go Okamoto, Takashi Morozumi, Norio Sato, Minoru Hachiya und Masaichi Nagayama. (J. electrochem. Soc. Japan **24,** 269 bis 273, Juni 1956; Sapporo, Univ. of Hokkaido, Fac. of Engng., Dep. of Appl. Chem., Fac. of Sci., Dep. of Chem.; jap., Auszug: engl.) — 3. vgl. C. **1950/54,** 9320 S. — Bei der elektrolyt. Erzeugung von Metallhydroxiden zur Fällung von SiO_2 in W. zeigt sich nach 70—80 bzw. 500std. Elektrolyse ein Spannungsanstieg u. ein Belag auf der Al-Kathode, je nachdem, ob es sich um hartes oder enthärtetes oder mit CO_2 gesätt. W. handelt. Reinere Al-Kathoden zeigen einen geringeren Belag. Der Hauptbestandteil des Belages ist $Al_2O_3 \cdot 3\ H_2O$, auf dem sich eine dünne $CaCO_3$-Schicht befindet. Unter dem Belag befinden sich Korrosionsfiguren, die den durch alkal. Lsgg. auf Al erzeugten Ätzfiguren ähneln. Die Belag-Bldg. wird erörtert. Bei Verw. von Stahlkathoden unterbleibt in 700—800 Std. ein Potentialanstieg; mit Al-Kathoden läßt sich ein erfolgreicher Betrieb nur 150 Std. aufrechterhalten. W. Wesly. 141□

Das polarographische Verhalten von Kupfersalzen in flüssigen Ammoniak-Additionsverbindungen des Ammonium- und Lithiumnitrats. Włodzimierz Hubicki, Jerzy Matysik und Zofia Zychiewicz-Zajdel. (Ann. Univ. Mariae Curie-Skłodowska, Sect. AA **12,** 109—18, 1 Tafel, 1957, herausgeg. 1960; Lublin, Uniw. M. Curie-Skłodowskiej, Kat. Chem. nieorgan.; engl.) — Cu^{2+} wird in fl. Ammoniak-additions-Verbb. von NH_4NO_3 u. $LiNO_3$ polarograph. in 2 deutlich sichtbaren Stufen ($Cu^{2+} \rightarrow Cu^+$, $Cu^+ \rightarrow Cu^0$) reduziert. Das erste Halbstufenpotential ist in verd. Lsg. (0,001 m) kleiner als das zweite. Die Summe beider Stufenhöhen ist der Cu-Konz. proportional. Vff. erklären die Erniedrigung der 1. Stufe mit einer Red. von Cu^{2+} am Hg-Tropfen ohne angelegte Spannung. Damit wird die Cu^{2+}-Konz. in der Lsg. gleich zu Beginn der polarograph. Aufnahme verkleinert. Cu^+ wird in den Lsgg. zu Cu^{2+} oxydiert. Das polarograph. Bild der Red. von Cu^+ ist deshalb ähnlich dem des Cu^{2+}, mit Ausnahme einer Verschiebung zu positiven Potentialen. — 13 Literaturangaben. F. Urban. 142□

Mathematische Untersuchungen der galvanischen Korrosion. 6. Mitt. **Grenzfall sehr dünner Filme.** J. T. Waber. (J. electrochem. Soc. **103,** 567—70, Okt. 1956; Cambridge, Mass., MIT, Dep. of Metallurg.; engl.) — 5. vgl. C. **1957,** 9002. — Theoret. Behandlung des Korrosionspotentials eines galvan. Syst. für den Fall eines sehr dünnen Elektrolytfilms; graph. Darst. des Potentials an der inneren u. äußeren Fl.-Grenzschicht sowie der Verteilung des Korrosionsstromes an der Anode. P. Frenzel. 143◇

Oberflächenverhalten von Silbereinkristallen in geschmolzenem Natriumchlorid. Jerome Kruger und Kurt H. Stern. (J. electrochem. Soc. **109,** 889—94, Okt. 1962; Washington, D.C., Nat. Bur. of Stand.; engl.) — Beim Eintauchen eines Ag-Kristalls in NaCl-Schmelze (900°) tritt in Ggw. eines Temp.-Gradienten Auflösung u. Abscheidung von Ag ein, ohne daß ein Einfl. der kristallograph. Orientierung beobachtet wird. Die mit Erhöhung der Temp. erfolgende Verschiebung der Gleichgewichte $2\,Ag + \frac{1}{2}\,O_2 \rightleftharpoons 2\,Ag^+ + O^{2-}$ u. $Ag + Na^+ \rightleftharpoons Ag^+ + Na$ nach rechts wird auf den Massetransport vom heißen zum kalten Ende des Kristalls (Dendriten-Bldg.) zurückgeführt. Bei Temp.-Ausgleich sind einige Orientierungseffekte fstzustellen. In Ggw. von O_2 werden die Subkorngrenzen durch Grat-Bldg. markiert. Die Grate enthalten metall. Verunreinigungen (Fe), deren Oxide in NaCl unlösl. sind. P. Frenzel. 143□

Einfluß von einigen Substanzen mit oberflächenaktiver Wirkung auf das Gleichgewicht Passivität–Aktivität von nichtrostenden Stählen. L. Cavallaro und G. Trabanelli. (Atti Accad. Sci. Ferrara **36,** 101—20, 1958/59, herausgeg. 1960; Ferrara, Univ., Ist. chim.; ital.) — Der Einfl. einiger oberflächenakt. Substanzen (handelsübliches Netzmittel „P" (I), Alkylbenzolsulfate (II), sek.-Na-Alkylsulfate (III), Triäthanolaminhydrochlorid (IV) u. Na-Laurylsulfat (V)] auf das Gleichgewicht Passivität–Aktivität in nichtrostenden Stählen (mit 13% Cr) wird unter Verw. einer elektrochem. Meth., die auf Messungen der Potentiale u. der Stromstärken der mit einer Pt-Elektrode verbundenen Probe basiert, untersucht. Die Netzmittel bewirken eine Verschiebung des Überganges zwischen Passivität u. Aktivität, der durch Zusatz von HCl in 1%ig. K_2SO_4-Lsg. verursacht wird. Die untersuchten Substanzen werden in 2 Gruppen eingeteilt: Verbb., die die zur Aufhebung der Passivität erforderliche H^+-Konz. herabsetzen (**III, IV, V**) u. Verbb. mit entgegengesetzter Wrkg. wie **I** u. **II.** G. Platzer. 143□

Einfluß von einigen Substanzen mit oberflächenaktiver Wirkung auf die Lösungsgeschwindigkeit von gewöhnlichen Stählen im sauren Medium. G. Trabanelli. (Atti Accad. Sci. Ferrara **36,** 129—42, 1958/59, herausgeg. 1960; ital.) — Vgl. vorst. Referat. — Unter Heranziehung früherer Unterss. (vgl. l. c.) über das Problem des Einfl. von oberflächenakt. Substanzen auf die Verschiebung des Gleichgewichtes Passivität–Aktivität von nichtrostenden Stählen wird das Verh. von Netzmitteln [1%ig. Lsgg. von Na-Laurylsulfat (I), Triäthanolaminhydrochlorid (II), sek. Na-Alkylsulfate (III) u. Alkylbenzolsulfate (IV)] auf Grund der Kinetik der Lsg. von gewöhnlichen Stählen u. von ARMCO-Fe untersucht, um festzustellen, ob die Ggw. von capillarakt. Verbb. einen Einfl. auch auf die Kinetik des Korrosionsprozesses von Fe(II)-haltigen, nichtpassivierenden Materialien ausübt. Die Verss. erfolgten durch Best. des gelösten Fe u. durch Messung der elektrochem. Potentiale, deren Werte durch die Anwesenheit von oberflächenakt. Substanzen verändert werden können. **II, III** u. **IV** wirken als Inhibitoren, während **I** den Korrosionsprozeß in 0,02n HCl fördert. G. Platzer. 143□

Elektrochemie der sulfatreduzierenden Bakterien. 2. Mitt. **Kathodische Kontrolle.** Dina Gherardi, Giuseppe Bombara, Giulio Banfi und Valeria Cavazzoni.

(Ricerca sci. **30,** 711—20, Mai 1960; Milano, CNR, Centro di stud. per la microbiol. delle fermentazioni; ital.) — 1. vgl. C. **1961,** 1109. — Unterss. über die kathod. Kontrolle der Stahlkorrosion in Ggw. sulfatreduzierender Bakterien zeigen, daß bedeutend höhere Stromdichten für den kathod. Korrosionsschutz erforderlich sind als in Abwesenheit der Bakterien. A. Blaschette. 143◇

A_4. Thermodynamik. Thermochemie

Stabiler stationärer Zustand und thermokinetisches Potential. James C. M. Li. (J. chem. Physics **37,** 1592—95, 15/10. 1962; Monroeville, Pa., U. S. Steel Corp. Res. Center, Edgar C. Bain Labor. for Fund. Res.; engl.) — Vgl. C. **1963,** 1178. — Das mathemat. Postulat der Existenz einer Entropiefunktion (Carathéodory) erweist sich als direkte Konsequenz des physikal. Postulats der Existenz eines stabilen Gleichgewichtszustandes für jeden beliebigen Satz von Zustandsvariablen. Entsprechend ist die Existenz eines thermokinet. Potentials eine direkte Konsequenz des physikal. Postulats der Existenz eines stabilen stationären Zustandes für jeden beliebigen Satz von Nichtgleichgewichtszustandsvariablen. A. Blaschette. 146◇

Kooperative Erscheinungen. 1. Mitt. János Horváth. (Fizikai Szemle [Physikal. Rdsch.] **10,** 282—88, Sept. 1960; Budapest, TU, Inst. für exp. Phys.; ung.) — Übersicht u. Erörterung der Theorie, Berechnung der Gitterenergie von aus zwei verschiedenen Atomarten bestehenden Kristallen, Orientierung der Atome, globale u. totale Orientierung, Einfl. der Temp., innere Verdampfung u. Definition des festen, fl. u. gasförmigen Aggregatzustandes. J. Plank. 146□

Zur Thermodynamik fester Stoffe. Karl Torkar. (Proc. IVth int. Sympos. Reactivity Solids, Amsterdam **1960,** 400—08, 1961; Graz, Österreich, TH, Inst. für anorg. u. phys. Chem.; dt.) — Der Einfl. der Nullpunktsentropie des akt. Zustandes S_0^* wird von Vf. dahingehend ausgelegt, daß es bei Rkk. fester Stoffe oft nicht vertretbar ist, den aus den Lsg.-Wärmen bestimmten Mehrgeh. an Gesamtenthalpie ($H_T^* - H_T$) dem Mehrgeh. an Freier Enthalpie ($G_T^* - G_T$) gleichzusetzen u. daraus die Affinitäten einer Rk. bzw. ihre Gleichgewichtslage zu berechnen. Einige Literaturbeispiele werden besprochen. — 9 Literaturangaben. H. Roschkowski. 146◇

Thermodynamik und Formulierung von Reaktionen mit Fehlstellen in Festkörpern. F. A. Kröger, F. H. Stieltjes und H. J. Vink. (Philips Res. Rep. **14,** 557—601, Dez. 1959; engl.) — Vff. analysieren 2 Typen formelmäßiger Darst. von Rkk. mit Fehlstellen in Festkörpern u. vergleichen sie miteinander. Es ergibt sich, daß im Schottkyschen Syst. die Stoffmengenvariablen sich meist auf Baueinheiten beziehen. Deshalb können ihnen echte thermodynam. Potentiale zugeordnet werden, sie können auch als Komponenten in der Phasenregel erscheinen. In einem anderen möglichen Syst. beziehen sich die Stoffmengenvariablen nicht auf Baueinheiten, sondern auf Strukturelemente. Diesen können echte thermodynam. Potentiale nicht zugeordnet werden. Werden für sie jedoch virtuelle thermodynam. Potentiale eingeführt, so können alle Probleme damit behandelt werden, oft in bequemerer Weise als mit dem anderen Formulierungstyp. Als Quasikomponenten in der Phasenregel erleichtern sie auch ihre Behandlung in starkem Maße. Für die Eigg. eines Kristalls, die sich nicht auf die Thermodynamik von Rkk. beziehen, ist die Verw. von Strukturelementen gleichfalls von Vorteil. G. M. Neumann. 146◇

Hochdruckphysik. P. W. Bridgman. (Scientia [Asso] [6] **96** (55), 278—82, Sept. 1961; Cambridge, Mass., Harvard Univ., Lyman Labor. of Phys.; engl.) — Zusammenfassender Überblick über den heutigen Stand der Hochdrucktechnik bei hohen Temperaturen. C. Gottfried. 148

Messungen der Wärmeausdehnung aus nichtindizierten Hochtemperatur-Röntgen-Pulveraufnahmen. I. Warshaw und Rustum Roy. (J. Amer. ceram. Soc. **44,** 421—22, 1/8. 1961; University Park, Pa., Pennsylvania State Univ., Coll. of Mineral Ind.; engl.) — Vff. bestimmten den mittleren linearen Ausdehnungs-Koeff. (AK) von Zimmer-Temp. bis 1000° von kub. Y_2O_3 dilatometr. u. aus einem indizierten Pulverdiagramm, von monoklinem Sm_2O_3 dilatometr. u. aus einem nichtindizierten Pulverdiagramm u. von hexagonalem Nd_2O_3 aus einem indizierten u. einem nichtindizierten Pulverdiagramm. In der Reihenfolge der Messungen ergeben sich für die AK von Y_2O_3 93 bzw. 88, Sm_2O_3 99 bzw. 89, Nd_2O_3 118 bzw. 121 (alle Werte $\cdot 10^{-7}$). C. Gottfried. 148

Dynamische Versetzung von Atomen und lineare Ausdehnungskoeffizienten von Aluminium-, Gallium- und Indiumarsenid. N. N. Ssirota und Ju. I. Paschinzew. (Ber. Akad. Wiss. UdSSR **127,** 609—11, 21/7. 1959; Wiss. Forsch.- u. Projektions-Inst.

der Seltenmetallind.; russ.) — Der Ausdehnungs-Koeff. α von InAs vergrößert sich von 3,40 (10^{-6} Grad^{-1}) auf 7,04 bei Änderung des Temp.-Bereiches 78—290° auf 573—673°, α von GaAs von 3,64 auf 7,44 (78—290° → 560—680°) u. α von AlAs von 3,66 auf 4,92 (291—375° → 476—577°). Die mittlere quadrat. dynam. Vers. der Atome der Arsenide steigt nicht linear mit der Temp., jedoch linear mit α^2. Ch. Weiske. 148◇

Chemie der Verbindungen wechselnder Zusammensetzung. 8. Mitt. **Volumenbeziehungen im System Titan–Sauerstoff.** M. P. Morosowa, E. Wolf und T. P. Balowa. (Nachr. Leningrader Univ. **14,** Nr. 4, Ser. Physik Chem. Nr. 1, 78—83; 1959; russ., Auszug: engl.) — 7. vgl. C. **1960,** 5105. — An Ti-O-Verbb. TiO_x (x = 0,08—2,00) werden die spezif. Gew. d (g/cm³) im Vakuumpyknometer mit $CHBr_3$ (d = 2,901) bei 20° gemessen u. die Grammformel-Voll. v (cm³) berechnet. Für x = 0,27 ist: d = 4,819, v = 10,82; 0,42: 5,026, 10,86; 0,44: 5,078, 10,81; 0,48: 5,118, 10,86; 0,81: 5,043, 12,07; 0,91: 5,034, 12,40; 0,98: 5,028, 12,65; 1,00: 4,993, 12,79; 1,05: 4,963, 13,03; 1,10: 4,933, 13,29; 1,18: 4,905, 13,62; 1,34: 4,778, 14,54; 1,51: 4,615, 15,61; 1,67: 4,243, 17,59, 2,00: 4,084, 19,58. Im Bereich x = 1,00—1,22 unterscheiden sich die v-Werte prakt. nicht von denjenigen eines Gemischs von $TiO_{1,00}$ u. $TiO_{1,30}$, im Bereich x = 0,88—1,00 entsprechen sie denjenigen der Gemische von $TiO_{1,00}$-$Ti_{0,48}$. Der Gang der v-Werte widerspricht nicht der Annahme einer Zwischenverb. zwischen TiO u. Ti_2O_3, beweist sie aber auch nicht. Es handelt sich offenbar um „salzartige" Verbb. variabler Zusammensetzung. R. K. Müller. 148□

Einfluß der Anfangsbedingungen auf den Verlauf des Druckabfalls beim Ionenpumpen. L. Pátý und P. Schürer. (Czechoslov. J. Physics **10,** 536—43, 1960; Praha, Katedra elektroniky a vakuové fys. Karlovy univ.; russ., Auszug: engl.) — Experimentelle Unterss. zeigen, daß der Druck von der Dauer des Ionenpumpens bei verschiedenen Drücken u. gleichem Gas nur sehr geringfügig abhängig ist (Druck bis 10^{-11} mm Hg). Diese Erscheinung hängt damit zusammen, daß in einer Zeiteinheit stets die gleiche Mol.-Anzahl unabhängig vom Druck sorbiert wird. Abweichungen der Druck-Zeit-Kurve von der Geraden werden durch Änderung der Gas-Zus. beim Evakuieren u. verlangsamter Gasdesorption von den Gefäßwänden im Laufe des Pumpens erklärt. J. Tůmová. 149□

Die Schmelzkurven von Argon, Krypton und Xenon bis 1500 atm; Darstellung der Ergebnisse durch das Gesetz der übereinstimmenden Zustände. A. Michels und C. Prins. (Physica [Utrecht] **28,** 101—16, Febr. 1962; Amsterdam, Nederland, Univ. van Amsterdam, Van der Waals Labor.; engl.) — Die Schmelzkurven von Ar, Kr u. Xe wurden bis 1500 atm nach der Meth. der verstopften Capillare bestimmt. Die Meßwerte für Ar u. Kr lassen sich durch eine Simon-Glatzel-Formel mit einer Genauigkeit von 0,2 atm beschreiben. Für Xe gilt die Formel nur oberhalb 200 atm. Die Lage der Tripelpunkte wurde durch Extrapolation der Schmelzkurven unter Berücksichtigung der Dampfdruckkurven bestimmt. Die Red. der Ergebnisse auf übereinstimmende Zustände wurde durch Einführung willkürlicher Faktoren erreicht, da die Anwendung der Parameter der Lennard-Jones 12-6 Potentiale nicht zu einer Koinzidenz der Schmelzkurven führte. K. Roß. 149□

Schallfortpflanzung in ³He. W. R. Abel, A. C. Anderson und J. C. Wheatley. (Physic. Rev. Letters **7,** 299—301, 15/10. 1961; Urbana, Ill., Univ. of Illinois, Dep. of Phys.; engl.) — Es wurden Unterss. über die Fortpflanzung von Ultraschall (von 5,13 u. 14,92 MHz) in ^{3}*He* bei Temp. zwischen ca. 0,04 u. 0,12 °K über einen Druckbereich von 1,4—513 lbs./sq.in. durchgeführt. Bei niedrigen Drücken konnte der ermittelte Schalldämpfungs-Koeff. theoret. gedeutet werden. Die Ergebnisse stehen mit Unterss. über andere Transport-Eigg. des ³He in Übereinstimmung. Im Druckbereich dicht oberhalb des Minimums der Schmelzkurve ergab sich sowohl in der Schall-Geschw. als auch in der Temp.-Abhängigkeit des Dämpfungs-Koeff. eine scharfe Unstetigkeit. Wolfgang Wagner. 149□

Die Kondensationsgeschwindigkeit von übersättigten Dämpfen. Danuta Stachórska. (Ann. Univ. Mariae Curie-Skłodowska, Sect. AA **12,** 143—58, 1 Tafel, 1957, herausgeg. 1960; Lublin, Uniw. M. Curie-Skłodowskiej, Kat. Fiz. dośw.; pol., Auszug: engl.) — Die Zeit τ von der Herst. des übersättigten Syst. bei der Expansion bis zur vollständigen Kondens. des Dampfes im Gleichgewicht wird in einer Wilson-Kammer auf Grund des oscillograph. gemessenen Temp.-Verlaufes ermittelt. Bei nicht zu großen Expansionsverhältnissen (um 1,2) lassen sich noch Zeiten bis 0,01 Sek. messen. Mit Hilfe der Gleichung von Frenkel für I (Zahl der Tropfen, die in 1 cm³ in 1 Sek. entstehen) u. der Gleichung von Hazen für C (Wachstums-Geschw. des Tropfens) wird für τ empir. die Gleichung $\tau = (15\ m/8\pi\ I\ \varrho\ C^{3/2})^{2/5}$ abgeleitet (m = Gramm kondensierten Dampfes in 1 cm³, ϱ = Dichte der Fl.). — 14 Literaturangaben. F. Urban. 150□

Die Theorie des Schmelzens. T. A. Hoffmann. (Acta physica Acad. Sci. hung. **13**, 381—419, 1961; Budapest, Central Res. Inst. for Phys.; engl.) — Ausgehend von der nichtidealen Struktur des Kristalles wird eine umfassende neue Theorie des Schmelzens vorgelegt, die über frühere, auf Ordnungs-Unordnungs-Vorstellungen basierende Theorien hinausgeht. Der Festkörper wird als Realkristall mit Leerstellen (Frenkel-Defekten) behandelt. Beziehungen werden abgeleitet zwischen der Leerstellen-Konz. u. der Entropie, sowie zwischen der Leerstellen-Konz. u. der Gitterenergie des Kristalles. Als Parameter geht dabei die Größe des Kristallblockes ein. Dabei ist es möglich, die Gitterenergie als Funktion allein der Entropie zu behandeln. Für bestimmte Kristallgrößen zeigt die Energieentropiekurve 2 Wendepunkte. In diesem Falle ist die Schmelztemp. durch die Tangente gegeben, die die Kurve zweimal berührt; die Schmelzentropie ist durch die Entfernung der Berührungspunkte gegeben. Vorgänge beim Unterkühlen u. Überhitzen können erklärt werden. Die theoret. Ergebnisse für Li, Na, K, Rb, Cs, Cu, Ag, Au u. Diamant stimmen mit dem Experiment gut überein. B. Krebs. 150□

Einfluß der Ionengröße auf den Verlauf der Phasengleichgewichtskurven in binären Systemen anorganischer Verbindungen. Tadeusz Penkala. (Ann. Univ. Mariae Curie-Skłodowska, Sect. AA **12**, 85—99, 1957, herausgeg. 1960; Lublin, Uniw. M. Curie-Skłodowskiej, Kat. Mineral. i Krystal.; pol., Auszug: engl.) — Der Übergang von festen Lsgg. ohne Mischungslücke über solche mit größer werdender Mischungslücke zu idealen eutekt. Gemischen ist nicht nur bei organ., sondern auch bei anorgan. bin. Syst. vorhanden. Entscheidend für die Form der Gleichgewichtskurve ist die Größe der Kationen bzw. Anionen. Mit Verkleinerung der Mischbarkeit im festen Zustand geht eine Senkung des Minimums der Soliduskurve parallel. Bei größer werdendem Unterschied der Radien der Ionen gleicher Wertigkeit u. bei gleichem Gegenion wird die Mischungslücke immer größer. Bei sehr großem Unterschied werden Doppelsalze gebildet u. die eutekt. Mischung enthält mindestens ein Doppelsalz. Abweichungen von diesen Regeln werden bei Ionen mit stärkerer Polarisation beobachtet. Die Differenz der Ionenradien beeinflußt auch die Zus. bin. Gemische sowie den Übergang von inkongruent zu kongruent schmelzenden Systemen. F. Urban. 150□

Über die Aktivität von Natrium in flüssigen Legierungen mit Thallium. A. G. Moratschewski und A. F. Alabyschew. (Hochschulnachr. [Ordshonikidse], Nichteisenmetalle **3**, Nr. 5, 105—07, 1960; Leningrad, Polytechn. Inst., Lehrstuhl für allg. Chem.; russ.) — Die Aktivitäten u. Aktivitäts-Koeff. von Na im Syst. *Na–Tl* wurden aus EMK-Messungen der Kette Na/Glas + 9,4 %Na_2O/Na–Tl-Leg. (400°, Ar) mit Hilfe der Gibbs-Duhemschen Gleichung für Legg. mit einem Molenbruch für Na 0,08—0,92 berechnet. Das Syst. weicht bedeutend vom Raoultschen Gesetz ab. W. Pötsch. 150□

Differentialthermische Untersuchung von Pyrosynthesen. Edgar M. Bollin, James A. Dunne und Paul F. Kerr. (Science [Washington] **131**, 661—62, 4/3. 1960; New York, N.Y., Columbia Univ.; engl.) — In einer DTA-App. wurde die Bldg. einiger Sulfide u. Selenide aus den Elementen untersucht; die gemischten Elemente befinden sich dabei in evakuierten Gefäßen aus Pyrex-, Vycor- oder Quarzglas. Bei der Synth. von *Galenit* PbS (I) aus Pb + S tritt ein endothermer Peak bei 110° auf, der dem Fp. des S zugeordnet wird; bei 210° beginnt ein exothermer Peak, der sein Maximum bei 300° hat, was der Rk. u. Kristallisation von I entspricht. Für nachst., als Mineralien bekannte Verbb. wurden die Rk.-Temp. bestimmt: *Covellin* (CuS) 115°, *Clausthalit* (PbSe) 160°, *Klockmannit* (CuSe) 225°, *Alabandin* (MnS) 340°, *Greenockit* (CdS) 410°, *Arsenopyrit* (FeAsS) 475°, *Pyrit* (FeS_2) 505°. G. Gattow. 150◇

Differentialthermische Pyrosynthesen. Edgar M. Bollin und Paul F. Kerr. (Amer. Mineralogist **46**, 823—58, Juli/Aug. 1961; engl.) — Ausführliche Fassung der vorst. referierten Arbeit. Zusätzlich wurden untersucht: *Molybdänit* (MoS_2), *Sphalerit* (ZnS), *Tungstenit* (WS_2), *Guanajuatit* (Bi_2Se_3), *Bismuthinit* (Bi_2S_3), *Matildit* ($Ag_2S \cdot Bi_2S_3$), *Miargyrit* ($Ag_2S \cdot Sb_2S_3$), *Pyrargyrit* ($3\,Ag_2S \cdot Sb_2S_3$), *Proustit* ($3\,Ag_2S \cdot As_2S_3$), *Naumannit* (Ag_2Se), *Argentit* (Ag_2S), *Realgar* (AsS), *Ferroselit* ($FeSe_2$), *Pyrrhotin* (FeS), *Chalkopyrit* ($CuFeS_2$), *Tennantit* ($Cu_{12}As_4S_{13}$), *Tetraedrit* ($Cu_{12}Sb_4S_{13}$), *Stannin* ($Cu_2 \cdot FeSnS_4$), *Chalkosin* (Cu_2S). A. Blaschette. 150◇

Tieftemperatur-Molwärme und Entropie von Quecksilber(I)-sulfat bis 300°K. M. N. Papadopoulos und W. F. Giauque. (J. physic. Chem. **66**, 2049—50, Okt. 1962; Berkeley, Calif., Univ. of California, Dep. of Chem. and Chem. Engng., Low Temp. Labor.; engl.) — In einem früher ausführlich beschriebenen Calorimeter (vgl. C. **1955**, 10202) wurden die Wärmekapazitäten von Hg_2SO_4, dessen Reindarst. mitgeteilt wird, zwischen 15,7 u. 298,6°K bestimmt. Die thermodynam. Eigg. sind in Verbindung mi den Meßergebnissen (bei 4—20 °K) von Brackett, Hornung u. Hopkins (vgl. C. **1961**, 1822) zwischen 5 u. 320 °K tabelliert. Für 298,15 °K werden angegeben: $-(G - H_0^0)/T = 27,066$, $(H - H_0^0)/T = 20,897$, $C_p = 31,542$ u. $S = 47,963$ cal/Grad·Mol.

G. Gattow. 151□

Eine einleitende Untersuchung über die differentielle Thermoanalyse, die Leitfähigkeit und das kryoskopische Verhalten von Dimethylsulfoxidkomplexen. E. Eugene Weaver und Williams Keim. (Proc. Indiana Acad. Sci. **70**, 123—31, 1960; Wabash Coll.; engl.) — Anorgan. Salze [$Co(NO_3)_2$, $CoCl_2$, $NiCl_2$, $FeCl_3$, Cu-Acetat, $CuCl_2$] wurden in Dimethylsulfoxid (DMS) gelöst u. die Komplexe $Co(NO_3)_2 \cdot 4$ DMS, $CoCl_2 \cdot 3$ DMS, $NiCl_2 \cdot 3$ DMS, $FeCl_3 \cdot 3$ DMS, $Cu(CH_3COO)_2 \cdot$DMS u. $CuCl_2 \cdot 2$ DMS entweder durch Kühlen der Lsg. oder durch Abdampfen des überschüssigen DMS im Vakuum isoliert. Da die meisten Komplexe hygroskop. sind, wurde weitgehend unter Ausschluß von Luftfeuchtigkeit gearbeitet. Bei der DTA konnte kein stufenweiser Verlust von DMS beobachtet werden, da die Komplexe bei zu niedriger Temp. schmelzen. Es wurden jedoch charakterist. Kurven erhalten. Die kryoskop. u. Leitfähigkeitsmessungen zeigen, daß die von Cotton u. Francis (1960) vorgeschlagenen Strukturen für die festen Komplexe in Lsg. nicht existieren. Der Cu-Acetat-Komplex ist in Lsg. dimer u. ein Nichtelektrolyt. Die $Co(NO_3)_2$- u. $NiCl_2$-Komplexe dissoziieren vollständig, während bei den $CoCl_2$-, $FeCl_3$- u. $CuCl_2$-Komplexen kompliziertere Gleichgewichte gefunden wurden.

K. Ross. 155□

Immersionswärmen. 7. Mitt. **Die Immersion von Siliciumdioxid, Aluminiumoxid und Titandioxid in Hexan-Änderung mit der Teilchengröße und der Entgasungstemperatur.** W. H. Wade und Norman Hackerman. (J. physic. Chem. **66**, 1823 bis 1826, Okt. 1962; Austin, Tex., Univ. of Texas, Dep. of Chem.; engl.) — 6. vgl. Advances Chem. Ser. **33**, [1961], 35; 5. vgl. C. **1962**, 18020. — In einem früher ausführlich beschriebenen adiabat. Differentialcalorimeter (vgl. Makrides u. Hackerman, C. **1959**, 16940) wurden die Immersionswärmen ΔH_i von SiO_2, Al_2O_3 u. TiO_2 (Rutil u. Anatas) in n-Hexan bei $25,00 \pm 0,05^0$ bestimmt; die definierte Größe der Oberfläche lag zwischen ca. 2,7 u. maximal 312 m^2/g, die Entgasungs-Temp. zwischen 100 u. 450°. ΔH_i nimmt mit der Partikelgröße u. der Entgasungs-Temp. zu. Die Ergebnisse, die tabelliert sind, werden mit Hilfe van der Waalsscher u. ioneninduzierter Dipolwechselwrkg. gedeutet.

G. Gattow. 156□

Theorie der Mischungswärmen einiger geschmolzener Salze. Howard Reiss, J. L. Katz und O. J. Kleppa. (J. chem. Physics **36**, 144—48, 1/1. 1962; Chicago, Ill., Univ., Inst. for the Study of Metals; engl.) — Vff. beschäftigten sich theoret. mit der Mischungswärme von geschmolzenen Salzen u. beziehen sich auf eine früher gemachte Annahme (C. **1962**, 5199), daß das Nahbereichspotential zwischen Ionen gleichen Vorzeichens vernachlässigt werden kann. Die theoret. Ergebnisse stimmen mit Messungen von Kleppa u. Hersh (C. **1961**, 11991) als Mischungen von Alkalinitraten überein.

D. Hoene. 156□

Calorimetrische Untersuchungen der flüssigen Lösungen von Erdalkalimetallnitraten in Alkalimetallnitraten. O. J. Kleppa. (J. physic. Chem. **66**, 1668—71, Sept. 1962; engl.) — Vgl. vorst. Referat. — In einer von Kleppa u. Hersh (C. **1962**, 14418) ausführlich beschriebenen Calorimeteranordnung wurden die Lsg.-Wärmen von $Sr(NO_3)_2$ (F. 645°) u. $Ba(NO_3)_2$ (F. 590°) in $NaNO_3$, KNO_3, $RbNO_3$ u. $CsNO_3$ bei 450° für den gesamten Konz.-Bereich bestimmt; die Werte sind graph. wiedergegeben. Es konnten lineare Zusammenhänge zwischen dem Grenzwert der Lsg.-Wärme der Erdalkalimetallnitrate $\Delta \overline{H}$ u. den Ionenradien der 1- u. 2wertigen Kationen r_+ u. r_{2+} sowie den Summen der Ionenradien der beiden Salze d_1 u. d_2 gefunden werden: $\Delta \overline{H} \cong A - 225[(r_{2+}/2 - r_+/1)/(d_1 + d_2)]^2$. Für $Ca(NO_3)_2$ beträgt $A = 0,3$ kcal/Mol bei 350° u. für $Sr(NO_3)_2$ bzw. $Ba(NO_3)_2$ bei 450° $+0,6$ bzw. $+0,8$ kcal/Mol.

G. Gattow. 156□

Thermodynamische Eigenschaften flüssiger Metallösungen. 6. Mitt. **Das System In–Sn.** Janusz Terpiłowski und Emilia Przeździecka-Mycielska. (Arch. Hutnictwa **5**, 281—90, 1960; Wrocław, Akad. Med., Kat. Chem. nieorgan., Wydzialu Farm; pol.) — 5. vgl. Arch. Hutnictwa **4**, [1959], 355; 3. vgl. C. **1961**, 11619. — Die Aktivitäts-Koeff., das thermodynam. Potential, die Enthalpie u. Entropie des fl. Syst. In–Sn (390—610°) wurden durch Messung der EMK der Kette $In_{fl.}/(0,6\ LiBr + 0,4\ KBr + 0,1\ InBr)/In_xSn_{1-x\ fl.}$ mit 5—90 Atom-% In bestimmt. Die Mischenthalpie von Sn mit 72—82 Atom-% In ist negativ u. sehr klein (-40 cal/g-Atom). Es besteht nur eine schwache Wechselwrkg. der Komponenten in der Schmelze. Die Aktivitätsisothermen zeigen eine negative Abweichung vom Raoultschen Gesetz. Das Auftreten einer Verb. In_3Sn konnte nicht nachgewiesen werden. Wahrscheinlicher ist das Auftreten einer

β-Phase mit wechselnder Zusammensetzung. Die mol. Entropie von Sn u. In u. die Mischungsentropie entsprechen prakt. den Werten idealer Lsgg., entsprechend der nahen Stellung beider Elemente im Periodensystem. F. Urban. 156□

Reaktionswärme der Reaktion zwischen Fluor und Graphit. Richard F. Porter und David H. Smith. (J. physic. Chem. **66,** 1562—63, Aug. 1962; Ithaca, N.Y., Cornell Univ., Dep. of Chem.; engl.) — Um thermochem. Angaben über die Rk. von F_2 mit Graphit zu „Graphitfluorid" zu erhalten, wurden die Umsetzungen 1. CF_3-CCl_3 (g) + Graphit → $CF_2 = CCl_2$ (g) + (F + C) Graphit (ΔH_1^0) u. 2. $CF_2Cl-CFCl_2$ (g) + Graphit → $CF_2 = CFCl$ (g) + (2 Cl) Graphit (ΔH_2^0) massenspektrometr. bei Drücken von 10^{-8} bis 10^{-5} atm u. zwischen 840 u. 1140 °K untersucht. Aus der Temp.-Abhängigkeit des Verhältnisses Ausgangs- : Endprod. ergab sich ΔH_1^0 zu $18{,}7 \pm 2{,}0$ (kcal/Mol), $\Delta H_2^0 = 10{,}5 \pm 1{,}5$; Kombination mit den bekannten Werten für 3. Cl_2 (g) + $CF_2 = CFCl$ (g) → $CF_2Cl-CFCl_2$ (g) ($\Delta H_3^0 = -48{,}8$) u. 4. Cl_2 (g) + $CF_2 = CCl_2$ (g) → $CF_2Cl-CCl_3$ (g) ($\Delta H_4^0 = -41{,}1$) ergab für die Rk. 5. (2 Cl) Graphit → Cl_2 (g) + Graphit ($\Delta H_5^0 = 38{,}3$) u. für 6. CF_3-CCl_3 (g) + Graphit + Cl_2 (g) → $CF_2Cl-CCl_3$ + (F + Cl) Graphit ($\Delta H_6^0 = -22{,}4$). Zusammen mit der Differenz der Bildungswärmen $\Delta H_f^0(CF_2Cl-CCl_3) - \Delta H_f^0(CF_3-CCl_3) = 46{,}8$ kcal/Mol ergab sich für die Rk. F_2 (g) + Graphit → (2 F) Graphit $\Delta H^0 = -100{,}2$ kcal/Mol F_2); Unsicherheit etwa ± 6 kcal. Rk. (1.) scheint bei 1000°K eine positive Entropieänderung von 20—25 Entropieeinheiten bei einer Aktivierungsenergie von maximal 30 kcal zu besitzen. P. Sartori. 156□

Zur Untersuchung von Molybdänhalogeniden. 2. Mitt. Bestimmung der Bildungsenthalpie einiger Chloride des fünf- und sechswertigen Molybdäns. Ss. A. Schtschukarew, I. W. Wassilkowa und B. N. Scharupin. (Nachr. Leningrader Univ. **14,** Nr. 4, [Ser. Physik Chem.] Nr. 1, 73—77, 1959; russ., Auszug: engl.) — 1. vgl. C. **1957,** 9836; vgl. auch C. **1963,** 4255. — In der Berechnung der Bldg.-Enthalpie (Δ H) der Mo-Chloride ist bei gleichen Vers.-Bedingungen der durch den Einfl. der Komplex-Bldg. in Lsg. bedingte Fehler sehr klein. Bei der Umsetzung mit 0,718 m NaOH ist bei 25° ΔH für MoO_3 $-18{,}60 \pm 0{,}28$ (kcal/Mol), 1,5% Fehler; MoO_2Cl_2 $-62{,}64 \pm 0{,}17$, 0,27%; $MoOCl_4$ $-121{,}26 \pm 0{,}48$, 0,4%; $MoOCl_4$ + NaCl $+0{,}76 \pm 0{,}01$, 1,3%; $MoCl_5$ + H_2O_2 $-179{,}01 \pm 1{,}04$, 0,58%; MoO_2Cl_2 + H_2O $-18{,}95 \pm 0{,}20$, 1,05%; für die Umsetzung mit 0,02n $KMnO_4$ für $MoCl_5$ $-90{,}14 \pm 0{,}84$, 0,9%; MoO_2Cl_2 $-18{,}76 \pm 0{,}09$, 0,5%. Aus diesen Werten ergeben sich für die Bldg.-Enthalpien: $MoCl_5$ $-126{,}56$, $MoOCl_4$ $-153{,}48$, MoO_2Cl_2 $-173{,}08$, $MoO_2Cl_2 \cdot$aq $-192{,}03$; diese Werte sind höher als die von Brewer nach Verss. von Van Liempt [1931] berechneten. R. K. Müller. 156□

Elektronenanregung von Metallhydroxiden MOH in Wasserstoff-Flammengasen. W. Reid und T. M. Sugden. (Discuss. Faraday Soc. **1962,** Nr. 33, 213—27; Cambridge, Univ., Dep. of Phys. Chem.; engl.) — Vff. geben einen kurzen Überblick über die Eigg. der Abgase brennstoffreicher $H_2/O_2/N_2$-Flammen mit bes. Berücksichtigung überschüssiger Mengen an atomaren H u. OH-Radikalen. Vff. zeigen ferner, wie dieser Überschuß die Verteilung eines metall. Zusatzes M auf die Formen M, MOH, MH u. MO beeinflußt, u. beschreiben experimentelle Unterss. mit Cu, Mn, Ca, Sr u. Ba. Während bei Cu u. Mn die Verb. MOH* wahrscheinlich nach dem Mechanismus M + OH + N_2 → **MOH*** + N_2 gebildet wird, entsteht sie bei den Erdalkalien über die Rk. MO + H + H_2O → **MOH*** + H_2O. Der Zerfall des angeregten **MOH*** verläuft bei allen Metall-Verbb. hauptsächlich nach dem gemeinsamen Mechanismus MOH* + N_2 → M + OH + N_2, daneben nach MOH* + H → M + H_2O bzw. MO + H_2. G. M. Neumann. 157◇

Modellversuche mit Flammen. H. C. Hottel. (Nat. Acad. Sci. — Nat. Res. Council, Publ. Nr. **786,** 32—47, 1961; Cambridge, Mass., MIT; engl.) — Mathemat. Beziehungen zwischen den verschiedenen bei Flammenerscheinungen auftretenden physikal. Größen, Massebewegungen, chem. Rkk. u. Energieveränderungen werden theoret. oder an Hand von Modell-Verss. erörtert. Vf. bespricht u. a. Strahlungsvorgänge u. deren Einfl. auf den Flammenkörper bei natürlicher Konvektion oder Turbulenzerscheinungen. In einem Diagramm werden Zusammenhänge zwischen Flammenlänge, Düsendurchmesser u. Reynoldscher Zahl dargestellt. H. Meiner. 157□

Feuererscheinungen unter dem Einfluß natürlicher Konvektion. G. I. Taylor. (Nat. Acad. Sci. — Nat. Res. Council, Publ. Nr. **786,** 10—31, 1961; Cambridge, Univ. of Cambridge; engl.) — Mathemat. Beziehungen zwischen den physikal. Größen, die bei der Bldg. von Modellflammen mit punkt- oder linienförmiger Entstehungsform von Bedeutung sind, werden erörtert. Die theoret. abgeleiteten werden mit den experimentell gefundenen Ergebnissen verglichen. Diagramme erläutern das Verh. induzierter Konvektionsströme, die Temp.-Verteilung im Luftraum über dem Brandherd, die Beziehungen zwischen Höhe, horizontaler Ausdehnung, vertikaler Geschw. u. Auftrieb sowie das Verh. von Flammen, die durch Abbrennen methanol. Salz-Lsgg. entstehen. H. Meiner. 157□

Einige Beobachtungen bei Brandversuchen in Schalen. H. W. Emmons. (Nat. Acad. Sci. — Nat. Res. Council, Publ. Nr. **786**, 50—67, 1961; Cambridge, Mass., Harvard Univ.; engl.) — Abbrennvorgänge, die in kleinen, flachen, zylindr. Schalen (Ø 0,25-bis 10 in.) mit *Aceton*- oder *Methanol*-Füllungen verlaufen, wurden untersucht. Festgestellt wurde ein großer Einfl. der durch Strahlung erhitzten angrenzenden räumlichen Zonen im Hinblick auf Konvektionsstörungen. Ferner wurden die Bedingungen für die Wärmeübertragung auf die brennbare Fl. entlang des Behälterrandes u. die äußeren Einfl. auf die Brenn-Geschw. ermittelt. H. Meiner. 157□

Eine Untersuchung über Metallverbrennungen. 1. Mitt. Spontane Verbrennung von Titan. F. E. Littman, F. M. Church und E. M. Kinderman. (J. less-common Metals [Amsterdam] **3**, 367—78, Okt. 1961; Menlo Park, Calif., Stanford Res. Inst.; engl.) — Massive Ti-Stücke können sich spontan entzünden, wenn die frische oxidfreie Metalloberfläche O_2 unter Druck (350 lbs./sq. in.) ausgesetzt wird. Bei Anwendung mit He oder Wasserdampf verd. O_2 sind größere Drücke erforderlich. Der Einfl. der O_2-Konz. u. der Temp. auf die Entzündbarkeit wird untersucht. Es wird vermutet, daß nur solche Metalle sich spontan entzünden, deren Oxide im Metall lösl. sind; außerdem muß die Anfangs-Rk. heftig genug sein, um ein Schmelzen der Oberfläche zu erreichen. J. Peters. 157◇

Eine Untersuchung über Metallverbrennungen. 2. Mitt. Spontane Verbrennung von Zirkonium. F. E. Littman, F. M. Church und E. M. Kinderman. (J. less-common Metals [Amsterdam] **3**, 379—97, Okt. 1961; engl.) — 1. vgl. vorst. Referat. — Zr-Stücke von 0,01—0,250 in. entzünden sich spontan, wenn sie hohen O_2-Drücken ausgesetzt werden. Die Entzündbarkeit von Zr u. Zr-Legg. in Abhängigkeit von O_2-Druck u. Konz. wird untersucht. Dabei wird festgestellt, daß die Entzündbarkeit relativ unabhängig von der Oxidschutzschicht ist. Oxidfreie Proben erfordern einen O_2-Druck von 300 lbs./sq.in., oxydierte Proben einen solchen von 450 lbs./sq.in. zur spontanen Entzündung. Das läßt vermuten, daß bei Vorliegen einer Oxidschicht kein durch Diffusion kontrollierter Mechanismus auftritt. J. Peters. 157◇

Detonation in Ammoniumnitrat. Stewart Paterson und Jean M. Davidson. (Nature [London] **195**, 277—78, 21/7. 1962; Stevenston, Ayrshire, Imp. Chem. Ind. Ltd., Nobel Div.; engl.) — Vff. bestimmen die Detonations-Geschw. von NH_4NO_3 mit einer Schüttdichte von 0,52 g/cm³ in Celluloseacetatrohren von 1,5—7¾ inch Ø u. extrapolieren daraus die Detonations-Geschw. für ∞ große Ø von 2,73 km/s u. eine Rk.-Zeit von 7 μs. Durch diese Detonations-Geschw. läßt sich ein Zerfall in N_2, 2 H_2O u. ½ O_2 begründen, während der von Ide, Haeuseler u. Swart (Explosivstoffe **9**, [1961], 195) angegebenen Explosivwärme die Bldg. von Stickstoffoxiden sowie eine Detonations-Geschw. von nur 1,87 km/s entspricht. G. Krien. 157□

Durch Detonationen erzeugte Plasmen. A. Bauer, M. A. Cook und R. T. Keyes. (Proc. Roy. Soc. [London], Ser. A **259**, 508—17, 24/1. 1961; Salt Lake City, Utah, Univ. of Utah, Inst. of Metals and Explos. Res.; engl.) — Vff. führen photograph. Höchst-Geschw.-Aufnahmen (bis zu 1 Million Aufnahmen/s) von glänzend leuchtenden, hoch ionisierten Gaswolken u. Plasmen durch, die durch eine Detonation erzeugt u. während dieses Vorganges von der freien Oberfläche des detonierenden Sprengstoffes emittiert werden. Die zu beobachtenden Kompressions-, Verdrängungs- u. Expansionseffekte werden erläutert. Mit Hilfe der Aufnahmetechnik ist es möglich, die von der Detonation kondensierter Explosivstoffe herrührenden Stoßwellen u. Plasmen zu trennen u. zu unterscheiden. Abb. der Plasmaexplosionen zeigen den metastabilen Charakter dieser Plasmen. Zusätzlich werden die Geschw.-Leitfähigkeits–Dichte-Beziehungen in den Plasmen untersucht u. die Ähnlichkeiten zu Metallen diskutiert. Wolfgang Wagner. 157□

Thermische Relaxation in Fluor. F. Douglas Shields. (J. acoust. Soc. America **34**, 271—74, März 1962; Univ. of Mississippi; engl.) — Vgl. C. **1961**, 11620. — In einem Glasrohr von 1,73 cm Durchmesser mit fortschreitenden Wellen durchgeführte Messungen der Schallabsorption u. -Geschw. in F_2 bei 28 u. 102° ergaben für die Schwingungsrelaxationszeiten 20,7 bzw. 10,7 μs. Auf Grund dieser Ergebnisse in Verbindung mit früheren Messungen an anderen Halogenen konnte die Genauigkeit der Slawsky-Schwartz-Herzfeld-Theorie verbessert werden. W. Betcke. 159□

Untersuchung der Ultraschallabsorption durch Metalle in einem Magnetfeld. A. A. Galkin, E. A. Kaner und A. P. Koroljuk. (J. exp. theoret. Physik [UdSSR] **39**, 1517—28, Dez. 1960; Akad. der Wiss. der UkrainSSR, Inst. für Radiophys. u. Elektronik; russ., Auszug: engl.) — Vgl. C. **1962**, 7055. — Die Besonderheiten der magnet.-akust. Resonanz u. des Absorptions-Koeff. α von Ultraschall in einem starken Magnet-

feld H werden an *Sn*- u. *In*-Einkristallen für kurzwelligen Schall ($\lambda \ll l$) bei $k \perp H$ (k = Wellenvektor, λ = Schallwellenlänge, l = Reichweite der Elektronen) theoret. u. experimentell untersucht. Bei Sn liegen 2 Typen von Oscillationen vor (unharmon. Resonanz- u. sinusförmige Oscillationen). Die Anisotropie u. die Frequenzabhängigkeit der Sättigung von α werden untersucht. Die beobachteten Erscheinungen werden mit dem Vorliegen einer offenen Fermi-Oberfläche bei Sn in Zusammenhang gebracht.
R. K. Müller. 159□

A_5. Kolloidchemie. Grenzschichtforschung

Kleinwinkelröntgenstreuung an Montmorillonittonsuspensionen. 2. Mitt. R. Hight jun., W. T. Higdon, H. C. H. Darley und P. W. Schmidt. (J. chem. Physics **37**, 502—10, 1/8. 1962; Columbia, Mo., Univ. of Missouri, Phys. Dep.; Houston, Texas, Shell Developm. Co.; engl.) — 1. vgl. C. **1962**, 3364. — Vff. berichten über die Kleinwinkelröntgenstreuung an *Na*-Montmorillonitsuspensionen im Konz.-Bereich von 5—85 Gew.-%. Der Abstand der Teilchen wurde im Konz.-Bereich von 10—40 Gew.-% durch Fourier-Analyse u. bei höheren Konzz. durch Vgl. mit theoret. Kurven für Teilchenaggregate erhalten u. liegt zwischen 116 Å bei einer Konz. von 10% u. 13 Å bei einer Konz. von 85%. Ferner wurde der Einfl. von *NaCl*-, *$CaCl_2$*- u. *$AlCl_3$*-Zusätzen zu einer 2%ig. Na-Montmorillonitsuspension untersucht. Es zeigt sich, daß eine Beeinflussung der Streuung nur oberhalb einer krit. Salz-Konz., die mit zunehmender Valenz der Ionen des Salzes abnimmt, stattfindet. Oberhalb dieser krit. Konz. findet eine Aggregation von 6—8 Teilchen statt, die einen Abstand von 19—21 Å haben. Frische H-Montmorillonitsuspensionen zeigen diese Aggregation nicht, sondern erst nach einer 4 Monate langen Alterung.
G. M. Neumann. 162◇

Die elektrische Leitfähigkeit von Aluminiumoxidsolen. A. K. M. Trivedi und K. M. Buch. (J. Indian chem. Soc. **34**, 337—39, April 1957; Ahmedabad, L. D. Arts Coll. and M. G. Sci. Inst., Chem. Dep.; engl.) — Konz. Al_2O_3-Sol wurde durch Peptisierung frisch gefällten $Al(OH)_3$ mit verd. HCl erhalten u. heiß dialysiert. Die Leitfähigkeit des mit W. verd. Sols wird tabellar. angegeben. Es zeigt die Eigg. eines typ. koll. Elektrolyten.
H. Roschkowski. 162□

Untersuchungen über den Einfluß von Temperatur, Erwärmungszeit, C_2H_5OH und NaCl auf die Oberflächenspannung hydrophiler Kolloide. Jan Czajka. (Ann. Univ. Mariae Curie-Skłodowska, Sect. AA **12**, 69—84, 1957, herausgeg. 1960; Lublin, WSR, Kat. Chem. ogóln.; Woj. Stacja Sanit.-Epidem.; pol., Auszug: dt.) — Erhöhte Temp. u. die Dauer ihrer Einw. beeinflussen nur koll. Lsgg., die therm. denaturierbar sind, also Eiweiß-Lsgg., nicht aber Gelatine- u. Stärkelösungen. Zusatz von A. zu 1%ig. wss. Lsgg. vermindert die Oberflächenspannung von Eiweißlösungen. Die Änderung ist bei Eiweiß-, Stärke- u. Gelatine-Lsgg. eine hyperbol. Funktion der A.-Konzentration. Bei Zusatz von NaCl steigt die Oberflächenspannung der Lsgg. schwach mit der NaCl-Konzentration. Vf. gibt eine theoret. Deutung dieser Erscheinungen. F. Urban. 166□

Zur Berechnung der Grenzflächenspannung zwischen zwei Phasen eines binären Systems. M. Kahlweit. (Z. physik. Chem. [Frankfurt/M.] [N. F.] **34**, 163—81, Sept. 1962; Göttingen, MPI für phys. Chem.; dt.) — Vf. leitet eine Gleichung für die freie Mischungsenthalpie einer inhomogenen streng regulären Lsg. ab u. wendet die Gibbssche Definition der Grenzflächenspannung σ auf ein zweiphasiges Syst. dieser Lsg. an. Durch Gleichsetzung wird eine Gleichung erhalten, die sich zur Berechnung von σ zwischen den beiden koexistierenden Phasen eignet. Der Verlauf des Molenbruchs bei tiefen u. hohen Temp. wird diskutiert. σ ist eine Funktion des Gittertyps, des Mol.-Vol, der Entmischungs-Temp. u. der gegenseitigen Löslichkeiten bei der Vers.-Temperatur. σ-Werte werden für die Syst. von H_2O mit CS_2, CCl_4, Chlf., $CHBr_3$, Bzl., $C_6H_5CH_3$, $C_6H_5 \cdot NO_2$, C_6H_{12}, Ae., $(CH_3)_2CHCH_2Cl$, $CH_3(CH_2)_4CH_3$, $C_6H_{13}COOH$ u. Hg berechnet u. mit den experimentellen Daten verglichen; die Übereinstimmung ist zufriedenstellend.
G. Gattow. 166◇

Benetzungs- und Ausbreitungserscheinungen im Vakuum. A. J. Wall und D. R. Milner. (J. Inst. Metals **90**, 394—402, Juni 1962; Birmingham, Univ., Dep. of Ind. Metallurgy; engl.) — Untersucht wurde die Benetzung von Cu–Al-, Ni–Al- u. Fe–Al-Legg. durch eine Anzahl fl. Metalle im Vakuum. Dabei wurde festgestellt, daß eine Benetzung unter Umständen möglich war, auch wenn die Oberfläche der Legg. mit einer Oxidschicht bedeckt war. Das Ausbreiten von fl. Metallen in Ggw. eines Oxidfilms geht unter Durchdringung des Oxidfilms durch das fl. Metall u. durch Ausbreiten entlang der Grenzfläche Oxid–Metall vor sich. Spontane Durchdringung des Oxidfilms durch das fl. Metall wurde dann beobachtet, wenn die Leg. nur in geringer Menge ein Element enthält, das beim Erhitzen im Vakuum ein stabiles Oxid bildet u. wenn das feste Metall im fl. lösl. ist. Die Durchdringung geht über die Dampfphase vor sich. Ausbreiten des fl. Metalles entlang der Grenzfläche Oxid/Metall erfordert eine gewisse Löslichkeit des festen Metalls im fl., zu große Löslichkeit begünstigt dagegen Erosion. Ist das feste Metall unlösl. im fl., so breitet sich das fl. Metall nicht auf dem festen Metall aus. Bei normalen Oxidfilmen, die vom fl. Metall nicht durchdrungen werden, kann ausreichende Ausbreitung durch mechan. Punktieren des Oxidfilms erzielt werden. Beim Löten kann hiervon durch geeignete Vorr. Gebrauch gemacht werden. F. Vier. 166□

Ein akustisches Kontinuummodell von molekularer Reibung in einfachen dichten Flüssigkeiten. Stuart A. Rice. (Molecular Physics **4**, 305—10, Juli 1961; Cambridge, Univ., Dep. of Theoret. Chem.; engl.) C. Gottfried. 172

Genaue Bestimmung der Viscosität von flüssigem Zinn, Blei, Wismut und Aluminium durch eine absolute Methode. E. Rothwell. (J. Inst. Metals **90**, 389—94, Juni 1962; Harwell, Berks., A.E.R.E.; engl.) — Es wird gezeigt, daß die von Andrade verwendete „oscillating-sphere" Meth. zum Messen der Viscosität auch bei höheren Temp. verwendet werden kann. Mit diesem Verf. wurden die Viscositäten von *fl. Sn, Pb, Bi* u. *Al* gemessen. Die aus den Ergebnissen entwickelten Exponentialformeln für die Viscositäten stehen in guter Übereinstimmung mit der Formel von Andrade für die Viscosität beim Schmelzpunkt. Die Verw. des Viscosimeters ist begrenzt auf Metalle mit niedrigem Dampfdruck. Es wird angenommen, daß bei einigen Änderungen auf diese Weise auch die Viscosität von Metallen mit hohem Dampfdruck gemessen werden kann. — 24 Literaturangaben. F. Vier. 172□

Rheologische Eigenschaften von wässerigen Glycerinlösungen. I. A. Dumanski und L. W. Chailenko. (Kolloid-J. [UdSSR] **23**, 684—86, Nov./Dez. 1961; Kiew, Akad. der Wiss. der UdSSR, Inst. für allg. u. anorg. Chem., Labor. für Kolloidchem.; russ., Auszug: engl.) — Bei der Verformung von wss. Glycerin-Lsgg. unter konst. Druck geht die elast. Verformung in eine irreversible Änderung der Viscosität über. Diese Erscheinung wird durch räumliche Umlagerungen der durch H-Brücken zusammengehaltenen Glycerin–W.-Komplexe erklärt u. kann auch bei verd. Lsgg. von Gelatine beobachtet werden. Wird das Syst. mit gleichen Bruchteilen der Gesamtbelastung nacheinander belastet, so wird eine stufenförmige Verformungskurve beobachtet. Die Entlastungskurve ist dabei qual. gleich der Belastungskurve. C. Kozák. 172□

Adsorptionsgleichgewichte von Wasserstoff, Deuterium und ihren Mischungen. 1. Mitt. D. Basmadjian. (Canad. J. Chem. **38**, 141—48, Jan. 1960; Toronto, Ontario, Canada, Univ., Dep. of Appl. Chem. and Chem. Engng.; engl.) — Es wurden die Adsorptionsisothermen von H_2 u. D_2 bei 75—90° K u. bis 760 Torr an Aktivkohle, Silicagel u. Linde-Molekularsieben 4 A, 5 A u. 13 X gemessen. D_2 wurde in allen Fällen stärker adsorbiert. Die isostere Adsorptionswärme übertraf die des H_2 um 50—300 cal·Mol^{-1}. Von 10—90% D_2 wurden bin. Adsorptionsisothermen bei Temp. von 75 u. 90° K u. einem Gesamtdruck von 750 u. 200 Torr bestimmt. Die Analysen wurden durch Messung der therm. Leitfähigkeit mit Thermistoren in einem stat. Syst. bei Normaldruck durchgeführt. Die bin. Trennfaktoren α wurden über den gesamten untersuchten Konz.-Bereich konst. gefunden mit Werten von $\alpha = 1{,}25$ für Aktivkohle bis zu 2,54 für das Molekularsieb 4 A bei 75° K u. 750 Torr. Vf. nimmt an, daß der Unterschied in den Werten für α hauptsächlich auf der verschiedenen chem. Zus. der Adsorbentien beruht. K. Huste. 176□

Adsorptionsgleichgewichte von Wasserstoff, Deuterium und ihren Mischungen. 2. Mitt. D. Basmadjian. (Canad. J. Chem. **38**, 149—56, Jan. 1960; engl.) — 1. vgl. vorst. Referat. — Auf Grund der l. c. mitgeteilten Ergebnisse wurden die die Isotopentrennung an Adsorbentien bestimmenden Faktoren untersucht. Mit Hilfe einer semiempir. thermodynam. Näherung wurde eine Beziehung zwischen dem bin. Trennfaktor α u. den Isothermen einer Komponente [$p = f(v)$] aufgestellt; weiterhin wurden daraus unter gewissen Vernachlässigungen Näherungsgleichungen abgeleitet, die die isostere Adsorptionswärme, die Temp. u. den Bedeckungsgrad verknüpfen. Vf. nimmt an, daß die horizontalen Nullpunktsschwingungen der adsorbierten Moll. u. nicht nur, wie früher angenommen, die vertikalen einen wesentlichen Beitrag zum unterschiedlichen Verh der Isotope liefern. K. Huste. 176□

Stickstoffkomplexe auf Holzkohle. 1. Mitt. **In verschiedenen Atmosphären hergestellte Stickstoffkomplexe.** Eizo Naruko. (Bull. Univ. Osaka Prefect., Sér. A **10**, 71—74, 1961; Osaka, Univ., Dep. of Appl. Chem., Coll. of Engng.; engl.) — Vf. untersuchte die adsorptiven Eigg. von Holzkohle, die aus vorher mit NH_4Cl imprägierter Cellulose hergestellt worden war. Die Herst. der Präpp. wurde nacheinander

in CO_2-, Luft-, H_2-, NH_3- u. N_2-Atmosphäre vorgenommen. Die adsorbierte Menge Methylenblau, Jod, Bzl. u. Phenol an der Oberfläche der stickstoffhaltigen Präpp. war geringer als an unbehandelter Kohle. Für die Adsorption von Oxalsäure gilt das Gegenteil. Sie wird ebenso wie die H_2O_2-Zers. durch imprägnierte Kohle-Präpp. gegenüber unbehandelten begünstigt. In einer oxydierenden Atmosphäre erzeugte Holzkohle zeigte in allen Fällen größere Adsorptionskapazität als in einer nichtoxydierenden hergestellte.
B. Krebs. 176□

Abscheidung radioaktiver Tracer an vorgebildeten ionischen Niederschlägen. 4. Mitt. Der Einfluß gewisser Fremdkationen auf die Adsorption von Orthophosphationen an geglühtem Bleisulfat. K. R. Kar und M. M. Bhutani. (J. sci. ind. Res. [New Delhi], Sect. B **21**, 370—74, Aug. 1962; Delhi, Univ., Dep. of Chem.; engl.) — 3. vgl. C. **1963**, 3124. — Mit Hilfe der in Kar u. Sawhney, C. **1963**, **8443** beschriebenen Meth. wurde die Orthophosphat-Adsorption bei Variation jeweils einer der folgenden Größen gemessen: Konz. der Fremdionen (Ba^{2+}, Sr^{2+}, Mg^{2+}, Ca^{2+}), überschüssiger Pb^{2+}- u. SO_4^{2-}-Ionen sowie des pH-Wertes. Mg^{2+} u. Ca^{2+} sind ohne Einfl.; Ba^{2+} u. Sr^{2+} verringern die Adsorption. Pb^{2+} im Überschuß verringert, SO_4^{2-} verstärkt die Wrkg. der Ba^{2+}- u. Sr^{2+}-Ionen. Mit steigendem pH-Wert läßt die Ba^{2+}- u. Sr^{2+}-Wrkg. nach u. ist ab pH 5 aufgehoben. Zur Erklärung der Ergebnisse wird ausführlich ein Mechanismus diskutiert, dessen wichtigster Schritt ein Einbau der Fremdionen in die äußeren Schichten des $PbSO_4$-Gitters ist.
T. Tamberg. 176□

Intrakristallines Verhalten des Faserzeoliths Laumontit. W. E. Addison, J. Plummer und Anne Walton. (J. chem. Soc. [London] **1962**, 4728—29, Nov.; Nottingham, Univ.; engl.) — Vgl. C. **1962**, 15137. — Natürlicher Laumontit besitzt geringeres Sorptionsvermögen für Gase als Molekularsiebe. Ar u. O_2 werden reversibel, NH_3, CO_2 u. N_2O irreversibel sorbiert; die Sorptionsisothermen sind in allen Fällen vom Typ I. Sorbiertes H_2S wird durch nachträglich sorbiertes O_2 ähnlich wie in den Molekularsieben oydiert (Nachw. von SO_2 in den bei höheren Temp. desorbierten Gasen). N_2O läßt sich aus NH_3-beladenem Laumontit wieder entfernen, während mit CO_2 Bldg. von $NH_4OC(O)\cdot NH_2$ erfolgt.
A. Blaschette. 176◇

Bestimmung des Verteilungskoeffizienten der Lithiumisotope beim Ionenaustausch. Ss. G. Katalnikow, W. A. Rewin, B. M. Andrejew und W. A. Minajew. (Atomenergie [UdSSR] **11**, 528—32, Dez. 1961; russ.) — Unterss. des Isotopen-Gleichgew. zwischen 1—5n Lsgg. von LiOH u. LiCl u. den Kationenaustauschern SBS 1—5, KU-2 u. Dowex 50. In allen Fällen reichert sich ^6Li an den Austauschern u. ^7Li in der Fl. an. Die Größe des Verteilungs-Koeff. α hängt von der Natur des Austauschers ab. In 1—5n LiCl-Lsg. ist α konzentrationsunabhängig. Gefundene Werte für α: SBS 1 1,006 $\pm$ 0,001; SBS 2 1,004 $\pm$ 0,001; SBS 3 1,020 $\pm$ 0,002; SBS 4 1,009 $\pm$ 0,002; SBS 5 1,004 $\pm$ 0,001; KU-2 1,008 $\pm$ 0,002; Dowex 50 1,006 $\pm$ 0,002.
R. Teichmann. 177□

Die Ionenaustauschmembranen. C. Gachet. (Chim. mod. **6**, 59—76, März/April 1961; franz.) — Überblick über Darst., Theorie, Arbeitsweise u. Anwendungen. — 166 Literaturhinweise.
C. Gottfried. 177

A_6. Strukturforschung

Ein Apparat zum Schleifen zylindrischer Kristalle. G. E. Pringle. (Proc. Leeds philos. lit. Soc., sci. Sect. **8**, 177—79, Febr. 1960; Leeds, Univ., Dep. of Chem.; engl.) — Beschreibung des neu konstruierten App., dessen Arbeitsweise auf der eines Sandstrahlgebläses beruht u. das ähnlich einem von Pepinsky (vgl. C. **1956**, 11020) verwendeten App. ist.
C. Gottfried. 181

Anwendung des Diffraktometers URS 50 I mit Geiger-Müller-Zähler und damit gesammelte Erfahrungen. S. Kadečková. (Českoslov. Časopis Fysiku **11**, 242—56, 1961; Praha, Fys. ústav. Českoslov. akad. věd; tschech.) — Eingehende Beschreibung der Apparatur.
J. Tůmová. 181□

Über eine Methode zur Fokussierung von Röntgenreflexen. F. Vávra. (Českoslov. Časopis Fysiku **11**, 272—73, 1961; Praha, Fys. ústav Karlovy univ.; tschech.) — Die Seemann-Bohlin-Kamera kann durch eine solche Stellung des Aufnahmefilmes ersetzt werden, daß die Grenzen des untersuchten Intervalls noch in einem genügend großen Winkel den Film schneiden. Es werden so Interferenzlinien von Kegelschnittform erhalten; die Auswertung geschieht mit Hilfe eines Bezugsstoffes.
J. Tůmová. 181□

Der Einfluß einer endlichen effektiven Schlitzlänge des Mikrophotometers auf die integrierte Intensität von Röntgenbeugungslinien bei der Betimmung aus Mikrometerkurven. A. Kochanovská. (Českoslov. Časopis Fysiku **11**, 195—201, 1961;

Praha, Ústav techn. fys. Českoslov. akad. věd; tschech.) — Ableitung der Formeln u. Zusammenstellung tabellar. Werte der Korrekturen für quadrat. bzw. runden Querschnitt des prim. Strahlenbündels. — Die Korrekturen können bes. bei kleinen Braggschen Winkeln u. solchen in Nähe von 90° bei Kammern von kleinen Halbmessern nicht vernachlässigt werden u. erreichen oftmals einige Prozente. J. Tůmová. 181 □

Zur Verschiebung der Beugungsmaxima bei Röntgenbeugungsuntersuchungen. A. J. C. Wilson. (Proc. physic. Soc. **78**, 249—54, 1/8. 1961; Cardiff, Wales, Univ. Coll., Viriamu Jones Labor.; engl.) — Vff. entwickelt übersichtliche, prakt. brauchbare Korrekturformeln für die Verschiebung der Beugungsmaxima, soweit diese geometr. bzw. physikal. (durch Absorption in der Probe, Dispersion oder durch Lorentz-Faktor) bedingt sind. G. Krause. 181

Bestimmung von Kristallstrukturen: Methode der „verbotenen Bereiche". Gérard von Eller. (Acta crystallogr. [Copenhagen] **15**, 590—95, 10/6. 1962; Paris, Labor. de Rayons X de l'IRChA; franz.) — Die Vorstellung von der Ungleichwertigkeit der Strukturfaktoren wird erweitert. Das führt dazu, jede Karle-Hauptman-Matrix U mit einer Fourier-Reihe zu verbinden. Die Amplituden u. Phasen dieser positiven Reihe c(x) (x = Punkt der Elementarzelle) sind die Moduln u. Argumente der Elemente der Matrix U^{-1}, mit der die kristallograph. Indices der entsprechenden Elemente von U verknüpft sind. Sobald c(x) größer als $1/n_j$ (n_j = relatives Gew. des Atoms j) ist, ist kein Atom der Art j vorhanden. B. Krebs. 181 □

Zur Bestimmung der Betragsquadrate von Strukturfaktoren aus Texturaufnahmen. Hans-Joachim Bunge. (Acta crystallogr. [Copenhagen] **15**, 612—13, 10/6. 1962; Berlin, Dtsch. Akad. der Wiss., Inst. für Strukturforsch.; dt.) — Vf. gibt eine Meth. an, auch in Fällen, in denen keine exakten Einkristalle zur Verfügung stehen, Strukturfaktoren zu ermitteln. Bei Verw. polykristallinen Materials können die Kristallite gewisse Vorzugsrichtungen haben. Die in einer bestimmten Richtung reflektierte Intensität hängt also außer von der Struktur von der Orientierungsverteilung der Kristalle ab. Die verteilungsbedingte Verbreiterung der Reflexe u. evtl. Koinzidenzen werden quant. durch die Anwendung spezieller Verteilungsfunktionen berücksichtigt. B. Krebs. 181 □

Neue Approximation für den atomaren Streuwert. Gérard Bassi. (Acta crystallogr. [Copenhagen] **15**, 617—18, 10/6. 1962; Grenoble, Centre d'Ét. Nucl., Labor. de Diffraction neutron.; franz.) — In Anlehnung an eine Beziehung von Freeman u. Smith wird eine Approximationsfunktion für den Streuwert von Atomen angegeben: $f(x) = Z - (x^2/P_4(x))$ mit $x = \sin \Theta/\lambda$ u. $P_4(x) = \sum_0^4 a_i x$. Die Koeff. a_i können durch die Meth. der kleinsten Quadrate ermittelt oder auf einfachere Weise bestimmt werden, indem man die Kurve durch 5 geeignet gewählte Punkte legt. Angeführte Berechnungsbeispiele (Vgl. mit Werten, die nach Vand, Eiland u. Pepinski sowie nach Freeman u. Smith berechnet wurden) für C, W u. Cr^{3+} zeigen sehr gute Werte bis x = 0,7. B. Krebs. 181 □

Verwendung elektronischer Rechenmaschinen im Gebiet der Quantenchemie. L. Burnelle. (Scientia [Asso] [6] **96** (55), 283—87, Sept. 1961; Cointe-Selessin, Univ. de Liège, Inst. d'Astrophys.; franz.) — Zusammenfassender Überblick. C. Gottfried. 181

Die Verwendung Gaußscher, exponentiell quadratischer Wellenfunktionen bei molekularen Problemen. 1. Mitt. Allgemeine Formeln für die Auswertung von Integralen. K. Singer. (Proc. Roy. Soc. [London], Ser. A **258**, 412—20, 25/10. 1960; Englefield Green, Roy. Holloway Coll.; engl.) — Theoret. Untersuchung. C. Gottfried. 182

Die Verwendung Gaußscher, exponentiell quadratischer Wellenfunktionen bei molekularen Problemen. 2. Mitt. Wellenfunktionen für die Grundzustände des Wasserstoffatoms und des Wasserstoffmoleküls. J. V. L. Longstaff und K. Singer. (Proc. Roy. Soc. [London], Ser. A **258**, 421—30, 25/10. 1960; engl.) — 1. vgl. vorst. Referat. — Die l. c. entwickelten Gaußschen Wellenfunktionen wurden auf das H-Atom u. das H_2-Mol. angewandt. Für das H_2-Mol. wurden Bindungsenergien von 4,30—4,58 eV, je nach der Anzahl unabhängiger Parameter erhalten. C. Gottfried. 182

Die Integralformeln für die Variationslösung der molekularen Vielelektronenwellenfunktion mittels Gaußscher Funktionen mit direkter elektronischer Wechselwirkung. S. F. Boys. (Proc. Roy. Soc. [London], Ser. A **258**, 402—11, 25/10. 1960; Cambridge, Univ., Inst. of Theoret. Chem.; engl.) — Theoret. Untersuchung. C. Gottfried. 182

Dreidimensionale effektive Elektronendichtefunktion. Arthur A. Frost. (J. chem. Physics **37**, 1147—48, 1/9. 1962; Evanston, Ill., Northwestern Univ., Dep. of

Chem.; engl.) — Vereinfachung der von Wilson (C. **1963**, 419) angegebenen vierdimensionalen Elektronendichtefunktion. A. Blaschette. 182◇

Über die Auswertung von gewissen in elektrostatischen Berechnungen auftretenden Zwei- und Dreizentrenmolekülintegralen. R. F. W. Bader. (Canad. J. Chem. **40**, 2140—45, Nov. 1962; Ottawa, Canada, Univ. of Ottawa, Dep. of Chem.; engl.) — Eine allg. Meth. zur Berechnung der bei der Anwendung des Hellmann-Feynman-Theorems auf Probleme der Mol.-Struktur auftretenden Dreizentrenintegrale benutzt Gegenbauer-Polynome bei der Reihen-Entw. der radialen Abhängigkeit des elektr. Feldes. Auch für elektrostat. Zweizentrenintegrale ergeben sich vereinfachte Ausdrücke, die für alle nichtverschwindenden Kombinationen von s-, p- u. d-Atomorbitalen für sämtliche Hauptquantenzahlen abgeleitet werden. A. Blaschette. 182◇

Anwendung elektrostatischer Variationsprinzipien bei der Berechnung von Molekülenergien. David M. Schrader und Stephen Prager. (J. chem. Physics **37**, 1456—60, 1/10. 1962; Minneapolis, Minn., Univ. of Minnesota, Dep. of Chem.; engl.) — Einführung der elektrostat. Prinzipien von Thomson u. Dirichlet in die Berechnung der Elektronen-Wechselwrkg.-Terme u. Anwendung auf den H_2-Grundzustand. A. Blaschette. 182◇

Verzerrung von Atomorbitalen in Molekülorbitalen. 2. Mitt. Ladungsverschiebung und Ladungsverzerrung des Wasserstoffatoms in H_2^+. Robert L. Miller und Peter G. Lykos. (J. chem. Physics **37**, 993—1000, 1/9. 1962; Chicago, Ill., Illinois Inst. of Technol., Dep. of Chem.; engl.) — 1. vgl. C. **1963, 34**. — Nach einem Variations-Verf. werden für die niedrigsten Energiezustände $^2\Sigma_g^+$, $^2\Sigma_u^+$, $^2\Pi_u$ u. $^2\Pi_g$ von H_2^+ die zur Beschreibung der mit einem Atom bei der Mol.-Bldg. verbundenen Elektronenladungswolken erforderlichen verzerrten atomaren Orbitale erhalten. Die erhaltenen Energien sind in guter Übereinstimmung mit theoret. Werten. Es werden Auswahlkriterien für eine zur Beschreibung verzerrter Orbitale geeignete Basis diskutiert. A. Blaschette. 182◇

Einige eindimensionale Atompotentialfunktionen. John A. Ricketts und Larry D. Nichols. (Proc. Indiana Acad. Sci. **70**, 132—36, 1960; De Pauw Univ.; engl.) — Vff. entwickeln für das H-Atom bzw. für Ionen, die dem H-Atom ähnlich sind, über eine negative Dirac-Deltafunktion die Potentialfunktionen, die die korrekten eindimensionalen Wellenfunktionen für den 1s-, 2s-, 2p-, 3s- u. 3p-Zustand ergeben. Anschließend wird das allg. Problem eines Elektrons besprochen, das sich in einem durch 3 Deltafunktionen beschriebenen Feld bewegt. Die Lösung wird in Form eines Diagramms mitgeteilt. K. Ross. 182□

Elektronenenergie von HF als Potenzreihe des Kernabstandes. Charles E. Reid. (J. chem. Physics **37**, 914, 15/8. 1962; Gainesville, Fla., Univ. of Florida, Chem. Dep.; engl.) — Berichtigung zu C. **1962**, 15507. A. Blaschette. 182◇

Spin-Bahn-Matrizen der d^5-Konfiguration. Keith A. Schroeder. (J. chem. Physics **37**, 1587—91, 15/10. 1962; Christchurch, New Zealand, Univ. of Canterbury, Phys. Dep.; engl.) — Die zur Analyse der Spektren von d^5-Komplexen mit oktaedr. oder nahezu oktaedr. Symmetrie erforderlichen Spin–Bahn-Matrizen werden nach dem Modell eines starken kub. Feldes (Meth. von Tanabe u. Kamimura) berechnet, tabelliert u. durch Vgl. ihrer Eigenwerte mit den Spin–Bahn-Matrixelementen in einem j-j-Kopplungsschema geprüft. A. Blaschette. 182◇

Spin-Bahn-Kopplungskonstante und $\langle r^{-3}\rangle$ in Transuranionen. M. E. Foglio und M. L. L. Pryce. (Molecular Physics **4**, 287—90, Juli 1961; Bristol, Univ., M. M. Wills Phys. Labor.; engl.) — Berechnungen des Spin–Bahn-Kopplungsparameters ζ, des Quantenmittels $\langle r^{-3}\rangle$ (r = Radikalkoordinate des 5f-Elektrons) u. der Bindungsenergie für die 5f-Elektronen für Z = 92, 94 u. 96 u. Nettoionenladungen ca. 1 u. 5. C. Gottfried. 182

Elektrostatische Energiematrizen der f^7-Konfiguration. W. A. Runciman. (J. chem. Physics **37**, 914, 15/8. 1962; Christchurch, New Zealand, Univ. of Canterbury, Phys. Dep.; engl.) — Berichtigung zu C. **1963**, 3089. A. Blaschette. 182◇

Bindung in Edelgashalogenidmolekülen. Leland C. Allen. (Science [Washington] **138**, 892—93, 23/11. 1962; Princeton, N.J., Princeton Univ., Dep. of Chem.; engl.) — Vgl. Chernick u. Mitarbeiter, C. **1963**, 8063. — Die Ausbldg. von chem. Bindungen zwischen Xe- u. F-Atomen wird durch die auf der Elektronenkorrelation beruhenden unterschiedlichen Überlappungen der radialen α- bzw. β-Wellenfunktionen mit der 2p-Funktion des F ermöglicht (α bzw. β beziehen sich auf 5s- oder 5p-Elektronen des Xe mit entgegengesetztem Spin). Ein hierauf beruhendes quantenmechan. Mol.-Modell führt zu einer quadrat.-planaren Struktur für das XeF_4-Mol. u. zu einer linearen Struktur für XeF_2. Das Modell bezieht sich auch auf mögliche Fluoride anderer Edelgase. A. Blaschette. 182◇

Über den Valenzwinkel des Sauerstoffs im HOCl-Molekül. L. W. Gurwitsch und M. M. Nowikow. (Optik u. Spektroskopie [UdSSR] **7**, 116—17, Juli 1959; russ.) — Vff. unterwerfen die Arbeit von Hedberg u. Badger (vgl. C. **1951**, II. 3270), in welcher der HOCl-Valenzwinkel zu 113° berechnet wird, einer eingehenden Kritik u. führen an, daß bei allen anderen Verbb. dieser Struktur der O-Winkel zwischen 102 u. 110° beträgt. Die neue Berechnung zeigt, daß die Größe A — ½ (B + C) weder von der Länge der O-Cl-Bindung, zwischen 1,65 u. 1,75 Å, noch bedeutenderweise von der O-H-Länge oder dem HOCl-Winkel abhängt. Die Größe ½ (B + C) bleibt im r_{OH}-Intervall zwischen 0,94 u. 0,97 Å u. dem HOCl-Winkel 94—113° konstant, während die Differenzen zwischen 1,70 u. 1,75 Å noch in den Fehlergrenzen der Best. liegen. Vff. kommen so zur Ansicht, daß der HOCl-Winkel nicht 113, sondern 104 ± 3° beträgt. J. Tůmová. 182□

Die Elektronenstruktur des Komplexes $Fe_2C_{10}H_4O_8$. D. A. Brown. (J. inorg. nuclear Chem. **11**, 9—12, Juni 1959; Brussels, European Res. Assoc.; engl.) — Die Elektronenstruktur des bereits röntgenograph. untersuchten (vgl. Hock u. Mills, C. **1959**, 3730) Komplexes $Fe_2C_{10}H_4O_8$ wird im Rahmen der MO-Theorie diskutiert. Unter der Annahme, daß sich geknickte Dreizentren-π-Orbitale ausbilden, ergibt sich eine Struktur, die dem hypothet. symm. Mol. mit einem Cyclobutadienring ähnlich ist. A. Blaschette. 182◇

Die Struktur von Graphit. T. Anno und C. A. Coulson. (Proc. Roy. Soc. [London], Ser. A **284**, 165—75, 7/11. 1961; Oxford, Univ., Math. Inst.; engl.) — Unter der Annahme verschiedener möglicher Verformungstypen wurde die Stabilität einer Graphitschicht theoret. untersucht. Bei der ersten Verformungsart wurde angenommen, daß die Längen aller 3 Bindungen, ausgehend von irgendeinem Atom in der Schicht, verschieden sind, während die Translationssymmetrie der hexagonalen Konfiguration in der Schicht erhalten bleibt. Bei der zweiten Verformungsart bleiben abwechselnde Sechsecke regulär, die Längen der sie verbindenden Bindungen weichen von den Längen der Bindungen in einem Sechseck ab. Nicht berücksichtigt wurde die Wechselwrkg. zwischen den Schichten. Aus den Berechnungen ergab sich, daß die von Bernal [1924] angenommene reguläre Konfiguration tatsächlich einem abs. Minimum der gesamten Energie mit Bezug auf die obigen Verformungsarten entspricht. C. Gottfried. 182

Die elektronische Struktur flüssiger Metalle. S. F. Edwards. (Proc. Roy. Soc. [London], Ser. A **267**, 518—40, 5/6. 1962; Manchester, Univ., Dep. of Theoretical Phys.; engl.) — Eine theoret. Analyse der Elektronenstruktur von Fll. unter Bedingungen, bei denen die Näherung freier Elektronen gegeben ist, wird ausgeführt. Dabei werden die verschiedenen Bedingungen, die auf Grund der relativen Größe der mittleren Weglängen u. des Ordnungsgrades in der Fl. auftreten können, besprochen. Für den Fall, daß die elektron. Eigg. mit Hilfe röntgenograph. Daten bestimmt werden können, werden die Energie/Moment-Kurven mit Berechnungen des Widerstands u. der Knightschen Verschiebung angegeben. Bei merklicher Ordnung wird die Analyse komplizierter. Das Verh. der Energie/Moment-Kurven ist gegeben im Bereich von totaler Unordnung bis zur Ordnung im polykristallinen Aggregat. G. Falkenburg. 186□

Einige Probleme der Elektrokristallisation. M. Fleischmann und H. R. Thirsk. (J. electrochem. Soc. Japan [Overseas Edit.] **28**, E175—E189; 1960; Newcastle-upon-Tyne, King's Coll., Chem. Dep.; engl.) — Übersicht. — 52 Literaturangaben. H. Roschkowski. 190□

Die Kristallisation von „Allophan“ unter hydrothermalen Bedingungen. Mitsue Koizumi, Ryôiti Kiriyama und Wataru Murayama. (Bull. chem. Soc. Japan **33**, 1620—21, Nov. 1960; Osaka, Univ., Fac. of Sci.; engl.) — Auf Grund seines Vork. wird Allophan klassifiziert als mineral. Allophan (**I**), Bodenallophan (**II**) u. ausgefälltes Allophan (**III**). In 3 Vers.-Reihen wurden a) **I** u. synthet. dargestellte SiO_2–Al_2O_3-Gele, b) **II** u. c) **III** + synthet. dargestelltes SiO_2–Al_2O_3-Gel in der Bombe bei einem H_2O-Druck von 1000 at auf 200—500° erhitzt, abgeschreckt u. die erhaltenen Prodd. röntgenograph. untersucht. Die Vers.-Dauer betrug bis zu 2 Wochen. In der ersten Vers.-Reihe bildete sich bei 300° ein Kaolinmineral u. bei 430° Pyrophyllit. Bei der zweiten Vers.-Reihe entstand zwischen 200 u. 350° eine Montmorillonitphase mit einem (0 0 1)-Netzebenenabstand von 15 Å, der nach Behandlung mit Glycerin auf 18 Å zunahm. Oberhalb 400° bildeten sich ein Glimmer u. ein Kaolinmineral zusammen. In der dritten Vers.-Reihe schließlich krist. zwischen 200 u. 450° eine Böhmitphase u. oberhalb 450° Pyrophyllit aus. Aus diesen Verss. wird geschlossen, daß das Mineral Allophan ein Aluminiumsilicat mit vierfach koordiniertem Al ist. C. Gottfried. 190

Entstehung des Bariumtitanat-„Butterfly“-Zwillings. J. W. Nielsen, R. C. Linares und S. E. Koonce. (J. Amer. ceram. Soc. **45**, 12—17, 1/1. 1962; Murray Hill,

N.J., Bell Telephone Labor.; engl.) — Die Bldg. von Zwillingen ist von der mittleren Teilchengröße u. der Teilchengrößenverteilung des Ausgangsmaterials abhängig. Maximale Zwillingsausbeuten wurden erhalten, wenn die Teilchen eine mittlere Größe nahe 1 μ hatten. Alle Verunreinigungen in den Ausgangsstoffen vermindern die Ausbeute an Zwillingen, u. zwar hauptsächlich, weil sie mit einer Packungsfehler-Bldg. interferieren, die ebenfalls zur Zwillings-Bldg. notwendig ist. C. Gottfried. 190

Röntgenographische Untersuchung von durch Neutralisation verdünnter Phosphorsäure erhaltenen gemischten Barium- und Strontiumphosphaten. R. Plumier. (Bull. Cl. Sci., Acad. roy. Belgique [5] **43,** 340—45, 1957; Liège, Univ., Labor. de Cristallogr.; franz.) — Vf. neutralisierte 5 Vol.-% wss. Phosphorsäure in Ggw. von Phenolphthalein mit verschieden zusammengesetzten Gemischen von $BaCO_3$- u. $SrCO_3$-Lösungen. Bei der Neutralisation mit $BaCO_3$ allein wurde als Nd. hauptsächlich $BaHPO_4$ neben wenig $Ba_3P_2O_8$ erhalten. Neutralisiert man bei höheren Temp., dann bildet sich auf Kosten von $BaHPO_4$ das von Zachariasen (Acta crystallogr. [London] **1,** [1948], 263) untersuchte $Ba_3P_2O_8$. Beim Glühen von $BaHPO_4$ bildet sich das Pyrophosphat $Ba_2P_2O_7$. Unter den gleichen Bedingungen erhält man mit $SnCO_3$ das sek. Phosphat $SrHPO_4 \cdot 2\,H_2O$ u. $3\,Sr_3P_2O_8 \cdot Sr(OH)_2$ mit Apatitstruktur. Bei der thermogravimetr. Unters. von $3\,Sr_3P_2O_8 \cdot Sr(OH)_2$ tritt bei 700° ein Diskontinuum auf; röntgenograph. erhält man die Interferenzen von $Sr_3P_2O_8$. Die wasserfreien tert. Ba- u. Sr-Phosphate sind im ganzen Zus.-Bereich isomorph. Aus den Röntgenaufnahmen ging hervor, daß die an Ba reichen u. an Sr armen tert. gemischten Phosphate beim Glühen ihre Struktur nicht verändern. Im Gegensatz hierzu erhält man für Sr-reiche u. Ba-arme gemischte Phosphate bei der Neutralisation das wasserhaltige Phosphat mit Apatitstruktur. Beim Erhitzen wandelt sich dieses Phosphat bei ca. 750° in das wasserfreie Phosphat um. Das wasserhaltige Phosphat mit Apatitstruktur bildet im gesamten Zus.-Bereich keine feste Lsg., sondern nur bis zu einem gemischten tert. Phosphat mit 20% Sr. Messungen der Netzebenenabstände der Ba- u. Sr-Pyrophosphate zeigten, daß diese Verbb. nicht homöomorph sind. C. Gottfried. 190

Röntgenuntersuchung von verzwillingten GaAs-Blättchen, die aus der Dampfphase gezüchtet wurden. Roch R. Monchamp, William J. McAleer und Peter I. Pollak. (J. electrochem. Soc. **109,** 1108—09, Nov. 1962; Rahway, N.J., Merck Sharp & Dohme Res. Labor., Div. of Merck & Co., Inc., Electronic Chem. Res. Dep.; engl.) — Vgl. C. **1962,** 8876. — Aus der Dampfphase gezüchtete, verzwillingte GaAs-Blättchen sowie vergleichsweise aus der Schmelze gezogene Ge- u. Si-Dendriten werden mkr. u. röntgenograph. untersucht. Die Hauptflächen sind (1 1 1) u. $(\bar{1}\,\bar{1}\,\bar{1})$, die Hauptwachstumsrichtung ist $[\bar{2}\,1\,1]$. Vff. erörtern die Drehaufnahmen u. zeigen, daß für GaAs der Nachw. der Zwillings-Bldg. durch Drehaufnahmen um die entgegengesetzten Achsen, die um 70° 32″ gegen die [1 1 1]-Achse gedreht sind, möglich ist. Zwillinge u. einfache Kristalle lassen sich auch durch Drehaufnahmen um $[5\,\bar{1}\,\bar{1}]$ unterscheiden. Die Meth. versagt bei eng beieinanderliegenden Zwillingsebenen oder bei stärkeren Deckschichten, die das Eindringen der Röntgenstrahlen unterbinden. P. Frenzel. 190◇

Zur Umwandlung des amorphen Selens in die hexagonale Modifikation. F. Eckart. (Mber. dtsch. Akad. Wiss. Berlin **3,** 183—86, 1961; Phys.-techn. Inst. der Dt. Akad. der Wiss., Forsch.-Gemeinschaft; dt.) — Vgl. C. **1962,** 3736. A. Leibbrandt. 190□

Eine Versetzung an einer freien Oberfläche. Elizabeth H. Yoffe. (Philos. Mag. [8] **6,** 1147—55, Sept. 1961; Cambridge, Univ., Cavendish Labor.; engl.) — Theoret. Unters., bei der das Spannungsfeld einer eine freie Oberfläche eines elast. Körpers treffenden Versetzung für einen beliebigen Einfallwinkel u. jeden beliebigen Burgers-Vektor berechnet wurde. C. Gottfried. 190

Beobachtung von Versetzungen in Siliciumkristallen. Hideo Kaneko und Motohumi Honma. (Bull. Res. Inst. Mineral Dressing Metallurgy, Tohoku Univ. **17,** 51—58, Juni 1961; jap., Auszug: engl.) — Die bei gezogenen Si-Kristallen beobachteten Versetzungen (VS) zeigen, daß viele VS-Linien in der Richtung der Wachstumsachse verlaufen. In der Kristallmitte ist die Dichte der VS verhältnismäßig gering. Die Ausbreitung der VS beim Wachstum ist bereits im Kristallkeim vorhanden. Die auf der Außenoberfläche von Cu-Kristallen auftretenden Ätzgrübchen werden erörtert. W. Wesly. 190□

Durch Gold ausgelöstes Klettern von Versetzungen in Silicium. W. C. Dash. (J. appl. Physics **31,** 2275—83, Dez. 1960; Schenectady, N.Y., Gen. Electr. Res. Labor.; engl.) — Zu den Verss. wurden versetzungsfreie Si-Kristalle einmal nach der vom Vf. beschriebenen (vgl. C. **1962,** 5577) Pedestaltechnik u. nach der Zieh-Meth. von Czo-

chralski hergestellt; bei der ersten Meth. sind die erhaltenen Kristalle sauerstofffrei. Die Kristalle wurden hierauf mit einem Diamanteindruckkörper behandelt u. bei ca. 900° verformt. Mit Hilfe dieser Behandlung war es möglich, in den Kristall linksgängige Schraubenversetzungen in geringer Konz. einzuführen. Auf eine geätzte Kristalloberfläche wurde hierauf eine geringe Menge einer $Au(CN)_3$-Lsg. in konz. *HF* oder eine wss. Lsg. von $HAuCl_4 \cdot 3\,H_2O$ gebracht u. die Kristalle hierauf verschieden lang auf Temp. von 1000—1300° erhitzt. Es wurde gefunden, daß nach der Diffusion des Au die linksgängigen Schraubenversetzungen rechtsgängige Schrauben gebildet hatten. Der Durchmesser dieser Schrauben nahm bei einer gegebenen Temp. mit der Zeit oder mit der Temp. während einer gegebenen Zeit der Wärmebehandlung zu. Weitere Verss. ergaben, daß nachweisbare Schrauben nur auftraten, wenn die Oberflächen-Konz. des Au bei 1200° wenigstens von der Größenordnung $5 \cdot 10^{15}$ cm^{-3} war. Vorläufige analoge Verss. mit ^{198}Au ergaben, daß die innere Konz. 10^{15} cm^{-3} oder niedriger ist. Außerdem ging aus diesen Verss. hervor, daß sich Au nahe den Versetzungen anreichert.
C. Gottfried. 190

Ein Ätzmittel für Versetzungen in Bleiselenidkristallen. Marriner K. Norr. (J. electrochem. Soc. **109,** 1113—14, Nov. 1962; White Oak, Silver Spring, Md., U.S. Naval Ordn. Labor.; engl.) — Auf frischen Spaltflächen von n- u. p-PbSe zeigen sich nach 2 Min. langem Ätzen scharf ausgebildete pyramidenförmige Ätzgrübchen mit einem quadrat. Querschnitt von 2—6 μ. Ihre Kanten liegen parallel zu [1 0 0] des Kristalls. Die Ätzgrübchen entstehen an Kleinwinkelkorngrenzen, entlang Spuren von Gleitflächen u. an unregelmäßig über die Kristalloberfläche verteilten Punkten. Die Kanten der Spaltstufen werden angegriffen. Bei erneutem Ätzen nach mechan. Beanspruchung werden die gebildeten Versetzungen sichtbar. — Die Ätz-Lsg. wird durch Auflösen von 10 g KOH in 10 ml dest. W., Zugabe von 1,0 ml Glycerin u. weitere Zugabe von 0,5 ml 30%ig. H_2O_2-Lsg. nach Abkühlung auf Raum-Temp. hergestellt. P. Frenzel. 190◇

Einfluß von Verformung und Temperatur auf die Kobalt-γ-Bestrahlung von Natriumchlorid. Beweis für elektrische Wechselwirkung zwischen Versetzungen und Fehlstellen. Rohn Truell. (J. appl. Physics **32,** 1601—04, Aug. 1961; Providence, R.I., Brown Univ.; engl.) — Die Ultraschalldämpfung von NaCl-Kristallen nimmt bei γ-Bestrahlung (Co-60-Quelle, 3500 r/h, 20°) ab. Diese Abnahme wird durch vorherige plast. Verformung stark beschleunigt, ist jedoch unabhängig von der Temp. (20 bis —190°). Es wird angenommen, daß zwischen den Versetzungen, die die Dämpfung bewirken, u. den durch Bestrahlung entstandenen Fehlstellen, die die Versetzungen verankern, wesentlich nur elektr. Kräfte ohne therm. Aktivierung wirken.
J. Teltow. 190□

Schäden in UO_2-Filmen und -Teilchen durch Bestrahlung in einem Reaktor. T. K. Bierlein und B. Mastel. (J. appl. Physics **31,** 2314—15, Dez. 1960; Richland, Wash., Gen. Electr. Co., Hanford Atomic Prod. Operat.; engl.) — Vff. bestrahlen ca. 100 Å starke Filme von U oder UO_2 in einem Hanford-Reaktor bei maximal 60° u. beschreiben die durch Elektronenmikroskopie u. -beugung festgestellten Änderungen der Mikrostruktur. W. Menz. 190

Die Bestimmung der Luminescenzeigenschaften als Methode zur Untersuchung von Diffusionsprozessen im festen Zustand. W. L. Wanmaker und C. Bakker. (Proc. IVth int. Sympos. Reactivity Solids, Amsterdam **1960,** 709—17, 1961; Eindhoven, Netherlands, N.V. Philips' Gloeilampenfabrieken, Light Div.; engl.) — Durch Erhitzen einer Mischung von $3\,Ca_3(PO_4)_2 \cdot Ca(F, Cl)_2$ (I) u. Sb_2O_3 wurde die Einführung von Sb^{3+}-Ionen in das Apatitgitter durch Beobachtung der Luminescenzintensität des gebrannten Prod. bestimmt. In der gleichen Weise wurde die Diffusion von Mn^{2+} untersucht u. ebenso die Rkk. von $CaCO_3$ bzw. $NH_4H_2PO_4$ mit **I**. Die Meth. wird zur allg. Verw. empfohlen. H. Roschkowski. 190◇

Die Elementarzelle und Raumgruppe von $Na_2HPO_4 \cdot 2\,H_2O$. Eva Zsoldos. (Acta crystallogr. [Copenhagen] **15,** 614, 10/6. 1962; Budapest, Hung. Acad. of Sci., Res. Inst. for Techn. Phys.; engl.) — Pulveraufnahmen von $Na_2HPO_4 \cdot 2\,H_2O$ zeigen rhomb. Symmetrie mit $a = 10{,}34 \pm 0{,}03$, $b = 13{,}64 \pm 0{,}03$, $c = 16{,}98 \pm 0{,}04$ Å, Raumgruppe D_2^3 — P 2_1 2_1 2. D. (röntgenograph.) = 2,079 g·cm^{-3}, Dichte (pyknometr.) bei 15° 2,066 g·cm^{-3}; Z = 16. B. Krebs. 195□

Netzebenenabstände von sekundärem Strontiumphosphathydrat. R. Plumier und H. Brasseur. (Bull. Cl. Sci., Acad. roy. Belgique [5] **43,** 346, 1957; Liège, Univ., Labor. de Cristallographie; franz.) — Vgl. C. **1958,** 2657. — Röntgenograph. Best. der Netzebenenabstände von $SrHPO_4 \cdot 2\,H_2O$. Der Vgl. mit den Netzebenenabständen von $CaHPO_4 \cdot 2\,H_2O$ ergibt, daß die beiden Phosphate wahrscheinlich isotyp sind.
C. Gottfried. 195

Vorläufige Beobachtungen an gemischten, BeO enthaltenden Oxiden. L. A. Harris, R. A. Potter und H. L. Yakel. (Acta crystallogr. [Copenhagen] **15**, 615—16, 10/6. 1962; Oak Ridge, Tenn., Oak Ridge Nat. Labor., Metallurg. Div.; engl.) — Vff. stellten durch Zusammenschmelzen der entsprechenden Oxide bei 1300—1600° unter Ar die Verbb. *2 CaO·3 BeO* (I), *2 SrO·3 BeO* (II) u. Y_2O_3·*2 BeO* (III) her u. untersuchten sie durch Röntgeneinkristallaufnahmen (Cu-Kα- u. Mo-Kα-Strahlung) u. mit opt. Methoden. Folgende Daten wurden ermittelt: I: n = 1,638 ± 0,003, kub., a = 14,00 ± 0,01 Å, wahrscheinliche Raumgruppe O_h^5—F m 3 m, Z = 24, D. (röntgenograph.) 2,71 ± 0,01, D. (experimentell) 2,70 ± 0,10 g·cm^{-3}; II: n || [0 0 1] = 1,724 ± 0,003, n ⊥ [0 0 1] = 1,709 ± 0,003, rhomb., a = 7,13 ± 0,01, b = 9,01 ± 0,01, c = 18,5 ± 0,1 Å, Z = 10, D. (röntgenograph.) 3,94 ± 0,04, D. (experimentell) 3,84 ± 0,05 g·cm^{-3}; III: n || [1 0 0] = 1,855 ± 0,005, n || [0 1 1] = 1,840 ± 0,005, rhomb., a = 3,51 ± 0,01, b = 9,88 ± 0,01, c = 10,36 ± 0,02 Å, wahrscheinliche Raumgruppe D_{2h}^{16} — P m c n, Z = 4, D. (röntgenograph.) 5,10 ± 0,03, D. (experimentell) 5,1 ± 0,02 g·cm^{-3}. Das Röntgendiagramm von II zeigt nur in zwei Richtungen scharfe Reflexe. Es scheint deshalb, als sei das Gitter nur bei Projektion auf die ab-Ebene vollkommen period., in der c-Richtung dagegen relativ ungeordnet. B. Krebs. 195□

Bemerkung über die Sauerstoffparameter in tetragonalem PbO_2. Janusz Leciejewicz und Izabela Padlo. (Naturwissenschaften **49**, 373—74, 2. Aug.-H. 1962; Warszawa, Poland, Inst. for Nucl. Res., Dep. 1-B of Nucl. Phys.; engl.) — Die Gitter-Konst. von PbO_2-Pulver werden durch Neutronenbeugungsaufnahmen bestimmt: a = 4,955 ± 0,003 Å; c = 3,383 ± 0,002 Å. Reflexe, die auf eine Überstruktur hinweisen könnten, wurden nicht beobachtet. Demnach entspricht die PbO_2-Struktur dem Rutiltyp. Die interatomaren Abstände u. Winkel sind angegeben. Aus den Abständen geht hervor, daß eine Ionenbindung vorliegt. Die Summe der Ionenradien (Pb^{4+} + O^{2-}) beträgt 2,16 Å. I. Zoll. 195◇

Die Kristallstrukturen von Wollastonit und Pektolith. M. J. Buerger und C. T. Prewitt. (Proc. nat. Acad. Sci. USA **47**, 1884—88, Dez. 1961; Cambridge, Mass., MIT, Crystallographic Labor.; engl.) — Wollastonit, $CaSiO_3$, u. Pektolith, $Ca_2NaH \cdot Si_3O_9$, gehören einer Mineralfamilie an. Beide Verbb. krist. in der Raumgruppe P $\bar{1}$, die Dimensionen der Elementarzellen sind ähnlich. Die Struktur-Best. des Pektoliths durch Buerger (vgl. C. **1957**, 11514) u. des Wollastonits durch Mamedow u. Below (vgl. C. **1959**, 2041) ergaben jedoch ungleiche Atomparameter. Da auf Grund der Verwandtschaft der Verbb. die Unterschiedlichkeit der Strukturen bezweifelt wurde, wurden für den Wollastonit unter Verw. neuer Röntgendaten 3dimensionale Patterson-Projektionen angefertigt u. die so gefundene Struktur nach der Meth. der kleinsten Quadrate weiter verfeinert. Ebenso wurde die Pektolithstruktur weiter verfeinert. Hierbei ergab sich eindeutig, daß die beiden Silicate verschiedene, aber verwandte Strukturen haben. Die Beziehungen zwischen den beiden Strukturen sollen später beschrieben werden. C. Gottfried. 195

Die Kristallstruktur von Chlorit. 1. Mitt. Eine monokline polymorphe Form. H. Steinfink. (Acta crystallogr. [Copenhagen] **15**, 1310, 10/12. 1962; Houston, Tex., Shell Dev. Co.; engl.) — Berichtigung zu C. **1960**, 11219. A. Blaschette. 195◇

Phasenumwandlung in dünnen Kobaltfilmen. E. Votava. (J. Inst. Metals **90**, Nr. 4, Bull. 129—32, Dez. 1961; Brussels, European Res. Assoc. S. A.; engl.) — Elektronenmkr. Unterss. ergaben, daß bei dünnen Co-Filmen eine beachtliche Unterkühlung der Phasenumwandlung auftrat, u. daß bei Raum-Temp. beträchtliche Anteile der kub.-flächenzentrierten Phase erhalten blieben. F. Vier. 196□

Untersuchung der Struktur dünner Schichten von Gold und Indium. Paul Croce, Madeleine Gandais und Alain Marraud. (Rev. Opt. théor. instrument. **40**, 555—62, 1 Tafel, Nov. 1961; Paris, Inst. d'Opt.; franz.) — Vgl. C. **1962**, 406. — Vff. berichten über röntgenograph. u. elektronenmkr. Unterss. an Au- u. In-Filmen, die in einem Vakuum von 10^{-6} bis $5 \cdot 10^{-6}$ Torr auf Glasblättchen aufgedampft waren. Die Beugungsdiagramme gewisser Au-Filme scheinen aus Streifen zusammengesetzt zu sein. Es wird rechner. gezeigt, wie man aus dem Abstand dieser Streifen die Dicke der Filme bestimmen kann. Elektronenmkr. Unters. von Filmen, deren Röntgendiagramme nur die sehr intensive (1 1 1)-Interferenz zeigten, besaßen einen sehr guten Oberflächenzustand u. eine Größe der parallel zur Unterlage liegenden Kristalle, die zwischen 200 u. 4000 Å variierte. Linien, die die Kristalle durchquerten, sind Stapelfehlern oder Zwillingen zuzuschreiben. Bei den In-Filmen wurde röntgenograph. eine starke Textur beobachtet; die (1 1 1)-Ebene liegt stets parallel zur Unterlage. Es konnte dann auf einigen Diagrammen, schwach angedeutet, eine zweite Orientierung festgestellt werden. An den In-Filmen wurde außerdem der Einfl. der Temp. u. der Unterlage sowie der Aufdampf-Geschw. u. des Drucks untersucht. C. Gottfried. 196

Der Beschuß von Gold mit energiearmen Ionen. D. G. Brandon und Piers Bowden. (Philos. Mag. [8] **6**, 707—10, Mai 1961; Univ. of Cambridge, Dep. of Metallurgy; engl.) — Vorläufiger Bericht über die Ergebnisse von elektronenmkr. Unterss. der Natur der Sub-Oberflächenschäden in dünnen Goldschichten nach dem Beschuß der Schichten mit niederenerget. Ar^+-Ionen (Maximalenergie 75 eV) u. über die Beziehung dieser Schäden zu den mit mehr konventionellen Techniken erzeugten Strahlenschäden. J.-M. Spaeth. 196□

Der Rekristallisationsprozeß in einigen polykristallinen Metallen. J. E. Bailey und P. B. Hirsch. (Proc. Roy. Soc. [London], Ser. A **267**, 11—30, 3 Tafeln, 24/4. 1962; Cambridge, Cavendish Labor., Crystallograph. Labor.; engl.) — Durch elektronenmkr. Unterss. u. Abb. zeigen Vff., daß bei polykrist. *Cu* u. *Ni* bei schwacher bis mäßiger Deformation mit der Wanderung der ursprünglichen Korngrenzen Rekristallisation eintritt. Ohne eine Anisotropie der Korngrenzenbeweglichkeit einzuführen, kann eine Theorie für diesen Mechanismus aufgestellt werden. Dabei erweist sich die sog. Rekristallisations-Aktivierungsenergie als ident. mit der Aktivierungsenergie für die Korngrenzenbewegung. W. Sobieski. 197◇

Röntgenlinienverschiebungen auf Debye-Scherrer-Diagrammen von Drahtproben mit bevorzugter Orientierung. Henry M. Otte. (J. appl. Physics **33**, 2892—93, Sept. 1962; Baltimore, Md., Res. Inst. for Advanced Study; engl.) — Vf. erhält aus röntgenograph. Unterss. von Metallproben mit starker ⟨0 0 1⟩-Drahttextur Werte für Richtung u. Größe der Röntgenlinienverschiebung, die mit den theoret. Berechnungen von Pike (C. **1958**, 12615) gut übereinstimmen. W. Sobieski. 197◇

Physikalische Interpretation der Arrhenius-Gleichung in den verschiedenen Mechanismen der Selbstdiffusion in kubisch dichtest gepackten und kubisch raumzentrierten Metallen. P. Guiraldenq. (Métaux **36**, 257—67, Juli/Aug. 1961; Paris, École des Mines, Centre de Rech. Métallurg.; franz.) — Vf. legt die verschiedenen Beschreibungsweisen der Eigendiffusion innerhalb der Metalle mit kub. Symmetrie dar. Er behandelt Mechanismen, die die Diffusion über Löcher beschreiben (Theorien nach Zener, Le Claire, Buffington u. Cohen) sowie einen „Ringmechanismus". Es werden Berechnungsbeispiele gegeben für Ag, Co, Cu, α-Fe, γ-Fe, γ-U, Pb, Au, W. B. Krebs. 197□

Wechselwirkung paralleler Versetzungen in einem hexagonalen Kristall. Y. T. Chou. (J. appl. Physics **33**, 2747—51, Sept. 1962; Monroeville, Pa., US Steel Corp. Res. Center, Edgar C. Bain Labor. for Fundamental Res.; engl.) — Vf. analysiert für einen hexagonalen Kristall das Spannungsfeld einer einzelnen Versetzung, die Kraft zwischen zwei parallelen Versetzungen u. das Spannungsfeld zwischen verschiedenen neubegrenzten Versetzungswällen u. -reihen nach der Theorie der anisotropen Elastizität. Der Bereich der Anziehung zwischen zwei parallelen Kantenversetzungen gleichen Vorzeichens ist nicht mehr 45° wie im isotopen Fall, sondern davon abweichend für Graphit z. B. 70°. Die Kraft zwischen zwei parallelen Schraubenversetzungen ist nicht mehr zentral gerichtet, sondern hat eine Tangentialkomponente, die längs der x- u. y-Achsen Null wird u. die Bldg. von Schraubenversetzungslinien in allen Ebenen außer parallel u. normal zur Basisfläche behindert. In diesen beiden Ebenen hat das Spannungsfeld von unbegrenzten Versetzungen ähnliche Charakteristiken wie im isotropen Fall, obwohl Größe u. Geometrie desselben unterschiedlich ist. — Vf. gibt numer. Werte der Konst. K_e, K_n, K_s, C, λ^2 u. η^2 für hexagonales *Be, Graphit, Cd, CdS, Co, Eis, Mg, Zn* u. *Zr*. W. Sobieski. 197◇

Sandgußherstellung von hochreinen Aluminiumeinkristallen. D. J. Barber und B. A. Gillett. (J. Inst. Metals **90**, 405—06, Juni 1962; Banbury, Oxon, Aluminium Labor. Ltd.; engl.) F. Vier. 197□

Defektstrukturen in mit Neutronen beschossenem Aluminium. T. K. Bierlein und B. Mastel. (J. appl. Physics **33**, 2873—75, Sept. 1962; Richland, Wash., Gen. Electr. Co., Hanford Atomic Prod. Operat.; engl.) — Aus elektronenmkr. Unterss. von bei 60° mit Neutronen beschossenem *Al* erhalten Vff. Ergebnisse, die von denen anderer Autoren abweichen. Kleinere Versetzungsschleifen u. größere Versetzungsringe entstehen bei Beschuß mit $3 \cdot 10^{18}$ nvt (E > 1 MeV) u. vermehren sich mit steigender Strahlungsdosis. Vff. nehmen an, daß es prismat. Schleifen sind, die durch Cluster-Bldg. u. durch anschließendes Zusammenfallen von infolge Neutronenbeschuß gebildeten Leerstellen entstehen. W. Sobieski. 197◇

Das Verhalten von Versetzungen in neutronenbestrahltem Aluminium. W. R. Thomas und J. L. Whitton. (Acta metallurg. [New York] **9**, 1075—76, Dez. 1961; Chalk River, Ontario, Atomic Energy of Canada Ltd.; engl.) — Durch Neutronenbestrahlung erzeugte Versetzungen wurden im Elektronenmikroskop beobachtet. Die Ausheilung erfolgt langsamer u. in anderer Weise als bei unbestrahltem Al.
Walter Franke. 197□

Mikroinhomogenitäten in Germaniumeinkristallen. András Lörinczy, Tibor Németh und Péter Szebeni. (Magyar fizik. Folyóirat [Ung. physik. Z.] **10**, 293 bis 302, Aug. 1962; Budapest, Forschungsinst. für techn. Phys.; ung.) — Beschreibung einiger Meth. zum Nachw. der Mikroinhomogenitäten, darunter die Meth. der Vff. mit vier gleitenden Sonden. J. Plank. 197

Diffusion von Leerstellen während des Abschreckens von Ge und Si. I. Melngailis und S. O'Hara. (J. appl. Physics **33**, 2596—2601, Aug. 1962; Pittsburgh, Pa., Westinghouse Res. Labor.; engl.) — Vff. untersuchen theoret. die Diffusion von Leerstellen in Ge bzw. Si während des Strahlungsabschreckens nach dem Schmelzen. In 0,01 cm dicken Dendriten werden bis zu 99% der Gleichgewichts-Konz. an Leerstellen beim F. während der Strahlungsabkühlung an der Oberfläche vernichtet, wenn Leerstellen als einzige Fehlstellenart angenommen wird. In dickeren Dendriten können ca. 10% der Gleichgewichtsfehlstellen bei Abkühlung eingefroren werden, wenn als Leerstellensenken außer der Oberfläche noch ca. $5 \cdot 10^4$ Versetzungen/cm² zugelassen werden. Das Auftreten von Versetzungsschleifen in Ge u. Si ist unwahrscheinlich.
Herbert Müller. 197◇

Fehlstellen in Nb, Mo und Ta. D. E. Peacock und A. A. Johnson. (Nature [London] **195**, 169, 14/7. 1962; London, Imp. Coll., Dep. of Metallurgy; engl.) — Nb- u. Mo-Drähte wurden 3, 6, 9 u. 12 Monate bei 40° mit Neutronen (Fluß $1{,}2 \cdot 10^{12}$ n/cm²/s) bestrahlt. Isochrone u. isotherme Erholungskurven wurden für jedes Metall u. für jede Neutronendosis aufgezeichnet. Es zeigten sich übereinstimmend mit früheren Ergebnissen Erholungsspitzen für Nb bei 120° mit einer Aktivierungsenergie $H = 1{,}22 \pm 0{,}02$ eV u. für Mo bei 160° mit $H = 1{,}25 \pm 0{,}08$ eV. Beide Kurven gingen mit zunehmender Neutronendosierung durch ein Maximum. Isochrone u. isotherme Erholungskurven für rekrist. Nb- u. Ta-Drähte, die bei Raum-Temp. unter Zug verformt wurden, gaben Dehnungen der Proben bis zu 12% für Nb u. 16% für Ta. Verformtes Nb zeigte eine ähnliche Erholung u. eine ähnliche Aktivierungsenergie wie das bestrahlte. Eine Beziehung zwischen Widerstandserholung bei Zugbeanspruchung u. Bestrahlung wird angegeben. Für Ta liegt die Erholungsspitze bei 120° mit $H = 1{,}25 \pm 0{,}02$ eV. Der Wechsel des elektr. Widerstandes wird zurückgeführt auf Fehlstellen, bes. Gitterfehlstellen, die oberhalb der Raum-Temp. beweglich werden. R. Esenwein. 197□

Anisotropie der Selbstdiffusion in α-Uran. S. J. Rothman, J. J. Hines, J. Gray jun. und A. L. Harkness. (J. appl. Physics **33**, 2113—16, Juni 1962; Argonne, Ill., Argonne Nat. Labor.; engl.) — Die Selbstdiffusion entlang der drei kristallograph. Hauptrichtungen des α-U wurde an Einkristallen mit Mosaikstruktur gemessen. Es wurde eine dünne, zu 93% ^{235}U als Tracer enthaltende U-Schicht aufgedampft; nach der Diffusion wurden 2—4 μ dicke Schichten abgenommen. Die Diffusions-Koeff. bei 625,5° ergaben sich zu $D_{[100]} = D_{[001]} = 1{,}95 \cdot 10^{-13}$ cm²/s, $D_{[010]} \leqslant 10^{-14}$ cm²/s. Die Mosaikstruktur hat die Diffusion anscheinend nicht wesentlich beeinflußt.
R. Esenwein. 197□

Über die Struktur des δ-Plutoniums. J. Marples und J. Lee. (Atomenergie [UdSSR] **12**, 423—27, Mai 1962; russ.) — Ausführliche Darst. der C. **1962**, 4453 referierten Arbeit. Kurt Winkler. 197□

Über die Struktur des δ-Plutoniums. N. T. Tschebotarew. (Atomenergie [UdSSR] **12**, 428, Mai 1962; russ.) — Krit. Stellungnahme zur Arbeit von Marples u. Lee (vgl. vorst. Ref.) bzgl. der Größe der Verschiebung der Flächenmittelpunktsatome.
Kurt Winkler. 197□

Röntgenstrahlenuntersuchungen über Substrukturen in Nickeleinkristallen. Shigeo Maeda. (Nippon Kinzoku Gakkai-Si [J. Japan Inst. Metals] **25**, 786—90, 1961; jap., Auszug: engl.) — Mittels Röntgenstrahlenbeugung ausgeführte Unterss. über Substrukturen in Ni-Einkristallen, die aus der Schmelze in [0 0 1]-Richtung gewachsen sind, zeigen, daß Proben im Wachstumsbereich von 1—10 mm/min 2 Substrukturen besitzen, deren Grenzen sich parallel zur [0 0 1]-Achse erstrecken. Ein Typ ist der „geriefte" Typ; der andere ist gek. durch Verzweigung von Subgrenzen während des Wachstums. Sein Bldg.-Mechanismus wird besprochen. W. Wesly. 197□

Breite Stapelfehler in sehr reinen Kupferkristallen. J. T. Fourie und R. J. Murphy. (Philos. Mag. [8] **6**, 1069, 1 Tafel, Aug. 1961; Pretoria, Nat. Phys. Res. Labor.;

engl.) — Bei der Unters. der plast. Verformung von Cu-Einkristallen bekannter Orientierung, die 0,0008% an Verunreinigungen enthielten u. mit Hilfe der Meth. von Chalmers aus der Schmelze gezogen waren, konnten Vff. elektronenmkr. breite bzw. Stapelfehler beobachten. Die Orientierungen der Kristalle waren so gewählt, daß ein Kristall nach Zugverformung dem prim. Syst. angehörende Versetzungen enthielt, die entweder reine Kanten- oder reine Schraubenorientierung hatten, wenn sie auf den Oberflächen einer dünnen Folie endeten. In einer Anzahl solcher Proben mit beiden Kristallorientierungen wurden die breiten Stapelfehler beobachtet. Eine solche Stapelfehler enthaltende Probe wurde spektrograph. analysiert. Dabei wurde festgestellt, daß sie etwas reiner war als das Ausgangsmaterial, u. zwar infolge des Zonenreinigungseffekts beim Wachstum des Kristalls aus der Schmelze. Die breiten Stapelfehler können damit nicht einer Verunreinigung zugeschrieben werden. Aus den Beobachtungen folgt, daß in dünnen Cu-Kristallen unter geeigneten Spannungsbedingungen sehr breite Stapelfehler gebildet werden können. C. Gottfried. 197

Massenspektrometrische Untersuchung des durch Palladium diffundierenden Wasserstoffs. Pham Dinh-Hoi. (C. R. hebd. Séances Acad. Sci. **255**, 1724—26, 8/10. 1962; Paris, Univ., Inst. d'Electron.; franz.) — Ein U-förmiges Pd-Rohr wird mit H_2 durchspült u. durch direkten Stromdurchgang auf 300—500° aufgeheizt; das Rohr ist außen vakuumdicht an die Ionenquelle eines Massenspektrometers angeschlossen. Das nach erfolgter Diffusion desorbierte H wird mit u. ohne zusätzlichen Elektronenbeschuß (Elektronenenergie 120 eV) massenspektrometr. untersucht. Zwischen 300 u. 500° wird keine Desorption von H-Ionen beobachtet. Im Spektrogramm treten nach Elektronenbeschuß Maxima für H^+, H_2^+ u. H_3^+ auf, während in H_2-Gas ohne Diffusion im wesentlichen nur H_2^+ gebildet wird. Herbert Müller. 197◇

Die Kristallstruktur von Ti_2N. G. A. Yurko, J. W. Barton und J. Gordon Parr. (Acta crystallogr. [Copenhagen] **15**, 1309, 10/12. 1962; Edmonton, Alberta, Univ. of Alberta, Dep. of Mining and Metallurgy; engl.) — Berichtigung zu C. **1962**, 7807. A. Blaschette. 197◇

Die Kristallstrukturen von $ThHg_3$, $ThIn_3$, $ThTl_3$, $ThSn_3$ und $ThPb_3$. Riccardo Ferro. (Acta crystallogr. [Copenhagen] **11**, 737—38, 10/10. 1958; Genoa, Genoa Univ., Chem. Inst., Labor. of Phys. Chem.; engl.) — Aus den Komponenten werden in einem mit Mo ausgekleideten Stahlautoklaven *ThHg₃* (I), bzw. in evakuierten Quarzampullen *ThIn₃* (II), *ThTl₃* (III), *ThSn₃* (IV) u. *ThPb₃* (V) durch Erhitzen auf 1000—1100° hergestellt u. die Pulverdiagramme der erhaltenen Legg. bei Raum-Temp. aufgenommen. I krist. hexagonal mit a = 3,411, c = 4,907 Å; D. 14,49 (g/cm³). Die anderen intermetall. Verbb. kristallisieren kub. in der L 12-Struktur: **II**, a = 4,695 u. D. 9,25; **III**, a = 4,748 u. D. 13,11; **IV**, a = 4,718 u. D. 9,30; **V**, a = 4,856 u. D. 12,38. Alle Verbb. sind pyrophor. Herbert Müller. 197◇

Die Struktur der ζ-Phase in Übergangsmetall-Zink-Legierungssystemen. P. J. Brown. (Acta crystallogr. [Copenhagen] **15**, 608—12, 10/6. 1962; Cambridge, Cavendish Labor., Crystallogr. Labor.; engl.) — Die Struktur der isomorphen Phasen *CoZn₁₃* (I), *FeZn₁₃* (II) u. *MnZn₁₃* (III) wurde mit Hilfe von Laue- u. Weissenberg-Aufnahmen bestimmt ([0 1 0] u. [0 0 1], MoKα-Strahlung). Die Abmessungen der monoklinen Elementarzelle sind in teilweiser Übereinstimmung mit früheren Unterss.: **I**: a = 13,306 ± 0,033, b = 7,535 ± 0,002, c = 4,992 ± 0,012, β = 126° 47 ± 15′; **II**: a = 13,424 ± 0,005, b = 7,6080 ± 0,001, c = 5,061 ± 0,003, β = 127° 18 ± 2′; **III**: a = 13,483 ± 0,005, b = 7,6626 ± 0,001, c = 5,134 ± 0,003, β = 127° 47 ± 2′. Wahrscheinliche Raumgruppe aller Verbb.: C 2/m. Die Elementarzelle enthält 2 Formeleinheiten. Nach der Verfeinerung der Struktur ergaben sich R-Werte zwischen 0,092 u. 0,121. Die Co(Fe, Mn)-Atome sind von 12 Zn an den Ecken eines schwach deformierten Ikosaeders umgeben. Die Polyeder sind durch je 2 gegenüberliegende Ecken verbunden u. bilden Ketten ∥ c. Die Ketten liegen in angenähert hexagonaler Packung nebeneinander, wobei die übrigen Zn die Lücken zwischen den Ketten ausfüllen. Die Abstände der Zn in der Achse der Ketten von den je 2 zugehörigen Co (Fe, Mn) sind deutlich kürzer als alle anderen Zn—Co(Fe, Mn)-Abstände (ca. 2,5—2,57 gegen 2,6—2,62). B. Krebs. 197□

Die Löslichkeitsgrenze von Zink in Kupfer zwischen 260 und 153°. G. Erez. (J. Inst. Metals **90**, 403, Juni 1962; Oxford, Univ., Metallurgy Dep.; engl.) — Die Lage der α-(α + β)-Phasengrenzlinie im Cu-Zn-Syst. wurde mkr. u. röntgenograph. bei 260, 225, 195 u. 153° untersucht. Die Ergebnisse stehen in guter Übereinstimmung mit der von Hansen angegebenen Linie. F. Vier. 197□

Der Einfluß von Spannungsermüdung auf die Diffusionsgeschwindigkeit von Zink in Aluminium. S. Pearson, A. J. Board und C. Wheeler. (Philos. Mag. [8] **6**, 979—85, Aug. 1961; Farnborough, Royal Aircraft Establ., Metallurgy and Phys.

Dep.; engl.) — Vff. berichten über Messungen der Diffusions-Geschw. von Zn in Al u. von Zn in eine Zn–Al-Leg. mit 20% Zn für unbehandelte u. für solche Proben, die einer Spannungsermüdung im Temp.-Bereich von 300—375° ausgesetzt worden waren. Auf das Zn wurde vor den Verss. eine ca. 8 μ dicke Schicht von radioakt. ^{65}Zn aufgebracht. Es wurde gefunden, daß trotz der sehr hohen plast. Verformungs-Geschw. bei der Spannungsermüdung nur sehr geringe Änderungen in den Diffusions-Geschw. gegenüber den nicht behandelten Proben festgestellt werden konnten. C. Gottfried. 197

Porosität in plastisch deformierten Einkristallen von Cu mit 10% Al-Gehalt. T. J. Koppenaal. (Acta metallurg. [New York] **9**, 1078—79, Dez. 1961; Chicago, Ill., Armour Res. Found.; engl.) — Die Poren-Bldg. ist ein therm. aktivierter Vorgang, der bei tiefen Temp. (77° K) nicht auftritt. Walter Franke. 197□

Ausscheidungsaushärtung in einer Aluminium–Kupfer-Legierung. J. G. Byrne, M. E. Fine und A. Kelly. (Philos. Mag. [8] **6**, 1119—45, 1 Tafel, Sept. 1961; Evanston, Ill., Northwestern Univ., Technol. Inst., Dep. of Mat. Sci.; Cambridge, Univ., Dep. of Metallurgy; engl.) — An Einkristallen einer Al–Cu-Leg. mit 1,7 Atom-% Cu wurden für die gesätt. feste α-Lsg. (I), α + Guinier-Preston-Zone erster Art (II), α + Guinier-Preston-Zone zweiter Art (III), $\alpha + \Theta'$ (IV) u. $\alpha + \Theta$ (V) bei 4,2, 77, 198, 273 u. 373° K die aufgelösten krit. Schubspannungen, die Zugspannungs–Dehnungs-Kurven u. die Abhängigkeit der Fließspannung von der Verformungs-Geschw. bestimmt. Die nach dem Altern sich bildenden Ausscheidungen wurden röntgenograph. identifiziert. Es wurde gefunden, daß der Unterschied zwischen den aufgelösten krit. Schubspannungen bei 4,2 u. 273° K für **I** u. **II** groß, klein dagegen für **III**, **IV** u. **V** ist. Bei **I**, **II** u. **III** ist über einen großen Teil der Spannungs–Dehnungs-Kurve ein einzelnes Gleitsyst. wirksam, u. ferner ist die Geschw. der Kaltverfestigung etwa dieselbe wie für reines Al. Bei **IV** u. **V** konnte sofort oberhalb der Streckgrenze Mehrfachgleiten festgestellt werden u. die Geschw. der Kaltverfestigung sind anfänglich sehr hoch u. fallen nach einigen Prozenten Verformung auf kleine Werte ab, so daß in den Spannungs–Dehnungs-Kurven ein Plateau auftritt. Für **I** wird die Festigkeit einer Haufen-Bldg. in der festen Lsg. zugeschrieben. Die Änderung der krit. Schubspannung mit der Temp. u. die Werte der Verformungs-Geschw. werden an Hand der Theorie des therm. aktivierten Gleitens besprochen. Die bei **IV** u. **V** beobachtete sehr hohe Geschw. der Kaltverfestigung, das Auftreten eines Plateaus auf den Spannungs–Dehnungs-Kurven u. ihre Änderung mit der Temp. dürften mit Gleiten auf vielen Syst. u. mit der sehr schnell zunehmenden Versetzungsdichte mit der Verformung in Zusammenhang stehen. C. Gottfried. 197

Über die Kristallisation des eutektischen Siliciums im System Al–Si–Sn. E. Schulz und K. Anderko. (Aluminium **38**, 304—08, Mai 1962; Frankfurt/M., Metallges. Akt.-Ges., Metall-Labor.; dt.) — Im tern. Syst. Al–Si–Sn wurde der Verlauf der vom bin. eutekt. Punkt Al + 12,7 Gew.% Si, 577,2° ausgehenden Schmelzrinne durch therm. u. metallograph. Analyse neu bestimmt. Mit steigendem Sn-Geh. verschiebt sich die eutekt. Konz. zur Al–Sn-Seite hin. Ferner wurde die Kristallisationsform des eutekt. Si in Abhängigkeit vom Sn-Geh. an Kokillen- u. Sandgußproben untersucht, wobei sich zeigte, daß durch Sn-Zusatz zu dem anomal, d. h. nur schwach gekoppelt kristallisierenden Al–Si-Eutektikum die Restkopplung völlig aufgehoben wird. Das eutekt. Si krist. dann quasi-prim. u. wird, bei Sn-Geh. über 30% in steigendem Maße, bes. bei Kokillenguß, in polyedr. Form in die Sn-reiche Restschmelze abgedrängt. Durch Na-Zusatz konnte bei Kokillenguß, überraschenderweise jedoch nicht bei Sandguß, eine gekoppelte Kristallisation des (Al + Si)-Eutektikums erreicht werden. H. Hochstein. 197□

Wechselwirkung von Leerstellen mit Sn-Atomen und das Verhältnis der G-P-Zonenbildung in einer Al–Cu–Sn-Legierung. H. Kimura und R. R. Hasiguti. (Acta metallurg. [New York] **9**, 1076—78, Dez. 1961; Komagome, Bunkyo-ku, Tokyo, Inst. of Phys. and Chem. Res.; engl.) — Von 555° abgeschreckte Drähte von Al-Legg. mit 3,8% Cu u. 0,025% Sn wurden bei Temp. unter 80° gealtert u. dabei die Änderung des elektr. Widerstandes gemessen. Die Meßergebnisse werden als Funktion der Zus. der Leg. interpretiert. Walter Franke. 197□

Röntgenbestimmung des Diffusionskoeffizienten in Metallen nach der Methode dünner Doppelschichten. M. A. Lewitskaja und N. A. Wodopjanowa. (Festkörperphysik [UdSSR] **4**, 458—60, Febr. 1962; Woronesh, Univ.; russ.) — Die Diffusions-Koeff. von *Cu* in *Ni*, Ni in Cu, *Fe* in Ni u. Ni in Fe wurden durch Beobachtung der Intensitätsänderungen der Röntgenreflexionslinien von Proben aus der Grenzschicht der Metallpaare erhalten. H. Roschkowski. 197◇

Wirkung von Bestrahlung auf Geschwindigkeitsprozesse in Legierungen. A. C. Damask. (Proc. IVth int. Sympos. Reactivity Solids, Amsterdam **1960**, 479—88, 1961;

Upton, N.Y., Brookhaven Nat. Labor.; engl.) — Der die Diffusions-Geschw. steigernde Einfl. der Bestrahlung von Legg. mit Neutronen, Elektronen u. γ-Strahlen wird eingehend besprochen u. über vergleichende Verss. an *Cu_3Au, Ni–Be, Cu–Ni* u. *α-Messing* zusammenfassend berichtet. H. Roschkowski. 197◇

Über die Gleichgewichte auf der Eisenseite des Systems Eisen–Zink. Rudolf Vogel und Rolfdieter Gerhardt. (Arch. Eisenhüttenwes. **32**, 655—59, Sept. 1961; Göttingen, Univ., Metallograph. Labor.; dt.) — Zur Klärung des noch unbekannten Teiles des Syst. Fe–Zn auf der Fe-Seite mußte Zn in fl. Fe gelöst werden. Dies erfolgte im offenen Gefäß mit Hilfe von Zn–Fe-Preßlingen. Es gelang, Abkühlungskurven sowie das Vorhandensein eines zweiten Kp. festzustellen. Zur Deutung dieser Ergebnisse sind die theoret. möglichen Gleichgewichtsfälle in Betracht zu ziehen, die sich schon bei geringen Änderungen des Partialdruckes des Zn über der Schmelze ergeben können, wenn dabei der Druck des Quadrupolpunktes überschritten wird. Zur Erhaltung eindeutiger Verhältnisse muß der Druck des Zn-Dampfes während der Verss. konst. u. unverändert sein. Für den Druck von 1 at wird dies durch eine einfache Vorr. gewährleistet. Die Auswertung der Abkühlungskurven führte zu einem bestimmten Gleichgewichtsfall. Von diesem wurde auf Grund der Gleichgewichtsgesetze das Druck–Temp.-Bild des Syst. Fe–Zn schemat. abgeleitet. Bei Weglassung der η-Phase müssen darin viel Quadrupolpunkte auftreten. Ihre Koordinaten sind nicht bekannt, jedoch läßt sich ihre relative Lage angeben. Der Druck bei demjenigen Quadrupolpunkt, der für die α–γ-Umwandlung besonders wichtig ist, ist kleiner als der Druck von 1 at beim oben angeführten Gleichgewichtsfall. In einem Schnitt durch das Raummodell wird das Zustandsbild des Syst. Fe–Zn für den Druck von 1 at schemat. gezeigt. An Hand des Modells werden die im Zustandsbild Fe–Zn bei vermindertem u. erhöhtem Druck auftretenden Änderungen besprochen. H. Hochstein. 197□

Parameter der Wechselwirkung von Legierungselementen in binären Systemen von geschmolzenem Eisen. Harue Wada und Tunezō Saitō. (Bull. Res. Inst. Mineral Dressing Metallurgy, Tohoku Univ. **17**, 13—18, Juni 1961; jap., Auszug: engl.) — Für die Parameter der Wechselwrkg. von Leg.-Elementen in bin. Syst. von geschmolzenem Fe werden Gleichungen abgeleitet. Die für Substitutions-Leg.-Elemente berechneten Werte stimmen mit experimentell ermittelten Werten gut überein.
W. Wesly. 197□

Der Einfluß von hohem Druck auf die Martensitreaktion in Eisen–Kohlenstoff-Legierungen. S. V. Radcliffe und M. Schatz. (Acta metallurg. [New York] **10**, 201—07, März 1962; Cambridge, Mass., Mfg. Labor., Res. Div.; engl.) — Der Einfl. von hydrostat. Druck von 42 kb auf die Kinetik der athermalen Austenit–Martensit-Umwandlung wurde an sehr reinen Fe–C-Legg. mit 0,3—1,23% C untersucht. Bei diesem Druck liegt die Anfangs-Temp. der Martensit-Bldg. (M) je nach der Zus. um 150—200° tiefer als bei atmosphär. Druck. Der gemessene Rückgang von M steht im Einklang mit dem Ergebnis einer Berechnung, die den Druck-Einfl. auf die Thermodynamik der Martensitumwandlung untersucht. Die unmittelbaren Folgen dieser Beobachtungen für die Theorie der martensit. Keim-Bldg. werden erörtert. Im Gegensatz zum Verh. beim Atmosphärendruck hängt bei hohem Druck der Zusammenhang zwischen Umwandlungsgrad u. Abschrecktemp. (bezogen auf M) von der Zus. ab. Es wird angenommen, daß durch hohen Druck auch in Legg. mit höherem C-Geh. der erreichbare Umwandlungsgrad verringert wird. — 21 Literaturangaben. H. Hochstein. 197□

Innere Reibung in Al–Cu-Legierungen. M. A. Quader. (J. appl. Physics **33**, 1922—27, Juni 1962; Calcutta, India, Indian Assoc. for the Cultivat. of Sci., Dep. of Gen. Phys. and X-Rays; engl.) — Messungen der inneren Reibung in reinem Al u. 2 Al-Legg. mit 2 u. 2,95 Gew.-% Cu wurden durchgeführt mit einem Torsionspendel. In mit Lsgm. behandelten u. abgeschreckten Legg. wurde ein schwacher Peak der inneren Reibung in dem Temp.-Bereich erreicht, bei dem Korngrenzenrelaxation in reinem Al eintrat. Der Peak verschwand nach einigen Min. Alterns infolge Blockierung der Korngrenzenrelaxation bei der Ausscheidung. Die Aktivierungsenergie H ist bei diesem Peak 32 ± 1 kcal/Mol für beide Legierungen. Für reines Al war $H = 32{,}4$ kcal/Mol. Infolge Wiederauflösung der Ausscheidung trat bei höheren Temp. noch ein starker Peak der inneren Reibung wenige Grad unter der Lsg.-Temp. beider Legg. in Erscheinung. Aus Messungen des Elastizitätsmoduls wurden die Löslichkeits-Temp. für die 2 u. 2,95 Gew.-% Cu im Al erhalten. Diese stimmten mit früheren Ergebnissen gut überein. Ein der Zener-Relaxation entsprechender Peak der inneren Reibung konnte in diesen Legg. nicht beobachtet werden. R. Esenwein. 200□

Metallische Kohäsion und Schwingungsspektrum von Cu. B. Dayal und B. B. Tripathi. (J. chem. Physics **36**, 3002—05, 1/6. 1962; Varanasi, India, Banaras Hindu

Univ., Dep. of Phys.; engl.) — Eine neue Meth. zur Aufstellung einer Best.-Größe für Cu wurde beschrieben, in welcher die Ion–Ion-Kraft-Konst. nicht von einem hypothet. Kraftmodell hergeleitet wurden, sondern von bekannten Ausdrücken aus der Theorie der metall. Kohäsion. Der Coulomb-Kopplungs-Koeff. wurde von Kellermanns Unterss. über *NaCl* genommen, während die Mitwirkung des Ion–Ion-Austausches nach Kraft-Konst. von Fuchs berechnet wurde. Die Elastizitäts-Konst., die dem verbleibenden Glied der Wechselwrkg. zuzuschreiben ist, wurde errechnet u. benutzt, um einen Ausdruck für den elektron. Kopplungs-Koeff. zu finden. Die errechnete Θ–T-Kurve liegt 6—7% höher als die experimentell ermittelte. Das entspricht der Tatsache, daß die Rückstoßkraft-Konst. von Fuchs bestimmt überschätzt wurde u. für C_{44} einen höheren Wert ergibt. Wenn die Konst. nach den beobachteten Werten von (C_{11}—C_{12}) u. C_{44} errechnet wird, so stimmt die errechnete Kurve mit der experimentellen überein.
R. Esenwein. 200□

Einfluß der Temperatur auf den Elastizitätsmodul ferromagnetischer Metalle. André Van Neste und Arthur Dubé. (C. R. hebd. Séances Acad. Sci. **255**, 1732—34, 8/10. 1962; Québec, Univ. Laval; franz.) — Von bei 1000° angelassenen Ni-Zylindern wird zwischen —196 u. +360° die Abhängigkeit der inneren Reibung u. des Schermoduls von der Verformungsamplitude mit einem Torsionspendel bei 2,5 Hz bestimmt. Die Abhängigkeit der inneren Reibung wird mit Gauß-Kurven beschrieben, deren Maximum monoton mit der Temp. fällt. Zwischen —191 u. +150° weist der Schermodul für eine Verformungsamplitude von $6 \cdot 10^{-5}$ rad ein Minimum auf; bei höheren Temp. bis zur Curie-Temp. ist der Schermodul nur wenig von der Amplitude abhängig u. steigt mit der Temp. an. Die Temp.-Abhängigkeit läßt sich deuten, wenn die Abnahme der Verschiebungsenergie für die Bloch-Wände u. der zusätzlichen magnetostriktiven Verformung mit steigender Temp. berücksichtigt wird. Herbert Müller. 200◇

Plastische Verformung von Germaniumeinkristallen. Helmut Alexander. (Z. Metallkunde **52**, 344—52, Mai 1961; Göttingen, Univ., Inst. für Metallphys.; dt.) — Im Zug-Vers. bei 470—800° u. bei über 3 Größenordnungen veränderter Dehnungs-Geschw. wurde die vollständige Verfestigungskurve von Ge-Einkristallen bestimmt. Es wurde qual. weitgehende Übereinstimmung mit dem Verh. der kub.-flächenzentrierten Metalle, bes. im Auftreten von 3 Verfestigungsbereichen u. im temperaturabhängigen Anstieg des Bereiches II festgestellt, der auf eine elast. Wechselwrkg. von Versetzungen als verfestigendem Mechanismus schließen läßt. Dagegen ist die krit. Schubspannung von Ge exponentiell von der Temp. abhängig. F. Vier. 200□

Nichtoktaedergleitung in vielkristallinem Aluminium. Randolf J. Hartmann und Eckard Macherauch. (Z. Metallkunde **52**, 353—58, Mai 1961; Stuttgart, MPI für Metallforsch.; dt.) — Kombinierte röntgenograph., licht- u. elektronenmkr. Unterss. ergaben, daß bei der Verformung von Proben aus vielkristallinem Al Nichtoktaedergleitung auftritt, u. zwar wurden in 30% der untersuchten Fälle bei Proben mit mittleren Kristallitdurchmessern zwischen 0,1 u. 0,5 mm {1 0 0}-, {1 1 0}-, {1 1 3}- u. {1 3 3}-Gleitebenen beobachtet. Diese Gleitung setzt bereits bei Verformungen von weniger als 2,5% ein. Mit zunehmender Korngröße überwiegt von Durchmessern über 0,5 mm an die Oktaedergleitung mehr u. mehr. F. Vier. 200□

Aktivierungsenergien für das Hochtemperaturkriechen von polykristallinem Magnesium. W. J. McG. Tegart. (Acta metallurg. [New York] **9**, 614—17, Juni 1961; Sheffield, Univ., Dep. of Metallurgy; engl.) — Unter Bezugnahme auf Unterss. von Tegart u. Sherby (vgl. C. **1959**, 14971) bestimmte Vf. für polykristallines Mg die scheinbare Aktivierungsenergie für das Kriechen Q_c in einem größeren Temp.-Bereich oberhalb 0,5 T_m, wobei T_m die Schmelztemp. in °K bedeutet. Die Proben wurden vor den Verss. in Ar-Atmosphäre 2 Std. lang angelassen, was zu einer Korngröße von ca. 0,025 in. führte. Die Kriechverss. wurden nach der l. c. beschriebenen Meth. im Temp.-Bereich von ca. 450—850° K durchgeführt. Die Beobachtungen ließen eine deutliche Abhängigkeit von Q_c von der Temp. erkennen. Ferner muß man das Auftreten von wenigstens 2 Prozessen mit verschiedenen Aktivierungsenergien annehmen. Ein Prozeß mit einer niedrigen Aktivierungsenergie von 26—29 kcal/Mol scheint unterhalb 0,6 T_m abzulaufen, während ein Prozeß mit einer Aktivierungsenergie von 50—55 kcal/Mol oberhalb 0,75 T_m abläuft. Auch die metallograph. Unters. deutete auf einen Unterschied zwischen den Kriechprozessen in diesen beiden Temp.-Bereichen hin. Unterhalb 0,6 T_m war deutlich Basisgleiten u. Subkorn-Bldg. erkennbar, während oberhalb 0,75 T_m nur wenig Subkorn-Bldg. beobachtet werden konnte u. außerdem die meisten Körner deutliches Gleiten erkennen ließen. Die Ergebnisse sind eine Bestätigung der l. c. gemachten Annahme, daß mehr als ein therm. aktivierter Prozeß während des Hochtemperaturkriechens wirksam ist. Die Aktivierungsenergie von 26—29 kcal/Mol für Kriechen unterhalb 0,6 T_m ist ähnlich der, die von anderen Seiten in diesem Temp.-Bereich gemessen worden war u. entspricht angenähert dem für Selbstdiffusion in polykristallinem Mg von anderer Seite gefundenen Wert. Aus den metallograph. Beobachtungen in diesem Temp.-Bereich wird geschlossen, daß das Kriechen durch Klettern von Kantenversetzungen unter Bldg. von Subkorngrenzen verläuft. C. Gottfried. 200

Messung der Ausbreitungsgeschwindigkeit des Sprödbruches in Porzellan. Tsunesaburo Asada, Toru Takihara und Makoto Noda. (Mem. Inst. sci. ind. Res., Osaka Univ. **18**, 105—07, 1961; engl.) — Auf Porzellanisolatoren wurden Al-Streifen mit einer Dicke von 10^{-3} cm u. einem Widerstand von 10^2—10^3 Ω aufgedampft u. die Ausbreitung des Sprödbruches durch Widerstandsmessungen verfolgt. Für die Ausbreitungs-Geschw. wurde gefunden: $V_c = K_2/K_1 \cdot t^m$ ($K_{1,2}$ = Konst., t = Zeit, m ca. 0,5). K. Huste. 200◇

Rißbildung an Korngrenzen durch Anhäufung von Versetzungen. F. J. P. Clarke, R. A. J. Sambell und H. G. Tattersall. (Trans. Brit. ceram. Soc. **61**, 61—66, Jan. 1962; Harwell, Berks., AERE, Metallurgy Div.; engl.) — Es wird experimentell nachgewiesen, daß an der Korngrenze in einem Bikristall von MgO durch Wechselwrkg. von Versetzungen mit der Korngrenze Risse auftreten. Die Riß-Bldg. erfolgt nach dem bekannten Zener-Mechanismus (Trans. Amer. Soc. Metals **40**, [1948], 3). H. Noack. 200

A₇. Gleichgewichte. Kinetik

Die Reaktionen von Diphenylcarbazid und Diphenylcarbazon mit Kationen. 3. Mitt. **Art und Eigenschaften der Quecksilberkomplexe.** S. Balt und E. van Dalen. (Analytica chim. Acta [Amsterdam] **27**, 416—21, Nov. 1962; Amsterdam, Free Univ., Chem. Labor.; engl.) — 2. vgl. C. **1963**, 2938. — Es wurden die Rkk. von Diphenylcarbazid (I) u. Diphenylcarbazon (II) mit Hg(I) u. Hg(II) untersucht. Nur II bildet mit Hg(I) u. Hg(II) purpurfarbene 1 : 1- u. 1 : 2-Komplexe; I wird von Hg(I) oder Hg(II) zu II oxydiert, das dann den Komplex bildet. Die Komplexe sind in wss. A. koll. gelöst; beim Belichten mit sichtbarem oder UV-Licht zersetzen sie sich unter Bldg. von Diphenylcarbodiazon. Im Dunkeln verläuft die Zers. wesentlich langsamer. Die Formeln der 1 : 1-Komplexe lauten Hg(II)D bzw. $Hg(I)_2D$ (H_2D = II); für die 1 : 2-Komplexe (Hg : H_2D) wird die Zus. $Hg(II)(HD)_2$ bzw. $Hg(I)_2(HD)_2$ angenommen. P. Kurzmann. 223◇

Untersuchung der Umsetzung zwischen Galliumionen und Äthylendiamintetraessigsäure und ihrer Salze in Lösung. G. Ss. Ssawtschenko, I. W. Tananajew und A. N. Wolodina. (J. anorg. Chem. [UdSSR] **7**, 121—25, Jan. 1962; russ.) — Vff. untersuchen die Umsetzung von Ga^{3+} mit ÄDTE (Anion Y^{4-}) in dem Syst. Na_xH_{4-x}·Y–$GaCl_3$–H_2O (x = 0 bis 4) durch Messen des pH-Wertes, der spezif. Leitfähigkeit u. der Mischungswärme der Lösungen. Die nach der Job-Meth. ermittelte Bldg. von $[GaY]^-$, $H[GaY]$ (Dissoziationsgrad $1{,}8 \cdot 10^{-2}$) u. $[GaY(OH)]^{2-}$ (Hydrolyse von $[GaY]^-$ in Ggw. von Y^{4-}) wird beschrieben. G. Engelhardt. 223□

Untersuchung der Umsetzung zwischen Indiumionen und Äthylendiamintetraessigsäure und ihrer Salze in Lösung. G. Ss. Ssawtschenko, I. W. Tananajew und A. N. Wolodina. (J. anorg. Chem. [UdSSR] **7**, 126—31, Jan. 1962; russ.) — Vgl. vorst. Referat. — Es werden die nach der Job-Meth. erhaltenen Ergebnisse über die Rk. von In^{3+} mit ÄDTE (H_4Y) u. deren Salze NaH_3Y, Na_2H_2Y, Na_3HY u. Na_4Y mitgeteilt. Die Bldg.-Bedingungen für $H[InY]$ (Dissoziations-Konst. 0,18) u. $[InY]^-$ werden in Abhängigkeit vom pH-Wert der Lsg. ermittelt. Die Gesetzmäßigkeiten der Bldg. von H[MeY] u. [MeY] für verschiedene Metalle (Me = Al^{3+}, Ga^{3+}, In^{3+}) werden diskutiert. G. Engelhardt. 223□

Anwendung des Ionenaustausches zur Untersuchung der Komplexbildung von Zirkonium und Hafnium mit dem Sulfation. D. I. Rjabtschikow, A. N. Jermakow, W. K. Beljajewa, I. N. Marow und Ke-Min Jao. (J. anorg. Chem. [UdSSR] **7**, 69 bis 75, Jan. 1962; russ.) — Es wird die Komplex-Bldg. von Zr u. Hf mit H_2SO_4 in salzsaurer Lsg. bei einer H^+-Konz. von 2,33 Mol/Liter untersucht. Bei Konzz. bis zu 0,1 Mol/Liter an H_2SO_4 bildet Zr 3 Komplexe mit einem Verhältnis Zr : H_2SO_4 = 1 : 1, 1 : 2 u. 1 : 3 (wahrscheinlich $[ZrSO_4 \cdot (H_2O_6)]^{2+}$, $[Zr(SO_4)_2(H_2O)_4]$ $[Zr(SO_4)_3(H_2O)_2]^{2-}$), während Hf nur Komplexe im Verhältnis 1 : 1 u. 1 : 2 (wahrscheinlich $[HfSO_4(H_2O)_6]^{2+}$ u. $[Hf(SO_4)_2 \cdot (H_2O)_4]$) bildet. Die Komplex-Bldg.-Konst. betragen entsprechend (361 ± 12); (2,17 ± 0,15)·10^3 u. (4,06 ± 1,2)·10^5 für Zr u. (130 ± 6) bzw. (2,09 ± 0,1)·10^3 für Hf. $Zr(SO_4)^{2+}$ bzw. $Hf(SO_4)^{2+}$ werden von Kationit KU-2 nicht adsorbiert. G. Engelhardt. 223□

Untersuchung der Komplexbildung des dreiwertigen Americiums in Oxalat- und Äthylendiamintetraacetatlösungen mit der Ionenaustauschmethode. A. I. Mosskwin, G. W. Chalturin und A. D. Gelman. (Radiochemie [UdSSR] **1**, 141—46, 1959; russ.) — Die Komplex-Bldg. von Am(III) wurde untersucht, indem die Verteilung der Radioaktivität zwischen dem Ionenaustauscher Kationit KU-2 u. einer 1m NH_4Cl-Lsg. bei pH 0,9—2,9 bzw. 1,0—2,2 in Ggw. des Komplexbildners [Oxalat u. Äthylendiamintetraacetat (Y)] u. in deren Abwesenheit bestimmt wurde. Nachgewiesen wurden $[Am(C_2O_4)_2]^-$, $[Am(HC_2O_4)_3]$ u. $[Am(HC_2O_4)_4]^-$, deren Instabilitäts-Konst. zu $(1-2)\cdot10^{-10}$, $2,3\cdot10^{-10}$ u. $1,0\cdot10^{-11}$ ermittelt wurden; ferner wurden nachgewiesen $[AmY]^-$ u. [AmHY] mit den Instabilitäts-Konst. $(9,7 \pm 2,8)\cdot10^{-19}$ u. $(2,0 \pm 0,5)\cdot10^{-10}$. M. Wiedemann. 223□

Untersuchung der Absorption von NO_2-Mikrokonzentrationen durch wässerige Lösungen von Salzen aromatischer Amine. M. T. Borok. (J. angew. Chem. [UdSSR] **33**, 2035—42, Sept. 1960; russ.) — Vgl. C. **1961**, 17068. — Bei der Absorption von NO_2-Mikro-Konzz. durch wss. Lsgg. von Salzen aromat. Amine wird, ebenso wie bei der Absorption von NO_2 durch W., in einem bestimmten Bereich der NO_2-Konzz. ein minimaler Absorptionsgrad beobachtet. Die Verkleinerung des Durchmessers der Absorberöffnung begünstigt die Steigerung des Absorptionsgrades. Die Absorptions-Geschw. u. der Absorptions-Koeff. von NO_2 erreichen bei einer bestimmten Geschw. des Gases im Absorber ein Maximum. Steigerung der Konz. der m-Phenylendiaminhydrochlorid-Lsg. auf über 1 g pro Liter u. der Konz. der Essigsäure-Lsg. von Benzidin auf über 2 g/Liter hat prakt. keinen Einfl. auf die Veränderung des Absorptionsgrades von NO_2-Mikrokonzentrationen. H. Treumann. 224□

Der Einfluß von CO_2 bei niedrigen Temperaturen und Drücken auf übersättigte Lösungen von Siliciumdioxid in Gegenwart von Kalk und Dolomit. T. G. Lovering und L. E. Patten. (Geochim. cosmochim. Acta [London] **26**, 787—96, Juli 1962; Denver, Colo., U. S. Geol. Surv.; engl.) — Übersättigte Lsgg. von SiO_2 wurden 5 Monate unter CO_2 von 1 atm aufbewahrt. In den ersten 2 Monaten fiel $^2/_3$ des Si als Silicagel aus. Bei Zusatz von feingepulvertem Calcit u. Dolomit fiel das Gel ebenfalls als feines Pulver aus, während sich bei der Anwesenheit von grobem Dolomit u. Calcit eine wolkige gelatinöse Masse bildete. Die Menge des ausgefallenem Silicagels blieb gleich. J. Heinze. 224□

Einige elektrometrische Messungen der Heteropolyionenbildung in wässerigen Systemen. P. Cannon. (J. inorg. nuclear Chem. **13**, 261—68, Mai 1960; Univ. of Exeter; engl.) — Vf. untersuchte durch pH-Titration in gemischten Lsgg. von Na_2MoO_4 (**I**) u. Na_2HPO_4 (**II**), **I** u. Na_2HAsO_4 (**III**), Na_2WO_4 (**IV**) u. **II** sowie **IV** u. **III** das Ausmaß der Verb.-Bldg. zwischen den Komponenten. Aus der Abweichung der Ergebnisse von der Linearität werden Schlüsse auf die Bldg. u. Stabilität der Verbb. gezogen, die mit bekannten Ansichten übereinstimmen. D. Hoene. 224□

Beweis für die Existenz des Permanganylions in schwefelsauren Lösungen von Kaliumpermanganat. D. J. Royer. (J. inorg. nuclear Chem. **17**, 159—67, April 1961; Atlanta, Ga., Georgia Inst. of Technol., School of Chem.; engl.) — Die Unterss. von grünen Lsgg. von $KMnO_4$ in konz. H_2SO_4 (98—100%) mittels kryoskop. u. Leitfähigkeitsmessungen zeigt, daß sich nach $KMnO_4 + 3\,H_2SO_4 \rightarrow K^+ + MnO_3^+ + H_3O^+ + 3\,HSO_4^-$ Permanganylionen bilden. Aus dem Absorptionsspektrum wird die Elektronenkonfiguration des planar trigonalen MnO_3^+ mit der Symmetrie D_{3h} abgeleitet. H. Bürger. 224◇

Über die erste Hydrolysekonstante von Co^{2+}-Ionen. F. Achenza. (Rend. Seminario Fac. Sci. Univ. Cagliari **29**, 52—58, 1959; ital.) — Die Hydrolyse-Konst. von Co^{2+} wird unter Verw. von $Co(NO_3)_2$ in 0,01 m $KClO_4$-Lsg. ermittelt u. die erhaltenen Ergebnisse werden mitgeteilt. Die Rk. im 2. Stadium der Hydrolyse verläuft viel langsamer als die bei der 1. Hydrolysenstufe u. die pK-Werte variieren leicht u. regelmäßig mit den Co-Konzentrationen. Durch Extrapolieren auf unendliche Verdünnung wurde für pK ein Wert von 11,20 gefunden. G. Platzer. 224□

Untersuchungen zur Extraktion von Polonium(IV) mit Hexon aus saurer Lösung. Niro Matsuura, Akira Ouchi und Masuo Kojima. (Bull. chem. Soc. Japan **34**, 411—16, März 1961; Tokyo, Meguro-ku, Univ. of Tokyo, Coll. of General Educ.; engl.) — PO^{4+} wurde in HCl- u. H_2SO_4-Lsg. durch Extraktion mit Hexon (I) untersucht. In 0,4 n HNO_3-Lsg. tritt nach längerer Zeit starke Hydrolyse ein u. der Verteilungs-Koeff. (VK) bei der Extraktion mit I ist niedrig. VK wird größer bei Erhitzen der Lsg. in stärker konz. HNO_3. Frisch in 6 n HNO_3 aufgelöstes Po läßt sich mit konst. VK (ca. 0,8) aus 1—6 n HNO_3 extrahieren. Im Bereich ca. 2 n HCl durchläuft VK ein Minimum. Po^{4+} liegt hier wahrscheinlich als $[Po(OH)_2Cl_4]^{2-}$ oder PoO^{2+} vor, wobei angenommen wird, daß das Anion $PoCl_6^{2-}$ die stabile Form des Po^{4+} in 6 n HCl darstellt, die in I leicht löslich ist. Aus H_2SO_4-Lsg. wird nur sehr wenig Po^{4+} mit Hexon extrahiert. Po^{4+} liegt hier wahrscheinlich nicht als PoO_3^{2-}, sondern als PoO^{2+} vor. Claus Fischer. 224□

Extraktion von Zirkonium in Gegenwart schwacher Komplexbildner. W. I. Kusnetzow und Min-E Fan. (J. anorg. Chem. [UdSSR] 7, 422—24, Febr. 1962; Inst. für Geochem. u. Anal. Chem. der Akad. der Wiss. der UdSSR; russ.) — Bei der Extraktion von Zr stören häufig die bei Erhöhung des pH in der wss. Phase auftretenden Hydrolyse- u. Polymerisations-Prodd., die einen vollständigen Übergang des Zr in die organ. Phase verhindern. Die Bldg. genannter Prodd. kann durch schwache Komplexbildner in der wss. Phase verhindert werden, wobei diese aber die Bldg. der extrahierten Komplexe nicht stören dürfen. Die Meth. wird am Beispiel der Extraktion von Zr mit 5.7-Dinitro-8-hydroxychinolin (I) in Cyclohexanon demonstriert. Zugabe von 25 Vol.-% Acetylaceton zum Cyclohexanon führt, beim pH 2,5 beginnend, zu vollständiger Extraktion. Analog wirkt sich eine Zugabe von Milchsäure aus, die im Vgl. zu I schwache Komplexe mit Zr bildet. Verwendet man an Stelle des in W. wenig lösl. Cyclohexanons Äthylacetat, so erleichtert das ebenfalls die Extraktion von Zr. Diese Vers.-Serie wurde mit 2.4-Dinitro-3'.4'-dihydroxyazobenzol in den genannten Lsgm. durchgeführt.
Armin Hermann. 224□

Extraktion des Zirkoniums in Form von mit organischen Reagentien mit ein oder zwei salzbildenden Gruppen gebildeten Komplexen. W. I. Kusnetzow und Min-E Fan. (J. anorg. Chem. [UdSSR] 7, 425—30, Febr. 1962; russ.) — Vgl. vorst. Referat. — Die Extraktion von Zr mit Cyclohexanon-Lsgg. verschiedener in W. unlösl. organ. Komplexbildner verläuft nicht einheitlich. Die Kurve Extrahierter Bruchteil (%)-pH zeigt für Komplexbildner mit zwei salzbildenden Gruppen monotonen Verlauf, während beim Vorhandensein nur einer Gruppe ein Minimum bei pH 2—4 auftritt. Die genannten Erscheinungen wurden beobachtet, wenn nicht zu lange extrahiert u. der pH unmittelbar vor der Extraktion eingestellt wurde. Als Extraktionsmittel wurden 5.7-Dinitro-8-hydroxychinolin, 5-[2.4-Dinitrophenylazo]-8-hydroxychinolin, Cupferron, 1-[3.5-Dinitro-2-hydroxyphenylazo]-2-hydroxy-x-nitronaphthalin, -2-hydroxynaphthalin, 7-[3.5-Dinitro-2-hydroxyphenylazo]-5-brom-8-hydroxychinolin, 1-[3.5-Dinitro-2-hydroxyphenylazo]-2-hydroxy-3-carboxy-5-nitrobenzol, -2.4-dihydroxy-3-carboxybenzol, 1-[2.4-Dinitrophenylazo]-3-carboxy-4-hydroxybenzol, -3.4-dihydroxybenzol, 1-[2-Carboxyphenylazo]-2-hydroxynaphthalin untersucht. Zur Erklärung der Erscheinungen wird angenommen, daß Komplexbildner mit zwei salzbildenden Gruppen im Vgl. zu denen mit einer salzbildenden Gruppe viel stabilere Komplexe mit den sich beim pH 2—4 bildenden vielkernigen Zr^{4+}-Ionen eingehen, was zu einer schnellen Spaltung der Zr-Ketten führt. Zur Unterstützung der Erklärung wurde die Farb-Rk. des Zr mit Arsenazo untersucht, wobei die Lsgg. bei verschiedenem pH vorbehandelt wurden. Auch hier trat das Minimum der Farb-Entw. bei pH 2—4 auf.
Armin Hermann. 224□

Untersuchungen über die Extraktion von Chrom(VI) mit Ketonen. Sidney A. Katz, Wallace M. McNabb und J. Fred Hazel. (Analytica chim. Acta [Amsterdam] **27**, 405—15, Nov. 1962; Philadelphia, Pa., Univ. of Pennsylvania, Dep. of Chem.; engl.) — Es wurde die Extraktion von Cr(VI) aus wss. Lsgg. mit Methyläthyl-, Methylisopropyl-, Methyl-n-propyl-, Diäthyl-, Methylisobutyl- u. Methylphenylketon untersucht. Aus salzsauren Lsgg. verläuft die Extraktion am vollständigsten, schlechter aus salpeter-, perchlor- u. schwefelsauren Medien. Für die Extraktion aus HCl-haltigem Medium wurden die Verteilungs-Koeff. bestimmt; sie weichen für die einzelnen Ketone stark voneinander ab. Es wird ein Rk.-Mechanismus vorgeschlagen, mit dem diese Unterschiede erklärt werden können.
P. Kurzmann. 224◇

Mitfällung einer Spurenmenge von Cäsium mit Thallium(I)-Salzen. Noboru Yamagata, Toshiko Yamagata und Sadakata Watanabe. (Bull. chem. Soc. Japan **30**, 577—80, Sept. 1957; Kiriu, Gunma Univ., Kiriu Coll. of Technol.; engl.) — Die Möglichkeit der Mitfällung einer Spurenmenge von Cs mit *Tl(I)-Dipikrylaminat*, *-Hexanitrocobaltat(III)*, *-Hexachloroplatinat*, *-Wolframatophosphat* u. $Tl_2Cu[Fe(CN)_6]$ wird erörtert, die Dipikrylaminat-Meth. wird empfohlen. Mit *Tl(I)-Wolframatosilicat*, *-Molybdatophosphat*, *TlCl*, *TlBr*, *TlJ* u. Tl_2S wurde Cs nur teilweise mitgefällt.
H. Roschkowski. 224□

Trägerfreie Trennung von Cäsium aus Spaltprodukten durch Verwendung der Mitfällung mit Thallium(I)-dipikrylaminat. Noboru Yamagata und Sadakata Watanabe. (Bull. chem. Soc. Japan 30, 580—83, Sept. 1957; engl.) — Vgl. vorst. Referat. — Eine Meth. zur Trennung von trägerfreiem Cs aus Spaltprodd. durch Mitfällen mit Tl(I)-Dipikrylaminat u. nachfolgende Extraktion mit Methylisobutylketon in Ggw. von HCl u. eines oxydierenden Stoffes wird vorgeschlagen. Die Ausbeute an Cs beträgt ca. 90%.
H. Roschkowski. 224□

Beitrag zur reaktionskinetischen Simultananalyse. 3. Mitt. Analyse höherer Systeme. E. O. Schmalz und G. Geiseler. (Z. analyt. Chem. **190**, 222—33, 1962;

Leipzig, Univ., Phys.-Chem. Inst.; dt.) — 2. vgl. C. **1962**, 17675. — Vff. zeigen, wie Simultan-Rkk., bei denen drei Komponenten gleichzeitig mit einer vierten reagieren, zu quant. Best. ausgewertet werden können. Das auf näherungsweiser Integration beruhende Verf. läßt sich auf beliebig hohe Simultan-Rkk. 2. Ordnung ausdehnen. Es ist auch möglich, in Umkehrung des Integrations-Verf. die Rk.-Kurven von Simultan-Rkk. näherungsweise zu konstruieren. Gerhard Schulze. 225◇

Abweichung vom stationären Zustand bei Komplexreaktionen mit einer reaktiven intermediären Verbindung. J. Calvin Giddings und Hyung Kyu Shin. (Trans. Faraday Soc. **57**, 468—83, März 1961; Salt Lake City, Utah, Univ. of Utah, Dep. of Chem.; engl.) — Die Abweichung von den Bedingungen des stationären Zustands bei chem. Rkk. wird in Form der Teilabweichung ε der intermediären Konz. von ihrem Wert des stationären Zustands berechnet. Es werden exakte u. Näherungs-Meth. zum Erhalt von ε angeführt. Die Näherungs-Meth., welche Fehler der Größenordnung ε^2 in sich bergen, können bei kleiner Abweichung angewendet werden u. sind nützlich für kinet. Werte von Komplexen, wo exakte Lösungen nur durch numer. Berechnungen zu erhalten sind. Es werden sieben hypothet. Rk.-Mechanismen hinsichtlich der Abweichung vom stationären Zustand u. der Anwendbarkeit von Näherungs-Meth. untersucht. Claus Fischer. 225□

Die Kinetik der selektiven Bildung des Zwischenprodukts bei zwei aufeinanderfolgenden Reaktionen. J. H. de Boer und R. J. A. M. van der Borg. (Proc., Kon. nederl. Akad. Wetensch., Ser. B **62**, 308—14, 1959; engl.) A. Blaschette. 225◇

Die Dissoziation zweiatomiger Moleküle und die Rekombination von Atomen. H. O. Pritchard. (J. physic. Chem. **66**, 2111—13, Nov. 1962; Manchester, Univ., Chem. Dep.; engl.) — Der Befund von Rice (C. **1962**, 6696), daß die Geschw.-Konst. einer Hin- u. der entsprechenden Rück-Rk. über die wahre Gleichgewichts-Konst. der Rk. in Beziehung stehen, selbst wenn der Vorgang irreversibel erfolgt, gilt offensichtlich nicht für den speziellen Fall der Dissoziation eines zweiatomigen Mol. u. der Rekombination der entstandenen Atome. A. Blaschette. 225◇

Die Reaktion $O^+ + N_2 \rightarrow NO^+ + N$. V. L. Talrose, M. I. Markin und I. K. Larin. (Discuss. Faraday Soc. Nr. **33**, 257—63, 1962; Moscow, Acad. of Sci., Inst. of Chem. Phys.; engl.) — Vff. berichten über massenspektrometr. Unterss. der Rk. $O^+ + N_2 \rightarrow NO^+ + N$. Die obere Grenze der Geschw.-Konst. läßt sich durch Vgl. mit der Rk. $CH^+ + CH_4 \rightarrow CH_5^+ + CH_3$ zu $6{,}7 \cdot 10^{12}$ cm³/s abschätzen. G. M. Neumann. 225◇

Massenspektrometrische Untersuchungen von Atomreaktionen. 3. Mitt. Reaktionen von Wasserstoffatomen mit Stickstoffdioxid und mit Ozon. L. F. Phillips und H. I. Schiff. (J. chem. Physics **37**, 1233—38, 15/9. 1962; Montreal, Canada, McGill Univ., Upper Atmosph. Chem. Group; engl.) — 2. vgl. C. **1963**, 3902. — Bei der Rk. von H-Atomen mit überschüssigem NO_2 entspricht dem Verbrauch von einem NO_2-Mol. die Bldg. von einem NO-Mol.; auf ein ursprünglich vorhandenes H-Atom verschwinden $1{,}5 \pm 0{,}1$ Moll. NO. Die sek. Rkk. verlaufen so rasch, daß sich die Gesamt-Rk. zur Titration von atomarem H eignet. Bei der Rk. von H mit überschüssigem O_3 verschwinden $3{,}1 \pm 0{,}2$ O_3-Moll. auf ein anfänglich vorhandenes H. Durch Zusatz von H_2 u. N_2O zu diesem Syst. läßt sich zeigen, daß das O_3 durch in der prim. Rk. gebildete schwingungsangeregte OH-Radikale zersetzt wird. Die Geschw.-Konst. der prim. Rk. wurde zu $(4{,}8 \pm 0{,}5) \cdot 10^{-11}$ cm³·Molekül⁻¹·s⁻¹ für die Rk. mit NO_2, zu $(2{,}6 \pm 0{,}5) \cdot 10^{-11}$ cm³·Molekül⁻¹·s⁻¹ für die Rk. mit O_3 ermittelt. Es werden Rk.-Mechanismen diskutiert. A. Blaschette. 225◇

Reaktion von Wasserstoffatomen mit Hydrazin, Ammoniak und Distickstoffoxid. M. Schiavello und G. G. Volpi. (J. chem. Physics **37**, 1510—13, 1/10. 1962; Rome, Univ. di Roma, Ist. di Chim. Gen. ed Inorg., Labor. Chim. delle Radiaz. e Chim. Nucl. del CNEN; engl.) — Die Rk. zwischen atomarem H aus einer Mikrowellenentladung u. N_2H_4 wurde bei 25—150° im strömenden Syst. massenspektrometr. verfolgt. Die Rk. mit N_2H_4 erfolgt nach $N_2H_4 + H \rightarrow H_2 + N_2H_3$ (1), $2\,N_2H_3 \rightarrow 2\,NH_3 + N_2$ (2); die Geschw.-Konst. ergeben sich zu $k_1 = 3{,}5 \cdot 10^{11} \cdot \exp(-2000/RT)$ cm³/Mol·s bzw. k_2 (bei 150°) $\geqq 3 \cdot 10^{12}$ cm³/Mol·s. Bei Verw. von D-Atomen enthalten über 95% des gebildeten Ammoniaks nur H; bei niedrigen N_2H_4-Anfangs-Konzz. entsteht vorwiegend HD, bei höheren Konzz. an nicht umgesetztem N_2H_4 auch H_2 neben N_2H_3D. Mit NH_3 u. N_2O reagiert H nur bei erhöhter Temp., so daß die Mechanismen nicht näher untersucht werden konnten. Bei 150° ist die Geschw.-Konst. der beiden Rkk. von der Größenordnung 10^7 cm³ pro Mol·s. A. Blaschette. 225◇

Kinetik der Hydrolyse von Fluorophosphaten. 1. Mitt. Monofluorophosphorsäure. L. N. Devonshire und H. H. Rowley. (Inorg. Chem. [Washington] **1**, 680—83, Aug. 1962; Tulsa, Okla., Univ. of Tulsa, Chem. Labor.; Norman, Okla., Univ. of Oklahoma, Chem. Labor.; engl.) — Die Rk. $H_2PO_3F + H_2O \rightarrow H_3PO_4 + HF$ wurde in ihrem kinet. Ablauf titrimetr. verfolgt. Die Hydrolyse-Geschw. wird durch $-dC/dt = k \cdot [H_2PO_3F] \cdot [H^+]$ wiedergegeben; k hat für 0,048 f Na_2PO_3F bei 40° u. 0,0873—1,200 m $HClO_4$ den Wert 0,240 ± 0,0012; bei 80° u. 0,1—0,072 m Na_2PO_3F u. 0,100—0,150 m $HClO_4$ 4,59 ± 0,19; bei 27° u. 0,050 u. 1,20—1,60 m $HClO_4$ 0,0735. Die erste Dissoziations-Konst. von $H_2 \cdot PO_3F$ wird vorteilhaft mit $0{,}8 \cdot 10^{-5}$ angenommen. Die Arrheniussche Aktivierungsenergie ist 16,3 ± 1 kcal/Mol. Im alkal. Medium verläuft die Hydrolyse von Na_2PO_3F langsam. Nachst. Mechanismus wird vorgeschlagen: $H_2PO_3F + H^+ \rightleftharpoons H_3PO_3F^+$, $H_3PO_3F^+ + H_2O \rightarrow H_3PO_4 + HF + H^+$ (geschwindigkeitsbestimmend). P. Sartori. 225□

Stufenweiser Aufbau von Schwefel- und Selenketten. Robert Earl Davis. (Proc. Indiana Acad. Sci. **70,** 100—105, 1960; Purdue, Univ.; engl.) — Die bei der Zers. von Thiosulfaten mit Säuren ablaufenden Rkk. werden durch sechs Gleichungen beschrieben. Vier dieser Gleichungen beschreiben die S-Kettenverlängerung u. eine die Bldg. von S_8-Ringen. Der Aufbau der S-Ketten bzw. Ringe erfolgt durch nucleophile Substitutions-Rkk. am S. Die Oxydation von J^- durch SeO_2 in saurer wss. Lsg. wird ebenfalls durch ein Gleichungs-Syst. beschrieben, das dem bei der Zers. der Thiosulfate analog ist u. die Bldg. von Se-Ketten erklärt. Nach dem Energieschema dieser Rkk. ist es unwahrscheinlich, daß atomares Se als Zwischenprod. auftritt. Die Bldg. der Se-Ketten erfolgt ebenfalls durch eine nucleophile Substitutionsreaktion. K. Ross. 225□

Mechanismen der Reduktion von Chloroaquochrom(III)-Ionen in sauren Medien. Philip J. Elving und Bernard Zemel. (Canad. J. Chem. **37,** 247—52, Jan. 1959; Ann Arbor, Mich., Univ. of Michigan, Dep. of Chem.; engl.) — Das polarograph. Verh. der Ionen $[Cr(H_2O)_6]^{3+}$ u. $[CrCl_2(H_2O)_4]^+$ (I) wurde (in Abwesenheit von „maximum suppressors") bei verschiedenen Konzz. von $HClO_4$, HCl u. Neutralsalzen beobachtet. Die polarograph. Stufen jeder Cr(III)-Teilchenart in den verschiedenen Medien wurde durch Auftragen der Funktion $\log[i/(i_d - i)]$ gegen E untersucht; die Meßpunkte ergeben im allg. zwei Geraden, die sich beim Halbstufenpotential $E_{1/2}$ schneiden u. bestens durch Annahme zweier konkurrierender Mechanismen für den „electron-transfer"-Prozeß gedeutet werden können: Direkter Übergang eines Elektrons auf ein Cr(III)-Ion von der Elektrode an der Grenzfläche Hg/Lsg. u. Übergang eines Elektrons auf ein Cr(III)-Ion von einem an dieser Grenzfläche gebildeten Cr(II)-Ion. Nur für I in 12 m HCl scheint der direkte Übergangsprozeß zu überwiegen. Polarographie des Cr(III)-Ions in 12 m HCl vor u. nach seiner Rk. mit dem Medium zeigt keine Änderung von $E_{1/2}$ (entsprechend der im UV-Spektrum auf Grund der Bldg. von $[CrCl_3(H_2O)_3]$ beobachteten Verschiebung); dies wird auf den „katalyt." Abbau, d. h. Verlust von Cl^- aus dem höheren Chlorokomplex auf Grund des raschen „anion-transfer"-Mechanismus für den „electron-transfer"-Prozeß zwischen Chloro-Cr(III)- u. Cr(II)-Ionen zurückgeführt. M. Schenk. 225□

Kinetische Untersuchungen über die Oxydation von Vanadin(III) durch Eisen(III) in wässeriger Perchlorsäurelösung. W. C. E. Higginson und A. G. Sykes. (J. chem. Soc. [London] **1962,** 2841—51, Aug.; Manchester, Univ.; engl.) — Kinet. Unterss. mit Hilfe einer spektrometr. Meth. zeigten, daß in wss. $HClO_4$ die Oxydation von V(III) zu V(IV) durch Fe(III) auf 2 verschiedenen Wegen verläuft. Der 1. Weg ist eine Einstufen-Rk. entsprechend der stöchiometr. Gleichung. Der 2. Weg besteht aus 2 Stufen, Fe(III) + V(IV) → Fe(II) + V(V) u. V(V) + V(III) → 2 V(IV). Die Gleichgewichts.-Konst. der 1. Stufe wurde mit Hilfe von EMK-Messungen an der Kette Pt | Fe^{3+}, Fe^{2+}, H^+, ClO_4^- ‖ NH_4NO_3 ‖ VO_2^+, VO^{2+}, H^+, ClO_4^- | Pt bestimmt; die Werte der Geschw.-Konst. der 2. Stufe wurden durch Kombination dieser Gleichgewichtsmessungen mit kinet. Daten der Zweistufen-Rk. erhalten. Die Rk. zwischen V(III) u. Fe(III) wird durch Cu(II) nach folgendem Schema katalysiert: Cu(II) + V(III) → Cu(I) + V(IV) (geschwindigkeitsbestimmend); Fe(III) + Cu(I) → Fe(II) + Cu(II) (schnell). Die Geschw.-Konst. der Oxydation von V(III) durch Cu(II), Fe(III) u. V(V) u. die entsprechenden Aktivierungsparameter wurden bei verschiedenen Temp. u. H^+-Ionen-Konzz. bestimmt.
P. Scharner. 225□

Kinetische Hinweise auf Assoziierung bei Verdrängungen an Platin(II). Paul Haake. (Proc. chem. Soc. [London] **1962,** 278—79, Aug.; Pasadena, Calif., California Inst. of Technol., Gates and Crellin Labor. of Chem.; Los Angeles, Calif., Univ. of California, Dep. of Chem.; engl.) — Aus potentiometr. Messungen der Geschw. der Cl^--Freisetzung sowie spektrophotometr. Messungen schließt Vf., daß die Cl^--Verdrängung durch NO_2^- beim cis-$[PtCl_2(NH_3)_2]$ in zwei Schritten über eine Anlagerungs-Verb. erfolgt. Bei der Verdrängung des zweiten Cl^--Ions nach (1) cis-$[PtCl(NH_3)_2NO_2] + NO_2^- \rightleftharpoons [PtCl \cdot (NH_3)_2(NO_2)_2]^-$ u. (2) $[PtCl(NH_3)_2(NO_2)_2]^- \rightarrow$ cis-$[Pt(NO_2)_2(NH_3)_2] + Cl^-$ ist Rk. (2) der geschwindigkeitsbestimmende Schritt; die Anlagerungs-Verb. wird als tetragonale Pyramide formuliert, die durch Umlagerung in Cl^- u. $[Pt(NO_2)_2(NH_3)_2]$ zerfällt.
P. Sartori. 225□

Austausch von Alkylgruppen in Triäthylaluminium, Diäthylaluminiumchlorid und einer Mischung dieser Substanzen, und in einer Mischung von Methylaluminiumdichlorid und Dimethylaluminiumchlorid. J. Smidt, M. P. Groenewege und H. De Vries. (Recueil Trav. chim. Pays-Bas **81**, 729—33, Aug. 1962; Geleen, Netherlands, Staatsmijnen in Limburg, Central Labor.; engl.) — Mit Hilfe magnet. Protonenresonanz wurde festgestellt, daß in dimerem $Al(C_2H_5)_3$ (I) die Brücken- u. Außenalkylgruppen bei Raum-Temp. stark, bei -60^0 kaum noch gegeneinander ausgetauscht werden. $(C_2H_5)_2AlCl$ (**II**) tauscht bei -60^0 nicht aus, was für Halogenbrücken spricht. Hiermit in Einklang steht das Verh. eines 1:1-Gemisches von **I** u. **II**: Austausch bei Raum-Temp., beim Abkühlen hört zuerst die Wechselwrkg. von **I** u. **II** untereinander, dann der Alkylgruppenaustausch in **I** auf. Der Alkylgruppenaustausch in 1:1-Gemischen von CH_3AlCl_2 u. $(CH_3)_2AlCl$ wird ebenfalls beim Abkühlen zum Erlöschen gebracht. H. Bürger. 225◇

Reaktion des Isotopenaustausches des Benzylquecksilberbromids mit ^{203}Hg markiertem Quecksilberbromid. O. A. Reutow, T. A. Smolina und W. A. Kaljawin. (J. physik. Chem. [UdSSR] **36**, 119—23, Jan. 1962; Moskau, Lomonossow-Univ.; russ., Auszug: engl.) — Die Isotopenaustausch-Rk. des Benzylquecksilberbromids mit ^{203}Hg markiertem Quecksilberbromid bei 70° in Chinolin ist eine Rk. zweiter Ordnung; Stoßfaktor $1,2 \cdot 10^{11}$, Aktivierungsenergie 18800 ± 900 cal/Mol. Wolfram Köhler. 225□

Austauschreaktionen von Cyclopentadienylkobaltverbindungen. J. F. Weiher, S. Katz und A. F. Voigt. (Inorg. Chem. [Washington] **1**, 504—10, Aug. 1962; Ames, Iowa, Iowa State Univ., Inst. for Atomic Res. and Dep. of Chem.; engl.) — Unterss. über Austausch-Rkk. zwischen Bis-[cyclopentadienyl]-kobalt-Verbb. in wasserfreiem Aceton mit Hilfe von ^{60}Co u. ^{36}Cl ergaben, daß zwischen $[Co(III)\ (\pi\text{-}C_5H_5)_2]^+$ u. Co^{2+} kein Austausch erfolgt, während ein Austausch zwischen $Co(II)\ (\pi\text{-}C_5H_5)_2$ u. $[Co(III)(\pi\text{-}C_5H_5)_2]^+$ sofort eintritt. O_2-Spuren verursachen die Oxydation des $Co(II)\ (\pi\text{-}C_5H_5)_2$ zu einem Deriv., das zwei Moll. $Co(C_5H_5)_2$/O-Atom enthält u. langsam mit $[Co(III)\ (\pi\text{-}C_5H_5)_2]^+$ austauscht. Dieser Austausch vollzieht sich wahrscheinlich nach einem Ionisierungsmechanismus. $Co(\pi\text{-}C_5H_5)(CCl_3C_5H_5)$, das sich bei der Rk. zwischen $Co(C_5H_5)_2$ u. CCl_4 bildet, tauscht weder Co mit $[Co(\pi\text{-}C_5H_5)_2]^+$ noch Cl^- mit LiCl aus. Gerhard Schulze. 225◇

Einige Aspekte der Pulverreaktion Zinnoxid–Zinkoxid. V. Aleixandre und A. G. Verduch. (Ark. Kemi **8**, 449—56, 1956; Madrid, Inst. de Edafología y Físiol. Vegetal.; engl.) — Die Bldg.-Geschw. von *Zinkorthostannat* wurde durch Unters. der Rk. zwischen pulverförmigem SnO_2 u. ZnO bei Temp. zwischen 995 u. 1140° bestimmt. ZnO wurde dargestellt durch 24std. Erhitzen von $Zr(C_2H_3O_2)_2 \cdot 2\ H_2O$ auf 300°, Pulverisieren u. nochmaliges 24std. Erhitzen auf 300°. Die Teilchengröße des ZnO betrug ca. $1,3 \cdot 10^{-3}\ \mu$. SnO_2 wurde durch 15std. Erhitzen von SnO in Luft auf 1150° erhalten; Teilchengröße ca. 10 μ. Aus den erhaltenen Isothermen wurde für die Aktivierungsenergie der Rk. 74700 cal/Mol berechnet. Die Ähnlichkeit zwischen dieser Aktivierungsenergie u. der der Selbstdiffusion von Zn^{2+}-Ionen durch ZnO kann wahrscheinlich darauf beruhen, daß die Rk. hauptsächlich durch die Selbstdiffusion der Zn^{2+}-Ionen bestimmt wird. Messungen der Dichte ergaben, daß sich das reagierende Pulvergemisch während der Rk. ausdehnt. C. Gottfried. 225

Die Bildung von molekularem Wasserstoff durch Photolyse von Wasserdampf in Gegenwart von Sauerstoff. Charles A. Barth und Hans E. Suess. (Z. Physik **158**, 85—95, 1960; Bonn, Univ., Inst. for Phys. Chem.; engl.) — Unter Verw. einer 50-Torr-Xe-Bogenentladung als UV-Lichtquelle, einer Hochvakuum-App. zur Gastrennung u. von Tritium als Tracer wurde der photochem. induzierte T-Austausch zwischen gasförmigem Wasser-(^{3}H) u. H_2 (Quantenausbeute $\Phi = 1$ oder wenig größer als 1) sowie die Bldg. von mol. H_2 durch Photolyse von H_2O-Dampf in Ggw. von O_2 untersucht. Die bei letzterem Prozeß erreichten stationären H_2-Konzz. sind geringer als erwartet; die photochem. Oxydation von H_2 durch O_2 unter den vorliegenden Bedingungen (Druck ca. 1 Torr) verläuft mit Φ = ca. 1. Die Selbstzers. von T-markiertem H_2O-Dampf (mit oder ohne Zusatz von O_2) macht sich auch nach Monaten nicht störend bemerkbar. A. Blaschette. 226◇

Strahlungsoxydation von Stickstoff. 6. Mitt. **Sensibilisierung der Oxydation von Stickstoff nach dem Prinzip der Ladung von Stickstoffmolekülen.** M. T. Dmitrijew und Ss. Ja. Pscheshetzki. (J. physik. Chem. [UdSSR] **35**, 1010—18, Mai 1961; Moskau, Karpow-Inst.; russ.; Auszug: engl.) — 5. vgl. J. physik. Chem. [UdSSR] **34**, [1960], 880; 4. vgl. C. **1961**, 6074. — Die durch γ-Strahlung induzierte Oxydation von N_2, allein oder in Mischungen mit O_2, durch O_2 oder W. wird durch Edelgase beschleunigt. Die Drücke lagen bei 1—150 at. Die Menge an gebildetem NO_2 wurde in Abhängigkeit von der absorbierten Energie bestimmt. Der Sensibilisierungseffekt der Edelgase stand im

Verhältnis He:Ne:Ar = 1:1,16:1,40. Diese Koeff. wurden aus kinet. Daten bestimmt. Wahrscheinlich bewirkt der Stoß von N_2-Moll. mit Edelgasionen Ladungsübertragung u. damit eine Zunahme der Konz. an N-Ionen. M. Wiedemann. 226□

Durch γ-Strahlen induzierte Reaktion zwischen Borhalogeniden und Wasserstoff. A. Levy, J. E. Williamson und L. W. Steiger. (J. inorg. nuclear Chem. **17**, 26—30, April 1961; Columbus, Ohio, Battelle Mem. Inst., Div. of Phys. Chem.; Maywood, N.J., Maywood Chem. Works; engl.) — Bei der Bestrahlung von BCl_3/H_2- bzw. BBr_3/H_2-Gemischen mit γ-Strahlung bei 15° bildet sich kein Diboran, sondern es läuft eine Rk. nach $nBX_3 + n/2H_2 \rightarrow nHX + (BX_2)_n$ (X = Cl, Br) ab. Rk. zwischen $(BX_2)_n$ u. H_2 tritt nur in geringem Maße auf. Ein Rk.-Mechanismus wird vorgeschlagen. Das weiße, sublimierbare $(BX_2)_n$ wird von verd. HCl u. sd. NaOH nicht angegriffen. Es enthält keine B—B-Bindung. Der Wert für n ist unbekannt, wird jedoch eher niedrig angenommen. H. Bürger. 226◇

Das thermische Ausheilen von ^{60}Co in bestrahltem Tris-[äthylendiamin]-kobalt-(III)-nitrat. L. L. Williams, N. Sutin und J. M. Miller. (J. inorg. nuclear Chem. **19**, 175—76, Sept. 1961; Upton, N.Y., Brookhaven Nat. Labor., Dep. of Chem.; engl.) — Die Ausheil-Geschw. von ^{60}Co in Tris-(äthylendiamin)-kobalt(III)-nitrat-Kristallen (5 Min. mit therm. Neutronen bei $1{,}1 \cdot 10^{13}$ n/cm²·s bestrahlt) wurde bei Raum-Temp., 60° u. 100° untersucht. Bei 100° wurde bereits nach 100 Std. ein konst. Rückhaltefaktor von 0,82 erreicht, während bei Raum-Temp. u. 60° erst, nachdem die Temp. bei 1000 Std. auf ebenfalls 100° erhöht wurde, der gleiche Wert nach einer weiteren Erhitzungsdauer von 100 Std. erreicht wurde. Die Vorgänge lassen sich als konkurrierende Rkk. 1. Ordnung beschreiben. H. Schroeder. 226□

Chemische Reaktionen von Gasen mit Festkörpern. 1. Mitt. **Vollkommene Mischung der Teilchen mit dem Gas.** A. L. Rosental. (Kinetik u. Katalyse [UdSSR] **2**, 838—46, Nov./Dez. 1961; Akad. der Wiss. der UdSSR, Inst. für erdölchem. Synth.; russ.) — Unters. der Rk.-Kinetik von Gasen mit Festkörpern in einer Wirbelschicht. Es wird eine Funktion eingeführt, die für den Verteilungsgrad der Teilchen charakterist. ist. Die Änderung der Funktion während der Rk. wird berücksichtigt. G. Engelhardt. 227□

Ergebnisse einer erneuten Untersuchung des Zerfalls von Distickstoffoxid an Platinkontakten. Lothar Riekert und Michel Staib. (Z. Elektrochem., Ber. Bunsenges. physik. Chem. **66**, 735—39, Okt. 1962; Darmstadt, TH, Eduard-Zintl-Inst., Lehrstuhl für Phys. Chem.; dt.) — Ältere Beobachtungen über die mangelhafte Reproduzierbarkeit des N_2O-Zerfalls an Pt-Kontakten u. über den unterschiedlichen Einfl. von zugesetztem u. bei der Rk. entstandenem O_2 auf die Zerfalls-Geschw. waren im Hinblick auf die Bedeutung des Bodensteinschen Quasistationaritätsprinzips für die Kinetik kontaktkatalyt. Rkk. von Interesse. Die Unters. an Katalysatoren aus physikal. reinem Pt (Verunreinigungen $5 \cdot 10^{-3}$%) ergab, daß der Rk.-Verlauf hier sehr gut reproduzierbar u. unabhängig von einem vorangehenden Ausglühen des Kontakts in verschiedenen Gasen ist. Zugesetztes u. bei der Rk. entstandenes O_2 hemmen den Zerfall in gleicher Weise. An nur wenig verunreinigtem Pt (chem. rein, Verunreinigungen ca. 0,05%) wurde dagegen ein nicht reproduzierbarer Rk.-Verlauf gefunden. Die Ergebnisse werden bes. auch im Zusammenhang mit vorangegangenen Arbeiten über den HCOOH-Zerfall u. die p-H_2-Umwandlung an Pt-Kontakten diskutiert. P. Scharner. 227□

Nb_2O_5, ein Träger, der den reaktionsfördernden sowie den reaktionshemmenden Einfluß gewisser Ionen im System Indigocarmin/H_2O_2 abschwächt. A. Krause, F. Domka und J. Slawek. (Z. physik. Chem. [Leipzig] **220**, 405—07, 1962; Poznań, Polen, Univ., Inst. für anorg. Chem.; dt.) — Die beschleunigende Wrkg. von Cu(II)- bzw. Fe(III)-Ionen u. der hemmende Einfl. von La(III) auf die Oxydation von Indigocarmin in H_2O_2-Lsg. bei 18° werden durch Zugabe von Nb_2O_5 abgeschwächt. Bei der Auftragung von Cu^{2+}-Ionen auf $Mg(OH)_2$ ergibt sich superadditive katalyt. Wrkg., aufgetragenes UO_2^{2+}, das allein prakt. wirkungslos ist, hemmt die Entfärbungsreaktion. Die katalyt. Wrkg. von Fe(III) u. Cu(II) wird der Hydrolyse ihrer Salz-Lsgg. u. der Bldg. bas. Salze mit OH-Wirkgruppen zugeschrieben. H. Roschkowski. 227□

A_8. Präparative anorganische Chemie. Komplexverbindungen. Metallorganische Verbindungen

Anorganische Chemie. „Typische" Elemente. A. G. Sharpe. (Annu. Rep. Progr. Chem. **57**, 116—37, 1960, herausgeg. 1961; engl.) — Fortschrittsbericht (Wasserstoff u. alle Hauptgruppen des Perioden-Syst.). — 231 Literaturangaben (1959/1960). R. Gutzschebauch. 228□

Die Übergangselemente. D. W. A. Sharp. (Annu. Rep. Progr. Chem. **57**, 137—64, 1960, herausgeg. 1961; engl.) — Vgl. C. **1962**, 7444. — Fortschrittsbericht. — 264 Literaturangaben (1959/60). R. Gutzschebauch. 228□

Fluorverbindungen von Xenon und Radon. C. L. Chernick, H. H. Claassen, P. R. Fields, H. H. Hyman, J. G. Malm, W. M. Manning, M. S. Matheson, L. A. Quarterman, F. Schreiner, H. H. Selig, I. Sheft, S. Siegel, E. N. Sloth, L. Stein, M. H. Studier, J. L. Weeks und M. H. Zirin. (Science [Washington] **138**, 136—38, 12/10. 1962; Argonne, Ill., Argonne Nat. Labor.; engl.) — Vgl. Allen, C. **1963**, 8045. — XeF_4 wird aus Xe u. F_2 (1:5) durch 1 std. Erhitzen in einem Ni-Gefäß auf 400°, rasches Abkühlen auf —78° u. Abpumpen des überschüssigen F_2 in Form farbloser, bei 20° beständiger, in n-C_7F_{16} unlösl. Kristalle erhalten; Dampfdruck bei 20° ca. 3 Torr; F. >100° (in geschlossener Capillare). Es reagiert bei erhöhter Temp. (400°) quant. mit H_2 zu Xe u. HF; die Hydrolyse mit wss. NaOH erfolgt hingegen nicht einheitlich nach $XeF_4 + 2 H_2O \rightarrow Xe + O_2 + 4 HF$, sondern wahrscheinlich unter Bldg. eines niederen Fluorids. Massenspektrometr. Unterss. an XeF_4-Proben, die z. T. mit O_2-haltigem F_2 hergestellt wurden, liefern Hinweise auf die mögliche Existenz stabiler Verbb. der Zus. XeF_2, $XeOF_3$ u. $XeOF_4$. Xe u. F_2 verbinden sich auch bei 20° bei Bestrahlung mit dem Licht eines Hg-Hochdruckbogens. XeF_4 krist. monoklin (Hochtemp. Form?) bzw. rhombisch. Im IR-Spektrum seines Dampfes erscheinen neben einer intensiven Bande bei 586 cm^{-1} schwächere bei 290, 1100 u. 1130 cm^{-1}; das Raman-Spektrum besteht aus intensiven Banden bei 502 u. 543 sowie einer schwachen Bande bei 235 cm^{-1}. Das Mol. ist wahrscheinlich quadrat.-planar. Fl. wasserfreies HF löst bei 60° ca. 100 mg XeF_4/ml; die beständige Lsg. besitzt nur geringe elektr. Leitfähigkeit, zeigt eine kontinuierliche Absorption im UV (molare Absorption $A_m = 30$ bei 300 nm bzw. 100 bei 285 nm) u. wirkt fluorierend auf Pt ($\rightarrow PtF_4$), Bzl. u. UF_4. AgCl wird von XeF_4 nicht angegriffen. — Mit Hilfe der ^{214}Bi-Tochteraktivität von ^{222}Rn konnte gezeigt werden, daß durch Erhitzen mit F_2 auf 400° ein unterhalb 250° kaum flüchtiges *Rn-Fluorid* gebildet wird, das bei 500° mit H_2 zu Rn u. HF reagiert. — In Analogie zum PtF_6 (vgl. Bartlett, C. **1963**, 1997) reagieren auch RuF_6 u. PuF_6 mit Xe, nicht jedoch UF_6, IrF_6 u. NpF_6. A. Blaschette. 235◇

Xenontetrafluorid. Howard H. Claassen, Henry Selig und John G. Malm. (J. Amer. chem. Soc. **84**, 3593, 20/9. 1962; engl.) — Inhaltlich ident. mit Teilen der vorst. referierten Arbeit. A. Blaschette. 235◇

Fluorierung von Xenon. R. Hoppe, W. Dähne, H. Mattauch und K. M. Rödder. (Angew. Chem. **74**, 903, 21/11. 1962; Münster, Univ., Anorg.-chem. Inst.; dt.) — Bei der Einw. der Entladungen eines Funkeninduktors auf Gemische von Xe (99,9% rein)/F_2 (elektrolyt., sehr rein) = 1:2 bei 20° in einem abgeschlossenen Quarzgefäß schlagen sich in 10 Std. unter Druckabnahme bis zu 50% an einem Kühlfinger (Methanol/Trockeneis) farblose, dumpf u. übelkeitserregend riechende Kristalle der angenäherten Zus. XeF_2 nieder, die bei 0° im Vakuum sublimieren u. dabei unter partieller Zers. in Xe u. vermutlich XeF_4 übergehen, wobei sich XeF_4 auf dem auf +10° gehaltenen Kühlfinger in sehr gut ausgebildeten, millimetergroßen, glasklaren Einkristallen abscheidet. Das Sekundärkondensat ist wesentlich stabiler als das Primärkondensat. U. Wannagat. 235◇

Phasenverhalten im System Wasserstoff–Ammoniak. H. H. Reamer und B. H. Sage. (J. chem. Engng. Data **4**, 152—54, April 1959; Pasadena, Calif., California Inst. of Technol.; engl.) — Im Syst. Gas–Fl. werden die Zus. der Phasen in Abhängigkeit von Druck u. Temp. untersucht u. die Ergebnisse graph. u. tabellar. mitgeteilt. H. Kuckertz. 243□

Nitrylsalze. 1. Mitt. Neue Methoden zur Darstellung von $NO_2{}^+BF_4{}^-$, $NO_2{}^+PF_6{}^-$ $NO_2{}^+AsF_6{}^-$. S. J. Kuhn. (Canad. J. Chem. **40**, 1660—63, Aug. 1962; Sarnia, Ontario, Canada, Dow Chem. of Canada, Ltd., Explor. Res. Labor.; engl.) — Reines NO_2BF_4, NO_2PF_6 u. NO_2AsF_6 u. durch Hydrolyse-Prodd. verunreinigtes NO_2SbF_6 u. $(NO_2)_2SiF_6$ wurden durch Rk. äquimolarer Mengen 90—100%ig. HNO_3 u. wasserfreiem HF mit einem genügend großen Überschuß des entsprechenden Lewis-Säure-Fluorids dargestellt. Die besten Ausbeuten wurden in Nitromethan-Lsg. erhalten, wenn genügend Säurefluorid vorhanden war, um das z. B. nach $HNO_3 + HF + nBF_3 \rightleftharpoons NO_2BF_4 + H_2O \cdot (n-1)BF_3$ entstehende W. zu binden. Bei Verw. von PF_5 u. AsF_5 wird der Rk.-Ablauf durch deren Hydrolyse komplexer, die Rk. mit PF_5 verläuft am besten unter Druck. NO_2BF_4, NO_2PF_6 u. $(NO_2)_2SiF_6$ können auch durch entsprechende Umsetzung der Salpetersäuremethyl-, -äthyl-, -n-propyl- u. -butylester in HF dargestellt werden. SbF_5 u. AsF_5 verursachen hierbei Explosionen.

Versuche: *NO_2BF_4*, aus 2 Mol HF u. 2 Mol rotem rauchendem HNO_3 (100% HNO_3) in 250 g Nitromethan in einem 1-Liter-Quarz- oder Polyäthylengefäß durch Einleiten von 4 Mol BF_3 unter Schütteln u. Kühlen auf -15 bis 0^0, Abfiltrieren, 2maliges Waschen mit 40 g Nitromethan, 50 ml Freon-113, $CHCl_3$, CH_2Cl_2 oder CCl_4, Trocknen des Komplexes im Vakuum; Ausbeute 91,8% (bzgl. HNO_3). — *NO_2PF_6* u. *NO_2AsF_6*, analog aus 0,5 Mol HF, 1 Mol HNO_3 u. 2 Mol PF_5 bzw. AsF_5. — *NO_2SbF_6* u. *$(NO_2)_2SiF_6$*, analog, die Prodd. sind aber mit Sb-Oxiden bzw. SiO_2 verunreinigt. — *Sehr reines NO_2BF_4*, aus 1 Mol (wasserfreiem) HF u. 1 Mol Alkylnitrat in 120 g Nitromethan in 500-ml-Quarzkolben, durch Einleiten von 2 Mol BF_3 unter Kühlung auf -20 bis 0^0, Abfiltrieren, 2maliges Waschen mit 25 g Nitromethan u. 25 ml Freon-113 oder $CHCl_3$ usw.; Ausbeute 93,4% (bzgl. Alkylnitrat). — *NO_2PF_6* u. *$(NO_2)_2SiF_6$*, analog. P. Sartori. 243◇

Ammonolyse von Perchlorylfluorid. H. C. Mandell jun. und G. Barth-Wehrenalp. (J. inorg. nuclear Chem. **12**, 90—94, 1959; Wyndmoor, Pa., Pennsalt Chem. Corp., Res. and Dev. Dep.; engl.) — ClO_3F reagiert langsam mit konz. wss. NH_3-Lsg., rasch bei $NaNH_2$-Katalyse mit fl. NH_3 bei -78^0 nach $ClO_3F + 3\,NH_3 \rightarrow NH_4F + NH_4NHClO_3$. Aus der wss. Lsg. lassen sich bei Zusatz von A. die ziemlich unlösl. sauren u. neutralen *K*-, *Cs*- (u. wahrscheinlich *Rb*-) *Salze* von *Perchlorylamid* ausfällen. *$KNHClO_3$*, *K_2NClO_3*, *$CsNHClO_3$* u. *Cs_2NClO_3* sind in reinem W. sehr gut lösl., unlösl. in über 75%ig. A., stabil bis 300^0, aber äußerst explosiv. Die Röntgendiagramme der Dimetallsalze sind mit denen der entsprechenden Sulfate, die Diagramme der Monometallsalze mit denen der entsprechenden Perchlorate identisch. Potentiometr. Titration der Alkalisalze ergibt die Dissoziations-Konst. $K_1 = [H^+]\cdot[HNClO_3^-]/[H_2NClO_3] = 3{,}0\cdot10^{-6}$ u. $K_2 = [H^+]\cdot[NClO_3^{2-}]/[HNClO_3^-] = 1{,}1\cdot10^{-12}$. Ammoniumsalze lassen sich nicht in reiner Form isolieren. Mischungen von NH_4NHClO_3 u. NH_4F zersetzen sich bei stärkerem Ansäuern, Cl liegt dann in der Oxydationsstufe $+7$ als Anion, aber nicht als ClO_4^- vor.

Versuche: *K_2NClO_3*, rein weißer Nd., durch Sättigen mit KOH aus einer ca. 0,4 bis 0,5 m Lsg. von NH_4F u. NH_4NHClO_3, erhalten durch 3std. Einblasen eines langsamen ClO_3F-Stromes in konz. wss. NH_3-Lsg. oder durch Mischen gleicher Vol. 0,5 m NH_4F—NH_4NHClO_3-Lsg. mit gesätt. KOH-Lsg. in 90%ig. Alkohol. — *$KNHClO_3$*, durch Titration von 0,5 m K_2NClO_3 mit 0,1 n $HClO_4$ auf pH 8,5, Einengen der Lsg. u. Zufügen des 3fachen Vol. Alkohol. — *Cs_2NClO_3*, feine weiße Kristalle, aus 10 ml 0,5 m-NH_4F—NH_4NHClO_3-Lsg. u. 10 ml gesätt. CsOH-Lsg. in 95%ig. Alkohol. — *$CsNHClO_3$*, feine weiße Kristalle, aus 10 ml der NH_4F—NH_4NHClO_3-Lsg. u. 2 ml mit CsOH gesätt. 90%ig. Alkohol. P. Sartori. 247◇

Über Säuren des Schwefels. 27. Mitt. **Zur Kenntnis des Sulfurylrhodanids $SO_2(SCN)_2$.** Max Schmidt und Dieter Eichelsdörfer. (Z. anorg. allg. Chem. **319**, 350—61, Jan. 1963; Marburg/Lahn, Philipps-Univ., Inst. für Anorg. Chem.; dt.) — 26. vgl. C. 1962, 15151. — Als erste Verb. mit einer Kette aus drei S-Atomen, von denen das mittlere zwei Liganden trägt, dessen „freie" Elektronenpaare also nicht mehr in Wechselwrkg. mit den d-Bahnen der Nachbaratome treten u. dadurch das Mol. stabilisieren können, wurde das Sulfurylrhodanid (I), NCS—SO_2—SCN, synthetisiert. Während $Hg(SCN)_2$ mit SO_2Cl_2 bei 20^0 zu *Dirhodan* [→ „*Polyrhodan*" (II)], KSCN u. NH_4SCN mit SO_2Cl_2 bei 20^0 in Ae. zu *$HSCN\cdot O(C_2H_5)_2$* reagieren, wird I in Ae., Methyl- oder n-Butylchlorid bei -50^0 in 5 Std. quant. nach $SO_2Cl_2 + 2\,AgSCN \rightarrow I + 2\,AgCl$ gebildet. In Frigen-12 wird keine Rk. beobachtet. Die Hydrolyse der äther. I-Lsg. mit kaltem wss. NH_3 führt zu H_2SO_4 u. HSCN, die therm. Zers. (Erwärmen der Lsg. auf 20^0 oder Abziehen des Ae. bei -30^0) irreversibel zu SO_2 u. $(SCN)_2$ (→ II). Das von Forbes u. Anderson [1943] aus SO_2Cl_2 u. AgSCN in sd. Bzl. erhaltene u. als $SO_2\cdot(SCN)_2$ formulierte Prod. erwies sich als II. Das Verh. von I zeigt die große Instabilität der „echten", nicht durch Wechselwrkg. mit d-Bahnen verstärkten S—S-Einfachbindung. A. Blaschette. 253◇

Das binäre System Wasser–Selensäure. Guy Vuillard. (C. R. hebd. Séances Acad. Sci. **242**, 1326—29, 5/3. 1956; franz.) — Vf. untersuchte die Gleichgewichte fest–fl. im Syst. H_2O–H_2SeO_4 mit 0—90 Gew.-% H_2SeO_4. Neben den beiden bereits bekannten Hydraten $H_2SeO_4\cdot4\,H_2O$ u. $H_2SeO_4\cdot H_2O$ konnte das Auftreten von 2 neuen Hydraten *$H_2SeO_4\cdot6\,H_2O$* u. *$H_2SeO_4\cdot2\,H_2O$* nachgewiesen werden. Die Übergangspunkte für diese beiden Hydrate sind $-68{,}5^0$ u. 54,8 Gew.-% H_2SeO_4 für das Hexahydrat u. -24^0 u. 77,7 Gew.-% H_2SeO_4 für das Dihydrat. C. Gottfried. 254

Komplex des zweiwertigen Tellurs. Olav Foss und Sverre Hauge. (Acta chem. scand. **13**, 1252—53, 1959; Bergen, Univ. of Bergen, Chem. Inst.; engl.) — TeO_2 in HCl oder HBr reagiert mit 4 Moll. Thioharnstoff (TH) in wss. Lsg. unter Bldg. von

Dichlorodithioharnstofftellur(II) (I), $Te(TH)_2Cl_2$, bzw. *Dibromodithioharnstofftellur(II)* (II), $Te(TH)_2Br_2$; daneben entsteht Formamidiniumdisulfid. Aus den wss. gelben Lsgg. dieser Verbb. in TH-Lsgg. krist. *Tetrathioharnstofftellur(II)-dichloriddihydrat* (III), $Te(TH)_4Cl_2 \cdot 2\ H_2O$, bzw. *Tetrathioharnstofftellur(II)-dibromid* (IV), $Te(TH)_4Br_2$, aus. Aus wss. KSCN-Lsgg. erhält man analog *Dithiocyanatodithioharnstofftellur(II)* (V), $Te(TH)_2(SCN)_2$. Alle Verbb. sind gelb u. in festem Zustand stabil. Bei Berührung mit W. färben sie sich infolge Hydrolyse u. Disproportionierung in Te(0) u. Te(IV) schwarz. Röntgenstruktur-Unterss. ergaben folgende Werte: I monoklin-prismat., C_{2h}^{6} — I 2/c, a = 9,90, b = 7,62, c = 14,10 Å, β = 100,5°, Z = 4, $D._{ber.}$ 2,23, $D._{exp.}$ 2,26 g/cm³; II isomorph mit I, a = 10,10, b = 7,74, c = 14,67 Å, β = 100°, $D._{ber.}$ 2,59, $D._{exp.}$ 2,58 g/cm³; V orthorhomb.-pyramidal, C_{2v}^{19} — F d d 2, a = 18,48, b = 18,64, c = 7,90 Å, Z = 8, $D._{ber.}$ 1,93, $D._{exp.}$ 1,94 g/cm³; III monoklin-prismat., C_{2h}^{5} — P 2_1/c, a = 6,01, b = 16,49, c = 9,95 Å, β = 98,5°, Z = 2, $D._{ber.}$ 1,84, $D._{exp.}$ 1,86 g/cm³; IV triklin, a = 5,95, b = 7,16 Å, γ = 107 oder 73°, Diagonale $(d)_{100}$ = 5,69, d_{010} = 6,82, d_{001} = 11,05 Å, α^* = 84°, β^* = 88°, Z = 1, $D._{ber.}$ 2,18, $D._{exp.}$ 2,21 g/cm³.
Gerhard Schulze. 255◇

Komplexe des Tellurtetrachlorids und -tetrabromids mit Tetramethylthioharnstoff. Olav Foss und Wermund Johannessen. (Acta chem. scand. **15,** 1939—40, 1961; engl.) — Vgl. vorst. Referat. — *Bis-[tetramethylthioharnstoff]-tellur(IV)-tetrachlorid* (I) u. *Bis-[tetramethylthioharnstoff]-tellur(IV)-tetrabromid* (II) werden als dunkelrote Kristalle dargestellt u. röntgenograph. untersucht. Die Verbb. sind in geschlossenen Gefäßen stabil, färben sich an feuchter Luft weißlich u. hydrolysieren mit W. schnell unter Bldg. von H_2TeO_3. Sie sind isomorph, krist. orthorhomb. in D_{2h}^{15} — P b c a mit Z = 4. Für I betragen die Parameter a = 14,74, b = 13,87, c = 10,06 Å, $D_{ber.}$ 1,72, $D._{exp.}$ 1,70 g/cm³, für II ist a = 14,98, b = 13,88, c = 10,40 Å, $D._{ber.}$ 2,19, $D._{exp.}$ 2,21 g/cm³.

Versuche: *Bis-[tetramethylthioharnstoff]-tellur(IV)-tetrachlorid* (I), $C_{10}H_{24}Cl_4N_4S_2Te$, F. 153—154°, durch schnelle Zugabe von 1,6 g TeO_2 in 6 ml konz. HCl zu 5,3 g Tetramethylthioharnstoff in 20 ml Methanol bei Raum-Temp. unter Rühren, Abdekantieren der Lsg., Zusatz von 10 ml Methanol u. Stehenlassen; 34% (Ausbeute). — *Bis-[tetramethylthioharnstoff]-tellur(IV)-tetrabromid* (II), $C_{10}H_{24}Br_4N_4S_2Te$, F. 176—177°, aus 1,6 g TeO_2 in 5 ml konz. HCl + 10 ml H_2O u. 2,7 g Tetramethylthioharnstoff in 20 ml CH_3OH durch schnelle Zugabe eines heißen Gemisches aus 10 ml 48—50% ig. HBr, 50 ml H_2O u. 50 ml CH_3OH unter Rühren, Abkühlen u. Auslesen der als Gemisch aus I u. II anfallenden Kristalle unter dem Mikroskop; 5,2 g Gemisch. Gerhard Schulze. 255◇

Komplexe des Tellurdichlorids und -dibromids mit einem Molekül Tetramethylthioharnstoff. Olav Foss und Wermund Johannessen. (Acta chem. scand. **15,** 1940—41, 1961; engl.) — Vgl. vorst. Referate. — Aus dem Dichlorokomplex des Te(IV) mit Tetramethylthioharnstoff (TMTH) erhält man durch Lösen in warmem 4n HCl/CH_3OH (2:1) u. Erhitzen bis nahe zum Kp. einen Te(II)-Komplex, *Tetramethylharnstofftellur(II)-dichlorid* (I), der im Verlauf einiger Std. in dunkelroten Kristallen auskristallisiert. TMTH wird dabei zum Disulfidkation, $(TMTH)_2^{2+}$, oxydiert. I sowie die entsprechende Dibromid-Verb. (II) lassen sich auch direkt aus TeO_2 u. TMTH darstellen. Beide Verbb. sind im festen Zustand stabil, hydrolysieren aber mit H_2O unter Freisetzung von Te. Sie sind isomorph, krist. triklin mit Z = 2 in C_i^1 — $P\bar{1}$. Für I ist a = 8,01, b = 8,57, c = 9,43 Å, α = 108°, β = 110,5°, γ = 93,5°, $D._{ber.}$ u. $D._{exp.}$ 1,94 g/cm³, für II a = 8,12, b = 8,74, c = 9,65 Å, α = 108,5°, β = 110°, γ = 94,5°, $D._{ber.}$ 2,33, $D._{exp.}$ 2,34 g/cm³.

Versuche: *Tetramethylthioharnstofftellur(II)-dichlorid* (I), $C_5H_{12}Cl_2N_2STe$, F. 207°, aus 1,6 g TeO_2 in einem warmen Gemisch aus 20 ml konz. HCl + 40 ml H_2O u. 2,7 g TMTH in 40 ml CH_3OH durch mehrstd. Erhitzen bis nahe zum Kp.; 2,2 g (Ausbeute). — *Tetramethylthioharnstofftellur(II)-dibromid* (II), $C_5H_{12}Br_2N_2STe$, F. 226°, aus 1,6 g TeO_2 in 6 ml konz. HCl + 20 ml H_2O u. 2,7 g TMTH in 40 ml CH_3OH durch Zugabe eines heißen Gemisches aus 20 ml 48—50% ig. HBr, 100 ml H_2O u. 100 ml CH_3OH in der Siedehitze unter Rühren; 2,7 g. Gerhard Schulze. 255◇

Komplexe des zweiwertigen Tellurs mit Tetramethylthioharnstoff. Olav Foss und Wermund Johannessen. (Acta chem. scand. **15,** 1941—43, 1961; engl.) — Vgl. vorst. Referate. — Aus den Te(II)-Komplexen mit 1 Mol. TMTH erhält man durch Abkühlen ihrer warmen methanol., TMTH-haltigen Lsgg. *Bis-[tetramethylthioharnstoff]-tellur(II)-dichlorid*, $Te(TMTH)_2Cl_2$, u. *Bis-[tetramethylthioharnstoff]-tellur(II)-dibromid*, $Te(TMTH)_2Br_2$. Außerdem wurden das Jodid, *$Te(TMTH)_2J_2$*, in zwei verschiedenen kristallinen Formen sowie aus den Thioharnstoff (TH)-Verbb. $Te(TH)_2Cl_2$ u. $Te(TH)_2Br_2$ durch Lösen in warmen methanol. TMTH-Lsgg. beim Abkühlen *$Te(TH)_2(TMTH)_2Cl_2$*

u. *Te(TH)$_2$(TMTH)$_2$Br$_2$* erhalten. In den Verbb. des Typs $Te(TMTH)_2X_2$ (X = Halogen) liegt mit Ausnahme einer Form des Jodids das trans-Isomere eines quadrat. ebenen Komplexes vor. Ein Salz des $Te(TMTH)_4^{2+}$-Kations konnte nicht isoliert werden. Sämtliche Verbb. sind im festen Zustand stabil, hydrolysieren aber in Ggw. von W. unter Freisetzung von Te. Röntgenaufnahmen an Einkristallen ergaben: $Te(TMTH)_2Cl_2$, triklin mit a = 10,64, b = 11,46, c = 9,07 Å, α = 102, β = 120, γ = 84,5°, Z = 2, D.ber. u. D.exp. 1,64 g/cm³; $Te(TMTH)_2Br_2$, isomorph mit vorst. Verb. mit a = 10,89, b = 11,66, c = 9,07 Å, α = 101,5, β = 120, γ = 84°, Z = 2, D.ber. 1,88, D.exp. 1,89 g/cm³; $Te(TMTH)_2J_2$, Form a monoklin mit a = 8,00, b = 10,81, c = 11,96 Å, β = 97,5°, Z = 2, D.ber. 2,09, D.exp. 2,10 g/cm³, Form b monoklin mit a = 9,23, b = 18,98, c = 11,94 Å, β = 102°, Z = 4, D.ber. u. D.exp. 2,10 g/cm³, Raumgruppe für beide Formen C_{2h}^5 – P 2_1/n; $Te(TH)_2(TMTH)_2Cl_2$, monoklin mit a = 8,83, b = 14,40, c = 9,90 Å, β = 94°, Z = 2, D.ber. u. D.exp. 1,63 g/cm³, Raumgruppe C_{2h}^5 – P 2_1/c; $Te(TH)_2(TMTH)_2 \cdot Br_2$, isomorph mit dem Chlorid mit a = 8,78, b = 15,02, c = 10,04 Å, β = 94°, Z = 2, D.ber. 1,77, D.exp. 1,79 g/cm³.

Versuche: *Bis-[tetramethylthioharnstoff]-tellur(II)-dichlorid*, $C_{10}H_{24}Cl_2N_4S_2Te$, F. 167° (Zers.), u. *Bis-[tetramethylthioharnstoff]-tellur(II)-dibromid*, $C_{10}H_{24}Br_2N_4S_2Te$, F. 192° (Zers.), aus ca. 2 g TMTH/g $Te(TMTH)Cl_2$ bzw. $Te(TMTH)Br_2$ in CH_3OH durch Erwärmen auf ca. 60° unter Rühren, nach einigen Min. Filtrieren u. Abkühlen; orangerote bis rote Kristalle. Zur Ausfällung des Dichlorids wurden einige Tropfen konz. HCl u. das doppelte Vol. Ae. zugesetzt. Das Dibromid läßt sich auch in 72–91 %ig. Ausbeute aus TeO_2 u. TMTH im Mol-Verhältnis 1:4 erhalten. — *Bis-[tetramethylthioharnstoff]-tellur(II)-dijodid*, $C_{10}H_{24}J_2N_4S_2Te$, F. 172–173° (Zers.), aus warmen methanol. TMTH-Lsgg. des Dichlorids oder Dibromids durch Zusatz von NaJ oder KJ in CH_3OH in Form eines Gemisches aus zwei Kristallarten, die sich durch Auslesen unter dem Mikroskop trennen lassen; dunkelrote Kristalle. — *Bis-[thioharnstoff]-bis-[tetramethylthioharnstoff]-tellur(II)-dichlorid*, $C_{12}H_{32}Cl_2N_8S_4Te$, F. 157° (Zers.), u. *Bis-[thioharnstoff]-bis-[tetramethylthioharnstoff]-tellur(II)-dibromid*, $C_{12}H_{32}Br_2N_8S_4Te$, F. 150° (Zers.), aus 2 g TMTH in 20 ml CH_3OH/g $Te(TH)_2Cl_2$ bzw. $Te(TH)_2Br_2$ ohne Verw. von Ae.; gelbe Kristalle. Gerhard Schulze. 255◇

Komplexe der Thiosulfonate des zweiwertigen Tellurs mit Thioharnstoff. Olav Foss und Inger-Johanne Johannessen. (Acta chem. scand. **15**, 1943–45, 1961; engl.) — Vgl. vorst. Referate. — Setzt man Thiosulfonate des Te(II), $Te(S_2O_2R)_2$ mit R = CH_3 u. C_6H_5, mit Thioharnstoff (TH), Äthylenthioharnstoff (ÄTH) oder Tetramethylthioharnstoff (TMTH) um, so erfolgt kein Austausch, sondern eine Addition unter Bldg. 4fach koordinierter, ebener Komplexe. Die Verbb. sind gelb, die mit ÄTH weisen einen grünlichen Farbton auf, während $Te(TMTH)_2(S_2O_2C_6H_5)_2$ rot ist. Letzteres gibt in Berührung mit CH_3OH TMTH ab u. geht in gelbes $Te(S_2O_2C_6H_5)_2$ über. W. zersetzt die Komplexe unter Freisetzung von Te. Im festen Zustand sind die trockenen Verbb. ziemlich stabil. Röntgen-Unterss. lieferten folgende Ergebnisse: *Te(TH)$_2$(S$_2$O$_2$CH$_3$)$_2$*, monokline Prismen mit a = 12,50, b = 5,60, c = 12,80 Å, β = 98°, Z = 2, D.ber. 1,88, D.exp. 1,89 g/cm³, Raumgruppe C_{2h}^5 – P 2_1/n; *Te(ÄTH)$_2$(S$_2$O$_2$CH$_3$)$_2$* bildet zwei Arten von Kristallen, lange Prismen, monoklin mit a = 18,35, b = 5,41, c = 20,16 Å, β = 102°, Z = 4, D.ber. 1,88, D.exp. 1,89 g/cm³, Raumgruppe C_{2h}^6 – C 2/c, u. ziemlich kleine Tafeln, monoklin mit a = 9,61, b = 10,86, c = 10,67 Å, β = 119°, Z = 2, D.ber. u. D.exp. 1,89 g/cm³, Raumgruppe C_{2h}^5 – P 2_1/c; *Te(ÄTH)$_2$(S$_2$O$_2$C$_6$H$_5$)$_2$*, trikline Prismen mit a = 7,08, b = 10,60, c = 8,98 Å, α = 102,5, β = 91, γ = 94°, Z = 1, D.ber. 1,72, D.exp. 1,71 g/cm³, Raumgruppe C_i^1 – P $\bar{1}$; *Te(TMTH)$_2$(S$_2$O$_2$CH$_3$)$_2$*, monokline Prismen mit a = 9,52, b = 12,62, c = 10,46 Å, β = 98°, Z = 2, D.ber. u. D.exp. 1,64 g/cm³, Raumgruppe C_2^2 – P 2_1 oder C_{2h}^2 – P 2_1/m; $Te(TMTH)_2(S_2O_2C_6H_5)_2$, monoklin mit a = 10,26, b = 10,07, c = 15,98 Å, β = 110°, Z = 2, D.ber. u. D.exp. 1,58 g/cm³, Raumgruppe C_{2h}^5 – P 2_1/c.

Versuche: *Bis-[methanthiosulfonato]-bis-[thioharnstoff]-tellur(II)*, $C_4H_{14}N_4O_4S_6Te$, F. 130–131° (Zers.), durch Auflösen von gepulvertem $Te(S_2O_2CH_3)_2$ in methanol. TH-Lsgg. unter Rühren, Erhitzen bis nahe zum Kp., Filtrieren u. Abkühlen oder aus $Te(TH)_2Br_2$ bzw. $Te(TH)_4Br_2$ u. methanol. $Na_2S_2O_2CH_3$-Lösung. — *Bis-[methanthiosulfonato]-bis-[äthylenthioharnstoff]-tellur(II)*, $C_8H_{18}N_4O_4S_6Te$, F. 168–169° (Zers.), aus 1,3 g $Te(ÄTH)_4 \cdot Cl_2 \cdot 2\,H_2O$ in 20 ml warmem CH_3OH u. 0,65 g $Na_2S_2O_2CH_3 \cdot H_2O$ in 8 ml CH_3OH; 89 % (Ausbeute). — *Bis-[benzolthiosulfonato]-bis-[äthylenthioharnstoff]-tellur(II)*, $C_{18}H_{22}N_4 \cdot O_4S_6Te$, F. 147° (Zers.), aus 1,6 g $Te(ÄTH)_4Cl_2 \cdot 2\,H_2O$ in 50 ml warmem CH_3OH u. 1,25 g $K_2S_2O_2C_6H_5 \cdot 2\,H_2O$ in 20 ml CH_3OH; 95%. — *Bis-[methanthiosulfonato]-bis-[tetramethylthioharnstoff]-tellur(II)*, $C_{12}H_{30}N_4O_4S_6Te$, F. 85°, aus 1,3 g gepulvertem $Te(S_2O_2 \cdot CH_3)_2$ durch Lösen in 15 ml CH_3OH mit 1,2 g TMTH unter Rühren u.

Erhitzen bis nahe zum Kp., Filtrieren u. Zusatz von 5 ml Ae. zum warmen Filtrat; 60%. — *Bis-[benzolthiosulfonato]-bis-[tetramethylthioharnstoff]-tellur(II)*, $C_{22}H_{34}N_4O_4S_6Te$, F. 121°, aus 0,95 g $Te(S_2O_2C_6H_5)_2$ u. 0,9 g TMTH in 15 ml CH_3OH analog vorst. Verb. ohne Ae.-Zusatz; 14%. Gerhard Schulze. 255◇

Komplexe des zweiwertigen Tellurs mit Propylenthioharnstoff. Olav Foss und Kjartan Marøy. (Acta chem. scand. **15**, 1945—46, 1961; engl.) — Vgl. vorst. Referate. — Folgende Propylenthioharnstoff (PTH)-Komplexe des Te(II) wurden dargestellt u. ihre Kristallstruktur untersucht. $Te(PTH)_2X_2$ mit X = Cl, Br, SCN u. $S_2O_2CH_3$. Die beiden ersten sind cis-, die letzteren trans-Isomere von 4fach koordinierten ebenen Komplexen. Die Verbb. sind gelb, im festen Zustand stabil u. hydrolysieren mit W. unter Freisetzung von Te. Röntgen-Unterss. ergaben folgende Daten: *$Te(PTH)_2Cl_2$*, monokline Prismen mit a = 16,49, b = 7,64, c = 14,52 Å, β = 120°, Z = 4, $D_{ber.}$ u. $D_{exp.}$ 1,81 g/cm³, Raumgruppe C_{2h}^6 — C 2/c; *$Te(PTH)_2Br_2$*, monokline Tafeln mit a = 16,11, b = 7,91, c = 14,31 Å, β = 117,5°, Z = 4, $D_{ber.}$ u. $D_{exp.}$ 2,13 g/cm³, wahrscheinliche Raumgruppe C_{2h}^6 — C 2/c; *$Te(PTH)_2(SCN)_2$*, monokline Prismen mit a = 13,27, b = 14,43, c = 9,76 Å, β = 108,5°, Z = 4, $D_{ber.}$ u. $D_{exp.}$ 1,78 g/cm³, Raumgruppe C_{2h}^6— C 2/c; *$Te(PTH)_2(S_2O_2CH_3)_2$*, orthorhomb. Prismen mit a = 12,95, b = 8,80 Å, Z = 4, $D_{ber.}$ 1,78, $D_{exp.}$ 1,79 g/cm³, Raumgruppe D_{2h}^{10} — P c c n.

Versuche: *Bis-[propylenthioharnstoff]-tellur(II)-dichlorid*, $C_8H_{16}Cl_2N_4S_2Te$, F. 199° (Zers.), aus 1,6 g TeO_2 in 15 ml konz. HCl u. 4,7 g PTH in 15 ml heißem W. unter Rühren; 81% (Ausbeute). — *Bis-[propylenthioharnstoff]-tellur(II)-dibromid*, $C_8H_{16}Br_2 \cdot N_4S_2Te$, F. 190° (Zers.), aus 1,6 g TeO_2 in 5 ml warmem konz. HCl u. 4,7 g PTH in 20 ml heißem W. unter Rühren u. Zusatz von 10 ml CH_3OH u. 20 ml heißem ca. 25%ig. HBr; 96%. — *Bis-[propylenthioharnstoff]-tellur(II)-dithiocyanat*, $C_{10}H_{16}N_6S_4Te$, F. ca. 214° (Zers.), aus 2,2 g $Te(PTH)_2Cl_2$ in 50 ml 10 g NH_4SCN enthaltendem CH_3OH durch Erhitzen bis nahe zum Kp., Filtrieren u. Abkühlen; 89%. — *Bis-[propylenthioharnstoff]-tellur(II)-bis-[methanthiosulfonat]*, $C_{10}H_{22}N_4O_4S_6Te$, F. 172° (Zers.), aus 2,8 g $Te(PTH)_4 \cdot Cl_2 \cdot 2\,H_2O$ in 8 ml CH_3OH u. 1,4 g $NaS_2O_2CH_3 \cdot H_2O$ in 8 ml H_2O bei Raum-Temp.; 86%. Gerhard Schulze. 255◇

Einige Propylenthioharnstofftellur(II)-Salze. Olav Foss und Kjartan Marøy. (Acta chem. scand. **15**, 1947—48, 1961; engl.) — Vgl. vorst. Referate. — Vff. stellen das Chlorid u. Perchlorat des Kations $Te(PTH)_4^{2+}$ (PTH = Propylenthioharnstoff) sowie zwei Modifikationen des $Te(PTH)_3(ClO_4)_2$ dar u. bestimmen die Kristallparameter. Es zeigt sich, daß in den tetrakoordinierten Verbb. die TeS_4-Gruppe eben gebaut ist. Folgende Werte wurden erhalten: *$Te(PTH)_4Cl_2 \cdot 2\,H_2O$*, monokline Prismen mit a = 9,31, b = 18,78, c = 9,73 Å, β = 118°, Z = 4, $D_{ber.}$ u. $D_{exp.}$ 1,55 g/cm³, Raumgruppe C_{2h}^5 — P 2_1/c, *$Te(PTH)_4(ClO_4)_2$*, Tafeln oder 6seitige Prismen, triklin mit a = 10,03, b = 9,41, c = 9,82 Å, α = 118,5, β = 90,5, γ = 107°, Z = 1, $D_{ber.}$ u. $D_{exp.}$ 1,71 g/cm³, wahrscheinliche Raumgruppe C_i^1 — $P\bar{1}$, *$Te(PTH)_3(ClO_4)_2$*, 1. Modifikation monokline Prismen mit a = 12,22, b = 14,74, c = 14,27 Å, β = 106,5°, Z = 4, Raumgruppe C_{2h}^5 — P 2_1/c, 2. Modifikation trikline Tafeln mit a = 12,62, b = 10,03, c = 10,03 Å, α = 96,5, β = 93, γ = 78,5°, Z = 2, $D_{ber.}$ u. $D_{exp.}$ 1,82 g/cm³ (für beide Modifikationen).

Versuche: *Tetrakis-[propylenthioharnstoff]-tellur(II)-dichloriddihydrat*, $C_{16}H_{36}Cl_2 \cdot N_8O_2S_4Te$, aus einer warmen Lsg. von 1,6 g TeO_2 in 10 ml konz. HCl u. 7,5 g PTH in 20 ml heißem W. unter Rühren u. Abkühlen auf Zimmer-Temp.; gelbe Kristalle mit orangefarbenem Schein; 93—96% (Ausbeute). — *Tetrakis-[propylenthioharnstoff]-tellur(II)-perchlorat*, $C_{16}H_{32}Cl_2N_8O_8S_4Te$, aus 3 g vorst. Verb. in 15 ml CH_3OH durch Zusatz von 15 ml 10%ig. $HClO_4$; bräunlichgelbe Kristalle; 86%. — *Tris-[propylenthioharnstoff]-tellur(II)-perchlorat*, $C_{12}H_{24}Cl_2N_6O_8S_3Te$, aus methanol. Lsgg. gleichmolarer Mengen von $Te(PTH)_2Cl_2$ u. PTH oder aus $Te(PTH)_2Cl_2$ u. $Te(PTH)_4Cl_2 \cdot H_2O$ durch Zusatz von 1/5 des Vol. an ca. 60%ig. $HClO_4$ bei Zimmer-Temp.; grünlichgelbe Kristalle. Gerhard Schulze. 255◇

Die Carboranreihe: $B_nC_2H_{n+2}$. 1. Mitt. **$B_3C_2H_5$**. I. Shapiro, C. David Good und Robert E. Williams. (J. Amer. chem. Soc. **84**, 3837—40, 20/10. 1962; Pasadena, Calif., Olin Mathieson Chem. Corp., Res. Labor.; engl.) — Bei der Führung im Kreislauf von äquimol. B_5H_9/C_2H_2-Mischungen (25 mMol) durch stille elektr. Entladungen (15 kV) über 1 Std. bilden sich neben einem hellgelbbraunen Nd. kondensierbare Prodd., aus denen sich zwischen —126 u. —132 bis —135° *$B_3C_2H_5$* (I) mit einer Ausbeute von 0,1—0,2% abtrennen ließ. Hartnäckig anhaftende Spuren von Diacetylen verschwanden beim Aufbewahren in einigen Wochen durch Selbstkondensation. I besitzt Kp. (extrapoliert) —3,7°, F. —126,40 ± 0,05°, im Bereich —95 bis —13° die Dampfdruckkurve log P[Torr] = 9,10154 — 1459,18/T — 0,002986 T, molare Verdampfungswärme 5684 cal,

Trouton-Konst. 21,1 cal/Mol·Grad. Aus Massen-, KMR- u. IR-Spektrum ergeben sich für die Konstit. von I drei ident. BH- u. zwei ident. CH-Einheiten sowie ein sehr stabiles B—C-Skelett, woraus Vf. auf eine trigonale Bipyramide mit den drei B-Atomen im gleichseitigen Dreieck u. den C-Atomen mit ihren H-Atomen auf der Achse durch den Mittelpunkt dieser B_3-Ebene schließen. I reagiert bei Raum-Temp. nicht mit Luft, W., CO_2, Aceton oder $N(CH_3)_3$. Von B_2D_6 wird es zu $D_3B_3C_2H_2$ deuteriert, das auch bei direkter Rk. von B_5D_9 mit C_2H_2 entsteht. Umsetzung von B_5H_9 mit C_2D_2 ergibt eine analoge Verb. mit etwas mehr als zwei D-Atomen, die durch Behandlung mit B_2H_6 in $H_3B_3C_2D_2$ übergeführt wird. Durch wiederholte Behandlung von I mit B_2D_6 entsteht $B_3C_2D_5$. U. Wannagat. 258◇

Zur Chemie und Konstitution borsaurer Salze. 4. Mitt. **Zur Isomorphie zwischen Carbonaten und Boraten. Die Systeme Li_2CO_3–Li_3BO_3 und Na_2CO_3–$CaNaBO_3$.** Hans-Albert Lehmann und Heinz Wöckel. (Wiss. Z. Techn. Hochschule Chem. Leuna-Merseburg **2**, 195—97, 1959/60; Inst. für Anorg. Chem.; dt.) — Ident. mit der C. **1960**, 13950 referierten 5. Mitteilung. A. Blaschette. 258◇

Diamanten. Gordon Sutherland. (Proc. Roy. Instn. Great Britain **38**, 502—17, 1961; Nat. Phys. Labor.; engl.) — Zusammenfassender Vortrag. C. Gottfried. 260

Polymere Phosphinoborinringe und Ketten aus Tetramethyldiphosphin. A. B. Burg. (J. inorg. nuclear Chem. **11**, 258, Okt. 1959; Los Angeles, Calif., Univ. of Southern California, Dep. of Chem.; engl.) — Tetramethyldiphosphin (I) u. B_2H_6 bilden je nach Mol-Verhältnis die Addukte $P_2(CH_3)_4 \cdot 2\ BH_3$, das beim Erhitzen in trimeres u. tetrameres $[(CH_3)_2PBH_2]_n$ übergeht, u. $P_2(CH_3)_4 \cdot BH_3$, das beim Erhitzen $(CH_3)_2PH$ u. linear polymeres $[(CH_3)_2PBH_2]_n$ (II) (neben wenig Tri- u. Tetramerem) bildet. Hierin wirkt $(CH_3)_2PH$ als Elektronendonor zum B-Atom von II.

Versuche: *Tetramethyldiphosphin* (I), Kp. (extrapoliert) 140°, F. —2,1°, beständig bis 300°, nach $(CH_3)_2NP(CH_3)_2 + (CH_3)_2PH \rightarrow I + (CH_3)_2NH$ bei 90—100°, 65% im Gleichgewicht; Entfernen des $(CH_3)_2NH$ mit HCl. — *Tetramethyldiphosphin-2-Boran*, log p [Torr] = 13,82 — 5200/T, aus 1,154 mMol I u. 1,159 mMol B_2H_6, Erwärmen von —44 auf —5° in 15 Std., ist bei 154° beständig, gibt in 20 Std. bei 170—200° 75% $[(CH_3)_2PBH_2]_3$ u. 15% $[(CH_3)_2PBH_2]_4$, daneben wenig $(CH_3)_2PH$ u. ein gummiartiges Prod. der Zus. $\{[(CH_3)_2P]_2B_3H_4\}_x$. — *Tetramethyldiphosphin-1-Boran*, aus 0,0480 mMol B_2H_6 u. 0,960 mMol I in 10 Std. (—60 bis —8°, dann 100°); gibt bei 174° in 70 Std. 97,4% $(CH_3)_2PH$, 42,3% $[(CH_3)_2PBH_2]_{3;4}$ u. einen weißen, thermoplast. Rückstand, der in 20 Std. bei 330° in weitere 46,8% Tri- u. Tetrameres, H_2 u. $(CH_3)_2PH$ zerfällt. H. Bürger. 264◇

Lineare Phosphinoborinpolymere. R. I. Wagner und F. F. Caserio jun. (J. inorg. nuclear Chem. **11**, 259, Okt. 1959; Whittier, Calif., Whittier Res. Labor., Amer. Potash & Chem. Corp.; engl.) — *Dimethylphosphin-Boran* u. *Methyläthylphosphin-Boran* gehen bei der Pyrolyse in Ggw. von Aminen in H_2 u. polymere *Phosphinoborine* (teilweise 6- u. 8-Ringe) über, die interessante plast. Eigg. zeigen. Aminzusatz verhindert Cyclisierung.

Versuche: *Polymeres Dimethylphosphinoborin*, $(C_2H_8BP)_x$, F. 164—168° (Bzl.), durch Erhitzen von $(CH_3)_2PH \cdot BH_3$ während 17 Std. auf 200°, 45% (Ausbeute), daneben 50,2% Tri- u. Tetrameres. Polymerisationsgrad des linearen Ketten-Prod. ca. 80. — Analog: *Polymeres Methyläthylphosphinoborin*, $(C_3H_{10}HP)_x$, F. 118—126°, Polymerisationsgrad 21; 43%. H. Bürger. 264◇

Über die Verbindungen des Systems P_2O_5–SiO_2–H_2O. Bernard Lelong und André Boullé. (C. R. hebd. Séances Acad. Sci. **255**, 530—32, 16/7. 1962; Paris, École des Mines, Labor. de Chim.; franz.) — Vff. untersuchen die Bldg.-Bedingungen der Verbb. $P_2O_5 \cdot SiO_2 \cdot H_2O$ (I) u. $P_2O_5 \cdot SiO_2$ nach bekannten Rkk. u. formulieren potentiometr. Titrationen zufolge I als $Si(HPO_4)_2$. H. Bürger. 264□

Bildung von Antimonorthophosphat, $SbPO_4$. D. Robbins. (J. inorg. nuclear Chem. **19**, 183—85, Sept. 1961; Leicester, A.E.I. Lamp and Lightning Co. Ltd.; engl.) — Sb_2O_3 u. H_3PO_4 wurden in Gew.-Verhältnissen von 5 : 1 bis 1 : 2 zusammengegeben, mit dest. W. zu einem dünnen Brei angerührt u. in einer Porzellankugelmühle 16 Std. lang gemischt. Die Prodd. wurden bei 130° getrocknet. Röntgenograph. u. thermogravimetr. Unterss. ergaben die Bldg. von $SbPO_4$. Die Verb. ist an Luft bei Temp. bis zu 1200° beständig. H. Schroeder. 266□

Schmelzdiagramme einiger binärer Systeme von Alkalimetallhydroxiden und -salzen. 1. Mitt. N. A. Reschetnikow und N. I. Wilutiss. (J. anorg. Chem. [UdSSR] **3**, 366—77, Febr. 1958; russ.) — Vff. behandeln unter bes. Berücksichtigung der Polarisation u. Molrefraktion der Ionen die Frage der Bldg. von Kationen u. Anionenkomplexen in wasserfreien bin. Salzsystemen. Anionenkomplexe („Komplex-Bldg.“ im Sinne der Bldg. bin. Verbb.) werden vor allem in den bin. Syst. beobachtet, deren Komponenten sowohl ein deformierendes (F^-, OH^-, O^{2-}) als auch ein deformierbares Anion (SO_4^{2-}, PO_4^{3-}, CO_3^{2-}) enthalten. Die Ergebnisse der thermograph. Unterss. folgender Syst. sind: **KOH–KNO_3**, Bldg. von *$KOH \cdot KNO_3$* (F. 236°); Eutektikum (E) 1 bei 214° (31,5 Mol-% KNO_3), E 2 bei 220° (68 Mol-% KNO_3); auf der KNO_3-Seite existieren feste Lsgg. mit der Grenz-Konz. 10 Mol-% KOH bei 214°. **$NaOH$–$NaNO_2$**, Bldg. von *$NaOH \cdot NaNO_2$* (F. 266°); E 1 bei 230° (23 Mol-% NaOH) u. E 2 bei 238° (73 Mol-% NaOH); feste Lsgg. wurden nicht beobachtet. **$K_2(OH)_2$–K_2CrO_4**, keine bin. Verb. (jedoch wurde die Liquiduskurve nur bis 55—60 Mol-% K_2CrO_4 untersucht); E bei 360° [85,5 Mol-% $K_2(OH)_2$]. **$NaOH$–KNO_3**, lückenlose Reihe fester Lösungen. H.-J. Lunk. 275□

Untersuchung des Systems $CaSO_4$–$BeSO_4$–H_2O. L. P. Reschetnikowa, A. W. Nowosselowa und D. F. Kirkina. (J. anorg. Chem. [UdSSR] **3**, 378—82, Febr. 1958; russ.) — Vgl. vorst. Referat. — Nach der Meth. der isothermen Auflösung wurde die Löslichkeit im Syst. $CaSO_4$–$BeSO_4$–H_2O bei 25° u. 75° untersucht. Dabei wurden in den entsprechenden Phasen weder bin. Salze noch feste Lsgg. beobachtet. Bei 25° enthielten die mit $CaSO_4$ gesätt. Lsgg. als feste Phase *$CaSO_4 \cdot 2\,H_2O$*. Bei 75° geht $CaSO_4 \cdot 2\,H_2O$ in *$CaSO_4$* (bei einem Geh. von 2,25% $BeSO_4$ in der Lsg.) über. Bei höheren $BeSO_4$-Konzz. liegt in der festen Phase nur $CaSO_4$ vor. Die Löslichkeit des $CaSO_4$ ist in $BeSO_4$ enthaltenden Lsgg. bei 25° ca. 6mal (von 209 mg/100 g Lsg. → 31 mg/100 g Lsg.) u. bei 75° ca. 13mal (von 200 mg → 15 mg) kleiner als in reinem W. H.-J. Lunk. 283□

Untersuchung der Umsetzungen zwischen Ammoniak und Zinksalzen in wässerigem Medium. 1. Mitt. **Löslichkeit von Zinkchlorid in wässerig-ammoniakalischen Lösungen.** G. G. Urasow, A. K. Kirakossjan und R. Ss. Mchitarjan. (J. anorg. Chem. [UdSSR] **3**, 464—74, Febr. 1958; Inst. für allg. u. anorg. Chem. der Akad. der Wiss. der UdSSR; russ.) — Vgl. C. **1958**, 7061. — Bei 0 u. 25° wurde die Löslichkeit von $ZnCl_2$ im Syst. $ZnCl_2$–NH_3–H_2O im gesamten NH_3-Konz.-Bereich untersucht. Bei 25° ist die Austausch-Rk. $ZnCl_2 + 2\,NH_4OH \rightleftharpoons Zn(OH)_2 + 2\,NH_4Cl$ bei 9,04 (Gew.-%) NH_3, 18,92 $ZnCl_2$ u. 3,76 NH_4Cl beendet. Es kristallisieren dabei bas. Salze der veränderlichen Zus. *$ZnCl_2 \cdot n\,Zn(OH)_2 \cdot s\,NH_3 \cdot x\,H_2O$* aus. Die untersuchten bas. Salze *$ZnCl_2 \cdot 1{,}66\,Zn(OH)_2 \cdot 3{,}28\,NH_3 \cdot 3{,}69\,H_2O$*, *$ZnCl_2 \cdot 3{,}2\,Zn(OH)_2 \cdot 1{,}97\,NH_3 \cdot 1{,}34\,H_2O$* u. *$ZnCl_2 \cdot 2{,}67\,Zn(OH)_2 \cdot 2{,}21\,NH_3 \cdot 1{,}2\,H_2O$* besitzen die gleiche therm. Stabilität; als Rückstand wurde bei 225° *$ZnCl_2 \cdot 2{,}14\,ZnO \cdot 1{,}3\,NH_3$* erhalten. Die Röntgenanalyse beweist die übereinstimmende Struktur von $ZnCl_2 \cdot 2{,}23\,Zn(OH)_2 \cdot 2{,}05\,NH_3 \cdot 1{,}77\,H_2O$, $ZnCl_2 \cdot Zn(OH_2) \cdot 2{,}09\,NH_3 \cdot 0{,}53\,H_2O$, $ZnCl_2 \cdot 2{,}86\,Zn(OH)_2 \cdot 1{,}95\,NH_3 \cdot 1{,}56\,H_2O$ u. $ZnCl_2 \cdot 1{,}08\,Zn(OH)_2 \cdot 2{,}26\,NH_3 \cdot 2{,}91\,H_2O$. Im Gebiet der Kristallisation der Ammoniak-Additions-Verbb. wurden gefunden: bei 0° *$ZnCl_2 \cdot 2{,}2\,NH_3 \cdot 0{,}5\,H_2O$* (I) u. *$ZnCl_2 \cdot 5{,}75\,NH_3 \cdot 0{,}75\,H_2O$* (II); bei 25° I u. *$ZnCl_2 \cdot 5{,}35\,NH_3 \cdot 0{,}33\,H_2O$* (III). Die Kristallisation von I erstreckt sich von 10,96—24,64, die von II u. III beginnt bei 24,64% NH_3 in wss. Phase. Die mehr als 2 Moll. NH_3 enthaltenden Ammoniak-Additions-Verbb. sind unbeständig u. geben leicht NH_3 u. H_2O schon bei Zimmer-Temp. ab. I u. II gehen in *$ZnCl_2 \cdot 2NH_3$* über. H.-J. Lunk. 288□

Untersuchung der Umsetzungen zwischen Ammoniak und Zinksalzen in wässerigem Medium. 2. Mitt. **Löslichkeit von Zinkbromid in wässerig-ammoniakalischen Lösungen.** G. G. Urasow, A. K. Kirakossjan und R. Ss. Mchitarjan. (J. anorg. Chem. [UdSSR] **3**, 475—83, Febr. 1958; russ.) — 1. vgl. vorst. Referat. — Das Syst. $ZnBr_2$–NH_3–H_2O wurde bei 0° u. 25° untersucht. Bei 25° krist. bei einem NH_3-Geh. der Lsg. bis zu 11,6 Gew.-% bas. Salze der Zus. $ZnBr_2 \cdot n\,Zn(OH)_2 \cdot s\,NH_3 \cdot x\,H_2O$ [n von 0,9 bis 3,2; s von 1,5—3,0 (auf lufttrockene Substanz bezogen)] aus. Die Erhitzungskurven von $ZnBr_2 \cdot 1{,}6\,Zn(OH)_2 \cdot 2{,}45\,NH_3 \cdot 0{,}85\,H_2O$ u. $ZnBr_2 \cdot 0{,}9\,Zn(OH)_2 \cdot 1{,}6\,NH_3 \cdot 1{,}5\,H_2O$ sind identisch. Bei 240—250° hat der Rückstand die Zus. *$ZnBr_2 \cdot 1{,}6\,ZnO \cdot NH_3$*. Kristall-opt. wurde für $ZnBr_2 \cdot 2\,Zn(OH)_2 \cdot 2\,NH_3 \cdot x\,H_2O$ $N_p = 1{,}642$; für $ZnBr_2 \cdot 0{,}9\,Zn(OH)_2 \cdot 1{,}6\,NH_3 \cdot 1{,}5\,H_2O$ $N_p = 1{,}642$ gemessen. Gleiche Strukturen besitzen $ZnBr_2 \cdot 2\,Zn(OH)_2 \cdot 2\,NH_3 \cdot H_2O$, $ZnBr_2 \cdot 1{,}21\,Zn(OH)_2 \cdot 2{,}25\,NH_3 \cdot 0{,}6\,H_2O$ u. $ZnBr_2 \cdot 1{,}39\,Zn(OH)_2 \cdot 2\,NH_3$. Bei 0° krist. aus *$ZnBr_2 \cdot 4\,NH_3$* (11,3—13,8 Gew.-% NH_3) (I) u. *$ZnBr_2 \cdot 5{,}25\,NH_3 \cdot 0{,}5\,H_2O$* (II) (13,8 Gew.-% NH_3 bis gesätt.), bei 25° *$ZnBr_2 \cdot 5{,}5\,NH_3$* (III) (ab 14,05 Gew.-% NH_3). Alle aus wss. Lsgg. gefällten Ammoniak-Additions-Verbb. sind unbeständig u. zerfallen an der Luft u. über 96%ig. H_2SO_4 bis zum wasserfreien *$ZnBr_2$*. Bei der therm. Analyse von I wurde als Rückstand *$ZnBr_2 \cdot 3\,NH_3$* gefunden. Die therm. Analyse von II u. III ergibt *$ZnBr_2 \cdot 4\,NH_3$*. H.-J. Lunk. 288□

Untersuchung der Umsetzungen zwischen Ammoniak und Zinksalzen in wässerigem Medium. 3. Mitt. **Löslichkeit von Zinkjodid in wässerig-ammoniakalischen**

Lösungen. G. G. Urasow, A. K. Kirakossjan und R. Ss. Mchitarjan. (J. anorg. Chem. [UdSSR] **3**, 484—90, Febr. 1958; russ.) — 2. vgl. vorst. Referat. — Das Syst. ZnJ_2–NH_3–H_2O wurde bei 0° u. 25° untersucht. Bei 25° kristallisieren bei einer NH_3-Konz. bis 2,82 Gew.-% bas. Salze der Zus. $ZnJ_2 \cdot n\ Zn(OH)_2 \cdot s\ NH_3 \cdot x\ H_2O$ aus. Die Erhitzungskurven von *$ZnJ_2 \cdot 2{,}2\ Zn(OH)_2 \cdot 4{,}98\ NH_3 \cdot x\ H_2O$* u. *$ZnJ_2 \cdot 3{,}32\ Zn(OH)_2 \cdot 1{,}25\ NH_3 \cdot 2{,}35\ H_2O$* sind identisch. Bei 205° besitzt der Rückstand die Zus. *$ZnJ_2 \cdot 3{,}32\ ZnO \cdot 1{,}2\ NH_3$*. Bei 0° kristallisieren aus *$ZnJ_2 \cdot 4\ NH_3 \cdot H_2O$* (I) [2,27—11,07 (Gew.-%) NH_3] u. *$ZnJ_2 \cdot 5\ H_2O$* (II) (11,07—gesätt.); bei 25° I (3,13—10,50 NH_3) u. *$ZnJ_2 \cdot 4\ NH_3 \cdot 0{,}5\ H_2O$* (10,50—gesätt.). Der Rückstand der therm. Zers. von I u. II ist *$ZnJ_2 \cdot 3\ NH_3$*. Als Vgl. wird *$ZnJ_2 \cdot H_2O$* zersetzt. Über 96%ig. H_2SO_4 geben die Ammoniak-Additions-Verbb. H_2O u. NH_3 bis zum $ZnJ_2 \cdot 4\ NH_3$ ab. H.-J. Lunk. 288 □

Untersuchung der Umsetzungen zwischen Ammoniak und Zinksalzen in wässerigem Medium. 4. Mitt. Löslichkeit von Zinknitrat in wässerig-ammoniakalischen Lösungen. G. G. Urasow, A. K. Kirakossjan und R. Ss. Mchitarjan. (J. anorg. Chem. [UdSSR] **3**, 491—97, Febr. 1958; russ.) — 3. vgl. vorst. Referat. — Das Syst. $Zn(NO_3)_2$–NH_3–H_2O wurde bei 0° u. 25° untersucht. Bei 25° kristallisieren bei NH_3-Konzz. bis 18,77 (Gew.-%) bas. Nitrate der Zus. $Zn(NO_3)_2 \cdot n\ Zn(OH)_2 \cdot s\ NH_3 \cdot x\ H_2O$, $Zn(NO_3)_2$-Konzz. bis 50,14 u. NH_4NO_3-Konzz. bis 3,33. Trotz der unterschiedlichen chem. Zus. haben folgende Verbb. gleiche Kristallstruktur *$Zn(NO_3)_2 \cdot 4{,}46\ Zn(OH)_2 \cdot 0{,}19\ NH_3 \cdot 4\ H_2O$*, *$Zn(NO_3)_2 \cdot 2{,}6\ Zn(OH)_2 \cdot 2{,}6\ NH_3 \cdot 4{,}46\ H_2O$*, *$Zn(NO_3)_2 \cdot 1{,}62\ Zn(OH)_2 \cdot 3{,}35\ NH_3 \cdot 3{,}58\ H_2O$*. Bei 0° kristallisieren aus *$Zn(NO_3)_2 \cdot 4\ NH_3 \cdot 0{,}5\ H_2O$* (I) u. bei 25° *$Zn(NO_3)_2 \cdot 4\ NH_3 \cdot 0{,}25\ H_2O$* (II). Die Verbb. sind an der Luft beständig. An der Luft u. über H_2SO_4 verlieren sie nur Kristallwasser; das Verhältnis $NH_3 : Zn(NO_3)_2$ bleibt konstant. Die therm. Zers. von I u. II verläuft über *$Zn(NO_3)_2 \cdot 2\ NH_3$* zum *ZnO*. H.-J. Lunk. 288 □

Untersuchung der basischen Salze und Metalloxidhydrate. 2. Mitt. Basische Chloride des Zinks und Zinkhydroxid. N. W. Aksselrud und W. B. Spiwakowski. (J. anorg. Chem. [UdSSR] **3**, 269—77, Febr. 1958; Inst. für allg. u. anorg. Chem. der Akad. der Wiss. der UdSSR; russ.) — 1. vgl. C. **1958**, 12779. — Vff. bestimmten mittels der in der 1. Mitt. beschriebenen potentiometr. Meth. die Zus. u. das Prod. der Aktivitäten (L_A) des Nd., der bei Zugabe kleiner NaOH-Mengen zu einem Überschuß sowohl reiner als auch mit NaCl versetzter $ZnCl_2$-Lsg. entsteht. Im untersuchten Gebiet [$ZnCl_2$: 3,28—0,004 (Mol/Liter); NaCl: 0—4; pH: 4,10—7,66) besitzt der Nd. 5 Min. nach der Fällung die Zus. *$Zn(OH)_{1,5}Cl_{0,5}$*. Das dieser Verb. entsprechende L_A ist $4 \cdot 10^{-14}$. Nach 78 Tagen wurde für das entstandene Zinkhydroxid *$Zn(OH)_2$* $L_A = 0{,}4 \cdot 10^{-17}$ gefunden. Die Resultate der potentiometr. Unters. werden mit denen der Fällung des Zn^{2+} aus einer $ZnCl_2$-Lsg. mit einer NaCl enthaltenden NaOH-Lsg. verglichen. Der Nd. entspricht bis zu 80%ig. Fällung der Zus. $Zn(OH)_{1,5}Cl_{0,5}$. Bei weiterer NaOH-Zugabe wandelt sich ein Teil des Nd. in $Zn(OH)_2$ um. H.-J. Lunk. 288 □

Untersuchung von Magnesiumboriden und Aluminiumboriden. Pierre Duhart. (Ann. Chimie [13] **7**, 339—65, 1962; Paris, Fac. des Sci., Labor. de Chim. Min.; franz.) — Vf. untersucht Zus., Thermolyse, Oxydation u. Hydrolyse von Mg- u. Al-Boriden. Bei der Thermolyse von *MgB_2* (I) entstehen *MgB_4*, *MgB_6* sowie 3 Boride mit MgB_n ($n > 6$). Unter 1 Atm. Inertgas beginnt die Thermolyse bei 800° u. verläuft stufenweise bis 1150°; bei 1300° entsteht eine Mischung von 2 nicht identifizierten Boriden. MgB_{12} wird als Gemisch anderer Boride erkannt. I, MgB_4 u. MgB_6 binden in dieser Reihenfolge O_2 bei 580, 450 u. 400°, jedoch ist selbst bei 1100° die Oxydation unvollständig. Nur I wird von W. bei 15° unter Bldg. von H_2 u. wenig Boranen angegriffen. Wss. HCl zersetzt I bei 15°, die anderen Boride beim Kochen. Gemische von I u. Mg geben mehr Borane. Hydrolysate enthalten intermediär B_2O u. $[BH_2(OH)_2]^-$. AlB_2 bildet sich durch direkte Synth. bei 800° u. zerfällt bei 1000° zu einem mit AlB_{12} u. AlB_{10} nicht ident. Prod. mit 13 B je Al. Von W. u. wss. HCl wird es weniger als I angegriffen, wobei sich hauptsächlich H_2 entwickelt. Die reduzierenden Eigg. von AlB_2-Hydrolysaten sind geringer als die von I. H. Bürger. 294 ◇

Über die Oxidsulfide der Seltenerdmetalle der Cer-Reihe. Marius Picon und Madeleine Patrie. (C. R. hebd. Séances Acad. Sci. **242**, 516—18, 23/1. 1956; franz.) — Vgl. C. **1959**, 2734. C. Gottfried. 303

Über die Subsulfide der Seltenerdmetalle der Cer-Reihe. Marius Picon und Madeleine Patrie. (C. R. hebd. Séances Acad. Sci. **242**, 1321—24, 5/3. 1956; franz.) — Vgl. vorst. Referat. — Zur Darst. von *LaS* (I), *NdS* (II), *PrS* (III) u. *SmS* (IV) wurde ein äquimol. Gemisch der entsprechenden Oxidsulfide u. Sulfide nach Zusatz von 25% pulverisiertem Al zu Pastillen gepreßt u. im Vakuum in Al_2O_3-Schiffchen 4 Std. lang auf 1350° erhitzt. Zur Entfernung des überschüssigen Al u. des Al_2O_3 wurde 2 Std. lang im

Vakuum im Graphitschiffchen auf 1600° erhitzt. Man kann das Oxidsulfid durch ein Gemisch von Sulfid u. Oxid bzw. Oxalat ersetzen, doch sind in diesem Fall die Ergebnisse weniger regelmäßig. Die Verbb. krist. im NaCl-Typ (Z = 4) mit a = 5,788 (Å) für **I**, 5,690 für **II**, 5,747 für **III** u. 5,863 für **IV**. Die Dichten in obiger Reihenfolge sind 5,75; 6,24; 6,03 u. 5,64. Die mol. magnet. Susceptibilitäten sind für **I** 281, für **II** 4370 u. für **IV** $4970 \cdot 10^{-6}$ CGS-Einheiten. Die FF. für **I**, **II** u. **IV** sind 1970°, 2140° bzw. 1940°. Alle Subsulfide werden sehr schnell von verd. Säuren angegriffen. Mit HCl u. Essigsäure bilden sich 2 Vol. H_2S u. 1 Vol. H_2, mit verd. HNO_3 u. konz. H_2SO_4 fällt etwas S aus. Beim Erhitzen auf 200° wurde nach 1 Woche ein geringer Gewichtsverlust festgestellt. Nach Erhitzen auf 300° wurde röntgenograph. eine teilweise Oxydation in ein Gemisch von Oxid u. Oxidsulfid nachgewiesen. H_2O_2 greift alle Subsulfide an, verd. $KMnO_4$-Lsg. u. Jodwasser werden langsam entfärbt. C. Gottfried. 303

Über die Subsulfide des Cers und Yttriums. Jean Flahaut und Michelino Guittard. (C. R. hebd. Séances Acad. Sci. **242**, 1318—21, 5/3. 1956; franz.) — Zur Darst. von *CeS* wurde ein Gemisch von Ce_2S_3 u. Ce-Oxalat mit überschüssigem Al zu Pastillen gepreßt u. im Hochvakuum in einem Al_2O_3-Schiffchen 4 Std. lang auf 1350° erhitzt. Durch erneutes 2std. Erhitzen auf 1600° in einem Graphitschiffchen werden Al u. das gebildete Al_2O_3 in Form des flüchtigen Suboxids entfernt. Das Subsulfid ist goldgelb mit Metallglanz, D. 5,88, es krist. im NaCl-Typ mit a = 5,763 Å. Die mol. magnet. Susceptibilität beträgt $2110 \cdot 10^{-6}$ CGS-Einheiten u. ist demnach sehr nahe der des Ce^{3+}-Ions. S kann nur als S^{2-}-Ion vorliegen; man muß daher die Existenz freier Elektronen annehmen, die die elektr. Neutralität des Gitters bedingen. F. liegt bei 2100°; bei dieser Temp. u. im Vakuum tritt Dissoziation in Ce u. Ce_3S_4 ein. Im Graphitschiffchen bildet sich beim Erhitzen das Carbid. Zur Darst. von *YS* wurde ein Gemisch gleicher Teile Y_2S_3 u. Al 4 Std. lang auf 1350° u. hierauf nach weiterem Zusatz von Al 4 Std. lang im Vakuum auf 1400° erhitzt. Das Subsulfid ist rubinrot, D. 4,51, es krist. mit stark von der Zus. abhängigem Gitterparameter im NaCl-Typ u. hat bei theoret. Zus. a = 5,466 Å. Die Verb. ist, unabhängig von der Temp., schwach paramagnet., die mol. Susceptibilität ist nahe $100 \cdot 10^{-6}$ CGS-Einheiten. YS schmilzt bis 2040° unter Bldg. von Y_3S_4 u. Carbid. Beide Subsulfide werden von verd. Säuren angegriffen, entfärben langsam 0,5%ig $KMnO_4$-Lsg. u. sehr schnell Jodwasser. Beim Erhitzen an der Luft tritt langsame Oxydation ein; nach 1wöchigem Erhitzen auf 200° trat ein Gewichtsverlust von 3,5% auf. C. Gottfried. 303

Trennung der Seltenerdmetalle durch Destillation ihrer Oxide im Sonnenofen. Mischungen von Lanthan und Cer. Félix Trombe und Marc Foëx. (C. R. hebd. Séances Acad. Sci. **255**, 1447—49, 17/9. 1962; franz.) — Bei 2500° läßt sich CeO_2 aus Gemischen mit La_2O_3 abdestillieren. Je nach Dest.-Geschw. u. Geh. an CeO_2 wird dieses dabei 5—100fach im Destillat angereichert. H. Bürger. 304◇

Eine neue Darstellungsweise für Titan(IV)-fluorid. R. W. Murray und H. M. Haendler. (J. inorg. nuclear Chem. **14**, 135—36, Juli 1960; Durham, N. H., Univ. of New Hampshire, Dep. of Chem.; engl.) — TiF_4 läßt sich mit bis zu 55% Ausbeute aus ca. 1 cm großen Ti-Stücken u. mit He verd. ClF_3 im strömenden Syst. bei 350° gewinnen. P. Sartori. 321◇

Umsetzung von Kaliumtitanaten und -phosphaten bei der Kristallisation aus der Schmelze. 4. Mitt. **Untersuchung der ternären Systeme K_2TiO_3–$K_4P_2O_7$–TiO_2 und K_2TiO_3–$K_4P_2O_7$–K_3PO_4.** I. N. Beljajew und N. P. Ssigida. (J. anorg. Chem. [UdSSR] **3**, 425—32, Febr. 1958; russ.) — 3. vgl. C. **1959**, 54. — Es werden Tabellen u. Diagramme für die Syst. K_2TiO_3–$K_4P_2O_7$ (untersucht von 0—7 u. 82,5—100% $K_4P_2O_7$); $K_4P_2O_7$–TiO_2 (untersucht bis 40% TiO_2); K_2TiO_3–TiO_2 u. K_2TiO_3–$K_4P_2O_7$–TiO_2 angegeben. Die bin. Syst. K_2TiO_3–K_3PO_4 u. $K_4P_2O_7$–K_3PO_4 sowie das tern. Syst. K_2TiO_3–$K_4P_2O_7$–K_3PO_4 konnten mittels der visuell-polytherm. Meth. nur in den K_2TiO_3- bzw. $K_4P_2O_7$-reichen Bereichen untersucht werden. Das übrige Gebiet wird von hochschmelzendem K_3PO_4 eingenommen. Die 3. Phase auf der Liquiduskurve des Syst. K_2TiO_3–$K_4P_2O_7$ ist K_3PO_4, das gemäß der Rk. $x K_2TiO_3 + y K_4P_2O_7 = 2y K_3PO_4 + K_2Ti_xO_{(2x+1)}$ (oder x TiO_2) entsteht. H.-J. Lunk. 321□

Umsetzung von Natriumtitanaten und -silicaten bei der Kristallisation aus der Schmelze. 5. Mitt. **Untersuchung des ternären Systems Na_2SiO_3–Na_2TiO_3–TiO_2.** I. N. Beljajew und N. P. Ssigida. (J. anorg. Chem. [UdSSR] **3**, 433—39, Febr. 1958; russ.) — 4. vgl. vorst. Referat. — Das Syst. Na_2TiO_3–Na_2SiO_3 stellt keinen stabilen Schnitt des tern. Syst. Na_2O–TiO_2–SiO_2 dar, von dem ein Teil der Oberfläche der prim. Kristallisation untersucht wurde. Nach den Unterss. der Syst. Na_2TiO_3–Na_2SiO_3, Na_2TiO_3–TiO_2 (untersucht bis 40% TiO_2) u. Na_2SiO_3–TiO_2 (untersucht bis 55% TiO_2) sind die 3. u. 4. Phase im Syst. Na_2TiO_3–Na_2SiO_3 Verbb. der wahrscheinlichen Zus.

α-13 Na_2O·13 TiO_2·SiO_2 (inkongruenter F. 975°) u. *β-13 Na_2O·13 SiO_2·TiO_2* (kongruenter F. 982°). Die bin. Syst. vom Typ AX–AY treten vor allem in Syst. unter Beteiligung von Silicaten u. Titanaten, Pyrophosphaten u. Titanaten, Molybdaten u. Titanaten, Vanadaten u. Titanaten auf. Die Salze dieser Syst. werden von zur Polymerisation neigenden Säuren gebildet. H.-J. Lunk. 321 □

Umsetzung von Kalium- und Lithiumtitanaten und Pyrophosphaten bei der Kristallisation aus der Schmelze. 6. Mitt. I. N. Beljajew und N. P. Ssigida. (J. anorg. Chem. [UdSSR] **3**, 440—46, Febr. 1958; russ.) — 5. vgl. vorst. Referat. — Es wurde ein Teil des Syst. Li, K‖TiO_3, P_2O_7 untersucht. Das Syst. ist ein instabiler Bestandteil des quatern. Syst. Li_2O–K_2O–TiO_2–P_2O_5. Das Syst. Li_2TiO_3–$K_4P_2O_7$ wurde bis 36% Li_2TiO_3, K_2TiO_3–$Li_4P_2O_7$ von 0—24% u. 80—100% $Li_4P_2O_7$ untersucht. H.-J. Lunk. 321 □

Metallorganische Verbindungen mit Metall–Stickstoff-Bindungen. 1. Mitt. Einige Dialkylaminoderivate von Titan und Zirkonium. D. C. Bradley und I. M. Thomas. (J. chem. Soc. [London] **1960**, 3857—61, Okt.; London, Birkbeck Coll.; engl.) — Vgl. C. **1960**, 3809. — $TiCl_4$ (I) u. $ZrCl_4$ reagieren mit Lithiumdialkylamiden (Rk. a) zu *Tetrakis-[dialkylamino]-titan* bzw. *-zirkonium*. Aminolyse dieser Verbb. mit einem schwerer flüchtigen Amin HNR_2' (Rk. b) gibt je nach ster. Gegebenheiten $(R_2N)_nMe(NR_2')_{4-n}$ mit n = 0—4. Bes. Piperidin bewirkt eine vollständige Umaminierung. Die dargestellten Verbb. sind therm. beständig. Sie werden leicht hydrolysiert u. reagieren mit Alkoholen zu den entsprechenden Alkoxiden. Außer $Zr[N(CH_3)_2]_4$, das einen Assoziationsgrad von 1,22 zeigt, sind alle Verbb. monomer. Der Abschirmeffekt einer Dialkylaminogruppe ist offensichtlich größer als der einer sek.-Alkoxygruppe. Polymerisationsverhindernd wirkt intramol. Koordination $\overset{(-)}{M} = \overset{(+)}{N}R_2$ über eine π-Bindung, die in Alkoxiden weniger ausgeprägt auftritt.

Versuche: *Tetrakis-[dimethylamino]-titan* **(II)**, $Kp._{0,05}$ 50°, gelb, nach a) durch Zutropfen von I in Bzl. bei 10° zu aus äther. n-C_4H_9Li-Lsg. u. Dimethylamin bei —10° durch 30 Min. langes Rühren dargestellter Li-Dimethylamid-Lsg., 2std. Rückflußerhitzen, Ersetzen des Ae. durch Bzl., Filtration, Dest.; 85% (Ausbeute). — Gibt nach b) durch Fraktionieren mit überschüssigem Amin folgende Verbb.: *Tris-[diäthylamino]-dimethylaminotitan*, $Kp._{0,05}$ 95°, gelb, mit Diäthylamin in 5 Tagen; 94%. — *Dimethylamino-tris-[di-n-propylamino]-titan*, $Kp._{0,05}$ 95°, gelb, Di-n-propylamin, 3 Tage; 89%. — *Tris-[dimethylamino]-diisopropylaminotitan*, F. 40°, $Kp._{0,05}$ 80°, orangefarben, Diisopropylamin, 6 Tage, mit **II** verunreinigt. — *Dimethylamino-tris-[diisobutylamino]-titan*, $Kp._{0,1}$ 170°, rot, Diisobutylamin, 3 Tage; 80%. — *Tetrapiperidinotitan*, F. 100°, $Kp._{0,1}$ 180°, rot; nach a) 45%; nach b) aus Piperidin u. **II**, 1 Tag; 85%; analog mit *Tetrakis-[diäthylamino]-titan* (36 Std.); 89%. — *Dimethylamino-tris-[2-methylpiperidino]-titan*, $Kp._{0,1}$ 160°, rot, 2-Methylpiperidin, 5 Tage; 78%. — *Tris-[dimethylamino]-2.6-dimethylpiperidinotitan*, $Kp._{0,05}$ 120°, rot, 2.6-Dimethylpiperidin, 3 Tage; 52%. — Nach a): *Tetrakis-[diäthylamino]-titan*, $Kp._{0,1}$ 112°, orangefarben; 67%. Reagiert nicht mit Di-n-propylamin. — *Tetrakis-[di-n-propylamino]-titan*, $Kp._{0,1}$ 150°, rot; 76%. — *Tetrakis-[diisobutylamino]-titan*, $Kp._{0,1}$ 170°, rot; 48%. — *Tetrakis-[dimethylamino]-zirkonium*, F. 70°, $Kp._{0,05}$ 70°, weiß; 59%. — Gibt nach b) in 16 Std. mit Diäthylamin *Tetrakis-[diäthylamino]-zirkonium*, **(III)**, $Kp._{0,1}$ 120°, grün; 87%; nach a) 79%. — *Tetrakis-[di-n-propylamino]-zirkonium*, $Kp._{0,1}$ 165°, grün, Di-n-propylamin, 3 Tage; 80%. — *Bis-[dimethylamino]-bis-[diisopropylamino]-zirkonium*, Sublimationspunkt 100°/0,05 Torr, grün, Diisopropylamin, 7 Tage; 80%. — *Tetrakis-[2-methylpiperidino]-zirkonium*, $Kp._{0,1}$ 190°, blau, 2-Methylpiperidin, 2 Tage; 56%. — *Tetrakis-[2.6-dimethylpiperidino]-zirkonium*, $Kp._{0,05}$ 200°, rot, 2.6-Dimethylpiperidin, 6 Tage; 26%. — **III** reagiert nach b) zu *Tris-[diäthylamino]-diisopropylaminozirkonium*, F. 40°, $Kp._{0,05}$ 112°, grün, Diisopropylamin, 2 Tage; 84%. — *Tetrakis-[diisobutylamino]-zirkonium*, Sublimationspunkt 180°/0,1 Torr, grün, Diisobutylamin, 4 Tage; 77%. — *Tetrapiperidinozirkonium*, F. 80°, $Kp._{0,2}$ 190°, braun, Piperidin, 6 Std.; 62%. H. Bürger. 322 □

Metallorganische Verbindungen mit Metall–Stickstoff-Bindungen. 2. Mitt. Einige Dialkylaminoderivate von Nb(V) und Nb(IV). D. C. Bradley und I. M. Thomas. (Canad. J. Chem. **40**, 449—54, März 1962; London, Ontario, Univ. of Western Ontario, Dep. of Chem.; engl.) — 1. vgl. vorst. Referat. — $NbCl_5$ reagiert mit $LiN(CH_3)_2$, Li-Piperidid u. $(CH_3)(n\text{-}C_4H_9)NLi$ zu $[(CH_3)_2N]_5Nb$ **(I)**, $(C_5H_{10}N)_5Nb$ **(IV)** u. $[(CH_3)(n\text{-}C_4H_9)N]_5 \cdot Nb$ **(II)**, während höhere Li-Dialkylamide aus ster. Gründen nur *Tetrakis-[dialkylamino]-niob* bilden. **I** kann mit höheren Dialkylaminen deshalb auch nur partiell umaminiert werden; mit Piperidin **(III)** bildet es gelbes **IV**. Auch $[(C_2H_5)_2N]_4Nb$ läßt sich von **III** sowohl partiell als auch vollständig umaminieren. **II** zerfällt beim Destillieren in $[(CH_3)\cdot(n\text{-}C_4H_9)N]_4Nb$ u. $n\text{-}C_4H_9NNb[(CH_3)(n\text{-}C_4H_9)N]_3$.

Versuche: *Lithiumdialkylamide* wurden aus n-C_4H_9Li in Pentan durch Zutropfen der Dialkylamine u. $^1/_2$std. Rühren dargestellt. — *Pentakis-[dimethylamino]-niob* (I), Sublimationspunkt 100°/0,1 Torr, dunkelbraun, aus $LiN(CH_3)_2$ in Pentan durch Zutropfen von $NbCl_5$, 20std. Rühren, Filtration, Einengen im Vakuum. — *Pentapiperidinoniob* (IV), rote, viscose Fl., analog vorst. Verbindung. — *Tetrakis-[diäthylamino]-niob* (V), braune Fl., durch Dest. des analog vorst. Verb. aus $NbCl_5$ u. $LiN(C_2H_5)_2$ erhaltenen Rückstandes. — Analog: *Tetrakis-[di-n-propylamino]-niob*, $Kp._{0,1}$ 155°, dunkelrote Fl., gibt mit n-Butanol Di-n-propylamin. — *Tetrakis-[di-n-butylamino]-niob*, $Kp._{0,1}$ 175°, tiefrote Flüssigkeit. — *Tetrakis-[N-methyl-n-butylamino]-niob* u. *n-Butylimino-tris-[N-methyl-n-butylamino]-niob*, durch therm. Zers. von analog I dargestelltem II bei $Kp._{0,1}$ 150°; tiefrote Fl.; 86% (Ausbeute). Gibt beim Rückflußerhitzen mit n-Butanol *Penta-n-butoxyniob*, $Kp._{0,1}$ 200°, daneben n-Butylamin u. N-Methyl-n-butylamin. — Überschüssiges Piperidin reagiert mit I zu IV, mit V in 4 Std. zu *Bis-[diäthylamino]-dipiperidinoniob*, beim Destillieren zu *Tris-[diäthylamino]-piperidinoniob*, in 6 Tagen zu *Tetrapiperidinoniob*. — I u. $HN(CH_3)_2$ ergeben bei 2std. Rückflußerhitzen hellbraunes *Tris-[dimethylamino]-bis-[diäthylamino]-niob*; bei 9tägigem Rückflußerhitzen bildet sich rotes *Dimethylamino-tris-[diäthylamino]-niob*, $Kp._{0,1}$ 120°. H. Bürger. 331 □

Metallorganische Verbindungen mit Metall–Stickstoff-Bindungen. 3. Mitt. Dialkylaminoverbindungen des Tantals. D. C. Bradley und I. M. Thomas. (Canad. J. Chem. **40,** 1355—60, Juli 1962; engl.) — 2. vgl. vorst. Referat. — $TaCl_5$ reagiert bei Raum-Temp. in Pentan mit Li-Dialkylamiden zu *Pentakis-[dialkylamino]-tantal(V)* (Alkyl = CH_3, C_2H_5, n-C_3H_7, n-C_4H_9) sowie *Pentapiperidinotantal* u. *Pentakis-[N-methyl-n-butylamino]-tantal* (I). Die Methyl-Verb. ist so beständig, daß sie sich sublimieren läßt. *Pentakis-[diäthylamino]-tantal* zersetzt sich beim Erhitzen unter Bldg. von *Tetrakis-[diäthylamino]-tantal* u. (bes. bei Rk. in Ae.) *Äthylimino-tris-[diäthylamino]-tantal(V)*. $[(n\text{-}C_3H_7)_2N]_5Ta$ reagiert bei 150° analog zu $[(n\text{-}C_3H_7)_2N]_3TaNC_3H_7$, das mit Isopropanol *Pentaisopropoxytantal* gibt. Die n-Butyl-Verb. reagiert ebenso. Damit stehen die Ta-Verbb. im Gegensatz zu den Nb-Verbindungen. I spaltet in einer ähnlichen Rk. zu $n\text{-}C_4H_9NTa[N(CH_3)(n\text{-}C_4H_9)]_3$ (III).

Versuche: *Pentakis-dialkylamino]-tantal*: *Methyl-* (II), Sublimationspunkt 100°/0,1 Torr, schwachgelber Festkörper, durch Zugabe von 14,4 g $TaCl_5$ zu einer Lsg. von 0,202 Mol $LiN(CH_3)_2$ in Pentan, 18 Std. lang Rühren, Filtrieren, Einengen im Vakuum; 15,6 g; *Äthyl-*, analog; orange Fl., gibt bei $Kp._{0,1}$ 125° rotes Destillat wechselnder Zus., das hauptsächlich $Ta[N(C_2H_5)_2]_4$ u. $C_2H_5NTa[N(C_2H_5)_2]_3$ enthält; *n-Propyl-*, orange Fl., gibt bei $Kp._{0,1}$ 150° in 93% orangenes $n\text{-}C_3H_7Ta[N(C_3H_7)_2]_3$, das mit überschüssigem i-C_3H_7OH in 98% in *Pentaisopropoxytantal*, F. 100°, $Kp._{0,1}$ 110°, übergeht; *n-Butyl-*, rote Fl., die beim Destillieren ($Kp._{0,1}$ 180°) in 57% n-$C_4H_9NTa[N(C_4H_9)_2]_3$ übergeht; dieses bildet mit n-C_4H_9OH *Penta-n-butoxytantal*, $Kp._{0,05}$ 200°. — *Pentapiperidinotantal*, analog vorst. Verbb., hellbraune Kristalle aus PAe., auch durch 3std. Rückflußerhitzen von II mit Piperidin. — *Pentakis-[N-methyl-n-butylamino]-tantal* (I), orange Fl., analog II, gibt nach 1std. Erhitzen auf 160—180°/0,1 Torr *n-Butylimino-tris-[N-methyl-n-butylamino]-tantal*, orange Fl. vom $Kp._{0,1}$ 150°, daneben *Tetrakis-[N-methyl-n-butylamino]-tantal*. III geht mit n-Butanol in 95% in Penta-n-butoxytantal, $Kp._{0,1}$ 200°, über. H. Bürger. 332 □

Phasengleichgewichte im System Chrom(II)-fluorid–Chrom(III)-fluorid. Bernard J. Sturm. (Inorg. Chem. [Washington] **1,** 665—72, Aug. 1962; Oak Ridge, Tenn., Oak Ridge Nat. Labor., Reactor Chem. Div.; engl.) — Mehrere neue Meth. zur Darst. von reinem CrF_2 wurden ausgearbeitet u. das vollständige Phasendiagramm von CrF_2–CrF_3 aufgenommen. Im Syst. treten 2 invariante Punkte auf: Das Eutektikum bei 14 Mol-% CrF_3 (831 ± 5°) u. das Peritektikum bei 29 Mol-% CrF_3 (997 ± 5°) mit einem Phasenbereich von $CrF_{2,40}$–$CrF_{2,45}$. CrF_2 bildet mit ca. 1 Mol-% CrF_3 u. CrF_3 mit 10 Mol-% CrF_2 eine feste Lösung. Die reinen Komponenten haben die FF. 894 ± 6° (CrF_2) u. 1404 ± 20° (CrF_3).

Versuche: *CrF_2*, in reinem Zustand krist., blaugrün, $D.^{25}$ 3,79, $D.^{894}$ 3,40; a) durch 5std. Pyrolyse von $(NH_4)_3CrF_6$ bei 1100° im Graphittiegel, Maximalansatz 25 g; b) durch 4std. Disproportionierung von CrF_3 bei 100° im Graphit- oder Pt-Tiegel nach $3\,CrF_3 \rightarrow 2\,CrF_2 + CrF_5$ (g), Maximalansatz 26 g CrF_3; c) durch Rk. von innigen Mischungen von Cr u. CrF_3 im evakuierten Ni-Rohr bei 1000°, Verunreinigung durch 0,2% Ni; d) durch langsames Erhitzen einer bei 8000 lbs./sq.in. gepreßten Mischung von äquivalenten Mengen von $CrCl_3$ u. SnF_2 im Graphittiegel auf 1100°, Verunreinigung 2,5—7% Chlorid; e) durch analoge Rk. von $CrCl_2$ mit SnF_2; f) durch Oxydation von Cr mit Fluoriden edlerer Metalle. Bei Rk. von Cr mit geschmolzenen Metallfluoriden entstand CrF_2 in guter Ausbeute u. Reinheit: Mit SnF_2 (minimale Rk.-Temp. 213°) 95% Ausbeute; BiF_3

(727°) 93%; PbF_2 (824°); CuF_2 (927°) 68%; CdF_2 (1100°) 93%; Isolierung erfolgte entweder durch Stehenlassen der fl. Rk.-Mischung, wobei sich CrF_2 oben abschied (SnF_2, BiF_3, CuF_2, PbF_2) oder Abdestillieren des gebildeten Metalls (CdF_2); Ansatzmenge bis zu $^1/_2$ kg. P. Sartori. 335□

Untersuchung der Eigenschaften von Fluoriden einiger mehrwertiger Metalle durch potentiometrische Titration in nichtwässerigen Medien. A. P. Kreschkow, W. A. Drosdow, Je. G. Wlassowa, Ss. W. Wlassow und Ju. A. Busslajew. (Atomenergie [UdSSR] **11**, 553—54, Dez. 1961; russ.) — Potentiometr. Titration von TiF_4, NbF_5, TaF_5, MoF_6 u. WF_6 mit 0,1n $NaOCH_3$-Lsg. in Methyläthylketon. Die Metallfluoride erleiden Alkoholyse zu $(CH_3O)_2TiF_2$, $(CH_3O)_2NbF_3$, CH_3OTaF_4, $(CH_3O)_4TaF$ u. $(CH_3O)_5WF$. Die Titrationen können quant. ausgewertet werden. Die Fehler liegen zwischen —0,6 u. ±2%. R. Teichmann. 337□

Darstellung, Eigenschaften, Struktur und Spektren von 12-Wolframatochrom(III)-säure. D. H. Brown. (J. chem. Soc. [London] **1962**, 3322—24, Sept.; Glasgow, Royal Coll. of Sci. and Technol.; engl.) — Die durch 4—6std. Behandeln einer sd. wss. Na-Parawolframat-Lsg. mit einer wss. $Cr(NO_3)_3$-Lsg. u. nachfolgende Ae.-Extraktion entstehende Verb. ist 12-Wolframatochrom(III)-säure (I). I wird in W. langsam, in Ggw. von Alkali schnell zersetzt. Bei der therm. Zers. von I lassen sich eine Stufe bei 120° (Aktivierungsenergie 7 kcal/Mol) u. eine bei 250° (35 kcal/Mol) unterscheiden. Bei 250° tritt neben Wasserverlust Zers. des Heteropolyanions ein. Röntgenaufnahmen des Cs-Salzes von I sind mit denen des Cs-12-Wolframatoferrats(III) nahezu identisch. Eine wss. Lsg. von I zeigt bei 38400, 16000 u. 8300 cm^{-1} Maxima. Das sichtbare Spektrum deutet daraufhin, daß das Cr in I eine nicht verzerrte tetraedr. Koordination besitzt. Die geringere Stabilität von I gegenüber 12-Wolframatoferrat(III) u. 12-Wolframatocobaltat(III) wird mit Hilfe der Kristallfeldstabilisierungsenergie gedeutet. Nachst. Salze von I wurden durch Fällung mit Lsgg. der entsprechenden Chloride dargstelllt: *2,5* $K_2O \cdot {}^1/_2 Cr_2O_3 \cdot 12 WO_3 \cdot 20 H_2O$; *2,5* $(NH_4)_2O \cdot {}^1/_2 Cr_2O_3 \cdot 12 WO_3 \cdot 12 H_2O$; *Guanidiniumsalz, 2,5* $(CH_6N_3)_2O \cdot {}^1/_2 Cr_2O_3 \cdot 12 WO_3 \cdot 10 H_2O$ u. *2,5* $BaO \cdot {}^1/_2 Cr_2O_3 \cdot 12 WO_3 \cdot 12 H_2O$. P. Scharner. 337□

Hexafluoride von Molybdän, Wolfram und Uran. 1. Mitt. **Reaktionen mit Distickstoff- und Stickstoffmonoxid.** J. R. Geichman, E. A. Smith, S. S. Trond und P. R. Ogle. (Inorg. Chem. [Washington] **1**, 661—65, Aug. 1962; Portsmouth, Ohio, Goodyear Atom. Corp.; engl.) — Gasförmiges MoF_6, WF_6 u. UF_6 reagiert bei einem Gesamtdruck von 200 Torr bei 25 u. 60° innerhalb 4—24 Std. nicht mit N_2O. Überschüssiges NO reagiert sofort mit gasförmigem MoF_6 u. UF_6 bei 25—60°, weniger heftig mit fl. MoF_6 bzw. festem UF_6 unter Bldg. von *Nitrosylhexafluoromolybdat(V)* bzw. *-uranat(V)*. $NOUF_6$ u. $NOMoF_6$ für IR-spektroskop. Unterss. wurden direkt in der IR-Küvette (AgCl-Fenster) aus den Komponenten erzeugt. Hierbei entsteht auch etwas NOF. $NOMoF_6$ hat eine scharfe Absorptionsbande bei 2331 (cm^{-1}) u. eine breite u. intensive Bande bei 615, $NOUF_6$ hat eine scharfe Bande bei 2333 u. eine breite u. intensive Bande mit 2 Maxima bei 551 u. 509. Zwischen gasförmigem oder fl. WF_6 u. NO trat keine Rk. ein. Aus dem Auftreten von NOF wird auf einen Rk.-Ablauf geschlossen, der über die Bldg. von NOF u. MeF_5 aus NO u. MeF_6 verläuft, worauf sich das ion. Nitrosylsalz bildet. Entsprechend bilden sich die gleichen Prodd. bei der Rk. der Pentafluoride mit überschüssigem gasförmigem NOF. Die IR-Bande bei 2331 bzw. 2333 cm^{-1} wird dem NO^+-Ion zugeschrieben, sie tritt auch auf, solange NO mit Mikrowellen von 2400—2500 MHz bestrahlt wird. Die Banden bei 615 bzw. 551—509 cm^{-1} sind den MoF_6^-- bzw. UF_6^--Ionen zuzuordnen. Röntgenograph. Unterss. bestätigen die Auffassung der Verbb. als Ionenverbindungen.

Versuche: *Nitrosylhexafluoromolybdat(V)*, $NOMoF_6$, rot-oranger Festkörper, F. ca. 190°, dunkelblaue Schmelze (NOF-Entw.), durch Zusammen-Kondens. von 0,0701 Mol MoF_6 u. 0,1133 Mol NO in einem evakuierten Ni-Gefäß bei —196°, 16std. Erwärmen auf 60° u. Abpumpen aller flüchtigen Verbb.; Ausbeute 0,0701 Mol; D. 3,04 ± 0,08 g/ml; pseudokub. Röntgendiagramm, a = 5,080 Å; hydrolysiert mit W. unter Luftabschluß zu NO, HNO_3, HF u. einer wasserlösl., nicht identifizierten Mo-Verb.; gibt mit Aceton, Methanol u. Trichloräthylen an der Luft dunkle feste Prodd. u. NO_2; ist unlösl. u. inert in CCl_4; in fl. N_2O_4 entsteht bei 25° weißes, festes NO_2MoF_5 u. NOF. — *Nitrosylhexafluorouranat(V)*, $NOUF_6$, grünlich weißer Festkörper, Zers. ab ca. 200°, F. ca. 350°, grüne Schmelze, analog aus 0,0694 Mol UF_6 u. 0,0874 Mol NO, 2std. Rk. bei 25°, 0,0694 Mol Ausbeute; D. 4,30 ± 0,05 g/ml; pseudokub. Röntgendiagramm, a = 5,179 Å; hydrolysiert mit W. bei Luftabschluß zu NO, HNO_3, HF u. äquimol. Mengen von UF_4 u. einem lösl. U(VI)-Salz (UO_2F_2?); mit Aceton, Methanol u. Trichloräthylen entstehen NO_2 u. braunschwarze Festkörper; unlösl. u. inert in CCl_4, Frigen-113, fl. N_2O_4 u. Monochlorbenzol. P. Sartori. 339□

Thermische Zersetzung von Ammoniumfluorouranat(IV). N. P. Galkin, B. N. Ssudarikow und W. A. Saitzew. (Atomenergie [UdSSR] **11**, 554—55, Dez. 1961; russ.) — Bei der thermogravimetr. Analyse von NH_4UF_5 treten in den Temp.-Bereichen 220—260°, 320—360° u. 420—460° Gewichtsverluste von 9,4%, 5,9% u. 4,2% auf. Im ersten Bereich wird NH_4F entfernt, im zweiten Bereich enthält die Gasphase hauptsächlich NH_3 u. im dritten Bereich Fluor. Oberhalb 450° existiert prakt. nur noch UF_4. R. Teichmann. 339□

Nitratopentacarbonylmangan(I). C. C. Addison, M. Kilner und A. Wojcicki. (J. chem. Soc. [London] **1961**, 4839—45, Nov.; Nottingham, Univ.; engl.) — Ausführliche Beschreibung der Darst. u. Eigg. von *Nitratopentacarbonylmangan(I)* (**I**); inhaltlich im wesentlichen ident. mit der C. **1961**, 17507 referierten Arbeit. Es werden darüber hinaus Vgl. mit Halogenopentacarbonylmangan(I) (**II**) angestellt, die UV-Spektren von **I** u. **II** aufgenommen u. der Bldg.-Mechanismus von **I** diskutiert. Es wird angenommen, daß sich zuerst $Mn_2(CO)_{10}$ mit N_2O_4 assoziiert u. dann durch heterolyt. Dissoziation **I** neben einem *Nitrosylcarbonylmangan* entsteht, das, ähnlich wie das durch die in geringerem Maße stattfindende Homolyse entstehende *Nitropentacarbonylmangan(I)* u. *Nitritopentacarbonylmangan(I)*, auf Grund größerer Löslichkeit bei der fraktionierten Kristallisation von **I** entfernt wird. Bei der Rk. von **I** mit überschüssigem N_2O_4 entsteht $Mn(NO_3)_2 \cdot N_2O_4$; die Zers. von **I** erfolgt bei 55° u. 0,01 Torr gemäß $4\,I \rightarrow Mn_2(CO)_{10} + 2\,Mn(NO_3)_2 + 10\,CO$. Es wird ferner ein kurzer Überblick über erste Beobachtungen bei Rkk. von Metallcarbonylen mit fl. N_2O_4 gegeben, deren Geschw. von der Temp. u. vom Aggregatzustand des Metallcarbonyls abhängt. F. Huber. 350□

Über Heterosiloxane. 9. Mitt. Ferrosiloxane und Ferrosiliconatanionen. Hubert Schmidbaur und Max Schmidt. (J. Amer. chem. Soc. **84**, 3600—61, 20/9. 1962; Marburg/Lahn, Univ., Inst. für Anorg. Chem.; engl.) — 8. vgl. C. **1963**, 2380. — Das analog den Al- u. Ga-Siloxanen (l. c.) aufgebaute *Tris-[trimethylsiloxy]-eisen(III)* (**I**), $C_9H_{27}FeO_3Si_3$, F. 179—181°, entsteht in Ae. gemäß $3\,(CH_3)_3SiONa + FeCl_3 \rightarrow 3\,NaCl + [(CH_3)_3SiO]_3Fe$ in 45% Ausbeute. Das dimer vorliegende, in organ. Lsgm. extrem lösl. Prod. ist bis zu seinem F. therm. stabil, es sublimiert bei 130°/1 Torr, Feuchtigkeit zersetzt es sehr schnell zu Trimethylsilanol u. Eisenhydroxid. Alkalitrimethylsilanolate fällen aus der CCl_4-Lsg. exotherm in quant. Ausbeute die Alkalisalze des Tetrakis-[trimethylsiloxy]-ferrat(III)-Anions (**II**) aus: $Na\{Fe[OSi(CH_3)_3]_4\}$ u. $K\{Fe[OSi(CH_3)_3]_4\}$. An Hand von **I** u. **II** zeigen Vff., daß die Siloxygruppe, trotz des starken p_π–d_π-Charakters der Si-O-Bindung, sowohl als ein- als auch als zweiwertiger Ligand fungieren kann. Die IR-Banden von **I** u. **II** werden mitgeteilt. H. Kuckertz. 354◇

Über ein zweikerniges Iminoeisenocarbonyl und Carbonylammine des Eisens und Mangans. 123. Mitt. über Metallcarbonyle. W. Hieber und H. Beutner. (Z. anorg. allg. Chem. **317**, 63—72, 1962; München, TH, Anorg.-chem. Labor.; dt.) — 122. vgl. C. **1963**, 3913. — Bei der Rk. von $[Fe(CO)_4]^{2-}$ mit NO_2^- in wss.-alkal. Lsg. tritt bei höchstens 40° an der Oberfläche der Lsg. als Nebenprod. in 2—3%ig. Ausbeute orangerotes, sublimierbares *Di-μ-imino-bis-[tricarbonyleisen]* (**I**), $[Fe(CO)_3NH]_2$, auf. Im Syst. $[Fe(CO)_4]^{2-}/NH_2OH$ fallen 10% dieser Verb. neben überwiegend $Fe(OH)_3$ an. **I**, F. 81,5°, besitzt aromat. Geruch, sublimiert bei 40°, ist in allen organ. Lsgm. lösl., weist Diamagnetismus auf u. ist in Bzl. dimer. Auf Grund des IR-Spektrums ist eine Verknüpfung der beiden $Fe(CO)_3$-Einheiten über NH-Brücken anzunehmen, so daß die Verb. den analog gebauten Substanzen mit S-, Se- u. Halogenobrücken an die Seite zu stellen ist. Das Dipolmoment von 3,28 ± 0,03 D deutet auf eine Struktur mit nichtplanarer $Fe\langle{}^{N}_{N}\rangle Fe$-Anordnung ($C_{2v}$ bzw. C_s), was durch das IR-Spektrum bestätigt wird. Die Bindungsverhältnisse in **I** werden erörtert. Die Rk. mit NO führt zu schwarzem, dimerem *Di-μ-imino-bis-[dinitrosyleisen]*, $[Fe(NO)_2NH]_2$, das nicht sublimierbar u. in PAe. nicht lösl. ist. Sein IR-Spektrum wird diskutiert. Hydroxylamin-O-sulfonsäure liefert mit wss.-alkal. $[Fe(CO)_4]^{2-}$-Lsg. eine echte NH_3-Koordinations-Verb., nämlich gelbes, leicht zersetzliches *Tetracarbonylammineisen(0)* (**II**), $Fe(CO)_4NH_3$ neben geringen Mengen **I**. Das pyrophore **II** zersetzt sich therm. bei Rotglut unter vollständiger Freisetzung von H_2 u. N_2; CO u. Fe bilden teilweise Eisencarbid u. CO_2. **II** ist in Bzl. u. polaren Lsgm. gut, in PAe. u. W. mäßig lösl., nur unterhalb 0° beständig, sublimiert bei 40° unter beträchtlicher Zers., ist diamagnet. u. monomer. Eine Bzl.-Lsg. scheidet bei Raum-Temp. nach ca. 5 Min. rotbraune Flocken von wahrscheinlich $[Fe(NH_3)_6][Fe_3(CO)_{11}]$ aus, außerdem entsteht $Fe(CO)_5$. In methanol. Alkalilauge löst sich **II** im wesentlichen unter Bldg. von $[Fe_3(CO)_{11}]^{2-}$, CO_3^{2-} u. NH_3. Auf Grund des IR-Spektrums wird die Struktur gedeutet. Die entsprechende Rk. von $[Mn(CO)_5]^-$ u. Hydroxylamin-O-sulfonsäure führt gleichfalls zu einem echten NH_3-Substitutions-Prod., dem orangeroten *Enneacarbonyl* *ammindimangan(0)* (III), $Mn_2(CO)_9NH_3$. III ist in W. unlösl., in indifferenten Lsgm. meist gut lösl., zersetzt sich oberhalb 30° u. besitzt auf Grund des Molgew. die zweikernige Struktur $(CO)_5Mn-Mn(CO)_4NH_3$.

Versuche: *Di-μ-imino-bis-[tricarbonyleisen]* (I), $[Fe(CO)_3NH]_2$, F. 81,5°, a) aus 28 ml $Fe(CO)_5$, 50 g KOH u. 500 ml W. durch Zugabe von 28 g $NaNO_2$, Evakuieren, mehrstd. Stehen bei 20—30°, 2—5std. Erwärmen auf 40—50°, Filtrieren, Auswaschen mit W., Lösen in Pentan oder CH_2Cl_2 u. Sublimieren bei 40°; orangefarbene Nadeln; ca. 2,3% (Ausbeute); b) durch Versetzen der im Eisbad gekühlten Ausgangs-Lsg. (vgl. a) mit einer gekühlten Lsg. von 42 g $NH_2OH \cdot HCl$ u. 70 g KOH, 2 Tage langes Stehen (Temp. $<30°$) u. Aufarbeiten wie unter a; ca. 9,7%. — *Di-μ-imino-bis-[dinitrosyleisen]*, $[Fe(NO)_2NH]_2$, durch 5std. langsames Einleiten von NO in eine unter Rückfluß in N_2-Atmosphäre sd. Bzl.-Lsg. von 1,75 g I, Filtrieren in der Wärme, Abziehen des Bzl. u. Waschen mit PAe.; tiefschwarze, fettigglänzende Kristalle; 62%. — *Tetracarbonylammineisen(0)* (II), $Fe(CO)_4NH_3$, aus 5 ml $Fe(CO)_5$, 10 g NaOH u. 100 ml W. von —5° durch Überschichten mit 200 ml peroxidfreiem Ae., langsame Zugabe der bei —5° vereinigten Lsgg. von 4,5 g NH_2OSO_3H u. 4 g NaOH in je 25 ml W. unter Rühren u. Überleiten von Schutzgas (Temp. $\leq 0°$), Waschen der äther. Schicht mit 1n H_2SO_4, $NaHCO_3$-Lsg. u. W., $^1/_2$std. Trocknen über Na_2SO_4, Eindunsten im Vakuum, Lösen in abs. Bzl., Filtrieren in ein auf —60° gekühltes Schlenkrohr, Absublimieren des Bzl. bei —10° im Hochvakuum im Laufe mehrerer Tage, Digerieren mit PAe. bei —10° u. Filtrieren über eine gekühlte NH_3-Fritte (G 3); hellgelbe, pyrophore Substanz; ca. 62%. — *Enneacarbonylammindimangan(0)* (III), $Mn_2(CO)_9NH_3$, aus einer filtrierten Lsg. von $NaMn(CO)_5$ [aus 3,1 g $Mn_2(CO)_{10}$ in Tetrahydrofuran mit Na-Amalgam] in 100 ml N_2-gesätt. 5n NaOH-Lsg. durch Versetzen mit bei 0° vereinigten Lsgg. von 2,5 g NH_2OSO_3H u. 2,0 g NaOH in je 30 ml W. bei 0—5°, Erwärmen auf Raum-Temp., mehrmaliges Ausschütteln nach 20—30 Min. unter N_2 mit Ae., 1std. Trocknen über Na_2SO_4, Abziehen des Ae., Lösen in abs. Bzl., Eindunsten im Vakuum, Digerieren mit PAe. u. Filtrieren; orangerote Substanz. Gerhard Schulze. 354□

Eisen-bis-[indigo], eine Verbindung, die als Sauerstoffträger wirken soll. L. F. Larkworthy. (J. chem. Soc. [London] **1961**, 4025—33, Sept.; London, Univ. Coll., William Ramsay and Ralph Forster Labor.; engl.) — Es wird festgestellt, daß sich der bei der Rk. zwischen $Fe(CO)_5$ (I) u. Indigo entstehende Fe(II)-Komplex (II) nicht reversibel mit O_2 verbindet. Verschiedene Messungen lassen annehmen, daß II durch Vereinigung von Fe^{2+} mit einem Indigo- u. einem Indigoweiß-Mol. unter Abspaltung von 2 Protonen aus letzterem gebildet wird. Die scheinbar reversible Rk. von I mit O_2, über die andere Autoren berichtet hatten, wird auf das Vorhandensein von überschüssigem I zurückgeführt, in dessen Ggw. das bei der Oxydation von Indigoweiß zu Indigo entstehende H_2O_2 bzw. das aus diesem gebildete H_2O die Rückbldg. des Indigoweiß bedingt. II ist folglich kein geeignetes Modell für Hämoglobin. Das grüne Zwischenprod. der Bldg.-Rk. konnte in geringer Ausbeute erfaßt, aber nicht genau analysiert werden. Die Bldg.-Rk. von II verläuft formal gemäß: 2 Indigo + $Fe^0(CO)_5 \rightarrow$ II + 5 CO; H_2 wird nicht entwickelt, sondern bewirkt die Red. des Indigos zu Indigoweiß. Nach Messungen der magnet. Susceptibilität (4,9 B.M.) liegt Fe(II) in II in spinfreiem Zustand vor, was auf tetraedr. Konfiguration am offenbar 4fach koordinierten Fe schließen läßt, doch ist oktaedr. Koordination mit O- oder N-Atomen von Nachbar-Moll. möglich. Bei der Oxydation erniedrigt sich die Susceptibilität ungefähr auf einen Wert, der 3 ungepaarten Elektronen entspricht. Vor oder während der Koordination erfolgt durch Verschiebung von 2H die Red. eines Indigo-Mol. zu einem Indigoweiß-Mol., wie es aus IR- u. anderen Unterss. hervorgeht.

Versuche: $C_{32}H_{20}FeN_4O_4$ (II), aus 3,5 g umsublimiertem Indigo u. 3,5 ml I in 120 ml Pyridin unter abs. O_2-Ausschluß bei 90—100°; nach dem Farbumschlag der Lsg. nach Rot bildet sich der erste Nd.; die Lsg. wird nun auf 105—110° gehalten, bis sich eine größere Menge Nd. bildet, der abfiltriert u. bei 100—110° unter red. Druck getrocknet wird. II ist extrem O_2-empfindlich; in O_2 entzündet es sich.

F. Huber. 354◇

Von Liganden mit starken Feldern abgeleitete Komplexe. 13. Mitt. Die Komplexe von β-Mercaptoäthylamin mit Nickel(II), Palladium(II), Kobalt(II) und Cadmium(II). Donald C. Jicha und Daryle H. Busch. (Inorg. Chem. [Washington] **1**, 872—77, Nov. 1962; Columbus, Ohio, Ohio State Univ., Evans and McPherson Chem. Labor.; engl.) — β-Mercaptoäthylammoniumchlorid (I) bildet mit Ionen der Übergangsmetalle 2 verschiedene Typen von Verbb., gut definierte monomere Komplexe der Form ML_2 [M = Ni(II), Pd(II); LH = I) u. Verbb. der Form $[M(ML_2)_2]Cl_2$ [M = Ni(II), Pd(II), Co(II), Cd(II)]. Die Verbb. zeigen die üblichen Eigg. eines Salzes u. lassen sich leicht aus wss. Lsg. durch Rk. von I mit dem Metallion oder durch Auflövon Ni(II)L_2 mit $NiCl_2$ darstellen. Die Ni(II)-Verb. ist diamagnet., alle 3 Ni-Atome sind offenbar in planaren Koordinationspolyedern angeordnet. Eine geeignete Struktur dieser Verb., die ihrer Darst. u. ihren Eigg. entspricht, wird unter der Annahme abgeleitet, daß die starken Donor-Eigg. der koordinierten S-Atome von 2 ungeladenen cis-NiL_2-Moll. infolge Koordination um das 3. Ni-Atom voll ausgenutzt werden.

Versuche: *Bis-[β-aminoäthylthiolo]-nickel(II)*, [Ni($NH_2CH_2CH_2S)_2$], durch Zugabe von **I** u. NaOH in W. zu $NiCl_2 \cdot 6\,H_2O$ in warmem W.; (magnet. Susceptibilität) χ_M —98,70·10^{-6} (300°K); hellgrüne Kristalle; 89,5% (Ausbeute). — *Bis-[β-aminoäthylthiolo]-palladium(II)* (**II**), [Pd($NH_2CH_2CH_2S)_2$], analog vorst. Verb. aus Kaliumtetrachloropalladat(II) (**III**); citronengelbe Kristalle; 81,8%. — *Tetrakis-[β-aminoäthylthiolo]-trinickel(II)-chlorid* (**IV**), {Ni[Ni($NH_2CH_2CH_2S)_2]_2$}Cl_2, a) durch Neutralisation von **I** mit NaOH in A. u. Zugabe zu $NiCl_2 \cdot 6\,H_2O$ in warmem W.; χ_M —16,22·10^{-6} (300°K); 93,8%; b) durch Lösen vorvorst. Verb. in wss. $NiCl_2$-Lsg. nach 1std. Erwärmen unter Rühren; χ_M —338,98·10^{-6} (300°K); 52,3%; dunkelgrüne Tafeln. — *Bromid*, {Ni[Ni(NH_2CH_2·$CH_2S)_2]_2$}Br_2, aus **IV** u. überschüssigem KBr in W. nach 2std. Stehen in der Kälte; χ_M —282,24·10^{-6} (305°K); 80,9%. — *Jodid*, {Ni[Ni($NH_2CH_2CH_2S)_2]_2$}J_2, analog vorst. Verb. aus **IV** u. KJ; χ_M 205,40·10^{-6} (305°K); 92,1%. — *Tetrakis-[β-aminoäthylthiolo]-tripalladium(II)-chlorid*, {Pd[Pd($NH_2CH_2CH_2S)_2]_2$}Cl_2, analog **IV**, Verf. b) aus **II** u. **III**; aus W.-A. gelbe Kristalle; 76,6%. — *Tetrakis-[β-aminoäthylthiolo]-tricadmium(II)-tetrachlorocadmat(II)*, {Cd[Cd($NH_2CH_2CH_2S)_2]_2$}[$CdCl_4$], durch langsame Zugabe wss. $CdCl_2$-Lsg. zu **I** u. NaOH in W. unter Rühren; Pulver; 81,8%. — *Tetrakis-[β-aminoäthylthiolo]-trikobalt(II)-chlorid*, {Co[Co($NH_2CH_2CH_2S)_2]_2$}Cl_2, analog **IV**, Verf. a) in abs. Methanol unter N_2; μ_{eff} 2,49 B. M.; dunkelgrün; 88,6%. P. Scharner. 356◇

Von Liganden mit starken Feldern abgeleitete Komplexe. 14. Mitt. **Heterometallische, dreikernige Komplexe von β-Mercaptoäthylamin.** Donald C. Jicha und Daryle H. Busch. (Inorg. Chem. [Washington] **1**, 878—83, Nov. 1962; engl.) — 13. vgl. vorst. Referat. — Bis-[β-aminoäthylthiolo]-nickel(II) (**I**) reagiert mit wss. Lsgg. verschiedener Metallsalze unter Bldg. von Addukten der allg. Form {M'[Ni($NH_2CH_2CH_2S)_2]$}$^{n+}$ [M' = Cu(I), Cu(II), Pd(II), Pt(II), Cd(II)], der entsprechende Pd(II)-Komplex, [Pd·($NH_2CH_2CH_2S)_2$], reagiert in gleicher Weise mit dem Ni(II)-Ion zu {Ni[Pd(NH_2CH_2·$CH_2S)_2]_2$}$^{2+}$. Magnet. u. Leitfähigkeits-Unterss. sowie spektralphotometr. Unterss. nach der Meth. der kontinuierlichen Variation stützen die Annahme einer dreikernigen Struktur in diesen Verbb., in der der neutrale Komplex als chelatbildender Ligand für das Metallatom M' dient. Eine neuartige, 3 verschiedene Metallionen enthaltende Verb. wurde als {Cd[Ni($NH_2CH_2CH_2S)_2]_2$}[HgJ_4] formuliert.

Versuche: *Tetrakis-[β-aminoäthylthiolo]-dinickel(II)-platin(II)-chlorid* (**II**), {Pt[Ni·($NH_2CH_2CH_2S)_2]_2$}Cl_2, durch Lösen von K_2PtCl_4 in einer wss. Suspension von **I** unter gelindem Erwärmen; aus W.-A. orangefarbenes Pulver; 76,6% (Ausbeute). —*Tetrakis-[β-aminoäthylthiolo]-dinickel(II)-palladium(II)-chlorid*, {Pd[Ni($NH_2CH_2CH_2S)_2]_2$}Cl_2, analog vorst. Verb. aus K_2PdCl_4; magnet. Susceptibilität χ_M —98,70·10^{-6} (302°K); aus W.-A. rote Kristalle; 78,6%. — *Tetrakis-[β-aminoäthylthiolo]-dinickel(II)-kupfer(I)-chlorid*, {Cu[Ni($NH_2CH_2CH_2S)_2]_2$}Cl, analog **II** aus frischem CuCl; χ_M —75,90·10^{-6} (305°K); brandrote Kristalle; 67,1%. — *Tetrakis-[β-aminoäthylthiolo]-dinickel(II)-kupfer(II)-chlorid*, {Cu[Ni($NH_2CH_2CH_2S)_2]_2$}Cl_2, analog **II** aus $CuCl_2 \cdot 2\,H_2O$; χ_M +452,06·10^{-6} (305°K); μ_{eff} 1,03 B. M.; in Lsg. langsame Zers.; brandrot. — *Tetrakis-[β-aminoäthylthiolo]-dinickel(II)-cadmium(II)-tetrachlorocadmat(II)*, {Cd[Ni($NH_2CH_2CH_2S)_2]_2$}·[$CdCl_4$], analog **II** aus $CdCl_2 \cdot 2{,}5\,H_2O$ u. Zugabe wss. gesätt., warmer KCl-Lsg.; χ_M —291,95·10^{-6} (303°K); hellrot; 89,8%. In Abwesenheit von KCl korallenfarbenes Prod. aus vermutlich äquimolaren Mengen {Cd[Ni($NH_2CH_2CH_2S)_2]_2$}Cl_2 u. vorst. Verbindung. — *Tetrakis-[β-aminoäthylthiolo]-dinickel(II)-cadmium(II)-tetrajodomercurat(II)*, {Cd[Ni·($NH_2CH_2CH_2S)_2]_2$}[HgJ_4], durch Lösen von **I** in wss. $CdCl_2$-Lsg. u. Zugabe einer wss. Lsg. von HgJ_2 u. KJ; χ_M —216,25·10^{-6} (305°K); blaßrosa; 99,0%. — *Tetrakis-[β-aminoäthylthiolo]-dipalladium(II)-nickel(II)-chloriddihydrat*, {Ni[Pd($NH_2CH_2CH_2S)_2]_2$}·Cl_2 2 H_2O, durch Lösen von [Pd($NH_2CH_2CH_2S)_2$] in wss. $NiCl_2$-Lsg.; χ_M —142,10·10^{-6} (302°K); aus W.-A. rotorangefarbene Kristalle; 68,1%. P. Scharner. 356◇

Von Liganden mit starken Feldern abgeleitete Komplexe. 15. Mitt. **Die Bildung von dreikernigen Komplexen durch Koordination von Tris-[β-aminoäthylthiolo]-kobalt(III) an Metallionen.** Daryle H. Busch und Donald C. Jicha. (Inorg. Chem. [Washington] **1**, 884—87, Nov. 1962; engl.) — 14. vgl. vorst. Referat. — *Tris-[β-aminoäthylthiolo]-kobalt(II)* (**I**) ist diamagnet. u. existiert offenbar nur in einer Form als cis-Isomeres (bzgl. der S-Atome). Das schwerlösl. **I** löst sich leicht in Lsgg. von Co(II)-, Ni(II)- oder [$Co(NH_3)_5Br]^{2+}$-Ionen unter Bldg. gut krist. Verbb. der allg. Formel [M($CoL_3)_2$]X_n (LH = β-Mercaptoäthylamin). Das zentrale Metallatom M wird durch 3 Mercaptidgruppen an jede CoL_3-Einheit gebunden. Damit wird die Existenz von Dreifachbrücken in Mercaptid-Syst. erwiesen. Zugabe von KBr zu Lsgg. von I in $CoCl_2$ ergibt dunkle Kristalle der Zus. $\{Co[Co(L)_3]_2\}Br_3$, in denen auf Grund magnet. Messungen alle 3 Co-Atome den Oxydationszustand 3 besitzen; in dem Syst. erfolgt offenbar schnelle u. umfassende Oxydation von Co(II) zu Co(III) durch Luft. In $[Ni(CoL_3)_2]Br_2$ hat das Ni(II)-Atom oktaedr. Konfiguration u. besitzt damit einen normalen spinfreien Grundzustand (μ_{eff} 3,2$_3$ B. M.).

Versuche: *Tris-[β-aminoäthylthiolo]-kobalt(III)* (I), $[Co(NH_2CH_2CH_2S)_3]$, durch Zugabe einer wss. Lsg. von β-Mercaptoäthylammoniumchlorid u. NaOH zu Kaliumäthylendiamintetraacetatocobaltat(III)-dihydrat in W. (gelindes Erwärmen, Rühren, ½ Std.); χ_M — 55,4·10⁻⁶ (300° K); hellblau; 91,9% (Ausbeute). — *Hexakis-[β-aminoäthylthiolo]-trikobalt(III)-bromid*, $\{Co[Co(NH_2CH_2CH_2S)_3]_2\}Br_3$, a) durch Zugabe von $[Co(NH_3)_5Br]Br_2$ zu einer Suspension vorst. Verb. in W., 1 std. Erhitzen u. Zugabe von gesätt. KBr-Lsg.; 73,8%; b) analog a) aus $CoCl_2 \cdot 6H_2O$; 65,9%; χ_M — 115·10^{-6} (303° K); rotbraune Kristalle. — *Hexakis-[β-aminoäthylthiolo]-dikobalt(III)-nickel(II)-bromid*, $\{Ni[Co(NH_2CH_2CH_2S)_3]_2\}Br_2$, analog vorst. Verb. nach Verf. b) aus I; Kristalle; 80,6%. P. Scharner. 356◇

Einfache und Komplexsalze von β-Hydroxynaphthoesäure. Elena Bogdan, A. Crăciun und O. Ioaniţescu. (An. ştiinţ. Univ. „Al. I. Cuza" Iaşi, Secţ. I **2**, 227—39, 1956; Iaşi, Univ. Al. I. Cuza, Labor. de Chim. anorg.; rum.) — Unter Variierung der Rk.-Bedingungen wurden nachst. Salze der β-Hydroxynaphthoesäure ($HOYCO_2H$) aus den entsprechenden Metallacetaten erhalten ($OYCO_2^{2-}$ = A; $HOYCO_2^-$ = B; $NH_4OYCO_2^-$ = C): $NH_4(B) \cdot 2H_2O$, $Cr(A)(B) \cdot 2H_2O$, $Cr(A)(B)$, $[Al(A)(B)(H_2O)_3] \cdot 3H_2O$, $[Al(A)(B)(H_2O)_3]$, $Al(A)(B)$, $Cu(A) \cdot H_2O$, $[Ni(H_2O)_2(NH_3)_2](B)_2$, $Ni_3(NH_3)_4(B)_6 \cdot 16H_2O$, $[Ni(NH_3)_2(Aceton)_2](C)_2 \cdot 2Aceton$, $[Ni(NH_3)_2(Aceton)_2](B)_2$, $[Ni(B)(Aceton)_4] \cdot 4NH_4CH_3CO_2 \cdot 2Aceton$, $[Al(A)(C)(H_2O)(NH_3)_2] \cdot 13H_2O$, $[Co(A)(H_2O)_2(Nicotinsäure)_2]$, $Co(A) \cdot Co(Nicotinat)_2 \cdot 8H_2O$, $Co(A) \cdot Co(Nicotinat)_2 \cdot 2Nicotinsäure \cdot 1Äthanol$, $[Ni(A)(H_2O)_2(Nicotinsäure)_2]$, $[Ni_2(Nicotinat)_2](A) \cdot 8H_2O$, $[Ni(H_2O)_2(CH_3NH_2)_2](A)$, $[Cu(C_6H_5NH_2)_2] \cdot (B)_2$. Bei der Zers. der Ni-Salze mit konz. HCl wurden die Addukte $HOYCO_2H \cdot C_2H_5OH$ (dunkelgrünblau) u. $4HOYCO_2H \cdot C_2H_5OH$ (rostbraun) erhalten; ihre Farbe wird einer o-chinoiden Form der β-Hydroxynaphthoesäure zugeschrieben. A. Blaschette. 358◇

Dem 2.2'-Dipyridyl gleichende komplexbildende Agentien. 1. Mitt. **Einige Liganden, die Imidazol enthalten.** F. Holmes, K. M. Jones und E. G. Torrible. (J. chem. Soc. [London] **1961**, **4790**—94, Nov.; Bangor, Caern, Univ. Coll. of North Wales; engl.) — Bei der potentiometr. Titration von 2-[Pyridyl-(2)]-imidazol (**I**, pK' 5,46 bei 25°) oder 2.2'-Bisimidazolyl (**II**, pK' 4,57) mit NaOH findet bis pH 11 keine Dissoziation des Imino-H statt, in Ggw. von Metallionen wird der pK des Imino-H durch die Stabilität des Chelat-Syst. erniedrigt u. das Imino-H läßt sich mit NaOH titrieren. Daraus ergeben sich mit **I** u. **II** 2 Reihen von Komplexen: in sauren Lsgg. normale kation. Komplexe u. in schwach alkal. Lsgg. Innerkomplexe u. Nichtelektrolyte. Die mit **I** gebildeten kation. Komplexe erinnern an die des Dipyridyls (**III**); Cu(II) bildet einen Bis-, Co(II), Ni(II) u. Fe(II) bilden Tris-Komplexe. Der letzte ist wie der entsprechende von **III** tiefrot u. hat in wss. Lsg. einen molaren Extinktions-Koeff. von nahezu 10^4. Erhitzen der Tris-Komplexe auf 140° im Vakuum verursacht offenbar nicht wie bei denen von **III** eine Veränderung. Cu(I)-Derivv. lassen sich weder direkt noch durch einfache Red. mit Hydrazin oder Hydroxylamin darstellen. Ähnliche Komplexe werden allg. auch von **II** gebildet. Obwohl dieser Ligand etwa so bas. wie **I** ist, werden seine Komplexe leichter hydrolysiert; angenähert bestimmte Bldg.-Konst. zeigen, daß diese Verbb. weniger stabil sind. Das Verh. der untersuchten Liganden stützt die Annahme von Pauling über eine Ionisation von Imidazol im Hämoglobin, da nach diesen Unterss. eine Ionisation in höherkonjugierten Syst. möglich erscheint.

Versuche: *2-[Pyridyl-(2)]-imidazol* (**I**, pyimH), $C_8H_7N_3$, F. 111,5° (Ae.-Leichtpetroleum), nach der Meth. von Clemo u. Mitarbeitern (J. chem. Soc. [London] **1938**, **953**) durch Behandeln des Toluol-p-sulfonats von 2-Acetylpyridinoxim mit K in abs. A.; Kristalle. — *2.2'-Bisimidazolyl* (**II**, biimH), $C_6H_6N_4$, nach Abwandlung der Meth. von Debus [1859] durch Kondens. von NH_3 u. Glyoxal; aus W. Kristalle. — $Cu(pyimH)_2Cl_2$, $C_{16}H_{14}Cl_2CuN_6$, aus einer **I** u. Cu^{2+} enthaltenden wss. Lsg. (pH < 7) nach Zugabe von NaCl; hellgrüner, krist. Niederschlag. — $Cu(pyimH)_2(ClO_4)_2$, $C_{16}H_{14}Cl_2CuN_6O_8$, wie vorst. Verb. nach Zugabe von $NaClO_4$; blaues Pulver. — $Cu(pyim)_2$, $C_{16}H_{12}CuN_6$; durch Lösen der wss. Suspension von vorst. oder vorvorst. Verb. durch Erwärmen u. Zugabe von wss. NaOH bis pH 8—9; blaugrünes Pulver. — $Ni(pyimH)_3J_2 \cdot 4H_2O$, $C_{24}H_{21}J_2N_9Ni \cdot 4H_2O$, durch Fällung nach Zugabe von überschüssigem wss. NaJ zu einer Lsg. von $NiCl_2$ u. **I** (molares Verhältnis 1:3) bei pH 4; rosa. — $Ni(pyim)_2$·

$2H_2O$, $C_{16}H_{12}N_6Ni \cdot 2H_2O$, durch Zugabe von wss. NaOH zu vorst., unter Erwärmen gelöster Verb. bis pH 8; blaßgrünblauer Niederschlag. — *$Co(pyimH)_3J_2 \cdot 4H_2O$*, $C_{24}H_{21} \cdot CoJ_2N_9 \cdot 4H_2O$, wie vorvorst. Verb.; brauner Niederschlag. — „Innerer" Co(III)-Komplex von I, $C_{24}H_{18}CoN_9$, durch Lösen vorst. Verb. unter Erwärmen, Zugabe von NaOH u. Einengen; orangefarbener Niederschlag. — *$Co(pyimH)_2 \cdot H_2O$*, $C_{16}H_{12}CoN_6 \cdot H_2O$, durch Zugabe von NaOH zu einem 1:2-Gemisch von $CoCl_2$ u. I bis pH 8; brauner Niederschlag. — *$Fe(pyimH)_3J_2 \cdot 3H_2O$*, $C_{24}H_{21}FeJ_2N_9 \cdot 3H_2O$, wie vorst. Cu- u. Ni-Komplexe; rot. — *$Fe(pyimH)_3J_3 \cdot 3H_2O$*, $C_{24}H_{21}FeJ_3N_9 \cdot 3H_2O$; brauner Niederschlag. — *$Cu(biimH)_2Cl_2 \cdot H_2O$*, $C_{12}H_{12}CuCl_2N_8 \cdot H_2O$, durch Lösen von 0,1—0,2 g **II** in 10 ml 0,1 m HCl, Zugabe von $CuSO_4$ (**II**: Cu $>$ 2:1), Einstellen auf pH 3,5 mit NaOH u. Zugabe von NaCl; aus verd. NaCl-Lsg. hellgrüne Kristalle. — *$Cu(biim)_2$*, $C_{12}H_{10}CuN_8$, aus der salzsauren Ausgangs-Lsg. vorst. Verb. nach Erwärmen u. Zugabe von wss. NaOH bis pH 8; hellbraun. — *$Ni(biimH)_3SO_4$*, $C_{18}H_{18}N_{12}NiO_4S$, wie vorst. Verb.; blaßblau. — *$Ni(biim)_2$*, $C_{12}H_{10}N_8Ni$, wie vorvorst. Verb. aus leicht alkal. Lsg.; hellbraun. — *$Co(biimH)_3 \cdot SO_4$*, $C_{18}H_{18}CoN_{12}O_4S$, wie vorvorst. Verb.; rosa. — *$Co(biim)_2$* (unrein), $C_{12}H_{10}CoN_8$, wie vorst. aus alkal. Lsg.; purpurn. — *$Fe(biimH)_3SO_4$*, $C_{18}H_{18}FeN_{12}O_4S$, gelb.
P. Scharner. 358□

Das System AgF–HF–H_2O bei 0° und —15°. H. J. Thomas und A. W. Jache. (J. inorg. nuclear Chem. **13**, 54—57, April 1960; College Station, Tex., Agricultural and Mechanical College of Texas, Chem. Dep.; engl.) — Im Syst. *AgF–HF–H_2O* existieren bei 0° die festen Phasen *AgF* (HF-Konz. 9,5—12,5 Gew.-%); *$AgF \cdot 2H_2O$* (4,5—7,5); *$AgF \cdot 4H_2O$* (0—4,5); *$3AgF \cdot 2HF$* (14,5—18); *$AgF \cdot 2HF$* (42—47,5); *$AgF \cdot 3HF$* (50—55); *$6AgF \cdot 7HF \cdot 2H_2O$* (20—42) u. vermutlich *$AgF \cdot 5HF$* ($>$55). Bei —15° treten die festen Phasen *AgF* (10,5—18); *$AgF \cdot 2H_2O$* (7,5—8,5); *$AgF \cdot 4H_2O$* (0—6,5); *$AgF \cdot HF$* (18—47,0); *$AgF \cdot 3HF$* (47,0—62) u. vermutlich *$AgF \cdot 5HF$* ($>$62,5) auf. Die Phasendiagramme werden graph. mitgeteilt. Das von Guntz (1915) mitgeteilte Eutektikum von AgF mit H_2O (F. —14,2°) wird durch Anwesenheit von 0,1% HF gebrochen.
P. Sartori. 359◇

Über die mit Sulfidborid CuBS isomorphen Selenidboride, Sulfidphosphide und Selenidphosphide. Jacques Kamsu Kom, Jean Flahaut und Louis Domange. (C. R. hebd. Séances Acad. Sci. **255**, 701—02, 23/7. 1962; franz.) — *CuBSe*, *AgBSe*, *CuPS* u. *CuPSe* wurden durch Erhitzen der Elemente auf 800° u. dann auf 1200° dargestellt u. analyt. u. röntgenograph. identifiziert. Sie sind gegen Mineralsäuren u. Laugen bes. beständig u. schmelzen außer den glasartigen Verbb. *AgPS* u. *AgPSe* nicht unterhalb 1200°. Sie sind isomorph mit der kub. Tieftemp.-Modifikation des CuBS. Ihre Zell-Parameter a (Å), $D_{ber.}$ u. $D_{rönt.}$ (g/ml) wurden wie folgt bestimmt: CuBSe 10,22; 5,72; 5,70; AgBSe 10,88; 6,11; 5,91; CuPS 9,70; 5,54; 5,30; CuPSe 10,15; 6,61; 6,40.
H. Bürger. 359□

Über die Bildung und Stabilität von Hydrogencarbonaten anderer Metalle als der Alkalimetalle. 1. Mitt. K. C. Grover und Late M. R. Nayar. (Agra Univ. J. Res. **6**, 35—38, Jan. 1957; Lucknow, Univ.; Gorakhpur, St. Andrew's Coll., Chem. Labor.; engl.) — Die Hydrogencarbonate von *Mn^{2+}*, *Cr^{2+}*, *Fe^{2+}* u. *Co^{2+}* wurden durch Zusammengeben einer wss. Lsg. des Metallsalzes u. einer Lsg. von $KHCO_3$ bei 0° erhalten. Im Falle des *Al^{3+}*, *Cr^{3+}* u. *Fe^{3+}* führte diese Umsetzung nur zu den normalen Carbonaten. Mit *Ni^{2+}* u. *Ag^{+}* wurden nur teilweise die Hydrogencarbonate erhalten; *Cu^{2+}* lieferte ein bas. Carbonat der Zus. $5CuO \cdot 3CO_2$. Die Zers.-Temp. (nachgewiesen an Hand der Trübung von $Ca(OH)_2$-Wasser durch gebildetes CO_2) der erhaltenen Verbb. wurden bestimmt: Mn^{2+} 4°, Cr^{2+} 9°, Fe^{2+} 16°, Co^{2+} 9°, Ni^{2+} 5°, Cu^{2+} 18°, Al^{3+} 4°, Cr^{3+} 9°, Fe^{3+} 3° u. Ag^{+} 16°. Die Zers.-Temp. der Metallhydrogencarbonate wurden durch die Ggw. von Gelatine oder einer neutralen Lsg. von Kieselsäuregel erhöht.
K. Huste. 359□

Komplexverbindungen von Iridium mit Ammoniak. 1. Mitt. W. W. Lebedinski und S. M. Nowoshenjuk. (J. anorg. Chem. [UdSSR] **3**, 286—91, Febr. 1958; russ.) — 2. vgl. C. **1960**, 16378. — Nach schwachem Erwärmen einer Lsg. von 10,0 g $Na_3(NH_4)_2 \cdot [Ir(SO_3)_2Cl_4] \cdot 4H_2O$ in 100 ml konz. Ammoniak wird der entstehende Nd. von *$(Na, NH_4)_7 \cdot [Ir(SO_3)_4Cl_2]$* abfiltriert. Aus der Lsg. scheiden sich im Verlaufe von 24 Std. rhomb. Kristalle der Zus. *$Na_5NH_4[Ir(SO_3)_3(NH_3)_3]_2 \cdot 14H_2O$* (I) (schwer lösl. in Ammoniak) aus. Nach Eindampfen der Lsg. bis zur Hälfte bilden sich in der Kälte Nadeln von *$Na[Ir(SO_3)_2 \cdot (NH_3)_3] \cdot 3,5H_2O$*, lösl. in Ammoniak. Durch weiteres Einengen der Restlsg. auf 10—15 ml wird eine dritte Verb. der Zus. *$Na_2[IrCl(SO_3)_2(NH_3)_3] \cdot 4H_2O$* in Form gelbgrüner kleiner Prismen erhalten. Das Filtrat ist gefärbt u. enthält wahrscheinlich noch eine vierte Substanz. Durch Zugeben einer heißen wss. I-Lsg. zu einer heißen Guanidiniumcarbonat-Lsg. wird rhomb. $Na(CH_6N_3)_5[Ir(SO_3)_3(NH_3)_3]_2$ erhalten.
H.-J. Lunk. 367□

Über die Komplexverbindungen von Platin(II) mit Dimethyl- und Diäthylsulfiden. Ss. P. Derendjajew. (J. anorg. Chem. UdSSR] **3**, 278—85, Febr. 1958; Udmurter Pädagog. Inst., Lehrst. für Chem.; russ.) — Durch Zusatz von 2,7 g Diäthylsulfid (**I**) zu einer Lsg. von 6,25 g $K_2[PtCl_4]$ in 60 ml W. wird trans-$[PtCl_2\{(C_2H_5)_2S\}]$, F. 107—108°, erhalten. cis-$[PtCl_2\{(C_2H_5)_2S\}_2]$, F. 107—108°, entsteht bei Zugabe eines Überschusses von **I** auf 4,15 g $K_2[PtCl_4]$ in 50 ml W. u. wird mit Bzl. extrahiert. trans-$[PtCl_2\{(CH_3)_2S\}_2]$, F. 160°, bildet sich bei Versetzen einer heißen (50°) $K_2[PtCl_4]$-Lsg. mit Dimethylsulfid. Die cis-Verb. wird analog der Diäthylsulfid-Verb. erhalten. Dimethyl- u. Diäthylsulfid werden verhältnismäßig leicht aus den Platin-Verbb. sowohl mit Thioharnstoff (TCA) als auch mit einem Überschuß von Äthylendiamin (en) verdrängt. In wss. u. alkohol. Lsg. reagieren bei Zimmer-Temp. cis- u. trans-$[Pt\{(C_2H_5)_2S\}_2Cl_2]$ u. trans-$[Pt\{(CH_3)_2S\}_2Cl_2]$ mit TCA unter Abscheidung von $[Pt(TCA)_4]Cl_2$. $[Pt(C_2H_5)_2S\cdot(NH_3)_3]\cdot Cl_2\cdot H_2O$ gibt mit äquimolarer TCA-Menge trans-$[Pt(TCA)_2\cdot(NH_3)_2]Cl_2$ u. trans-$[Pt(CH_3)_2\cdot S(NH_3)_2Cl]Cl$ gibt trans-$[Pt(TCA)_2(NH_3)_2]Cl_2$. Bei cis-Konfiguration des NH_3 im $[Pt(R_2S)_2(NH_3)_2]Cl_2$ u. $[PtR_2S(NH_3)_2Cl]Cl$ bildet sich mit TCA $[Pt(TCA)_4]Cl_2$; bei trans-Konfiguration $[Pt(TCA)_2(NH_3)_2]Cl_2$. cis- u. trans-$[Pt\{(C_2H_5)_2S\}_2Cl_2]$ bilden beim Erwärmen mit salzsaurem en eine Lsg. von $[Pt\,en_2]Cl_2$; mit $K_2[PtCl_4]$ fällt $[Pt\,en_2][PtCl_4]$ aus. Gemäß dem Schema $[Pt\,enCl_2] \xrightarrow{2\,R_2S} [Pt\,en(R_2S)_2]Cl_2 \xrightarrow{2\,HCl}$ cis-$[Pt(R_2S)Cl_2]$ wurde die cis-Konfiguration des Dichloro-bis-[dialkylsulfid]-platin(II) bestätigt.
H.-J. Lunk. 368 □

A_9. Mineralogische und geologische Chemie

Normal- und Gleichgewichtslagen in Detritus-Mineralien. Josefina Benayas Casares. (An. Edafol. Agrobiol. **20**, 265—68, Mai 1961; Madrid, Inst. de Edafol. y Fisiol. Vegetal, Secc. de Petrogr. Sedimentaria; span.) — Zur exakten Identifizierung von Detritusmineralien sind die Gleichgewichtslage u. damit zusammenhängende Eigg. wie Kristallänge, Brechungsindex u. Extinktion zu berücksichtigen. K. Huste. 372 □

Durch elektronenmikroskopische Untersuchungen an ultradünnen Schnitten von Diatomit (Kieselgur) erhaltene inframikroskopische Belege. A. Policard, J. Charbonnier, A. Collet, J. C. Martin und S. Prégermain. (Bull. Microscopie appl. [2] **11**, 93—96, Aug. 1961; Verneuil-en-Halatte, Centre d'Et. et Rech. des Charbonnages de Françe; franz.) — An Hand einer Anzahl elektronenmkr. Reproduktionen besprechen Vff. den Feinbau nichtgeglühter u. geglühter Diatomeenerde. C. Gottfried. 372

Schwankungen der Siliciumisotopenverhältnisse in einem zonaren Pegmatit. David Tilles. (J. geophys. Res. **66**, 3015—20, Sept. 1961; Berkeley, Calif., Univ. of California, Dep. of Phys.; engl.) — Schwankungen in der Si-Isotopenhäufigkeit wurden durch Unters. von Quarz u. Feldspat aus dem Rosenquarzpegmatit vom Pala-Distrikt in Südcalifornien festgestellt. In allen Feldspatproben war, verglichen mit den Quarzproben, ^{30}Si angereichert. H. Moenke. 378 □

Veränderungen im Hafnium-Zirkonium-Verhältnis granitischer Gesteine aus Ostontario. K. L. Currie. (Canad. Mineralogist **7**, 264—71, 1962; Kingston, Ontario, Queen's Univ., Nat. Res. Council Fellow; engl.) — 38 Best. der Hf/Zr-Verhältnisse zeigen eine normale Verteilungskurve mit einem Mittelwert von 0,018 u. einer Standardabweichung von 0,0055. Diese Abweichung steigt mit dem Grad der Veränderung an. Das Hf/Zr-Verhältnis ist charakterist. für petrograph. Provinzen. Die experimentellen Daten lassen sich unter Annahme hydrothermaler Veränderungen der Zirkone deuten.
J. Heinze. 378 □

Zur Geochemie des Titans im Intrusivprozeß der Granitreihe. Je. B. Snamenski. (Geochemie [UdSSR] **1958**, Nr. 1, 90—95; Moskau, Vernadsky-Inst. für Geochem. u. analyt. Chem. der Akad. der Wiss. der UdSSR; russ., Auszug: engl.) — Die Unters. der TiO_2-Verteilung in den genet. verbundenen Gesteinsserien des Kalbin-Granitmassivs in Ostkasachstan zeigt, daß jeder Intrusionsphase bzw. Fazies ein charakterist. TiO_2-Geh. (0,02—0,80%) zukommt. Da Ti relativ intensiv an die ersteren Kristallisations-Prodd. (Granodiorite u. Granite, Biotit, Ilmenit) gebunden ist, sind die späteren Phasen (Pegmatite) an Ti verarmt. H. Noack. 378 △

Über die Verteilung von Kobalt, Nickel und Kupfer in den hydrothermalveränderten Gesteinen der Lagrestätte von Pyschmin-Kljutschewskoje. L. A. Bachmutow. (Geochemie [UdSSR] **1958**, Nr. 1, 60—69; Swerdlowsk, Bergbau-Inst.: russ., Auszug; engl.) — In der Lagerstätte von Pyschmin-Kljutschewskoje nimmt unter hypogenen Bedingungen die Beweglichkeit der Elemente in der Reihenfolge S, Fe, Cu, Ni, Co,

Au, Ag ab, woraus sich die Gesetzmäßigkeit ihrer Verteilung ergibt, da bei metasomat. Mineral-Bldg. die Beweglichkeit ein wesentlicher Faktor ist. Je beweglicher ein Element ist, desto gleichmäßiger ist seine Konz. bzw. seine Verteilung in Mineralen u. Gesteinen von Lagerstätten. H. Noack. 378△

Radioaktivität der Laven der Chaîne des Puys. M. Goldsztein und S. Guillermo. (Bull. Soc. franç. Minéralog. Cristallogr. **84**, 6—8, Jan./März 1961; Fontenay-aux-Roses, C.E.A., Serv. de Minér.; franz.) — Vff. bestimmten die Radioaktivität u. den U-Geh. in den Ergußgesteinen des obigen Gebietes. Vom petrograph. Standpunkt aus bilden die obigen Laven ein Syst. vollkommen kontinuierlicher magmat. Differentiation. Man kann 4 petrograph. Typen unterscheiden: Kalk-Alkalitrachyte, stark andesinhaltige Trachyandesite, Labrador enthaltende Trachyandesite sowie Basalte u. Trachybasalte. Graph. ist der Geh. an U als Funktion des SiO_2-Geh. sowie von $R = K + Na/K + Na + Ca \cdot 100$, die β-Radioaktivität als Funktion von R sowie der Geh. an lösl. U als Funktion von R wiedergegeben. C. Gottfried. 378

Die Verteilung der Radioaktivität in den Gesteinen Süd-Indiens. 3. Mitt. Charnockite und verwandte Gesteine des Yercaud-Salem-Gebiets des Staates Madras. A. V. R. Sastry und U. Aswathanarayana. (J. sci. ind. Res. [New Delhi], Sect. B **16**, 99—101, März 1957; Waltair, Andhra Univ., Dep. of Geol.; engl.) — 2. vgl. C. **1957**, 8450; 4. vgl. C. **1960**, 17393. — Repräsentative Proben von Charnockiten, Mischgesteinen u. Diopsid–Hornblende-Gneisen des Yercaud-Salem-Gebietes wurden auf ihre Radioaktivität untersucht. Die Aktivität der Charnockite ist von der erwarteten Größenordnung, die der aus einer Mischung der Charnockite mit Salem-Gneisen hervorgegangenen Mischgesteine im allg. kleiner, am geringsten die der Diopsid–Hornblende-Gneise. Die Ergebnisse sind tabellar. aufgeführt. W. Betcke. 378◇

Zur Bestimmung des absoluten Alters von Kalifeldspaten durch die Argonmethode. Ch. I. Amirchanow, Ss. B. Brandt und Je. N. Bartnitzki. (Nachr. Akad. Wiss. UdSSR, geol. Ser. **23**, Nr. 11, 110—12, Nov. 1958; Machatschkala, Dagestan, Zweigstelle der Akad. der Wiss. der UdSSR; russ.) — Die Verss. wurden an präkambr. Feldspaten aus Karelien u. einem Phlogopit durchgeführt. Die Feldspate wurden bei normalen u. erhöhten Temp. u. Drücken in Spezialstahlbomben mit HCl- bzw. KCl-Lsgg. verschiedener Konz. behandelt. Bei Drücken, die bei 450° u. mehr gemessen werden, beträgt die Menge des substituierten K in der Fraktion 0,03—0,05 mm 23%, bei Fraktionen $<0{,}03$ mm 32%. Temp.-Erhöhung hat keinen Einfl. auf den K-Ersatz. Der Ar-Verlust bei niedriger Temp. ist eine Folge von Desorption, d. h. ein bestimmter K- u. Ar-Anteil befindet sich in oberflächennahen Schichten des Minerals. Das Alter der untersuchten Proben liegt zwischen 1375—1800 Millionen Jahre. H. Noack. 378△

Theorie der Konzentrierung des Nitrats durch „Capillarwanderung" in den Salpetervorkommen in Nordchile. George Mueller. (Bol. Soc. chilena Quím. **9**, 45—48, Juni 1959; Concepción, Chile, Univ., Cát. de Geol. y Miner.; span.) — Vf. entwickelt eine Theorie zur Erklärung der Salpeter-Vork. in den Wüsten von Nordchile. Die salzhaltigen Lsgg. des semiariden Klimas der Anden treffen im ariden Gebiet der Küste auf die vorgelagerten Kordilleren u. steigen durch „Capillarwanderung". Durch die dabei erfolgende Verdampfung von W. wird ein Ausfällen von NaCl, Na_2SO_4, $CaSO_4$, $NaNO_3$ u. $NaJO_3$ aus den verd. Lsgg. bewirkt. Die Richtigkeit dieser Vorstellung wurde durch Modell-Verss. bestätigt. K. Huste. 378□

Kurzer Bericht über eine mögliche Entstehung der Kupfer–Porphyr-Breccien. Paul Kents. (Econ. Geol. **56**, 1465—69, Dez. 1961; Santiago, Chile; engl.) — Die Erz-Lsgg. haben sich auf ihrem Weg durch den Porphyr wahrscheinlich die notwendigen Hohlräume geschaffen, wobei gleichzeitig mechan. Vorgänge wirksam waren. Die hydrothermalen Lsgg. treten mit der Periodizität des Magmendrucks mit verschiedenen Drücken u. in wechselnden Mengen in das Nebengestein ein. Ihr Druck ist am stärksten kurz vor oder bei Beginn einer Eruption, wodurch in den älteren Tuffen Breccien entstehen können. F. Ensslin. 378□

Alkalifeldspate aus den Crowsnest-Vulkaniten, Alberta. Keith A. W. Crook. (Canad. Mineralogist **7**, 253—63, 1962; Edmonton, Alberta, Univ. of Alberta; engl.) — Die Zus. der Feldspat (I)-Einsprenglinge liegt zwischen 60—95% Or, mit Wechsel von 2 V zwischen 50° [$\sim \perp (0\,1\,0)$] u. 35° [$\parallel (0\,1\,0)$]. Aus den mkr. Unterss. folgt, daß der größte Teil des K-I zwischen Hoch- u. Tiefsanidin liegt. Einige Proben stehen zwischen Tiefsanidin u. Orthoklas. Die Na-reicheren K-I enthalten Flecke u. ausgedehnte Bereiche von rosawolkigem Albit mit Schachbrettverzwilligung. Ihrer Optik nach liegen diese zwischen Hoch- u. Tiefalbit. Es handelt sich anscheinend um Ersatz unter Übernahme der vorherigen Al-Verteilung der K-I. Das Material sollte Aufschlüsse zur Ionentheorie der I-Bldg. liefern. J. Heinze. 380□

Anthophyllit aus Bidaloti, Kortagere Taluk, Mysore. S. K. Babu. (Indian Mineralogist **2**, Nr. 2, 36—41, Juni 1961; Saugar, M. P., Univ. of Saugar, Dep. of Appl. Geol.; engl.) — Aus einem Granulit am Bidaloti Tempel, Kortagere Taluk im Staate Mysore, wurden Anthophyllitkörnchen ausgesucht u. opt. u. chem. untersucht. In Übereinstimmung mit anderen Vork. ist die Formel $(Mg, Fe^{2+}, Fe^{3+}, Mn, Ca, Na, K, Al)_{6,588} \cdot (Si, Al)_{8,00}(OH)_{1,979}O_{22,021}$. $U\alpha = 1{,}670$, $U\beta = 1{,}675$, $U\gamma = 1{,}685$, $2V = 76^0$. R. Kaiser. 380□

Ein zweites Vorkommen von Bonattit. J. L. Jambor. (Canad. Mineralogist **7**, 245—52, 1962; Ottawa, Geol. Surv. of Canada; engl.) — Bonattit, $CuSO_4 \cdot 3H_2O$, wurde im Bonaparte-River-Gebiet, Lillooet District, Brit. Columbia, gefunden. Die chem. u. mineralog. Unterss.-Ergebnisse stimmen gut mit den früher beschriebenen überein. Gemeinsam mit Bonattit kommt ein lachsrotes Sulfat der Zus. $(Cu, Fe, Zn)SO_4 \cdot H_2O$ mit Cu:Fe:Zn = 100:94:19 vor. Das neue Mineral ist lösl. in W. u. hat eine Härte von ca. 3. Die Gitter-Konst. sind $a_0 = 7{,}480$, $b_0 = 7{,}424$, $c_0 = 7{,}053$; $\beta = 114^0\ 40'$. Setzt man Z = 4, so ist die berechnete Dichte 3,281. Raumgruppe: A2/a oder Aa. Gelungene Synth.-Verss. werden kurz diskutiert. J. Heinze. 380□

Gunningit, ein neues Zinksulfat aus dem Gebiet Keno Hill-Galena Hill, Yukon. J. L. Jambor und R. W. Boyle. (Canad. Mineralogist **7**, 209—18, 1962; engl.) — Vgl. vorst. Referat. — Gunningit, $ZnSO_4 \cdot H_2O$, kommt als weißer Anflug auf Sphalerit in einigen Gruben vor. Das neue Mineral ist monoklin u. gehört zur Kieseritgruppe. Synthet. Gunningit hat die Gitter-Konst. $a_0 = 7{,}566$, $b_0 = 7{,}586$, $c_0 = 6{,}954$ Å; $\beta = 115^0\ 56'$. Raumgruppe $A2/a - C_{2h}^6$. Z = 4. Eine vollständige Indizierung der d-Werte für synthet. u. natürliches Material wird gegeben. Gunningit ist sehr feinkörnig, in Farbe u. Strich weiß. Die Härte ist ca. 2½. Das spezif. Gew. für synthet. Material ist $3{,}195_{gem.}$ u. $3{,}321_{berechnet}$. Die Brechungsindices sind $\alpha = 1{,}570$, $\gamma = 1{,}630$. Die Zus. wurde aus Röntgenfluorescenzanalysen bestimmt. Beträchtliche Mengen an Mg, Fe u. Mn können isomorph eingebaut werden. J. Heinze. 380□

Über Kolovratit. J. L. Jambor und G. R. Lachance. (Canad. Mineralogist **7**, 311—14, 1962; engl.) — Vgl. vorst. Referate. — Vff. halten Kolovratit für ein hydratisiertes Zn–Ni-Vanadat oder -Vanadatosilicat, nicht aber für ein Ni-Vanadat, wie in der Erstbeschreibung angenommen. Die Pulveraufnahmen unterscheiden sich deutlich von denen des *Vésignéits*. J. Heinze. 380□

Erzmikroskopische Untersuchung der Titan führenden Magnetite von der Nuggihalli-Schieferbucht, Hassan Distrikt, Mysore. Kanai Lal Chakraborty. (Indian Mineralogist **2**, Nr. 2, 28—35, Juni 1961; Calcutta, Jadavpur Univ., Dep. of Geol. Sci.; engl.) — Chem. u. mkr. Unterss. der Ti führenden Erzgänge im Areal von Byrapur (13° 17'/76° 25') bis Jampur (13° 1'/76° 27') an der Nuggihalli-Schieferbucht. Sie zeigen neben *Epidiorit* in Adern u. Linsen *Ilmenit, Rutil, Chromit, Magnetit* u. *Haematit* ohne V-Mineralien. Die chem. Analyse einer Auswahlprobe ergab: Fe_2O_3 4,34%, FeO 29,13, TiO_2 7,50, V_2O_5 0%, D = 4,80. Chromit findet sich in Magnetit oder Haematit eingewachsen. Magnetit–Ilmenit bilden häufig Verwachsungen in Form der Widmannstätten-Textur. R. Kaiser. 380□

Über den akzessorischen Orthit aus den Aktinolithen des Flusses Malaja Laba. W. W. Ploschko. (Nachr. Akad. Wiss. UdSSR, geol. Ser. **23**, Nr. 11, 113—17, Nov. 1958; Moskau, Inst. für Geol. der Erzlagerstätten, Petrograph., Miner. u. Geochem. der Akad. der Wiss. der UdSSR; russ.) — Der detailliert beschriebene Orthit (Or) aus dem nördlichen Kaukasus unterscheidet sich nach seinen physikal. u. chem. Eigg. von dem typ. Or in Richtung der Klinozoisite. Er kommt paragenet. mit Seltenerdmetalle enthaltenden Phosphaten vor, die sich während der letzten Kristallisationsphase abscheiden. Or vom Malaja Laba findet sich auch in der Kontaktzone der Aktinolithe mit Granitoiden des magmat. Komplexes von Uruschtensk, in der als charakterist. Minerale akzessor. Epidot-Or auftreten. Die Genese der Or hängt mit dem granit. Magma u. seinen Abscheidungen zusammen, allerdings trifft man ihn auch häufig in Pegmatiten; hydrothermaler Or wird selten beobachtet. Der untersuchte Or in den metasomat. Aktinolithadern entspricht etwa Or in Carbonatadern, eine Beziehung zwischen dem granit. Magma u. der Metasomatose des Uruschtensk-Komplexes ist wahrnehmbar. H. Noack. 380△

Neue Daten über den Plancheit. Identität von Plancheit und „Shattuckit". C. Guillemin und R. Pierrot. (Bull. Soc. franç. Minéralog. Cristallogr. **84**, 276—81, Juli bis Sept. 1961; Paris, B.R.G.M.; franz.) — Die Fazies u. die physikal., opt. u. chem. Eigg.

der vom Muséum Nat. d'Histoire Naturelle, vom École Nat. Supér. de Mines de Paris u. vom U.S. Nat. Museum unter den beiden Mineralnamen *Plancheit* u. *Shattuckit* aufbewahrten Probestücke sind miteinander identisch. Da der erste Name die Priorität besitze (Lacroix 1908), sei der andere abzulehnen. R. Kaiser. 380□

Smaragdit aus einem Granat führenden Pyroxenit, Mettupalaiyam, Coimbatore Distrikt im Staate Madras, Indien. K. C. Rajasekaran. (Indian Mineralogist **2**, Nr. 2, 42—47, Juni 1961; Univ. of Madras, Dep. of Geol. and Geophys.; engl.) — Ein Amphibol aus Granat führenden Pyroxeniten ergab nach der chem. Analyse die Zus. $(Na, K, Ca)_{2,954}(Mg, Fe, Al, Ti)_{5,142}(Si, Al)_{8,00}O_{23,418}(OH)_{0,582}$, die der eines Smaragdits entspricht. Vergleichsanalysen von Hornblenden u. Aktinolithen werden angeführt, denen der fragliche Smaragdit nahekommt. Die opt. Daten decken sich weitgehend mit denen eines Aktinoliths vom Coronet Peak, New Zealand. $n_\alpha = 1,6356$, $n_\beta = 1,6460$, $n_\gamma = 1,6574$. R. Kaiser. 380□

Tonmineralogie einiger ausgesuchter Tone aus dem englischen Wealden. R. W. Tank. (Geol. Mag. **99**, 128—36, März/April 1962; Bloomington, Ind.; engl.) — Nach der röntgenograph. Unters. einiger Tone aus dem Wealden bestehen diese aus Gemischen von *Illit*, *Kaolinit* u. Mischschichttonen wechselnder Menge. Aus den Zus. kann auf das Muttergestein, die Verwitterungsbedingungen u. auf die Einw. von akt. Oberflächenwässern, die eine Entartung des Illits hervorriefen, geschlossen werden. Der Kaolinit entstand vornehmlich aus paläozoischen Gesteinen, während Illit u. Mischschichttone aus jurass. Gesteinen gebildet wurden. F. Ensslin. 380□

Schwerminerale in Sanden des Old Fort-Area, Quebec. G. S. Clark und W. E. Hale. (Canad. Mineralogist **7**, 318—25, 1962; Fredericton, Canada, Univ. of New Brunswick; engl.) — 15 Sand-Unterss. aus dem nördlichen Küstengebiet des Golfs von St. Lawrence werden beschrieben. Die enge Korrelation zwischen Sand u. Ursprunggestein sowie die Formcharakteristika typ. Körner weisen auf beschränkten Transport. Die wirtschaftliche Ausbeutung scheint kaum möglich. Gefunden wurden: *Ilmenit, Magnetit, Hypersthen, Granat, Apatit, Aktinolith, Hornblende, Diopsid, Augit, Sphen, Zirkon, Quarz, Feldspat, Biotit.* J. Heinze. 380□

Einige Mineralvorkommen nahe Eau Claire, Ontario. E. Wm. Heinrich. (Canad. Mineralogist **7**, 314—18, 1962; Ann Arbor, Mich., Univ. of Michigan.; engl.) — Zonare Pegmatitdikes mit Pyrochlor, Fayalit, Hedenbergit, Granat, Magnetit, Apatit u. Labradorit (An_{58}) werden mineralog. untersucht u. beschrieben. J. Heinze. 380□

Kombiniert feinstratigraphisch-geochemische Untersuchungen des Basalanhydrits (Z 2) und des Hauptanhydrits (Z 3) im SE-Harzvorland. Wolfgang Jung und Gerhard Knitzschke. (Geologie **10**, Nr. 3, 288—301, April 1961; Sangerhausen u. Eisleben; dt.) — Von 3 Basal- u. Hauptanhydritproben wurden entsprechend ihrer feinstratigraph. Gliederung die chem. u. mineralog. Zus. ermittelt. In den Hauptanhydriten nimmt mit zunehmender Salinität der $CaSO_4$-Geh. zu. Abweichend von den bisher bekannten Unters.-Ergebnissen enthielt die Hauptanhydritzone einen hohen Magnesitanteil. R. F. Haar. 385□

Beiträge zur Kenntnis der Alkali-Gänge der Alnö-Region I—III. Harry von Eckermann. (Ark. Mineralog. Geol. Ser. B **2**, 539—50, 1961; engl.) — Vgl. C. **1959**, 12170. — Petrograph. u. chem. Charakterisierung von 3 Gesteinstypen aus dem Gebiet von Alnö: Kimberlit, Quachitit u. radioakt., schwerspatreicher Beforsit-Carbonatit. H. Moenke. 385□

Gerölle vulkanischer Breccien bei der Sälskär-Untiefe nördlich der Insel Alnö. Harry von Eckermann. (Ark. Mineralog. Geol. Ser. B **2**, 529, 1961; engl.) — Vgl. vorst. Referat. — Petrograph. u. chem. Charakterisierung stark radioakt. vulkan. Breccien, die einer Untiefe nördlich von Alnö entnommen wurden. Die Breccien bestehen aus Soevit in einer Matrix aus Apatit, Calcit u. Glimmer. Modale Zus. des Soevits: 88,3% Carbonat, 2,2% Glimmer, 0,9% Erz, 0,2% Apatit, 2,4% Diaspor (?). H. Moenke. 386□

Eine Untersuchung über salische Effusivgesteine. Katsutoshi Tanida. (Sci. Rep. Tôhoku Univ., Ser. III **7**, 47—100, 2 Tafeln, März 1961; engl.) — An Hand von chem. u. Röntgenanalysen des Sphäroliths der rhyolith. Lava der Kalk-Alkali-Gesteine von 4 Orten Japans ergab sich, daß die chem. Zus. des Sphäroliths nicht feststehend ist, sondern von der Zus. der entsprechenden Schmelze abhängt. Auf Grund der Röntgenanalyse sind die Begleitmineralien Cristobalit, Sanidin u. Anorthoklas. — 89 Literaturhinweise. A. Leibbrandt. 386□

Petrographie und Petrochemie der vulkanischen Gesteine der Quartärvulkane Nordostjapans. Yoshinori Kawano, Kenzo Yagi und Ken-ichiro Aoki. (Sci. Rep. Tôhoku Univ., Ser. III **7**, 1—46, März 1961; engl.) — Die Vulkanzone von Nasu

kann auf Grund der vulkan. Tätigkeit u. der petrograph. Besonderheiten in 2 Unterzonen eingeteilt werden, deren Gesteine im Gegensatz zu denjenigen der Vulkanzone von Chokai alkaliarm sind. Dies Anwachsen des Alkali-Geh. von Osten nach Westen wird in Nordostjapan ganz allg. beobachtet. Die petrochem. Besonderheiten werden durch Analysen von ca. 180 Gesteinsproben erläutert. Die Tholeiitreihe der Zone von Nasu ist am reichsten an FeO + Fe_2O_3 u. am ärmsten an Na_2O + K_2O, die Kalk–Alkali-Reihe der Zone von Chokai am ärmsten an FeO + Fe_2O_3 u. am reichsten an Alkalien. Das Verhältnis Fe_2O_3/FeO ist in der Tholeiitreihe geringer als in der Kalk–Alkali-Reihe. Bei den Tholeiitgesteinen der Zone von Nasu vergrößert sich das Verhältnis K_2O/Na_2O systemat. mit der Erhöhung des SiO_2-Geh., während bei den anderen Gesteinen keine ähnlichen Beziehungen vorliegen, wie aus den K_2O/Na_2O–SiO_2-Diagrammen hervorgeht.
A. Leibbrandt. 386□

Über die Herkunft der Kugellaven des südlichen Sichote-Alin. I. S. Burjanowa und M. A. Faworskaja. (Nachr. Akad. Wiss. UdSSR, geol. Ser. **26**, Nr. 12, 3—12, Dez. 1961; Moskau, Inst. für Geol. der Erzlagerstätten, für Petrograph. u. Geochem. der Akad. der Wiss. der UdSSR; russ.) — Die tert. effusiven Bldg. des Gebietes zeigen an relativ vielen Stellen Anhäufungen von erstarrten Kugellaven u. sphärolith. Laven. Die teils braunen Absonderungen bildeten sich bei der Seigerung des prim. gleichartigen Schmelzflusses. Diese Seigerungserscheinungen gehen wahrscheinlich bei der Kristallisation der sauren Laven bedeutend öfter vor sich, als im allg. angenommen wird.
M. Hähnert. 386□

Der devonische Vulkan Munglu (Zentralkasachstan). M. N. Schtscherbakowa. (Nachr. Moskauer Univ., Ser. IV **16**, Nr. 4, 12—18, Juli/Aug. 1961; Moskau, Lehrstuhl für histor. u. regionale Geol. der Univ.; russ.) — Das beschriebene Profil des Munglu (einer Gesamtmächtigkeit von 1240 m) zeigt von unten nach oben folgende Gesteinstypen: 1. Andesit–Basalt-Porphyrite (52,06% SiO_2); Plagioklas (Labrador 50), Pyroxen (Augit). 2. Andesit-Porphyrite (66,96% SiO_2) mit Zwischenlagen von Andesitbasalten u. Dacitporphyriten. 3. Agglomerattuffe u. Lavabreccien von Andesit-Porphyriten. 4. Tuffe dacit. Porphyrite mit Lapilli–Tuff-Linsen, die vulkan. Bomben enthalten. 5. Agglomerattuffe der Porphyrite mit Tuffit-, Andesit–Porphyrit-Zwischenlagen u. Linsen von Tuffkonglomeraten. 6. Tuffe dacit. Porphyrite. 7. Dacit. Porphyrite u. fluidale Tufflaven dacit. Zusammensetzung. Inmitten der Porphyrite wurden Lavafelder saurer Zus. (sphärolith. Liparitporphyrite) — typ. subvulkan. Bldg. — beobachtet.
M. Hähnert. 386□

Über die in der Spitze des Montagne-Pelee (Martinique) von 1902 eingeschlossenen Gase. Marcel Chaigneau und Maurice Debrune. (C. R. hebd. Séances Acad. Sci. **252**, 2427—29, 17/4. 1961; Paris, Fac. de Pharm., Labor. des Gaz du C.N.R.S.; franz.) — Durch Erhitzen im Vakuum bis auf 1000° bestimmten Vff. an pulverisierten Proben des obigen Eruptivgesteins die in ihnen eingeschlossenen Gase. Reichlich vorhanden waren SO_2, CO_2 u. CO, in geringeren Mengen CH_4, H_2 sowie (N_2 + *seltene Gase*).
C. Gottfried. 386

Ignimbrite in den basischen Rift-Vulkangesteinen Tanganyikas. D. A. Harkin und J. R. Harpum. (Nature [London] **193**, 57, 6/1. 1962; Dodoma, Tanganyika, Geol. Surv. Div., Ministry of Commerce and Ind.; engl.) — Vff. fanden Ignimbrite in den frühen Aktivitätsperioden der bas. Rift-Vulkane Tanganyikas. Das ist das erste Vork. dieser Gesteine in dieser anorogenet. Kontinentalprovinz. Vorläufige petrograph. u. chem. Unterss. speziell des Vork. des Elton-Plateaus ergaben, daß die Ignimbrite zu $^2/_3$—$^3/_4$ aus einer glasigen Masse bestehen, die z. T. Xenolithe, hauptsächlich aber Phonolithe enthält.
E. Schulte. 386□

Die Häufigkeit von Meteoritenfall im Lauf der Zeiten. Karl Utech. (Nature [London] **193**, 56—57, 6/1. 1962; Braunschweig, TH, Mineralog.-geolog. Inst.; engl.) — Bei detaillierter Unters. von Lehm- u. Bohrproben von nordwestdeutschen Erdöl-Vork. des unteren Trias wurden Sphärule in beträchtlicher Anzahl gefunden, deren kosm. Ursprung als gesichert angesehen wird. Sie weisen die gleiche Zus. (Hauptkomponenten: Magnetit u. ein Fe–Al-Silicat) wie die Sphärule des Sikhote-Alin-Meteoriten u. die in Tiefseesedimenten festgestellten Sphärule auf. Die Häufigkeit des Meteoritenfalls war im unteren Trias etwa gleichbleibend. Für andere geolog. Zeiten können noch keine Aussagen gemacht werden.
E. Schulte. 388□

Ursprung von ^{10}Be und ^{26}Al in Tektiten. R. D. Cherry und S. R. Taylor. (Geochim. cosmochim. Acta [London] **17**, 176—85, Nov. 1959; Cape Town, Univ., Dep. of Phys. and Dep. of Geol.; engl.) — Vgl. C. **1961**, 10876. — Möglicherweise können die von Ehmann u. Kohman (vgl. C. **1960**, 370) angegebenen Geh. an ^{10}Be u. ^{26}Al in Tektiten durch Ureys „Komet"-Hypothese erklärt werden. Auf Grund der Berechnungen wurde eine ähnliche ^{10}Be-Aktivität, wie sie Ehmann u. Mitarbeiter angaben, gefunden; die ^{26}Al-Aktivität war geringer. Es wird gezeigt, daß durch Mischen von 1 Teil Chondritsilicat, von dem angenommen wird, daß es das nichtflüchtige Kometmaterial darstellt u. radioakt. Nuclide enthält, mit 13 Teilen arkoseähnlichem Material die Gesamttektit-Zus. recht befriedigend wiedergegeben werden kann. E. Schulte. 388□

Lebensformen in kohlenstoffhaltigen Chondriten. Ronald Pearson. (Nature [London] **194,** 1064—65, 16/6. 1962; Liverpool, Univ., Dep. of Zool.; engl.) — Vf. diskutiert die Arbeiten von Nagy (vgl. C. **1962,** 13700) u. ist der Ansicht, daß, bevor nicht einige Fragen, wie z. B. die Verfestigungs-Temp. des Meteoriten, eindeutig geklärt sind, zunächst ird. Ursprung für die gefundenen organ. Strukturen angenommen werden sollte. E. Schulte. 388□

Identität organischer Partikel von Meteoriten. P. H. Gregory. (Nature [London] **194,** 1065, 16/6. 1962; Harperden, Herts., Rothamsted Exp. Stat.; engl.) — Vf. diskutiert die von Nagy u. Mitarbeitern (vgl. C. **1962,** 13700) veröffentlichten Abb. organ. Strukturen u. gibt weitere Interpretationsmöglichkeiten an. E. Schulte. 388□

Weitere Lebensformen im Orgueil-Meteoriten. P. Palik. (Nature [London] **194,** 1065, 16/6. 1962; Budapest, Eötvös Lorand Univ., Microbiol. Inst.; engl.) — In einer Probe des Orgueil-Meteoriten wurden unter sterilen Bedingungen mkr. Formen gefunden, die möglicherweise auf dem Meteoriten einheim. sind. Es handelt sich um 6 verschiedene fadenförmige Gebilde, die Algen zugeordnet werden. E. Schulte. 388□

Uranhaltige organische Mineralvorkommen. A. M. Abdel-Gawad und Paul F. Kerr. (Amer. Mineralogist **46,** 402—19, März/April 1961; New York, N.Y., Columbia Univ.; engl.) — Harter Asphalt (I) u. das Uransilicat *Coffinit* (II) kommen häufig vergesellschaftet vor. Aus IR-, DTA- u. Röntgen-Unterss. an vorerhitztem **I** u. **II** wird auf eine gemeinsame hydrothermale Bldg. bei Temp. zwischen 200 u. 300° geschlossen. Walter Franke. 390□

Die Anwendung radioaktiver Isotope in der Hydrologie. H. Moser und W. Rauert. (Atomkernenergie **5,** 419—25, Nov. 1960; München, Forschungsstelle für Radiohydronomie; dt.) — Die beiden Nachw.-Meth. — die Entnahme von Wasserproben mit nachfolgender Extraktion u. Messung des Indicators (^{131}J) sowie die Direktmessung des Indicators in der Strömung — werden beschrieben u. einander gegenübergestellt. Die Nachw.-Empfindlichkeit bei Direktmessung mit einem Scintillationszähler beträgt optimal ca. $5 \cdot 10^8$ Imp./min pro $\mu c/cm^3$; diese Nachw.-Empfindlichkeit wird beim Proben-Verf. mit 3,5-Liter-Proben erreicht. Gerhard Schmidt. 393◇

Intensität der Schwefelwasserstoffbildung in einigen Böden am Ufer des Barent-Sees. M. W. Iwanow und W. N. Ryshowa. (Ber. Akad. Wiss. UdSSR **130,** 187—88, 1/1. 1960; Inst. für Mikrobiol. der Akad. der Wiss. der UdSSR; russ.) — Bis zu 24,26 mg H_2S/kg Boden werden pro Tag gebildet. Ch. Weiske. 393◇

Kupfer, Blei und Zink in den Flüssen der chilenischen Anden. Ann Degrys. (Econ. Geol. **56,** 1456—64, Dez. 1961; Santiago, Chile, Univ., Inst. de Geofis. y Sismol.; engl.) — In den Sedimenten der Flüsse der chilen. Anden wurde der Cu-, Pb- u. Zn-Geh. u. in Wasserproben der Cu-Geh. bestimmt. In dem Cachapoal-Tinguiririca-Teno-Gebiet treten hohe Cu-Geh., in dem Chillan-Gebiet hohe Pb-Geh. u. in den Osorno- u. Lakes-Gebieten hohe Cu-Geh. neben gelegentlich ebensolchen Pb-Geh. auf. Die Cu-Geh. in letzterem stammen aus den basalt. Laven. Einige Flüsse führen Sedimente mit höheren Zn-Geh., die aber stets mit höheren Pb- oder Cu-Geh. gekoppelt sind. F. Ensslin. 393□

Mineralwässer Sardiniens. 1. Mitt. P. Bionducci und A. Rattu (unter Mitarbeit von M. Massacesi und N. Serra). (Rend. Seminario Fac. Sci. Univ. Cagliari **30,** 1—40, 1960; Cagliari, Univ., Ist. di Chim. gen.; ital.) — Übersicht über un-, halb- u. permeable Böden u. deren Verteilung in Sardinien. Chem. Zus. u. chem.-analyt. Unterss. der Mineralquellwässer von „Abbarghente Romana", „S. Antonio" Aritzo, „Sa Mitza de Battista" (Burcei), „Is Benas" (Ales), „Sa Mitza Migheli" (Siliqua) u. „Sa Bobolica" (Paulilatino) u. Thermalquellwässer von Benetutti u. Villasor (Analysenwerte u. Klassifikation). G. Platzer. 393□

Natur der Kerntrümmer im Meerwasser. E. C. Freiling und N. E. Ballou. (Nature [London] **195,** 1283—88, 29/9. 1962; San Francisco, Calif., U. S. Naval Radiolog. Defense Labor.; engl.) — Best. der Natur der radioakt. Kontaminanten bei Kernexplosionen über u. unter der Meeresoberfläche. Gerhard Schmidt. 396□

Radiochemische Untersuchungen von radioaktiv kontaminierten Fischen. Takanobu Shiokawa, Tomihisa Kambara, Shigemi Kokudai, Fujio Yomo und Kinjiro Kojima. (Res. Effects Influences Nuclear Bomb Test Explosions **1,** 561—66, 1956; Shizuoka, Univ., School of Chem.; engl.) P. Golinske. 396□

Radioaktive Substanzen, die auf kontaminierten Fischen gefunden wurden. Toshiyasu Kiba, Shigeru Ohashi, Muraji Shibata und Tada-aki Minabe.

(Res. Effects Influences nuclear Bomb Test Explosions **1**, 537—44, 1956; Kanazawa, Univ., Fac. of Sci., Dep. of Chem.; engl.) P. Golinske. 396□

Radiochemische Interpretation des radioaktiven Fallout bei Nagasaki. Kenjiro Kimura, Eiiti Minami, Nobufusa Saito, Yukiyoshi Sasaki und Nobuhide Kokubu. (Res. Effects Influences nuclear Bomb Test Explosions **1**, 529—36, 1956; Tokyo, Univ., Fac. of Sci., Dep. of Chem.; Kyushu Univ., Fac. of Sci., Dep. of Chem.; engl.) P. Golinske. 396□

Radiochemische Untersuchungen von Regenwasser und radioaktivem Staub, der im Shizuoka-Distrikt gefallen ist. Takanobu Shiokawa, Masuo Yagi und Yoshiyasu Matsuoka. (Res. Effects Influences nuclear Bomb Test Explosions **1**, 245—53, 1956; Shizuoka, Univ., School of Chem.; engl.) P. Golinske. 396□

Radiochemische Analyse des Staubes des thermonuklearen Tests vom 1. März 1954. Hideo Yamatera, Ichiro Kudo, Tetsuo Miwa, Masayasu Mori, Seiichi Kanda, Yasushi Nishiwaki, Hiroshi Kawai, Atsushi Hyono und Gen-ichi Tanaka. (Res. Effects Influences nuclear Bomb Test Explosions **1**, 575—81, 1956; Osaka City, Univ., Inst. of Polytechn.; Osaka City, Univ., School of Med.; engl.) P. Golinske. 396□

Satellitenbeobachtungen des Flusses energetischer Teilchen aus der in großer Höhe erfolgten Kernexplosion vom 9. Juli 1962. A. C. Durney, H. Elliot, R. J. Hynds und J. J. Quenby. (Nature [London] **195**, 1245—48, 29/9. 1962; London, Imp. Coll. of Sci. and Technol.; engl.) — Mitt. der Ergebnisse aus einer vorläufigen Analyse der Daten über den Teilchenfluß. Gerhard Schmidt. 396□

Granulometrische Verteilung der Radioaktivität der natürlichen Aerosole. Jean Bricard, Jacques Pradel und André Renoux. (C. R. hebd. Séances Acad. Sci. **253**, 1476—78, 2/10. 1961; Paris, Fac. des Sci.; Commiss. a l'Énergie Atom.; franz.) — 15 m über dem Erdboden wurde Luft durch Röhren u. Papier gesogen u. der Anteil der kleinen u. großen Ionen an der Radioaktivität bestimmt. In der Untermikronfraktion wurden elektr. neutrale Teilchen von den gleichen Dimensionen wie die großen Ionen gefunden, die ca. $^1/_3$ der Radioaktivität der Luft tragen. M. Wiedemann. 396□

Bestimmung der lufttransportierten Spaltprodukt-Radioaktivität mittels Gammastrahlen-Spektrometrie. P. F. Gustafson, S. S. Brar und U. C. Mishra. (Nature [London] **195**, 557—59, 11/8. 1962; Argonne, Ill., Argonne Nat. Labor., Div. of Biol. and Med. Res.; engl.) — Es wird ein Verf. zur schnellen Best. der lufttransportierten Spaltprodd. in einem Luftfilter beschrieben, das auf γ-Spektrometrie beruht. Die auf die Tochtersubstanzen von Rn u. Thoron zurückzuführende Aktivität wird durch Messungen der γ-Aktivität innerhalb bestimmter Energien ermittelt u. in Rechnung gesetzt. Die Ergebnisse der Messungen von September 1961 bis Januar 1962 sind graph. dargestellt. Die mittlere Aktivität innerhalb dieser Zeit betrug 3—4 $\mu\mu c/cm^3$ Luft für die Spaltprodd. u. 0,5—12 $\mu\mu c/cm^3$ für die Tochtersubstanzen von Rn u. Thoron bei Messungen, die 20 Min. nach der Filterabnahme erfolgten. Nach einem analogen Verf. wurde die auf ^{140}Ba beruhende Aktivität ermittelt u. hieraus Rückschlüsse auf das nicht erfaßbare ^{131}J gezogen. E. Schiewer. 396□

Die Ablagerung von Strontium-90 am Erdboden. W. Häußermann und W. Morgenstern. (Atompraxis **8**, 37—40, Febr. 1962; Stuttgart, Landwirtsch. Hochsch., Inst. für Phys. u. Meteorolog.; dt.) — Zur Unters. der Abscheidungsvorgänge von Spaltprodd. aus der Atmosphäre werden seit 1958 Messungen der langlebigen Radioaktivität der bodennahen Luftschichten u. des Nd. durchgeführt. Nach Beendigung der Kernwaffen-Verss. im Herbst 1958 hat seit Mitte 1959 der Geh. der Atmosphäre an Spaltprodd. u. damit auch an ^{90}Sr allg. stark abgenommen. Dieser starke Rückgang ist aber nur z. T. auf den Ausfall der Aktivitätsträger aus der Atmosphäre zurückzuführen u. wird im wesentlichen durch den im Spaltprod.-Gemisch enthaltenen hohen Anteil an Nucliden, deren Halbwertszeit um Größenordnungen kleiner als die mittlere Verweilzeit der Aktivitätsträger in der Atmosphäre ist, verursacht. Gerhard Schmidt. 396◇

B. Allgemeine und theoretische organische Chemie

Zuordnung der Kippschwingungen des Vinylfluorids. J. R. Scherer und W. J. Potts. (J. chem. Physics **31**, 1691—92, Dez. 1959; Midland, Mich., Dow Chem. Co., Spectroscopy Labor.; engl.) — Mit Hilfe bekannter IR-Daten für *Vinylfluorid* (I) u. seine D-Analoga (vgl. Bak u. Christensen, C. **1962**, 14810) wird durch Normalkoordinatenanalyse eine neue Zuordnung der nichtebenen Frequenzen von **I** festgelegt. Statt der von den vorst. Autoren angenommenen ν_5 bei 844 cm^{-1} (als Überlagerung von cis- u. trans-CHD=CDF) wird jetzt 824 cm^{-1} als ν_5 für trans-CHD=CDF berechnet. Demgemäß mußte die umstrittene nichtebene Deformationsfrequenz von I bei 931 ± 2 cm^{-1} statt bei 940 cm^{-1} liegen, wo sie in Gasspektren neben der ebenen Deformationsfrequenz bei 929 cm^{-1} jedoch nicht aufzufinden ist. Volkmar Schmidt. B 114◇

Intensitäten von Infrarotbanden der Hydroperoxidgruppe. L. A. Gribow und A. W. Karjakin. (Optik u. Spektroskopie [UdSSR] 9, 666—68, Nov. 1960; russ.) — Vgl. Kowner u. Mitarbeiter, C. **1962**, 16260. — Vff. berechnen Frequenzen, Formen u. Atomverschiebungen der Schwingungen der C—OOH-Gruppe. Mit den erhaltenen Daten wird näherungsweise die Intensitätsverteilung im IR-Spektrum der C—OOH-Gruppe berechnet, die gut mit der im IR-Spektrum von *Isopropylbenzolhydroperoxid* beobachteten übereinstimmt. Die Schwingungen mit den Frequenzen 1322 (Änderung des Winkels OOH) u. die νOH bei 3450 cm^{-1} sind charakterist. für diese Gruppe. Die Intensität der anderen Schwingungen (1155, 883, 835 u. 588 cm^{-1}) ist weniger charakterist. u. ändert sich in Abhängigkeit von dem Mol.-Rest. U.-L. Rau. B 114◇

Die Änderung von Infrarotschwingungsfrequenzen mit dem Lösungsmittel. A. D. E. Pullin. (Spectrochim. Acta [London] **13**, 125—38, Nov. 1958; Belfast, Queen's Univ., Chem. Dep.; engl.) — Die Änderung der Schwingungsfrequenz eines gelösten Mol. in Abhängigkeit von der Natur des Lsgm. wird vom Standpunkt einer einfachen dielektr. Theorie her behandelt. Berechnungen für $\Delta\nu$ von *Aceton* in einigen Lösungsmitteln. W. Schramm. B 114◇

Elektronenspektren von m-Chlorphenol und o-Bromanisol in verschiedenen Aggregatzuständen. T. N. Misra und S. B. Banerjee. (Indian J. Physics Proc. Indian Assoc. Cultivat. Sci. **35** (**44**), 203—10, April 1961; Calcutta, Indian Assoc. for the Cultivat. of Sci., Optics Dep.; engl.) — Die UV-Spektren von *m-Chlorphenol* (**I**) u. *o-Bromanisol* (**II**) im gasförmigen, fl. u. festen Zustand werden untersucht. Gasförmiges **I** zeigt gegen 50 scharfe Banden, der 0, 0-Bande wird die intensivste Bande des längerwelligen Bereiches bei 35761 cm^{-1} zugeschrieben. Die übrigen Banden werden in Übereinstimmung mit dem Raman-Spektrum Schwingungsfrequenzen im Grundzustand u. im Anregungszustand zugeordnet. Bei fl. **I** erscheinen 3 breite Banden, wobei die bei 35508 der im Vgl. zu gasförmigem **I** durch H-Brückenbindung nach niedriger Frequenz verschobenen 0,0-Bande zugeordnet wird. Beim Übergang zu festem **I** werden bis zu -180^0 keine wesentlichen Änderungen im Spektrum beobachtet. Gasförmiges **II** zeigt 17 Banden mit der 0, 0-Bande bei 35615 cm^{-1}. Die übrigen Banden werden Schwingungsfrequenzen im Grundzustand u. im Anregungszustand zugeordnet. Bei fl. **II** erscheinen 4 breite Banden; festes **II** zeigt bei -180^0 3 breite Banden. Die große Bandenbreite wird bei der Fl. durch v → v-Übergang u. Schwankungen des zwischenmol. Feldes erklärt. Im festen Zustand führt die Wechselwrkg. der permanenten Dipole von Nachbar-Moll. mit dem Übergangsmoment des angeregten Mol. zur beobachteten Bandenverbreiterung. U.-L. Rau. B 118□

„Peri-Effekt" und Absorptionsspektren von einigen Substitutionsprodukten der S-[α-Naphthyl]-thioglykolsäure. G. M. Okssengendler und E. P. Gendrikow. (J. allg. Chem. [UdSSR] **29** (**91**), 3898—3901, Dez. 1959; russ.) — Es wurden *S-[Naphthyl-(1)]-thioglykolsäure* u. die *4-, 5-* u. *8-Halogen-* u. *-Methoxy-Derivv.* sowie das *8-Carboxy-Deriv.* synthetisiert u. die Absorptionsspektren im Bereich 200—360 mμ aufgenommen. Die peri-Isomeren haben im Vgl. mit den übrigen Verbb. eine tiefere Farbe u. einen größeren Extinktionskoeffizienten. Der „peri-Effekt" wird durch gegenseitige Beeinflussung bzw. Durchdringung der nichtgebundenen äußeren Elektronen der 1- u. 8-ständigen Atome bzw. Gruppen erklärt.

Versuche: *S-[Naphthyl-(1)]-thioglykolsäure, 8-Chlor-*, F. 160—161° (Chlorbenzol). — *4-Chlor-*, $C_{12}H_9ClO_2S$, F. 127,5—128,5° (viel W.), man red. 4-Chlornaphthalin-1-sulfochlorid mit Zn/H_2SO_4 zum Thiol u. kondensiert mit Chloressigsäure (**I**). — *5-Chlor-*, $C_{12}H_9ClO_2S$, F. 157—157,8° (W.), aus 5-Aminonaphthalin-1-sulfonsäure (**II**). — *5-Brom-*, $C_{12}H_9BrO_2S$, F. 233—234° (W.), aus **II**. — *8-Brom-*, $C_{12}H_9BrO_2S$, F. 137,5—138,5° (Chlorbenzol), aus 1-Amino-8-mercaptonaphthalin. — *4-Methoxy-*, $C_{13}H_{12}O_3S$, F. 115 bis 116° (W.), aus 1-Hydroxynaphthalin-4-sulfonsäure durch Rk. mit Dimethylsulfat u. PCl_5 über *1-Methoxynaphthalin-4-sulfochlorid* ($C_{11}H_9ClO_3S$, F. 96—97°, aus Bzl.), dessen Red. mit Zn u. Kondens. mit **I**. — *5-Methoxy-*, $C_{13}H_{12}O_3S$, F. 160,5—161,5° (W.), aus 1-Hydroxynaphthalin-5-sulfonsäure. — *8-Methoxy-*, $C_{13}H_{12}O_3S$, F. 137,5—138° (W.), aus 1-Hydroxynaphthalin-8-sulfonsäure. Helmut Schäfer. B 118△

Berechnung von Druckverschiebungen optischer Absorptionsspektren aus Messungen in Lösungsmitteln. W. W. Robertson und A. D. King jun. (J. chem. Physics **34**, 1511—15, Mai 1961; Austin, Tex., Univ. of Texas, Dep. of Phys.; engl.) — In einer Reihe von polaren u. nichtpolaren Lsgm. sowie in Pentan u. A. wurden bei einem hydrostat. Druck bis zu 5000 atm Frequenzverschiebungen in den Absorptionsspektren polarer u. nichtpolarer absorbierender Stoffe, wie *Naphthalin, Naphthacen* u. *Azulen* beobachtet. Den Berechnungen liegt eine abgewandelte Form der McRae-Gleichung zugrunde, indem Frequenzverschiebungen mit Hilfe einer kombinierten Debye-Lorentz-Lorenz-Gleichung durch Änderungen der Lsgm.-Dichte ausgedrückt werden. Unter der Annahme, daß der Eigenvol.-Bedarf der absorbierenden Verb. unabhängig von der Lsgm.-Dichte ist, lassen sich Frequenzverschiebungen mit steigendem hydrostat. Druck innerhalb der experimentellen Fehlergrenzen aus den Änderungen der Lsgm.-Eigg. berechnen. D. Noack. B 118◇

Reduktionspotentiale und intermolekulare Ladungsübertragungsspektren von organischen Acceptormolekülen. 1. Mitt. **Chinone.** M. E. Peover (unter Mitarbeit von J. D. Davies). (Trans. Faraday Soc. **58**, 1656—60, Aug. 1962; Teddington, Middlesex, Nat. Chem. Labor.; engl.) — Vf. untersuchte für die *Komplexe* von *Anthrachinon-(9.10) 1-Hydroxy-, 1.8-Dihydroxyanthrachinon-(9.10), Naphthochinon-(1.4), 2-, 5-Hydroxynaphthochinon-(1.4), Phenanthrenchinon-(9.10), p-Benzochinon, Methyl-, 2.5-Dimethyl-, Chlor-, 2.6-, 2.5-Dichlor-, Tri-, Tetrachlor-, Tetrabrom-* u. *2.3-Dichlor-5.6-dicyan-p-benzochinon* mit jeweils *Hexamethylbenzol* (**I**), *Pyren* (**II**) u. *Tetramethyl-p-phenylendiamin* (**III**) als Elektronendonatoren die Änderung der Frequenz des längstwelligen Absorptionsmaximums ν_{CT} (in eV; gemessen in CH_2Cl_2) in Abhängigkeit vom reversiblen Einelektron–Halbstufen-Red.-Potential E_1 (gemessen in OH-freien Lsgm.: Acetonitril, z. T. Dimethylformamid) der Chinone. Hiernach zeigt ν_{CT} der Komplexe lineare Abhängigkeit von E_1, wobei für die **I**- u. **III**-Komplexe die Steigung der Geraden ca. 1, für die **II**-Komplexe 1,26 beträgt. Unter Berücksichtigung der abgeschätzten Beiträge der Solvatationsenergie zu E_1 werden die wahrscheinlichen Unter- u. Obergrenzen für die Elektronenaffinität (EA) der Chinone berechnet u. angegeben. Die Hydroxychinone haben gegenüber den Grundsubstanzen erhöhte E_1-Werte, u. die Lage der ν_{CT} stimmt damit überein. Die sich daraus ergebenden größeren EA werden intramol. H-Brücken zugeschrieben. J. Richter. B 118◇

Luminescenz von Lösungen und Pulvern des Chrysens bei 77° K. R. N. Nurmuchametow, Je. G. Popowa und N. Ss. Dokunichin. (Optik u. Spektroskopie [UdSSR] **9**, 593—600, Nov. 1960; russ.) — Die Fluorescenz- u. Phosphorescenzspektren der Lsgg. von *Chrysen* (**I**, F. 253 ± 0,5°) in Heptan u. Octan bei 77° K wurden aufgenommen. Die gemessenen Frequenzen u. Intensitäten werden mit einer Interpretation der Spektren tabellar. angegeben. Beim Umkristallisieren von **I** aus Chlorbenzol oder Butanol wurden 2 verschiedene kristalline Proben (**Ia** bzw. **Ib**) erhalten. Das Fluorescenzspektrum von **Ia** bei 77° K zeigt eine klar ausgeprägte Struktur u. enthält mehr als 20 breite Banden, während das von **Ib** aus 4 breiten Banden besteht. Nach der röntgenograph. Analyse besteht **Ia** aus größeren gleichmäßigen Kristallen (Größenordnung 10^{-3} bis 10^{-4} cm) u. **Ib** im Vgl. dazu aus sehr fein dispersen Kristallen. Daraus folgt, daß, je größer u. gleichmäßiger der Kristall ist, sein Spektrum um so stärker ausgeprägte Struktur besitzt. Bei **Ib** führen Deformationen u. Oberflächenspannungen zur Anregung u. Störung der Elektronenniveaus des Mol., wobei davon nicht nur die äußeren (verbreiterte Spektren), sondern auch die inneren (Verbreiterung der Interferenzringe im Debye-Diagramm) Niveaus betroffen werden. Frequenzen, Intensitäten u. Interpretation des Fluorescenz- u. Absorptionsspektrums von kristallinem **Ia** wird tabellar. angegeben. U.-L. Rau. B 118◇

Untersuchungen auf dem Gebiet der Alkylierung von Furan mit Olefinen. 2. Mitt. **Über die Größe des Inkrementes der Molekularrefraktion von Mono- und Polyalkylfuranen.** Ss. A. Giller und A. E. Bersin. (Nachr. Akad. Wiss. LettSSR **1959**, Nr. 5, 109—14; Inst. für organ. Synth. der Akad. der Wiss. der LettSSR; russ., Auszug: engl.) — 1. vgl. Nachr. Akad. Wiss. LettSSR **1958**, 71. — Durch Acetylierung von Furan u. 2.5-Dimethylfuran u. Red. der Acetyl-Prodd. nach Kishner wurden *2-Äthyl-* (**I**), *2.5-Diäthyl-* (**II**) u. *2.5-Dimethyl-3-äthylfuran* (**III**) dargestellt. Die experimentell ermittelten Werte für die Mol.-Refr. von **I, II, III**, *2.3.5-Triäthyl-* u. *2.3.4.5-Tetraäthylfuran* stimmen mit den berechneten Werten überein, wenn man zu den Atomrefraktionen das für Furan charakterist. Inkrement nicht hinzuzählt.

Versuche: *2-Acetylfuran*, Kp.$_2$ 41—42°, F. 30°; n_D^{20} 1,5015. — *2-Äthylfuran* (**I**), Kp. 88—90°, aus vorst. Verb. nach Kishner; $D._4^{20}$ 0,8910; n_D^{20} 1,4440; 62% (Ausbeute). *Addukt mit Maleinsäureanhydrid*, $C_{10}H_{10}O_4$, F. 97° (Butylacetat). — *2-Äthyl-5-chlormercurifuran*, C_6H_7ClHgO, F. 109°, aus **I**. — *2-Äthyl-5-acetylfuran* (**IV**), Kp.$_2$ 55 bis 60°, man gibt zu 20 g **I** u. 20,4 g Acetanhydrid bei 0° 2,8 g BF_3-Ätherat u. rührt 1/4 Std.; 40%. *Semicarbazon*, $C_9H_{13}N_3O_2$, F. 125—127°. *Hydrazon*, $C_8H_{12}N_2O$, Kp.$_1$ 135 bis 140°; n_D^{20} 1,5425; 87%. — *2.5-Diäthylfuran* (**II**), Kp. 105—110°, durch Erhitzen von **IV**-Hydrazon mit KOH auf 200°; $D._4^{20}$ 0,8890; n_D^{20} 1,4700; 45%. *Addukt mit Maleinsäureanhydrid*, $C_{12}H_{14}O_4$, F. 118°. — *2.5-Dimethylfuran*, Kp. 91°; $D._4^{20}$ 0,9002;

n_D^{20} 1,4470. — *2.5-Dimethyl-3-acetylfuran* (V), $Kp._5$ 161°, aus vorst. Verb.; 75%. *Semicarbazon*, $C_9H_{13}N_3O_2$, F. 130°. *Hydrazon*, $C_8H_{12}N_2O$, $Kp._{10}$ 130°; 90%. — *2.5-Dimethyl-3-äthylfuran* (III), Kp. 130°, aus V-Hydrazon; $D._4^{20}$ 0,8990; n_D^{20} 1,4622; 77%. — *2.3.5-Triäthylfuran*, Kp. 110—111°; $D._4^{20}$ 0,9090; n_D^{20} 1,4830. — *2.3.4.5-Tetraäthylfuran*, $Kp._{11}$ 60°; $D._4^{20}$ 1,0324; n_D^{20} 1,4970. Helmut Schäfer. B 119△

Reaktionen in Stellung 1 von Kohlenhydraten. 2. Mitt. Die Änderung der optischen Drehung einiger Arylglucoside mit der Temperatur. B. Capon, W. G. Overend und M. Sobell. (J. chem. Soc. [London] **1961**, 5172—76, Dez.; London, Birkbeck Coll.; engl.) — 1. vgl. J. chem. Soc. [London] **1961**, 3487. — Der Temp.-Koeff. (TK) der opt. Drehung (D-Linie) folgender o-substituierter Aryl-D-glucopyranoside u. Aryltetraacetyl-D-glucopyranoside wurde gemessen: (Drehwerte in Chlf.) *o-Nitrophenyl-* (I; F. 159 bis 161°; $[\alpha]_D$ +43,2° (Drehwerte in W.)], *o-Chlorphenyl-* (F. 149—151°; $[\alpha]_D$ —50,2° c = 1,02), *o-Bromphenyl-* (F. 149—151°; $[\alpha]_D$ —53,7°, c = 0,0), *o-Jodphenyl-* (F. 159 bis 161°; $[\alpha]_D$ —57,4°, c = 1,0), *Naphthyl-(1)-* (F. 177—178°; $[\alpha]_D$ —76,4°, c = 0,5), *o-Acetylphenyl-* (F. 150—152°; $[\alpha]_D$ —49,9°, c = 0,97), *o-Methoxycarbonylphenyl-* (F. 158—159°; $[\alpha]_D$ —31,1°, c = 1,0), *2.6-Dibromphenyl-* (F. 132—134°; $[\alpha]_D$ —8,0°, c = 1,0), *Phenyl-* (F. 125—126°; $[\alpha]_D$ —22,5°, c = 1,0), *Naphthyl-(2)-* (F. 134—135°; $[\alpha]_D$ —20,2°, c = 3,0) u. *m-Chlorphenyl-2.3.4.6-tetra-O-acetyl-β-D-glucopyranosid* (F. 112 bis 114°; $[\alpha]_D$ —21,8°, c = 1,1); (Drehwerte in W.): *p-Nitrophenyl-* (F. 213—215°; $[\alpha]_D$ +222°, c = 0,42) u. *o-Nitrophenyl-α-D-glucopyranosid* (II, F. 184—186°; $[\alpha]_D$ +228°, c = 0,46), *Phenyl-* (F. 172—173°; $[\alpha]_D$ —73,7°, c = 0,92), *p-Bromphenyl-* (wasserfrei, F. 179—181°; $[\alpha]_D$ —69,9° (c = 1,0), *m-Chlorphenyl-* (wasserfrei, F. 179 bis 181°; $[\alpha]_D$ —85°, c = 0,5), *o-Nitrophenyl-* (III, F. 169—171°; $[\alpha]_D$ —116°, c = 0,64), *o-Aminophenyl-* (F. 174—176°; $[\alpha]_D$ —70,3°, c = 0,93), *o-Chlorphenyl-* (F. 170—171°; $[\alpha]_D$ —80,7°, c = 0,63), *o-Bromphenyl-* (F. 149—150°; $[\alpha]_D$ —65°, c = 0,9), *o-Jodphenyl-* (F. 162—163°; $[\alpha]_D$ —58,5°, c = 1,1), *Naphthyl-(1)-* (F. 174—175°; $[\alpha]_D$ —94,3°, c = 0,68), *o-Acetylphenyl-* (F. 152—153°; $[\alpha]_D$ —66°, c = 0,98), *o-Methoxycarbonylphenyl-* (F. 106 bis 108°; $[\alpha]_D$ —67,7°, c = 0,89), *2.6-Dibromphenyl-* (F. 176—178°; $[\alpha]_D$ —2,0°, c = 0,5 in 96% ig. A.) u. *Naphthyl-(2)-β-D-glucopyranosid* (wasserfrei, F. 191—192°; —77,3°, c = 0,73 in 96% ig. A.). Mit Ausnahme der o-Nitrophenyl-Derivv. I, II u. III zeigen alle Verbb. einen nur sehr kleinen, fast immer positiven TK der opt. Drehung. Rein ster. Einfl. scheiden als Ursache für das anomale Verh. von I, II u. III aus, da bei Ersatz der NO_2-Gruppe durch andere große Substituenten der hohe TK verschwindet. Vff. diskutieren die Möglichkeit einer Wechselwrkg. zwischen dem NO-Dipol u. dem Kohlenhydrat, die bei Beteiligung des CO-Dipols einer Acetatgruppe als Abstoßung, bei Beteiligung der OH-Gruppe als Anziehung anzunehmen ist. Dementsprechend wird bei III ein positiver, bei der acetylierten Verb. I ein negativer TK gefunden. — Die Aryltetra-O-acetyl-β-D-glucopyranoside wurden entweder aus Tetra-O-acetyl-α-D-glucopyranosylbromid u. dem entsprechenden Phenol in wasserfreiem Aceton mit einem Überschuß von K_2CO_3 bzw. in Chinolin mit Ag_2O oder durch Erhitzen von Penta-O-acetyl-β-D-glucopyranose (IV) mit einem Phenol u. Toluolsulfonsäure auf 110° bei 15 mm Druck hergestellt. Außer vorst. Verbb. wurde so erhalten *o-tert.-Butylphenyl-2.3.4.6-tetra-O-acetyl-β-D-glucosid* (F. 189—191°; $[\alpha]_D^{23}$ —34,7°, c = 0,98 in Chlf.), während die analoge *o-Aminophenyl-Verb.* (F. 131—133°; $[\alpha]_D^{21}$ —34,1°, c = 1,1 in CH_3OH bzw. —26,9°, c = 1,0 in Chlf.) aus der Nitro-Verb. durch Red. mit H_2/Raney-Ni synthetisiert wurde. *o-Nitrophenyl-* (F. 101—103°; $[\alpha]_D^{20}$ +178°, c = 0,49 in Chlf.) u. *p-Nitrophenyl-2.3.4.6-tetra-O-acetyl-α-D-glucosid* wurden aus IV durch Erhitzen mit dem Nitrophenol in Essigsäure/Acetanhydrid mit $ZnCl_2$ auf 125° im Vakuum dargestellt. Die Aryl-D-glucopyranoside konnten aus den Tetra-o-acetyl-Derivv. durch Desacetylierung nach Zemplén-Pascu gewonnen werden. E. Moisar. B 119□

Infrarotbandenkonturen und Rotationsfreiheit von Methylbromid, das an porösem Glas adsorbiert ist. N. Sheppard, M.-V. Mathieu und D. J. C. Yates. (Z. Elektrochem., Ber. Bunsenges. physik. Chem. **64**, 734—37, 1960; Cambridge, Univ., Chem. Labor., Dep. of Colloid Sci.; engl.) — Es werden bei ca. 78 u. 293° K die IR-Banden ν_1 (Parallelbande) u. ν_4 (Senkrechtbande) sowie 2 ν_5 von *Methylbromid* (I) untersucht, das an porösem Glas (Oberflächenbedeckung ca. 0,5) adsorbiert ist. Die Banden der Oberflächen-OH-Gruppen werden bei der Adsorption nach kleineren Wellenzahlen hin verbreitert, ihre integrale Intensität nimmt zu. Es liegt zweifellos Wechselwrkg. zwischen dem Br-Atom von I u. den OH-Gruppen vor. Beim Übergang vom gasförmigen zum adsorbierten Zustand bei Raum-Temp. verlieren ν_1 (ca. 2970) u. 2 ν_5 (ca. 2850) ihre Dublettstruktur u. werden schärfer. Die freie Rotation um die zur 3zähligen Achse senkrechten Achsen ist in adsorbiertem Zustand also aufgehoben, wahrscheinlich als Folge von H-Brückenbindung zur Oberfläche. Dagegen behält ν_4 (ca. 3060) in adsorbiertem Zustand bei Raum-Temp. die Halbwertsbreite der der Gasphase bei, bei tiefen

Temp. wird ν_4 jedoch erheblich schärfer. Dieses Verh. deutet auf freie Rotation um die 3zählige Achse hin. Das Verh. stimmt jedoch nicht mit einer Hypothese überein, die die Halbwertsbreite von ν_4 bei Raum-Temp. mit einer teilweisen Aufhebung der Schwingungsentartung erklärt. Volkmar Schmidt. B 120◇

Der 1. Oberton der CH-Spreizschwingung des Chloroforms: Intensitätszunahme durch Wasserstoffbrückenbindungen. Warren E. Thompson und George C. Pimentel. (Z. Elektrochem., Ber. Bunsenges. physik. Chem. **64**, 748—53, 1960; Berkeley, Calif., Univ., Dep. of Chem.; engl.) — Gemische von *Chlf.*- u. *Triäthylamin* (I)-Dampf in verschiedenen Mischungsverhältnissen werden bei 77 u. 20° K eingefroren; die IR-Spektren dieser Gemische sowie der reinen festen Verbb. werden auf CsBr-Scheiben aufgenommen. In den Spektren der Gemische ist die ν(CH) von Chlf. nach 2850 (cm^{-1}) verschoben, zusätzlich erscheint eine neue starke Bande bei 2528, die in den Spektren der reinen Festkörper fehlt. Im Gemisch $CDCl_3$–I ist diese Bande nach 1880 verschoben. Die Bande bei ca. 2500 wird auch in anderen Gemischen von Chlf. beobachtet, so mit *Aceton*, *Ae.* u. *CCl_4*. Diese Bande läßt sich nicht mit einer Potentialfunktion mit Doppelminimum der ν(CH) von durch H-Brücken gebundenem Chlf. erklären. Wahrscheinlicher ist die Deutung als Oberton 2 ν_4; auffallend ist jedoch dann die hohe Intensität, vergleichbar der einer Grundschwingung. Vff. erklären dies mit einem besonderen H-Brückeneffekt, der auf Änderung der Dipol-Eigg. der CH-Bindung beruht.
Volkmar Schmidt. B 120◇

Infrarotspektrum und Zuordnung der Grundschwingungsfrequenzen für Trifluormethanthiol (CF_3SH). R. E. Dininny und E. L. Pace. (J. chem. Physics **31**, 1630—32, Dez. 1959; Cleveland, Ohio, Western Reserve Univ., Morley Chem. Labor.; engl.) — Es wird das IR-Spektrum von gasförmigem *Trifluormethanthiol* (I) im Bereich 3—22 μ bei einem Druck zwischen 5 u. 700 mm Hg aufgenommen. Durch Vgl. mit den Spektren des Methylmercaptans u. des isoelektron. Trifluormethylchlorids wird die Zuordnung der Grund- u. einiger Ober- u. Kombinationsschwingungen aufgestellt. Die Torsionsfrequenz ν_8 konnte nicht beobachtet werden. Das I-Mol. ist wie CH_3OH u. $CH_3 \cdot SH$ ein nahezu symm. Kreisel. Mit Hilfe der berechneten Trägheitsmomente $I_A = 157{,}2 \cdot 10^{-40}$ u. $I_C = 263{,}5 \cdot 10^{-40}$ g·cm² ergibt sich der Abstand zwischen P- u. R-Zweig für Parallelbanden zu $\Delta\nu = 18$ (cm^{-1}). Gefunden wurde $\Delta\nu = 15$ cm^{-1} für die symm. CF_3-Deformationsbande 463, $\Delta\nu = 19$ für die ν(CS) bei 763. Die Absorption 688—679 wird als 1. Oberton der asymm. CS-Deformationsfrequenz ν_6 angesehen, die selbst nicht direkt beobachtet werden konnte. Eine Kontrollberechnung von ν_9 nach der FG-Matrix-Meth. von Wilson ergibt befriedigende Übereinstimmung mit dem beobachteten Wert.
Volkmar Schmidt. B 120◇

Die Schwingungsspektren von Diacetyl und D_6-Diacetyl. Klaus Noack und R. Norman Jones. (Z. Elektrochem., Ber. Bunsenges. physik. Chem. **64**, 707—13, 1960; Ottawa, Nat. Res. Council of Canada, Div. of Pure Chem.; engl.) — Die IR-Spektren von *Diacetyl* (I) u. *D_6*-I im fl. u. dampfförmigen Zustand u. in CCl_4-, CS_2- u. n-Hexan-Lsg. sowie die Raman-Spektren von fl. I u. D_6-I werden aufgenommen. Eine Zuordnung für die Grundschwingungen u. die IR- u. Raman-Intensitäten sowie die Depolarisationsgrade werden angegeben. Ebenfalls wird eine große Anzahl von Kombinationsschwingungen zugeordnet. Die getroffenen Zuordnungen stimmen im wesentlichen mit denen früherer Unterss. anderer Autoren überein u. stehen im Einklang mit einer ebenen trans-Konfiguration des I-Mol. mit C_{2h}-Symmetrie. Bemerkenswert ist, daß die ν(CH)- bzw. ν(CD)-Frequenzen im IR sehr schwach, im Raman-Spektrum dagegen extrem intensiv sind. Ihre Zuordnung ist wegen möglicher Fermi-Resonanz unsicher.
Volkmar Schmidt. B 120◇

Die Infrarotspektren von Anhydriden und Peroxiden. L. J. Bellamy, B. R. Connelly, A. R. Philpotts und R. L. Williams. (Z. Elektrochem., Ber. Bunsenges. physik. Chem. **64**, 563—66, 1960; Waltham Abbey, Essex, E.R.D.E., Ministry of Aviation; engl.) — Es werden die IR-Spektren folgender Anhydride u. Peroxide untersucht: *Acet-* (I), *Acettrifluoracet-* (II), *Trifluoracet-* (III), *Propion-*, *Benzoe-*, *Bernstein-*, *Methylbernstein-*, *Phenylbernstein-*, *Malein-*, *Citracon-*, *Phthal-*, *Glutar-* u. *α-Chlorglutarsäureanhydrid*, *Dibenzoyl-*, *Bis-[o-chlorbenzoyl]-* u. *Dilauroylperoxid*. Es treten bei allen Verb. je 2 C=O-Frequenzen auf, die für n-Hexan- u. $CHBr_3$-Lsgg. angegeben sind. Nach dem Lsgm.-Verh. kommt als Ursache für die Aufspaltung nur eine rein mechan. Schwingungskopplung in Betracht; Fermi-Resonanz mit einer Ober- oder Kombinationsschwingung wie auch Rotationsisomerie können ausgeschlossen werden. Diese Annahme wird gestützt durch das gleichmäßige Ansteigen beider C=O-Frequenzen in der Reihe **I**—**II**—**III**, obwohl der Feldeffekt der CF_3-Gruppe, der diesen Anstieg bewirkt, in **II** nur auf eine C=O-Gruppe wirkt. In den cycl. Anhydriden ist die höherfrequente Bande wesentlich weniger intensiv als die niedrigfrequente; das Umgekehrte gilt für die offenkettigen Anhydride, jedoch ist hier der Unterschied geringer. Dieses unterschiedliche Intensitäts-Verh. ist durch unterschiedliche Orientierung der beiden C=O-Gruppen bedingt.

Volkmar Schmidt. B 120◇

Die Infrarotspektren einiger cyclischer Malonate. R. A. Abramovitch. (Canad. J. Chem. **37**, 361—65, Febr. 1959; Saskatoon, Saskatchewan, Univ. of Saskatchewan, Chem. Dep.; engl.) — Vgl. Canad. J. Chem. **36**, [1958], 151. — Die IR-Spektren von *Isopropylidenmalonat* (I; *Meldrumsäure*, F. 96°), D_2-I, *Isopropyliden-α-äthylmalonat*, *Isopropyliden-α.α-dimethylmalonat* u. *5.5-Dimethylcyclohexandion-(1.3)* (F. 147—148,5°) wurden untersucht. Das Auftreten von 2 Banden im Bereich der ν(CO) wird einer Schwingungskopplung der CO-Gruppen der cycl. Ester zugeschrieben. Es gibt keinen Hinweis darauf, daß I im festen Zustand oder in Chlf.-Lsg. in der Enolform vorliegt.

W. Schramm. B 120◇

Die Infrarotspektren von Malonaten und Oxalaten: Temperatureffekt. R. A. Abramovitch. (Canad. J. Chem. **37**, 1146—52, Juli 1959; engl.) — Vgl. vorst. Referat. — Die IR-Spektren der Diäthylester von *Malonsäure*, *Äthyl-*, *n-Butyl-*, *Äthylphenyl-*, *Brom-*, *Dibrom-*, *Methyl-* u. *Diäthylmalonsäure* u. von *Dimethyl-* u. *Diäthyloxalat* als Fl. u. z. T. in Lsg. wurden bei verschiedenen Temp. (30—85°) untersucht. Es zeigten sich kleine aber deutliche Temp.-Effekte, die damit erklärt werden, daß wenigstens 2 Rotationsisomere für jede Verb. existieren können u. Schwingungskopplung der ν(CO) in jedem der Isomeren auftreten kann. W. Schramm. B 120◇

Eine Infrarotabsorptions-Untersuchung von n-Alkylmalonsäuren und ihren Diäthylestern. K. Nagaraja Rao und A. B. Biswas. (Spectrochim. Acta [London] **13**, 151—53, Nov. 1958; Poona, India, Nat. Chem. Labor.; engl.) — Vff. messen im Bereich von 4000—700 cm^{-1} die IR-Spektren von *n-Alkylmalonsäuren* $CH_3(CH_2)_xCH\cdot(COOH)_2$ mit x = 1—11, 13, 15 u. 17 u. ihren *Diäthylestern*. Die Säuren haben um 920 cm^{-1} u. die Ester bei 850 u. 1025 cm^{-1} Absorptionsbanden, die zur Unterscheidung beider Reihen geeignet sind. Eine große, breite Absorptionsbande bei 3400—3000 cm^{-1} entspricht der intermol. H-Brückenbindung in den Säuren. Die C=O-Frequenzen bei den Säuren liegen zwischen 1647 u. 1661 cm^{-1} u. alternieren zwischen geraden u. ungeraden Gliedern. Innerhalb dieser Reihe besitzt die Verb. mit dem niedrigsten F. (Amylmalonsäure) die höchste C=O-Frequenz. I. Zoll. B 120◇

Infrarot- und Ramanspektren und Schwingungszuordnung von Maleinsäureanhydrid. P. Mirone und P. Chiorboli. (Spectrochim. Acta [London] **18**, 1425—32, Nov. 1962; Bologna, Italy, Univ. di Bologna, Ist. Chim. „Giacomo Ciamician"; engl.) — Die Daten des IR-Spektrums (im Bereich 300—3200 cm^{-1}) von festem, fl. u. gasförmigem *Maleinsäureanhydrid* (I, F. 54°, aus Chlf.) sowie das Raman-Spektrum der fl. Verb. werden tabellar. u. graph. wiedergegeben. Bis auf zwei werden alle Grundschwingungen zugeordnet. Weiterhin wird die Lage der Carbonylschwingung für die Lsg. von I in Cyclohexan, CCl_4, Bzl., Chlf. u. n-Butanol mitgeteilt. Ein Elektronenmechanismus zur Erklärung der breiten Aufspaltung der Carbonylschwingung von I wird vorgeschlagen. Ch. Zechel. B 120◇

Infrarotspektren wässeriger Lösungen von biogenen Aminhydrochloriden. Donald M. Kirschenbaum und Frank S. Parker. (Spectrochim. Acta [London] **17**, 785—94, 1961; Brooklyn, N.Y., State Univ. of New York, Dep. of Biochem.; engl.) — Vff. geben die IR-Spektren u. Absorptionsmaxima folgender Aminhydrochloride in H_2O an: *Methylamin·HCl*, *Äthylamin·HCl*, *Valamin·HCl*, *Leucamin·HCl*, *Threamin·HCl*, *β-Mercaptoäthylamin·HCl*, *Prolamin·HCl*, *Putrescin·2 HCl*, *Cadaverin·2 HCl*, *β-Phenyläthylamin·HCl*, *Tyramin·HCl*, *Tryptamin·HCl*, *Histamin·2 HCl*. Die IR-Spektren zeigen nur wenige breite Banden, können aber zur Identifizierung dieser Amine in Gemischen untereinander u. mit den Aminosäuren, aus denen sie durch Decarboxylierung entstehen, benutzt werden. W. Schindelhauer. B 120◇

Raman- und Infrarotspektren einiger fluorierter Toluole in verschiedenen Zuständen. K. K. Deb. (Indian J. Physics Proc. Indian Assoc. Cultivat. Sci. **36 (45)**, 59—70, Febr. 1962; Calcutta, Indian Assoc. Cultivat. Sci., Optics Dep.; engl.) — Von *o-Fluor-*, *m-Fluortoluol* u. *Benzotrifluorid* werden die Raman-Spektren für den fl. u. festen (—180°) Zustand u. die IR-Spektren für die Fl. u. die Lsgg. in CCl_4, CS_2 u. n-Hexan angegeben. Die Raman-Linien der ν_{10}- u. ν_{11}-Schwingungen werden mit denen der entsprechenden Chlor- u. Bromtoluole verglichen. Eine der neuen Raman-Linien bei —180° im Gebiet niedriger Frequenzen werden Schwingungen senkrecht zur Ringebene zugeorddet. W. Schindelhauer. B 120◇

Spektroskopische Untersuchung der Wasserstoffbindung in substituierten 2-Nitrophenolen. M. Horák, J. Smolíková und J. Pitha. (Collect. czechoslov. chem.

Commun. **26**, 2891—96, Nov. 1961; Prague, Czechoslov. Acad. of Sci., Inst. of Organ. Chem. and Biochem.; engl.) — Die Frequenz $\nu(OH)_b$ der durch H-Bindung gebundenen OH-Gruppe folgender X-Y-2-Nitrophenole (**A**) wurde untersucht: X = *H*; *4-OH*; *4 —OCH₃*; *4 —C(CH₃)₃*; *4 —CH₃*; *4 —Br*; *4 —NO₂*; *6 —CH₃*; X = *4 —NO₂*, Y = *6 —CH₃*; X = *4 —CH₃*, Y = *6 —Br*; X = *4 —CH₃*, Y = *6 —J*; X = Y = *4.6 (NO₂)₂*; X-2-Methoxyphenole: X = *H*; *6 —CH₂—CH=CH₂*; *6 —CH=CH—CH₃*; sowie von *Phenol*, *Nitrobenzol*, *2.6-Diphenylphenol*. Eine lineare Abhängigkeit der Wellenzahl der Absorptionsbande der $\nu(OH)_b$ von der Hammettschen Substitutions-Konst. wurde für 4-substituierte **A** festgestellt. Die Änderungen von $\nu(OH)_b$, die infolge Substitution in 6-Stellung erscheinen, können vornehmlich mit ster. Einfl. erklärt werden. Bei den erwähnten Stoffen wurde auch die Beeinflussung der asymm. u. der symm. NO_2-Schwingungen untersucht; es zeigte sich, daß die Frequenzen beider Schwingungen in denjenigen Verbb. herabgesetzt wurden, in denen die NO_2-Gruppe an einer H-Bindung teilnimmt. I. Frič/Prag. B 120

Infrarotabsorptionsspektren von Benzonitril und seinen monodeuterierten Derivaten. Versuchsweise Zuordnung der Grundschwingung. Børge Bak und Jørgen Tormod Nielsen. (Z. Elektrochem., Ber. Bunsenges. physik. Chem. **64**, 560—62, 1960; Copenhagen, Univ., Dep. of Chem., Div. of Chem. Phys.; engl.) — Es werden die IR-Spektren von *Benzonitril* (**I**), *o-D₁-*, *m-D₁-* u. *p-D₁*-**I** im Bereich 4000—400 [cm^{-1}] aufgenommen. Alle beobachteten Banden u. deren Extinktionen sind tabelliert. Die Spektren ähneln sehr stark denen der entsprechenden Pyridine u. werden auf Grund dieser Ähnlichkeit u. unter Berücksichtigung früherer Unterss. anderer Autoren zugeordnet. Nicht zugeordnet werden die ν(CH)-Banden; ν(CD)-Banden liegen bei 2280 (o-D_1), 2270 (m-D_1) u. 2265 (p-D_1). Die (teilweise versuchsweisen) übrigen Zuordnungen zu den Schwingungsrassen sind tabellar. angegeben, weitere Banden werden Ober- u. Kombinationsschwingungen zugeschrieben. Volkmar Schmidt. B 120◇

Die Infrarotspektren und die Struktur von einigen Homophthalimiden. A. L. Bluhm. (Spectrochim. Acta [London] **13**, 93—98, Nov. 1958; Natick, Mass., Quartermaster Res. and Engng. Command, Pioneering Res. Div.; engl.) — Vff. untersuchen die Spektren von NH (**A**)- u. NCH_3-Homophthalimiden (**B**) in fester Phase u. in Lösung. In fester Phase u. konz. Lsg. liegen bei **A** intermol. H-Brücken-Bindungen zwischen der 1-CO-Gruppe u. der 2-NH-Gruppe vor. Absorptionsbanden im Frequenzbereich 3070 bis 3390 cm^{-1} werden NH-Valenzschwingungen zugeordnet. Die Absorptionsbande bei 3390 cm^{-1} in verd. Lsg. gehört zu NH-Valenzschwingungen in nichtassoziierten Molekülen. Die zum Kern konjugierte CO-Gruppe absorbiert bei tieferen Frequenzen als die andere auch bei den **B**; hier sind die Banden schärfer als die bei **A**. Die Di-Keto-Konfiguration in der Struktur der Homophthalimide stimmt mit den beobachteten Spektren überein. Folgende Verbb. wurden untersucht: *Homophthalimid* (*1.3-Dioxo-1.2.3.4-tetrahydroisochinolin*) u. seine Derivv. *7.8-Dimethoxy-*, *4-[3.4-Methylendioxyphenyläthyl]-7.8-dimethoxy-*, *4.4-Dimethyl-*, *2-Methyl-*, *2-Methyl-7.8-dimethoxy-* u. *2.4.4-Trimethyl-*. I. Zoll. B 120◇

Infrarotabsorptionsspektren von α-halogenierten Ketosteroiden. Francesco Meda. (Spectrochim. Acta [London] **13**, 75—79, Nov. 1958; Milan, S. A. Farmitalia, Res. Labor.; engl.) — Es wird der Einfl. der Halogensubstitution auf die IR-Spektren der zum 3-Keto-Δ^4-Syst. gehörenden Steroide, Progesteron, Testosteron, Desoxycorticosteron u. Cortison untersucht. Mit in Richtung F > Cl > Br abnehmendem Ausmaß verschieben sich die der CO-Gruppe entsprechenden Absorptionsbanden zu höheren Wellenzahlen. Dagegen nehmen die Wellenzahlen der C=C-Frequenz (Einfl. hier F < Cl < Br) beträchtlich ab (von 1613 auf 1585—1570 cm^{-1}). F hat prakt. keinen Einfl. auf die C=C-Frequenz. Verschiebungen dieser Art erlauben die Charakterisierung u. Unterscheidung epimerer Steroide (axiale bzw. äquatoriale Konfiguration). Die Absorptionskurven wurden im Bereich 1890—1540 cm^{-1} gemessen. Im einzelnen wurden untersucht: *Progesteron* u. ein *4-Fluor-*, *4-Chlor-* u. *4-Brom-Deriv.*, *Testosteronproprionat*, *4-Chlor-*, *-Fluor-*, *-Bromstestosteronacetat*, *17α-Methyltestosteron*, *4-Chlor-17α-methyltestosteron*, *Desoxycorticosteronacetat* u. sein *4-Fluor-* u. *4-Brom-Deriv.*, *Cortisonacetat* u. sein *4-Fluor-* u. *4-Chlor-Deriv.* u. *4-Chlor-19-nortestosteronacetat*. I. Zoll. B 120◇

Stereochemie von Onoceranen. Bemerkungen über die Rotationsdispersion von Triterpenketonen. Robert Hanna, Jacques Levisalles und Guy Ourisson. (Bull. Soc. chim. France **1960**, 1938—39, Nov./Dez.; Strasbourg, Inst. de Chim.; franz.) — Vff. folgern aus den Cotton-Effekten der drei *Onocerandione* (aus Onocerin nach Barton u. Overton, vgl. C. **1956**, 6965), daß die Umkehrung des negativen Cotton-Effektes durch eine axiale CH_3-Gruppe in 8β-Stellung für 3-Keto-4.4-dimethylsteroide allg. gilt. — Cotton-Effekte: Stark positiv bei *Onocerandion I* [Stellung der CH_3-Gruppen: 8β.8'α, beide axial; F. 212—213°, $[\alpha]_{589}$ +86° (c = 0,2)]; schwach negativ bei *Onocerandion II* [(8β. 8'β, axial-äquatorial). F. 160 — 162°, [α] 589 + 29° (c = 0,4)]; stark negativ bei *Onocerandion III* [8α.8'β, beide äquatorial; F. 168—169°, $[\alpha]_{589}$ —9° (c = 0,2)]. Vorst. Konfigurationszuordnung wird dadurch gestützt, daß bei katalyt. Hydrierung von β-Onocerindiacetat fast ausschließlich Prodd. der I-Reihe erhalten werden. Es wird angenommen, daß durch diaxiale Wechselwrkg. der β-CH_3-Gruppen an $C_{(4)}$ u. $C_{(10)}$ der A-Ring in die Wannenform gezwungen u. dieser Effekt durch β-CH_3 an $C_{(8)}$ verstärkt wird. — *Onocerandiol-I-diacetat*, F. 216—218°, $[\alpha]_{589}$ +64° (c = 0,4), *Onocerandiol II*, F. 176—177°, $[\alpha]_{589}$ +24° (c = 0,3) u. *Onocerandiol III*, F. 200—201°, $[\alpha]_{589}$ +21° (c = 0,4). H.-J. Kötzsch. B 123□

Der Einfluß der Deuterium- und Chlorsubstitution auf die Triplett → Singulett-Übergangswahrscheinlichkeiten von Naphthalin. M. S. de Groot und J. H. van der Waals. (Molecular Physics 4, 189—90, März 1961; Amsterdam, Shell Internat. Res. Maatschappij N.V., Koninklije/Shell Labor.; engl.) — Von *Naphthalin* (**I**), D_8-I u. *β-Chlornaphthalin* (**II**) werden die Phosphorescenzintensität u. -abklingzeit τ sowie die relative Konz. der in den Triplettzustand angeregten Moll. (durch Messung der ESR-Signalintensität) bestimmt. Beim Vgl. von **I** u. D_8-I ergibt sich, daß D keinen Einfl. auf die Lebensdauer der Strahlungsübergänge τ_r hat ($\tau_r \geqslant$ 18 s für **I** u. D_8-I). Die großen Unterschiede in τ (2,2 s für **I**, 18 s für D_8-**I**) müssen deshalb auf eine Unterdrückung der strahlungslosen Übergänge in den Grundzustand zurückzuführen sein (Lebensdauer für **I** 2,5 $\geqslant \tau_d >$ 2,2 s). Die Phosphorescenzintentität für **II**/Triplett-Konz. ist ca. 5mal so groß wie für **I**. Mit τ_r = 3,6 s u. τ = 0,42 s ergibt sich für **II** 0,48 $\geqslant \tau_d >$ 0,42 s für die strahlungslosen Zustände. Anscheinend werden die Geschw.-Konst. der Strahlungs- u. Dunkelprozesse T → S_0 durch Cl-Substitution in gleicher Weise erhöht wie die der S* → T-Umwandlung des angeregten Singulett-Zustands in den Triplettzustand. G. Pötzscher. B 125◇

Die Richtungsabhängigkeit der Scintillations-Lichtausbeute von dünnen Anthracen- und Stilben-Kristallen beim Beschuß mit α-Strahlen. P. H. Heckmann, H. Hansen und A. Flammersfeld. (Z. Physik **162,** 84—92, 3/3. 1961; Göttingen, Univ., II. Phys. Inst.; dt.) — Vgl. C. **1963,** 3550. — Bei nicht zu dünnen *Anthracen* (**I**)-Schichten werden maximale Lichtausbeuten erhalten bei Flugrichtung der α-Teilchen (6,56 MeV) parallel der c'-Achse. Bei bes. dünnen **I**-Schichten der Dicke d = 50—400 μ ergab sich die größte Lichtausbeute auch in der a–c-Ebene, aber in einer Richtung, die bis γ ∼ 20° von der c'-Richtung abweichen konnte. Je kleiner d, desto größer war γ. Bei dünnen *trans-Stilben*-Schichten (Dicke d = 100—200 μ) liegt bei Beschuß mit α-Teilchen (6,93 MeV) das Minimum der Lichtausbeute in c'-Richtung. I. Zoll. B 125◇

Über die Einwirkung von langwelligem Ultraviolett-Licht und β-Strahlung auf die Fluorescenz von Anthracen in verschiedenen Lösungsmitteln. L. Herforth und W. Stolz. (Mber. dtsch. Akad. Wiss. Berlin **1**, 415—18, 1959; Leipzig, Dt. Akad. der Wiss., Inst. für angewandte Radioaktivität; dt.) — Das Fluorescenz-Verh. der Lsgg. von *Anthracen* (**I**; c = 6γ/ml) in Bzl., Toluol, m-Xylol, Cyclohexan, Dioxan, Aceton, CCl_4 u. Chlorbenzol nach der Einw. von langwelligem UV-Licht bzw. ^{90}Sr/^{90}Y-β-Strahlung wird mit dem Verh. von unbestrahlten Lsgg. gleicher Konz. verglichen. Bei allen Lsgg. wurde eine Abnahme der Fluorescenzintensität durch Einw. des UV-Lichtes beobachtet. Die Größe des Effektes hängt dabei stark vom Lsgm. ab u. ist bes. hoch bei Lsgm., die Cl-Atome enthalten. CCl_4- u. Chlorbenzol-Lsgg. zeigen außerdem im Gegensatz zu allen anderen Lsgg. keinen exponentiellen Verlauf der Abfallkurven. Lsgg. hoher Konz. erleiden einen stärkeren Fluorescenzabfall als solche niedriger Konzentration. Bei hohen Konzz. tritt außerdem Sättigungserscheinung auf. Bei Bestrahlung mit β-Teilchen sind sehr lange Bestrahlungszeiten nötig, um Fluorescenzabnahmen um 25% u. mehr zu erreichen. Bes. gering ist der Effekt sowohl mit UV-Licht als auch mit β-Strahlung, wenn man krist. **I** bestrahlt, bevor es in Lsg. gebracht wird; nach 5std. UV- bzw. 500std. β-Bestrahlung wurden so nur Fluorescenzabnahmen von < 5% erreicht. Der Fluorescenzabfall wird durch photochem. Änderung der fluorescierenden **I**-Moll. bewirkt. In den mit UV-Licht bestrahlten Lsgg. wurden Dianthracen sowie Anthracenphotooxid nachgewiesen. L. Lamza. B 125

Über Konzentrationslöschung der Luminescenz von Organoluminophoren. G. A. Mokejewa und B. Ja. Sweschnikow. (Optik u. Spektroskopie [UdSSR] **9,** 601—07, Nov. 1960; russ.) — Der Konz.-Einfl. des Aktivators auf Dauer, Spektrum u. Ausbeute der Fluorescenz u. Phosphorescenz alkohol. Lsgg. von *Trypaflavin* u. durch Fluorescein aktivierten *Borsäure–Glycerin*-Luminophoren (**I**) bei 20° u. —183° wird untersucht. Im ersten Fall wird die Luminescenzänderung unter dem Einfl. der Konz. mit der Bldg. von Mol.-Assoziaten erklärt. Ein analoges Verh. zeigen durch Acridinorange aktivierte Zuckerluminophore. Bei **I** konnte im untersuchten Konz.-Bereich 10^{-4}—10^{-2} g/g kein Anzeichen einer Mol.-Assoziation entdeckt werden. Die theoret. Betrachtung zeigt, daß Moll., die in den Phosphorescenzzustand übergehen, eine Löschung auf dem Fluorescenzniveau erfahren. Konz.-Löschung tritt bei Moll. auf, die sich im metastabilen Zustand befinden. Jedoch der Charakter der Änderung von relativer Ausbeute u. Dauer der Phosphorescenz ist ungewöhnlich — die Ausbeute verringert sich langsamer als die Dauer. U.-L. Rau. B 125◇

Über die Natur der Fluorescenzlöschung von Chlorophyll durch Nitroverbindungen. I. I. Dilung und I. N. Tschernjuk. (Ber. Akad. Wiss. UdSSR **140**, 162—64, 1/9. 1961; Akad. der Wiss. der UkrainSSR, Pissarshewski-Inst. für physik. Chem.; russ.) — Die Unterdrückung der Fluorescenz von *Chlorophyll a* (**I**), *Chlorophyll b* (**II**) u. *Phäophytin a* (**III**) u. *-b* (**IV**) bei 670 mμ durch Nitroverbb. ist um so ausgeprägter, je größer die Elektronendonatoraktivität des Pigments ist, abnehmend in der Reihenfolge **I** > **II** > **III** (**IV**), u. je größer die Elektronenacceptoraktivität der Nitroverb. ist, abnehmend in der Reihenfolge *1.4-Dinitrobenzol* > *1.3-Dinitrobenzol* > *Nitrobenzol*; *2.4.6-Trinitrophenol* > *2.4-Dinitrophenol* > *3-Nitrophenol*. Bei längerer Belichtung erfolgt photochem. Zers. von **I**, **II** u. **III**, auch diese Rk. wird durch Nitroverbb. beschleunigt.
R. K. Müller. B 125◇

Zur Dissoziation angeregter Ionen. Ss. Je. Kuprijanow. (J. physik. Chem. [UdSSR] **36**, 218—19, Jan. 1962; Physikal.-chem. Karpow-Inst.; russ.) — Vf. stellt auf Grund seiner Unters. über Massenspektren bei Dissoziations- u. Ionisationsprozessen fest, daß man die grundlegenden Eigentümlichkeiten der Dissoziationsprozesse in einigen Fällen mit der Übergabe von bestimmten Energiedosen an Ionen bzw. Moll. beim Zusammenstoß mit Elektronen, deren Energie regulierbar ist, erklären kann.
C. Kozák. B 131□

Die komplexe Dielektrizitätskonstante von Trimethylpentan- und Nitrobenzol-Lösungen in der Nähe der consoluten Temperatur. B. D. Ripley und R. McIntosh. (Canad. J. Chem. **39**, 526—34, März 1961; Port Colborne, Ontario, Internat. Nickel Co.; engl.) — Man bestimmte die komplexen DK für *Trimethylpentan* u. *Nitrobenzol*-Lsgg. bei drei verschiedenen Zus. als Funktion der Temp. in der Nähe der consoluten Temperatur. Reelle u. imaginäre Anteile der DK zeigten Maxima oberhalb der Temp., bei der Phasentrennung auftritt. Die Arbeiten von Ssementschenko u. Asimow (C. **1958**, 5029) werden damit bestätigt. Man diskutiert die Berechtigung, thermodynam. Formeln auf Dielektrika mit Verlusten anzuwenden. H. Laue. B 132□

Die Dipolmomente einiger vermutlich symmetrischer Moleküle. Ernest N. DiCarlo und C. P. Smyth. (Nat. Acad. Sci. — Nat. Res. Council, Publ. Nr. **973**, 81—85, Jan. 1962; Princeton, N.J., Univ., Frick Chem. Labor.; engl.) — DK, dielektr. Verluste u. Brechungsindex verschiedener Konzz. von Lsgg. in Bzl. werden angegeben u. daraus die oberen Grenzwerte der Dipolmomente μ (in D) berechnet von *Hexachlorbenzol* (μ 0,20), *Hexamethylbenzol* (0,10), *Phenanthren* (0,10), *Eisenpentacarbonyl* (0,20), *p-Dinitrobenzol* (0,20), *4.4'-Dinitrodiphenyl* (0,20), *p-Benzochinon* (0,10), *Chloranil* (0,20), *Tetramethylcyclobutandion-(1.3)* (0,10) u. *Anthrachinon* (—). W. Wesly. B 132□

Einfluß oberflächenaktiver Zusätze auf die elektrischen Eigenschaften des Systems Natriumseife–Naphthensäuren–Transformatoröl. Tsch. M. Dshuwarly und L. A. Mucharskaja. (Nachr. Akad. Wiss. AserbaidshanSSR, Ser. physik.-math. techn. Wiss. **1960**, Nr. 3, 65—72; russ., Auszug: aserbaidshan.) — Bei 20 u. 70° werden die dielektr. Verluste (tg δ), die spezif. elektr. Leitfähigkeit γ u. die DK ε von Transformatoröl (**I**) für sich u. mit Zusätzen von Na-Seifen (**II**; Na-Naphthenate, 0,1%) u. Naphthensäuren (**III**; 0,5%) bestimmt (Tabelle). Der Zusatz von Harzen (**IV**) oder **III** zum Syst. **I**–**II** bewirkt durch Adsorption von **III** bzw. **IV** an den koll. **II**-Teilchen eine Abnahme von γ. Bei Zusatz von W. zum Syst. **I**—**II** ändert sich der Mechanismus von γ, indem sich zur kataphoret. γ die Ionen-γ addiert u. dissoziierte Ionen aus **II** wandern. Die Zunahme des Dissoziationsgrades u. der Hydratation bewirkt bei Wasserzusatz eine Änderung des Verh. des Syst. **I**—**II** im elektr. Feld, die sich in einer Zunahme von tg δ u. γ ausdrückt. Die Werte von ε (bei 20° 2,23, bei 70° 2,17) ändern sich durch Zusätze nicht.
R. K. Müller. B 132◇

Pyroelektrizität, innere Domänen und Grenzschichtladungen bei Triglycinsulfat. A. G. Chynoweth. (Physic. Rev. [2] **117**, 1235—43, 1/3. 1960; Murray Hill, N.J., Bell Telephone Labor., Inc.; engl.) — Die spontane Polarisation von *Triglycinsulfat* wurde nach der dynam. pyroelektr. Meth. zwischen Curie-Punkt u. —140° untersucht. Sie ist normal, ein Phasenübergang, außer am Curie-Punkt, tritt nicht auf. Die Feldabhängigkeit der Polarisation im paraelektr. Gebiet ist abweichend von der Devonshire-Theorie bei schwachem Feld nicht linear. Die Extrapolation der Temp.-Abhängigkeit im linearen Teil liefert eine viel zu geringe Curie-Temp. (**44** statt **49,8°**). Durch Erwärmen über den

Curie-Punkt können für kurze Zeit kleine pyroelektr. Restsignale erhalten werden, deren Vorzeichen unabhängig von der vorher durch ein Feld erzeugten Polarisation u. bei erstmalig benutzten Kristallen entgegengesetzt zum pyroelektr. Signal sind. Sie werden inneren Domänen mit festgelegter Polarisationsrichtung zugeschrieben, die Kompensationsladungen um sich sammeln. Diese führen oberhalb des Curie-Punktes zu relativ starken Feldern. Die Domänen sind lang u. schmal, in der Richtung der ferroelektr. Achse u. können durch die Pulver- u. Ätztechnik sichtbar gemacht werden. Beim Abkühlen der erwärmten Kristalle unter dem Curie-Punkt wird die vorhergehende Polarisationsrichtung meist wiederhergestellt. Dies wird ferroelektr. inakt. Oberflächenschichten (chem. oder mechan. gestörte Schichten) zugeschrieben, die zu Kompensationsladungen führen. Die Grenzflächenladungen erzeugen oberhalb des Curie-Punktes wie die Ladungen der Domänen ein allerdings sehr schwaches Feld, das aber die Repolarisation beeinflußt. U. Siggel. B 133□

Angabe von Kernresonanz-Abschirmungsdaten. George Slomp. (J. Amer. chem. Soc. **84,** 673—75, 20/2. 1962; Kalamazoo, Mich., Upjohn Comp., Res. Labor.; engl.) — Vgl. C. **1961,** 385. — Um Kernresonanzdaten, die unter verschiedenen Meßbedingungen gewonnen wurden, uneingeschränkt miteinander vergleichen zu können, ist es notwendig, nur chem. Verschiebungen in dimensionslosen, von der Spektrometerfrequenz unabhängigen Einheiten, wie δ- oder τ-Werten, mitzuteilen, Signallagen u. Kopplungs-Konst. dagegen in Hz, relativ zu dem benutzten Standard u. mit Angabe der Meßfrequenz. Die τ-Werte von *Tetraäthylmethan* liegen bei 9,00 u. 9,44 ppm, die Kopplungs-Konst. ist $J = 7,3$ Hz. Das H-Atom am $C_{(21)}$ des *21.21-Difluorprogesterons* zeigt ein Triplett bei $\tau = 4,30$ ppm mit $J = 53$ Hz. G. Schroth. B 137□

ESR in γ-bestrahltem Triglycinsulfat. D. W. Ovenall und K. A. Müller. (Helv. physica Acta **34,** 786—90, Dez. 1961; Geneve, Battelle Memorial Inst.; engl.) — Das ESR-Spektrum von γ-bestrahlten Einkristallen von *Triglycinsulfat* (TGS) wurde unterhalb u. oberhalb des Curie-Punktes vermessen. Die beobachteten Aufspaltungen, verursacht durch Kopplung des ungepaarten Elektrons in dem gebildeten Radikal $^{+}NH_3 \cdot CH \cdot CO_2$ mit den Nachbarprotonen, wurden zur Diskussion der Mol.-Bewegungen verwendet. Der von Hoshino, Okaya u. Pepinsky (C. **1960,** 5775) vorgeschlagene ferroelektr. „switching"-Mechanismus ist mit den Beobachtungen vereinbar.
G. Winkhaus. B 137◇

Untersuchung der chemischen Verschiebungen der kernmagnetischen Resonanz des ^{19}F in Fluorbenzolen mit fluorhaltigen Substituenten. L. M. Jagupolski, W. F. Bysstrow und E. S. Utjanskaja. (Ber. Akad. Wiss. UdSSR **135,** 377—80, 11/11. 1960; Akad. der Wiss. der UdSSR, Inst. für Organ. Chem.; Inst. für Chem. Phys.; russ.) — Vff. bestimmen die chem. Verschiebungen δ des ^{19}F-Signals für folgende Derivv. des Fluorbenzols (I): *o-, m-, p-SO_2CF_3; o-, m-, p-SCF_3; o-, m-, p-OCF_3; p-$CH{=}CH{-}CF_3$; 3.4-($-O-CF_2-O-$); 3.4-($-CF_2-O-CF_2-$)*. Nach folgenden Gleichungen wurden daraus die Hammett-Konst. σ berechnet: $\delta_m = -5,92\,\sigma_m$; $\delta_p = -17,9\,\sigma_p + 4,84$; $\sigma_p = \sigma_i + \sigma_s$; $\sigma_m = \sigma_i + \alpha\sigma_s$; $\delta_m = -5,83\,\sigma_i + 0,20$; $\delta_p = -5,83\,\sigma_i - 18,80\,\sigma_s + 0,80$. In einer Tabelle werden die so ermittelten σ-Werte den δ-Werten gegenübergestellt u. folgende δ-Werte angegeben: 1. I-p-Derivv.: SO_2CF_3 (−15,1) *NO_2* (−10,8) *CN* (−9,6); 3.4 $-CF_2-O-CF_2-$ (−8,6); *$COCH_3$* (−6,6); *CF_3* (−5,1); SCF_3 (−4,7); $CH{=}CH{-}CF_3$ (−2,4); *J* (1,2); *Br* (2,3); *Cl* (2,4); OCF_3 (2,8); 3.4 $-O-CF_2-O-$ (3,9); *F* (6,4); *CH_3* (5,5) u. *OCH_3* (11,4), 2. I-m-Derivv.: SO_2CF_3 (−4,7); *NO_2* (−3,3); *CN* (−3,0); *CF_3* (−2,8); *F* (−3,1); *J* (−2,6); *Br* (−2,4); SCF_3 (−2,3); OCF_3 (−2,3); *Cl* (−2,1); *OCH_3* (−1,3) u. *CH_3* (+0,9). Es werden tabellar. die σ-Werte u. außerdem für die p-Derivv. λ_{max} (in Å.) angegeben. Mit zunehmenden δ-Werten nimmt die Hammett-Konst. ab, u. das Absorptionsmaximum verschiebt sich ins Kurzwellige. Klaus Schulze. B 137◇

Paramagnetische Resonanz von methyl- und chlorsubstituierten p-Benzosemichinonen. Balu Venkataraman, Bernice G. Segal und George K. Fraenkel. (J. chem. Physics **30,** 1006—16, April 1959; New York, N.Y., Columbia Univ., Dep. of Chem.; engl.) — Vgl. C. **1956,** 1840 u. 11147. — Vff. untersuchten bei hoher Auflösung die paramagnet. Resonanzspektren der Semichinone, die durch Luftoxydation folgender Hydrochinone in alkal. Lsg. gewonnen wurden: *p-Tolu-* (F. 125—128°), *Monochlor-* (F. 103—104°), *2.5-Dichlor-* (F. 171,5—173,0°), *2.6-Dichlor-* (F. 166,0—166,5°), *2.3-Dichlor-* (F. 146—148°), *Trichlor-* ($C_6H_3Cl_3O_2$, F. 139—142°), *2.5-Dimethyl-* (F. 214—219°), *2.6-Dimethyl-* (F. 151,5—152,2°), *2.3-Dimethyl-* (F. 217°), *2.3.5-Trimethyl-* u. *Durohydrochinon* (F. 237—240°). Alle Spektren zeigten Hyperfeinstruktur. In den Spektren einiger der Cl-Verbb. traten anomale Linien auf, die wahrscheinlich von Radikalen herrühren, die bei Neben-Rkk. entstehen. Bei allen Spektren wurden Sättigungseffekte beobachtet.

Die Linienbreiten der Spektren hingen alle stark von der Mikrowellenstärke u. der Konz. des Hydrochinons, aus dem das Semichinon gebildet wurde, ab. Protonaufspaltungs-Konst. von einem Minimalwert von 1,74 für CH_3-Gruppenprotonen bis zu einem Maximalwert von 2,595 Gauß für die Ringprotone (in 2.3-Dimethylsemichinon) wurden gemessen. Die Änderung der Aufspaltungs-Konst. bei Cl- u. CH_3-Substitution zeigt eine nahezu additive Beziehung. — Die Hydrochinone wurden durch Red. der entsprechenden Chinone dargestellt. W. Schramm. B 137◇

Verteilung des ungepaarten π-Elektrons in einigen Semichinon-Ionen. Yoshio Matsunaga. (Bull. chem. Soc. Japan **33**, 1436—40, Okt. 1960; Hongo, Tokyo, Univ. of Tokyo, Fac. of Sci., Dep. of Chem.; engl.) — Die Anwendbarkeit der einfachen MO-Meth. wird am Beispiel von Semichinonionen geprüft. Durch Variation der Größe δ im Coulomb-Integral für O-Atome $\alpha_0 = \alpha + \delta\beta$ werden die errechneten Aufspaltungs-Konst. denen aus der Hyperfeinstruktur der entsprechenden ESR-Spektren erhaltenen angeglichen. Für *p-Benzo-*, *Naphtho-1.4-*, *Anthra-9.10* u. *Diphenosemichinon* wurde gute Übereinstimmung mit δ-Werten von $\frac{1}{2}$—$\frac{2}{3}$ erreicht, für das *o-Benzosemichinon* u. das *Semichinon des Ninhydrins* mit einem Wert von ca. 1,6. Für *2.5-Dihydroxy-p-benzosemichinon* wurde kein befriedigender δ-Wert gefunden. Die ESR-Spektren von *2-Methyl-*, *2.3-Dimethyl-*, *2.3-Dichlor-*, *2-Hydroxy-*, *2-Hydroxy-3-chlornaphtho-1.4-semichinon* werden beschrieben. G. Schroth. B 137◇

Dissoziationskonstanten von Diacetylmonooximsalicylalhydrazon und Diacetylmonooximsalicyloylhydrazon. F. Vláčil. (Collect. czechoslov. chem. Commun. **26**, 650—57, März 1961; Prague, Inst. of Chem. Technol., Dep. of Analyt. Chem.; engl.) — Von *Diacetylmonooximsalicylalhydrazon* (I; F. 172°, A.) u. *Diacetylmonooximsalicyloylhydrazon* (II; F. 255—260°, Zers.; durch Kondens. von Diacetylmonooxim mit Salicylhydrazid) wurden die UV-Spektren in Methanol, NaOH—, $HClO_4$—42,64 Gew.-% ig. Methanol u. die scheinbaren pK_c-Werte bei 20 ± 0,1° in wss. 42,64 Gew.-% ig. Methanol spektrophotometr. ermittelt. Die Absorptionskurven weisen im sauren, neutralen u. alkal. Medium einen isosbest. Punkt bei 266 mμ (I) bzw. 231 mμ (II) auf. Im alkal. Medium ist die Form der I- u. II-Absorptionskurven ähnlich, woraus man auf die Existenz des II-Anions in diesem Medium schließen kann. Die pK_c-Werte sind für die Gleichgewichte I (bzw. II) ⇌ $R—C{=}\overset{(+)}{N}HN{=}CR$ (K_{c1}); I (bzw. II) ⇌ $R—C{=}NN{=}CC_6H_4O^{(-)}$ (K_{c2}); $R—C{=}NN{=}CC_6H_4O^{(-)}$ ⇌ $RC({=}NO^{(-)})CR{=}NN{=}CC_6H_4O^{(-)}$ (K_{c3}) für I: pK_{c1} = 3,58 ± 0,26, pK_{c2} = 10,10 ± 0,28, pK_{c3} = 11,49 ± 0,17; für II: pK_{c1} = 2,43 ± 0,07, pK_{c2} = 6,98 ± 0,16, pK_{c3} = 11,86 ± 0,42. Die kleineren pK_{c1}- u. pK_{c2}-Werte von II gegenüber I sind auf die Ggw. der CO-Gruppe in II zurückzuführen, durch deren elektronegativen Charakter die Acidität der phenol. sowie der $={\overset{(+)}{N}}H—$-Gruppe gesteigert wird. Die Ähnlichkeit der pK_{c3}-Werte von I u. II deutet darauf hin, daß sich weder ein induktiver, noch ein direkter Einfl. der CO-Gruppe in II auf die Oximgruppe geltend macht. K. Kámen/Prag. B 139

Hammett-Konstanten einiger Trialkylsilylalkyl-Gruppen. Je. A. Tschernyschew und N. G. Tolstikowa. (Nachr. Akad. Wiss. UdSSR, Abt. chem. Wiss. **1961**, 455—59, März; Zelinsky-Inst. für org. Chem. der Akad. der Wiss. der UdSSR; russ.) — Es wurden die Dissoziations- bzw. Ionisierungs-Konst. in wss. A. für 25° für *Benzoesäure* (I), *Anilinhydrochlorid* (II) sowie *p-Methyl*-II, *p-tert.-Butyl*-I-, *p-Triäthylmethyl*-I, *p-Trimethylsilyl*-I u. -II, *p-Trimethylsilylmethyl*-I u. -II, *p-[β-Trimethylsilyläthyl]*-I u. -II, *p-[γ-Trimethylsilylpropyl]*-II, *p-[δ-Trimethylsilylbutyl]*-II, *p-Triäthylsilyl*-I, *p-Triäthylsilylmethyl*-I u. *p-[β-Triäthylsilyläthyl]*-I bestimmt. Zur quant. Charakterisierung der Trialkylsilylgruppen wurden aus den Konst. die Werte der Hammett-Konst. σ u. σ^+ berechnet: *Trimethylsilyl-*, σ_p +0,023; σ_m —0,080; σ_p^+ +0,09; σ_m^+ —0,040. *Triäthylsilyl-*, σ_p +0,028. *Triphenylsilyl-*, σ_p +0,095; σ_m —0,030; σ_p^+ +0,29; σ_m^+ +0,10. *Trimethylsilylmethyl-*, σ_p —0,256; σ_m — 0,205; σ_p^+—0,22. *Triäthylsilylmethyl-*, σ_p —0,235. *β-Trimethylsilyläthyl-*, σ_p —0,173; σ_p^+ —0,157. *β-Triäthylsilyläthyl-*, σ_p —0,145. *γ-Trimethylsilylpropyl-*, σ_p^+ —0,116. *δ-Trimethylsilylbutyl-*, σ_p^+ —0,093. — Es werden die Elektronenacceptor- u. -donator-Eigg. der Silylgruppen erörtert. Die Ergebnisse zeigen, daß Si in den verschiedenen Phenylsilanen auf Kosten der freien 3d-Bahnen in den Zustand Si^- (V) übergeht. Helmut Schäfer. B 139

Polarographie der Alkyl- und Arylimide der Maleinsäure. A. Němečková, M. Maturová, M. Pergál und F. Šantavý. (Collect. czechoslov. chem. Commun. **26**, 2749—53, Nov. 1961; Olomouc, Palacký-Univ., Chem. Inst. der med. Fak.; Prag, TH für Chem., Inst. für organ. Chem.; dt.) — Das polarograph. Verh. von *N-Methyl-* *N-Äthyl-*, *N-n-Propyl-*, *N-n-Butyl-*, *N-Isopropyl-*, *N-Phenyl-*, *N-Benzyl* , *N-β-Phenyl-*

äthyl- u. *N-Cyclohexylmaleinsäureimid* wird beschrieben. In sauren Lsgg. werden diese Verbb. in einer zweielektron. Stufe red., deren Höhe mit steigendem pH-Wert in Form einer Dissoziationskurve bis auf den einer einelektron. Red. entsprechenden Wert sinkt. Bei höheren pH-Werten verläuft die Red. in 2 einelektron. Stufen. Die Analogie mit Phthalimid (vgl. Ryvolová, C. **1961**, 7171) wird betont. Im alkal. Milieu erfolgt Hydrolyse u. Red. der entsprechenden Maleinsäureamide. Verlängerung der Seitenkette verursacht Verschiebung des Halbstufenpotentials zu negativeren Potentialen.

P. Zuman/Prag B 142

Polarisation bei der kathodischen Reduktion von Nitroverbindungen in Verbindung mit dem Problem der Beziehungen zwischen elektrochemischen und photochemischen Prozessen. Ss. W. Gorbatschew und Ss. F. Belewski. (J. physik. Chem. [UdSSR] **32**, 1304—12, Juni 1958; Moskau, Chem.-technol. Mendelejew-Inst.; russ., Auszug: engl.) — Die Polarisationskurven für die elektrochem. Red. von *Nitromethan* (I), *Nitrobenzol, p-* u. *m-Nitroanilin, m-* u. *o-Nitrophenol* u. *p-Nitrotoluol* im sauren Medium an Sn- bzw. Cu-Kathoden wurden aufgenommen. Die Kurven der Red. an Sn, besitzen für alle Verbb. einen einheitlichen Charakter, die Red. erfolgt in einem engen Potentialbereich (15—20 mV); Prodd. sind die Aniline bzw. bei I Methylhydroxylamin. Die Kurven der Red. an Cu sind komplizierter u. unterscheiden sich von denen an Sn durch einen breiten Potentialbereich der Red., auf die bei höherem Potential eine andere Rk. folgt. Die Temp.-Abhängigkeit der Geschw. der Elektrolyse der aromat. Nitro-Verbb. ist kompliziert u. gestattet keine endgültige Feststellung der Natur der kathod. Polarisation u. der Aktivierungsenergie. Aus der Temp.-Abhängigkeit der Red. von I wurde eine Aktivierungsenergie von ca. 4500 cal festgestellt, sie zeigt, daß sich es um eine Konz.-Polarisation handelt. H. Roschkowski. B 142□

Heterogene Phase und volumetrisches Verhalten im System Methan-n-Heptan bei tiefen Temperaturen. James P. Kohn. (A.I.Ch.E. Journal **7**, 514—18, Sept. 1961; Notre Dame, Ind., Univ. of Notre Dame; engl.) — Das Zustandsdiagramm des bin. Syst. *Methan-n-Heptan* wurde zwischen —200 u. +340°F u. bis zu Drücken von 1500 lbs./sq.in. abs. ermittelt. Es tritt eine Mischungslücke im Fl.-Dampf-Bereich des Syst. auf. Der Quadrupelpunkt wurde zu —154,4°F u. 339 lbs./sq.in. abs. bestimmt. Die Fugazität von CH_4 bei konst. Temp. verhält sich als Funktion der Zus. im Tieftemp.-Gebiet linear. Die Henrysche Konst. (ausgedrückt als Molenbruch/Fugazität-Verhältnis von CH_4) ist eine lineare Funktion des Kehrwerts der abs. Temp. von —130 bis 100°F. Die Werte sind tabelliert u. graph. wiedergegeben. G. Gattow. B 150◇

Anwendung der Abscheidungskurven zur Bestimmung von Dampfdruckgleichungen und latenten Verdampfungswärmen. U. Díaz Román und A. Marín Górriz. (An. Real Soc. españ. Física Quím., Ser. B **54**, 559—66, Sept./Okt. 1958; J.C., C.S., Inst. „A. de Gregorio Rocasolana" y „L. Torres Quevedo"; span.) — Bei Mol.-Dest. lassen sich bei bekannter Dest.-Geschw. (in Mol·s^{-1}) einer Testmischung mit konst. Wrkg.-Grad (hier ein Gemisch aus Mineralölen mit VZ. 0) experimentell Abscheidungskurven ermitteln, die die Berechnung der idealen Molenbrüche der untersuchten Substanzen gestatten, mit deren Hilfe die Dampfdruckgleichungen u. die latenten Verdampfungswärmen der betreffenden Verbb. ermittelt werden können. Letztere wurden berechnet für *Butylpalmitat* 22400, *Butylstearat* 23200 u. *Butyloleat* 23400 cal/Mol.

M. Reiher. B 150□

Über Zustandsdiagramme ternärer flüssiger Systeme, welche zwei binäre Entmischungen mit niedrigen kritischen Lösungstemperaturen enthalten. 1. Mitt. Je. F. Shurawlew. (J. allg. Chem. [UdSSR] **30** (92), 7—12, Jan. 1960; Perm, Univ.; russ.) — Die möglichen Typen von Zustandsdiagrammen tern. fl. Syst., die 2 bin. Entmischungsschichten mit unteren krit. Lsg.-Temp. enthalten, werden theoret. betrachtet. Beim Fehlen chem. Wechselwrkg. zwischen den Komponenten der dritten begrenzenden homogenen Schicht müssen 3 Typen von Zustandsdiagrammen existieren. Sie unterscheiden sich nur in der relativen Lage der Temp. der unteren krit. Punkte des begrenzenden Syst. zu denen der Entmischungsschichten. U.-L. Rau. B 150□

Über Zustandsdiagramme ternärer flüssiger Systeme, welche zwei binäre Entmischungen mit niedrigen kritischen Lösungstemperaturen enthalten. 2. Mitt. Entmischung in den Systemen Triäthylamin-Pyramidon-Wasser und Di-[antipyrinomethyl]-methylamin-Pyramidon-Wasser. Je. F. Shurawlew. (J. allg. Chem. [UdSSR] **30** (92), 12—20, Jan. 1960; russ.) — 1. vgl. vorst. Ref.; 3. vgl. C. **1962**, 13672. — Durch Best. der Löslichkeit der fl. Phasen nach der visuellen polytherm. Meth. von Aleksejew untersucht Vf. die tern. Syst. *Pyramidon* (I)*-Triäthylamin-W.* u. I*-W.-Bis-[antipyrinomethyl]-methylamin* (F. 150°). Die Angaben über das tern. Syst. I*-Diäthylamin-W.* (vgl. Krupatkin und Todorow, C. **1959**, 14354) werden besprochen. Die geometr. Form der poly- u. isotherm. Schnitte der Zustandsdiagramme dieser Syst. bestätigen die l. c. angegebenen möglichen Typen von Zustandsdiagrammen tern. Syst., die 2 bin. Entmischungsschichten mit unteren krit. Punkten u. ein drittes homogenes Syst. bilden. U.-L. Rau. B 150□

Thermodynamische Untersuchungen über die Jod-Komplexe der fünf Schwefel- und Selen-Analoga des 1.4-Dioxans in Tetrachlorkohlenstoff-Lösung. J. D. McCullough und Irmela C. Zimmermann. (J. physic. Chem. **65**, 888—89, Mai 1961; Los Angeles, Calif., Univ. of California, Dep. of Chem.; engl.) — Vgl. C. **1963**, 1620. — Analog zu l. c. wurden für verschiedene Gleichgewichte vom Typ $D \cdot J_2 \rightleftharpoons D + J_2$ in CCl_4 die Größen K_c (Mol/Liter), ΔG_c^0 (kcal/Mol; $\pm 0{,}03$), ΔH_c^0 (kcal/Mol; $\pm 0{,}3$) u. ΔS_c^0 (cal/Mol·Grad; $\pm 1{,}0$) bei 25° ermittelt: D = *1.4-Dioxan* 1,0; 0,0; 3,3; 11,0; *1.4-Thiodioxan* $17{,}2 \cdot 10^{-3}$; 2,42; 5,2; 9,5; *1.4-Selenoxan* $7{,}25 \cdot 10^{-3}$; 2,91; 7,6; 15,6; *1.4-Dithian* $13{,}0 \cdot 10^{-3}$; 2,59; 6,2; 12,1; *1.4-Selenothian* $5{,}04 \cdot 10^{-3}$; 3,13; 7,4; 14,2; *1.4-Diselenan* $3{,}55 \cdot 10^{-3}$; 3,36; 7,0; 12,3. Die Tendenz zur Komplex-Bldg. mit J_2 steigt in der Reihenfolge $O < S < Se$. A. Blaschette. B 156◇

Selbstentzündung von Kohlenwasserstoff-Luft-Gemischen in Stoßwellen. Kunio Terao. (J. physic. Soc. Japan **15**, 2086—92, Nov. 1960; Göttingen, Univ., Inst. für phys. Chem.; dt.) — Vgl. J. physic. Soc. Japan **15**, [1960], 1113. — Der Zündungsmechanismus von *C_2H_6-, CH_4-, C_2H_4-, n-C_6H_{14}-Luft-* u. *C_2H_6-O_2-Gemischen* wird erörtert. Es wird gezeigt, daß man aus der Wahrscheinlichkeit der Entzündung in einer Zeiteinheit, die man aus der Schwankung der Induktionszeit der Entzündung errechnen kann, Rückschlüsse auf die an der Rk. beteiligten chem. Bindungen, die Aktivierungsenergien, die Totalwärme usw. ziehen kann. Diese empir. u. theoret. Ergebnisse lassen auch die durchschnittlichen Induktionszeiten der Entzündung beliebiger n-Paraffin-Luftgemische (als Beispiele: CH_4, C_2H_6, C_3H_8, C_4H_{10}, C_5H_{12}, n-C_6H_{14}, n-C_7H_{16}, n-C_8H_{18}, n-$C_{10}H_{22}$) abschätzen. Ch. Zechel. B 157◇

Isotopeneffekt in der Viscosität von Deuteroglycerin und Äthylendeuteroglykol. I. B. Rabinowitsch, W. I. Mursin und L. Ss. Shilkin. (J. physik. Chem. [UdSSR] **34**, 1973—75, Sept. 1960; Gorki, Lobatschewski-Univ.; russ., Auszug: engl.) — Die Viscosität von $D_{3(OH)}$-*Glycerin* (**I**; 20—90°) u. $D_{2(OH)}$-*Äthylenglykol* (**II**; 10—90°) wurde untersucht im Vgl. zu den normalen Verbindungen. Der Wert von η_D/η_H ist 1,165—1,090 für **I** u. 1,09—1,02 für **II** (2 Tabellen). Der große Isotopeneffekt erklärt sich aus der exponentiellen Abhängigkeit der Isotopendifferenzen bei der Aktivierungsenergie des viscosen Fließens, die umgekehrt exponentiell proportional ist der Isotopendifferenz der Schwingungsnullpunktsenergie der H(bzw. D)-Bindung. Klaus Schulze. B 172◇

Chemisorption und Farbe des Malachitgrün-o-carbonsäurelactons in verschiedenen Grenzflächenphasen. Gustav Kortüm und Josef Vogel. (Chem. Ber. **93**, 706—19, 22/3. 1960; Tübingen, Univ., Inst. für phys. Chem.; dt.) — Die diffusen Reflexionsspektren von an Salzen adsorbiertem ***Malachitgrün-o-carbonsäurelacton*** (**I**; F. 192° [A.]) werden untersucht. Es wird nachgewiesen, daß bei der Adsorption z. T. eine Aufspaltung des Lactonrings zum Zwitterion (Blaufärbung) stattfindet, in der Grenzfläche stellt sich ein Gleichgewicht zwischen chemisorbierten (aufgespaltenen) u. physikal. adsorbierten Moll. ein. In der Reihe der Adsorbentien LiCl, NaCl, KCl, RbCl u. CsCl nehmen bei gleicher extremer Vortrocknung der Salze die für das Zwitterion charakterist. Banden in ihrer Intensität in dieser Folge, also mit zunehmender Größe der Gitterkationen, ab. Eine analoge Abhängigkeit von der Größe der Kationen wurde bei Adsorption an $MgSO_4$, $CaSO_4$ u. $BaSO_4$ beobachtet, bei Adsorption an MgO, CaO u. SiO_2 besteht ein starker Intensitätsunterschied in den Spektren bei den beiden ersten Adsorbentien. Die Unters. der Konz.-Abhängigkeit der Spektren zeigt, daß **I** auch dann nebeneinander chem. u. physikal. adsorbiert werden kann, wenn die Grenzfläche noch nicht vollständig monomol. besetzt ist. Die Spektren von **I** bei Adsorption an LiF, NaF, NaCl, NaBr u. NaJ zeigen keinen deutlichen Unterschied der Wrkg. von Cl′ bis J′. Bei den Fluoriden geht die Chemisorption gegenüber den anderen Halogeniden gleichen Typs beträchtlich zurück. An Polyäthylen wird **I** rein physikal. adsorbiert. Verss. mit verschieden vorgetrockneten Alkalihalogeniden zeigen, daß Wasserdampf die chemisorbierten Moll. mit von LiCl bis CsCl zunehmender Geschw. unter reversibler Ausbleichung der Farbe aus der Grenzfläche verdrängt. W. Schramm. B 176◇

SCF-MO-Behandlung des Benzolium-Ions für ein vereinfachtes Hyperkonjugationsmodell. Toshifumi Morita. (Bull. chem. Soc. Japan **33**, 1486—92, Nov. 1960; Setagaya-Ku, Tokyo, Metropolitan Univ., Dep. Chem.; engl.) — Die durch Berechnung nach einer halbempir. SCF-LCAO-MO-Meth. für ein Hyperkonjugationsmodell des *Benzolium-Ions* ($C_6H_7^+$) erhaltenen Übergangsenergien u. Ladungsdichten zeigen gute Übereinstimmung mit den aus Elektronenspektren u. den chem. Verschiebungen im

Kernresonanzspektrum des Pentamethylbenzols gewonnenen Werten. Die Hyperkonjugationsenergie errechnet sich zu 19,7 kcal/Mol. G. Schroth. B 182◇

Self-consistent-Field-Theorie der Elektronenspinverteilung in π-Elektronenradikalen. A. D. McLachlan. (Molecular Physics **3**, 233—52, Mai 1960; Cambridge, Univ., Chem. Labor., Dep. of Theoret. Chem.; engl.) — In einem Radikal ist die die niedrigste Elektronenenergie liefernde Eindeterminatenwellenfunktion dadurch ausgezeichnet, daß die Elektronen entgegengesetzten Spins verschiedene Syst. von Mol.-Bahnen besetzen u. dabei den „Austausch"-Anteil der Energie erniedrigen. Die Dichte der ungepaarten Spins kann in einer Wellenfunktion dieses Typs negativ sein u. läßt sich nach der Störungstheorie leicht berechnen, wenn bestimmte Austauschintegrale klein sind. Es wird gezeigt, daß dann die Spindichte nahezu gleich dem durch Kombination der gewöhnlichen Eindeterminantenwellenfunktion (mit einem ungepaarten Elektron u. 2n gepaarten in n-Bahnen) mit ihren einfach angeregten Dublettkonfigurationen erhaltenen Wert ist. In alternierenden KW-Stoffen führt die Theorie von Pariser u. Parr (C. **1956**, 6619 u. 6620) auf eine einfache Formel für die Spindichte: $\varrho_r = c_{ro}^2 - \lambda\Sigma_s \pi_{rs} c_{so}^2$, wobei c_{ro} den Hückel-Koeff. der ungeraden Bahn am Atom r, π_{rs} die wechselseitige Polarisierbarkeit der Atome r u. s sowie λ eine theoret. Konst. bedeuten. Die beobachtete Hyperfeinstruktur der Elektronenresonanzspektren der negativen *Ionen* von *Naphthalin, Anthracen, Perylen, Diphenyl, Phenanthren* u. *Pyren* stimmen gut mit dieser Formel überein, wenn man die von McConnell definierte Konst. $Q = -24{,}2$ Gauß setzt. Die nicht-alternierenden negativen Ionen von *Acenaphthylen* u. *Fluoranthen* liefern auch mit der Formel übereinstimmende Ergebnisse, nicht jedoch *Acepleiadylen*. Die Theorie sagt ident. Spindichten in entsprechenden positiven u. negativen Ionen voraus. In neutralen alternierenden Radikalen findet Vf. negative Spindichten an allen „ungesternten" Atomen von *Triphenylmethyl, Perinaphthenyl, Allyl* u. *Benzyl*. Die berechneten negativen Dichten sind ein wenig zu klein, um den Spektren der beiden erstgenannten Radikale angepaßt werden zu können, stimmen jedoch genausogut wie die Valenzbindungswerte. D. Jörchel. B 182◇

Über den Prozeß des Auftretens von Kristallisationszentren von unterkühlten organischen Flüssigkeiten. G. L. Michnewitsch. (Kolloid-J. [UdSSR] **21**, 325—29, Mai/Juni 1959; Odessa, Univ., Lehrstuhl für Molekularphysik; russ.) — An Hand der früher vom Vf. (vgl. Kolloid-J. [UdSSR] **21**, [1959], 69) erhaltenen Resultate wird eine Interpretation der Bldg. von Kristallisationszentren gegeben. Danach erfolgt die Keim-Bldg. nicht spontan, sondern an Teilchen akt. Fremdstoffe. Die Oberfläche eines solchen Teilchens ist mit einer kristallinen Schicht des untersuchten Stoffes bedeckt. Das Wachstum des Keimes besteht dann in der Bldg. aufeinanderfolgender kristalliner Schichten, wobei der Wachstumsmechanismus von den relativen Maßen des Teilchens in bezug auf die krit. Größe abhängt. Nach einem längeren Verweilen des Stoffes bei tiefen Temp. erhält man eine kinet. Kurve, die einer Rk. 1. Ordnung entspricht. Die Temp.-Abhängigkeit der Zahl der akt. Zentren n von der Umwandlungsarbeit des Fremdstoffes in ein Kristallisationszentrum wird durch die Gleichung $\lg n = k_1 - k_2/(T_0 - T_p)^2$ ausgedrückt (k_1 u. k_2 = Konst., T_0 = Schmelztemp., T_p = Temp. der Keim-Bldg.). Die durch Auftragen von lg n gegen die Temp. erhaltenen Geraden bestehen aus zwei Abschnitten, die sich unter einem stumpfen Winkel schneiden. Der Abschnitt, der sich auf höhere Keim-Bldg.-Temp. bezieht, beruht auf der Bldg. von akt. Zentren in den Mikroporen. Der Umwandlungsprozeß verläuft hier wesentlich langsamer als bei niedrigen Temp., bei welchen die Keim-Bldg. über akt. Zentren verläuft. H. Wergin. B 190□

Unterscheidung optischer Antipoden durch orientierte Aufwachsungen. W. Kleber und L. Ickert. (Naturwissenschaften **47**, 539, 1. Dez.-H. 1960; Berlin, Humboldt-Univ., Miner.-Petrograph. Inst. u. Museum; dt.) — Bei Verss. zur orientierten Aufwachsung von *d-Campher* (*d*-I) auf verschiedenen Kristallträgern hat sich ergeben, daß nur eine von zwei möglichen asymm. Stellungen der ausgeschiedenen d-I-Kristalle (δ- u. λ-Stellung) zu beobachten ist oder mindestens statist. reproduzierbar überwiegt (vgl. C. **1958**, 12330). Wenn bei der Epitaxie einer d-Kristallart die λ-Stellung vorherrscht, so müßte der entsprechende l-Antipode die δ-Stellung bevorzugen. Dieser Effekt wurde experimentell nachgewiesen. Tatsächlich ist es ohne weiteres möglich, d-, l- u. dl-I auf Grund der Orientierungen etwa auf (0 0 1) von Glimmer (Margarit, Phlogopit, Biotit, Muskovit usw.) zu unterscheiden. Als Beispiel werden Aufwachsungen von D-(—)- u. L-(+)-*Alanin* auf Baryt abgebildet. F. Rochlitz. B 190□

Die Kristallstruktur von Kaliumhydrogenmaleinat. S. F. Darlow und W. Cochran. (Acta crystallogr. [Copenhagen] **14**, 1250—57, 10/12. 1961; Cambridge, Cavendish Labor., Crystallographic Labor.; Manchester, Coll. of Sci. and Technol., Phys. Dep.; engl.) — *K-Hydrogenmaleinat* krist. rhomb. mit den Zellendimensionen a = 4,578 ± 0,002 (Å); b = 7,791 ± 0,004; c = 15,953 ± 0,005; Raumgruppe ist P b c m; Z = 4. Die Struktur wurde mit Hilfe von Patterson- u. dreidimensionalen Elektronendichteprojektionen bestimmt: K (x =) 0,2615; (y =) 0,7500; (z =) 0,0000; $O_{(1)}$: 0,4851; 0,2958; 0,1737; $O_{(2)}$: 0,2360; 0,4200; 0,0719; $C_{(1)}$: 0,2845; 0,3969; 0,1471; $C_{(2)}$: 0,0904; 0,4885; 0,2078. Die Struktur besteht aus abwechselnden Schichten von K^+ u. Hydrogenmaleinationen, wobei die Anionen so orientiert sind, daß Schichten von O auf jeder Seite der K-Schichten liegen. Die K-Ionen haben eine angenähert hexagonale Anordnung mit den K—K-Abständen gleich 4,466; 4,572 u. 4,578 ± 0,003 Å u. den Winkeln K—K—K gleich 58,4; 60,7 u. 60,9 ± 0,2°. Das Anion ist eben, Gleichung der Ebene 0,2000x + 0,2402y = 1 (x u. y Koordinaten in Å). Es ergaben sich die folgenden intramol. Abstände $C_{(1)}$—$O_{(1)}$ = 1,284 ± 0,003 Å; $C_{(1)}$—$O_{(2)}$ = 1,235 ± 0,003 Å; $C_{(2)}$—$C_{(1)}$ = 1,498 ± 0,003 Å; $C_{(2)}$—$H_{(2)}$ = 0,976 ± 0,020 Å; $C_{(2)}$—$C'_{(2)}$ = 1,348 ± 0,004 Å u. $O_{(1)}$—$H_{(1)}$—$O'_{(1)}$ = 2,437 ± 0,004 Å. Nach den H-Elektronendichteschnitten tritt eine symm. intramol. H-Bindung auf. C. Gottfried. B 195

Die Konfiguration des gespannten Hydrogenmaleinations. S. F. Darlow. (Acta crystallogr. [Copenhagen] **14**, 1257—59, 10/12. 1961; engl.) — Vgl. vorst. Referat. — Auf Grund einer ausführlichen Diskussion der l. c. angegebenen Bindungslängen u. der berechneten Valenzwinkel kommt Vf. zu dem Ergebnis, daß das Anion beträchtlich in der ebenen cis-Konfiguration gespannt ist; die Spannungsenergie beträgt angenähert 7,5 kcal/Mol. Die Korrekturen der Bindungslängen infolge dieser Spannung sind von der Größenordnung von 0,01 Å. Mit diesen Korrekturen sind die C—C-Bindungslängen gleich reinen Einfach- u. Doppelbindungslängen, wie man sie zwischen C-Atomen im sp^2-Hybridisierungszustand erwarten müßte. C. Gottfried. B 195

Die Kristallstruktur von Natriumpyruvat. S. S. Tavale, L. M. Pant und A. B. Biswas. (Acta crystallogr. [Copenhagen] **14**, 1281—86, 10/12. 1961; Poona, India, Nat. Chem. Labor.; engl.) — Das *Na-Salz* der *Brenztraubensäure* krist. aus W. in sehr dünnen monoklinen Platten parallel der (1 0 0)-Fläche. Die Zellendimensionen wurden zu a = 22,25 (Å); b = 5,31; c = 3,71; β = 98,2° bestimmt; Raumgruppe ist C^5_{2h}—$P\,2_1/a$; Z = 4. Die Struktur wurde mit Hilfe zweidimensionaler Fourier-Synth. u. anschließender Verfeinerung der erhaltenen Parameter mit Hilfe der Meth. der kleinsten Quadrate bestimmt. Die erhaltenen Parameter sind: Na (x =) 0,1989 ± 0,0008; (y =) 0,1802 ± 0,0032; (z =) 0,1638 ± 0,0054; $O_{(1)}$: 0,2035 ± 0,0010; 0,4887 ± 0,0043; 0,6491 ± 0,0072; $O_{(2)}$ (Keto-O): 0,1004 ± 0,0010; 0,4100 ± 0,0043; 0,1617 ± 0,0073; $O_{(3)}$: 0,1707 ± 0,0010; 0,8843 ± 0,0043; 0,7144 ± 0,0073; $C_{(1)}$: 0,1657 ± 0,0013; 0,6608 ± 0,0057; 0,5854 ± 0,0097; $C_{(2)}$: 0,1024 ± 0,0013; 0,5803 ± 0,0057; 0,3685 ± 0,0097; $C_{(3)}$: 0,0523 ± 0,0013; 0,7722 ± 0,00+57; 0,3882 ± 0,0097. In dem Gitter bildet die Ebene, die $C_{(CH_3-)}$, die Ketogruppe u. $C_{(CO_2H)}$ enthält, einen Winkel mit der Ebene der $C_{(2)}$-$C_{(1)}$OO-Gruppe von 18,1°. Dies führt zu der Annahme, daß kein merklicher Grad von Konjugation durch die zentrale C—C-Bindung vorhanden ist, was auch durch die Länge der zentralen $C_{(1)}$—$C_{(2)}$-Bindung mit 1,579 ± 0,075 Å (Länge der C—C-Einfachbindung) bestätigt wird. Starke Na—O-Bindungen verknüpfen die Moll. zu unendlichen Schichten parallel den (1 0 0)-Ebenen. Jede Reihe an Moll. ist mit den benachbarten Schichten auf einer Seite durch starke Na—O- u. auf der anderen Seite durch van der Waalssche Bindungen verknüpft. C. Gottfried. B 195

Kristallographische Daten von drei Modifikationen von Carbobenzoxyglycyl-L-prolyl-L-leucylglycyl-L-prolin. Yoshio Sasada und Masao Kakudo. (Acta crystallogr. [Copenhagen] **14**, 1305, 10/12. 1961; Osaka, Univ., Inst. for Protein Res.; engl.) — Vff. untersuchten röntgenograph. das von Sakakibara u. Nagai (vgl. Bull. chem. Soc. Japan **33**, [1960], 1537) synthet. dargestellte *Carbobenzoxyglycyl-L-prolyl-L-leucylglycyl-L-prolin*, das in wenigstens 3 verschiedenen Formen α (I), β (II) u. γ (III) auftritt. I krist. aus mit W. gesätt. Äthylacetat-Lsg. in sehr instabilen Täfelchen, die an der Luft undurchsichtig werden. II wurde in Form stabiler Plättchen aus Äthylacetat-Lsg. erhalten, die weniger als 1 % W. enthielt. III erhält man aus wasserfreier Äthylacetat-Lsg. in Form sehr instabiler, würfelähnlicher Kristalle. Von den Verbb. erhält man keine Kristallinterferenzen, wenn man das Lsgm. im Hochvakuum vollständig entfernt. I krist. monoklin mit a = 13,54 ± 0,07 (Å); b = 14,73 ± 0,05; c = 10,28 ± 0,03; β = 105,6° ± 0,1; Raumgruppe $P\,2_1$; mit D. $1{,}22_3$ ist Z = 2; II ist rhomb. u. hat a = 26,28 ± 0,04 (Å); b = 14,63 ± 0,02; c = 10,30 ± 0,02; Raumgruppe $P\,2_1\,2_1\,2$; D. $1{,}21_7$; Z = 4; III ist ebenfalls rhomb. mit a = 26,33 (Å); b = 14,43; c = 10,33; Raumgruppe $P\,2_1\,2\,2$; Z = 4. Aus den Zellendimensionen, den Dichten u. den scheinbaren Molgew. (I 727, II 726) folgt, daß I u. II wenigstens 1 Mol Äthylacetat u. 3 oder 4 Moll. H_2O pro Peptid enthalten müssen. Da die a-Achse nur 26 Å (gegenüber 32 Å bei gestreckter Form) lang ist, muß das Mol. als Ganzes in dem Kristall etwas gewunden sein. C. Gottfried. B195

Histamin. — Vorläufige röntgenographische Untersuchungen der kristallinen freien Base. A. C. Andrews, Frank DeCou und R. Dean Dragsdorf. (Acta crystallogr. [Copenhagen] **14**, 1293—94, 10/12. 1961; Manhattan, Kans., State Univ., Dep. of Phys.; engl.) — *Histamin* (F. 84°) krist. aus sd. abs. Bzl. nach dem Animpfen in kleinen hygroskop. Nadeln mit der b-Achse als Nadelachse aus. Pulver-, Dreh- u. Weißenberg-Aufnahmen ergaben monokline Symmetrie u. die Zellendimensionen $a = 7{,}23 \pm 0{,}06$ (Å); $b = 15{,}28 \pm 0{,}02$; $c = 5{,}63 \pm 0{,}09$; $\beta = 104{,}5 \pm 0{,}4°$; Raumgruppe ist C_{2h}^5—P 2_1/m; mit D. 1,20 ist Z = 4. C. Gottfried. B 195

Molekülbewegung in flüssigem Glycerin durch protonenmagnetische Relaxation. K. Luszczynski, J. A. E. Kail und J. G. Powles. (Proc. physic. Soc. **75**, 243—56 1/2. 1960; London, Queen Mary Coll., Phys. Dep.; engl.) — Die Spin-Gitter-T_1 u. Spin-Spin-Relaxationszeiten T_2 von fl. u. unterkühltem *Glycerin* (I) bei 200—435°K wurden bei der Resonanzfrequenz 21,5 MHz bestimmt. Die T_1-Werte unterscheiden sich beträchtlich von den Werten von Bloemberger, Purcell u. Pound [1948]. Die daraus erhaltenen Korrelationsfrequenzen für die Mol.-Bewegung von I sind in Größe u. Temp.-Abhängigkeit sehr den Frequenzen der Dipolreorientierung ähnlich, was auf den Zusammenhang der Dipol- u. Protonenbewegung in I hinweist. Es werden Anzeichen dafür gefunden, daß die Translationsbewegung in fl. I schneller als die Rotationsbewegung u. die Dipolreorientierung schneller als die des Gesamt-Mol. ist. G. Pötzscher. B 223◇

Komplexe des Phosphorpentachlorids mit Aryl- und Styrylphosphortetrachloriden. O. W. Kirssanow und G. K. Fedorowa. (Ber. Akad. Wiss. UkrainSSR **1960**, Nr. 6, 801 bis 803; Akad. der Wiss. der UkrainSSR, Inst. für org. Chem.; ukrain., Auszug: engl.) — Bei der Umsetzung von Styrol (IV) mit PCl_5 entsteht nicht, wie bisher angenommen, ein Anlagerungs-Prod., sondern schon bei 0° eine krist. Komplex-Verb. $C_6H_5CH{=}CHPCl_3^+ \cdot PCl_6^-$ (I). Bei 70° erfolgt die Rk. schneller mit 80% Ausbeute. I reagiert mit SO_2 unter Bldg. von $POCl_3$, $SOCl_2$ u. *Styryl-ω-phosphonsäuredichlorid* (II), mit IV reagiert I unter HCl-Abspaltung u. Bldg. von *Styrylphosphortetrachlorid* (III, F. 65—78°), das ebenfalls mit SO_2 II bildet. Die Rk. von I mit rotem P führt zu PCl_3 u. *Styrylphosphordichlorid*, das auch aus III u. P entsteht. Beim Erwärmen erleidet I Zers. zu HCl, PCl_3 u. Chlor-KW-Stoffen, beginnend bei 110°, endend bei 130°. Analoge Verbb. wie I entstehen auch bei der Umsetzung von Bzl. u. Toluol (Substitution in p-Stellung zu CH_3) mit PCl_5 bei 75 bis 80°; sie reagieren mit rotem P unter Bldg. von $ArPCl_2$. R. K. Müller. B 223◇

Bestimmung der Löslichkeit von Nitrofuranen in Wasser mit Hilfe der Polarographie. Ja. P. Stradyn, Ss. A. Giller und L. K. Lepin. (Nachr. Akad. Wiss. LettSSR **1958**, Nr. 1, 113—20; Inst. für org. Synth. der LettSSR; russ., Auszug: lett.) — Es wird die Löslichkeit von *Azomethin-Verbb.* aus *5-Nitrofurfurol* u. *β-[5-Nitrofuryl-(2)]-acrolein* mit verschiedenen Hydrazinen u. Aminen polarograph. untersucht. Die Meth. beruht darauf, daß die Höhe der Stufe, die der Red. der Nitrogruppe des entsprechenden 5-Nitrofuran-Deriv. in 0,1nKCl bei 18° entspricht, bestimmt u. aus der Stufenhöhe mit Hilfe einer Eichkurve die Konz. ermittelt wird. Die untersuchten gesätt. Lsgg. wurden durch Auflösen bei 70°, Abkühlen auf 18° u. 15—30 Min. langes Rühren bis zum Einstellen des Lösungsgleichgewichtes hergestellt. Beim Messen wurde H_2 durchgeleitet, um Störungen durch O_2 zu unterbinden. Es wurden Zusammenhänge zwischen der chem. Struktur der 5-Nitrofuran-Derivv. u. ihrer Löslichkeit in W. festgestellt. Von nachst. Verbb. werden FF. (in °C) u. Löslichkeiten in W. bei 18° (in Mol·10^{-4}/Liter) angegeben: *1-{β-[5-Nitrofuryl-(2)]-acrylalamino}-hydantoin*, 260; 2,8. — *1-{β-[5-Nitrofuryl-(2)]-acrylalamino}-2-thiohydantoin*, 230; 1,1. — *3-{β-[5-Nitrofuryl-(2)]-acrylalamino}-oxazolidon-(2)*, 268; 0,4. — *3-{β-[5-Nitrofuryl-(2)]-acrylalamino}-2-iminooxazolidon-(2)-hydrochlorid*, 229; 4,2. — *β-[5-Nitrofuryl-(2)]-acrolein*, *Semicarbazon*, 236; 7,2. *2-Methylsemicarbazon*, 216; 1.3. *2-[β-Hydroxyäthyl]-semicarbazon*, 206; 7,7. *4-Phenylsemicarbazon*, 202; 0,8. *2.4-Dinitrophenylhydrazon*, 274; <0,1. *Thiosemicarbazon*, 216; 1,1. *Cyanacetylhydrazon*, 221; 1,8. *Dichloracetylhydrazon*, >220° (Zers.); 0,7. *Semioxamazon*, 265; 0,2. *2-[β-Hydroxyäthyl]-semioxamazon*, 225; 3,8. *Furoyl-(2)-hydrazon*, 251; 0,4. *[5-Nitrofuroyl-(2)]-hydrazon*, 241; 0,5. *[5-Bromfuroyl-(2)]-hydrazon*, 240; (Zers.); <0,1. *Isonicotinoylhydrazon*, 248; 1,1. *Guanylhydrazonsulfat*, 250 (Zers.); 4,0, *Guanidinocarbonylhydrazonhydrochlorid*, 212; 16,3. *Glycylhydrazonhydrochlorid*, 245; 9,1. — *1-[5-Nitrofurfuralamino]-hydantoin*, 260; 8,1. — *5-Nitrofurfurol*, *Thiosemicarbazon*, 250 (Zers.); 1,4. *Isonicotinoylhydrazon*, 252; 1,9. *Furoyl-(2)-hydrazon*, 249; 0,8. *m-Nitrobenzoylhydrazon*, 222; 0,1. *2-[β-Hydroxyäthyl]-semioxamazon*, 241; 8,8. *Guanidinocarbonylhydrazonhydrochlorid*, 190; 35,5. Helmut Schäfer. B 224□

Struktur und Reaktionsfähigkeit organischer Verbindungen (quantitative Gesetzmäßigkeiten). W. A. Palm. (Fortschr. Chem. [UdSSR] **30**, 1069—1123, Sept. 1961; Tartu, Univ.; russ.) — Allg. Überblick über Regeln u. Effekte, die eine Beziehung zwischen der Struktur u. der Rk.-Fähigkeit organ. Verbb. herstellen (Induktions-Konst von Substituenten, Hyperkonjugation, Konjugation zwischen π-Bindungen, Hammett-Gleichung, Feldeffekte). — 213 Literaturangaben. G. Froelich. B 225

Elektrophile Substitution am Stickstoff und Sauerstoff. Christopher K. Ingold. (Roczniki Chem. [Ann. Soc. chim. Polonorum] **34**, 985—97, 1960; London, Univ., Univ. Coll.; engl.) — Übersicht über den Mechanismus der Nitrierung u. Nitrosierung am N u. O. F. Urban. B 225◇

Über den Mechanismus der Bildung von Lactonen bei der Autoxydation einiger Polyalkylbenzole in flüssiger Phase. R. N. Wolkow und Ss. W. Sawgorodni. (J. allg. Chem. [UdSSR] **31** (93), 3090—99, Sept. 1961; russ.) — Es wurde die Kinetik der Autoxydation von *2-Isopropyl-* (I) u. *2.5-Diisopropyl-p-xylol* (**II**) bei 110, 130 u. 160° in Ggw. von Co- u. Mn-Salzen (Resinat, Isopropyltoluylat) untersucht. Die kinet. Kurven [Anreicherung von W., Säuren, Lactonen, 3.3.5-Trimethylphthalid (**VI**), Ketonen, prim. u. tert. Alkoholen u. Hydroperoxiden] werden angegeben. **I** u. **II** wurden zu Beginn der Oxydation mit ca. 20% Dimethyl-p-xylylcarbinol (**IV**), Acetyl-p-xylol (**III**), Isopropyl-p-xylylcarbinol oder Isopropyltoluylsäuren versetzt. Die Analyse der kinet. Kurven zeigt, daß der wichtigste Grund für die hohen Lactonausbeuten die Isomerisierung der alkohol. Radikale ist, die von einer Loslösung eines H-Atoms von einer benachbarten Alkylgruppe begleitet wird. — *2-Isopropyl-p-xylol* (I) (Kp. 196°; $D._4^{20}$ 0,8762; n_D^{20} 1,5010 u. *2.5-Diisopropyl-p-xylol* (**II**; Kp. 244°, F. 37,4°), durch Alkylierung von p-Xylol mit Propylen. — *2-Acetyl-p-xylol* (**III**; $Kp._{10}$ 110°; n_D^{20} 1,5306), aus Acetylchlorid in p-Xylol in Ggw. von $AlCl_3$. — *Dimethyl-p-xylylcarbinol* (**IV**; $Kp._3$ 98°, F. 40°), aus Aceton u. 2-Brom-p-xylol nach Grignard. — Die Autoxydation von **I** lieferte als Hauptprodd.: *4-Methyl-3-isopropylbenzoesäure* (**V**), F. 147° (Bzl.). *3.3.5-Trimethylphthalid* (**VI**), Kp. 297°, F. 92° (PAe.). *2.5-Dimethylacetophenon* (*Semicarbazon*, F. 168°. *2.4-Dinitrophenylhydrazon*, F. 175°). *4-Methyl-2-isopropylbenzoesäure*, **IV**, *4-Methyl-2-isopropyl-* u. *4-Methyl-3-isopropylbenzylalkohol*. **V** liefert bei der Oxydation *Trimellitsäure* (**VII**; F. 228—232°), bei der Decarboxylierung *o-Cymol* (Kp. 177°; $D._4^{20}$ 0,8790; n_D^{20} 1,5010), das sich zu *Phthalsäure* (*Anhydrid*, F. 131°) oxydieren läßt. **IV** gibt bei Dehydratisierung *2.5-Dimethylisopropenylbenzol*, das bei der Oxydation **III** u. *2.5-Dimethylbenzoesäure* (F. 133°) liefert. **VI** geht bei der Oxydation mit 25%ig. HNO_3 im Rohr in **VII** über, bei der Spaltung mit KOH in *Aceton* (*2.4-Dinitrophenylhydrazon*, F. 123—125°) u. *p-Toluylsäure* (F. 180°). — Die Oxydation von **II** lieferte neben anderen Verbb., deren Struktur nicht festgestellt wurde, *3.3.5-Trimethyl-6-isopropylphthalid* (**VIII**; $Kp._{10}$ 165°, F. 85°) u. *4-Methyl-2.5-diisopropylbenzoesäure*, $C_{14}H_{20}O_2$, F. 129°. **VIII** gibt bei der Spaltung mit KOH bei 200—230° *Aceton* u. **V**. Helmut Schäfer. B 225

Kinetik der basenkatalysierten Bromierung von Nitroaceton. R. P. Bell und R. R. Robinson. (Proc. Roy. Soc. [London], Ser. A **270**, 411—16, 20/11. 1962; Oxford, Univ., Phys. Chem. Labor.; engl.) — Vff. untersuchten bei 0° durch redoxpotentiometr. Best. des Verschwindens von Br_2 die Kinetik der Bromierung von *Nitroaceton* (**I**) in wss. $HClO_4$ ($k = 4{,}31—4{,}49 \cdot 10^{-3} \cdot s^{-1}$) u. Pufferlösungen. Für letztere wurden folgende katalyt. Konst. k_b erhalten: Katalysator (B^-) $CH_3CO_2^-$ 3,3; $C_6H_5CO_2^-$ 2,6; $HOCH_2CO_2^-$ 0,97; $ClCH_2CO_2^-$ 0,24; $Cl_2CHCO_2^-$ 0,026. Die ermittelten Geschw.-Konst. k wurden mit den nach $k = 4{,}41 \cdot 10^{-3} + k_b [B^-]$ berechneten verglichen. Die Rk. zeigt allg. Basenkatalyse u. ist von 0. Ordnung in bezug auf Br_2, die beobachtete Rk.-Geschw. ist also die der Ionisation von **I**. Zur Prüfung der Meth. wurde die Bromierung von *o-Bromanisol* bei 25° untersucht: $k = 219 \pm 6$ Liter/Mol·s (vgl. C. **1961**, 10122 u. **1962**, 800). — **I**, F. 46°, durch Oxydation von 1-Nitropropanol-(2) ($Kp._{25}$ 105°, durch Rk. von Nitromethan mit Acetaldehyd in Ggw. von Na_2CO_3) mit $Na_2Cr_2O_7$ bei Temp. unter 14°. W. Schramm. B 225◇

Kinetik der Austauschreaktion von Chlor in isomeren β-Chlorcrotonsäuren. 3. Mitt. Austausch von Chlor gegen Alkoxygruppen. T. A. Kudrjawzewa und N. M. Tschirkow. (J. physik. Chem. [UdSSR] **34**, 375—79, Febr. 1960; Akad. der Wiss. der UdSSR, Inst. für chem. Physik; russ., Auszug: engl.) — 2. vgl. C. **1962**, 4488. — Es wird die Substitutions-Geschw. von Cl in *Na-cis-* u. *-trans-β-Chlorcrotonat* durch den *Benzyloxy-*, *Äthoxy* u. *Phenoxyrest* in abs. A. bestimmt. Die Na-Salze wurden in abs. A. gelöst u. das entstehende Cl^- nach bestimmten Zeiten titrimetr. bestimmt. — Die Austausch-Rk. ist bimol. u. irreversibel. Das trans-Isomere reagiert schneller als das cis-Isomere. Die Aktivierungsenergie ist für beide Verbb. gleich u. beträgt ca. 23 kcal/Mol. Es werden die Geschw.-Konst. für 20—70° u. die kinet. Kurven angegeben. — Die geringere Rk.-

Geschw. des cis-Isomeren wird mit ster. Hinderung erklärt. Am reaktionsfähigsten ist das Benzylation, am geringsten das Phenolation. Helmut Schäfer. B 225 □

Kinetik der Austauschreaktion von Chlor in isomeren β-Chlorcrotonsäuren. 4. Mitt. Chloraustausch von cis-β-Chlorcrotonsäureestern mit Natriumbenzylat. T. A. Kudrjawzewa und N. M. Tschirkow. (J. physik. Chem. [UdSSR] **34,** 1307—11, Juni 1960; russ., Auszug: engl.) — 3. vgl. vorst. Referat. — An *Methyl-, Äthyl-, n-Propyl-, Isopropyl-, n-Butyl-* u. *Isobutyl-cis-β-chlorcrotonat* wird die Kinetik des Cl-Austausches durch den *Benzyloxyrest* in verschiedenen Alkoholen zwischen — 15 u. + 25° untersucht. Der Verlauf der Cl-Substitution bei der Rk. 0,025n Lsgg. der Ester mit Na-Benzylat (1:1 Mol) wurde durch Best. der entstehenden Cl-Ionen verfolgt. Die kinet. Kurven werden angegeben. — Die Rk. ist irreversibel u. bimolekular. Die Aktivierungsenergie beträgt für alle Ester 17,6 ± 0,2 kcal/Mol. Die Rk.-Geschw. steigt in der Reihenfolge der Lsgm. Methanol, Isopropanol, A., n-Propanol u. n-Butanol. Die Abhängigkeit der Geschw.-Konst. von Temp. u. Lsgm. wird angegeben. — *cis-β-Chlorcrotonsäure, Methylester,* $Kp._7$ 46—47°, durch längeres Einleiten von HCl in die Lsg. von cis-β-Chlorcrotonsäure in Methanol; n_D^{20} 1,456. Analog: *Äthylester,* Kp_{13}. 55°; n_D^{20} 1,453. *n-Propylester,* $Kp._{14}$ 70°; n_D^{20} 1,449. *n-Butylester,* $Kp._{40}$ 108°; n_D^{20} 1,452. *Isobutylester,* $Kp._{18}$ 82—83°; n_D^{20} 1,447. *Isopropylester,* $Kp._{85}$ 99°, durch Kochen in Ggw. von wenig konz. H_2SO_4; n_D^{20} 1,455. Helmut Schäfer. B 225 □

Reaktion von Benzolsulfochlorid mit Alkoholen. K. A. Saitz und W. D. Ljaschenko. (J. allg. Chem. [UdSSR] **30 (92),** 3750—55, Nov. 1960; Leningrad, Chem.-Pharmazeut. Inst.; russ.) — Es wird die Abhängigkeit der Hydrolyse u. Alkoholyse von *Benzolsulfochlorid* (I) von verschiedenen Rk.-Bedingungen untersucht. Im Überschuß von W. oder A. verlaufen die Rkk. als pseudomonomol. Prozesse. Bei äquivalenten Mengen W. u. I verläuft die Hydrolyse bei 20 u. 40° nach der 2. Ordnung, ihre Konst. sind angegeben Die Alkoholyse ist durch gleichzeitige Bldg. von Alkylchloriden u. Äther unübersichtlicher Die Geschw.-Konst. der Alkoholyse, nach der 2. Ordnung berechnet, verringert sich mit zunehmender Zahl der C-Atome in der Kette der prim. n-Alkohole. Die hohe Reaktivität des p-Chlorphenols ist durch den Einfl. des positiven Tautomerieeffekts des Cl-Atoms bedingt, Nitrophenole ordnen sich nach ihren nucleophilen Eigg. in einer Reihe, die entgegengesetzt der Reihe ihrer Säurestärke ist. Es werden die relativen Reaktivitäten der Alkoholyse gegenüber I bestimmt. Es tritt ein starker Abfall der Aktivität prim. aliphat. Alkohole vom Methanol zum Butanol ein, u. dann langsame Verminderung mit Zunahme der Zahl der C-Atome. Durch elektrometr. Messung des Widerstandes von Gemischen 2n Lsgg. von I u. Alkohol bzw. Phenol in abs. Aceton bei 0° werden die Geschw.-Konst. für die Hydrolyse u. Alkoholyse von I mit nachst. Alkoholen (Phenolen) bestimmt (geordnet nach abfallender relativer Rk.-Fähigkeit): *W., Methanol, A., p-Chlorphenol, n-Butanol, n-Pentanol, n-Nonanol, Phenol, β-Phenyläthylalkohol, Benzylalkohol, o-, p-Nitrophenol, 2.4-Dinitrophenol, p-Nitrobenzylalkohol.* D. Freytag. B 225

Untersuchung der Reaktion der Chlorsulfurierung. 2. Mitt. Kinetik der Chlorierung von p-Phenylurethylansulfonsäure mit Chlorsulfonsäure. W. A. Palm. (J. physik. Chem. [UdSSR] **32,** 620—27, März 1958; Tartu, Univ.; russ., Auszug: engl.) — 1. vgl. C. **1957,** 12123. — Die Abhängigkeit der Geschw.-Konst. der Rk. von „*p-Phenylurethylansulfonsäure*" (I, *N-Methoxycarbonylsulfanilsäure*) mit $ClSO_3H$ in H_2SO_4 zum I-Chlorid von der Säurefunktion des Mediums ist für verschiedene Temp. ermittelt worden: $\log k_1 = 4{,}90 - 31\,300/4{,}574\,T - 2{,}15\,H_0 \approx 6{,}39 - 12\,900/4{,}574\,T - 1{,}075 \log[H_2SO_4]/[ClSO_3H]$. H. Roschkowski. B 225 □

Untersuchung der Reaktion der Chlorsulfurierung von aromatischen Verbindungen. 3. Mitt. **Einfluß des Zusatzes von Wasser und SO_3 auf die Geschwindigkeit der Chlorierung von p-Phenylurethylansulfonsäure durch Chlorsulfonsäure.** W. A. Palm. (J. physik. Chem. [UdSSR] **32,** 1030—34, Mai 1958; russ., Auszug: engl.) — 2. vgl. vorst. Referat. — Die Abhängigkeit der Geschw.-Konst. der Chlorierungs-Rk. von „*p-Phenylurethylansulfonsäure*" (I) durch $ClSO_3H$ zum I-Chlorid von der Aciditätsfunktion H_0 wurde für verschiedene W.–H_2SO_4–HSO_3Cl-Mischungen, Oleum u. Mischungen von 0,5% Oleum u. HSO_3Cl ermittelt, es gilt die Gleichung $\log k_1 = \text{Konst.} - \alpha\,H_0$. Die Konst. variiert für verschiedene Medien; für H_2SO_4–HSO_3Cl-Mischungen mit geringem Wasser-Geh. ist $\log k_1 = 8{,}68 - 51\,400/4{,}574\,T - 2{,}15\,H_0$. Für die säurekatalysierte Rk. hängt somit der Wert der Geschw.-Konst. nicht allein von H_0 ab. H. Roschkowski. B 225 □

Nucleophile Angriffe auf Kohlenstoff—Kohlenstoff-Doppelbindungen. 1. Mitt. **Allgemeine Betrachtungen: Arylmethylenübertragung und Cyclodimerisierung.** Saul Patai und Zvi Rappoport. (J. chem. Soc. [London] **1962,** 377—82, Febr.; Jerusalem, Hebrew Univ., Dep. of Org. Chem. A; engl.) — Vff. untersuchen Rkk. zwischen nucleophilen Reagentien (Y) u. Verbb. mit einer aktivierten C=C-Doppelbindung, bei denen unterschiedliche Prodd. über eine Carbanion-Zwischenstufe des allg. Typs $R_1R_2CY\overset{\ominus}{C}R_3R_4$ entstehen. Als Beispiel wird die Rk. zwischen *α-Cyan-β-[o-methoxyphenyl]-acrylsäureäthylester* (I) oder verwandten Verbb. u. *Malodinitril* (II) in A. untersucht, die zu Arylmethylenmalodinitril- oder Cyclobutan-Derivv. (A) führt. Die Arylmethylenübertragung verläuft nach der Beziehung $ArCH{=}C(CN)COOC_2H_5 + CH_2(CN)_2 \rightarrow ArCH{=}C(CN)_2 + CNCH_2 \cdot COOC_2H_5$ u. erweist sich in Modell-Verss. als nicht umkehrbar. Die **A** werden unter gewissen, nicht streng reproduzierbaren Bedingungen in geringer Ausbeute aus **I** u. **II** als Folge einer Cyclodimerisierung erhalten. Lsg. von **A** zeigten beim Erhitzen mit **II**, Cyanessigsäureäthylester (**III**) oder einer Base keine Absorption im UV, die einer Äthylenbindung entspricht, die Dimerisierung scheint demnach umkehrbar zu sein. Bei Verss., 24 Arylmethylen-Derivv. von **II**, **III** u. Cyanacetamid durch Bestrahlung zu dimerisieren, gaben nur **I** u. in Spuren Benzylidenmalodinitril die Photodimeren. Mögliche Rk.-Mechanismen dieser Umsetzungen werden diskutiert.

Versuche: Folgende Arylmethylenmalodinitrile werden durch mehrstd. Rk. aus den entsprechenden α-Cyan-β-arylacrylsäureäthylestern in A. bei 25° erhalten: *p-Methoxyphenyl-*, F. 113° (A.); 91% (Ausbeute). — *o-Methoxyphenyl-*, F. 84° (A.); 81%. — *Phenyl-*, F. 83° (wss. A.); 71%. — *1.3-Dicyan-2.4-bis-[o-methoxyphenyl]-cyclobutan-dicarbonsäure-(1.3)-diäthylester*, $C_{26}H_{26}N_2O_6$, F. 163° (A.), a) aus **I** u. **II** in A. bei 40° in 24 Std.; 18%; b) analog a) in 1 Std.; 4%; c) aus **I** u. **III** in A. in 4 Std.; 6,4%; d) durch 72std. Bestrahlen von festem **I** in direktem Sonnenlicht; 100%. — *Salicylidendimalodinitril*, $C_{13}H_8N_4O$, F. 145° [Zers.; Tetrahydrofuran (THF); Gelbfärbung bei 120°], aus Salicylaldehyd u. **II** unter Zusatz eines Tropfens Piperidin in A. bei 0° in 4 Std.; 96%. Innerhalb einiger Tage in A. oder THF bei 0° Zers. zu *Salicylidenmalodinitril*, F. 167°; gelbe Kristalle. G. Kirsten. B 225□

Nucleophile Angriffe auf Kohlenstoff—Kohlenstoff-Doppelbindungen. 2. Mitt. **Spaltung von Arylmethylenmalonitrilen durch Wasser in 95%igem Äthanol.** Saul Patai und Zvi Rappoport. (J. chem. Soc. [London] **1962**, 383—91, Febr.; engl.) — 1. vgl. vorst. Referat. — Die Hydrolyse substituierter Benzylidenmalodinitrile (**A**) nach der Beziehung $ArCH{=}C(CN)_2 \xrightarrow{H_2O} ArCHO + CH_2(CN)_2$ in A. wird bei 30—40°, teilweise unter Zusatz von W., Säuren, Basen, Puffer-Lsg. u. Salzen, spektrophotometr. untersucht. Die Rk. ist bzgl. der Substrate 1. Ordnung. Die Pseudo-Geschw.-Konst. $k_1^{30°} \cdot 10^5$ u. $k_1^{40°} \cdot 10^5$ in s^{-1} folgender **A** werden in 95% ig. A. bestimmt (in Klammern Aktivierungsenergie in kcal·Mol^{-1}): *4-Nitro-*, 85 ± 2 u. 131 ± 5 (7,3); *2-Chlor-*, 12,1 ± 0,3 u. 28,9 ± 0,6 (16,2); *3-Chlor-*, 9,1 ± 0,5 u. —; *4-Chlor-*, 5,4 ± 0,2 u. 11,3 ± 0,3 (13,8); *nichtsubstituiert*, 1,16 ± 0,6 u. 3,46 ± 0,22 (20,2); *4-Methoxy-* (**I**), 0,105 ± 0,005 u. 0,239 ± 0,011 (15,5); sowie *Tricyanvinylbenzol*, 11,6 ± 0,7 u. —. Zusatz von 10^{-5} bis 10^{-6} Mol $HClO_4$/Liter hemmt die Rk. in Abhängigkeit von der **A**-Konz. stark u. höhere Säure-Konzz. unterbinden sie vollständig (Tabelle), was auf eine Säureinhibierung am Substrat selbst u. eine Zwischenstufe unter Freisetzung eines H^+-Ions u. nicht etwa auf eine Verringerung der OH^--Konz. in der Lsg. zurückzuführen ist. Andererseits wird die Rk. durch Zusatz geringer Mengen an NaOH oder Triäthylamin–Triäthylammoniumchlorid-Puffer, nicht aber durch K-Hydrogenphthalat-Puffer, stark beschleunigt (Tabelle) u. diese spezif. Basenkatalyse ist relativ geringer bei **A** mit hohen als bei solchen mit niedrigen Rk.-Geschwindigkeiten. Zusatz von LiCl bis zu 0,6 Mol/Liter ist ohne Wrkg. u. nur bei höheren Salz-Konzz. bis zu 1 Mol/Liter nimmt die Hydrolysen-Geschw. geringfügig ab. In wasserfreiem Lsgm. findet keinerlei Rk. statt, dagegen nimmt die Rk.-Geschw. bei Wasserzusatz von 1—50 Vol.-% bei niedrigen Wasser-Konzz. nahezu linear, bei höheren etwas weniger als proportional zu (Tabelle). Ersatz von A. durch andere Alkohole bei 20 Vol-% Wasserzusatz zeigt keinerlei Beziehungen zwischen der Art des Lsgm. u. den physikal. Eigg. der verschiedenen **A** hinsichtlich der Hydrolysengeschwindigkeit. Vff. diskutieren den Rk.-Mechanismus, dessen 1. u. geschwindigkeitsbestimmende Stufe im Anriff eines Wasser-Mol. auf das elektrophile $C_{(\beta)}$-Atom der C=C-Doppelbindung besteht. Der Einfl. von Ringsubstituenten der **A** auf die Rk.-Fähigkeit des $C_{(\beta)}$-Atoms ist, mit Ausnahme der Methoxygruppe, vorwiegend induktiv, da z. B. die 2-Chlor-Verb. rascher als die anderen Chlorisomeren hydrolysiert wird. Die Hammett-Rk.-Konst. ϱ bei 40° für verschiedene Lsgm.-Zus. sind angegeben (Tabelle).

Versuche: Folgende Benzylidenmalodinitrile (**A**) werden durch Kondens. aus den entsprechenden Aldehyden u. Malodinitril (**II**) unter Zusatz eines Tropfens 0,1 n wss. NaOH in A. erhalten u. aus Propanol-(1) krist.: *4-Methoxy-* (**I**), F. 115°. — *4-Nitro-*, F. 161°. — *4-Chlor-*, F. 163,5—164°. — *2-Chlor-*, F. 95,5°. — *4-Methyl-*, F. 131°. — *Unsubstituiert*, F. 84°. — *Tricyanvinylbenzol*, F. 97°, aus Benzoylcyanid u. **II**; gibt mit p-Methoxybenzaldehyd in A. bei 40° in 20 Std. **I** in 72% ig. Ausbeute. G. Kirsten. B 225□

Nucleophile Angriffe auf Kohlenstoff—Kohlenstoff-Doppelbindungen. 3. Mitt. Basenkatalysierte Hydrolyse von aktivierten Kohlenstoff—Kohlenstoff-Doppelbindungen in 95%igem Äthanol. Saul Patai und Zvi Rappoport. (J. chem. Soc. [London] **1962**, 392—96, Febr. ;engl.) — 2. vgl. vorst. Referat. — Die basenkatalysierte Hydrolyse von Verbb. mit aktivierten C=C-Doppelbindungen des Typs ArCH=CXY (**A**; Ar = Aryl, X u. Y = CN, $COOC_2H_5$ oder $CONH_2$), die bzgl. Substrat u. Base jeweils 1. Ordnung ist, wird spektrophotometr. untersucht. Die mittleren Geschw.-Konst. $k_2^{40°}$ in Liter·Mol^{-1}·s^{-1} werden für folgende **A** bestimmt (in Klammern Aktivierungsenergie in kcal·Mol^{-1}): *4-Methoxybenzylidenmalodinitril* (I), 14,1 ± 0,3 (11,7); *α-Cyan-β-[p-methoxyphenyl]-acrylsäureäthylester*, 1,71 ± 0,09 (13,1); *α-Cyan-β-[p-methoxyphenyl]-acrylsäureamid*, 0,349 ± 0,007 (16,2); *4-Methoxybenzylidenmalondiamid*, 0,000260 ± 0,000008; *α-Cyan-β-[o-methoxyphenyl]-acrylsäureäthylester*, *α-Cyan-β-phenylacrylsäureäthylester* (im Original eine der beiden vorst. Verbb. irrtümlich als „o-2-methoxyphenyl-" bezeichnet). Die reaktivste Verb. der Reihe ist *α-Cyan-β-[p-nitrophenyl]-acrylsäureäthylester*, die bei einer Konz. von 5,06·10^{-6} Mol/Liter ohne Ggw. von Basen $k_1^{40°}$ = 4,97·10^{-5}, in Ggw. von 0,2—1,0 Mol/Liter LiCl 5,65·10^{-5} s^{-1} aufweist. Vff. diskutieren den Rk.-Mechanismus im Vgl. zu anderen Arylmethylen-Verbb. (vgl. l. c.), wobei **I** wesentlich rascher als die untersuchten α-Cyan-β-arylacrylate reagiert. Die relativen Hydrolysen-Geschw. der Gruppierungen $C(CN)_2$:C(CN)$COOC_2H_5$:C(CN)$CONH_2$: $C(CONH_2)_2$ verhalten sich bei 40° wie 1:0,1:0,025:0,00002, was den großen α-Effekt durch die CN-Gruppe beweist. Diese Reihenfolge entspricht auch der der Reaktivität der entsprechenden Methylen-Verbb. mit Aldehyden. — Einige UV-Daten sind im Original angegeben.

Versuche: Folgende trans-α-Cyan-β-arylacrylsäureäthylester werden durch Kondens. aus den entsprechenden Aldehyden u. Methylen-Verbb. in A. in Ggw, von KOH als Katalysator u. Kristallisieren aus Propanol-(1) erhalten: *-p-nitrophenyl-*, F. 170°; *-p-methoxyphenyl-*, F. 84°; *-o-methoxyphenyl-*, F. 77°; *-phenyl-*, F. 50°. Desgleichen *4-Methoxybenzylidenmalodinitril*, F. 116°; *α-Cyan-β-[p-methoxyphenyl]-acrylsäureamid*, F. 213°; *4-Methoxybenzylidenmalondiamid*, F. 206°. G. Kirsten. B 225□

Nucleophile Angriffe auf Kohlenstoff—Kohlenstoff-Doppelbindungen. 4. Mitt. cis–trans-Isomerisierung von α-Cyan-β-[o-methoxyphenyl]-acrylsäureäthylester durch verschiedene nucleophile Agentien. Saul Patai und Zvi Rappoport. (J. chem. Soc. [London] **1962**, 396—403, Febr.; engl.) — 3. vgl. vorst. Referat. — Die Isomerisierungs-Geschw. von *cis-α-Cyan-β-[o-methoxyphenyl]-acrylsäureäthylester* (*cis*-**I**, CN cis zu H) zu *trans*-**I** beträgt in 95% ig. A. $k_1^{40°}$ = 1,79—1,94·10^{-5}·s^{-1} bei cis-I-Konzz. von 0,5 bis 2·10^{-4} Mol/Liter. Die in Ggw. von Triäthylamin (**II**)–Triäthylaminhydrochlorid-Puffer (TTH) gefundenen Geschw.-Konst. für cis-**I** → trans-**I** sind der TTH-Konz. proportional (Tabelle). Analoges gilt in Ggw. verschiedener nucleophiler Agentien wie z. B. **II**, Malodinitril (**III**), Cyanessigsäureäthylester (**IV**) oder $KC(CN)_3$, wobei in Ggw. von TTH u. einer akt. Methylen-Verb. die Geschw. eine zusätzliche Zunahme erfährt (Tabelle). **III** ist ca. 35 mal aktiver als **IV**. Unter den Rk.-Prodd. finden sich keine Michael-Addukte. Zusatz von $NaClO_4$ mit u. ohne Ggw. von TTH ist prakt. ohne Einfl., wogegen in Ggw. von 2 Mol $HClO_4$/Liter die Rk.-Geschw. um ca. 25% abnimmt (Tabellen). Der H_2O-Geh. des Lsgm. ist ohne Einfl. auf die Rk., die durch NaOH bei niedrigen Konzz. beschleunigt wird, während bei höheren Basen-Konzz. zusätzlich Hydrolyse von **I** stattfindet, die im Gemisch der Isomeren an cis-I scheinbar etwas rascher als an trans-I verläuft (Tabelle). Der Mechanismus der Isomerisierung am Carbanion unter Einfl. nucleophiler Agentien wird diskutiert. — IR- u. UV-Daten von cis- u. trans-I sind im Original angegeben.

Versuche: *trans*-**I**, F. 77° (A.), durch Kondens. von o-Methoxybenzaldehyd u. **IV** in A. in Ggw. eines Tropfens 0,1n NaOH. *cis*-**I**, $C_{13}H_{13}NO_3$, F. 74,5—75°, aus α-Cyan-β-[o-methoxyphenyl]-acrylsäure, Fällen des gelben Ag-Salzes mit wss. $AgNO_3$ u. 6std. Dunkel-Rk. des trockenen Salzes u. C_2H_5J in Ae.; aus Tetrahydrofuran blaßgelbe Kristalle; 33% (Ausbeute). G. Kirsten. B 225□

Kinetik und Mechanismus von Reaktionen in Medien konzentrierter starker Säuren. 3. Mitt. Die Kinetik der Hydrolyse von Cyclohexanonoxim in Salzsäure- und Schwefelsäuremedium. M. I. Winnik und N. G. Sarachani. (J. physik. Chem. [UdSSR] **34**, 2671—81, Dez. 1960; Akad. der Wiss. der UdSSR, Inst. für chem. Phys.; russ., Auszug: engl.) — 2. vgl. C. **1962**, 9667. — Auf spektrophotometr. Wege wird die Kinetik der Hydrolyse von *Cyclohexanonoxim* (2·10^{-4} bis 1·10^{-3} Mol/Liter) in 5·10^{-4} bis 5,43m HCl u. in 1,4·10^{-5} bis 39,7m H_2SO_4 bei 25—80° untersucht. Es wird ein Maximum der scheinbaren Hydrolysen-Geschw.-Konst. $k_{app.}$ bei 25° in 5,6·10^{-3}m HCl bzw. 1,365·10^{-2}% ig. H_2SO_4 beobachtet. Für Säure-Konzz., bei denen mit steigender Acidität ein Abfallen von k_{app} zu beobachten ist, gilt für HCl-Lsgg. k_{app}·a_{HCl}/h_0 = —2,01 (bis

$-2,13$), für H_2SO_4-Lsgg. $k_{app} \cdot a_{H_2SO_4}/h \cdot 4\, K_{HSO_4} = -2,46$ (bis $-3,23$). Die experimentellen Daten finden eine quant. Erklärung, wenn man die Bldg. von Ionenpaaren des Typs $RNO\overset{+}{H_2} \cdot A^-$ aus protoniertem Oxim u. Säureanion annimmt. Infolge der Ionenpaar-Bldg. verringert sich die Konz. des reaktionsfähigen protonierten Oxims.
Wolfram Köhler. B 225◇

Racemisierung und Austausch von radioaktivem Chlorid zwischen p-Chlorbenzhydrylchlorid und Quecksilber(II)-chlorid. A. Ledwith, M. Hojo und S. Winstein. (Proc. chem. Soc. [London] **1961**, 241—42, Juli; Los Angeles, Calif., Univ. of California, Chem. Dep.; engl.) — Vgl. Winstein u. Mitarbeiter, C. **1963**, 3565. — Bei Ersatz von LiCl bzw. Tetrabutylammoniumchlorid durch $HgCl_2$ kann die Geschw. der Racemisierung (k_α) u. des Austausches von radioakt. Cl(k_e) von *p-Chlorbenzhydrylchlorid* (RCl) in Aceton bereits bei 25° bestimmt werden; es betrugen k_α $1,90 \cdot 10^{-4}\, s^{-1}$ in Ggw. von 10^{-2}m $HgCl_2$ bzw. ca. $3 \cdot 10^{-9}\, s^{-1}$ ohne $HgCl_2$. Beim Auftragen von k_α u. k_e gegen die Konz. an $HgCl_2$ ($1-15 \cdot 10^{-3}$m) ergab sich eine lineare Beziehung, mit deren Hilfe die k-Werte 2. Ordnung, k_α zu $1,87 \cdot 10^{-2}$ u. k_e zu $1,24 \cdot 10^{-2}$ Liter/Mol·s, bestimmt wurden. Im gesamten Konz.-Bereich betrug k_α/k_e 1,50. Vff. nehmen an, daß beide Rkk. durch eine durch $HgCl_2$ unterstützte Ionisation von RCl in $R^+HgCl_3^-$ voranschreiten. Das obige 3:2-Verhältnis wird damit erklärt, daß die Austausch-Rk. durch Rückbldg. von RCl aus dem Ionenpaar erfolgt, das rac. ist u. bei dem kein Unterschied mehr zwischen den 3 Cl-Atomen besteht. B. Gnauck. B 225□

Untersuchung der Reaktion von Natriumdiäthylphosphit mit Di- und Triphenylmethylhalogeniden nach der Methode der paramagnetischen Elektronenresonanz. B. A. Arbusow und L. M. Katajewa. (Nachr. Akad. Wiss. UdSSR, Abt. chem. Wiss. **1962**, 172—73, Jan.; Kasan, Univ.; russ.) — Die Rk. von *Na-Diäthylphosphit* (I) mit *Triphenylbrommethan* (II), *-chlormethan* u. *Diphenylbrommethan* bei 20° in Ggw. von O_2 wurde durch Messung der paramagnet. Elektronenresonanz untersucht. Signale der paramagnet. Elektronenresonanz wurden nur bei der Rk. von I mit II registriert. In den 2 anderen Fällen fehlten Signale (bei einer Empfindlichkeit des Radiospektrometers von 10^{-11} M, bezogen auf Diphenylpikrylhydrazyl). Helmut Schäfer. B 225

Reaktionen von Allylradikalen mit Olefinen. W. A. Bryce und D. J. Ruzicka. (Canad. J. Chem. **38**, 835—44, Juni 1960; Vancouver, B.C., Univ. of Brit. Columbia, Dep. of Chem.; engl.) — Vgl. Ruzicka u. Bryce, Canad. J. Chem. **38**, [1960], 827. — Wie l. c. untersuchten Vff. die Rkk. von *Allylradikalen* [AR, durch therm. Zers. von Hexadien-(1.5) (**III**)] mit *Buten-(1)* (I), C_2H_4, *Propylen* u. *n-Butan* (**II**) bei 460—506° u. 200 mm Druck. Unter diesen Bedingungen entziehen AR den KW-Stoffen H u. addieren an die C=C-Doppelbindung. Die Pyrolyse von I verläuft in Ggw. von AR ca. 6,5 mal schneller, wobei die Ausbeuten der Hauptprodd. (C_3H_6, CH_4, C_2H_4) durch AR bes. stark, die der anderen Prodd. [C_2H_6, Cyclopentadien, Bzl., Cyclopenten (**IV**), Cyclohexen u. Methylcyclohexen] weniger stark erhöht werden. Die vermehrte Bldg. von C_2H_4 u. CH_4 wird auf eine pyrolyt. Spaltung höherer Radikale zurückgeführt. In Abwesenheit von AR tritt bei 506° u. 200 mm keine Pyrolyse von C_2H_4 auf. In Ggw. von AR kommt es hauptsächlich zur Bldg. von C_3H_6, dessen Ausbeute von $\sqrt{[III]}$ linear abhängt. Ferner entstehen neben H_2, CH_4, C_2H_6 u. **I** erhebliche Mengen an **IV** + Pentadien-(1.4) (**V**). Die Bldg.-Geschw. von **IV** + **V** ist derjenigen von C_3H_6 numer. gleich, wobei das Bldg.-Verhältnis **V**/**IV** = 11:20 beträgt. Die Bldg. von **IV** wird durch die Annahme einer intramol. Additions-Rk. von Pentenylradikalen erklärt. Die bei der Pyrolyse von C_3H_6 + AR entstehenden Prodd. ähneln denen der Zers. von **III**; das hauptsächlich gebildete C_2H_4 entsteht durch die mit AR ausgelöste Zers. von C_3H_6. Bei der Zers. von **II** ohne **III** (506°, 200 mm) bilden sich C_3H_6, CH_4, C_2H_6 u. C_2H_4, deren Menge in Ggw. von AR auf das 2,2—3,8fache wächst. Außerdem entstehen in Ggw. von AR I u. Penten-(1). Vff. diskutieren die Zers.-Mechanismen sowie die Folgerungen für die Inhibierung der Pyrolyse von KW-Stoffen durch C_3H_6 u. NO. B. Gnauck. B 225□

Auffindung freier Radikale mit Hilfe von ^{212}Pb-Spiegeln. M. J. Molera, J. M. Gamboa und E. García Guijarro. (An. Real Soc. españ. Física Quím., Ser. B **54**, 553—58, Sept./Okt. 1958; Inst. de Quím. Fís. „A. de G. Rocasolano", Secc. de Cinetoquím. y Radioquím.; span.) — In den therm. Zers.-Prodd. von *Aceton* u. *Methyläthylketon* wurde bei tiefen Temp. (550—700°) die Existenz freier Radikale nach der Meth. von Paneth [1935 u. früher] nachgewiesen. Durch Verw. von Spiegeln aus ^{212}Pb ließ sich die Empfindlichkeit des Verf. so steigern, daß noch 1 Radikal unter $2 \cdot 10^6$ Moll. bestimmt werden konnte. M. Reiher. B 225□

Über die thermische Zersetzung von Cumolhydroperoxid in wässerigen solubilisierten Lösungen. R. W. Kutscher und Ss. D. Kasmin. (Ber. Akad. Wiss. Ukrain-

SSR **1960,** Nr. 6, 817—20; Lwow, Franko-Univ.; ukrain., Auszug: engl.) — Vgl. C. **1959,** 5042, 7418. — Der Einfl. der Solubilisierung von *Cumolhydroperoxid* (I) auf die Geschw. seiner therm. Zers. wird in der Weise untersucht, daß wss. Lsgg. von I ohne Zusatz u. mit Zusatz von Nekal (II; bis zu 3%) als Emulgator auf 98,5° erhitzt werden. Bei steigender II-Konz. nimmt die Solubilisierung von I zu, die Geschw.-Konst. K der therm. Zers. ab. Die aus der Zunahme der Solubilisierung (I-Konz. der Lsg.) theoret. errechnete Abnahme von K stimmt mit dem Vers. gut überein. Die Solubilisierung von I in II-Lsg. nimmt ab u. entsprechend nimmt K zu, wenn die Micellen vor dem Vers. mit Isopropylbenzol gesätt. werden. R. K. Müller. B 225◇

Die thermische Zersetzung von Phenylmethylsulfid. Margaret H. Back und A. H. Sehon. (Canad. J. Chem. **38,** 1076—81, Juli 1960; Montreal, Quebec, McGill Univ., Dep. of Chem.; engl.) — Die therm. Zers. von *Phenylmethylsulfid* wurde im Temp.-Bereich von 550—706° in einem Vakuumdurchfluß-Syst. mit Toluol als Träger untersucht. Hauptprodd. der Zers. waren CH_4, Thiophenol u. Dibenzyl. Der 1. Schritt der Zers. ist $C_6H_5SCH_3 \rightarrow C_6H_5S + CH_3$. Die Geschw.-Konst. dieses Prozesses ist $k = 3 \cdot 10^{14} \cdot \exp(-60000/RT)\ s^{-1}$. Verss. über den Einfl. von Kontaktzeiten u. Partialdampfdrücken zeigen, daß eine Rk. 1. Ordnung vorliegt. Aus dem Vgl. zwischen der Aktivierungsenergie u. dem bekannten Wert für die Dissoziationsenergie CH_3S-CH_3 wird auf einen Wert für die Resonanzenergie des C_6H_5S-Radikals von mindestens 13 kcal/Mol geschlossen. W. Schramm. B 225◇

Photochemische Untersuchung des Mechanismus der Reaktion von Sauerstoffatomen mit Acetaldehyd. L. I. Awramenko und R. W. Kolessnikowa. (Nachr. Akad. Wiss. UdSSR, Abt. chem. Wiss. **1961,** 1231—34, Juli; Akad. der Wiss. der UdSSR, Inst. für chem. Phys.; russ.) — Vgl. C. **1962,** 16633. — Bei Bestrahlung eines *N_2O-Acetaldehyd* (I)-Gemisches mit 4,5% I mittels einer Hg-Quarzlampe bei 50 bis 428 mm entsteht weder Essigsäure (II) noch Diacetyl. Bei einem I/N_2O (1 : 2)-Gemisch wird II gebildet, deren Menge mit steigendem Druck des Gemisches zunimmt. Demnach erfolgt die Rk. von I mit O-Atomen, die aus N_2O entstehen, nach dem gleichen Mechanismus wie die bei der elektr. Entladung (l. c.) bei 1—15 mm. Die Acetylradikale sind deshalb sowohl bei niedrigem als auch hohem Druck nur zu einer Disproportionierung, nicht jedoch zu einer Rekombination fähig. C. Kozák. B 226□

Photolyse von α-N-2.4-Dinitrophenylaminosäuren in verdünntem wässerigem Natriumhydrogencarbonat. D. W. Russell. (Biochem. J. **83,** 8 P—9 P, April 1962; Palmerston North, New Zealand, Dep. of Sci. and Ind. Res.; engl.) — Aus der mit Sonnenlicht bestrahlten Lsg. von *N-2.4-Dinitrophenylglutaminsäure* (DNP-I) wurde durch Essigester eine Verb. extrahiert, die sich nach dem Spektrum (λ_{max} 284 u. 348 mμ) u. der partiellen Red. ($NO \rightarrow NH_2$) als 4-Nitro-2-nitrosoanilin (**II**; $C_6H_5N_3O_3$, F. 184 bis 186°, grüne Nadeln) erwies. Aus der angesäuerten wss. Phase wurde 3-Formylpropionsäure (**III**) als 2.4-Dinitrophenylhydrazon in 70%ig. Ausbeute isoliert. Die Photolyse von DNP-I gibt also **II, III** u. CO_2. In den bestrahlten Lsgg. von DNP-Derivv. verschiedener α-Aminosäuren wurde das Spektrum von **II** beobachtet. Da die Bestrahlung auf Lsgg. von *N^{ε}-DNP-lysin, N^{δ}-DNP-ornithin, S-DNP-cystein, DNP-β-alanin* u. *-α-alanyl-α-alanin* nicht einwirkt, wird die Verw. der Rk. in der Peptid- u. Aminosäurechemie vorgeschlagen. K. Heyns. B 226□

Homolytische aromatische Methylierung. G. E. Corbett und G. H. Williams. (Proc. chem. Soc. [London] **1961,** 240—41, Juli; London, King's Coll., Chem. Dep.; Birkbeck Coll., Chem. Dep.; engl.) — Vgl. C. **1960,** 6452. — Bei der Photolyse von CH_3MgJ in mit N_2 gesätt. Cumol u. Zugabe von Ae. u. wss. KJ nach Ende der Gas-Entw. (3 Std.) wurden neben einer quant. Ausbeute an CH_4 66% *2.3-Dimethyl-2.3-diphenylbutan* (I; F. 118°) erhalten. Vff. nehmen an, daß die Bldg. von I eine photochem., durch Strahlen der Wellenlänge 3000—4000 Å ausgelöste Rk. ist, da bei Bestrahlung mit einer W-Fadenlampe keine Zers. des CH_3MgJ zu beobachten war. Die Bldg. von I verläuft vermutlich über 2-Phenylpropyl-(2)-Radikale. Diese Rk. von CH_3MgJ erfolgt daher analog der Photolyse von C_6H_5MgJ, die Phenylradikale liefert. Nach 1—6std. Photolyse von CH_3MgJ in Bzl. entstanden neben 0,5 Äquivalenten CH_4 62% *Toluol,* analog aus Chlorbenzol 54% eines Gemisches von Chlortoluolen, das nach der IR-spektroskop. Unters. aus 62,0% *o-*, 28,4% *m-* u. 9,6% *p-Chlortoluol* bestand. B. Gnauck. B 226□

Temperaturabhängigkeit der Photoisomerisierung. 2. Mitt. **Quantenausbeute der cis ⇌ trans-Isomerisierung von Azoverbindungen.** Shmuel Malkin und Ernst Fischer. (J. physic. Chem. **66,** 2482—86, Dez. 1962; Rehovoth, Israel, Weizmann Inst. of Sci., Labor. of Photochem. and Spectroscopy; engl.) — 1. vgl. C. **1961,** 803. — Die Quantenausbeuten Φ der cis ⇌ trans-Photoisomerisierung von *Azobenzol, 1-Phenyl-*

azonaphthalin, *2.2'-Azonaphthalin* in Methylcyclopentan, -cyclohexan, Isohexan, Isooctan oder ihren Gemischen bei +20 bis −183° durch Licht mit 2 Wellenlängen im Absorptionsgebiet des sichtbaren u. UV-Bereiches wurden gemssen. Bei Zimmer-Temp. ist Φ für UV-Licht geringer als für sichtbares Licht. Für die trans → cis-Isomerisierung fällt Φ stark mit sinkender Temp., während sich Φ für cis → trans-Isomerisierung nur wenig ändert. Danach werden frühere Annahmen (l. c.) unterstützt, wonach zwischen den elektron. angeregten Singulettzuständen des einen Isomeren, das durch Lichtabsorption gebildet wird, u. dem Grundzustand des zweiten Isomeren Energiebarrieren auftreten müssen. Vorläufige Ergebnisse an *Stilben* sind im allg. ähnlich, jedoch fällt Φ für die cis → trans-Rk. ebenfalls, nur im geringeren Maße als für die Rückrk. beim Abkühlen.
G. Pötzscher. B 226◇

Chemische Effekte bei Bildung und Zerfall eines radioaktiven Atoms in Gegenwart von organischen Molekülen. Giordano Giacomello. (Ricerca sci. **30,** 1449−79, Okt. 1960; Roma, Univ., Ist. di Chim. farm., Centro di Stud. per la Chim. nucl. del CNR; ital.) — Übersicht über die wichtigsten in organ. Syst. durch verschiedene Strahlungsarten hervorgerufenen chem. Effekte beim Zerfall von radioakt. Elementen. Die Rkk. (n, γ), (n, p) u. (n, α) u. die aus dem Zerfall ihrer Prodd. resultierenden Effekte werden untersucht. Die Röntgenbestrahlung von mit ^{14}C markierten organ. Moll., die Bestrahlung eines Gemisches aus n-Pentan u. CO_2 (1 : 3) mit β-Strahlung aus dem Zerfall von ^{85}Kr u. die biolog. Effekte des mit β-Strahlung behandelten *Penicillium crysogenum* werden beschrieben. — 41 Literaturangaben. G. Platzer. B 226□

Theoretische Betrachtungen über strahlungsinduzierte Reaktionen bei gesättigten langkettigen Kohlenwasserstoffen. Mitio Inokuti und Tsutomu Watanabe. (J. physic. Soc. Japan **13,** 221, Febr. 1958; Tokyo, Univ., Fac. of Engng., Dep. of Appl. Phys.; engl.) — Die von einigen Vff. beobachtete lineare Abhängigkeit der gebildeten Anzahl von Vernetzungen u. der entwickelten Menge H_2 von der Strahlungsdosis wird theoret. untersucht, wobei folgender Elementarprozeß zugrunde gelegt wird: $-CH_2-CH_2- + H \rightarrow -CH_2-CH- + H_2$. Unter halbempir. Anwendung der Bindungseigenfunktionen wird das adiabat. Potential des Grundduplettzustandes des reagierenden Syst. mit Hilfe der Störungsrechnung berechnet. Die resultierende Aktivierungsenergie wird mit denen der Rkk. $-CH_2-CH_3 + H$ u. $CH_4 + H$ verglichen. D. Noack. B 226◇

Radiolyse und Strahlungsoxydation von Diisopropyläther. W. W. Ssarajewa, B. Ja. Ladygin und Nam Tschan Ssun. (J. physik. Chem. [UdSSR] **34,** 759−61, April 1960; Moskau, Lomonossow-Univ.; russ., Auszug: engl.) — Vff. untersuchen die Bldg. von Carbonyl-Verbb. (**A**) u. Alkoholen (**B**) bei Bestrahlung von *Diisopropyläther* mit Röntgenstrahlen (200 kV u. 20 mA). Bei Bestrahlung unter N_2 entstehen **B** u. **A**, wobei die Anfangsausbeute an **A** stark abhängt von geringen Zusätzen, z. B. von Aceton. In Ggw. von O_2 steigt die Ausbeute an **A** u. **B** stark an, außerdem bilden sich Peroxide u. Säuren. Für beide Spaltungen (in Ggw. oder Abwesenheit von O_2) wird der gleiche Kettenmechanismus angenommen. Klaus Schulze. B 226◇

Untersuchung der Wirkung der Gammabestrahlung auf das Pentobarbitalmolekül. J. A. R. Cloutier, Bruce C. Flann und Jane M. Manson. (Canad. J. Physics **39,** 1465−76, Okt. 1961; Ottawa, Canada, Dep. of Nat. Health and Welfare, Food and Drug Labor.; engl.) — Vff. untersuchten nach verschiedenen Meth. die Wrkg. der ^{60}Co-γ-Bestrahlung (einige Std. bis $12^1/_2$ Monate) auf *Pentobarbital* (**I**; *Nembutal*®, *Pentobarbiton*, *5-Äthyl-5-[1-methylbutyl]-barbitursäure*), **I**-*Na-Salz* (**I**-*Na*), *1.3-Dimethylpentobarbital*, *4-O.6-O-Bis-[xanthyl-(9)]*-u. *4-O.6-O-Bis-[p-nitrobenzyl]-pentobarbital*: IR-Spektren u. Gaschromatographie nach Bestrahlung von **I** u. **I**-Na (Prodd.: CO, CO_2, CH_4, C_2H_6, Propan, Isobutan, n-Butan, Isopentan u. Pentan), elektronenparamagnet. Resonanzspektren aller Verbb. nach der Bestrahlung, durchschnittliche Schlafzeit (T) von Ratten nach subkutaner Injektion von mit verschiedenen Dosen bestrahltem **I**-Na (lineare, fallende Beziehung zwischen log T u. Strahlungsdosis), Röntgenpulverdiagramme, Titration mit $HClO_4$ in Dioxan u. flammenphotometr. Na-Best. von bestrahltem **I**-Na. Die Ergebnisse zeigen, daß der durch die Strahlung hervorgerufene Bindungsbruch hauptsächlich an den Substituenten in 5-Stellung des Barbitursäuregerüstes auftritt. Es lassen sich keine bevorzugten Stellen für den Bindungsbruch in den Seitenketten erkennen.
W. Schramm. B 226◇

Katalytische Aktivität von reinem und ein- oder dreiwertige Ionen enthaltendem Zinkoxid bei der Hydrierungsreaktion von Äthylen. J. Aigueperse und S. J. Teichner. (Ann. Chimie [13] **7,** 13−29, 1962; Lyon, Fac. des Sci., Labor. de Chim. Ind.; Villeurbanne, C.N.R.S., Inst. de Rech. sur la Catalyse; franz.) — Vgl. C. **1960,** 16368. — Vff. verfolgten die Kinetik der Hydrierung von C_2H_4 in Ggw. von ZnO bei 150° u. einem Anfangsdruck von 50—200 mm Hg auf manometr. Wege. Der Katalysator wurde durch Zers. von $Zn(OH)_2$ bei 120° hergestellt u. zeigte nur dann katalyt. Aktivität, wenn eine längere Erhitzung auf wenigstens 250° im Vakuum durchgeführt wurde. Die Rk.-Geschw. ist unabhängig von der Konz. an C_2H_4 u. proportional dem H_2-Partialdruck, wenn kein überschüssiges C_2H_4 vorhanden ist. In Ggw. eines C_2H_4-Überschusses vermindert sich die Anfangsgeschw. u. die Rk.-Ordnung wird Null bis zu einem Umsatz von ca. 60%. Bei H_2-Drücken von weniger als 100 mm Hg tritt eine Induktionsperiode auf. Vff. zeigen, daß nur der Rk.-Ablauf von Langmuir u. Hinshelwood mit den kinet. Befunden in Einklang ist. Für die heterogenen Hydrierungen wird ein Radikalkettenmechanismus analog dem von Semenov (Some Problems of Chem. Kinetics and Reactivity, London, 1958) für die homogene Rk. vorgeschlagenen angenommen. Außerdem scheint ZnO die Bldg. von H-Atomen u. C_2H_5-Radikalen zu begünstigen, die an den auf die prim. Oberflächen-Rk. folgenden u. zur Bldg. von C_2H_6 führenden Prozessen teilnehmen. ZnO wird durch O_2 vergiftet. Es wird daher geschlossen, daß die katalyt. Eigg. mit der Ggw. einer bes. nichtstöchiometr. Halbleiterphase des ZnO zusammenhängen. Durch Modifikation des ZnO mit Li^+ (Bldg. eines Halbleitermaterials vom p-Typ) oder mit Ga^{3+} (n-Typ) wird jedoch die katalyt. Aktivität prakt. nicht geändert, d. h. weder die Aktivierungsenergie noch die k-Werte zeigen eine wesentliche Änderung. Diese hängt daher offenbar nicht von der Konz. an Leitungselektronen ab. Während des geschwindigkeitsbestimmenden Schrittes spielt anscheinend auch die Ladungsübertragung zwischen Reagens u. Katalysator keine Rolle. Die Aktivität des ZnO bei der Hydrierung von C_2H_4 liefert also keine Stütze für die Elektronentheorie der Katalyse. Die Aktivierungsenergie der Hydrierung (zwischen 140 u. 162°) beträgt 22,4 kcal/Mol, die Aktions-Konst. A $2{,}6 \cdot 10^9$ min^{-1}. Die Daten werden denen der homogenen Hydrierung gegenübergestellt, wobei sich ergibt, daß die Anfangsgeschw. der katalyt. Rk. ca. 10^6mal größer ist. Die Vergiftung der Katalysatoren durch O_2 nimmt in der Folge ZnO/Li > reines ZnO > ZnO/Ga ab. — Der elektr. Widerstand von reinem sowie mit Li^+ bzw. Ga^{3+} dotiertem ZnO wurde bestimmt, unter einem O_2-Druck von 150 mm nimmt er stark (um ca. 6—9 Zehnerpotenzen) zu. B. Gnauck. B 227 □

Durch Übergangsmetall-Komplexe katalysierte Reduktion aromatischer Nitroverbindungen durch Natriumborhydrid. Antonín A. Vlček und Albert Rusina. (Proc. chem. Soc. [London] **1961,** 161—62, Mai; Prague, Czechoslov. Acad. of Sci., Polarograph. Inst.; engl.) — Vff. untersuchen die Rk. zwischen aromat. Nitro-Verbb. u. $Na[BH_4]$ in W. oder wss. Äthanol. Eine Red. der Nitro-Verbb. tritt normalerweise nicht ein, obwohl der Wert des Redoxpotentials sie erwarten läßt. Die Ggw. eines weiteren Redox-Syst., dessen Redoxpotential zwischen den Potentialen der reagierenden Syst. liegt, katalysiert den Prozeß. Vff. verwendeten Co–Dipyridyl-Komplexe als katalysierendes System. $[Co(Dipyridyl)_3]^{3+}$ u. $[Co(Dipyridyl)_3]^{2+}$ reagieren schnell mit $Na[BH_4]$ zu $[Co(Dipyridyl)_3]^+$, welches leicht reversibel oxydiert werden kann. $Na[BH_4]$ reagiert in mit 0,15m Phosphat- bzw. Boratpuffer gepuffertem W. oder wss. A. (pH 6 bis 8,5) mit *Nitrobenzol, p-, o-, m-Nitrophenol, p-Nitroanilin, p-Nitrobenzoesäure, 2.3-Dinitrophenol, 2.4-Dinitrotoluol* u. *3.5-Dinitrobenzoesäure* nach Zugabe äquivalenter Mengen Co-Komplex in 1—2 Min. vollständig. In Lsgg. mit dem Mol-Verhältnis Nitro-Verb. : Co-Komplex = 10 : 1 ist die Rk. nach 10—30 Min. beendet (abhängig vom pH-Wert u. der Konstit. der Nitro-Verb.). Dinitro-Verbb. werden vollständig reduziert. Nitroso-, Azo- oder Azoxy-Verbb. werden nicht gebildet. Bei der Red. der Mononitro-Verbb. wurden Hydroxylamin- u. Amin-Derivv. gefunden. Die präparative Red. muß unter Ausschluß von O_2 in gut gepufferter Lsg. stattfinden (pH 6,5—7). Die tiefblaue Farbe des Co(I) tritt erst am Ende der Red. der organ. Verbb. auf. D. Papenfuß. B 227 □

Über den Mechanismus der Bildung von Ketonen aus primären Alkoholen. 10. Mitt. B. A. Bolotow, B. N. Dolgow und K. P. Katkowa. (J. angew. Chem. [UdSSR] **33,** 425—31, Febr. 1960; russ.) — Vgl. C. **1960,** 3833. — Die Umwandlung von prim., in α-Stellung zur OH-Gruppe substituierten Isoalkoholen in Ketone beim Überleiten mit H_2 (1 : 1 Mol) über mit ThO_2 aktiviertes Cu wird bei 275—525° untersucht. Aus 2.2-Dimethylpropanol-(1) entsteht kein Keton, sondern nur *Trimethylacetaldehyd* [bei 425° 88% (Ausbeute)], Kp. 72—75°, $D._4^{20}$ 0,771, n_D^{20} 1,382; *Semicarbazon,* F. 190,5°, *2.4-Dinitrophenylhydrazon,* F. 210,0°. — Aus 2-Methylbutanol-(1) entsteht bei 275—300° *Isoamylisovalerat* (I) (43%) neben 11% *Methyläthylacetaldehyd* (II); bei 325—375° nimmt die Ausbeute an I auf 21% ab, die von II auf 39% zu, von 400° ab nimmt die Keton-Bldg. zu, bei 500° werden 28% *3.5-Dimethylheptanon-(4)* erhalten, Kp. 164—166°, $D._4^{20}$ 0,826, n_D^{20} 1,4179; *Semicarbazon,* F. 110°. Die Ergebnisse stützen die Annahme, daß die Keton-Bldg. aus prim. Alkoholen nach einem Aldolmechanismus erfolgt. R. K. Müller. B 227 □

Isomerie-Umwandlungen von Mesitylen und Pseudocumol an synthetischen Alumosilicaten. A. W. Toptschijew, G. M. Mamedalijew, L. Ss. Patalach, M. A. Ilatowskaja und A. N. Kisslinski. (Petrochemie [UdSSR] **1**, 774—79, Nov./Dez. 1961; Inst. für petrochem. Synth. der Akad. der Wiss. der UdSSR; russ.) — Es wurden die katalyt. Umwandlungen von *Mesitylen* (**I**) u. *Pseudocumol* (**II**) an synthet. Alumosilicaten bei 100 mm, 1 at u. 3 at untersucht. Nebeneinander erfolgt eine Übertragung von Methylgruppen unter Bldg. von Di- u. Tetramethylbenzolen u. Isomerisierung zu einem Gemisch aus **I**, **II** u. Hemellitol (**III**). In geringem Umfang bilden sich durch Demethylierungen Methan u. Toluol. Druckerniedrigung unterdrückt die Übertragung von Methylgruppen u. fördert die Einstellung eines Gleichgewichtsgemisches aus ca. 17 bis 20% **I**, 70—78% **II** u. 5—10% **III**. Bei 480° werden aus **I** bei 3 at (100 mm) 27 (3)%, 39 (90)% bzw. 21(5)% Di-, Tri- bzw. Tetramethylbenzole erhalten, aus **II** entsprechend 25—26 (7)%, 42—44% bzw. 22—23 (11,5)% Di-, Tri- bzw. Tetramethylbenzole. Helmut Schäfer. B 227

Alkylierung am mit gasförmigem Chlorwasserstoff aktivierten Alumosilicatkatalysator. 3. Mitt. Alkylierung von Phenol mit Isobutylalkohol. I. F. Radsewentschuk und Ss. S. Kaplan. (J. allg. Chem. [UdSSR] **29 (91)**, 3945—47, Dez. 1959; russ.) — 2. vgl. J. allg. Chem. [UdSSR] 29 (91), [1959], 3580. — Die Alkylierung von Phenol mit Isobutanol an HCl-aktiviertem Gumbrin liefert bei 120—150° in 14%ig. Ausbeute eine Alkylphenolfraktion, die hauptsächlich *p-tert.-Butylphenol* enthält. Daneben entstehen 0,5% *Phenoläther*. — *p-tert.-Butylphenol*, Kp. 190—200°, F. 99° (W.), man leitet in 50 g Gumbrin, 74 g Phenol u. 15 g Isobutanol 1 Std. lang bei 70—80° HCl ein, gibt tropfenweise 46 g Isobutanol zu u. erhitzt 10 Std., zuletzt auf 150°; 10 g. *Phenylurethan*, F. 147°. — *p-tert.-Butylphenoxyessigsäure*, F. 86°. Helmut Schäfer. B 227△

Katalytische Dehydroisomerisierung von Alkylcyclopentanen. O. Je. Morosowa, N. W. Shdanowa, L. S. Ossitjanskaja, A. N. Kisslinski und Al. A. Petrow. (Petrochemie [UdSSR] **1**, 760—67, Nov./Dez. 1961; Inst. für Geologie u. Verarbeitung fossiler Brennstoffe des Minist. für Geol. u. Schutz der Bodenschätze der UdSSR; russ.) — Die katalyt. Dehydroisomerisierung von *Alkylcyclopentanen* an Pt/Al_2O_3 unter H_2-Druck liefert bei 360° selektiv Alkylbenzole mit der gleichen Anzahl Substituenten wie das ursprüngliche Alkylcyclopentan, wenn die Alkylreste größer als die Methylgruppe sind. Die Stellung der Alkylsubstituenten im Bzl.-Kern hängt von der Struktur der Ausgangsverb. ab: 1.2-disubstituierte Cyclopentane liefern vor allem o- u. m-Dialkylbenzole, 1.3-disubstituierte m- u. p-Dialkylbenzole. Am Beispiel des *Äthylcyclopentans* (**I**) wird gezeigt, daß der Aromaten-Geh. im Katalysat mit Temp.-Erhöhung von 320 auf 360° stark ansteigt, mit Erhöhung der Vol.-Geschw. abnimmt. Bei *1-Methyl-2-äthyl-* (**II**) bzw. *1-Methyl-3-äthylcyclopentan* (**III**) sinkt der Umwandlungsgrad von 40 auf 22% bzw. 53 auf 23%, wenn die Vol.-Geschw. von 1 auf 4 $Std.^{-1}$ erhöht wird. Nicht verändert wird dabei das Verhältnis der Rk.-Prodd. Äthylbenzol (**IV**) : o- : m-Xylol bzw. **IV** : m- : p-Xylol. — Bei 360°/5 at H_2-Druck, H_2 : KW-Stoff 2 : 1 u. einer Vol.-Geschw. von 1 $Std.^{-1}$ beträgt der Umwandlungsgrad an Pt/Al_2O_3 bei **I** 50% (hauptsächlich Toluol), bei *Propylcyclopentan* 61% (hauptsächlich **IV**), bei *Butylcyclopentan* 63% (Propylbenzol), bei **II** 40% (15% **IV**, 55—60% o- u. 25—30% m-Xylol), bei **III** 53% (15% **IV**, 55—60% m- u. 25—30% p-Xylol), bei *1-Methyl-2-propylcyclopentan* 49% [15% n-Propylbenzol (**V**), 60—65% o- u. 20—25% m-Methyläthylbenzol], bei *1-Methyl-3-propylcyclopentan* 59% (15% **V**, 60—65% m- u. 20—25% p-Methyläthylbenzol), bei *1.2-Diäthylcyclopentan* 44% (65—70% o- u. 30—35% m-Methyläthylbenzol), bei *1.3-Dimethyl-4-äthylcyclopentan* 53% (10% Methyläthylbenzole, 60—65% Pseudocumol u. 15—20% Mesitylen). Helmut Schäfer. B 227

Über den sterischen Verlauf der Kontakteliminierung von HCl aus Menthylchlorid und Neomenthylchlorid. P. Andréu, E. Bussmann, H. Noller und S. K. Sim. (Z. Elektrochem., Ber. Bunsenges. physik. Chem. **66**, 739—44, Okt. 1962; München, Univ., Phys.-Chem. Inst.; dt.) — An mehreren Salzkatalysatoren (Alkalichloride, $CaCl_2$, KBr, KJ, NaF, $CaSO_4$, γ-Al_2O_3, Bentonit) wurde die Kontakteliminierung von HCl aus gasförmigem *Menthylchlorid* (**I**) u. *Neomenthylchlorid* (**II**) im Temp.-Bereich von 80—320° untersucht. Die Messungen wurden im strömenden Syst. durchgeführt, u. zwar teils bei 6 Torr in einer hierfür gebauten App., teils in einem Trägergasstrom von He unmittelbar in einem Gaschromatographen. Bei beiden Substraten ist das Hauptprod. Menthen-(3). Während es bei **II** Primärprod. ist, entsteht es aus **I** über Menthen-(2) als Zwischenprodukt. Die Kontakteliminierung verläuft demnach, wie Eliminierungen in fl. Phase, nach einem trans-Mechanismus. P. Scharner. B 227 □

C. Präparative organische Chemie. Naturstoffe

Chemisches Registrieren: Eine auf cyclischen Strukturmerkmalen beruhende „Atom-Summierung". Mary Jane Ruhl. (Science [Washington] **138,** 592—93, 2/11. 1962; Columbus, Ohio, State Univ., Chem. Abstracts Serv.; engl.) — Beschreibung eines einfachen Rechen-Verf., um für ein Mol. aus der Anzahl von zwei- u. mehrbindigen Atomen unter Berücksichtigung spezieller Strukturmerkmale (Zahl der Ringe, Doppel- u. Dreifachbindungen) die Summe aller Atome des Mol. zu ermitteln. Die Meth. soll zur Kontrolle ausgezählter Summenformeln komplizierter Moll. bzw. zur Errechnung der Anzahl einbindiger Atome eines Mol. ohne Auszählung dienen. F. Ehrhardt. 450◇

Verwendung von Natriumdiisobutylaluminiumhydrid als Reduktionsmittel. L. I. Sacharkin und W. W. Gawrilenko. (Nachr. Akad. Wiss. UdSSR, Abt. chem. Wiss. **1960,** 2245—47, Dez.; Inst. für metallorg. Verbb. der Akad. der Wiss. der UdSSR; russ.) — Natriumdiisobutylalanat (I) eignet sich gut für die Red. bzw. Hydrierung von Carbonyl-, Ester- u. Nitrilgruppen zu *Alkoholen, Aldehyden* u. *Aminen.* Bei der Rk. werden beide H-Atome von I verbraucht.

Versuche: *Natriumdiisobutylalanat* (I), man rührt 13,6 g NaH u. 63,0 g Diisobutylaluminiumhydrid in 180 ml Bzl. 2—3 Std. lang bei 80—100°, versetzt mit 100 ml Ae., dampft das Filtrat am nächsten Tag ein u. wäscht mit Hexan; lösl. in Ae. u. Tetrahydrofuran, wenig oder nicht lösl. in Bzl., Toluol u. Hexan; 88% (Ausbeute). — *Benzylalkohol,* $Kp._{10}$ 92—93°, a) man gibt zu 8 g I in 40 ml Ae. in der Siedehitze 5,8 g Methylbenzoat u. kocht 1 Std.; $D._4^{20}$ 1,0444; n_D^{20} 1,5406; 4,1 g; b) analog aus Benzaldehyd; 90%. — *ω-Chloramylalkohol,* $Kp._{18}$ 101°, aus ω-Chlorvaleriansäuremethylester; $D._4^{20}$ 1,0436; n_D^{20} 1,4548; 87%. *Phenylurethan,* $C_{12}H_{16}ClNO_2$, F. 58° (Hexan). — *Zimtalkohol,* F. 32°, aus Zimtaldehyd; 82%. — *α-Phenyläthylalkohol,* $Kp._8$ 83—84°, aus Acetophenon; $D._4^{20}$ 0,9989; n_D^{20} 1,5270; 81%. — *1-Phenylpropanol-(2),* $Kp._{12}$ 103°, aus Phenylaceton; $D._4^{20}$ 0,9981; n_D^{20} 1,5226; 90%. — *Cyclohexanol,* $Kp._{13}$ 63—64°, aus Cyclohexanon; $D._4^{20}$ 0,9618; n_D^{23} 1,4636; 82%. — *Benzylamin,* $Kp._{14}$ 96°, aus 3,7 g Benzonitril u. 7,5 g I; $D._4^{20}$ 0,9831; n_D^{20} 1,5448; 81%. — *Benzaldehyd,* $Kp._{18}$ 75—76°, aus 5 g Benzonitril u. 4,4 g I; $D._4^{20}$ 1,0526; n_D^{20} 1,5445; 80%. *2.4-Dinitrophenylhydrazon,* F. 237°. — *Dimethyloctylamin,* $Kp._{10}$ 75—76°, aus Caprylsäuredimethylamid; $D._0^{24}$ 0,7688, n_D^{20} 1,4264; 83,5%. *Pikrat,* F. 64°. Helmut Schäfer. 460△

Einfluß von Substituenten auf den Verlauf der Dieckmann-Cyclisierung. R. N. Chakravarti. (J. Proc. Instn. Chemists (India) **33,** 261—75, Nov. 1961; Calcutta, School of Tropical Med.; engl.) — Übersicht. — 38 Literaturangaben. P. Golinske. 470◇

Die durch Kupfersalze katalysierte Addition von Grignard-Reagentien an α,β-ungesättigte Ketone. A. J. Birch und M. Smith. (Proc. chem. Soc. [London] **1962,** 356, Nov.; Manchester, Univ.; engl.) — Es gelang Vff., die Ausbeuten bei der durch Kupfersalze katalysierten Anlagerung von Grignard-Reagentien an die C=C-Bindungen α,β-ungesätt. Ketone zu steigern, indem sie eine Lsg. von z. B. $Cu(CH_3COO)_2$ in z. B. Tetrahydrofuran zusammen mit dem Keton zu einem Überschuß an Grignard-Reagens zugaben. — Beipiele: Testosteronacetat + CH_3MgJ → 20% (Ausbeute an) *5β-Methyldihydrotestosteron.* — *19*-Nortestosteronacetat → 83% *5β-Methyl-19-nordihydrotestosteron.* — $\Delta^{1,8a}$-Oktalon-(2) → ca. 83% *8a-Methyl-cis-dekalon-(2).* — 5.6.7.7a-Tetrahydroindanon-(5) → *Hexahydro-3a-methylindanon-(5).* — 2.3.4.4a.5.6-Hexahydronaphthalinon-(2) → 64% eines Gemisches aus 15% *8a-Methyl-Δ^7-cis-oktalon-(2)* u. 85% *7α-Methyl-4aβ-H-$\Delta^{1,8a}$-oktalon-(2).* Die Stereochemie der letzten Verb. folgt aus ihrer basenkatalysierten Isomerisierung zum stabileren *4aα-H-Isomeren.* J. Rothe. 470◇

Untersuchung von Isotopenaustausch durch Chromatographie. J. Morávek, Z. Nejedlý und J. Filip. (Science [Washington] **138,** 146, 12/10. 1962; Prague, Inst. for Res., Prod. and Uses of Radioisotopes; engl.) — Bei der Ermittlung der optimalen Bedingungen für Markierungs-Rkk. durch Isotopenaustausch wurde zur Verfolgung des Rk.-Ablaufes die Meth. der Radiopapierchromatographie angewandt. Während der Rk. wurden kleinste Proben entnommen u. papierchromatograph. in die Komponenten zerlegt. Das Chromatogramm wurde durch Abtasten des Papierstreifens in einer bes. Zählanordnung quant. ausgewertet. Aus den gemessenen Aktivitätsquotienten können Gleichgewichts-Konst. u. Austauschgrad berechnet werden. Vorteile dieser Technik, die von Vff. bes. beim Einbau von ^{35}S in organ. Substanzen benutzt wurde, sind der geringe Zeitaufwand u. der kleine Bedarf an akt. Substanz. T. Tamberg. 480□

Neue Synthese von Perdeuteroaceton. H. Hunziker, W. Good, R. Meyer und Hs. H. Günthard. (Helv. chim. Acta **45,** 59—62, 1/2. 1962; Zürich, ETH, Labor. für phys. Chem.; dt.) — *Perdeuteroaceton* (I) läßt sich unter Verw. von nur 150% der theoret.

Menge D_2O (D-Geh. 99,8%) wie folgt darstellen: In einer beschriebenen App. (Abb.) werden über Mg-Späne bei 690° H_2 u. Pentan geleitet. Das entstehende Mg-Carbid wird anschließend mit D_2O zu *Tetradeuteropropin* zersetzt [55% (Ausbeute bzgl. D_2O)], an das mit $HgSO_4$ als Katalysator D_2O zu I angelagert wird (95%). Überschüssiges u. an $Mg(OD)_2$ gebundenes D_2O kann wiedergewonnen werden. Das Prod. enthält 96,3% I, 3,3% *Pentadeuteroaceton* u. Spuren *Tetradeuteroaceton* (D-Geh. 99,5%).

H.-G. Floß. 480□

Darstellung von $^{14}C_{(2)}$-Propanon-(2) und $^{14}C_{(2)}$-Butanon-(2) durch Umsetzung von Cadmiumdialkylen mit ^{14}C-markierten Säurechloriden. Karl-Heinz Schweer und Alexander Schwarz. (Chem. Ber. **95**, 620—24, 20/3. 1962; Karlsruhe, Kernforschungszentrum, Inst. für Radiochem.; dt.) — Vff. ermittelten die optimalen Bedingungen für die Rk. von Cd-Dialkylen mit ^{14}C-markierten Säurechloriden zu *^{14}C-Ketonen*. *$^{14}C_{(1)}$-Acetylchlorid* [I; Kp.$_5$ —5°; 87% (Ausbeute)] u. *$^{14}C_{(1)}$-Propionylchlorid* (II; Kp. 77—80°; 74%) werden aus den Na-Salzen der Säuren mit 2 val Benzoylchlorid bei 140—200° erhalten. Rk. von I bzw. II mit $Cd(CH_3)_2$ in Diäthylenglykoldiäthyläther bei 45—75° u. Dest. gaben *$^{14}C_{(2)}$-Propanon-(2)* (73%) bzw. *$^{14}C_{(2)}$-Butanon-(2)* (52%). Gegenüber der früher üblichen Keton-Synth. durch Pyrolyse der Ba- oder Li-Salze von Fettsäuren hat dieses Verf. den Vorteil, daß das gesamte ^{14}C der Säure in das Keton gelangt u. daß auch unsymm. Ketone leicht zugänglich sind. H.-G. Floß. 480□

Bildung von Kupferphthalocyanin. Stanley N. Brumfield, Vernon W. Foltz, Claude M. McGhee und Arthur L. Thomas. (J. org. Chemistry **27**, 2266—67, Juni 1962; Huntington, W.Va., Res. Dep., Standard Ultramarine and Color Co.; engl.) — Unter Verw. von ^{14}C-Harnstoff (**Ia**) wird nachgewiesen, daß bei der Bldg. von *Kupferphthalocyanin* aus Phthalsäureanhydrid (II) u. Harnstoff (I) die α-C-Atome in **II** nicht von den C-Atomen von **I** ersetzt werden.

Versuche: *Kupferphthalocyanin*, durch 1std. langsames Erhitzen von 1,25 g **II**, 2 g **I** u. 0,1 mg **Ia** in Ggw. von CuCl, Cu u. MoO_3, 4std. Halten auf 200° unter Durchleiten von N_2, Auffangen von entstandenem W. u. radioakt. CO_2, Suspendieren in verd. H_2SO_4, Abfiltrieren u. Waschen. Ute Friese. 480□

Synthese von spezifisch ^{131}J- und ^{14}C-markiertem Thyroxin. Tetsuo Shiba und H. J. Cahnmann. (J. org. Chemistry **27**, 1773—78, Mai 1962; Bethesda, Md., Nat. Inst. of Health, Nat. Inst. of Arthritis and Metabol. Diseases; engl.) — Eine einfache Synth. von im Phenolring, im nichtphenol. Ring u. in der Seitenkette ^{131}J- oder *^{14}C-markiertem* L*-Thyroxin* (durch Kuppeln von 4-Hydroxy-3.5-dijodphenylbrenztraubensäure (I) u. 3.5-Dijodtyrosin) wird beschrieben. Markierte I wird a) durch Jodierung von p-Hydroxybenzaldehyd (II), nachfolgende Kondens. mit Acetylglycin (III) u. Hydrolyse des gebildeten *Azlactons* oder b) durch enzymat. oxydative Desaminierung von Dijodtyrosin dargestellt. UV-Spektren vgl. Original.

Versuche: *^{131}J-4-Hydroxy-3.5-dijodbenzaldehyd*, F. 199,5—200,5° (wss. A.), aus **II** analog der nichtmarkierten Verb. nach Matsuura u. Cahnmann (C. **1960**, 2587), jedoch in Ggw. eines Tropfens trägerfreier ^{131}J-NaJ-Lsg.; 69% (Ausbeute). — *4-[^{131}J-4-Acetoxy-3.5-dijodbenzal]-2-methyloxazolon-(5)*, F. 221—222° (Bzl.), durch 2std. Erhitzen von 11,2 g vorst. Verb. mit **III**, frisch geschmolzenem Na-Acetat u. Acetanhydrid, Versetzen mit Eiswasser, Kristallisieren aus Bzl./PAe., Mischen des Erstkristallisats (1,5 g) mit 7,5 g unmarkierter Verb. u. Kristallisieren aus Bzl.; 3,9 g. — *^{131}J-4-Hydroxy-3.5-dijodphenylbrenztraubensäure* (**IV**), F. 241—243° (Zers.; wss. A.), a) durch 4std. Erhitzen der Suspension vorst. Verb. in Eisessig/6n HCl u. mehrstd. Stehen bei 4°; 63%; b) durch Versetzen der Lsg. von 2 mg L-3.5-Dijodtyrosindihydrat (**V**) in 5 ml 0,2m Phosphatpuffer (pH 6,5) mit einer entsprechenden Menge ^{131}J-L-3.5-Dijodtyrosin (**VI**), 0,5 ml 1%ig. *Crotalus adamenteus*-Gift-Lsg. u. 0,1 ml Katalase-Lsg., 2—2$^1/_2$std. Schütteln bei Raum-Temp., Zugabe von wenig 4n HCl u. Ausäthern. — *$^{14}C_9$-3.5-Dijod-L-tyrosindihydrat* (**VII**), durch Zugabe von JCl in 20%ig. HCl zur Lsg. von $^{14}C_9$-L-Tyrosin in n-HCl, 2std. Schütteln bei Raum-Temp. u. Entfärben mit wenig frisch bereiteter wss. SO_2-Lösung. — *$^{14}C_9$-4-Hydroxy-3.5-dijodphenylbrenztraubensäure* (**VIII**), analog **IV** nach b) aus **VII**. — *L-3-[4-(4-Hydroxy-3.5-dijodphenoxy)-^{131}J-3.5-dijodphenyl]-alanin, Na-Salz* (**IX**), $C_{15}H_{10}J_4NNaO_4$, durch Ansäuern der Lsg. von **VI**-Dihydrat in 0,2m Boratpuffer (pH 7,6)/n-NaOH/gesätt. wss. Na_2SO_4-Lsg. mit 4n HCl bis pH 7,6, Zugabe 1%ig. Lsg. von tert.-Butylhydroperoxid in n-Butanol, 1$^3/_4$std. Zutropfen der n-Butanol-Lsg. von I unter O_2 bei pH 7,6, 1std. Rühren unter O_2, Zugabe von 10n NaOH u. Butanol, Eindampfen der Butanolphase u. Trocknen bei 100° im Vakuum; $[\alpha]_D^{26}$ $-9,9 \pm 2,3°$ (c = 0,323; n-NaOH/A. 1 : 2); 6,5%. — *L-3-[4-(^{131}J-4-Hydroxy-3.5-dijodphenoxy)-3.5-dijodphenyl]-alanin, Na-Salz*, $C_{15}H_{10}J_4NNaO_4$, analog **IX** aus **IV** u. **V**, jedoch 70 Min. lange Zugabe der Ketosäure u. 1$^1/_2$std. Rühren unter O_2; $[\alpha]_D^{25}$ $-7,7 \pm 0,2°$ (c = 1,85;

n-NaOH/A. 1 : 2); 8%. — $^{14}C_{1.2.3}$-*L-3-[4-(4-Hydroxy-3.5-dijodphenoxy)-$^{14}C_{1.2.3.4.5.6}$-3.5-dijodphenyl]-alanin*, analog **IX** durch Rk. von **VII** mit **I**, jedoch $^3/_4$std. Zutropfen von **I** u. $1^1/_2$std. Rühren unter O_2; 12%. — *L-3-[4-($^{14}C_{1.2.3.4.5.6}$-4-Hydroxy-3.5-dijodphenoxy)-3.5-dijodphenyl]-alanin*, durch Versetzen von **VIII** mit der Lsg. von **V** in 0,2m Boratpuffer (pH 7,6)/n-NaOH/gesätt. Na_2SO_4-Lsg., Einstellen von pH 7,6 mit 4n HCl, Zugabe von wenig tert.-Butylhydroperoxid, 2std. Hindurchleiten von O_2 u. Zugabe von 4n NaOH; 12—20%. H.-J. Weigmann. 480◇

Gemische von Halogenen und Halogenpolyfluoriden als wirksame Quellen der Halogenmonofluoride bei Reaktionen mit Fluorolefinen. R. D. Chambers, W. K. R. Musgrave und J. Savory. (J. chem. Soc. [London] **1961**, 3779—86, Sept.; Durham, Univ.; engl.) — Vgl. C. **1962**, 1187. — Aus Fluorolefinen u. BrF_3/Br_2 bzw. JF_5/J_2, die wie BrF bzw. JF reagieren, werden *Brom-* bzw. *3-Jodfluoralkane* dargestellt; aus Hexafluorpropen (**III**) werden z. B. *2-Brom-* (**I**) bzw. *2-Jodheptafluorpropan* (**II**) gewonnen. Ähnlich reagieren Br_2/Cl_2 als BrCl, z. B. mit C_2F_4 (**X**) zu *1-Brom-2-chlortetrafluoräthan*. Die von Barr u. Mitarbeitern (J. Amer. chem. Soc. **73**, [1951], 1352) u. von Haszeldine (C. **1953**, 2579) beschriebene Anlagerung von JBr u. JCl an CF_2=CFCl (**IV**) wird untersucht; es bilden sich dabei außer *CF_2Br·CFClJ* (**V**) bzw. *CF_2Cl·CFClJ* (**VI**) noch *1-Brom-1-chlor-* (**VII**) bzw. *1.2-Dichlor-2-jodtrifluoräthan* (**VIII**). **VIII**, das von **VI** durch Gaschromatographie getrennt wird, wird auch aus 1.1-Dichlordifluoräthylen (**XI**) u. JF_5/J_2 (im Gemisch mit *CF_3·CCl_2J*) dargestellt. **VI** wird beim Bestrahlen des **VI**/**VIII**-Gemisches mit UV-Licht in Ggw. von Hg zu einem Kupplungs-Prod. umgesetzt, während **VIII** unverändert bleibt. Analog reagiert das Gemisch von **V** u. **VII** unter Kupplung von **V**. Die Strukturen von **I** u. **II** folgen aus den Resonanzspektren. **II** wird durch UV-Licht in Ggw. von Hg in *Perfluor-2.3-dimethylbutan* übergeführt; mit KOH in Aceton bei Raum-Temp. gibt es *2H-Heptafluorpropan*. Aus **II** können *Heptafluorisopropyl-Li-Mg* u. *-ZnJ* dargestellt werden. Die Richtung der polaren Addition von „Halogenmonofluoriden" an Fluorolefine wird durch einen offenbar ster. Faktor gestört, wenn ein anderes Halogenatom als F im Olefin enthalten ist.

Versuche: *Pentafluorjodäthan* (**IX**), C_2F_5J, durch 10std. Schütteln von **X** [aus Teflon durch Erhitzen auf 550—600°/5 Torr; 95% (Ausbeute)], 0,2 Val JF_5 u. 0,4 Val J_2 im Autoklaven; 86%; daneben *1.2-Dijodtetrafluoräthan* (?). — *1.1.1-Trifluor-2-jodäthan*, $C_2H_2F_3J$, Kp. 54,8°, a) analog **IX** aus 1.1-Difluoräthylen in 15 Std. bei 103°; n_D^{25} 1,3980; 85,5%; b) aus 2.2.2-Trifluoräthyl-p-toluolsulfonat u. NaJ. — *Heptafluor-2-jodpropan* (**II**), C_3F_7J, Kp. 38°, analog **IX** aus **III** in 24 Std. bei 150°; n_D^{20} 1,32631; 99%; wird durch ½std. Schütteln mit KOH in Aceton in *2H-Heptafluorpropan* übergeführt. — *Perfluor-2.3-dimethylbutan*, C_6F_{14}, $Kp._{756}$ 60°, durch 3tägiges Schütteln vorst. Verb. u. Hg im Rohr unter Vakuum mit UV-Licht u. Gaschromatographie; n_D^{20} 1,31483; 96,5%. — *1-Chlortetrafluor-2-jodäthan*, C_2ClF_4J, Kp. 57,6°, a) analog **IX** aus **IV** (durch Rk. von 1.1.2-Trichlortrifluoräthan u. Zn-Staub in A.) in 4 Std. bei Raum-Temp. (u. Gaschromatographie); $n_D^{18,5}$ 1,395 (daneben *1-Chlortetrafluor-1-jodäthan*, Kp. 57,7°, n_D^{25}1,3900); b) durch Erwärmen von **X** u. JCl im Autoklaven auf 50—60°. — *1.1-Dichlortrifluor-2-jodäthan* (**VIII**), $C_2Cl_2F_3J$, $Kp._{763}$ 98°, a) analog **IX** aus **XI** in 6 Std. bei 170°; n_D^{20} 1,4445; 31% (daneben 25% 1.1-Dichlortetrafluoräthan u. 23% *1.1-Dichlortrifluor-1-jodäthan*, $C_2Cl_2F_3J$); b) durch 3std. Schütteln von **IV** u. JCl im Autoklaven bei 45°, Dest. bei 97—101° u. Gaschromatographie; daneben *1.2-Dichlortrifluor-1-jodäthan* (**VI**). — *Tetrachlor-1.2-difluoräthan*, $C_2Cl_4F_2$, Kp. 93°, analog **IX** aus Tetrachloräthylen bei 110° (12 Std.) u. 190° (4 Std.); 51%. — *Brompentafluoräthan* (**XII**), C_2BrF_5, durch 2std. Schütteln von 16,9 g **X**, ca. 3,3 Val BrF_3 u. ca. 3,3 Val Br_2 in 1.1.2-Trichlortrifluoräthan (ohne Lsgm. heftige Zers. u. Bldg. von *CF_4*!) im Autoklaven bei Raum-Temp., Eindampfen, Dest. u. Gaschromatographie; 20 g. — *2-Bromheptafluorpropan* (**I**), C_3BrF_7, analog **XII** in 2 Std. aus **III**; 45,5%. — *2-Brom-1-chlortetrafluoräthan*, C_2BrClF_4, durch 2std. Schütteln von Br_2, Cl_2 u. **X** im Autoklaven bei Raum-Temp., Fraktionieren im Vakuum u. Gaschromatographie (daneben wahrscheinlich *1.2-Dichlor-* u. *1.2-Dibromtetrafluoräthan*). *Gemisch mit 1-Brom-1-chlortetrafluoräthan*, Kp. 21—23°, analog **XII** aus **IV** in 2 Std.; 86%. — *Bromundekafluorcyclohexan*, C_6BrF_{11}, $Kp._{735}$ 92°, analog **XII** in 26 Std. aus Dekafluorcyclohexen bei 265° ohne Lsgm.; n_D^{20} 1,32206; 78%. — *2-Brom-1-chlortrifluor-1-jodäthan* (**V**), C_2BrClF_3J, durch 2std. Schütteln von 142 g **IV** JBr im Autoklaven bei 100°, Dest. im Vakuum u. Gaschromatographie; daneben 38 g *1.2-Dibrom-1-chlortrifluoräthan* u. *1-Brom-1-chlortrifluor-2-jodäthan* (**VII**) ($Kp._{768}$ 120,1°, durch Bestrahlen des Gemisches mit UV-Licht in Ggw. von Hg. F. Huber. 510□

Darstellung von 1.4-Dichlorbutin-(2). Nobuyoshi Sampei und Yonekichi Endô. (Annu. Rep. Takamine Lab. **11**, 41—42, Dez. 1959; Tôkyô-Sinagawa, Takamine-Kenkyûzyo; jap., Auszug: engl.) — Butin-(2)-diol-(1.4) gibt mit $POCl_3$ in Bzl.

durch portionsweisen Zusatz von Dimethylanilin bzw. Anilin, Pyridin oder 2.4-Lutidin *1.4-Dichlorbutin-(2)* [Kp.$_{15}$ 62—63°] in einer Ausbeute von 76, 18, 58 bzw. 64%.
E. Maekawa. 530□

Spaltung von cyclischem Butandiol-(1.3)-sulfat mit Chlorwasserstoff. John J. Miller. (J. org. Chemistry **27**, 2680—81, 6/7. 1962; Bristol, Pa., Rohm & Haas Comp., Res. Labor.; engl.) — Durch Rk. der cycl. Sulfate von 1.3-Diolen mit Halogenwasserstoffen erhält man 1.3-Halogenhydrine. Sulfate symm. Diole geben einheitliche Prodd., unsymm. führen zu Isomerengemischen. Cycl. Butandiol-(1.3)-sulfat (I) gibt mit HCl, wie durch Dampfphasenchromatographie nachgewiesen wurde, ebenso wie Butandiol-(1.3) u. 2-Methyloxetan ein *Gemisch aus 3-Chlorbutanol-(1)-* u. *1-Chlorbutanol-(3)* im Verhältnis 3 : 1. Die entsprechende Rk. mit HBr liefert ein Gemisch aus den isomeren *1.3-Brombutanolen* u. einer niedriger sd. Verbindung.

Versuche: *Cycl. Butandiol-(1.3)-sulfat* (I), F. 44—46° (Ae.), durch Zugabe von 20%ig. Oleum zu Butandiol-(1.3) in Chlf. bei 0—10°, 1std. Stehen bei 0° u. Gießen auf Eis, Extrahieren der wss. Schicht mit Chlf. u. Einengen der Lsg.; 56% (Ausbeute). — *Gemisch* aus 73% *3-Chlorbutanol-(1)* u. 27% *1-Chlorbutanol-(3)*, C_4H_9ClO, Kp.$_{17}$ 70—71° durch 40 Min. langes Erhitzen von I u. konz. HCl auf dem Wasserbad, Zugabe von W. zur abgekühlten Lsg. u. Extrahieren mit Ae., Abdampfen des Ae. u. Dest. im Vakuum; n_D^{25} 1,4397; 53%. — *3-Chlorbutanol-(1)*, Kp.$_{17}$ 70—72,5°, durch Red. von 3-Chlorbuttersäure mit $LiAlH_4$; n_D^{25} 1,4399. — *1-Chlorbutanol-(3)*, Kp.$_{20}$ 68—70°, durch Red. von 1-Chlorbutanon-(3) mit $LiAlH_4$; n_D^{25} 1,4395. D. Freytag. 560◇

Der Effekt der Kreuzung identischer, biologisch aktiver Systeme. Mono- und Diäther des Pentaerythrits. Stefan Smoliński. (Roczniki Chem. [Ann. Soc. chim. Polonorum] **34**, 849—56, 1960; Kraków, Uniw. Jagiell., Kat. Chem. organ.; pol.) — Vgl. C. **1963**, 8151. — Durch Umsetzung von Pentaerythritdibromhydrin (I) mit Phenolen in alkal. Lsg. werden Mono- u. Diäther des Pentaerythrits (II) nebeneinander erhalten. Dargestellt wurden so die II-*o-Tolyl-*, *Eugenyl-* u. *Carvacryläther.* Die Darst. der Isoeugenyl- u. 2-Methoxyphenyläther gelang nicht. Die Diäther des Pentaerythrits können als verdoppelte, gekreuzte 1-Monoäther des Glycerins [z. B. „Mianesin“ = 3-[o-Tolyloxy]-propandiol-(1.2)] betrachtet werden. Als Derivv. von Propandiol-(1.3) sind sie auch mit „Meprobamat“ verwandt. Die dargestellten II-Mono- u. Diäther haben eine dem Chlorpromazin u. Reserpin ähnliche, aber lang andauernde Wirkung.

Versuche: Pentaerythrit(II)-äther, durch 6—8std. Kochen einer Lsg. von 0,03 Mol des entsprechenden Na-Phenolats mit 0,015 Mol I in abs. Toluol, Filtrieren, Abdestillieren des Lsgm., Ansäuern des Filtrats, Wasserdampf-Dest. des nichtverbrauchten Phenols, Extraktion von nichtumgesetztem I aus dem Rückstand mit heißem W., Lösen des Rückstandes in Ae. u. fraktionierte Dest. der ätherlösl. Prodd. im Vakuum als gelbe Öle: *Mono-o-tolyläther*, $C_{12}H_{18}O_4$, Kp.$_{0,07}$ 120°, D.$_{20}^{20}$ 1,170, n_D^{20} 1,5341; 35% (Ausbeute). *Tris-[3.5-dinitrobenzoat]*, $C_{33}H_{24}N_6O_{19}$, F. 90°, aus wss. A. gelbe Nadeln. — *Di-o-tolyläther*, $C_{19}H_{24}O_4$, Kp.$_{0,45}$ 172°, neben vorst. Monoäther bei der fraktionierten Dest. des Rk.-Prod.; D.$_{20}^{20}$ 1,153, n_D^{20} 1,5601; 30%. *Bis-[3.5-dinitrobenzoat]*, F. 212°, aus A./Bzl. gelbe Nadeln. — *Monoeugenyläther*, $C_{15}H_{22}O_5$, Kp.$_{0,2}$ 180°, D.$_{20}^{20}$ 1,197, n_D^{20} 1,5490; 45%. *Tris-[3.5-dinitrobenzoat]*, F. 186°, aus A./Bzl. gelbe Nadeln. — *Dieugenyläther*, $C_{25}H_{32}O_6$, Kp.$_{0,2}$ 230°, D.$_{20}^{20}$ 1,163, n_D^{20} 1,5606; 30%. *Bis-[3.5-dinitrobenzoat]*, F. 192°, aus. A./Bzl. gelbe Nadeln. — *Dicarvacryläther*, $C_{25}H_{36}O_4$, Kp.$_{0,15}$ 198°, D.$_{20}^{20}$ 1,097, n_D^{20} 1,5533; 35%. *Bis-[3.5-dinitrobenzoat]*, F. 204°, aus A./Bzl. gelbe Blättchen. F. Urban. 580◇

Die Einwirkung von Bortrichlorid auf Ester der schwefligen und Schwefelsäure. J. Charalambous, H. J. Davies, M. J. Frazer und W. Gerrard. (J. chem. Soc. [London] **1962**, 1505—07, April; London, Northern Polytechn.; engl.) — Vff. berichten über Rkk. von BCl_3 mit aliphat. u. aromat. Estern der schwefligen Säure, mit Schwefligsäureesterchloriden, mit Dialkylsulfaten sowie mit Schwefelsäureesterchloriden. Während die Sulfite verschiedene *Esterchloride* ergaben, reagierten die Sulfate bei 20° ohne Lsgm. oder in Pentan unter Bldg. der entsprechenden *Alkylchloride* (*Methyl-*, *Äthyl-*, *Propyl-*, *Butyl-* u. *Octyl*) u. eines gelben Nd., der annähernd die Zus. des *gemischten Anhydrids* $(B_2S_3O_{12})_n$ hatte. Schwefelsäuremethyl- u. -phenylesterchlorid reagieren mit BCl_3 nicht, die Äthyl-, n-Propyl- u. n-Butyl-Verbb. dagegen heftig unter Bldg. von SO_2, HCl u. *polymeren KW-Stoffen.*

Versuche: *Borsäure-n-butylesterdichlorid* (I), durch Mischen von BCl_3 mit 1 Val Di-n-butylsulfit (II) in Dichlormethan bei —80° u. Dest.; 52,4% (Ausbeute). Daneben 84,5% *Schwefligsäure-n-butylesterchlorid* (III). — *Tri-n-butylborat*, analog I mit 3 Val II; 97,0%. Daneben 80,4% III. — *Triphenylborat*, analog I aus Diphenylsulfit; 89,0%. Daneben 82% *Schwefligsäurephenylesterchlorid.* — *Borsäure-bis-[2-chlorsulfinyloxy-*

äthyl]-esterchlorid, $C_4H_8BCl_3O_6S_2$, Kp.$_{2,5}$ 100—103°, analog I aus Äthylensulfit; 80,8%. — *Borsäure-o-phenylenesterchlorid*, Kp.$_{20}$ 70°, analog I aus o-Phenylensulfit; 67,8%. — *Schwefelsäurephenylesterchlorid*, $C_6H_5ClO_3S$, Kp.$_{23}$ 114—116°, durch Rk. von Phenol mit SO_2Cl_2 in Ggw. von Pyridin in Ae., Dest. u. Rk. des Prod. mit BCl_3 in n-Pentan bei —80°; n_D^{25} 1,5265; 71%. Reagiert mit BCl_3 bei 45° nicht weiter. D. Thierig. 590□

Synthese von 2-Anilinoäthanthiol durch Hydridreduktion. C. W. Schimelpfenig. (J. org. Chemistry **27,** 3323—24, Sept. 1962; Denton, Tex., North Texas State Univ., Dep. of Chem.; engl.) — Durch $LiAlH_4$-Red. von 2-Mercaptoacetanilid (I) u. Dithiodiglykolsäuredianilid (II) wird *2-Anilinoäthanthiol* erhalten, während bei der analogen Red. von 3-Phenylrhodanin neben nichtidentifizierten Prodd. *N-Methylanilin* (Kp.$_{752}$ 187—191°) in 30%ig. Ausbeute entsteht.

Versuche: *Dithiodiglykolsäuredianilid* (II), F. 161—163° (Aceton), durch 4tägiges Kochen von Dithiodiglykolsäure u. Anilin in Bzl. am Wasserabscheider; 43% (Ausbeute). — *2-Anilinoäthanthiol*, Kp.$_3$ 110—112°, a) durch 3tägiges Rühren von I u. $LiAlH_4$ in Tetrahydrofuran bei Raum-Temp.; n_D^{20} 1,6040; 37%; b) analog aus II; 61%. *N-Acetyl-Deriv.*, F. 64,5—65,5°. A. Trede. 600◇

Synthese und Eigenschaften von Homotaurin. N. P. Sen. (Canad. J. Chem. **40,** 2189—91, Nov. 1962; Vancouver, B. C., Univ., Fac. of Med., Kinsmen Labor. of Neurological Res.; engl.) — 3-Aminopropanol-(1) wurde mit HBr (anfangs bei 0°, dann 16 bis 18std. Kochen) in *3-Brompropylaminhydrobromid* übergeführt [60,3% (Ausbeute)]. Dieses gab mit wss. Na_2SO_3 (Eindampfen auf einer Heizplatte, 24 Std.) 66% *Homotaurin* (I), $C_3H_9NO_3S$, Zers. bei 282—283° (wss. A.). IR-Spektren u. R_F-Werte von Taurin u. I in verschiedenen Lsgm.-Syst. sind angegeben. J. Rothe. 600◇

Die säurekatalysierte Umwandlung von Diäthylketon in Methylpropylketon. — Eine Nachuntersuchung. Arthur Fry, Ikuo Ookuni, Gerasimos J. Karabatsos, John D. Graham und Floie Vane. (J. org. Chemistry **27,** 1914—15, Mai 1962; Fayetteville, Ark., Univ. of Arkansas, Dep. of Chem.; East Lansing, Mich., Michigan State Univ., Kedzie Chem. Labor.; engl.) — Die $HClO_4$-katalysierte Umwandlung von *Pentanon-(3)* (I) in *Pentanon-(2)* (II; *Semicarbazon*, F. 108—109°) erfolgt in weitaus geringerem Maße, als von den Vff. früher angegeben (vgl. Fry u. Mitarbeiter, C. **1961,** 2231). Nach 48 std. Behandlung von I mit 71,7%ig. $HClO_4$ bei 75° entstand neben viel braunem, viscosen Polymerisat ein destillierbarer Anteil, der u. a. 1,8% Pentanongemisch (III) mit 95% I u. 5% II enthielt. Nach 24(36)std. Rk. bei 100° (75°) wurden 0,2% (1,6%) III isoliert, das bis zu 15% (2%) aus II bestand. Zur Identifizierung dienten Gaschromatogramme u. Kernresonanzspektren sowie die Jodoform-Rk. mit III, wobei nach Rk. mit p-Toluidin *Buttersäure-p-toluidid* (F. 72—74°) u. *Propionsäure-p-toluidid* (F. 120—124°) durch fraktionierte Kristallisation getrennt werden konnten. Claus Fischer. 710□

Oxydation primärer Alkohole mit tert.-Butylchromat. Takayuki Suga. (J. chem. Soc. Japan, pure Chem. Sect. [Nippon Kagaku Zasshi] **80,** 653—57, Juni 1959; Hiroshima, Univ., Naturwiss. Fak.; jap., Auszug: engl.) — Während Benzylalkohol (I) mit einer 28%ig. Lsg. von tert.-Butylchromat (II) in ca. 90%ig. Ausbeute zu *Benzaldehyd* (III) oxydiert werden kann, geht die Oxydation von aliphat. prim. Alkoholen mit II auch unter Eiskühlung weiter, so daß die entsprechende Carbonsäure u. deren Ester entstehen u. der Aldehyd nur in 5—42%ig. Ausbeute erhalten wird. Isobutylalkohol gibt daneben *Aceton*. Aliphat. Aldehyde bilden sich auch unter den durch Oppenauer u. Oberrauch (vgl. An. Asoc. quím. argent. **37** [1949], 246) angegebenen Bedingungen (bei Raum-Temp.) nur in schlechter Ausbeute. Der Ester entsteht vermutlich durch Oxydation des Hemiacetals, das sich aus dem Aldehyd u. Alkohol bildet.
E. Maekawa. 810

Peroxide und Diazoniumsalze. Vorl. Mitt. Francesco Minisci. (Gazz. chim. ital. **89,** 626—37, Febr. 1959; Milano, Politecnico, Ist. di Chim. gen. Labor. Montecatini; ital.) — Inhaltlich ident. mit den C. **1962,** 18435 u. 18436 referierten Arbeiten.
F. Heller. 810◇

Über die Darstellung von Undecen-(10)-säure-(1) (Undecylensäure) aus rohem Undecensäuremethylester. C. Kaiser. (J. prakt. Chem. [4] **15 (287),** 273—76, März 1962; Berlin-Adlershof, Dt. Akad. der Wiss., Inst. für Fettchem.; dt.) — Reine *Undecen-(10)-säure* (F. 22,5—23,5°, Kp.$_{10}$ 161—162°; 90,5% Ausbeute) wird durch Verseifung ihres *Methylesters* (I, Kp.$_{10}$ 125,8—127,1°, n_D^{20} 1,4395) mit KOH in verd. Methanol dargestellt. I wird als Nebenprod. der therm. Spaltung von Ricinolsäuremethylester gewonnen, durch Dest. an einer 1 m langen Raschig-Kolonne gereinigt u. durch Behandeln mit kalter 4n KOH raffiniert. In Ggw. von Undecansäuremethylester gelingt wegen der Bldg. eines azeotropen Gemisches die Isolierung von I nicht. SZ, JZ u. VZ werden als Kennzahlen der erhaltenen Prodd. angegeben. W. Hampel. 810□

Tricyanmethan (Cyanoform), Carbamyldicyanmethan und ihre Derivate. S. Trofimenko, E. L. Little jun. und H. F. Mower. (J. org. Chemistry **27**, 433—38, 9/2. 1962; Wilmington, Del., E. I. du Pont de Nemours and Co., Central Res. Dep., Experimental Station; engl.) — *Metallsalze* von *Tricyanmethan* werden durch Rk. von Dibrommalonsäuredinitril (**VIII**) mit Metallcyaniden bzw. durch Rk. von Halogentricyanmethan mit Aminen dargestellt. Die *Salze* von *Carbamoyldicyanmethan* werden analog aus Aminen u. den Carbamoyldicyanhalogenmethanen dargestellt. Die Einw. von Halogen auf Tricyan- u. Carbamoyldicyanmethan liefert die entsprechenden *Halogenmethane*. Carbamoyldicyanchlormethan (**IV**) gibt durch Pyrolyse mit NaCN *Dichlormalonsäuredinitril* u. *KOCN*. Bei Sublimation der **IV** entsprechenden Brom-Verb. (**V**) entsteht *Tetracyanäthylen*. K-Tricyanmethanid (**I**) liegt in Ggw. von Säuren als *Dicyanketimin* vor u. addiert so Amine unter Bldg. von *1-Amino-2.2-dicyanäthylen-Derivaten*. Aus 1.1-Diamino-2.2-dicyanäthylen (**VII**), Benzonitril u. KOH wird *5-Cyan-4.6-diamino-2-phenyl-* u. aus **VII**, Acetonitril u. Piperidin *5-Cyan-4.6-diamino-2-methylpyrimidin* gebildet.

Versuche: *K-Tricyanmethanid* (**I**), durch langsames Zugeben des **VIII**-KBr-Komplexes zu KCN in 1.2-Dimethoxyäthan unter Rühren bei 10—20°, 2std. Rühren bei Zimmer-Temp., kurzes Aufkochen, Heißfiltrieren, Stehen über Nacht u. Zugeben von Ae.; 85% (Ausbeute); b) analog aus KCN u. **VIII**; 82—95%; c) analog aus KCN u. Dichlormalonsäuredinitril; ca. 60% (unrein). *Fe(II)-Salz, Hemihydrat*, $C_8FeN_6 \cdot {}^1\!/_2\, H_2O$, durch Rk. einer wss. Lsg. von **I** mit $FeSO_4$-Lsg.; gelbe Kristalle; 41%. *Cu(II)-Salz*, C_8CuN_6, analog aus wss. $CuSO_4$-Lsg.; braune Kristalle; 40%. *Co(II)-Salz, Hemihydrat*, $C_8CoN_6 \cdot {}^1\!/_2\, H_2O$; orangefarbene Kristalle; 32%. *Ni(II)-Salz, Hemihydrat*, $C_8N_6Ni \cdot {}^1\!/_2\, H_2O$; hellblaue Kristalle; 41%. *Mn(II)-Salz*, C_8MnN_6; 26%. *tert.-Butylammoniumsalz*, $C_8H_{12}N_4$, F. 197—199° (Zers.; Glycin/Chlf.), durch Zugeben von Ae. u. H_2SO_4 zu **I** in W. unter Kühlen, 20 Min. langes Rühren, Trennen der Phasen, Zugeben von tert.-Butylamin zur mittleren gelben Phase u. Stehen über Nacht; 88%. *Isopropylammoniumsalz*, $C_7H_{10}N_4$, F. 185—187° (Zers.; Glycin/Chlf.), analog; 67%. *Na-Salz*, durch Zugeben von 120 mg NaCN zu 0,3 g **II** in 10 ml Acetonitril u. Rühren über Nacht bei Zimmer-Temp.; 0,25 g. *Benzamidiniumsalz* (**VI**), F. 148—149° (W.), durch Zusammengeben von 12,9 g **I** zu 15,7 g Benzamidhydrochlorid in kaltem W.; 10,1 g. — *Chlortricyanmethan* (**II**), C_4ClN_3, durch Zugeben von fl. Cl_2 zu **I** in Ae. u. ${}^1\!/_2$std. Rühren; lange Nadeln; 41%; daneben **IV**. — *Carbamoyldicyanmethan*, $C_4H_3N_3O$, Zers. >300°, durch Ionenaustausch von **III** in W. an Amberlite IR 120 (H); aus Acetonitril Kristalle; 85%. *K-Salz* (**III**), $C_4H_2KN_3O$, F. 277° (Zers.), a) durch Zugeben von KOCN zu Malonsäuredinitril in Dimethylformamid unter Rühren u. ${}^3\!/_4$std. Kochen; 71%; b) durch 10 Min. langes Rühren von **IV** u. KCN in Tetrahydrofuran, 1std. Kochen u. Rühren über Nacht; 94%. *Pyridiniumsalz*, $C_9H_8N_4O$, F. 122—125° (Äthylacetat/A.), a) durch Zugeben von Pyridin zu **IV** in Ae. unter Rühren bei 0°; 42%; b) analog aus **V**; 55%. — *Carbamoyldicyanchlormethan* (**IV**), $C_4H_2ClN_3O$, F. 85—86° (Chlf.), durch Einleiten von Cl_2 in die sd. Lsg. von **III** in Ae.; 99%. — *Carbamoyldicyanbrommethan* (**V**), $C_4H_2BrN_3O$, F. 110—111° (Chlf.), analog **IV**; 92%. — *Dichlormalonsäuredinitril*, durch Pyrolyse von 40 g **IV** u. 13,6 g NaCN; 15 g. — Äthylene: *Tetracyan-*, durch Zers. von **V** bei 100—105°/3 Torr. — *1.1-Dicyan-2-amino-2-piperidino-*, F. 161—164° (Äthylacetat), durch Zugeben von Piperidin zu Tricyanmethan in wss. Ae.; 28%. — *1.1-Dicyan-2-amino-2-pyrrolidino-*, $C_8H_{10}N_4$, F. 176—177° (Glycin/Chlf.), analog vorst. Verb.; 20%. — *5-Cyan-4.6-diamino-2-phenylpyrimidin*, $C_{11}H_9N_5$, F. 240—241° (Toluol), a) durch 28std. Erhitzen von **VI** auf 155°/0,1 mm u. Sublimation; 21%; b) durch ${}^1\!/_4$std. Kochen von **VII**, Benzonitril u. KOH in 2-Äthoxyäthanol; 39%. — *5-Cyan-4.6-diamino-2-methylpyrimidin*, $C_6H_7N_5$, F. 397—398° (Essigsäure), durch 1std. Rk. von **VII**, Acetonitril u. Piperidin unter N_2 im Bombenrohr bei 180—190°; 60%. A. Ackermann. 830□

Darstellung von R- und S-Mevalonolacton. R. H. Cornforth, J. W. Cornforth und G. Popják. (Tetrahedron [London] **18**, 1351—54, Dez. 1962; London, Nat. Inst. for Med. Res.; Hammersmith Hosp., M. R. C. Exp. Radiopathology Res. Unit; engl.) — (+)-Linalool (**I**) wurde in einem 4-Stufenprozeß mit 21% Gesamtausbeute in *R-(—)-Mevalonolacton* übergeführt. Die letzte Stufe bestand aus einer neuen Meth. zur oxydativen Aufspaltung von Ketonen mit α-ständiger Methylengruppe über das α-Hydroxymethylenketon: $-CH_2-CO- \rightarrow -C(=CHOH)-CO \xrightarrow{HJO_4} -COOH + HOOC-$. (—)-Linalool (**II**) gab analog *S-(+)-Mevalonolacton*. Damit sind die abs. Konfigurationen von **I** bzw. **II** als S bzw. R festgelegt.

Versuche: *3.7-Dimethyloctantriol-(1.3.6)*, $C_{10}H_{22}O_3$, $Kp._{0,001}$ 114—120°, durch Zugeben einer Lsg. von BF_3-Ätherat in Tetrahydrofuran (THF) zu $LiBH_4$ in THF innerhalb ${}^1\!/_2$ Std. unter Rühren, Zugeben von **I** ($[\alpha]_D^{20}$ +16,9°) in THF innerhalb 1 Std., Stehen über Nacht, Zugeben von wss.-methanol. NaOH u. Zutropfen von 30% ig. H_2O_2 innerhalb 1 Std.; 60% (Ausbeute). — *2.4-Dimethyl-4-[3-hydroxy-4-methylpentyl]-1.3-dioxan*, $C_{12}H_{24}O_3$, $Kp._{17}$ 144—145°, aus vorst. Verb. u. CH_3CHO in Ae. in Ggw. von p-Toluolsulfonsäure (Rühren, dann 2tägiges Stehen); $n_D^{22,5}$ 1,4590; 81%. — *2.4-Dimethyl-4-[3-oxo-4-methylpentyl]-1.3-dioxan*, $C_{12}H_{22}O_3$, $Kp._{19}$ 146—150°, aus vorst. Verb. u. CrO_3 in wasserhaltigem Pyridin (3 Tage lang Stehen); n_D^{21} 1,4506; 88%. — *5-Isopropyl-1-methyl-4.8-dioxabicyclo-[3.2.1]-octan*, $C_{10}H_{18}O_2$, $Kp._{15}$ 79—80°, aus vorst. Verb. u. sd. 1n HCl (15 Min.); n_D^{23} 1,4495; mentholähnlicher Geruch. — *R-(—)-Mevalonolacton*, $Kp._{0,005}$ 100—108°, F. 19—20° (CH_2Cl_2/Ae.), hygroskop., aus 58 g vorvorst. Verb. u. $HCOOCH_3$ in Ggw. von CH_3ONa unter N_2 (Kühlung u. Rühren), dann Behandeln des rohen *Hydroxymethylenketons* mit Na_5JO_6 in wss. CH_3OH bei pH 5 (exotherm); $[\alpha]_D^{20}$ —23,0° (c = 6; A.); 17,25 g. — *S-(+)-Mevalonolacton*, F 16—17° (Ae.), analog aus **II** ($[\alpha]_D^{23,5}$ —16,9°); $[\alpha]_D^{26}$ +22,8° (c = 10; A.), $[\alpha]_D^{24}$ +14,0° (c = 5; Chlf.). *Freie Säure, Na-Salz*, $[\alpha]_D^{24}$ —5,7° (W.); *Benzhydrylamid*, F. 98—99° (Bzl.), $[\alpha]_D^{23,5}$ +2,8° (c = 10; A.), $[\alpha]_D^{24,5}$ —0,5° (c = 10; Chlf.). — Modell-Vers.: 2-Hydroxymethylencyclohexanon + Na_5JO_6 → *Adipinsäure*. J. Rothe. 850◇

Über die Regenerierung der Aminosäuren aus ihren Dinitrophenylderivaten. B. Liebold und G. Braunitzer. (Hoppe-Seyler's Z. physiol. Chem. **316**, 170—71, 1959; München, MPI für Biochem.; dt.) — Aus den Dinitrophenylaminosäuren können durch Behandlung mit konz. HJ bei 100° in Ausbeuten bis zu 80% die freien Aminosäuren erhalten werden. K. Grade. 950□

Beitrag zur Darstellung von N-Acylaminosäureanhydriden. H. Bräuniger und S. Mengering. (Pharmaz. Zentralhalle Deutschland **99**, 284—89, Juni 1960; Rostock, Univ., Pharmazeut.-chem. Inst.; dt.) — *N-Acylaminosäureanhydride* (**A**) werden durch Rk. von 1 Mol N-Acylaminosäure mit 0,56 Mol N.N'-Dicyclohexylcarbodiimid (**I**) in Aceton erhalten. Der ausfallende Nd. besteht aus *N.N'-Dicyclohexylharnstoff* (**II**) oder aus **A** u. **II**. Der **A**-Anteil in der Mischung wurde nach der Morpholin-Meth. bestimmt u. durch Extraktion von **III** abgetrennt.

Versuche: *N-Carbobenzoxyglycinanhydrid* (**III**), F. 120° (A.), durch Stehen von N-Carbobenzoxyglycin u. **I** in Aceton, Absaugen des Nd. u. Extrahieren mit Aceton; 55,0% (Ausbeute. — *N-Carbobenzoxy-DL-alaninanhydrid* (**IV**), F. 144—146°, aus N-Carbobenzoxy-DL-alanin analog **III** u. Extraktion von **II** mit sd. abs. A.; rechteckige Blättchen aus abs. A.; 61,7%. — Analog **IV**: *N-Carbobenzoxy-DL-phenylalaninanhydrid*, F. 123—125°, aus N-Carbobenzoxy-DL-phenylalanin; Nädelchen; 51,7%. — *N-Phthalyl-DL-alaninanhydrid*, F. 182—184°, aus N-Phthalyl-DL-alanin; Nadeln aus Methanol; 65,1%. — *N-Phthalylglycinanhydrid*, F. 242°, aus N-Phthalylglycin; Nadeln; 83,7%. — *N-Phthalyl-DL-phenylalaninanhydrid*, F. 165—167°, aus N-Phthalyl-DL-phenylalanin; Blättchen aus Essigsäure–PAe.; 78,2%. W. Hiller. 950□

Darstellung und chromatographische Trennung von Guanylaminosäuren. H. Fasold, F. Turba und W. Wirsching. (Biochem. Z. **335**, 86—91, 1961; Würzburg, Univ., Physiol.-chem. Inst.; dt.) — Vff. vergleichen die Darst.-Meth. von *α-Guanylaminosäuren* (**B**) mittels O-Methylisoharnstoffs u. 3.5-Dimethyl-1-guanylpyrazols (**I**). Durch Verw. der freien **I**-Base in Ggw. von Triäthylamin konnte ein quant. Umsatz erzielt werden. Durch Verkürzung der Erhitzungszeit wird das Verf. relativ schonend, es ist auf alle natürlich vorkommenden Aminosäuren (AS) anwendbar. Weiter wird eine säulenchromatograph. Reinigung der **B** aus dem Rk.-Gemisch an Dowex-1 beschrieben. Zur Kennzeichnung der Guanyl-Derivv. aller in Proteinen vorkommenden AS wurde eine 2-dimensionale papierchromatograph. Trennung entwickelt (Methyläthylketon/Pyridin/W. 60 : 15 : 25 u. Isopropanol/1n NH_3/W. 70 : 15/15 auf cylindr. vernähtem Papierbogen 40·50 cm). Zum Nachw. bewährte sich das kombinierte α-Naphthol–Diacetyl-Reagens. Bis auf die Asparagin- u. Glutamin-Derivv. u. Bis-[guanyl]-arginin u. -lysin wurden alle 17 AS gut voneinander getrennt. — Die Guanylierung mit **I** wurde in folgender Weise durchgeführt: 10mMol **I**-Nitrat werden in 100 ml 1n NaOH gelöst u. die freie Base mit Essigester extrahiert, über $MgSO_4$ getrocknet u. nach dem Verdampfen des Lsgm. mit 2mMol AS in 2,6 ml W. u. 0,56 ml Triäthylamin 3 Std. auf 105° erhitzt. Aufarbeitung durch Essigesterextraktion u. Kristallisation.

P. Teichgräber. 950□

Acylierung von Hydraziden mit aktivierten Estern. 2. Mitt. **Darstellung und Eigenschaften der Hydrazide einiger N-[Arylsulfonyl]-glycine.** Stefan Grudziński. (Roczniki Chem. [Ann. Soc. chim. Polonorum] **34**, 965—77, 1960; Łódź, Zakł. Technol. Srodków Leczn., Akad. Med.; pol.) — 1. vgl. Roczniki Chem. [Ann. Soc. chim. Polonorum] **33**, [1959], 655. — *N-[Arylsulfonyl]-glycinhydrazide* wurden durch Umsetzung der Glycinmethylester mit Hydrazinhydrat (**I**) erhalten. Die Verbb. wurden durch Darst. ihrer Hydrochloride u. N-Isopropyliden-Verbb. charakterisiert.

Versuche: *N-[p-Toluolsulfonyl]-glycinmethylester* (II), $C_{10}H_{13}NO_4S$, F. 94—95°, durch Veresterung der freien Säure in abs. CH_3OH in Ggw. von HCl; Kristalle aus 60%ig. CH_3OH; 92% (Ausbeute). — *N-[Sulfanilyl]-glycinmethylester* (III), $C_9H_{12}N_2O_4S$, F. 88—89°, aus dem Hydrochlorid mit 10%ig. Na_2CO_3-Lsg.; Kristalle aus 70%ig. CH_3OH. *Hydrochlorid*, $C_9H_{13}ClN_2O_4S$, F. 184—186° (Zers.), durch Veresterung von N-[N-Acetylsulfanilyl]-glycin in abs. CH_3OH in Ggw. von HCl; Kristalle aus wenig CH_3OH; 82%. — *N-[N-Acetylsulfanilyl]-glycinmethylester* (IV), $C_{11}H_{14}N_2O_5S$, F. 136 bis 137°, a) durch Acetylieren von III mit Acetanhydrid in der Wärme, Abdestillieren von CH_3COOH u. überschüssigem Acetanhydrid, Eingießen des Rückstandes in W. u. Neutralisation mit 10%ig. Na_2CO_3-Lsg.; 96%; b) durch Verestern der freien Säure mit CH_3OH/HCl; Kristalle aus 70%ig. CH_3OH; 74%. — Glycinhydrazide, durch Kochen der Methylester mit geringem Überschuß an 30%ig. I in abs. A., Einengen im Vakuum u. Kühlen des Rückstandes: *N-[Benzolsulfonyl]-*, $C_8H_{11}N_3O_3S$, F. 97—98°, Kristalle aus A.; 78%. *Hydrochlorid*, $C_8H_{12}ClN_3O_3S$, F. 164—165° (Zers.; A.); 93%. *N'-Isopropyliden-Verb.*, $C_{11}H_{15}N_3O_3S$, F. 160—161° (Aceton), durch Kochen des Hydrazids mit Aceton; 89,5%. — *N-[p-Toluolsulfonyl]-*, $C_9H_{13}N_3O_3S$, F. 155—156°, aus II; Kristalle aus A.; 89%. *Hydrochlorid*, $C_9H_{14}ClN_3O_3S$, F. 174—176° (Zers.; A.); 93%. *N'-Isopropyliden-Verb.*, $C_{12}H_{17}N_3O_3S$, F. 157—158° (Aceton); 86%. — *N-[Sulfanilyl]-*, $C_8H_{12}N_4O_3S$, F. 160 bis 161°, aus III; Kristalle aus 90%ig. A.; 92%. *Dihydrochlorid*, $C_8H_{14}Cl_2N_4O_3S$, F. 178 bis 182° (Zers.; A./Ae.); 99%. *N'-Isopropyliden-Verb.*, $C_{11}H_{16}N_4O_3S$, F. 179—180° (Aceton); 88%. — *N-[N-Acetylsulfanilyl]-*, $C_{10}H_{14}N_4O_4S$, F. 195—196°, aus IV; Kristalle aus 90%ig. A.; 91%. *Hydrochlorid*, $C_{10}H_{15}ClN_4O_4S$, Zers. >160°; 89%. *N'-Isopropyliden-Verb.*, $C_{13}H_{18}N_4O_4S$, F. 222—223°, durch Kochen des Hydrazids mit Aceton mit oder ohne CH_3COOH bzw. Acetanhydrid als Lsgm.; 81—92,5%. F. Urban. 950◇

Über γ-Halogenbuttersäuren aus γ-Butyrolacton und einige neue ω-Amino-3-alkyl-6-halogenacylanilide. 4. Mitt. über Synthesen neuer Verbindungen mit lokalanästhetischer Wirkung. H. Oelschläger, P. Schmersahl und W. Toporski. (Arch. Pharmaz. Ber. dtsch. pharmaz. Ges. **294/66,** 488—97, Aug. 1961; Hamburg, Univ., Inst. für Pharmazeut. Chemie; dt.) — 3. vgl. C. **1963,** 124. — Die Aufspaltung von γ-Butyrolacton (IV) mit Halogenwasserstoffen zu γ-Halogenbuttersäuren, für die ein $A_{AL}1$-Mechanismus angenommen wird, wird in Abhängigkeit von der Temp. untersucht. Die optimalen Darst.-Bedingungen für reine *γ-Chlorbuttersäure* (I) werden ermittelt. Bei den Lactonspaltungen entstehen in geringer Menge durch Umesterung *γ-[γ'-Halogenbutyryloxy]-buttersäuren*, deren Konstit. bewiesen wird. *γ-Jodbuttersäure* (III) wird durch Umhalogenierung von I mit Alkyljodiden in Ggw. von $AlCl_3$ dargestellt. Entsprechende Verss. mit anorgan. u. organ. Bromiden liefern nur unreine *γ-Brombuttersäure* (II) in 20—50%ig. Ausbeute. Die pharmakolog. Prüfungsergebnisse [Corneal- u. Leitungsanästhesie] einiger neuer ω-Diäthylamino-3-äthyl-6-halogenacylanilide (Darst. vgl. C. **1958,** 4763 u. C. **1961,** 13157) werden mitgeteilt.

Versuche: Buttersäuren: *γ-Chlor-* (I), Kp.$_{11}$ 114—115°, Kp.$_{0,9}$ 83—84°, durch Einleiten von HCl in IV, 1—2std. Erhitzen auf 100—120° im Rohr, Lösen in Ae. u. Waschen mit gesätt. Na_2SO_4-Lsg.; n_D^{20} 1,4509; 85% (Ausbeute). *Anhydrid*, $C_8H_{12}Cl_2O_3$, Kp.$_{0,6}$ 129—130°, durch 6std. Kochen von I mit Acetanhydrid in Bzl.; Öl; n_D^{20} 1,4679; 71%. — *γ-[γ'-Chlorbutyryloxy]-*, $C_8H_{13}ClO_4$, Kp.$_{0,7}$ 158—160°, Kp.$_{0,9}$ 165—168°, a) neben I; b) durch 12std. Erhitzen von IV mit I u. wenig H_2SO_4 auf 100—110°, Zugabe von W. u. Extraktion mit Ae.; Öl; n_D^{20} 1,4630; 10%. — *γ-Brom-* (II), Kp.$_2$ 115—116°, F. 33—34°, a) analog I aus IV u. HBr (66%ig. HBr u. P_2O_5 oder Br_2 in Tetralin u. wenig Fe); Kristalle durch Ausfrieren aus PAe. u. wenig Bzl.; 85%; b) durch 24std. Rühren von I mit $CaBr_2$ bei 80°, Zugabe von 5%ig. HCl u. Extraktion mit Ae.; 53%. — *γ-[γ'-Brombutyryloxy]-*, $C_8H_{13}BrO_4$, Kp.$_{0,7}$ 165—166°, neben II nach a); Öl; n_D^{20} 1,4782; 8%. — *γ-Jod-* (III), Kp.$_1$ 109—110° (unter N_2), F. 40—41° (PAe.), a) analog I durch Einleiten von HJ in IV bei 40° u. Erhitzen auf 90°; 86%; b) durch 16std. Kochen von I mit C_2H_5J in Ggw. von $AlCl_3$, Gießen in 10%ig. HCl u. Extraktion mit Ae.; 55%. — *γ-[Formyloxy]-*, $C_5H_8O_4$, Kp.$_1$ 133—135°, durch 12std. Erhitzen von IV mit wasserfreier Ameisensäure auf 100°; Öl; n_D^{20} 1,4378; 11%. — *γ-Jodbuttersäurechlorid*, C_4H_6ClJO, Kp.$_{0,9}$ 58—60°, durch Zugabe von III zu $SOCl_2$ bei 50° u. 1std. Rk. unter Temp.-Steigerung auf 90°; hellrötliches Öl; n_D^{20} 1,5425; 79%. — *γ-Chlorvaleriansäure*, Kp.$_{0,8}$ 90—91°, analog I aus γ-Valerolacton u. HCl durch 2std. Erhitzen auf 120°; n_D^{20} 1,4479; 30%. — α-Diäthylaminoacetanilide: *3-Äthyl-* (vgl. C. **1960,** 11280). — *3-Äthyl-6-fluor-*, $C_{14}H_{21}FN_2O$, Kp.$_{0,7}$ 139—140°; gelbes Öl; n_D^{20} 1,5082. *Pikrat*, F. 137—138° (wie die folgenden aus Bzl. oder Toluol). — *3-Äthyl-6-chlor-*, $C_{14}H_{21}ClN_2O$, Kp.$_1$ 179—181°; Öl; n_D^{20} 1,5309. *Pikrat*, F. 160—161°. — *3-Äthyl-6-brom-*, $C_{14}H_{21}BrN_2O$, Kp.$_{0,8}$ 165—169°; hellgelbes Öl; n_D^{20} 1,5450. *Pikrat*, F. 158—160°. — β-Diäthylaminopropionanilide: *3-Äthyl-*, $C_{15}H_{24}N_2O$, Kp.$_{0,8}$ 174—175°; Öl; n_D^{20} 1,5312. *Pikrat*, F. 133—134°. — *3-Äthyl-6-fluor-*,

$C_{15}H_{23}FN_2O$, Kp.$_{0,9}$ 149—151°; gelbes Öl; n_D^{20} 1,5172. *Pikrat*, F. 125—126°. — *3-Äthyl-6-chlor-*, $C_{15}H_{23}ClN_2O$, Kp.$_{1,2}$ 190—192°; Öl; n_D^{20} 1,5405. *Pikrat*, F. 111—113°. — *3-Äthyl-6-brom-*, $C_{15}H_{23}BrN_2O$, Kp.$_{98}$ 172—174°; hellgelbes Öl; n_D^{20} 1,5530. *Pikrat*, F. 112—113°. — γ-Diäthylaminobutyranilide: *3-Äthyl-*, $C_{16}H_{26}N_2O$, Kp.$_{0,7}$ 182—184°; Öl; n_D^{20} 1,5282. — *3-Äthyl-6-fluor-*, $C_{16}H_{25}FN_2O$, Kp.$_{0,5}$ 159—161°; gelbes viscoses Öl; n_D^{20} 1,5159. *Pikrat*, F. 108—109°. — *3-Äthyl-6-chlor-*, $C_{16}H_{25}ClN_2O$, Kp.$_{0,3}$ 172—174°; gelbes Öl; n_D^{20} 1,5350. *Pikrat*, F. 97—99°. — *3-Äthyl-6-brom-*, $C_{16}H_{25}BrN_2O$, Kp.$_{0,7}$ 175 bis 178°; dunkelgelbes Öl; n_D^{20} 1,5450. Gottfried Schreiber. 950◇

Einige Glutathionderivate. D. H. Calam und S. G. Waley. (Biochem. J. **85,** 417—19, 1962; Oxford, Univ., Nuffield, Labor. of Ophthalmol.; engl.) — Glutathion (GSH) wird durch H_2O_2 zur entsprechenden *Sulfonsäure* (GSO_3H) oxydiert. Das Disulfid (GSSG) von GSH liefert bei der Oxydation mit $AgNO_3$ neben GSAg die entsprechende *Sulfinsäure* (GSO_2H), die durch 1n HCl bei 100° in kurzer Zeit in *Glycin* (I), *L-Glutaminsäure* (II) u. „*Cysteinsulfinsäure*" ($CySO_2H$) gespalten u. die durch HJ wieder in GSSG übergeführt wird. Mit Monoperphthalsäure (V) läßt sich das p-Toluolsulfonat von GSSG offenbar zum *Thiolsulfonat* $GSO_2 \cdot SG$ (III) oxydieren, das mit CySH GS·SCy (IV) u. GSO_2H gibt. IV entsteht neben $CySO_2H$ auch bei der Rk. von GSH mit $CySO_2 \cdot SCy$. Verss., $GSO_2 \cdot SG$ nach Saunders (1933) bzw. durch Oxydation von GSSG mit Peressigsäure oder H_2O_2 in CH_3COOH darzustellen, lieferten keine definierten Prodd. bzw. nur GSO_2H. Die Rk. von GSO_2H u. GSH in Ggw. von Dicyclohexylcarbodiimid in wss. Pyridin gab nur geringe Ausbeuten. Einige IR-Banden u. die pK-Werte von Ophthalmsäure sowie die elektrophoret. Beweglichkeiten der erwähnten Verbb. (außer I, II, III u. IV) sowie von Cysteinsäure bei pH 4 u. 2,3 sind wiedergegeben.

Versuche: „*Glutathionsulfinsäure*" (GSO_2H), $C_{10}H_{17}N_3O_8S$, F. 187° (Zers.), durch Einleiten von O_2 in eine Lsg. von GSH in 0,2n NaOH (→ GSSG), Zugabe von Acetatpuffer (pH 6,1) u. 0,1m $AgNO_3$, 25std. Stehen im Dunkeln, Zentrifugieren, Stehen bei —10°, Zentrifugieren, Verdünnen, Chromatographie an Dowex 1-X4 (Acetat) mit Pyridin/HCOOH/W., Stehen über Nacht bei —10°, Zentrifugieren, Trocknen im Vakuum, Lösen in wenig W. u. Zugabe von Aceton; 76% (Ausbeute). — „*Glutathionsulfonsäure*" (GSO_3H), *Hydrat*, $C_{10}H_{17}N_3O_9S \cdot H_2O$, durch Zugabe von GSH zu 30%ig. H_2O_2 in HCOOH, Verdünnen mit W., nach 130 Min., Gefriertrocknen, Lösen in W. u. Fällen mit Aceton; $[\alpha]_D^{15}$ — 15,2° (c = 1,3; W.). — „*Glutathionthiolsulfonat*" (?; $GSO_2 \cdot SG$), durch Zugabe von V in Ae. zu 61,2 mg GSSG (durch Oxydation des Ba-Salzes von GSH, Fällung von $BaSO_4$ u. Eindampfen) u. 2 Val p-Toluolsulfonsäure in Dimethylformamid, mehrtägiges Stehen im Dunkeln, Zugabe von Chlf. u. von PAe., Abzentrifugieren u. Anreiben des Nd. mit Aceton; 78,9 mg. — „*Cysteinthiolsulfonat*" ($CySO_2 \cdot SCy$), $C_6H_{12}N_2O_6S_2$, durch Oxydation von Cystinperchlorat mit V nach Toennis u. Lavine [1936].

H. Pagel. 950◇

Reduktion von Alkylchlorsilanen mit Natriumhydrid in Gegenwart von Triäthylaluminium. L. I. Sacharkin. (Nachr. Akad. Wiss. UdSSR, Abt. chem. Wiss. **1960,** 2244—45, Dez.; Inst. für metallorg. Verbb. der Akad. der Wiss. der UdSSR; russ.) — Alkyl(aryl)chlorsilane werden in Ggw. von Triäthylaluminium (I) durch NaH leicht zu *Alkyl(aryl)silanen* reduziert. Vermittelndes Agens ist Natriumtriäthylalanat.

Versuche: *Trimethylsilan*, Kp. 6—7°, man rührt 12 g NaH u. 5 ml I in 60 ml Toluol 10 Min. lang bei 80° u. gibt dann tropfenweise 42 g Trimethylchlorsilan zu; 89% (Ausbeute). — Analog: *Dimethylsilan*, Kp. —20° bis —18°, aus Dimethyldichlorsilan; 84%. — *Diäthylsilan*, Kp. 56—57°, aus Diäthyldichlorsilan; n_D^{20} 1,3924; 92%. — *Methyl-n-butylsilan*, $C_5H_{14}Si$, Kp. 81—82°, aus Methyl-n-butyldichlorsilan; $D._4^{20}$ 0,6992; n_D^{20} 1,3996; 82%. — *Methylsilan*, aus Methyltrichlorsilan; 72%. — *Methylphenylsilan*, $C_7H_{10}Si$, Kp.$_{20}$ 46—47°, Kp. 139,5—140°, aus Methylphenyldichlorsilan; $D._4^{20}$ 0,8895; n_D^{20} 1,5058; 71%. — *Phenylsilan*, Kp.$_{100}$ 60—62°, aus Phenyltrichlorsilan; $D._4^{20}$ 0,8817; n_D^{20} 1,5111; 74%. — *γ-Phenylpropylsilna*, $C_9H_{14}Si$, Kp.$_8$ 76,5—77°, aus γ-Phenylpropyltrichlorsilan; $D._4^{20}$ 0,8790; n_D^{20} 1,5051; 82%. Helmut Schäfer. 980△

Über heteroorganische Verbindungen. 8. Mitt. O.O-Diäthyl (beziehungsweise Diphenyl)-S-[alkyl- beziehungsweise arylmercapto]-dithiophosphate. Molekularrefraktionen und IR-Spektren. Lucretia Almasi, Andrei Hantz und Ladislau Paskucz. (Chem. Ber. **95,** 1582—90, 16/7. 1962; Cluj, Akad. der Rum. Volksrepublik, Chem. Inst.; dt.) — 7. vgl. Studii Cercetări Chim. [Cluj] **12,** [1961], 129. — Neue Vertreter der [*O.O-Diäthyl* (*bzw. Diphenyl*)-*thiophosphoryl*]-*alkyl* (*bzw. aryl*)-*disulfide* werden beschrieben. Aus den Werten der Mol.-Refraktion wird der Wert der Bindungsrefraktion der S–S-Bindung dieser Verb.-Klasse berechnet. Die IR-Spektren der dargestellten Verbb. werden mit denen der entsprechenden O.O-Diäthyldithiophosphorsäurealkyl- bzw. -arylester verglichen. Charakterist. IR-Banden vgl. Original.

Versuche: Aryl(alkyl)-[O.O-diäthylthiophosphoryl]-disulfide, durch Zutropfen von Arylschwefelchlorid in abs. CCl_4 zu der entsprechenden O.O-Dialkyldithiophosphorsäure unter Luftdurchsaugen, 10 Min. langes Erwärmen auf 30—35° u. Dest. im Vakuum; grünliche Öle: *Phenyl-*, $C_{10}H_{15}O_2PS_3$, Kp.$_2$ 153°; $D._4^{20}$ 1,2263, n_D^{20} 1,5993. — *p-Fluorphenyl-*, $C_{10}H_{14}FO_2PS_3$, Kp.$_{0,3}$ 126°; $D._4^{20}$ 1,2749; n_D^{20} 1,5827. — *p-Chlorphenyl-*, $C_{10}H_{14}ClO_2PS_3$, Kp.$_{0,6}$ 146—148°; $D._4^{20}$ 1,2970, n_D^{20} 1,6062. — *p-Bromphenyl-*, $C_{10}H_{14}$·BrO_2PS_3, F. 24—25°. — *p-Tolyl-*, $C_{11}H_{17}O_2PS_3$, F. 10—11°, Kp.$_{0,2}$ 138,5°; $D._4^{20}$ 1,1975, n_D^{20} 1,5936. — *p-Methoxyphenyl-*, $C_{11}H_{17}O_3PS_3$, F. 50—51°. — *3.4-Dimethylphenyl-*, $C_{12}H_{19}O_2PS_3$, Kp.$_{0,4}$ 144—145°; $D._4^{20}$ 1,1858, n_D^{20} 1,5945. — *2.4-Dimethylphenyl-*, $C_{12}H_{19}O_2PS_3$, F. 28—29°, Kp.$_{0,05}$ 138°; $D._4^{20}$ 1,1812, n_D^{20} 1,5895. — *2.5-Dimethylphenyl-*, $C_{12}H_{19}O_2PS_3$, F. 31—32°, Kp.$_{0,4}$ 147°; $D._4^{20}$ 1,1827, n_D^{20} 1,5895. — *2-Methyl-5-chlorphenyl-*, $C_{11}H_{16}ClO_2PS_3$, Kp.$_{0,8}$ 161—162°; $D._4^{20}$ 1,2754, n_D^{20} 1,6015. — *2-Methyl-4-chlorphenyl-*, $C_{11}H_{16}ClO_2PS_3$, Kp.$_{0,6}$ 166°; $D._4^{20}$ 1,2792, n_D^{20} 1,6030. — *3-Methyl-4-chlorphenyl-*, $C_{11}H_{16}ClO_2PS_3$, Kp.$_{0,6}$ 157—158°; $D._4^{20}$ 1,2763, n_D^{20} 1,6026. — *2-Methyl-5-bromphenyl-*, $C_{11}H_{16}BrO_2PS_3$, F. 30°, Kp.$_{0,3}$ 158°; $D._4^{20}$ 1,4079, n_D^{20} 1,6070. — *2.5-Dichlorphenyl-*, $C_{10}H_{13}Cl_2O_2PS_3$, F. 7—8°, Kp.$_{0,28}$ 153°; $D._4^{20}$ 1,3701; n_D^{20} 1,6118. — *Propyl-*, $C_7H_{17}O_2$·PS_3, Kp.$_{0,5}$ 106—107°; $D._4^{20}$ 1,1547, n_D^{20} 1,5370. — *Isobutyl-*, $C_8H_{19}O_2PS_3$, Kp.$_{0,2}$ 104°; $D._4^{20}$ 1,1370, n_D^{20} 1,5310. — *Methyl-*, Kp.$_{2,5}$ 100,5—101,5°; $D._4^{20}$ 1,2142, n_D^{20} 1,5500. — *Äthyl-*, Kp.$_3$ 106—107°; $D._4^{20}$ 1,18 10, n_D^{20} 1,5431, — *Butyl-*, Kp.$_{3,5}$ 139,5—140°; $D._4^{20}$ 1,1246, n_D^{20} 1,5306. — *Methyl-[O.O-diisopropylthiophosphoryl]-disulfid*, Kp.$_2$ 99—100°; $D._4^{20}$ 1,1471, n_D^{20} 1,5297. — *Äthyl-[O.O-diisopropylthiophosphoryl]-disulfid*, Kp.$_{3,5}$ 117 bis 118°; $D._4^{20}$ 1,1189, n_D^{20} 1,5240. — *Äthyl-[O.O-diisobutylthiophosphoryl]-disulfid*, Kp.$_{2,5}$ 129—130°; $D._4^{20}$ 1,0866, n_D^{20} 1,5183. — Aryl-[O.O-diphenylthiophosphoryl]-disulfide: *Phenyl-*, $C_{18}H_{15}O_2PS_3$, F. 55—56°. — *p-Fluorphenyl-*, $C_{18}H_{14}FO_2PS_3$, F. 62—63°. — *p-Chlorphenyl-*, $C_{18}H_{14}ClO_2PS_3$, F. 63—64°. — *p-Bromphenyl-*, $C_{18}H_{14}$·BrO_2PS_3, 81—82°. — *p-Tolyl-*, $C_{19}H_{17}O_2PS_3$, F. 65°. — *p-Methoxyphenyl-*, $C_{19}H_{17}$·O_3PS_3, F. 75°. — *3.4-Dimethylphenyl-*, $C_{20}H_{19}O_2PS_3$, F. 88—89°. — *2.5-Dimethylphenyl-*, $C_{20}H_{19}O_2PS_3$, F. 98—99°. — *2-Methyl-5-chlorphenyl-*, $C_{19}H_{16}ClO_2PS_3$, F. 74—75°. — *3-Methyl-4-chlorphenyl-*, $C_{19}H_{16}ClO_2PS_3$, F. 106—107°. — *3-Methyl-4-bromphenyl-*, $C_{19}H_{16}$·BrO_2PS_3, F. 107—108°. — *2-Methyl-5-bromphenyl-*, $C_{19}H_{16}BrO_2PS_3$, F. 74—75°. — *2.5-Dichlorphenyl-*, $C_{18}H_{13}Cl_2O_2PS_3$, F. 43—44°. — *3.4-Dichlorphenyl-*, $C_{18}H_{13}Cl_2O_2PS_3$, F. 84—85°.

P. Golinske. 980◇

Anlagerung von Estern der phosphorigen und phosphonigen Säure an konjugierte Systeme. 8. Mitt. Reaktion von Äthylphosphonigsäureestern mit Acryl- und Methacrylsäure. W. A. Kuchtin und L. A. Chissmatullina. (J. allg. Chem. [UdSSR] **29** (**91**), 3276 bis 3278, Okt. 1959; Kasan, Kino-Foto-Forschungs-Inst.; russ.) — 7. vgl. C. **1963**, 8183; 9. vgl. C. **1963**, 2809. — Acrylsäure (**I**) reagiert heftig (Wärme-Entw.) mit Äthylphosphonigsäurediäthylester (**II**) unter Bldg. von *β-Carbäthoxydiäthylphosphinsäureäthylester*. Die analogen Rkk. mit Methacrylsäure (**III**) bzw. Äthylphosphonigsäuredi-n-propyl- (**IV**) oder -di-n-butylester (**V**) verlaufen weniger energ., aber noch bedeutend leichter als die entsprechenden Rkk. mit Trialkylphosphiten u. Phenylphosphonigsäureestern.

Versuche: Phosphinsäuren: *β-Carbäthoxydiäthyl-, Äthylester*, $C_9H_{19}O_4P$, Kp.$_2$ 114 bis 115°, durch tropfenweise Zugabe von 5,1 g **I** zu 9,4 g **II** in Ae. unter CO_2 u. Kühlung u. anschließendes 3 std. Erhitzen auf dem Wasserbad; $D._0^{20}$ 1,0810; n_D^{20} 1,4450; 36,7% (Ausbeute). — *β-Carbo-n-propoxydiäthyl-, n-Propylester*, Kp.$_3$ 143—145°, analog aus **I** u. **IV**; n_D^{20} 1,4455; 25%. — *β-Carbo-n-butoxydiäthyl-, n-Butylester*, Kp.$_3$ 157—159°, aus **I** u. **V**; $D._0^{20}$ 1,0199; n_D^{20} 1,4510; 46%. — *Äthyl-β-carbäthoxypropyl-, Äthylester*, Kp.$_5$ 139—140°, durch Zutropfen von 1 g **III** zu 12,5 g **II** unter CO_2, kurzes Erwärmen auf 45°, Zugabe von 7 g **III** unter Kühlung u. 1½ std. Erhitzen auf 80—90°, $D._0^{20}$ 1, 0575; n_D^{20} 1,4440; 40,5%. — *Äthyl-β-carbo-n-propoxypropyl-, n-Propylester*, Kp.$_3$ 141°, aus **III** u. **IV**, $D._0^{20}$ 1,0417; n_D^{20} 1,4470; 27%. — *Äthyl-β-carbo-n-butoxypropyl-, n-Butylester*, Kp.$_3$ 151 bis 152°, aus **III** u. **V**; $D._0^{20}$ 1,0094; n_D^{20} 1,4510; 50%.

Ilse Hartmann. 980□

Organische Phosphorverbindungen. 5. Mitt. Darstellung von Alkylthiolphosphonsäuremono-O-alkylestern. Friedrich W. Hoffmann, Benjamin Kagan und James H. Canfield. (J. Amer. chem. Soc. **81**, 148—51, 5/1. 1959; Army Chem. Center, Md., Chem. Warfare Labor., Chem. Res. Div., Chem. Corps.; engl.) — 4. vgl. C. **1961**, 3298; 7. vgl. C. **1962**, 15930. — *Alkylthiolphosphonsäuremono-O-alkylester* werden durch partielle Hydrolyse von Alkylthiophosphonsäure-O.O-dialkylestern (ADE) mit alkohol. Alkali bzw. durch Hydrolyse von Alkylthiophosphonsäure-O-alkylesterchloriden (AAC) dargestellt.

Versuche: Methylthiolphosphonsäuremono-O-alkylester, a) durch Zugabe von 4 Mol ADE zu 3 Mol 85%ig. KOH in verschiedenen Alkoholen, mehrstd. Kochen, Eindampfen im Vakuum bei Raum-Temp., Lösen in W., Extrahieren mit Ae.,

Ansäuern der wss. Lsg. unter Eis–NaCl-Kühlung, Extraktion mit Ae., Eindampfen, mehrstd. Entfernung von Feuchtigkeit bei 45° im Hochvakuum u. Dest. (Meth. **A**); b) durch 40 Min. langes Zutropfen von 0,5 Mol AAC zu 1 Mol NaOH bei 80°, Ansäuern mit 50% ig. H_2SO_4 u. Extraktion mit Ae. (Meth. **B**); *-methyl-*, $Kp._{0,2}$ 54,5—56°, a) nach **A** in Methanol (1½ Std.); n_D^{25} 1,5005; $D._4^{25}$ 1,3015; 38,5%. *Dicyclohexylammoniumsalz* (*DCA*), F. 179,5—181° (Aceton/Bzl.), durch Rk. mit 10—20% Dicyclohexylamin in Benzol. — *-äthyl-*, $Kp._{0,22}$ 63°, $Kp._{0,38}$ 71°, $Kp._{0,5}$ 77°, a) nach **A** in 95% ig. A. (1½ Std.); n_D^{25} 1,4912; $D._4^{25}$ 1,1735; 69%; b) nach **A** mit 3 Mol ADE u. 2,5 Mol KOH in 95% ig. A. (1½ Std.); 87%; c) nach **B**; 88,5%. *DCA*, F. 159,5—161° (Aceton/Bzl.). — *-n-propyl-*, $Kp._{0,35}$ 74°, a) nach **A** in n-Propanol (¾ Std.); n_D^{25} 1,4820; $D._4^{25}$ 1,124; 56.5%; b) nach **B**; 74,5%. *DCA*, F. 143,5—144,5° (Aceton/Bzl.). — *-ispropyl-*, $Kp._{0,2}$ 61°, a) nach **A** in Isopropanol (5 Std.); n_D^{25} 1,4810; $D._4^{25}$ 1,1130; 78,2%; b) nach **B**; 65%. *DCA*, F. 168 bis 170,5° (Aceton/Bzl.). — *-n-butyl-*, $Kp._{0,1}$ 83—84°, nach **B**; n_D^{25} 1,4829; $D._4^{25}$ 1,0922; 54,5%. *DCA*, 157,5—159,5° (Aceton/Bzl.). — *-n-amyl-*, $Kp._{0,05}$ 100—102°, a) nach **A** in 95% ig. A. (2 Std.); n_D^{25} 1,4490; $D._4^{25}$ 1,0655; 51%; b) nach **B**; 74,5%. *DCA*, F. 141,5 bis 143° (W.). — Äthylthiolphosphonsäuremono-O-alkylester: *-äthyl-*, $Kp._{0,4}$ 75 bis 76°, a) nach **A** in 95% ig. A. (4 Std.); n_D^{25} 1,4874; $D._4^{25}$ 1,0999; 74%; b) nach **B**; 80%. *DCA*, F. 168—170° (W.). — *-isopropyl-*, $Kp._{0,3}$ 79°, nach **A** in Isopropanol (22 Std.); n_D^{25} 1,4776; $D._4^{25}$ 1,0811; 44%. *DCA*, F. 163—164,5° (Aceton/Bzl.). — *-n-butyl-*, $Kp._{0,2}$ 95 bis 98°, nach **B**; n_D^{25} 1,4790; $D._4^{25}$ 1,0679; 60,5%. *DCA*, F. 147,5—150° (Aceton/Bzl.).

L. Lamza. 980△

Über die fungicide Aktivität von Derivaten des 2-Nitropropandiols-(1.3). Zygmunt Eckstein, Edward Grochowski und Tadeusz Urbański. (Roczniki Chem. [Ann. Soc. chim. Polonorum] **34**, 931—40, 1960; Warszawa, PAN, Zakł. Synt. organ.; pol.) — *2-Aryl-2-nitropropandiole-(1.3)* (**A**) wurden durch Kondens. von Arylnitromethan mit 2 Mol CH_2O erhalten. Die *Arylnitromethane* wurden nach Wanag (Nitroindandion, Riga, 1954) aus Phthalsäureanhydrid (**I**) dargestellt: Die aus **I** u. Arylessigsäuren erhaltenen *Arylidenphthalide* wurden mit CH_3ONa in *2-Arylindandion-(1.3)* umgelagert u. dieses nitriert. *2-Aryl-2-nitroindandione-(1.3)*, die in p-Stellung des Arylrestes substituiert sind, kristallisieren aus polaren Lsgm. rot, aus unpolaren dagegen farblos. Die roten Substanzen zeigen beim Schmelzen Thermochromie (Ausnahme p-Nitro-Verbb.). Die Struktur der **A** wurde durch Aufnahme ihrer IR-Spektren bestätigt. Die fungicide Wrkg. der dargestellten Verbb. wurde an Fusarium culmorum (FC), Alternaria tenuis (AT) u. Rhizoctonia solani (RS) untersucht. Die Aktivität des zum Vgl. herangezogenen 2-Phenyl-2-nitropropandiols-(1.3) ist bei FC u. RS groß, bei AT gering. Einführung von F, Cl u. Br in p-Stellung des Phenylrestes erniedrigt die Aktivität der Verb. gegenüber FC u. erhöht sie gegenüber AT u. RS, J inaktiviert die Verb. vollständig gegen FC u. AT. Die p-Nitrogruppe liefert eine gegen FC u. AT akt. Verb., während die m-Nitro- u. die p-Nitrobenzylgruppe die Wrkg. auf AT beschränken. Die p-Methylgruppe schwächt die Aktivität stark ab, die Einführung eines heterocycl. Restes in 2-Stellung des Propandiols-(1.3) hebt sie sogar ganz auf.

Versuche: Benzylidenphthalide, durch Verreiben von je 1 Mol p-substituierter Phenylessigsäure u. **I** mit 3 g Na-Acetat, Erhitzen des Gemisches auf 230—240° (2 Std.) u. Auslaugen der Schmelze mit wss. $NaHCO_3$-Lsg.: *p-Fluor-*, $C_{15}H_9FO_2$, F. 135—136° (A.); 55% (Ausbeute). — *p-Chlor-*, F. 148—150°; 60%. — *p-Brom-*, F. 164—165°; 62%. — *p-Jod-*, F. 168—170°; 70%. — *p-Methyl-*, F. 152—154°; 95%. — Indandione-(1.3), durch 1std. Kochen von 0,5 Mol vorst. Phthalide mit 4% ig. CH_3ONa-Lsg. in CH_3OH, Abdest. der Hälfte des Lsgm., Eingießen in W. u. Ansäuern der Lsg.: *2-[4'-Fluorphenyl]-*, $C_{15}H_9FO_2$, F. 117—118° (CCl_4); 69%. — *2-[4'-Chlorphenyl]-*, F. 142—144°; 80%. — *2-[4'-Bromphenyl]-*, F. 139—141°; 84%. — *2-[4'-Jodphenyl]-*, F. 143—145°; 75%. — *2-[p-Tolyl]-*, F. 140—141°; 95%. — 2-Nitroindandione-(1.3), durch Nitrieren vorst. Verbb. (6 g) in 20—30 ml Eisessig bei 70—90° mit 5 ml konz. HNO_3, Verdünnen mit 8 ml Eisessig u. Kristallisation aus wss. Aceton: *2-[4'-Fluorphenyl]-*, F. 118° (Zers.); 64%. — *2-[4'-Chlorphenyl]-*, F. 125° (Zers.); 61%. — *2-[4-'Bromphenyl]-*, F. 135° (Zers.); 63%. — *2-[4'-Jodphenyl]-*, F. 135° (Zers.); 45%. — *2-[p-Tolyl]-*, F. 119 bis 120° (Zers.); 67%. — Nitromethane, durch Hydrolyse vorst. Verbb. (2 g) mit 100 ml 5% ig. NaOH bei gewöhnlicher Temp., Ansäuern, Extraktion mit Ae. u. Dest.: *p-Fluorphenyl-*, $C_7H_6FNO_2$, $Kp._{1,2}$ 75—76°, $D.^{20}$ 1,2711, n_D^{20} 1,5109; 77%. — *p-Chlorphenyl-*, F. 30—32°; 82%. — *p-Bromphenyl-*, F. 54—55°; 93%. — *p-Jodphenyl-*, $C_7H_6 \cdot JNO_2$, F. 92—93,5°. — *p-Tolyl-* (Explosion bei der Dest.!). — 2-Nitropropandiole-(1.3), aus 0,1 Mol vorst. Arylnitromethane u. 0,2 Mol 30% ig. CH_2O in 20 ml Dioxan unter Zusatz von 1 ml Triäthylamin unter 3std. Erwärmen auf 70—75°, Zugabe von W., Extraktion mit Ae. u. Kristallisation aus CCl_4/Chlf. (2:1) *2-p-Fluorphenyl-*, F. 59—60,5°; 79%. — *2-p-Chlorphenyl-*, F. 76—77°; 82%. — *2-p-Bromphenyl-*, F. 65—66°; 91%. —

2-p-Jodphenyl-, F. 68—70°; 77%. — *2-p-Tolyl-*, F. 81—83°; 88%. — *2-p-Nitrophenyl-*, F. 102—103°; 53%. — *2-Chinolyl-(2')-*, F. 96,5—97°, aus 2-Nitromethylchinolin, hergestellt nach Salukajew u. Wanag (C. **1957**, 10206); 51,9%. F. Urban. 1070◇

Beechs Methode zur Darstellung substituierter Benzaldehyde. H. S. Sharadamma, S. N. Kulkarni, P. B. Sattur und K. S. Nargund. (J. Karnatak Univ., Sci. [India] **1**, 61—63, Nov. 1956; Dharwar, Karnatak, Univ., Dep. of Chem.; engl.) — Durch Rk. substituierter Phenyldiazoniumsalze mit Formaldoxim u. Hydrolyse der Rk.-Prodd. nach Beech (C. **1955**, **4328**) wurden folgende Benzaldehyde synthetisiert: *2.5-Dichlor-*, F. 56—58°, $Kp._8$ 110—115°; 55% (Ausbeute). — *3.4-Dichlor-*, F. 43—44°, $Kp._{16}$ 133—134°; 55%. — *2.4-Dichlor-*, F. 70—71°, $Kp._{15}$ 105—106°; 68%. — *3.5-Dichlor-*, F. 65°, $Kp._7$ 215—222°; 60%. — *2-Chlor-4-nitro-*, F. 78—79°, $Kp._{16}$ 140—145°; 27%. — *4-n-Butyl-*, $Kp._{19}$ 125—130°, bräunliche Fl.; 65%. — *4-n-Amyl-*, $Kp._6$ 215°; 46%. *2.4-Dinitrophenylhydrazon*, F. 171° (wss. A.). H. J. Jahns. 1120△

Triacyloxyborane und Tetraacetoxygerman bei der Acylierung von Benzol und Thiophen. Ju. K. Jurjew, S. W. Beljakowa, P. W. Kosstetzki und A. I. Prokofjew. (J. allg. Chem. [UdSSR] **30** (**92**), 415—20, Febr. 1960; Moskau, Univ.; russ.) — Die Rk. von BBr_3 mit Essig-, Propion- u. Buttersäure liefert *Bortriacetat* (**I**), *-propionat* (**II**) u. *-butyrat* (**III**). Bzl. u. Thiophen werden durch **I**—**III** in Ggw. von $AlCl_3$ oder $SnCl_4$ zu den entsprechenden *Acylbenzolen* bzw. *-thiophenen* acyliert. Die B-Verbb. sind bessere Acylierungsmittel als Si-Tetraacetat oder Al-Triacetat. Das aus $GeCl_4$ u. Eisessig in geringer Ausbeute erhaltene *Ge-Tetraacetat* (**IV**) erweist sich für Bzl. als schlechteres Acylierungsmittel als die Al- u. Si-Verbindungen.

Versuche: *Bortriacetat* (**I**), F. 118°, man gibt zu 0,01 Mol BBr_3 in 7 ml Bzl. 0,03 Mol Essigsäure in 7 ml Bzl. u. erhitzt auf 50—60°, bis kein HBr mehr entwickelt wird; 98,5% (Ausbeute). — Analog: *Bortripropionat* (**II**), F. 87°; 98%. — *Bortributyrat* (**III**), F. 63°; 98,5%. *Germaniumtetraacetat* (**IV**), F. 155°, durch 7std. Erhitzen von 2,73 g $GeCl_4$ u. 4,8 g Eisessig in 30 ml Bzl. auf dem Wasserbad; 18%. — *Acetophenon*, C_8H_8O, $Kp._{22}$ 96,5 bis 97°, $Kp._{15}$ 85°; $D._4^{20}$ 1,0268; n_D^{20} 1,5362—1,5325; a) aus 6 g Essigsäure, 10 g BBr_3, 100 ml Bzl. u. 15 g $AlCl_3$; 66%; b) durch 3½std. Erhitzen von 0,7 g **IV**, 30 ml Bzl. u. 1,5 g $AlCl_3$; 28%. — *Propiophenon*, $C_9H_{10}O$, $Kp._{18}$ 105—105,5°; $D._4^{20}$ 1,0122; n_D^{20} 1,5242 bis 1,5240; a) aus 7,4 g Propionsäure, 10 g BBr_3, 15 g $AlCl_3$ u. 100 ml Bzl.; 56%; b) aus 7,4 g Propionsäure, 5,1 g $SiCl_4$, 100 ml Bzl. u. 15 g $AlCl_3$; 49,5%. — *Butyrophenon*, $C_{10}H_{12}O$, $Kp._{20}$ 120—121°; $D._4^{20}$ 0,9887; n_D^{20} 1,5191—1,5192; a) aus 8,8 g Buttersäure, 10 g BBr_3, 100 ml Bzl. u. 15 g $AlCl_3$; 63,3%; b) aus 8,8 g Buttersäure, 5 1 g $SiCl_4$, 100 ml Bzl. u. 15 g $AlCl_3$; 55%. — *2-Acetylthiophen*, C_6H_6OS, $Kp._{18}$ 102—103°, aus 6 g Essigsäure, 10 g BBr_3, 6,7 g Thiophen u. 13 g $SnCl_4$; $D._4^{20}$ 1,1704; n_D^{20} 1,5663; 68,5%. *2.4-Dinitrophenylhydrazon*, F. 243°, man gibt zu **IV** in Bzl. u. 4,2 g Thiophen tropfenweise 6,5 g $SnCl_4$ in 10 ml Bzl. u. behandelt mit 2.4-Dinitrophenylhydrazin. — *2-Butyrylthiophen*, $C_8H_{10}OS$, $Kp._{18}$ 124—124,5°, aus 8,8 g Buttersäure, 10 g BBr_3, 6,7 g Thiophen u. 13 g $SnCl_4$ in 100 ml Bzl.; $D._4^{20}$ 1,1028; n_D^{20} 1,5455; 68,5%. Helmut Schäfer. 1160△

Über die Darstellung von 4-Chlorbutyrophenonen. C. van de Westeringh, B. Hermans, F. Raeymaekers und C. van der Eycken. (Ind. chim. belge **25**, 1073—76, Sept. 1960; Beerse, Res. Labor. Dr. C. Jansen; engl.) — Durch Umsetzung von 4-Chlorbutyrylchlorid (**I**) mit Bzl. bzw. substituierten Benzolen nach Friedel-Crafts werden 20 im Phenylkern substituierte *4-Chlorbutyrophenone* hergestellt. Weitere 8 *4-Chlorbutyrophenone* werden durch Grignard-Synth. bzw. durch Friessche Verschiebung des 4-Chlorbuttersäurephenylesters (**II**) dargestellt. *2-[4-Chlorbutyryl]-thiophen* wird nach einer modifizierten Friedel-Crafts-Synth. erhalten.

Versuche: 4-Chlorbutyrophenone: *unsubstituiert*, $C_{10}H_{11}ClO$, $Kp._5$ 134—137°, F. 18—19°, durch Zutropfen von **I** in Bzl. zu einer Suspension von $AlCl_3$ in Bzl. bei 10—15° (Meth. **A**); n_D^{20} 1,5458, $D._{20}^{20}$ 1,1480; 78% (Ausbeute). — *3'-Chlor-*, $C_{10}H_{10}Cl_2O$, $Kp._2$ 126 bis 132°, durch Zutropfen von 4-Chlorbutyronitril zu einer aus m-Chlorbrombenzol u. Mg in Ae. bereiteten Grignard-Verb., 2std. Kochen, Rühren über Nacht u. Zers. mit HCl (Meth. **B**); n_D^{20} 1,5790, $D._{20}^{20}$ 1,2540; 30%. — *2'-Fluor-*, $C_{10}H_{10}ClFO$, $Kp._{4,5}$ 150 bis 170°, nach **B**; n_D^{20} 1,5787; 9%. — *3'-Fluor-*, $Kp._2$ 105—125°, nach **B**; 42%. — *4'-Fluor-*, $Kp._6$ 136—142°, durch Zutropfen von Fluorbenzol zu einer Suspension von $AlCl_3$ in CS_2 bei 10—15° u. anschließendes Zutropfen von **I** bei 10° u. 1std. Rühren (Meth. **C**); n_D^{20} 1,5256, $D._{20}^{20}$ 1,2267; 65%. — *2'-Chlor-*, $C_{10}H_{10}Cl_2O$, $Kp._2$ 110—130°, nach **B**; n_D^{20} 1,5899, $D._{20}^{20}$ 1,3182; 10%. — *4'-Chlor-*, $Kp._2$ 153—155°, nach **C**; n_D^{20} 1,5637, $D._{20}^{20}$ 1,2575; 67%. — *4'-Brom-*, $C_{10}H_{10}BrClO$, $Kp._6$ 150—157°, nach **C**; n_D^{20} 1,5845, $D._{20}^{20}$ 1,4808; 65%. — *2'-Methyl-*, $C_{11}H_{13}ClO$, $Kp._7$ 140—142°, nach **B**; n_D^{20} 1,5447, $D._{20}^{20}$ 1,1091; 8%. — *3'-Methyl-*, $Kp._4$ 128—130°, nach **B**; n_D^{20} 1,5539, $D._{20}^{20}$ 1,0730;

13%. — *4'-Methyl-*, F. 31,5°, Kp.$_5$ 145—146°, nach **A**; 69%. — *4'-Äthyl-*, $C_{12}H_{15}ClO$, Kp.$_2$ 143—145°, nach **C**; n_D^{20} 1,5411, $D._{20}^{20}$ 1,0860; 70%. — *4'-Isopropyl-*, $C_{13}H_{17}ClO$, Kp.$_3$ 153—154°, nach **C**, n_D^{20} 1,5337; $D._{20}^{20}$ 1,0653; 73%. — *4'-tert.-Butyl-*, $C_{14}H_{19}ClO$, F. 41—52,5°, Kp.$_1$ 152—155°, nach **C**; 67%. — *2'.4'-Dimethyl-*, $C_{12}H_{15}ClO$, Kp.$_4$ 140 bis 146°, nach **C**; n_D^{20} 1,5450, $D._{20}^{20}$ 1,0929; 68%. — *2'.5'-Dimethyl-*, Kp.$_{6,5}$ 142—148°, nach **C**; n_D^{20} 1,5393, $D._{20}^{20}$ 1,0991; 51%. — *3'.4'-Dimethyl-*, F. 39,5—42,5°, Kp.$_2$ 151 bis 153°, nach **C**; 67%. — *4'-Hydroxy-* (**III**), $C_{10}H_{11}ClO_2$, F. 114—115°, durch Zutropfen von **II** [Kp.$_{10}$ 140—143°, aus Phenol u. **I**; n_D^{20} 1,5148, $D._{20}^{20}$ 1,165; 91%] zu einer Lsg. von $AlCl_3$ in Nitrobenzol u. 18std. Rk. bei Zimmer-Temp.; 34%. — *4'-Methoxy-*, $C_{11}H_{13}$·ClO_2, Kp.$_2$ 159—163°, F. 28,5—30°, nach **C**; 71%. — *4'-Äthoxy-*, $C_{12}H_{15}ClO_2$, F. 50,4 bis 51,8°, nach **C**; 70%. — *4'-n-Propoxy-*, $C_{13}H_{17}ClO_2$, Kp.$_5$ 183—185°, F. 29,5—32°, nach **C**; 47%. — *4'-n-Butoxy-*, $C_{14}H_{19}ClO_2$, F. 36,8—38°, nach **C**; 66%. — *3'.4'-Dimethoxy-*, $C_{12}H_{15}ClO_3$, F. 92—93°, durch Zugabe von $AlCl_3$ zu einer Lsg. von **I** u. o-Dimethoxybenzol in Nitrobenzol bei —10°, 72std. Rk. bei 0°, 36std. Rk. bei Zimmer-Temp. u. Zers. mit HCl (Meth. **D**); aus Diisopropyläther schwachgelbe Kristalle; 57%. — *2'.4'-Dimethoxy-*, F. 61—62,5°, nach **D**; 50%. — *2'.5'-Dimethoxy-*, Kp.$_4$ 150—190°, F. 27—30°, nach **D**; 42%. — *2'.3'.4'-Trimethoxy-*, $C_{13}H_{17}ClO_4$, F. 83,8—85,4°, nach **C**; 12%. — *4'-Acetoxy-*, $C_{12}H_{13}ClO_3$, F. 30—31,5°, durch Acetylierung von **III**; 50%. — *4'-Acetylamino-*, $C_{12}H_{14}ClNO_2$, F. 157—159°, nach **C**; 22%. — *2-[4-Chlorbutyryl]-thiophen*, C_8H_9ClOS, Kp.$_4$ 138—140°, durch Zugabe von $SnCl_4$ zu einer Lsg. von Thiophen u. **I** in Bzl. bei 0°, 1std. Rk. u. Zers. mit HCl; n_D^{20} 1,5666, $D._{20}^{20}$ 1,0316; 90%.
Gerhard Günther. 1160□

Nitrierung von 2.5-Dialkoxyacetophenonen. C. A. Howe, V. J. Pecore und P. M. Clinton. (J. org. Chemistry **27**, 1923—25, Mai 1962; Potsdam, N.Y., Clarkson Coll. of Technol., Dep. of Chem.; engl.) — Vgl. Howe u. Mitarbeiter, C. **1961**, 2237. — Bei der Nitrierung von 2.5-Dimethoxy- (**I**), -Diäthoxy- (**II**) u. -Dibutoxyacetophenon (**III**) in konz. HNO_3 bei —20° entstehen in $2^1/_2$—4 Std. zu ca. 75% die *6-Nitro-* (**M**) u. zu ca. 25% die *4-Nitro-Derivv.* (**N**), die an Al_2O_3 chromatograph. getrennt u. IR-spektrograph. identifiziert werden können. Die schwache Zunahme des **N**-Anteils mit größer werdendem Substituenten deutet auf einen direkten Angriff am Ring u. auf bevorzugte Stabilisierung des Übergangszustandes bei **M**. Bei Nitrierung mit konz. HNO_3/konz. H_2SO_4 (2 : 1) bei —20° entstehen hauptsächlich *Dialkoxydinitrobenzole*; Mechanismen werden kurz diskutiert.

Versuche (IR-Spektren sind angegeben): Acetophenone: *2.5-Diäthoxy-6-nitro-* (**IV**), $C_{12}H_{15}NO_5$, F. 83—84°, durch 4std. Zugeben von **II** zu konz. HNO_3 bei —20° u. $2^1/_2$std. Rühren (Meth. **A**); gelbe Nadeln aus Methanol; 72% (Ausbeute). — *2.5-Diäthoxy-4-nitro-* (**V**), F. 132—133°, neben **IV**; gelbe Nadeln aus Methanol; 28%. — *2.5-Dibutoxy-6-nitro-* (**VI**), $C_{16}H_{23}NO_5$, F. 36—36,5°, aus **III** a) nach **A**; 74%; b) analog **A** in $1^1/_2$ bzw. $^1/_4$ Std.; 69%; aus wss. A. gelbe, wachsartige Kristalle. — *2.5-Dibutoxy-4-nitro-* (**VII**), F. 58—58,5°, neben **VI** a) nach a); 26%; b) nach b) 31%; aus wss. A. gelbe Nadeln. — *2.5-Diäthoxy-4-nitrobenzoesäure*, $C_{11}H_{13}NO_6$, F. 175—176°, durch Rk. von **V** mit HOCl; aus Methanol gelbgrüne Nadeln. — *2.5-Dihydroxy-4-nitrobenzoesäure*, F. 242° (Zers.), durch Rk. vorst. Verb. mit HBr. — *1.4-Dimethoxy-2.3-dinitrobenzol*, $C_8H_8N_2O_6$, F. 188—189°, durch $1^1/_2$std. Zugeben von **I** zu konz. HNO_3/konz. H_2SO_4 (2 : 1) bei —20° u. $^1/_4$std. Rühren (Meth. **B**); gelbe Nadeln aus Methanol; 23%. — *1.4-Diäthoxy-2.3-dinitrobenzol* (**VIII**), $C_{10}H_{12}N_2O_6$, F. 141—142°, aus **II** nach **B**; gelbe Nadeln aus Methanol; 66%. Daneben 19% **IV** u. 15% **V**. — *5.8-Diäthoxy-2.3-diphenylchinoxalin*, $C_{24}H_{22}N_2O_2$, F. 165—165,5°, durch Hydrieren von **VIII** an Pd/Kohle in A. bei Zimmer-Temp., Filtrieren, $^3/_4$std. Kochen in Ggw. von 1 Val Benzil u. Einengen; aus A. gelbe Nadeln. — *Di-n-butoxydinitrobenzol*, $C_{14}H_{20}N_2O_6$, *Isomeres vom F. 73—74°* (**IX**), aus **III** nach **B**; gelbe Würfel aus Methanol. *Isomeres vom F. 136—137°*, neben **IX**; 80% (Gesamtausbeute). Daneben 11% **VI** u. 7% **VII**. Claus Fischer. 1180□

Reaktion von Äthyleniminochlorbenzochinonen-(1.4) mit α-Alaninestern. A. N. Makarowa und A. Ja. Berlin. (J. allg. Chem. [UdSSR] **31** (**93**), 2353—58, Juli 1961; Inst. für exp. u. klin. Onkol. der Akad. der med. Wiss. der UdSSR; russ.) — Vff. erhalten durch Rk. von Äthyleniminotrichlorbenzochinon-(1.4) (**II**), 2.5-Bis-äthylenimino-3.6-dichlorbenzochinon-(1.4) (**III**) bzw. Chloranil (**IV**) mit α-Alanin (**I**)-äthylester *2.5-Bis-[α-carboxyäthylamino]-3.6-dichlorbenzochinon-(1.4)* (**VIII**)-*Diäthylester*. Zu **VIII**-*Diäthylester* führt infolge Umlagerung auch die Rk. von **I**-Äthylester mit 2.6-Bis-äthylenimino-3.5-dichlorbenzochinon-(1.4) (**V**). Unter variierten Bedingungen entsteht aus **I**-Äthylester u. **II** auch *2-[α-Carboxyäthylamino]-5-äthylenimino-3.6-dichlorbenzochinon-(1.4)-äthylester*. Mit **I**-Methylester sind die Ergebnisse analog. Läßt man verd. HCl auf **II**,

III oder V einwirken, so bildet sich unter Aufspaltung des Äthyleniminrings *β-Chloräthylaminotrichlor-*, *2.5-Bis-[β-chloräthylamino]-3.6-dichlor-* bzw. *2.6-Bis-[β-chloräthylamino]-3.5-dichlorbenzochinon-(1.4)*. Das Ausbleiben einer Umlagerung bei **V** erklärt sich vermutlich durch den von den β-Chloratomen ausgehenden Elektronenzug, der die negative Ladung der Aminogruppen verringert.

Versuche: *2.5-Bis-[α-carboxyäthylamino]-3.6-dichlorbenzochinon-(1.4)* (**VIII**), *Diäthylester*, $C_{16}H_{20}Cl_2N_2O_6$, F. 167—168° (A.), a) man gibt zu 0,1 g **II** in Methanol 0,18 g I-Äthylester u. läßt 5 Std. lang bei 20° stehen; aus Methanol blaßrote Nadeln; ca. 100% (Ausbeute); b) man erwärmt 0,5 g **III** u. 0,4 ml Triäthylamin (**VI**) in 50 ml A. auf 60 bis 65°, gibt tropfenweise 0,7 ml I-Äthylester in 20 ml A. zu, kühlt nach 2 Std. u. filtriert **III** ab; 15%; c) man suspendiert 0,7 g **V** in 70 ml A. u. 0,6 ml **VI**, erwärmt auf 64—65°, gibt tropfenweise 0,98 ml I-Äthylester in 20 ml A. zu u. rührt 9 Std. lang bei 65°; 10%; d) man gibt zu 4 g **IV** in 285 ml Essigester (**VII**) bei 70° 4,5 ml I-Äthylester in 15 ml **VII** u. läßt 2 Std. lang bei 70° u. über Nacht bei 20° stehen; 50%. *Dimethylester*, $C_{14}H_{16}\cdot Cl_2N_2O_6$, FF. 178—179° bzw. 142—144°, analog mit I-Methylester nach b) in 5 Std. bei 50° (16%), nach c) in 5 Std. bei 50° (14%), nach d) 46%; aus Methanol grünlichgelbe, bei häufigerem Umkristallisieren rote Nadeln. — *2-[α-Carboxyäthylamino]-5-äthylenimino-3.6-dichlorbenzochinon-(1.4)*, *Äthylester*, $C_{13}H_{14}Cl_2N_2O_4$, F. 115—116° (A.), man gibt zu 0,5 g **II** in 300 ml Methanol 0,25 ml I-Äthylester sowie 0,25 ml **VI**, läßt 2 Std. lang bei 20° stehen u. dampft zur Trockne; hellbraune Plättchen mit Perlmuttglanz; 40%; daneben VIII-*Diäthylester*; 13%. *Methylester*, $C_{12}H_{12}Cl_2N_2O_4$, F. 121—122° (Methanol), mit I-Methylester in 1/2 Std.; braun; 45%; daneben VIII-*Dimethylester*; 20%. — *β-Chloräthylaminotrichlorbenzochinon-(1.4)*, $C_8H_5Cl_4NO_2$, F. 107—108° (A.), man verreibt 0,1 g **II** mit 7 ml 5%ig. HCl u. läßt 2 Std. lang stehen; dunkelbraun; quantitativ. — *2.5-Bis-[β-chloräthylamino]-3.6-dichlorbenzochinon-(1.4)*, F. 209—210°, a) analog aus **III**; quant.; b) durch Verreiben mit 7 ml 18,5%ig. HCl in 4 Min.; aus Chlf. rotbraune Nadeln; quantitativ. — *2.6-Bis-[β-chloräthylamino]-3.5-dichlorbenzochinon-(1.4)*, $C_{10}H_{10}Cl_4N_2O_2$, F. 129—130° (A.), analog vorst. Verb. nach a) u. b); dunkelgrün.

Heinz Preuß. 1190◇

Darstellung substituierter Thionocarbamate. A. F. McKay, D. L. Garmaise, G. Y. Paris, S. Gelblum und R. J. Ranz. (Canad. J. Chem. **38**, 2042—52, Sept. 1960; La Salle, Quebec, Monsanto Canada Ltd., L. G. Ryan Res. Labor.; engl.) — Darst. u. Eigg. einer Reihe substituierter Thionocarbaminsäureester werden beschrieben.

Versuche: *Bis-[3.4-dichlorbenzyl]-amin*, $C_{14}H_{11}Cl_4N$, Kp.$_1$ 175—180°, durch 2std. Erhitzen von 3.4-Dichlorbenzylchlorid u. 3.4-Dichlorbenzylamin auf dem Dampfbad; $D._4^{27}$ 1,3690; n_D^{25} 1,60665; 59,7% (Ausbeute). *Hydrochlorid*, $C_{14}H_{12}Cl_5N$, F. 228—229°, aus dem Amin in A. mit HCl; 33%. — *N-[4-Chlorbenzyl]-anilin*, Kp.$_{0,5}$ 155°, analog vorst. Verb.; 62,8%. — *Bis-[4-chlorbenzyl]-amin*, F. 30—32°; 60%. — *α-[3.4-Dichlorphenyl]-acetonitril*, $C_8H_5Cl_2N$, F. 39,5—40,5° (Ae./PAe.), Kp.$_{0,1}$ 106—108°, durch 1/2std. Zugabe von 3.4-Dichlorbenzylchlorid in A. zu KCN in W. bei 60° u. 4std. Kochen; 81%. — *2-[3.4-Dichlorphenyl]-äthylamin*, $C_8H_9Cl_2N$, Kp.$_{0,12}$ 100—102°, durch Zutropfen vorst. Verb. in Ae. zu $AlCl_3/LiAlH_4$ in Ae. unter N_2 u. 1/2std. Rühren; 71%. *Pikrat*, $C_{14}H_{12}Cl_2N_4O_7$, F. 199—200° (Zers.); 67,5%. — *3.4-Dichlorzimtsäure*, F. 214—217°, nach Walling u. Wolfstirn (J. Amer. chem. Soc. **69**, [1947], 852); 69,2%. — *3.4-Dichlorhydrozimtsäure*, $C_9H_8Cl_2O_2$, F. 96—97° (A.), durch 10 1/2std. Hydrieren vorst. Verb. in Eisessig an 5%ig. Pd/Kohle; 90%. — *β-[3.4-Dichlorphenyl]-propionamid*, $C_9H_9Cl_2NO$, F. 80—81° (Bzl./PAe.), durch mehrstd. Stehen vorst. Verb. mit $SOCl_2$, Eindampfen, Zugabe des Rückstandes zu 28%ig. NH_4OH bei 20—25° u. 4std. Rühren; 86,3%. — *β-[3.4-Dichlorphenyl]-propionitril*, $C_9H_7Cl_2N$, Kp.$_{0,4}$ 121°, durch 5std. Kochen vorst. Verb. mit $SOCl_2$ in Bzl.; $D.^{20}$ 1,2742; n_D^{25} 1,55403; 88%. — *3-[3.4-Dichlorphenyl]-propylamin*, $C_9H_{11}Cl_2N$, Kp.$_{0,4}$ 104°, durch Hydrieren vorst. Verb. mit $AlCl_3/LiAlH_4$ in Ae.; $D.^{20}$ 1,2082; n_D^{27} 1,55487; 95%. *Pikrat*, $C_{15}H_{14}Cl_2N_4O_7$, F. 150—151° (W.); 100%. — *4-Hexylphenol*, Kp.$_{10}$ 146—147°, Kp.$_{0,4}$ 135—136°, aus p-Caproylphenol; 72,6%. — *4-Decanoylphenol*, $C_{16}H_{24}O_2$, F. 59—60°, Kp.$_{0,4}$ 194—195°, durch 1std. Erhitzen von Decanoylchlorid mit Phenol auf 120°, Zugabe des entstandenen Esters zu $AlCl_3$ in CS_2 (1/2 Std.), 2std. Kochen, Eindampfen u. 2std. Erhitzen auf 150°; 17,3%; daneben *2-Decanoylphenol*, Kp.$_{0,25}$ 130—133°; 49,4%. — *4-Decylphenol*, $C_{16}H_{26}O$, F. 54—56°, Kp.$_{0,75}$ 146—148°, durch 2std. Kochen vorst. Verb. in A. mit amalgamiertem Zn in 18%ig. HCl; 83%. — *4-Dodecanoylphenol*, Kp.$_{0,25}$ 198°, analog vorvorst. Verb.; 29,5%; daneben 51% *2-Dodecanoylphenol*, Kp.$_{0,75}$ 140—165°. — *4-Dodecylphenol*, $C_{18}H_{30}O$, F. 65 bis 67°, Kp.$_3$ 154°, analog vorvorst. Verb.; 81%. — *4-Octadecanoylphenol*, Kp.$_{0,15}$ 209 bis 212°, durch 1std. Kochen von Stearinsäure mit $SOCl_2$ u. Weiterverarbeiten des entstandenen *Octadecanoylchlorids* (Kp.$_{0,1}$ 159—162°; 72,5%) analog vorvorst. Verb.;

28%; daneben *2-Octadecanoylphenol*, Kp.$_{0,15}$ 164—182°; 31,6%. — *4-Octadecylphenol-*, $C_{24}H_{42}O$, F. 65—67°, Kp.$_{0,15}$ 182—187°; 83%. — N-[3.4-Dichlorphenyl]-thionocarbaminsäureester: *-4-n-propylphenylester*, $C_{16}H_{15}Cl_2NOS$, F. 159—161° (Chlf./PAe.), durch 1/2std. Zutropfen von 4-n-Propylphenol in 3%ig. NaOH zu Thiophosgen in Chlf. bei 0—10°, 1/2std. Rühren, Eindampfen der Chlf.-Phase, Zugabe von 3.4-Dichloranilin zu dem entstandenen *Chlorthionameisensäure-4-n-propylphenylester* (Kp.$_{0,8}$ 101—102°; 74,7%) in Chlf. bei 25° innerhalb von 30 Min. u. 1std. Rühren; 74%. — *-phenylester*, $C_{13}H_9Cl_2NOS$, F. 156—157° (Chlf.), analog vorst. Verb.; 44%. — *-p-tolylester*, $C_{14}H_{11}\cdot Cl_2NOS$, F. 173—174° (Chlf./PAe.); 53%. — *-p-äthylphenylester*, $C_{15}H_{13}Cl_2NOS$, F. 158 bis 159° (Chlf./PAe.); 52%. — *-4-n-butylphenylester*, $C_{17}H_{17}Cl_2NOS$, F. 125—126° (PAe.); 48%. — *-2.6-di-tert.-butyl-4-methylphenylester*, $C_{22}H_{27}Cl_2NOS$, F. 139—140° (PAe.); 24%. — *-4-methoxyphenylester*, $C_{14}H_{11}Cl_2NO_2S$, F. 167—168° (Bzl./PAe.); 57%. — *-4-äthoxyphenylester*, $C_{15}H_{13}Cl_2NO_2S$, F. 173—175° (Chlf.); 64%. — *-3.4-dichlorphenylester*, $C_{13}H_7Cl_4NOS$, F. 142—143° (Chlf.); 91%. — *-3-nitrophenylester*, $C_{13}H_8Cl_2N_2O_3S$, F. 135 bis 136° (Chlf./PAe.); 85%. — *N-[2.4-Dichlorphenyl]-thionocarbaminsäure-2.4-dichlorphenylester*, $C_{13}H_7Cl_4NOS$, F. 142—143° (Ae./PAe.); 68%. — *N-[4-Methoxyphenyl]-thionocarbaminsäure-4-methoxyphenylester*, $C_{15}H_{15}NO_3S$, F. 175—176° (Chlf./PAe.); 87%. — *N-[4-Äthoxyphenyl]-thionocarbaminsäure-4-äthylphenylester*, $C_{17}H_{19}NO_2S$, F. 118 bis 119° (Chlf./PAe.); 61%. — *N-[3-Nitrophenyl]-thionocarbaminsäure-4-äthylphenylester*, $C_{15}H_{14}N_2O_3S$, F. 104—105° (Chlf./PAe.); 58%. — *N-[3-Nitrophenyl]-thionocarbaminsäure-3-nitrophenylester*, $C_{13}H_9N_3O_5S$, F. 157—158° (Bzl.); 67%. — *N-[3-Phenyl-6-hydroxyphenyl]-thionocarbaminsäure-4-methoxyphenylester*, $C_{20}H_{17}NO_3S$, F. 139—140° (Chlf.); 57%. — *N-Phenyl-N-[4-chlorbenzyl]-thionocarbaminsäurephenylester*, $C_{20}H_{16}ClNOS$, F. 138 bis 139° (Aceton); 41%. — *N.N-Bis-[4-chlorbenzyl]-thionocarbaminsäure, Phenylester*, $C_{21}H_{17}Cl_2NOS$, F. 114—115° (W./Aceton); 34%. *β-Naphthylester*, $C_{25}H_{19}Cl_2NOS$, F. 117 bis 118° (Aceton/W.); 46%. — *N.N-Bis-[3.4-dichlorbenzyl]-thionocarbaminsäurephenylester*, $C_{21}H_{15}Cl_4NOS$, F. 120—121° (W./Aceton); 26%. — *N-Benzylthionocarbaminsäurephenylester*, $C_{14}H_{13}NOS$, F. 82—83° (Ae./PAe.); 46%. — *N-[4-Nitrobenzyl]-thionocarbaminsäurephenylester*, $C_{14}H_{12}N_2O_3S$, F. 110—111° (PAe./Chlf.); 81%. — *N-[4-Chlorbenzyl]-thionocarbaminsäurephenylester*, $C_{14}H_{12}ClNOS$, F. 119—120° (Chlf.); 82%. — *N-[4-Chlorbenzyl]-thionocarbaminsäure-3.4-dichlorphenylester*, $C_{14}H_{10}Cl_3NOS$, F. 90—91° (PAe./Chlf.); 80%. — *N-[3.4-Dichlorbenzyloxy]-thionocarbaminsäurephenylester*, $C_{14}H_{11}\cdot Cl_2NO_2S$, F. 67—68° (Ae./PAe.); 50%. — *N-[β-(3.4-Dichlorphenyl)-äthyl]-thionocarbaminsäurephenylester*, $C_{15}H_{13}Cl_2NOS$, F. 84—85° (Ae./PAe.); 81%. — *N-[γ-(3.4-Dichlorphenyl)-propyl]-thionocarbaminsäurephenylester*, $C_{16}H_{15}Cl_2NOS$, F. 64—65° (PAe./Chlf.); 35%. — N-[3.4-Dichlorbenzyl]-thionocarbaminsäureester: *-3.4-dichlorphenylester*, $C_{14}\cdot H_9Cl_4NOS$, F. 95—96° (Ae./Chlf.); 20%. — *-2.4-dichlorphenylester*, $C_{14}H_9Cl_4NOS$, F. 154 bis 155° (Ae./Chlf.); 85%. — *-phenylester*, $C_{14}H_{11}Cl_2NOS$, F. 104—105° (Ae./Chlf.); 89%. — *-4-n-butylester*, $C_{18}H_{19}Cl_2NOS$, F. 90—91° (Ae./PAe.); 42%. — *-4-n-hexylphenylester*, $C_{20}H_{23}Cl_2NOS$, F. 87—88° (PAe.); 49%. — *-4-n-decylphenylester*, $C_{24}H_{31}Cl_2NOS$, F. 85—86° (PAe.); 81%. — *-4-n-dodecylphenylester*, $C_{26}H_{35}Cl_2NOS$, F. 87,5—88,5° (PAe.); 70%. — *-4-n-octadecylphenylester*, $C_{32}H_{47}Cl_2NOS$, F. 86—87° (PAe.); 60%. — *-2.6-di-tert.-butyl-4-methylphenylester*, $C_{23}H_{29}Cl_2NOS$, F. 113—114° (Ae./PAe.); 65%. — *-4-methoxyphenylester*, $C_{15}H_{13}Cl_2NO_2S$, F. 107—108° (PAe./Chlf.); 75%. — *-4-äthoxyphenylester*, $C_{16}H_{15}Cl_2NO_2S$, F. 88—89° (PAe./Chlf.); 80%. — *-3-nitrophenylester*, $C_{14}H_{10}Cl_2N_2O_3S$, F. 123—124° (Bzl.); 89%. — *-β-naphthylester*, $C_{18}H_{13}Cl_2NOS$, F. 124—125° (PAe./Chlf.); 78%. — *-4-fluorphenylester*, $C_{14}H_{10}Cl_2FNOS$, F. 123—124° (PAe./Chlf.); *polymorphe Form*, F. 108—109°; 63%. — *-4-chlorphenylester*, $C_{14}H_{10}Cl_3NOS$, F. 135—136° (PAe./Chlf.); 72%. — *-o-tolylester*, $C_{15}H_{13}Cl_2NOS$, F. 89—90° (Ae./PAe.), durch 4std. Erhitzen von 3.4-Dichlorbenzylisothiocyanat, o-Kresol u. Triäthylamin im verschlossenen Rohr auf 80°; 34%. — *-p-tolylester*, $C_{15}H_{13}Cl_2NOS$, F. 118—119° (Ae./PAe.), analog vorst. Verb.; 68%. — *-p-äthylphenylester*, $C_{16}H_{15}Cl_2NOS$, F. 97—98° (PAe.); 59%. — *-p-propylphenylester*, $C_{17}H_{17}Cl_2NOS$, F. 81° (PAe.); 14%. — *-3.4-dichlorbenzylester*, $C_{15}H_{11}Cl_4NOS$, F. 104—105° (Aceton/W.), durch Zugabe von NaH zu 3.4-Dichlorbenzylalkohol in Bzl., Rühren bei Raum-Temp., kurzes Kochen, Versetzen mit 3.4-Dichlorbenzylisothiocyanat in Bzl., mehrstd. Rühren, Lösen des Nd. in Aceton u. Ansäuern mit wss. Essigsäure; 72,1%. — *-2.4-dichlorbenzylester*, $C_{15}H_{11}Cl_4NOS$, F. 79—80° (A./W.), analog vorst. Verb.; 80%. — *-4-chlorbenzylester*, $C_{15}H_{12}Cl_3NOS$, F. 73—74° (A./W.); 77%. — *N-Benzylthionocarbaminsäure-2.4-dichlorbenzylester*, $C_{15}H_{13}Cl_2NOS$, F. 107 bis 108° (Aceton/W.); 84%. — *1.4-Bis-[N-(3.4-dichlorbenzyl)-thiocarbamoyloxy]-benzol*, $C_{22}H_{16}\cdot Cl_4N_2O_2S_2$, F. 170—171° (wss. Aceton), durch 3std. Erhitzen von 3.4-Dichlorbenzylisothiocyanat, Hydrochinon u. Triäthylamin im verschossenen Rohr auf 144°; 45,8%. — *1.4-Bis-[N-benzylthiocarbamoyloxy]-benzol*, $C_{22}H_{20}N_2O_2S_2$, F. 178—179° (Aceton), analog vorst. Verb.; 4,6%. — *Chlorthiolameisensäure, Phenylester*, Kp.$_{13}$ 90—95°, nach Rivier

[1907]; 18%. *4-Chlorphenylester*, $Kp._{30}$ 145—155°, aus Pb-p-Chlorphenylmercaptid u. $COCl_2$ nach Rivier [1907]; 67,5%. — *N-[4-Chlorbenzyl]-thiolcarbaminsäure-4-chlorphenylester*, $C_{14}H_{11}Cl_2NOS$, F. 192—193° (A./W.), durch Zutropfen des entsprechenden Chlorthiolameisensäureesters in Chlf. zu 3.4-Dichlorbenzylamin in Chlf. bei 25° u. mehrstd. Stehen; 82%. — *N-[3.4-Dichlorbenzyl]-thiolcarbaminsäure, Phenylester*, $C_{14}H_{11}Cl_2NOS$, F. 101—102° (Bzl./PAe.), analog vorst. Verb.; 55%. *4-Chlorphenylester*, $C_{14}H_{10}Cl_3NOS$, F. 149—150° (Dioxan/PAe.); 57%. — *N-[3.4-Dichlorphenyl]-thiolcarbaminsäure-4-chlorphenylester*, $C_{13}H_8Cl_3NOS$, F. 209—210° (Dioxan/W.); 70%. — Chlorthionameisensäureester: *-4-äthoxyphenylester*, $C_9H_9ClO_2S$, $Kp._{0,2}$ 100—104°; 90,5%. — *-p-tolylester*, C_8H_7ClOS, $Kp._{0,25}$ 62—65°; 92%. — *-p-propylphenylester*, $C_{10}H_{11}ClOS$, $Kp._{0,1}$ 101—102°; 74,7%. — *-p-methoxyphenylester*, $C_8H_7ClO_2S$, $Kp._{0,4}$ 96°; 84,8%. — *-m-nitrophenylester*, $C_7H_4ClNO_3S$, F. 64—65°, $Kp._{0,1}$ 128°; 54%. — *-p-nitrophenylester*, $C_7H_4ClNO_3S$, F. 59 bis 60°; 44,6%. — *Phenylxanthogensäure-S-methylester*, $C_8H_8OS_2$, $Kp._{0,11}$ 82—84°, durch $^1/_2$std. Zugabe von CS_2 zu K-Phenolat in Dimethylformamid bei 20° u. $1^1/_2$std. Einleiten von CH_3Cl bei 30°; n_D^{25} 1,62189; 41,8%. — *N-[3.4-Dichlorbenzyl]-dithiocarbaminsäuremethylester*, $C_9H_9Cl_2NS_2$, F. 100—101° (Chlf./PAe.), a) durch Zugabe von 3.4-Dichlorbenzylamin zu vorst. Verb. bei Raum-Temp. (→ 42°); 74,1%; b) durch Zugabe von CS_2 zu NaOH in W. u. 3.4-Dichlorbenzylamin in Ae. bei 0—50°, 1std. Rühren bei Raum-Temp., Filtrieren des *Na-N-[3.4-Dichlorbenzyl]-dithiocarbamats* (75%) u. 1std. Stehen mit CH_3J in Methanol; 71%. — *N-[3.4-Dichlorbenzyl]-thionocarbaminsäure, Methylester*, $C_9H_9Cl_2NOS$, F. 75—76°, durch 1std. Kochen vorst. Verb. in Methanol in Ggw. von phenolgesätt. Amberlite IRA-400; 48%. *Äthylester*, $C_{10}H_{11}Cl_2NOS$, F. 55—58°, durch 1std. Einleiten von CH_3Cl in eine Lsg. von K-Äthylxanthogenat in A. bei 25—30°, Zugabe von 3.4-Dichlorbenzylamin u. $^1/_2$std. Erwärmen auf 40°; 30,3%.

P. Golinske. 1280◇

Untersuchungen über die Synthese von Arylalkylaminen. 1. Mitt. Synthese von α-Methyl-β-[2-methoxyphenyl]-äthylaminen. Zen-ichi Horii, Jirō Tsuji und Takeshi Inoi. (J. pharmac. Soc. Japan [Yakugakuzasshi] **77**, 248—51, 25/3. 1957; Ōsaka, Univ., Pharmacol. Inst.; jap., Auszug: engl.) — α-Methyl-β-[2-methoxyphenyl]-äthylamine (**A**), ausgezeichnete Stimulantien der sympathet. Nerven, werden über die entsprechenden 2-[2-Halogenpropyl]-anisole (**B**) als Zwischenprodd. dargestellt. *Allylphenyläther*, erhalten aus Phenol u. Allylhalogenid, werden einer Claisen-Umlagerung unterworfen, zu *2-Allylanisol* methyliert u. mit HBr oder HJ unter Bldg. von **B** zur Rk. gebracht. Deren Rk. mit NH_3 oder Aminen durch Erhitzen unter hohem Druck führt zu **A**.

Versuche: Anisole: *2-Allyl-*, $Kp._2$ 69—70°, aus a) 134 g 2-Allylphenol in 20%ig. NaOH durch Zutropfen von 189 g $(CH_3O)_2SO_2$ durch 1std. Erhitzen auf 60—70°; 81—91% (Ausbeute); b) 25 g **I** in 11 g CH_2N_2 enthaltendem Ae. durch 2tägiges Stehen bei 20°; 80%. — *2-[2-Brompropyl]-* (**I**), $C_{10}H_{13}BrO$, $Kp._2$ 100—102°, aus a) vorst. Verb. durch Einleiten von HBr-Gas; 60—79%; b) 200 g vorst. Verb. in 300 g Eisessig analog a); 64%. — *2-[2-Jodpropyl]-*, $C_{10}H_{13}JO$, $Kp._7$ 116—118°, aus vorvorst. Verb. durch Einleiten von HJ-Gas; 74%. — α-Methyl-β-[2-methoxyphenyl]-äthylaminhydrochloride: *Unsubstituiertes* (**II**), $C_{10}H_{16}ClNO$, F. 111° (A./Ae.), aus 0,1 Mol **I** u. 0,5 Mol NH_3 durch 6std. Rk. bei 100—110°. *Freie Base*, $Kp._5$ 103°; 30%. — *N-Methyl-*, $C_{11}H_{18}$·ClNO, F. 129° (A./Ae.). *Freie Base*, $Kp._5$ 100°; 40%. — *N-Äthyl-*, $C_{12}H_{20}ClNO$, F. 155° (A./Ae.). *Freie Base*, $Kp._7$ 115°; 18%. — *N-Isopropyl-*, $C_{13}H_{22}ClNO$, F. 168° (A./Ae.). *Freie Base*, $Kp._{14}$ 136°; 18%. — *N-n-Butyl-*, $C_{14}H_{24}ClNO$, F. 129° (A./Ae.). *Freie Base*, $Kp._7$ 130°; 20%. — *N-Isobutyl-*, $C_{14}H_{24}ClNO$, F. 134° (A./Ae.). *Freie Base*, $Kp._{10}$ 136°; 25%. — *N-n-Hexyl-*, $C_{16}H_{28}ClNO$, F. 108° (A./Ae.). *Freie Base*, $Kp._6$ 153°; 24%. — *N.N-Dimethyl-*, $C_{12}H_{20}ClNO$, F. 154° (A./Ae.). *Freie Base*, $Kp._{10}$ 123°; 20%. — *N.N-Diäthyl-*, $C_{14}H_{24}ClNO$, F. 123° (A./Ae.). *Freie Base*, $Kp._6$ 125°; 14%. — *N.N-Pentamethylen-*, $C_{15}H_{24}ClNO$, F. 197° (A./Ae.). *Freie Base*, $Kp._7$ 150°; 15%. — *N.N-[3-Oxapentamethylen]-*, $C_{14}H_{22}ClNO_2$, F. 178° (A./Ae.). *Freie Base*, $Kp._7$ 152°; 23%. — *Bis-[α-methyl-β-(2-methoxyphenyl)-äthyl]-amin*, $Kp._5$ 215—218°, aus 50 g **I** in 90 g CH_3OH u. 20%ig. NH_3 neben **II**; 6%. *Hydrochloride*, $C_{20}H_{28}ClNO_2$, F. 251° u. 212—214°.

F. Mossner. 1320

Untersuchungen über die Synthese von Arylalkylaminen. 2. Mitt. Synthese von 1-[2-Methoxyphenyl]-propanon-(2). Zen-Ichi Horii, Jirō Tsuji und Takeshi Inoi. (J. pharmac. Soc. Japan [Yakugakuzasshi] **77**, 252—55, 25/3. 1957; jap., Auszug: engl.) — 1. vgl. vorst. Referat. — *1-[2-Methoxyphenyl]-propanon-(2)*, das Ausgangs-Prod. für die Darst. von α-Methyl-β-[2-methoxyphenyl]-äthylamin wird nach 3 Verff., die miteinander verglichen werden, dargestellt durch: 1. Verseifen u. Decarboxylieren von α-[2-Methoxyphenyl]-α-acetylacetonitril (**VII**), 2. Kondens. von [2-Methoxyphenyl]-acetylchlorid (**III**) u. $C_2H_5OMgCH(COOC_2H_5)_2$ (**VI**), nachfolgendes Verseifen u. Decarboxylieren bzw. Rk. von **III** u. $Cd(CH_3)_2$, 3. Rk. von 2-Propenylanisol (**IV**) u. CH_3CO_2OH oder HCO_2OH u. Hydrolyse des erhaltenen Prod. mit verd. Säure bzw. Behandeln des aus **IV**-Pseudonitrosit erhaltenen *1-[2-Methoxyphenyl]-1-acetoxy-2-nitropropans* mit Alkali u. reduktive Hydrolyse von dabei gebildetem *1-[2-Methoxyphenyl]-2-nitropropen* mit Fe u. HCl.

Versuche: *2-Methoxybenzylalkohol*, $Kp._2$ 100—101°, aus 136 g 2-Methoxybenzaldehyd in 200 cm^3 CH_3OH, 97,5 g 40%ig. Formalin u. 120 g 50%ig. NaOH durch 1std. Erhitzen auf 70°; 80% (Ausbeute). — *2-Methoxybenzylchlorid*, F. 29—30°, $Kp._4$ 88 bis 89°, aus 138 g vorst. Verb. in Bzl. u. 155 g $SOCl_2$ durch 2std. Erhitzen auf 50°; 75—79%. — *[2-Methoxyphenyl]-acetonitril* (**II**), $Kp._3$ 114°, F. 68,5°, aus 17 g KCN in 14 cm^3 W., 31 g vorst. Verb. u. 50 cm^3 A. durch 2std. Kochen; 81—93%. — *α-[2-Methoxyphenyl]-α-acetylacetonitril* (**VII**), $C_{11}H_{11}NO_2$, F. 84—85° (A.), $Kp._4$ 142—144°, aus 37 g **II**, 88 g $CH_3COOC_2H_5$, 100 cm^3 A. u. 7,5 g Na durch 2std. Kochen; 84%. — *2-Hydroxyacetophenon* (**I**), $Kp._{15}$ 101—101,5°, aus 186 g $AlCl_3$, 36 g NaCl, 136 g bei 200° geschmolzenem Essigsäurephenylester, 180 cm^3 konz. HCl u. 200 cm^3 Eis; 74%. — *4-Hydroxyacetophenon*, F. 115°, neben **I**; 10%. — *2-Methoxyacetophenon*, $Kp._{760}$ 242—243°, aus 136 g **I** in 400 g 20%ig. NaOH u. 252 g $(CH_3O)_2SO_2$ (**VIII**); 65%. — *[2-Methoxyphenyl]-essigsäure*, F. 121° (W.), aus a) 75 g vorst. Verb., 40 g S-Blüte u. 85 g Morpholin durch 2std. Kochen, Dest. u. Behandeln des Destillats durch 12std. Kochen mit 600 cm^3 50%ig. H_2SO_4; 60%; b) 5 g **II**, 14 g 65%ig. H_2SO_4 u. 6 g Eisessig. *Chlorid* (**III**), $Kp._{20}$ 152°, aus 16,6 g der Säure in Bzl. u. 17,9 g $SOCl_2$; 95%. — *1-[2-Methoxyphenyl]-propanon-(2)*, $Kp._2$ 100—102°, $Kp._3$ 103—105°, aus a) 92 g **III** in Bzl. u. 196 g **VI** in Bzl. durch 1std. Kochen u. Behandeln des entstandenen {[2-Methoxyphenyl]-acetyl}-malonsäurediäthylesters, $Kp._2$ 184—185°, mit 300 g Eisessig u. 5 g konz. H_2SO_4; 67%; b) 7,1 g CH_3J, 1,34 g Mg, 25 g Ae., 5,52 g $CdCl_2$, 40 cm^3 Bzl. u. 9,3 g **III** in 10 g Bzl., 1std. Erhitzen auf 50°, Abkühlen u. Zusatz von 40 cm^3 20%ig. H_2SO_4; 54%; c) durch 10 g **VI**, 20 g Eisessig u. 10 g 30%ig. H_2O_2 durch 3std. Verrühren bei 40°; 32%; d) 15 g **IV** in 30 cm^3 Aceton, 60 g 80%ig. HCOOH u. 136 g 30%ig. H_2O_2; 34%; e) 250 g **V**; (s. unten), 500 g Fe-Pulver, 5 g $FeCl_2$ u. 1000 cm^3 W. durch 7std. Zutropfen von 500 cm^3 HCl; 59%; f) 18,9 g **VII** in 100 cm^3 konz. HCl durch 10std. Verrühren bei 100°; 58%. *Semicarbazon*, $C_{11}H_{15}N_3O_2$, F. 154—155°. — *2-Propenylanisol* (**IV**), $Kp._{13-14}$ 104—106°, durch Methylieren von 2-Propenylphenol mit **VIII**; 85%. *Pseudonitrosit*, $C_{20}H_{24}N_4O_8$, F. 119° (Zers.; Aceton/W.), aus 10 g des Anisols, 150 cm^3 Ae., 16 g $NaNO_2$, 40 cm^3 W. u. 60 cm^3 20%ig. H_2S durch 3std. Verrühren bei 5°; 90%. — *2-[1-Acetoxy-2-nitropropyl]-anisol*, $Kp._4$ 157—158°, aus 10 g der vorst. Verb. in 30 cm^3 $(CH_3CO)_2O$ u. einigen Tropfen konz. H_2SO_4; 65%. — *2-[2-Nitropropenyl]-anisol* (**V**), F. 48—49° (A.), aus a) 3 g vorst. Verb., 20 cm^3 Ae. u. 100 cm^3 KOH durch 3std. Verrühren; 87%; b) 136 g 2-Methoxybenzaldehyd, 75 g Nitroäthan, 50 g CH_3COONH_4 u. 500 cm^3 Eisessig; 63%.

F. Mossner. 1320

Synthese von 4-Amino-2-alkylsulfonylbenzoesäuren und ihre tuberkulostatische Wirkung. Chia-Chung Shih und Hsin-Ho Yen. (Acta chim. sinica **21**, 115—21, 1955; Shanghai, First Med. Coll.; chin., Auszug: engl.) — Drei neue *2-Alkylsulfonyl-4-aminobenzoesäuren*, *2-Methylsulfonyl-*, *2-Äthylsulfonyl-* u. *2-Propylsulfonyl-4-aminobenzoesäure*, werden dargestellt u. in vitro gegen Tuberkulose am Menschen untersucht. Entgegen den Erwartungen, sind diese Verbb. weniger akt. als PAS. Weitere neu dargestellte Verbb. sind *4-Nitro-2-methylphenylmethylsulfid*, *4-Nitro-2-methylsulfonylbenzoesäure*, *4-Nitro-2-methylphenyläthylsulfid*, *4-Nitro-2-methylphenylpropylsulfid* u. *4-Nitro-2-propylsulfonylbenzoesäure*.

Versuche: *3-Nitro-2-methylphenylthiocyanat*, F. 65—66°, aus 2-Amino-4-nitrotoluol u. CuSCN; 70,4% (Ausbeute, roh). — *4-Nitro-2-methylmercaptotoluol*, $C_8H_9NO_2S$, F. 80—81°, aus vorst. Verb. mit einem Alkyljodid; 87,8% (roh). — *4-Nitro-2-methylsulfonylbenzoesäure*, $C_8H_7NO_6S$, F. 214—216°, durch Oxydation vorst. Verb.; 36,7%. — *4-Amino-2-methylsulfonylbenzoesäure*, $C_8H_9NO_4S$, F. 198—199°, durch Hydrieren vorst. Verb. mit $SnCl_2$/HCl; 74,8%. — *4-Nitro-2-äthylmercaptotoluol*, $C_9H_{11}NO_2S$, F. 41—42°; 76,1%. — *4-Nitro-2-äthylsulfonylbenzoesäure*, $C_9H_9NO_6S$, F. 191—192°; 50,5%. — *4-Amino-2-äthylsulfonylbenzoesäure*, $C_9H_{11}NO_4S$, F. 182—184°; 42,6%. — *4-Nitro-2-propylmercaptotoluol*, $C_{10}H_{13}NO_2S$, F. 43—44°; 80,6%. — *4-Nitro-2-propylsulfonylbenzoesäure*, $C_{10}H_{11}NO_6S$, F. 190—191°; 15,5%. — *4-Amino-2-propylsulfonylbenzoesäure*, $C_{10}H_{13}NO_4S$, F. 153—154°; 44,9%. P. Golinske. 1350◇

Synthese und Polykondensation von p-Aminoäthylphenylalkancarbonsäuren. M. N. Bogdanow, G. I. Kudrjawzew und I. A. Spirina. (J. allg. Chem. [UdSSR] **30 (92)**, 263—67, Jan. 1960; Allunions-Forsch.-Inst. für synthet. Fasern; russ.) — Vgl. C. **1960**, 3845. — ω-[p-Chlormethylphenyl]-alkansäuren wurden mit KCN zu *ω-[p-Cyanmethylphenyl]-alkansäuren* kondensiert u. diese zu *ω-[p-(β-Aminoäthyl)-phenyl]-*

essig- (I), *-propion-* (II), *-butter-* (III) u. *-valeriansäure* (IV) hydriert. Durch $^1/_2$—2std. Erhitzen von I—IV auf 200—320° wurden die *Polyamide* von I—IV mit den FF. 279 bis 283°, 375—382° (Zers.), 222—224° u. 273—275° erhalten. Viscosität u. Löslichkeit in aromat. Alkoholen werden tabellar. angegeben. Das aus II erhaltene Polyamid bildet schwache, die aus I, III u. IV erhaltenen Polyamide feste Fasern.

Versuche: *ω-[p-Cyanmethylphenyl]-alkansäuren*: *-valeriansäure* (V), F. 63,5—65° (PAe.), man gibt zu 50 g KCN u. 50 ml W. 100 ml A. u. 50 g ω-[p-Chlormethylphenyl]-valeriansäure, kocht $1^1/_2$ Std., dampft 85 ml ab, verd. mit 300 ml W., säuert mit konz. HCl an u. extrahiert mit Bzl. in der Hitze; 54% (Ausbeute). Analog: *-essigsäure*, F. 120 bis 121,5°; 50%. — *-propionsäure*, F. 107—108°; 42%. — *-buttersäure*, F. 86,5—87°; 57%. — *ω-[p-(β-Aminoäthyl)-phenyl]-alkansäuren*: *-valeriansäure* (IV), F. 199—199,5°, man schüttelt 18 g IV-Methylesterhydrochlorid mit 47 ml 26%ig. NH_4OH, extrahiert mit Ae., dampft ein, kocht den Rückstand 1 Std. mit 70 ml 50%ig. wss. Methanol u. 11 g $Ba(OH)_2$, sättigt mit CO_2, extrahiert den Nd. mit heißem NH_4OH, dampft Filtrat u. Extrakte ein, löst heiß in 100 ml W., engt bis zur Kristallisation ein u. verd. mit 200 ml Aceton; 53%. *Methylesterhydrochlorid*, F. 172,5—175° (Methanol–Ae.), man hydriert 30 g V in 260 ml 26%ig. NH_4OH u. 72 ml 15%ig. KOH an Raney-Ni bei 100° ($4^1/_2$ Std.), konz. das Filtrat auf 85 ml, säuert mit 40 ml konz. HCl an, dampft ein, extrahiert mit Methanol u. sättigt mit HCl; 65%. — Analog: *-essigsäure* (I); 53%. *Äthylesterhydrochlorid*, F. 172,5—173,5°; 51%. — *-propionsäure* (II); 68%. *Methylesterhydrochlorid*, F. 214,5—215,5°; 62%. — *-buttersäure* (III); 50%. *Methylesterhydrochlorid*, F. 172—173°; 56%. Helmut Schäfer. 1350

Eine neue Reaktion von Trialkylboraten. W. P. Cowie, A. H. Jackson und O. C. Musgrave. (Chem. and Ind. **1959**, 1248—49, 3/10.; Old Aberdeen, Univ., Chem. Dep.; Stevenston, Ayrshire, Imp. Chem. Ind. Ltd., Nobel Div., Res. Dep.; engl.) — Durch Rk. von Trialkylboraten (T.) mit Mg u. aromat. Mono- bzw. Dihalogeniden werden *Phenyl-* (I) bzw. *Phenylenboronsäureanhydride* erhalten. Die Rk.-Zeiten müssen dabei mit fallendem Kp. der T. verlängert werden; Trimethylborat (Kp. 68°) reagiert auch bei längerem Kochen der Ansätze nicht. Bei der Umsetzung von o-Dibrombenzol (II) mit Tri-n-butylborat (III) wird nicht das erwartete o-Phenylendiboronsäureanhydrid, sondern neben *Buten-(1)* u. *cis-* u. *trans-Buten-(2)* I gebildet. Der Rk. Mechanismus wird diskutiert.

Versuche: *Phenylboronsäureanhydrid* (I), F. 222,5—223,5° (Vakuum), a) durch 2—3std. Erhitzen von 0,4 Mol III, 0,2 g-Atom Mg u. 0,2 Mol Brombenzol auf 230° unter Rühren u. N_2 u. Hydrolyse; 33—44% (Ausbeute); b) analog a) mit Chlorbenzol in 6—8 Std.; c) analog a) mit Tri-n-propylborat (Kp. 177°); 21—30%; d) analog a) mit Triisopropylborat (Kp. 140°); 10%; e) analog a) mit Triäthylborat (Kp. 117°); 12%; f) durch 6—8std. Kochen von 0,15 Mol II, 0,3 g-Atom Mg u. 0,9 Mol III u. Hydrolyse; 27%; daneben *Buten-(1)*, *cis-* u. *trans-Buten-(2)*. — *p-Phenylendiboronsäure*, a) durch 12std. Kochen von 0,1 Mol p-Dibrombenzol, 0,2 g-Atom Mg u. 0,6 Mol III u. Hydrolyse; 16%; b) analog aus p-Dichlorbenzol in 5 Tagen; 0,8%. *Bis-neopentylenglykolester*, F. 233—233,5°. L. Lamza. 1380△

Äthylkresylester der Orthokieselsäure. 1. Mitt. Darstellung und Eigenschaften. Włodzimierz Rodziewicz und Wiesław Wojnowski. (Roczniki Chem. [Ann. Soc. chim. Polonorum] **34**, 973—84, 1960; Gdańsk, Politechn., Kat. chem. nieorgan.; pol.) — Die 3 möglichen gemischten *o-Kresyläthylester* der H_4SiO_4 wurden nach folgenden Meth. dargestellt: a) Einw. von alkohol. o-Kresol (I)-Lsg. auf $SiCl_4$, b) Einw. von $SiCl_4$ auf alkohol. I-Lsg.; c) Einw. von $SiCl_4$ auf A. u. I in abs. Bzl., d) Umsetzung von $SiCl_4$ mit A., dann mit I, e) Umsetzung von $SiCl_4$ zuerst mit I, dann mit A., f) Alkoholyse von Tetra-o-kresoxysilan (II), g) Phenolyse von Tetraäthoxysilan (III), h) Umesterung von II u. III beim Mol-Verhältnis 1 : 1 bei 188—220°; i) Disproportionierung von Diäthoxy-bis-[o-kresoxy]-silan (IV) bei 300°. Die Rk.-Prodd. wurden durch fraktionierte Dest. im Vakuum getrennt. Die Ausbeuten an IV betrugen bei Anwendung des Mol-Verhältnisses A. : I = 1 : 1 nach b) 38,6 (Mol-%), nach c) 42,6, nach f) 39, nach g) 42,0, nach h) 32,4 u. nach i) 37,0. Auch bei größerem Überschuß an A. u. I gegenüber $SiCl_4$ wurden keine höheren IV-Ausbeuten erzielt, so daß man annehmen kann, daß der Wert 43 Mol-% ein Gleichgewichtswert ist. Bei Änderung des A. : I-Verhältnisses um $>20\%$ treten größere Unterschiede in der Zus. des Rk.-Prod. auf. Im allg. entspricht die Zus. des Rk.-Prod. dem angewandten Verhältnis der Reaktanten, doch scheinen Äthoxygruppen eine stärkere Affinität zu Si zu haben als o-Kresoxygruppen. Zusatz von metall. Na beschleunigt die Einstellung des Rk.-Gleichgewichtes. Bei der Dest. der Prodd. tritt Dismutierung u. Umesterung ein, so daß nur bei schneller Arbeitsweise die Prodd. im richtigen Mengenverhältnis gewonnen werden. Bei der Dismutierung u. Umesterung wird im Rk.-Prod. auch A. gefunden. Ein Teil der Ester

muß somit zu höhersd. Kondens.-Prod. umgewandelt werden. Die Ester sind farblose, hydrophobe Fll., die sich bei längerem Stehen am Licht rot färben. Die Beständigkeit gegen W. steigt mit der Zahl der o-Kresoxygruppen im Molekül. — *Tetraäthoxysilan* (III), $Kp._{760}$ 165,5°; $D._4^{20}$ 0,933; n_D^{20} 1,3834; Oberflächenspannung σ^{20} 19,4 (dyn/cm); Flammpunkt (Fp.) 50°. — *Triäthoxy-o-kresoxysilan*, $Kp._{760}$ 267°; $Kp._{10}$ 134—135°; $D._4^{20}$ 1,022; n_D^{20} 1,4574; σ^{20} 27,0; Fp. 115°. — *Diäthoxy-bis-[o-kresoxy]-silan* (IV), $Kp._{760}$ 342°, $Kp._{10}$ 195°; $D._4^{20}$ 1,074; n_D^{20} 1,5046; σ^{20} 33,3; Fp. 155°. — *Äthoxy-tris-[o-kresoxy]-silan*, $Kp._{760}$ 398°, $Kp._{10}$ 239°; $D._4^{20}$ 1,107; n_D^{20} 1,5354; σ^{20} 36,3; Fp. 190°. — *Tetra-o-kresoxysilan* (II), $Kp._{760}$ 444°, $Kp._{10}$ 275°; $D._4^{20}$ 1,131; n_D^{20} 1,5633; σ^{20} 39,9; F. 220°.
F. Urban. 1380◇

Eine neue Synthese von 1.1-Dibromolefinen mit Hilfe von Phosphindibrommethylenen. Reaktion von Triphenylphosphin mit Tetrabromkohlenstoff. Fausto Ramirez, N. B. Desai und N. McKelvie. (J. Amer. chem. Soc. **84**, 1745—47, 5/5. 1962; Oyster Bay, N.Y., Long Island Center, State Univ., Dep. of Chem.; engl.) — Triphenylphosphin (I) wurde mit CBr_4 in abs. CH_2Cl_2 umgesetzt u. das entstandene *Triphenylphosphindibrommethylen* (II) durch Zugabe von Benzaldehyd in *β.β-Dibromstyrol* [III; $C_8H_6Br_2$, $Kp._{0,2}$ 76—78°, n_D^{25} 1,6350; 84% (Ausbeute)] u. *Triphenylphosphinoxid* (IV) übergeführt. *Dibrommethyltriphenylphosphoniumbromid* (V) wurde aus 2 Mol I u. 1 Mol CBr_4 in quant. Ausbeute bei Zugabe von W. zur CH_2Cl_2-Lsg. erhalten. Analog III wurde mit Br_2 *Tribrommethyltriphenylphosphoniumbromid* [$C_{19}H_{15}Br_4P$, F. 246—247° (Nitromethan)] dargestellt. Durch 4std. Kochen einer Lsg. von II mit Benzylbromid entstand neben IV [*1.1-Dibrom-2-phenyläthyl]-triphenylphosphoniumbromid* [$C_{26}H_{22}Br_3P$, F. 171 bis 172° (Methylenchlorid–Ae.)]. I reagiert mit V in feuchtem CH_2Cl_2 zu *Brommethyltriphenylphosphoniumbromid* u. **IV**, während bei 20 Min. langem Kochen von 2 Mol I mit 1 Mol V in abs. CH_2Cl_2 im Dunkeln *Methylid-bis-[triphenylphosphonium]-bromid* (80%; vgl. C. **1962**, 5271) erhalten wurde.
D. Lauer. 1380□

Reaktion von Phosphorpentachlorid mit N-Chlorderivaten von Arylsulfamiden. Je. Ss. Lewtschenko und A. W. Kirssanow. (J. allg. Chem. [UdSSR] **29** **(91)**, 1813—14, Juni 1959; Inst. für org. Chem. der Akad. der Wiss. der UkrainSSR; russ.) — Na-Salze von N-Chlorsulfamiden reagieren mit PCl_5 unter Bldg. von *Arylsulfonylimidophosphorsäuretrichloriden*: $ArSO_2NNaCl + PCl_5 \rightarrow ArSO_2N{=}PCl_3 + Cl_2 + NaCl$. Ohne Lsgm. verläuft die Rk. sehr stürmisch, am besten wird sie in CCl_4 ausgeführt. Zu den gleichen Verbb. gelangt man auch durch Rk. von N.N-Dichlorsulfonamiden u. PCl_5, doch verläuft diese Rk. langsamer.

Versuche: Arylsulfonylimidophosphorsäuretrichloride: *Benzol-*, F. 50 bis 53°, a) durch langsame Zugabe von 0,03 Mol PCl_5 zu 0,03 Mol Na-N-Chlorbenzolsulfamid in 50 ml CCl_4, 2—3std. Stehen, Filtrieren u. Eindampfen; 88% (Ausbeute); b) analog, jedoch Stehenlassen über Nacht oder Erwärmen; 98%. — Analog: *p-Chlorbenzol-*, F. 69 bis 71°; 100 bzw. 94%. — *p-Toluol-*, F. 106—108°; nach a) 94%. — *p-Nitrobenzol-*, F. 79 bis 82°; 100 bzw. 100%.
G. Froelich. 1380

Triaroxyisophosphazoacyle der aromatischen Reihe. A. W. Kirssanow und G. I. Derkatsch. (J. allg. Chem. [UdSSR] **28** **(90)**, 2247—52, Aug. 1958; Inst. für org. Chem. der Akad. der Wiss. der UkrainSSR; russ.) — Durch Rk. von α-Chlorbenzylidenamidophosphorsäuredichloriden mit Na-Phenolaten wird eine Reihe von *α-Aroxybenzylidenamidophosphorsäurediarylestern* (I; „*Triaroxyisophosphazoacyle*“) dargestellt: $RC(Cl){=}NP(:O)Cl_2 + 3\,NaOR' \rightarrow RC(OR'){=}NP(:O)(OR')_2$ (R u. R' = Arylreste). Die I werden durch W. auch in der Hitze nicht hydrolysiert. Beim Kochen mit wss.-alkohol. NaOH erfolgt dagegen leicht hydrolyt. Spaltung unter Bldg. von *Acylamidophosphorsäurediarylestern*.

Versuche: Benzylidenamidophosphorsäurediarylester: a) durch Zugabe von 0,0604 Mol des entsprechenden trockenen Na-Phenolats (II) in 10—15 ml Dioxan zu 0,02 Mol des α-Chlorbenzylidenamidophosphorsäuredichlorids (III) in 30 ml Bzl., Rühren bis zum Verschwinden der sauren Rk. (Kongo), Waschen des Rk.-Gemisches mit W. u. Eindampfen der benzol. Schicht; b) durch Zugabe von III in Ae. zu II in Ae. u. Kühlen nach Beendigung der exothermen Rk.; c) durch Erhitzen von III in Bzl. u. II in Ae. bis zum Verschwinden der sauren Rk. u. Waschen mit W.: *α-Phenoxy-, -diphenylester*, $C_{25}H_{20}NO_4P$, F. 100—102°, nach a), aus Bzl. + PAe. Prismen; 84,3% (Ausbeute). — *o-Chlor-α-phenoxy-, -diphenylester*, $C_{25}H_{19}ClNO_4P$, F. 119—120°, nach a), aus Bzl. Prismen; 95,0%. — *2.4-Dichlor-α-phenoxy-, -diphenylester*, $C_{25}H_{18}Cl_2NO_4P$, F. 99—101°, nach a), aus PAe. Prismen; 78,4%. — *m-Nitro-α-phenoxy-, -diphenylester*, $C_{25}H_{19}N_2O_6P$, F. 122—123°, nach a), aus PAe. oder CCl_4 Prismen; 82,5%. — *p-Nitro-α-phenoxy-, -diphenylester*, $C_{25}H_{19}N_2O_6P$, F. 139—141°, nach a); aus Bzl. Prismen; 80,8%. — *3.5-Di-*

nitro-α-phenoxy-, -diphenylester, $C_{25}H_{18}N_3O_8P$, F. 105—108°, nach a); aus PAe. oder CCl_4 Prismen; 89,2%. — *2-Chlor-4-nitro-α-phenoxy-, -diphenylester*, $C_{25}H_{18}ClN_2O_6P$, F. 112 bis 114°, nach a); aus Bzl. + PAe. Nadeln; 81,6%. — *p-Nitro-α-[m-tolyloxy]-, -di-m-tolylester*, $C_{28}H_{25}N_2O_6P$, F. 113—115°, nach a); aus Bzl. oder PAe. Prismen; 50%. — *α-[α-Naphthoxy]-, -di-α-naphthylester*, $C_{37}H_{26}NO_4P$, F. 146—148°, nach b); aus Bzl. oder PAe. Nadeln; 68,5%. — *p-Chlor-α-[β-naphthoxy]-, -di-β-naphthylester*, $C_{37}H_{25}ClNO_4P$, F. 115—117°, nach b); aus PAe. Prismen; 55,3%. — *α-[p-Chlorphenoxy]-, -bis-p-chlorphenylester*, $C_{25}H_{17}Cl_3NO_4P$, F. 107—109°, nach c); aus PAe. Prismen; 63,4%. — *o-Chlor-α-[p-chlorphenoxy]-, -bis-p-chlorphenylester*, $C_{25}H_{16}Cl_4NO_4P$, F. 161—163°, nach c); aus Bzl. Prismen; 85,0%. — *2.4-Dichlor-α-[p-chlorphenoxy]-, -bis-p-chlorphenylester*, $C_{25}H_{15}\cdot Cl_5NO_4P$, F. 107—109°, nach c); aus Bzl. + PAe. Prismen; 82,4%. — *m-Nitro-α-[p-chlorphenoxy]-, -bis-p-chlorphenylester*, $C_{25}H_{16}Cl_3N_2O_6P$, F. 119—121°, nach c); aus Ae. oder PAe. Prismen; 68,3%. — *p-Nitro-α-[p-chlorphenoxy]-, -bis-p-chlorphenylester*, $C_{25}H_{16}Cl_3\cdot N_2O_6P$, F. 152—153°, nach c); aus Bzl. Prismen; 78,7%. — *3.5-Dinitro-α-[p-chlorphenoxy]-, -bis-p-chlorphenylester*, $C_{25}H_{15}Cl_3N_3O_8P$, F. 151—153°, nach c); aus Bzl. + PAe. Plättchen; 84,5%. — *2.4-Dichlor-α-[o-nitrophenoxy]-, -bis-o-nitrophenylester*, $C_{25}H_{15}Cl_2\cdot N_4O_{10}P$, F. 107—109°, nach c); aus Bzl. Prismen; 79,9%. — *p-Nitro-α-[o-nitrophenoxy]-, -bis-o-nitrophenylester*, $C_{25}H_{16}N_5O_{12}P$, F. 162—163°, nach c); aus Bzl. Prismen; 95,3%. — *2.4-Dichlor-α-[p-nitrophenoxy]-, -bis-p-nitrophenylester*, $C_{25}H_{15}Cl_2N_4O_{10}P$, F. 147—149°, nach c); aus Dioxan Prismen; 79%. — *p-Nitro-α-[p-nitrophenoxy]-, -bis-p-nitrophenylester*, $C_{25}H_{16}N_5O_{12}P$, F. 220—222°, nach c); aus Dioxan Prismen; 92,3%. — *m-Nitro-α-[p-nitrophenoxy]-, -bis-p-nitrophenylester*, $C_{25}H_{16}N_5O_{12}P$, F. 167—169°, nach c); aus Dioxan Prismen; 82,2%. — *3.5-Dinitro-α-methoxy-, -dimethylester*, $C_{10}H_{12}N_3O_8P$, F. 96 bis 98°, aus Na-Methylat-Lsg. u. α-Chlorbenzylidenamidophosphorsäuredichlorid (III) in Bzl. bei <5°, dann Erhitzen, Filtrieren u. Eindampfen; aus Bzl. + PAe. Nadeln; 63,8%. — *α-Phenoxy-α'-menaphthylidenamidophosphorsäurediphenylester*, $C_{29}H_{22}NO_4P$, F. 97—98°, nach a); aus Ae. Nadeln; 65,5%. — Amidophosphorsäureester: *N-Benzoyl-, -diphenylester*, F. 147—149°, durch 1std. Erhitzen des entsprechenden I mit wss.-alkohol. NaOH, Abdestillieren des A. u. Verdünnen mit verd. HCl bis zur sauren Rk.; Nadeln; 50%. — *N-[α-Naphthoyl]-, -diphenylester*, $C_{23}H_{18}NO_4P$, F. 127—129°, Nadeln; 52%. — *N-[o-Chlorbenzoyl]-, -diphenylester*, $C_{19}H_{15}ClNO_4P$, F. 102—104°, Prismen; 61,6%. — *N-[2.4-Dichlorbenzoyl]-, -diphenylester*, $C_{19}H_{14}Cl_2NO_4P$, F. 136—138°, Plättchen; 66,4%. — *N-[m-Nitrobenzoyl]-, -diphenylester*, $C_{19}H_{15}N_2O_6P$, F. 166—167°, Prismen; 71,7%. — *N-[p-Nitrobenzoyl]-, -diphenylester*, F. 151—152°, Nadeln; 75,2%. — *N-[3.5-Dinitrobenzoyl]-, -diphenylester*, $C_{19}H_{14}N_3O_8P$, F. 197—199°, Nadeln; 90,4%. — *N-[2-Chlor-4-nitrobenzoyl]-, -diphenylester*, $C_{19}H_{14}ClN_2O_6P$, F. 107—108°, Nadeln; 93,4%. — *N-[p-Nitrobenzoyl]-, -di-m-tolylester*, $C_{21}H_{19}N_2O_6P$, F. 131—133°, Prismen; 70,1%. — *N-Benzoyl-, -di-α-naphthylester*, F. 195—196°, Tafeln; 84,1%. — *N-[p-Chlorbenzoyl]-, -di-β-naphthylester*, $C_{27}H_{19}ClNO_4P$, F. 165—167°, Prismen; 85,5%. — *N-Benzoyl-, -bis-p-chlorphenylester*, F. 131—133°, Nadeln; 81,0%. — *N-[o-Chlorbenzoyl]-, -bis-p-chlorphenylester*, $C_{19}H_{13}Cl_3NO_4P$, F. 179—180°, Plättchen; 87,0%. — *N-[2.4-Dichlorbenzoyl]-, -bis-p-chlorphenylester*, $C_{19}H_{12}Cl_4NO_4P$, F. 152—154°, Nadeln; 89,9%. — *N-[m-Nitrobenzoyl]-, -bis-p-chlorphenylester*, $C_{19}H_{13}Cl_2N_2O_6P$, F. 171—173°, Prismen; 91,4%. — *N-[p-Nitrobenzoyl]-, -bis-p-chlorphenylester*, F. 175—176°, Prismen; 73,3%. — *N-[3.5-Dinitrobenzoyl]-, -bis-p-chlorphenylester*, $C_{19}H_{12}Cl_2N_3O_8P$, F. 216—217°, Nadeln; 82,7%. — *N-[2.4-Dichlorbenzoyl]-, -bis-o-nitrophenylester*, $C_{19}H_{12}Cl_2N_3O_8P$, F. 170—171°, Prismen; 84,2%. — *N-[p-Nitrobenzoyl]-, -bis-o-nitrophenylester*, F. 178—179°, Prismen; 83,1%. — *N-[2.4-Dichlorbenzoyl]-, -bis-p-nitrophenylester*, $C_{19}H_{12}Cl_2N_3O_8P$, F. 160—162°, Prismen; 83,4%. — *N-[p-Nitrobenzoyl]-, -bis-p-nitrophenylester*, F. 178—179°, Nadeln; 92,4%. — *N-[m-Nitrobenzoyl]-, -bis-p-nitrophenylester*, $C_{19}H_{13}N_4O_{10}P$, F. 176—178°, Nadeln; 86,2%. — *N-[3.5-Dinitrobenzoyl]-, -dimethylester*, $C_9H_{10}N_3O_8P$, F. 189—191°, Nadeln; 95,0%. G. Froelich. 1380

Aminobenzoylamidophosphorsäureester. A. W. Kirssanow und N. G. Feschtschenko. (J. allg. Chem. [UdSSR] **30** (**92**), 267—70, Jan. 1960; Inst. für org. Chem. der Akad. der Wiss. der UkrainSSR; russ.) — Durch Red. von Nitrobenzoylamidophosphorsäureestern in Ggw. von Pt werden *Aminobenzoylamidophosphorsäureester* erhalten. Sie sind amphoter u. werden aus ihren alkal. oder sauren Lsgg. beim Neutralisieren unverändert wieder isoliert.

Versuche: Benzoylamidophosphorsäuren: *o-Amino-, -dimethylester* (I), $C_9H_{13}N_2O_4P$, F. 149—152° (W.), durch Red. der entsprechenden o-Nitro-Verb. in 96%ig. A. (bei nachst. m- u. p-Nitro-Derivv. 96%ig. A. + Dioxan) an PtO_2; Nadeln; 82% (Ausbeute). — *m-Amino-, -dimethylester*, $C_9H_{13}N_2O_4P$, F. 125—127° (A.); Prismen; 70%. — *p-Amino-, -dimethylester*, $C_9H_{13}N_2O_4P$, F. 169—170° (A.); Prismen; 84%. — *o-Amino-, -diphenylester*, $C_{19}H_{17}N_2O_4P$, F. 142—144° (70%ig. A.); Nadeln; 91%. — *m-Amino-*,

-diphenylester, $C_{19}H_{17}N_2O_4P$, F. 167—169° (70%ig. A.); Nadeln; 91%. — *p-Amino-*, *-diphenylester*, $C_{19}H_{17}N_2O_4P$, F. 163—164° (Bzl.); Prismen; 97%. — *o-Benzoylamino-*, *-dimethylester*, $C_{16}H_{17}N_2O_5P$, F. 162—164°, aus I in wss. NaOH + Soda mit Benzoylchlorid; Nadeln; 98%. — *m-Benzoylamino-*, *-dimethylester*, $C_{16}H_{17}N_2O_5P$, F. 165—166°; Prismen; 73%. — *p-Benzoylamino-*, *-dimethylester*, $C_{16}H_{17}N_2O_5P$, F. 186—188°; Nadeln; 94%. — *o-Benzoylamino-*, *-diphenylester*, $C_{26}H_{21}N_2O_5P$, F. 171—173°; Nadeln; 96%. — *m-Benzoylamino-*, *-diphenylester*, $C_{26}H_{21}N_2O_5P$, F. 182—184°; Nadeln; 86%. — *p-Benzoylamino-*, *-diphenylester*, $C_{26}H_{21}N_2O_5P$, F. 193—195°; Kristallpulver; 93%. G. Froelich. 1380

Diphenylalkoxy- und Diphenylaroxyphosphazosulfonaryle. W. I. Schewtschenko und W. T. Stratijenko. (J. allg. Chem. [UdSSR] **30** (92), 1958—60, Juni 1960; Dnepropetrowsk, Metallurg. Inst.; russ.) — Bei der Rk. von Arylsulfonimidodiphenylphosphinsäurechloriden mit Alkoholen oder Phenolen in Ggw. von Na entstehen leicht u. in guten Ausbeuten *Arylsulfonimidodiphenylphosphinsäurealkyl(aryl)ester*, $(C_6H_5)_2 \cdot (RO)P{=}NSO_2Ar$ (R = Alkyl oder Aryl). Diese sind gegenüber W, 50%ig. A. u. wss. NaOH beständig, werden aber durch 0,1n wss.-alkohol. NaOH leicht unter Bldg. der entsprechenden *Na-Salze* der Diphenylphosphinsäuren hydrolysiert.

Versuche: Diphenylphosphinsäuremethylester: *Benzolsulfonimido-*, $C_{19} \cdot H_{18}NO_3PS$, F. 109—110°, durch Zutropfen von 0,0015 Mol Benzolsulfonimidodiphenylphosphinsäurechlorid in 10 ml Bzl. zu $NaOCH_3$ (0,0015 g-Atom Na, 10 ml Methanol), Eindampfen im Vakuum u. Verrühren des Rückstandes mit 40—50 ml W.; 63,3% (Ausbeute). — Analog: *o-Toluolsulfonimido-*, $C_{20}H_{20}NO_3PS$, F. 123—124°; 75,1%. — *p-Toluolsulfonimido-*, $C_{20}H_{20}NO_3PS$, F. 112—113°; 70,8%. — *β-Naphthalinsulfonimido-*, $C_{23}H_{20}NO_3PS$, F. 118—119°; 68,5%. — *p-Nitrobenzolsulfonimido-*, $C_{19} \cdot H_{17}N_2O_5PS$, F. 170—172°; 66,6%. — Diphenylphosphinsäureäthylester: *Benzolsulfonimido-*, $C_{20}H_{20}NO_3PS$, F. 117—118°, analog vorst. Verbb. in Ggw. von $NaOC_2H_5$; 71,5%. — *o-Toluolsulfonimido-*, $C_{21}H_{22}NO_3PS$, F. 122—123°; 74.8%. — *p-Toluolsulfonimido-*, $C_{21}H_{22}NO_3PS$, F. 96—97°; 75,0%. — *β-Naphthalinsulfonimido-*, $C_{24}H_{22}NO_3PS$, F. 104—105°; 66,2%. — *p-Nitrobenzolsulfonimido-*, $C_{20}H_{19}N_2O_5PS$, F. 49—50°; 66,2%. — Diphenylphosphinsäurephenylester: *Benzolsulfonimido-*, $C_{24}H_{20}NO_3PS$, F. 113 bis 114°; 84,6%. — *o-Toluolsulfonimido-*, $C_{25}H_{22}NO_3PS$, F. 139—140°; 86,0%. — *p-Toluolsulfonimido-*, $C_{25}H_{22}NO_3PS$, F. 125—126°; 85,2%. — *β-Naphthalinsulfonimido-*, $C_{28}H_{22}NO_3PS$, F. 130—132°; 78,2%. G. Froelich. 1380

Darstellung und Eigenschaften von Phenylvinylphosphinsäure. Przemysław Mastalerz. (Roczniki Chem. [Ann. Soc. chim. Polonorum] **34**, 1161—63, 1960; Wrocław, PAN, Inst. Immun. i Terap. dośw.; pol.) — Durch Abspaltung von HBr aus Phenyl-[2-bromäthyl]-phosphinsäureäthylester (I) u. anschließende Hydrolyse wird *Phenylvinylphosphinsäure* (II) erhalten. II wird, wenn auch schwieriger, durch Abspaltung von HBr aus der freien Säure von I dargestellt; sie entfärbt eine kalte $KMnO_4$-Lsg. u. addiert H_2 in Ggw. von Pd, wobei *Phenyläthylphosphinsäure* gebildet wird. Das Bromieren von II zu *Phenyl-[1.2-dibromäthyl]-phosphinsäure* gelingt in CCl_4 oder in Chlf., nicht aber in CH_3COOH.

Versuche: *Phenylvinylphosphinsäure* (II), $C_8H_9O_2P$, F. 118—120°, a) durch Umsetzung von 18 g I in 50 ml abs. A. mit 35 ml 10%ig. KOH-Lsg. bei gewöhnlicher Temp., Hydrolyse des erhaltenen gelben Öls mit heißer konz. HCl u. Extraktion des Prod. mit CH_3OH (Rückstand *Äthylendiphenyldiphosphinsäure*); 5 g (Ausbeute); b) durch Rk. der freien Säure mit alkohol. KOH-Lsg.; Kristalle aus Bzl.; 65%. — *Phenyläthylphosphinsäure*, F. 77—79°, durch Hydrieren von II in A. in Ggw. von Pd bei gewöhnlicher Temp. u. Normaldruck, Kristalle aus Äthylacetat; 75%. — *Phenyl-[1.2-dibromäthyl]-phosphinsäure, Hydrat*, $C_8H_9Br_2O_2P \cdot H_2O$, F. 63—66°, durch Rk. von je 0,05 Mol II u. Br_2 in CCl_4, Einengen der Lsg. u. Zugabe von W.; Kristalle durch Fällen aus W. mit CH_3COOH; 13 g. F. Urban. 1380◇

1.3.5-Triäthinylbenzol. W. Hübel und R. Merényi. (Angew. Chem. **74**, 781, 21/10. 1962; Brüssel, Union Carbide European Res. Associates; dt.) — Durch 16std. Chlorieren von 1.3.5-Triacetylbenzol mit PCl_5 in PCl_3 bei 40°, Eindampfen im Vakuum, Hydrolyse des Rückstandes, Chromatographie des Rückstandes in Bzl. an saurem Al_2O_3 u. Behandeln des entstandenen *1.3.5-Tris-[α-chlorvinyl]-benzols* [F. 36—38°; aus A. Nadeln; sublimiert bei 30°; 65% (Ausbeute)] mit $NaNH_2$ in fl. NH_3 entsteht *1.3.5-Triäthinylbenzol* (F. 105—107°; aus A. Nadeln; sublimiert bei 50—60°; 60%). P. Golinske. 1410◇

Synthese durch eine Brücke verbundener Ferrocenderivate mit funktionellen Gruppen am β-Kohlenstoffatom der Brücke. William Mock und John H. Richards. (J. org. Chemistry **27**, 4050—51, Nov. 1962; Pasadena, Calif., Inst. of Technol., Gates and Crellin Labor. of Chem.; engl.) — Ferrocenyl-(1.1')-diessigsäuredimethylester (I) läßt sich durch Einw. von Triphenylmethyl-Na (II) in Ae. in *1.1'-[α-Methoxycarbonyl-β-ketotrimethylen]-ferrocen* (III) überführen, das durch Hydrolyse u. Decarboxylierung *1.1'-[β-Ketotrimethylen]-ferrocen* (IV) liefert. Durch Red. mit $NaBH_4$ läßt sich IV in *1.1'-[β-Hydroxytrimethylen]-ferrocen* überführen. Die Struktur von IV wird durch Desulfurierung des IV-*Dimethyldithioketals* mit Raney-Ni, die zum bekannten *1.1'-Trimethylenferrocen* führt, bewiesen.

Versuche: *1.1'-[α-Methoxycarbonyl-β-ketotrimethylen]-ferrocen* (III), $C_{15}H_{14}FeO_3$, F. 121—121,5°, durch Zutropfen von II in Ae. zu I in Ae. unter N_2 u. 4std. Stehen bei Zimmer-Temp.; aus Heptan orangefarbene Nadeln; 85% (Ausbeute). *Enolacetat*, $C_{17}H_{16}$·FeO_4, F. 149—150°, durch Zutropfen von III zu Isopropenylacetat mit einer Spur Sulfosalicylsäure, 6std. Erhitzen auf 90° u. Neutralisieren mit $NaHCO_3$-Lsg.; aus Heptan orangefarbene Nadeln; 75%. — *1.1'-[β-Ketotrimethylen]-ferrocen* (IV), $C_{13}H_{12}FeO$, F. 154 bis 155°, durch $^1/_2$std. Erhitzen von III in Eisessig mit konz. HCl auf 100° u. Neutralisation; aus Heptan gelborangefarbene Nadeln; 85%. *Dimethyldithioketal*, F. 160—162°, aus Octan orangefarbene Kristalle; 73%. — *1.1'-Trimethylenferrocen*, F. 105—106°, durch 3std. Kochen vorst. Thioketals mit Raney-Ni in A., Ansäuern u. Sublimation bei 64°/2 mm Hg. K.-D. Albrecht. 1800◇

Durch Kaliumfluorid katalysierte Reaktionen. 2. Mitt. **Die Umwandlung von Adipinsäure in Cyclopentanon.** Leon Rand, Walter Wagner, Peter O. Warner und L. Robert Kovac. (J. org. Chemistry **27**, 1034—35, 12/3. 1962; Detroit, Mich., Univ., Dep. of Chem.; engl.) — 1. vgl. C. **1963**, **6956**. — Wasserfreies KF diente als Base bei der Hofmann-Rk., die N-Chlorbenzamid in Phenylisocyanat umwandelte, u. bei verschiedenen katalyt. Decarboxylierungen. Bei der Umwandlung von Adipinsäure (I) in *Cyclopentanon* (II) wurde in einer Reihe von Verss., bei denen die Menge KF relativ zur Konz. von I abnahm, gefunden, daß die Ausbeute an II stieg. Ohne Zusatz von KF entstand II nicht. Da II, CO_2 u. W. in äquimol. Mengen entstanden, scheint keine bedeutende Neben-Rk. stattzufinden. Auch bei der Dest. von I aus Jenaer Glas tritt die Umwandlung zu II ein, da die bas. Salze des Glases wirksam sind. Zur Aufklärung des Rk.-Mechanismus stellte man in Ggw. von BaO aus *2.2.5.5-Tetramethyladipinsäure* (III) in guten Ausbeuten *2.2.5.5-Tetramethylcyclopentanon* dar.

Versuche: *2.2.5.5-Tetramethyladipinsäure* (III), F. 188—190°, hergestellt nach der Vorschrift von Coffman u. Mitarbeitern (J. Amer. chem. Soc. **80**, [1958], 2864); 18% (Ausbeute). — *Cyclopentanon* (II), durch etwa 1std. Dest. von Adipinsäure (I) mit KF im Verhältnis 4:1 bei 250—280°. — *2.2.5.5-Tetramethylcyclopentanon*, Kp. 153,5 bis 154,5°, n_D^{20} 1,4272, a) durch 5std. Dest. von III mit BaO bei 320—330°, Destillat mit A. extrahieren u. fraktionieren; 72%; b) wie oben durch 8std. Erhitzen von III mit wasserfreiem KF; 52%. *2.4-Dinitrophenylhydrazon*, $C_{15}H_{20}N_4O_4$, F. 205—206°; aus A. rotorangefarbene Nadeln. D. Freytag. 1960□

Freie Radikal-Chlorierung von Cyclobutancarbonsäuren. William A. Nevill, Dorothy Swenson Frank und Robert D. Trepka. (J. org. Chemistry **27**, 422—428, 9/2. 1962; Grinnell, Iowa, Grinnell Coll., Dep. of Chem.; California Inst. of Technol., Gates and Crellin Labor.; engl.) — Cyclobutancarbonsäure (VIII), Cyclobutancarbonsäurechlorid (III), Cyclobutan-1.1-dicarbonsäure (IX) u. Cyclobutan-1.1-dicarbonsäuredichlorid (VI) werden in Ggw. von Dibenzoylperoxid mit SO_2Cl_2 chloriert. Die Chlorierungs-Prodd. werden chromatograph. getrennt. Es tritt vorwiegend trans-Chlorierung bevorzugt in 3-Stellung ein. VIII u. III werden in 2- u. 3-Stellung u. IX u. VI nur in 3-Stellung chloriert. Zur Identifizierung der Chlorierungs-Prodd. werden die isomeren Cyclobutancarbonsäuren sowie ihre Derivv. dargestellt u. ihre Konstit. durch Dipolmessungen der Methylester u. Nitrile bestimmt. Therm. Isomerisierung von cis-2-Chlorcyclobutancarbonsäure (cis-V) in konz. HCl liefert 80% *trans*-V u. cis-3-Chlorcyclobutancarbonsäure 22% *trans-Form*, das 53% der *cis-Form* liefert. IR-Spektren s. Original.

Versuche: *Cyclobutan-1.1-dicarbonsäure* (IX), F. 157—158,5° (Zers.; Dichloräthylen) durch langsames Zugeben von eisgekühlter äthanol. KOH zu I; 71,3% (Ausbeute). *Diäthylester* (I), $Kp._{15}$ 108—114°, nach Cason u. Allen (J. org. Chemistry **14**, [1949], 1036); n_D^{25} 1,4343; 55,5%. *Dichlorid* (VI), $Kp._{60}$ 108—110°, durch 20 Min. langes Zutropfen von $SOCl_2$ u. 3std. Kochen; 77%. *Diamid*, $C_6H_{10}N_2O_2$, F. 278—278,5° (Zers.), durch langsames Zugeben von VI zu eisgekühltem NH_4OH; aus W. Prismen. — *Cyclobutancarbonsäure* (VIII), a) aus IX; 85%; b) aus I (l. c.) ohne Isolierung von IX. *Chlorid* (III), $Kp._{60}$ 65—69°, durch 20 Min. langes Zugeben von PCl_3 u. 1std. Stehen bei 105°; 76,2%. — *1-Chlorcyclobutancarbonsäure*, $C_5H_7ClO_2$, $Kp._{12}$ 111—112°, durch 16std. Erhitzen von II in 12n HCl u. Diäthylcarbitol auf 98—105°, Abkühlen, Ausäthern, Schütteln der Extrakte mit NaOH, Neutralisieren bis pH 2—3 u. Extrahieren mit Ae.; n_D^{25} 1,4545; 42%. *Methylester* (II), $C_6H_9ClO_2$, $Kp._{100}$ 100—102°, durch Erhitzen von III mit überschüssigem Cl_2 u. etwas J_2 unter Feuchtigkeitsausschluß bei 105°, Gießen in eiskaltes Methanol, Erwärmenlassen auf Zimmer-Temp. u. 1std. Kochen; n_D^{25} 1,4478; 15%. — *2-Chlorcyclobutancarbonsäure* (**V**; Isomerengemisch), Kp.₆ 115—120°, durch 2std. Einleiten von trockenem HCl in ein Gemisch aus Cyclobuten-(1)-carbonsäure u. Hydrochinon in Toluol im Rührautoklaven bei 600 lbs./sq.in.; 43%. — ***trans*-V**, $C_5H_7ClO_2$, $Kp._{14}$ 120—122,5°, durch Chromatographieren von **V** an Kieselsäure-Celite; n_D^{25} 1,4713. *p-Bromphenacylester*, $C_{13}H_{12}BrClO_3$, F. 73,6—74,1° (W./A.). *Chlorid*, $Kp._{68}$ 104—106°, durch 1std. Kochen von trans-**V** u. PCl_3; 83%. *Amid*, C_5H_8ClNO, F. 144—145° (W.). *Nitril*, C_5H_6ClN, $Kp._{160}$ 125—130°, aus dem Amid u. P_2O_5; n_D^{25} 1,4634; 79%. *Methylester*, $Kp._{70}$ 103—105°, aus dem Chlorid u. Methanol; n_D^{25} 1,4487; 33%. — ***cis*-V**, $C_5H_7ClO_2$, F. 97—98,5° (PAe.), durch Chromatographieren von **V**; gibt durch ½std. Erhitzen mit konz. HCl im Bombenrohr auf 180° u. Chromatographieren an Kieselsäure-Celite (Meth. **A**) 80% *trans*-**V**. *p-Bromphenacylester*, $C_{13}H_{12}BrClO_3$, F. 88—89,5° (W./A.). *Chlorid*, $Kp._{68}$ 116—120°; 74%. *Amid*, C_5H_8ClNO, F. 160—165° (W.). *Nitril*, C_5H_6ClN, Kp. 200—210°; n_D^{25} 4675; 31%. — *3-Chlorcyclobutan-1.1-dicarbonsäure* (Isomerengemisch), F. 158—159,5° (Zers.; Dichloräthylen), durch Verseifen des Dichlorids; 100%. *Dichlorid*, $C_6H_5Cl_3O_2$, $Kp._{14}$ 96—98°, durch 1½—2std. Kochen von **VI**, SO_2Cl_2 u. Dibenzoylperoxid bis 110°; 60%, davon 64% *trans*- u. 36% *cis-Form*. *Diamid*, F. 212,5 bis 213° (W.). — *3-Chlorcyclobutancarbonsäure* (**VII**; Isomerengemisch), Kp.₄ 107—115°, a) aus dem Rohprod. vorst. Verb. durch 20 Min. langes Erhitzen auf 180° u. Dest.; ca. 66,2%; b) durch 20 Min. langes Zutropfen von SO_2Cl_2 zu **IX** u. Dibenzoylperoxid in Bzl. bei 130°, 22std. Kochen, Entfernen von Bzl. u. ½std. Erhitzen auf 180°; 50%; gibt durch Chromatographieren 60% *trans*- u. 40% *cis*-**VII**; c) durch ¼std. Zutropfen von SO_2Cl_2 zu **VIII** u. Dibenzoylperoxid, 1std. Kochen (Meth. **B**); 54%, davon 42% *trans*- u. 1% *cis*-**VII**; daneben 46% *trans*-**V**. — *cis-3-Chlorcyclobutancarbonsäure* (*cis*-**VII**), $C_5H_7ClO_2$; F. 43,8—45,3° (PAe.), durch Chromatographieren von **VII**; gibt nach **A** 22% *trans*-**VII**. *p-Bromphenacylester*, $C_{13}H_{12}BrClO_3$; F. 63,5—64° (W./A.). *Methylester*, $C_6H_9 \cdot ClO_2$, $Kp._{100}$ 125—128°, n_D^{25} 1,4538; 86%. *Amid*, C_5H_8ClNO, F. 172—173° (W.); 48%. *Nitril*, C_5H_6ClN, $Kp._{120}$ 145—150°, aus dem Amid u. P_2O_5; n_D^{25} 1,4699; 66%. — ***trans*-VII**, $C_5H_7ClO_2$, F. 51—52,2° (PAe.), durch Chromatographieren von **VII**; gibt nach **A** 53% *cis*-**VII**. *p-Bromphenacylester*, $C_{13}H_{12}BrClO_3$, F. 110—111,2°, aus W./A. Nadeln. *Methylester*, $C_6H_9ClO_2$, $Kp._{100}$ 125—128°; n_D^{25} 1,4435; 57%. *Amid*, C_5H_8ClNO, F. 188—190°; 53%. *Nitril*, C_5H_6ClN, $Kp._{99}$ 120—125°; n_D^{25} 1,4704; 92%. — *Monochlorcyclobutancarbonsäurechlorid* (Gemisch), $Kp._{11}$ 114—121°, aus **III**, SO_2Cl_2 u. Dibenzoylperoxid nach **B**, 1std. Zers. mit W. bei 100°; 26% nach Chromatographie; 62% *3-Chlorcyclobutancarbonsäurechlorid* (**IV**), davon 36% *trans*- u. 26% *cis*-**IV**, 38% *2-Chlorcyclobutancarbonsäure chlorid*, davon 36% *trans*- u. 2% *cis-Form*. A. Ackermann. 2000□

Vierringsynthesen durch photosensibilisierte symmetrische und gemischte Cycloadditionen. Günther Otto Schenck, Willy Hartmann, Sven-Peter Mannsfeld, Wolfgang Metzner und Carl Heinrich Krauch. (Chem. Ber. **95**, 1642—47, 16/7. 1962; Mühlheim/Ruhr, Max-Planck-Inst. für Kohlenforsch., Abt. Strahlenchem.; dt.) — Philodiene, wie Derivv. des Maleinsäureanhydrids oder Inden u. cycl. Diene wie Furan, werden durch photosensibilisierte Cycloaddition nach dem Prinzip der rein biradikal. Substratübertragung zu *Cyclobutan-Derivv.* vereinigt. Die Belichtung erfolgte unter Rühren in Ar-Atmosphäre mit einem Hg-Hochdruckbrenner Philips HPK 125 W. Benzophenon (**I**) wirkt als Sensibilisator.

Versuche: *Tetramethylcyclobutantetracarbonsäure, Dianhydrid* (**II**), $C_{12}H_{12}O_6$, F. 380° (Zers.), sublimiert bei 230°/0,3 Torr, durch 6std. Bestrahlung von 3,15 g Dimethylmaleinsäureanhydrid (**Ia**) in Bzl. bei 8°, a) in Ggw. von 1,5 g **I** (Meth. **A**); 1,92 g (Ausbeute); b) ohne **I** (Meth. **B**); 0,3 g. *Tetramethylester*, $C_{16}H_{24}O_8$, F. 108°, sublimiert bei 100°/0,3 Torr, durch 3std. Kochen von 0,5 g **II** mit Dimethylsulfat in Na-Methylat-Lsg.; 0,62 g. *Diimid*, $C_{12}H_{14}N_2O_4$, F. 350° (Zers.; Dioxan), nach **A** aus 5 g Dimethylmaleinsäureimid in Bzl. in 16 Std. bei 10°; 4,2 g. — *Dimethylcyclobutantetracarbonsäure, Dianhydrid* (**III**), $C_{10}H_8O_6$, F. 350° (Zers.), sublimiert bei 280°/0,1 Torr, nach **A** aus 20,75 g Methylmaleinsäureanhydrid in Dioxan bei 10° in 18 Std.; 5,2 g. *Tetramethylester*, $C_{14}H_{20}O_8$, F. 73,5°, sublimiert bei 60°/0,1 Torr, mit Diazomethan aus 0,96 g **III**; 1,1 g. — *cis–trans–cis-Cyclobutantetracarbonsäuredianhydrid*, $C_8H_4O_6$, F. 300° (Zers.), sublimiert bei 280°/0,1 Torr, aus 29,9 g Maleinsäureanhydrid in Dioxan bei 18° in 6 Std., a) nach **A**; 1,7 g; b) nach **B**; 0,9 g. — *N.N'-Diphenylcyclobutantetracarbonsäurediimid*, $C_{20}H_{14}N_2O_4$, F. 342°, sublimiert bei 170°/0,1 Torr, nach **A** aus 8,7 g N-Phenylmaleinsäureimid in Dioxan bei 15° in 24 Std.; 4,8 g. — *N.N'-Dicyclohexylcyclobutantetracarbonsäurediimid*, $C_{20}H_{26}N_2O_4$, F. 295°, sublimiert bei 220°/0,1 Torr, nach **A** aus 5,4 g N-Cyclohexylmaleinsäureimid in Dioxan in 24 Std. bei 15°; 1,4 g. — *Cyclobuta-[1.2:a;3.4:a'-(4.3:a)]-diinden*, $C_{18}H_{16}$, F. 113° (Aceton), $Kp._{0,25}$ 134—135°, sublimiert bei 95°/0,1 Torr, nach **A** aus 20,3 g Inden in Bzl. in

20 Std. bei 15°; 20 g. — *6.7-Dimethyl-4-oxabicyclo-[3.2.0]-Δ^2-heptendicarbonsäure-(6.7), Anhydrid* (**IV**), $C_{10}H_{10}O_4$, F. 153°, sublimiert bei 100°/0,1 Torr, nach **A** aus 20 g **Ia** in Furan in 48 Std. bei 10°; 10,6 g. *Dimethylester* (**V**), $C_{12}H_{16}O_5$, Kp.$_{7\text{-}10\text{-}3}$ 95—105°, aus 0,92 g **IV** u. Diazomethan in 1 Woche; Öl, n_D^{20} 1,4762, $D._4^{20}$ 1,157; 1,1 g. — *6.7-Dimethyl-4-oxabicyclo-[3.2.0]-heptandicarbonsäure-(6.7)-anhydrid*, $C_{10}H_{12}O_4$, F. 121°, sublimiert bei 60°/12 Torr, durch Hydrieren von 1,02 g **IV** in Dioxan an Raney-Ni; 1 g. *2ξ.3ξ-Dibrom-Deriv.* (**VI**), $C_{10}H_{10}Br_2O_4$, aus **IV** mit Br_2 in Chlf. bei —30°; zerfließende, unbeständige Kristalle. *2ξ-Brom-3ξ-hydroxy-Deriv.*, $C_{10}H_{11}BrO_5$, F. 185°, aus **VI** durch Chromatographie mit Bzl. an feuchtem Kieselgel. — *3ξ-Methoxy-6.7-dimethyl-4-oxabicyclo-[3.2.0]-heptandicarbonsäure-(6.7)-dimethylester*, $C_{13}H_{20}O_6$, Kp.$_{0,5}$ 120—130°, a) durch 5std. Kochen von 2,73 g **IV** in Methanol; 2,5 g; b) analog aus **V**; Öl, n_D^{20} 1,4711, $D._4^{20}$ 1,176. — *1.2-Dimethyl-3ξ-äthoxycyclobutandicarbonsäure-(1.2), Anhydrid* (**VII**), $C_{10}H_{14}O_4$, F. 64°, sublimiert bei 60°/0,3 Torr, nach **A** aus 11,8 g **Ia** in Äthylvinyläther in 88 Std. bei 20°; 9 g. *Freie Säure* (**VIII**), $C_{10}H_{16}O_5$, F. 203°, sublimiert bei 175°/0,3 Torr, durch mehrstd. Erhitzen von 1,21 g **VII** in Bzl.-W. (1 : 1); 1,3 g. *Dimethylester*, $C_{12}H_{20}O_5$, Kp.$_{0,3}$ 110°, aus 0,93 g **VIII** mit Diazomethan; n_D^{20} 1,4493, $D._4^{20}$ 1,069; 0,99 g. — *1.2-Indeno-3.4-cumarinocyclobutan*, $C_{18}H_{14}O_2$, F. 160,5°, sublimiert bei 100°/0,1 Torr, nach **A** aus 14,6 g Cumarin u. 11,4 g Inden in Bzl. in 23 Std. bei 20°; 6,4 g.

H. Harenz. 2000□

Ein neuer Weg zu 1-substituierten Cyclopentenen-(3). K. C. Murdock und Robert B. Angier. (J. org. Chemistry **27**, 2395—98, Juli 1962; Pearl River, N.Y., Amer. Cyanamid Co., Lederle Labor. Div., Organ. chem. Res. Sect.; engl.) — Durch Kondens. von cis-1.4-Dichlorbuten-(2) (**I**) mit Malonester (**II**) u. anschließende Verseifung wird neben *2-Vinylcyclopropan-1.1-dicarbonsäure* (**III**) u. einer *Substanz unbekannter Struktur* *Δ^3-Cyclopenten-1.1-dicarbonsäure* (**V**) erhalten. Decarboxylierung führt zu *Δ^3-Cyclopenten-1-carbonsäure* (**IV**), die mit $SOCl_2$ in das *Säurechlorid* übergeführt wird. Ohne Isolierung der Zwischenstufen wird daraus über das *Azid* u. *Isocyanat-1-Aminocyclopenten-(3)* erhalten. Die Oxydation von **IV** führt zu *Tricarballylsäure*.

Versuche: *Δ^3-Cyclopenten-1.1-dicarbonsäure* (**V**), $C_7H_8O_4$, F. 170—172° (Zers.; Ae./Toluol), durch alkal. Verseifung des Estergemisches; 31% (Ausbeute); daneben **III**. *Diäthylester* im Gemisch mit *2-Vinylcyclopropan-1.1-dicarbonsäurediäthylester*, $C_{11}H_{16}O_4$, Kp.$_{0,5}$ 71—76°, durch 1½std. Zutropfen von **II** zu **I** [Kp.$_{35}$ 70—72°, aus Butandiol-(1.4) über *cis-1.4-Dihydroxybuten-(2)* (Kp.$_{0,5}$ 103°, n_D^{24} 1,4755); n_D^{24} 1,4868; 78%] bei 65 bis 75° u. 4std. Rk.; n_D^{24} 1,4488; 67%; daneben *Substanz $C_{11}H_{16}O_4$*, F. 160—161°, 2,6%. — *2-Vinylcyclopropan-1.1-dicarbonsäure* (**III**), $C_7H_8O_4$, F. 111—112°, nach 10 Monaten u. Umkristallisieren F. 115—116° (Toluol), a) aus der Mutterlauge vorst. Verb.; b) aus trans-1.4-Dibrombuten-(2) nach Skinner, Limperos und Pettebone (vgl. C. **1951**, I, 859) über den *Diäthylester* [Kp.$_{0,8}$ 88—92°, n_D^{24} 1,4508; 53%]; Nadeln; 76%. — *γ-Vinyl-γ-butyrolacton*, $C_6H_8O_2$, Kp.$_{17}$ 113°, durch Pyrolyse von **III** bei 120—170°; 71%. — *Δ^3-Cyclopenten-1-carbonsäure* (**IV**), $C_6H_8O_2$, Kp.$_2$ 83—84°, durch 1std. Erhitzen von **V** auf 180°, dann 170°; n_D^{23} 1,4673; 93%. *Chlorid*, C_6H_7ClO, Kp.$_{55}$ 95—96°, n_D^{23} 1,4746; 95%. *Anilid*, $C_{12}H_{13}NO$, F. 140° (Bzl.), Blättchen. — *3α.4β-Dibromcyclopentan-1α-carbonsäure*, $C_6H_8Br_2O_2$, F. 120—122°, aus **IV** u. Br_2 in Cyclohexan; aus Cyclohexan Blättchen; 74%. — *Tricarballylsäure*, $C_6H_8O_6$, F. 160—161° (Aceton/Toluol) durch $KMnO_4$-Oxydation von **IV**; 66%. — *1-Aminocyclopenten-(3), Hydrochlorid*, $C_5H_{10}ClN$, F. 219—221°, durch Zutropfen von **IV**-Chlorid in Aceton zu wss. NaN_3-Lsg. $<6°$, ½std. Rk. bei 0°, Benzolextraktion, Trocknen, Zers. des *Acylazids* durch ½std. Kochen u. Rk. des *Isocyanats* mit HCl u. 5 Min. langes Kochen; hygroskop. Nadeln; 82%. — *N-[Δ^3-Cyclopentenyl-(1)]-N'-phenylharnstoff*, $C_{12}H_{14}N_2O$, F. 128°, aus dem nicht isolierten Δ^3-Cyclopentenylisocyanat u. Anilin; aus A. Nadeln.

K.-D. Albrecht. 2110◇

Alkali-katalysierte Desalkylierung von zwei diastereomeren Benzylboranen. Alfred J. Weinheimer und William E. Marsico. (J. org. Chemistry **27**, 1926, Mai 1962; Norman, Okla., Univ. of Oklahoma, Dep. of Chem.; engl.) — Das durch Hydroborierung von cis- u. trans-α.α'-Dimethylstilben (**I**) mit Diboran erhaltene *erythro-* bzw. *threo-2.3-Diphenylbutyl-(2)-boran* wird in wss. Diglyme durch verd. NaOH stereospezif. in *meso-* bzw. *dl-2.3-Diphenylbutan* u. H_3BO_3 gespalten, wobei die Desalkylierung ersterer Verb. bedeutend schneller verläuft. Als Zwischenprod. tritt *2.3-Diphenylbutyl-(2)-boronsäure* auf. W. allein oder verd. Essigsäure bewirken keine Desalkylierung.

Versuche: *meso-2.3-Diphenylbutan*, F. 126,5—127,5°, man bringt die Lsg. des Additions-Prod. von cis-**I** u. B_2H_6 in Diglyme mit 3n NaOH auf pH 9—10 u. läßt 1 Std. lang bei Zimmer-Temp. stehen; 69% (Ausbeute). — *dl-2.3-Diphenylbutan*, F. 10°, aus dem Additions-Prod. von trans-**I** u. B_2H_6 in 11 Std.; n_D^{25} 1,5528; 71%. Enthält weniger als 5% vorst. Verbindung.

Renate Richter. 2210◇

Einfluß des Raumbedarfs der Substituenten in 1.4-Stellung auf die Eigenschaften der Butatrien-Abkömmlinge. Wiesław Jasiobędzki. (Roczniki Chem. [Ann. Soc. chim. Polonorum] **34**, 877—79, 1960; Warszawa, Politechn., Kat. Chem. organ., PAN, Zakł. Synt. organ.; pol.) — Zur Bestätigung der Annahme, daß die räumliche Anordnung der Substituenten in 1.4-Di-tert.-butyl-1.4-diphenylbutatrien (I) Ursache der anomalen physikal. u. chem. Eigg. von **I** ist, wurde *1.4-Dimethyl-1.4-diphenylbutatrien* (II) synthetisiert. **II** ist in seinen Eigg. den symm. Tetraarylbutatrienen ähnlich u. unterscheidet sich damit von **I**. Die Darst. von **II** gelingt durch Einw. von HJ in statu nascendi auf die meso- oder rac.-Form von 1.4-Dimethyl-1.4-diphenylbutin-(2)-diol-(1.4) (**III**). Auch bei der Rk. von **III** mit PBr_3 in Pyridin, mit HBr in CH_3COOH oder mit A. in Ggw. von H_2SO_4 entsteht **II** in geringer Menge. UV- u. IR-Spektrum von **II** sind angegeben.

Versuche: *meso-* u. *rac.-Form* von *1.4-Dimethyl-1.4-diphenylbutin-(2)-diol-(1.4)* (**III**), F. 128—129° bzw. F. 163,5—163,8° (ohne Zuordnung), durch Rk. von Acetophenon mit Acetylen-bis-MgBr u. fraktionierte Kristallisation des Prod. aus A.; 60% (Ausbeute). — *1.4-Dimethyl-1.4-diphenylbutatrien* (**II**), $C_{18}H_{16}$, F. 223—225° (Zers.), a) durch Eintropfen einer Lsg. von 5,52 g konz. H_2SO_4 in 20 ml A. in eine sd. Lsg. von 15 g meso- oder rac.-**III** u. 32,34 g KJ in CH_3OH oder A. u. Extraktion des Gemisches mit Bzl. (9,8—15,1%); b) durch Eintropfen von PBr_3 in Pyridin im Überschuß in eine Lsg. von **III** in Pyridin u. Erwärmen auf 60° (3,4—4,3%); c) durch 1std. Kochen von 5,33 g **III** in 50 ml A. unter Zusatz von 2 g konz. H_2SO_4 (1,7—2,6%); d) durch Einw. von 7,06 g HBr in 20 ml Eisessig auf 7,98 g **III** (1,7—2,2%); gelbgrüne, im Licht sich zersetzende Nadeln aus warmem Bzl. oder Cyclohexan. F. Urban. 2210◇

Neue Methode zur Synthese von Diarylbernsteinsäureestern. Joseph Hoch und Danièle Legay. (C. R. hebd. Séances Acad. Sci. **255**, 2975—77, 26/11. 1962; Paris, Sorbonne, Labor. de Chim. organ. II.; franz.) — Die nachst. 2.3-Diarylbernsteinsäurediäthylester wurden durch Kondens. des entsprechenden Arylbromessigsäureäthylesters mit einem Arylessigsäureäthylester (durch langsame Zugabe ihres äquimol. Gemisches zu $NaNH_2$ in Ae. unter Rühren, 12std. Rühren bei Raum-Temp., 1std. gelindes Kochen u. Absaugen des Nd. oder Gießen in Eis + wenig HCl, Destillieren im Vakuum u. fraktionierte Kristallisation) erhalten; sie wurden zu den zugehörigen *2.3-Diarylbernsteinsäuren* verseift: *2.3-Diphenyl-*, F. 141°; 60% (Ausbeute); daneben *Isomeres*, F. 84°; 10%. — *2-Phenyl-3-[o-tolyl]-*, $C_{21}H_{24}O_4$, F. 117°; 60% (*freie Säure*, $C_{17}H_{16}O_4$, F. 245°; 70%). — *2-Phenyl-3-[m-tolyl]-*, F. 87°; 40% (*freie Säure*, F. 220°; 70%); daneben fl. *Isomeres*, n_D^{40} 1,526; 5% (*freie Säure*, F. 252°; 60%). — *2-Phenyl-3-[p-tolyl]-*, F. 100°; 56% (*freie Säure*, F. 300°; 75%). — *2-[p-Tolyl]-3-[o-tolyl]-*, $C_{22}H_{26}O_4$, F. 138°; 32% (*freie Säure*, $C_{18}H_{18}O_4$, F. 290°; 70%). — *2-[p-Tolyl]-3-[m-tolyl]-*, F. 98°; 30% (*freie Säure*, F. 300°; 68%). — *2.3-Bis-[p-tolyl]-*, F. 150°; 38% (*freie Säure*, F. 275°; 70%); daneben *Isomeres*, F. 85°; 7% (*freie Säure*, F. 290°; 70%). — *2.3-Bis-[o-tolyl]-*, F. 148°; 44% (*freie Säure*, F. 265—270°; 62%). — *2.3-Bis-[m-tolyl]-*, F. 100°; 30% (*freie Säure*, F. 261°; 68%). — *2-[p-Methoxyphenyl]-3-[p-tolyl]-*, $C_{22}H_{26}O_5$, F. 136°; 30% (*freie Säure*, $C_{18}H_{18}O_5$, F. 300°; 70%). — *2-Phenyl-3-[p-nitrophenyl]-*, $C_{20}H_{21}NO_6$, F. 101°; 50% (*freie Säure*, $C_{16}H_{13}NO_6$, F. 230°; 72%). — *2-Phenyl-3-[α-naphthyl]-*, $C_{24}H_{24}O_4$, F. 97°; 42% (*freie Säure*, $C_{20}H_{16}O_4$, F. 190°). Gisela Schreiber. 2420◇

Acetylenderivate. 195. Mitt. **Umwandlung von Cyclopentenonen.** 3. Mitt. **Dimerisation von 2.4-Dimethyl-Δ^2- und -Δ^4-Cyclopentenonen-(1) und Umwandlungen der sich hierbei bildenden tricyclischen Diketone.** I. N. Nasarow und A. N. Jelisarowa. (J. allg. Chem. [UdSSR] **30 (92)**, 450—62, Febr. 1960; Inst. für org. Chem. der Akad. der Wiss. der UdSSR; russ.) — 194. vgl. C. **1960**, 2143. — Beim Rühren eines äquimol. Gemisches aus 2.4-Dimethyl-Δ^2- (**I**) u. -Δ^4-cyclopentenon-(1) (**II**) in Ggw. von KOH tritt zwischen den beiden Verbb. über ihre Enolisierung Dien-Rk. unter Bldg. von *1.3a.4.7-Tetramethyl-4.7-endomethylenhexahydroindandion-(3.6)* (**III**) ein. In **III** liegt die 3ständige Ketogruppe stark enolisiert vor; mit Carbonylreagentien werden allg. nur Monoderivv. gebildet, u. die Rk. mit CH_3MgJ liefert *1.3.4a.6.7-Pentamethyl-4.7-endomethylenhexahydroindanol-(6)-on-(3)*. Es gelingt jedoch, unter drast. Bedingungen **III**-*Dihydrazon* darzustellen; seine Zers. liefert *1.3a.4.7-Tetramethyl-4.7-endomethylenhexahydroindan*. Über Ni wird **III** zum *3.6-Diol* hydriert; die Red. nach Clemmensen erfaßt wiederum nur die 6ständige Ketogruppe. In der Hitze zerfällt **III** wieder zu **I** u. **II**. Beim Erhitzen von **I** mit Cyclopentadien (**IV**) unter den üblichen Bedingungen von Diels-Alder-Rkk. tritt allein Selbstkondens. von **IV** ein. In Ggw. von KOH wird jedoch mit mäßiger Ausbeute *1.3a.4(7?)-Trimethyl-2.3.3a.7a-tetrahydroindenon-(3)* isoliert, das sich katalyt. zur *Hexahydro-Verb.* hydrieren läßt. Ebenfalls nur mit geringer Ausbeute wird bei der durch KOH katalysierten Dien-Rk. von **IV** mit **II** *2.4(7?).7a-Tri-*

methyl-2.3.3a.7a-tetrahydroindenon-(3) gebildet. **I** geht in Ae. in Ggw. von KOH Selbstkondens. zu *1.3a.5-Trimethyl-4.7-endoäthylidenhexahydroindandion-(3.6)* (**V**) ein. Bei 150—200° zerfällt **V** zu **I** u. **II**; bei 280—300° oder in Ggw. von HCl bei 100—130° tritt dagegen Isomerisierung zu einem gesätt. Diketon noch zu klärender Struktur ein. Über Ni läßt sich **V** unter Erhaltung der Endoäthylidengruppierung zum *3.6-Diol* hydrieren. Die Einw. von KOH auf **II** in äther. Lsg. führt zur Bldg. eines Gemisches aus **III**, *2.4.7.7a-Tetramethyl-4.7-endomethylenhexahydroindandion-(3.6)* (**VI**) u. einem weiteren *Dimeren*, d. h. teilweise tritt Isomerisierung zu **I** ein. **V** u. **VI** liefern mit Carbonylreagentien nur Derivv. einer CO-Gruppe, was auf ster. Hinderung zurückgeführt wird. Nach den Ergebnissen erscheinen **I** u. **II** für Synth. von Verbb. der Norcampher-Reihe u. ähnliche interessant.

Versuche: *1.3a.4.7-Tetramethyl-4.7-endomethylenhexahydroindandion-(3.6)* (**III**), $C_{14}H_{20}O_2$, F. 94—95°, durch 10std. Rühren von 50 g **I** (Kp. 164—166°, n_D^{16} 1,4685) mit 50 g **II** (Kp. 180—182°, n_D^{20} 1,4770) in Ae. in Ggw. von KOH-Pulver; 10 g (Ausbeute; daneben 3 g **V**). *Monosemicarbazon*, $C_{15}H_{23}N_3O_2$, F. 215—216° (Methanol). *Mono-2.4-dinitrophenylhydrazon*, $C_{20}H_{24}N_4O_5$, F. 250—252° (A.). *Dihydrazon*, $C_{14}H_{24}N_4$, F. 171—173° (Bzl.), durch 30std. Kochen von **III** mit Hydrazinhydrat. — *1.3a.4.6.7-Pentamethyl-4.7-endomethylenhexahydroindanol-(6)-on-(3)*, $C_{15}H_{24}O_2$, F. 115—116° (Ae.-PAe.), durch 4std. Rühren von 10 g **III** mit CH_3MgJ in Ae., Stehen über Nacht u. Zers. mit HCl; 10 g. — *1.3a.4.7-Tetramethyl-4.7-endomethylenhexahydroindanol-(6)-on-(3)*, $C_{14}H_{22}O_2$, Kp.$_3$ 120—122°, F. 66—67° (Ae.-PAe.), durch Hydrieren von 6,7 g **III** in A. in Ggw. von $NaOC_2H_5$ über Pt; 6 g. *Semicarbazon*, $C_{15}H_{25}N_3O_2$, F. 227—230° (Zers.). —, *1.3a.4.7-Tetramethyl-4.7-endomethylenhexahydroindanon-(3)*, $C_{14}H_{22}O$, Kp.$_{28}$ 136—137°, durch 15std. Erhitzen von 6,7 g **III** mit Zn/Hg in verd. HCl; D.$_4^{20}$ 0,9737, n_D^{20} 1,4820; 2,5 g. *Semicarbazon*, $C_{15}H_{25}N_3O$, F. 220—222° (Zers.). — *1.3a.4.7-Tetramethyl-4.7-endomethylenhexahydroindandiol-(3.6)*, $C_{14}H_{24}O_2$, Kp.$_2$ 143—144°, durch Hydrieren von 16,2 g **III** in Isopropanol über Raney-Ni bei 100°/88 at; D.$_4^{20}$ 1,0622, n_D^{20} 1,5100; 12 g. — *1.3a.4.7-Tetramethyl-4.7-endomethylenhexahydroindan*, $C_{14}H_{24}$, Kp.$_{50}$ 128—130°, durch 4std. Erhitzen von 4,6 g **III**-Dihydrazon mit KOH u. wenig Ag_2O auf 190—195°; D.$_4^{20}$ 0,8943, n_D^{20} 1,4740; 1,2 g. — *1.3a.4(7?)-Trimethyl-2.3.3a.7a-tetrahydroindenon-(3)*, $C_{12}H_{16}O$, Kp.$_{13}$ 118—119°, durch 4std. Rühren von 75 g **IV** mit 88 g **I** in Ae. in Ggw. von KOH; D.$_4^{20}$ 0,9815, n_D^{20} 1,5000; 18 g. *2.4-Dinitrophenylhydrazon*, $C_{18}H_{20}N_4O_4$, F. 149—150° (A.). *Acroleinaddukt*, $C_{15}H_{20}O_2$, Kp.$_2$ 163—164°, D.$_4^{20}$ 1,0523, n_D^{20} 1,5095. — *1.3a.4(7?)-Trimethylhexahydroindanon-(3)*, $C_{12}H_{20}O$, Kp.$_{13}$ 120—122°, durch Hydrieren vorst. Ketons in A. über Pt; D.$_4^{20}$ 0,9545, n_D^{20} 1,4780. *2.4-Dinitrophenylhydrazon*, $C_{18}H_{24}N_4O_4$, F. 130—131° (A.). — *2.4(7?).7a-Trimethyl-2.3.3a.7a-tetrahydroindenon-(3)*, $C_{12}H_{16}O$, Kp.$_{15}$ 121—122°, durch 4std. Rühren von 17 g **II** mit 134 g **IV** in Ae. in Ggw. von KOH; D.$_4^{20}$ 0,9942, n_D^{20} 1,5020; 3,6 g. *2.4-Dinitrophenylhydrazon*, $C_{18}H_{20}N_4O_4$, F. 142—143° (A.). — *2.4(7?).7a-Trimethylhexahydroindanon-(3)*, Kp.$_2$ 85—86°, durch Hydrieren des vorst. Ketons in A. über Pt; D.$_4^{20}$ 0,9665, n_D^{20} 1,4825. *2.4-Dinitrophenylhydrazon*, $C_{18}H_{24}N_4O_4$, F. 145—146°. — *1.3a.5-Trimethyl-4.7-endoäthylidenhexahydroindandion-(3.6)* (**V**), $C_{14}H_{20}O_2$, F. 83—84° (Aceton), durch 10std. Rühren von **I** in Ae. in Ggw. von KOH; 30% [*Monosemicarbazon*, $C_{15}H_{23}N_3O_2$, F. 192—193° (A.). *Mono-2.4-dinitrophenylhydrazon*, $C_{20}H_{24}N_4O_5$, F. 173—174° (Bzl.)]; daneben *trimere Verb.* $C_{21}H_{30}O_3$, F. 157—159°. *Mono-2.4-dinitrophenylhydrazon*, $C_{27}H_{34}N_4O_6$, F. 206—208° (Bzl.). — *1.3a.5-Trimethyl-4.7-endoäthylidenhexahydroindandiol-(3.6)*, $C_{14}H_{24}O_2$, Kp.$_{4,5}$ 146—148°, durch Hydrieren von 8 g **V** in Isopropanol über Raney-Ni bei 100—110°/108 at; D.$_4^{20}$ 1,0100, n_D^{20} 1,4900; 7,4 g. — *2.4.7.7a-Tetramethyl-4.7-endomethylenhexahydroindandion-(3.6)* (**VI**), $C_{14}H_{20}O_2$, F. 108—109°, durch 15std. Rühren von 145 g **II** mit KOH in Ae.; 17,2 g (daneben **III**). *Mono-2.4-dinitrophenylhydrazon*, $C_{20}H_{24}N_4O_5$, F. 190—191° (A.). H.-E. Toussaint. 2650□

Ein toxisches Chinon aus Teakholz. W. Sandermann und M. H. Simatupang. (Angew. Chem. **74**, 782—83, 21/10. 1962; Reinbeck, Bundesforschungsanstalt für Forst- u. Holzwirtschaft, Inst. für Holzchem. u. chem. Technologie des Holzes; dt.) — Das aus 1.4-Dihydroxynaphthalin u. $\gamma.\gamma$-Dimethylallylalkohol in Dioxan in Ggw. von BF_3 erhaltene *1.4-Dihydroxy-2-(γ.γ-dimethylallyl)-naphthalin* läßt sich durch Oxydation mit Ag_2O u. säulenchromatograph. Reinigung an Silicagel in *2-[γ.γ-Dimethylallyl]-naphthochinon-(1.4)* ($C_{15}H_{14}O_2$, F. 56—58°; goldgelbe Kristalle; wasserdampfflüchtig) überführen, das auch aus verschiedenen Teakholzarten isoliert werden konnte. Es ruft Hautjucken u. Ekzeme hervor. P. Golinske. 2700◇

Die Kondensation von Acenaphthenchinon mit Aminophenolen. Ilie Matei, Tatiana Lixandru und Eugenia Comaniță. (Bul. Inst. politehn. Iași [N. S.]

6 (10), Nr. 1–2, 171–76, 1960; Iaşi, Inst. politehn., Catedra de ind. organ.; rum.) — Die Kondens. von Acenaphthenchinon (I) mit o- (II) u. p-Aminophenol (III) führt zu 3 neuen Verbindungen.

Versuche: *Acenaphthophenazoxoniumhydroxid*, $^2/_3$ *Benzolat*, $C_{18}H_{13}NO_3 + {}^2/_3\,C_6H_6$, F. 178° (A./Bzl.), aus 5 g I u. II; 8 g (Ausbeute). — *Bis-[p-hydroxyphenylamino]-acenaphthenon*, $C_{24}H_{18}N_2O_3$, F. 224–225° (Bzl.), aus 3 g I u. III in Toluol; 4,5 g. — *Acenaphthenchinon-p-Aminophenol-ZnCl₂-C₂H₅OH-Komplex*, $C_{26}H_{22}Cl_2N_2O_3Zn$, F. 315° (abs. A.), aus 5 g I, 6,5 g III u. 10 g $ZnCl_2$ in Eisessig; 11 g. J. Lehmberg. 2750□

Die Synthese von Hexaphenylpentalen. Eugene Le Goff. (J. Amer. chem. Soc. **84**, 3975–76, 20/10. 1962; Pittsburgh, Pa., Mellon Inst.; engl.) — (FF. korr.). — Kondens. von 1.2.3-Triphenylcyclopentadien mit 1.2.3-Triphenylpropenon in $(CH_3)_2SO$ in Ggw. von KF lieferte 53% (Ausbeute) *1.2-Dihydrohexaphenylpentalen* (II), $C_{44}H_{32}$, F. 266 bis 267°, hellgelbe Nadeln (CH_3OH/Chlf.). — Dehydrierung von II mit N-Bromsuccinimid in sd. O_2-freiem CCl_4 gab 77% *Hexaphenylpentalen* (I), $C_{44}H_{30}$, F. 273–276°, grünbraune Nadeln (CH_3OH/Chlf.), das auch in niedriger Ausbeute aus II u. C_4H_9Li in Tetrahydrofuran (→ rote Lsg.) u. nachfolgende Oxydation mit J_2 erhalten wurde. Lsgg. von I sind luftempfindlich. I u. II gaben mit Br_2 in CCl_4 tiefgrüne, mit $SbCl_5$ tiefblaue Lsgg.; mit CF_3COOH entstand eine tiefblaue (mit I) bzw. fluorescierende rote Färbung (mit II). Zusatz von OH-haltigen Lsgm. entfärbt diese Färbungen. — Erhitzen von I mit Acetylendicarbonsäuredimethylester auf 160° gab 63% *6.7(oder 7.8)-Dicarbomethoxy-1.2.3.4.5.8(oder 1.2.3.4.5.6)-hexaphenylazulen*, $C_{50}H_{36}O_4$, F. 247–248°, dunkelgrünlich-blau. J. Rothe. 2950◇

Stereochemie einiger von 2.3-Cyclohexanobicyclo-[3.3.1]-nonan abgeleiteter Ketole und Diole. Sylvestre Julia und Daniel Varech. (C. R. hebd. Séances Acad. Sci. **246**, 1559–62, 10/3. 1958; franz.) — Vorl. Mitt. zu der C. **1961**, 6138 referierten Arbeit. Gisela Schreiber. 2950□

Guanidine mit antihypertensiver Aktivität. Robert P. Mull, Mary E. Egbert und Mary R. Dapero. (J. org. Chemistry **25**, 1953–56, Nov. 1960; Summit, N.J., CIBA Pharmaceut. Prodd., Inc., Res. Dep.; engl.) — Durch Umsetzung von S-Methylisothioharnstoffsulfat (I) mit 2-[Oktahydroazocinyl-(1)]-äthylamin (III) entsteht *[2-(Oktahydroazocinyl-(1))-äthyl]-guanidinsulfat* (II; *Guanethidin, Isenelin*), das protrahierte antihypertensive Wrkg. aufweist. Es wird eine Anzahl von II-Analogen mit verändertem Ring, veränderter Seitenkette u. veränderter Endfunktion dargestellt u. festgestellt, daß II das Wirksamkeitsoptimum aufweist.

Versuche: *Oktahydroazocinyl-(1)-acetonitril* (IV), $C_9H_{16}N_2$, $Kp._{14}$ 114–118°, durch Zugabe von Oktahydroazocin (V) in Bzl. zu Chloracetonitril u. Na_2CO_3 (wasserfrei) in Bzl., 4std. Kochen u. Rühren, Kühlen, Filtrieren, Einengen u. Fraktionieren; n_D^{24} 1,4720; 87% (Ausbeute). — *γ-[Oktahydroazocinyl-(1)]-butyronitril*, $C_{11}H_{20}N_2$, $Kp._{15}$ 140 bis 144°, analog IV; n_D^{28} 1,4751; 71%. — *Oktahydroazoninyl-(1)-acetonitril*, $C_{10}H_{18}N_2$, $Kp._{13}$ 120–125°, n_D^{27} 1,4783; 83%. — *1-Azacycloundecylacetonitril*, $C_{12}H_{22}N_2$, $Kp._{15}$ 149–153°, n_D^{25} 1,4849; 63%. — *Hexahydro-5-oxo-1.4-thiazepin*, C_5H_9NOS, F. 115–118° (CCl_4–Heptan), durch Zugabe von NaN_3 zu Tetrahydro-1-thiopyranon-(4) in konz. HCl unter Kühlung, 4std. Rühren bei Raum-Temp., Alkalisieren mit festem Na_2CO_3, Zugabe von W. zur Lsg. der Salze, Extraktion mit Chlf., Einengen u. Zugabe von PAe.; 63%. — *1.4-Hexahydrothiazepin*, $C_5H_{11}NS$, Kp. 192–193°, durch Red. vorst. Verb. mit $LiAlH_4$ in Ae. in 24 Std.; 88%. *Hydrochlorid*, $C_5H_{12}ClNS$, F. 210–212° (Isopropanol–Ae.). — *Hexahydro-1.4-thiazepinyl-(4)-acetonitril*, $C_7H_{12}N_2S$, $Kp._{13}$ 148–150°, aus vorst. Verb. analog IV; n_D^{24} 1,5268; 56%. — *2-[Oktahydroazocinyl-(1)]-äthylamin* (III), $C_9H_{20}N_2$, $Kp._{14}$ 108–111°, durch Red. von IV in Ae. mit $LiAlH_4$ (3std. Kochen u. Rühren über Nacht bei Raum-Temp.); n_D^{22} 1,4830; 89%. — *3-[Oktahydroazocinyl-(1)]-propylamin*, $C_{10}H_{22}N_2$, $Kp._{0,4}$ 94–98°, analog III; n_D^{25} 1,4858; 70%. — *4-[Oktahydroazocinyl-(1)]-butylamin*, $C_{11}H_{24}N_2$, $Kp._{0,35}$ 70–77°, n_D^{28} 1,4818; 74%. — *2-[Oktahydroazoninyl-(1)]-äthylamin*, $C_{10}H_{22}N_2$, $Kp._{0,7}$ 64–68°, n_D^{26} 1,4859; 76%. — *2-[1-Azacycloundecyl]-äthylamin*, $C_{12}H_{26}N_2$, $Kp._{0,3}$ 87–90°, n_D^{28} 1,4880; 70%. — *2-[Hexahydro-1.4-thiazepinyl-(4)]-äthylamin*, $C_7H_{16}N_2S$, $Kp._{13}$ 120–122°, n_D^{24} 1,5293; 33%. — Äthylguanidinsulfate: *2-[Oktahydroazocinyl-(1)]-* (II), $C_{20}H_{46}N_8O_4S$, F. 276–281° (Zers.; A.–W.), durch Zugabe von I zu III in W., 8std. Kochen (CH_3SH-Entw.), Kühlen u. Abfiltrieren; 74%. — *2-[Pyrrolidyl-(1)]-*, $C_{14}H_{34}N_8O_4S$, F. 159–162° (Zers.; A.–W.), aus den Komponenten in mehreren Tagen bei Raum-Temp.; 80%. — *2-Piperidino-*, $C_{16}H_{38}N_8O_4S$, F. 204–207° (Zers.; A.–W.); 53%. — *2-[Hexahydroazepinyl-(1)]-*, $C_{18}H_{42}N_8O_4S$, F. 208–215° (Zers.; A.–W.); 83%. — *2-[Oktahydroazoninyl-(1)]-*, $C_{22}H_{50}N_8O_4S$, F. 272–275° (Zers.; A.–W.); 70%. — *2-[1-Azacycloundecyl]-*, $C_{26}H_{58}N_8O_4S$, F. 260–273° (Zers.; A.–W.); 70%. — *2-[Hexahydro-1.4-thiazepinyl-(4)]-*, $C_{16}H_{38}N_8O_4S_3$, F. 207–214° (Zers.; A.–W.); 63%. —

2-Morpholino-, $C_{14}H_{34}N_8O_6S$, F. 177—189° (Zers.; A.-W.); 41%. — *2-[Pyridyl-(2)]-*, $C_{16}H_{26}N_8O_4S$, F. 147—150° (Zers.; A.-W.); 48%. — *2-[Pyridyl-(4)]-*, F. 256—257° (Zers.; A.-W.); 56%. — *2-Diäthylamino-*, $C_{14}H_{38}N_8O_4S$, F. 210—215° (Zers.; A.-Ae.); 66%. — *2-Di-n-butylamino-*, $C_{22}H_{54}N_8O_4S$, F. 120—123° (Zers.; W.); 63%. — *2-Di-n-propylamino-*, $C_{18}H_{46}N_8O_4S$, F. 190—205° (Zers.; A.-Ae.); 73%. — *3-[Oktahydroazocinyl-(1)]-propylguanidinsulfat*, $C_{22}H_{50}N_8O_4S$, F. 248—252° (Zers.; W.-A.); 82%. — *4-[Oktahydroazocinyl-(1)]-butylguanidinsulfatmonohydrat*, $C_{24}H_{56}N_8O_5S$, F. 215—235° (Zers.; A.); 66%. — *3-[Phenothiazinyl-(10)]-propylguanidinsulfat*, $C_{32}H_{38}N_8O_4S_3$, F. 127 bis 130° (Zers.; A.-W.); 52%. — *1-[Oktahydroazocinyl-(1)]-1-phenylpropanon-(2)*, $C_{16}H_{23}$·NO, Kp.$_{0,4}$ 115—128°, durch 3std. Kochen von **V** u. 1-Brom-1-phenylpropanon-(2) in Bzl., 21std. Rühren bei Raum-Temp., Filtrieren u. Einengen; gelbes Öl, n_D^{28} 1,5312; 30%. *Oxim*, $C_{16}H_{24}N_2O$, F. 85—88° (A.-W.). — *1-Methyl-2-[oktahydroazocinyl-(1)]-2-phenyläthylamin*, $C_{16}H_{26}N_2$, Kp.$_{0,6}$ 136—146°, durch 3std. Kochen vorst. Oxims mit $LiAlH_4$ in Ae.; 51%. — *[1-Methyl-2-(oktahydroazocinyl-(1))-2-phenyläthyl]-guanidinsulfat*, $C_{34}H_{58}N_8O_4S$, F. 145—155° (Zers.; A.-Ae.), aus vorst. Verb. u. **I**; 61%. — *2-[2-(Oktahydroazocinyl-(1))-äthylamino]-Δ^2-imidazolinhydrojodid*, $C_{12}H_{25}JN_4$, durch Erwärmen von **III** u. 2-Methylmercapto-Δ^2-imidazolinhydrojodid in W. auf dem Dampfbad bis zum Ende der CH_3SH-Entw.; 67%. — *S-[2-(Oktahydroazocinyl-(1))-äthyl]-isothioharnstoffdihydrochlorid*, $C_{10}H_{23}Cl_2N_3S$, F. 212—215° (A.), durch 6std. Kochen von 2-[Oktahydroazocinyl-(1)]-äthylchloridhydrochlorid mit Thioharnstoff in A.; 56%.

I. Spaeth. 3000◇

Darstellung blutdrucksenkender azabicyclischer Guanidine. H. Krieger. (Suomen Kemistilehti B **35**, 218—19, 1962; Turku, Lääke Oy, Med. Forschungslabor.; dt.) — Kondens. von 3-Azabicyclo-[3.2.2]-nonan bzw. 3-Azabicyclo-[3.2.1]-octan mit $ClCH_2CN$, Red. mit $LiAlH_4$ u. Umsetzung der erhaltenen *N-Aminoäthyl-Verbb.* mit S-Methylisothioharnstoffsulfat (**I**) lieferte *N-[2-Guanidinoäthyl]-3-azabicyclo-[3.2.2]-nonan* bzw. das entsprechende *-[3.2.1]-octan*. Die Salze dieser Verbb. erwiesen sich im Tier-Vers. als blutdruckwirksam u. gut verträglich. Ihr Wrkg.-Mechanismus entspricht dem des Guanethidins (vgl. vorst. Ref.).

Versuche: *N-[2-Guanidinoäthyl]-3-azabicyclo-[3.2.2]-nonansulfat*, $C_{22}H_{46}N_8O_4S$, F. 290,0—292,0° (Zers.; 50%ig. A.), aus N-Aminoäthyl-3-azabicyclo-[3.2.2]-nonan u. **I** in sd. W. (4½ Std.); 90% (Ausbeute). — *N-[Cyanmethyl]-3-azabicyclo-[3.2.1]-octan*, F. 33—35°, Kp.$_{0,5}$ 91—93°, n_D^{20} 1,4906, $D._4^{20}$ 1,0115. — *N-[2-Aminoäthyl]-3-azabicyclo-[3.2.1]-octan*, Kp.$_{0,08}$ 59—63°, aus vorst. Verb.; n_D^{20} 1,4933, $D._4^{20}$ 0,9623. — *N-[2-Guanidinoäthyl]-3-azabicyclo-[3.2.1]-octansulfat*, $C_{20}H_{42}N_8O_4S$, F. 276—281° (Zers.); 80%ig. A.), aus vorst. Verb. u. **I** wie oben; 70%. — *N-Cyanmethylazacycloheptan*, Kp.$_{15}$ 106 bis 108°, n_D^{20} 1,4739, $D._4^{20}$ 0,9623. — *N-[2-Aminoäthyl]-azacycloheptan*, Kp.$_{13}$ 85—87°, n_D^{20} 1,4802, $D._4^{20}$ 0,9126. — *N-[2-Guanidinoäthyl]-azacycloheptansulfat*, F. 209,5—217° (Isopropanol/W.

J. Rothe. 3000◇

Substituierte Epichlorhydrine aus Erdöl als Rohstoff. W. I. Issaguljanz und W. W. Balaschowa. (J. angew. Chem. [UdSSR] **34**, 424—30, Febr. 1961; russ.) — Aus Olefinen der destruktiven Verarbeitung von Erdöl erhaltene *Allylchloride* wurden mit Chlorharnstoff (**I**) in *Dichlorhydrine* übergeführt u. diese zu *Epichlorhydrinen* dehydrochloriert.

Versuche: Hypochlorierung: Man gibt bei 15—17° zum Allylchlorid portionsweise die mit H_2SO_4 angesäuerte, $CuCl_2$-haltige Lsg. von **I** (1,5facher Überschuß), schüttelt mehrmals mit W., extrahiert die Dichlorhydrine aus der wss. Phase nach Aussalzen mit NaCl mit Ae. u. destilliert: *1.3-Dichlor-2-methylpropanol-(2)* (**II**), $C_4H_8Cl_2O$, Kp.$_{10}$ 54°, aus Metallylchlorid u. **I**; $D._4^{20}$ 1,2750; n_D^{20} 1,4740; 56,5% (Ausbeute). — *1.3-Dichlor-2-äthylpropanol-(2)* (**III**), $C_5H_{10}Cl_2O$, Kp.$_{16}$ 74°, aus 3-Chlor-2-äthylpropen-(1); $D._4^{20}$ 1,2220; n_D^{20} 1,4740; 56%. — *1.3-Dichlor-2-methylbutanol-(2)* (**IV**), $C_5H_{10}Cl_2O$, Kp.$_{19}$ 74°, aus 3-Chlor-2-methylbuten-(1) (**V**) oder 1-Chlor-2-methylbuten-(2) (**VI**); $D._4^{20}$ 1,2130; n_D^{20} 1,4710; 33 (43) %. — *2.3-Dichlor-2-methylbutanol-(1)*, $C_5H_{10}Cl_2O$, Kp.$_{18}$ 82°, bei der Hypochlorierung von **V** neben **IV**; $D._4^{20}$ 1,2206; n_D^{20} 1,4750; 16%. — *1.2-Dichlor-2-methylbutanol-(3)*, $C_5H_{10}Cl_2O$, Kp.$_{18}$ 87°, bei der Hypochlorierung von **VI** neben **IV**; $D._4^{20}$ 1,2230; n_D^{20} 1,4760; 21%. — *1-Chlor-2-methyl-2.3-oxidopropan*, C_4H_7ClO, Kp.$_{55}$ 51°, man gibt **II** tropfenweise zu dem 5fachen Überschuß 80%ig. KOH u. dest. dabei W. u. das gebildete Epichlorhydrin ab. $D._4^{20}$ 1,1011; n_D^{20} 1,4330; 75,4%. — *1-Chlor-2-äthyl-2.3-oxidopropan*, C_5H_9ClO, Kp.$_{43}$ 62°, aus **III**; $D._4^{20}$ 1,0697; n_D^{20} 1,4393; 70%. — Die Dehydrochlorierung von **IV** liefert: *1-Chlor-2-methyl-2.3-oxidobutan* (C_5H_9·ClO, Kp.$_{35}$ 55°; $D._4^{20}$ 1,0521; n_D^{20} 1,4350; 48%) u. *3-Chlor-2-methyl-1.2-oxidobutan*; (C_5H_9ClO, Kp.$_{35}$ 45°; $D._4^{20}$ 1,0452; n_D^{20} 1,4310; 32%). Helmut Schäfer. 3030

Umlagerungen von Aziridinderivaten. H. W. Heine. (Angew. Chem. **74**, 772–76, 21/10. 1962; Lewisburg, Pa., Bucknell Univ.; dt.) – Vgl. C. **1962**, 6019. – Übersicht über durch Säuren oder durch nucleophile Verbb. katalysierte Umlagerungen u. über therm. Umlagerungen. – 28 Literaturangaben. P. Golinske. 3030◇

Sterisch gehinderte Amine. 3. Mitt. **β-Chloramine und Aziridine.** G. F. Hennion und Peter E. Butler. (J. org. Chemistry **27**, 2088–90, Juni 1962; Notre Dame, Ind., Univ. of Notre Dame, Chem. Labor.; engl.) – 2. vgl. C. **1962**, 5632. – 1.2.2.3-tetrasubstituierte *Aziridine* entstehen durch Cyclisierung der entsprechenden β-Chloramine. Die *β-Chloramine* entstehen aus den entsprechenden β-Aminoalkoholen u. $SOCl_2$.

Versuche: 3-Chlorbutanhydrochloride: *2-Isopropylamino-2-methyl-* (I), $C_8H_{19}Cl_2N$, F. 157–158°, durch Zutropfen von $SOCl_2$ in abs. Chlf. zu 3-Isopropylamino-3-methylbutanol-(2) in abs. Chlf., ½std. Rühren im Eisbad, 2std. Kochen, Dest. u. Umkristallisieren aus abs. A./Essigester; 73% (Ausbeute). – *2-Äthylamino-2-methyl-*, $C_7H_{17}Cl_2N$, F. 165–166° (erweicht ab 158°), analog I; 51%. – *2-tert.-Butylamino-2-methyl-*, $C_9H_{21}Cl_2N$, F. 166–167°; 69%. – *2-Äthylamino-2-äthyl-*, $C_8H_{19}Cl_2N$, F. 156 bis 158°; 35%. – *2-Isopropylamino-2-äthyl-*, $C_9H_{21}Cl_2N$, F. 126–127°; 60%. – *2-tert.-Butylamino-2-äthyl-*, $C_{10}H_{23}Cl_2N$, F. 135–136°; 28%. – *2-Chlor-3-isopropylamino-3-äthylpentanhydrochlorid*, $C_{10}H_{23}Cl_2N$, F. 147–148°; 48%. – *1-Isopropylamino-1.1-pentamethylen-2-chlorpropanhydrochlorid*, $C_{11}H_{23}Cl_2N$, F. 138° (erweicht u. schmilzt allmählich); 55%. – *1-tert.-Butylamino-1.1-pentamethylen-2-chlorpropanhydrochlorid*, $C_{12}H_{25}Cl_2N$, F. 142–143°; 47%. – 3-Methylaziridine: *1-Isopropyl-2.2-dimethyl-* (II), $C_8H_{17}N$, Kp. 112°, durch Zutropfen von I in W. zu NaOH (30%ig.) in W., Dest., Versetzen des Destillats mit festem KOH u. Extrahieren mit Ae.; n_D^{25} 1,4062; 73%. *Hydrochlorid*, $C_8H_{18}ClN$, F. 130,5–131° (Zers.; abs. A./Essigester), durch Versetzen einer Lsg. in Essigester mit äther. HCl. – *1-Äthyl-2.2-dimethyl-*, $C_7H_{15}N$, Kp. 97–98°, analog II; n_D^{25} 1,4069; 69%. – *1-tert.-Butyl-2.2-dimethyl-*, $C_9H_{19}N$, Kp. 129°; n_D^{25} 1,4158; 69%. – *1-Isopropyl-2-methyl-2-äthyl-*, $C_9H_{19}N$, Kp. 139°; n_D^{25} 1,4170; 73%. – *1-Isopropyl-2.2-pentamethylen-*, $C_{11}H_{21}N$, $Kp._{35}$ 98°; 59%. – *1-tert.-Butyl-2.2-pentamethylen-*, $C_{12}H_{23}N$, $Kp._{35}$ 107°; 56%. – *2-Chlor-2-methyl-3-isopropylaminobutanhydrochlorid* (Isomeres von I), $C_8H_{19}Cl_2N$, F. 149,5–150° (abs. A./Essigester), durch Ansäuern von II in A. unter Eiskühlung; 77%. – *2-Methyl-3-isopropylaminobuten-(1), Hydrochlorid*, $C_8H_{18}ClN$, F. 187–189° (abs. A./Essigester), a) durch ½std. Erhitzen von I im Vakuum auf 175°; 82%; b) durch 10 Min. langes Erhitzen von II auf 150°; 84%; c) analog a) aus 750 mg vorst. Verb.; 530 mg. *Freie Base*, Kp. 124–124,5°, durch Alkalisieren von 20,3 g Hydrochlorid in W. mit wss. NaOH unter Eiskühlung u. Ausäthern; 12,1 g. – *2-Isopropylamino-3-methylbutan*, Kp. 127–128°, durch 1std. Hydrieren von 10,6 g vorst. Verb. in 95%ig. A. an Raney-Ni bei Raum-Temp./60 lbs./sq.in.; n_D^{25} 1,4069; 9,1 g. *Hydrochlorid*, $C_8H_{20}ClN$, F. 125–126,5° (abs. A./Essigester), mit äther. HCl. P. Golinske. 3030◇

Addition von Dihalogencarbenen an Imine. E. K. Fields und J. M. Sandri. (Chem. and Ind. **1959**, 1216, 26/9.; Whiting, Ind., Standard Oil Comp., Res. and Dev. Dep.; engl.) – Durch Addition von Dichlorcarben (aus Chlf. u. Na-Methylat) an Benzalanilin wird *1.3-Diphenyl-2.2-dichloräthylenimin* [I; $C_{14}H_{11}Cl_2N$, F. 98–99°; gelbe Kristalle aus Hexan; 55% (Ausbeute)] erhalten. I entwickelt bei Raum-Temp. an feuchter Luft *HCl*, ist jedoch bei –70° stabil. Durch Einw. von W. geht I in *α-Chlor-α-phenylacetanilid* ($C_{14}H_{12}ClNO$, F. 146–148°; 92%) über. I zeigt im IR bei 737 cm^{-1} eine neue Bande, die der CCl_2-Gruppe zugeordnet wird. L. Lamza. 3030△

Auf das Zentralnervensystem wirkende Substanzen. 18. Mitt. **Über 3-Phenylazetidin.** Emilio Testa, Luigi Fontanella, Luigi Mariani und Gian Franco Christiani. (Liebigs Ann. Chem. **639**, 157–65, 30/1. 1961; Milano, Lepetit S. p. A., Forsch.-Abt.; dt.) – 17. vgl. Liebigs Ann. Chem. **635**, [1960], 127. – 10. vgl. C. **1961**, 1547. – *3-Phenylazetidin* (I) wird durch $LiAlH_4$-Red. von *3-Phenylazetidinon-(2)* dargestellt, dessen Darst. wesentlich verbessert wurde. I wurde zahlreichen Rkk. (Acylierung, direkter u. reduzierender Alkylierung, Darst. von quart. Ammoniumsalzen, Ureiden usw.) unterworfen, u. sein typ. Verh. als sek. Amin wurde bestätigt. In keinem Fall wurde Ringsprengung oder -erweiterung beobachtet.

Versuche: *α-Phenyl-β-aminopropionsäureäthylesterhydrochlorid*, $C_{11}H_{16}ClNO_2$, F. 164–165° (A.), durch ½std. Hydrieren von α-Phenylcyanessigsäureäthylester in abs. A./HCl (Gas) an 5%ig. Pd/Kohle bei Raum-Temp. u. Normaldruck; 89% (Ausbeute). – *3-Phenylazetidinon-(2)*, C_9H_9NO, F. 114–116°, durch 1std. Zutropfen abs. äther. Lsg. vorst. freien Amins zu CH_3MgJ-Lsg., 4std. Rk. bei 25°, mehrstd. Stehen bei Raum-Temp. u. Zers. bei 0° mit 20%ig. NH_4Cl-Lsg., dann 10%ig. HCl (bis pH 5); 51,5%. – *3-Phenylazetidin* (I), $C_9H_{11}N$, $Kp._{3,5}$ 87–89°, durch rasches Versetzen von

$LiAlH_4$ in Ae. mit abs. äther. Suspension vorst. Verb., 4std. Sieden u. Zers. bei -5^0 mit 20% ig. NH_4Cl-Lsg.; 57,5%. *Pikrat*, $C_{15}H_{14}N_4O_7$, F. 149—150° (A.). *Hydrochlorid*, $C_{10}H_{12}ClN$, F. 78—80°. *Hydrogensulfat*, $C_9H_{13}NO_4S$, F. 110—112° (Butanol), durch Rk. von I mit 10% ig. H_2SO_4 bei —10°. — 1-Acyl-3-phenylazetidine, Meth. **A**, durch Zutropfen von I in Bzl. bei 0—5° zur Lsg. des mit Triäthylamin versetzten Säurechlorids in Bzl., je ½std. Rk. bei 0° u. Raum-Temp., Zugabe von W. u. Ansäuern bis pH 4 mit konz. HCl bei 0°; Meth. **B**, durch 1std. Rk. von I mit Säureanhydrid bei 110—115°, Verdünnen bei 60° u. Neutralisieren mit Na_2CO_3: *1-Carbamoyl-*, $C_{10}H_{12}N_2O$, F. 231 bis 233° [W./A. (4:1); Zers.], durch ¼std. Kochen von 1,75 g I mit NaOCN u. n-HCl; 1,6 g. — *1-Acetyl-*, $C_{11}H_{13}NO$, Kp.$_1$ 135—137°, nach **B**; 88%. — *1-Propionyl-*, $C_{12}H_{15}NO$, Kp.$_{0,6}$ 125°, nach **B**; 54%. — *1-Butyryl-*, $C_{13}H_{17}NO$, Kp.$_{0,4}$ 131—133°, nach **B**; 75%. — *1-Propionyloxy-*, $C_{12}H_{15}NO_2$, Kp.$_{0,3}$ 105—107°, nach **A**; 50%. — *1-[3.4.5-Trimethoxybenzoyl]-*, $C_{19}H_{21}NO_4$, F. 109—111° (Essigester), nach **A**; 69%. — *1-Diäthylaminocarbonyl-*, $C_{14}H_{20}N_2O$, Kp.$_{0,6}$ 130—133°, nach **A**; 78%. — *1-Sulfo-*, $C_9H_{11}NO_3S$, F. 185—187° (Zers.), nach **A** durch Rk. in Chlf.; 60%. — *1-Tosyl-*, $C_{16}H_{17}NO_2S$, F. 133 bis 136° (Ae.), nach **A** durch 3std. Kochen; 48%. — 1-Alkyl-3-phenylazetidine, Meth. **C**, durch 2½std. Kochen der 1-Acyl-Verb. mit äther. $LiAlH_4$ u. Zers. mit 20% ig. wss. NH_4Cl-Lsg. bei 0°; Meth. **D**, durch Zutropfen von Alkyl (oder Aralkyl)-halogenid zur Lsg. von I u. Triäthylamin bei Raum-Temp. u. 4std. Kochen; Meth. **E** durch Zutropfen von I u. Säureester in abs. Ae. zu äther. $LiAlH_4$-Suspension, 2½std. Sieden u. Zers. mit 20% ig. wss. NH_4Cl-Lsg. bei 0° (Darst. der Methojodide: durch 24std. Rk. der Alkylazetidine mit CH_3J in der Kälte): *1-Äthyl-*, $C_{11}H_{15}N$, Kp.$_8$ 110—115°; nach **C**: 77%; **E**: 56%. *Pikrat*, $C_{17}H_{18}N_4O_7$, F. 161—162° (A.). *Hydrochlorid*, $C_{11}H_{16}ClN$, F. 142—143°. *Methojodid*, $C_{12}H_{18}JN$, F. 114—116° (Zers.); 53%. — *1-Benzyl-*, $C_{16}H_{17}N$, Kp.$_{0,4}$ 122—127°, nach **D**; 64%; nach **E**: 33%. *Methojodid*, $C_{17}H_{20}JN$, F. 140—142° (Zers.); 44%. — *1-Cinnamyl-*, $C_{18}H_{19}N$, Kp.$_{0,6}$ 155—160°, nach **D**; 61%; nach **E**; 30%. — *1-Methyl-*, $C_{10}H_{13}N$, Kp.$_2$ 62—64°, aus 1-Carbäthoxy-3-phenylazetidin nach **C**; 87%. *Hydrojodid*, $C_{10}H_{14}JN$, F. 107—110°, durch mehrstd. Rk. von I mit CH_3J. *Methojodid*, $C_{11}H_{16}JN$, F. 137—139° (Zers.); 69%. — *1-[2.5-Dimethylanilinocarbonylmethyl]-*, $C_{19}H_{22}N_2O$, F. 113—116° (Ae.), nach **D**; 53%. — *1-Isopropyl-*, $C_{12}H_{17}N$, Kp.$_{0,8}$ 72—74°, durch 7½std. Rk. nach **D**; 35%. *Methojodid*, $C_{13}H_{20}JN$, F. 148—150° (Zers.); 65%. — *1-Äthoxycarbonylmethyl-*, $C_{13}H_{17}NO_2$, Kp.$_{0,5}$ 123—124°, nach **D**; 29%. *Methojodid*, $C_{14}H_{20}JNO_2$, F. 111—113° (Zers.); 46%. — *1-Butyl-*, $C_{13}H_{19}N$, Kp.$_{0,5}$ 83—85°, nach **C**; 93%. *Methojodid*, $C_{14}H_{22}JN$, F. 121—123° (Zers.); 40%. — *1-[Butyl-(2)]-*, $C_{13}H_{19}N$, Kp.$_{0,4}$ 74—75°, durch 15std. Rk. nach **D**; 29%. *Methojodid*, $C_{14}H_{22}JN$, F. 110—112° (Zers.); 70%. — *1-Allyl-*, $C_{12}H_{15}N$, Kp.$_{0,3}$ 65°, durch 2std. Rk. nach **D** bei Raum-Temp.; 51%. *Methojodid*, $C_{13}H_{18}JN$, F. 115—118° (Zers.); 75%. — *1-[N-Phenylcarbamoyl]-*, $C_{16}H_{16}N_2O$, F. 202—204° (A.), durch ½std. Rk. von I mit Phenylisocyanat; 87%. — *1-[β-Hydroxyäthyl]-*, $C_{11}H_{15}NO$, Kp.$_{0,8}$ 110—115°, durch Versetzen von I in abs. A. mit abs. äthanol. Äthylenoxid-Lsg. unter Kühlen u. 86std. Stehen bei Raum-Temp.; 42%. — *1-[β-Chloräthyl]-*, $C_{11}H_{14}ClN$, Kp.$_{0,3}$ 90—93°, durch Zutropfen von $SOCl_2$/Chlf. zur Chlf.-Lsg. vorst. Verb. u. 1std. Erwärmen auf 40—45°; 79%. *Hydrochlorid*, $C_{11}H_{15}Cl_2N$, F. 136—138°, durch Rk. mit gesätt. äther. HCl-Lösung. — *1-Nitroso-*, $C_9H_{10}N_2O$, F. 33—35°, durch Rk. von I mit 80% ig. Essigsäure u. $NaNO_2$ bei —5°, ½std. Erwärmen bis 90° u. 1std. Stehen bei 90°; aus PAe. gelber Körper; 69%. — *1-Amino-*, $C_9H_{12}N_2$, Kp.$_{0,5}$ 78—82°, durch 2½std. Red. vorst. Verb. mit $LiAlH_4$ in Tetrahydrofuran bei 40—45° u. Zers. mit 20% ig. wss. NH_4Cl-Lsg. bei 0°. *Hemimaleat*, $C_{13}H_{16}N_2O_4$, F. 112 bis 114° (abs. A.), durch ½std. Rk. von 2,6 g Amino-Verb. mit Maleinsäure in Ae.; 2,6 g. — *1-[p-Nitrobenzylidenamino]-*, $C_{16}H_{15}N_3O_2$, F. 112—114° (A.), durch Erwärmen vorst. Verb. in verd. HCl mit äthanol. p-Nitrobenzaldehyd. H.-J. Weigmann. 3040◇

Auf das Zentralnervensystem wirkende Substanzen. 19. Mitt. **Über β-Lactone: eine neue allgemeine Synthese.** Emilio Testa, Luigi Fontanella, Gian Franco Cristiani und Luigi Mariani. (Liebigs Ann. Chem. **639**, 166—80, 30/1. 1961; dt.) — 18. vgl. vorst. Referat. — Es wird über eine neue Darst.-Meth. für verschiedene in α-Stellung substituierte *β-Lactone* berichtet. α-substituierte *β-Aminopropionsäuren* werden bei niedriger Temp. mit $NaNO_2$/Essigsäure diazotiert, wobei sich die β-Lactone als fl. oder niedrigschm. Verbb. ausscheiden, die durch Rk. mit $N_2H_4 \cdot H_2O$ die entsprechenden α-substituierten *β-Hydroxypropionsäurehydrazide* ergeben. Im Falle des α-Phenyl-α-hydroxy-β-propiolactons konnte kein Hydrazid isoliert werden. *2-Phenyl-3-aminopropanol* u. *2-Phenyl-3-aminopropandiol-(1.2)* wurden durch $LiAlH_4$-Red. von α-Phenyl- bzw. α-Phenyl-α-hydroxy-β-aminopropionsäureäthylester (u. von α-Phenyl-α-acetoxycyanessigester, I) dargestellt.

Versuche: *α-Phenyl-α-acetoxycyanessigsäureäthylester* (I), $C_{13}H_{13}NO_4$, F. 60—61°, Kp.$_{0,3}$ 130—135°, durch 1½std. Rk. von 100 g Phenylglyoxylsäureäthylester mit

Acetoncyanhydrin u. **K**CN, Gießen in W., Ausäthern u. mehrstd. Rk. mit Acetanhydrid/ Pyridin bei Raum-Temp.; 110,5 g (Ausbeute). — α-substituierte β-Aminopropionsäuren, durch mehrstd. **K**ochen der Äthylester mit konz. HCl; die *Äthylester* entstehen durch Hydrieren α-substituierter Cyanessigsäureäthylester (**II**) an Raney-Ni bei erhöhter Temp. nach Testa u. Mitarbeitern (vgl. 5. Mitt., C. **1960**, 2856; Meth. **A**) oder durch Hydrieren der **II** bei Raum-Temp. an Pd/**K**ohle in Ggw. von HCl-Gas (wobei die entsprechenden Hydrochloride gebildet werden) nach Testa u. Mitarbeitern (vgl. 6. Mitt., C. **1960**, 2856; Meth. **B**): *α-Äthyl-*, $C_5H_{11}NO_2$, F. 222—224° (50%ig. A.), 24 Std.; 55%. *Äthylester*, $C_7H_{15}NO_2$, Kp.$_5$ 75°, nach **A**; 34%. — *α-Isobutyl-*, $C_7H_{15}NO_2$, F. 236 bis 237° (50%ig. A.), 22 Std.; 70,5%. *Äthylester*, $C_9H_{19}NO_2$, Kp.$_{10}$ 102—105°, nach **A**; 34%. — *α-Cyclohexyl-*, $C_9H_{17}NO_2$, F. 260—262° (W.), 8 Std.; 65,5%. *Hydrochlorid*, F. 220—221° (A.). *Äthylester*, $C_{11}H_{21}NO_2$, Kp.$_1$ 104—105°, nach **A**; 55%. — *α-Phenyl-*, $C_9H_{11}NO_2$, F. 230—232° (W.), 2 Std.; 79,5%. *Äthylester, Hydrochlorid* (**IX**), $C_{11}H_{16}\cdot ClNO_2$, F. 164—165°, nach **B**; 90%. — *α-[Naphthyl-(1)]-*, $C_{13}H_{13}NO_2$, F. 216—218° (W.), 2std. Hydrolyse u. Neutralisieren des *Hydrochlorids* (F. 235—236°) mit 50%ig. NaOH; 85%. *Äthylester, Hydrochlorid*, $C_{15}H_{18}ClNO_2$, F. 176—177°, nach **B**; 52%. — *α.α-Diäthyl-*, $C_7H_{15}NO_2$, F. 238—240° (W.), 10 Std.; 50%. *Äthylester*, $C_9H_{19}NO_2$, Kp.$_8$ 85—95°, nach **A**; 55%. — *α.α-Dipropyl-*, $C_9H_{19}NO_2$, F. 253—256° (W.), 9 Std.; 60%. *Äthylester*, $C_{11}H_{23}NO_2$, Kp.$_{0,6}$ 92°, nach **A**; 65%. — *α.α-Dibutyl-*, $C_{11}H_{23}NO_2$, F. 258 bis 260° (W.), 9 Std.; 88%. *Äthylester*, $C_{13}H_{27}NO_2$, Kp.$_{0,8}$ 98—100°, nach **A**; 81%. — *α.α-Tetramethylen-* (**III**), $C_7H_{13}NO_2$, F. 255—257° (W.), durch 4std. **K**ochen von **IV** (s. unten) in konz. HCl; 76,5%. *Äthylester* (**V**), $C_9H_{17}NO_2$, Kp.$_5$ 87°, nach **A**; 29%. — *α-Äthyl-α-benzyl-*, $C_{12}H_{17}NO_2$, F. 267—268° (W.), 10 Std.; 83%. *Äthylester*, $C_{14}H_{21}NO_2$, Kp.$_{0,5}$ 135—137°, nach **A**; 76%. — *α-Äthyl-α-cyclohexyl-*, $C_{11}H_{21}NO_2$, F. 267° (W.), a) 10 Std.; 23%; b) analog **III**; 78,5%. *Äthylester*, $C_{13}H_{25}NO_2$, Kp.$_{0,8}$ 101—102°, nach **A** 65%. — *α-Phenyl-α-hydroxy-* (**VIII**), $C_9H_{11}NO_3$, F. 296—298° (W.), durch ½std. Kochen von **VI** (s. unten) mit 20%ig. HCl; 88%. *Hydrochlorid*, $C_9H_{12}ClNO_3$, F. 224—225° (A./Ae.), durch Rk. mit 5%ig. äthanol. HCl u. Fällen mit Äther. *Äthylester*, $C_{11}H_{15}NO_3$, F. 78 bis 79°, durch Neutralisieren der wss. Lsg. von 16,8 g **VII** mit Na_2CO_3; 14,2 g. [*Hydrochlorid* (**VII**), $C_{11}H_{16}ClNO_3$, F. 172—174°, durch Einleiten von HCl-Gas (1½ Std. bei Raum-Temp., 2 Std. bei 60—65°) in die abs. A.-Suspension von 20 g Säure; 24,8 g. [*N-Acetyl-Deriv.* (**VI**), $C_{13}H_{17}NO_4$, F. 103—105°, Kp.$_{0,3}$ 175—177°, nach **A** aus 65 g **I**; 45 g.] — *3.3-Tetramethylenazetidinon-(2)* (**IV**), $C_7H_{11}NO$, Kp.$_{0,4}$ 85—95°, durch Rk. von 25 g **V** mit CH_3MgJ bei +5° in Ae. u. 2½std. Kochen; 4,7 g. — α-substituierte β-Hydroxypropionsäuren, durch ½std. Erwärmen der β-Lactone in Methanol mit 20%ig. NaOH [Die *β-Lactone* entstehen a) durch ½std. Diazotieren der entsprechenden β-Aminopropionsäure bei 0° mit $NaNO_2$/wss. Essigsäure u. ½std. Rühren bei 0—5°; b) durch 22std. Kochen der entsprechenden β-Aminopropionsäureäthylester mit halbkonz. HCl u. Neutralisieren mit 50%ig. NaOH], die *Hydrazide* durch Rk. der β-Lactone mit $N_2H_4\cdot H_2O$ unter Kühlen (Meth. **C**) u. evtl. Ausäthern u. Versetzen mit äther. HCl (Meth. **D**, ergibt *Hydrochloride*): *α-Äthyl-*, $C_5H_{10}O_3$, Kp.$_{0,7}$ 110 bis 115° (Luftbad); 96%. *β-Lacton*, $C_5H_8O_2$, Kp.$_{15}$ 68—70°; 34,5%. *Hydrazid*, $C_5H_{12}N_2O_2$, F. 111—113° (A.), nach **C**; 28,5%. — *α-Isobutyl-*, $C_7H_{14}O_3$, Kp.$_{1,5}$ 115—125° (Luftbad, teilweise Zers.); 55%. *β-Lacton*, $C_7H_{12}O_2$, Kp.$_8$ 75—77°; 48,5%. *Hydrazid*, $C_7H_{16}N_2O_2$, F. 112—115° (Bzl./A. 4:1), nach **C**; 54%. — *α-Cyclohexyl-*, $C_9H_{16}O_3$, F. 93—94° (Ligroin); 77,5%. *β-Lacton*, $C_9H_{14}O_2$, Kp.$_{0,7}$ 87—88°; 51,5%. *Hydrazid*, $C_9H_{18}N_2O_2$, F. 215 bis 218° (Methanol), nach **C**; 74,5%. — *α-Phenyl-*, $C_9H_{10}O_3$, F. 117—119° (Bzl.); 98,5%. *β-Lacton*, $C_9H_8O_2$, Kp.$_1$ 100°; 38%. *Hydrazid*, $C_9H_{12}N_2O_2$, F. 177—178° (W.), nach **C**; 45,5%. — *α-[Naphthyl-(1)]-*, $C_{13}H_{12}O_3$, F. 116—118° (Essigester); 77%. *β-Lacton*, $C_{13}H_{10}O_2$, F. 45—47°, Kp.$_{0,2}$ 125—135°; gelbe Kristalle; 20,5%. *Hydrazid*, $C_{13}H_{14}N_2O_2$, F. 185—187° (A.), nach **C**; 43%. — *α.α-Diäthyl-*, $C_7H_{14}O_3$, F. 60—62°, Kp.$_1$ 115—116°; 85,5%. *β-Lacton*, $C_7H_{12}O_2$, Kp.$_7$ 70—75°; 43,5%. *Hydrazid*, $C_7H_{16}N_2O_2$, F. 121—123° (Essigester), nach **C**; 33,5%. — *α.α-Dipropyl-*, $C_9H_{18}O_3$, F. 90—92° (Ligroin); 87,5%. *β-Lacton*, $C_9H_{16}O_2$, Kp.$_5$ 86—88°; 55%. *Hydrazid*, $C_9H_{20}N_2O_2$, Kp.$_{0,2}$ 140—150° [Luftbad. *Hydrochlorid*, $C_9H_{21}ClN_2O_2$, F. 167—169° (A./Ae.), nach **D**; 55%]. — *α.α-Dibutyl-*, $C_{11}H_{22}O_3$, Kp.$_{0,8}$ 135—140° (Luftbad); 96%. *β-Lacton*, $C_{11}H_{20}O_2$, Kp.$_3$ 98—100°; 55%. *Hydrazid*, $C_{11}H_{24}N_2O_2$, Kp.$_{0,5}$ 155—160° [Luftbad. *Hydrochlorid*, $C_{11}H_{25}ClN_2O_2$, F. 160 bis 162° (A./Ae.), nach **D**; 47%]. — *α.α-Tetramethylen-*, $C_7H_{12}O_3$, F. 94—95° (Bzl.); 84%. *β-Lacton*, $C_7H_{10}O_2$, Kp.$_{20}$ 70—75°; 20,5%. *Hydrazid, Hydrochlorid*, $C_7H_{15}ClN_2O_2$, F. 160—165° (A./Ae.), nach **D**; 23,5%. — *α-Äthyl-α-benzyl-*, $C_{12}H_{16}O_3$, F. 121—125° (Bzl./PAe. 1:1); 92%. *β-Lacton*, $C_{12}H_{14}O_2$, Kp.$_1$ 100—105°; 52%. *Hydrazid*, $C_{12}H_{18}N_2O_2$, F. 73—76° (Ligroin/Ae.), nach **C**; 18%. — *α-Äthyl-α-cyclohexyl-*, $C_{11}H_{20}O_3$, F. 105—107° (Essigester); 66,5%. *β-Lacton*, $C_{11}H_{18}O_2$, Kp.$_{0,5}$ 78—80°; 59%. *Hydrazid*, $C_{11}H_{22}N_2O_2$, F. 76—78° (Bzl.), nach **C**; 51%. — *α-Phenyl-α-hydroxy-*, $C_9H_{10}O_4$, F. 147—149° (Bzl.);

66%. *β-Lacton*, $C_9H_8O_3$, Kp.$_{0,2}$ 93—95°; sehr leicht Zers.; Rohausbeute 55,5%. — *α.α-Diphenyl-, Hydrazid*, $C_{15}H_{16}N_2O_2$, F. 176—178° (Methanol), nach **C**, jedoch Rk. in abs. A., gelindes Erwärmen u. 5std. Stehen bei Raum-Temp.; 82%. — *α-Methyl-α-phenyl-, Hydrazid*, $C_{10}H_{14}N_2O_2$, F. 132—133° (A.), nach **C**; 43,5%. *Phenylhydrazid*, $C_{16}H_{18}N_2O_2$, F. 153—155° (Bzl.), durch Versetzen von 4,6 g Lacton mit Phenylhydrazin unter Eiskühlung u. 24std. Stehen bei Raum-Temp.; 0,8 g. — *α-Äthyl-α-phenyl-, Hydrazid*, $C_{11}H_{16}N_2O_2$, F. 114—117° (A.), nach **C**; 48%. — *α-Propyl-α-phenyl-, Hydrazid-hydrochlorid*, $C_{12}H_{19}ClN_2O_2$, F. 142—144° (A./Ae.), nach **D**; 55%. — *α-Isopropyl-α-phenyl-, Hydrazid*, $C_{12}H_{18}N_2O_2$, F. 98—100° (Essigester/Ligroin 4:1), nach **C**, jedoch ½std. Kochen in A.; 52%. — *α-Butyl-α-phenyl-, Hydrazid*, $C_{13}H_{20}N_2O_2$, F. 82—84° (Ligroin/Ae.), nach **C**; 39%. — *α-Phenyl-α-benzyl-, Hydrazid*, $C_{16}H_{18}N_2O_2$, F. 120—122° (Essigester), nach **C**; 36,5%. — *Phenylbrenztraubensäure*, $C_9H_8O_3$, F. 158—160° (W.), durch Diazotieren von 7 g **VIII** in 10%ig. HCl u. Erwärmen auf 60°; 2,4 g. — *2-Phenyl-3-amino-propanol-(1)*, $C_9H_{13}NO$, Kp.$_{0,5}$ 114—115°, durch Alkalisieren der wss. Lsg. von **IX** mit 2,5n NaOH unter Kühlen, Ausäthern, Red. mit $LiAlH_4$ u. 1std. Kochen. *Hemioxalat*, $C_{20}H_{28}N_2O_6$, F. 227° (Zers., wss. A.), durch Rk. mit Oxalsäure in Äther. — *2-Phenyl-3-aminopropandiol-(1.2), saures Oxalat*, $C_{11}H_{15}NO_6$, F. 198—200° (Zers., wss. A.), a) durch Red. von **VIII**-Äthylester in abs. Ae. mit $LiAlH_4$ bei 0°, 1std. Kochen, Zers. bei 0° mit 20%ig. NH_4Cl-Lsg. u. Überführen in das Hemioxalat; b) analog aus 10 g **I**; 2,5 g.
H.-J. Weigmann. 3040◇

Auf das Zentralnervensystem wirkende Substanzen. 20. Mitt. **Zur Chemie der Azetidine.** 4. Mitt. Attilio Bonati, Gian Franco Cristiani und Emilio Testa. (Liebigs Ann. Chem. **647**, 83—91, 31/10. 1961; dt.) — 19. vgl. vorst. Referat. — Vff. berichten über neue *3-Phenylazetidine* sowie über deren *1-Acetyl-Derivv.*, *Pikrate* u. *Hydrochloride*. Die p-Stellung der durch Nitrierung u. weitere Umwandlungen in den Benzolkern eingeführten Substituenten wird bewiesen.

Versuche: *α-[p-Tolyl]-cyanessigsäureäthylester* (**I**), $C_{12}H_{13}NO_2$, Kp.$_{0,6}$ 116—118°, durch Versetzen der durch Rk. von Na in Toluol mit A. gebildeten Na-Äthylatsuspension mit p-Methylbenzylcyanid u. Äthylcarbonat in Toluol bei 60°, 3std. Dest. bis zur Dampf-Temp. von 110°, Zugabe von Ae. bei 15° u. Versetzen der Lsg. des Na-Salzes in W. mit Essigsäure; 64% (Ausbeute). — *α-[p-Tolyl]-β-aminopropionsäureäthylesterhydrochlorid* (**II**-HCl), $C_{12}H_{18}ClNO_2$, F. 156—158°, durch Hydrieren von **I** in abs. A. (+HCl-Gas) an 10%ig. Pd/Kohle (PC) u. Fällen mit Essigester; 51%. — *3-[p-Tolyl]-azetidinon-(2)* (**III**), $C_{10}H_{11}NO$, F. 69—71° (Ligroin), durch Rk. von **II** in Ae. mit CH_3MgJ bei +15°, 4std. Rühren bei 25°, mehrstd. Stehen bei Raum-Temp. u. Zers. bei <15° mit 20%ig. NH_4Cl-Lsg., dann 10%ig. HCl bis pH 5; 54%. — *α-[p-Methoxyphenyl]-cyanessigsäureäthylester*, $C_{12}H_{13}NO_3$, Kp.$_{0,4}$ 147—148°, analog **I** aus p-Methoxyphenyl-acetonitril; 73%. — *α-[p-Methoxyphenyl]-β-aminopropionsäureäthylesterhydrochlorid*, $C_{12}H_{18}ClNO_3$, F. 162—164° (A.), analog **II**; 84%. — *3-[p-Methoxyphenyl]-azetidinon-(2)* (**IV**), $C_{10}H_{11}NO_2$, F. 133—136° (Essigester), analog **III**; 20%. — Azetidine: *3-[p-Tolyl]-*, $C_{10}H_{13}N$, Kp.$_{0,4}$ 83°, durch 10 Min. lange Zugabe äther. **III**-Lsg. zu $LiAlH_4$ in Ae., 4std. Kochen u. langsame Zers. mit 20%ig. NH_4Cl-Lsg. bei 0°; 41%. *Pikrat*, $C_{16}H_{16}N_4O_7$, F. 151—152° (A.). *Hydrochlorid*, $C_{10}H_{14}ClN$, F. 120° (A.). *1-Acetyl-Deriv.*, $C_{12}H_{15}NO$, Kp.$_{0,2}$ 120°, durch ½std. Rk. mit Acetanhydrid bei 100°. — *3-[p-Methoxyphenyl]-*, $C_{10}H_{13}NO$, Kp.$_{0,3}$ 92°, analog vorst. Verb. aus **IV**; 45%. *Pikrat*, $C_{16}H_{16}N_4O_8$, F. 152—154° (A.). *Hydrochlorid*, $C_{10}H_{14}ClNO$, F. 125—127° (A.), aus **X** (s. unten). — *1-Acetyl-3-phenyl-*, $C_{11}H_{13}NO$, Kp.$_1$ 135—137°, durch 1std. Erwärmen von 3-Phenylazetidin mit Acetanhydrid auf 110—115°; n_D^{20} 1,556; 79%. — *1-Acetyl-3-[p-nitrophenyl]-*(**V**), $C_{11}H_{12}N_2O_3$, F. 129—131° (Essigester), durch 2std. Zugabe vorst. Verb. zu HNO_3 (D. 1,52) bei —30° u. je 20 Min. langes Stehen bei —10°, 0° u. +10°; 68%. — *3-[p-Nitrophenyl]-, Hydrochlorid* (**VI**), $C_9H_{11}ClN_2O_2$, F. 162—164° (A.), durch ³/₄std. Kochen von **V** mit 10%ig. HCl; 80%. *Freie Base*, durch Versetzen der wss. Lsg. des Hydrochlorids mit 10%ig. NaOH. *Pikrat*, $C_{15}H_{13}N_5O_9$, F. 152—154° (A.). — *1-Acetyl-3-[p-aminophenyl]-* (**VII**), $C_{11}H_{14}N_2O$, F. 157—158° (A.), durch Hydrieren von **V** in abs. A. an PC bei Raum-Temp.; 69%. — *3-[p-Aminophenyl]-, Dihydrochlorid*, $C_9H_{14}Cl_2N_2$, F. 232 bis 234° (Zers., 80%ig. A.), aus 1,1 g **VII** analog **VI**; 1 g. *Freie Base*, analog der **VI**-Base; bildet an der Luft rasch das *Carbonat* [$C_{10}H_{14}N_2O_3$, F. 122° (Gas-Entw.)]. *Pikrat*, $C_{15}H_{15}\cdot N_5O_7$, F. 205° (A.). — *1-Acetyl-3-[p-chlorphenyl]-*, $C_{11}H_{12}ClNO$ (**VIII**), F. 82—84° (Essigester), durch ³/₄std. Diazotieren von **VII** mit $NaNO_2$/HCl bei 0 bis —5°, Zugabe von Harnstoff u. 1std. Rühren mit einer Suspension von Cu_2Cl_2 (aus $CuSO_4$ + NaCl in W. durch 10 Min. langes Eintropfen von wss. $NaOH/Na_2S_2O_5$-Lsg. bei Siede-Temp.) in wss. HCl; 81%. — *3-[p-Chlorphenyl]-*, $C_9H_{10}ClN$, Kp.$_1$ 90—100° (Luftbad). *Hydrochlorid*, $C_9H_{11}Cl_2N$, F. 151—152° (abs. A.), aus 5,8 g **VIII** analog **VI**; 4,65 g. *Pikrat*, $C_{15}H_{13}ClN_4O_7$,

F. 174° (A.). — *1-Acetyl-3-[p-bromphenyl]-*, $C_{11}H_{12}BrNO$, F. 82—84° (Ae.), analog **VIII**, jedoch Diazotieren mit HBr (D. 1,49) u. 2std. Sandmeyer-Rk. mit Cu_2Br_2 (analog Cu_2Cl_2 dargestellt)/Cu-Pulver; 62%. — *3-[p-Bromphenyl]-*, $C_9H_{10}BrN$, Kp.$_{0,5}$ 85—90° (Luftbad). *Hydrochlorid*, $C_9H_{11}BrClN$, F. 173—175° (abs. A.), aus vorst. Verb. analog **VI**; 73%. *Pikrat*, $C_{15}H_{13}BrN_4O_7$, F. 173—175° (A.). — *1-Acetyl-3-[p-cyanphenyl]-*, $C_{12}H_{12}N_2O$, F. 95—98° (Ae.), durch ½std. Diazotieren von **VII** analog **VIII**, Neutralisieren bei 0°, ½std. Stehen bei 0—5°, Gießen in CuCN-Lsg. (durch Versetzen sd. wss. $CuSO_4$/NaCl-Lsg. mit $Na_2S_2O_5$/NaOH in W. u. Zugabe von NaCN-Lsg. bei 25°) u. 1std. Stehen bei Raum-Temp.; 66%. — *3-[p-Cyanphenyl]-*, $C_{10}H_{10}N_2$, Kp.$_{0,4}$ 110—120° (Luftbad). *Hydrochlorid*, $C_{10}H_{11}ClN_2$, F. 169—170° (abs. A.), aus vorst. Verb. analog **VI**; 78%. *Pikrat*, $C_{16}H_{13}N_5O_7$, F. 185° (A.). — *1-Acetyl-3-[p-hydroxyphenyl]-* (**IX**), $C_{11}H_{13}NO_2$, F. 194—197° (Essigester), durch ½std. Diazotieren von **VII** mit $NaNO_2$/10%ig. H_2SO_4, 10 Min. langes Stehen bei 0—5°, kurzes Aufkochen mit W. u. Gießen auf Eis; 78%. — *3-[p-Hydroxyphenyl]-*, *Hydrochlorid*, $C_9H_{12}ClNO$, F. 185—186°, aus 4 g **IX** analog **VI**; 2,9 g. *Freie Base*, $C_9H_{11}NO$, F. 137—140° (Bzl.), durch Kochen von 1,2 g Hydrochlorid in 50%ig. Methanol mit Na_2CO_3; 0,4 g. *Pikrat*, $C_{15}H_{14}N_4O_8$, F. 214—215° (A.). — *1-Acetyl-3-[p-methoxyphenyl]-* (**X**), $C_{12}H_{15}NO_2$, F. $<30°$, Kp.$_{0,1}$ 145—150° (Luftbad), durch ½std. Kochen von 0,6 g **IX** mit Na/abs. A. u. CH_3J; 0,3 g.

H.-J. Weigmann. 3040◇

Auf das Zentralnervensystem wirkende Substanzen. 21. Mitt. Zur Chemie der Azetidine. 5. Mitt. 3-Monosubstituierte Azetidine. Emilio Testa, Attilio Bonati, Giuseppe Pagani und Enrico Gatti. (Liebigs Ann. Chem. **647**, 92—100, 31/10. 1961; dt.) — 20. bzw. 4. vgl. vorst. Referat. — Es werden *Azetidine* u. *Azetidinone-(2)* mit 3-ständigem Isobutyl-, Cyclohexyl-, Benzyl-, α-Naphthyl- bzw. p-Diphenylyl-Rest beschrieben.

Versuche: Cyanessigsäureäthylester (**I**): *α-Isobutyl-*, $C_9H_{15}NO_2$, Kp.$_{15}$ 112 bis 114°, durch Hydrieren von 400 g Cyanessigsäureäthylester (**II**) u. Isobutyraldehyd in Eisessig an Pd/Kohle (PC) bei Raum-Temp. u. Ggw. von Piperidin u. Zugabe weiteren Piperidins u. von PC bei Nachlassen der H_2-Aufnahme; 402 g (Ausbeute). — *α-Cyclohexyliden-*, Kp.$_{0,4}$ 103—106°, nach Testa u. Mitarbeitern (Farmaco [Pavia] **13**, [1958], 152); n_D^{20} 1,4972. — *α-Benzyl-*, $C_{12}H_{13}NO_2$, Kp.$_{11}$ 172—174°, durch Versetzen von Na-Äthylat-Lsg. bei Raum-Temp. mit 340 g **II**, Zugabe von Benzylchlorid nach 1 Std. u. 1½std. Kochen; 70,5 g. — *α-[Naphthyl-(1)]-*, $C_{15}H_{13}NO_2$, Kp.$_4$ 199—201°, durch Versetzen einer Na/Toluol-Suspension mit abs. A. bei 70—80°, Zugabe von 138 g α-Cyanmethylnaphthalin u. Äthylcarbonat bei 80°, 2std. Dest. bis zum Erreichen einer Dampf-Temp. von 110° u. Zugabe von W. nach Abkühlen; 126 g. — *α-[p-Diphenylyl]-*, $C_{17}H_{15}\cdot NO_2$, F. 82° (A.), durch Versetzen der wie vorst. dargestellten Na-Äthylat-Lsg. mit 25,25 g p-Diphenylylacetonitril u. Äthylcarbonat in Toluol bei 70° u. Einengen wie vorst.; 17,5 g. — α-substituierte β-Aminopropionsäureäthylester (**III**), Meth. **A**), durch 2std. Hydrieren des **I** in abs. A. an Raney-Ni bei 40 at/80—85°; Meth. **B**) durch 5—6std. Hydrieren der **I** in abs. A. (+ HCl-Gas) an PC bei Raum-Temp. u. Normaldruck (ergibt Hydrochloride): *α-Isobutyl-*, $C_9H_{19}NO_2$, Kp.$_{9,5}$ 92—93°, nach **A**; n_D^{22} 1,4355; 45%. — *α-Cyclohexyl-*, $C_{11}H_{21}NO_2$, Kp.$_2$ 106—107°, nach **A**; n_D^{20} 1,469; 39%. — *α-Benzyl-*, $C_{12}H_{17}NO_2$, Kp.$_{2,5}$ 130—132°, nach **A**; n_D^{22} 1,511; 35%. — *α-[Naphthyl-(1)-*, *Hydrochlorid*, $C_{15}H_{18}ClNO_2$, F. 176—177° (Isopropanol/Isopropyläther), nach **B**; 86%. — *α-[p-Diphenylyl]-*, *Hydrochlorid*, $C_{17}H_{20}ClNO_2$, F. 187—188° (Isopropanol/Isopropyläther), nach **B**; 56%. — 3-substituierte Azetidinone-(2) (**IV**), durch Rk. der **III** mit CH_3MgJ in Ae. bei 0 bis —5°, mehrstd. Kochen u. Zers. bei 0—5° mit 5%ig. NH_4Cl-Lsg., dann mit 7,5%ig. HCl (bis pH <7): *3-Isobutyl-*, $C_7H_{13}NO$, F. 44—46° (W.), Kp.$_2$ 103°, durch 2std. Rk.; 67%. — *3-Cyclohexyl-*, $C_9H_{15}NO$, F. 128—128,5° (Ligroin), 2 Std.; 54%. — *3-Benzyl-*, $C_{10}H_{11}NO$, F. 90—92° (Ligroin), 2 Std.; 43%. — *3-[Naphthyl-(1)]-*, $C_{13}H_{11}NO$, F. 126—127° (Bzl.), durch Alkalisieren der wss. Lsg. des **III**-Hydrochlorids, Ausäthern u. 4std. Rk. bei —15°; 49%. — *3-[p-Diphenylyl]-*, $C_{15}H_{13}NO$, F. 222—223° (Bzl.), analog vorst. Verb., jedoch 12std. Rk.; 11%. — 3-substituierte Azetidine, durch Zugabe der **IV** in Ae. zu äther. $LiAlH_4$-Suspension bei 10°, 3std. Kochen, mehrstd. Stehen bei Raum-Temp. u. Zers. mit 20%ig. NH_4Cl-Lsg., dann 10%ig. NaOH bei 0°: *3-Isobutyl-* (**V**), $C_7H_{15}N$, Kp.$_{51}$ 80 bis 83°; 68%. *Pikrat*, F. 127—128° (A.). — *3-Cyclohexyl-* (**VI**), $C_9H_{17}N$, Kp.$_{15}$ 90—92°; n_D^{20} 1,485; 50%. *Hydrochlorid*, F. 91—93°. — *3-Benzyl-* (**VII**), $C_{10}H_{13}N$, Kp.$_{0,8}$ 98°; n_D^{23} 1,543; 49%. *Saures Oxalat*, F. 148—149° (A.). — *3-[Naphthyl-(1)]-* (**VIII**), $C_{13}H_{13}N$, Kp.$_1$ 151—154°; n_D^{25} 1,634; 45%. *Hydrochlorid*, F. 182—183° (A./Ae.). — *3-[p-Diphenylyl]-*, *Hydrochlorid*, F. 155—157° (A./Ae.), durch anschließende Rk. der äther. Lsg. mit HCl-Gas; 43%. — *1-Acetyl-3-benzyl-*, $C_{12}H_{15}NO$, Kp.$_{0,5}$ 137—139°, durch 1std. Erwärmen von **VII** mit Acetanhydrid auf 110—115°, Kühlen auf 60°, Gießen in W. u.

Zugabe von Na_2CO_3 bis pH 7—8; n_D^{23} 1,544; 72%. — *1-Äthyl-3-benzyl-*, $C_{12}H_{17}N$, Kp.$_1$ 83—85°, durch Eintragen vorst. Verb. in abs. Ae. in $LiAlH_4$-Suspension bei 20°, 2std. Kochen u. Zers. bei 0° mit 20%ig. NH_4Cl-Lsg. u. 10%ig. NaOH; n_D^{20} 1,5128; 77%. *Pikrat*, $C_{18}H_{20}N_4O_7$, F. 131—133° (A.). *Saures Oxalat*, $C_{14}H_{19}NO_4$, F. 144—146° (A.), durch Rk. mit abs. äthanol. Oxalsäurelösung. *Methojodid*, $C_{13}H_{20}JN$, F. 99—100° (Isopropanol), durch Rk. in abs. Äther. — *1-Äthyl-3-cyclohexyl-*, $C_{11}H_{21}N$, Kp.$_{10}$ 96—98°, durch ½std. Eintropfen von **VI** u. Essigester in abs. Ae. in äther. $LiAlH_4$-Suspensionen bei 20°, 2std. Kochen u. Zers. bei 0° mit 20%ig. NH_4Cl-Lsg.; n_D^{20} 1,468; 60%. *Pikrat*, $C_{17}H_{24}N_4O_7$, F. 139—141° (A.). *Hydrochlorid*, $C_{11}H_{22}ClN$, F. 137—140°; hygroskopisch. *Methojodid*, $C_{12}H_{24}JN$, F. 99—100° (Isopropanol), wie vorst. Methojodid. — *1-Äthyl-3-[naphthyl-(1)]-*, $C_{15}H_{17}N$, Kp.$_{0,6}$ 124—128°, analog vorst. Verb. aus **VIII**; 56%. *Hydrochlorid*, $C_{15}H_{18}ClN$, F. 160—161° (Aceton); hygroskopisch. *Methojodid*, $C_{16}H_{20}JN$, F. 150 bis 151°. — *1-Carbamoyl-3-isobutyl-*, $C_8H_{16}N_2O$, F. 199—201° (wss. A.), durch 20 Min. langes Erwärmen von **V** in n-HCl mit NaOCN auf 40—45°; 66%. — *1-[β-Hydroxyäthyl]-3-isobutyl-*, $C_9H_{19}NO$, Kp.$_6$ 99—100°, durch 10 Min. langes Schütteln von **V** in abs. A. mit fl. Äthylenoxid unter Eis/NaCl-Kühlung u. 72std. Stehen bei 0—5°; 37%. — *Na-[3-Isobutylazetidinyl-(1)]-methansulfonat*, $C_8H_{16}NNaO_3S$, F. 219—221°, durch Versetzen von äthanol. **V**-Lsg. mit $Na_2S_2O_5$/W. u. 31%ig. Formaldehyd bei 40° u. ¾std. Rk. bei 50—55°; 57%. H.-J. Weigmann. 3040◇

Auf das Zentralnervensystem wirkende Substanzen. 22. Mitt. **2-Phenylazetidin und Derivate.** Emilio Testa, Luigi Fontanella und Vanna Aresi. (Liebigs Ann. Chem. **656**, 114—19, 30/8. 1962; dt.) — 21. vgl. vorst. Referat. — *2-Phenylazetidin* (**I**) wurde durch $LiAlH_4$-Red. von *2-Phenylazetidinon-(4)* erhalten. Die chem. u. physikal. Eigg. wurden untersucht u. mehrere N-Derivv. dargestellt. Die Ergebnisse ermöglichen Schlußfolgerungen über die Beständigkeit 4gliedriger Heterocyclen.

Versuche: *2-Phenylazetidinon-(4)*, C_9H_9NO, F. 107—108° (Ae.), durch 1std. Rk. von β-Amino-β-phenylpropionsäureäthylester mit CH_3MgJ in Ae. bei 0°, 4std. Rühren bei 20°, 12std. Stehen u. Zers. bei 0° mit 20%ig. NH_4Cl-Lsg. (**A**) u. verd. HCl (bis pH 5); 23% (Ausbeute). — 2-Phenylazetidine: *Unsubstituiert* (**I**), $C_9H_{11}N$, Kp.$_{2,5}$ 76—78°, durch $LiAlH_4$-Red. vorst. Verb. in abs. Ae., 4std. Kochen u. Zers. mit **A** bei <5°; 61%; daneben 5% *3-Amino-3-phenylpropanol* [$C_9H_{13}NO$, F. 70 bis 73° (Bzl.), Kp.$_{0,5}$ 125—130°]. *Pikrat*, $C_{15}H_{14}N_4O_8$, F. 128—129° (A.). *Mandelat*, $C_{17}H_{19}NO_3$, F. 129—131° (Essigester), durch Rk. in abs. Äther. — *1-Acetyl-* (**II**), $C_{11}H_{13}NO$, Kp.$_{0,5}$ 120—125°, durch 1std. Rk. von **I** mit Acetanhydrid bei 110—115°, Gießen in W. (60°) u. Neutralisieren bei 0° mit Na_2CO_3; 83,5%. — *1-Propionyl-*, $C_{12}H_{15}$·NO, Kp.$_{0,4}$ 110—115°, analog **II**; 70%. — *1-Äthyl-*, $C_{11}H_{15}N$, Kp.$_{10}$ 90—95°, a) durch $LiAlH_4$-Red. von **II** in abs. Ae. bei 10—15°, 2½std. Kochen u. Zers. mit **A** bei 0°; 84%; b) durch Rk. von **I** u. Äthylacetat mit $LiAlH_4$/abs. Ae. bei 15—20°, 2½std. Kochen u. Zers. mit **A** (0°); 75%. *Pikrat*, $C_{17}H_{18}N_4O_7$, F. 152—156° (A.). — *1-Benzyl-*, $C_{16}H_{17}N$, Kp.$_{0,4}$ 120—122°, durch 4std. Erwärmen von **I** in abs. Bzl. mit Benzylchlorid/Triäthylamin; 63%. — *1-Cinnamyl-*, $C_{18}H_{19}N$, Kp.$_{0,5}$ 140—150°, analog vorst. Verb. mit Cinnamylchlorid; 52%. — *1-Carbamoyl-*, $C_{10}H_{12}N_2O$, F. 195—197° (A./W.), durch ¼std. Rk. von **I** in n-HCl mit NaOCN bei 40—50°; 89%. — *1-[Phenylcarbamoyl]-*, $C_{16}H_{16}N_2O$, F. 124—126° (Essigester), durch Rk. von **I** in Bzl. mit Phenylisocyanat unter Kühlen; 69%. — *1-[β-Hydroxyäthyl]-*, $C_{11}H_{15}NO$, Kp.$_{0,45}$ 90—92°, durch 1std. Rk. von **I** mit Äthylenoxid/abs. A. bei 0° u. 4tägiges Stehen bei Raum-Temp.; 39%. — *1-[β-Chloräthyl]-*, $C_{11}H_{14}ClN$, Kp.$_{0,5}$ 97—103°, durch ¼std. Rk. vorst. Verb. in Chlf. unterhalb +10° mit $SOCl_2$, 1std. Erwärmen auf 50—55° u. Gießen in Eis/W.; nur kurze Zeit beständig. *Hydrochlorid*, $C_{11}H_{15}Cl_2N$, F. 99—102° (Isopropanol/Isopropyläther), durch Rk. mit äther. HCl. — *1-[Phthalimidomethyl]-*, $C_{18}H_{16}N_2O_2$, F. 85—88° (A./W.), durch Kochen von Phthalimid in A. mit 31%ig. Formaldehyd, Versetzen mit äthanol. **I**-Lsg., 1½std. Kochen, Einengen im Vakuum u. kurzes Erwärmen auf 200° (Bad); 46,5%. — *Na-[2-Phenylazetidinyl-(1)-methansulfonat]*, $C_{10}H_{12}NNaO_3S$, F. 160—165°, durch Versetzen von **I** in A. bei 45° mit wss. $NaHSO_3$-Lsg. u. 31%ig. Formaldehyd u. ¾std. Rühren bei 50°; 68,5%. H.-J. Weigmann. 3040◇

Auf das Zentralnervensystem wirkende Substanzen. 23. Mitt. **Reaktionen mit α-substituierten β-Propiolactonen.** 1. Mitt. **4.4-Disubstituierte Oxazolidinone-(2).** Bruno I. R. Nicolaus, Luigi Mariani, Giangualberto Gallo und Emilio Testa. (J. org. Chemistry **26**, 2253—55, Juli 1961; engl.) — 22. vgl. vorst. Referat. — Einige *4-Mono-* u. *4.4-disubstituierte Oxazolidinone-(2)* werden durch Einw. von HNO_2 auf substituierte β-Hydroxypropionsäurehydrazide (**A**) dargestellt u. ihre IR-Spektren werden diskutiert. Die Red. der **A** mit $LiAlH_4$ in Äthylmorpholin (**I**) führt unter Spaltung der N—N-Bindung zu *Aminoalkoholen*. Über vorläufige pharmakolog. Ergebnisse wird berichtet.

Versuche: 4-substituierte Oxazolidinone-(2): Durch Versetzen der **A** in W. mit HCl bei 0°, Diazotieren bei 0—5°, Aufnehmen in Bzl., Trocknen u. ½std. Kochen (Kristallisation aus Ligroin, Ae./PAe. oder Essigester/PAe.): *4.4-Diäthyl-*, $C_7H_{13}NO_2$, Kp.$_{0,6}$ 160—170°; 30% (Ausbeute). — *4.4-Diphenyl-*, $C_{15}H_{13}NO_2$, F. 178—179°; 62,5%. — *4-Phenyl-4-methyl-*, $C_{10}H_{11}NO_2$, F. 78—79°; 91%. — *4-Phenyl-4-äthyl-*, $C_{11}H_{13}NO_2$, F. 80—81°; 88,8%. — *4-Phenyl-4-isopropyl-*, $C_{12}H_{15}NO_2$, F. 139—140°; 73,9%. — *4-Phenyl-4-benzyl-*, $C_{16}H_{15}NO_2$, F. 106—107°; 62%. — *4-Phenyl-*, $C_9H_9NO_2$, F. 137—139°; 40%. — *4-Isobutyl-*, $C_7H_{13}NO_2$, Kp.$_{0,2}$ 130—140°; 28%. — γ-Aminopropanole: *β.β-Diphenyl-*, $C_{15}H_{17}NO$, F. 105—106° (wss. A.), durch 4std. Erwärmen von 8,5 g α.α-Diphenyl-β-hydroxypropionsäurehydrazid mit $LiAlH_4$/I auf 100°; 5,1 g. *N.O-Diacetyl-Deriv.*, $C_{19}H_{21}NO_3$, F. 134—136°. *Pikrat*, $C_{21}H_{20}N_4O_8$, F. 213—216°. — *β-Phenyl-β-methyl-*, $C_{10}H_{15}NO$, Kp.$_{0,6}$ 120—128°, durch 24std. Kochen von 9,7 g α-Phenyl-α-methyl-β-hydroxypropionsäurehydrazid mit $LiAlH_4$/I; 4,4 g. — *β.β-Diäthyl-*, C_7H_{17}·NO, Kp.$_{0,6}$ 85—87°, durch 24std. Erwärmen von 8 g α.α-Diäthyl-β-hydroxypropionsäurehydrazid mit $LiAlH_4$/I auf 100—110°; 2,3 g. H.-J. Weigmann. 3040◇

Einige Bemerkungen zur Nitrierung von [Furyl-(2)]-β-nitroäthylen. Ss. A. Giller und M. Ja. Berklaw. (Nachr. Akad. Wiss. LettSSR **1959**, Nr. 5, 115—19, Inst. für org. Synth. der Akad. der Wiss. der LettSSR; russ., Auszug: engl.) — Die Nitrierung von 2-[β-Nitrovinyl]-furan (I) mit HNO_3 (D. 1,52) in Acetanhydrid in Ggw. konz. H_2SO_4 liefert bei einem Verhältnis I:HNO_3 = 1:4 maximale Ausbeuten an *5-Nitro-2-β-[nitrovinyl]-furan* von 70—90%.

Versuche: *2-[β-Nitrovinyl]-furan* (I), $C_6H_5NO_3$, F. 73—74° (CCl_4), aus Furfurol; citronengelb; 90,1% (Ausbeute). — *5-Nitro-2-[β-nitrovinyl]-furan*, $C_6H_4N_2O_5$, F. 143 bis 144° (Dioxan), man gibt zu 31,5 g Acetanhydrid, 17,9 g HNO_3 (D. 1,52) u. 1,25 g konz. H_2SO_4 bei —5° in 70 Min. 10 g I u. rührt 1 Std. lang bei 0°; orangefarben; 77,7%. Helmut Schäfer. 3061△

Untersuchungen über Thiophenderivate. 6. Mitt. Synthese von 3-Amino-1.1-bis-[thienyl-(2)]-alkanolen-(1) und -alkenen-(1). Takahiro Yabuuchi. (Chem. pharmac. Bull. [Tokyo] **8**, 1041—46, Nov. 1960; Kyoto, Univ., Chem. Res. Inst.; engl.) — 5. vgl. Chem. pharmac. Bull. [Tokyo] **8**, [1960], 169. — Durch Kondens. von 5-Chlorthienyl-(2)-MgBr u. 2-Piperidinoalkan-1-carbonsäureestern oder von Thienyl-(2)-Li u. 2-[4-Alkylpiperazino]-alkan-1-carbonsäureestern u. Dehydratisierung mit HCl entstehen *3-Amino-1.1-bis-[5-chlorthienyl-(2)]-alkanole-(1)* bzw. *-alkene-(1)* u. *3-[4-Alkylpiperazino]-1.1-bis-[thienyl-(2)]-alkanole-(1)* bzw. *-alkene-(1)*.

Versuche: *β-Piperidinopropionsäuremethylester*, Kp.$_{40}$ 121—122°, durch 5std. Kochen des entsprechenden Acryl- oder Crotonsäureesters mit dem entsprechenden Amin. — *β-Piperidinobuttersäuremethylester*, Kp.$_{32}$ 113—114°, analog vorst. Verbindung. — *β-[4-Methylpiperazino]-propionsäuremethylester*, Kp.$_{11}$ 111—112°. — *β-[4-Methylpiperazino]-buttersäureäthylester*, Kp.$_5$ 110—111°. — *β-[4-Äthylpiperazino]-propionsäuremethylester*, Kp.$_{12}$ 126—128°. — *β-[4-Äthylpiperazino]-buttersäureäthylester*, Kp.$_{17}$ 140 bis 141°. — *3-Piperidino-1.1-bis-[5-chlorthienyl-(2)]-propanol* (I), *Hydrobromid*, $C_{16}H_{19}$·Cl_2NOS_2·HBr, F. 200—201°, durch Zutropfen von 8,6 g des entsprechenden Piperidinocarbonsäureesters in abs. Ae. zu der Grignard-Lsg. aus 29,6 g 5-Chlor-2-bromthiophen u. Mg in abs. Ae. bei 0°, 5std. Kochen u. mehrstd. Stehen bei Raum-Temp.; aus A. Essigester Prismen; 4 g (Ausbeute). — *3-Piperidino-1.1-bis-[p-chlorphenyl]-propanol, Hydrobromid*, $C_{20}H_{23}Cl_2NO$·HBr, F. 210—211°, analog vorst. Verb.; aus A./Essigester Prismen. — *3-Piperidino-1.1-bis-[5-chlorthienyl-(2)]-butanol* (II), *Hydrochlorid*, $C_{17}H_{21}$·Cl_2NOS_2·HCl, F. 241—242°, analog vorst. Verb. (2std. Kochen); aus A./Essigester Prismen. — *3-Piperidino-1.1-bis-[p-chlorphenyl]-butanol, Hydrochlorid*, $C_{21}H_{25}Cl_2NO$·HCl, F. 251—252°; aus A./Essigester Prismen. — *3-[4-Methylpiperazino]-1.1-bis-[thienyl-(2)]-propanol*, $C_{16}H_{22}N_2OS_2$, F. 92—93°, durch Darst. von Li-Phenyl in Ae. unter N_2 (2 std. Kochen der Rk.-Lsg.), Zugabe von 12,5 g Thiophen in Ae., 2std. Kochen, Versetzen mit dem entsprechenden Piperazinocarbonsäureester bei —20°, 2std. Rühren bei Raum-Temp. u. mehrstd. Stehen bei Raum-Temp.; aus Ligroin Nadeln; 9,5 g. — *3-[4-Äthylpiperazino]-1.1-bis-[thienyl-(2)]-propanol*, $C_1H_{24}N_2OS_2$, F. 75—76°, analog vorst. Verb.; aus Ligroin Nadeln. — *3 [4-Methylpiperazino]-1.1-bis-[thienyl-(2)]-butanol* (III), $C_{17}H_{24}$·N_2OS_2, F. 87—88°; aus Ligroin Nadeln. — *3-[4-Methylpiperazino]-1.1-diphenylpropanol*, $C_{20}H_{26}N_2O$, F. 127—128°, über die Mg-organ. Verb. durch 1std. Rühren, 2std. Kochen u. mehrstd. Stehen; aus Ligroin Nadeln. — *3-Piperidino-1.1-bis-[5-chlorthienyl-(2)]-propen-(1), Hydrochlorid*, $C_{16}H_{17}Cl_2NS_2$·HCl, F. 192—193°, durch Gießen der mit NH_4Cl zersetzten Rk.-Lsg. von **I** in Eiswasser, Ansäuern der Ae.-Schicht mit HCl, Alkalisieren der sauren Lsg. mit NH_4OH, Extrahieren mit Ae., Eindampfen, Aufnehmen in Chlf., Sättigen mit trockenem HCl u. Eindampfen im Vakuum; aus Chlf./Essigester Prismen. — *3-Piperidino-1.1-bis-[p-chlorphenyl]-propen-(1), Hydrochlorid*, $C_{20}H_{21}Cl_2N$·HCl, F. 191

bis 192°, analog vorst. Verb.; aus Chlf./Essigester Prismen. — *3-Piperidino-1.1-bis-[5-chlorthienyl-(2)]-buten-(1), Hydrochlorid*, $C_{17}H_{19}Cl_2NS_2 \cdot HCl$, F. 195—196°, durch Schütteln von 4,7 g II-Hydrobromid in Chlf. mit 10%ig. NH_4OH u. u. Sättigen der Chlf.-Lsg. mit trockenem HCl; aus Chlf./Essigester Nadeln; 2,8 g. — *3-Piperidino-1.1-bis-[p-chlorphenyl]-buten-(1), Hydrochlorid*, $C_{21}H_{23}Cl_2N \cdot HCl$, F. 249—250°, analog vorst. Verb.; aus Chlf./Essigester Nadeln. — *3-[4-Methylpiperazino]-1.1-bis-[thienyl-(2)]-buten-(1), Dihydrochloridhydrat*, $C_{17}H_{22}N_2S_2 \cdot 2\,HCl \cdot H_2O$, F. 185—186°, durch Sättigen von III in Chlf. mit trockenem HCl u. Eindampfen im Vakuum; aus Chlf./Essigester Nadeln; 5,4 g. — *3-[4-Methylpiperazino]-1.1-bis-[thienyl-(2)]-propen-(1), Dihydrochloridhydrat*, $C_{16}H_{20}N_2S_2 \cdot 2\,HCl \cdot H_2O$, F. 196—197°, analog vorst. Verb.; aus Chlf./Essigester Nadeln. — *3-[4-Äthylpiperazino]-1.1-bis-[thienyl-(2)]-propen-(1), Dihydrochloridhydrat*, $C_{17}H_{22}N_2S_2 \cdot 2\,HCl \cdot H_2O$, F. 208—209°; aus Chlf./Essigester Prismen. — *3-[4-Methylpiperazino]-1.1-diphenylpropen-(1), Dihydrochloridhydrat*, $C_{20}H_{24}N_2 \cdot H_2O \cdot 2HCl$, F. 226 bis 227°; aus Chlf./Essigester Prismen. P. Golinske. 3071◇

Untersuchungen über Thiophenderivate. 7. Mitt. Synthese von 2-Amino-1-[thienyl-(2)]-alkanolen-(1) und Aminodiarylalkanen. Takahiro Yabuuchi. (Chem. pharmac. Bull. [Tokyo] **8**, 1046—50, Nov. 1960; engl.) — 6. vgl. vorst. Referat. — 3-Piperidino-1.1-bis-[thienyl-(2)]-buten-(1) zeigt einen beträchtlichen antitussiven Effekt. Die pharmakolog. Wrkg. von 2-Amino-1-[thienyl-(2)]-alkanolen-(1), die Ephedrin-analoge sind (in denen aber die Phenyl- durch eine Thienylgruppe ersetzt ist), wird untersucht. Die Verbb. entstehen durch Red. der entsprechenden Alkanone. Weiter werden auch analoge Aminodiarylalkane dargestellt.

Versuche: *2-Dimethylamino-1-oxo-1-[thienyl-(2)]-äthan*, $Kp._{10}$ 150°, durch Zutropfen von Br_2 zu 1-[Thienyl-(2)]-1-oxoäthan in abs. Ae. unter Kühlen, 1 std. Rühren, Eindampfen im Vakuum, Erhitzen des in abs. Bzl. gelösten Rückstands mit dem entsprechenden Amin u. 8 std. Erhitzen im verschlossenen Rohr auf 100°; orangefarbenes Öl. — *2-Piperidino-1-oxo-1-[thienyl-(2)]-äthan*, $Kp._6$ 145—146°, analog vorst. Verb. (8 std. Erhitzen der Benzol-Lsg. mit dem Amin auf dem Wasserbad); gelbes Öl. — *2-Morpholino-1-oxo-1-[thienyl-(2)]-äthan*, $Kp._6$ 161—163°, analog vorst. Verb.; hellgelbes Öl. — *2-Dimethylamino-1-oxo-1-[thienyl-(2)]-propan*, $Kp._{20}$ 103—107°; orangefarbenes Öl. — *2-Piperidino-1-oxo-1-[thienyl-(2)]-propan*, $Kp._6$ 147—153°; orangefarbenes Öl. — *2-Morpholino-1-oxo-1-[thienyl-(2)]-propan*, $Kp._7$ 158—160°; gelbes Öl. — *2-Phenyl-2-dimethylamino-1-oxo-1-[thienyl-(2)]-äthan, Hydrochlorid*, F. 231°; aus Chlf./Essigester Prismen. — *2-Phenyl-2-piperidino-1-oxo-1-[thienyl-(2)]-äthan, Hydrochlorid*, F. 247°; aus Chlf./Essigester Prismen. — *2-Phenyl-2-morpholino-1-oxo-1-[thienyl-(2)-äthan, Hydrochlorid*, F. 294°; aus Chlf./Essigester Prismen. — *2-Piperidino-1-[thienyl-(2)]-äthanol, Hydrochlorid*, $C_{11}H_{17}NOS \cdot HCl$, F. 210° (Zers.), durch 1 std. Stehen der entsprechenden Oxo-Verb. mit $NaBH_4$ in abs. A.; aus A./Essigester Nadeln; 45—75% (Ausbeute). — *2-Morpholino-1-[thienyl-(2)]-äthanol, Hydrochlorid*, $C_{10}H_{15}NO_2S \cdot HCl$, F. 201° (Zers.), analog vorst. Verb.; aus A./Essigester Platten. — *2-Piperidino-1-[thienyl-(2)]-propanol, Hydrochlorid*, $C_{12}H_{19}NOS \cdot HCl$, F. 233° (Zers.); aus A./Essigester Nadeln. — *2-Morpholino-1-[thienyl-(2)]-propanol, Hydrochlorid*, $C_{11}H_{17}NO_2S \cdot HCl$, F. 212°; aus A./Essigester Nadeln. — *2-Phenyl-2-dimethylamino-1-[thienyl-(2)]-äthanol, Hydrochlorid*, $C_{14}H_{17}NOS \cdot HCl$, F. 221 bis 222°; aus Methanol Nadeln. — *2-Phenyl-2-piperidino-1-[thienyl-(2)]-äthanol, Hydrochlorid*, $C_{17}H_{21}NOS \cdot HCl$, F. 225°; aus Methanol Prismen. — *2-Phenyl-2-morpholino-1-[thienyl-(2)]-äthanol, Hydrochlorid*, $C_{16}H_{19}NO_2S \cdot HCl$, F. 219—220° (Zers.); aus Chlf./Essigester Prismen. — *1.2-Bis-[thienyl-(2)]-äthanol*, $Kp._8$ 128—130°, durch Zugabe von 11,2 g 2-Formylthiophen in abs. Ae. zu der Grignard-Verb. aus 17 g Thenyl-(2)-chlorid u. Mg in abs. Ae. bei 0°, mehrstd. Stehen u. Zers. mit 25%ig. wss. NH_4Cl; Öl; 10,9 g. — *1-[Thienyl-(2)]-2-phenyläthanol*, F. 52,5—53°, $Kp._{30}$ 190—193°; analog vorst. Verb.; Prismen; 50—70%. — *1.2-Diphenyläthanol*, F. 65—66°, $Kp._{15}$ 177°; Prismen. — *1-[Thienyl-(2)]-3-phenylpropanol*, $Kp._{11}$ 115—116°; Öl. — *[Thienyl-(2)]-phenylcarbinol*, F. 57—58°; Prismen. — *2-Morpholino-2-[thienyl-(2)]-1-phenyläthan, Hydrochlorid*, $C_{16}H_{20}ClNOS$, F. 203°, durch Sättigen von 9,9 g 2-Phenyl-1-[thienyl-(2)]-äthanol u. $CaCl_2$ in PAe. unter Kühlung, Filtrieren, Eindampfen im Vakuum, Zugabe von Morpholin in abs. Bzl. u. 10 std. Erhitzen auf dem Wasserbad; aus A./Essigester Prismen; 4,9 g. — *2-Piperidino-2-[thienyl-(2)]-1-phenyläthan, Pikrat*, $C_{23}H_{24}N_4O_7S$, F. 178°, analog vorst. Verb.; aus A. gelbe Prismen; 30—60%. — *1.2-Diphenyl-1-morpholinoäthan, Hydrochlorid*, $C_{18}H_{22}ClNO$, F. 219°; aus A. Prismen. — *1-Piperidino-1-[thienyl-(2)]-3-phenylpropan, Pikrat*, $C_{24}H_{28}N_4O_7S$, F. 146—147°; aus A. gelbe Prismen. — *α-Dimethylamino-α-[thienyl-(2)]-toluol, Pikrat*, $C_{19}H_{18}N_4O_7S$, F. 172°; aus A. gelbe Platten. — *α-Piperidino-α-[thienyl-(2)]-toluol, Pikrat*, $C_{22}H_{22}N_4O_7S$, F. 186°; aus A. gelbe Prismen. — *α-Morpholino-α-[thienyl-(2)]-toluol, Pikrat*, $C_{21}H_{20}N_4O_8S$, F. 199°; aus A. gelbe Nadeln.

P. Golinske. 3071◇

Eine neue Darstellung von Indolaldehyd-(2)-derivaten. Yasunobu Satô und Yasuhiro Matsumoto. (Annu. Rep. Takamine Lab. **11**, 33—36, Dez. 1959; Tôkyô-Sinagawa, Takamine-Kenkyûzyo; jap., Auszug: engl.) — Indolcarbonsäure-(2) (**I**) sowie ihr 3-Methyl- (**II**) u. 3-Methyl-5-methoxy-Deriv. (**III**) geben mit PCl_5 die Acylchloride, welche mit $LiAlH(tert.-C_4H_9O)_3$ zu den entsprechenden Aldehyden red. werden.

Versuche: *Indolaldehyd-(2)*, C_9H_7NO, F. 140—141° (kirschrote Nadeln aus 50% ig. A.), aus 1,6 g **I** in Acetylchlorid (**IV**) durch Versetzen mit PCl_5 unter Kühlung, 4std. Stehen des Gemisches bei Raum-Temp., Abdestillieren von **IV** u. $POCl_3$, tropfenweises Versetzen des Rückstandes in 20 cm³ Diäthylenglykoldimethyläther mit dem aus 0,5 g $LiAlH_4$ u. 3 g tert.-Butylalkohol hergestellten $LiAlH(tert.-C_4H_9O)_3$ bei —70°, langsames Erwärmen des Gemisches auf Raum-Temp. in 1 Std. u. Gießen auf Eis; 500 mg (Ausbeute). *2.4-Dinitrophenylhydrazon* (*DNP*), $C_{15}H_{11}N_5O_4$ F. 315—320° (Zers.). — *3-Methylindolaldehyd-(2)*, $C_{10}H_9NO$, F. 138—139° (aus Bzl. gelbe Nadeln), wie vorst. aus 3,5 g **II**; 0,6 g. *DNP*, $C_{16}H_{13}N_5O_4$, F. 286—287° (Zers.; rote Nadeln). — *3-Methyl-5-methoxyindolaldehyd-(2)*, $C_{11}H_{11}NO_2$, F. 205—207° (gelbe Nadeln aus A.), wie vorst. aus **III**. *DNP*, F. 275° (rote Nadeln). E. Maekawa. 3081 □

Untersuchungen zur Methylierung des Kondensationsproduktes aus 2-Methylindol und Methylisobutylketon. Wayland E. Noland und H. S. Desai. (J. org. Chemistry **27**, 1915—17, Mai 1962; Minneapolis, Minn., Univ. of Minnesota, School of Chem.; engl.) — Die Monobase **I** (F. 183—185°, vgl. Noland u. Mitarbeiter, J. org. Chemistry **26**, [1961], 4249 u. 4241) wird verschiedenen Methylierungs-Rkk. unterworfen, wobei die *Monomethyl-Derivv.* **II** u. **III** u. das *Dimethyl-Deriv.* **IV** entstehen. Diese Rkk. bestätigen die Konstit. von **I**. Für alle Verbb. werden die UV- u. IR-Daten mitgeteilt.

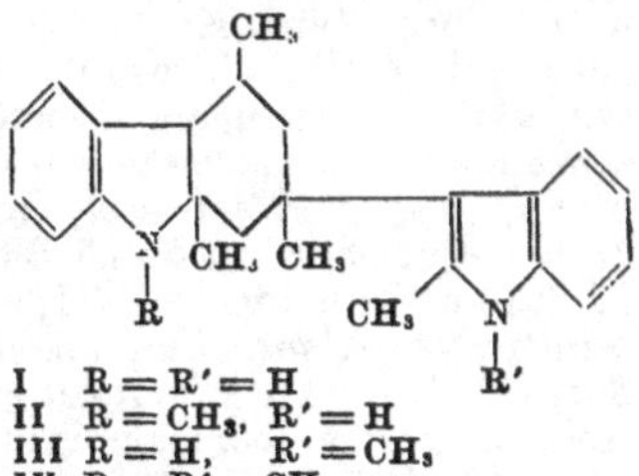

I R = R' = H
II R = CH_3, R' = H
III R = H, R' = CH_3
IV R = R' = CH_3

Versuche: *Monomethyl-Deriv.* **II**, $C_{25}H_{30}N_2$, *Isomeres vom F. 260—262°* (**IIa**), durch 20std. Kochen von **I** mit CH_3J u. K_2CO_3 in Aceton; Nadeln aus A.-Bzl.; 29%. *Isomeres vom F. 176—178°* (**IIb**), analog **IIa** mit Dimethylsulfat; geht beim Umkristallisieren aus A. in **IIa** über. — *Monomethyl-Deriv.* **III**, F. 143—144°, durch 2std. Rühren von **I**, CH_3J u. $NaNH_2$ in fl. NH_3/Tetrahydrofuran, Einengen u. Wasserzusatz; 46%. — *Dimethyl-Deriv.* **IV**, $C_{23}H_{32}N_2$, F. 164°, a) aus **IIb** analog **III**; 79%; b) aus **IIa** analog **III**; 65%; c) aus **III** analog **IIa**; 70%; aus A. Nadeln. Claus Fischer. 3081 □

Heterocyclische Verbindungen aus Eisencarbonylkomplexen: Pentaphenylphosphol. E. H. Braye und W. Hübel. (Chem. and Ind. **1959**, 1250—51, 3/10; Brussels, European Res. Assoc.; engl.) — Durch Erhitzen des 1.2.3.4-Tetraphenylbutadien·$Fe_2(CO)_6$-Komplexes mit Phenyldichlorphosphin auf 140° wird in 66% ig. Ausbeute *Pentaphenylphosphol* (**I**; $C_{34}H_{25}P$, F. 255—256°; aus Xylol gelbliche, fluorescierende Nadeln) erhalten. **I** geht an der Luft ins *Oxid* (**II**; $C_{34}H_{25}PO$, F. 284—285°; aus A. oder Chlf. gelbe fluorescierende Nadeln; 100°) über u. bildet mit Na_2S_x in Cellosolve das *Sulfid* (**III**; $C_{34}H_{25}PS$, F. 196°; gelbe Plättchen) u. mit Se in Bzl. das *Selenid* (**IV**; $C_{34}H_{25}$·PSe, F. 186—188°; gelb). Aus **I** u. $Fe(CO)_5$ wird bei 150° quant. *Pentaphenylphospholeisentetracarbonyl* [**V**; $C_{34}H_{25}P·Fe(CO)_4$, F. 180—185° (Zers.); orangerot] u. aus **I** u. $Fe_3·(CO)_{12}$ in sd. Isooctan neben **V** u. wenig *Pentaphenylphospholdieisenpenta(hexa)carbonyl* [$C_{34}H_{25}P·Fe_2(CO)_{5(6)}$, F. 178—183° (Zers.); orangefarbene Plättchen] 10% *Pentaphenylphospholeisentricarbonyl* [$C_{34}H_{25}P·Fe(CO)_3$, F. 205—210° (Zers.); gelb] gebildet. Durch Rk. von **II** mit $Fe(CO)_5$ bei 150° wird quant. *Pentaphenylphospholoxideisentricarbonyl* [$C_{34}H_{25}PO·Fe(CO)_3$ (Zers.); gelbe Prismen] erhalten. **III** reagiert mit Eisencarbonylen lediglich unter Bldg. des S-freien **V**. **I** u. **II** addieren bei 150° Maleinsäureanhydrid unter Bldg. des gleichen *Addukts* $C_{34}H_{25}PO·C_4H_2O_3$ [F. 240—244° (Zers.)], **III** reagiert nicht. Aus **I** u. Acetylendicarbonsäuredimethylester wird bei 150° *Tetraphenylphthalsäuredimethylester* (F. 264°; 88%) gebildet. Diese Rkk. zeigen, daß nur **I** u. **II** konjugierte Dien-Syst. besitzen, **III** u. **IV** jedoch keine echten Phosphinsulfide bzw. -selenide sind. L. Lamza. 3091△

Synthese von Bis-[o.o'-diphenylen]-arylarsoranen aus Spiro-bis-[o.o'-diphenylen]-arsoniumsalzen. G. Wittig und D. Hellwinkel. (Angew. Chem. **74**, 782, 21/10. 1962; Heidelberg, Univ., Inst. für Organ. Chem.; dt.) — Bei der Einw. von Aryl-Li auf Spiro-bis-[o.o'-diphenylen]-arsoniumsalze entstehen in guter Ausbeute *Bis-[o.o'-diphenylen]-arylarsorane*. *Spiro-bis-[o.o'-diphenylen]-arsoniumchlorid* (F. 319°) bildet sich beim Erhitzen von o.o'-Diphenylen-o-diphenylyldichlorarsoran oder Bis-[o-diphenylyl]-

trichlorarsoran im Vakuum auf 250° unter HCl-Abspaltung. Außerdem wurden folgende Bis-[o.o'-diphenylen]-arsoniumsalze dargestellt: *-jodid*, F. 309—311°. — *-tetraphenylborat*, F. 257,5—259,5°. — *-bis-[o.o'-diphenylen]-borat*, F. 290—291°.
P. Golinske. 3091◇

4-Aminomethyl-1.2-dithiolan. Göran Bergson. (Ark. Kemi **18**, Nr. 32, 505—12, 1962; Uppsala, Sweden, Univ. of Uppsala, Chem. Inst., Dep. of Organ. Chem.; engl.) — Ausgehend von β.β'-Dibromisobuttersäure (I) bzw. von α-[Benzylmercaptomethyl]-acrylsäure (II), die nach bekannten Meth. erhalten wurden, kann in mehrstufiger Rk. *4-Aminomethyl-1.2-dithiolanhydrochlorid* in guter Ausbeute dargestellt werden.

Versuche: *Bis-[hydroxymethyl]-malonsäurediäthylester*, F. 41—50°, nach Gault u. Roesch (Bull. Soc. chim. France [5] **4**, [1937], 1411); 71% (Ausbeute). — *α-Jodmethylacrylsäure*, F. 104—106°, nach Welch [1930]; 84%. — *Benzylmercaptan* (**VII**), $Kp._{0,8}$ 49 bis 52°, nach Rodionow u. Ssuworow (Synthesen Organischer Verbindungen **I**, S. 19); 76%. — *α-[Benzylmercaptomethyl]-acrylsäure* (**II**), F. 92—94°, nach Bergson u. Biezais (Ark. Kemi **18**, Nr. 8, [1961], 143); 72%. — *β.β'-Dibromisobuttersäure* (**I**), F. 95—100°, nach Ferris (vgl. C. **1956**, 4108); 63%. — *β.β'-Dibromisobuttersäureäthylester* (**IV**), $Kp._1$ 85 bis 87°, durch Veresterung von **I**; n_D^{20} 1,4968; 83% (Ausbeute). — *β.β'-Bis-[benzylmercapto]-isobuttersäure* (**V**), F. 43—50°, a) durch Neutralisieren von **I** mit Na_2CO_3 u. Na-Benzylmercaptid [**VI**; aus Benzylmercaptan (**VII**) u. der äquivalenten Menge Na in abs. A.)], Ansäuern nach 2 Tagen u. Extraktion mit Ae.; 58% (Rohprod.); b) aus **I** (0,058 Mol) u. **VI** (0,177 Mol) in 225 ml abs. A.; 63,7%; c) aus äquivalenten Mengen **II** u. **VII** durch 1std. Kochen in Ae. unter Zugabe von 1 Tropfen Piperidin, Abdampfen des Lsgm., 4std. Erhitzen auf 100° u. mehrmonatiges Stehen; 75%; d) durch Verseifen von **VIII** mit geringem Überschuß an KOH in A. bei 20°; 94%. — *β.β'-Bis-[benzylmercapto]-isobuttersäureäthylester* (**VIII**), aus **IV** u. überschüssigem **VI** in A.; 93% (Rohprod.). — *β.β'-Bis-[benzylmercapto]-isobuttersäureamid* (**IX**), $C_{18}H_{21}NOS_2$, F. 71—73° (Toluol–Cyclohexan), durch Behandeln von **V** mit $SOCl_2$ u. wenig Pyridin in Bzl. (50°; 22 Std.) u. Einleiten von NH_3 in die Ae.-Lsg. des Säurechlorids; 71%. — *1.3-Bis-[benzylmercapto]-2-aminomethylpropanhydrochlorid* (**III**), $C_{18}H_{21}ClNS_2$, F. 108—110° (Aceton), durch Red. von **IX** mit einem großen Überschuß an $LiAlH_4$ in viel Ae. (20 Std. am Rückfluß), Zers. des überschüssigen $LiAlH_4$ mit A., Zugabe von 30%ig. KOH u. Einleiten von HCl; 55%. — *4-Aminomethyl-1.2-dithiolanhydrochlorid*, $C_4H_{10}ClNS_2$, F. 231—234°, durch Debenzylierung von **III** mit Na in fl. NH_3 bei —50° (½ Std.), Ansäuern mit HCl, Zugeben der Lsg. zu W., gleichzeitige Zugabe von J_2/KJ, Alkalisieren, Extraktion mit Chlf. u. Einleiten von HCl; 57%. N. Seiler. 3112□

Chemie von Acrylonitril. 1. Mitt. Reaktion von Acrylonitril und substituiertem Hydantoin. Chi-Yi Hsing. (Acta chim. sinica **21**, 197—201, 1955; Peking, Univ., Dep. of Chem.; chin., Auszug: engl.) — *5.5-Dimethylhydantoin* (**I**) wird dargestellt. Die Rk. von **I** mit überschüssigem Acrylonitril in Dioxan in Ggw. von KOH als Katalysator liefert *1.3-Bis-[β-cyanäthyl]-5.5-dimethylhydantoin*, das durch Hydrolyse in HCl *1.3-Bis-[β-carboxyäthyl]-5.5-dimethylhydantoin* gibt.

Versuche: *5.5-Dimethylhydantoin* (**I**), F. 175°, nach Bucherer u. Lieb [1934]. — *1.3-Bis-[β-cyanäthyl]-5.5-dimethylhydantoin*, $C_{11}H_{14}N_4O_2$, F. 97—99°, durch Rk. von **I** mit überschüssigem Acrylonitril in Ggw. von KOH in Dioxan bei 70—75°; 77% (Ausbeute). — *1.3-Bis-[β-carboxyäthyl]-5.5-dimethylhydantoin*, $C_{11}H_{16}N_2O_6$, F. 114—117°, durch Hydrolyse vorst. Verb. mit HCl. P. Golinske. 3122◇

Die Einwirkung von Phenylchloressigester, Phenylchloracetamid und Phenylchloracetmethylamid auf Harnstoffe. Helge Aspelund. (Finska Kemistsamfundets Medd. **69**, 123—32, 1960; Abo, Akad.; dt.) — Es werden die Umsetzungen von Phenylchloressigester (**A**), Phenylchloracetamid (**B**) u. Phenylchloressigsäuremethylamid (**C**) mit Harnstoff (**I**), Methylharnstoff (**II**), Phenylharnstoff (**III**) u. Methylphenylharnstoff (**IV**) in der Schmelze bzw. in sd. Toluol untersucht.

Versuche: Hydantoine: *5-Phenyl-* (**V**), a) durch 4std. Erhitzen von 4 g **A** mit **I** auf 180—190°; 0,6 g (Ausbeute); daneben *Verb. vom F. 215°*; b) durch 48std. Kochen von 2 g **C** mit **I** in Toluol; 0,1 g; daneben *2-Imino-5-phenyloxazolidon-(4)* (**VI**). — *1.5-Diphenyl-* (**VII**), F. 200—202° (A.), a) durch 4std. Erhitzen von 4 g **A** mit **III** auf 170—180°; 1 g; daneben *Diphenylharnstoff* (**VIII**) u. *Mandelsäurephenylurethan* [**IX**, F. 147—148° (Zers.)]; b) durch 20½std. Kochen von **B** mit **III** in Toluol; daneben **VIII** u. *2-Phenylimino-5-phenyloxazolidon-(4)* [**X**, F. 211—213° (A.)]; c) analog **V** nach b) aus **C** mit **III**; daneben 0,28 g **VIII**. — *1.5-Diphenyl-3-methyl-*, F. 181—182° (A.), analog **V** nach a) aus 2 g **C** mit **IV**; 0,28 g. — *5-Phenyl-1-methyl-*, F. 177° (A.), a) analog **VII** nach a) aus **A** mit **II**; 0,07 g; b) analog **VII** nach b) aus **B** mit **II**; daneben *Verb. vom F. 111—113°* (Ae.); c) analog **V** nach a) aus **B** mit Acetylmethylharnstoff; d) durch 40std. Kochen von 2 g **C** mit **II**; 0,13 g; daneben *Verb. vom F. 115—116°* (A./W.). — *Cyanursäure*, durch 36std. Kochen von 4 g **A** mit **I**; 1,1 g; daneben *5-Phenyloxazolidindion-(2.4)* [F. 107—108° (Ae.)], **V** u. *Mandelsäure* (**XI**, F. 115—117°). — *Diphenylharnstoff* (**VIII**), a) analog **VII** nach b) aus 4 g **A** mit **III**; 1,17 g; daneben *Verb.* $C_{15}H_{15}N_3O_2$ [F. 204 bis 205° (A.)], 0,05 g **X**, 0,04 g **VII** u. **XI**; b) analog **V** nach b) aus **B** mit **IV**; 0,28 g; daneben *Verb. vom F. ca. 250°* (Zers.). — *Verb. vom F. 174—179°* (Bzl.), analog **V** nach a) aus **A** mit **IV** nach Abtrennung von *Anilinhydrochlorid* u. *Methylaminhydrochlorid*; 0,14 g; daneben **IX**. — *2-Imino-5-phenyloxazolidon-(4)* (**VI**), F. ca. 260°, analog **V** nach a); daneben wenig **V**. — *5-Phenyloxazolidindion-(2.4)*, durch ½std. Kochen von 0,6 g **VI** mit 15% ig. H_2SO_4; 0,31 g. H.-J. Weigmann. 3122◇

Notiz über 2-Alkoxymethyl-Δ^2-thiazoline. Horst Baganz und Lothar Domaschke. (Chem. Ber. **95**, 1842—43, 16/7. 1962; Berlin, TU, Organ.-chem. Inst.; dt.) — Durch Umsetzung einer Anzahl von Alkoxyacetonitrilen mit Cysteamin werden substituierte *2-Alkoxymethyl-Δ^2-thiazoline* erhalten. Maxima der IR-Spektren vgl. Original.

Versuche: *Butoxyacetonitril*, $C_6H_{11}NO$, Kp.$_{18}$ 71—72°, durch ½std. Erhitzen von Butoxyacetamid mit P_2O_5; n_D^{25} 1,4052; 46% (Ausbeute). — Δ^2-Thiazoline: *2-Methoxymethyl-*, C_5H_9NOS, Kp.$_{12}$ 86,5°, durch 12std. Kochen von Cysteamin u. Methoxyacetonitril in Methanol; n_D^{25} 1,5122; 88%. *Hydrochlorid*, F. 106—108°. — *2-Äthoxymethyl-*, $C_6H_{11}NOS$, Kp.$_{0,5}$ 71°, analog vorst. Verb.; n_D^{25} 1,5000; 60%. — *2-n-Butoxymethyl-*, $C_8H_{15}NOS$, Kp.$_{0,7}$ 106°; n_D^{25} 1,4902; 65,5%. — *2-[Diäthoxymethyl]-*, $C_8H_{15}NO_2S$, Kp.$_{0,7}$ 108°; 15std. Kochen; n_D^{25} 1,4880; 41%. — *2-Methoxymethyl-4-carboxy-*, *Hydrat*, $C_6H_9NO_3S \cdot H_2O$, F. 128—129° (A.), durch Zutropfen von Methoxyacetonitril in Methanol zu Cystein in Methanol, 12std. Erhitzen unter N_2, Eindampfen im Vakuum, Aufnehmen des hellgelben Öls in 25% ig. A. u. Filtrieren durch Lewatit S 100; 27%. — *2-Äthoxymethyl-4-carboxy-*, *Hydrat*, $C_7H_{11}NO_3S \cdot H_2O$, F. 88°, analog vorst. Verb.; 30%. P. Golinske. 3142◇

Eine neue Thiazolverbindung. J. Shukri. (J. Indian chem. Soc. **39**, 651—52, Sept. 1962; Baghdad, Univ., Coll. of Educat., Chem. Dep.; engl.) — Kondens. von Rubeanwasserstoffsäure (**I**) mit β-Bromacetylnaphthalin (**II**) liefert *4.4'-Di-β-naphthyl-2.2'-bithiazolyl.*

Versuche: *4.4'-Di-β-naphthyl-2.2'-bithiazolyl*, F. 278—279°, durch Erwärmen von **II** in abs. A., Zusetzen von **I** in abs. A. u. 5std. Kochen auf dem Wasserbad; aus Pyridin hellgelbe, glänzende Flocken; 82% Ausbeute. H. Gleinig. 3142◇

Synthese von Merocyaninfarbstoffen, Derivaten des Rhodanins. 1. Mitt. **Austausch des Anilinrestes durch einen sekundären Aminrest bei Pentamethinmerocyaninen.** Janusz Oszczapowicz und Jan Świderski. (Roczniki Chem. [Ann. Soc. chim. Polonorum] **34**, 959—64, 1960; Warszawa, Uniw., Kat. Chem. organ.; pol.) — Durch Rk. von 3-Methyl- (**I**) oder 3-Äthylrhodanin (**II**) mit Glutaconaldehyddianilhydrochlorid (**III**) in Ggw. von Aminen werden *Pentamethinmerocyanine* gebildet. Das zugesetzte Amin wirkt dabei nicht nur als Katalysator, sondern reagiert auch mit dem Farbstoff unter Substitution des Anilinrestes am Ende der Pentamethinkette.

Versuche: 2-Thioketo-3-methyl-4-ketothiazolidine, durch Kondens. von **I** u. **III** in äquimol. Mengen u. dem entsprechenden Amin im Überschuß in abs. A. in der Wärme: *-5-[5-anilinopentadien-(2.4)-yliden]-*, $C_{15}H_{14}N_2OS_2$, F. 208—210°, mit oder ohne Piperidin als Katalysator; aus abs. Chlf. grüne Nadeln. — *-5-[N-methylanilinopentadien-(2.4)-yliden]-*, $C_{16}H_{16}N_2OS_2$, F. 205—206,5°, mit N-Methylanilin neben vorst. Verb., die durch Extraktion mit Chlf. abgetrennt wird; dunkelrote Nadeln. — *-5-[5-piperidinopentadien-(2.4)-yliden]-*, $C_{14}H_{18}N_2OS_2$, F. 199—201°, mit Piperidin; aus Chlf. u. Bzl. dunkelrotviolette Kristalle. — *-5-[5-pyrrolidinopentadien-(2.4)-yliden]-*, $C_{13}H_{16}N_2OS_2$, F. 205—207°, mit Pyrrolidin; aus Bzl. dunkelblaue Kristalle. — *-5-[5-morpholinopentadien-(2.4)-yliden]-*, $C_{13}H_{16}N_2O_2S_2$, F. 224—227°, mit Morpholin; aus abs. Chlf. violette Nadeln. — 2-Thioketo-3-äthyl-4-ketothiazolidine, analog aus **II** u. **III** u. den entsprechenden Aminen: *-5-[5-anilinopentadien-(2.4)-yliden]-*, F. 201,5—202,5°, mit oder ohne Piperidin als Katalysator; aus abs. Chlf. violette Nadeln. — *-5-[5-N-methylanilinopentadien-(2.4)-yliden]-*, $C_{17}H_{18}N_2OS_2$, F. 157—159°, mit N-Methylanilin; aus abs. Chlf. unter Zusatz von abs. Bzl. dunkelviolette Nadeln. — *-5-[5-piperidinopentadien-(2.4)-yliden]-*, F. 170,5—171,5°, mit Piperidin; aus Bzl. dunkelrote Blättchen. — *-5-[5-pyrrolidinopentadien-(2.4)-yliden]-*, $C_{14}H_{18}N_2OS_2$, F. 177—180°, mit Pyrrolidin; aus Chlf. hellrote Blättchen. F. Urban. 3142◇

Die Herstellung des 2-Amino-1.3.4-thiodiazol-5-thiols. Zdzisław Brzozowski. (Roczniki Chem. [Ann. Soc. chim. Polonorum] **34**, 725—28, 1960; Starograd, Polfa, Forschungslabor.; pol.) — Vf. vereinfachte die von Selmiciu u. Mitarbeitern (vgl. C. **1962**, 13020) beschriebene Meth. zur Darst. von *2-Amino-5-mercapto-1.3.4-thiodiazol.*

Versuche: *2-Amino-5-mercapto-1.3.4-thiodiazol*, F. 230—233°, durch 7½std. Kochen von Thiosemicarbazid, CS_2 u. Pyridin auf dem Wasserbad (Temp.-Steigerung von 48 auf 96°), Abdestillieren des Pyridins im Vakuum, Versetzen des Rückstandes mit wss. NH_4OH, Erhitzen auf 60°, Neutralisieren mit HCl (pH 9), ½std. Rühren mit Aktivkohle u. Ansäuern der filtrierten Lsg. mit HCl (pH 1—1,5); 91% (Ausbeute, bezogen auf Thiosemicarbazid). E. Höft. 3173◇

Synthese von 2-Chlorchromonen, ein neuer Weg zu 4-Hydroxycumarinen. Marcelle Levas und Émile Levas. (C. R. hebd. Séances Acad. Sci. **250**, 2819—21, 20/4. 1960; Rennes, Fac. des Sci.; franz.) — Aus β.β-Dichloracrylsäurearylestern werden durch Friessche Verschiebung *Aryl-[β.β-dichlorvinyl]-ketone* erhalten, die durch Behandlung mit verd. NaOH in die entsprechenden *2-Chlorchromone* übergeführt werden. Diese lassen sich an Raney-Ni zu *Chromanon-(4)-Derivv.* hydrieren oder alkal. zu *4-Hydroxycumarinen* hydrolysieren.

Versuche: *β.β-Dichloracrylsäure, Phenylester*, $Kp._{12}$ 136—136,5°. *p-Tolylester*, $Kp._5$ 128°, $Kp._{12}$ 150—151,5°. — Aryl-[β.β-dichlorvinyl]-ketone: *o-Hydroxyphenyl-* (I), $Kp._5$ 132—134°, F. 55—56° (HCOOH); gelb; 43% (Ausbeute). — *p-Hydroxyphenyl-*, F. 109—110° (CCl_4), neben vorst. Verb.; 38%. — *2-Hydroxy-5-methylphenyl-*, $Kp._5$ 142—144°, F. 92—93° (HCOOH oder A.); gelb. — *4-Methyl-2-n-propylphenol*, $Kp._9$ 105—106°, durch Clemmensen-Red. vorst. Verb. *Phenylurethan*, F. 100—102°. *Carboxymethyläther*, F. 113—114°. — *2-Chlorchromon* (II), F. 110—111° (Heptan), durch ¼std. Zugabe von 0,05 Mol n-NaOH zu einer wss. Suspension von 0,046 Mol I unter Rühren. — *Chromanon-(4)*, $Kp._{13}$ 128,5—130°, F. 38—39°. *Oxim*, F. 139—140°. — *6-Methyl-2-chlorchromon*, F. 120—122° (Heptan), analog II. — *6-Methylchromanon-(4)*, F. 32—33°. *Oxim*, F. 86—87°. — *4.6-Dimethylchromanol-(4)*, F. 115—116°, aus vorst. Verb. u. CH_3MgJ. — Cumarine: *4-Hydroxy-*, F. 214—215°. *Acetat*, F. 109,5—110,5°. — *6-Methyl-4-hydroxy-*, F. 258—260°. — *6-Methyl-4-acetoxy-*, F. 113—114°, durch Acetylieren vorst. Verb. bei 0°. *Allotrope Form*, F. 116—117°. — *6-Methyl-3-acetyl-4-hydroxy-*, F. 147—148°, durch Erwärmen vorst. Verb. mit Acetylchlorid in Pyridin. J. Ruhnke. 3211□

Anionenaustauscherharze als Katalysatoren der Michael-Reaktion. K. N. Trivedi. (J. sci. ind. Res. [New Delhi], Sect. B **18**, 397, Sept. 1959; Baroda, Univ., Fac. of Sci., Chem. Dep.; engl.) — Durch Zugabe von lufttrocknem Amberlite IRA-400 (I) zu 3 g Cumarin (II) u. 2 g Cyanacetamid (III) in A., 10—12std. Kochen, Filtrieren u. Kühlen des Filtrats werden 4 g *3.4-Dihydrocumarinyl-(4)-cyanacetamid* [F. 219° (A.)] gebildet. I wird durch Behandlung mit 5%ig. NaOH u. Neutralwaschen mit dest. W. regeneriert. Analog werden erhalten: *3.4-Dihydrocumarinyl-(4)-malonsäurediäthylester*, F. 52° (A.), aus 3 g II u. 3,2 g Malonester in 48 Std.; 2 g (Ausbeute). — *3-Benzoyl-3.4-dihydrocumarinyl-(4)-cyanacetamid*, F. 314° (Pyridin), aus 2,4 g 3-Benzoylcumarin u. 0,8 g III in 12 Std.; 1,2 g. — *3-Cyan-3.4-dihydrocumarinyl-(4)-cyanacetamid*, F. >360° (Pyridin), aus 3,4 g 3-Cyancumarin (IV) u. 1,7 g III in 8 Std.; 2 g. — *3-Cyan-3.4-dihydrocumarinyl-(4)-cyanessigsäureäthylester*, F. 247° (A.), aus 3,4 g IV u. 2,6 g Cyanessigsäureäthylester in 8 Std.; 2,5 g. L. Lamza. 3211△

Tautomerie des Dicumarols. Drei isomere Methyläthyläther des Dicumarols. Witold Jachymczyk, Jerzy Cieślak und Irena Chmielewska. (Roczniki Chem. [Ann. Soc. chim. Polonorum] **34**, 925—30, 1960; Warszawa, Uniw., Kat. Biochem.; pol.) — Die 3 theoret. möglichen isomeren Methyläthyläther des *Dicumarols*, der *4-Methyl-4'-äthyl-* (I), *4-Methyl-2'-äthyl-* (II) u. *4-Äthyl-2'-methyläther* (III), wurden dargestellt, indem einmal Dicumarol-4-methyläther (IV) mit Diazoäthan, das andere Mal Dicumarol-4-äthyläther (V) mit Diazomethan umgesetzt wurden. In beiden Fällen wurde I gebildet. Die Trennung der Äther erfolgte über ihre *Perchlorate*; I bildet kein Perchlorat. Das Mengenverhältnis der in beiden Rkk. gebildeten Diäther I : II bzw. I : III ist stets 7 : 1. II u. III unterscheiden sich in ihren chem. Eigg. wenig, III ist jedoch etwas beständiger als II, da die 2'-Methylgruppe weniger leicht abgespalten wird als die 2'-Äthylgruppe.

Versuche: *Dicumarol-4-methyl-4'-äthyläther* (I), F. 127—128°, durch Rk. von IV mit Diazoäthan oder von V mit Diazomethan im Überschuß in Ae. bei 10° u. Abtrennung der mitgebildeten II u. III-Äther als Perchlorate; aus PAe./Ae. Nadeln. — *Dicumarol-4-methyl-2'-äthyläther* (II), $C_{22}H_{18}O_6$, F. 125—127°, analog I aus IV (5 g) über das in Ae. schwer lösl. *Perchlorat* [F. 151—152° (Zers.)], das mit äther. Diäthylamin-Lsg. zersetzt wird; aus PAe./Ae. prismat. Nadeln; 0,54 g (Ausbeute). — *Dicumarol-4-äthyl-2'-methyläther* (III), F. 169—171°, analog I aus V (5 g) über das *Perchlorat* [F. 183 bis 184° (Zers.)]; aus PAe./Ae. Nadeln; 0,5 g. F. Urban. 3211◇

Über eine Chroman-Ringschlußreaktion. Stefan Smoliński. (Roczniki Chem. [Ann. Soc. chim. Polonorum] **34,** 857—61, 1960; Krakôw, Uniw. Jagiell., Kat. Chem. organ.; pol.) — Vgl. C. **1963,** 8114. — Durch Kondens. von Pentaerythritdibromhydrin (**I**) mit Na-Guajacolat (**II**) wird weder der Mono- noch der Diäther des Pentaerythrits erhalten, wie es mit anderen Phenolaten möglich ist, sondern es entsteht *3.3-Bis-[hydroxymethyl]-8-methoxychroman* (**III**). **III** bildet sich auch bei Anwendung von Pentaerythrittribromhydrin (**IV**) an Stelle von **I**. Die Struktur von **III** wurde durch das UV-Spektrum (Maxima bei 286, 238, 258 mμ) u. das IR-Spektrum (Banden bei 750—810, 1471—1530, 1590—1630, 1020—1075, 1200—1260, 3300—3600 cm^{-1}) bestätigt.

Versuche: *3.3-Bis-[hydroxymethyl]-8-methoxychroman* (**III**), $C_{12}H_{16}O_4$, $Kp._{0,15}$ 140°, durch 8std. Kochen einer Lsg. von 0,03 Mol **II** u. 0,015 Mol **I** oder aus 0,037 Mol **II** u. 0,012 Mol **IV** in abs. Xylol; aus A. Tafeln; 40—45% Ausbeute. *Bis-[3.5-dinitrobenzoat]*, $C_{26}H_{20}N_4O_{14}$, F. 230°; aus A. gelbe Nadeln. F. Urban. 3211◇

Synthese des Caviunins. Loránd Farkas und József Várady. (Tetrahedron Letters [London] **1961,** Nr. 6, 197—98, Mai; Budapest, TU, Inst. für organ. Chem.; dt.) — Das leicht darstellbare Isocaviunin läßt sich leicht zu *7-O-Benzylisocaviunin* (**I**, F. 212 bis 213°. *Acetyl-Deriv.*, F. 183—184°) benzylieren. **I** läßt sich mit K-Äthylat in 87%ig. Ausbeute zu *5-Hydroxy-6.2'.4'.5'-tetramethoxy-7-benzyloxyisoflaven* (**II**, F. 193—194°. *Acetyl-Deriv.*, F. 175—176°) isomerisieren. **II** läßt sich auf katalyt. Wege zu *Caviunin* (*5.7-Dihydroxy-6.2'.4'.5'-tetramethoxyisoflaven*, F. 192—193°. *Diacetyl-Deriv.*, F. 199 bis 200°) entbenzylieren, das mit dem natürlichen Prod. völlig ident. ist.
P. Golinske. 3211◇

Darstellung einiger Derivate der Pyridin-3-sulfonsäure. Władysław Czuba. (Roczniki Chem. [Ann. Soc. chim. Polonorum] **34,** 1149—53, 1960; Wrocław, Politechn., Kat. Chem. organ. I.; pol.) — Die von Räth [1931] u. Korte (vgl. C. **1954,** 1487) beschriebene 2-Amino-3-nitropyridin-5-sulfonsäure (**I**) ist, wie Vf. nachweist, *2-Nitraminopyridin-5-sulfonsäure* (**II**). Konz. H_2SO_4 lagert **II** in **I** um. **I** wird direkt durch Nitrierung von 2-Aminopyridin-5-sulfonsäure (**III**) erhalten. Durch Diazotieren von **I** u. Verkochen des Diazoniumsalzes wird *2-Hydroxy-3-nitropyridin-5-sulfonsäure* erhalten, die weiter über *2-Chlor-3-nitropyridin-5-sulfochlorid* in *2-Chlor-3-nitropyridin-5-sulfonsäure* (**IV**) übergeführt werden kann. Durch Red. von **IV** mit $SnCl_2$ wird *2-Chlor-3-aminopyridin-5-sulfonsäure* erhalten. Red. mit HJ/P liefert dagegen *3-Aminopyridin-5-sulfonsäure*.

Versuche: *2-Nitraminopyridin-5-sulfonsäure* (**II**), $C_5H_5N_3O_5S$, Zers. >200°, nach Räth, Korte bzw. nach Oe. P. 107 595 (C. **1928,** I, 414). — *2-Amino-3-nitropyridin-5-sulfonsäure* (**I**), $C_5H_5N_3O_5S$, Zers. >300°, a) durch Erwärmen von **II** in konz. H_2SO_4 auf 90°, Verdünnen der Lsg. mit W. u. Zugabe von $(NH_4)_2CO_3$ bis pH 3; 30% (Ausbeute); b) durch Nitrieren von **III** nach Graboyes u. Day (C. **1959,** 4796); aus W. gelbe Kristalle; 40%. — *2-Hydroxy-3-nitropyridin-5-sulfonsäure, Na-Salz*, $C_5H_3N_2NaO_6S$, Zers. >300°, durch Diazotieren von **I**, Verkochen der Lsg., Zugeben von W. u. A. u. Kühlen; gelbe Kristalle; 67%. — *2-Chlor-3-nitropyridin-5-sulfonsäure* (**IV**), $C_5H_3ClN_2O_5S$, F. 227° (Zers.), aus dem Sulfochlorid durch Kochen mit HCl-Lsg. u. Eindampfen zur Trockne; 100%. *Chlorid*, $C_5H_2Cl_2N_2O_4S$, F. 56—58°, aus vorst. Säure (15 g) durch 2std. Kochen mit 30 g PCl_5 u. 10 ml $POCl_3$ bei 115—120° u. Gießen auf Eis; aus Bzn. Nadeln; 66%. *Amid*, $C_5H_4ClN_3O_4S$, F. 276° (Zers.), aus dem Sulfochlorid (2 g) u. $(NH_4)_2CO_3$; aus viel W. Kristalle; 1,2 g. — *2-Chlor-3-aminopyridin-5-sulfonsäure*, $C_5H_5ClN_2O_3S$, F. >320°, durch Red. von **IV** mit $SnCl_2$/HCl in der Wärme, Verdünnen mit W., Einleiten von H_2S, Filtrieren u. Einengen des Filtrats; aus W. Kristalle; 80%. — *3-Aminopyridin-5-sulfonsäure, Hydrat*, $C_5H_6N_2O_3S \cdot H_2O$, F. >325°, durch Red. von 6 g **IV** mit 25 ml 57%ig. HJ unter Zusatz von 1 g rotem P, Verdünnen mit W. u. Kühlen; aus W. Kristalle; 91,5%. F. Urban. 3231◇

Synthese von cis-Homocincholoipon. Ju. F. Malina, R. P. Jewstignejewa und N. A. Preobrashenski. (J. allg. Chem. [UdSSR] **30** (**92**), 213—16, Jan. 1960; Moskau, Inst. für chem. Feintechnolog.; russ.) — Es werden *Homopilopsäure* u. *cis-Homocincholoipon* synthetisiert.

Versuche: *γ.γ-Dicarbäthoxy-β-methoxymethylcapronsäuremethylester*, $C_{15}H_{26}O_7$, $Kp._6$ 172—174°, aus α-Äthyl-α-carbäthoxy-β-methoxymethylglutarsäureäthylesternitril (**I**) u. methanol. HCl; $D._4^{15}$ 1,078; n_D^{15} 1,4450. — *rac.-Homopilopsäure*, F. 102—103°, durch Verseifen vorst. Esters mit HCl oder HBr. Daneben *rac.-Homoisopilopsäure*, F. 73—74°. — *3-Äthyl-3-carbäthoxy-4-methoxymethylpiperidon-(2)*, $C_{12}H_{21}NO_4$, $Kp._1$ 175 bis 177,5°, durch Hydrieren von 15 g **I** in 50 ml abs. A. an 2 g Raney-Ni bei 160°/105 at; $D._4^{20}$ 1,1016; n_D^{20} 1,4785; 45,5%. Daneben *Verb.* $C_{12}H_{21}NO_4$, $Kp._1$ 210—215°; $D._4^{20}$ 1,1100; n_D^{20} 1,4845; 38,3%. — *3-Äthyl-4-methoxymethylpiperidon-(2)*, $C_9H_{17}NO_2$,

$Kp._1$ 150—152°, man erhitzt 5,8 g vorst. Verb., 4,5 g KOH, 20 ml Methanol u. 10 ml W. 12 Std. auf 105°, säuert mit konz. HCl an, filtriert, dampft ein u. erhitzt den Rückstand ½ Std. auf 120°; $D._4^{20}$ 1,0521; n_D^{20} 1,4810; 62,5%. — *3-Äthyl-4-methoxymethylpiperidin*, $C_9H_{19}NO$, $Kp._1$ 63—64°, man gibt zu 2 g $LiAlH_4$ in 50 ml Dioxan 2,3 g vorst. Verb. in 30 ml Dioxan u. erhitzt 5 Std.; $D._4^{20}$ 0,9229; n_D^{20} 1,4665; 65,2%. — *1-Nitroso-3-äthyl-4-brommethylpiperidin*, man erhitzt 2 g vorst. Verb. u. 8,7 ml 47%ig. HBr 7 Std., dampft im Vakuum ein, löst in 5 ml W. u. versetzt bei 80° mit 0,66 g $NaNO_2$ in 2,5 ml W.; gelbes, nicht kristallisierendes Öl; 56,6%. — *3-Äthyl-4-[β-carboxyäthyl]-piperidin (cis-Homocincholoipon), Tetrachloroaurat*, $C_{10}H_{20}AuCl_4NO_2$, F. 172—172,5° (konz. HCl, Methanol–W. 1 : 1), man erhitzt 1,7 g vorst. Verb. u. Na-Malonat (3,7 g Malonester, 0,54 g Na, 7,7 ml abs. A.) 4 Std., dampft ein, löst in 5 ml W., neutralisiert mit Essigsäure u. extrahiert mit Ae. (1,8 g); man erhitzt ½ Std. mit 2,06 g KOH in 10 ml W., säuert an, extrahiert mit Ae., dampft ein (0,85 g), erhitzt 15 Min. im Vakuum auf 160°, extrahiert mit Ae., dampft ein u. erhitzt 5 Min. mit 1,5 ml konz. HCl u. 0,1 g Cu_2Cl_2; man dampft ein, erhitzt 10 Min. mit 5 g NaOH u. 10 ml W., filtriert, säuert das Filtrat mit konz. HCl an, dampft ein, extrahiert mit A., dampft ein u. fällt den Rückstand aus 0,5 ml konz. HCl u. 2 ml W. mit 0,18 g $AuCl_3$; orangegelb; 0,11 g. Helmut Schäfer. 3231△

Diensynthese des Pyridinringes. Reaktionen der Ketale des Tetrachlorcyclopentadienons mit Benzoylcyanid. Tadeusz Jaworski und Wanda Polaczkowa. (Roczniki Chem. [Ann. Soc. chim. Polonorum] **34**, 887—98, 1960; Warszawa, Politechn., Kat. Chem. organ.; pol.) — Die Diensynth. von Tetrachlorcyclopentadienondimethyl- (**Ia**) oder -diäthylketal (**Ib**) mit Benzoylcyanid (**II**) liefert nicht das erwartete 2-Benzoyl-3.4.5.6-tetrachlorpyridin, sondern *3.4.5-Trichlor-6-benzoylpicolinsäuremethyl-* (**III**) bzw. *-äthylester* (**IIIa**). Die Aromatisierung des nicht faßbaren Zwischenprod. der Addition, das noch die Ketalbrücke enthält, verläuft unter Abspaltung gasförmiger Prodd. u. Ausbildung der Estergruppe in 2-Stellung des Pyridinringes. Das zu erwartende Alkylchlorid konnte in den gasförmigen Prodd. jedoch nicht nachgewiesen werden. Die Struktur von **III** wurde durch nachst. Rkk. bewiesen: 1. Durch Einw. von CH_3ONa auf **III** entsteht *3.5-Dichlor-4-methoxy-6-benzoylpicolinsäuremethylester* (**IV**), der durch Säuren zu *3.5-Dichlor-4-hydroxy-6-benzoylpicolinsäure* (**V**) hydrolysiert wird. **V** wird bei 200° leicht zu *3.5-Dichlor-4-hydroxy-6-benzoylpyridin* (**VI**) decarboxyliert. Hydrolysiert man **IV** mit KOH, so entsteht *3.5-Dichlor-4-methoxy-6-benzoylpicolinsäure*, die ebenfalls bei 200° decarboxyliert wird u. *3.5-Dichlor-4-methoxy-6-benzoylpyridin* (**VII**) liefert. **VII** wird auch durch Methylierung von **VI** mit Dimethylsulfat erhalten; 2. Hydrolyse von **III** mit KOH liefert **V**; 3. Hydrolyse mit HBr liefert dagegen **VI**; 4. durch Hydrierung von **III** mit H_2/Pd-$SrCO_3$ wird *6-Benzoylpicolinsäuremethylester* (**VIII**) erhalten, der durch Erhitzen mit konz. HBr zu *2-Benzoylpyridin* decarboxyliert wird. Neben **III** wurde aus dem Rk.-Prod. der Diensynth. auch eine *Verb. vom F. 114°* isoliert, die durch Umlagerung der dimeren Verb. von **Ia** entsteht. Diese Umlagerung geht auch in Abwesenheit von **II** beim Erhitzen vor sich. Die Dien-Rk. von **Ia** mit Benzonitril an Stelle von **II** gelang nicht. Der Erfolg der Rk. mit **II** ist der Benzoylgruppe zu verdanken, die die Basizität von N schwächt u. damit die Bldg. der therm. instabilen Pyridiniumsalze bei der Rk. verhindert.

Versuche: *3.4.5-Trichlor-6-benzoylpicolinsäure, Methylester* (**III**), $C_{14}H_8Cl_3NO_3$, F. 145—147°, durch Kondens. von je 0,05 Mol **Ia** u. **II** bei 186—190° in 235 Std. unter Feuchtigkeitsabschluß u. Extraktion des Prod. mit PAe. u. CH_3OH; hellgelbe Nadeln aus CH_3COOH u. A./Bzl.; 52,5% (Ausbeute). *Äthylester* (**IIIa**), $C_{15}H_{10}Cl_3NO_3$, F. 111 bis 112°, aus **Ib** u. **II** bei 177—181° in 205 Std.; fast farblose Nadeln aus CH_3COOH in A./Bzl.; 39,3%. — *3.5-Dichlor-4-hydroxy-6-benzoylpicolinsäure* (**V**), $C_{13}H_7Cl_2NO_4$, F. ca. 200° (Zers.), a) durch Kochen von **III** mit 2%ig. KOH u. Ansäuern der Lsg.; 100%; b) durch Kochen von **IV** mit konz. HCl u. Verdünnen mit W.; Kristalle aus wss. CH_3OH; 94,5%. *Methylestermethyläther* (**IV**), $C_{15}H_{11}Cl_2NO_4$, F. 107—109°, durch ½std. Kochen von 0,017 Mol **III** bzw. **IIIa** mit 0,021 Mol CH_3ONa in abs. CH_3OH, Zugabe von W. u. Abdestillieren von CH_3OH; Nadeln aus wss. CH_3OH; 74,4 bzw. 89%. — *3.5-Dichlor-4-hydroxy-6-benzoylpyridin* (**VI**), $C_{12}H_7Cl_2NO_2$, F. 264—268° (Zers.), a) durch 10std. Kochen von **III** mit konz. HBr-Lsg. u. Verdünnen mit W.; 80%; b) durch Sublimation von **V** bei 240°/10 Torr; Nadeln aus A.; 78,8%. *Methyläther* (**VII**), $C_{13}H_9Cl_2NO_2$, F. 184—185,5°, a) durch Umsetzung von **VI** mit Dimethylsulfat in alkal. Lsg.; 90,5%; b) durch 6std. Kochen von **IV** mit 1%ig. KOH, Ansäuern der Lsg. u. Sublimation des erhaltenen Prod. bei 200°/10 Torr; Kristalle aus wss. CH_3OH; 72%. — *6-Benzoylpicolinsäure, Cu-Salz*, $C_{26}H_{16}CuN_2O_6$, aus **VIII** durch alkal. Hydrolyse unter Zusatz von $CuSO_4$. *Methylester* (**VIII**), $C_{14}H_{11}NO_3$, $Kp._{26}$ 229—232°, F. 77—80°, durch Hydrierung von **III** (3,4 g) in Ggw. von 2%ig. Pd/$SrCO_3$ bei gewöhnlicher Temp. in CH_3OH, Filtrieren, Auswaschen des Katalysators mit CH_3OH u. W., Abdestillieren von CH_3OH, Extraktion des Rückstandes mit Bzl. u. fraktionierte Dest. des erhaltenen gelben Öls; Kristalle aus CH_3OH beim Kühlen auf −78°; 78,1%. — *2-Benzoylpyridin*, durch 5std. Kochen von **VIII** mit konz. HBr-Lsg., Verdünnen mit W. u. Extraktion der Lsg. mit Bzl., Alkalisieren der wss. Phase, nochmalige Extraktion mit Bzl. u. Dest. des gelben Öls im Vakuum. *p-Nitrophenylhydrazon*, $C_{18}H_{14}N_4O_2$, F. 197—198°; goldgelbe Nadeln aus Äthanol.

F. Urban. 3231◇

Diensynthese von Dipyridylsystemen. Reaktionen des Tetraphenylcyclopentadienons mit Pyridincarbonsäurenitrilen. Tadeusz Jaworski. (Roczniki Chem. [Ann. Soc. chim. Polonorum] **34**, 899—903, 1960; pol.) — Vgl. vorst. Referat. — Tetraphenylcyclopentadienon (**I**) reagiert mit den Nitrilen der Pyridincarbonsäuren nach Diels u. Alder unter Bldg. von *3.4.5.6-Tetraphenyl-α.α-*, *-α.β-* bzw. *-α.γ-dipyridyl*. Die Rk.-Geschw. ist größer als bei der analogen Umsetzung mit Benzonitril, aber kleiner als bei der Rk. mit Benzoylcyanid. Es gelang nicht, Tetrachlorcyclopentadienondiketale mit Pyridincarbonsäurenitrilen umzusetzen, da die zwischenzeitlich gebildeten Pyridiniumsalze therm. instabil sind. Die Basizität der 3.4.5.6-Tetraphenylpyridine ist abhängig von der Art des Substituenten in 2-Stellung: Sie nimmt zu in der Reihenfolge der 2-Substituenten Benzoyl → Phenyl → Pyridyl.

Versuche: 3.4.5.6-Tetraphenyldipyridyle, durch 50std. Erhitzen von 0,034 Mol **I** u. 0,068 Mol 4-, 3- bzw. 2-Cyanpyridin auf 215° unter Feuchtigkeitsausschluß, Zugabe von Bzl. u. Isolierung über das Perchlorat u. Hydrochlorid: *2.4'-*, $C_{34}H_{21}N_2$, F. 242—244°; Blättchen aus CH_3COOH u. A.; 66,4% (Ausbeute). *Bis-perchlorat*, $C_{34}H_{21}N_2 \cdot 2\,HClO_4$, F. 338° (Zers.). *Dihydrochlorid*, $C_{34}H_{21}N_2 \cdot 2\,HCl$, F. 240—241°. — *2.3'-*, $C_{34}H_{21}N_2$, F. 228—229°; 63%. *Bis-perchlorat*, $C_{34}H_{21}N_2 \cdot 2\,HClO_4$, F. 338° (Zers.). *Dihydrochlorid*, $C_{34}H_{21}N_2 \cdot 2\,HCl$, F. 235—238°. — *2.2'-*, $C_{34}H_{21}N_2$, F. 217—219° (A.); 61%. *Bis-perchlorat*, $C_{34}H_{21}N_2 \cdot 2\,HClO_4$, F. 312° (Zers.). *Dihydrochlorid*, $C_{34}H_{21}N_2 \cdot 2\,HCl$, F. 227—230°.

F. Urban. 3231◇

Untersuchungen über die Umlagerung ringsubstituierter Derivate des 3-Nitraminopyridins. 1. Mitt. Chlor-3-nitraminopyridine. Władysław Czuba. (Roczniki Chem. [Ann. Soc. chim. Polonorum] **34**, 905—15, 1960; Wrocław, Politechn., Kat. Chem. organ. I; pol.) — Es wurde versucht, 3-Nitraminopyridine in Ggw. von konz. H_2SO_4 in *Nitro-3-aminopyridine* umzulagern. Die Ausgangsstoffe 2-Chlor-, 4-Chlor- u. 6-Chlor-3-aminopyridin wurden nach Literaturangaben, *5-Chlor-3-aminopyridin* aus 5-Chlornicotinsäureamid durch Hofmannschen Abbau dargestellt. Die Nitrierung erfolgte in konz. H_2SO_4 mit HNO_3 bei $<0°$. Bei der Rk. der Nitramine mit konz. H_2SO_4 lassen sich 3 Typen unterscheiden: **A**: Bldg. von *3-Hydroxypyridinen*, **B**: Bldg. von *symm.-3.3'-Azopyridinen*, **C**: Umlagerung unter Bldg. von *2-Nitro-3-aminopyridinen*. 6-Chlor-3-nitraminopyridin (**I**) reagiert nach **B**. Als Nebenprod. entsteht nach **C** u. **B** gleichzeitig auch die unsymm. Azo-Verb. *6.6'-Dichlor-2-nitro-3.3'-azopyridin* (**II**). 5-Chlor-3-nitraminopyridin (**III**) reagiert gleichzeitig nach **A** u. **B**. 4-Chlor- (**IV**) u. 2-Chlor-3-nitraminopyridin (**V**) reagieren nur nach **B**. Die Ausbeuten sind in allen Fällen gering, da vorwiegend harzartige Prodd. entstehen. Die nach **B** gebildeten symm. Azopyridine werden durch gewöhnliche Red.-Mittel zu *Hydrazopyridinen* reduziert. Hydrazopyridine erleiden in saurem Medium weder die Benzidin- noch die Semidinumlagerung. Bei der Red. der asymm. Verb. **II** mit $SnCl_2$ werden gleichzeitig *2.3-Diamino-6-chlor-* u. *3-Amino-6-chlorpyridin* erhalten. Hydrazopyridine lassen sich leicht zu Azopyridinen oxydieren. Als Oxydationsmittel ist am besten HNO_2 geeignet. 4.4'-Dichlor-3.3'-hydrazopyridin wird allerdings bei der Rk. mit HNO_2 zersetzt. Zum Ziel führt hier die Verw. von HNO_3 als Oxydationsmittel. Die Substitution mit Cl verändert also nicht die Unfähigkeit von 3-Nitraminopyridin zur Umlagerung zu 3-Amino-2-nitropyridin.

Versuche: *5-Chlornicotinsäureamid*, F. 204—205°, durch Rk. des Säurechlorids mit NH_3 in Bzl. bei 0°; 70% (Ausbeute). — *3-Amino-5-chlorpyridin*, F. 82°, durch Hofmannschen Abbau vorst. Verb.; Kristalle aus Bzl./Bzn.; 83%. — 3-Nitraminopyridine, durch Umsetzung von 6 g Chlor-3-aminopyridin in 30 ml konz. H_2SO_4 mit 8 ml konz. HNO_3 $<0°$: *6-Chlor-* (**I**), F. 139° (Zers.), isoliert durch Zusatz von Eis u. W.; Kristalle aus A./W. (1 : 1); 75%. — *5-Chlor-* (**III**), F. 146° (Zers.), isoliert durch Neutralisieren der Lsg. mit $(NH_4)_2CO_3$ bis pH 5—5,5; Nadeln aus A./W. (1 : 1); 94%. — *4-Chlor-* (**IV**), F. 179° (Zers.), isoliert durch Neutralisieren der Lsg. mit NH_4OH oder $(NH_4)_2CO_3$ bis pH 4—5,5; Kristalle aus W./A. (1 : 1); 78%. — *2-Chlor-* (**V**), F. 100 bis 103° (Zers.), isoliert durch Neutralisieren der Lsg. mit Na_2CO_3; gelbe Nadeln aus Bzl.; 80%. — Dichlor-3.3'-azopyridine, durch Erwärmen vorst. Nitramine mit der 5fachen Menge konz. H_2SO_4 auf 50—60° (bis 30 Min.): *6.6'-Dichlor-*, $C_{10}H_6Cl_2N_4$, F. 215 bis 217°, aus **I**, Zugabe von Eis zum Rk.-Prod., Lösen des erhaltenen Nd. in A./Bzl. (1 : 1) unter Zusatz von Aktivkohle, Filtrieren u. Kühlen des Filtrats; orangefarbene Nadeln aus Bzl.; 10%. — *6.6'-Dichlor-2-nitro-* (**II**), $C_{10}H_5Cl_2N_5O_2$, F. 165°, neben vorst. Verb.;

orangefarbene Nadeln aus A.; 9%. — *5.5'-Dichlor-*, $C_{10}H_6Cl_2N_4$, F. 183°, aus **III**; dunkelgelbe Nadeln aus A.; 16% neben *5-Chlor-3-hydroxypyridin*, C_5H_4ClNO, F. 158° (W.); 32%. — *4.4'-Dichlor-*, $C_{10}H_6Cl_2N_4$, F. 164°, aus **IV**; orangefarbene Nadeln aus A.; 40%. — *2.2'-Dichlor-*, $C_{10}H_6Cl_2N_4$, F. 237—239°, aus **V**; orangefarbene Nadeln aus A./W.; 26%. — Dichlor-3.3'-hydrazopyridine, $C_{10}H_8Cl_2N_4$, durch Red. vorst. Azopyridine mit a) $SnCl_2$/HCl, b) $Na_2S_2O_4$/NaOH in der Wärme, Extraktion der erhaltenen Prodd. mit Ae. u. Kristallisation des Rückstandes aus 50%ig. A.: *6.6'-Dichlor-*, F. 183—185°; 72% (a); 90% (b). — *5.5'-Dichlor-*, F. 128—131°; 70% (a); 85% (b). — *4.4'-Dichlor-*, F. 172°; 91% (a); 91% (b). — *2.2'-Dichlor-*, F. 209°; 70% (a); 87% (b). — *2.3-Diamino-6-chlorpyridin*, $C_5H_6ClN_3$, F. 131—133°, durch Red. von **II** mit $SnCl_2$/HCl, Alkalisieren u. Extraktion des Nd. mit Ae.; aus 80%ig. A. Kristalle. — *3-Amino-6-chlorpyridin*, aus dem alkohol. Filtrat vorst. Verbindung. *Pikrat*, $C_{11}H_8ClN_5O_7$, F. 205—207°.

F. Urban. 3231◇

Suche nach tumorhemmenden Verbindungen. 6. Mitt. Synthese einiger Derivate von 4-[Dimethylaminoalkylamino]-chinolinen. Zygmunt Ledóchowski, Andrzej Ledóchowski, Maria Bogucka, Włodzimierz Orłowski, Jerzy Wojtania, Tadeusz Dunaj und Benedykt Adamczewski. (Roczniki Chem. [Ann. Soc. chim. Polonorum] **34**, 953—57, 1960; Gdánsk, Politechn., Kat. Technol. Srodków leczn.; pol.) — 5. vgl. C. **1963**, 1673. — Durch Kondens. von 4-Chlorchinolinen mit N.N-Dimethylputrescin (**I**) bzw. 3-Dimethylaminopropylamin (**II**) nach Surrey u. Hammer [1946] wurden *4-[3-Dimethylaminopropyl]-* bzw. *4-[4-Dimethylaminobutylamino]-chinoline* dargestellt. Die dargestellten Verbb. haben keine tumorhemmende Wrkg. bei Mäusen mit dem Crocker-Sarkom Sa 180.

Versuche: Chinoline, durch mehrstd. Erwärmen äquimol. Mengen substituierter 4-Chlorchinoline u. **I** bzw. **II** in Phenol bei 140—160°, Alkalisieren u. Extraktion mit Ae.: *4-[4-Dimethylaminobutylamino]-*, *Dihydrochlorid*, $C_{15}H_{21}N_3 \cdot 2\,HCl \cdot 1{,}035\,H_2O$, F. 159 bis 160°; Kristalle aus abs. A.; 43% (Ausbeute). — *3-Chlor-4-[4-dimethylaminobutylamino]-*, *Dihydrochlorid*, $C_{15}H_{20}ClN_3 \cdot 2\,HCl$, F. 244—245°; 28%. — *7-Chlor-4-[3-dimethylaminopropylamino]-*, $C_{14}H_{18}ClN_3 \cdot 1{,}485\,H_2O$, F. 101—102°; 47%. — *7-Brom-4-[3-dimethylaminopropylamino]-*, $C_{14}H_{18}BrN_3 \cdot 1{,}187\,H_2O$, F. 82—83°; 24%. F. Urban. 3231◇

Zur Kenntnis der Isomeren des 1-Carbäthoxy-2-hydroxychinolizidins. K. Winterfeld und R. Knieps. (Arch. Pharmaz. Ber. dtsch. pharmaz. Ges. **293/65**, 706—10, Juli 1960; Bonn, Univ., Pharmazeut. Inst.; dt.) — Die Red. von 1-Carbäthoxy-2-oxo-chinolizidin mit $NaBH_4$ in Methanol bzw. mit H_2 in äthanol. Lsg. in Ggw. von PtO_2 oder Raney-Ni ergibt ein Gemisch aus α-, β- u. *γ-1-Carbäthoxy-2-hydroxychinolizidin* (**I**), dessen Lsg. in abs. A. in der Kälte mit konz. H_2SO_4 u. abs. Ae. versetzt wird, wobei nach 12std. Stehen α-**I** u. β-**I** als *Bisulfate* ausfallen, während γ-**I**-*Bisulfat* aus den Mutterlaugen erhalten werden kann. Zur Trennung von α/β-**I** wird die carbonatalkal. Lsg. der Bisulfate mit Ae. extrahiert, eingedampft, in PAe. gelöst, an Al_2O_3 chromatographiert u. mit PAe., PAe./Bzl.-Gemischen u. Ae. eluiert. In analoger Weise erfolgt die Reinigung von γ-**I**. Papierchromatograph. konnte neben γ-**I** noch eine vierte Verb. nachgewiesen werden, wahrscheinlich δ-**I**.

Versuche: *α-1-Carbäthoxy-2-hydroxychinolizidin* (α-**I**), Öl. *Monohydrat*, $C_{12}H_{21}NO_3 \cdot H_2O$, F. 77,5—78,5°, durch Stehen einer PAe.-Lsg. von α-**I**. *Bisulfat*, F. 201—203°, durch Zugabe von konz. H_2SO_4 zu einer äthanol. Lsg. des Monohydrats u. Versetzen mit Ae.; aus A. Blättchen. *Perchlorat*, F. 167—168°, analog dem Bisulfat mit 70%ig. $HClO_4$; aus A. Nadeln. β-**I**, $C_{12}H_{21}NO_3$, F. 90—91° (PAe.). *Bisulfat*, F. 140,5—141,5° (A./Ae.). *Pikrat*, F. 192,5—193,5°, aus A. gelbe Kristalle. γ-**I**, $C_{12}H_{21}NO_3$, F. 100,5 bis 101,5° (PAe.). — *Inneres Salz* des *Schwefelsäuremono-[1-carbäthoxychinolizidyl-(2)]-esters*, $C_{12}H_{21}NO_6S$, F. 266—269° (Zers.; wss. A.), durch 3/4std. Erhitzen von 0,3 g α-**I**-Bisulfat auf 210—220°; 0,1 g Ausbeute. W. Hampel. 3231◇

Über die Substitution von 4-Methyl-2.6-dioxopiperazin in Stellung 1. 1. Mitt. O. Hromatka und H. Schramek. (Mh. Chem. **92**, 1242—51, 1961; Wien, Univ., Inst. für physikal. Chem., Abt. für techn. Chem.; dt.) — Es wird über die Synth. von Verbb. der allg. Formel **A** berichtet, in denen X = $-(CH_2)_n-$, $-(CH_2)_n-O-$, $-(CH_2)_2-O-CH_2-$ u. R = Phenyl-, Naphthyl-, Dibenzylmethyl- sind. Als cycl. Säureimide sind die Verbb., bes. im alkal. Gebiet, leicht hydrolysierbar. Die Verb.-Gruppe **A** wurde gerade wegen der zu erwartenden Hydrolysierbarkeit untersucht, da dieser Umstand in pharmakolog. Richtung interessant ist.

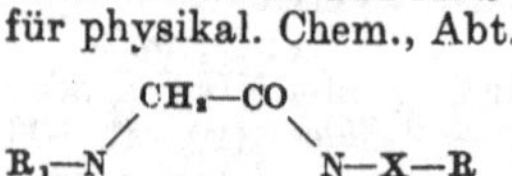

A

Versuche (FF. korr.): *β.β-Dibenzyläthanol*, $C_{16}H_{18}O$, F. 28—29°, $Kp._{13}$ 210—211°, durch Zutropfen von Dibenzylessigsäure in Ae. zu $LiAlH_4$ unter Sieden u. 2std. Kochen; 34,2% (Ausbeute). — *β.β-Dibenzyläthylbromid*, $Kp._{5 \cdot 10^{-2}}$ 145—148°, durch 3/4std.

Kochen vorst. Verb. mit PBr_3 in Chlf.; 34,2%. — *β.β-Dibenzylchlorid*, $C_{16}H_{17}Cl$, Kp.$_{0,2}$ 137°, durch 1½ std. Kochen vorvorst. Verb. in Chlf. mit $SOCl_2$ u. Pyridin u. Gießen in 2n HCl; 93,2%. — 2.6-Dioxopiperazine: *4-Methyl-* (I), F. 103—104° (Propanol), durch 1½ std. Erhitzen von Methyliminodiessigsäure u. Harnstoff auf 160—170° (Luftbad); 68,6%. — *4-Äthyl-*, $C_6H_{10}N_2O_2$, F. 76—77° (Ae./PAe.), analog I; 43,2% (roh). *Pikrat*, $C_6H_{10}N_2O_2 \cdot C_6H_3N_3O_7$, F. 216,5—218°; aus A. gelbe Kristalle. — *4-Benzyl-*, $C_{11}H_{12}N_2O_2$, F. 105—106° (W.), analog vorst. Verb. (1 Std.); 85%. — *1-Benzyl-4-methyl-*, $C_{12}H_{14}N_2O_2$, F. 165,5—166,5° (A.), durch 7 std. Kochen von I, Benzylchlorid u. K_2CO_3 in Toluol unter Feuchtigkeitsausschluß; 23,2%. *Hydrochlorid*, $C_{12}H_{14}N_2O_2 \cdot HCl$, F. 215,5 bis 216,5° (abs. A./Ae.), mit abs. äthanol. HCl. — *1-[β-Phenäthyl]-4-methyl-*, $C_{13}H_{16}N_2O_2$, F. 90—91° (PAe.), durch 13 std. Kochen von I, β-Phenäthylbromid u. K_2CO_3 in Toluol; 76,2%. *Hydrochlorid*, $C_{13}H_{16}N_2O_2 \cdot HCl$, F. 176—178°. *Pikrat*, $C_{13}H_{16}N_2O_2 \cdot C_6H_3N_3O_7$, F. 188—189° (A., Vakuumröhrchen). — *1-[γ-Phenylpropyl]-4-methyl-*, $C_{14}H_{18}N_2O_2$, Kp.$_{10^{-3}}$ 115—125°, analog vorst. Verb. (14 Std.); Öl; 71%. *Hydrochlorid*, $C_{14}H_{18}N_2O_2 \cdot HCl$, F. 148—150°. *Pikrat*, $C_{14}H_{18}N_2O_2 \cdot C_6H_3N_3O_7$, F. 159,5—161,5° (A.). — *1-[β.β-Dibenzyläthyl]-4-methyl-*, *Hydrochlorid*, $C_{21}H_{24}N_2O_2 \cdot HCl$, F. 233—236° (abs. A.), analog vorst. Verb. (12½ Std.); 11,9%. — *1-[β-Phenoxyäthyl]-4-methyl-*, $C_{13}H_{16}N_2O_3$, Kp.$_{10^{-3}}$ 120 bis 130° (Luftbad), analog vorst. Verb. (14 Std.); 31,4%. *Hydrochlorid*, $C_{13}H_{16}N_2O_3 \cdot HCl$, F. 132—134,5° (abs. A.). *Pikrat*, F. 157,5—158,5° (A.). — *1-[γ-Phenoxypropyl]-4-methyl-*, $C_{14}H_{18}N_2O_3$, F. 61,5—63° (abs. A.), analog vorst. Verb. (6 Std.); 48,3%. *Hydrochlorid*, $C_{14}H_{18}N_2O_3 \cdot HCl$, F. 132—134° (abs. A./Ae., zugeschmolzene Capillare). *Pikrat*, $C_{14}H_{18} \cdot N_2O_3 \cdot C_6H_3N_3O_7$, F. 154,5—155,5°. — *1-[β-Benzyloxyäthyl]-4-methyl-*, $C_{14}H_{18}N_2O_3$, F. 39—41°, Kp$_{2\cdot10^{-3}}$ 115—130° (Luftbad), analog vorst. Verb. (10 Std.) aus 7 g I; 8,2 g. *Hydrochlorid*, $C_{14}H_{18}N_2O_3 \cdot HCl$, F. 100—103°; aus abs. A. hygroskop. Nadeln. *Pikrat*, $C_{14}H_{18}N_2O_3 \cdot C_6H_3N_3O_7$, F. 148—149°. — *1-[β-(α-Naphthoxy)-äthyl]-4-methyl-*, $C_{17}H_{18}N_2O_3$, F. 111,5—112,5° (A.), analog vorst. Verb. (11½ Std.); hellgelbe Kristalle; 22,6%. *Hydrochlorid*, $C_{17}H_{18}N_2O_3 \cdot HCl$, F. 163—165° (abs. A.). *Pikrat*, $C_{17}H_{18}N_2O_3 \cdot C_6H_3N_3O_7$, F. 214—216° (Zers.; A.). — *1-[α-Naphthylmethyl]-4-methyl-*, $C_{16}H_{16}N_2O_2$, F. 146,5—148°, analog vorst. Verb. (10 Std.); aus abs. A. Nadeln; 19,3%. P. Golinske. 3272◇

Über die Substitution von 4-Methyl-2.6-dioxopiperazin in Stellung 1. 2. Mitt. O. Hromatka und H. Schramek. (Mh. Chem. **92**, 1252—57, 1961; dt.) — 1. vgl. vorst. Referat. — Die im vorst. Ref. beschriebenen Synth. von Verbb. der allg. Formel **A** wurden auf Verbb., in welchen X = —$(CH_2)_n$—CO— ist, ausgedehnt. R ist dabei entweder ein Phenylrest oder der Rest von Diphenylamin, Carbazol oder Phenthiazin, die mit ihrem N-Atom an X gebunden sind.

Versuche (FF. korr.): *1-Phenacyl-4-methyl-2.6-dioxopiperazin*, $C_{13}H_{14}N_2O_3$, F. 116,5 bis 117° (A.), durch 3½ std. Kochen von 4-Methyl-2.6-dioxopiperazin (I), Bromacetophenon, K_2CO_3 u. Toluol; 40,4% (Ausbeute). *Pikrat*, $C_{13}H_{14}N_2O_3 \cdot C_6H_3N_3O_7$, F. 167,5 bis 168,5° (A.). — *1-[γ-Phenyl-γ-oxopropyl]-4-methyl-2.6-dioxopiperazin*, $C_{14}H_{16}N_2O_3$, Kp.$_{0,2}$ 170—190° (Luftbad), durch 5 std. Kochen von I, ω-Brompropiophenon, K_2CO_3 u. Toluol; 34,5%. *Pikrat*, $C_{14}H_{16}N_2O_3 \cdot C_6H_3N_3O_7$, F. 226—228° (Zers.; A./W./Aceton). — *[4-Methyl-2.6-dioxopiperazino]-essigsäurediphenylamid*, $C_{19}H_{19}N_3O_3$, F. 151—152,5° (abs. A.), durch 7 std. Kochen von I, N-[Chloracetyl]-diphenylamin, K_2CO_3 u. Toluol; 31,8%. *Hydrochlorid*, $C_{19}H_{19}N_3O_3 \cdot HCl$, F. 220—223° (Zers.; abs. A.). *Pikrat*, $C_{19}H_{19}N_3O_3 \cdot C_6H_3N_3O_7$, F. 208—209°; aus A. gelbe Spieße. — *N-[β-Brompropionyl]-diphenylamin*, $C_{15}H_{14}BrNO$, F. 100—101° (A.), durch Zutropfen von β-Brompropionylchlorid in Bzl. zu Diphenylamin in Bzl. u. 20 Min. langes Kochen; 82,6%. — *β-[4-Methyl-2.6-dioxopiperazino]-propionsäurediphenylamid*, $C_{20}H_{21}N_3O_3$, F. 139,5—141,5° (0,1 n HCl/NH_4OH), durch 7 std. Kochen von I, vorst. Verb. u. K_2CO_3 in Toluol; 23,8%. *Äthanolat*, $C_{20}H_{21} \cdot N_3O_3 \cdot C_2H_5OH$, FF. 85—100° u. 140,5—142° (abs. A.). *Hydrochlorid*, $C_{20}H_{21}N_3O_3 \cdot HCl$, F. 218—220° (Zers.; abs. A.). *Pikrat*, $C_{20}H_{21}N_3O_3 \cdot C_6H_3N_3O_7$, F. 211—213° (Zers.; A.). — *N-[4-Methyl-2.6-dioxopiperazinoacetyl]-carbazol*, F. 175,5—177,5° (abs. A. oder A./Bzl.), durch 10 std. Kochen von I, N-[Chloracetyl]-carbazol, K_2CO_3 u. Toluol; 45,4%. *Hydrochlorid*, $C_{19}H_{17}N_3O_3 \cdot HCl$, F. 249—252°. *Pikrat*, F. 233—236° (Zers.; A.). — *N-[β-Brompropionyl]-carbazol*, $C_{15}H_{12}BrNO$, F. 129—130°, durch 1½ std. Zutropfen von β-Brompropionylchlorid in Toluol zu 15 g Carbazol in sd. Toluol u. 7½ std. Kochen; aus Aceton Nadeln; 16,7 g. — *N-[β-(4-Methyl-2.6-dioxopiperazino)-propionyl]-carbazol*, $C_{20}H_{19}N_3O_3$, F. 199,5—201°, durch 8½ std. Kochen vorst. Verb. mit I u. K_2CO_3 in Toluol; aus Bzl. Drusen; 82,9%. *Hydrochlorid*, $C_{20}H_{19}N_3O_3 \cdot HCl$, F. 243—245° (Zers.). *Pikrat*, $C_{20}H_{19} \cdot N_3O_3 \cdot C_6H_3N_3O_7$, F. 240—242° (Aceton). — *[4-Methyl-2.6-dioxopiperazino]-essigsäurephenthiazid*, durch 13 std. Kochen von I mit 10-Chloracetylphenthiazin u. K_2CO_3 in Toluol; hellrote Kristalle; 20%. *Hydrochlorid*, $C_{19}H_{17}N_3O_3S \cdot HCl$, F. 233—236° (Zers.; abs. A.). — *β-[4-Methyl-2.6-dioxopiperazino]-propionsäurephenthiazid*, $C_{20}H_{19}N_3O_3S$,

F. 161—162,5° (abs. A.), durch 6std. Kochen von **I** mit N-[β-Brompropionyl]-phenthiazin u. K_2CO_3 in Toluol; 30,7%. *Pikrat*, $C_{20}H_{19}N_3O_3S \cdot C_6H_3N_3O_7$, F. 200—203° (Zers.). — *α-[4-Methyl-2.6-dioxopiperazino]-propionsäurephenthiazid*, $C_{20}H_{19}N_3O_3S$, F. 212 bis 214° (Vakuumröhrchen), durch 13½std. Kochen von **I** mit N-[α-Chlorpropionyl]-phenthiazin u. K_2CO_3 in Toluol; aus abs. A. rötliche Kristalle; 7,5%.

P. Golinske. 3272◇

Eine neue Methode der Darstellung von 2.2'-Bichinoxalinen. H. Smith Broadbent und Richard C. Anderson. (J. org. Chemistry **27**, 2679—80, 6/7. 1962; Provo, Utah, Brigham Young Univ., Dep. of Chem.; engl.) — Beim Erhitzen von 2-Methylchinoxalin (**I**) mit Paraformaldehyd bei 160—165° im Autoklaven entsteht in 5%ig. Ausbeute *3.3'-Dimethyl-2.2'-dichinoxalyl.* Chinoxalin gibt unter denselben Bedingungen fast quant. *2.2'-Dichinoxalyl.* 2.3-Dimethylchinoxalin u. 4-Methylchinazolin geben kein gepaartes Produkt. Dieselben Prodd. entstehen auch in Abwesenheit von Paraformaldehyd. Die Ausbeuten wurden durch längeres Erhitzen bei höheren Temp. u. Zugabe von 5%ig. Pd/Kohle-Katalysator verbessert.

Versuche: *3.3'-Dimethyl-2.2'-dichinoxalyl*, $C_{18}H_{14}N_4$, F. 256,5—258,5°, durch 6std. Erhitzen des Gemisches aus **I** u. 5%ig. Pd/Kohle unter Rühren auf 200°, Aufnehmen in heißem Äthylacetat, Abkühlen u. Einengen des Filtrats; bräunlichrote Nadeln durch Vakuum-Sublimation; 46% (Ausbeute). D. Freytag. 3272◇

Pteridine. 19. Mitt. **Zur Struktur der Isoxanthopterincarbonsäure.** Wolfgang Pfleiderer und Manfred Rukwied. (Chem. Ber. **95**, 1591—96, 16/7. 1962; Stuttgart, TH, Inst. für Organ. Chem. u. Organ.-Chem. Technol.; dt.) — 18. vgl. C. **1962**, 13395. — Die Darst. verschiedener N-substituierter *Isoxanthopterincarbonsäuren* u. *-carbonsäureester* wird beschrieben. Ihre pK-Werte werden bestimmt u. die hierauf basierenden UV-Spektren der Neutralmoll. u. reinen Ionen aufgenommen. Die Isoxanthopterincarbonsäure muß demnach in der 4.7-Dioxoform, als 2-Amino-4.7-dioxo-6-carboxy-3.4.7.8-tetrahydropterin, vorliegen. Die Ionisationssequenz ihrer aciden H-Atome lautet: Carboxylgruppe, $N_{(8)}$-, $N_{(3)}$-Atom.

Versuche: 4.7-Dioxo-3.4.7.8-tetrahydropteridin-6-carbonsäuren: *2-Amino-3-methyl-*, $C_8H_7N_5O_4$, F. >350°, durch Neutralisieren von 3,8 g 1-Methyl-2.4.5-triamino-6-oxo-dihydropyrimidinhydrochlorid (**I**) mit verd. NH_4OH, ¼std. Kochen mit 2n Essigsäure u. Mesoxalsäurediäthylesterhydrat (**II**), mehrstd. Stehen, ¾std. Kochen des Rückstandes mit 1n $NaHCO_3$-Lsg. u. Zutropfen zu sd. 2n HCl; aus NaOH/2n HCl hellgelbe Kristalle; 2,1 g (Ausbeute). *Äthylesterhydrat*, $C_{10}H_{11}N_5O_4 \cdot H_2O$, F. >350° (Dimethylformamid), durch 10 Min. langes Erhitzen von 1,9 g **I** in 1n $NaHCO_3$ u. W. mit **II** auf dem sd. Wasserbad, Verdünnen mit W. u. Erhitzen der Substanz mit sd. W.; 0,6 g. — *2-Amino-8-methyl-*, *Hemihydrat*, $C_8H_7N_5O_4 \cdot ½H_2O$, F. >350°, durch ¼std. Kochen von 1,9 g 2.5-Diamino-4-methylamino-6-oxo-1.6-dihydropyrimidinhydrochlorid (**III**) mit **II** in W. u. ¼std. Kochen in 1n $NaHCO_3$; durch Fällen mit HCl hellgelbe Kristalle; 0,9 g. *Äthylester*, $C_{10}H_{11}N_5O_4$, F. 295—298° (Zers.), a) durch ¼std. Erhitzen von 1,9 g **III** mit **II** in wss. $NaHCO_3$ auf dem Wasserbad; aus A. Nadeln; 1,1 g; b) durch 4std. Kochen von 0,5 g der Säure mit A. u. etwas konz. H_2SO_4; 0,3 g. — *2-Amino-3.8-dimethyl-*, $C_9H_9N_5O_4$, F. >350°, durch ½std. Kochen von 0,45 g des entsprechenden Äthylesters mit 1n NaOH; blaßgelbe Kristalle; 0,28 g. *Äthylester*, $C_{11}H_{13}N_5O_4$, F. 308° (Zers.), durch Einstellen von 1,2 g 1-Methyl-2.5-diamino-4-methylamino-6-oxodihydropyrimidindihydrochlorid in W. mit verd. NH_4OH auf pH 5 u. 10 Min. langes Erhitzen mit **II** auf dem sd. Wasserbad; aus A. blaßgelbe Kristalle; 0,8 g. — *2-Amino-8-[β-hydroxyäthyl]-*, *Äthylester*, F. 284° (Zers.), nach Elion u. Hitchings (C. **1955**, 4101); aus W. gelbliche Kristalle. P. Golinske. 3272◇

Pteridine. 20. Mitt. **Über 2-Dimethylamino-4.7-dioxotetrahydropteridine.** Wolfgang Pfleiderer und Karl Deckert. (Chem. Ber. **95**, 1597—1604, 16/7. 1962; dt.) — 19. vgl. vorst. Referat. — Verschiedene *2-Dimethylamino-4.7-dioxo-3.4.7.8-tetrahydropteridine* werden synthetisiert. Durch Vgl. der pH-Werte u. UV-Absorptionsspektren mit den entsprechend substituierten 2-Amino-4.7-dioxo-3.4.7.8-tetrahydropteridinen läßt sich zeigen, daß in letzteren Verbb. die Aminogruppe als solche u. nicht etwa in der tautomeren Iminodihydro-Form vorliegt.

Versuche: 2-Dimethylamino-6-oxo-1.6-dihydropyrimidine: *4-Chlor-*, F. 217°, durch ca. 10 Min. langes Kochen von 30 g 2-Dimethylamino-4.6-dihydroxypyrimidin mit $POCl_3$, Eindampfen im Vakuum u. Gießen auf Eis, Absaugen des *4.6-Dichlor-2-dimethylaminopyrimidins* u. Neutralisieren des Filtrats unter Kühlung mit 30%ig. NaOH; aus Methanol schwachgelbliche Kristalle; 24 g (Ausbeute). — *4-Methylamino-*, $C_7H_{12}N_4O$ F. 198—200° (Bzl.), durch 3std. Erhitzen von 10 g vorst. Verb. mit 40%ig. Methylamin im Bombenrohr auf 140°; 7 g. — *5-Nitroso-4-methylamino-* (**II**),

$C_7H_{11}N_5O_2$, F. 255° (Zers.), durch Zutropfen von wss. $NaNO_2$ zu 20 g vorst. Verb. in sd. W. in Ggw. von etwas Essigsäure; aus W. violette Kristalle; 17 g. — *5-Amino-4-methylamino-* (**VI**), *Hydrochlorid*, $C_7H_{13}N_5O \cdot HCl$, F. 265° (Zers.), durch Hydrieren von 10 g **II** in Methanol an Raney-Ni, kurzes Aufkochen u. Absaugen in methanol. HCl; gelblich; 10 g. — *4.5-Diamino-* (**III**), *Dihydrochlorid*, $C_6H_{11}N_5O \cdot 2HCl$, F. 286 bis 287°, durch Hydrieren von 10 g 5-Nitroso-4-amino-2-dimethylamino-6-oxo-1.2-dihydropyrimidin (**I**) in Methanol an Raney-Ni bei Raum-Temp., Aufkochen u. Filtrieren in gesätt. methanol. HCl; blaßgelbe Kristalle; 10 g. — 2-Dimethylamino-4.7-dioxo-3.4.7.8-tetrahydropteridine: Unsubstituiert, $C_8H_9N_5O_2$, F. >350°, durch Neutralisieren von 1 g **III**-Dihydrochlorid in W. mit $NaHCO_3$, Zugabe von Glyoxylsäureäthylesterhalbacetal (**IV**), ½ std. Stehen u. 1 std. Kochen mit 1 n $NaHCO_3$; aus W. gelbliche Kristalle; 0,7 g. — *8-Methyl-*, $C_9H_{11}N_5O_2$, F. >350°, durch Hydrieren von 1 g **II** in Methanol an Raney-Ni, Filtrieren in der Hitze, Versetzen mit **IV**, 3 std. Erhitzen des gelben Nd. in Na-Äthylat-Lsg. auf dem sd. Wasserbad u. Ansäuern mit Essigsäure; aus W. blaßgelbe Nadeln; 0,8 g. — *6-Methyl-*, *Hydrat*, $C_9H_{11}N_5O_2 \cdot H_2O$, F. >350°, durch 10 Min. langes Kochen einer mit $NaHCO_3$ neutralisierten Lsg. von **III**-Dihydrochlorid in W. mit Brenztraubensäureäthylester; aus W. gelbliche Kristalle; 0,5 g. — *6-Carbäthoxy-*, *Hydrat*, $C_{11}H_{13}N_5O_4 \cdot H_2O$, F. >350°, a) durch ½ std. Erhitzen von 1 g **III** in W. (mit $NaHCO_3$ neutralisiert) mit Mesoxalsäurediäthylester (**V**) auf dem sd. Wasserbad; aus W. gelbliche Kristalle; 0,5 g; b) durch Hydrieren von 1 g **I** in A. an Raney-Ni, Aufkochen, Filtrieren u. ½ std. Kochen mit **V**; 1 g. — *6-Carboxy-*, $C_9H_9N_5O_4$, F. >350°, durch 1 std. Kochen von 1,2 g vorst. Verb. in 1 n $NaHCO_3$; gelbliche Kristalle; 1 g. — *8-Methyl-6-carbäthoxy-*, $C_{12}H_{15}N_5O_4$, F. 296—298°, a) durch ½ std. Erhitzen von 1 g **VI** in W. mit **V** u. 24 std. Extrahieren mit Chlf.; aus Bzl./Aceton gelbliche Kristalle; 0,8 g; b) durch Hydrieren von 1 g **II** in A. an Raney-Ni, Aufkochen, Filtrieren u. ½ std. Erhitzen mit **V** auf dem sd. Wasserbad; aus Bzl./Aceton gelbliche Kristalle; 0,8 g. — *8-Methyl-6-carboxy-*, $C_{10}H_{11}N_5O_4$, F. >350°, durch 1 std. Kochen von 1 g vorst. Verb. in 1 n $NaHCO_3$ u. Ansäuern des Na-Salzes; aus W. hellgelbe Kristalle; 0,9 g. — *2-Dimethylamino-4.6.7-trioxo-3.4.5.6.7.8-hexahydropteridin*, *Hydrat*, $C_8H_9N_5O_3 \cdot H_2O$, F. >350°, durch 1½ std. Erhitzen von 2 g **III** u. Oxalsäure auf 240°; aus Eisessig blaßgelbe Kristalle; 1 g. — *8-Methyl-2-dimethylamino-4.6.7-trioxo-3.4.5.6.7.8-hexahydropteridin*, $C_9H_{11}N_5O_3$, F. >350°, durch Hydrieren von 1 g **II** in A. an Raney-Ni, Aufkochen, Versetzen mit Oxalsäurediäthylester, Abdestillieren des A. u. ½ std. Kochen (→ 185°); aus Eisessig gelbliche Kristalle; 1 g. P. Golinske. 3272◇

Pteridine. 21. Mitt. Über die Synthese und Struktur von N-8-substituierten 2.4.7-Trioxohexahydropteridincarbonsäuren-(6). Gotthard Nübel und Wolfgang Pfleiderer. (Chem. Ber. **95**, 1605—14, 16/7. 1962; dt.) — 20. vgl. vorst. Referat. — Verschiedene *8-Alkyl-2.4.7-trioxo-1.2.3.4.7.8-hexahydropteridin-6-carbonsäuren* (**A**) u. ihre *Ester* werden synthetisiert. Die pK-Werte werden bestimmt u. die darauf basierenden UV-Absorptionsspektren der Neutralmoll. u. reinen Anionen aufgenommen. Durch Spektren-Vgl. wird gezeigt, daß entgegen den Erwartungen nicht die Carboxylgruppe, sondern das $N_{(1)}$-Atom das H-Atom mit der stärksten Acidität trägt. Die Dissoziationssequenz der beweglichen H-Atome ist in den **A** $N_{(1)}$, Carboxylgruppe u. $N_{(3)}$. Tabellen mit R_F, pK-Werten u. UV-Spektren vgl. Original.

Versuche: 1-Methyluracile: *4-Chlor-* (**I**), $C_5H_5ClN_2O_2$, F. 276—277° (W.), durch ½ std. Kochen von 12 g N-Methylbarbitursäure in W. mit $POCl_3$; 8 g (Ausbeute). — *4-Benzylamino-* (**II**), $C_{12}H_{13}N_3O_2$, F. 282° (sintert ab 260°, A.), durch 1 std. Kochen von 1 g **I** mit Benzylamin; 0,85 g. — *4-Amino-*, F. 330° (W.), durch 17 std. Hydrieren von 0,5 g **II** in A. an Pd/Kohle bei 38°; 0,24 g. — *4-Methylamino-*, $C_6H_9N_3O_2$, F. 290° (W.), durch 1 std. Erhitzen von 5 g **I** mit fl. Methylamin im Bombenrohr auf 120°; 3,2 g. — *5-Nitroso-4-methylamino-*, $C_6H_8N_4O_3$, F. 267° (Zers.), durch Ansäuern von 1 g vorst. Verb. in W. nach Zugabe von $NaNO_2$ bei 90° mit Essigsäure; rote Kristalle; 0,8 g. — *5-Nitroso-4-benzylamino-*, $C_{12}H_{12}N_4O_3$, F. 188° (Zers.), analog vorst. Verb. aus 2 g **II**; orangerote Kristalle; 2 g. — *4-Benzylamino-5-formylamino-*, $C_{13}H_{14}N_4O_3$, F. 238° (W./HCOOH), durch portionsweise Zugabe von Zn-Staub zu vorst. Verb. (aus 2,4 g **II**) in Ameisensäure u. ½ std. Kochen; 2 g. — *5-Amino-4-benzylamino-*, *Hydrochlorid* (**IV**), $C_{12}H_{14}N_4O_2 \cdot HCl$, F. >330°, durch 1 std. Kochen von 2 g vorst. Verb. mit methanol. HCl; 1,4 g. — 2.4.7-Trioxo-1.2.3.4.7.8-hexahydropteridin-6-carbonsäuren: *8-Äthyl-*, $C_9H_8N_4O_5$, F. >330°, durch ½ std. Kochen von 1,7 g des Esters mit 1 n NaOH; aus 1 n HCl gelbliche Kristalle; 1,1 g. *Äthylester*, $C_{11}H_{12}N_4O_5$, F. 275°, durch ½ std. Kochen von 2 g 5-Amino-4-äthylaminouracilhydrochlorid in W. (pH 6) mit Mesoxalsäurediäthylesterhydrat (**III**); aus W. Nadeln; 1 g. — *8-[β-Hydroxyäthyl]-*, $C_9H_8N_4O_6$, F. 222° (Schäumen), durch ½ std. Kochen von 1 g 5-Amino-4-[β-hydroxyäthylamino]-

uracilhydrochlorid in W. mit **III** u. Verseifen des Nd. mit 1n NaOH; aus 1n HCl gelbe Kristalle; 0,6 g. *Methylester*, $C_{10}H_{10}N_4O_6$, F. 287°, aus 0,5 g der Säure durch 1std. Kochen mit konz. H_2SO_4 in Methanol; aus Methanol/Dimethylformamid; 0,3 g. — *8-Benzyl-*, $C_{14}H_{10}N_4O_5$, F. 268°, durch ½std. Kochen von 1,5 g 5-Amino-4-benzylaminouracilhydrochlorid mit **III** in W. u. Verseifen des Nd. mit 1n NaOH; aus 1n HCl gelbliche Kristalle; 1 g. *Methylesterdihydrat*, $C_{15}H_{12}N_4O_5 \cdot 2H_2O$, F. 261—262°, aus 1 g der Säure mit Methanol/konz. H_2SO_4; aus Methanol gelbliche Kristalle; 0,7 g. *Methylester*, $C_{15}H_{12}N_4O_5$, durch Trocknen im Vakuum bei 110° über P_2O_5. — *1.8-Dimethyl-*, *Hydrat*, $C_9H_8N_4O_5 \cdot H_2O$, F. 220° (Schäumen, W.), durch 10 Min. langes Kochen von 0,6 g des Esters mit 0,5n NaOH; 0,4 g. *Äthylester*, $C_{11}H_{12}N_4O_5$, F. 275—277° (W.), durch Hydrieren von 1,8 g 3-Methyl-5-nitroso-4-methylaminouracil in W. an Raney-Ni, Aufkochen, Filtrieren u. ¼std. Kochen mit **III**; 1,2 g. — *3-Methyl-8-benzyl-*, *Hydrat*, $C_{15}H_{12}N_4O_5 \cdot H_2O$, F. 188—190° (Schäumen), durch ½std. Kochen von 1 g Ester mit 1n Na_2CO_3; aus A. mit etwas 5n HCl gelbliche Kristalle; 0,5 g. *Äthylester*, $C_{17}H_{16}N_4O_5$, F. 177°, durch ¼std. Erhitzen von 2 g **IV** u. **III** in W. auf dem sd. Wasserbad; aus A./W. gelbliche Kristalle; 1,4 g. — 2.4.7-Trioxo-1.2.3.4.7.8-hexahydropteridine: *8-Äthyl-*, $C_8H_8N_4O_3$, F. >340°, durch Versetzen von 1,5 g 5-Amino-4-äthylaminouracilhydrochlorid in W. mit Glyoxylsäureäthylesterhalbacetal (**V**) u. ½std. Kochen des gelben Nd. mit 1n $NaHCO_3$; gelbliche Kristalle; 0,9 g. — *8-[β-Hydroxyäthyl]-*, $C_8H_8N_4O_4$, F. 326° (W.), analog vorst. Verb. aus 2 g 5-Amino-4-[β-hydroxyäthylamino]-uracilhydrochlorid u. **V**; gelbliche Kristalle; 1,5 g. — *8-[β-Acetoxyäthyl]-*, $C_{10}H_{10}N_4O_5$, F. 273° (W.), durch 6std. Kochen von 0,5 g vorst. Verb. mit Acetanhydrid; 0,3 g. — *8-Benzyl-*, $C_{13}H_{10}N_4O_3$, F. 288° (Zers., W.), aus 2 g 5-Amino-4-benzylaminouracilhydrochlorid u. **V**; 1,6 g. P. Golinske. 3272◇

Pteridine. 22. Mitt. **Über Pyrimido-[5.4·g]-pteridine.** Wolfgang Pfleiderer und Gotthard Nübel. (Chem. Ber. **95**, 1615—20, 16/7. 1962; dt.) — 21. vgl. vorst. Referat. — Verschiedene 10-substituierte *2.4.6.8-Tetraoxo-1.2.3.4.6.7.8.10-oktahydropyrimido-[5.4:g]-pteridine* (**A**) u. *2-Dimethylamino-4.6.8-trioxo-3.4.6.7.8.10-hexahydropyrimido-[5.4:g]-pteridine* werden dargestellt. Bei den **A** handelt es sich um ungewöhnlich stark saure Verbindungen. Ihre ersten aciden pK-Werte liegen bei ca. 1. R_F-Werte u. Maxima der UV-Spektren vgl. Original.

Versuche: 2.4.6.8-Tetraoxo-1.2.3.4.6.7.8.10-oktahydropyrimido-[5.4:g]-pteridine: *10-Methyl-*, *Trihydrat*, $C_9H_6N_6O_4 \cdot 3H_2O$, F. 350°, durch Kochen von 1 g 5-Amino-4-methylaminouracilhydrochlorid u. Alloxan in W. in Ggw. von etwas konz. HCl bis zur Auflsg. des anfangs gebildeten Nd.; aus verd. HCl gelbe Kristalle; 0,8 g (Ausbeute). — *10-Äthyl-*, *Hydrat*, $C_{10}H_8N_6O_4 \cdot H_2O$, F. >350°, analog vorst. Verb. aus 1 g 5-Amino-4-äthylaminouracilhydrochlorid u. Alloxan; gelbe Kristalle; 0,9 g. — *10-[β-Hydroxyäthyl]-*, *Dihydrat*, $C_{10}H_8N_6O_5 \cdot 2H_2O$, F. >350°, aus 1 g 5-Amino-4-[β-hydroxyäthylamino]-uracilhydrochlorid u. Alloxan; gelbe Kristalle; 0,9 g. — *10-[D-Ribityl]-*, *Hydrat*, $C_{13}H_{14}N_6O_8 \cdot H_2O$, F. >320° (Zers. ab 270°), durch Red. von 1,5 g 4-Ribitylamino-5-benzolazouracil mit Zn-Staub in W./5n HCl, Filtrieren u. Kochen mit HCl u. Alloxan bei pH 0; aus 1n HCl gelbe Kristalle; 1 g. — *4-Chlor-5-nitro-2-dimethylamino-6-oxo-1.6-dihydropyrimidin*, $C_6H_7ClN_4O_3$, F. 252—253°, durch Zutropfen gekühlter rauchender HNO_3 zu 5 g 4-Chlor-2-dimethylamino-6-oxo-1.6-dihydropyrimidin in konz. H_2SO_4, 5 Min. langes Stehen u. Gießen auf Eis; aus W. oder A. hellgelbe Kristalle; 3,6 g. — *5-Nitro-4-[β-hydroxyäthylamino]-2-dimethylamino-6-oxo-1.6-dihydropyrimidin*, $C_8H_{13}N_5O_4$, F. 254—255° (W.), durch Versetzen von 1,5 g vorst. Verb. mit 3 g Colamin in A. u. 20 Min. langes Erhitzen auf sd. Wasserbad nach Abklingen der Rk.; 0,6 g. — *5-Amino-4-[β-hydroxyäthylamino]-2-dimethylamino-6-oxo-1.6-dihydropyrimidin*, *Hydrochlorid*, $C_8H_{15}N_5O_2 \cdot HCl$, F. 240—241° (Zers.), durch Hydrieren von 3,8 g vorst. Verb. in Methanol an Raney-Ni u. Filtrieren in gesätt. methanol. HCl; aus A./W. gelbliche Kristalle; 1,8 g. — *10-Methyl-2-dimethylamino-4.6.8-trioxo-3.4.6.7.8.10-hexahydropyrimido-[5.4:g]-pteridin*, *Hydrat*, $C_{11}H_{11}N_7O_3 \cdot H_2O$, F. >330°, durch 5 Min. langes Erhitzen von 1 g 5-Amino-4-methylamino-2-dimethylamino-6-oxo-1.6-dihydropyrimidinhydrochlorid in W. mit Alloxan, Zutropfen von NH_4OH (pH 6—7); gelbes Kristallpulver; 0,9 g. — *10-[β-Hydroxyäthyl]-2-dimethylamino-4.6.8-trioxo-3.4.6.7.8.10-hexahydropyrimido-[5.4:g]-pteridin*, *Hydrat*, $C_{12}H_{13}N_7O_4 \cdot H_2O$, F. >330°, aus 1 g vorvorst. Verb. u. Alloxan analog vorst. Verb.; aus W. gelbe Kristalle; 0,5 g.

P. Golinske. 3272◇

Pteridine. 23. Mitt. **Über die Synthese und Struktur des Isoxanthopterin-7-O-β-D-glucopyranosids.** Wolfgang Pfleiderer und Fritz Reisser. (Chem. Ber. **95**, 1621—28, 16/7. 1962; dt.) — 22. vgl. vorst. Referat. — *Isoxanthopterin-7-O-β-D-glucopyranosid* u. *2-Amino-7-methoxy-4-oxo-3.4-dihydropteridin* werden synthetisiert. Ihre

UV-Absorptionsspektren zeigen, daß in sämtlichen bis jetzt dargestellten Pteridinglykosiden der Zuckerrest über den Sauerstoff an das $C_{(7)}$-Atom gebunden ist, d. h. es handelt sich in allen Fällen um 7-O-Glykoside. UV-Spektren, R_F- u. pK-Werte vgl. Original.

Versuche: *2.4-Diamino-5-[carbäthoxymethylenamino]-6-benzyloxypyrimidin*, $C_{15}H_{17}\cdot N_5O_3$, F. 202—203°, durch 3std. Schütteln von 2,3 g 2.4.5-Triamino-6-benzyloxypyrimidin in W. mit Glyoxylsäureäthylesterhalbacetal (I) bei Raum-Temp.; aus A. hellgelbe Kristalle; 3,3 g (Ausbeute). — *2-Amino-4-benzyloxy-7-oxo-7.8-dihydropteridin* (II), $C_{13}H_{11}N_5O_2$, F. >360° (Benzylalkohol), durch 1std. Kochen von 1 g vorst. Verb. in A. mit 1n $NaHCO_3$; 0,68 g. — *2.4-Diamino-5-[carbäthoxymethylenamino]-6-methoxypyrimidin*, $C_9H_{13}N_5O_3$, F. 220° (Zers.), durch 1std. Schütteln von 1 g 2.4.5-Triamino-6-methoxypyrimidin in W./Methanol (8:1) mit I u. 5std. Stehen; aus A. gelbliche Kristalle; 1 g. — *2-Amino-4-methoxy-7-oxo-7.8-dihydropteridin*, $C_7H_7N_5O_2$, F. >350° (Dimethylformamid), durch 1½ std. Kochen von 0,7 g vorst. Verb. in A. mit 0,5n $NaHCO_3$; 0,42 g. — *2-Amino-4-benzyloxy-7-[2.3.4.6-tetra-O-acetyl-β-D-glucopyranosyloxy]-pteridin*, $C_{27}H_{29}N_5O_{11}$, F. 172—173°, durch Versetzen von 1 g II in Xylol mit Ag_2CO_3 bei 110°, Einengen, 1¼std. Kochen mit α-Acetobromglucose, Eindampfen im Vakuum, Aufnehmen in abs. Methanol u. ¼std. Kochen; aus wss. A. Nadeln; 1,41 g. — *2-Amino-7-[2.3.4.6-tetra-O-acetyl-β-D-glucopyranosyloxy]-4-oxo-3.4-dihydropteridin*, $C_{20}H_{23}N_5O_{11}$, F. >180° (Zers., sintert ab 160°), durch Hydrieren von 0,93 g vorst. Verb. in abs. A. an Pd/Kohle bei 40°, Verdünnen mit A. u. 10 Min. langes Kochen; 0,76 g. — *2-Amino-7-β-D-glucopyranosyloxy-4-oxo-3.4-dihydropteridin* (*Isoxanthopterin-7-O-β-D-glucopyranosid*), $C_{12}H_{15}N_5O_7$, F. >212° (Zers., W.), durch 12std. Stehen von 65 mg vorst. Verb. in NH_3-gesätt. Methanol bei Raum-Temp., Kühlen auf 0°, Ansäuern des *Ammoniumsalzes* ($C_{12}H_{18}N_6O_7$) mit 1%ig. Essigsäure (pH 6,3) u. ½std. Stehen; 28,8 mg. — *7-Chlor-2-amino-4-oxo-3.4-dihydropteridin*, $C_6H_4ClN_5O$, F. >330°, durch 4std. Kochen von 2 g Isoxanthopterin mit $PCl_5/POCl_3$, Eindampfen, Gießen auf Eis, Einstellen mit 5n KOH u. festem $NaHCO_3$ auf pH 5 u. Kochen des Nd. in W.; gelbliche Kristalle; 1,5 g. — *2-Amino-7-methoxy-4-oxo-3.4-dihydropteridin*, $C_7H_7N_5O_2$, F. >350°, durch 4std. Kochen von 0,47 g vorst. Verb. mit Na in abs. Methanol; aus Dimethylformamid gelbliche Kristalle; 0,28 g. P. Golinske. 3272◇

Pteridine. 24. Mitt. Über die Isolierung und Struktur des orangeroten Schmetterlingspigmentes „Erythropterin". Wolfgang Pfleiderer. (Chem. Ber. **95**, 2195—2204, 5/9. 1962; dt.) — 23. vgl. vorst. Referat. — Das orangerote Flügelpigment Erythropterin konnte erstmals in reiner Form aus *Catopsilia argante* isoliert u. seine Konstit. durch alkal. Hydrolyse bzw. durch Methylierung als *Xanthopteryl-(7)-brenztraubensäure* erkannt werden. Auf Grund der physikal. u. chem. Eigg. dieses Naturfarbstoffes muß die Seitenkette vollständig enolisiert sein.

Versuche: *Erythropterin, Hydrat*, $C_9H_7N_5O_5\cdot H_2O$, durch Extrahieren von 35 g Schmetterlingsflügel von *Catopsilia argante* mit Ae. u. A., Extrahieren mit 0,1n NH_4OH, Eintropfen des ammoniakal. Filtrats in eisgekühlte 1n H_2SO_4, 2std. Stehen, Filtrieren, Extrahieren des Nd. mit 0,5%ig. Pyridin bei 50°, ½std. Rühren bei 50°, Ansäuern mit 5n HCl bei 50° (pH 0), 4std. Stehen im Eisschrank u. mehrmaliges Umkristallisieren aus 1n, 0,5n u. noch stärker verd. HCl; rote Kristalle; 54 mg (Ausbeute); liefert durch 24std. Stehen in 2n NaOH, Kochen, Ansäuern in der Hitze mit Essigsäure u. papierchromatograph. Unterss. *Pterorhodin, Xanthopterincarbonsäure, 7-Methylxanthopterin* u. *Oxalsäure*. — *3.5.7-Trimethylxanthopterin*, $C_9H_{11}N_5O_2$, F. >280° (Zers.), a) durch 4std. Kochen von 0,46 g des Na-Salzes (I) von 3.7-Dimethyl-2-amino-4.6-dioxo-3.4.5.6-tetrahydropteridin in Methanol mit CH_3J; aus W. gelbe Nadeln; 0,35 g; b) durch Lösen von 0,46 g I in W. in Ggw. von 2n NaOH, Zutropfen von Dimethylsulfat u. 1n NaOH bei 25° u. pH 8 u. 1std. Stehen; 0,3 g. — *3.5-Dimethyl-2-amino-4.6-dioxo-3.4.5.6-tetrahydropteridyl-(7)-brenztraubensäuremethylester, Hydrat*, $C_{12}H_{13}N_5O_5\cdot H_2O$, F. 248° (Zers.), a) durch Zugabe von 1,1 g Oxalsäuredimethylester u. dann 0,65 g vorst. Verb. zu K in abs. Methanol, 1tägiges Stehen bei Raum-Temp., Schütteln mit Methanol u. weiteres 1std. Stehen; aus W. u. Methanol orangerote Nadeln; 37 mg; b) durch Zutropfen von äther. CH_2N_2 zu 14 mg Erythropterin in Methanol u. ½std. Stehen; 2,1 mg.
P. Golinske. 3272◇

Die Darstellung von 10-[N-Phthalylaminoacyl]-phenothiazinen. H. Bräuniger und S. Mengering. (Pharmaz. Zentralhalle Deutschland **99**, 395—98, Juli 1960; Rostock, Univ., Pharmazeut.-chem. Inst.; dt.) — Die Darst. von *10-[N-Phthalylaminoacyl]-phenothiazinen* durch Umsetzung von Phenothiazin (I) oder 3-Chlorphenothiazin (III) mit N-Phthalylaminosäureanhydriden oder N-Phthalylaminosäurechloriden wird beschrieben.

Versuche: Phenothiazine: *10-[N-Phthalylglycyl]-* (**II**), F. 240—242°, a) durch Verreiben von **I** u. N-Phthalylglycinanhydrid, 8std. Erhitzen auf 170—180°, Extrahieren mit Ae. u. Umkristallisieren des Rückstandes; aus wss. A. Blättchen; 82,5% (Ausbeute); daneben durch Eindampfen der Extrakte *N-Phthalylglycin* (**IV**); b) durch 6std. Kochen von **I** u. N-Phthalylglycylchlorid in Bzl./Chlf.; 72,5%. — *10-[N-Phthalyl-DL-alanyl]-*, F. 199°, aus N-Phthalyl-DL-alaninanhydrid analog **II** nach a); aus verd. A. Blättchen; 77,5%; daneben *N-Phthalyl-DL-alanin* (**V**). — *10-[N-Phthalyl-DL-phenylalanyl]-*, F. 202°, aus N-Phthalyl-DL-phenylalaninanhydrid; aus verd. A. Nadeln; 48,7%; daneben *N-Phthalyl-DL-phenylalanin* (**VI**). — *10-[N-Phthalylglycyl]-3-chlor-*, F. 240—242°, analog **II** nach a) aus **III**; aus verd. A. Nadeln; 83,8%; daneben **IV**. — *10-[N-Phthalyl-DL-alanyl]-3-chlor-*, F. 243—245°; aus verd. A. hellgelbe Nadeln; 65,5%; daneben **V**. — *10-[N-Phthalyl-DL-phenylalanyl]-3-chlor-*, F. 135° (verd. A.); 45,4%; daneben **VI**. W. Hampel. 3292◇

Über die Darstellung von 2.4-Bis-[äthylamino]-6-chlor-1.3.5-triazin. D. Matoltschi, L. Görök und A. Weg. (J. angew. Chem. [UdSSR] **33**, 1224—26, Mai 1960; Budapest, Forschungsinst. für Pflanzenschutz; russ.) — Vff. untersuchen den Einfl. von Rk.-Temp. u. -Zeit sowie der Reihenfolge der Zugabe von Äthylamin (**I**) u. NaOH zu einer vorgelegten Suspension von Cyanurchlorid (**II**) in W. bei der Darst. von *2.4-Bis-[äthylamino]-6-chlor-1.3.5-triazin* (**III**). Die Rk.-Dauer hat in den Grenzen von 4—8 Std. keinen Einfl. auf die Ausbeute an **III**. Im Temp.-Bereich von 0—60° ist der Einfl. der Temp. auf die Ausbeute an **III** gering. Über 60° wurde eine Hydrolyse von **II** zu *Cyanursäure* beobachtet. Auch die Reihenfolge der Zugabe von **I** u. NaOH ist von geringer Bedeutung. — Tabellen. H. Nestler. 3313□

Phenylüberbrückte Analoga des Phenylbutazons. Harman S. Lowrie. (J. med. pharmac. Chem. **5**, 1362—64, Nov. 1962; Chicago, Ill., G. D. Searle and Co., Div. of Chem. Res.; engl.) — Vf. synthetisierte Derivv. (**B**) des Phenylbutazons (**I**), in denen die o-Stellungen der Phenylringe über —CH_2-, —CH_2CH_2-, —S-, —o- oder N—CH_2-Brücken verbunden sind, durch Rk. der entsprechenden Hydrazo-Verbb. (**A**) mit Malonylchloriden $RCH(COCl)_2$. Die **A** wurden aus den entsprechenden Bis-[o-nitrophenyl]-Derivv. mit Zn-Staub u. $Ba(OH)_2$ u. durch anschließendes Behandeln mit N_2H_4/PtO_2 in Ae. erhalten. Die anti-inflammator. Aktivität der **B** war geringer als die von **I**, u die wirksamste Verb., *1-H-2.3-Dihydro-1.3-dioxo-2-n-butylpyrazolo-[1.2:d]-dibenzo-[b;f]-1.4.5-thiadiazepin*, war 6mal so tox. wie **II**.

Versuche (FF. korr.): 1H-2.3-Dihydro-1.3-dioxopyrazolo-[1.2:d]-dibenzo-[b;f]-1.4.5-thiadiazepine: *2-n-Butyl-*, F. 199—200°, Nadeln (Ae.), aus n-Butylmalonyldichlorid u. Hydrazobenzol-o.o'-sulfid in CH_2Cl_2 in Ggw. von Pyridin bei $<50°$ unter Rühren, dann Erwärmen auf Raum-Temp. u. 3tägiges Stehen; 47% (Ausbeute). — Analog: *2-sek.-Butyl-*, F. 152—153,5° (Ae.). — *2-Äthyl-*, F. 141—142° (Ae.). — *2-Methyl-*, F. 238—240°. — *2-β-Phenyläthyl-*, F. 207—208,5° (CH_3OH). — *2-n-Amyl-*, F. 188—190° (Ae.). — 1H-2.3.9.10-Tetrahydro-1.3-dioxopyrazolo-[1.2:a]-dibenzo-[c;g]-1.2-diazocine: *2-n-Butyl-*, F. 122—125° (Ae.). — *2-Benzyl-*, F. 238 bis 241° (CH_3OH). — *2-Phenyl-*, F. 185—190° (Bzl.). — *2-Äthyl-*, F. 160—164 (Ae). — *2-n-Butyl-1H.9H-2.3-dihydro-1.3-dioxopyrazolo-[1.2:a]-dibenzo-[c;f]-1.2-diazepin*, F. 176 bis 177° (Ae.). — *2-n-Butyl-9-methyl-1H.9H-2.3-dihydro-1.3-dioxopyrazolo-[1.2:a]-dibenzo-[c;f]-1.2.5-triazepin*, F. 165—168° (Ae.). J. Rothe. 3370◇

Gewinnung von kristalliner D-Mannose aus dem Polysaccharid Eremuran. B. N. Stepanenko und R. A. Bakssowa. (Biochemie [UdSSR] **26**, 855—58, Sept./Okt. 1961; Moskau, 1. Med. Ssetschenow-Inst.; Bach-Inst. für Biochemie der Akad. der Wiss. der UdSSR; russ., Auszug: engl.) — Das ausführlich beschriebene Verf. zur Gewinnung von *D-Mannose* (**I**) aus Eremuran (**II**; Glucomannan aus der Wurzel von Eremurus Regel, bestehend aus Glucose u. **I** im Verhältnis 1:2) beruht auf der Meth. von Fischer u. besteht aus 3 Operationen: Hydrolyse von **II**; **I**-Abscheidung aus dem Hydrolysat als *Phenylhydrazon*; Zers. des Phenylhydrazons sowie Regenerierung u. Reinigung von **I**. Für die Zers. des Phenylhydrazons ist Benzaldehyd besser geeignet als Aceton (höhere Ausbeute), jedoch ist dieses Verf. komplizierter.
O. Lebtag. 3400△

Isotopenaustausch von Säureresten in Pentaacetyl-β-D-fructopyranose. Zofia Pawlak und Jan Świderski. (Roczniki Chem. [Ann. Soc. chim. Polonorum] **34**, 1195—96, 1960; Warszawa, Uniw., Kat. Chem. organ.; pol.) — Bei der Darst. von *Pentaacetyl-β-D-fructopyranose* (**I**) nach Hudson u. Brauns [1915] wurde die Verb. in zwei verschiedenen krist. Formen erhalten. Zwischen $CH_3{}^{14}COOH$ u. **I** findet ein Isotopenaustausch statt, wobei das Gleichgewicht bei der einen Form viel schneller erreicht wird, als bei der anderen. Die spezif. Drehung von I ändert sich während des Isotopenaustausches nicht. Die verschiedene Beweglichkeit der Acetylgruppen ist wahrscheinlich durch die unterschiedliche Konformation in beiden Kristallarten verursacht. F. Urban. 3400◇

Die Stereochemie der Chalcose, eines Abbauproduktes von Chalcomycin. Peter W. K. Woo, Henry W. Dion und Leroy F. Johnson. (J. Amer. chem. Soc. **84**, 1066—67, 20/3. 1962; Palo Alto, Calif.; Detroit, Mich.; engl.) — Vgl. C. **1962**, 18833. — Die Auswertung der KMR-Spektren von Methylchalcosid (I) u. Chalcose (II), die Entstehung von *O-Methyl-L-weinsäure* (F. 179—182°, $[\alpha]_D^{24}$ +47°; c = 1; 4%, W.) bei der Oxydation von II mit HNO_3 u. die Mutarotation von II gemäß der Hudsonschen Regel ergeben die ster. Konfigurationen. H. Rossow. 3400□

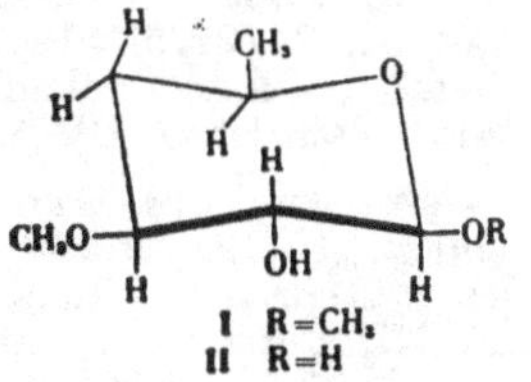

I R=CH₃
II R=H

Aspekte der Stereochemie. 7. Mitt. Die Struktur einiger cyclischer Acetale von D-Glycero-D-glucoheptit (β-Sedoheptit). K. W. Buck, A. B. Foster, N. K. Richtmyer und E. Zissis. (J. chem. Soc. [London] **1961**, 3633—40, Sept.; Edgbaston, Birmingham, Univ., Chem. Dep.; Bethesda, Md., Nat. Inst. of Arthritis and Metabolic Diseases, Nat. Inst. of Health; engl.) — 6. vgl. C. **1962**, 1988. — Die stufenweise Acetolyse von *1.3;2.4;5.7-Tri-O-methylen-D-glycero-D-glucoheptit* (I) ergibt nach der Verseifung das *2.4-O-Methylen-Deriv* (II), dessen Struktur durch die Bldg. von *2.4-O-Methylenxylit* (durch Perjodatoxydation u. Red. der gewonnenen Pentose) bewiesen wird. Die aus I gewonnene *6-O-Methyl-Verb.* (III) wurde auf dem gleichen Wege der partiellen Acetolyse in das *6-O-Methyl-2.4-O-methylen-Deriv.* verwandelt, das von Perjodat nicht angegriffen wird. Damit ist III als *6-O-Methyl-1.3;2.4;5.7-tri-O-methylen-D-glycero-D-glucoheptit* charakterisiert u. die Struktusr von I bewiesen. Innermol. H-Bindungen werden für die Bldg. nur eines der zwei möglichen Acetale (1.3;2.4;5.7- u. nicht auch 1.3;4.6;5.7-) verantwortlich gemacht. Der gleiche Beweis für die Struktur des Tribenzyliden-D-glycero-D-glucoheptits (IV) gelang nur bedingt, da keine krist. Prodd. identifiziert werden konnten. *2.4-O-Benzyliden-D-glycero-D-glucoheptit* war ein Prod. der partiellen Hydrolyse von IV.

Versuche: *Sedoheptulosehexaacetat*, F. 98,5—99,5° (heißer A.), durch 2std. Erhitzen von 50 g Sedoheptulosan mit Essigsäureanhydrid u. Na-Acetat auf dem Wasserbad auf Eis Gießen, Extrahieren mit Dichormethan (nach 12 Std.), Behandeln des eingeengten Extraktes mit 60%ig. Perchlorsäure u. Essigsäureanhydrid (5 Tage, 5°), auf Eis Gießen, Zugabe von $NaHCO_3$ bis zum Granulieren des Sirups, $[\alpha]_D^{20}$ +59,0° (c = 1,2; Chlf.); 30—50 g (Ausbeute). — *D-Glycero-D-glucoheptit*, F. 128—130° (wss. A.) durch Behandeln vorst. Verb. mit CH_3ONa in CH_3OH (3 Tage, 5°), Einengen der Lsg., Reduzieren mit wss. $NaBH_4$ (5°) über Nacht; 7,2 g. — *1.3;2.4;5.7-Tri-O-methylen-D-glycero-D-glucoheptit* (I), $C_{10}H_{16}O_7$, F. 276—278° (Zers., prismat. Nadeln, heißes W.), durch 2std. Erhitzen vorst. Verb. (5,2 g) in konz. HCl mit 37%ig. wss. HCHO, Konzentrieren im Vakuumexsiccator über NaOH u. H_2SO_4; $[\alpha]_D^{20}$ —23,3° (c = 0,4; Chlf.); 6 g. *O-Acetat*, $C_{13}H_{18}O_8$, F. 207—209°, $[\alpha]_D^{20}$ —16,9° (c = 1, Chlf.). *O-Tosylat*, $C_{17}H_{22}O_9S$, F. 184—185° (Zers., Nadeln, 95%ig. A.), $[\alpha]_D^{20}$ —31,5° (c = 1 Chlf.), keine Na-Tosylatabspaltung beim Kochen mit NaJ. — *2.4-O-Methylen-D-glycero-D-glucoheptit* (II), $C_8H_{16}O_7$, F. 129—130° (Nadeln, abs. A.), durch Lösen von I in Essigsäureanhydrid u. Eisessig (Erhitzen) Kühlen auf 5°, vorsichtiger Zusatz von konz. H_2SO_4 (<8°, 1 Std. bei 5°), auf Eis Gießen, Stehen über Nacht (5°), Neutralisieren mit $NaHCO_3$ u. Extrahieren mit Dichlormethan, Desacetylieren mit CH_3ONa, 44%; daneben *Hemihydrat*, $C_8H_{16}O_7 \cdot ½H_2O$, F. 128—130°. *Penta-O-acetat*, $C_{18}H_{26}O_{12}$, F. 91—92° (Prismen, wss. Aceton), $[\alpha]_D^{20}$ +9,8° (c = 1; Chlf.). — *2.4-O-Methylenxylit*, F. 109—111° (A.), durch Oxydation von II mit 2,07 Mol. $NaJO_4$/Mol. (24 Std., 0,79 Mol. HCOOH, 1,03 Mol. HCHO), Deionisieren u. Einengen, Hydrieren mit $NaBH_4$ in W., 85%. — *6-O-Methyl-1.3;2.4;5.7-tri-O-methylen-D-glycero-D-glucoheptit* (III), $C_{11}H_{18}O_7$, F. 232—234° (Nadeln, heißer A. u. W.) durch Erhitzen von I mit Ag_2O, CH_3J, Drierite u. etwas J_2, 68%. — *6-O-methyl-2.4-O-methylen-D-glycero-D-glucoheptit*, $C_9H_{18}O_7$, F. 151—153° (wss. Aceton), durch Acetolyse u. Desacetylieren von III wie oben; $[\alpha]_D^{20}$ +11,8° (c = 0,25, W.); 90%. — Für die stufenweise Acetolyse von *1.3;2.4;5.6-Tri-O-benzyliden-D-glycero-D-glucoheptit* (IV) wurden als Modellsubstanzen hergestellt: *Hexaphenylazobenzoyl-D-glucit*, $C_{84}H_{62}N_{12}O_{12}$, F. 157,5—159°; *2.4-O-Benzyliden-1.3.5.6-tetra-O-[p-phenylazobenzoyl]-D-glucit*, $C_{65}H_{50}N_8O_{10}$, F. 192—193°; *1.3;2.4-Di-O-benzyliden-5.6-di-O-[p-phenylazobenzoyl]-D-glucit*, $C_{46}H_{38}N_4O_8$, F. 263—265°; *1.3;2.4;5.7-Tri-O-benzyliden-6-O-[p-phenylazobenzoyl]-D-glycero-D-glucoheptit* (V), $C_{41}H_{36}N_2O_8$, F. 219—220; *Hepta-p-phenyl-*

azobenzoyl-D-glycero-D-glucoheptit, $C_{98}H_{72}N_{14}O_{14}$, F. 188—189°. Verss., die bei der partiellen Hydrolyse von **IV** oder **V** entstehenden Verbb. zu fraktionieren, ergaben nur ein *Di-O-benzyliden-O-p-phenylazobenzoyl-D-glycero-D-glucoheptit*, $C_{34}H_{32}N_2O_8$, F. 226—227°.
H. Rossow. 3400□

Synthese von Olivacin. Ernest Wenkert und K. G. Dave. (J. Amer. chem. Soc. **84**, 94—97, 5/1. 1962; Ames, Iowa, Iowa State Univ., Dep. of Chem.; engl.) — Eine Synth. des Indolalkaloids *Olivacin*, ausgehend von 1-Keto-1.2.3.4-tetrahydrocarbazol (**I**), wird beschrieben. UV- u. IR-Maxima vgl. Original.

Versuche: 1-Oxo-1.2.3.4-tetrahydrocarbazole: *2-[Carbäthoxyhydroxymethylen]-*, $C_{16}H_{15}NO_4$, F. 156—157°, durch Versetzen von 3,7 g **I** u. Na in A. mit Äthylacetat, 1std. Rühren bei Raum-Temp. unter N_2, Gießen in Eis/W., Alkalisieren mit 10%ig. NaOH, Filtrieren u. Ansäuern mit verd. HCl; aus Methanol/W. gelborangefarbene Nadeln; 3,5 g (Ausbeute). *O-Acetyl-Deriv.* (**II**), $C_{18}H_{17}NO_5$, F. 206—208° (Bzl./Hexan), durch 2std. Erhitzen von 3,5 g Hydroxy-Verb. mit geschmolzenem Na-Acetat in Acetanhydrid auf 120°; 3,4 g. — *2-Hydroxymethylen-*, $C_{13}H_{11}NO_2$, F. 132—134° (wss. A.), durch Zugabe von 2,13 g vorst. Verb. in Ameisensäureäthylester zu äthanol. Na-Äthylat-Lsg. in der Wärme, 2std. Rühren unter N_2 bei Raum-Temp. u. 2std. Erhitzen; 1,7 g. *O-Acetyl-Deriv.*, $C_{15}H_{13}NO_3$, F. 232—235°; aus Bzl./Hexan gelbe Nadeln. — *2-Isopropyloxymethylen-* (**III**), $C_{16}H_{17}NO_2$, F. 172—173°, durch 18std. Erwärmen von 0,3 g vorst. Verb. in abs. Aceton mit Isopropyljodid u. frisch geschmolzenem K_2CO_3; aus Bzl./Hexan hellgelbe Nadeln; 0,19 g. — *2-Carbäthoxymethylen-*, $C_{16}H_{15}NO_3$, F. 176 bis 177°, durch Hydriern von **II** in Dioxan an 5%ig. Pd/Aktivkohle in Ggw. von Na_2CO_3 bei Normaldruck; aus Bzl./Hexan gelbe Nadeln. — *2-Carbäthoxymethyl-* (**IV**), F. 136 bis 137° (Ae.), a) durch 2std. Rk. vorst. Verb. mit Zn-Staub in Eisessig bei Raum-Temp.; b) analog durch 4std. Red. von 3 g **II**; 1,5 g. — *2-Carboxymethyl-*, $C_{14}H_{13}NO_3$, F. 180 bis 182° (Essigester), durch 2std. Verseifen von 1,5 g vorst. Verb. mit 5%ig. äthanol. KOH unter N_2 bei Raum-Temp.; 1,2 g. — *1.5'.5'-Trimethyl-1.2.3.4.4'.5'-hexahydrofuro-[2'.3':1.2]-carbazol* (**V**), $C_{17}H_{21}NO$, F. 194—195° (Hexan), a) durch Zutropfen äther. Methyljodids zur Suspension von Li in Ae. unter N_2, Zutropfen der Lsg. von 0,12 g vorst. Verb. in Tetrahydrofuran, 12std. Stehen bei 65—70°, Kühlen, Versetzen mit gesätt. NH_4ClLsg. u. Chromatographieren in Bzl. an H_2O_3; 18,5 mg; daneben 52 mg *1-Methyl-2-[2-oxopropyl]-3.4-dihydrocarbazol* [**VI**, $C_{16}H_{17}NO$, F. 153—157° (Bzl./Hexan)]; b) durch analoge Methyl-Li-Rk. von 0,17 g **IV**; 65 mg; daneben 12 mg **VI**. — *1-Methyl-2-formyl-3.4-dihydrocarbazol* (**VII**), $C_{14}H_{13}NO$, F. 218°, durch 22std. Rk. von 70 mg **III** mit Li-Methyl, Chromatographieren an Al_2O_3 u. Elution mit Bzl./Ae. (3:1); aus Bzl./Hexan gelbe Nadeln; 42 mg. — 1-Methylcarbazole: *2-[2-Methylpropen-(1)-yl]-* (**VIII**), $C_{17}H_{17}N$, F. 102°, durch 48std. Kochen von 0,104 g **V** in p-Cymol mit 10%ig. Pd/Aktivkohle (**PA**); 80 mg. — *2-[2-Oxopropyl]-* (**IX**), F. 146° (Bzl./Hexan), durch 40std. Kochen von **VI** in p-Cymol mit **PA**. — *2-Methyl-*, $C_{14}H_{13}N$, F. 112—114° (Hexan), durch 4std. Kochen von 0,1 g **VII** in p-Cymol mit **PA**; 66 mg. — *2-Formyl-* (**X**), $C_{14}H_{11}NO$, F. 156 bis 158° (CCl_4), a) durch ½std. Kochen von 70 mg **VII** in Bzl. mit **PA**, Chromatographieren an Al_2O_3 u. Elution mit Bzl./Ae. (3:1); 55 mg; daneben 7 mg vorst. Verb.; b) durch 4 Min. langes Ozonisieren von 0,1 g **VIII** in Äthylenchlorid bei 0°, Hydrieren an **PA** u. Chromatographieren an Al_2O; $_3$60 mg; daneben 70 mg einer *Verb. vom F. 136—137°*; c) durch 24std. Erhitzen von 0,1 g **VII** in Bzl. auf 235—240°, Chromatographie u. Elution mit Bzl./Ae. (4:1); 18 mg; daneben aus dem Hexan/Bzl. (2:1)-Eluat 5 mg vorst. Verbindung. — *2-Carbomethoxy-*, $C_{15}H_{13}NO_2$, F. 132—134° (Bzl./Hexan), a) durch 1std. Rk. von 70 mg **IX** in Dioxan mit NaOJ u. 10%ig. NaOH bei Raum-Temp., Verdünnen mit W., Behandeln mit $NaHSO_2$ u. Rk. der *Säure* (F. 260—265°; 17 mg) mit äther. CH_3N_3; b) durch Zutropfen der Aceton-Lsg. von $KMnO_4$ zu **IX** in Aceton, 2std. Stehen bei Raum-Temp. u. 12std. Rk. der methanol. Lsg. mit äther. CH_3N_3 bei 5°. — *2-[3-Oxobuten-(1)-yl]-* (**XI**), $C_{17}H_{15}NO$, F. 218°, a) durch 3std. Rk. von 55 mg **X** in Aceton mit 20%ig. KOH bei Raum-Temp. unter N_3; aus Bzl. gelbe Nadeln; 52 mg; b) durch 6std. Kochen nachst. Verb. in p-Cymol mit **PA**. — *1-Methyl 2-[3-oxobuten-(1)-yl]-3.4-dihydrocarbazol*, $C_{17}H_{17}NO$, F. 232°, analog **XI** nach a) aus 0,1 g **VII**; aus Bzl. gelbe Kristalle; 60 mg. — *1-Methyl-2-[3-oxobutyl]-carbazol*, F. 164° (Bzl./Hexan), durch Hydrieren von 52 mg **XI** in Essigester an **PA**; 48 mg. *Oxim*, $C_{17}H_{18}N_2O$, F. 184° (Bzl./Hexan), durch 2½std. Erwärmen von 48 mg des Ketons mit $NH_2OH \cdot HCl$ in Pyridin; 36 mg. — *Olivacin*, F. 315—320°, durch Zugabe des Gemisches von P_2O_5 u. Sand in kleinen Anteilen zur abs. Pyridin-Lsg. vorst. Oxims, 8std. Erwärmen auf 125—130°, Kühlen, Zugabe von Eis/W., Ansäuern mit verd. HCl, Filtrieren, Zugabe von NH_4OH, Aufnehmen in Chlf. u. 24std. Kochen des *Imins* (F. 296—307°) in p-Cymol mit **PA**.
H.-J. Weigmann. 3500◇

Aspidolimin. M. Pinar und H. Schmid. (Helv. chim. Acta **45**, 1283—86, 15/6. 1962; Zürich, Univ., Organ.-chem. Inst.; dt.) — Bei der Extraktion der Wurzelrinde von *Aspidosperma* (AS) *limae* Woods erhält man die beiden Alkaloide *Aspidolimin* (**I**; 0,7 bis 1%) u. *Aspidocarpin* (**II**; 0,5%). Durch Abspaltung der Propionylgruppe aus **I**, gefolgt von einer Acetylierung, entsteht *O-Acetylaspidocarpin*. Umgekehrt liefert **II** durch Entacetylierung u. Propionylierung *O-Propionylaspidolimin*. Das UV-Spektrum von **I** ist dem des Aspidospermins ähnlich.

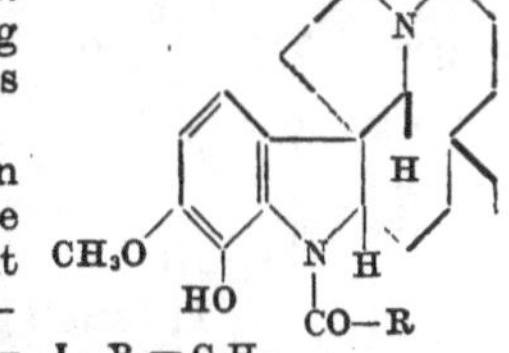

I R = C₂H₅
II R = CH₃

Versuche: 3,04 kg Wurzeln von AS werden mit 10 Litern 90%ig. Methanol unter Zusatz von 2,5% Essigsäure mehrere Std. lang geschüttelt; nach der weiteren Aufarbeitung erhält man 16 g einer aus **I** u. 1,7 g einer aus **II** bestehenden Fraktion. — *Aspidocarpin* (**II**), $C_{22}H_{30}N_2O_3$, F. 167,5—168,5° (Methanol-Essigester). *O-Acetyl-Deriv.*, $C_{24}H_{32}N_2O_4$, F. 145—146° (Ae.-Pentan), F. 165—166° (nach Umlösen u. Animpfen mit einer höher schm. Form), a) aus **II** mit Essigsäureanhydrid–Pyridin; b) **I** (100 mg) wird 3 Std. lang mit 5 ml 10%ig. HCl unter N_2 erhitzt, die Lsg. eingedampft, der Rückstand mit NH_3 u. Chlf. behandelt, acetyliert u. chromatographiert; 75 mg (Ausbeute). — *Aspidolimin* (**I**), $C_{23}H_{32}N_2O_3$, F. 150—151° (Methanol–Essigester), $[\alpha]_D^{21}$ $+133 \pm 3°$ (c = 1,156; Chlf.). *Hydrochlorid*, $C_{23}H_{33}ClN_2O_3$, F. 200—205° (Zers.; Aceton–Ae.–Essigester). *Pikrat*, $C_{29}H_{35}N_5O_{10}$, F. 189 bis 192° (Zers.; Methanol). *O-Acetyl-Deriv.*, *Pikrat*, $C_{31}H_{37}O_{11}N_5$, F. 193—195,5° (Zers.; Methanol). *O-Propionyl-Deriv.*, *Pikrat*, $C_{32}H_{39}N_5O_{11}$, F. 179—181°, a) aus **I** mit Propionsäureanhydrid–Pyridin; b) durch Hydrolyse von **II** u. dann nach a).
K. Gröbe. 3500◇

Die Totalsynthese des Ergotamins. 50. Mitt. **über Mutterkorn-Alkaloide.** A. Hofmann, A. J. Frey und H. Ott. (Experientia [Basel] **17**, 206—07, 15/5. 1961; Basel, Sandoz AG., Pharmazeut.-chem. Labor.; dt.) — 49. vgl. Experientia [Basel] **17**, [1961], 108; 48. vgl. C. **1961**, 141. — Vff. berichten über die Totalsynth. des *Ergotamins* (**VII**).

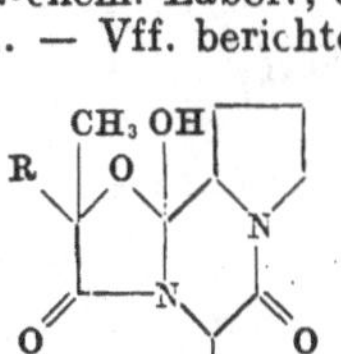

Ia, b R = —COOC₂H₅
II R = —COOH
III R = —COCl
IV R = —CON₃
V R = —NH—COO—CH₂—C₆H₅
VI R = —NH₂·HCl

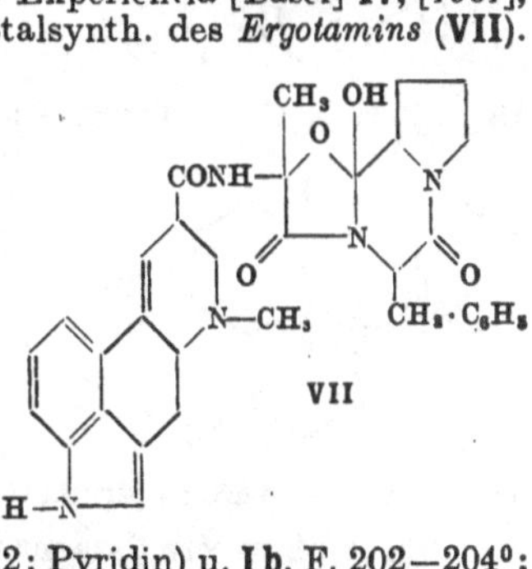

Durch Acylieren von L-Phenylalanyl-L-prolinlactam {F. 133°; $[\alpha]_D^{20}$ —83° (c = 0,2; W.)} mit DL-Methylbenzyloxymalonsäureäthylesterchlorid ($C_{13}H_{15}ClO_4$, Kp.$_{0,03}$ 138—141°; n_D^{20} 1,5150) entstehen 2 diastereoisomere Prodd., die nach hydrogenolyt. Abspaltung der Benzyloxygruppe spontan zu den *Verbb.* $C_{20}H_{24}N_2O_6$ {**Ia**, F. 135—136°; $[\alpha]_D^{20}$ —34° (c = 0,2; Pyridin) u. **Ib**, F. 202—204°; $[\alpha]_D^{20}$ —35° (c = 1; Pyridin)} cyclisieren u. durch fraktionierte Kristallisation getrennt werden. Verseifen der Estergruppe in **Ia** ergibt die entsprechende *Säure* $C_{18}H_{20}N_2O_6$ {**II**, F. 120—122°; $[\alpha]_D^{20}$ —10° (c = 0,2; Pyridin)}. Durch Rk. des **II**-Na-Salzes mit Oxalylchlorid entsteht das *Säurechlorid* $C_{18}H_{19}ClN_2O_5$ (**III**, F. 125—126°). Durch Rk. mit NaN_3 wird aus **III** das *Säureazid* $C_{18}H_{19}N_5O_5$ {**IV**, F. ~100° (Zers.); $[\alpha]_D^{20}$ —42° (c = 0,3; Pyridin)} gebildet, das durch Curtius-Abbau in Benzylalkohol in die *Verb.* $C_{25}H_{27}N_3O_6$ {**V**, F. 172—173°; $[\alpha]_D^{20}$ —4° (c = 0,3; Pyridin)} übergeht. Hydrierung von **V** in salzsaurer methanol. Lsg. an Pd ergibt den *Peptidteil* **VI** als *Hydrochlorid* $C_{17}H_{22}ClN_3O_4$ (F. 180—183°). Verknüpfung von **VI** mit Lysergsäurechloridhydrochlorid in Chlf. mit Tributylamin liefert **VII**.
H.-J. Weigmann. 3500◇

Synthetische Analoga des Alkaloids Reserpin. Ss. G. Agbaljan. (Fortschr. Chem. [UdSSR] **30**, 1175—95, Sept. 1961; Inst. für org. Feinchem. der Akad. der Wiss. der ArmenSSR; russ.) — Allg. Überblick über die Synth. von *Yohimbin-*, *β-Carbolin-*, *Tryptamin-* u. *Isochinolin-Derivv.*, die als Analoga des *Reserpins* aufzufassen sind. — 90 Literaturangaben.
G. Froelich. 3500

Alkaloide von Calebassen-Curare: Caracurin II und C-Alkaloid D. A. R. Battersby, H. F. Hodson, G. V. Rao und D. A. Yeowell. (Proc. chem. Soc. [London] **1961**, 412—13, Nov.; Bristol, Univ.; engl.) — Durch Schütteln von Toxiferin I (**I**) mit O_2/Pt in verd. HCl wird in 86%ig. Ausbeute *Caracurin-II* (**II**)-*bis-methochlorid* gebildet, das gegen 1n HCl oder Eisessig bei 120° stabil ist u. das durch Pyrolyse in **II** ($C_{38}H_{38}N_4O_2$, F. 248 bis 249°; 70% Ausbeute; *Dimethojodid*) übergeführt wird. Auf Grund der Analysendaten,

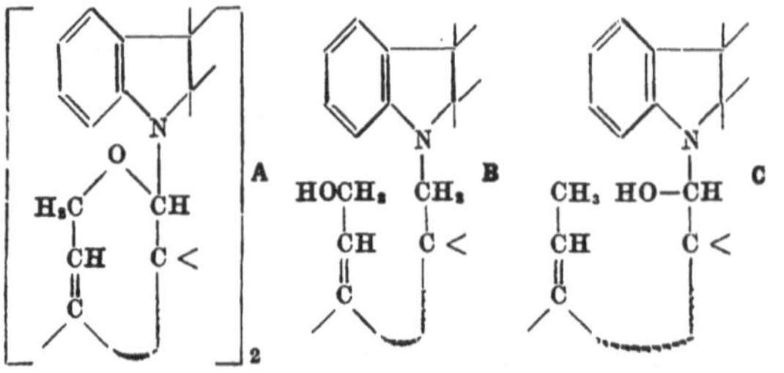

des Molgew., des IR-Spektrums, der UV-Spektren in W./A. (1 : 1), 2n HCl/A. (1 : 1) u. konz. H_2SO_4, der katalyt. Hydrierung zu einem *Tetrahydro-Deriv.* (III) mit 2 Indolinresten, der Red. mit Zn/konz. H_2SO_4 in CH_3OH zu einem *Diol* (IV) mit 2 Indolin-Syst. u. der Acetylierung von **IV** zum *Diacetat* mittels heißer CH_3COOH wird für **II** die Partialstruktur **A** vorgeschlagen. **II** besitzt gegenüber **I** 3 zusätzliche Ringe, von denen 2 in **A** wiedergegeben sind. Der 3. enthält eine neue C–C-Bindung. In **III** sind die beiden Allylätherdoppelbindungen hydriert, **IV** besitzt die Partialstruktur **B** u. die Struktur von C-Alkaloid D wird teilweise durch **C** wieder gegeben. W. Melloh. 3500□

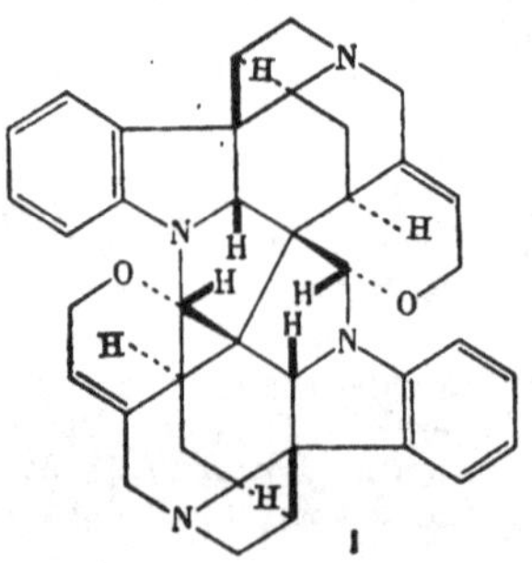

I

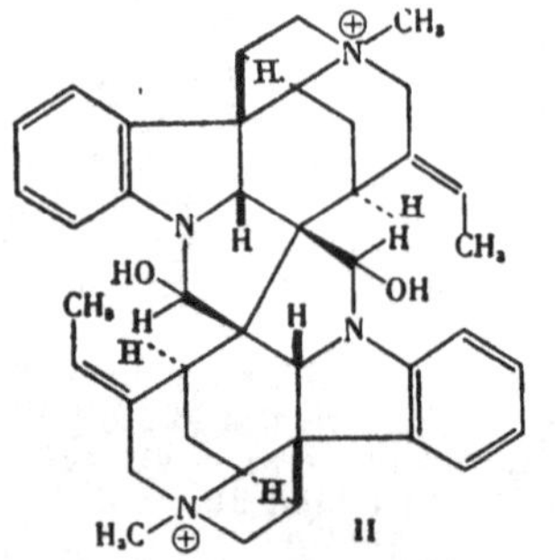

II

Alkaloide von Calebassen-Curare: Die Struktur von Caracurin II und C-Alkaloid D. A. R. Battersby, D. A. Yeowell, L. M. Jackman, H.-D. Schroeder, M. Hesse, H. Hiltebrand, W. von Philipsborn, H. Schmid und P. Karrer. (Proc. chem. Soc. [London] **1961,** 413—16, Nov.; Bristol, Univ.; London, Imp. Coll. of Sci. and Technol., Chem. Dep.; Zürich, Univ., Organ.-Chem. Inst.; engl.) — Vgl. vorst. Ref. u. C. **1962, 5303.** — Die Strukturen von *Caracurin II* (**I**) u. *C-Alkaloid D* (**II**) werden aus NMR- u. UV-Spektren abgeleitet. Die NMR-Daten von **I**, *Caracurin V* (**III**), *Tetrahydro-* **I**, **I**-„*Diol*", **II**, **III**- u. **I**-*Dimethofluorid* u. **IV** sowie die UV-Maxima von **I** u. **I**-Dimethofluorid sowie von **II** u. **IV** sind tabellar. aufgeführt. Die Stereochemie von **I** u. **II** folgt aus der Bldg. aus Toxiferin I u. C-Dihydrotoxiferin I u. wurde für **I** durch Röntgen-Analyse bestätigt (vgl. nachst. Ref.). Der Mechanismus u. mögliche Zwischenstufen der Bldg. von **I** u. **II** werden erörtert. W. Melloh. 3500□

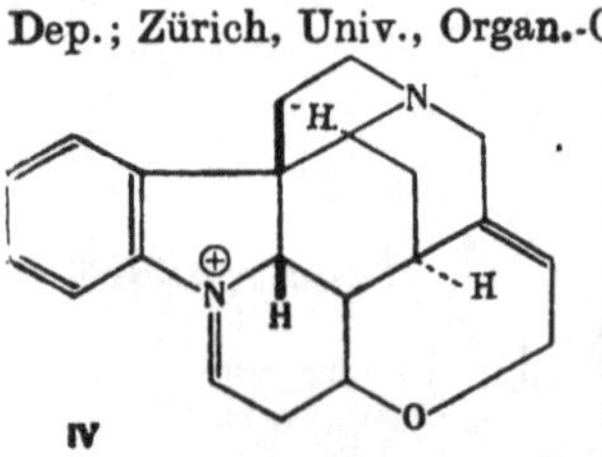

IV

Die Struktur von Caracurin II. A. T. McPhail und G. A. Sim. (Proc. chem. Soc. [London] **1961,** 416—17, Nov.; Glasgow, Univ., Chem. Dep.; engl.) — Mittels Röntgenstrukturanalyse des Dimethojodids (**I**) von Caracurin II (**II**) werden Struktur u. Stereochemie von **II** bestimmt (vgl. vorst. Ref.). **I** kristallisiert im orthorhomb. Syst. (Raumgruppe $P\,2_1\,2_1\,2_1$) mit 4 Moll. $C_{40}H_{44}J_2N_4O_2$ in einer Zelle (a = 18,59; b = 27,44; c = 7,52 Å). W. Melloh. 3500□

Reaktion von Dipenten mit Phenol. 2. Mitt. Die durch Bortrifluorid katalysierten Reaktionen von Dipenten mit Phenol. Yûichi Watanabe. (J. chem. Soc. Japan, ind. Chem. Sect. [Kōgyō Kagaku Zassi] **63,** 154—56, Jan. 1960; Kôbe, Saisei-Syônô K. K.; jap., Auszug: engl.) — 1. vgl. Wakabayashi, J. chem. Soc. Japan, pure Chem. Sect. [Nippon Kagaku Zassi] **80,** [1959], 1179. — Aus Dipenten (**I**) u. Phenol (**II**) werden in Toluol in Ggw. von BF_3-Ätherat bei Raum-Temp. *Terpenylphenole* hergestellt. Als Hauptprod. bildet sich *1.8-Bis-[hydroxyphenyl]-p-menthan* (**III**) [$C_{22}H_{28}O_2$, Kp.$_{1}$ 220—240°, F. 90—91°, in 2n NaOH lösl.]. Daneben werden als in der Claisen-Lsg. lösl. Prodd. wenig *4-[p-Menthen-(1)-yl-(8)]-phenol* (**IV**) [$C_{16}H_{22}O$, Kp.$_{2}$ 155—156°, D_4^{25} 1,0388, n_D^{25} 1,5492], *2-[p-Menthen-(1)-yl-(8)]-phenol* [$C_{16}H_{22}O$] u. *2.4-Bis-[p-menthen-(1)-yl-(8)]-phenol* [$C_{26}H_{38}O$] gefunden. Der in Alkali unlösl. Teil besteht aus *8-Phenoxy-p-menthen-(1)* [$C_{16}H_{22}O$, Kp.$_{2,5}$ 133—135°, D_4^{25} 0,9996, n_D^{25} 1,5271] u. anderen *Terpenylphenolen.* **II** bildet offenbar zuerst mit **I** durch Addition an eine Doppelbindung **IV**, das mit einem weiteren Mol. **II** das Hauptprod. **III** ergibt. E. Maekawa. 3600□

Über das Hydratationsverfahren des d-Carens-(3) nach Brown. Henryk Kuczyński und Krzysztof Piątkowski. (Roczniki Chem. [Ann. Soc. chim. Polonorum] **34,**

1189—90, 1960; Wrocław, Politechn., Kat. Chem. organ.; Uniw., Kat. Chem. organ.; dt.) — d-Caren-(3) wurde nach Brown u. Zweifel (vgl. C. **1960,** 17078) mit B_2H_6 in Tetrahydrofuran behandelt. Oxydative alkal. Hydrolyse der erhaltenen Organobor-Verb. liefert nur *l-Caranol-(3)* (Kp.$_{2,5}$ 82,5°, n_D^{20} 1,4813; $[\alpha]_D^{20}$ —67,6°. *Saures Phthalat,* F. 155—156°) mit axialer CH_3- u. äquatorialer OH-Gruppe. Da die Rk. mit B_2H_6 nach Brown von der cis-Seite der Doppelbindung her verlaufen soll, wäre Neocaranol-(3) oder Isocaranol-(3) als Rk.-Prod. zu erwarten gewesen. Wahrscheinlich tritt aber bei der oxydativen Hydrolyse Konfigurationsänderung ein. F. Urban. 3600◇

Über ein neues semicyclisches Caren. Lucjan Borowiecki und Witold Zacharewicz. (Roczniki Chem. [Ann. Soc. chim. Polonorum] **34,** 1181—83, 1960; Toruń, Uniw. M. Kopernika, Kat. Chem. organ.; pol.) — Bei der Rk. von d-Caren-(3) mit SeO, werden neben Oxydations-Prodd. auch instabile Organoselen-Verbb. erhalten. Durch Zers. mit CH_3COOH bei 98—115° erhält man daraus ein Gemisch, das durch fraktionierte Dest. aufgearbeitet werden kann. Isoliert wurden *d-Caren-(3)-ol-(7)* u. das von Sutherland u. Wells (C. **1958,** 1991) vorhergesagte *β-Caren* (*Pseudocaren,* I), $C_{10}H_{16}$, Kp.$_{20}$ 72,5°, D.$_{20}^{20}$ 0,8729, n_D^{22} 1,4927, $[\alpha]_D^{22}$ +12,85°. Hydrierung von I in CH_3COOH an Pt nach Adams liefert *Caran* (Kp.$_3$ 49°, D.$_{25}^{25}$ 0,8400, n_D^{22} 1,4678, $[\alpha]_D^{22}$ +1°). Ozonolyse führt zu CH_2O (*Dimedon-Verb.,* F. 187—188°) u. einem *Keton* (Kp.$_2$ 54°, D.$_{25}^{25}$ 0,9080, n_D^{25} 1,4845. *Semicarbazon,* $C_{10}H_{17}N_3O$, F. 191°).

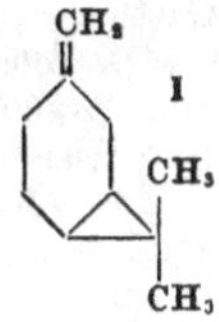
I

F. Urban. 3600◇

Synthesen der Tetrahydropyranyl-(2)-äther von (+)-Borneol und (—)-Isoborneol. P. J. Mälkönen. (Suomen Kemistilehti B **35,** 191, 1962; Helsinki, Univ., Land- u. forstwirtschaftl. Fak., Propädeut.-chem. Inst.; dt.) — Die *Tetrahydropyranyl-(2)-äther* des (+)-*Borneols* [$C_{15}H_{26}O_2$, Kp.$_{10}$ 132—133°, n_D^{20} 1,4790, D.$_4^{20}$0,9970, $[\alpha]_D^{20}$ +43,60° (ohne Lsgm.; 10 cm)] bzw. des (—)-*Isoborneols* [$C_{15}H_{26}O_2$, Kp.$_8$ 128—130°, n_D^{20} 1,4800, D.$_4^{20}$ 0,9992, $[\alpha]_D^{20}$ —53,25° (ohne Lsgm.; 10 cm)] wurden dargestellt in 74,4 bzw. 78%ig. Ausbeute durch jeweils 18std. Stehen von (+)-Borneol [F. 204,5 bis 206°, $[\alpha]_D^{20}$ +37,4° (c = 10; abs. A.)] bzw. (—)-Isoborneol [F. 216,0—217,5°, $[\alpha]_D^{20}$ —31,9° (c = 10; abs. A.)] mit 2.3-Dihydro-4H-pyran in Ggw. von konz. HCl. J. Rothe. 3600◇

Über einige Terpenalkinole. René Golse. (Bull. Soc. Pharmac. Bordeaux **98,** 169—71, 1959; Labor. de Chim.; franz.) — Durch 24std. Rk. von Propargyl-MgBr (I) mit verschiedenen Terpenaldehyden oder -ketonen in Ae., Hydrolyse mit Eiswasser u. NH_4Cl u. Dest. entstehen *Terpenalkinole* als wenig gefärbte u. stark riechende Produkte.

Versuche: *2-[Propin-(2)-yl]-borneol,* $C_{13}H_{20}O$, Kp.$_{18}$ 129°, durch Rk. von I mit Campher; n_D^{20} 1,4953, D.$_4^{20}$ 0,984. — *2-[Propin-(2)yl]-fenchol,* $C_{13}H_{20}O$, Kp.$_{16}$ 120°, aus I u. Fenchon; n_D^{20} 1,5019, D.$_4^{20}$ 0,978. — *2-[Propin-(2)-yl]-carveol,* $C_{13}H_{18}O$, Kp.$_{16}$ 136°, aus I u. Carvon; n_D^{20} 1,5089, D.$_4^{20}$ 0,972. — *3-[Propin-(2)-yl]-menthol,* $C_{13}H_{22}O$, Kp.$_1$ 81°, aus I u. Menthon; n_D^{20} 1,4782, D.$_4^{20}$ 0,932. — *6.10-Dimethylundecen-(9)-in-(1)-ol-(4),* $C_{13}H_{22}O$, Kp.$_{15}$ 136°, aus I u. Citronellal; n_D^{20} 1,4701, D.$_4^{20}$ 0,883. — *6.10-Dimethylundecadien-(5.9)-in-(1)-ol-(4),* $C_{13}H_{20}O$, Kp.$_{15}$ 136°, aus I u. Citral; n_D^{20} 1,4972, D.$_4^{20}$ 0,871. Gottfried Schreiber. 3600◇

Stereospezifische Synthese von p-Bornyl- und p-Isobornylphenol. William F. Erman und T. J. Flautt. (J. org. Chemistry **27,** 1526—35, Mai 1962; Cincinnati, Ohio, Procter & Gamble Co., Miami Valley Labor.; engl.) — Die Synth. von *p-Bornylphenol* (I) u. *p-Isobornylphenol* (II) aus Campher (XI) werden beschrieben. Die Rk. von **XI** mit p-Methoxyphenyl-MgBr ergab *2-p-Methoxyphenylisoborneol* (III), das mit BF_3 Ätherat durch Wasserabspaltung in *2-p-Methoxyphenylbornylen* (**IV**) überging. Hydrierung von **IV** in Ggw. eines Ni-Katalysators ergab ausschließlich *p-Isobornylanisol* (**V**), während die Red. mit Na in fl. NH_3 allein *p-Bornylanisol* (**VI**) lieferte. **V** u. **VI** wurden in **I** u. **II** durch Schmelzen mit Pyridin–Hydrochlorid (Py·HCl) umgewandelt. Die Konfiguration der Prodd. wurde durch eine eindeutige Synth. von **I** bestätigt: Die allg. ster. spezif. Addition von Diboran an **IV** führte zu *2-exo-p-Methoxyphenylepiborneol* (**XII**), das zu *2-exo-p-Methoxyphenylepicampher* (**XIII**) oxydiert wurde. Die Epimerisierung zu *2-endo-p-Methoxyphenylepicampher* (**XIV**) u. die Entfernung der ster. behinderten Ketogruppe von **XIV** durch eine abgewandelte Wolff-Kishner-Red. führten zu **I**. Die Kernresonanzspektren der synthetisierten Verbb. sind angegeben.

Versuche: *2-p-Methoxyphenylisoborneol* (III), $C_{17}H_{24}O_2$, F. 98—102° (PAe.), a) durch 1std. Zutropfen einer Lsg. von **XI** in abs. Tetrahydrofuran (THF) in eine Grignard-Lsg. aus Mg u. p-Bromanisol in THF, 2std. Kochen, Kühlen auf 0—5°, Hydrolyse mit NH_4Cl-Lsg., Ausäthern u. Einengen; 23%; b) analog a) durch 67std. Kochen in Ae., Hydrolyse u. Chromatographie an Al_2O_3; 21%; daneben *p.p'-Dimethoxydiphenyl*, **IV** u. **VII**. — *1-p-Methoxyphenylcamphen* (**VII**), $C_{17}H_{22}O$, F. 41—43°, Kp.$_{0,3}$ 100,5°, a) durch Rk. von **XI** mit p-Methoxyphenyl-MgBr, Hydrolyse mit 6n H_2SO_4, Erhitzen mit BF_3 in Ae. auf 50—80°, Chromatographie an Al_2O_3 u. fraktionierte Dest. in der Drehbandkolonne; 25%; b) durch 20 Min. langes Kochen von **III** in abs. A. u. 6n H_2SO_4, Kühlen, Einengen u. Ausäthern; 38%; Nadeln aus Methanol, n_D^{25} 1,5440. — *2-p-Methoxyphenylbornylen* (**IV**), $C_{17}H_{22}O$, F. 71—72°, sublimiert bei 120°/1 Torr, aus **III** durch 3std. Stehen mit BF_3 in Ae., Waschen mit Bicarbonat-Lsg. u. Einengen; Plättchen aus A.; 91%. — *p-Isobornylanisol* (**V**), $C_{17}H_{24}O$, F. 41—42,4°, Kp.$_{0,1}$ 75°, durch 24std. Hydrieren von **IV** in A. an Ni-Schwamm unter Druck bei 110°, Filtrieren, Einengen u. Dest. des Rückstandes in der Drehbandkolonne; Nadeln aus A./W.; 53%; daneben 8% *p-Isobornylcyclohexan* (**IX**), $C_{16}H_{28}$, Kp.$_{0,1}$ 63°, n_D^{25} 1,4971); 3% *cis-* (**X**) u. 16% *trans-p-Bornylcyclohexanolmethyläther* (**VIII**); b) durch 19std. Hydrierung von **IV** an W-5-Raney-Ni im Autoklaven bei 110°; 7%; daneben 29% **IX**, 14% **X**, 48% **VIII** u. 8% **VI**; c) durch 24std. Hydrierung von **IV** in A. an Pd-Kohle unter Druck u. Schütteln bei 27°; 60%; daneben 40% **VI**. — *p-Bornylanisol* (**VI**), $C_{17}H_{24}O$, Kp.$_{0,1}$ 110°, a) durch Zutropfen einer äther. Lsg. von **IV** in eine Lsg. von Na in fl. NH_3 unter Rühren, 10 Min. tropfenweise Zugabe von A., Abdestillieren des NH_3, Ansäuern mit 10%ig. HCl u. Ausäthern; 72%; b) durch 3std. Kochen von **I** mit K_2CO_3 u. Dimethylsulfat in Aceton, Kühlen, Filtrieren, Einengen, Neutralisieren mit NH_4OH u. Ausäthern; 83%; n_D^{25} 1,5400. — *1-p-Methoxyphenyl-2-endo-3.3-trimethylbicyclo-[2.2.1]-heptan*, $C_{17}H_{24}O$, F. 43—44°, Kp.$_{0,1}$ 92°, durch 16std. Hydrierung von **VII** in abs. A. an Pd-Kohle unter Druck u. Schütteln bei Zimmer-Temp. u. Umkristallisieren des *Isomerengemisches* (n_D^{25} 1,5359; 93%) aus Methanol; Tafeln; 65%. — *p-Isobornylphenol* (**II**), $C_{16}H_{22}O$, F. 151 bis 152°, durch 4std. Erhitzen von **V** mit Py·HCl auf 250° unter N_2, Wasserzusatz u. Ausäthern (Meth. **A**); Nadeln aus Bzl./PAe.; 69%. — *p-Bornylphenol* (**I**), $C_{16}H_{22}O$, F. 135—136°, a) aus **VI** nach **A**; 60%; b) durch 44std. Wolff-Kishner-Red. von **XIV** mit Na bei 180—210°; Nadeln oder Prismen aus Bzl./PAe.; 60%. — *2-exo-p-Methoxyphenylepiborneol* (**XII**), $C_{17}H_{24}O_2$, durch 1/2std. Einleiten von Diboran (aus BF_3 u. $NaBH_4$ in Ae.) in eine Lsg. von **IV** in THF, Oxydation mit Alkaliperoxid u. Chromatographie an Al_2O_3; 75%. *Tosylat*, $C_{24}H_{30}O_4S$, F. 102,6—103,6°, aus A. Prismen. — *2-exo-p-Methoxyphenylepicampher* (**XIII**), $C_{17}H_{22}O_2$, F. 121,2—122,4°, aus **XII** durch Titration mit Chromat-Lsg. in Aceton bei 35° innerhalb 10 Min., Gießen in gesätt. Bisulfit-Lsg., Zufügen von gesätt. Bicarbonat-Lsg. u. Ausäthern; Plättchen aus A.; 65%. *2.4-Dinitrophenylhydrazon* (**XIIIa**), $C_{23}H_{26}N_4O_5$, F. 195,5—196,5°, aus A. gelbe Nadeln. — *2-endo-p-Methoxyphenylepicampher* (**XIV**), $C_{17}H_{22}O_2$, F. 91,5—93°, a) aus **XIII** durch 6std. Kochen mit Na-Alkoholat; 56%; b) durch 16std. Stehen von **IV** mit 40%ig. Peressigsäure bei Zimmer-Temp. in Ae., Wasserzugabe, Ausäthern u. Chromatographie an Al_2O_3; 42%; Prismen aus A. oder Ligroin. Verss. zur Darst. des 2.4-Dinitrophenylhydrazons → **XIIIa**. — *2-endo-p-Methoxyphenylepiborneol*, a) durch 12std. Stehen von **XIII** mit $NaBH_4$ in abs. Methanol bei Zimmer-Temp., 1/2std. Kochen, Kühlen, Verdünnen mit 10%ig. HCl, Einengen u. Ausäthern; 80%; b) analog a) aus **XIV**; 54%. *Tosylat*, $C_{24}H_{30}O_4S$, F. 137—138,5°, aus A. Prismen. U. Friese. 3600 □

Struktur des Terpenoids Geijeren. M. D. Sutherland. (Chem. and Ind. **1959**, 1220—21, 26/9.; Brisbane, Australia, Univ. of Queensland, Dep. of Chem.; engl.) — *Geijeren* (**I**; $C_{12}H_{18}$; $[\alpha]_D$ ±0°) besitzt die Konstit. *3-[Isopropenyl-(2)]-4-methyl-4-vinylcyclohexen*. Bei der Ozonisierung von **I** nach Doeuvre werden 2 Mol *HCHO* bei der Ozonolyse nach Kähn-Roth 0,02 Mol *Aceton* gebildet. Die Biosynth. von **I** wird diskutiert. Die IR-Maxima von **I** sind angegeben.

Versuche: *1.4-Dimethylazulen*, durch Dehydrierung von **I** an Pd-Kohle bei 330°; daneben *Naphthalinderivate*. *Pikrat*, F. 144°. *Trinitrobenzolat*, F. 173°. — *1-Äthyl-1-methyl-2-acetylcyclohexan* (*Apotetrahydrogeijeron*), durch Ozonisierung von Tetrahydrogeijeren. *Semicarbazon*, F. 171°. — *2-Äthyl-2-methylcyclohexan-1-carbonsäure* (**II**), $C_{10}H_{18}O_2$, F. 51—52°, durch Oxydation vorst. Verb. mit Hypochlorit. — *Verb. $C_{10}H_{17}BrO_2$*, F. 133 bis 135°, durch Bromierung von **II**. — *Diphenyl-[2-äthyl-2-methylcyclohexyl]-carbinol*, F. 99—101°, durch Rk. von **II**-Methylester mit Phenyl-MgBr. — *α-Methyl-α-acetonylglutarsäuredimethylester*, Kp.$_{10}$ 153°, a) durch Ozonisierung von **I** in Essigsäure, anschließende Oxydation mit H_2O_2, Veresterung u. fraktionierte Dest.; $[\alpha]_D$ ±0°; daneben *α-Methylglutarsäuredimethylester* u. *Lävulinsäuremethylester*; b) durch Oxydation von **I** mit $KMnO_4$ in Aceton. *Semicarbazon*, $C_{12}H_{21}N_3O_5$, F. 119°. *Freie Säure* (**III**), Öl. *Semicarbazon*, $C_{10}H_{17}N_3O_5$, F. 164°. — *α-Methyl-α-carboxymethylglutarsäure*, $C_8H_{12}O_6$, F. 116

bis 118° (konz. HCl), a) durch Oxydation von **III** mit Hypochlorit; b) durch Hydrolyse von rac. β-Cyan-β-methyladipinsäurediäthylester. *Tris-p-bromphenacylester*, F. 149 bis 150°. — *3-Isopropyliden-4-methyl-4-vinylcyclohexen* (?; *Isogeijeren*), durch 40std. Behandlung von **I** mit methanol. KOH bei 170°; liefert bei der Ozonolyse 0,8 Mol *Aceton*. L. Lamza. 3600△

Synthese von 19-Nortestolacton. Jehan F. Bagli. (Canad. J. Chem. **40**, 2032—34, Okt. 1962; Montreal, Quebec, Ayerst Res. Labor.; engl.) — Eine 3stufige Synth. von *19-Nortestolacton* aus Östrolactonmethyläther (I) ist beschrieben.

Versuche (α_D in Chlf. in ca. 1%ig. Lsgg. bei Raum-Temp.): *1-[3-Hydroxy-n-propyl]-2-methyl-2-hydroxy-7-methoxy-1.2.3.4.4a.9.10.10a-oktahydrophenanthren* (II), $C_{19}H_{28}O_3$, F. 130—132° (Chlf./Hexan), aus I u. $LiAlH_4$ in Tetrahydrofuran (55 Min. langes Rühren); α_D +108; 54% (Ausbeute). — *1-[3-Hydroxy-n-propyl]-2-methyl-2-hydroxy-7-methoxy-1.2.3.4.4a.5.8.9.10.10a-dekahydrophenanthren*, $C_{19}H_{30}O_3$, F. 148—149°, Platten (wss. CH_3OH), aus **II** u. Li in fl. NH_3/Tetrahydrofuran (25 Min. langes Rühren); 80%. — *19-Nortestolacton*, $C_{18}H_{24}O_3$, F. 198—199° (Aceton/Hexan), durch 15 Min. langes Kochen von 2,5 g vorst. Verb. mit wss.-methanol. HCl unter N_2 u. Oxydation des erhaltenen Öls (2,7 g) mit wss.-aceton. CrO_3 (10 Min. langes Rühren nach Kühlung auf 0°); α_D —13°; 0,82 g. — *3-Methoxy-17a-oxa-D-homo-$\Delta^{1.3.5,10}$-östratrien*, $C_{19}H_{26}O_2$, F. 150—151°, Platten (wss. CH_3OH), aus 2 g **II** u. p-Toluolsulfochlorid in Pyridin (über Nacht bei Raum-Temp., dann 1 Std. bei 100°); α_D +91°; 0,7 g. J. Rothe. 3700◇

Analoga von Steroidhormonen. 5. Mitt. Notiz über B-Norsteroide. Struktur eines bei der Synthese des B-Norcholesterins als Zwischenprodukt auftretenden Lactons. George A. Boswell, William G. Dauben, Guy Ourisson und Thomas Rull. (Bull. Soc. chim. France **1958**, 1598—99, Nov./Dez.; Berkeley, Calif., Univ., Dep. of Chem.; Strasbourg, Inst. de Chim.; franz.) — 4. vgl. Bull. Soc. chim. France **1958**, 1581. — Das von Dauben u. Fonken (vgl. C. **1958**, 4195) bei der Überführung von 3-Acetoxy-5-oxo-5.6-secocholestan-6-säure in B-Norcholesterin als Zwischenprod. erhaltene Lacton ist nicht 3-Acetoxy-5-hydroxy-5.6-seco-Δ^4-cholesten-6-säure-6 → 5-lacton, sondern *3-Acetoxy-5-hydroxy-B-norcholestan-7-carbonsäure-7 → 5-lacton*, wie aus dem IR-, UV- u. NMR-Spektrum sowie aus der Rotationsdispersion hervorgeht; es entspricht also dem analogen Zwischenprod. in der Androstanreihe (vgl. 4. Mitt., l. c.). Gottfried Schreiber. 3700□

Steroide und Waldensche Umkehrung. 44. Mitt. Die Acetolyse von Cholesteryljodid. C. W. Shoppee, W. Connick und R. H. Davies. (J. chem. Soc. [London] **1960**, 4857—64, Dez.; Swansea, Univ. Coll.; Sydney, Univ., Dep. of Organ. Chem.: engl.) — 43. vgl. C. **1961**, 5450. — Die Acetolyse 0,02m Lsgg. von *Cholesteryljodid* (I) in Eisessig wurde bei 83,8, 93,8, 103,8 u. 113,8° gemessen, nachdem gelöster O_2 durch Evakuieren entfernt worden war. Die Rk.-Geschw.-Konst. (k) wurden nach Titration des frei gewordenen HJ berechnet. Die Rk. ist 1. Ordnung (vgl. Shoppee, J. chem. Soc. [London] **1946**, 1147). In Ggw. von 0,02 bzw. 0,05m Diphenylguanidiniumacetat (II) bei 93,8° ist $k = 4{,}0 \cdot 10^{-4}$ bzw. $7{,}0 \cdot 10^{-4}$ min^{-1} (ohne **II** ist $k = 1{,}6 \cdot 10^{-4}$). Die Beschleunigung der Rk. durch **II** beruht auf Salzeffekten, denn in Ggw. von 0,02m Diphenylguanidiniumperchlorat sind die k-Werte größer. Auch findet kein bimol. Angriff der Acetationen statt, denn er müßte zu Epicholesterylacetat führen, die Rk.-Prodd. sind jedoch Cholesterylacetat, $\Delta^{3.5}$-Cholestadien u. Cholesterin. Ggw. von 0,03m KJ (neben 0,02m **II**) verzögert die Acetolyse ($k = 2{,}6 \cdot 10^{-4}$), weil der erste Schritt der Rk., die Ionisierung von **I**, zurückgedrängt wird. Zusatz von 0,5m W. zur Lsg. mit 0,02m **II** wirkt beschleunigend, $k = 6{,}3 \cdot 10^{-4}$. Die Rk. von **I** in wasserfreier Essigsäure unterliegt der Autokatalyse durch die entstehenden H^+-Ionen. Diese Katalyse wird durch Acetanhydrid gehemmt. Die Hemmung ist abhängig von der Temp. u. der Konz. des Anhydrids, sie erklärt sich aus der Bldg. von CH_3CO^+-Ionen. Die Aktivierungsenergie, E = 22,7 kcal/Mol, ist 3—4 kcal/Mol niedriger als beim Cholesteryl-p-toluolsulfonat (**III**) u. -bromid (vgl. Winstein u. Adams, J. Amer. chem. Soc. **70**, [1948], 838, u. 20. Mitt., C. **1957**, 10716); Aktivierungswärme u. -entropie: $\Delta H^{\ddagger} = 22{,}0$ kcal/Mol, $\Delta S^{\ddagger} = -22{,}1$ $cal \cdot Mol^{-1} \cdot Grad^{-1}$. Der hohe Wert von $\Delta S^{\ddagger}$ zeigt, daß die Solvatation bei **I** eine große Rolle spielt. — **I**, F. 107° (Aceton), durch Methanolyse von **III** zu *6β-Methoxy-3.5-cyclocholestan* (F. 76—77°, $[\alpha]_D$ —46° [Chlf.]) u. Überführen von 20 g in Ae./Essigsäure mit HJ bei 20° in **I**; $[\alpha]_D$ —14° (Chlf.); 10 g. G. Cleve. 3700◇

Steroide und Waldensche Umkehrung. 45. Mitt. 6β-Chlor- und 6β-Brom-5α-cholestan. C. W. Shoppee und Ruth Lack. (J. chem. Soc. [London] **1960**, 4864—73, Dez.; engl.) — 44. vgl. vorst. Referat. — Die von Décombe u. Rabinovitch (Bull. Soc. chim. France [5] **6**, [1939], 1510) beschriebene Darst. von 6β-Chlor-5α-cholestan-3β-ol durch Hydrierung von 5α.6β-Dichlorcholestan-3β-ol gelang Vff. nicht, es wurden daher andere Wege zur Darst. von 6β-Chlor-Verbb. gesucht. Hydrierung von 5α-Chlor-6β-jodcholestan an vorred. Adams-Katalysator in Ae. bzw. Äthylacetat gab *5α-Chlorcholestan* u. *Δ^5-Cholesten* (I, F. 88°, $[\alpha]_D$ —56°). 5α-Brom-6β-chlorcholestan ließ sich über Pd oder PtO_2 bzw. mit $LiAlH_4$ nicht oder nur zu *5α-Cholestan* hydrieren. 6β-Chlor-5α-jodcholestan konnte nicht aus 5β.6β-Epoxycholestan mit HJ u. $SOCl_2$ dargestellt werden. Hydrierung von 6β-Chlor-Δ^4-cholesten-3-on über Adams-Katalysator gab *Δ^4-Cholesten-3-on*. HCl-Anlagerung an Δ^5-Cholesten-4-on (IV) führte zu *6α-Chlor-5α-cholestan-4-on*. Chlorierungen von $\Delta^{3.5}$-Cholestadien-7-on (V), Δ^5-Cholesten-7-on bzw. 5α-Cholestan-7-on in Eisessig gaben *6-Chlor-$\Delta^{3.5}$-cholestadien-7-on*, *6-Chlor-Δ^5-cholesten-7-on* bzw. *6α-Chlor-5α-cholestan-7-on*. Die Darst. von *6β-Chlor-5α-cholestan* gelang durch Behandlung von 6α-Brom-5α-cholestan (VI) mit Tetrabutylammoniumchlorid (VII). 5α.6β-Dibromcholestan konnte nicht zum 6-Monobrom-Deriv. hydriert werden, durch $LiAlH_4$ in Ae. bei 35° entstand *5β.6α-Dibromcholestan* ($C_{27}H_{46}Br_2$, F. 140—141°, $[\alpha]_D$ +31° [Chlf.]; 80% Ausbeute). HBr-Anlagerung an Cholesterylacetat (II) in Ggw. von O_2 unter Feuchtigkeitsausschluß gab *3β-Acetoxy-6β-brom-5α-cholestan* (III). Durch Verseifung, Oxydation zur *3-Keto-Verb.* u. Red. des *Dibenzyldithioketals* wurde *6β-Brom-5α-cholestan* gewonnen. Der Mechanismus der Rk. II → III wird besprochen.

Versuche (Drehwerte für 1%ig. Lsgg. in Chlf., UV- bzw. IR-Spektren in A. bzw. CS_2): *5α-Chlor-6β-jodcholestan*, $C_{27}H_{46}ClJ$, F. 95° (Aceton), durch Zufügen von JCl in Essigsäure zu I in Ae. bei 20°; $[\alpha]_D$ —30°, ν_{max} 650 cm^{-1}; zersetzt sich schnell. — *5β.6β-Epoxycholestan*, F. 78°, a) aus 5 g I in Bzl. mit Perbenzoesäure bei 0°; 200 mg (Ausbeute); daneben 3,5 g *5α.6α-Epoxycholestan*, F. 80° (A.); b) aus 6-Nitro-Δ^5-cholesten durch Red. mit Zn-Staub zu *5α-Cholestan-6-on*, Bromierung von 3,22 g dieser Verb. in Ae./Essigsäure zu *5α-Bromcholestan-6-on* (F. 101—102°, $[\alpha]_D$ —139°; 2,83 g) u. Red. mit $LiAlH_4$ in Ae. bei 35°; 400 mg; c) durch Kochen von 3 g 5α-Cholestan-5.6β-diol in Chlf. mit CH_3COCl u. Erhitzen des fl. *Diacetats* in alkohol. NaOH; $[\alpha]_D$ —1°; 2,2 g. — *5α-Brom-6β-chlorcholestan*, $C_{27}H_{46}BrCl$, F. 111° (A.), durch Behandeln von 500 mg vorst. Verb. in Essigsäure mit HBr u. Chlorierung des fl. *5α-Bromcholestan-6β-ols* ($[\alpha]_D$ —26°) mit $SOCl_2$; $[\alpha]_D$ —46°; 470 mg. — *5α.6β-Dichlorcholestan-3-on*, F. 114—116° (Aceton), durch Erhitzen von 11 g 5α.6β-Dichlorcholestan-3β-ol in Essigsäure/Ae. mit CrO_3; 6,4 g. — *6β-Chlor-Δ^4-cholesten-3-on*, F. 127—128° (Äthylacetat/CH_3OH), durch Erhitzen vorst. Verb. in A. mit K-Acetat; λ_{max} 241 mμ (log ε = 4,17). — *6α-Chlor-5α-cholestan-4-on*, $C_{27}H_{45}ClO$, F. 88—89° (Aceton), durch Einleiten von HCl in eine Lsg. von 500 mg IV in Chlf.; $[\alpha]_D$ +1°, ν_{max} 770 u. 777 cm^{-1}. *Dibenzyldithioketal*, F. 57—58°, durch Schütteln von 1 g Keton in Benzylmercaptan mit wenig $HClO_4$ bei 0°; 480 mg. — *6α-Chlor-5α-cholestan*, $C_{27}H_{47}Cl$, F. 148—149° (Aceton), durch Erhitzen vorst. Dithioketals in A. mit desaktiviertem Raney-Ni; $[\alpha]_D$ +43°; 310 mg. — *3β-Acetoxy-6α-chlor-5α-cholestan-7-on*, F. 165° (Aceton), aus 3β-Acetoxy-5α-cholestan-7-on u. Cl_2 in Essigsäure bei 20°; $[\alpha]_D$ 0°, λ_{max} 280 mμ, ν_{max} 1738, 1234 u. 1735 cm^{-1}; 1,3 g; in Ggw. von K-Acetat bei 90° findet keine Chlorierung statt. — *6-Chlor-$\Delta^{3.5}$-cholestadien-7-on*, $C_{27}H_{41}ClO$, F. 137—138° (Aceton), analog aus 2 g V; λ_{max} 294 mμ (log ε = 4,3), ν_{max} 1689 cm^{-1}; 385 mg. — *Δ^5-Cholesten-7-on*, F. 110—111°, durch Hydrierung von V in Essigsäure über Pd auf Kohle; λ_{max} 238 mμ (log ε = 4,08), ν_{max} 1677 cm^{-1}. *2.4-Dinitrophenylhydrazon*, F. 195°. — *6-Chlor-Δ^5-cholesten-7-on*, $C_{27}H_{43}ClO$, F. 145° (Aceton/CH_3OH), aus 2 g vorst. Verb. u. Cl_2 in Essigsäure bei 20°; λ_{max} 253 mμ (log ε = 4,02), ν_{max} 1693 cm^{-1}; 380 mg. — *6α-Chlor-5α-cholestan-7-on*, $C_{27}H_{45}ClO$, F. 137° (Aceton), analog aus 1 g 5α-Cholestan-7-on; λ_{max} 286 mμ (log ε = 1,6), ν_{max} 1731 cm^{-1}; 950 mg. In der Ggw. von K-Acetat bei 90° findet keine Chlorierung statt. — *6β-Chlor-5α-cholestan*, $C_{27}H_{47}Cl$, F. 94° (CH_3OH), a) durch Erhitzen von 200 mg VI mit VII in Dioxan auf 100° (1 Std.); 6,5 mg; daneben 150 mg VI; b) analoge Rk. in 24 Std. bei 100° gab ein Gemisch mit I; c) aus 200 mg VI mit Tetraäthylammoniumchlorid in Dioxan bei 100° (3 Std.); $[\alpha]_D$ —2°, ν_{max} 696 cm^{-1}; 20 mg. — *3β-Acetoxy-5α-bromcholestan*, $C_{29}H_{49}BrO_2$, F. 126—127° u. 131° (Aceton), durch Einleiten von HBr in eine Lsg. von II in Chlf. bei 20° unter N_2; $[\alpha]_D$ +3, ν_{max} 665 cm^{-1}. — *3β-Acetoxy-6β-brom-5α-cholestan* (III), F. 140° (Aceton), durch Einleiten von O_2 u. HBr in eine Lsg. von II in CCl_4 bei 20° unter Feuchtigkeitsausschluß; $[\alpha]_D$ —30°, ν_{max} 660 cm^{-1}. — *6β-Brom-5α-cholestan-3β-ol*, $C_{27}J_{47}BrO$, F. 112° (Aceton), aus 1 g III in Ae. mit wenig HBr bei 20°; $[\alpha]_D$ —8,5°, ν_{max} 665 cm^{-1}; 900 mg. — *6β-Brom-5α-cholestan-3-on*, $C_{27}H_{45}$·BrO, F. 155—157° (Aceton), aus 1 g vorst. Verb. in Ae./Essigsäure u. CrO_3 bei 20°; $[\alpha]_D$ —6,5°, ν_{max} 670 cm^{-1}; 910 mg. *Dibenzyldithioketal*, $C_{41}H_{59}BrS_2$, F. 149° (Aceton/CH_3OH). — *6β-Brom-5α-cholestan*, $C_{27}H_{47}Br$, F. 125° (Aceton), durch Erhitzen von 500 mg vorst. Dithioketals in A. mit desaktiviertem Raney-Ni auf 70°; $[\alpha]_D$ —16°, ν_{max} 660 cm^{-1}; 350 mg. G. Cleve. 3700◇

Steroide und Waldensche Umkehrung. 46. Mitt. 6α-Chlor- und 6α-Brom-5α-cholestan. C. W. Shoppee, M. E. H. Howden und Ruth Lack. (J. chem. Soc. [London]

1960, 4874—79, Dez.; engl.) — 45. vgl. vorst. Referat. — Aus 5α-Cholestan-6α-ol (I) wurde mit PCl_5 *6α-Chlor-5α-cholestan* (II) dargestellt. II ist im Gegensatz zur Ansicht von Barton u. Miller (C. **1951,** II, 229) ident. mit der analog dargestellten Verb. von Stange (Z. physiol. Chem. **220,** [1933], 37). I gibt mit PBr_5 *6α-Brom-5α-cholestan.* 5α-Cholestan-6β-ol gibt bei Einw. von PCl_5, PBr_5, $SOCl_2$ bzw. $SOBr_2$ nur *Δ⁵-Cholesten.* Der IR-spektroskop. Beweis für die Konformation der Halogenatome an $C_{(6)}$ wird auch durch Differenzen der molaren Drehungen gestützt. Hierfür wurden nach Literaturwerten von ca. 45 Verbb. die $[M]_D$-Werte berechnet. Danach sind die $\Delta[M]_D$-Werte für 5α-Cl —70°, 5α-Br —75°, 6α-Cl +92°, 6α-Br +135°, 6β-Cl —100°, 6β-Br —163°, wenn keine Nachbarschafts-Wrkg. vorliegt. Der Mechanismus der Rk., die unter Erhaltung der Konfiguration an $C_{(6)}$ verläuft, wird besprochen u. mit dem der Chlorierung von 5α-Cholestan-3β.6α-diol verglichen. Bei dieser Rk. entsteht *3α.6β-Dichlor-5α-cholestan* (F. 130°, $[\alpha]_D$ +10°, ν_{max} 714 cm^{-1}) unter Umkehrung an $C_{(3)}$ u. $C_{(6)}$, was Vff. nach IR-Bande u. Drehwert festgestellt haben.

Versuche (Drehwerte in Chlf., IR-Spektren in CS_2): *6α-Chlor-5α-cholestan* (II), $C_{27}H_{47}Cl$, F. 148—149° (Aceton), a) durch Kochen von 536 mg I in Bzl. mit PCl_5; 490 mg (Ausbeute); b) durch Kochen von 200 mg I in Ae. mit $SOCl_2$; $[\alpha]_D$ +46° (c = 0,9), ν_{max} 745 u. 781 cm^{-1}; 114 mg. — *6α-Brom-5α-cholestan,* $C_{27}H_{47}Br$, F. 141—143° (Aceton), a) durch Kochen von 334 mg I in Bzl. mit PBr_5; $[\alpha]_D$ +48° (c = 1,3), ν_{max} 710 u. 753 cm^{-1}; 442 mg; b) durch Verreiben von 300 mg I mit PBr_5 u. Chlf.; $[\alpha]_D$ +50° (c = 1,35); 400 mg; c) durch Zugeben von $SOBr_2$ zu 440 mg I in Ae. bei 0°; 40 mg; daneben *Bis-[5α-cholestan-6α-yl]-sulfit,* $C_{54}H_{94}O_3S$, F. 175—176° (Aceton), 20 mg. — I wird in Bzl. durch HCl oder HBr bei 80° nicht angegriffen. G. Cleve. 3700◇

Darstellung und einige Reaktionen von Δ²·⁸-Lanostadien. J. F. McGhie, P. J. Palmer und M. Rosenberger (unter Mitarbeit von J. M. Birchenough und J. F. Cavalla). (Chem. and Ind. **1959,** 1221—23, 26/9.; London, Chelsea Coll. of Sci. and Technol.; engl.) — Durch Dehydratation von Δ⁸-Lanosten-3β-ol (IV) mit $POCl_3$/Pyridin u. fraktionierte Kristallisation werden in Übereinstimmung mit den Chromatographieergebnissen von Birchenough (Ph. D. Thesis, London 1950) *Δ²·⁸-Lanostadien* (I; F. 81—83°; $[\alpha]_D$ +122°) u. *Isolanostadien* (II; F. 142—143°; $[\alpha]_D$ +76°) in mittlerer Reinheit erhalten. Reines I (F. 83—84°; $[\alpha]_D$ +124°) wird in 50%ig. Ausbeute durch Pyrolyse von Δ⁸-Lanosten-3β-ylbenzoat gebildet; es liefert durch katalyt. Hydrierung an Adams Katalysator u. einmaliger Kristallisation reines *Δ⁸-Lanosten* (F. 72—74°). Aus Δ⁷·⁹·¹¹-Lanostadien-3β-ylbenzoat (F. 203—204°, $[\alpha]_D$ +65°) wird analog *Δ²·⁷·⁹·¹¹-Lanostatrien* (F. 97—99°, $[\alpha]_D$ +126°) erhalten. Aus dem Pyrolysegemisch (95%) von Δ⁸-Lanosten-3β-yltosylat (III) wurden 43% I isoliert. Das aus III oder IV synthetisierte I zeigt im Gegensatz zum Reinstprod. eine IR-Bande von 883 cm^{-1}, die nicht von Verunreinigungen durch II herrührt. I gibt mit Perbenzoesäure *2α.3α;8α.9α-Diepoxylanostan* (F. 126—127°, $[\alpha]_D$ +8,9°), das mit HBr unter Bldg. von *2β-Brom-Δ⁷·⁹·¹¹-lanostadien-3α-ol* (V; F. 125—126°, $[\alpha]_D$ +125°) reagiert. Bei der Rk. von V mit Alkali wird *2α.3α-Epoxy-Δ⁷·⁹·¹¹-lanostadien* (F. 95—96°, $[\alpha]_D$ +108°) gebildet, das durch HBr in V zurückgeführt wird. Die Einw. von OsO_4 auf I führt zu *Δ⁸-Lanosten-2α.3α-diol* (F. 177 bis 179°, $[\alpha]_D$ +68°). Δ¹·⁸-Lanostadien-3-on (VIII) reagiert mit alkal. H_2O_2 unter Bldg. von *1α.2α-Epoxy-Δ⁸-lanosten-3-on* (VI; F. 121—123°, $[\alpha]_D$ +152°). VI liefert durch Einw. von HBr ein gummiartiges Prod., das durch Hydrierung an $Pd/SrCO_3$ in *Δ⁸-Lanosten-3-on* (IX) übergeht. Durch Einw. von alkohol. KOH auf VI wird neben *2-Hydroxy-* (VII; F. 158—160°, $[\alpha]_D$ +50°) *2-Äthoxy-Δ¹·⁸-lanostadien-3-on* (F. 124—125°, $[\alpha]_D$ +47°) gebildet. VII wird jedoch besser durch saure Hydrolyse von VI erhalten. VIII liefert mit Perbenzoesäure *8α.9α-Epoxy-Δ¹-lanosten-3-on* (F. 154—156°, $[\alpha]_D$ +9,6°), das bei saurer Behandlung in *Δ¹·⁷·⁹·¹¹-Lanostatrien-3-on* (F. 106—108°, $[\alpha]_D$ +39°) übergeht. Durch Red. von IX mit Al-Isopropylat wird *Δ⁸-Lanosten-3α-ol* (F. 138—139°, $[\alpha]_D$ +43°. *Acetat,* F. 166—167°, $[\alpha]_D$ +3°. *Benzoat,* F. 130—131°, $[\alpha]_D$ —26°) erhalten. L. Lamza. 3700△

Die Konstitution von Harn-Östriolmonoglucuronid. J. G. D. Carpenter und A. E. Kellie. (Biochem. J. **84,** 303—07, Aug. 1962; London, Middlesex Hosp., Med. School, Courtauld Inst. of Biochem.; engl.) — Es wurden Derivv. der 2 möglichen Ring D-Isomeren von Östriolglucuronid (I), *16α-Acetoxy-3-methoxy-Δ¹·³·⁵·¹⁰-östratrien-17β-yl-[2.3.4-tri-O-acetyl-β-D-glucopyranuronosidmethylester]* (III) u. *17β-Acetoxy-3-methoxy-Δ¹·³·⁵·¹⁰-östratrien-16α-yl-[2.3.4-tri-O-acetyl-β-D-glucopyranuronosidmethylester]* (IV) aus Östron synthetisiert. Aus Schwangerenharn wurde mittels Butanols I extrahiert u. durch Chromatographie an Al_2O_3 u. durch Verteilungschromatographie an Celite gereinigt, methyliert, acetyliert u. durch fraktionierte Kristallisation in 2 Komponenten zerlegt. Im Schwangerenharn kommen beide Ring-D-Glucuronide von I vor, wie der Vgl. mit den beiden synthet. Isomeren ergab.

Versuche (FF. korr.): *3-Methoxy-$\Delta^{1.3.5,10}$-östratrien-17-on*, F. 169,5—170°, aus Östron u. $(CH_3)_2SO_4$ in sd. wss.-methanol. NaOH (3 Std.): 98% (Ausbeute). — *17-Acetoxy-3-methoxy-$\Delta^{1.3.5,10.16}$-östratetraen*, F. 114,5—115° (CH_3OH), aus vorst. Verb. u. Isopropenylacetat in Ggw. katalyt. Mengen H_2SO_4; 80%. — *17β-Acetoxy-16α.17α-epoxy-3-methoxy-$\Delta^{1.3.5,10}$-östratrien*, $C_{21}H_{26}O_4$, F. 147,5—149° (CH_3OH), aus vorst. Verb. u. überschüssiger Perbenzoesäure in abs. Bzl.; $[\alpha]_D^{21}$ +72,6 ± 0,5° (c = 0,523); 59%. — *16α-Hydroxy-3-methoxy-$\Delta^{1.3.5,10}$-östratrien-17-on* (II), $C_{19}H_{24}O_3$, F. 152—153° (wss. A., Propanol), aus vorst. Verb. mit 6n H_2SO_4 in CH_3OH-Aceton (6 Tage); $[\alpha]_D^{21}$ +147 ± 1° (c = 0,675); 71%. — *16α-Acetoxy-3-methoxy-$\Delta^{1.3.5,10}$-östratrien-17-on*, $C_{21}H_{26}O_4$, F. 157,5 bis 158° (CH_3OH), aus vorst. Verb. mit Acetanhydrid–Pyridin bei Raum-Temp. (über Nacht); $[\alpha]_D^{21}$ +164 ± 0,5° (c = 0,418); 99%. — *16α-Acetoxy-3-methoxy-$\Delta^{1.3.5,10}$-östratrien-17β-ol*, $C_{21}H_{28}O_4$, F. 170—171,5°; aus vorst. Verb. mit $NaBH_4$ in CH_3OH bei 5° (10 Min.); Nadeln (wss. A.); $[\alpha]_D^{21}$ +12,9 ± 0,8° (c = 0,398); 75%. — *16α-Acetoxy-3-methoxy-$\Delta^{1.3.5,10}$-östratrien-17β-yl-[2.3.4-tri-O-acetyl-β-D-glucopyranuronosidmethylester]* (III), $C_{34}H_{44}O_{13}$, F. 169—170° (A.), aus vorst. Verb., 2.3.4-Tri-O-acetyl-1-brom-1-desoxy-α-D-glucopyranuronsäuremethylester u. Ag_2CO_3 in sd. abs. Bzl. (20 Min.); $[\alpha]_D^{21}$ −21,2 ± 1° (c = 0,417); 6%. — *3-Methoxy-17-oxo-$\Delta^{1.3.5,10}$-östratrien-16α-yl-[2.3.4-tri-O-acetyl-β-D-glucopyranuronosidmethylester]*, $C_{32}H_{40}O_{12}$, F. 217—218°, aus II analog III; Nädelchen (A.); $[\alpha]_D^{21}$ +71,8 ± 1° (c = 0,105); 36,5%. — *17β-Hydroxy-3-methoxy-$\Delta^{1.3.5,10}$-östratrien-16α-yl-[2.3.4-tri-O-acetyl-β-D-glucopyranuronosidmethylester]*, $C_{32}H_{42}O_{12}$, F. 214 bis 216,5°, aus vorst. Verb. mit $NaBH_4$ in CH_3OH bei 5°; Nädelchen (A.), $[\alpha]_D^{21}$ +12,7 ± 0,8° (c = 0,141); 79%. *Acetyl-Deriv.* (IV), $C_{34}H_{44}O_{13}$, F. 165,5—167° u. 180—182°, aus vorst. Verb. mit Acetanhydrid–Pyridin; dichte Nadeln (A.), $[\alpha]_D^{21}$ −22,4 ± 1° (c = 0,235); 80,5%. — *Östriolglucuronid* (I), aus Spätschwangerenharn durch Extraktion mit n-Butanol, Al_2O_3-Chromatographie, Elution der Glucuronidfraktion mit 0,1n NH_3, Chromatographie an Celite (Butanol-(1)–Toluol–Essigsäure–W., 5 : 15 : 6 : 14, untere Phase). K. Maier. 3750□

Eine Totalsynthese des Östrons. D. J. Crispin und J. S. Whitehurst. (Proc. chem. Soc. [London] **1962**, 356, Nov.; Exeter, Univ., Dep. of Chem.; engl.) — dl-5.6.7.8-Tetrahydro-1β-hydroxy-8-methylindanon-(5) wurde in seinen *Tetrahydropyranyläther* übergeführt, der als *K-Enolat* in Bzl. mit m-Methoxyphenyläthyl-p-toluolsulfonat umgesetzt wurde. Nach Hydrolyse u. Oxydation wurde so *5.6.7.8-Tetrahydro-4-[m-methoxyphenäthyl]-8-methylindandion-(1.5)* (I) erhalten. Cyclisierung mit P_2O_5/H_3PO_4 gab glatt *8.14-Bisdehydroöstronmethyläther*, F. 108,5°, dessen zweistufige stereoselektive Red. zu *Östron* bekannt ist. Cyclisierung von I mit o-Toluolsulfonsäure in Bzl. gab *14-Isoequileninmethyläther*. J. Rothe. 3750◇

Die Synthese von 17β-Amino-17α-[2-carboxyäthyl]-androstanlactamen. A. A. Patchett, Frances Hoffman, Fred F. Giarrusso, Harvey Schwam und Glen E. Arth. (J. org. Chemistry **27**, 3822—28, Nov. 1962; Rahway, N.J., Merck & Co., Res. Labor.; engl.) — 17β-Nitro-Δ^5-androsten-3β-ol-3-acetat (I) wurde aus Δ^5-Androsten-3β-ol-17-on-3-acetat-17-oxim (II) erhalten. Michael-Addition von Acrylsäuremethylester (III) an I u. nachfolgende Red. führt zu *Spirolactamen*. Weitere $C_{(17)}$-Alkylierungen von I sind beschrieben; sie verlaufen weniger glatt als die stereospezif. Anlagerung von III.

Versuche: *17β-Nitro-Δ^5-androsten-3β-ol-3-acetat* (I), $C_{21}H_{31}NO_4$, F. 210—212° (Essigester), durch Zugeben von wss. $KHCO_3$, dann von II zu einer wss.-dioxan. Suspension von N-Bromsuccinimid, 2tägiges Rühren u. Red. des erhaltenen Rohprod. mit $NaBH_4$ in wss. Tetrahydrofuran (exotherm, insgesamt 2½std. Rühren); $[\alpha]_D$ −29,7° (c = 0,47; Dioxan); 55% (Ausbeute). — *17β-Nitro-Δ^4-androsten-3-on*, $C_{19}H_{27}NO_3$, F. 152 bis 155° (CH_3OH/Ae.), durch 3std. Kochen von 1,5 g I mit wss.-methanol. $KHCO_3$ u. nachfolgende Oppenauer-Oxydation des erhaltenen *17β-Nitro-Δ^5-androsten-3β-ols* (1 g) mit Cyclohexanon/Toluol/Al-Isopropylat (1½std. Kochen); $[\alpha]_D$ +137° (c = 1,0; Chlf.); 300 mg. — *17β-Nitro-17α-[2-carbomethoxyäthyl]-Δ^5-androsten-3β-ol-3-acetat*, $C_{25}H_{37}NO_6$, F. 133—134° (Ae./PAe.), aus 20 g I u. III in tert.-Butanol in Ggw. von Triton B (18std. Rühren bei Raum-Temp.); $[\alpha]_D$ −57° (c = 1,01; Dioxan); 12,86 g. — *17β-Nitro-17α-acetoxymethyl-Δ^5-androsten-3β-ol-3-acetat*, $C_{24}H_{35}NO_6$, F. 210—212° (Ae.), durch 1std. Erhitzen von I mit 37%ig. HCHO in wss. Dioxan in Ggw. von Triton B auf 100° u. nachfolgende Acetylierung; $[\alpha]_D$ −47° (c = 0,51; Dioxan). — *3-[3β-Acetoxy-17β-amino-Δ^5-androsten-17α-yl]-propionsäurelactam*, $C_{24}H_{35}NO_3$, F. 309—311° (Aceton/Ae.), aus 2 g vorvorst. Verb. u. Zn-Staub in sd. CH_3COOH (72 Std.); $[\alpha]_D$ −68° (c = 1,04; Chlf.); 1,6 g. — *3-[3β-Hydroxy-17β-amino-Δ^5-androsten-17α-yl]-propionsäurelactam* (IV), F. 290—300° (CH_2Cl_2/CH_3OH), aus 1,6 g vorst. Verb. u. sd. wss.-methanol. $KHCO_3$ (2 Std.); 1,2 g. — *3-[17β-Amino-Δ^4-androsten-3-on-17α-yl]-propionsäurelactam*, $C_{22}H_{31}NO_2$,

F. 288—293° (CH_2Cl_2/Aceton), aus 1 g **IV** nach Oppenauer wie oben ($2^1/_2$std. Kochen); $[\alpha]_D$ +93° (c = 1; Chlf.); 706 mg. — *3-[17β-Amino-$\Delta^{4,6}$-androstadien-3-on-17α-yl]-propionsäurelactam*, $C_{22}H_{29}NO_2$, F. 318—320° (CH_2Cl_2/Aceton), aus 500 mg vorst. Verb. u. Chloranil in sd. tert.-Butanol (über Nacht); $[\alpha]_D$ +26° (c = 1; Chlf.); 122 mg. — *3-[17β-Amino-7α-acetylmercapto-Δ^4-androsten-3-on-17α-yl]-propionsäurelactam*, $C_{24}H_{33}$·NO_3S, F. 222—226° (CH_3OH/Ae.), aus 75 mg vorst. Verb. u. CH_3COSH (1 Std. bei 100°); $[\alpha]_D$ +7° (c = 1; Chlf.); 46 mg. — *3-[17β-Methylamino-3β-tetrahydropyranyloxy-Δ^5-androsten-17α-yl]-propionsäurelactam*, durc h Behandeln von 500 mg **IV** mit Dihydropyran in Ggw. von p-Toluolsulfonylchlorid (18 Std. bei Raum-Temp.) u. Methylierung von 250 mg des erhaltenen **IV**-*Tetrahydropyranyläthers* (300 mg) mit CH_3J/NaH in Dimethylformamid/Bzl. (Rühren über Nacht unter N_2, dann 1std. Kochen); 192 mg roh. — *3-[17β-Methylamino-Δ^5-androsten-3β-ol-17α-yl]-propionsäurelactam*, $C_{23}H_{35}NO_2$, F. 255—260° (CH_2Cl_2/Ae.), aus vorst. Verb. u. p-Toluolsulfonsäure in A. (18 Std. bei Raum-Temp.); 140 mg. — *3-[17β-Methylamino-Δ^4-androsten-3-on-17α-yl]-propionsäurelactam*, $C_{23}H_{33}NO_2$, F. 217—220° (CH_2Cl_2/Ae.), aus 500 mg vorst. Verb. nach Oppenauer wie oben (3std. Kochen); 311 mg. — *Δ^5-Androsten-3β-ol-[17-spiro-2']-pyrrolidin-(17β-N)* (**V**), $C_{22}H_{35}NO$, F. 195—198° (CH_3OH/Essigester), aus 1 g **IV** u. $LiAlH_4$ in sd. Dioxan (90 Std.); 820 mg. — *Δ^4-Androsten-3-on-[17-spiro-2']-pyrrolidin-(17β-N)*, aus 500 mg vorst. Verb. nach Oppenauer (3 Std.); 310 mg. *Hydrochlorid*, $C_{22}H_{34}ClNO$, F. > 350° (CH_3OH/Butanon); $[\alpha]_D$ +85° (c = 1,07; Chlf.). — *1'-Acetyl-Δ^5-androsten-3β-ol-[17-sp ro-2']-pyrrolidin-(17β-N)-3-acetat*, $C_{26}H_{39}NO_3$, F. 208,5—210° (CH_2Cl_2/Ae.), aus **V** u. Acetanhydrid/Pyridin ($1^1/_2$ Std. bei 100° unter N_2). — *1'-Acetyl-Δ^5-androsten-3β-ol-[17-spiro-2']-pyrrolidin-(17β-N)*, aus 298 mg vorst. Verb. u. sd. wss.-methanol. $HKCO_3$; 200 mg. — *1'-Acetyl-Δ^4-androsten-3-on-[17-spiro-2']-pyrrolidin-(17β-N)*, $C_{24}H_{35}NO_2$, F. 223,5—225,5° (Essigester), aus vorst. Verb. nach Oppenauer (3 Std. in sd. Toluol/Bzl./Dioxan); $[\alpha]_D$ +23° (c = 1; Chlf.). — *5β-Androstan-3α-ol-11.17-dion-17-oxim-3-acetat*, $C_{21}H_{31}NO_4$, F. 190 bis 193° (CH_3OH), aus 75 g des Dion-3-acetats; $[\alpha]_D$ +59° (c = 0,98; Chlf.); 68 g. — *17β-Nitro-5β-androstan-3α.11β-diol-3-acetat*, $C_{21}H_{33}NO_5$, F. 180—183° (Ae.), durch Zugeben von 65 g vorst. Verb. in Dioxan u. von wss. $KHCO_3$ zu N-Bromsuccinimid in wss. Dioxan, 18std. Rühren u. Red. des erhaltenen Rohprod. mit $NaBH_4$ in wss. Dioxan ($2^1/_2$std. Rühren); 20 g. — *17β-Nitro-17α-[2-carbomethoxyäthyl]-5β-androstan-3α.11β-diol-3-acetat*, $C_{25}H_{39}NO_7$, F. 220—222° (Essigester), aus 19,2 g vorst. Verb. u. **III** in tert.-Butanol in Ggw. von Triton B (über Nacht verschlossen Stehen); $[\alpha]_D$ +46° (c = 1,03; Chlf.); 20,7 g. — *17β-Nitro-17α-[2-carbomethoxyäthyl]-$\Delta^{9,11}$-5β-androsten-3α-ol-3-acetat*, $C_{25}H_{37}NO_6$, F. 129—130° (CH_3OH), aus 17,1 g vorst. Verb. u. CH_3SO_2Cl in $HCON(CH_3)_2$/Kollidin (20 Min. bei 35°); $[\alpha]_D$ +28° (c = 0,57; Chlf.); 14,5 g. — *3-[3α-Acetoxy-17β, amino-$\Delta^{9,11}$-5β-androsten-17α-yl]-propionsäurelactam*, $C_{24}H_{35}NO_3$, F. 238—240° (Essigester), aus 12,2 g vorst. Verb. u. Zn-Staub in Eisessig (18std. Rühren); $[\alpha]_D$ +20° (c = 0,87; Chlf.); 9,74 g. — *3-[17β-Amino-$\Delta^{9,11}$-5β-androsten-3α-ol-17α-yl]-propionsäurelactam*, $C_{22}H_{33}NO_2$, F. 181—183° (Essigester), aus 3 g vorst. Verb. u. sd. wss.-methanol. $KHCO_3$ (4 Std.); 2,71 g. — *3-[17β-Amino-$\Delta^{9,11}$-5β-androsten-3-on-17α-yl]-propionsäurelactam*, $C_{22}H_{31}NO_2$, F. 255—258° (CH_3OH), aus 3,5 g vorst. Verb. u. CrO_3/Pyridin (18 Std. bei Raum-Temp.); $[\alpha]_D$ −23° (c = 0,62; Chlf.); 2,42 g. — *3-[17β-Amino-$\Delta^{4.9,11}$-androstadien-3-on-17α-yl]-propionsäurelactam*, $C_{22}H_{29}NO_2$, F. 294—298° (Zers.; CH_3OH), durch Zutropfen von Br_2/CH_3COOH/HBr/Acetanhydrid zu einer Lsg. von 1,26 g vorst. Verb. in Chlf./CH_3COOH/HBr/Acetanhydrid bei 0° unter Rühren (1 Std.), weiteres Rühren (45 Min.) u. 2std. Erhitzen des erhaltenen Rohprod. (1,6 g) mit $LiBr/Li_2CO_3$ in $HCON(CH_3)_2$; 560 mg. — *3-[17β-Amino-9α-brom-Δ^4-androsten-3-on-11β-ol-17α-yl]-propionsäurelactam*, aus 200 mg vorst. Verb. u. 0,2n $HClO_4$/N-Bromsuccinimid in Dioxan bei 5° (Rühren, dann $3^1/_2$ Std. im Eisschrank); 176 mg. — *3-[17β-Amino-9β.11β-epoxy-Δ^4-androsten-3-on-17α-yl]-propionsäurelactam*, $C_{22}H_{29}NO_3$, F. 282—286° (Zers.; Essigester), aus 176 mg vorst. Verb. u. 1n CH_3ONa in CH_3OH (10 Min. Rühren); $[\alpha]_D$ −7,5° (c = 0,52; Chlf.); 120 mg. — *3-[17β-Amino-9α-fluor-Δ^4-androsten-3-on-11β-ol-17α-yl]-propionsäurelactam*, $C_{22}H_{30}FNO_3$, F. 346—348° (Zers.; Essigester), aus 54 mg vorst. Verb. u. HF in Tetrahydrofuran/Chlf. bei −60°, dann $2^1/_2$ Std. bei −40°; $[\alpha]_D$ +90° (c = 0,5; Chlf.); 30 mg. J. Rothe. 3750◇

Die Oxydation von Steroiden mit tert.-Butylchromat. E. Menini und J. K. Norymberski. (Biochem. J. **84**, 195—201, Juli 1962; Sheffield, Jessop Hosp. for Women, Med. Res. Council, Chem. Pathol. of Steroids Res. Unit; engl.) — Es wurden 20 Hydroxysteroide mit *tert.-Butylchromat* (**I**) in Ggw. von Pyridin zu *Oxo-Derivv.* oxydiert u. die Rk.-Prodd. in den meisten, die Rk.-Geschw. (Diagramme) in einigen Fällen bestimmt. Die Prodd. der Oxydation von Östradiol bzw. 5β-Pregnan-3β.16β.20α-triol besaßen keine spezif. Absorption im UV-Spektrum bzw. keine im Zimmermann-Test nachweisbaren Verbb.; Dehydroepiandrosteronacetat, 5α-Δ^3-Androsten-17-on u. 21-Acetoxy-$\Delta^{4.17}$-pregnadien-3-on wurden durch I nicht oxydiert. I besitzt offenbar keine Vorzüge gegenüber CrO_3/Pyridin.

Versuche ([α] = $[\alpha]_D$ in Chlf.): *tert.-Butylchromat* (I), aus CrO_3 durch Zugabe zu 2-Methylpropanol-(2)/CCl_4, Verdünnen mit CCl_4, Filtrieren durch Na_2SO_4 u. Stehen über Na_2SO_4 bei 4°. — *5β-Pregnan-3α.20α-dion*, F. 121—122° (n-Hexan), durch Stehen von 104 mg 5β-Pregnan-3α.20α-diol in Pyridin mit I über Nacht bei Raum-Temp., 1/4std. Schütteln mit gesätt. äthanol. Citronensäure-Lsg., Zugabe von 1n H_2SO_4 u. Äthylendichlorid, 1/4std. Schütteln u. Aufarbeiten der organ. Phase; 103 mg (Ausbeute, roh). — Analog: *5α-Androstan-3.17-dion*, F. 129—130° (Ae./n-Hexan, 2 : 1), aus 108 mg 3α-Hydroxy-5α-androstan-17-on; 108 mg (roh). — *5β-Androstan-3.11.17-trion* (II), F. 128 bis 130° (Ae.), aus 116 mg 5β-Pregnan-3α.11β.17α.20β-tetraol (Roh-Prod. aus der $NaBH_4$-Red. des 11.20-Dion; 59 mg (daneben nachst. Verb.) — *17α-Hydroxy-5β-pregnan-3.11.20-trion*, F. 197—199° (Aceton/Ae.), aus 96 mg 3α.17α-Dihydroxy-5β-pregnan-11.20-dion; [α] +33° (c = 0,92); 92 mg (roh); daneben eine Verb. mit den Beweglichkeiten von II. — *Δ^4-Cholesten-3.6-dion*, $C_{27}H_{42}O_2$, F. 121—122°, aus 120 mg Cholesterin; blaßgelbe Nadeln aus CH_3OH; [α] —43° (c = 0,95); 74 mg. — *Δ^4-Pregnen-3.6.20-trion*, $C_{21}H_{28}O_3$, F. 192—194° (CH_3OH), a) aus 115 mg 3β-Hydroxy-Δ^5-pregnen-20-on; [α] +16° (c = 0,93); 56 mg; b) aus nachst. Verbindung. — *6β-Hydroxyprogesteron* (*6β-Hydroxy-Δ^4-pregnen-3.20 dion*), F. 176—178° (Aceton/n-Hexan) neben vorst. Verb.; 8 mg. — *6α-Hydroxyprogesteron*, neben vorvorst. Verb.; 2 mg. — *Δ^4-Androsten-3.6.17-trion*, $C_{19}H_{24}O_3$, F. 227—228°, a) aus 131 mg Dehydroepiandrosteron; Prismen aus Aceton/Ae.; [α] +18° (c = 0,97), [α] +36° (c = 0,86; Aceton); 46 mg; [daneben *6β-Hydroxy-Δ^4-androsten-3.17-dion* (III); 15 mg u. *6α-Hydroxy-Δ^4-androsten-3.17-dion* (IV); 1 mg); b) aus III; c) aus IV. — *Δ^4-Androsten-3.11.17-trion*, a) aus Cortisol. — *Cortisonacetat*, aus Cortisolacetat (daneben vorst. Verb.). — *Δ^4-Androsten-3.17-dion*, F. 157—158°, a) aus Δ^4-Androsten-3β.17β-diol; b) aus Testosteron. — *Östronmethyläther*, aus Östradiolmethyläther. — *11-Dehydrocorticosteronacetat*, aus Corticosteronacetat. — *Δ^4-Bisnorcholen-3β-ol-22-al*, aus Δ^4-Bisnorcholen-3β.22-diol (F. 210°, durch Red. von 3-Oxo-Δ^4-bisnorcholen-22-al mit Boranat). K. Maier. 3750□

Darstellung von 7-Methylprogesteron. Yûkichi Kishida. (Annu. Rep. Takamine Lab. **11**, 27—33, Dez. 1959; Tôkyô-Sinagawa, Takamine-Kenkyûzyo; jap., Auszug: engl.) — Progesteron-3.3;20.20-bis-[äthylenketal] (I) gibt durch Oxydation mit tert.-Butylchromat (II) *3.7.20-Trioxo-Δ^5-pregnen-3.3-äthylenketal* als einziges isolierbares Prod. in geringer Ausbeute. Das aus Pregnenolonacetat (III) durch Red. mit $LiAlH_4$ hergestellte Gemisch aus *3β.20α-* u. *3β.20β-Dihydroxy-Δ^5-pregnen* wird in Essigsäure mit CrO_3 oxydiert u. aus dem Rk.-Gemisch durch Umkristallisieren *3β.20β-Diacetoxy-7-oxo-Δ^5-pregnen* (IV) isoliert. IV gibt durch Versetzen mit Methyl-MgJ *3β.20β.7ξ-Trihydroxy-7ξ-methyl-Δ^5-pregnen* (V), welches daneben *3β.20β-Dihydroxy-7-methylen-Δ^5-pregnen* (VI) enthält u. durch Oppenauer-Oxydation in *3.20-Dioxo-7-methyl-$\Delta^{4.6}$-pregnadien* (VII) übergeht. VII wird auch aus VI durch Oppenauer-Oxydation hergestellt u. gibt durch katalyt. Red. mit Pd/Kohle in alkal. Medien *7ξ-Methylprogesteron* u. daneben *3.20-Dioxo-7ξ-methyl-5ξ-pregnan.*

Versuche: *3.7.20-Trioxo-Δ^5-pregnen-3.3-äthylenketal*, $C_{23}H_{32}O_4$, F. 190—191°, aus I in CCl_4 durch Oxydation mit dem aus CrO_3 u. tert.-Butylalkohol frisch hergestellten II bei 76° u. Chromatographie; aus Methanol u. Methanol–Aceton Prismen. — *Gemisch aus 3β.20α- u. 3β.20β-Dihydroxy-Δ^5-pregnen*, F. 175—187°, aus III durch Red. mit $LiAlH_4$ in Ae.; 99,5% (Ausbeute). — *3β.20β-Diacetoxy-7-oxo-Δ^5-pregnen* (IV), $C_{25}H_{36}O_5$, F. 199°, aus vorst. Gemisch in Essigsäure durch Versetzen mit CrO_3, 3std. Rühren, Erwärmen des Gemisches u. Zers. des CrO_3 mit A.; $[\alpha]_D^{28}$ —90,3° (c = 3,6; Chlf.); aus Methanol Nadeln; 18,1%. *2.4-Dinitrophenylhydrazon*, $C_{31}H_{40}N_4O_8$, F. 236—238°. *Semicarbazon*, F. 227—228°. — *3β.20β-Dihydroxy-7-oxo-Δ^5-pregnen*, $C_{21}H_{32}O_3$, F. 183—184°, aus IV durch Verseifung mit 2%ig. alkohol. KOH; aus Bzl./PAe. Nadeln, $[\alpha]_D^{28}$ —94,3° (c = 2,4; Chlf.-A.). *Dibenzoyl-Deriv.*, $C_{35}H_{40}O_5$, F. 255—257°; $[\alpha]_D^{28}$ —88,1° (c = 1,6; Chlf.). — *3β.20β.7ξ-Trihydroxy-7ξ-methyl-Δ^5-pregnen* (V), $C_{22}H_{36}O_3$, F. 205—207°, durch Zutropfen von CH_3MgJ zu 2,2 g IV in Bzl./Ae., 2 1/2std. Erhitzen auf 50°; aus 70%ig. CH_3OH Nadeln; $[\alpha]_D^{28}$ —18,4° (c = 2,7; Chlf.); 677,9 mg (Rohausbeute); daneben VI. *Di-O-Acetyl-Deriv.*, $C_{26}H_{40}O_5$, F. 171—172° (aus Ae.-PAe. Nadeln); $[\alpha]_D^{28}$ —2,92° (c = 0,82; Chlf.). *Di-O-benzoyl-Deriv.*, $C_{36}H_{44}O_5$, F. 216—217° (Methanol); $[\alpha]_D^{28}$ —60,0° (c = 0,49; 1 : 1-Chlf.-A.). — *3β.20β-Dihydroxy-7-methylen-Δ^5-pregnen* (VI), $C_{22}H_{34}O_2$, F. 209 bis 213° (aus Methanol–Bzl. Nadeln); $[\alpha]_D^{28,5}$ —237° (c = 0,546; Chlf.). *Diacetat*, $C_{26}H_{38}O_4$, F. 133°, a) aus dem V-Diacetat durch 30 Min. langes Erwärmen mit p-Toluolsulfonylchlorid in Pyridin auf 100°; b) durch Schütteln von 2,88 g V-Diacetat mit P_2O_5 in Bzl.;

aus Methanol Nadeln; $[\alpha]_D^{28}$ -173^0 (c = 1,97; Chlf.); 1,28 g; gibt durch Stehen in 2%ig. methanol. KOH VI. *Dibenzoat*, $C_{36}H_{42}O_4$, F. 209—213° (aus Methanol-Bzl. Nadeln); $[\alpha]_D^{28,5}$ -160^0 (c = 1,78; Chlf.). — *3.20-Dioxo-7-methyl-$\Delta^{4.6}$-pregnadien* (VII), $C_{22}H_{30}O_2$, a) aus 165 mg VI in Toluol u. Cyclohexanon, Abdestillieren einiger cm³ Lsgm. zur Feuchtigkeitentfernung, 3std. Kochen mit Al-Isopropylat, Wasserdampf-Dest. des über Nacht stehengelassenen Gemisches unter Zusatz von 10 cm³ einer Lsg. von Rochell-Salz u. Extraktion des Rückstandes mit Bzl.; Öl; $[\alpha]_D^{28}$ $+310^0$ (c = 0,81; Chlf.); 17 mg; b) aus 10 g rohem V in Toluol u. Cyclohexanon durch 3std. Kochen mit 20 g Al-Isopropylat; 1,016 g. — *7ξ-Methylprogesteron*, $C_{22}H_{32}O_2$, F. 97°, aus 1,174 g VII durch Red. mit H_2 in Ggw. von Pd/Kohle u. Chromatographie; aus Methanol Prismen; $[\alpha]_D^{28}$ $+125^0$ (c = 3,65; Chlf.); 30 mg; daneben *3.20-Dioxo-7ξ-methyl-5ξ-pregnan*, $C_{22}H_{34}O_2$, in 2 verschiedenen Kristallformen F. 166° (80%ig. Methanol) u. F. 99—103° (aus Aceton); beide stimmen jedoch in IR- u. UV-Spektren sowie in $[\alpha]_D^{28}$ $+140^0$ (c = 1,53; Chlf.) u. 131° (c = 3,24; Chlf.) überein. E. Maekawa. 3750□

Die Synthese von 6α-Difluormethylsteroiden. David G. Martin und John E. Pike. (J. org. Chemistry **27**, 4086—89, Nov. 1962; Kalamazoo, Mich., Upjohn Co., Res. Labor.; engl.) — 6α-Hydroxymethyl-17.20;20.21-bis-[methylendioxy]-3β-hydroxy-5α-pregnan-11-onacetat (I) wurde zur entsprechenden *6α-Formyl-Verb.* (II) oxydiert, die bei der Umsetzung mit HF/SF_4 in Tetrahydrofuran (THF) die *6α-Difluormethyl-Verb.* (III) u. ein höher fluoriertes *Nebenprod.* lieferte. 4 weitere Stufen führten von III zu *6α-Difluormethylprednisolon-21-acetat.*

Versuche: *17.20;20.21-Bis-[methylendioxy]-6α-formyl-3β-hydroxy-5α-pregnan-11-on acetat* (II), $C_{26}H_{36}O_8$, F. 205—210° (Aceton/Skellysolve B), aus 10 g I u. CrO_3 in Pyridin (18 Std. bei Raum-Temp.); 2,48 g (Ausbeute). — *17.20;20.21-Bis-[methylendioxy]-6α-difluormethyl-3β-hydroxy-5α-pregnan-11-onacetat* (III), $C_{26}H_{36}F_2O_7$, F. 238—242° (Aceton/Skellysolve B), aus 0,94 g II u. 46 g SF_4 in 20 cm³ CH_2Cl_2 in Ggw. von 0,005 cm³ W. u. 0,25 cm³ THF (16 Std. Rühren im Stahlautoklaven bei 15°); $[\alpha]_D^{26}$ -40^0 (Chlf.); 60%. — *17.20* (oder *20.21*)*-Methylendioxy-20-fluor-21* (oder *17α*)*-fluormethoxy-6α-difluormethyl-3β-hydroxy-5α-pregnan-11-onacetat*, $C_{26}H_{36}F_4O_6$, F. 183,5—184° (Aceton/Skellysolve B), aus 1 g II u. 46 g SF_4 in 20 cm³ CH_2Cl_2 in Ggw. von 0,75 cm³ W. u. 3,50 cm³ THF (Rühren über Nacht bei 15°); $[\alpha]_D^{26}$ 0° (Chlf.); 269 mg roh, daneben III. — *17.20;20.21-Bis-[methylendioxy]-6α-difluormethyl-5α-pregnan-3β.11β-diol*, $C_{24}H_{36}F_2O_6$, F. 186—188° (Aceton/Skellysolve B), aus 1,45 g III u. $LiAlH_4$ in Ae./Bzl. unter N_2 (1½ Std. Rühren bei Raum-Temp.); 990 mg. — *17.20;20.21-Bis-[methylendioxy]-6α-difluormethyl-11β-hydroxy-5α-pregnan-3-on, Acetonat* (IV), $C_{24}H_{34}F_2O_6 \cdot C_3H_6O$, F. 189—190° (Aceton/Skellysolve B), aus 0,625 g vorst. Verb. u. Al-tert.-Butylat/Cyclohexanon in sd. Toluol (18 Std.); 0,391 g. — *17α.20;20.21-Bis-[methylendioxy]-6α-difluormethyl-11β-hydroxy-$\Delta^{1.4}$-pregnadien-3-on*, $C_{24}H_{30}F_2O_6$, F. 263—265° (Aceton/Skellysolve B), aus 284 mg IV u. SeO_2 in sd. tert.-Butanol in Ggw. von CH_3COOH (zusammen 44 Std.); 64 mg. — *6α-Difluormethyl-4.5α-dihydrohydrocortison-21-acetat, Acetonat*, $C_{24}H_{34}F_2O_6 \cdot C_3H_6O$, F. 192—195° (Aceton/Skellysolve B), aus 250 mg IV u. 65%ig. HCOOH unter N_2 (10 Min. bei 100°), dann Acetylierung; 86 mg. — *6α-Difluormethylprednisolon-21-acetat, Acetonat*, $C_{24}H_{30}F_2O_6 \cdot C_3H_6O$, F. 217—220° (Aceton/Skellysolve B), a) aus 307 mg vorst. Verb. u. SeO_2 wie oben (42 Std.; 24 mg); b) aus 480 mg vorvorst. Verb. u. HCOOH (15 Min.), dann Acetylierung wie oben (25 mg). — *17.20* (oder *20.21*)*-Methylendioxy-20-fluor-21* (oder *17α*)*-fluormethoxy-Δ^4-pregnen-3.11-dion*, $C_{23}H_{30}F_2O_5$, F. 149,5—151° (Zers.; Aceton/Skellysolve B), aus 1 g 17α.20;20.21-Bis-[methylendioxy]-Δ^4-pregnen-3.11-dion u. 46 g SF_4 in 20 cm³ CH_2Cl_2 in Ggw. von 0,75 cm³ W. u. 3,5 cm³ THF (Rühren über Nacht bei 20°); $[\alpha]_D$ $+104^0$ (Chlf.); 234 mg. J. Rothe. 3750◇

Darstellung von O-Acylthiaminen. Kimio Uematsu. (Annu. Rep. Takamine Lab. **11**, 42—45, Dez. 1959; Tôkyô-Kameari, Sankyô-Kabusiki-Kaisya, Kameari-Kôzyo; jap., Auszug: engl.) — Die aus Thiothiamin (I) oder 3-[2′-Methyl-4′-amino-pyridyl-(5′)-methyl]-3a-methyltetrahydrofuro-[2.3:d]-thiazolthion-(2) (II) durch Erhitzen mit höheren Acylchloriden hergestellten entsprechenden *O-Acylthiothiamine* ergeben durch Oxydation mit H_2O_2 *O-Acylthiamine.*

Versuche: O-Acylthiothiamine: *Palmitoyl-* (IV), $C_{28}H_{46}N_4O_2S_2$, F. 99—100°, aus dem Hydrochlorid; Schuppen; 81% (Ausbeute). *Hydrochlorid*, $C_{28}H_{46}N_4O_2S_2 \cdot HCl$, F. 192—193° (A.), a) aus I u. Palmitoylchlorid (III) durch 5 Min. langes Erhitzen auf 160—170°; 83%; b) analog aus II mit III; 84%. — *Lauroyl-*, $C_{24}H_{38}N_4O_2S_2$, F. 90,5°. *Hydrochlorid*, F. 120—125°. — *Myristoyl-*, $C_{26}H_{42}N_4O_2S_2$, F. 98—99°. *Hydrochlorid*, F. 188—189°. — *Stearoyl-*, $C_{30}H_{50}N_4O_2S_2$, F. 99—101°. *Hydrochlorid*, F. 210,5°. — *Trimethylacetyl-*, $C_{17}H_{24}N_4O_2S_2$, F. 163°. — *Benzoyl-*, $C_{19}H_{20}N_4O_2S_2$, F. 186—187°. *Hydrochlorid*, F. 229°. — *p-Toluyl-*, $C_{20}H_{22}N_4O_2S_2$, F. 123° (Zers.). — *m-Nitrobenzoyl-*

$C_{19}H_{19}N_5O_4S_2$, F. 195—196°. *Hydrochlorid*, F. 244—245° (Zers.). — *α-Phenylbutyryl-*, $C_{22}H_{26}N_4O_2S_2$, F. 98° (Zers.) — *Phthaloyl-bis-*, $C_{32}H_{34}N_8O_4S_4$, F. 102—104° (Zers.). — O-Acylthiaminhydrochloride: *Palmitoyl-*, $C_{28}H_{48}Cl_2N_4O_2S \cdot H_2O$, F. 218—220° (Zers.; aus wss. A.), aus **IV** durch Zutropfen von 30%ig. H_2O_2, 1 std. Rühren, 2 std. Stehen, Zugabe einer $BaCl_2$-Lsg., Filtrieren u. Einengen der Lsg.; 85%. — *Lauroyl-*, $C_{24}H_{40}Cl_2N_4O_2S \cdot H_2O$, F. 216° (Zers.). — *Myristoyl-*, $C_{26}H_{44}Cl_2N_4O_2S \cdot H_2O$, F. 213 bis 214° (Zers.). — *Stearoyl-*, $C_{30}H_{52}Cl_2N_4O_2S \cdot H_2O$, F. 217—218° (Zers.). — *Trimethylacetyl-*, $C_{17}H_{26}Cl_2N_4O_2S \cdot H_2O$, F. 250—260° (Zers.); — *Benzoyl-*, $C_{19}H_{22}Cl_2N_4O_2S \cdot H_2O$, F. 226—229° (Zers.). — *m-Nitrobenzoyl-*, $C_{19}H_{21}Cl_2N_5O_4S \cdot H_2O$, F. 241—242° (Zers.). — *α-Phenylbutyryl-*, $C_{22}H_{28}Cl_2N_4O_2 \cdot H_2O$, F. 230° (Zers.). — *Phthaloyl-bis-*, $C_{32}H_{38}Cl_4 \cdot N_8O_4S_2 \cdot 2\,H_2O$, F. 214—216° (Zers.). E. Maekawa. 3800□

Versuche zur Darstellung von Pyridoxin aus Furan. Jørgen Tormod Nielsen, Niels Elming und Niels Clauson-Kaas. (Acta chem. scand. **14**, 938—40, 1960; Kopenhagen, Sadolin and Holmblad A/S, Centrallabor.; engl.) — Früher wurde *Pyridoxin* (**II**) in 6 Stufen aus Furan in 23%ig. Ausbeute erhalten. Beim Vers., **II** aus Furan über *2-[α-Acetamidoäthyl]-furan* (**I**; 44% Ausbeute) darzustellen, betrug die Gesamtausbeute an **II** nur 10%.

Versuche: *2-[α-Acetamidoäthyl]-3.4-dicarbäthoxyfuran* (**IV**), $C_{14}H_{19}NO_6$, F. 51—53° (Ae.), Kp.$_{0,1}$ 178—186°, nach Alder-Rickert durch Mischen von **I** u. Acetylendicarbonsäurediäthylester u. 3½ std. Erhitzen auf 100°, Abkühlen, Verdünnen mit Aceton, Schütteln mit Pd/Kohle bei 1 at H_2 u. 20° bis zur Aufnahme von 2,5 Liter H_2, Abdestillieren des Lsgm., 1 std. Zers. des Rückstandes bei 13 mm u. 190—200°; 66% (Ausbeute). — Zwischendurch wurden isoliert: *1-[α-Acetamidoäthyl]-2.3-dicarbäthoxy-1.4-oxidocyclohexadien-(2.5)*, $C_{16}H_{21}NO_6$, F. 129—130° (Ae.); 45%. — *1-[α-Acetamidoäthyl]-2.3-dicarbäthoxy-1.4-oxidocyclohexen-(2)*, $C_{16}H_{23}NO_6$, F. 109—110° (Ae.), aus vorst. Verb.; 89%. — *2-[α-Aminoäthyl]-3.4-dicarboxyfuran*, $C_8H_9NO_5$, F. 292—296°, durch 24 std. Erhitzen von **IV** u. 3n NaOH; 90%. *Hydrochlorid*, $C_8H_{10}ClNO_5$, F. 195 bis 200° (Zers.); 89%. — *2-[α-Aminoäthyl]-3.4-dicarbomethoxyfuran*, *Hydrochlorid*, $C_{10} \cdot H_{14}ClNO_5$, F. 167—169° (Zers.; abs. Methanol/abs. Ae.), durch Einleiten von HCl in die Lsg. vorst. Verb. in abs. Methanol, 10 std. Kochen, Abkühlen u. 2 std. Schütteln mit Drierit; 90%. *Freie Base*, $C_{10}H_{13}NO_5$, aus dem *Hydrochlorid* u. Na-Methylat in Methanol; n_D^{25} 1,4952; 93%. — *2-[α-Acetamidoäthyl]-3.4-bis-[acetoxymethyl]-furan*, (**III**), $C_{14}H_{19}NO_6$, F. 89—92° (Ae.), Kp.$_{0,1}$ 180—190°, durch Zugabe vorst. Base in abs. Ae. unter Rühren zur Lsg. von $LiAlH_4$ in Ae. im Laufe von 15 Min., 1 std. Rühren, 1 std. Kochen, Abkühlen, Zugabe von Acetanhydrid unter Rühren bei —20°, Abdampfen des Ae. u. 30 Min. langes Kochen des Rückstandes; schwachgelbe Fl.; n_D^{25} 1,4914; 60%. — *Pyridoxin* (**II**), *Hydrochlorid* nach Elming u. Clauson-Kaas (C. **1956**, **12011**); aus **III**; 76%. — *2-[α-Aminoäthyl]-3.4-bis-[hydroxymethyl]-furan*, $C_8H_{13}NO_3$, Kp.$_{0,05}$ 165—171°, durch 24 std. Kochen von **III** in 3n NaOH, Abkühlen, 3 Tage langes Extrahieren mit Ae. u. Dest.; schwachgelbes Öl; n_D^{25} 1,5304; 88%. D. Freytag. 3800◇

Natürlich vorkommende Phenole. R. D. Haworth. (Österr. Chemiker-Ztg. **62**, 377—82, Dez. 1961; Sheffield; dt.) — Übersicht. — 21 Literaturangaben. P. Golinske. 3950◇

Über Autoxydationsprodukte der Harzsäuren aus Picea excelsa L. Bronisław Siła. (Roczniki Chem. [Ann. Soc. chim. Polonorum] **34**, 1155—60, 1960; Toruń, Uniw., Kat. Chem. organ.; pol.) — Gealtertes Fichtenharz wurde mit Bzn. (Kp. 70—90°) von nichtoxydierten Prodd. befreit. Aus dem Rückstand wurden die „Hydroxysäuren" mit n-Butanol extrahiert. Die „Hydroxysäuren" werden mit 45%ig. KOH hydrolysiert u. dann die Ba-Salze der Harzsäuren gefällt. Die durch Umfällen gereinigten Ba-Salze werden mit 1%ig. H_2SO_4 zerlegt u. die Lsg. ausgeäthert. Aus dem Extrakt wurden drei nicht kristallisierbare *Harzsäuren* isoliert: $C_{20}H_{26}O_3$, F. 101—104°, $C_{20}H_{26}O_4$, F. 135 bis 138° u. $C_{17}H_{20}O_4$, F. 201—204°. Sie geben mit Nitroprussid-Na eine gelbgrüne Färbung u. kuppeln mit diazotierter Sulfanilsäure zu orangeroten, gegen HCl beständigen Farbstoffen. Sie entfärben $KMnO_4$-Lösungen. F. Urban. 3950◇

Untersuchung der Eigenschaften von aus Ligninderivaten gewonnenen Gerbstoffen. 1. Mitt. Fraktionierung gerbender Ligninpräparate. Antoni Basiński und Jan Skraga. (Roczniki Chem. [Ann. Soc. chim. Polonorum] **34**, 1047—59, 1960; Toruń, Uniw. M. Kopernika, Kat. Chem. fiz.; pol.) — Gereinigte u. ungereinigte Sulfitzellstoffablaugen, Ablaugen der Vanillinproduktion („Ligcatechine") sowie sulfitiertes Quebracho wurden als 10%ig. Lsgg. in wss. A. oder in wss. Aceton durch Fällen mit Ae. fraktioniert. Die Fraktionen wurden dabei in fl. Form erhalten. Die Abtrennung gelingt auf Grund der verschiedenen Dichten. Die bei der Fraktionierung angewandten Mengen an Lsgm. sind vom pH u. von den im Prod. enthaltenen Kationen abhängig. Die Viscosität der Fraktionen wurde mit dem Ostwald-Viscosimeter gemessen. Die 1. Fraktion hat stets die größte Viscosität. Die Kurven der Viscosität in Abhängigkeit von der Konz. sind bei den ersten 2 Fraktionen der Ablaugen, nicht aber beim Quebracho, den Kurven typ. lyophiler Koll. ähnlich. F. Urban. 3950◇

D. Makromolekulare Chemie

Elektronenspinresonanzuntersuchungen an bestrahlten Polymeren. 1. Mitt. Faktoren, welche die Elektronenspinresonanzspektren bestrahlter Polymerer beeinflussen. Shun-ichi Ohnishi, Yuichi Ikeda, Michio Kashiwagi und Isamu Nitta. (Polymer [London] **2**, 119—41, Juni 1961; Osaka, Jap. Assoc. for Rad. Res. on Polymers, Osaka Labor.; engl.) — Die Elektronenspinresonanzspektren (ESR-Spektren) von bestrahltem (^{60}Co-γ u. z. T. beschleunigte Elektronen) *Polyäthylen* (**I**), *Polypropylen* (**II**), *Polytetrafluoräthylen*, *Polyvinylalkohol* (**III**), *Polyvinylchlorid* (**IV**), *Poly-[vinylchlorid/Vinylidenchlorid]*, *Polyvinylacetat*, *Polymethylmethacrylat* (**V**, kommerzielle Probe u. strahlenpolymerisiert), *Polyacrylonitril*, *Polyäthylenterephthalat* (**VI**), *Nylon 6* (**VII**), *6.6* u. *6.10*, *Gummi* u. *Baumwolle* werden als Kurven unter Angabe der Bestrahlungsdosis mitgeteilt. Folgende Faktoren erschweren vor allem die Interpretation der Spektren: 1. Die gleichzeitige Anwesenheit mehrerer Radikalarten. Beispiele hierfür sind a) **III**, in dessen Spektrum das unmittelbar nach der Bestrahlung beobachtete Triplett nach 2 Monaten in ein Singulett übergeht u. das Spektrum auch durch Einw. von Wasserdampf verändert wird; b) **I**, in dessen Spektrum nach Elektronenbestrahlung unter Kühlung die Überlagerung aus einem kurzlebigen Sextett u. einem längerlebigen Septett, das zusätzliche Aufspaltungen zeigt, zu beobachten ist; c) **II**, in dessen Spektrum nach Elektronenbestrahlung mindestens 4 Radikale zu erkennen sind. 2. Der Aggregationszustand der Polymeren. Bei allen Beispielen — erwähnt sind **VI, III, I, II** u. **VII** — erhöht sich mit zunehmendem Kristallinitätsgrad die Lebensdauer der weniger beständigen Radikale; bei **VI** wurde eine direkte Proportionalität festgestellt. 3. Dosis u. Dosisleistung. Allg. zeigt sich, daß mit zunehmender Bestrahlungsdosis nur noch die Linien langlebiger Radikale beobachtet werden. Die Spektren von **I, II, VII, V, IV** u. **III** gehen schließlich in Singuletts über, die langlebigen Polyenradikalen zugeordnet werden. Abnehmende Dosisleistung vermindert ebenfalls die Beobachtbarkeit kurzlebiger Radikale. Unterschiede im Verh. von kommerziellem u. strahlenpolymerisiertem **V** werden durch einen größeren Monomeren-Geh. im ersteren Fall erklärt. H. Wagner. 4000◇

Verbessertes Instrument zum kontinuierlichen Messen dynamisch-mechanischer Eigenschaften von hochpolymeren Festkörpern. P. Lord, E. R. Pithey und R. E. Wetton. (Lab. Pract. **10**, 884—88, Dez. 1961; Salford, Royal Coll. of Advanced Technol.; engl.) — Das nach dem Vorbild von Lord u. Wetton gebaute Instrument arbeitet mit einem elektromagnet. betriebenen Syst., das Torsionsschwingungen in dem zylindr. Prüfkörper erregt. Temp.-Kontrolle, Art u. Durchführung der elektr. Messungen sowie der Phasenmessungen bei niedrigen Frequenzen, Kalibrierung u. Genauigkeit werden erörtert. Außer der Best. der Dimensionen des Prüfkörpers sind alle Messungen elektr. Art. Die mechan. Eigg. des festen Polymeren können über einen breiten Temp.- u. Frequenzbereich laufend genügend genau an einer einzigen Probe messend verfolgt werden. M. Hagedorn. 4000◇

Polymerrheologie. S. J. Skinner. (J. appl. Polymer Sci. **5**, S 5, März/April 1961; Newport, United Kingdom, Monsanto Chem. Ltd., Res. Dep.; engl.) — Vf. weist darauf hin, daß bei der Unters. des Fließ-Verh. von Polymeren mit einem Capillarrheometer, das kurze u. weite Capillaren enthält, 2 Fehlerquellen vorliegen: Erstens Einfl. des Fließwiderstands der Schmelze selbst u. der Schmelze in der Capillare u. zweitens Einfl. des Widerstands des Films zwischen dem Kolben u. dem zylindr. Vorratsgefäß bei der Kolbenbewegung. Die Größe beider Einfl. wird für ein spezielles Beispiel abgeschätzt. O. Fuchs. 4000◇

Die Bedeutung und der Fehler der Polymeradhäsionsmessungen mit der Ultrazentrifuge. Harvey Alter und Walter Soller. (J. appl. Polymer Sci. **5**, S 7—S 8, März/April 1961; Cincinnati, Ohio, Univ. of Cincinnati, Appl. Sci. Res. Labor.; engl.) — Vff. beschreiben eine Rechen-Meth. zur statist. Analyse von Daten über Adhäsionsmessungen, die mit der Ultrazentrifuge erhalten wurden. Speziell wird das Verf. auf die von Vff. früher (vgl. C. **1963**, **6612**) mitgeteilten Ergebnisse angewandt. Daraus folgt, daß innerhalb eines Fehlers von 10% die Meßwerte unabhängig von der geometr. Form der Probe sind, aber sehr stark von der Natur des Polymeren abhängen. O. Fuchs. 4000◇

Matrix-Formulierung bei der Copolymerisationsstatistik. Leonard Peller. (J. chem. Physics **36,** 2976—86, 1/6. 1962; Madison, Wis., Univ. of Wisconsin, Dep. of Chem.; engl.) — Es wird eine mol. Verteilungsstatistik eines bin., linearen Copolymeren entwickelt durch Anwendung von Matrix-Meth. entsprechend der Behandlung der statist. Thermodynamik von eindimensionalen Systemen. Durch Definierung einer Matrix von aufeinanderfolgenden Wahrscheinlichkeiten können auf leichte Weise Aussagen über den Charakter der Copolymerisation (CP), über die verschiedenen Durchschnittspolymerisationsgrade sowie über die relativen Wahrscheinlichkeiten gewisser Arten von Sequenzen erhalten werden. Die Ergebnisse werden auf eine Anzahl von „am meisten wahrscheinlichen" CP angewandt: z. B. auf Syst. im thermodynam. Gleichgewicht u. auf Radikal-CP im angenäherten stationären Zustand. Im letzten Fall wird weiterhin die Frage der Stereoregularität geprüft. Einige Verallgemeinerungen dieser Annäherung werden diskutiert. J. Sickfeld. 4000◇

Verteilungsfunktion von Blockpolymeren. 1. Mitt. F. W. Boggs. (J. chem. Physics **36,** 1733—42, 1/4. 1962; Wayne, N.J., U.S. Rubber Comp., Res. and Dev. Dep.; engl.) — Durch Anwendung der für Fll. entwickelten statist. mechan. Abhandlungen auf gummiähnliche Materialien entwickelt Vf. eine Theorie, welche verschiedene Gesichtspunkte des Verh. der gummiähnlichen Materialien miteinander in Beziehung setzt. Bei der Verteilungsfunktion von Blockpolymeren wird eine zusätzliche Größe gefunden, welche bei sinkender Temp. zunimmt. Werden wichtige Teile dieses Gliedes durch thermodynam. Größen für Fll. ersetzt, so ist es teilweise möglich, diesen zusätzlichen Ausdruck zahlenmäßig zu bestimmen. Dadurch wird die Notwendigkeit einer Auswertung von Serien umgangen, was bei niedrigen Temp. auf Schwierigkeiten stoßen würde, u. es wird mit einem Minimum an Annäherung gezeigt, warum die bekannte, einfache Theorie über das Verh. von Gummi bei hohen Temp. gültig ist, bei Temp.-Erniedrigung aber Abweichungen zeigt. Es wird weiterin gezeigt, daß die Wahrscheinlichkeit, eine Kette weit entfernt von ihrer wahrscheinlichsten Position zu finden, mit sinkender Temp. abnimmt. — Diese Art der Behandlung gummiähnlicher Materialien könnte nach Ansicht des Vf. vielleicht benutzt werden zur Erklärung einiger Veränderungen, welche in festen Polymeren bei Temp.-Erniedrigung auftreten. J. Sickfeld. 4000◇

Über die Morphologie des kristallinen Zustandes in Polymeren. P. J. Flory. (J. Amer. chem. Soc. **84,** 2857—67, 5/8. 1962; Stanford, Calif., Univ., Dep. of Chem.; engl.) — Zusammenfassender Überblick an Hand der vorliegenden Literatur. — 32 Literaturstellen. C. Gottfried. 4000△

Nah- und Fernwechselwirkungen in linearen Makromolekülen. A. Peterlin. (Sloven. Acad. Sci. Arts, „J. Stefan" Inst. Physics, Rep. **5,** 61—69, Okt. 1958; engl.) — Nach dem vom Vf. entwickelten Modell läßt sich das Verh. linearer Polymerer in verd. Lsgg. durch zwei Wechselwrkg. erklären. Die Nahwechselwrkg., bestimmt durch den Valenzwinkel u. ster. u. energet. Hinderungen, bewirken die gleiche Orientierung benachbarter Kettenglieder. Ihre Lage im Mol. wird von den Fernwechselwrkg. bestimmt, die vom Vol.-Effekt u. dem Einfl. des Lsgm. abhängen. Beide Größen können experimentell bestimmt werden. Klaus Müller. 4000◇

Aufpfropfen auf hydrophile Polymere durch direkte Bestrahlung. A. Chapiro und V. Stannett. (Int. J. appl. Radiat. Isotopes **8,** 164—67, Okt. 1960; Bellevue, Seine-et-Oise, Centre Nat. de la Rech. Scient., Labor. de Chim. des Radiat.; engl.) — Aufpfropfungs-Rkk. von *Vinylmonomeren* auf Filme von *Polyvinylalkohol*, *Cellophan* u. *Zellwolle* bei Bestrahlung mit γ-Strahlen wurden in Dioxan bzw. A., dem kleine Mengen W. beigemischt waren, untersucht. Untersucht wurden der Einfl. der Zeit bei verschiedenen Dosen (6—300 r/min) u. der Einfl. des Wasser-Geh. auf die Aufpfropfungsgeschwindigkeit. Die Ergebnisse werden auf Grund des vermehrten Quellens der polymeren Folien in W. gedeutet u. stimmen überein mit Werten, die unabhängig aus Messungen der Sorptionsisothermen gewonnen wurden. H. Schröder. 4000◇

Bewegung in Polyäthylen. 1. Mitt. Abhängigkeit der spezifischen Wärme von Temperatur und Kristallinität. Bernhard Wunderlich. (J. chem. Physics **37,** 1203—07, 15/9. 1962; Ithaca, N.Y., Cornell Univ., Dep. of Chem.; engl.) — Zusammenstellung thermodynam. Daten für kristallines u. amorphes *Polyäthylen* (Pä) aus Literaturangaben: spezif. Wärme des Pä als Funktion der Kristallinität zwischen 1 u. 420° K; Extrapolation der spezif. Wärmen, Entropien u. Enthalpien des völlig amorphen u. völlig kristallinen Polyäthylens. Für amorphes Pä wird die Glasumwandlungstemp. zu 237° K, bei $\Delta C_p = 2{,}1$ cal Grad^{-1} (Mol CH_2)$^{-1}$ angegeben. Für krist. Pä werden die spezif. Wärmen bei konst. Vol. berechnet. M. Hagedorn. 4010◇

Bewegung in Polyäthylen. 2. Mitt. Schwingungen in kristallinem Polyäthylen. Bernhard Wunderlich. (J. chem. Physics **37**, 1207—16, 15/9. 1962; engl.) — 1. vgl. vorst. Referat. — Auf Grund der spezif. Wärmen eines völlig kristallinen *Polyäthylens* wird sein Schwingungsspektrum besprochen u. als aus drei völlig getrennten Bereichen bestehend gefunden: a) Hochfrequenzschwingungen zwischen 2850 u. 2930 cm^{-1}, welche CH_2-streckend wirken u. zur spezif. Wärme $< 350^0$ K wenig beitragen; b) opt. Schwingungen niedriger Frequenz zwischen 720—1480 cm^{-1}, die $> 150^0$ K zunehmend zur spezif. Wärme beisteuern; c) akust. Schwingungen von 0 bis ca. 500 cm^{-1}, die bei 260^0 K zu 90% angeregt sind. a) u. b) stammen aus IR- u. Raman-Messungen, c) kann nach einer Tarasov-Beziehung abgeschätzt werden. Theoret. Erörterungen u. Tabelle der für die eindimensionale Wärmefunktion nach Debye auf 5 Stellen berechneten Werte sind beigegeben. — 16 Literaturhinweise. M. Hagedorn. 4010◇

Bildung von Sphärolithen in Polyäthylen. W. Banks, J. N. Hay, A. Sharples und G. Thomson. (Nature [London] **194**, 542—44, 12/5. 1962; Midlothian, Musselburgh, Inveresk, Arthur D. Little Res. Inst.; engl.) — Vff. untersuchten systemat. unter verschiedenen Erhitzungs- u. Abkühlungsbedingungen die Sphärolith-Bldg. von *Niederdruck-* u. *Hochdruck-Polyäthylen*, ihren *Copolymeren* mit *Buten* u. *Propylen*, ein *Polymethylen* u. eine Reihe von Fraktionen von *Niederdruckpolyäthylen* vom Phillips-Typ mit Molgew. von 3000—500000. C. Gottfried. 4010△

Struktur der Molekülkette des unter Einwirkung von γ-Strahlung dargestellten Polyäthylens. I. G. Ssobolewa, N. W. Makletzowa und Ss. Ss. Medwedew. (Hochmolekulare Verbind. [UdSSR] **2**, 1234—38, Aug. 1960; Physik.-chem. Karpow-Inst.; russ., Auszug: engl.) — Wenn *Äthylen* in der Gasphase unter Initiierung durch γ-Strahlung mit Dosen von höchstens $4 \cdot 10^6$ r u. Intensitäten bis zu 82 r/s polymerisiert wird, sind die erhaltenen Polymeren wenig verzweigt. Bei gleichen Intensitäten, Temp. u. C_2H_4-Drücken nimmt das Molgew. mit der Dosis, bei gleicher Dosis mit abnehmender Intensität zu (z. B. bei Abnahme von 82 auf 27 r/s von 40000 auf 200000). Wird bei gleichen Dosen, Intensitäten u. C_2H_4-Konzz. die Temp. von 25 auf 50^0 erhöht, nimmt das Molgew. zu u. $[\eta]$ ab, d. h. es entstehen Moll. mit höherem Verzweigungsgrad.
R. K. Müller. 4010□

Bestimmung der „Mikrotaktizität" in Polypropylenketten mittels polarisierter Infrarotspektren. B. S. Woltschek und Sh. N. Roberman. (Hochmolekulare Verbind. [UdSSR] **2**, 1157—61, Aug. 1960; Akad. der Wiss. der UdSSR, Inst. für hochmol. Verbb.; russ., Auszug: engl.) — Mittels polarisierter (5 Se-Filme) IR-Strahlung wird der Grad der Mikrotaktizität in der Kette von *Polypropylen* (I) im Gebiet 3000—2800 cm^{-1} untersucht. Als Grundlage dient das Verhältnis des Dichroismus der Banden 2926 u. 2845 cm^{-1} (D_{2926}/D_{2845}). Proben von I, das mit $TiCl_3 + AlR_3$ ($R = C_2H_5$, iso-C_4H_9) erhalten ist, werden in sd. Dekalin gelöst, u. aus der auf Glas aufgebrachten Lsg. wird das Lsgm. bei 100—120^0 verdampft. Andere I-Proben werden in gerecktem Zustand untersucht. Für D_{2926}/D_{2845} werden bei I nach der Herst. mit $R = C_2H_5$ (iso-C_4H_9) ungereckt 0,63 (0,58), gereckt 0,43 (0,38), beim Rückstand aus der Extraktion mit n-Heptan 0,65 bzw. 0,39 gefunden. Die Änderung beim Recken könnte mit der Zunahme der Rotationsisomeren zusammenhängen, denen längere Ketten entsprechen.
R. K. Müller. 4010□

Kinetisches Gesetz für die Einstellperiode bei der Polymerisation nach Natta. Tominaga Keii. (Nature [London] **196**, 160—61, 13/10. 1962; Tokyo, Inst. of Technol. Dep. of Chem. Engng.; engl.) — Durch Unters. der Zeit-Umsatz-Kurven bei der Polymerisation von *Propylen* nach Ziegler-Natta wurde folgendes kinet. Gesetz für den Polymerisationsverlauf während der Einstellperiode, d. h. bis zur Einstellung einer stationären Geschw., aufgestellt: $dr/dt = -k(r - r_\infty)$, wobei r die Rk.-Geschw., r_∞ die Geschw. im stationären Zustand, t die Zeit u. k eine Konst. ist. U. Müller. 4010◇

Eine Infrarotuntersuchung der Kristallisation von Polyvinylchlorid. A. Kawasaki, J. Furukawa, T. Tsuruta und S. Shiotani. (Polymer [London] **2**, 143—49, Juni 1961; Yoshida, Kyoto Univ., Fac. of Engng., Dep. of Chem.; engl.) — Die IR-Spektren eines in Tetrahydrofuran unlösl. *Polyvinylchlorids* (PVC) hoher Dichte (polymerisiert bei -65^0 mit einer Mischung aus Triäthylbor u. Cumolhydroperoxid als Katalysator), einer orientierten PVC-Probe mit senkrecht u. parallel zur Orientierungsrichtung polarisiertem IR u. die Differenzspektren zwischen PVC hoher u. niedriger Dichte bzw. umgekehrt, wobei jeweils im Meßstrahlengang eine etwas stärkere Folie verwendet wurde, werden im Bereich zwischen 800 u. 1600 cm^{-1} bzw. zwischen 800 u. 3000 cm^{-1} mitgeteilt. Aus Art des Dichroismus u. Abhängigkeit der Extinktionsverhältnisse zur (kristallisationsunempfindlichen) Bande bei 2920 cm^{-1} von der Dichte, d. h. vom

Kristallisationsgrad der Proben, werden im Bereich der CH_2- u. CH-Deformationsschwingungen u. der C—C-Kettenschwingungen von bisherigen Ansichten z. T. abweichende Zuordnungen getroffen. H. Wagner. 4010◇

Über das elastische Verhalten von Polytetrafluoräthylen. G. W. Becker. (Kolloid-Z. **167**, 44—55, Nov. 1959; Braunschweig, Phys.-Techn. Bundesanstalt; dt.) — Bei -90^{0} bis $+225^{0}$ wurden der Relaxationsmodul von partiell kristallinem *Polytetrafluoräthylen* im Zeitbereich 0,5 bis ca. 10^4 Sek. mit einem Dehnungsspannungsrelaxometer sowie der dynam. Elastizitätsmodul u. der zugehörige Verlustfaktor zwischen ca. 10 u. 2000 Hz nach der Biegeresonanz-Meth. bestimmt. An Hand bekannter Näherungsbeziehungen konnte aus den Meßergebnissen die gemeinsame Relaxationszeitenverteilungsfunktion für die Meßtemp. im Bereich von 8 Zehnerpotenzen berechnet werden. In den Zeit- u. Temp.-Kurven auftretende Dispersionsgebiete entsprechen Maxima der Verteilungsfunktionskurven. Bei 100 Hz liegen die Absorptionsgebiete bei —87, —30, +30 u. $+90^{0}$. W. Betcke. 4010◇

Untersuchung der optischen Eigenschaften fester Lösungen einiger organischer Farbstoffe in Polystyrol. Józef Rohleder und Andrzej Olszowski. (Roczniki Chem. [Ann. Soc. chim. Polonorum] **34**, 1033—45, 1960; Wrocław, Politechn., Kat. Chem. fiz.; pol.) — *Styrol* wurde ohne Initiator therm. in Ggw. verschiedener Mengen Azobenzol (I) u. 3-Allyl-5-[p-dimethylaminobenzyliden]-2-thiohydantoin (**II**) polymerisiert. Die therm. Zers. der Farbstoffe während der Polymerisation wurde in Parallelproben kontrolliert. Außerdem wurde die Polymerisation in Ggw. von **I** auch mit 0,2% Dibenzoylperoxid bei 60—90° durchgeführt. Die UV-Spektren der Farbstoffe in *Polystyrol* (**III**) wurden mit den Lsg.-Spektren verglichen. Danach besteht zwischen den **I**-Moll. u. den **III**-Ketten nur eine schwache Wechselwirkung. **I** liegt in mol. Verteilung in **III** vor. Die Spektren von **II** in Lsg. u. in **III** unterscheiden sich so stark, daß eine bedeutende Wechselwrkg. zwischen den Farbstoff-Moll. u. den **III**-Ketten angenommen werden muß. F. Urban. 4010◇

Kritische Opalescenz von Polystyrol in Cyclohexan: Reichweite der Molekularkräfte und Radius der Kreiselbewegung. P. Debye, B. Chu und D. Woermann. (J. chem. Physics **36**, 1803—08, 1/4. 1962; Ithaca, N.Y., Cornell Univ., Chem. Dep.; engl.) — Bei Durchgang von sichtbarem Licht durch verd. oder auch etwas konz. Lsgg. von hochmol. Polymeren wird eine Winkel-Dissymmetrie der Streuintensität des sichtbaren Lichtes beobachtet, welche für Größenbestimmungen der Moll. herangezogen werden kann. Werden die Messungen mit Lsgg. der krit. Konz. u. bei einer geringfügig über der krit. Temp. liegenden Temp. ausgeführt, so wird eine zusätzliche Winkel-Dissymmetrie beobachtet, welche mit der Reichweite der Molekularkräfte in Verbindung gebracht werden kann. Bei der krit. Konz. kann also die Reichweite der Molekularkräfte u. der Radius der Kreisbewegung gleichzeitig durch Messungen der Winkelabhängigkeit der Streuintensität bei verschiedenen Temp. oberhalb der krit. Temp. bestimmt werden. Es werden die Resultate von Verss. mit einer Lsg. von *Polystyrol* ($M_n = 2820000$) in Cyclohexan mitgeteilt. Die krit. Konz. wurde aus Messungen der Konz.-Abhängigkeit der Dissymmetrie von der Streuintensität (I_{45^0}/I_{135^0}) bei einer festgelegten Temp.-Entfernung von der Temp. der beginnenden Phasentrennung T_p zu 1,25 Vol.-% bestimmt. Bzgl. einer detaillierten Beschreibung der Lichtstreuungs-App. vgl. Debye u. Mitarbeiter, C. **1963**, 2477. J. Sickfeld. 4010◇

Bemerkungen zur absoluten Eichung eines Streulicht-Photometers vom Brice-Typ. Yoshio Tomimatsu und K. J. Palmer. (J. Polymer Sci. **35**, 549—52, März 1959; Albany, Calif., US-Dep. of Agricultural Res. Serv., Western Utiliz. Res. and Dev. Div.; engl.) — Vff. untersuchen ein Streulicht-Photometer vom Brice-Typ auf seine Anwendung für abs. Trübungsmessungen u. bestimmen die dazu erforderlichen Konstanten. An Hand von Trübungsmessungen an *Polystyrol* wird gezeigt, daß das untersuchte Photometer exakte abs. Trübungswerte gibt. G. Engelhardt. 4010◇

Zuverlässige Methode zur Bestimmung der Extinktionswinkel strömender, doppelbrechender Flüssigkeiten. H. Janeschitz-Kriegl. (Lab. Pract. **10**, 802—08, Nov. 1961; Delft, T.N.O., Centr. Labor.; engl.) — Wenn Strömungsdoppelbrechung von Fll. in einer App. mit Rotor vom Couette-Typ untersucht wird, stört bei niedrigen Geschw. eine zusätzlich auftretende Doppelbrechung (Db). Diese Db geht vom Glasfenster des Rotors aus u. hat z. T. die Einpassung des Fensters zur Ursache. Ein Fenster, welches ohne Klebstoff u. Quetschdruck zwischen der Packung montiert wird, hat nur noch die eigene schwache zeitunabhängige Spannungs-Db jedes unbelasteten Glases. Bei Verw. eines solchen Fensters wird mit einer Kompensations-Meth. der Einfl. des Fensters weitgehend ausgeschaltet. Die Verss. wurden mit *Polystyrol* vom Molgew. 300000 u. 190000 in Brombenzol-Lsg. durchgeführt. M. Hagedorn. 4010◇

Strömungsdoppelbrechung in Flüssigkeiten. H. G. Jerrard. (Lab. Pract. **10,** 809—12, Nov. 1961; Southampton, Univ., Dep. of Physics; engl.) — Der Zusammenhang zwischen Strömungsdoppelbrechung (SDB), mol. Polarisierbarkeit u. mol. Dimensionen wird erörtert u. durch Messen der SDB u. des Strömungsgradienten untersucht. Die Vers.-Fl. befindet sich in einem rotierenden u. kühlbaren Außenzylinder; in ihrer Mitte hängt ein Torsionszylinder. Beide sind aus Edelstahl, die obere u. untere Abschlußplatte aus Glas. Ein linear polarisierter Lichtstrahl wird durch den Fl.-Ringspalt zwischen den beiden Zylindern axial, also senkrecht zu den Stromlinien u. dem Geschw.-Gradienten, geschickt; die Phasendifferenz zwischen Ein- u. Austritt wird gemessen. Die Genauigkeit des Instrumentes wird diskutiert u. das Ergebnis von Messungen an *Polystyrol*/Toluol mitgeteilt. M. Hagedorn. 4010◇

Konzentrationsabhängigkeit des Reibungskoeffizienten von Polymeren in Lösung. Hiromi Yamakawa. (J. chem. Physics **36,** 2995—3001, 1/6. 1962; Chicago, Ill., Univ. of Chicago, Inst. for the Study of Metals; engl.) — Der Reibungs-Koeff. von Kettenpolymeren bei endlicher Konz. wird auf der Grundlage der Näherungsgleichung von Kirkwood-Risemann [1948] berechnet, wobei die intramol. u. die intermol. hydrodynam. Wechselwrkg. berücksichtigt sind. Die intermol. Potentialenergie von Flory u. Krigbaum (C. **1951,** I. 1315) wird zur Berechnung der Störungs-Geschw. angewandt, welche in der Nachbarschaft eines Mol. durch die Ggw. eines weiteren Mol. erzeugt wird. Schwierigkeiten aus einem ungeeigneten Integral, dem man bei der intermol. Behandlung der Viscosität nach der Stokesschen Näherung begegnet, treten bei dem vorliegenden Problem nicht auf. — Die Ergebnisse der Auswertung zeigen, daß der Reibungs-Koeff. anfänglich unabhängig von der Konz. bei der ϑ-Temp. ist, u. daß das Verhältnis des Koeff. der in der Konz. linearen Größe zur Grenzviscosität für gute Lsgm.-Syst. einen Wert von ca. 1,7 besitzt. Diese Folgerungen stehen in Übereinstimmung mit experimentellen Beobachtungen bei *Polystyrol* in Methyläthylketon u. Toluol u. bei *Polyisobutylen* in Cyclohexan. J. Sickfeld. 4010◇

Polymerisation von Styrol unter Einwirkung von komplexen Katalysatoren. Je. W. Sabolotskaja, A. R. Gantmacher und Ss. Ss. Medwedew. (Hochmolekulare Verbind. [UdSSR] **2,** 1213—20, Aug. 1960; Physik.-chem. Karpow-Inst.; russ., Auszug: engl.) — Es wird die Kinetik der Polymerisation von *Styrol* (I) in Bzl. in Ggw. von $TiCl_3 + AlR_3$ ($R = C_2H_5$, iso-C_4H_9) bei 63—84° untersucht. Die Polymerisations-Geschw. ist proportional der Konz. des monomeren I u. des $TiCl_3$, aber von der AlR_3-Konz. (0,01—0,06 Mol/Liter) u. vom Verhältnis $TiCl_3 : AlR_3$ unabhängig. Die mit $R = C_2H_5$ ermittelte Aktivierungsenergie der I-Polymerisation beträgt 11 kcal/Mol, entspricht also der Aktivierungsenergie von I. Das erhaltene *Polystyrol* ist ein überwiegend krist., schwerlösl. Prod. vom Molgew. $(1-1{,}5)\cdot 10^6$, es enthält 20—30% niedrigmol. Anteile vom Molgew. 20000—30000. Der hochmol. Anteil ist zu 95—97% kristallin; der in Methyläthylketon lösl. atakt. Anteil beträgt 4—3%. Aus der Unabhängigkeit der Kettenlänge von der Konz. des monomeren I wird geschlossen, daß das Molgew. durch die Kettenübertragung auf das Monomere bestimmt wird. R. K. Müller. 4010□

Copolymerisation von Dichlorstyrolen und Methylchlorstyrolen mit Styrol. A. F. Dokukina, S. A. Smirnowa und M. M. Koton. (Hochmolekulare Verbind. [UdSSR] **2,** 1249—54, Aug. 1960; Leningrad, Polytechn. Kalinin-Inst.; russ., Auszug: engl.) — Die Copolymerisation von *Styrol* (I) mit Dichlor- u. Methylchlorstyrolen wird untersucht. Dabei werden die Copolymerisations-Konst. r_1 (substituiertes I) u. r_2 (I) bestimmt u. die Aktivitätsfaktoren e u. Q ermittelt. Die r_1-Werte nehmen ab in der Reihe *2.5-Dichlorstyrol* ($r_1 = 1{,}81$; $r_2 = 0{,}19$) > *2-Chlor-5-methylstyrol* (1,28; 0,50) > *3.4-Dichlorstyrol* (1,23; 0,56) > *2.3-Dichlor-4.5-dimethylstyrol* (1,19; 0,66) > *2-Chlor-3.5-dimethylstyrol* (1,04; 0,78) > *4-Chlor-3-methylstyrol* (1,01; 0,78) > *2-Chlor-3.4-dimethylstyrol* (0,95; 0,81). Tabellar. wird die Zus., die Wärmebeständigkeit (°C) u. [η] der Copolymeren mitgeteilt. Die relativen Aktivitäten (l/r) der substituierten I in vorst. Reihenfolge sind: 5,29; 2,00; 1,78; 1,52; 1,28; 1,21; 1,28. R. K. Müller. 4010□

Polymerisation von Terpentinöl (esencia de trementina) und seiner Terpenanteile mit einem Katalysator vom Ziegler-Typ. M. A. Achón, M. I. García-Bañón, J. L. Mateo und J. L. Ynfiesta. (An. Real Soc. españ. Física Quím., Ser. B **56,** 1041—46, Dez. 1960; Madrid, Inst. de Química „Alonso Barba", Dep. de Plásticos; span.) — *Terpentinöl* (Tö), *α-Pinen*, *β-Pinen* (I) u. *Limonen* werden mit $(C_2H_5)_2AlBr$ u. $TiCl_4$ in Ggw. eines Verdünnungsmittels bei verschiedenen Temp. u. Katalysator-Mol-Verhältnissen polymerisiert. Die Struktur der Polymerisate wird durch Molgew.-Best. (kryoskop. in Bzl.) u. IR-Spektren ermittelt u. der Polymerisationsmechanismus besprochen. *α-Pinen* polymerisiert nicht, Limonen bis zu einem Molgew. von 270. I u. Tö polymerisieren, ähnlich wie bei Verw. von Friedel-Crafts-Katalysatoren, an der Doppelbindung von I u. unter anschließendem Öffnen des Cyclobutanrings zu öligen u.

pulverförmigen Polymerisaten. Auf die Bldg. von Copolymerisaten bei der Polymerisation von Terpentinöl deutet das Ergebnis beim Polymerisieren eines Gemisches von α-Pinen, I u. Limonen im Mischverhältnis des natürlichen Terpentinöls hin: das Polymerisat-Gewicht ist höher als das der Summe von I u. Limonen. Der Einfl. der Reinheit des Verdünnungsmittels auf die Polymerisation wird betont. Techn. industriell besteht kein Anreiz zur Verw. von Katalysatoren vom Ziegler-Typ zum Polymerisieren von Terpentinöl. M. Hagedorn. 4010◇

Fraktionierung eines partiell isotaktischen Polypropylenoxids. Colin Booth, M. N. Jones und Eric Powell. (Nature [London] **196**, 772—73, 24/11. 1962; Manchester, Univ., Dep. of Chem.; engl.) — Ein in Dioxan mit $Zn(C_2H_5)_2$ u. W. polymerisiertes hochmol. *Propylenoxid* (I) wird aus seiner Lsg. in Isooctan mittels eines Temp.-Gefälles fraktioniert ausgefällt. Zwischen 60 u. 40° fallen die Fraktionen fest an u. sind von gleichem durchschnittlichem Molgew. u. gleicher Molgew.-Verteilung. Unter 40° treten Fl.–Fl.-Trennungen auf (ca. 80 Gew.-%), u. hier liegt der Fraktionierung wesentlich das Molgew. zugrunde; kryoskop. Molgew.-Best. an der letzten Fraktion weisen auf das Vorhandensein eines langen Schwanzes von niedrigmol. Anteilen hin. Sämtliche Fraktionen unterscheiden sich nur durch ihre Fähigkeit, unter den gegebenen Bedingungen zu kristallisieren. Die Unfähigkeit der letzten Fraktionen zum Kristallisieren wird auf eine Steigerung des Anteils an syndyotakt. oder vielleicht Kopf–Kopf-Anordnungen innerhalb des sonst isotakt. Polymeren zurückgeführt: partiell taktisch. Für die Struktur von I wird ein Vorschlag gemacht u. auf die Bedeutung des in einem schlechten Lsg.-Mittel gemessenen 2. Virial-Koeff. als qual. Indikator für den Taktizitätsgrad der polymeren Fraktionen von I hingewiesen. M. Hagedorn. 4010◇

Darstellung höhermolekularer p-Kresol–Formaldehyd-Kondensate mit einheitlicher Konstitution und einheitlicher Molekelgröße. 2. Mitt. H. Kämmerer und W. Rausch. (Makromolekulare Chem. **24**, 152—58, 1957; Mainz, Univ. Mainz, org.-chem. Inst.; dt.) — 1. vgl. C. **1961**, 8686. — Es wird die Darst. von höhermol. p-Kresol–Formaldehydkondensaten mit einheitlicher Konstit. u. einheitlichem Molgew. beschrieben. Zusammenhänge zwischen dem Molgew. u. den physikal. u. chem. Eigg. können dadurch ermittelt werden. Die Rk.-Prodd. haben die Struktur IV: n = 0, 1, 2 ···, R, R′ = H, Cl, Br, CH_2OH, CH_2Cl. Die Kristallinität der Prodd. nimmt mit wachsendem Molgew. ab. Der F. der Verbb. der polymerhomologen Reihe steigt fast linear mit dem Molgew. an, während die Löslichkeiten in Bzl. u. Naphthalin geringer werden. Ausnahmen bilden der *Dibrom-fünfkern* u. der *Dichlor-fünfkern*. In Dioxan sind die beschriebenen Verbb. gut löslich.

IV

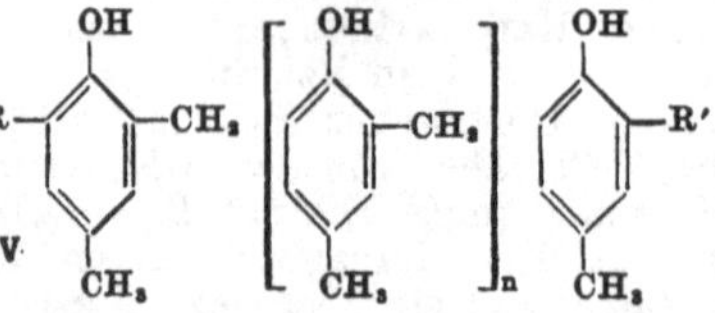

Versuche: *3.3′-Dibrom-2.2′-dihydroxy-5.5′-dimethyldiphenylmethan* (*Dibrom-zweikern*, Br-2-Br), $C_{15}H_{14}Br_2O_2$, F. 157—158°, aus 2-Brom-6-brommethyl-4-methylphenol u. 2-Brom-4-methylphenol bei 60—70°; aus Bzl. Nadeln; 20% (Ausbeute). — *2.6-Bis-[3-brom-2-hydroxy-5-methylbenzyl]-4-methylphenol* (*Dibrom-dreikern*, Br-3-Br), $C_{23}H_{22}$·Br_2O_3, F. 180°; 34% (vergl. 1. Mitt.). — *3.3-Bis-[2-hydroxy-3-brom-5-methylbenzyl]-2.2′-dihydroxy-5.5′-dimethyldiphenylmethan* (*Dibrom-vierkern*, Br-4-Br), $C_{31}H_{30}Br_2O_4$, F. 203—204°, aus 3-Brom-2.2′-dihydroxy-5.5′-dimethyldiphenylmethan u. 3-Brom-3′-hydroxymethyl-2.2′-dihydroxy-5.5′-dimethyldiphenylmethan (I) in A. unter Zugabe von HBr u. Umkristallisieren aus A.–Bzl.; 50%. — *Dibrom-fünfkern* (Br-5-Br), $C_{39}H_{38}Br_2O_5$, F. 131—132°, aus p-Kresol u. I unter Zugabe von HCl u. Dioxan; 64%. — *Dibrom-seckskern* (Br-6-Br), $C_{47}H_{46}Br_2O_6$, F. 250—252°, aus 2.2′-Dihydroxy-5.5′-dimethyldiphenylmethan u. I unter Zugabe von HCl u. Dioxan; 39%. — *Dibrom-siebenkern* (Br-7-Br), $C_{55}H_{54}Br_2O_7$, F. 285—286°, aus 2.6-Bis-[2-hydroxy-5-methylbenzyl]-4-methylphenol u. I unter Zugabe von HCl u. Dioxan; 50%. — *3-Brom-2.2′-dihydroxy-5.5′-dimethyldiphenylmethan* (*Monobromzweikern*, Br-2-H), $C_{15}H_{15}BrO_2$, F. 170—171°; 65%. — *3-Brom-3′-hydroxymethyl-2.2′-dihydroxy-5.5′-dimethyldiphenylmethan* (I) (*Bromzweikernalkohol*, Br-2-CH_2OH), $C_{16}H_{17}BrO_3$, F. 158°; 68%. — *3-Chlor-3′-[2-hydroxy-5-methylbenzyl]-2.2′-dihydroxy-5.5′-dimethyldiphenylmethan* (II, *Monochlor-dreikern*, Cl-3-H), $C_{23}H_{23}ClO_3$, F. 187—188°, aus 3-Chlor-3′-hydroxymethyl-2.2′-dihydroxy-5.5′-dimethyldiphenylmethan u. 4-Methylphenol unter Zugabe von HCl; aus Bzl. umkristallisieren; 77%. — *3-Chlor-3′-[2-hydroxy-3-hydroxymethyl-5-methylbenzyl]-2.2′-dihydroxy-5.5′-dimethyldiphenylmethan* (*Chlor-dreikern-alkohol*, Cl-3-CH_2OH), $C_{24}H_{25}ClO_4$, F. 170 bis 171°, aus II in einer Lsg. von NaOH, Methanol u. W. unter Zugabe von Formalin; aus Essigester umkristallisieren; 50%. — *3-Chlor-3′-chlormethyl-2.2′-dihydroxy-5.5′-dimethyldiphenylmethan* (*Chlorzweikern-pseudochlorid*, Cl-2-CH_2Cl), $C_{16}H_{16}Cl_2O_2$, F. 149,5 bis 150,5°, aus 3-Chlor-3′-hydroxymethyl-2.2′-dihydroxy-5.5′-dimethyldiphenylmethan

u. HCl in Bzl., umkristallisieren aus Bzl.; 45%. — *3-Chlor-2.2'-dihydroxy-3'.5.5'-trimethyldiphenylmethan* (*Methyl-chlorzweikern*, CH_3-2-Cl, **III**), $C_{16}H_{17}ClO_2$, F. 148—149°; 56%. — *2.2-Dihydroxy-5.5'-dimethyldiphenylmethan* (*Zweikern*, H-2-H), $C_{15}H_{16}O_2$, F. 126°, a) aus Dibrom-zweikern in einer Lsg. von KOH, Dioxan u. Methanol u. Hydrierung mit Raney-Ni; aus A. farblose Prismen; 77%; b) aus Monobromzweikern mit Raney-Ni; 75%; c) aus Dichlor-zweikern mit Raney-Ni; 50%; d) aus Monochlorzweikern mit Raney-Ni; 72%. — *Dreikern* (H-3-H), $C_{23}H_{24}O_3$, F. 214—215°, aus Dibrom-dreikern, Dichlor-dreikern oder Mono-chlor-dreikern in KOH mit Raney-Ni; 86%; 50%; 66%. — *Vierkern* (H-4-H), $C_{31}H_{32}O_4$, F. 173°, aus Dibrom-vierkern bzw. Dichlor-vierkern in KOH mit Raney-Ni; 77%; 66%. — *4-Methyl-2-hydroxymethylphenol* (H-1-CH_2OH), $C_8H_{10}O_2$, F. 107°, aus Brom- bzw. Chlor-einkern-alkohol in KOH mit Raney-Ni; 40%. — *Zweikern-alkohol* (H-2-CH_2OH), $C_{16}H_{18}O_3$, F. 136°, aus Brom- bzw. Chlor-zweikern-alkohol in KOH mit Raney-Ni; 52%; 65%. — *2.2'-Dihydroxy-3.5.5'-trimethyldiphenylmethan* (Monomethyl-zweikern), CH_3-2-H), $C_{16}H_{18}O_2$, F. 147°, aus **III** in methanol. KOH mit Raney-Ni; aus Bzl. farblose Nadeln; 75%. — *2.2'-Dihydroxy-3-hydroxymethyl-3.5.5'-trimethyldiphenylmethan* (*Methyl-zweikern-alkohol*, CH_3-2-CH_2OH), $C_{17}H_{20}O_3$, F. 145°; 65%. E. Anton. 4010◇

Wasser als Kettenüberträger bei der Vinylpolymerisation. Uma Sankar Nandi, Premamoy Ghosh und Santi R. Palit. (Nature [London] **195**, 1197—98, 22/9. 1962; Calcutta, Indian Association for the Cultivation of Sci.; engl.) — Die Übertragungs-Konst. eines Lsgm., das mit dem Monomeren nicht mischbar ist, kann bestimmt werden, wenn man in einem Lsgm. arbeitet, das beide Teile löst. Durch Polymerisation in tert.-Butanol u. in Essigsäure wird gezeigt, daß W. keine Fähigkeit zur Kettenübertragung bei der Polymerisation von *Methacrylsäuremethylester* hat. In tert.-Butanol steigt der Polymerisationsgrad bei Zusatz von W. bedingt durch einen Geleffekt; in Essigsäure steigt der Polymerisationsgrad aus demselben Grund zunächst auch, fällt bei größeren Mengen an W. dann aber wieder ab, da bei zunehmender Verdünnung die Essigsäure stärker dissoziiert u. die gebildeten Acetationen Übertragungs-Rkk. mit wachsenden Makroradikalen eingehen. U. Müller. 4010◇

Synthese von Polycarbonaten durch Grenzflächenkondensation. Einfluß der Lösungsmittel und anderer Faktoren auf das Molekulargewicht. J. Fontán Yanés und O. Laguna Castellanos. (An. Real Soc. expañ. Física Quím., Ser. B **57**. 815—26, Dez. 1961; span.) — *Bisphenol A* (**I**) in wss. NaOH-Lsg. wird mit *$COCl_2$* kondensiert, wobei die optimalen Bedingungen für die Herst. von hochmol. Polymeren untersucht werden. Beim Rühren der Lsg. mit einer $COCl_2$-Lsg. in Toluol (**II**), Gemischen von **II** mit CH_2Cl_2 oder CH_2Cl_2 allein werden homogenere u. höhermol. Polymere erhalten als beim bloßen Durchleiten von $COCl_2$. Mit **II** als Lsgm. übersteigt das Molgew. der Polymeren nicht 50000, mit CH_2Cl_2 werden infolge der größeren Löslichkeit des Polymeren in CH_2Cl_2 Molgew. bis 150000 erhalten. Bei höherer Temp. (45°) nimmt die Geschw. der Hydrolyse von $COCl_2$ zu, wodurch Ausbeute u. Molgew. herabgesetzt werden. Salzzusätze vermindern die Löslichkeit von $COCl_2$ in der wss. Phase u. drängen die Hydrolyse zurück. Bei Hydrolyse von endständigem Cl oder Rk. mit Verunreinigungen wird die Anlagerung an die Kette unterbunden. *Hydrochinon* (**III**) reagiert wie **I**, jedoch mit kleineren Ausbeuten, bes. wenn **III** von Anfang an zugegen ist. Wenn die Lsgg. nicht gerührt werden, entstehen Filme, beim Rühren Pulver. Detergentien beschleunigen die Bldg. der Polymeren, weil sie die innige Durchmischung der Lsgg. fördern. Trimethylbenzylammoniumchlorid liefert als Katalysator gute Ergebnisse. Niedrigermol. Polymere können in CH_2Cl_2 gelöst u. einer Weiterbehandlung mit $COCl_2$ u. **I** zur Erhöhung des Molgew. unterworfen werden. Der niedrige Kp. von CH_2Cl_2 erschwert die Herst. stabiler Lsgg. von $COCl_2$, weshalb zweckmäßiger CH_2Cl_2–**II**-Gemische verwendet werden. R. K. Müller. 4010◇

Einfluß des Reckens auf die Struktur und Eigenschaften von Filmen aus Polyäthylenterephthalat. 4. Mitt. **Untersuchung der Makrostruktur von gereckten Filmen nach der Ätzmethode.** G. L. Beresstnewa und P. W. Koslow. (Hochmolekulare Verbind. [UdSSR] **2**, 1854—59, Dez. 1960; Allunions-Kino-Photo-Forsch.-Inst.; russ., Auszug: engl.) — 3. vgl. Hochmolekulare Verbind. [UdSSR] **2**, [1960], 1739. — Filme von *Polyäthylenterephthalat* werden in dem durch ½ std. Erhitzen auf 180° erzielten krist. isotropen Zustand u. nach ein-, zwei- u. mehrachsigem Recken bei 80° u. Nachbehandlung wie oben auf ihre Makrostruktur mittels der Ätz-Meth. untersucht. Der isotrope, ungereckte Film besteht aus einer krist. u. einer amorphen Phase; der krist. Anteil zeigt Mikrosphärolithstruktur. Nach den verschiedenen Formen des Reckens konkurrieren grobe krist. Fibrillen bzw. Mikrofibrillen von hohem Asymmetriegrad, die in der Reckrichtung gelegen sind, mit dem amorphen Anteil u. den Mikroporen des Films. Als weniger akt. Ätzmittel wird (bei Zimmer-Temp.) m-Kresol, als stärker akt. Ätzmittel eine alkohol. Lsg. von p-Chlorphenol verwendet. R. K. Müller. 4010□

Ein Xanthenpolymeres mit Halbleitereigenschaften. R. McNeill und D. E. Weiss. (Austral. J. Chem. **12**, 643—56, Nov. 1959; Melbourne, Australia, Chemical Res., Labor., Div. of Phys. Chem. C.S.I.R.O.; engl.) — Durch verschieden langes Erhitzen (24—120 Std.) von 0,1 Mol *Hydrochinon* mit verschiedenen Mengen von *Phthalsäureanhydrid* (**II**; 0—0,075 Mol), *Pyromellitsäuredianhydrid* (**III**; 0,0125—0,0375 Mol) u. $ZnCl_2$ (**IV**; 0,375—0,75 Mol) unter N_2 bei Temp. von 200 bzw. 250° u. teilweise anschließendes zweites 24std. Erhitzen der Rk.-Mischung bei 250, 300 bzw. 400° wird eine Reihe von *Xanthen* (I)-*Polymeren* hergestellt als erster Schritt einer Unters. der Potentialverhältnisse von organ. Halbleitern für die Synth. von Modellenzymen u. zur Entw. von Ionenaustauschadsorbenten, welche zur direkten elektr. Regenerierung befähigt sind. Diese Polymeren sind Halbleiter vom p-Typ u. haben einen spezif. Widerstand von $7 \cdot 10^3$ Ω cm (Minimalwert aller dargestellten Prodd.), ein um 4 Zehnerpotenzen niedrigerer Wert als der für kristalline organ. Halbleiter. Es besteht eine lineare Abhängigkeit zwischen dem Logarithmus des Widerstandes der Polymeren bei verschiedenen Temp. u. dem Kehrwert der abs. Temperatur. Die Polymeren verhalten sich wie typ. elektron. Halbleiter, was aus der Abwesenheit einer Polarisation geschlossen wird. Die Leitfähigkeit ist nicht auf die Anwesenheit von Diradikalen der chinoiden Resonanzform des Chinolphthaleins zurückzuführen, sondern höchstwahrscheinlich auf eine Carbonium–Kation-Resonanzform, welche durch partielle Ionisierung der Xanthylium–Lacton-Bindung entsteht. Das ist auch daraus zu schließen, daß die entsprechende Struktur verschwindet, wenn der Lactonring durch Methylierung mit Diazomethan in abs. Ae. nach dem Verf. von Hofmann u. Ohlerich bzw. durch Bldg. eines Na-Salzes durch 60std. Schütteln des Polymeren mit einem Überschuß an 0,2n Alkali geöffnet wird: Nach diesen Operationen steigt der Widerstand des Polymeren beträchtlich an. — Vff. untersuchen die Auswirkungen der Polymerisationsbedingungen auf den Widerstand des Polymeren, u. zwar den Einfl. der Luft, des Verhältnisses von **II** zu **III** bei konst. gehaltener Gesamtmenge an Anhydrid, des Verhältnisses von Anhydrid zu Hydrochinon, der Katalysator-Konz., der Kondens.-Katalysatoren sowie von Rk.-Zeit u. -Temperatur. Der Widerstand des Polymeren ist niedriger u. das Polymere enthält weniger Sauerstoff, wenn es unter N_2-Atmosphäre hergestellt wurde. Während der Widerstand durch das Verhältnis **II** zu **III** bei konst. Gesamtmenge an Anhydrid nicht wesentlich beeinflußt wird, führt ein großer Überschuß von Hydrochinon gegenüber der Gesamtmenge an Anhydrid zur Erhöhung des Widerstandes. Bei Benutzung von Polyphosphorsäure bzw. konz. H_2SO_4 als Kondens.-Katalysatoren an Stelle von $ZnCl_2$ entstehen Polymere mit sehr hohem Widerstand. Als optimale Polykondens.-Temp. wurde der Bereich um 250° gefunden; bei höheren Temp. tritt Decarboxylierung ein. Übermäßiges Erhitzen bei 250° ist nicht günstig u. führt zur graduellen Erniedrigung des Sauerstoff-Geh. des Polymeren. J. Sickfeld. 4010◇

Versuch der Transamidierung von Polyamiden mit Acetamid. 3. Mitt. **Untersuchung von Polyhexamethylensebacat (Nylon 610).** 4. Mitt. **Untersuchung von Polyhexamethylenadipat (Nylon 66).** J. González Ramos und M. A. Alonso Lozano. (An. Real Soc. españ. Física Quím., Ser. B **56**, 833—40, Sept./Okt. 1960; Dep. de Plásticos del Patronato „Juan de la Cierva".; span.) — 2. vgl. C. **1962**, **18493**. — Die Abbau-Verss. mit CH_3CONH_2 werden auf *Nylon 610* u. *66* übertragen. Jeweils 30 g Polyamid werden im verschlossenen Rohr unter CO_2 mit 10 g CH_3CONH_2 30 Std. auf 245—250° erhitzt. Die Rk.-Prodd. werden charakterisiert u. führen zur Formulierung des wahrscheinlichen Abbauverlaufes. M. Hagedorn. 4010◇

Feststellung einer thermischen Isomerisierung von Polytriallylcyanurat mit Hilfe einer mechanischen Methode. J. K. Gillham und A. F. Lewis. (Nature [London] **195**, 1199, 22/9. 1962; Stamford, Conn., Am. Cyanamid Co.; Stamford Labor.; engl. — Es wurde die Temp.-Abhängigkeit der Steifheit von *Polycyanursäuretriallylester* u. von *Polyisocyanursäuretriallylester* mit Hilfe eines Torsionspendels aus mit Polymerem getränkter Glasfaser untersucht. Polycyanursäuretriallylester zeigt bei 300° eine steile Abnahme der Steifheit, der ein kleiner Anstieg folgt. Dies wird durch eine innermol. Umlagerung u. eine anschließende Rk. von Allylgruppen erklärt. U. Müller. 4010◇

Differentielle Thermoanalyse von Siliconen. G. P. Brown, J. A. Hill und C. B. Murphy. (J. Polymer Sci. **55**, 419—22, Nov. 1961; Schenectady, N.Y., General Electric Co., General Engng. Labor.; engl.) — *Triphenyl-p-biphenylylsilan* (**I**), *Oktaphenylcyclotetrasiloxan* (**II**), *Dimethylsiliconöl SF 96-40* (**III**), *Methylphenylpolysiloxan* (**IV**) u. *Poly-[1.4-tetramethyldisiloxanylphenylen]* (*Silphenyl*, **V**) wurden in Gemischen mit Al_2O_3 in Ggw. von Luft bis $t = 600°$ erhitzt. Aus den Thermogrammen (Δt in Abhängigkeit von t) ist zu erkennen, daß bei dem F. von **I** u. **II** ein Minimum auftritt. Bei höherem t fällt Δ t von **I** u. **II** ab 400° wieder ab (Minimum bei 465° bei **I** u. 475° bei **II**) infolge des Verdampfens von Substanz. Δ t von **III** steigt ab 295° schwach, ab 380° stärker an, bedingt durch eine Oxydation von **III**; oberhalb 500° wieder Abfall (Substanzverlust). Δ t von **IV** steigt ab 360° infolge Oxydation an, oberhalb 560° Abfall von Δ t. Δ t von **V** nimmt ab 320° zu (Oxydation). Aus den Daten folgt, daß die Oxydationsbeständigkeit in der Reihenfolge **III–V–IV** ansteigt. O. Fuchs. 4010◇

Anlagerung von Phosphorig- und Phosphonigsäureestern an konjugierte Systeme. 7. Mitt. **Telomerisation der Methacrylsäure mit Trialkylphosphiten.** W. A. Kuchtin, Gilm Kamai, L. A. Ssintschenko und K. M. Orechowa. (J. allg. Chem. [UdSSR] **29**[**91**], 510—15, Febr. 1959; Kasan, Chem.-Technol. Inst.; russ.) — 6. vgl. C. **1959**, 12823. — Sorgfältig gereinigtes *Triäthylphosphit* (I) telomerisiert mit *Methacrylsäure* (II) sowohl bei Zimmer-Temp. als auch bei erhöhter Temp. ohne Katalysator. Die Ausbeute an Telomeren ist jedoch gering (6,3%). Wird nichtstabilisierte **II** verwendet, so erhöht sich die Ausbeute beträchtlich (52,1%). Na-Methylat u. Triäthylamin erhöhen die Ausbeute nur wenig, Alkyljodide wirken nur in größeren Konzentrationen. Ein wirksamer Telomerisationskatalysator ist Dibenzoylperoxid (**III**). Mit steigender Konz. von **II** im Ausgangs-Prod. oder von **III**, wächst das mittlere Molgew. des Telomeren. Eine Verringerung von **III** begünstigt die Arbusow-Umlagerung u. damit den Kettenabbruch. Steigende Alkylkettenlänge in Phosphit erfordert höhere Konz. an **III**. Die Rk.-Prodd. haben die allg. Formel $(RO)_2P(:O)[CH_2C(CH_3)(COOH)]_nCH_2—CH(CH_3)COOR$. Es sind weiße Pulver ohne definierten F., die sich beim Erhitzen verfärben u. schließlich verkohlen. Die Molgew. wurden durch Best. des P-Geh. u. in einigen Fällen ebullioskop. ermittelt. Außer **I** wurden auch *Tri-n-propyl-* u. *Tri-n-butylphosphit* untersucht. Es wird der mögliche Rk.-Mechanismus diskutiert. G. Kowollik. 4010□

Der Einbau von $^{14}C_{(1)}$-Isopentenylpyrophosphat in Polyisopren. B. L. Archer, G. Ayrey, E. G. Cockbain und G. P. McSweeney. (Nature [London] **189**, 663—64, 25/2. 1961; Herts., Welwyn Garden City, British Rubber Producers, Res. Assoc.; engl.) — Vff. fanden einen vollständigen Einbau von $^{14}C_{(1)}$-Isopentenylpyrophosphat (I) in *Polyisopren*, wenn **I** 10 Min. oder länger bei 20° inkubiert wird. Eine Inkubationszeit von 25 Sek. erlaubt nur 24% der eingesetzten Radioaktivität im *Polyisopren* wiederzufinden. B. v. Kerékjártó. 4030□

Nicht-Newtonsche Viscosität von synthetischem Kautschuk und seinen Lösungen. F. Bueche. (J. appl. Physics **30**, 1114, Juli 1959; Laramie, Wyo., Univ., Phys. Dep.; engl.) — Viscositätsmessungen an synthet. *Kautschuk* u. seinen Lsgg. in Diäthylbenzol bei 30—60° beweisen, daß dieser sich hinsichtlich seiner viscoelast. Eigg. im nichtnewtonschen Bereich genau so verhält wie andere Polymere mit Schraubenstruktur u. daß die auf jene anwendbare Molekulartheorie ohne Vorbehalte auch auf ihn übertragen werden kann. W. Betcke. 4030◇

Viscosität–Temperatur-Beziehungen für verdünnte Lösungen von Cellulosederivaten. 1. Mitt. **Temperaturabhängigkeit von Lösungsviscositäten von Äthylcellulose.** W. R. Moore und A. M. Brown. (J. Colloid Sci. **14**, 1—12, Febr. 1959; Bradford, Yorkshire, Bradford Inst. of Technol., Dep. of Chem. and Dyeing, Phys. Chem. Res. Labor.; engl.) — Es wird die Viscosität verd. Lsgg. von 6 verschiedenen *Äthylcellulose*-Fraktionen mit einem Molgew. zwischen 40000 u. 140000 in Äthylacetat, Butylacetat, Methyläthylketon, Bzl., Chlf. u. Nitroäthan bei verschiedenen Temp. zwischen 25 u. 60° untersucht. Für die Temp.-Abhängigkeit der Viscosität η wurde die Beziehung $\log \eta = A \cdot \exp Q/RT$ gefunden. Q u. A sind ferner von der Konz. c u. dem Molgew. M abhängig: $Q = Q_0 + K_e \cdot M \cdot c$ bzw. $A = A_0 \cdot \exp(-K_a \cdot M^\alpha \cdot c)$; Q_0 u. A_0 sind die Werte für die reinen Lsgm., K_e K_a u. α sind Konst. für das entsprechende Äthylcellulose-Lsgm.-System. Für K_a u. α wurde eine schwache Abhängigkeit von M gefunden. D. Noack. 4050◇

Die Ermittlung der Verknäuelung von Cellulosenitrat in Butylacetat aus Lichtstreuungsmessungen. J. Schurz. (Mh. Chem. **93**, 151—59, 1962; Graz, Inst. für physikal. Chem.; dt.) — Aus Lichtstreuungsmessungen an *Cellulosenitrat* in Butylacetat wurden Verknäulungsdaten berechnet. Für das scheinbare statist. Fadenelement des Kuhnschen Ersatzknäuels wurde für hohe Polymerisationsgrade der Wert 210 Å gefunden, während eine grobe Abschätzung durch Extrapolation für das isolierte Makromol. 20 Å ergab. Die Problematik der Meth. wurde diskutiert. H. Rossow. 4050◇

Zur Viscositätsbeeinflussung des Filterwertes von Viscosen. E. Treiber. (Mh. Chem. **93**, 455—68, 1962; Stockholm, Zentrallabor. der schwed. Zellstoff-Ind.; dt.) — Wird die Viscosität durch Temp. oder Konz.-Änderungen beeinflußt, so läßt sich mit der Formel $R_V^* = Fw \cdot \eta^a$, in der a empir. zu 0,4 bestimmt wurde, ein viscositätsunabhängiger Filterwert angegeben, der prakt. mit dem Vostersschen R_V-Wert ident. ist (vgl. C. **1952**, 3922). Dies gilt aber nur in einem engen Viscositätsbereich. Bei Variationen im DP-Grad der *Cellulose* durch Änderung der Vorreifebedingungen tritt ein weiterer Viscositätseffekt auf, der durch Erhöhung des Exponenten a auf ca. 0,5 ausgeglichen werden mußte. Durch Anwendung eines hochviscosen *Sulfitreyonzellstoffes* u. Mischungen von stark u. kaum gereifter *Alkalicellulose* wurde eindeutig gezeigt, daß hochpolymere Cellulose mehr Gelteilchen u. einen schlechteren Filterwert ergibt. Dasselbe Verh. muß offenbar generell von solchen Zellstoffen angenommen werden, die recht hochpolymere Cellulosefraktionen enthalten, bes. dann, wenn durch hohen Restlignin-Geh. oder eine straffere Biostruktur diese Anteile stärker geschützt sind als bei normaler DP-Verteilung. H. Rossow. 4050◇

Infrarotspektren von kristallinen Polysacchariden. 8. Mitt. **Xylane.** R. H. Marchessault und C. Y. Liang. (J. Polymer Sci. **59**, 357—78, Juni 1962; Marcus Hook, Pa., American Viscose Corp., Res. and Developm. Div.; engl.) — 7. vgl. C. **1962**, 18322. — *Acetylierte 4-O-Methylglucuronxylane* aus verschiedenen Pflanzen werden in Filmform warm um ca. 100% gestreckt u. anschließend unter Erhalten der Orientierung zu kristallinen Xylanen verseift, die in zwei kristallograph. polymorphen Formen (Hydrat- u. Trockenform) auftreten. Ihre Spektren werden im polarisierten IR-Licht aufgenommen. Die Zuordnung der Banden erfolgt auf Grund empir. bekannter Frequenzen einzelner Gruppen, der Spektren der deuterierten Analoga (OH → OD) u. aus Vgl. mit den Spektren kurzkettiger Oligosaccharide. Aus der Kombination der von Röntgen-Unterss. her bereits bekannten 15 Å „Faserperiode" von kristallinem *Xylan„hydrat"* mit den Beobachtungen im polarisierten IR-Licht wird ein Vorschlag abgeleitet für die Anordnung von in β-1 → 4-Stellung verknüpften *Polyanhydropyranosiden* in gestreckter Kette. Durch Vgl. wird festgestellt, daß Xylan im Baum in der Faserrichtung orientiert ist. M. Hagedorn. 4050◇

Barry-Abbau von Laminarin. E. L. Hirst, J. J. O'Donnell und Elizabeth Percival. (Chem. and Ind. **1958**, 834, 28/6.; Edinburgh, Univ., Dep. of Chem.; engl.) — Bei mehrfacher Perjodatoxydation u. Phenylhydrazinabbau von Laminarin (I) wird durch Dialyse ein *Oxopolysaccharid* mit den charakterist. Eigg. von **I** isoliert. Die Anordnung der 1 → 6-Bindungen in **I** wird diskutiert u. auf eine verzweigte Struktur von **I** geschlossen. K. Zieloff. 4050

Die Struktur von einem Arabogalaktan aus Weißtanne [Picea glauca (moench) voss]. G. A. Adams. (Canad. J. Chem. **36**, 755—62, Mai 1958; Ottawa, Canada, Div. of Appl. Biol., Nat. Res. Labor.; engl.) — Vgl. C. **1958**, 3769. — Vff. isolierten aus *Picea glauca* ein wasserlösl. Polysaccharid (Ps), das aus D-Galaktose, L-Arabinose u. D-Xylose im Mol-Verhältnis 21 : 3 : 1 besteht u. als ein Gemisch eines *Arabogalaktans* mit einer geringen Menge eines *Xylans* betrachtet wird. Aus dem Hydrolysat des permethylierten Polyssacharids wurden *2.3.5-Tri-O-methyl-L-arabinose* (**I**), *2.3.4.6-Tetra-O-methyl-*, *2.3.4-Tri-O-methyl-*, *2.4-Di-O-methyl-* u. *2.6-Di-O-methyl-D-galaktose* sowie geringe Mengen von *2.3-Di-O-methyl-*, *2-* u. *3-O-Methyl-D-xylose* isoliert u. nachgewiesen. Methylierung u. Perjodatoxydation ergeben für das Polysaccharid einen hohen Verzweigungsgrad, wobei die Anhydro-D-galaktoseeinheiten in 1 → 3- u. 1 → 6-glykosid. Bindung vorliegen, während die L-Arabinoseeinheiten in furanosider Form die Endgruppen darstellen.

Versuche: *Methylierte Hemicellulose*, $(C_9H_{16}O_5)_n$, durch mehrmaliges Methylieren von 6,4 g Ps in 25 ml W., mit Dimethylsulfat u. 45%ig. NaOH u. Erwärmen auf 85°; gelbes Prod.; $[\alpha]_D^{25}$ —55° (c = 1,0; Chlf.); 3,96 g (Ausbeute). — *2.3.5-Tri-O-methyl-L-arabinose* (**I**), $C_8H_{16}O_5$, durch 12std. Kochen von 3,96 g vorst. Verb. in 150 ml 8%ig. methanol. HCl, Zufügen von 60 ml 1n HCl, 10std. Erhitzen auf 100°, Neutralisieren mit Amberlite 1 R-45, Eindampfen, Aufnehmen in wss. A., Behandeln mit Kohle, Eindampfen u. Chromatographieren an Celite in n-Butanol/W.; $[\alpha]_D^{25}$ —35°; 236 mg; daneben 636 mg *2.3.4.6-Tetra-O-methyl-D-galaktose* {gibt nach 2,5std. Kochen mit Anilin in A. (Meth. **A**) *2.3.4.6-Tetra-O-methyl-N-phenyl-D-galaktosylamin* [F. 196—197° (A.); $[\alpha]_D^{25}$ —137° (c = 0,92; Pyridin)]}, 89 mg *2.3-Di-O-methyl-D-xylose* {gibt nach **A** *2.3-Di-O-methyl-N-phenyl-D-xylosylamin* [F. 126° (Essigester)]}, 735 mg *2.3.4-Tri-O-methyl-D-galaktose* {gibt nach Behandeln mit Br_2 in W., Dest. bei 150—170° (Bad-Temp.) u. 0,02 mm u. Umsetzung mit methanol. NH_3 *2.3.4-Tri-O-methyl-D-galaktonamid* [F. 166—167°; $[\alpha]_D^{25}$ +32,5° (c = 1; W.)] u. nach **A** *2.3.4-Tri-O-methyl-N-phenyl-D-galaktosylamin* [F. 165—166° (Essigester); $[\alpha]_D^{25}$ 40° (c = 1,2; CH_3OH)]}, *2.3.4-Tri-O-methyl-D-galaktose*, *2.6-Di-O-methyl-D-galaktose*, *2-O-Methyl-D-xylose*, *3-O-Methyl-D-xylose* u. 950 mg *2.4-Di-O-methyl-D-galaktosemonohydrat* {F. 100—101° (Sintern bei 73—76°; Ae.); geht nach

20std. Trocknen bei 55° u. 0,1 mm über P_2O_5 in die *wasserfreie Verb.* [F. 103–104°; $[\alpha]_D^{25}$ +125° → +87° (c = 1; W.)] über u. gibt nach **A** *2.4-Di-O-methyl-N-phenyl-D-galaktosylamin* [F. 218–220° (Essigester); $[\alpha]_D^{25}$ –181° (c = 0,92; Pyridin)]}. – *2.3.5-Tri-O-methyl-L-arabonamid*, F. 136° (CH_3OH/Ae.), $[\alpha]_D^{25}$ –18° (c = 1; W.), aus **I** durch Lösen in W., 50std. Oxydation mit Br_2, Dest. der *2.3.5-Tri-O-methyl-L-arabonsäure* bei 120–145° (Bad-Temp.) u. 0,025 mm, Zugabe von NH_3 gesätt. CH_3OH u. 24std. Stehen bei 5°. W. Farr. 4050□

Alkalischer Abbau von Polysacchariden. Hans O. Bouveng. (Svensk kem. Tidskr. **74**, 251–65, 1962; Stockholm, Svenska Träforskninginstitutet, Träkemiska avdelningen; schwed.) – Übersicht mit 35 Literaturhinweisen. A. Senning. 4050◇

Physikalische Chemie von Proteinlösungen. 11. Mitt. Der osmotische Druck von Serumalbumin, Carbonylhämoglobin und ihren Gemischen in wässeriger Natriumchloridlösung bei 25°. George Scatchard und Jack Pigliacampi. (J. Amer. chem. Soc. **84**, 127–34, 26/1. 1962; Cambridge, Mass., Massachusetts Inst. of Technol., Dep. of Chem.; engl.) – 10. vgl. C. **1960**, 12707. – In einem modifizierten Hepp-Osmometer wurde der osmot. Druck wss. Lsgg. von *Rinderserummercaptalbumin* u. *Pferdecarbonylhämoglobin* bei 25° allein u. im äquimol. Gemisch in Ggw. verschieden hoher Konzz. (0,15; 0,01 u. 0,003m) an NaCl sowie 3 bzw. 6 Mol HCl bzw. NaOH in 0,003m NaCl-Lsg. gemessen. Die osmot. Koeff. lassen sich durch verhältnismäßig einfache Abhängigkeiten wiedergeben. Die Ergebnisse können in Näherung durch die elektrostat. Theorie erklärt werden. Sie zeigen, daß die Protonenpolarisation einen großen Beitrag zu den Wechselwrkg. der beiden Proteine mit ihren unterschiedlichen isoion. Punkten liefert, u. daß sie an der Wechselwrkg. von Moll. des gleichen Proteins in isoion. salzfreier Lsg. bzw. bei sehr niedriger Salz-Konz. beteiligt ist. P. Schwerdtfeger. 4070◇

Bildung freier Radikale in Wolle und Seide durch Oxydationsmittel. M. Burke, P. Kenny und C. H. Nicholls. (Nature [London] **196**, 667–68, 17/11. 1962; Kensington, N.S.W., Australia, Univ. of New South Wales, School of Text. Techn.; engl.) – Ähnlich wie beim Bestrahlen mit γ-Strahlen treten in *Wolle* u. *Seide* durch Behandeln mit Oxydationsmitteln freie Radikale (FR) auf. Untersucht wird die Einw. von Na-Perborat, Na-Persulfat (**I**), Peressigsäure, H_2O_2, Fe^{2+}–H_2O_2 u. auch W. allein. **I** bewirkt stärker als alle anderen die Bldg. einer verhältnismäßig großen Konz. von FR, die Additionspolymerisation zu initiieren imstande sind. Die FR werden elektronenspinresonanztechn. untersucht. Der Sitz der FR in der Wolle ist noch nicht bekannt. M. Hagedorn. 4070◇

Die Chemie des Insulins. Anonym. (J. sci. ind. Res. [New Delhi], Sect. A **18**, 256–57, Juni 1959; engl.) – Zusammenfassung des Nobel-Vortrages von Sanger vor der Schwed. Akad. in Stockholm am 12. Dez. 1958. Hans-Dieter Jacobi. 4070△

E. Biologische Chemie. Physiologie. Medizin

E_1. Allgemeine Biologie und Biochemie

Untersuchung des Strontium- und Calciumübergangs in der biologischen Reihe vom Boden zu den Pflanzen und Tieren. G. D. Litowtschenko und Ss. A. Schipitzyn. (J. allg. Biol. [UdSSR] **21**, 297–300, Juli/Aug. 1960; Irkutsk, Univ., Spektrallabor.; russ., Auszug: engl.) – Es wurden Proben von Böden, Pflanzenteilen u. Tieren (Muskel, Knochen, Milch der Kuh) auf das Verhältnis *Sr/Ca* untersucht. Die Analysen ergaben, daß das Verhältnis Sr/Ca im Tierkörper gegenüber dem Geh. in den umliegenden Pflanzen u. im Boden erheblich (um das 3–6fache) absinkt. Noch geringer wird das Verhältnis Sr/Ca in der Milch (0,001). Im Flußwasser ist Sr/Ca 8–10mal größer als in den Pflanzen der Umgebung u. ca. 5mal größer als im Boden. Das Verhältnis Sr/Ca in der Milch weist denselben Gang wie das Trinkwasser auf. Das Futter ist von geringerem Einfl. auf das Verhältnis Sr/Ca. A. v. Wilpert. 4100

Die Strahlenwirkung auf einige Stoffwechselprozesse bei Escherichia coli. Ernest Pollard und Candace Vogler. (Radiation Res. **15**, 109–19, Juli 1961; New Haven, Conn., Yale Univ., Biophys. Dep.; engl.) – Nach Bestrahlung mit ^{60}*Co*-γ-Strahlen wurden bei *Escherichia coli* die folgenden Unterss. angestellt: In geeignetem Nährmedium (Beschreibung der Zus.) gewachsene Zellen wurden bestrahlt u. danach dem Bestrahlungsgut ^{32}P u. ^{35}S zugesetzt u. die Aufnahme in die Zellen ermittelt. Es zeigte sich, daß diese zunächst nicht von der unbestrahlter Kontrollproben abweicht, nach ca. 20 Min. abzufallen beginnt, bei ^{32}P etwas früher als bei ^{35}S (Dosis 33000 r). Bei geringerer Dosis tritt die Abweichung zeitlich später ein u. umgekehrt (bei 84000 r unmittelbar nach Bestrahlung). Ähnliche Gesetzmäßigkeiten werden bzgl. der Lipoid-Bldg. bei Proben gefunden, die mit ^{14}C-*Glucose* versetzt waren, ferner bzgl. der Bldg. u. Induktion von *β-d-Galaktosidase*. Eine Ausnahme macht die Bldg. von *Desoxyribonucleinsäure*, bei der eine Depression unmittelbar nach der Bestrahlung schon bei 26000 r eintritt. Die Befunde werden diskutiert, der zeitliche Ablauf der Strahlen-Wrkg. auf den Zellkern wird erörtert. W. Reusse. 4102□

Sind Desmosomen statische oder temporäre Zellverbindungen? G. Petry, L. Overbeck und W. Vogell. (Naturwissenschaften **48**, 166—67, 2. März-H. 1961; Marburg/Lahn, Univ., Anat. Inst., Frauenklin. u. Labor. für Elektronenmikroskopie; dt.) — Den Desmosomen, intercellulären Verbb. in mehrschichtigen Plattenepithelien, kommt außer der mechan. Funktion möglicherweise auch ein Anteil am interzellulären Stoffaustausch u. an Reizleitungsvorgängen von Zelle zu Zelle zu. K. Maier. 4150□

Gewinnung und Eigenschaften intakter Zellkerne aus Zellen, die in Gewebekultur gewachsen waren. Wayne E. Magee und M. J. Burrous. (Biochim. biophysica Acta [Amsterdam] **49**, 393—96, 13/5. 1961; Kalamazoo, Mich., Upjohn Co., Biochem. Section; dt.) — Mitt. einer Meth., Suspensionen von *HeLa*-Zellen durch eine poröse Scheibe aus rostfreiem Stahl zu pressen u. aus dem so erhaltenen Homogenat (H) intakte Zellkerne (K) zu isolieren. Die gewaschenen K-Suspensionen sind frei von *Milchsäuredehydrogenase* u. *Bernsteinsäuredehydrogenase*. 10% der *Glucose-6-phosphatase*-Aktivität von H werden in K gefunden. H u. K sind frei von *Katalase, Peroxydase* u. *Diphosphopyridinnucleotidpyrophosphatase*. Dagegen haben die K deutliche *Adenosintriphosphatase* (I)-Aktivität. Die Bedingungen der *Adenosintriphosphat* (II)-Spaltung wurden untersucht: Einfl. von pH, Mg^{2+}, Ca^{2+}, Ba^{2+}, Mn^{2+}, Cu^{2+}, Fe^{2+}, *Saccharose*. I spaltet, zwar langsamer, auch aus *Inosintriphosphat*, *Adenosindiphosphat* u. *Adenosinmonophosphat* PO_4^{3-} ab. *2.4-Dinitrophenol* stimuliert die K-I nicht. F^- u. (schwächer) N_3^- hemmen I. Auch aus $P_2O_7^{4-}$, *Guanosintriphosphat* u. *Uridintriphosphat* spaltet I PO_4^{3-} ab. Die K besitzen anscheinend keine Fähigkeit zur *Protein*-Synth. (Inkubation mit ^{14}C-*Lysin*). $^{32}PO_4^{3-}$ wird dagegen aufgenommen (Aufnahme durch F^- u. *Adenosin* gehemmt). ^3H-*Thymidinmono-*, *-di-* u. *-triphosphat* werden nicht in die K-*Nucleinsäure* eingebaut. ^3H-II-Aufnahme ist gering (vermutlich durch I gestört.)
S. Dittmann-Mitzscherlich. 4150□

Die Rolle des Schwefels bei der Zellteilung der Chlorella, untersucht durch die Technik der synchronen Kultur. Eiji Hase, Hama Otsuka, Sayoko Mihara und Hiroshi Tamiya. (Biochim. biophysica Acta [Amsterdam] **35**, 180—89, Sept. 1959; Tokyo, Univ. of Tokyo, Inst. of Appl. Microbiol. and Tokugawa Inst. for Biol. Res.; engl.) — *Chlorella ellipsoidea* wurde unter synchronen Kulturbedingungen gehalten, wobei $^{35}SO_4^{2-}$ zugesetzt war. Die Zellen, die bei normalem N- u. S-Geh. wuchsen, zeigten im A.- u. Trichloressigsäureextrakt im Wachstumsstadium abnehmenden u. im Reifestadium zunehmenden S-Gehalt. Der A.-Extrakt enthielt eine unbekannte S-Verb. u. eine S-freie peptidartige Verb., die in bestimmten Reifestadien auftritt. Bei Chromatographie ist der Fleck Ninhydrin-negativ, nach HCl-Hydrolyse -positiv. In Zellen, die unter S- u. N-Mangel wuchsen, nahm die S-haltige Verb. im Trichloressigsäureextrakt vor der Kernteilung zu, die S-freie Verb. erschien nur im A.-Extrakt kurz vor oder während der Zellteilung. W. Hiller. 4150□

Die Rolle des Glutathions bei der Übertragung von Aminosäuren von Aminoacylribonucleinsäuren auf Ribosomen. John O. Bishop und Richard S. Schweet. (Biochim. biophysica Acta [Amsterdam] **49**, 235—36, 29/4. 1961; Lexington, Ky., Univ. of Kentucky, Med. School, Biochem. Dep.; engl.) — Die Übertragung von ^{14}C-*Leucin* von ^{14}C-*Leucyl-Ribonucleinsäure* auf Reticulocytenribosomen erfordert einen *Proteinfaktor* (I), der von SH-Verbb. aktiviert wird. Teilweise gereinigter I war ohne *Glutathion* (II) wenig wirksam. Nach Inkubation von I mit II_{red} u. Abtrennung niedermol. Verbb. durch Sephadex G-50-Passage erwies sich das eluierte Enzym I ohne II-Zusatz als voll akt., wenn EDTA im Inkubationsansatz vorhanden war. $5 \cdot 10^{-5}$ m p-Chlormercuribenzoat, N-Äthylmaleinsäureimid u. $AgNO_3$ hemmten voraktiviertes I zu 95—98%, 0,02 m II_{red} enthemmte zu $>$50%. K. Maier. 4150□

Das Wirkungsspektrum der Umkehr der von Ultraviolett hervorgerufenen Dimerisierung von Thymin. Richard Setlow. (Biochim. biophysica Acta [Amsterdam] **49**, 237—38, 29/4. 1961; Oak Ridge, Tenn., Oak Ridge Nat. Labor., Biol. Div.; engl.) — Längerwelliges UV-Licht war bei der Rückbldg. des durch UV-Bestrahlung (in gefrorener Lsg.) gebildeten *Thymindimeren* (I) zu *Thymin* (II) wirksamer als längerwelliges. Das Wrkg.-Spektrum für die Rückbldg. entspricht in der Form dem Absorptionsspektrum von I (durchschnittliche Quantenausbeute ca. 0,6). Mit zunehmender I → II-Umwandlung steigt die Absorptionshöhe an. K. Maier. 4150□

Elektronenfärbungen. 2. Mitt. **Elektronenmikroskopische Untersuchungen über die Sichtbarmachung angefärbter DNS-Moleküle.** Michael Beer und C. Richard Zobel. (J. molecular Biol. 3, 717—26, Dez. 1961; Baltimore, Md., Johns Hopkins Univ., Thomas C. Jenkins Dep. of Biophys.; engl.) — 1. vgl. J. molecular Biol. 3, [1961], 263. — Vff. schlagen eine Meth. zur Sichtbarmachung von *Desoxyribonucleinsäure* (DNS)-Moll. vor, die die verschiedenen method. Nachteile der Bedampfungs-Meth. umgeht. Dazu wird DNS aus T2-Phagen durch Phenolextraktion isoliert u. in flüchtigem Puffer aus 0,1 m Ammoniumacetat u. 0,05 m Ammoniumcarbonat, pH 8,5, gelöst. Das Objektgitter des Elektronenmikroskopes wird mit der üblichen Membran versehen, das Gitter mit der Membran nach unten entlang der Oberfläche der DNS-Lsg. geführt u. anschließend 5—30 Min. durch Uranylnitrat-Lsgg. wechselnder Konzz., pH 3,5, durchgezogen. Das Gitter wird mit Ae. gespült u. anschließend mit Polystyrolkügelchen von 0,5 μ Ø belegt. Das Gitter wird im Winkel 5 : 1 mit Pt bedampft rechtwinklig zu der Richtung, in der das Gitter über der DNS-Lsg. geführt worden war. Beträgt die Konz. der DNS-Lsg. im Puffer 1 mg/ml, so ist für normale Reproduktions-Meth. die Schicht der DNS-Moll. zu dicht. Wird dagegen in 0,1 m Uranylnitrat-Lsg. pH 3,5 vorher gefärbt, wobei das Schwermetall definierte Komplexe mit der DNS bildet, so lassen sich nunmehr nach dem Bedampfen mit Pt die Umrisse deutlich erkennen. In DNS-Lsgg. geringerer Konz. (5 μg DNS/ml) läßt sich die Fadenbreite zu 20 ± 5 Å bestimmen. Werden zur Färbung verd. Uranylnitrat-Lsgg. 0,012 m bzw. 0,0012 m verwendet, so nimmt der Kontrast ab. Bei der niedrigsten Konz. wird 1 UO_2^{2+} pro DNS-Basenpaar gebunden. Würde man basenspezif. Schwermetalle finden, so ließe sich eine Aussage über die Anordnung der Basen in der DNS machen. L. Träger. 4150□

Infrarotspektren formamidbehandelter Nucleinsäuren. Y. Kyogoku, M. Tsuboi, T. Shimanouchi und I. Watanabe. (J. molecular Biol. 3, 741—45, Dez. 1961; Bunkyo-ku, Tokyo, Univ. of Tokyo, Fac. of Sci., Fac. of Pharmaceutical Sci.; Sakyo-ku, Kyoto, Kyoto Univ., Inst. for Virus Res.; engl.) — Werden 10 mg *Desoxyribonucleinsäure* (DNS), Na-Salz, aus Kalbthymus in 10 ml Formamid (I) über Nacht gerührt, das Ungelöste abgetrennt u. zum Überstehenden 1 ml 20%ig. Na-Acetat-Lsg. u. 30 ml A. zugegeben, so fällt DNS-Na wieder aus. Sie wird in W. wieder gelöst, über Nacht dialysiert u. schließlich auf AgCl-Plättchen erneut gefällt. Das IR-Spektrum dieser vorher in I gerührten DNS unterscheidet sich erheblich von dem nativer DNS, die bei 1700 cm^{-1} eine starke Bande aufweist, die nach I-Behandlung verschwunden ist. Diese Bande wird den im Cytosin u. Adenin auftretenden C=O- bzw. C=N-Schwingungen zugeordnet, die nur bei intakter spezif. Basenpaarung Cytosin/Guanin u. Adenin/Thymin beobachtet werden. Demnach spaltet I die H-Brückenbindungen in nativer DNS. Wird DNS durch Exposition in einer D_2O-Atmosphäre deuteriert, so beobachtet man mit nativer deuterierter DNS eine definierte Schulter bei 1685 cm^{-1}, die nach I-Behandlung nur noch sehr schwach vorhanden ist. Insgesamt werden bei I-Behandlung folgende Änderungen im IR-Spektrum beobachtet: Wegfall der 1700 cm^{-1}- u. 1292 cm^{-1}-Banden, Abschwächung der 1084 cm^{-1}-Bande, Streckung u. Verschiebung der 1050 cm^{-1}-Bande nach 1058 cm^{-1}, Streckung der 1015 cm^{-1}-Bande u. Abschwächung der 965 cm^{-1}-Bande. Die gleichen spektralen Veränderungen werden beim Erhitzen von DNS-Lsgg. auf 95° beobachtet. Demnach ähnelt I-behandelte DNS in ihrer Elektronenstruktur hitzedenaturierter DNS. Bes. führt die I-Behandlung zu Veränderungen der mol. Konformation der Phosphat- u. Zuckerreste innerhalb der DNS. Ähnliche spektrale Unterschiede werden zwischen I-behandelter u. nativer ribosomaler oder lösl. *Ribonucleinsäure* aus Hefe beobachtet. L. Träger. 4150□

Oscillographische Polarographie von Desoxyribonucleinsäureabbauprodukten. E. Paleček. (Biochem. biophysica Acta [Amsterdam] 51, 1—8, 22/7. 1961; Brno, ČSR, Czechoslovak Academy of Sciences, Inst. of Biophysics; engl.) — Hochpolymerisierte *Desoxyribonucleinsäure* (DNS) wurde durch oscillograph. Wechselstrompolarographie (Meth. beschrieben) analysiert. In NH_4-Formiat-Lsg. ruft DNS eine Einschnürung hervor, die bei dem gleichen Potential beginnt wie die Einschnürung, die durch freie *Desoxyguanylsäure* (I) hervorgerufen wird. Auch andere Charakteristica der durch DNS u. I verursachten Einschnürungen stimmen gut überein. Aus diesem Grund wurden die oscillopolarograph. Aktivitäten verschiedener Abbau-Prodd. von DNS untersucht: In NH_4-Formiat-Lsg. gibt *Desoxyriboapyrimidinsäure* die gleiche anod. Einschnürung wie DNS, während weder *Apurinsäure* noch Abbau-Prodd. von DNS, bei denen außer Adenin alle Basen entfernt wurden, noch *Polydesoxyribosephosphat* diese Einschnürung hervorriefen. Daraus wird gefolgert, daß die durch DNS hervorgerufene Einschnürung auf die in der DNS-Molekel gebundene I zurückzuführen ist. *Freie Desoxycytidylsäure* (II) gibt in NH_4-Formiat-Lsg. — anders als bei vorst. Verss. — eine kathod. Einschnürung. Diese kathod. Einschnürung wird auch von DNS gegeben, deren Purine entfernt wurden. Sie verschwindet dagegen bei Desaminierung der Apurinsäure. Aus diesen Ergebnissen wird gefolgert, daß ein Teil des Pyrimidinringes der an DNS gebundenen II ster. gehindert ist. S. Dittmann-Mitzscherlich. 4150□

Gleichgewichtssedimentation im Dichtegradienten von DNS-Präparationen tierischer Gewebe. Saul Kit. (J. molecular Biol. **3,** 711—16, Dez. 1961; Houston, Tex., Univ. of Texas. M. D. Anderson Hosp. and Tumor Inst., Sect. of Nucleoprotein Metabolism, Dep. of Biochem.; engl.) — Wird von *Desoxyribonucleinsäure* (*DNS*) aus verschiedenen Gewebetypen in CsCl durch Dichtegradientenzentrifugierung das Bandenmuster bei der Gleichgewichtssedimentation ermittelt, so sind die gefundenen Muster abhängig von Größe u. Zus. der DNS u. daher weitgehend typ. für die untersuchte Präparation. DNS wird aus 0,3—3 g feuchtem Gewebe nach einer modifizierten Meth. nach Kirby mit p-Aminosalicylsäure/Phenol zu 90% extrahiert. Durch 24std. Zentrifugation in CsCl-Lsg. bei 44,770 U/min. bei 25° erhält man folgende mittlere Dichten: DNS aus Mäusegewebe (Leber, Milz, Gehirn, Niere, Lunge) Hauptbande 1,701 gcm^{-3}; Zweitbande 1,690 gcm^{-3}, die 8% der Gesamt-DNS entspricht. Dieses Muster wurde ebenfalls bei Mäuseneoplasmen u. LM-Gewebekulturzellen gefunden. DNS von Leber, Milz u. Gehirn von Rhesusaffen sowie von Alligatoren zeigte jeweils nur eine Bande mit 1,700 gcm^{-3} bzw. 1,703 gcm^{-3}, während DNS aus Meerschweinchenleber, -niere u. -milz wiederum 2 Banden mit 1,703 gcm^{-3} u. 1,697 gcm^{-3} aufwies. Hierbei ist allerdings die leichtere Bande die Hauptbande im Gegensatz zum Bandenmuster der Mäuse-DNS. L. Träger. 4150□

Die cytoplasmatische Bildung der Ribonucleinsäure von Ribosomen. Richard P. Sutter, Sandra Lee Whitman und George Webster. (Biochim. biophysica Acta [Amsterdam] **49,** 233—35, 29. April 1961; Columbus, Ohio, Ohio State Univ., Biochem. Dep.; engl.) — Messung des Einbaus von Nucleinsäurevorstufen in die *Ribosomen-Ribonucleinsäure* (**I**) nukleierter u. enukleierter *Acetabularia mediterranea*-Zellen zeigte, daß der Kern für die Synth. ribosomaler **I** nicht direkt notwendig ist. K. Maier. 4150□

Der Einbau von ^{32}P in die nucleoläre Ribonucleinsäure. W. S. Vincent und Elyane Baltus. (Arch. int. Physiol. Biochim. **68,** 415—16, März 1960; Woods Hole, Mass., Marine Biol. Labor.; Bruxelles, Univ., Labor. de Morph. animale; franz.) — Der Einbau von ^{32}P in die 4 Nucleotide (**I**) der Ribonucleinsäure (**II**) von Kernkörperchen der Seesternoocyten wurde nach 0—6 Std. Inkubation u. **II**-Hydrolyse mit 0,5n KOH bestimmt. Die Aktivitäten nach 0, 2, 4 u. 6 Std. waren: *Cytidylsäure* (**III**), 36, 30, 25, 20, *Adenylsäure* (**IV**), 22, 24, 25, 27, *Guanylsäure* (**V**), 20, 26, 32, 36, *Uridylsäure* (**VI**), 21, 20, 18, 17, die chromatograph. bestimmte Zus. der gesamten Kern-**II**: **III**, 24; **IV** 19; **V**, 41; **VI**, 15. Zu Beginn des ^{32}P-Einbaus enthält die aktivste **II**-Fraktion 2mal so viel Cytosin wie die übrigen Basen. K. Maier. 4150□

Die biologische Funktion der Desoxyribonucleinsäure. Carl C. Lindegren. (J. theoret. Biol. **1,** 107—19, April 1961; Carbondale, Ill., Southern Illinois Univ., Biol. Res. Labor.; engl.) — Übersicht. Funktion des Heterochromatins, biolog. Funktion der Desoxyribonucleinsäure, die B-Chromosomen des Maises. — 23 Literaturangaben. K. Maier. 4150□

Die Kinetik der elterlichen Desoxyribonucleinsäure-Replikation, der Desoxyguanylsäurekinase-Bildung und der ^{32}P-Inaktivierung des elterlichen Virus in Escherichia coli nach Infektion mit Bakteriophagen T 4. Andrzej W. Kozinski und Maurice J. Bessman. (J. molecular Biol. **3,** 746—55, Dez. 1961; Baltimore, Md., Johns Hopkins Univ., Dep. of Biol., Dep. of Biophysics, McCollum-Pratt-Inst.; engl.) — Wird *Escherichia coli B* mit Bakteriophagen T 4 (oder T 2 oder T 6) infiziert, so hört sofort die *Desoxyribonucleinsäure*(DNS)-Synth. auf u. wird erst 6,5—10 Min. später wieder aufgenommen. Von den in diesem Zeitraum verlaufenden Stoffwechselvorgängen werden zwei untersucht: Die Phagen-induzierte Bldg. von *Desoxyguanylsäurekinase* (**I**) sowie die Stabilisierung der elterlichen Phagen-DNS beim ^{32}P-Zerfall. Dazu werden $3 \cdot 10^8$ Zellen E. coli B/ml, die in Ggw. von 200 μg 5-Bromdesoxyuridin/ml kultiviert worden sind, mit Bakteriophagen T 4 (Multiplizität 3) infiziert, wobei gleichzeitig ^{32}P-Phosphat zugegeben wird. In bestimmten Intervallen werden Proben entnommen u. der Geh. an ^{32}P-DNS bestimmt. Nach 7 Min. ist erst die Bldg. von ^{32}P-Phagen-DNS nachweisbar. Die **I**-Aktivität nimmt schon innerhalb 3 Min. signifikant zu. Nach 6 Min. liegt ein Bruchteil des angebotenen ^{32}P-Phosphates in Komponenten mit erhöhter Dichte vor, wie die Messung des Dichtegradienten in CsCl u. die Zunahme der Radioaktivität zeigen. Zu diesem Zeitpunkt sind jedoch schon 80% der totalen **I**-Menge synthetisiert. Wenn ca. 35% der Eltern-DNS in die schwerere bromuracilhaltige DNS nach 9 Min. eingebaut sind, ist die **I**-Synth. beendet. Dieser DNS-Übergang in die DNS der Wirtszelle wird durch vorherige UV-Bestrahlung der Bakteriophage gehemmt. Dagegen wird die I-Synth. durch UV-Strahlen nicht blockiert. Wird E. coli B mit ^{32}P markierten Bakteriophagen infiziert, so zeigt sich, daß sich die Bakteriophagen-DNS noch vor Beginn der Replikation gegenüber der durch den ^{32}P-Zerfall bedingten Inaktivierung der infektiven Zentren stabilisiert. L. Träger. 4150□

Instabile Ribonucleinsäure in Säugetierblutzellen. Paul A. Marks, Clyde Willson, Jacques Kruh und François Gros. (Biochem. biophysic. Res. Commun. **8**, 9—14, 19/6. 1962; Paris, Pasteur Inst., Serv. de Biochim. Cellulaire; Hôpital des Enfants malades, Labor. de Rech. de Biochim. Méd.; engl.) — Blutzellen vom Kaninchen werden nach Best. des Geh. an roten u. weißen Blutkörperchen u. Reticulocyten in einem Puffer, pH 7,4, auf 37° erwärmt u. mit $^{14}C_{(8)}$-*Guanin* (I) versetzt. Die Inkubation wird nach 30 Min. durch Zusatz von 4 Vol. eiskaltem Trispuffer, pH 7,5, der $MgSO_4$, Na-Laurylsulfat, Bentonit, 8-Hydroxychinolin u. Naphthol-1.5-disulfonat enthält, beendet. *Ribonucleinsäure* (RNS) wird im Saccharosegradienten sedimentiert, wobei sich eine langsamere Komponente (a) mit Sedimentations-Koeff. 4 s (wahrscheinlich „transfer"-RNS) von zwei schneller sedimentierenden Komponenten abtrennt (c u. d). Drei Radioaktivitätsmaxima liegen auf a u. d sowie zwischen a u. c auf b, nicht jedoch auf c. Reticulocyten-reiche Zellsuspensionen weisen eine ähnliche Aktivitätsverteilung auf. Wird statt ^{14}C-I $H_3{}^{32}PO_4$ angeboten, so wird nach 3 Min.-Inkubation die gleiche Aktivitätsverteilung wie nach I-Angebot beobachtet. Werden die Zellen zunächst 30 Min. mit $^{14}C_{(8)}$-I inkubiert, dann 120 Min. mit nichtradioakt. I weiter bei 37° belassen, so werden Aktivitätsmaxima bei a u. d beobachtet, jedoch nur noch eine schwache bei b u. eine neue bei c. Dies zeigt, daß die neu synthetisierte RNS eine hohe Stoffwechselzahl aufweist. Der hohe RNS-Stoffwechsel wird hauptsächlich in den weißen Blutkörperchen beobachtet, während Reticulocyten-reiche Suspensionen wenig oder keine Radioaktivität aus $^{14}C_{(8)}$-I in die RNS einbauen. L. Träger. 4150◇

Charakteristika der Nucleosidverwertung durch Embryonen von Paracentrotus lividus. Martin Nemer. (J. biol. Chemistry **237**, 143—49, Jan. 1962; Neapel, Stazione Zoologica; engl.) — 5000 Eier/ml vom Seeigel *Paracentrotus lividus* werden bei 18° in gefiltertem Seewasser kultiviert. Der Einbau verschiedener Nucleoside oder Nucleotide [jeweils 200 mμ Mol/10^5 befruchtete (1 Std.-Embryos, A; 24 Std.-Embryos, B) oder unbefruchtete Eier, C] in die säurelösl. bzw. säureunlösl. Fraktion wird untersucht. Nach 5 Std. werden in die säureunlösl. Fraktion von C nur sehr wenig Nucleoside eingebaut, A baut ca. 20fach mehr ein, während B wiederum zwischen 3- bis 5fach mehr einbaut. A nimmt am stärksten *Cytidin* (I) auf, während B u. C am meisten *Uridin* (II) in Anwesenheit von I, II, *Desoxyuridin* (III), *Thymidin* (IV), *Thymidylsäure* u. *Desoxyuridylsäure* einbauen. Allg. werden die Riboside stärker aufgenommen als die Desoxyriboside bzw. Desoxyribotide. Darüber hinaus weisen die Riboside 4- bis 6fach längere biolog. Halbwertszeiten auf als die übrigen Verbindungen. A baut I in die *Desoxyribonucleinsäure* (DNS) u. *Ribonucleinsäure* (RNS) im Verhältnis 7 : 1 ein u. baut II im Verhältnis DNS/RNS 2 : 1 ein. B weist dagegen nach Angebot von I das Verhältnis 2 : 1 u. nach II-Angebot 1 : 1 beim Einbau in DNS/RNS auf. Wird radioakt. I zusammen mit inakt. II A angeboten, so vermindert sich das Verhältnis der eingebauten Radioaktivitäten in DAS/RNS nur wenig auf 6 : 1. Wird dagegen radioakt. II zusammen mit inakt. I (im Verhältnis 1 : 1) A angeboten, so erniedrigt sich das Verhältnis der Radioaktivitäten in DNS/RNS auf 1 : 1. Weniger als 10% III u. weniger als 5% IV werden in die RNS eingebaut. Vermutlich handelt es sich jedoch dabei um DNS-Spuren in der RNS. Ihr Hauptanteil wird in die DNS unmittelbar nach der Befruchtung innerhalb 30 Min. eingebaut. $8 \cdot 10^{-5}$ m *5-Fluordesoxyuridin* (V) hemmt die Entwicklung von A. Die Hemmung wird durch $5 \cdot 10^{-6}$ m IV aufgehoben, nicht jedoch durch $5 \cdot 10^{-5}$ m *Desoxycytidin* oder $5 \cdot 10^{-6}$ m III. Dagegen enthemmen $2{,}5 \cdot 10^{-6}$ m *5-Joddesoxyuridin* (VI) oder $5 \cdot 10^{-5}$ m *5-Methyldesoxycytidin*. V hemmt den Einbau von III u. IV u. erhöht den von VI. $2 \cdot 10^{-4}$ m VI hemmt die Entw. von A zum Blastulastadium u. vermindert den Einbau von I u. II. Der VI-Einbau wird durch IV gehemmt, jedoch durch V stimuliert. V hemmt den I-Einbau in die DNS, jedoch nicht den in die RNS. Vf. gibt ferner einen Überblick über die durch V u. VI blockierten Entw.-Stadien u. deren Charakteristika. L. Träger. 4150

Einfluß von α-Naphthylisothiocyanat auf die durch Dimethylaminobenzol in einigen Organen der Ratte bewirkten Veränderungen der Nucleinsäure-Konzentration. L. Mazzanti. (Arch. ital. Sci. farmacol. [3] **10**, 21—35, Jan. 1960; Pisa, Univ., Ist. di Farmacol.; ital.) — In Hirn, Leber, Milz, Pankreas u. Niere von Albinoratten bewirkten *α-Naphthylisocyanat* (I) u. *Dimethylaminoazobenzol* (II) bei Eiweiß-armer Ernährung in gleicher Weise aber in verschieden hohem Grad eine Zunahme der *Desoxyribonucleinsäure*. II bewirkte nur eine flüchtige Abnahme der *Ribonucleinsäure*, die durch I gesteigert u. verlängert wird. K. Zingraf. 4150□

Verhalten des Nucleinsäuregehaltes in der Leber u. in anderen Organen von Albinoratten nach lang dauernder Behandlung mit α-Naphthylisothiocyanat. 2. Mitt. L. Mazzanti. (Arch. ital. Sci. farmacol. [3] **10,** 36—45, Jan. 1960; Pisa, Univ., Ist. di Farmacol.; ital.) — 1. vgl. C. **1960,** 1534; vgl. auch vorst. Referat. — 2—7 Monate lange Behandlung von Albinoratten mit *α-Naphthylisothiocyanat* bewirkte eine funktionelle Abnahme von *Ribonucleinsäure* im Hirn u. von *Desoxyribonucleinsäure* (I) im Hoden sowie eine Zunahme von I im Pankreas u. eine organ. Zunahme von I in der Leber.
K. Zingraf. 4150□

Die Wirkung von 6-Mercaptopurin auf den Einbau markierter Aminosäuren in celluläres Protein von Leukocyten bei chronischer Granulocytenleukämie. Samuel B. Nadler, Hans J. Hansen, Charles C. Sprague und Harry Sherman. (Blood **18,** 336—43, Sept. 1961; New Orleans, La., Tulane Med. School, Tauro Infirm., Dep. of Biochem. Res.; engl.) — *6-Mercaptopurin* vermindert bei chron. Granulocytenleukämie die erhöhte Einbau-Geschw. von *Aminosäuren* (*$^{14}C_{(1)}$-L-Valin* u. *-L-Leucin*) in die Leukocyten. Der scharfe Abfall des Aminosäureeinbaus kommt nach einigen Tagen (therapeut. Dosen) zustande u. geht der Verringerung der Zahl zirkulierender Leukocyten voraus, so daß eine Schädigung der Vitalfunktion anzunehmen ist. Die verminderte Einbau-Geschw. bleibt auch nach Absetzen des Medikaments so lange bestehen, wie die Remission dauert. U. Tausenfreund. 4160□

Antitumor-Wirkung einiger Stickstofflost-Peptide. Fumiko Fukuoka und Yasuhiko Shirasu. (Gann, Japan. J. Cancer Res. **52,** 191—96, Juni 1961; Tokio, Cancer Inst., Jap. Found. of Cancer Res.; engl.) — *p-[N.N-Bis-(2-chloräthyl)]-aminophenylalanin* (I) sowie *N-Formylphenylalanylphenylalaninäthylester*, *N-Formylphenylalanylvalinäthylester*, *N-Acetylphenylalanylvalinäthylester*, *N-Formylphenylalanylglycinäthylester*, *N-Acetylphenylalanylglycinäthylester*, *N-Acetylphenylalanylleucinäthylester* u. *N-Acetylphenylalanylisoleucinäthylester* wurden am Ehrlich-Ascites-Carcinom der Maus sowie am subkutanen NF-Sarkom u. Sarkom-180 auf chemotherapeut. Wrkg. geprüft u. die Befunde von Larionov (Cancer Res. **21,** [1961], 99) bestätigt. Die Bedeutung des Trägermol. für selektive Wrkg. wird diskutiert. R. Preußmann. 4160□

Einige Untersuchungen über die Antitumorwirkung von Reserpin bei Mäusen. William L. West, Gordon M. Baird, Jacqueline D. Steward und Sachindra N. Pradhan. (J. Pharmacol. exp. Therapeut. **131,** 171—78, Febr. 1961; Washington, D. C., Howard Univ., Coll. of Med., Dep. of Pharmacol.; engl.) — In kleinen Dosen inhibiert *Reserpin* (I) bei Mäusen das Wachstum verschiedener Tumoren u. unterstützt die Antitumor-Wrkg. von *Chlorambucil* u. *Triäthylenthiophosphoramid*. Bei intakten Tieren verringert I die O_2-Aufnahme. *DL-Trijodthyronin* wirkt dieser, aber nicht der Antitumor-Wrkg. entgegen. Vff. nehmen an, daß diese I-Wrkg. auf einer durch I ebenfalls verursachten verringerten Nahrungsaufnahme beruht. P. Gregorzewski. 4160◇

Wirkung von Magnesium–Flavon-Komplexen auf die Entwicklung experimentell erzeugter maligner Tumoren. R. Rabin, J. Beauvieux, J. Biraben, F. Coustou, G. Delmon und H. Léger. (Thérapie **16,** 70—77, Jan./Febr. 1961; Bordeaux, Fac. de Méd. et de Pharmacie; franz.) — An Ratten wurde experimentell ein Carcinom nach Guérin oder Tumor T_8 erzeugt u. der Einfl. von *Magnesium-Flavon-Komplex* (*Flacitran*; I) auf das Wachstum des Tumors makroskop. u. mkr. untersucht. Von I wurden täglich 2 ml einer 2%ig. Lsg. mit der Schlundsonde verabreicht. Am 20. Vers.-Tage wurden die Tiere getötet. Bei den Kontrollen betrug das mittlere Tumorgewicht 8200 mg, das Vol. 70000 mm³, bei den mit I behandelten Ratten 4600 mg bzw. 28000 mm³. Mkr. findet sich bei den mit I behandelten Tieren im Tumor eine auffallende Ausbildung u. Organisation des elast. Gewebes. Ferner ist das Reticulumnetzwerk der Ganglien bei den mit I behandelten Ratten weit weniger u. deutlicher zerstört als bei den Kontrollen. Die günstige Wrkg. von I auf das Ganglienreticulum u. die Ausbildung der festen elast. Barriere um den Tumor herum sind nur ein morpholog. Ausdruck des Schutzes der Gewebe gegen aus den Tumoren stammende Substanzen (Maximov's diffusible Substanz; Nakahara's Toxohormon). K. Böhm. 4160◇

Über die Beziehung zwischen Elektronenstruktur und carcinogener Wirkung bei Urethan (Äthylcarbamat) und verwandten Verbindungen. Kenichi Fukui, Chikayoshi Nagata, Akira Imamura und Yusaku Tagashira. (Gann, Japan. J. Cancer Res. **52,** 127—34, Juni 1961; Kyoto [Japan], Univ., Faculty of Engineering und Inst. for Virus Res.; engl.) — Die Elektronenverteilung wird nach einer MO-Meth. (frontier electron distribution) bestimmt. Enge Beziehungen zwischen der Superdelokalisierbarkeit (SIN) am Carbonyl-Kohlenstoff gegen nucleophilen Angriff u. der carcinogenen Wrkg. der folgenden Verbb. wurden gefunden: *Urethan, Propylcarbamat, Allylcarbamat, Urethanphosphat, N-Methylurethan, N-Hydroxyurethan, Carbamylphosphat, Xanthogenamid* u. *N.N-Dimethylurethan.* Ist SIN > 0,979, dann sind die Verbb. carcinogen. Es wird postuliert, daß auch andere Gruppen von Carcinogenen (*Kohlenwasserstoffe, Azofarbstoffe, 4-Nitrochinolin-N-oxide* u. *Stilbene*) mit nucleophilen Zentren in vivo reagieren u. die carcinogene Wrkg. auf dieser Rk. beruht. R. Preußmann. 4160□

Die Erzeugung von Lungentumoren bei Mäusen durch subkutane Injektion von 4-Nitrochinolin-N-oxid. Kazuo Mori und Akira Yasuno. (Gann, Jap. J. Cancer Res. **52,** 149—53, Juni 1961; Tokio, Showa Med. School, Dep. of Med. Zool.; engl.) — Während *20-Methylcholanthren* nach einmaliger subkutaner Gabe von 1 mg neben wenig Lungentumoren schnell subkutane Geschwülste erzeugt, werden bei gleichartiger Applikation von 1 mg bzw. 0,5 mg *4-Nitrochinolin-N-oxid* in hoher Ausbeute multiple Lungentumoren (papilläre Cystoadenome) beobachtet. Mäuse vom Stamm dd sind empfindlicher als solche vom Stamm C_{57}bl. R. Preußmann. 4160□

Beobachtungen über die Wirkungen alkylierender Mittel bei neoplastischer Krankheit des Menschen. Byron E. Hall, Forrest M. Willett und Donald R. Hales. (Ann. intern. Med. **52,** 602—25, März 1960; San Francisco, Calif., Stanford Univ. School of Med., Dep. of Med.; San Francisco Veterans Admin. Hosp.; engl.) — *Busulfan* (*Myleran*), *Chlorambucil* (*Leukeran*), *Triäthylenmelamin* u. *Thio-Tepa* wirken nicht nur bei malignen Krankheiten des hämatopoiet. Syst. sondern auch bei metastat. u. rezidivierenden Schädigungen durch andere Tumoren; auch ihre lokale Anwendung (z. B. bei Blasencarzinom) ist oft nützlich. Bericht über 6 Fälle. K. Zingraf. 4160□

Tumorbildung bei Keimlingen von Cuscuta gronovii Willd durch Colchicin und einen Keimungs- und Wachstumsinhibitor des Teguments. Notwendigkeit einer „Behandlung". Josette Tronchet. (C. R. hebd. Séances Acad. Sci. **250,** 1546—48, 22/2. 1960; franz.) — Wenn *C. gronovii*-Keimlinge vor, während oder nach geeigneter Behandlung (3 Std. horizontale Lagerung zwischen Objektträger u. Deckglas) mit *Colchicin* (I)-Lsgg. behandelt werden, so tritt eine Tumorbildung ein. Der gleiche Effekt wird mit dem Keimungs- u. Wachstumsinhibitor (*ITGC*) aus dem Tegument von *Cuscuta*-Species-Samen an Stelle von I erzielt. *ITGC* übt auch auf andere „behandelte" Pflanzen, wie *Helianthus annuus, H. tuberosus, Ricinus communis, Senecio petasites,* Tumor-Bldg. aus. K. Maier. 4160□

Isolierung von Toxohormon aus mit Friend-Virus infizierter Mäusemilz. Mochihiko Ohashi. (Gann, Jap. J. Cancer Res. **52,** 179—83, Juni 1961; Tokio, Cancer Inst., Foundation for Cancer Res.; engl.) — Die starke Milzvergrößerung nach Infektion mit Friend-Virus geht einher mit einer starken Erhöhung der *Toxohormon*-Erzeugung. Pro Gew.-Einheit sind jedoch die Aktivitäten bei normaler u. kranker Milz gleich. R. Preußmann. 4160□

o-Aminophenol: Ein Tryptophanstoffwechselprodukt im menschlichen Harn. L. V. Hankes, M. Schmaeler und K. Rai. (Proc. Soc. exp. Biol. Med. **110,** 420—22, Juli 1962; Upton, L.I., N.Y., Brookhaven Nat. Labor., Med. Res. Center; engl.) — Wurde einem Patienten mit multiplem Myelom *$^{14}C_{(7a)}$-DL-Tryptophan* (I) verabreicht, so wurde mit dem Urin *$^{14}C_{(2)}$-o-Aminophenol* ausgeschieden. Die Radioaktivität der Atemluft stieg kurz nach der I-Applikation nicht an; zwischen 45 u. 90 Min. erfolgte ein starker Anstieg von $^{14}CO_2$. Das Maximum lag bei 150 Minuten. 4,8% der Aktivität wurden innerhalb von 12 Std. ausgeatmet (bei der Ratte 37%); 14% der Aktivität fanden sich im 24-Std.-Harn als $^{14}C_{(2)}$-o-Aminophenol. Die Bldg. von $^{14}C_{(2)}$-o-Aminophenol aus I geht nach Meinung der Vff. über *$^{14}C_{(2)}$-3-Hydroxyanthranilsäure.* W. Hiller. 4160◇

Untersuchungen über den Brenztraubensäure-Stoffwechsel während der Leber-Cancerogenese: Der in vivo-Stoffwechsel von $^{14}C_{(2)}$-Brenztraubensäure in der Leber von mit 3'-Methyl-4-dimethylaminoazobenzol gefütterten Ratten. Masami Muramatsu. (Gann, Jap. J. Cancer Res. **52,** 135—48, Juni 1961; Tokio, Univ., School of Med., Tasaka's Clin. of Internal Med.; engl.) — Unters. des Brenztraubensäurestoffwechsels mittels radioakt. Markierung während des Verlaufs der Cancerisierung der Leber mit *3'-Methyl-4-dimethylaminoazobenzol* im Vgl. zur CCl_4-Schädigung u. Cholinmangeldiät an der Leber. Während der Cancerisierung zeigen sich in den ersten Wochen keine Effekte, während nach 2—3 Monaten eine starke Hemmung des Brenztraubensäurestoffwechsels bis auf einen extrem niedrigen Stand beobachtet wird. Der Unterschied zwischen präcanceröser Leber u. Hepatom ist sehr charakterist. u. wird im wesentlichen auf eine Stoffwechselveränderung der Zellen während der Krebserzeugung bezogen u. in Vgl. gestellt zu den anderen Leberschädigungen. R. Preußmann. 4160□

Bildung von Brenzcatechinaminen in Gewebekulturen menschlicher Nebennierenmarktumoren und des Nebennierenmarkes. Cornelia Hoch-Ligeti und James L. Camp III. (Proc. Soc. exp. Biol. Med. **102,** 692—93, Dez. 1959; Charlottesville, Va., Univ. of Virginia, School of Med., Dep. of Pathol. and Internal Med.) — Im Nebennierenmark konnte kein *Adrenalin* (I) u. nur Spuren von *Noradrenalin* (II) festgestellt werden. Im Phäochromocytom fanden sich größere Mengen an I u. II.
W. F. Ebel. 4160□

Aktivität der Glucose-6-phosphatdehydrogenase der normalen und leukämischen Leukocyten. F. Belfiore. (Boll. Soc. ital. Biol. sperim. **38,** 508—11, 15/6. 1962; Catania, Univ., Ist. di Patol. Med.; ital.) — Es wird eine Meth. der enzymat. Aktivität der Leukocyten beschrieben, bei der dem Faktor-Vol. in bezug auf die Leukocyten in toto u. der Lymphocyten u. Granulocyten Rechnung getragen wird. Nach dieser Meth. wird die *Glucose-6-phosphatdehydrogenase* (I) von 18 normalen Personen u. 24 Leukämiekranken bestimmt. Bei normalen Personen ist die I-Aktivität in Granulocyten u. Lymphocyten gleich groß. Während die I-Aktivität bei der myeloischen Leukämie viel größer ist als bei normalen Personen, ist sie bei der lymphat. Leukämie viel geringer.
F. Kren. 4160□

Die Aktivität der Histidindecarboxylase im Walker-Carcinosarkom 256. George A. Hallenbeck und Charles F. Code. (Proc. Soc. exp. Biol. Med. **110,** 649—51, Juli 1962; Rochester, Minn., Mayo Clin. and Mayo Found., Sect. of Surgical Res. and Physiol; engl.) — Die Aktivität der *Histidindecarboxylase* im Walker-Carcinosarkom aus Ratten ist sehr gering, jedoch meßbar (0,23—0,38 μg *Histamin* per g Tumor per Std.). Während des Tumorwachstums in den Ratten ändert sich die Histaminausscheidung durch den Urin nicht. Bei Verw. von frischem u. gefrorenem Gewebe werden gleiche Ergebnisse erhalten. W. Hiller. 4160◇

Bestimmung des C-reaktiven Eiweißes bei einigen Magen–Darm-Krankheiten. T. I. Wolfsson und I. A. Schewtschenko. (Laboratoriumswesen **8,** Nr. 6, 31—33, Juni 1962; Leningrad, Militärmed. Kirow-Akad.; russ.) — Bei chron. Gastritis, Geschwüren u. gutartigen Geschwülsten des Magen- u. Darmkanals ist die Rk. auf das *C-reaktive Eiweiß* (I) im Blut als Regel negativ. Ein Auftreten von I bei bösartigen Geschwülsten (bes. in großen Geschwülsten u. Metastasen) wurde festgestellt. Im Zusammenhang mit anderen Unters.-Meth. erscheint die Rk. auf I bei der Diagnose von bösartigen Geschwülsten von gewisser Bedeutung. S. Baryschnikow. 4160

Plasmafraktionen, die bei Schilddrüsencarcinom mit ^{131}J markiert werden. N. Etling, J. C. Savoie und G. Vallée. (Ann. d'Endocrinol. **22,** 211—17, März/April 1961; franz.) — Nach buccaler Verabfolgung von 100 mc ^{131}J bei Patienten mit differenziertem Schilddrüsencarcinom entspricht die mit n-Butanol extrahierbare ^{131}J-Fraktion der auch mit Dowex 50-X 2 u. mit Dowex 2-X 8 säulenchromatograph. abzutrennenden Fraktion. Die mit n-Butanol nicht extrahierbare Fraktion bleibt auch nicht auf den entsprechenden Säulen. Das säulenchromatograph. Verf. ist weniger zeitraubend als die Extraktion mit n-Butanol. U. Laschet. 4160□

Biochemische Untersuchungen zur Strahlensensibilität von Tumorzellen. Heinrich Maass. (Sonderbände zur Strahlentherapie **49** (**3**), 117—25, 1962; Hamburg-Eppendorf, Univ., Frauenklin.; dt.) — Aus dem Vgl. früherer Unterss. über die Strahlen-Wrkg. wird geschlossen, daß die *Desoxyribonucleinsäure*-Synth. gegenüber Glykolyse u. Protein-Synth. bedeutend empfindlicher ist. — Neuere Unterss. am Ehrlich-Ascitestumor der Maus zeigen, daß durch Gaben von *Vitamin-B*-Komplex während der Bestrahlung mit 10·200 r die Strahlenresistenz des Tumors erhöht wird. Die Erhöhung ist geringer als bei Verabreichung gleicher Mengen *Nicotinsäureamid.*
W. Damerau. 4160◇

E_2. Enzymologie. Gärung

Methoden der Enzymisolierung aus Mikroorganismen. T. Ramakrishnan. (J. sci. ind. Res. [New Delhi], Sect. A **20,** 212—17, April 1961; Bangalore, Indian Inst. of Sci., Pharmaccl. Labor.; engl.) — Übersicht; Trocknung, Acetontrocknung, Zerreibetechnik, Schütteltechnik, Gefrieren u. Auftauen, Lysis, Zerkleinerung durch Ultraschall. — 77 Literaturangaben. P. Gregorzewski. 4200◇

Vergleich der Hemmeffekte von Zink, Persauerstoff und Alkylierungsmitteln gegenüber Triosephosphatdehydrogenase und Aldolase. Günther Weitzel und Werner Schaeg. (Hoppe-Seyler's Z. physiol. Chem. **316,** 250—66, 1959; Tübingen, Univ., Physiolog.-Chem. Inst.) — Vgl. nachst. Referat. — Die Metallionen Zn^{2+}, Cd^{2+}, Hg^{2+}, Cu^{2+}, Co^{2+} u. Ni^{2+} hemmen die *Triosephosphatdehydrogenase* (I) u. *Aldolase* (II).

Starke Zn-Komplexe, wie Zn-Histidinat, Zn-Cysteinat, Zn-Glycinat u. Zn-EDTA hemmen schwächer. Folgende Persauerstoff-Verbb. hemmen, verglichen mit Zn^{2+}, in nachst. Reihenfolge (I) u. (II): Capronpersäure, Zn^{2+}-Glycinat, Kaliumperoxydisulfat, Natriumcarbonatperoxohydrat u. Carbamidperoxohydrat. Alkylierungsmittel hemmen im Vgl. mit Zn^{2+} in folgender Reihenfolge: Zn-Histidinat, Jodacetat, N-Äthylmaleinimid, N-Oxidlost. Die Reaktivierung beider Fermente gelingt nach Zn^{2+}-Einw. besser als nach Einw. von Persauerstoff-Verbb. u. Alkylierungsmitteln. Hefe-Macerationssaft wird analog durch Zn^{2+} gehemmt. Bei Ersatz des Triäthanolaminpuffers im Ansatz gegen menschliches Serum verringern sich die Hemmwirkungen. K. Grade. 4210□

Hemmeffekte von Zink, Persauerstoff und Alkylierungsmitteln im Acetylierungstest. Günther Weitzel, Hartlieb König, Gertrud Benwitz und Peter Wahl. (Hoppe-Seyler's Z. physiol. Chem. **316**, 267—81, 1959; Tübingen, Univ., Physiolog.-Chem. Inst.; dt.) — Vgl. vorst. Referat. — Folgende Metallionen hemmen in nachst. Reihenfolge bei Abwesenheit konkurrierender Liganden (Citrat, Cystein) den Acetylierungstest: p-Chlorquecksilberbenzoat, Zn^{2+}, Cd^{2+}, Cu^{2+}, Pb^{2+}, Co^{2+}. Die Zn-Hemmung wird durch Cystein u. EDTA aufgehoben. Persauerstoff-Verbb. hemmen im Vgl. mit Zn^{2+} die Acetylierung in folgender Reihenfolge: saures Diglutarperoxid, Capronpersäure, Zn-Glycinat, Kaliumperoxydisulfat, saures tert. Butylsuccinperoxid, Carbamidperoxohydrat, Na-Carbonatperoxohydrat, Alkylierungsmittel u. Alloxan hemmen im Vgl. mit Zn^{2+} u. Hg^{2+} wie folgt: p-Chlorquecksilberbenzoat, N-Äthylmaleinimid, Zn-Acetat, Alloxan, Methyl-bis-[β-chloräthyl]-amin, Jodacetat, Maleinsäureanhydrid. Zn^{2+}-Konzz., wie sie im Gewebe vorkommen, lösen im Acetylierungstest in vitro erhebliche Teilhemmungen aus. K. Grade. 4210□

Die Hemmung der Alkoholdehydrogenase der Leber durch Adenosindiphosphatribose. K. Dalziel. (Biochem. J. **83**, 29 P, Juni 1962; Sheffield, Univ. of Sheffield Dep. of Biochem.; engl.) — Vgl. C. **1962**, 8654. — *Adenosindiphosphatribose* (I) wird durch saure Hydrolyse von *NADH₂* [red. Form von Nicotinamidadeindınucleotid (NAD)] bzw. durch alkal. Hydrolyse von *NAD* erhalten. I hat von allen untersuchten $NADH_2$-Derivv. die größte Hemmungs-Wrkg. gegen *Alkoholdehydrogenase* (II) der Leber bei pH 6, nicht aber bei pH 10; II der Hefe wird durch I nicht gehemmt. I ähnelt in dieser Beziehung dem im $NADH_2$-Präp. vorhandenen Inhibitor. Bei konst. I-Konz. wird das erwartete kompetitive Verh. gegen $NADH_2$ u. NAD mit Werten von $6{,}2 \cdot 10^{-6}$m bzw. $8{,}5 \cdot 10^{-6}$, für die I-Konst. gefunden. — Weitere Verss. zeigen die Ggw. eines als Verunreinigung in den Coenzym-Präpp. vorhandenen kompetitiven Inhibitors; I ist jedoch nicht von solcher Wrkg., daß es dieser Inhibitor sein kann. A. Hesse. 4210□

Eine Serie von Milchsäuredehydrogenasen in Hefe. Agnar P. Nygaard. (Arch. Biochem. Biophysics **88**, 178—79, Mai 1960; Oslo, Johan Throne Holst's Inst. für Ernaeingsforsking Blindern; engl.) — Vf. isolierte aus aerober Hefe über eine Diäthylaminoäthylcellulosesäule eine *D-Milchsäure–Cytochrom-c-Reduktase* (I) u. eine *L-Form* (II). I ist sehr salzempfindlich. II red. Cytochrom c, Ferricyanid u. 2.6-Dichlorphenolindophenol, I red. die beiden letzteren nicht. In der Fraktion, aus der I isoliert wurde, fand sich noch eine *DL-Milchsäure–Cytochrom-c-Reduktase*. Die Michaelis-Konst. für D- u. L-Lactat war $1 \cdot 10^{-4}$ u. $15 \cdot 10^{-4}$m (Phosphat, μ 0,01; pH 7,1 u. 0,001 m Versene). Eine abs. stereospezif. *D-Milchsäure–Cytochrom-c-Reduktase* wurde in der Fraktion der Hefe gefunden, die zwischen 30000 u. 140000·g sedimentierte, sie war nicht in der Lage Ferricyanid u. 2.6-Dichlorphenolindophenol zu reduzieren u. war salzempfindlich. W. Hiller. 4210□

Der Pentosestoffwechsel in Candida albicans. 1. Mitt. **Die Reduktion von D-Xylose und L-Arabinose.** L. A. Veiga, Metry Bacila und B. L. Horecker. (Biochem. biophysic. Res. Commun. **2**, 440—44, Juni 1960; Curitiba, Parana, Brazil, Univ. of Parana, Inst. of Biochem.; New York, N.Y., New York Univ., School of Med.; engl.) — In Ggw. von *Xylose* (I) gezüchtete, ruhende *C. albicans*-Zellen enthalten eine Nicotinamidadenindinucleotidphosphat ($NADP^+$)-gekoppelte Dehydrogenase, die die Rk. D-I + NADPH + H^+ ⇌ Xylit (II) + $NADP^+$ katalysiert. Bei alkal. pH u. in Ggw. hoher II-Konzz. erfolgt II-Oxydation. Extrakte auf I gezüchteter Zellen katalysieren auch die NaDPH-Oxydation durch *L-Arabinose* (III) u. die Red. von $NADP^+$ durch L-Arabit (IV), ferner die NADPH-Oxydation mit D-Ribose (V), nicht aber mit D-III, D- oder L-Lyxose. Die Oxydationen durch D-I, L-III u. D-V werden durch das gleiche Enzym katalysiert. Extrakte auf Glucose gezüchteter Zellen wirken weder auf D-I noch auf L-III. Beide Aktivitäten erscheinen bei Züchtung auf D-I oder L-III. Als II-Oxydations-Prod. wurde D-I identifiziert. Extrakte auf I gewachsener Zellen enthalten ein Enzym, das die Red. von NAD^+ durch II katalysiert, jedoch wird NADH nicht von D-I, wohl aber von D-Xylulose (**V**) oxydiert, so daß folgende Anfangsstufen des **I**-Stoffwechsels als möglich erscheinen: D-**I** $\xrightarrow{NADPH}$ D-**II** $\xrightarrow{NAD^+}$ D-**V**. Die Extrakte sind frei von **I**-Isomerase, so daß sich ein neuer Weg des Aldosestoffwechsels unter Ketose-Bldg. über den Zuckeralkohol ergibt. K. Maier. 4210□

Monoaminooxydase. 1. Mitt. **Reinigung, Kristallisation und Eigenschaften der Monoaminooxydase des Plasmas.** Hideaki Yamada und Kerry T. Yasunobu. (J. biol. Chemistry **237**, 1511—16, Mai 1962; Honolulu, Hawai, Univ. of Hawai, Chem. Dep., Biochem. Sect.; engl.) — Krist. *Monoaminooxydase* (**I**) des Plasmas wurde aus Rinderblut durch Fällen mit $(NH_4)_2SO_4$, Diäthylaminoäthylcellulose u. Chromatographie an Hydroxylapatit u. Kristallisation erhalten. Umkrist. **I** war nach dem elektrophoret. Befund homogen u. nach dem Befund in der Ultrazentrifuge zu mindestens 90% rein (Molgew. ca. 255000). Die gelben **I**-Kristalle zeigen ein Absorptionsmaximum bei ca. 480 mμ; dieses verschwindet in Ggw. von Substrat oder von Dithionit, wird aber durch Sättigung mit O_2 wiederhergestellt. — Rohe sowie teilweise gereinigte **I**-Präpp. können in 0,03m Phosphatpuffer, pH 7, bei 5° mit nur geringfügigem Wrkg.-Verlust aufbewahrt werden. Zwischen pH 6,0 u. 8,0 besteht kein wesentlicher Unterschied der Stabilität. **I**-Präpp. mit spezif. Aktivität $>$ 350 sind weniger stabil als teilweise gereinigte Präparate. Krist. **I** kann bei $-5°$ bis $+2°$ in 0,03m Phosphatpuffer, der zu 55% mit $(NH_4)_2SO_4$ gesätt. ist, gut aufbewahrt werden. — Das pH-Optimum hängt von der Ionenstärke ab. — Als bes. geeignete Substrate dienen *Spermin* u. *Spermidin*; weitere Substrate (mit in dieser Reihe abnehmender Wrkg.) sind: *Benzylamin, Heptylamin, Amylamin, Kynuramin* (neu als Substrat festgestellt), *Butylamin*; **I** ist ohne Wrkg. gegen: Äthylamin, Tyramin, Mescalin, Tryptamin, Norepinephrin, Serotonin, Agmatin. A. Hesse. 4210□

Glutathionreduktase der Leber. 1. Mitt. **Reinigung und allgemeine Eigenschaften.** Charles E. Mize und Robert G. Langdon. (J. biol. Chemistry **237**, 1589—95, Mai 1962; Baltimore, Md., Johns Hopkins School of Med., Dep. of Physiol. Chem.; engl.) — *Glutathionreduktase* (**I**) der Rattenleber wurde ca. 25000fach gereinigt. Gereinigte **I** katalysiert die Oxydation von 839 μMol red. Triphosphopyridinnucleotid (TPNH)/Min./mg Protein. Gereinigte **I** ist spezif. für TPNH als Red.-Mittel. — Pro Mol oxydiertes TPNH wird 1 Mol oxydiertes Glutathion (**II**) reduziert. **I** wirkt mit breitem Optimum bei pH 7,0. K_S für **II** beträgt $5\cdot10^{-5}$, für TPNH $3\cdot10^{-6}$m. — **I** wird durch β-Hypophamin (0,3 mg/Liter Endkonz.), $1,0\cdot10^{-5}$m Östradiol, Progesteron oder Dihydroandrosteron nicht beeinflußt. — Thyroxin ($5,0\cdot10^{-5}$m) hemmt **I** zu 68%. — **I** wird zu 40—60% von $3,3\cdot10^{-5}$m Bleiacetat, Magnesiumchlorid, Manganchlorid oder Ferrochlorid, durch $3,3\cdot10^{-5}$m Ca-, Sr- oder Rb-Chlorid aktiviert; Chromtrioxid ($1,0\cdot10^{-4}$m) aktiviert zu 40%; $BaCl_2$, NaN_3 ($3,3\cdot10^{-3}$m) u. cycl. 3'.5'-Adenosinmonophosphat ($3,3\cdot10^{-5}$ m) sind ohne Einfluß. — Aus der mittels **II** oder Cystein wieder aufhebbaren Hemmung durch Chlormercuribenzoesäure bzw. Mercuriacetat sowie aus ähnlichen Befunden bei Zusatz von Arsenit, Cu^{2+}, Zn^{2+} oder Ni^{2+} wird auf einen Geh. an essentiellen SH-Gruppen bei der gereinigten **I** geschlossen. — Die Wrkg. der **I** wird durch Präinkubation mit Pepsin vollständig aufgehoben, wogegen Takadiastase, Speichel, Pankreatin, Ribonuclease, Trypsin oder Chymotrypsin II nur zu $<$35% hemmen; Lab, Plasmaalbumin u. Zinkinsulin führen zu geringer Aktivierung; Carboxypeptidase ist ohne Einfluß. A. Hesse. 4210□

Glutathionreduktase der Leber. 2. Mitt. **Physikalische Eigenschaften und Reaktionsmechanismus.** Charles E. Mize, Thomas E. Thompson und Robert G. Langdon. (J. biol. Chemistry **237**, 1596—1600, Mai 1962; engl.) — 1. vgl. vorst. Referat. — Aus Sedimentations-Konst. u. Diffusions-Konst. berechnet sich für *Glutathionreduktase* (**I**) ein Molgew. ca. 44000. Aus Verss. mit oxydiertem ^{14}C-Glutathion (GSSG) ergibt sich folgender Rk.-Verlauf: **I**—SH + GSSG → **I**—S—SG + GSH; **I**—S—SG + TPNH → **I**—SH + GSH + TPN. — Die bei Zusatz von TPNH freigesetzte Menge an Radioaktivität ist etwas mehr als 1 Mol GSH/44000 g **I** äquivalent. Dies zeigt, daß **I** einen katalyt. akt. Bezirk je Mol. aufweist. A. Hesse. 4210□

Über den Einfluß von Natrium-L-Ascorbat auf die Monophenoloxydase-Aktivität des Phenolase-Komplexes. P. Kovács. (Naturwissenschaften **49**, 395, 1. Sept.-H. 1962; Bratislava, Komensky-Univ., Inst. für Biochem. u. Mikrobiol.; dt.) — Untersucht wurde der Einfl. von *L-Ascorbinsäure* (**I**) auf die enzymat. Oxydation von *Saligenin* (**II**) durch den *Phenolase* (**III**)-Komplex der mit Aceton getrockneten Blätter der Weide (*Salix alba L.*, var. *vitellina, forma peudula*). Die an der Änderung der **II**-Menge im (bei pH 8 u. 0° hergestellten) Homogenat bei pH 7,05 u. 36° gemessene **III**-Wrkg. wird von **I** in Abhängigkeit von der **I**-Konz. gehemmt. Die Hemmung ist bei pH 8 oder pH 6 stärker als beim pH-Optimum 7. — Papierchromatograph. wurde nachgewiesen, daß in Ggw. von **I** schon nach 5 Min. eine neue Verb. (wahrscheinlich red. Oxydations-Prodd. von II) entsteht; dabei handelt es sich nicht um Brenzcatechin. A. Hesse. 4210◇

Modellversuche zur Hemmung der Dehydrogenasen durch Pflanzeninhaltsstoffe. Hermann Boser. (Hoppe-Seyler's Z. physiol. Chem. **316,** 284—86, 1959; Hann.-Münden, Göttinger Str. 4, Biolog. Bundesanstalt für Land- u. Forstwirtschaft, Inst. für Biochemie; dt.) — Die Hemmung der enzymat. Best. der *Codehydrogenasen* in Pflanzenextrakten beruht auf der Ggw. von Di- u. Polyphenolen. Entsprechende Modell-Verss. wurden an 3 von Nicotinamidadenindinucleotid (NAD) u. NADP abhängigen Syst. mit verschiedenen Phenolen, Alkaloiden, Flavonen u. Cumarinen durchgeführt. K. Grade. 4210□

Darstellung von kristalliner Pseudomonas-Cytochromoxydase und einige ihrer Eigenschaften. T. Yamanaka, S. Kijimoto, K. Okunuki und K. Kusai. (Nature [London] **194,** 759—60, 26/5. 1962; Osaka, Univ., Amagasaki-shi, Japan, Nagase and Co., Ltd.; engl.) — Die *Pseudomonas-Cytochromoxydase* (**I**) aus anaerob kultivierter *Pseudomonas aeruginosa* wurde krist. erhalten. Diese Kristalle zeigen im Absorptionsspektrum Maxima bei 280, 412, 525 u. 635 mμ sowie Schultern bei 362 u. 562 mμ bei der oxydierten Form. Die red. Form hat im Absorptionsspektrum Maxima bei 420, 523 u. 549 mμ, Schultern bei 460 u. 554 mμ u. eine flache Stelle zwischen 620 u. 660 mμ. Die Unterschiede, welche dieses Spektrum gegenüber dem Spektrum der früher untersuchten, nicht-krist. **I** aufweist, werden diskutiert. — Krist. **I** wirkt ebenso wie nicht-krist. **I** als *Nitritreduktase.* A. Hesse. 4210□

Chemische Untersuchungen an Flavinadenindinucleotid. 12. Mitt. **Komplexverbindungen von Flavinadenindinucleotid oder Flavinmononucleotid mit Metallionen.** Tokio Kobayashi. (Vitamins [Kyoto] **20,** 371—74, 1960; Kyoto, Kyoto Univ., Fac. Engineering, Dep. of Ind. Chem.; jap., Auszug: engl.) — *Flavinadenindinucleotid* (**I**) u. *Flavinmononucleotid* (**II**) bilden Komplexe mit Ca^{2+}, Mg^{2+}, Ba^{2+}, Cd^{2+}, Mn^{2+}, Co^{2+} u. Ni^{2+}. Vf. bestimmte die Stabilitäts-Konst. bei pH 7,2 u. einer Ionenstärke von 0,1. Die Stabilitäts-Konst. für **II**-Komplexe mit Mn^{2+}, Co^{2+} u. Ni^{2+} war größer als die mit den anderen Metallionen. Bei den **I**-Komplexen wurde dies nicht beobachtet. W. Hiller. 4210□

Chemische Untersuchungen an Flavinadenindinucleotid. 13. Mitt. **Untersuchungen über die Entdeckung cyclischer Flavinmononucleotide und Nucleotide in Flavinadenindinucleotid-Präparaten.** Tokio Kobayashi. (Vitamins [Kyoto] **20,** 374—78, 1960; jap., Auszug: engl.) — 12. vgl. vorst. Referat. — *Cycl. Flavinmononucleotid* (**I**) u. 2 andere Substanzen wurden als die Verunreinigungen in *Flavinadenindinucleotid* (**II**; 75% ig. Reinheit) gefunden. Die beiden nicht bekannten Verunreinigungen absorbierten bei 260 nm, was auf Nucleotid-verwandte Substanzen hindeutet. In gut gereinigten **II**-Präpp. fand sich nur wenig **I**. **I** entsteht aus **II** während der Konservierung u. bei der Reinigungsprozedur. W. Hiller. 4210□

Chemische Untersuchungen an Flavinadenindinucleotid. 14. Mitt. **Das Verhalten von Flavinderivaten an Ionenaustauscherharzen.** Tokio Kobayashi und Toshihiko Matumoto. (Vitamins [Kyoto] **20,** 378—82, 1960; jap., Auszug: engl.) — 13. vgl. vorst. Referat. — *Flavinmononucleotid* (**I**) u. *Flavinadenindinucleotid* (**II**) wurden leicht an Ionenaustauscherharzen, gleich welcher Art, adsorbiert. *Riboflavin* wurde kaum adsorbiert. Bemerkenswert war das Verh. von **I** u. **II** an folgenden Harzen: Dowex-2 (Cl), Amberlite IRA-411 (HCOO) u. IRA-400 (CH_3COO). Diese Harze sind gut geeignet zur Elimination cycl. **I** aus **II**-Präpp. (vgl. vorst. Ref.). Cycl. **I** hat ähnliche Eigg. wie **II**. W. Hiller. 4210□

Chemische Untersuchungen an Flavinadenindinucleotid. 15. Mitt. **Untersuchungen über die Reinigung von Flavinadenindinucleotid mit Anionenaustauscherharzen.** Tokio Kobayashi und Toshihiko Matumoto. (Vitamins [Kyoto] **20,** 383—85, 1960; jap., Auszug: engl.) — 14. vgl. vorst. Referat. — Die Eliminierung von *cycl. Flavinmononucleotid* aus *Flavinadenindinucleotid*-Präpp. wurde durch Anwendung verschiedener Anionenaustauscherharze versucht. Zufriedenstellende Ergebnisse wurden erhalten, wenn die Adsorption an Dowex-2 (Cl) vorgenommen wurde u. die Eluierung mit 0,1 n NaCl ausgeführt wurde. W. Hiller. 4210□

Chemische Untersuchungen an Flavinadenindinucleotid. 16. Mitt. **Reinigung und Konzentrierung von Flavinadenindinucleotidlösung mit Aktivkohle.** Tokio Kobayashi. (Vitamins [Kyoto] **20,** 386—89, 1960; jap., Auszug: engl.) — 15. vgl. vorst. Referat. — Die Eliminierung von Salzen aus *Flavinadenindinucleotid* (**I**)-Lsg. von Ionenaustauscherharzen wurde durch Verw. von Aktivkohle versucht. Hierzu wurde eine verd. **I**-Lsg. (25 μg/ml), die durch das Eluieren 0,1 n NaCl enthält, mit einer dünnen Schicht Aktivkohle behandelt. Das NaCl wurde mit W. aus der Aktivkohle ausgewaschen. Ein zweites Waschen mit Aceton machte die I-Elution möglich. Es wurde eine I-Lsg. mit 40fach höherer Konz. u. 89% des I wiedererhalten, wenn für die Elution Aceton- u. p-Kresol-gesätt. W. (3:7) benutzt wurde. |W. Hiller. 4210□

Chemische Untersuchungen an Flavinadenindinucleotid. 17. Mitt. **Ein Flavinadenindinucleotid-synthetisierendes Enzym bei Eremothecium ashbyii.** Tokio Kobayashi und Takuji Suzue. (Vitamins [Kyoto] **20**, 390—94, 1960; jap., Auszug: engl.) — 16. vgl. vorst. Referat. — Die Existenz eines Enzyms, das *Flavinadenindinucleotid* (I) aus *Flavinmononucleotid* (II) u. *Adenosintriphosphat* (*ATP*) synthetisiert, wurde in Zellen von *Eremothecium ashbyii* nachgewiesen. Das Enzym benötigt Mg^{2+} oder Mn^{2+} zur vollen Aktivität. Der optimale pH-Wert ist 8,0. Wurden *Riboflavin* u. ATP benutzt, so wurde nur sehr wenig I gebildet. Die Synth. von I durch E. ashbyii scheint durch anfängliche Phosphorylierung des Riboflavins u. nachfolgende Wechselwrkg. von II u. ATP ausgeführt zu werden. W. Hiller. 4210□

Elektronische Aspekte des Wirkungsmechanismus der Xanthinoxydase. A.-M. Perault, C. Valdemoro und B. Pullman. (J. theoret. Biol. **1**, 180—89, April 1961; Paris, Univ. of Paris, Inst. de Biol. Physico-Chimique; engl.) — Übersicht. Meth. der Elektronenindicesberechnung, Verlauf der Purinoxydation, Oxydationsgeschwindigkeit. — 48 Literaturangaben. K. Maier. 4210□

Untersuchung über die Beziehung der mit der Nahrung aufgenommenen Gelatine zur Xanthinoxydase-Aktivität der Leber. S. Ramakrishnan. (Current Sci. [Bangalore] **31**, 58—59, Febr. 1962; Madurai, Madurai Med. Coll., Dep. of Biochem.; engl.) — Durch Best. der *Xanthinoxydase* (I)-Aktivität der Leber wird der Nahrungswert eines Proteins untersucht. Unter diesem Gesichtspunkt wird der Einfl. von *Gelatine* (II) auf die I-Aktivität in der Rattenleber untersucht. Die I-Aktivität ist bei Tieren, die eine Nahrung mit 16,5% II über 28 Tage erhalten, um 70% niedriger als bei Tieren mit 20% Caseinfutter. *Methionin*-Zusatz zum II-Futter verdoppelt die I-Aktivität.
P. Gregorzewski. 4210□

Der Mechanismus der Reduktion von mitochondrialem Diphosphopyridinnucleotid durch Succinat in Kaninchenherzsarkosomen. A. M. Snoswell. (Biochim. biophysica Acta [Amsterdam] **52**, 216—18, 2/9. 1961; Amsterdam, Univ., Labor. of Physiol. Chem.; engl.) — *Diphosphopyridinnucleotid* (*DPN*) in Kaninchenherzsarkosomen wird durch endogenes Substrat anaerob in gleichem Maß red. wie aerob durch Zugabe von *Succinat* (I). Zugabe von I beeinflußt die anaerobe Red. nicht. Ist bei manchen Verss. die anaerobe Red. geringer, so wird sie durch Zugabe von *Oligomycin* (II) vervollständigt. AsO_3^{3-} hemmt lediglich die endogene anaerobe DPN-Reduktion. Die Red. von Sarkosomen-*DPN* durch I erfordert Ggw. „energiereicher Verbb." nicht jedoch unbedingt von Adenosintriphosphat: 0,1 mm *2.4-Dinitrophenol* u. über 1,2 γ *Antimycin A*/mg Protein hemmen die Red. völlig, 3,4 mm *Amytal* hemmt stark. 40 mm *Pyruvat* (III) ist ohne Einfl., 40 mm *Acetat* (IV) hemmt zu 56%, gleichzeitige Einw. von II verringert diese Hemmung. — Da nach Ansicht des Vf. III u. IV bei Richtigkeit der „Malat-Theorie" der Red. von mitochondrialem DPN (z. B. Krebs u. Mitarbeiter, Biochem. J. **78**, [1961], 95; Bartley u. Mitarbeiter, Biochem. J. **76**, [1960], 427) die Red. steigern sollten, hält Vf. diese Theorie für falsch u. hält die Theorie der Umkehrbarkeit der oxydativen Phosphorylierung für richtig.
S. Dittmann-Mitzscherlich. 4210□

Über die Eigenschaften der Xanthindehydrogenase der Seidenraupe, Bombyx mori. 1. Mitt. **Isolierung und Zusammensetzung des Seidenraupenenzyms.** Yoshiyuki Hayashi. (J. sericult. Sci. Japan **31**, 25—31, Febr. 1962; Anjyo, Nagoya Univ., Fac. Agric.; jap., Auszug: engl.) — Vgl. C. **1962**, 16357. — |*Xanthindehydrogenase* (I) wird aus dem Fettkörper isoliert u. 100fach angereichert. I-Präpp. haben gelbbraune Farbe u. Absorptionsmaxima bei 360 u. 405—410 mμ. Letztes verschwindet beim Behandeln mit Bisulfit. Das Verhältnis von Fe:Mo:Flavinadenindinucleotid beträgt 9:1:1 u. ist damit sehr ähnlich wie bei I aus Hühnerleber. P. Gregorzewski. 4210◇

Über die Eigenschaften der Xanthindehydrogenase der Seidenraupe, Bombyx mori. 2. Mitt. **Substratspezifität und der Einfluß verschiedener Inhibitoren auf das Enzym.** Yoshiyuki Hayashi. (J. sericult. Sci. Japan **31**, 32—36, Febr. 1962; jap., Auszug: engl.) — 1. vgl. vorst. Referat. — *Xanthindehydrogenase* (I) aus Seidenraupen oxydiert *Xanthin, Hypoxanthin, Guanin, Adenin, Aldehyde, 2-Amino-4-hydroxypteridin, Xanthopterin* u. *hydriertes Nicotinamidadenindinucleotid.* Wirkungsvolle Inhibitoren sind *KCN* u. *o-Jodbenzoesäure.* P. Gregorzewski. 4210◇

5-Nucleotidase im Serum bei verschiedenen Magen–Darm-Krankheiten. Vorläufige Untersuchung. Kwang-Do Koh. (Tohoku J. exp. Med. **76**, 415—19, 25/5.

1962; Rochester, N.Y., Univ. of Rochester, School of Med. and Dent., Dep. of Med.; Strong Memor. Hosp., Med. Serv.; engl.) — Der *5-Nucleotidase*-Geh. im Serum war in Fällen von Colitis ulcerosa u. akuter Pankreatitis erhöht (oft bei gleichzeitiger Zunahme der α_1-Globulinfraktion), bei Ulcus pepticum oder Krebs des Verdauungstraktes ohne Leber-, Gallen- oder Pankreaskomplikationen dagegen normal.

K. Zingraf. 4210□

Adenosinnucleotidase der menschlichen Placenta. Paolo Cerletti, Clara Fronticelli und Lucio Zichella. (Clin. chim. Acta [Amsterdam] **5**, 439—43, Mai 1960; Rom, Nat. Res. Council, Unit for Enzym Studies; Univ., Inst. of Obstetrics and Gyn.; engl.) — Die menschliche Placenta enthält *Adenosintriphosphatase* (I), *Adenosindiphosphatase* (II) u. *Adenosin-5'-monophosphatase* (III). Alle werden durch Mg^{2+} aktiviert, I durch Azid inhibiert. Das pH-Optimum liegt für I u. II bei 8,8 u. für III bei 8,2.

P. Gregorzewski. 4210□

Histochemische Untersuchung der Cytochromoxydase und Adenosintriphosphatase in den Askanazy-Zellen (Hürthle-Zellen) der menschlichen Schilddrüse. Gilles Tremblay. (Lab. Invest. **11**, 514—17, Juli 1962; Montreal, Hotel-Dieu-Hosp., Dep. of Pathol.; engl.) — Die Hürthle-Zellen, welche bei vielen patholog. Zuständen in der Schilddrüse des Menschen vorkommen, enthalten neben Diphosphopyridinnucleotiddiaphorase, Triphosphopyridin (I)-diaphorase, Bernsteinsäuredehydrogenase (II) u. an I gebundener Isocitronensäuredehydrogenase auch sehr viel Cytochromoxydase u. Adenosintriphosphatase. Die II-Aktivität in diesen Zellen wird durch Menadion gesteigert.

K. Zingraf. 4210□

Räumliche Asymmetrie bei der Stimulierung einer Adenosintriphosphatase der Membranen. R. Whittam. (Biochem. J. **83**, 29P—30P, Juni 1962; Oxford, Univ. Dep. of Biochem.; engl.) — Die *Adenosintriphosphatase* (I) der Zellmembranen von menschlichen Erythrocyten wird durch außerhalb befindliches *K* stimuliert, nicht aber durch „inneres„ K oder „äußeres" Na. Die Stimulierung der I durch „inneres" Na hängt von der Ggw. von „äußerem" K ab; sie wird durch Ouabain verhindert.

A. Hesse. 4210□

Prostatafraktion von saurer Phosphatase in menschlichem Serum. P. Angeletti, B. Moore, V. Suntzeff und R. Gayle. (Proc. Soc. exp. Biol. Med. **108**, 53—55, Okt. 1961; St. Louis, Mo., Washington Univ., School of Med., Wernse Cancer Res. Labor.; engl.) — Die *saure Phosphatase* (I) des Serums besteht aus einem Gemisch verschiedener Mol.-Formen. Durch Säulenchromatographie auf DEAE-Cellulose können mindestens 2 Hauptkomponenten getrennt werden; die Prostatafraktion von I scheint im 2. chromatograph. Maximum lokalisiert zu sein. K. Zingraf. 4210□

Anreicherung und Eigenschaften einer nichtspezifischen sauren Phosphatase aus Weizenkeimen. Barbara K. Joyce und Santiago Grisolia. (J. biol. Chemistry **235**, 2278—81, Aug. 1960; Kansas City, Kans., Univ. of Kansas Med. Cent., Dep. of Med., McIlvain Labor.; engl.) — Nichtspezif. *saure Phosphatase* (I) wurde aus Weizenkeimen auf das 1950fache angereichert. Die einzelnen Schritte waren: Extraktion aus den Keimen mit W.; Behandlung des Extraktes mit $MnCl_2$; Fraktionierung mit $(NH_4)_2SO_4$; Reinigung der ausgesalzenen I mit Bentonit u. erneute $(NH_4)_2SO_4$-Fraktionierung; Ausfällung von Fremdstoffen mit Methanol in Ggw. von Äthylendiamintetraessigsäure u. $(NH_4)_2SO_4$; Dialyse u. Säulenchromatographie an DEAE-Cellulose mit Trispuffer, pH 7,4, steigender Molarität. Die Aktivitäts-Best. von I erfolgte in einem Ansatz mit 75 μm Na-Acetatpuffer, pH 5,7, 20 μm $MgCl_2$, 6 μm 3-Phosphoglycerinsäure (II), 0,5 Einheiten I (1 Einheit = 1 μm freigesetztes Phosphat im Vers.) in 1,5 ml bei 37° über 15 Minuten. I wurde auch in Reis- u. Maiskeimen, Linsen u. Erbsen nachgewiesen. Die Hitzeinaktivierung von I wurde durch $(NH_4)_2SO_4$ vermindert. Die Michaelis-Menten-Konst. betrug $2{,}7 \cdot 10^{-4}$ m für II u. 2.3-Diphosphoglycerinsäure. Freigesetztes Phosphat hemmt die Enzym-Rk., Temp.-Erhöhung von 30 auf 37° beschleunigte sie 1,4 mal. Als Substrat dienten 2-Phosphoglycerinsäure, Adenosintriphosphat, Adenosindiphosphat, Adenosinmonophosphat, Glucose-6-phosphat, Fructose-1.6-diphosphat, β-Glycerophosphat, Phosphoenolbrenztraubensäure, p-Nitrophenylphosphat, Na-Pyrophosphat, aber nicht Ca-Bis-[p-nitrophenyl]-phosphat. Die Vollständigkeit der Hydrolyse läßt I für chem. präparative Arbeiten geeignet erscheinen. Mit I konnten Oligoribonucleotide, Polyribonucleotide u. Desoxypolynucleotide in die entsprechenden Nucleoside umgewandelt werden. W. Schönborn. 4210□

Reinigung der alkalischen Phosphatase der Placenta. Z. Ahmed und E. J. King. (Biochim. biophysica Acta [Amsterdam] **40**, 320—28, 20/5. 1960; London, Postgraduate Med. School, Dep. of Chem. Pathol.; engl.) — Vgl. C. **1961**, 1590. — Bei Darst. von *alkal. Phosphatase* (I) der Placenta (Mensch) durch Extraktion mit

Butanol nach Morton bzw. unter Autolyse in Ggw. von Aceton/Toluol/Äthylacetat nach Albers ergab Präpp. mit 1150 bzw. 990 King-Armstrong-Einheiten/mg N. Weitere Reinigung erfolgte durch Elektrophorese bis zu einer Aktivität von 1750 Einheiten. — Ein Vers. der Reinigung von I mit Dowex-2-Ionenaustauscherharz war erfolglos. A. Hesse. 4210◇

Nachweis und Charakterisierung von Phosphorsäureester spaltenden Enzymen in der Hämolymphe von Lepidopterenraupen. H. J. Jarczyk und H. Tietz. (Naturwissenschaften **49**, 209, 1. Mai-H. 1962; Leverkusen, Farbenfabriken Bayer A.G., Biolog. Inst.; dt.) — In der Hämolymphe einiger Lepidopterenraupen (*Anthaerea pernyi, Bombyx mori, Lymantria dispar, Mamestra brass., Agrotis saucia, Ecpanteria defl., Prodenia litura*) wurden *saure Phosphatasen* (I) nachgewiesen, welche Dinatrium-β-glycerophosphat bzw. p-Nitrophenylphosphat spalten. Bei Verss. zur Anreicherung der I wurde Abtrennung der I von den *Polyphenoloxydasen* u. deren gefärbten Rk.-Prodd. auf einer Dextransäule (Sephadex G-25) durch Elution mit 0,2m Acetatpuffer, pH 4,95, erzielt u. dabei die sonst in Ggw. von O_2 auftretende Verfärbung der Hämolymphe ausgeschaltet. A. Hesse. 4210□

Die Biochemie der Methanolvergiftung. 1. Mitt. **Mit der mitochondrialen Formaldehydoxydation gekoppelte Phosphorylierung.** M. M. Kini und J. R. Cooper. (Biochim. biophysica Acta [Amsterdam] **44**, 599—601, 18/11. 1960; New Haven, Conn., Yale Univ., School of Med., Dep. of Pharmacol.; engl.) — Es wurde die Phosphorylierung während der Oxydation von *Formaldehyd* (I) durch Mitochondrienfraktionen aus Leber (Rind, Affe) u. Retina untersucht. $>$1 mm I-Konz. hemmte die Atmung von Lebermitochondrien während bei $\leqq$1 mm Konz. I, unter gleichzeitiger Veresterung anorgan. Phosphats, rasch, vorwiegend unter Formiat-Bldg., oxydiert wird (P/O ca. 2). Die mit der I-Oxydation gekoppelte Phosphatveresterung ist gegen Inhibitoren oder Entkopplungsagentien, wie Antimycin Q u. Dinitrophenol, empfindlich. 1 mm Amobarbital, ein Inhibitor der DPNH-Cytochrom-c-Reduktase, verminderte O_2-Aufnahme u. P/O-Verhältnis um ca. 50%. Rinderretinamitochondrien oxydierten zugesetzten I (0,1—1 mm) nicht. Die gleichen Präpp. gaben mit Pyruvat (II) als Substrat u. Fumarat als „Sparker„ P/O fast 3, mit Succinat als Substrat 2. Maximale Oxydation mit einem Substrat wie II erfordert bei Retinamitochondrien einen DPN-Zusatz. Zusätzlich zugefügtes red. Glutathion aktivierte den I-Stoffwechsel, wobei I nichtphosphorylierend oxydiert wurde. Affenretinamitochondrien verhielten sich analog. I ist ein extrem wirksamer Entkoppler der oxydativen Phosphorylierung in Rinder- wie Affenmitochondrien, so daß die Augentoxizität von I nicht auf verschiedenem retinalen I-Stoffwechsel beruht. K. Maier. 4210□

Substituierte Naphthol-AS-phosphat-Derivate zur Lokalisation der alkalischen Phosphatase-Aktivität in Leukocyten. G. Adolph Ackerman. (Lab. Invest. **11**, 563—67, Juli 1962; Columbus, Ohio, Ohio State Univ., Dep. of Anat.; engl.) — Das Verf. mit *Naphthol-AS-MX-phosphatechtblau* RR zur Lokalisation der *alkal. Phosphatase*-Aktivität in Leukocyten ist hochempfindlich, zuverlässig u. anderen Verff. überlegen. K. Zingraf. 4210□

Beitrag zur chemischen und pharmakologischen Untersuchung der Derivate der Orthophosphorsäure. 5. Mitt. **Konstitution und Anticholinesterase-Aktivität einiger Phosphoramide.** J. Cheymol, P. Chabrier, M. Beauvallet, M. Selim und N. Thanh Thuong. (Thérapie **16**, 28—33, Jan./Febr. 1961; Paris, Inst. de Pharmacologie de la Fac. de méd.; franz.) — 4. vgl. Thérapie **15**, [1960], 242. — Untersucht wurden 3fach *substituierte o-Phosphorsäure-Derivv.* mit 1 oder 2 Amidradikalen. Bestimmt wurden die i.v. DL_{50} bei Mäusen u. die *Anticholinesteraseaktivität* (AChA). Die wirksamsten Präpp. gehören zur Klasse der Monamiddiester, wobei nicht symm. Radikale die AChA begünstigen. So beträgt z. B. die AChA (µg der notwendigen Menge, um 50% Hemmung zu bewirken) beim *O.O-Dimethylphosphorsäuremorpholid* 2500 µg, während sie für *O-Methyl-O-äthylphosphorsäuremorpholid* mit nicht symm. Radikalen 7 µg beträgt. Die Toxizität der trisubstituierten o-Phosphorsäure-Derivv., die 2 ident. Radikale haben, variiert mit der des Amins. Bei den asymm. Verbb. ist die Toxizität wenig durch die Natur des Amins beeinflußt. K. Böhm. 4210◇

Die Einwirkung der Cocarboxylase auf die experimentelle cerebrale Anoxie bei Kaninchen. J. Cahn, J. Alano und O. Tassart. (Agressologie [Paris] **2**, 601—03, Dez. 1961; Centre de Thérapeutique Experimentale, Hôp. de la Pitié Paris; franz.) — Die asphykt. Anoxie hat der Vf. nach der Tracheotomie u. die ischaem. nach der Thorakotomie eingeführt u. unter diesen Bedingungen den Kaninchen 25 mg *Cocarboxylase*/kg i.v. injiziert. Bei der Beobachtung hat man die Fälle der Erholung u. die Elektrocardiogramme der Vers.- u. Kontrollkaninchen registriert.

Es wurde festgestellt, daß die Cocarboxylase keine therapeut. Wrkg. auf die asphykt. Anoxie besitzt u. ähnlich hat sie auch keine Wrkg. auf die ischaem. Anoxie. J. Spinka. 4210□

Katalyse von Transcarboxylierung und CO_2-„Austausch" durch gereinigte Propionylcarboxylase. M. Daniel Lane und Donald R. Halenz. (Biochem. biophysic. Res. Commun. **2**, 436—39, Juni 1960; Blacksbury, Va., Virginia Polytechnic Inst., Dep. of Biochem. and Nutrition; engl.) — Inkubation durch $(NH_4)_2SO_4$-Fraktionierung gereinigter *Propionylcarboxylase* (**V**) mit enzymat. hergestellten $^{14}C_{(COOH)}$-*Methylmalonyl-CoA* (**I**) u. *Butyryl-CoA* (Acceptorsubstrat; **II**) oder mit $^{14}C_{(COOH)}$-*Äthylmalonyl-CoA*(**III**) u. *Propionyl-CoA* (Acceptor; **IV**) führte zur Bldg. von ^{14}C-**III** bzw. ^{14}C-**I**. Das Enzym katalysiert offensichtlich die ATP-unabhängige Transcarboxylierungs-Rk.: **I** + Enzym–Biotin ⇌ **IV** + Enzym–Biotin–CO_2; Enzym–Biotin–CO_2 + **II** ⇌ **III** + Enzym–Biotin. Die Unters. des **V**-katalysierten $H^{14}CO_3^-$-Austauschs zeigte, daß maximaler ^{14}C-Einbau in **I** nur in Ggw. von ADP u. anorgan. Phosphat stattfand. Eine äquimol. Menge Arsenat kann Phosphat beim $H^{14}CO_3^-$-Einbau in **I** u. bei der **I**-Decarboxylierung signifikant ersetzen. K. Maier. 4210□

Eine partikelgebundene Aldolase aus Kakteen. G. G. Sanwal und P. S. Krishnan. (J. sci. ind. Res. [New Delhi], Sect. C **18**, 183—84, Sept. 1959; Lucknow, Lucknow Univ., Chem. Dep., Sect. of Biochem.; engl.) — Phyllocladien von *Nopalae dejecta* werden homogenisiert. Nach Zentrifugieren bei 1600·g befinden sich 80% der *Aldolase* (**I**)-Aktivität in den Zelltrümmern des Bodensatzes. **I** bleibt auch nach Acetonbehandlung in dieser Fraktion. P. Gregorzewski. 4210□

Die Aldolase des Blutes bei Kranken mit Herzinfarkt. G. A. Pajewskaja und T. Ss. Ssoress. (Sowjet-Med. **24**, Nr. 12, 29—32, Dez. 1960; Moskau, 2. Med. Pirogow-Inst., Therapeut. Fakultät, Lehrstuhl für Hospitaltherapie; russ.) — Die Aktivität der *Aldolase* (**I**) im Blutserum, die nach der Meth. von Sibley u. Leninger bestimmt wurde, war bei Kranken mit Myocardinfarkt in den ersten 5—12 Std. normal (3—5 E.), nach 1—5 Tagen, je nach Schwere des Krankheitsverlaufes, bis auf 15 E. erhöht u. normalisierte sich vom 6.—20. Tag. Bei Kranken mit Coronarinsuffizienz u. Stenocardie war **I** normal, bei Nekroseherden u. Kreislaufinsuffizienz mit cardialer Lebercirrhose bis auf 7—10 E. erhöht. I. v. Kloch-Kornitz. 4210□

Eine verbesserte Bestimmungsmethode der β-Glucuronidase-Aktivität in Galle. Takeo Sato. (Tohoku J. exp. Med. **77**, 23—27, 25/6. 1962; Sendai, Tohoku Univ., Surgical Clin.; engl.) — Die Meth. nach Fishman, Springer u. Brunette (J. biol. Chemistry **173**, [1948], 449) für die *β-Glucuronidase* (**I**)-Aktivitäts-Best. in Serum wird wie folgt verändert: Die Galle wird mit W. verd. u. nach der Inkubation etwas Aktivkohle zugesetzt, A. wird zur inkubierten Galle zur Extraktion des freigesetzten Phenolphthaleins zugesetzt u. die Inkubationszeit wird auf 48 Std. erhöht nach Zusatz von einigen Tropfen Toluol. P. Gregorzewski. 4210□

Änderung der Amylaseaktivität in den Wurzeln von Keimpflanzen. Olga Fejér-Kossey. (Biol. Közlemények [Biol. Mitt.] **10**, 43—50, Mai 1962; Budapest, L. Eötvös Univ., Lehrst. Pflanzenphysiologie; ung.) — Die Amylaseaktivität steigt in den ersten 8 Tagen in den Wurzelzellen der Keimpflanzen von Schmetterlingsblüten (Bohne u. Erbse) u. nicht Schmetterlingsblütern (Mais u. Kürbis) allmählich an, dabei in den Zellen der Wurzelhaarzone stärker als in den Zellen der Wurzelspitzen. In den Wurzelzellen der Schmetterlingsblüter ist die Aktivität von *α-Amylase*, im Mais die von *β-Amylase* größer; in den Wurzelzellen von Kürbis konnte nur β-Amylaseaktivität nachgewiesen werden. J. Plank. 4210△

Synthese von Kapsel-Polysaccharid (Hyaluronsäure) durch Protoplastenmembran-Zubereitungen aus A-Streptokokken. Alvin Markovitz und Albert Dorfman. (J. biol. Chemistry **237**, 273—79, Febr. 1962; Chicago, Ill., LaRabide Univ. of Chicago; Univ. of Chicago, Deps. of Microbiol., Pediatr. and Biochem.; engl.) — Vgl. C. **1962**, 13433. — Aus *Uridindiphosphatglucuronsäure* (**I**) u. *Uridindiphosphat-N-acetylglucosamin* (**II**) in Ggw. von Mg^{2+} kann mittels eines in Mitochondrien enthaltenen Enzyms (**III**) aus A-Streptokokken *Hyaluronsäure* (**IV**) synthetisiert werden. **III** kann durch Ultraschall oder in gleicher Aktivität mittels Phagen–Lysin gewonnen werden u. ist in der Protoplastenmembran lokalisierbar. Desoxyribonucleinsäure u. Ribonucleinsäure scheinen für **III** unwesentlich zu sein, da Ribonuclease- u. Desoxyribonuclease-Einw. die **III**-Aktivität nicht mindert. Ob ein „Primer" für die **IV**-Synth. nötig u. in **III** enthalten ist, ist unsicher; auf jeden Fall kann von ihm nicht mehr als 1% der gebildeten **IV** stammen ($^{14}C_{(1)}$-Acetat-Verss.). Mit Phospholipase A konnte die **III**-Aktivität nicht in Lsg. gebracht werden, auch Inaktivierung trat nicht ein. H. Gibian. 4210◇

Die Aktivität der unspezifischen Antihyaluronidase im Blut Neugeborener. Ja. I. Dumanski. (Pädiatrie [UdSSR] **38**, Nr. 10, 26—28, Okt. 1960; Lwow, Med.

Inst., Lehrstuhl für Kinderkrankh. u. Lehrstuhl für Geburtshilfe u. Gynäkol.; russ., Auszug: engl.) — Im Blutserum von 50 Neugeborenen wurde (5—10 Min. nach der Geburt) die Aktivität der *unspezif. Antihyaluronidase* bestimmt. Die Aktivität lag zwischen 20,3 u. 35,5% (im Mittel 28,3%). Sie betrug bei 3 Kindern von 2,5—2,9 kg im Mittel 30,7%, bei 24 Kindern von 3,0—3,4 kg 28%, bei 18 Kindern von 3,5—3,9 kg 27% u. bei 5 Kindern von 4—4,4 kg 27,1%. Der Index lag also bei niedrigem Geburts-Gew. etwas höher; am höchsten (31—35%) war er bei jenen Kindern, die unter der Geburt ein Trauma erlitten hatten. K. Rintelen. 4210□

Zur Spezifität der Kollagenase. Kurze Mitt. Wolfgang Graßmann, Helmut Hörmann, Arnold Nordwig und Erich Wünsch. (Hoppe-Seyler's Z. physiol. Chem. **316**, 287—89, 1959; München, Max-Planck-Inst. für Eiweiß- u. Leberforschung; dt.) — Die von verschiedenen Autoren gelieferte Spezifitätsregel für *Kollagenase*, wonach Peptide der Sequenz Prolin—R—R′ (R u. R′ = Aminosäuren) gespalten werden, wird am Cbo·Hypro·Gly·Gly·Pro·OCH_3 bestätigt u. dahingehend ergänzt, daß Prolin durch Hydroxyprolin ersetzt sein kann. Peptide anderer Konstit. konnten mit Kollagenase nicht gespalten werden. K. Grade. 4210□

Transaminase-Aktivität im durchströmten Rattenherzen. R. Marian Hicks und Margaret Kerly. (J. Physiology **150**, 621—32, März 1960; London, England, Univ. Coll., Dep. of Biochem.; engl.) — *Glutaminsäure–Asparaginsäure–Transaminase*-Aktivität wurde im isolierten, durchströmten Rattenherzen nachgewiesen. Zur Durchströmungs-Fl. zugesetzte *Glutaminsäure* (I) wurde nur in Anwesenheit von Oxalessigsäure desaminiert, ebenso verlief die rückläufige Rk. von *Asparaginsäure* (II) zu I nur bei Zusatz von α-Ketoglutarsäure. Alanin, Leucin u. II drangen aus der Durchströmungs-Fl. in die Herzzellen ein, während der I-Geh. in den Zellen durch der Fl. zugesetztes I nicht erhöht wurde. Nach dem Durchströmen konnte in der Fl. Transaminase nachgewiesen werden. S. Hothorn. 4210□

Die Umwandlung von α-Ketoisovaleriansäure in Valin durch Milch-Streptokokken. Patricia MacLeod, D. F. Gordon jun. und Max E. Morgan. (J. Dairy Sci. **43**, 1147—48, Aug. 1960; Storrs, Conn., Univ. of Connecticut, Storrs Agricult. Exp. Station, Dep. of Animal Ind.; engl.) — Nach Inkubation ruhender Zellen in einer Lsg., die *α-Ketoisovaleriansäure* (I), Pyridoxalphosphat u. *Glutaminsäure* enthält, läßt sich *Valin* (II) u. *α-Ketoglutarsäure* in der Lsg. nachweisen u. daraus wird gefolgert, daß die Kulturen akt. *Valin–Glutaminsäure–Transaminase*-Syst. (*Glutaminsäure–α-Ketoisovaleriansäure–Transaminase*) enthalten, wobei I als II-Vorläufer dient. P. Gregorzewski. 4210□

Der Einfluß von Pyridoxin, Insulin und Glucose auf die Aktivität der Aminopherasen der Erythrocyten verschiedener Tiere in vitro. Ja. L. Germanjuk, O. Ju. Letschenko und M. M. Martinjuk. (Ukrain. biochem. J. **34**, 417—23, 1962; Lwow, Zooveterin.-Inst., Lehrstuhl für organ. u. biolog. Chemie; ukrain., Auszug: engl.) — Im Blutplasma u. in den Erythrocyten von Kühen, Pferden, Schweinen, Kaninchen, Hunden, Hühnern, Gänsen u. Enten wurde die Aktivität der *α-Ketoglutarsäure-Alanin-Aminopherase* (I) u. der *α-Ketoglutarsäure-Asparaginsäure-Aminopherase* (II) untersucht. Danach fehlt in den Erythrocyten von Kaninchen, Hund u. Huhn die I. Dieses Fehlen von I hängt nicht mit der Ggw. des Inhibitors zusammen. Durch *Pyridoxin* wird in den Erythrocyten in vitro die Aktivität von I um 5%, die von II um 15% vermindert. *Insulin* bewirkt eine Abnahme um 16 bzw. 10%, *Glucose* eine solche von 52% bei I u. von 36% bei II. O. Lebtag. 4210△

Die N-endständige Sequenz des A-Proteins der Tryptophan-Synthetase von Escherichia coli. Bruce C. Carlton und Charles Yanofsky. (J. biol. Chemistry **237**, 1531—34, Mai 1962; Stanford, Calif., Stanford Univ., Dep. of Biol. Sci.; engl.) — Dinitrophenyl-Endgruppen-Best. u. Edman-Abbau beweisen den Aufbau des A-Proteins der *Tryptophansynthetase* von *Escherichia coli* aus einer einfachen Polypeptidkette mit einem N-endständigen Methioninrest. Endgruppen-Best. an ^{35}S-markiertem A-Protein bestätigen dieses Ergebnis. Die N-endständige Sequenz des A-Proteins konnte durch Edman-Abbau zu H_2N—Met·Glu—NH_2·Arg·Tyr bestimmt werden. Nach Behandlung des Proteins mit Trypsin wurde ein Peptid (P 9 T) mit der Sequenz Met·Glu—NH_2·Arg erhalten. Ein Peptid (P 8 C) wurde nach der Spaltung mit Chymotrypsin isoliert: Met·Glu—NH_2·Arg·Tyr. Weiterer Abbau dieses Peptids mit Trypsin ergibt P 9 T. Es wird gefolgert, daß diese Peptide die N-endständige Sequenz des intakten A-Proteins darstellen. K. Heyns. 4210□

Der Stoffwechsel der β-Methylasparaginsäure in Gehirn und Leber. S. R. Mardashew. (Clin. chim. Acta [Amsterdam] **6**, 157—62, März 1961; Moscow, First Moscow Med. Inst., Dep. of Biochem.; engl.) — Es wird die Beteiligung von *β-Methyl-*

asparaginsäure (I) u. auch von *Asparaginsäure* (II), *Glutaminsäure* (III), *Asparagin* (IV) u. *Glutamin* (V) bei der Biosynth. von Aminosäuren im Gehirn u. zum Vgl. in Leber von Ratten u. Kaninchen untersucht. Die Verss. wurden mit Organhomogenaten, Inkubation 2 Std. bei 37° in Tris-Puffer pH 8,2 durchgeführt. Es wird eine akt. Transaminierung von I in Gehirn nachgewiesen. Die Reihenfolge nach der Aktivität beträgt III, II u. I. Die I-Aktivität ist ungefähr proportional der Aktivität von Alanin. Im Gehirn wird IV durch IV-Transaminase nicht transaminiert, während V durch V-Transaminase umgesetzt wird. Die Frage des Vork. von IV einerseits u. der Abwesenheit einer IV-Transaminase im Gehirn unter den Rk.-Bedingungen wird diskutiert.
P. Teichgräber. 4210□

Die Wirkung von Metallionen auf die Peptidase-Aktivität des Gehirns. S. van den Noort und L. Lahut Uzman. (Proc. Soc. exp. Biol. Med. **108**, 32—34, Okt. 1961; Boston, Mass., Boston City Hosp.; Harvard Med. School; engl.) — Die Wrkg. von Ca^{2+}, Mg^{2+}, Cu^{2+}, Zn^{2+}, Cd^{2+}, Co^{2+}, Mn^{2+}, MoO_4^{2-}, Ni^{2+}, Fe^{2+} u. Al^{3+} auf die durch Gehirn-*Peptidasen* verursachte enzymat. Hydrolyse von *Glycyl-L-leucin* u. *Glycyldiglycin* (I) wurde untersucht. Es zeigte sich eine durch die Metallionen bewirkte Hemmung in sehr unterschiedlicher Größe. Nur bei Co-Ionen konnte eine Erhöhung der Hydrolyse des I beobachtet werden, wobei die Hydrolyse des Diglycinrestes gefördert wurde. Diese Wrkg. war spezif. auf Diglycin u. ist nicht anwendbar auf andere N-Glycyldipeptide, die normalerweise durch das Gehirn nicht hydrolysiert werden.
L. Macher. 4210□

Über die Herkunft des Magenkathepsins. S. Buchs. (Hoppe-Seyler's Z. physiol. Chem. **316**, 282—83, 1959; Basel, Univ.-Kinderklinik; dt.) — Die Hypothese, daß *Kathepsin* den weißen Blutkörperchen entstammt, wird fallengelassen, da Edestin von zellfreiem Magensaft im Kathepsinbereich ausgezeichnet verdaut wird, nicht dagegen von einer reinen Aufschwemmung von neutrophilen Granulocyten u. von mononucleären Zellen aus Liquor cerebrospinalis. K. Grade. 4210□

Die Entfernung der Knorpelmatrix durch Papain. Faktoren, die die Verteilung von kristallinem Papain in vivo beeinflussen. J. L. Potter, R. T. McCluskey, G. Weissmann und L. Thomas. (J. exp. Medicine **112**, 1173—93, 1/12. 1960; New York, N.Y., New York Univ.-Bellevue Med. Center, Bellevue Hosp., 3. [New York Univ.] Med. Div., Dep. of Med. and Pathol.; Cambridge, Strangeways Res. Labor.; engl.) — Es wird gezeigt, daß die Zerstörung der Knorpelmatrix durch i.v. injiziertes *Papain* (I), nach dessen Behandlung mit Jodacetamid zum Zwecke der Inaktivierung, durch einen nicht alkylierten I-Anteil hervorgerufen wird, welcher im Knorpel in vivo reaktiviert wird, während I-Acetamid in vivo nicht reaktiviert werden kann. Insgesamt verläßt I (nach Injektion von 4 mg in akt. oder inaktivierter Form/kg) den Kreislauf in einer zur Konz. proportionalen Geschw. (Gleichgewichts-Herst. mit dem Extracellulärraum), ein hoher %-Satz des I im Serum wird an die α-Globulinfraktion gebunden, die anderen Teile des akt. I werden vermutlich an Albumin (Enzym–Substrat-Kombination) der extracellulären Fl. gebunden u. so vor der Diffusion in den Knorpel bewahrt; inaktiviertes I bleibt jedoch zu einem großen Teil frei zur Diffusion in den Knorpel, wo nach der Reaktivierung des nicht alkylierten Anteils die Knorpelzerstörung vor sich gehen kann. Die beschriebene Bindung von akt. I an α-Globuline u. andere Serumproteine kann als Beispiel eines Schutzmechanismus für die Gewebe vor dem Einfl. proteolyt. Enzyme aus Zellen oder Bakterien angesehen werden. U. Tausendfreund. 4210□

Proteolytische Enzyme der Erythrocyten-Formen von Nager- und Affen-Species der Malariaplasmodien. Linda Cook, P. T. Grant und W. O. Kermack. (Exp. Parasitology **11**, 372—79, Nov. 1961; Univ. of Aberdeen, Dep. of Biol. Chem.; engl.) — Zellfreie Präpp. von *Plasmodium berghei* (aus Mäuseerythrocyten) enthalten durch die pH-Optima unterscheidbare Proteinasen, die auch von den Proteinasen der Wirtszellen verschieden sind. — Verss. mit *Pl. knowlesi* (aus Macacus rhesus-Erythrocyten) führen zu ähnlichen Ergebnissen. — Die *Proteinasen* sind unempfindlich gegen SH-Inhibitoren, werden aber in ihrer Aktivität durch Diisopropylfluorphosphat, 8-Hydroxychinolin u. chelatbildende Reagentien geschwächt. — Die gereinigte Proteinase aus P. knowlesi wurde gegen die β-Kette des Insulins (Rind) u. synthet. Peptide auf ihre Spezifität getestet. Dabei zeigt sich, daß sie Peptidbindungen hydrolysiert, deren saure Liganden aromat. Aminosäuren sind. M. Lorenz. 4210□

Untersuchungen über die Enzymwirkung auf Casein und auf Kulturfiltrate von verschiedenen Mikrobengattungen. Rémy Richou, Claude Chirol und Henry Richou. (C. R. hebd. Séances Acad. Sci. **252**, 3345—46, 24/5. 1961; Paris, Acad. des Sci.; franz.) — Vff. untersuchen, ob Filtrate von den Kulturen verschiedener Stämme von *Bacillus subtilis* von *Serratia marcescens*, von *Pseudomonas aeruginosa* u.

von *Proteus* eine enzymat. Aktivität gegenüber Casein aufweisen, die sich — wie bei bestimmten Staphylokokken — durch eine Trübung des Kulturmediums anzeigt. In den Filtraten zahlreicher Keime war eine Vielfalt von Enzymen vorhanden. Vff. vermuten, daß diese Enzyme in der Therapie verschiedener Erkrankungen des Menschen oder der Tiere eine Rolle spielen könnten. P. Nachtwey. 4210□

Hemmwirkung von Lysozym auf die Wirksamkeit einiger Lokalanästhetica. G. Marras und B. Salis. (Arch. ital. Sci. farmacol. [3] 9, 413—18, Juli 1959; Sassari, Univ., Ist. di Farmacol.; Clin. Otorinolaringoiatr.; ital.) — *Lysozym* hemmte die lokalanästhet. Wrkg. von *Lidocain, Cocain, Novocain* u. *Farmocain* (*Butylaminobenzoyldiäthylaminoäthanol*) auf die Kaninchencornea. K. Zingraf. 4210□

Einfluß der Dehydroascorbinsäure auf die Aktivität der Pankreaslipase der Katze. N. M. Gula. (Ukrain. biochem. J. **34,** 424—27, 1962; Kiew, Med. Inst., Lehrstuhl für Biochem.; ukrain., Auszug: engl.) — Die Verss. mit *Pankreaslipase* (**I**) der Katze ergaben, daß die **I**-Aktivität durch *Dehydroascorbinsäure* (**II**) der Konzz. 0,0016—0,006m mit steigender Konz. zunehmend verstärkt wird, daß jedoch bei weiterer Zunahme der **II**-Konz. von 0,006m auf 0,011m keine weitere Steigerung eintritt. Durch *Ascorbinsäure* (**III**) wird die **I**-Aktivität nur wenig erhöht. Diese Wrkg. von **III** beruht wahrscheinlich auf einer Umwandlung in **II**. O. Lebtag. 4210△

Untersuchungen über die Lipolyse durch Pilze. C. V. Viswanathan, V. K. Leley und N. Narayana. (J. sci. ind. Res. [New Delhi], Sect. C **20,** 135—40, Mai 1961; Poona, Coll. of Agric., Chem. Res. Labor.; engl.) — Vff. bestimmten die optimalen Bedingungen der lipolyt. Aktivität von 3 Arten von *Aspergillus*, *A. awamori Nakaz.*, *A. flavus Link ex. Fr.* u. *A. fumigatus Fresen* für *Erdnußöl*. Die wirksamste Art war A. awamori Nakaz. Zugabe von Kohlenhydraten bewirkt eine Hemmung der lipolyt. Aktivität der 3 A.-Arten, obgleich eine Steigerung des Wachstums erfolgt. Vff. fanden Anzeichen für die Synth. von Fetten in Ggw. der Pilze, wenn Glucose oder Saccharose zugegeben wurde. N- u. P-Verbb. beeinflussen sowohl das Wachstum als auch die lipolyt. Aktivität der Pilze. Nitrat-N wird hierbei in andere N-Verbb. übergeführt. — Das Ausmaß der Hydrolyse ist auch vom Fett abhängig, wie Unterss. an 8 Fetten (*Erdnußöl, Cocosnußöl, Ricinusöl, Sesamöl, Färberdistelöl, Olivenöl, Büffelmilchfett* u. ein hydriertes pflanzliches Öl) zeigten. Die Verss. wurden in Öl-in-W.-Emulsionen durchgeführt. Obwohl bei W.-in-Öl-Emulsionen die Fette in kleinerem Ausmaß hydrolysiert werden, steigt die abs. Menge des Öls, das pro 100 g Medium hydrolysiert wird, auf das 3—6fache an, weil hier mehr Öl aufgenommen wird. Während der Hydrolyse der Fette durch die A.-Arten traten Veränderungen in den analyt. Daten derselben ein. Die VZ. stieg an, dagegen fielen alle anderen Werte mit Ausnahme der Polenske-Zahl ab; letzte blieb annähernd konstant. Die Wrkg. der Pilze zeigte sich auch in einem starken Red.-Vermögen. Glycerin wird von den A.-Arten in unterschiedlichem Ausmaß verbraucht. H. Zöllner. 4210□

Coenzym Q. T. Ramasarma. (J. sci. ind. Res. [New Delhi], Sect. A **20,** 492 bis 512, Sept. 1961; Bangalore, Indian Inst. of Sci., Dep. of Biochem.; engl.) — Übersicht. Nomenklatur, physikal. u. chem. Eigg. von *Ubichinonen*, Isolierung u. Best., Prüfmeth., natürliches Vork. u. Verteilung, vermutete Funktionen, Beziehung zur Ernährung, Synth. u. Biosynthese. — 144 Literaturangaben. P. Gregorzewski. 4210◇

Reduktion von 11-Hydroxy- und 11-Desoxysteroiden durch Δ^4-Hydrasen der Säugetierleber. K. Brown-Grant, E. Forchielli und R. I. Dorfman. (J. Endocrinology **24,** 517—24, Juli 1962; Shrewsbury, Mass., Worcester Found. for Exp. Biol.; engl.) — In der Leber von Mäusen, Hamstern, Kaninchen, Meerschweinchen u. ♂ Ratten wurden *Δ^4-Hydrasen* (**I**) in der Mikrosomenfraktion u. dem bei 105000·g erhaltenen Überstand nachgewiesen. **I** aus Meerschweinchen-, Mäuse- u. Kaninchenleber red. 11β-Hydroxy-Verbb. in geringerem Maße als ihre 11-Desoxy- u. 11-Ketoanaloge. Bei **I** aus der Leber von Hamstern u. ♂ Ratten war die Wrkg. auf die 3 Gruppen von Verbb. gleich. K. Zingraf. 4210□

Untersuchung der Aktivität einiger Fermente in den Leberpunktaten bei der Botkinschen Krankheit. I. D. Manssurowa. (Sowjet-Med. **26,** Nr. 1, 31—34, Jan. 1962; TadshikSSR, Inst. für Grenzmed., Biochem. u. Klin. Abt.; russ., Auszug: engl.) — Die Aktivität der *alkal. Phosphatase, Cholinesterase, Phosphohexoisomerase* (normal 3,9 E., 104,4 bzw. 59,0 mg) im biopt. Leberpunktat war bei Kranken mit Botkinscher Erkrankung im akuten Stadium bis auf 18,6 E., 180,83 bzw. 144,79 mg erhöht; die Aktivität der *Glutaminoxalessigsäuretransaminase* (**I**) u. der **I**/*Glutaminbrenztraubensäure-Transaminase*-Koeff. (normal 2596,7 E. bzw. 0,85 mg) wurden bis auf 1754,9 E. bzw. 0,54 mg, je nach Schwere des Krankheitsverlaufes, vermindert u. normali-

sierten sich mit fortschreitender klin. Besserung. Bei chron. Verlauf der Krankheit waren die Veränderungen der Leberfermente nicht charakteristisch.
I. v. Kloch-Kornitz. 4210□

Die Hypothese „Toxin-Ferment" und die Rolle der Fermente der Bakterien in der Pathogenese der Infektionen. I. W. Domaradski. (Fortschr. gegenwärt. Biol. [UdSSR] **54**, 57—70, Juli/Aug. 1962; russ.) — Übersicht an Hand der Literatur. — 135 Literaturangaben. O. Lebtag. 4210△

E_3. Mikrobiologie. Bakteriologie. Immunologie

Ein selektives Indicator-Medium zur Isolierung von Streptomyces scabies aus Kartoffelknollen oder aus dem Boden. J. D. Menzies und Caroline E. Dade. (Phytopathology **49**, 457—60, Aug. 1959; Riverside, Calif., Univ. of California, Citrus Exp. Stat., Dep. of Plant Nematol.; engl.) — Zur Unterscheidung u. Isolierung von *Streptomyces scabies* aus Mischkulturen wird diese auf folgendem Nährboden gezogen: Agar, 2,5% Casein, 1% $NaNO_3$ u. 0,1% Tyrosin. In dem Medium bilden die Kolonien von *S. scabies* ein dunkelbraunes Pigment, das von nichtpathogenen Actinomyceten nicht synthetisiert werden kann. G. Kiefer. 4310□

N-Succinyl-l-glutaminsäure bei Bakterien und deren Einfluß auf die Sporulation von Bacillus subtilis. Jacqueline Millet und Élizabeth Pineau. (C. R. hebd. Séances Acad. Sci. **250**, 1363—65, 15/2. 1960; Paris, Inst. Pasteur, Labor. des Isotopes; franz.) — In verschiedenen sporenbildenden Bakterien, wie *B. subtilis*, *B. cereus*, *B. megatherium*, wurde nach Wachstumsstillstand infolge Erschöpfung von Glucose oder Nahrungs-N *N-Succinyl-l-glutaminsäure* (I) identifiziert. I steigerte, einem schwach sporulierenden, wenig I bildenden *B. subtilis*-Stamm zugesetzt ($5 \cdot 10^{-3}$m), die Sporulation mehr als 3fach. Die I-Komponenten selbst waren, einzeln oder gemeinsam zugesetzt, ohne Wirkung. K. Maier. 4310□

Die Abtrennung einer Phytoen akkumulierenden Mutante von Staphylococcus. Ginzaburo Suzue. (Arch. Biochem. Biophysics **88**, 180—81, Mai 1960; Kyoto, Univ. of Kyoto, Fac. of Sci., Dep. of Chem.; engl.) — Vf. isoliert aus einer Mutante, die in hohem Grade gegen Chlortetracyclin resistent ist u. bei Zimmer-Temp. auf Nährstoffagarplatten mit 2% Glycerin gehalten wird, *Phytoen*. Die Reinigungsprozedur wird beschrieben. W. Hiller. 4315□

Zum Wirkungsmechanismus des Fluoracetats im Säurestoffwechsel von Aspergillus niger. R. Springer. (Planta med. [Stuttgart] **8**, 411—19, Dez. 1960; München, Univ., Inst. für Pharmaz. u. Lebensmittelchem.; dt.) — *Monofluoressigsäure* (I) u. *Trifluoressigsäure* (II) zeigen bei *Aspergillus niger* eine konz.-abhängige Wrkg. auf das vegetative Wachstum u. den Stoffwechsel. In Ggw. von I wird die Akkumulation von *Citronensäure* vermindert; gleichzeitig wird der *Oxalsäure*- u. *Gluconsäure*-Geh. erhöht. II ist weniger wirksam u. setzt erst bei Konzz., bei denen I schon fungistat. wirkt, die Citronensäure-Bldg. herab; die Gluconsäure-Bldg. wird gesteigert, der Oxalsäure-Geh. bleibt im Gegensatz zu Verss. mit I unverändert. Es werden die 3 Möglichkeiten der Oxalsäure-Bldg. aus Oxalessigsäure, Oxalbernsteinsäure u. Glyoxylsäure diskutiert. I bewirkt bei allen 3 Synth.-Wegen eine Steigerung der Oxalsäureproduktion.
D. Groß. 4320□

Die Bildung von höheren aliphatischen Alkoholen durch Mutantenstämme von Saccharomyces cerevisiae. John L. Ingraham und James F. Guymon. (Arch. Biochem. Biophysics **88**, 157—66, Mai 1960; Davis, Calif., Univ. of California, Dep. of Viticult. and Enol.; engl.) — Vgl. Ikeda u. Mitarbeiter, C. **1961**, 16308. — Vff. benutzten durch UV induzierte Mutanten von haploiden *Saccharomyces cerevisiae*-Stamm S 288 C. Die *Leucin* u. *Isoleucin* erfordernden Mutanten zeigten eine Zunahme des *Isobutylalkohols* in den Fuselölen. Die Isoleucin erfordernde Mutante bildete die 5fache Menge Fuselöl im Vgl. zu dem Elternstamm. Das Verhältnis von Isobutyl- zu Amylalkohol war bei wachsenden Zellen u. Ruhezellen von Stämmen, die keine Aminosäuren für das Wachstum erfordern, während der A.-Gärung konstant. Die Ergebnisse stützen die Hypothese, daß ruhende Hefezellen höhere Alkohole auf gewöhnlichen Rk.-Wegen synthetisieren in bestimmten Rkk. mit der Synth. der homologen Aminosäuren. W. Hiller. 4320□

Gerichtete Wirkung von Hydrocortisonacetat auf die freien Aminosäuren von Neurospora crassa. S. L. Neidleman und A. R. Kemmerer. (Arch. Biochem. Biophysics **88**, 172—76, Mai 1960; Tucson, Ariz., Univ. of Arizona, Dep. of Agric. Biochem.; engl.) — Die Wrkg. von *Hydrocortisonacetat* (I) auf den Aminosäurestoffwechsel bei *Neurospora crassa* wurde untersucht, indem den Kulturen einzelne Aminosäuren als N-Quelle zugesetzt wurden. Die Menge von freiem *Alanin, Arginin, Asparaginsäure, Glycin* u. *Lysin* im Pilzmycel war bei den mit I behandelten Kulturen erniedrigt, die von *Isoleucin, Phenylalanin, Prolin* u. *Valin* erhöht. W. Hiller. 4320 □

Mikrobiologische Hydroxylierung der Steroide. 4. Mitt. 7α.15β-Dihydroxylierung von Progesteron durch Syncephalastrum sp.(2). Kyosuke Tsuda, Toshinobu Asai, Eiji Ohki, Atsuji Tanaka und Masako Hattori. (Chem. pharmac. Bull. [Tokyo] **6**, 387—91, Aug. 1958; Tokyo, Univ., Inst. of Appl. Microbiol.; engl.) — Vgl. Iizuka, Chem. pharmac. Bull. [Tokyo] **4**, [1958], 67. — Ein *Syncephalastrum*-Stamm hydroxylierte *Progesteron* (**I**) zu *7α.15β-Dihydroxyprogesteron* (**II**).

Versuche: *7α.15β-Dihydroxyprogesteron* (*7α.15β-Dihydroxy-Δ^4-pregnen-3.20-dion*; **II**), $C_{21}H_{30}O_4$, F. 222—226° (Äthylacetat), aus **I** (10 g) durch 6std. Inkubation in Schüttelkultur (5% Glucose, 2% Pepton, 0,3% Cornsteepliquor; 30°) u. Extraktion von Mycel u. Kulturfiltrat mit Äthylacetat; $[\alpha]_D^{28}$ +122° (c = 0,9; Chlf.); 2,8 g (Ausbeute). *7α-Monoacetat* (**III**), $C_{23}H_{32}O_5$, F. 188—190°; $[\alpha]_D^{20}$ +118° (c = 1,1; Chlf.). — *15β-Hydroxy-$\Delta^{4.6}$-pregnadien-3.20-dion* (**IV**), $C_{21}H_{28}O_3$, F. 218—220° (Äthylacetat), a) aus 0,5 g **II** mit sd. verd. wss.-methanol. KOH (1 Std.); b) aus 0,146 g **III** mit wss.-methanol. $KHCO_3$ (2 Tage, Raum-Temp.); $[\alpha]_D^{16}$ +159° (c = 0,9; Chlf.); 0,24 g. — *7α-Acetoxy-Δ^4-pregnen-3.15.20-trion* (**V**), $C_{23}H_{30}O_5$, F. 184—186° (Chlf.-Ae.), aus 0,1266 g **III** mit CrO_3 in wss. Essigsäure (2 Std., Raum-Temp.); $[\alpha]_D^{16}$ +68,7° (c = 1,6; Chlf.); 0,1158 g (roh). — *$\Delta^{4.6}$-Pregnadien-3.15.20β-trion* (**VI**), $C_{21}H_{26}O_3$, F. 192—194° (Äthylacetat), aus a) 0,154 g **IV** mit CrO_3 in Pyridin (2 Tage, Raum-Temp.); b) **V** mit $KHCO_3$ in wss. CH_3OH (2 Tage); $[\alpha]_D^{16}$ +161° (c = 1,34; Chlf.); 0,1166 g (roh). *14-Iso-Verb.* (?), $C_{21}H_{26}O_3$, F. 164—165° (PAe.-Ae.), durch **VI**-Isomerisierung in schwach saurem CH_3OH (über Nacht); $[\alpha]_D^{16}$ +212° (c = 0,87; Chlf.). — *15α-Hydroxy-Δ^4-pregnen-3.20-dion*, $C_{21}H_{30}O_3$, F. 199—202°, aus 0,3244 g **IV** durch katalyt. Hydrierung mit 1%ig. Pd-Kohle in alkal. Methanol, Reinigung an Al_2O_3; $[\alpha]_D$ +158° (c = 1,2; Chlf.); 0,2565 g (roh). — *Δ^4-Pregnen-3.15.20-trion*, $C_{21}H_{28}O_3$, F. 151—155° (Ae.), aus 0,120 g vorst. Verb. mit CrO_3 in Pyridin; $[\alpha]_D^{10}$ +192° (c = 0,5; Chlf.); 0,080 g. *14-Iso-Verb.*, $C_{21}H_{28}O_3$, F. 208—210° (Ae.), a) aus vorst. Verb. durch Isomerisierung in schwach saurem CH_3OH (über Nacht); b) aus **VII** durch katalyt. Hydrierung mit Pd-C in alkal. Methanol. K. Maier. 4320 □

Mikrobiologische Hydroxylierung der Steroide. 7. Mitt. Hydroxylierung von Progesteron in der 7α.14α- und 15β-Stellung durch Syncephalastrum racemosum Cohn. Kyosuke Tsuda, Toshinobu Asai, Eiji Ohki, Atsuji Tanaka und Takemasa Matsuhisa. (Chem. pharmac. Bull. [Tokyo] **7**, 369—72, Mai 1959; Tokyo, Univ., Inst. für angew. Mikrobiol.; dt.) — 6. vgl. C. **1962**, 17803; 4. vgl. vorst. Referat. — *Progesteron* (**I**) wurde durch Inkubation mit *S. racemosum Cohn* in *7α.15β-Dihydroxyprogesteron* (**II**) u. *7α.14α.15β-Trihydroxyprogesteron* (**III**), **II** in gleicher Weise in **III** übergeführt. Die Zuordnung der 14α-Stellung, d. h. einer *trans*-Glykolgruppierung, für das 3. OH erfolgte durch Vgl. mit der Geschw. der HJO_4- bzw. Pb-Tetraacetat-oxydation von **III**-7-Monoacetat mit der von 3-Benzoyloxy-14α.15α-dihydroxycholestan bzw. 3-Benzoyloxy-14α.15β-dihydroxycholestan.

Versuche: *7α.14α.15β-Trihydroxyprogesteron*, $C_{21}H_{30}O_5$, F. 263—265°, aus 30 g **I** oder 50 mg **II** durch 72std. Inkubation bei 30° mit *S. racemosum*-Kultur; $[\alpha]_D$ +103° (c = 0,5; CH_3OH); 2,3 g u. 20 mg (roh) (Ausbeute). *7-Monoacetat* (**IV**), $C_{23}H_{32}O_6$, F. 228 bis 230°; $[\alpha]_D$ +126° (c = 0,62; CH_3OH). — *14α.15β-Dihydroxy-$\Delta^{4.6}$-pregnadien-3.20-dion*, $C_{21}H_{28}O_4$, F. 266—268°, aus 72 mg vorst. Acetats durch Kochen mit CH_3OH–$KHCO_3$ (c = 0,5); 13 mg. — **IV**-*CrO_3-Oxydations-Prod.*, $C_{23}H_{30}O_7$, F. 168—173°, aus 110 mg **IV** in Eisessig mit CrO_3 (3½ Std., Raum-Temp.); einbas. Säure mit 4-en-3-on- u. γ-Lactongruppierung; 30 mg. — *3β-Benzoyloxycholestan-14α.15α-diol*, $C_{34}H_{52}O_4$, F. 160—163°, aus 400 mg 3β-Benzoyloxycholest-14-en (**V**) mit OsO_4 in abs. Ae. + etwas Pyridin (über Nacht, Raum-Temp.) u. 3½std. Kochen mit Lsg. von Na_2SO_3 in 50%ig. A.; 300 mg. — *3β-Benzoyloxycholestan-14α.15α-epoxid*, $C_{34}H_{50}O_3$, F. 152—154°, aus **V** u. Perbenzoesäure in Chloroform. — *3β-Benzoyloxycholestan-14α.15β-diol*, $C_{34}H_{52}O_4$, F. 202—205°, aus 0,5 g vorst. Verb. u. 10%ig. $HClO_4$ in wss. Aceton; 362 mg.
K. Maier. 4320 □

Bildung eines neuen Lysergsäurederivates in Submersionskultur durch einen Claviceps paspali-Steven & Hall-Stamm. F. Arcamone, E. B. Chain, A. Ferretti, A. Minghetti, P. Pennella, A. Tonolo und Lidia Vero. (Proc. Roy. Soc. [London], Ser. B **155**, 26—54, 17/10. 1961; Roma, Internat. Centre for Chem. Microbiol., Ist. Super. di Sanità; engl.) — Vgl. C. **1962**, 13082. — In Submersionskulturen eines *Claviceps paspali*-Steven & Hall-Stammes kommt es zur Bldg. eines neuen Lysergsäure-Deriv.,

welches als *D-Lysergsäure-α-hydroxyäthylamid* identifiziert werden konnte; diese Substanz läßt sich leicht in *D-Lysergsäureamid* mit hoher Ausbeute umwandeln.
U. Tausendfreund. 4320□

Antimikrobielle Aktivität aromatischer Thiolsulfonate und Thiolsulfinate. L. Ferenczy, J. Zsolt, E. Vinkler und F. Klivényi. (Acta biol. Acad. Sci. hung. **12,** 121—26, 1961; Szeged, Med. Univ., Inst. for Pharm. Chem.; Univ., Inst. for Plant Physiol.; engl.) — Gegenüber *Bacillus cereus* var. *mycoides* sind folgende Verbb. bei einer Konz. von $5 \cdot 10^{-3}$m im Agardiffusionstest wirksam: *p-Toluolthiolsulfinsäure-p-tolylester, p-Toluolthiolsulfinsäure-p-methoxyphenylester, p-Chlorbenzolthiolsulfinsäure-p-chlorphenylester, o-Toluolthiolsulfonsäurephenylester, Benzolthiolsulfonsäure-o-tolylester, o-Toluolthiolsulfonsäure-o-tolylester, Benzolthiolsulfonsäure-p-tolylester, p-Toluolthiolsulfonsäurephenylester, Benzolthiolsulfonsäure-p-methoxyphenylester, p-Methoxybenzolthiolsulfonsäure-p-methoxyphenylester, m-Carboxybenzolthiolsulfonsäure-m-carboxyphenylester, p-Chlorbenzolthiolsulfonsäurephenylester, Benzolthiolsulfonsäure-p-chlorphenylester, p-Chlorbenzolthiolsulfonsäure-p-chlorphenylester* u. *p-Methoxybenzolthiolsulfonsäure-p-chlorphenylester.*
P. Gregorzewski. 4330□

Toxische Wirkungen von während der Fermentation gebildeten Ölperoxiden. I. Horváth, K. Magyar, I. Gadó, J. Szántó und T. Vadkerty. (Chem. and Ind. **1958,** 916—17, 19/7.; Budapest, Res. Inst. of the Pharmaceut. Ind.; engl.) — Bei der Bereitung von Kulturmedien für die Fermentation von *Hydroxytetracyclin* durch *Streptomyces rimosus* zeigte sich, daß die Empfindlichkeit gegenüber Fe teilweise vom Sättigungsgrad der Öle im Kulturmedium abhängt. In Ggw. von gesätt. Ölen wird bei Fe-Zusatz bis 200 μg/ml keine Hemmung beobachtet. Bei Palmöl trat schon bei 50 μg/ml ein Abfall in der Ausbeute ein, ohne daß bei höherer Konz. völlige Hemmung eintrat, bei Sonnenblumenöl betrug bei 100 μg/ml die Hemmung ca. 95%. Vff. machen die Peroxid-Bldg. in ungesätt. Ölen in Ggw. von Schwermetallen für die Hemmung verantwortlich.
W. Hiller. 4330□

Harnstoff und antibakterielle Wirkung der Sulfonamide. D. Parvis und F. Piccinini. (Arch. ital. Sci. farmacol. [3] **10,** 95—102, April 1960; Milano, Ist. de Angeli; ital.) — Unter geeigneten Vers.-Bedingungen erhöht *Harnstoff* (**I**) in Konzz., die allein bereits das Bakterienwachstum in geringem Maße hemmen, die antibakterielle Wrkg. der *Sulfonamide* (**II**). **I** steigert die Löslichkeit von **II** in W. u. verringert die Bindung von **II** an Proteine. K. Zingraf. 4330□

Langfristige Einwirkung von Isonicotinsäurehydrazid und Streptomycin auf ruhende Tuberkelbakterien in vitro. K. Bartmann. (Beitr. Klin. Tuberkul. **122,** 94—113, 1960; Berlin-Wannsee, Tuberkulosekrankenhaus, Bakteriolog. Abt.; dt.) — *Isonicotinsäurehydrazid* (**I**) u. *Streptomycin* zeigen stärkere Wrkg., wenn sich die Bakterien im akt. Stoffwechsel befinden u. schwächere Wrkg. beim Ruhestoffwechselzustand. Die nach dem positiv werden der Tuberkulin-Rk. einsetzende **I**-Prophylaxe sollte wegen der geringeren Wrkg. von **I** auf ruhende Bakterien 1½ Jahre lang durchgeführt werden. W. Hiller. 4340□

Untersuchungen über Streptomyceten. Über ein neues Antibioticum, Theiomycetin. Motoo Shibata. (Annu. Rep. Takeda Res. Lab. **18,** 44—48, Okt. 1959; jap., Auszug: engl.) — Aus der Kulturbrühe eines *Streptomyces*-Stammes Nr. 3372 wird eine gegen grampositive u. säurestabile Mikroorganismen akt. antibiot. Substanz, $C_{55}H_{59-61}N_{15-16}O_{20}S$; $[\alpha]_D^{18}$ +179° (c = 0,38; CH_3OH), isoliert.
P. Gregorzewski. 4340□

Einige chlorhaltige Stoffwechselprodukte der Pilze. — Spezielle Anmerkungen über das Nidulin von Aspergillus nidulans. John C. Roberts. (Planta med. [Stuttgart] **8,** 367—75, Dez. 1960; Nottingham, Univ., Dep. of Chem.; engl.) — Vf. isoliert aus bestimmten Stämmen von *Aspergillus nidulans* das *Nidulin* (**I**), $C_{20}H_{17}Cl_3O_5$, F. 180°, Nadeln aus Petroläther. Die einzelnen Abbauschritte zur Strukturaufklärung von **I** werden beschrieben. **I** ist das erste in Pilzen gefundene Depsidon u. wird mit anderen chlorhaltigen Stoffwechsel-Prodd. der Pilze u. Flechten, wie *Diploicin, Chloratranorin, Gangaleoidin, Pannarin, Vicanicin, Griseofulvin, Erdin* u. *Geodin* verglichen. Für die Biogenese von **I** wird ein hypothet. Schema angegeben. D. Groß. 4340□

Eine neue antituberkulös wirkende Aminosäure (α-Hydroxy-γ-oxo-L-norvalin). Ken-Ichi Kanazawa, Kanji Tsuchiya und Toyoshige Araki. (Amer. Rev. Respirat. Diseases **81,** 924, Juni 1960; Osaka, Japan, Takeda Pharmaceut. Ind. Ltd., Res. Labor.; engl.) — Aus der Kultur-Fl. von *Streptomyces* Akiyoshiensis nov. sp. wurde *α-Hydroxy-γ-oxo-L-norvalin* (**I**) isoliert, welches in verschiedenen Testen eine 5—20mal geringere antituberkulöse Wrkg. als Streptomycin zeigte (DL_{50} Maus, i.v. 5200 mg/kg, subkutan 8000 mg/kg, oral 7600 mg/kg). **I** wirkte synergist. mit Zygomycin A. Eine Wrkg. auf M. leprae wird vermutet. K. Zingraf. 4340□

Vorläufige Ergebnisse über die Natur der Stoffe aus Paratyphusbakterien B, welche das Wachstum der Mikroben der Darm-Typhus-Gruppe hemmen. N. W. Chatunzewa, A. W. Jakowlewa und M. W. Mironowa. (J. Mikrobiol., Epidemiol. Immunobiol. [UdSSR] **33,** Nr. 1, 63—68, Jan. 1962; Inst. für Epidemiol. u. Mikrobiol. der Akad. der Med. Wiss. der UdSSR; russ.,Auszug: engl.) — Es wurden Paratyphus-B-Bakterien auf künstlichen Nährböden gezüchtet u. aus ihnen durch Dialyse, A.- u. Acetonbehandlung gewonnene Konzentrate auf ihre Hemmwrkg. auf die Erreger von Abdominaltyphus, Dysenterie u. Paratyphus B untersucht. Die Hemmstoffe waren niedermol. u. thermostabil; $Al(OH)_3$ adsorbierte die Stoffe prakt. nicht, Aktivkohle etwas; durch Cellophan diffundierten sie. Sie sind von Colicin u. colicinähnlichen Stoffen unterscheidbar, auch von dem von Fastier aus Sh. paradysenteriae isolierten Antibioticum (J. Immunology **60,** [1949], 399). K. Rintelen. 4340□

Prüfung der Resistenz von Rhizobien-Stämmen gegen Antibiotica und Sulfonamide. M. Kecskés und E. Manninger. (Naturwissenschaften **47,** 162—63, **1.** April-H. 1960; Sopron, Bodenbiolog. Labor. der Ung. Akad. der Wiss; dt.) — Bei Verss. (Biotest-Meth.) mit 9 verschiedenen *Antibioticis* u. 2 *Sulfonamiden* gegen 8 Rhizobienstämme konnte in der Mehrzahl Wachstumshemmung, selten Wuchsförderung, bei $^1/_3$ Indifferenz festgestellt werden. Gegen *Penicillin* u. *Aureomycin* waren sie meist resistent, gegen *Polymyxin B* nur in 2 Fällen. H. Hennersdorf. 4340□

Auslese von gegen Pilze und Bakterien wirksamen Actinomyceten. K. Shete, O. P. Srivastava und V. C. Vora. (Antibiotics and Chemotherapy **11,** 438—40, Juli 1961; Lucknow, U.P., India, Chattar Manzil Palace, Central Drug Res.; engl.) — 138 von 355 aus ind. Bodenproben isolierten u. im Strichtest gegen 5 Bakterien als Vorauswahl-Meth. geprüften Actinomycetenkulturen waren antibiot. wirksam. 106 von diesen wurden in fl. Nährmedium gezüchtet u. sämtliche erhaltenen Kulturfiltrate gegen dieselben 5 Bakterien u. 70 Filtrate gegen 8 Pilze getestet. Der %-Satz der gegen Bakterien wirksamen Filtrate war höher als der gegen Pilze. Als eine mögliche Fehlerquelle wird die angewandte Vorauswahl-Meth. angesehen. W. Knöbel. 4340□

Gewebereaktion nach Injektion von Al_2O_3-Impfstoff. Paul Bernd Diezel. (Arzneimittel-Forsch. **11,** 905—08, Okt. 1961; Heidelberg, Patholog. Inst. der Univ.; dt.) — Je 1 ml Polio–Diphtherie–Tetanus-Adsorbat-Impfstoff wurde Meerschweinchen an zwei verschiedenen Stellen subkutan zusammen mit 10 mg Al_2O_3/ml Injektions-Lsg. als Adsorptionsmittel in die Bauchhaut gespritzt. Die Impfstellen wurden in Abständen von 1, 2, 4, 6 u. 18 Wochen chem. u. histolog. untersucht. Es konnte festgestellt werden, daß bei keinem Tier eine über die unmittelbare Umgebung der Impfstelle hinausgehende Zell- oder Gewebe-Rk. aufgetreten war. Aus der Art der Gewebe-Rk. kann man auf eine gute Wirksamkeit des an Al_2O_3 adsorbierten Impfstoffs schließen. M. Lorenz. 4370□

Vergleichende Untersuchung der Eiweißfraktionen des Brucellose Vi-Serums. T. I. Charitonowa. (J. Mikrobiol., Epidemiol. Immunobiol. [UdSSR] **33,** Nr. 1, 35—40, Jan. 1962; Rostow/Don, Pestforschungsinst. des Gesundheitsminist. der UdSSR; russ., Auszug: engl.) — In vitro-Verss. mit Vi-Serum vom Kaninchen zeigten, daß die *γ-Globuline* in Konzz. von 0,1, 1,0 u. 10% das Brucellawachstum unterdrückten; die *β-Globuline* hemmten es nur in 10%ig. Konz., die *α-Globuline* u. die *Albumine* waren hierbei unwirksam. In Verss. an Meerschweinchen wurde festgestellt, daß die gegen Brucellose gerichteten Agglutinine u. Präcipitine an die γ-Globulinfraktion des Serumeiweißes gebunden sind. K. Rintelen. 4370□

Untersuchungen über Abnormitäten der Serum-Proteine bei Kala-Azar. Richard T. Silver, Luciano Pedreira, Leonhard Korngold und Ralph L. Engle jun. (Proc. Soc. exp. Biol. Med. **106,** 365—68, Febr. 1961; New York, N.Y., Hosp.-Cornell Med. Center, Dep. of Med.; engl.) — Die Serumproteine von 5 Patienten mit Kala-Azar wurden elektrophoret. untersucht. Mittels Stärkegelelektrophorese war eine Abnormität im Sinne einer umschriebenen Protein-Konz. im Bereich der langsamen *γ-Globuline* nachweisbar, die bei anderen Erkrankungen mit Hyper-γ-Globulinämie fehlt. Nach Ansicht der Vff. wäre es denkbar, diese Bande als Ausdruck einer Antikörper-Rk. mit Antigenen von *Leishmania donovani* anzusehen. Eine Vermehrung der *Makroglobuline* war ebenfalls nachweisbar. Joachim Schmidt. 4370□

Experimentelle Untersuchungen über die Gifte der Ruhrbakterien. 8. Mitt. **Über die Bedeutung von Stoffwechsel- und Kreislauffaktoren für den Endotoxintod verschiedener Species.** H. Göing. (Arb. Paul-Ehrlich-Inst., Georg-Speyer-Haus u. Ferdinand-Blum-Inst. Frankfurt a. M. **57,** 80—88, 1962; Frankfurt/M., Staatl. Anst. für exp. Therap., „Paul-Ehrlich-Inst." u. „Ferdinand-Blum-Inst." für exp.

Biolog.; dt.) — 7. vgl. Arb. Paul-Ehrlich-Inst., Georg-Speyer-Haus u. Ferdinand-Blum-Inst. Frankfurt a. M. **52,** [1956], 113. — Nach Verabfolgung einer tödlichen Dosis *Endotoxin* (Flexners Ruhrbacillus) an Kaninchen kommt es zu einem Anstieg der Blutzuckerwerte u. gegen Ende der Vergiftung zum Abfall der Leberglykogenwerte. Die speciesabhängigen Kreislaufstörungen bei Kaninchen, Hund u. Katze werden beschrieben u. auf ihre Ähnlichkeit mit dem Bild eines anaphylakt. Schocks hingewiesen. — 37 Literaturangaben. Hans Thiele. 4370□

Herstellung von Virusvaccinen mit Hydroxylamin. Verlauf der Inaktivierung und Wirkung des Hydroxylamins auf verschiedene biologische Eigenschaften einiger Viren. Werner Schäfer und Rudolf Rott. (Z. Hyg. Infektionskrankh. **148,** 256—68, 1962; Tübingen, Max-Planck-Inst. für Virusforsch.; dt.) — Durch Hydroxylamin werden das Maus-Elberfeld-Virus, ein Vertreter der Columbia-SK-Gruppe, sowie verschiedene Viren der Influenzagruppe, wie die klass. Geflügelpest u. Influenza FM 1, in einer Rk. erster Ordnung inaktiviert. Dagegen konnte das Virus der Newcastle disease (atyp. Geflügelpest), das zur Parainfluenzagruppe gehört, nicht inaktiviert werden, doch wird bei ihm im Plaque-Test eine Erscheinung beobachtet, die der „multiplicity-reactivation' der Bakteriophagen ähnelt. Bei den Influenzaviren bleiben nach 4 Tagen Behandlung mit 1 m NH_2OH bei 20° Antigenität, Hämagglutinationsfähigkeit u. enzymat. Aktivität (Neuraminidase) völlig erhalten. Die NH_2OH-Vaccinen sind bei der Immunisierung den Formaldehydvaccinen sogar etwas überlegen. M. Wiedemann. 4370□

Inaktivierung des vacuolisierenden Virus SV_{40} durch Formaldehyd. Paul Gerber, George A. Hottle und Robert E. Grubbs. (Proc. Soc. exp. Biol. Med. **108,** 205—09, Okt. 1961; Bethesda, Md., Nat. Inst. of Health, Div. of Biol. Standards, Labor. of Viral Immunol.; engl.) — Das vacuolisierende Virus SV_{40}, das in Nierenzellkulturen des Afrikan. Grünen Affen, *Cercepithecus aethiops*, cytoplasmat. Vacuolen bildet, wurde bei 37° durch Formaldehyd inaktiviert. Der Titer nahm zuerst schnell ab, nach ca. 40 Std. verblieb eine Restinfektiosität, die auch innerhalb 14 Tagen nicht absank. Dieses Virus wurde in virulenter Form in mit Formaldehyd hergestellten Vaccinen gegen Poliomyelitis u. gegen Adenoviren gefunden. M. Wiedemann. 4374□

Auslösung von Mutationen verschiedenen Typs durch Behandlung des extracellulären Phagen „Kappa" von Serratia mit Nitrit. R. W. Kaplan und S. K. Bose. (Z. allg. Mikrobiol., Morphol., Physiol. Ökol. Mikroorganismen **1,** 274—85, 1961; Frankfurt/Main, Inst. für Mikrobiol. der Univ.; dt.) — Werden die Phagen 20 Min. lang mit 0,0125 m $NaNO_2$ (pH 4; 30°) behandelt, so erscheinen 1,3% Mutationen. Die Mutationstypen u. die Ergebnisse der Nachkommenschaftsprüfung werden beschrieben. W. Hiller. 4374□

Eine Bestimmung der DNS-Moleküllänge von T2-Bakteriophagen durch Autoradiographie. John Cairns. (J. molecular Biol. **3,** 756—61, Dez. 1961; Cold Spring Harbor, N.Y., Carnegie Inst. of Washington, Dep. of Genetics; engl.) — Der *Thymin* (I)-bedürftige Stamm *Escherichia coli B3* wird in Glucose/Ammoniumsalz-Medium in Ggw. von 5 μg *Thymidin* (II)/ml bis zur Konz. von $2 \cdot 10^8$ Zellen/ml kultiviert, abzentrifugiert u. in $^1/_3$ Vol. frischem II-freiem Medium resuspendiert, das 10^{-5} m an *5-Fluoruracildesoxyribosid* (III) zur Hemmung der Thymidylsäuresynthetase u. 10^{-4} m an *Uridin* ist, das den Einbau von III in die *Ribonucleinsäure* zurückdrängen soll. 5 Min. später werden die Bakterien mit Bakteriophagen T 2 mit der Multiplizität 4 infiziert, u. nach 4 Min. 0,02 ml der infizierten Bakterien zu 0,02 ml doppeltkonz. Nährmedium u. 0,02 ml ^{3}H-II (spezif. Radioaktivität 10 c/m Mol) zugegeben, so daß folgende Endkonzz. vorliegen: $2 \cdot 10^8$ Zellen E. coli B3/ml, 10^{-5} m III, 10^{-4} m *Uridin*, 2—8 μg ^{3}H-II/ml (40—160 μc/ml). Wird statt II ^{3}H-I angeboten, so muß das Kulturmedium noch 10^{-3} m an *Desoxyadenosin* sein. Man erhält $1 \cdot 10^{10}$ Phagen/μg II oder $6—8 \cdot 10^9$ Phagen/μg I. Im radioakt. Ansatz mit ^{3}H-II bzw. ^{3}H-I ist die Phagenausbeute etwas geringer. Dagegen ist die Häufigkeit von r-Mutanten inakt. oder radioakt. Phagen unverändert. Die Überlebensrate nimmt bei Angebot steigender spezif. Radioaktivität von ^{3}H-II bzw. ^{3}H-I umgekehrt proportional ab. Bei Verw. von ^{3}H-I mit 10 c/m Mol ergibt sich aus der I-Häufigkeit auf dem *Desoxyribonucleinsäure* (*DNS*)-Faden 1 radioakt. Zerfall pro μ Doppelhelix pro Woche. Die notwendigen „letalen" Atome ^{3}H-II bzw. ^{3}H-I pro Phage werden zu $4 \cdot 10^4$ abgeschätzt. Wird die Verdünnung mit inakt. I aus der Gesamt-DNS berücksichtigt, so wirken im Mittel $5 \cdot 10^4$ Atome ^{3}H-I pro Phage letal. Dieser Wert unterscheidet sich übrigens kaum von der Anzahl „letaler" Atome ^{32}P pro Phage. Wird aus den T2-Phagen durch Phenolextraktion die DNS isoliert, in einer Konz. von 25 μg DNS/ml in m/15 Phosphatpuffer, pH 5,6, auf Objektträger aufgetragen, in Chromgelatine fixiert u. bei 4° 63 Tage zur Autoradiographie mit Kodak AR 10 exponiert, so erkennt man mittlere Fadenlängen zwischen 49 u. 53 μ. Nimmt man eine Länge von 3,4 Å pro Basenpaar an, so ergibt sich ein Molgew. von $110 \cdot 10^6$ für die DNS aus T2-Phagen. L. Träger. 4374 □

Färbung von gereinigtem Polyoma-Virus mit Acridinorange. Heather Donald Mayor. (Proc. Soc. exp. Biol. Med. **108,** 103—05, Okt. 1961; Houston, Tex., Baylor Univ., Coll. of Med., Dep. of Virol. and Epidemiol.; engl.) — Polyomavirus wurde auf Mäuseembryogewebe gezüchtet u. durch Zentrifugierung im CsCl-Dichtegradienten gereinigt. Es ergab mit 0,01% Acridinorange eine gelbgrüne Färbung. Nur bei Vorbehandlung mit einem proteolyt. Enzym konnte die Farbentw. durch Desoxyribonuclease gehemmt werden, während Ribonuclease keinen Einfl. hatte. Diese Ergebnisse, die mit denen bei Doppelstrang-Bakteriophagen-Desoxyribonucleinsäure (DNS), bei der Einstrang-DNS des Phagen X 174 u. bei Ribonucleinsäure verglichen werden, sprechen dafür, daß das Polyomavirus DNS enthält. M. Wiedemann. 4374 □

Der Einfluß von Cholesterin auf die Virulenz von Entamoeba histolytica bei Ratten. B. N. Singh. (J. sci. ind. Res. [New Delhi], Sect. C **18,** 166—69, Sept. 1959; Lucknow, Central Drug Res. Inst.; engl.) — 2 nicht virulente *Entamoeba-histolytica*-Stämme werden durch Kultur auf *Cholesterin* (**I**)-haltigem Medium virulent. Ebenso erhöht **I**-Fütterung die Virulenz eines anschließend injizierten virulenten Stammes. P. Gregorzewski. 4380 □

E_4. Pflanzenchemie. Pflanzenphysiologie. Pflanzenpathologie

Die Pilzfauna als Wegweiser in der Erforschung pilzlicher Inhaltsstoffe. I. Eisfelder. (Planta med. [Stuttgart] **8,** 480—90, Dez. 1960; Bad Kissingen; dt.) — Vf. untersucht 400 Pilzarten auf ihre Fauna. Es wurden 343 Tierarten gefunden, welche die einzelnen Pilzarten unterschiedlich bevorzugen. Diese Auswahl kann ein Anzeichen für bestimmte Pilzinhaltsstoffe sein. Verschiedentlich scheint der tier. Stoffwechsel den Inhaltsstoffen bestimmter Pilze angepaßt zu sein. D. Groß. 4420 □

Konstitution und Biosynthese von Porphyran: ein Vergleich einiger Proben. D. A. Rees und Elsie Conway. (Biochem. J. **84,** 411—16, Aug. 1962; Edinburgh, Univ., Chem. Dep.; Glasgow, Univ., Bot. Dep.; engl.) — Aus ca. 40 *Porphyra*-Species isolierte in W. lösl. *Polysaccharide* (**I**) wiesen jahreszeitlich u. ortsbedingte Unterschiede auf. Die Zus. der **I**-Extrakte variiert in weiten Grenzen: *3.6-Anhydro-L-galaktose* (**II**) 5—10%, Estersulfat 6—11%, *6-O-Methyl-D-galaktose* (**III**) 3—28%, *Galaktose* (**IV**) 24—45%. Sulfat kommt vorwiegend als 1 → 4-verknüpftes *L-Galaktose-6-sulfat* (**V**) vor. Anscheinend sind **II** u. **V** unter den einzelnen **I** austauschbar, entsprechend auch *D*-**IV** u. **III**. Bei allen isolierten **I** machten **II** u. **V** etwa die eine Hälfte, *D*-**IV** u. **III** die andere der Zuckereinheiten aus. K. Maier. 4420 □

Noradrenalin, 3-Hydroxytyramin und verwandte Verbindungen in Solanum tuberosum. Stellan Bygdeman. (Ark. Kemi **16,** Nr. 22, 247—53, 1960; engl.) — Pulpa u. Schale der Kartoffel enthalten *Noradrenalin* u. *3-Hydroxytyramin* in Mengen von 0,003—0,007 μg/g bzw. 0,05—0,19 μg/g sowie ziemlich gewiß *Brenzcatechin* u. *Dihydroxyphenylessigsäure*. Die Best. der Amine erfolgte fluorimetr. u. biologisch. Joachim Schmidt. 4420 □

Vilangin. Ein neuer Bestandteil von Embelia ribes und Embelia robusta. Ch. Bheemasankara Rao und V. Venkateswarlu. (Current Sci. [Bangalore] **30,** 259—60, Juli 1961; Waltair, Andhra Univ., Dep. of Chem.; engl.) — Aus getrockneten Beeren von *Embelia ribes* isoliertes *Vilangin*, $C_{35}H_{52}O_8$, F. 264—265° (Zers.), gelbe Kristalle, hat die Struktur eines *Methylen-bis-[2.5-dihydroxy-4-undecylbenzochinon-(3.6)]*. P. Gregorzewski. 4420 □

Tinosporin, der furanoide Bitterstoff von Tinospora cordifolia Miers. A. Chatterjee und S. Ghosh. (Sci. and Cult. [Calcutta] **26,** 140—41, Sept. 1960; Calcutta, Univ., Coll. of Sci.; engl.) — Aus allen Teilen von *T. cordifolia* (*Menispermaceae*), die extrem bitter schmecken, wurde eine bittere Verb., *Tinosporin* (**I**), $C_{20}H_{22}O_6$ (oder $C_{21}H_{24}O_7$), F. 134°, isoliert (Ausbeute 0,02%; $[\alpha]_D^{20}$ +34,5° (Pyridin), hellgrüne $FeCl_3$-Rk. (in A.), 2 akt. H, mindestens 1 C—CH_3-Gruppe, λ_{max} ca. 210 mμ (monosubstituiertes Furan). Für eine Furangruppierung sprechen positive Ehrlich-Rk., kernmagnet. Resonanz- u. UR-Spektrum. $LiAlH_4$-Red. gibt eine Verb., die bei Se- oder Pd-Dehydrogenierung in ein Gemisch alkylierter Naphthaline übergeht, aus dem *1.2.5-Trimethylnaphthalin* als oranges Trinitrobenzol-Deriv., F. 155—156°, isoliert werden konnte. **I** hat hiernach vermutlich ein bicycl. C-Gerüst u. ist möglicherweise ein Diterpenoid vom Columbintyp. K. Maier. 4420 □

Ascorbinsäuregehalt einiger philippinischer Früchte. Mamerta M. Ylagan. (Philippine Agriculturist **44**, 477—78, Febr. 1961; engl.) — 17 Früchte werden untersucht, der Geh. schwankt zwischen 1,4—368 mg/100 g. P. Gregorzewski. 4425□

Untersuchungen über die Mineralstoffabgabe einjähriger Pflanzen. H. Faust. (Z. Pflanzenernähr., Düng., Bodenkunde **90** **(135)**, 83—93, Juli 1960; Jena, Friedrich-Schiller-Univ., Landwirtschaftl.-chem. Inst.; dt.) — Gefäß-Verss. mit Senf, Hafer, Sommerweizen u. Mohn ergaben: Unter normalen Wachstumsbedingungen erfolgt keine Abgabe von *N*, *P* oder *K* aus den oberird. Organen, sofern Auswaschungs- u. Substanzverlust (durch Abwerfen von Blütenblättern oder dgl.) vermieden werden. Die höchsten Nährstoffmengen wurden in den Pflanzen stets zur Reife festgestellt. Erst unter ungünstigen oder extremen Bedingungen (z. B. bei Verdunklung u. gleichzeitiger CO_2-Begasung der Wurzel) konnte bei N, vereinzelt auch bei P, nicht aber bei K eine Abnahme beobachtet werden. M. Winiker. 4450□

Biosynthese auf dem Gebiet der Pilzstoffe. J. H. Birkinshaw. (Planta med. [Stuttgart] **8**, 355—66, Dez. 1960; London, London School of Hygiene and Tropical Med.; engl.) — Übersichtsreferat. — 44 Literaturangaben. D. Groß. 4460□

Einfluß des Thymohydrochinons auf den Stoffwechsel der Kohlenhydrate in einigen Dikotyledonen. M. Ruiz-Amil und W. Flaig. (An. Edafol. Agrobiol. **19**, 1—9, Jan. 1960; Braunschweig, Forschungsanstalt für Landwirtschaft, Inst. für Biochem. des Bodens; span.) — Bei der Unters. der Einw. von *Thymohydrochinon* (**I**, Modellsubstanz für Huminsäurebestandteile) auf Zuckerrübe [Beta vulgaris] u. Bohne [Phaseolus vulgaris) zeigte sich, daß vereinzelt der Geh. an Trockensubstanz u. die Konz. an freien reduzierenden Zuckern erhöht wird. Die *Aldolase-*, *Saccharase-*, *Phosphatase-* u. *Amylase*-Aktivitäten werden in Konzz.-Bereichen von 10^{-3} bis 10^{-5} m unterschiedlich beeinflußt. W. A. Schäfer. 4460□

Einfluß des Thymohydrochinons auf den Stoffwechsel der organischen Säuren und die Pflanzenatmung. M. Ruiz-Amil und W. Flaig. (An. Edafol. Agrobiol. **19**, 11—22, Jan. 1960; Braunschweig, Forschungsanstalt für Landwirtschaft, Inst. für Biochem. des Bodens; span.) — Vgl. vorst. Referat. — Die endogene Atmung von Bohnenwurzelsegmenten wird durch *Thymohydrochinon* (I) in Konzz. von 10^{-4} bis 10^{-6} m erhöht. Der Geh. an Ketosäuren wird durch I (10^{-3} bis 10^{-5} m) in Bohnen erhöht., 10^{-3} m I vermindert den *Äpfelsäure-* u. *Fumarsäure*-Geh., erhöht den *Citronensäure*-Gehalt. ***Malonsäure*** greift wie I in den Stoffwechsel ein, ist jedoch in der Wrkg. verschieden. W. A. Schäfer. 4460□

Die Diamine im Stickstoffumsatz der Pflanzen. B. P. Strogonow und N. I. Schewjakowa. (Fortschr. gegenwärt. Biol. [UdSSR] **54**, 44—56, Juli/Aug. 1962; russ.) — Übersicht an Hand der Literatur. — 64 Literaturangaben. O. Lebtag. 4460△

Die Rolle von Sproß und Wurzel bei der Umwandlung des Hyoscyamins in verschiedenen Datura-Arten. A. Romeike. (Planta med. [Stuttgart] **8**, 491—96, Dez. 1960; Gatersleben, DAW, Inst. für Kulturpflanzenforschung; dt.) — An 14 Tage alten Keimlingen von *Datura stramonium* wird durch Fütterungs-Verss. mit ^{14}C(N-Methyl)-*Hyoscyamin* (**I**) die Umwandlung von *Hyoscyamin* in „*Alkaloid V*" (wahrscheinlich *6-Hydroxyhyoscyamin*) u. in *Scopolamin* verfolgt. Eine Methylgruppenwanderung wird ausgeschlossen. Während Meteloidin nach 1 Woche Vers.-Zeit nicht radioakt. markiert ist, zeigen „Alkaloid V" u. Scopolamin die gleiche spezif. Radioaktivität wie das applizierte I. Fütterungs-Verss. von I an sterile Wurzelkulturen von *Datura stramonium*, *D. innoxia* u. *D. metel* ergeben ebenso radioakt. markiertes Scopolamin u. die radioakt. Zwischenstufe „Alkaloid V". Die Ergebnisse zeigen, daß bei den untersuchten *Datura* Arten das Scopolamin durch Umwandlung des ganzen Hyoscyamin-Mol. entsteht; als Zwischenprod. tritt dabei „Alkaloid V" auf. Eine rückläufige Umwandlung von Scopolamin in Hyoscyamin ist bei Pfropfungs-Verss. von *Atropa-* u. *Datura*-Arten auf *Cyphomandra* u. bei Fütterungs-Verss. von I an sterile Wurzelkulturen von *Datura innoxia* nicht zu beobachten. — Die Rolle von Wurzel u. oberird. Organen der *Datura*-Arten bei der Biosynth. des Scopolamins wird diskutiert. D. Groß. 4460□

Die Kontrolle der Chlorophyllakkumulation in Blättern von Marquis-Weizen unter Einwirkung von Temperatur und Lichtintensität. 2. Mitt. **Der Chlorophyllgehalt im Verhältnis zu Blattoberfläche und -dicke.** D. J. C. Friend. (Physiol. Plantarum [Copenhagen] **14**, 28—39, 1961; Ottawa, Canada, Agriculture Res. Branch, Plant Res. Inst.; engl.) — 1. vgl. C. **1962**, 11257. — An Weizenpflanzen, die bei verschiedenen Lichtintensitäten u. Temp. gehalten werden, wird das Verhältnis zwischen

Blattoberfläche, -dicke u. *Chlorophyll* (I)-Geh. untersucht. Zwischen Blattoberfläche oder Blattgewicht u. I-Geh. besteht kein allometr. Verhältnis, während die Akkumulation von I den Veränderungen der Blattdicke parallel verläuft. Die Temp. hat einen direkten Einfl. auf den I-Gehalt. D. Groß. 4460□

Der Einfluß verschiedener Verfahren der Einbringung von Spurenelementen auf die Größe der Chloroplasten und die Chlorophyllanreicherung in den Blättern der Zuckerrübe. T. N. Godnew und G. A. Lipskaja. (Nachr. Akad. Wiss. BelorussSSR, Ser. biol Wiss. **1960**, Nr. 2, 130—32; russ.) — Die größten Chloroplasten u. maximale *Chlorophyll*-Anreicherung brachten die Pflanzen, deren Samen vor der Aussaat in folgender Lsg. von Spurenelementen eingeweicht waren: 0,05% $CuSO_4$, 0,05 $MgSO_4$, 0,05 H_3BO_3, 0,01 NH_4-Molybdat, 0,01 $Co(NO_3)_2$, 0,01 $NiSO_4$ u. 0,01 $ZnSO_4$. Bespritzen der Pflanzen oder Einbringen in den Boden zeigte ebenfalls (allerdings schwächer) diese Wirkung. Die Spurenelemente entfalten als Bestandteile der Plastidenfermente ihre Wirkung. Ch. Heese. 4460□

Quantenumwandlung bei der Photosynthese. Melvin Calvin. (J. theoret. Biol. **1**, 258—87, April 1961; Berkeley, Calif., Univ. of California, Dep. of Chem. and Lawrence Radiation Labor.; engl.) — Photochem. des *Chlorophylls* (I), photophysikal. Effekte in Modell-Syst. (Energieübertragung, Beziehungen zwischen I, Protochlorophyll u. Bakteriochlorophyll, Phthalocyanin als Modell der I-Energieübertragung), Beziehung zum photosynthet. App. (Elektronenspinresonanz in Chloroplastenmaterial, spektraler Wirkungsgrad, Quantenumwandlung in biol. Material). Die prim. Quantenumwandlung ist eine Ionisation in einem „Charge-transfer"-Komplex. Sie kann nur in einer Laurellenstruktur stattfinden, wobei das Elektron seinen Platz im I-Mol. unter Hinterlassung einer Leerstelle („hole") verläßt. Dann tritt Elektronwanderung aus einem benachbarten I-Mol. zur Leerstelle ein, so daß letzte wandert, bis sie auf Ferro-Häm (Cytochrom) trifft u. ein Elektron vom Fe (oder einem anderen Donator) erhält. (Wiederherst. des ursprünglichen Zustands.) K. Maier. 4460□

Wachstumsinduktion und Wuchsstoffmetabolismus im Weizenkoleoptilzylinder. 2. Mitt. Stoffwechselprodukte der Indolyl-(3)-essigsäure und der Benzoesäure. Hans-Dieter Klämbt. (Planta **56**, 618—31, Mai 1961; Bonn, Univ., Bot. Inst.; dt.) — 1. vgl. C. **1962**, 3863. — Weizenkoleoptilzylinder wurden mit $^{14}C_{(CH_2)}$-*Indolyl-(3)-essigsäure* (I) bzw. mit $^{14}C_{(COOH)}$-*Benzoesäure* (II) inkubiert, anschließend im kalten Luftstrom getrocknet u. auf Chromatographierpapier aufgedruckt. Bei Inkubation mit I wurden neben I 8 Rk.-Prodd. des I gefunden. Es handelt sich um *Indolyl-(3)-acetylasparaginsäure, Indolyl-(3)-acetylglucose* u. um 2 Ester u. um 4 nichtidentifizierte Verbindungen. Bei Inkubation mit II konnten von den 6 erhaltenen Flecken nur *Benzoylasparaginsäure* u. 2 *Benzoylglucoseflecke* (βd-Glucose-1-benzoat u. d-Glucose-6-benzoat) identifiziert werden. W. Hiller. 4485□

Wachstumssubstanzen in Beziehung zur Ruhe bei Gerste. J. R. A. Pollock. (Chem. and Ind. **1958**, 387—88, 29/3.; Nutfield, Redhill, Surrey, Brewing Ind. Res. Found.; engl.) — Die Keimung von entschalter Gerste in der Hauptruhe wird durch *Gibberellsäure* (I) gefördert, nicht aber durch *Kinetin*. Gerste, die nach der Entschalung keine Ruhe mehr zeigte, sich sonst aber noch in der Ruhe befand, wurde durch I u. H_2S nicht in der Keimung gefördert, wohl aber durch I + H_2S. Waren nur noch geringe Ruhesymptome vorhanden, so förderten I u. H_2S die Keimung stark, Kinetin hingegen weniger stark. In weiter fortgeschrittenem Stadium wirkte Kinetin ebenso wie I u. H_2S. W. Hiller. 4485□

Die Gibberelline der höheren Pflanzen. G. Ss. Muromzew. (Fortschr. gegenwärt. Biol. [UdSSR] **54**, 90—101, Juli/Aug. 1962; russ.) — Übersicht an Hand der Literatur. — 31 Literaturangaben. O. Lebtag. 4485△

Wirkung der Struktur und der Konzentration einiger quartärer Ammoniumverbindungen auf das Wachstum von Gurkenkeimlingen. A. H. Halevy und H. M. Cathey. (Bot. Gaz. **122**, 151—54, Dez. 1960; Rehovoth, Israel, Hebrew Univ., Dep. of Horticult.; engl.) — Vff. untersuchten 14 verschiedene quart. Ammonium-Verbb. der Thymol- u. Carvacrolreihe (Synth. vgl. J. agric. Food Chem. **7**, [1959], 264) in ihrer Wrkg. auf das Wachstum von Keimlingen von *Cumcumis sativus*. Es werden die Abhängigkeit von Struktur u. Konz. der verabreichten Verbb. sowie der Einfl. der Lichtverhältnisse auf das Wachstum von Radicula u. Hypocotyl untersucht u. diskutiert. Die Vers.-Dauer betrug 4—5 Tage bei 24°. Die Methochloride folgender Verbb. wurden untersucht: *2-Isopropyl-4-dimethylamino-5-methylphenyl-1-piperidincarbonsäure, 3-Isopropyl-4-dimethylamino-6-methylphenyl-1-piperidincarbonsäure, 2-Isopropyl-4-dimethylamino-5-methylphenyl-N.N-dimethylcarbaminsäure, 3-Isopropyl-4-dimethylamino-6-methylphenyl-N.N-dimethylcarbaminsäure, 2-Isopropyl-4-dimethylamino-5-methylphenyl-1-morpholino-*

carbonsäure, 3-Isopropyl-4-dimethylamino-6-methylphenyl-1-morpholinocarbonsäure, 2-Isopropyl-4-dimethylamino-5-methylphenyl-N.N-diphenylcarbaminsäure, 3-Isopropyl-4-dimethylamino-6-methylphenyl-N.N-diphenylcarbaminsäure, 3-Isopropyl-4-dimethylamino-6-methylphenyl-N.N-dibutylcarbaminsäure, 2-Isopropyl-4-dimethylamino-5-methylphenyl-N.N-methylphenylcarbaminsäure, 3-Isopropyl-4-dimethylamino-6-methylphenyl-N.N-methylphenylcarbaminsäure, 2-Isopropyl-4-dimethylamino-5-methylphenyl-1-pyrrolidinocarbonsäure, 3-Isopropyl-4-dimethylamino-6-methylphenyl-1-pyrrolidincarbonsäure, 2-Isopropyl-4-dimethylamino-5-methylphenyl-N.N-methylbutylcarbaminsäure.

D. Groß. 4485 □

Der Einfluß des Erdöl-Wuchsstoffes auf den Ernteertrag der Baumwolle. D. M. Gusseinow und A. A. Gusseinow. (Ber. Akad. Wiss. AserbaidshanSSR **15**, 845—47, 1959; Agrochem. Inst.; aserbaidshan., Auszug: russ.) — Spritzen der Baumwollsaaten mit Lsgg. von *Erdölwuchsstoff* in einer Konz. von 0,005—0,05% bewirkte eine Intensivierung des Pflanzenwachstums u. Erhöhung der Kapselzahl. Die Baumwollerträge stiegen um 10—11% im Vgl. zur mit W. gespritzten Kontrolle.

M. Gordienko. 4485 □

Isolierung von Ipomeamaron und zwei Cumarinderivaten von Batatenwurzeln, die durch den Befall des Rüsselkäfers, Cylas formicarius elegantulus, geschädigt worden sind. T. Akazawa, I. Uritani und Hiroshi Kubota. (Arch. Biochem. Biophysics **88**, 150—56, Mai 1960; Aryo, Aichi, Nagoya Univ., Fac. of Agricult., Labor. of Biochem.; Naze, Kagoshima, Kagoshima Agricult. Exp. Stat., Oshima Branch; engl.) — Die vom Rüsselkäfer befallenen Bataten enthalten einen Bitterstoff, der sie damit für die Ernährung wertlos macht. Der Bitterstoff wurde als *Ipomeamaron* (I) identifiziert. In den geschädigten Wurzelgeweben wurden die Cumarin-Derivv. *Scopoletin* u. *Umbelliferon* gebildet. Die Extraktions- u. Destillationsprozedur wird beschrieben. Das I-Semicarbazon, F. 133—194°, wurde hergestellt. Die R_F-Werte, UV- u. IR-Spektren von I sind angegeben. W. Hiller. 4490 □

E₅. Tierchemie. Tierphysiologie. Tierpathologie

Spurenmetalle im menschlichen Körper. Hans Möllerberg. (Svensk kem. Tidskr. **72**, 690—699, 1960; Skellefteå, Skellefteå lasarett, Centrallaboratoriet; schwed.) — Kurze Übersicht mit 9 Literaturangaben. A. Senning. 4510 □

Die Verteilung der intra- und extracellulären Na- und K-Ionen bei der Ratte. J. F. Cier, A. Cier und J. Klepping. (C. R. Séances Soc. Biol. Filiales **152**, 1138—40, 15/12. 1958; Lyon, Inst. de Physiol., Fac. de Méd. et de Pharm.; franz.) — Nach (durch Injektion von Ammoniumrhodanid bei Ratten) erfolgtem Tod wird deren Blut isoliert, das Plasma abgetrennt u. *Na* u. *K* flammenphotometr. bestimmt (extracellulärer Anteil). Der ausgeblutete Kadaver wird zusammen mit dem geronnenen Anteil des Blutes getrocknet u. die organ. Substanz mit konz. H_2SO_4 zersetzt. Anschließend werden *Na* u. *K* flammenphotometr. bestimmt (intracellulärer Anteil). G. Ziebarth. 4510 □

Schicksal von an Hunde und Ratten verabreichtem ^{3}H-Carnitin. Kenneth T. N. Yue und Irving B. Fritz. (Amer. J. Physiol. **202**, 122—28, Jan. 1962; Ann Arbor, Mich., Univ. of Michigan, Dep. of Physiol.; engl.) — Nach i.v. Injektion von *^{3}H-DL-Carnitin* (I; *β-Hydroxy-γ-trimethylammoniumbutyrat*; 2 mg/kg des Hydrochlorid, welches die gleichen chem. u. biolog. Eigg. wie die unmarkierte Substanz aufweist) wird ca. $^1/_3$ des verabreichten I mit dem Harn ausgeschieden. Das nicht ausgeschiedene I taucht vorwiegend in der trichloressigsäurelösl. Fraktion verschiedener Gewebe (zur Hälfte im Skelettmuskel) auf; die entsprechenden Gewebe-Konzz. liegen 4—30mal über den Plasmakonzentrationen. I-Abbau konnte nicht nachgewiesen werden. In den Chlf.-lösl. Fraktionen findet sich weniger als 1% des I. In der Leber findet sich der höchste Prozentsatz von in Lipoide eingebautem I (in nichtidentifizierten Phospholipiden, vorwiegend in der Lecithinfraktion). U. Tausendfreund. 4520 □

Untersuchungen über die chemische Zusammensetzung einiger Insektenfette. Gerd Albrecht. (Z. vergleich. Physiol. **44**, 487—508, 1961; München, Univ., Zool. Inst.; dt.) — Je 1000 im Labor. gezüchtete Imagines der Honigbiene (*Apis mellifica* L. [Ap]), 2000 Blaue Schmeißfliegen (*Calliphora erythrocephala* MEIG. [Cp]), 500 Mehlkäfer (*Tenebrio molitor* L. [Tm]) u. 57 Wüstenheuschrecken (*Schistocerca gregaria* FORSK. [Sg]) wurden bei —12° eingefroren, nach kurzer Vortrocknung im Mörser zerrieben, an der Vakuumpumpe bei $5 \cdot 10^{-2}$ Torr getrocknet u. gewogen. Danach wurden die Körperfette u. Lipoide im Soxhlet-App. mit wasserfreiem, peroxidfreiem, frisch-dest. Ae. u. Chlf. je 8—10 Std. quant. extrahiert. Sie betrugen ca. 9% des Trockengewichtes. Wachsbildner zeigten höhere Werte. Vom Gesamtlipoidextrakt wurden Wachse nach Bloor u. Snider

[1930] mit Aceton u. alkohol. gesätt. $CaCl_2$-Lsg. abgetrennt. Aus dem Lipoidanteil wurde der Phosphat-Geh. spektralphotometr. nach Fiske u. Subarow [1925] bestimmt u. der Phosphatidanteil als Lecithin berechnet. Er beträgt bei Ap 3%, bei Cp 12,7% (mit 3,5% Phosphatiden), bei Tm 16,2% (2% Phosphatide) u. bei Sg 18,6% (3% Phosphatide). Die nach Rosenmund u. Kuhnhenn [1923] mit Pyridinsulfatdibromid u. Na_3AsO_3 bestimmte JZ. stieg von den frisch geschlüpften bis zu den Futterbienen an u. fiel bei Winterbienen auf die Hälfte ab. Die nach der Mikrometh. von Großfeld [1931] mit 0,02n alkohol. KOH u. Alkaliblau 6 B bestimmte SZ. erreichte bei Wachsbildnern Maximalwerte u. liegt im Winter um ca. $^1/_3$ niedriger. Die nach der Mikrometh. von Gorbach [1944] bestimmte VZ. blieb stets konstant. Das in Anlehnung an Gorbach mit PAe. u. Ae. (1 : 1) bestimmte Unverseifbare blieb $<1\%$ der Fetteinwaage. Die mit 2n H_2SO_4 freigesetzten Fettsäuren wurden mit PAe.–Ae. (1 : 1) isoliert u. chromatograph. untersucht. In der gesätt. Fraktion fanden sich bei allen Ap-Stadien *Laurinsäure* (C_{12}), *Palmitinsäure* (C_{16}) u. *Stearinsäure* (C_{18}), in der ungesätt. nur C_{12}- u. C_{18}-Säuren, bei Cp Palmitin- u. Stearinsäure, bei Tm gesätt. C_{16}- u. C_{18}-, ungesätt. C_{12}-, C_{16}- u. C_{18}-Säuren, bei Sg wie bei Tm, jedoch keine ungesätt. C_{16}-Säuren. Die Resultate werden zur Nahrung u. den basierenden Stoffwechselprozessen in Beziehung gesetzt. — 34 Literaturangaben.
Horst G. W. Gleiß. 4520 □

Das Vorkommen von Lipoperoxiden in menschlichen Fettdepotgeweben. J. Glavind, S. Hartmann und A. Zacho. (Acta pathol. microbiol. scand. **53**, 61—64, 1961; Copenhagen, Polytechnic Inst., Dep. of Biochemistry and Nutrition; Finsen Inst., Surg. Dep.; engl.) — Es werden Unterss. über das Auftreten von Fetthydroperoxiden in normalen bzw. patholog. Fettgeweben verschiedener Tiere gemacht. Dazu werden bei Operationen Proben von menschlichem Fettgewebe (Krebs, Lipom, gesundes Gewebe) entnommen, sofort nach Gewinnung mit wasserfreiem Na_2SO_4 zerkleinert u. mit $CHCl_3$ extrahiert. Das Fett aus den im Vakuum von $CHCl_3$ befreiten Extrakten wird mittels der Thiocyanat-Meth. unter Ausschluß von Sauerstoff auf den Geh. an akt. Sauerstoff geprüft. Nach den in einem Schema mitgeteilten Befunden (86 Proben) sind Hydroperoxide teils nicht, teils in geringer Menge nachweisbar. Eine Korrelation zwischen Peroxid-Geh. u. diagnost. bzw. klin. Beobachtung prägt sich nicht aus, bes. auch nicht bei Krebs-Bldg.; Betrachtungen über den Mechanismus, der neben dem Einsatz von Tocopherol in vivo die abwegige Bldg. von Fettperoxid verhindert. K. Täufel. 4520 □

Unverseifbare Bestandteile der Schmeißfliegenlarven (Calliphora erythrocephala). D. L. Laidman und R. A. Morton. (Biochem. J. **84**, 386—89, Aug. 1962; Liverpool, Univ., Dep. of Biochem.; engl.) — Bei Verseifung der *Calliphora erythrocephala*-Larven in Ggw. von Pyrogallol werden 0,27% unverseifbaren Materials gewonnen. Daraus ließen sich 5 µg *Ubichinon-40*/g, 24 µg *Ubichinon-45*/g, 17 µg *Ubichinon-50*/g, 6 µg *Lanosterin*/g, 6 µg *7-Dehydrosterin*/g u. 100 µg *gesätt. Kohlenwasserstoffe* unbestimmter Struktur/g isolieren. Nicht nachweisbar waren ungesätt. Kohlenwasserstoffe, α-Tocopherol, Ubichromenol, Dolichol, α-Tocopherolchinon u. Vitamin A.
U. Tausendfreund. 4520 □

Canthaxanthin in Vogelfedern. Otto Völker. (Naturwissenschaften **48**, 581, 1. Sept.-H. 1961; Gießen, Justus-Liebig-Univ., Zool. Inst.; dt.) — Durch chromatograph. u. spektroskop. Vgl. wird in den Federn von *Cardinalis cardinalis, Calochaetes coccineus, Pharomachrus macino, Pyrocephalus rubineus, Spinus cucullatus* u. des roten Farbenkanarienvogels *Canthaxanthin* nachgewiesen u. aus den Federn von *Guara rubra* in krist. Form isoliert. F. Heller. 4520 □

Veränderung der N-Ausscheidung bei der chinesischen Krabbe im Laufe der osmotischen Adaption. C. Jeuniaux und M. Florkin. (Arch. int. Physiol. Biochim. **69**, 385—86, Mai 1961; Liège, Univ., Inst. Léon Fredericq Biochim.; franz.) — Bei der osmot. Adaption stellt sich bei den Krabben *Carcinus maenas* (C. m.) u. *Eriocheir sinensis* (E. s.) zwischen dem intracellularen osmot. Druck u. dem des Blutes infolge der Veränderung der intracellularen Konz. gewisser freier Aminosäuren ein Gleichgewicht ein. Bei C. m. vergrößert sich während der Adaption an ein hypoton. Milieu die N-Ausscheidung u. vermindert sich in einer hyperton. Lösung. Das gleiche Phänomen beobachteten Vff. auch bei E. s. In Süß- u. Meerwasser betrug die Menge an Gesamt-N (Kjeldahl nach Mineralisierung) zwischen 2 u. 5 mg/Tag je Individuum. Im Laufe von 4tägiger progressiver Passage von Süß- auf Meerwasser fiel der N-Geh. (auf 0,54 bis 1,38 mg/Tag) u. stieg bei der progressiven Passage von Meer- auf Süßwasser an (auf 10,49—11,56 mg/Tag). Gleichzeitig erhöhte sich im letzteren Fall der N-Geh. der flüchtigen Verbb. (Dest. ohne Mineralisierung) von 73—94% auf 87—100%.
B. Görlich. 4550 □

Bildung der Antikörper. H. E. Schultze. (Colloquium Ges. physiol. Chem. Mosbach/Baden **10,** 146—200, 9.—12. April 1959, herausgeg. 1960; Marburg/Lahn; dt.) — Übersicht. Antigene, Antikörper (I)-Spezifität, physikal.-chem. Homogenität von I-Proteinen, I-Strukturproblem, Verbleib von I in vivo, Antigenmenge u. Zahl der verfügbaren I-bildenden Zellen, Frage der zur I-Bldg. befähigten Zellarten, I-Mangelsyndrom, immunolog. Vorgänge bei der Homotransplantation, I-Synth. in vitro. — Zahlreiche Literaturangaben. K. Maier. 4551 □

Immunchemische Untersuchungen mit Erythropoietin aus menschlichem Harn. John C. Schooley und Joseph F. Garcia. (Proc. Soc. exp. Biol. Med. **109,** 325—28, Febr. 1962; Berkeley, Calif., Univ. of California, Donner Labor. and Lawrence Radiation Labor.; engl.) — *Erythropoietin* (I) wurde nach dem Verf. von Van Dyhe u. Mitarbeiter (C. **1959,** 3206) aus dem Urin anäm. Patienten extrahiert u. konzentriert. Gleiche Kontrollkonzentrate (K. K.) wurden aus dem Harn gesunder Menschen hergestellt. Durch Immunisierung mit I u. K. K. wurde von Kaninchen ein Anti-I- u. ein Anti-K. K.-Serum gewonnen. Im Agardiffusions-Verf. nach Ouchterlony bildete I mit Anti-I eine starke Präzipatationslinie, mit Anti-K. K. nur einen undeutlichen Streifen, der durch I-Spuren in K. K. verursacht wird. In vitro kann Anti-I mit I komplett absorbiert werden. Bei polycythäm. gemachten Mäusen bewirkte I nach Verabfolgung von 1 μc ^{59}Fe einen vermehrten ^{59}Fe-Verbrauch, gemessen an den Erytrocyten des peripheren Kreislaufes. Wurde für den gleichen Vers. I in vitro mit Anti-I vorbehandelt, blieb eine verstärkte Erythropoiese aus. Entsprechende Verss. mit K. K., Anti-K. K. in verschiedenen Kombinationen zeigten statist. signifikante Differenzen gegenüber dem Hauptversuch. Bei nichtpolycythäm. gemachten Mäusen hemmt Anti-I die Erythropoiese deutlich. E. Fischoeder. 4551 □

Hämagglutinine aus Clerodendrum viscosum Vent. G. W. G. Bird. (Nature [London] **191,** 292, 15/7. 1961; Poona, India, Armed Forces Med. Coll., Blood Transf. Dep.; engl.) — Das Filtrat einer NaCl-Aufschwemmung des Fruchtfleisches von *Clerodendrum viscosum* Vent weist Agglutinine von Anti-H- oder Anti-O-Charakter auf; es werden Erythrocytensuspensionen verschiedener ABO-Blutgruppen in folgender, absteigender Reihenfolge agglutiniert: O, A_2, A_2B, B, A_1, A_1B; nicht agglutiniert werden H-negative Zellen; Le^a oder Le^b hat keinen Einfluß. Das Agglutinin gehört zu der noch wenig erforschten Gruppe der Anti-H-Agglutinine, welche durch L-Fucose nicht gehemmt werden. Das Clerodendrumagglutinin kann zur $A_1 : A_2$-Unterscheidung herangezogen werden. U. Tausendfreund. 4551 □

Antigen-Antikörper-Reaktionen in der Haut der Ratte. W. E. Brocklehurst, J. H. Humphrey und W. L. M. Perry. (J. Physiology **150,** 489—500, März 1960; London, Mill Hill, Nat. Inst. of Med. Res.; engl.) — Es wurde die reversible passive u. die direkte anaphylakt. Rk. in der Haut von Ratten unter Beeinflussung durch verschiedene chem. Substanzen u. die Freisetzung von *Histamin* (I) u. *5-Hydroxytryptamin* (II) geprüft. Obwohl *Bromlysergsäurediäthylamid* die Wrkg. von injiziertem II u. *Mepyramin* die Wrkg. von injiziertem I erheblich verringerten, beeinflußten die gleichen Substanzen kaum die passive, umkehrbare Hautanaphylaxie. *Promethazin* verminderte die Überempfindlichkeit, aber, wie Vff. annahmen, nicht durch Antihistaminwirkung. Vff. schlossen aus ihren Unterss., daß I u. II wahrscheinlich nur eine untergeordnete Bedeutung bei der Anaphylaxie haben. Die Unterschiede zwischen reversibler u. direkter anaphylakt. Rk. in der Haut sollen von der Geschw. der Verbreitung von Antigen, welches mit dem Antikörper reagiert, abhängen. S. Hothorn. 4551 □

Die Rolle von Endotoxin im Autoimmunprozeß. Tibor G. Kováts. (Naturwissenschaften **48,** 572—73, 1. Sept.-H. 1961; Szeged, Ungarn, Med. Univ., Inst. of Pharmacol.; engl.) — Bei 4—6maliger i.m. Verabreichung von an $Al(OH)_3$ adsorbierten homologen Myocardium- oder Leberhomogenaten gemischt mit gereinigtem Typhoidendotoxin werden beim Kaninchen chron. Bindegewebeproliferationen mit Aschoff-ähnlicher Knötchen-Bldg. bzw. chron. Leberschädigungen mit Nekrosen hervorgerufen. Jedoch können auch an anderen Organen Schädigungen auftreten. Bei Applikationen von homologem Homogenat oder Endotoxin allein findet keinerlei Schädigung statt. D. Ziebarth. 4551 □

Eine Untersuchung über Bilirubin in pigmentierten Calciumsteinen. Takeo Sato. (Tohoku J. exp. Med. **77,** 83—95, 25/6. 1962; Sendai, Tohoku Univ., Surgical Clin.; engl.) — Das in gefärbten *Gallensteinen* enthaltene *Bilirubin* (I) liegt zum größten Teil als wasserunlösl. Salz an organ. Basen gebunden vor. Nach Freisetzung von I aus diesem Salz mit verd. Säure, beträgt der Geh. der Gesamtsteine aus 22,3—44,2% I. 5,3—23,1% bestehen aus NH_3lösl. I-Bruchstücken. P. Gregorzewski. 4552 □

Blockierung der Milchejektion durch Stress. R. R. Chaudhury, M. R. Chaudhury und F. C. Lu. (Brit. J. Pharmacol. Chemotherapy **17**, 305—09, Dez. 1961; Ottawa, Canada, Dep. of Nat. Health and Welfare, Food and Drug Directorate; engl.) — Die durch Stress bewirkte Hemmung der Milchejektion (wahrscheinlich nervöser Block, der nicht durch Adrenalin vermittelt wird) konnte bei lactierenden Meerschweinchen durch Verabreichung von *Reserpin*, *Meprobamat* u. *Chlorpromazin*, nicht aber von *Dibenamin* u. *Dichlorisoprenalin* 18 Std. bis 30 Min. vor dem Säugen verringert werden. K. Zingraf. 4555□

Phosphopeptide aus einem Trypsin-Hydrolysat menschlichen Caseins. Lars Strid. (Acta chem. scand. **15**, 1423—28, 1961; Göteborg, Schweden, Univ. of Göteborg, Dep. of med. Biochem.; engl.) — Aus einem Trypsinhydrolysat von menschlichem *Casein* wurden fünf *Phosphopeptide* durch Anionenaustausch-Chromatographie isoliert. Ihre Einheitlichkeit wurde elektrophoret. untersucht. Für das P-reichste Peptid wurde folgende Zus. ermittelt: Arg·[Thr_2·Ser_5·Glu_5·$Ileu_3$·Leu, $(PO_4)_5$]·Tyr·Lys. Ein Glutaminsäurerest liegt wahrscheinlich in Amidform vor. K. Heyns. 4555□

Die Geschwindigkeit des Speichelflusses und die Zusammensetzung des Speichelsekrets von Schafen und Kälbern. R. N. B. Kay. (J. Physiology **150**, 515—37, März 1960; Bucksburn, Aberdeen, Rowett Res. Inst.; engl.) — Der Speichel der Submaxillaris sowie der sublingualen u. labialen Speicheldrüsen enthält eine niedrigere Konz. von Na-, HCO_3- u. (H_2PO_4)-Ionen als der Parotisspeichel. Das Verhältnis Na zu K des Submaxillarisspeichels wird durch Na-Mangel erniedrigt. Die Zus. des Speichels hängt von der Sekretions-Geschw. ab. Die übereinstimmenden Gefrierpunkte von Parotisspeichel u. Plasma zeigen, daß beide Fll. isoton. sind. S. Hothorn. 4555□

Der Einfluß von Alloxan-Diabetes, Methylthiouracil, Cortison und Adrenalin auf die Verwertung von ^{14}C-Glucose und ^{35}S-L-Cystin sowie die Mitose-Aktivität in Haarfollikeln der weißen Maus. B. K. Davis. (Acta endocrinol. [Copenhagen], Suppl. **41**, Nr. 71, 1—24, 1962; Sydney, Univ. of New South Wales, School of Wool Technol.; engl.) — Die Resorption von *^{14}C-Glucose* durch Haarfollikel von Mäusen war am 1., 3. u. 5., nicht aber am 8. Tag, nach Wachstumsanregung durch Ausreißen der Haare unter dem Einfl. von Alloxandiabetes oder *Cortison*, nicht aber von *Adrenalin* oder Methylthiouracil, wesentlich verringert; in ähnlicher Weise wurde auch die Zellproliferation beeinflußt. *^{35}S-L-Cystin* wurde in größeren Mengen erst am 9. Tag resorbiert u. vor allem in den keratogenen Zonen gespeichert. Diese Resorption wurde durch die genannten Substanzen nicht beeinflußt. K. Zingraf. 4558◇

Wirkungen von Androsteron und Trijodthyronin auf die Serumlipide und -lipoproteine, die Stickstoffbilanz und verwandte Stoffwechselerscheinungen bei Personen mit normaler und verringerter Schilddrüsenfunktion, mit Hyperglyceridämie und/oder Hypercholesterinämie. Robert H. Furman und R. Palmer Howard. (Metabolism, clin. and exp. **11**, 76—93, Jan. 1962; Oklahoma City, Oklahoma Med. Res. Inst., Cardiovasc. Sect.; Univ. of Oklahoma, School of Med., Dep. of Med.; engl.) — *Androsteron* fördert den Eiweißaufbau u. gleicht dem Testosteron in seiner Wrkg. auf das Serumlipoprotein u. das Kreatin- u. Kreatinin im Harn; bei Hyperlipämie bewirkt es in gleicher Weise wie Trijodthyronin eine Abnahme der Lipoprotein-Lipide von geringer Dichte. K. Zingraf. 4559□

Beitrag zur Untersuchung der Veränderung der Konzentration der freien und gebundenen Hydroxycorticosteroide im Plasma zur Zeit der Geburt und unter der Einwirkung von Östrogenen beim Kind. J. Bertrand, R. Gilly und B. Loras. (Ann. d'Endocrinol. **22**, 187—88, März/April 1961; Lyon, Clin. méd. infant. de Lyon, Labor. Rech. endocr. et l'Inst. Pasteur; franz.) — Verabfolgte man 9 gesunden Kindern im Alter von 9—12 Jahren 250 µg *Äthinylöstradiol*/Tag 10 Tage lang, so konnte man Veränderungen beobachten, die bei Frauen während der Geburt ähnlich sind: Ein bedeutender Anstieg der freien *17-Hydroxycorticosteroide* (**I**) im Plasma bei normalem Geh. an gebundenem **I**; ebenfalls 2 Std. nach Belastung mit *Hydrocortison* ein steiler Anstieg der freien, dagegen nur ein unbedeutender der konjugierten **I**; weiterhin eine Verlängerung der biolog. Halbwertszeit des Hydrocortisons von 98 auf 224 Min. mit einer Verlangsamung der Konjugation mit Glucuronsäure. Diese Veränderungen werden z. T. auf die Erhöhung des *Transcortin*-Blutspiegels (Plasmaglobuline, die freie **I** binden) unter Östrogen-Einfl. zurückgeführt. U. Laschet. 4559□

Einfluß großer Östrogendosen auf die Knochenstruktur einiger Reptilien. K. Simkiss. (Nature [London] **190**, 1217—18, 24/6. 1961; London, Queen Mary Coll., Dep. of Zool.; engl.) — Zwei verschiedenen Schildkrötenarten, *Chrysemys picta picta* u. *Gopher polyphemus*, wurden einmal 10000 I.E. *Östron* u. dann 12 Tage lang täglich 5000 I.E.

i.m. verabreicht u. diese dann getötet. Es wird festgestellt, daß diese Tiere unter dem Einfl. von Sexualhormon keine medullären Knochen u. keine Ca-Reserven vor dem Eierlegen anlegen. P. Gregorzewski. 4559□

Die Einflüsse von Östradiolbenzoat-Injektionen. P. T. Cupps, R. C. Laben und D. F. Rahlmann. (J. Dairy Sci. **43**, 1135—39, Aug. 1960; Davis, Calif., Univ. of California, Dep. of Animal Husbandry; engl.) — *Östradiolbenzoat* (I) wird i.m. injiziert (0,99—70 mg/Woche). Bis 15 mg I verursachen eine Erhöhung der Beweglichkeit, des Ejakulat-Vol., der Spermatozoen-Konz. u. der Gesamtspermatozoen. Der Prozentsatz abnormer Spermatozoen ist leicht verringert. 35—70 mg I verringern die Samenqualität. P. Gregorzewski. 4559□

Keine Blockierung der durch Gonadotropin ausgelösten Ovulation bei Kaninchen durch verschiedene Steroide. R. A. Edgren und D. Linnea Carter. (J. Endocrinology **24**, 525—26, Juli 1962; Philadelphia, Pa., Wyeth Labor., Res. and Dev. Div.; engl.) — Die durch *Gonadotropine* bei Kaninchen ausgelöste Ovulation konnte durch Progesteron, Östron, Östriol, Norethynodrel, Testosteronpropionat, 19-Nortestosteron, Norethindron, Desoxycorticosteronacetat u. Cortisol nicht blockiert werden.
K. Zingraf. 4560□

Untersuchungen über den Einfluß des Choriongonadotropins auf den Kohlenhydratstoffwechsel. P. Gallone und A. Buda. (Boll. Soc. ital. Biol. sperim. **37**, 84—87, 31/1. 1961; Messina, Univ., Ist. di Patol. Spec. Med. e Metodol. Clin.; ital.) — Die Unterss. werden an 18 Personen durchgeführt, die i.m. 10 Tage lang täglich 1000 E. *Choriongonadotropin* (I) erhalten. I wirkt auf den Kohlenhydratstoffwechsel, indem die basalen Zuckerwerte, die glykäm. Kurve durch orale Zuckergabe u. die durch Adrenalin-Stimulus verringert werden; diese Effekte sind bei normalen Personen gering, bei korpulenten sind sie stärker ausgeprägt u. bei Diabetes mellitus fehlen sie.
F. Kren. 4560□

Untersuchungen über den Einfluß des Choriongonadotropins auf den Stoffwechsel der Purine des Menschen. F. Consolo und A. Buda. (Boll. Soc. ital. Biol. sperim. **37**, 91—92, 31/1. 1961; Messina, Univ., Ist. di Patol. Spec. Med. e Metodol; ital.) — Vgl. auch vorst. Referat. — Die Unterss. werden an 10 Personen durchgeführt, die in den ersten 5 Tagen täglich 1500 E. u. in weiteren 5 Tagen 500 E. *Choriongonadotropin* (I) erhalten. Die spektroskop. Serum- u. Harn-Unters. ergibt, daß durch I weder die basale Urikämie noch die quantitative tägliche Urikurie merklich beeinflußt werden.
F. Kren. 4560□

Oxytocin-Sekretion bei nichtnarkotisierten lactierenden Ratten. R. R. Chaudhury. (Brit. J. Pharmacol. Chemotherapy **17**, 297—304, Dez. 1961; New Delhi, India, All India Inst. of Med. Sci., Dep. of Pharmacol.; engl.) — Bei nicht narkotisierten lactierenden Ratten blockierten oral verabreichtes W., A. u. normale NaCl-Lsg. oder intraperitoneal injiziertes Pentolinium, Atropin, Chlorpromazin, Adrenalin, Noradrenalin, nicht aber Reserpin u. Östradiol, die Sekretion von *Oxytocin*. K. Zingraf. 4560□

Verbesserte Methode zur quantitativen Bestimmung von Oxytocin. Ingvar Sjöholm und Gunnar Rydén. (Nature [London] **193**, 77—78, 6/1. 1962; Stockholm, Royal Pharmaceut. Inst., Dep. of Pharmacogn.; engl.) — Isolierte Milchdrüsen von Ratten, 3—10 Tage post partum, werden in Streifen geschnitten, in ein Bad mit Tyrode-Lsg. bei 38° suspendiert u. die isometr. Kontraktionen nach Zugabe von *Oxytocin* (I) gemessen. Die Dosis-Wrkg.-Kurve verläuft nach Dosierungen von 0,005—0,05 Millieinheiten/ml linear. Die durchschnittliche Empfindlichkeitsgrenze für I liegt bei 0,0005 Millieinheiten/ml. Die Meth. gestattet 6—8 Best. pro Stunde.
Joachim Schmidt. 4560◇

Die cytologischen Veränderungen der Vorderhypophyse des Desmans (Galemys pyrenaicus G.). Antoine Peyre und Marc Herlant. (C. R. hebd. Séances Acad. Sci. **252**, 463—65, 16/1. 1961; Toulouse, Univ., Fac. de Sci.; Bruxelles, Univ., Fac. de Méd.; franz.) — In der Vorderhypophyse des *Desmans* finden sich die gleichen Gonadotropinformen wie beim Maulwurf, allerdings ist die genitale Aktivitätsphase beim Desman viel ausgedehnter. Die γ-Zellen, die anscheinend für die Sekretion des Luteinisierungsfaktors in Frage kommen, zeigen auch eine ebenfalls ausgedehnte jahreszeitliche Entwicklung. K. Zingraf. 4560□

Wirkungen von menschlichem hypophysäuren Wachstumshormon auf den Fettstoffwechsel bei Diabetikern. Laurance W. Kinsell, Robert E. Visintine, George D. Michaels und Geoffrey Walker. (Metabolism, clin. and exp. **11**, 136—52, Jan. 1962; Oakland, Calif., Highland-Alameda County Hosp., Inst. for Metabolic Res.; engl.) — Menschliches *Wachstumshormon* bewirkte bei 2 Diabetikern eine Zunahme des Blut- u. Harnzuckers, eine Steigerung des Eiweißaufbaues u., nach anfänglicher Zunahme der freien Fettsäuren, eine Abnahme aller Lipide sowie einen erhöhten Umsatz der Glyceride im Plasma. Die Geschw. der Oxydation von ^{14}C-Palmitat oder des Verschwindens der freien Fettsäuren aus dem Plasma wurde nicht beeinflußt. K. Zingraf. 4560□

Die Neurosekretion und hypothalamische Kontrolle der adrenocorticotropen Funktion der Adenohypophyse. B. Korpassy. (Ann. d'Endocrinol. **22**, 248—56, März/April 1961; franz.) — Übersichtsarbeit über den heutigen Forschungsstand u. die vertretenen Hypothesen. — 36 Literaturangaben. U. Laschet. 4560□

Hypophyseo-corticotrope Wirkung eines aus Hypophysenhinterlappenpulver isolierten Polypeptids. Untersuchungen an gesunden Personen und bei verschiedenen Endokrinopathien. M. Linquette, G. Biserte, P. Fossati und M. Benoit. (Ann. d'Endocrinol. **22**, 130—50, März/April 1961; Lille, Fac. de Méd., Labor. Chim. biol.; franz.) — Aus Acetontrockenpulvern von Hypophysenhinterlappen wurde mit der Meth. von Privat-de-Garhille u. Mitarbeitern (C. **1960**, 7902) ein Polypeptid gewonnen, das bei 6 gesunden Personen die *17-Hydroxycorticosteroid* (I)-Ausscheidung im Harn nach i.v. Injektion von 0,01 mg erheblich steigert, während nach Dosen von 10 oder 20 mg die Ausscheidungswerte konst. bleiben oder sogar vermindert sind. Es kommt genau wie nach Gabe von Totalextrakten aus Hypophysenhinterlappen zur Polyurie ohne vermehrte Na- u. K-Ausscheidung. Bei 3 Patienten mit Hypophysenadenomen, einem Fall von Morbus Addison u. 6 weiteren Patienten mit Tumoren des diencephalo-hypophysären Bereichs blieb auf Grund der bestehenden Nebennierenrinden-Insuffizienz eine Beeinflussung der I-Ausscheidung aus. Das isolierte Polypeptid verhält sich also analog dem *Corticotropin-releasing factor.* U. Laschet. 4560□

Bedeutung des Systems des Bindegewebes bei der Blutreaktion auf die Zufuhr von adrenocorticotropem Hormon. K. P. Sak. (Physiol. J. [Kiew] [UdSSR] **7**, 432—35, Mai/Juni 1961; Kiew, Akad. der Wiss. der UkrainSSR, Bogomoletz-Inst. für Physiol.; Inst. für endokr. Funkt.; ukrain., Auszug: russ.) — Die gleichzeitige Einführung großer Heparin (I)-Dosen mit *adrenocorticotropem Hypophysenhormon* (II) bei Hunden oder Kaninchen vermindert die nach der Einführung von nur I eintretende Eosinopenie, Lymphocytopenie u. Neutrophilie. Sehr große Dosen u. Unterhaltung eines hohen I-Spiegels im Blut können die Wrkg. von II auf das weiße Blutbild völlig blockieren. Die Kurve der Eosinophilen nach Einführung von II wird nach Einführung hoher I-Dosen abgeflacht u. kann sogar rückläufige Tendenz zeigen. Vorhergehende 3 Tage lange Einführung von hohen blockierenden Dosen von antireticulärem cytotox. Serum nach Bogomoletz bei Hunden führt ebenfalls zur Abschwächung der genannten Verschiebungen im weißen Blutbild. Eine wichtige Bedeutung des funktionellen Zustands des Bindegewebe-Syst. für die Blut-Rk. nach Einführung von Nebennierenhormonen wird angenommen. F. du Mans. 4560□

Anwendung bestimmter moderner Arzneimittel in der Kinderheilkunde. P. Chassagne, L. Georges-Janet und L. Bocquet. (Thérapie **17**, 483—503, Mai/Juni 1962; Paris; franz.) — Übersicht über die Anwendung von *adrenocorticotropem Hormon* bei Beugekrämpfen, Griseofulvin bei Mycosen u. Cyaninfarbstoffen bei Oxyuriasis. — 105 Literaturangaben. K. Zingraf. 4560□

Die Wirkung von Hydrocortison auf die Höhe des Corticotropins im Blut und in der Hypophyse von nebennierenlosen Ratten und nebennierenlosen Ratten im Stress. J. R. Hodges und Joan Vernikos. (J. Physiology **150**, 683—93, März 1960; London, England, Royal Free Hosp. School of Med., Dep. of Pharmacol.; engl.) — *Adrenocorticotropes Hormon* wurde nicht in Ratten gefunden, denen 5 Tage vorher die Nebennieren entfernt wurden. 30 Tage nach der Entfernung stieg der *Corticotropin* (I)-Geh. im Blut jedoch über den im Stress-Zustand normalen I-Geh. an. Im Stress wurde bei beiden Tiergruppen nach 2½ Min. ein starker Anstieg des I-Geh. gefunden. Intravenös verabreichtes *Hydrocortison* (II) im Stress erniedrigte den I-Geh. rasch auf den Anfangs-Geh. vor dem Stress-Zustand, während ohne II-Injektion der I-Geh. im Blut langsamer absank. Im unbesetzten Zustand verabreichte hohe II-Gaben beeinflußten bei nebennierenlosen Ratten den I-Geh. im Blut nicht, verhinderten aber einen späteren Stress-bedingten I-Anstieg. Niedrig dosierte tägliche II-Behandlung nebennierenloser Ratten ließ den I-Geh. im Blut nicht ansteigen, bot aber keinen Schutz gegenüber der I-Erhöhung im Stress. S. Hothorn. 4561□

Anwendung von Hypophysen-Nebennierenhormonen bei der Behandlung der Werlhof-Krankheit. I. W. Frinowskaja. (Probleme Hämatol. Blutübertrag. [UdSSR] **5**, Nr. 4, 20—27, April 1960; Gesundheitsmin. der UdSSR, Zentr.-Inst. für Hämatol. u. Bluttransfusion, Hämatol. Klin.; russ.) — Bei 23 Werlhof-Kranken werden Blutungszeit, Retraktion des Blutgerinnsels, Gerinnungszeit, Recalcifikation, Pro-

thrombin nach Quick, Fibrinogen, Toleranz gegenüber Heparin, Capillarresistenz u. die antithrombocitären Stoffe bestimmt. Die Kranken zeigten eine ausgeprägte Thrombocytopenie. 5 Patienten erhielten *Cortison* (I), 4 I in Kombination mit ACTH, 2 *Prednison*. Die Verw. der Hypophysen-Nebennierenhormone führte, unabhängig von der Art des verwendeten Präp., zum Aufhören der hämorrhag. Erscheinungen. Die Wiederherst. der Thrombocyten-Bldg. trat allerdings nur bei symptomat. Werlhof-Krankheit ein. Bei echter Werlhof-Krankheit blieb die Zahl der Thrombocyten beinahe ohne Änderung. Erst beim Versagen dieser Therapie wird eine Splenektomie empfohlen.
F. du Mans. 4561 □

Gesteigerte Corticosteroidbindungs („Transcortin")-Aktivität bei adrenalektomierten und hypophysektomierten Ratten. Ulrich Westphal, W. Carter Williams jun. und Billy D. Ashley. (Proc. Soc. exp. Biol. Med. **109**, 926—29, April 1962; Louisville, Ky., Univ. of Louisville, School of Med., Biochem. Dep.; Fort Knox, Ky., US-Army Res. Labor., Biochem. Div.; engl.) — Bei Ratten ist die Bindungsaktivität des spezif. corticosteroidbindenden Proteins „*Transcortin*" höher, wenn Nebenniere u. Hypophyse entfernt sind. Das Serum der Ratte hat sowohl bei 4° als auch bei 37° eine höhere Bindungsaffinität für *Corticosteron* (I) als für *Cortisol* (II), während im menschlichen Serum bei 4° II fester als I gebunden wird. U. Tausendfreund. 4561 □

Zur Behandlung der experimentellen Flußsäureverätzung. G. Klavis, H. Schroeder und L. Cl. Schulz. (Berufsdermatosen **9**, 122—30, Juni 1961; Hannover; dt.) — Der Heilverlauf experimenteller *HF*-Verätzungen an der Schweinehaut wurde nach Anwendung verschiedener Behandlungsmaßnahmen (*Hydrocorticonsalbe*- bzw. -Injektion u. Ca-Injektion) geprüft. Die örtliche Behandlung der Verätzung mit der Salbe scheint in vielen Fällen ausreichend zu sein. Ca-Injektionen sind zu empfehlen.
G. Kimmerle. 4561

Der Einfluß von Cortison auf die Widerstandsfähigkeit des Meerschweinchens gegenüber einer Infektion durch den Ratten-Nematoden Nippostrongylus brasiliensis. John C. Parker. (Exp. Parasitology **11**, 380—90, Nov. 1961; College Park, Md., Zoology Dep., Univ. of Maryland; engl.) — Normalerweise kommen im Meerschweinchen Rattennematoden (*Nippostrongylus brasiliensis*) nicht zur Entwicklung. Wird den Tieren jedoch *Cortison* (I) in den Oberschenkelmuskel der Hinterpfote vor der Infektion injiziert, dann können die Nematodenlarven bis zur Lunge vordringen u. sich hier z. T. bis zu ausgewachsenen Exemplaren entwickeln, ♂ Tiere erwiesen sich dabei als infektionsanfälliger als ♀. I verhindert die bei I-freien Tieren nach der Nematodeninfektion auftretende Einkapselung der eingedrungenen Larven. M. Lorenz. 4561 □

Das Cortison in der Therapie von Ekzemen und Neurodermitiden. N. Ss. Smelow, P. M. Salkan, G. M. Bolschakowa, Je. A. Ijewlewa und B. G. Stojanow. (Sowjet-Med. **25**, Nr. 3, 91—96, März 1961; Minist. für Gesundheitswesen der RSFSR, Wiss. Zentral-Inst. für venerolog. u. Hautkrankheiten, Abt. Dermatolog.; russ., Auszug: engl.) — *Cortison* (I)-Therapie (50—200 mg täglich, 10—50 Tage) führte bei 59 Kranken mit Ekzem oder Neurodermitis in den ersten 2—9 Tagen zur klin. Besserung u. Verringerung oder zum Verschwinden des Pruritus u. zeigte geringe Nebenreaktionen. In Verss. an Meerschweinchen (5—20 mg täglich peroral oder i.m.) hatte I keinen Einfl. auf die Empfindlichkeit der Tiere gegen Dinitrobenzol (II) u. verminderte die durch Röntgenbestrahlung (400—600 r) hervorgerufene erhöhte allerg. Rk. auf II. I zeigte pathogenet. Wrkg. u. wird in Verbindung mit Lokaltherapie, Antihistamin- u. ganglioblockierenden Präpp. empfohlen. I. v. Kloch-Kornitz. 4561 □

Vergleich der wachstumshemmenden Wirkung von Cortison, Prednison und anderen Nebennierenrindenhormonen. Thomas E. van Metre jun., William A. Niermann und Lawrence J. Rosen. (J. Allergy **31**, 531—42, Nov./Dez. 1960; Baltimore, Md., Pediatr. Allergy Clin.; Johns Hopkins Hosp. and School of Med., Dep. of Pediatr. and Med.; engl.) — Eine lineare Wachstumshemmung wurde bei 12 von 13 *Prednison* (I)- behandelten, 5 von 9 *Methylprednisolon* (II)-behandelten, 2 *Fluprednisolon*-behandelten Kindern u. 1 *Triamcinolon*-behandelten Kind, nicht aber bei 13 *Cortison* (III)-behandelten Kindern beobachtet, als diese 6 Monate lang zur Unterdrückung von Asthma ausreichende Dosen der Präpp. erhielten. Die therapeut. Wrkg. von III bei Asthma ist 5 mal geringer als die von I u. 6 mal geringer als die von II; die wachstumshemmende Wrkg. von III ist indessen 10 mal geringer als die von I oder II.
K. Zingraf. 4561 □

Wirkung von Cortison und Spironolacton auf die Kalium-ausscheidende Wirkung von Aldosteron und Desoxycorticosteron. Tetsuo Uete und Eleanor H. Venning. (Proc. Soc. exp. Biol. Med. **109**, 760—63, April 1962; Montreal, Quebec, Canada,

McGill Univ., Dep. of Invest. Med.; Royal Victoria Hosp., McGill Univ. Clin.; engl.) — Bei adrenalektomierten Ratten üben *Aldosteron* (I) u. *Desoxycorticosteron* eine größere Wrkg. auf die *Na*-Retention als auf die *K*-Ausscheidung oder das Harn-Vol. aus. Gleichzeitige Verabreichung von I u. *Cortison* steigert die K-Ausscheidungsaktivität u. vermindert die Fähigkeit zur Na-Retention von I. Der Synergismus dieser beiden Steroidtypen auf die K-Ausscheidung wird durch *Spironolacton* vermindert, so daß die Steigerung der K-Ausscheidung mit der Sekretion von K in den distalen Tubuli zusammenzuhängen scheint. U. Tausendfreund. 4561 □

Die verschiedenen Wirkungen aldosteronartiger und hydrocortisonartiger Steroide auf die Ausscheidung von Kalium und Säure im Harn. Frederic C. Bartter und Paul Fourman. (Metabolism, clin. and exp. **11**, 6—20, Jan. 1962; Bethesda, Md., Nat. Inst. of Health, Nat. Heart Inst., Sect. on Clin. Endocrinol.; Cardiff, U.K., Royal Infirmary; engl.) — Bei Anwendung der Steroide vom *Desoxycorticosteron*- oder *Aldosteron*-Typ treten während der gesamten Behandlungsdauer ein K-Verlust u. eine Na-Retention auf, die titrierbare Säure u. der NH_4^+-Geh. im Harn sind erhöht u. der pH-Wert des Harns verringert; in den Nierentubuli erfolgt ein Austausch von K^+ u. H^+ gegen Na^+. Bei der Anwendung der Steroide vom ACTH- oder Hydrocortison-Typ. tritt ebenfalls ein K-Verlust auf; dieser erscheint regelmäßig am ersten Behandlungstag u. hält selten länger als einen Tag an, auch wenn die Behandlung fortgesetzt wird; er geht der Na-Retention u. dem N-Verlust voraus u. kann durch Na-Einschränkung oder K-Anwendung nicht verhütet werden. Die K-Diurese kann bei diesem Typ von einem Anstieg des K-Geh. im Serum begleitet sein. Im Harn sind die titrierbare Säure u. der NH_4^+-Geh. verringert, der pH-Wert dagegen erhöht. Es scheint prim. eine Freisetzung von K durch Körperzellen vorzuliegen, während die renalen Wrkgg. Sekundärerscheinungen sind. K. Zingraf. 4561 □

Klinische und Stoffwechseluntersuchungen mit synthetischem Aldosteron bei Nebenniereninsuffizienz. M. Albeaux-Fernet, J. D. Romani, J. Chabot, A. Keller, M. Gelinet und M. Auffret. (Ann. d'Endocrinol. **22**, 230—38, März/April 1961; Paris, Coll. de Méd. des Hôp., Clin. d' Endocrinol. et Inst. Nat. d'Hyg.; franz.) — Die Wrkg. von synthet. *dl-Aldosteronacetat* bei i.v. Infusion (als wasserlösl. Verb. 1 mg/500 ml isoton. Glucose-Lsg./8 Std.), i.m. Injektion (1 mg/Tag in Öl) u. oraler Verabfolgung (500—2500 μg/Tag) wurde bei 3 Fällen von Morbus Addison u. 1 Fall von prim. Hypoaldosteronismus untersucht. Die i.v. Infusion bewirkt sehr schnell eine beginnende Na- u. W.-Retention mit schnell steigendem Blutdruck. Der oralen Medikation ist jedoch im Hinblick auf das klin. Gesamtbild der Vorzug zu geben, wobei 1,5—2 mg täglich verabfolgt werden müssen. U. Laschet. 4561 □

Ein theoretischer Wirkungsmechanismus des Aldosterons. Arthur J. Vander, Walter S. Wilde und Richard L. Malvin. (J. theoret. Biol. **1**, 236—43, April 1961; Ann Arbor, Mich., Univ. of Michigan, School of Med., Dep. of Physiol.; engl.) — Beschreibung eines Modells des Na-Transports u. der *Aldosteron* (I)-Aktivität: I-Wirkungsart, -Wirkungsmechanismus, Wrkg. auf die Kinetik des akt. Transports. — 7 Literaturangaben. K. Maier. 4561 □

Der Gehalt von Nebennierenrindenhormonen in Nebennierengeweben bei verschiedenen endokrinen Erkrankungen. Soitsu Fukuchi. (Tohoku J. exp. Med. **76**, 365—73, 25/5. 1962; Sendai, Tohoku Univ. School of Med.; Dep. of Int. Med.; engl.) — Das Nebennierengewebe von Patienten mit prim. Aldosteronismus, Kimmelstiel-Wilson-Syndrom u. essentieller Hypertension enthält eine große Menge *Cortisol* (I) u. *Corticosteron.* Bei Patienten mit Morbus Cushing ist vor allem der I-Geh. erhöht; die Nebennieren von Personen mit prim. Aldosteronismus enthalten auch viel *Aldosteron.* Die Ausscheidung der Corticosteroide im Harn läuft nicht ihrem Geh. in den Nebennieren parallel. K. Zingraf. 4561 □

Die Bestimmung der Harncorticoide nach Reddy. P. de Moor, K. Delaere, M. Verdonck und O. Steeno. (Ann. d'Endocrinol. **22**, 151—72, März/April 1961; Leuven, Univ.-Klin. St. Rafael, Klin. voor Inwendige Ziekten, Labor. voor exp. Geneesk; franz.) — Die Glucocorticoid-Best. im Harn nach Reddy (Metabolism, chin. and exp. **1**, [1952], 511) mit der Modifikation von Hertogh u. Crabbé (Acta clin. Belgia **10**, [1955], 369) unter Anwendung der Allen-Korrektur wird hinsichtlich ihrer Spezifität u. Zuverlässigkeit überprüft. Je nach der Steroid-Konz. des Harns beträgt die Präzision 3,3 bis 10,0% mit einem Schwellenwert von 0,8 μg/ml Harn. Die Meth. erfaßt Steroide mit Dihydroxyacetonseitenkette am $C_{(17)}$. Unter normalen Bedingungen findet man 8,8 ± 3,7 mg *Cortison*-Äquivalente im 24 Std.-Harn beim Mann u. 7,3 ± 3,1 mg bei der Frau. Nach Walser u. Schlunke (Experientia [Basel] **15**, [1959], 71) ist die Farb-Rk. nach Porter u. Silber, die die Meth. von Reddy beinhaltet, nur dann spezif., wenn eine Δ^{16}-Gruppierung vorliegt oder aber sich während des Rk.-Ablaufs bilden kann. Von den Vff. wurde festgestellt, daß mit Phenylhydrazin die charakterist. Färbung von *Hydrocortison, Cortison,* Reichstein's *Substanz S,* den *Tetrahydroderivv.* dieser 3 Verbb., *9α-Fluorohydrocortison, Prednison, Prednisolon* u. *9α-Fluoro-16α-methylprednisolon* (*Dexamethason*), nicht aber mit *Corticosteron, 9α-Fluoro-16α-hydroxyprednisolon* (*Triamcinolon*), *Testosteron, Androsteron, Dehydroepiandrosteron* sowie *Progesteron* u. seinen Derivv. auftritt. Es wurde der Einfl. von Substanzen untersucht, die nicht Nebennierenrinden-spezif. sind, aber mit Phenylhydrazin reagieren. Der Einfl. von *Glucose* wird bei Anwendung der Allen-Korrektur fast völlig kompensiert, hingegen verfälscht die Allen-Korrektur das Ergebnis bei Vorliegen von *Aceton*; blutiger Harn ist für die Reddy-Meth. ungeeignet u. Dehydroepiandrosteron verformt die Absorptionskurve. *Chlorpromazin, Phenothiazine, Isonicotinsäurehydrazid, Penicillin, Reserpin, Streptomycin* u. *Tetracyclin* beeinflussen die Rk. nicht. Die bei verschiedenen endokrin. Erkrankungen gefundenen Werte werden tabellar. wiedergegeben. U. Laschet. 4561 □

Der Doppelblindversuch. Programm und statistische Auswertung der Prüfung eines anabolisierenden Präparates. J. Site und P.-A. Lambert. (Thérapie **17,** 453—61, Mai/Juni 1962; Lyon; franz.) — Im Doppelblindvers. wurde nachgewiesen, daß *Methandrostenolon* (*CIBA 17309-Ba, Dianabol*) in Dosen von 10 mg oder mehr täglich eine Gewichtszunahme bewirkt, die bis zu 6 Wochen nach Absetzen des Präp. anhält. K. Zingraf. 4561 □

Bernsteinsäuredehydrogenase- und Cytochromoxydase-Aktivität von Lebermitochondrien bei mit Cortison und mit einem anabolen Androgen behandelten Ratten. K. Kowalewski. (Proc. Soc. exp. Biol. Med. **109,** 971—73, April 1962; Edmonton, Alberta, Univ. of Alberta, Surgical-Med. Res. Inst.; engl.) — Durch *Cortison* (**I**)-Behandlung wird die *Bernsteinsäuredehydrogenase* (**II**)-Aktivität reversibel verringert. *Methandrostenolon* (**III**) beeinflußt **II** nicht. Die *Cytochromoxydase*-Aktivität wird weder durch **I** noch durch **III** beeinträchtigt. P. Gregorzewski. 4561 □

Eine vergleichende Untersuchung der Wirkungen von Salicylaten und antiphlogistischen Corticoiden auf die inflammatorische Reaktivität von Bindegewebe. Karel Trnavský, Zdena Trnavská und Jiři Malinský. (Arch. int. Pharmacodynam. Thérap. **137,** 199—211, 1/5. 1962; Piešt'any, Res. Inst. for Rheumatic Diseases; Olomouc, Med. Fac., Dep. for Electronic Microscopy; engl.) — Es wird der Einfl. von *Na-Salicylat* (**I**) u. *Prednison* (**II**) auf die inflammator. Reaktivität von Bindegewebe am durch s.c. Injektion von Terpentinöl verursachten Granulom bei Ratten biochem. u. morpholog. untersucht. **II** hemmt sowohl die zelluläre als auch die Bindegewebsfraktion im Granulom. **I** hemmt nur die zelluläre Rk. im ersten Stadium der Granulomentwicklung. P. Gregorzewski. 4561 □

Prednison bei der Entwicklung der experimentellen toxischen Hepatitis infolge von CCl_4. Histologische Befunde. G. Inesi. (Arch. ital. Sci. farmacol. [3] **9,** 360—63, Juli 1959; Bologna, Univ., Ist. di Farmacol. e Terap. Sperim.; ital.) — Durch subkutane Injektion von 2 mg *Prednison*/kg täglich in öliger Lsg. konnte bei Albinoratten das Auftreten histolog. Leberschädigungen infolge Injektion von CCl_4 weitgehend verhütet werden. K. Zingraf. 4561 □

Erfahrung bei der Anwendung von Triamzinolon bei der Behandlung einiger Kollagen-Krankheiten. M. G. Asstapenko und W. A. Nassonowa. (Sowjet-Med. **24,** Nr. 12, 42—48, Dez. 1960; Ministerium für Gesundheitswesen der RSFSR, Forsch.-Inst. für Rheumatismus, Abt. für infektiöse Arthriden u. Abt. für Grenzformen; russ.) — Bei Kranken mit unspezif. infektiöser Arthritis oder schwerer Kollagenose hatten Gaben von 8—16 mg *Triamzinolon* (**I**; *Hydroxyprednisolon*) täglich teilweise besseren therapeut. Erfolg (Verringerung der Temp. u. Blutsenkungs-Geschw. u. klin. Besserung) bei schwächeren Neben-Rkk. als *Prednison* oder *Prednisolon.* Bei schweren Recidivformen, bes. bei starker visceraler Pathologie u. Nierenprozessen, war **I** wenig wirksam. I. v. Kloch-Kornitz. 4561 □

Wirkungen von 9α-Fluorprednisolon und anderen Steroiden auf den Natrium-, Kalium- und Glykogen-Gehalt des isolierten Rattenzwerchfells in Ruhe. G. Maffii und G. Bianchi. (Arch. int. Pharmacodynam. Thérap. **117,** 30—43, 1/10. 1958; Milano, Lepetit S.P.A., Labor. di Farmacol.) — Im isolierten Rattenzwerchfell in Ruhe bewirkten *9α-Fluorprednisolon* u. *Hydrocortison* in Konzz. von 5 u. 10 mg-% eine Abnahme des Na-Geh. u. eine Zunahme des K-Geh., während der *Glykogen* (**I**)-Geh. unbeeinflußt blieb. *Desoxycorticosteron* verringerte den K- u. **I**-Geh. u. erhöhte den Na-Gehalt. *Prednisolon* bewirkte keine signifikanten Veränderungen. K. Zingraf. 4561 ◇

Wirkungen von 9α-Fluorprednisolon, Hydrocortison und 11-Desoxycorticosteron auf die Kontraktionsaktivität und den Natrium- und Kalium-Gehalt des

isolierten Rattenzwerchfells. G. Maffii und G. Bianchi. (Arch. int. Pharmacodynam. Thérap. **117**, 44—51, 1/10. 1958; Milano, Lepetit S.P.A., Labor. di Farmacol.) — Vgl. vorst. Referat. — Im gereizten Rattenzwerchfell bewirkten *9α-Fluorprednisolon* (I), *Hydrocortison* (II) u. *11-Desoxycorticosteron* (III) in Konzz. von 5 mg-% eine Abnahme des K-Geh. u. eine Zunahme des Na-Gehaltes. Die Kontraktionsaktivität wurde von **II** u. **III** deutlich, von **I** dagegen weniger stark gehemmt. K. Zingraf. 4561◇

Die 17-Hydroxycorticosteroid- und Brenzcatechinaminausscheidung bei intracranieller Drucksteigerung im Tierversuch. Herbert Brilmayer und Frank Marguth. (Dtsch. Z. Nervenheilkunde **182**, 250—57, 1961; Köln, Univ. Neurochirurg. Klin.; dt.) — Die *17-Hydroxycorticosteroid* (I)-, *Elektrolyt* (II)- u. *Brenzcatechinamin* (III)-Ausscheidung im Urin von Kaninchen nach experimentell erzeugter intracranieller Drucksteigerung durch subdural eingelegte Laminariastifte wurde untersucht. Die zeitliche Ausbildung der Drucksteigerung ist für die Beeinflussung der **I**-, **II**- u. **III**-Ausscheidung von Bedeutung. Massive Drucksteigerung in kurzer Zeit führte zu schneller Steigerung der **I**- u. **III**-Ausscheidung u. Tod nach wenigen Tagen, wobei zum Zeitpunkt des Todes die **I**-Ausscheidung bereits wieder bis unter Ausgangswerte abgefallen war. Allmähliche Drucksteigerung ist von einer langsamen Steigerung der **I**-Ausscheidung ohne wesentliche Änderung der **II**- u. **III**-Ausscheidung gefolgt. Joachim Schmidt. 4561□

Wirkung verschiedener Cholinester auf die Geschwindigkeit der Sekretion von Adrenalin und Noradrenalin durch die Nebenniere. Masayoshi Kamo. (Tohoku J. exp. Med. **76**, 319—25; 25/5. 1962; Nagasaki, Nagasaki Univ. School of Med.; engl.) — Bei Pentobarbital-narkotisierten, atropinisierten Hunden bewirkte die i.v. Injektion von *Acetylcholin* (I), *Carbaminoylcholin* (II) oder *Benzoylcholin* (III) eine deutliche Zunahme der Sekretion von *Adrenalin* u. *Noradrenalin* (IV) durch die Nebenniere. Der Anteil von **IV** an den gesamten freigesetzten Brenzcatechinaminen betrug nach **II** 31%, nach **I** 14% u. nach **III** 11%. K. Zingraf. 4561□

Vergleichende Untersuchungen der Wirkungen des Adrenalins und Noradrenalins auf die Magensekretion. P. Gallone und F. Consolo. (Boll. Soc. ital. Biol. sperim. **37**, 74—76, 31/1. 1961; Messina, Univ., Ist. di Patol. Spec. Med. e Metodol. Clin.; ital.) — Die Unterss. werden an 14 Patienten durchgeführt, die i.m. 1 mg *Adrenalin* (I) u. i.v. *Noradrenalin* (II) erhielten. In allen Fällen wirkt **I** stimulierend auf die Magensekretion, bes. bei normaler Superacidität mit einer maximalen HCl-Konz. nach 40—60 Min.; dagegen bleibt **II** absolut ohne Einfl. auf die HCl-Sekretion. F. Kren. 4561□

Reaktion isoliert durchströmter Hundenieren auf Epinephrin. David M. Worthen, Quentin N. Anderson und Lerner B. Hinshaw. (Amer. J. Physiol. **202**, 97—102, Jan. 1962; Minneapolis, Minn., Univ. of Minnesota, Med. School, Dep. of Physiol.; engl.) — Isoliert durchströmte Hundenieren reagieren auf niedrige Dosen von *Adrenalin* (0,001 μg) nicht einheitlich; bei hohen Dosen (1 μg) kommt es allg. zu Oligurie mit häufiger Rebound-Wrkg.; der prim. Angriff ist an den afferenten Arteriolen zu suchen. U. Tausendfreund. 4561□

Die Wirkung von Adrenalin beim Hund nach Abkühlung auf 17—18°. Schädlicher Einfluß des pulmonaren Hochdrucks bei höheren als physiologischen Dosen. C. Malméjac, R. Fredenucci und M. C. Liaras. (C. R. Séances Soc. Biol. Filiales **154**, 591—93, 1960; Alger, Fac. de Méd., Lab. de Physiol.; franz.) — Intrajugulare Infusion von 0,5—3 μg *Adrenalin* (I)/kg/min ruft beim unterkühlten (17—18°) thorakotomierten Hund Vermehrung des Herztonus hervor, wobei der Herzrhythmus ziemlich langsam bleibt. Bei 1—1,5 μg **I**/kg/min verdoppelt sich der Blutdruck maximal. Nach Beendigung der **I**-Injektion geht die **I**-Wrkg. nur langsam zurück. Ein merklicher Einfl. auf den pulmonaren Blutdruck ist während **I**-Zufuhr nicht zu beobachten. Deutlich höhere als physiolog. **I**-Dosen (5 μg/kg/min) vermindern sofort die systol. Bilanz. Der arterielle Blutdruck nimmt langsam zu u. zeigt dann unregelmäßige Schwankungen. Der Lungenarteriendruck steigt rasch an. Die Diastolen sind sehr kurz. Direkte Injektion von 5 μg **I** in die Aorta hat eine 3phasige Wrkg.: Zunahme des Herztonus u. Anstieg des arteriellen Drucks wie bei i.v. Injektion physiolog. Dosen, Störung der Herztätigkeit, allmähliche Normalisierung. K. Maier. 4561□

Die Wirkung von Brenzcatechinaminen auf die individuellen freien Fettsäuren des Plasmas. John J. Spitzer und Martin Gold. (Proc. Soc. exp. Biol. Med. **110**, 645—47, Juli 1962; Philadelphia, Pa., Hahnemann Med. Coll., Dep. of Physiol.; engl.) — Anästhetisierte Hunde erhielten *Epinephrin* (I) oder *Norepinephrin* (II) in einer Rate von 10 μg/kg/min i.v. infundiert. Nach 20 Min. wurden die Fettsäuren des Plasmas bestimmt. Die Geh. der Gesamtfettsäuren stiegen nach **II**-Anwendung stärker als nach **I** (0,268 mVal/Liter nach **I**; 0,611 mVal/Liter nach **II**). Nach **I** waren bes. *Olein-* u.

Linoleinsäure erhöht, *Palmitin-* u. *Stearinsäure* dagegen erniedrigt. Nach **II** waren in erster Linie die Geh. der 5 Hauptfettsäuren erhöht. W. Hiller. 4561◇

Über die Wirkung von Adrenalin und Serotonin auf den Fettgehalt im peripheren Blut. L. Markiewicz. (Bull. Acad. polon. Sci., Sér. Sci. biol. **7**, 79—82, 1959; Warschau, Med. Akad., Inst. für allg. u. exp. Pathol.; engl.) — Durch subkutane Verabfolgung von 0,1 mg *Serotonin*/kg an Hunde verändert sich der Geh. an Gesamtfett im Vollblut in den ersten 3 Std. nur unwesentlich, nimmt aber nach 6 Std. um ca. 15% zu. Die Neutralfette im Serum nehmen bereits nach 30 Min. um ca. 40% zu, die Phospholipide zeigen dauernd eine Abnahme mit Maximum nach 1 Std. um 40%. Auch Gesamtcholesterin ist erniedrigt u. zeigt erst nach 6 Std. einen Anstieg um ca. 8%, das freie Cholesterin zeigt maximalen Anstieg um ca. 15% nach 30 Minuten. — Im Prinzip ähnlich sind die Veränderungen, die nach der gleichen Dosis *Adrenalinhydrochlorid* in der ersten halben Std. eintreten. — Aus diesem Verlauf schließt Vf., daß Serotonin eine 2 phas. Wrkg., nämlich zunächst eine adrenerg. u. dann eine cholinerg. ausübt. E. Wagenfeld-Hohlweg. 4561□

Über den Wirkungsmechanismus des Schilddrüsenhormons und der antihyreoidalen Pharmaka. Mit besonderer Rücksicht auf die strukturelle Ähnlichkeit mit den synthetischen Pflanzenhormonen. G. Medgyesi und K. Katona. (Pharmaz. Zentralhalle Deutschland **100**, 375—82, Aug. 1961; Sopron, Staatl. Sanatorium; dt.) — Vff. stellen eine Reihe von Herbiciden [Chlorate, Cyanate, Triazine, Triazole, Carbamate, Thiobarbitursäuren, Thiouracile u. Phenoxyessigsäuren (I)] Stoffen der gleichen Verb.-Klassen gegenüber, die antithyreoidal wirksam sind. Es lassen sich strukturelle Ähnlichkeiten aufzeigen. Vff. stützen damit die Annahme, daß beide Stoffgruppen gleiche Angriffspunkte im Zellstoffwechsel bei Pflanzen u. Tieren haben. Bes. bei den I liegt es nahe, einen Ringschluß u. eine Anlagerung von Phosphorsäure mit energiereicher Bindung ähnlich dem ATP anzunehmen. Die Folge ist u. a., daß an Stelle von Cozymase ein cozymaseartiger Stoff, ein sog. Pseudoenzym synthetisiert wird. Die Gegenwart des Pseudoenzyms löst das Enzymgleichgewicht auf, wodurch Kompensations-Rkk. ausgelöst werden. Die Produktion von Cozymase wird intensiver, die Folge ist eine Beschleunigung des Stoffwechsels. W. Holland. 4562□

Schilddrüsenreaktion auf partielle Thyroidektomie, Thyroxin und 2.4-Dinitrophenol bei Ratten mit hypothalamischen Läsionen. Seymour Reichlin. (Endocrinology **66**, 327—39, März 1960; St. Louis, Mo., Washington Univ., School of Med., Dep. of Med. and Psychiatry; engl.) — An Ratten wird die nervöse Regulierung der thyrotropen Funktion des Hypophysenvorderlappens untersucht. Dazu wird die ^{131}J-Abgabe als Maß der Thyroideaaktivität benutzt. 15 μg *L-Thyroxin* (Injektion intraperitoneal täglich) hemmen die Aktivität bei normalen (a) u. bei Tieren mit hypothalam. Läsion (b). Partielle Thyroidektomie erhöht die Aktivität bei a u. b. Thyroidearegeneration erfolgt bei allen a, aber nur bei 7 von 15 b. *2.4-Dinitrophenol* wirkt bei allen a hemmend, bei allen b viel schwacher u. bei einigen sogar aktivitätssteigernd. P. Gregorzewski. 4562◇

Die Wirkung von Säugetier-Parathormon auf den Serum-Calcium-Spiegel von Fundulus kansae und Fundulus catenatus. W. R. Fleming und A. H. Meier. (Comparat. Biochem. Physiol. **2**, 1—7, Jan. 1961; Columbia, Mo., Univ. of Missouri, Zool. Dep.; engl.) — Der *Ca*-Geh. im Blut der Teleostier *Fundulus kansae* u. *Fundulus catenatus* wurde durch alleinige Injektion von Säugetier-*Parathormon* (I) prakt. nicht beeinflußt; nur bei ♀ Fundulus kansae erfolgt nach I in der Brutzeit eine Erhöhung des ^{45}Ca-Umsatzes bzw. eine Zunahme des Ca-Geh. im Blut, wenn vor I Östrogene injiziert wurden. K. Zingraf. 4563□

Experimentelle Untersuchungen über die Wirkung des Parathormons auf die Darm-Motilität. F. Consolo und A. Parrinello. (Boll. Soc. ital. Biol. sperim. **37**, 72—74, 31/1. 1961; Messina, Univ., Ist. di Patol. Spec. Med. e Metodol. Clin.; ital.) — Die Unterss. werden an Kaninchen durchgeführt, die i.v. 5 u. 10 E. *Parathormon* erhalten. Bei diesen Tieren kommt es im hyperton. u. hyperkinet. Sinn zu einer exzitierten Aktivität der Darmmuskulatur von 50—60 Min. Dauer. Der Ca-Geh. des Serums wird durch Parathormon erhöht. F. Kren. 4563□

Ein Strukturvorschlag für kristallines Zink-Insulin. K. Marcker und J. Graae. (Acta chem. scand. **16**, 41—45, 1962; Kopenhagen, Dänemark, Univ., Fysisk-kemiske Inst.; engl.) — Vgl. C. **1961**, 1581, 17224 u. **1962**, 7592. — Aus früheren Angaben über kristallines *Zinkinsulin* (I) wird eine Elementarzelle gefolgert, die 3 parallele, im Winkel von 120° zueinander angeordnete Dimere von *Insulin* (II) enthält, koordinativ durch die 6endständige Phenylalanin-Amino-Gruppen, verbunden mit 2 (nicht 3!) Zn-Atomen. Der Vgl. der Titrationskurven in 0,2m KNO_3 von II u. von mit berechneter Zn-Menge

versetztem **II** stützt die 6 als Koordinationszahl. Der Vorschlag erklärt das Schrumpfen in Richtung a-Achse des **I** beim Trocknen (Faltung der „Schwänze") u. ist im Einklang mit bekannten osmot., ^{65}Zn- u. röntgenkristallograph. Messungen. Aus diesen errechnet sich für das hexamere **II**-Gerüst: 84 Å lang, 30 Å breit (Punktgruppe 32). Der Widerspruch der symm. Anordnung der Dimeren zum anisotropen Kristallwachstum von **II** läßt sich durch Ändern ihrer Stellung im Strukturvorschlag entkräften.
K. Heyns. 4564□

Über den zentralneuralen Ursprung der Hyperglykämie bei Diabetes und ihre Bedeutung für die Verwertung der Kohlenhydrate durch das Gehirn. Ss. G. Geness, N. Ss. Weller und P. M. Tscharnaja. (Pathol. Physiol. exp. Therap. [UdSSR] **4**, Nr. 6, 34—39, Nov./Dez. 1960; Charkow, Ukrain. Inst. für exper. Endokrinol., Abt. Pathophysiol.; russ., Auszug: engl.) — In Verss. an 12 Hunden in tiefer *Amytal*-Narkose bei Schädeltrepanation, Freilegung der V. femoralis, Entfernung des Pankreasschwanzes bei den Kontroll-, des Gesamtpankreas bei den Vers.-Tieren beeinflußte *Amytal-Na* den Blutzuckerspiegel nicht (außer in Dosen, die zu Gewebeanoxie führten). Der Übergang von Kohlenhydraten in das Gehirn war eher erhöht. Beim wachen Tier wurden im Verlauf von 12 Std. im Mittel 8 mg% Zucker entnommen, in tiefer Amytalnarkose 16 mg%. 4—9 Std. nach der Pankreasentfernung begann der Übergang von Zucker in das Gehirn abzunehmen (abs. u. relativ). Später kam es dann bei hohem Blutzuckerspiegel zu normalem Übergang von Zucker durch die Blut–Liquor-Schranke.
K. Rintelen. 4564□

Die Messung von Stoffwechsel- und Gefäßreaktionen in Leber und Muskel und Beobachtungen ihres Verhaltens gegenüber Insulin und Glucose. F. O. Dosekun, J. Grayson und D. Mendel. (J. Physiology **150**, 581—606, März 1960; Ibadan, Nigeria, Univ. Coll., Dep. of Physiology; engl.) — Vff. untersuchten den Einfl. von *Glucose* (**I**) u. *Insulin* (**II**) auf den Stoffwechsel in Leber u. Muskel bei Ratten. Im Ruhezustand war die Wärmeproduktion in der Leber 95fach höher als im Muskel. Intravenös verabreichtes **II** ließ die Wärmeerzeugung in der Leber um 44% u. im Muskel um 670% ansteigen, während i.v. gegebene **I** die Wärme-Entw. in Leber u. Muskel verminderte. Kombinierte Injektionen von **I** u. **II** blieben fast ohne Einw. auf die Leber, erhöhten jedoch die Wärmeproduktion im Muskel wesentlich. Intravenöse Gaben von **I** oder **II** bewirkten Gefäßerweiterung in der Leber, während gleichzeitige Verabreichung von **II** zusammen mit **I** eine Gefäßdilatation verhinderte. Im Muskel wurden die gleichen, wenn auch schwächer ausgeprägten Rkk. beobachtet. S. Hothorn. 4564□

Einige Beobachtungen über Änderungen des Blutgehalts in dem Pankreas der Katze während seiner Aktivitätsphase. Pamela Holton und Muriel Jones (mit einem Anhang von A. E. Lowe). (J. Physiology **150**, 479—88, März 1960; London, St. Mary's Hosp., Med. School, Dep. of Physiol.; Hammersmith Hosp., Med. Res. Counc., Exp. Radiopathology Res. Unit.; engl.) — Die Veränderungen des Blut-Geh. in der Bauchspeicheldrüse der Katze wurde mit Hilfe einer operativ eingesetzten Photozelle gemessen. Acetylcholin u. Histamin riefen eine Gefäßerweiterung hervor, die durch *Atropin* (**I**) u. *Mepyramin* (**II**) aufgehoben wurde. Secretin u. Pankreozymin verursachten eine kurz anhaltende Gefäßerweiterung, die nicht durch **I** oder **II** beeinflußt wurde. Aus den Unterss. geht nicht hervor, daß die Vasodilatation von einem ansteigenden Blutfluß durch den Pankreas während der Aktivitätsphase begleitet wird. Anhang mit ausführlicher Beschreibung der Messung der geringen Lichtintensitätsunterschiede durch die Photozelle u. die Verstärkung der Stromimpulse durch ein Verstärker-Syst. zusammen mit Schaltbild. S. Hothorn. 4564□

Vergleichende Pharmakologie von Sulfonylharnstoffen. Robert S. Radding, Lee R. Kern und John C. Owens. (Metabolism, clin. and exp. **11**, 411—15, April 1962; Houston, Tex., Hermann Hosp., Metabol. Res. Clin.; engl.) — Beim Vgl. der hypoglykämisierenden Wrkg. von Sulfonylharnstoffen über die Dauer von 240 Min. u. mit Dosen von 250, 500 u. 1000 mg bei nüchternen, stabilen Diabetikern erwiesen sich *Acetohexamide* (Eli Lilly & Co.), *Thiohexamid* (Eli Lilly & Co.) u. *Chlorpropamid* (**I**) als etwa gleichwertig, vorbehaltlich einiger qual. Unterschiede; *Tolbutamid* war jedoch am wenigsten wirksam, auch bei Steigerung auf 1000 mg besserte sich die Wrkg. nicht. Bei der 250-mg-Dosis war **I** am wirksamsten. U. Tausendfreund. 4564◇

Eine Wirkung von Tolbutamid auf die Nucleotide des inkubierten menschlichen Vollblutes. Charles Bishop. (Proc. Soc. exp. Biol. Med. **108**, 192—93, Okt. 1961; Buffalo, N.Y., Univ. of Buffalo School of Med., Dep. of Med.; Buffalo General Hosp.; engl.) — Nach 48 Std. Inkubation mit *Tolbutamid* war der Geh. von Adenosintriphosphat im menschlichen Vollblut (mit Zusatz von 2000 Einheiten Heparin u. 350 mg Glucose pro 100 ml) niedriger als in Kontrollblut, obwohl der Glucoseverbrauch gleich war.
K. Zingraf. 4564□

Wirkung von N-[4-Methylbenzolsulfonyl]-N'-butylharnstoff auf die experimentelle Lebersteatose. G. Cascio. (Arch. ital. Sci. farmacol. [3] **9**, 351—55, Juli 1959; Palermo, Univ., Ist. di Farmacol.; ital.) — *Tolbutamid* schützte Ratten vollständig gegen die Wrkg. eines steatogenen Futters (Hemmung der Fettspeicherung in der Leber, Normalisierung des Brenztraubensäure (I)-Geh. im Blut); gegen die durch CCl_4 bewirkte Steatose konnte es die Tiere nicht vollständig schützen; es verringerte jedoch den I-Geh. im Blut u. förderte die Fettmobilisierung nach Absetzen von CCl_4. K. Zingraf. 4564□

Veränderungen des Kohlenhydratstoffwechsels durch eine Kombination von N-[4-Methylbenzolsulfonyl]-N'-butylharnstoff mit Cysteamin oder Thioctsäure. M. Palazzoadriano. (Arch. ital. Sci. farmacol. [3] **9**, 356—59, Juli 1959; Palermo, Univ., Ist. di Farmacol.; ital.) — Vgl. vorst. Referat. — Bei Ratten bewirkt eine Kombination von *Tolbutamid* (I) mit *Cysteamin* (100 mg/kg) oder *Thioctsäure* (50 mg/kg) immer eine deutliche Veränderung des Blutzuckers, auch wenn dabei sehr hohe Dosen I (2000 mg/kg) verabreicht wurden, die allein den Blutzucker nicht mehr beeinflussen oder sogar erhöhen; gleichzeitig wurde immer eine Verringerung der Glykogenolyse im Muskel u. eine Hemmung der Glykogen-Synth. in der Leber beobachtet. K. Zingraf. 4564□

Die erregende Wirkung von Acetylcholin auf marklose Nervenfasern der Haut. W. W. Douglas und J. M. Ritchie. (J. Physiology **150**, 501—14, März 1960; New York, N.Y., Yeshiva Univ., Albert Einstein Coll. of Med., Dep. of Pharmacol.; engl.) — *Acetylcholin* (I) erregt außer den markhaltigen Nervenfasern auch die nichtmarkhaltigen Fasern, die sog. C-Fasern, in der Haut. Die Empfindlichkeit der C-Fasern gegenüber I wird durch Atropin kaum beeinflußt, während sie durch *Hexamethonium* fast vollständig aufgehoben wird, ohne jedoch dabei ihre Berührungsempfindlichkeit zu verlieren. Die Erzeugung von Impulsen in den mechano-sensitiven Fasern ist somit nicht abhängig von der Empfindlichkeit gegenüber I. S. Hothorn. 4569□

Die Wirkung von Acetylcholin-Analogen und Äthanol auf die Atmung des Hirnrindengewebes in vitro. Henrik Wallgren. (Biochem. Pharmacol. **6**, 195—204, Juni 1961; Helsinki, State Alcohol Monopoly, Res. Lab.; engl.) — *Acetylcholin, Eserin, Dekamethonium* u. *Suxamethonium* beeinflussen auf Grund ihrer Lipoidunlöslichkeit die Atmung von Hirnrindenschnitten in vitro nicht. An elektr. nicht gereizten Schnitten verursachen *A.*, *Cetyltrimethylammoniumbromid* (*Cetavlon*) u. *2-Pyridinaldoximdodecyljodid* (PAD) eine kurzfristige Steigerung der Atmung. Da diese Substanzen Depolarisatoren sind, spricht dies für die Annahme, daß die Steigerung der Atmung die Folge der Depolarisation ist. Der Steigerung der Atmung durch Cetavlon folgt eine Hemmung. Cetylpyridinchlorid (CPC) u. Triton hemmen die Atmung sowohl von stimulierten als auch nichtstimulierten Schnitten. Cetavlon wirkt an stimulierten Schnitten nur hemmend. PAD u. Atropin hemmen die Atmungssteigerung nach Stimulation. A. verstärkt die Wrkg. von Atropin, PAD, Cetavlon u. CPC an stimulierten Geweben, während die Wrkg. des Detergens *Triton* nicht verstärkt wird. Die Verss. unterstützen die Hypothese, daß Acetylcholin für die Erregbarkeit des Zentralnerven-Syst. von Bedeutung ist. Die Wrkg. des A. ist in einer unspezif. Beeinflussung der erregbaren Membran zu suchen. Joachim Schmidt. 4569□

Sensibilisierung und Desensibilisierung von Mäusen gegenüber Histamin und Serotonin durch neurohumorale Stoffe. Charles W. Fishel, Andor Szentivanyi und David W. Talmage. (J. Immunology **89**, 8—18, Juli 1962; Denver, Colo., Univ. of Colorado, School of Med., Dep. of Microbiol. and Med.; engl.) — Es ist anzunehmen, daß eine durch Pertussisvaccine bewirkte Sensibilisierung von Mäusen gegenüber normalerweise nichttox. wirkenden Konzz. von *Histamin* (I) u. *Serotonin* (II) die Folge eines funktionellen Mißverhältnisses zwischen zwei Typen von adrenerg. Effektor-Syst. ist, d. h. von zwei Typen adrenerg. Receptoren oder der zu ihnen führenden Neuralwege. Im Gesamtorganismus werden I u. II nicht anders als bei nichtsensibilisierten Tieren behandelt. Eine Desensibilisierung, mit teilweiser oder vollständiger Kreuz-Wrkg., ist durch I u. II erzielbar; ebenso ist *Dibenzyline* als α-adrenerg. blockierender Stoff wirksam, nicht jedoch *Dichlorisoproterenol* als β-adrenerg. Stoff (wirkt steigernd). Das tox. Amin *Agmatine*, welches keine neurohumoralen Funktionen ausübt, führt nicht zur Desensibilisierung. U. Tausendfreund. 4569□

Durch Vasodilatatoren und Vasoconstrictoren hervorgerufene Veränderungen der Sauerstoffspannung in Hirn- und Körpergeweben. D. B. Cater, S. Garattini, F. Marina und I. A. Silver. (Proc. Roy. Soc. [London], Ser. B **155**, 136, 17/10. 1961; Cambridge, Univ., Dep. of Radiotherap. and Pathol.; Milano, Univ., Inst. of Pharmacol.; Cambridge, Univ., Sub-Dep. of Veter. Anat.; engl.) — 5 mg *Serotonin*/kg, intraperitoneal, führen an der narkotisierten Ratte zu einer, mit der O_2-Kathoden-Meth. meßbaren,

Verminderung der O_2-Spannung in Hirn, Muskulatur, Testes u. Subkutangewebe, die 1—2 Std. anhält; nach 20 μg/kg i.v. kommt es zu tiefem, jedoch vorübergehendem Abfall der Werte. 5 μg *Noradrenalin*/kg i.v. führen zu einem raschen, vorübergehenden Anstieg der O_2-Spannung im Gehirn, zu einem vorübergehenden Abfall in der Muskulatur, zu einem länger dauernden Abfall in den Testes; 0,5 μg/kg i.v. bewirken einen leichten Anstieg aller Werte. 2,5 mg *Reserpin*/kg i.v. rufen einen langsamen Rückgang der O_2-Spannung, bes. im Gehirn, hervor, falls die Körper-Temp. absinken kann (Rückgang der Körper-Temp. allein läßt die O_2-Spannung im Gehirn ansteigen). Durch 5 mg *Amphetamin*/kg, intraperitoneal oder i.v., steigt die O_2-Spannung im Gehirn wieder. 5 mg *Trancylpromin* (SKF 385, Monoaminooxydasehemmstoff)/kg führt zu ständiger Steigerung der O_2-Spannung in allen Geweben (außer Testes); nachfolgendes Reserpin läßt die O_2-Spannung des Gehirns rasch ansteigen, im Muskel kommt es zum Abfall, im Subkutangewebe zu Anstieg u. Abfall. U. Tausendfreund. 4569□

Weitere Untersuchungen über den Einfluß von Enteramin des Blutes auf die Kontrolle des Capillarwiderstandes bei der Ratte. P. Zamboni, G. Bertaccini und M. B. Nobili. (Arch. ital. Sci. farmacol. [3] 9, 389—93, Juli 1959; Parma, Univ., Ist. di Farmacol.; ital.) — Einen Monat nach Resektion des Dickdarms war bei Ratten eine Ausscheidung von *5-Hydroxyindolyl-(3)-essigsäure*, welche als Index für den Geh. von freiem *Enteramin* (*5-Hydroxytryptamin*; **I**) im Plasma dienen kann, im Harn stark verringert, der Capillarwiderstand dagegen unverändert. **I** besitzt keine den Capillarwiderstand kontrollierende Wirkung. K. Zingraf. 4569□

Über das Vorhandensein von 5-Hydroxytryptamin im Extrakt der Unterkieferdrüse des Hundes. R. Iachello, E. Riva Sanseverino und A. Urbano. (Boll. Soc. ital. Biol. sperim. **38**, 516—18, 15/6. 1962; Catania, Univ., Ist. di Fisiol. uman.; ital.) — *5-Hydroxytryptamin* (**I**; i.v.) führt beim Hund zur Veränderung der Sekretion der Unterkieferdrüse. Der Extrakt der Drüse von Hunden mit Aceton u. Butanol wird auf vorhandenes **I** untersucht. Aus der Kontraktions-Wrkg. auf den isolierten Colon der Ratte u. auf Grund anderer Überlegungen schließen Vff., daß in der Drüse des Unterkiefers des Hundes **I** vorhanden sein muß. F. Kren. 4569□

Veränderungen in der Zirkulation der Milz des Hundes durch 5-Hydroxytryptamin. E. Riva Sanseverino und A. Urbano. (Boll. Soc. ital. Biol. sperim. **38**, 518—21, 15/6. 1962; Catania, Univ., Ist. di Fisiol. uman.; ital.) — Vgl. vorst. Referat. — Die Unterss. werden an Hunden durchgeführt, die i.v. 10—30 μg *5-Hydroxytryptamin* (**I**)/kg erhalten. Die Behandlung führt zu einer Verringerung des venösen Blutflusses der Milz um 56,5% 20—50 Sek. nach der **I**-Gabe, nachdem in den ersten Sek. meist eine Steigerung (24,6%) auftritt. Diese Veränderungen sind von den Schwankungen des allg. arteriellen Blutdruckes u. von den durch **I** induzierten vasomotor. neurogenen Veränderungen unabhängig. F. Kren. 4569□

5-Hydroxytryptamin im Bronchial-Sputum von Asthma-Patienten. Luiza Hepner Levy, Ernesto Mendes und A. Ulhôa Cintra (unter techn. Mitarbeit von A. Germano Silva). (Acta allergol. [Copenhagen] **16**, 121—27, 1961; Sao Paulo, Univ., Sect. of Allergy; engl.) — Der Geh. an *5-Hydroxyindolyl-(3)-essigsäure* (**I**) im Sputum von 10 Patienten mit Asthma bronchiale während u. außerhalb der Asthmaanfälle wurde untersucht. Sowohl Asthmapatienten als auch Kontrollpersonen können sehr unterschiedliche Mengen an **I** im Sputum enthalten. Während des Asthmaanfalles war **I** im Sputum von $^9/_{10}$ der Patienten in Mengen von 0,050—0,99 mg/100 ml enthalten u. somit gegenüber den Kontrollen eindeutig erhöht. Joachim Schmidt. 4569□

Untersuchung der Rolle von Serotonin (5-Hydroxytryptamin) bei der Pathogenese der akuten Strahlenkrankheit. 2. Mitt. Veränderung des Serotoningehaltes im Darm und Gehirn von Meerschweinchen und Ratten bei akuter Strahlenkrankheit. G. A. Tschernow und M. O. Rauschenbach. (Probleme Hämatol. Bluttübertrag. [UdSSR] **5**, Nr. 9, 3—7, Sept. 1960; Minist. für Gesundheitswesen der UdSSR, Zentr. Inst. für Hämatolog. u. Bluttransfusionen der Akad. der Med. Wiss. der UdSSR; russ.) — 1. vgl. Probleme Hämatol. Blutübertrag. [UdSSR] **4**, [1959], Nr. 3, 3. — Totalröntgenbestrahlung führte bei Meerschweinchen (500 r) u. Ratten (700 r) nach 3—5 Min. zu starker Verringerung des Geh. an *Serotonin* (**I**) im Darm (a) u. Gesamtblut (b) u. zur Vermehrung im Hirn (c), der sich nach 24 Std. bei Meerschweinchen in b u. c, bei Ratten in c normalisierte. Bei Meerschweinchen kam es bis zum 8. Tag zum weiteren Abfall des **I**-Geh. in b u. durch die geringere Fähigkeit der Thrombocyten, **I** zu adsorbieren, zur Entw. von hämorrhag. Syndrom. I. v. Kloch-Kornitz. 4569□

Beobachtungen über die antidiuretische Wirkung und das Schicksal von 5-Hydroxy-DL-tryptophan im Rattenorganismus. V. Erspamer und G. Bertaccini. (Arch. int. Pharmacodynam. Thérap. **137**, 6—23, 1/5. 1962; Parma, Univ., Ist. di Far-

macol.; engl.) — 20 mg/kg (parenteral) zeigen einen deutlichen antidiuret. Effekt bei wasserbelasteten Ratten, hohe Dosen verursachen außerdem Nierenrindennekrose. Oral verabreichtes *5-Hydroxy-DL-tryptophan* (I) ist weniger wirksam. Nach hohen I-Gaben werden papierchromatograph. 13 Stoffwechsel-Prodd. im Urin nachgewiesen: I, *5-Hydroxytryptamin* (II), *5-Hydroxyindolylessigsäure* u. die entsprechenden *Glucuronide*, die anderen Stoffwechsel-Prodd. sind unbekannt. Es wird bewiesen, daß die Decarboxylierung im Nierengewebe erfolgt. Nach I-Gaben nehmen I u. II in den Geweben zu. *Iproniazid*-Vorbehandlung erhöht diese Zunahme im Gewebe.
P. Gregorzewski. 4569□

Beobachtungen über das Schicksal von 4-Hydroxy-DL-tryptophan in Ratte und Mensch. V. Erspamer und M. B. Nobili. (Arch. int. Pharmacodynam. Thérap. **137,** 24—38, 1/5. 1962; Parma, Univ., Ist. di Farmacol.; engl.) — Vgl. vorst. Referat. — 10 mg *4-Hydroxy-DL-tryptophan* (I; intraperitoneal)/kg zeigen bei der Ratte deutlich antidiuret. Wrkg.; 10—20fache orale Gabe ist bei Mäusen unwirksam. Vereinzelt treten Nekrosen der Nierenrinde auf. *4-Hydroxytryptamin* (II) hat nur schwach antidiuret. Wirkung. Von 11 im Urin papierchromatograph. nachgewiesenen Stoffwechsel-Prodd. werden I, II u. *4-Hydroxyindolylessigsäure* (III) u. deren *Glucuronide* identifiziert. Durch *Iproniazid* (IV) wird die III-Ausscheidung mit dem Urin stark gedrosselt. Beim Menschen treten nur 6 Stoffwechsel-Prodd. im Urin auf: I, II, III u. 3 unidentifizierte. Nach I-Gaben treten I, II u. III in den Geweben auf, durch IV wird der II-Geh. der Gewebe noch erhöht u. erreicht in Lebern u. Nieren 50—100 μg/g. P. Gregorzewski. 4569□

Über die Bindung von Kallidin an Heparin. E. Werle, I. Trautschold und G. Leysath. (Experientia [Basel] **17,** 85—86, 15/2. 1961; München, Univ., Chirurg. Klinik, Klin. chem. Inst.; dt.) — Das Polypeptid *Kallidin* bildet mit *Heparin* einen undialysierbaren Komplex, der selbst aus sehr verd. Lsgg. mit A. fällbar ist. In dieser Bindung verhält sich Kallidin pharmakolog. akt., kann jedoch durch die *Verb. 48/80* wieder freigesetzt werden. H. Hein. 4569□

Die Isolierung eines Proteins aus den Unterkiefer-Drüsen von Mäusen mit beschleunigender Wirkung auf das Durchbrechen der Schneidezähne und das Öffnen der Augen neugeborener Tiere. Stanley Cohen. (J. biol. Chemistry **237,** 1555—62, Mai 1962; Nashville, Tenn., Vanderbilt Univ., School of Med., Dep. of Biochem.; engl.) — Aus den Unterkieferdrüsen männlicher Mäuse konnte ein hitzebeständiges Protein isoliert werden, das nach der subkutanen Injektion ein frühzeitiges Durchbrechen der Schneidezähne u. Öffnen der Augen neugeborener Mäuse u. Ratten bewirkt. Nach papierchromatograph., elektrophoret. u. immunoelektrophoret. Unterss. ist das isolierte Protein homogen. Es besitzt einen isoelektr. Punkt bei pH 4,2. Messungen in der Ultrazentrifuge zeigen ebenfalls die Anwesenheit nur einer Komponente mit der S von 1,25 *S*. Zur Best. der Aminosäure-Zus. wurde das Hydrolysat des gereinigten Proteins zweidimensional chromatographiert bzw. in einem Beckman-Gerät direkt automat. registriert. Lysin u. Phenylalanin lassen sich nicht nachweisen. Das Mindestmolgew. wird auf ca. 15000 geschätzt. Die biolog. Aktivität des isolierten Proteins wird zerstört durch Einw. von Chymotrypsin bzw. einer kristallinen bakteriellen Proteinase (Novo), u. partiell herabgesetzt durch Trypsin. Der isolierte Faktor ist ein Antigen u. kann durch ein spezif. Kaninchen-Antiserum ausgefällt werden. K. Heyns. 4569□

Erzeugung der Neurosekretion in den Golgi-Ergastoplasmabläschen beim Weberknecht. Jacqueline Naisse. (C. R. hebd. Séances Acad. Sci. **252,** 185—86, 4/1. 1961; franz.) — Das durch die neurosekretor. Zellen im Protocerebron des Weberknechtes *Liobunum rotundum* sezernierte Prod. mit Proteincharakter wird in den Golgi-Ergastoplasmabläschen auf Kosten der im Cytoplasma verteilten *Ribonucleinsäure* gebildet u. erhält dort seinen spezif. Charakter. K. Zingraf. 4569□

Gehalt an Kupfer, Silicium, Aluminium, Titan und Mangan im Blut Neugeborener. Je. P. Grebennikow. (Pädiatrie [UdSSR] **38,** Nr. 10, 29—30, Okt. 1960; Stalino, Med. Inst., Lehrstuhl für Geburtshilfe u. Gynäkol.; Lehrstuhl für Biochem.; russ., Auszug: engl.) — Der *Cu*-Geh. im Blut Neugeborener betrug (in % der Asche) 0,0058 (0,0011—0,0159), im Blut von Schwangeren 0,0163, von Nichtschwangeren 0,0085. Die Werte für *Si* waren: 0,0187 (0,005—0,05); 0,0225; 0,0108; für *Al* 0,0349 (0,0074—0,0977); 0,02; 0,0112; für *Ti* 0,0144 (0,0038—0,0375); 0,0122; 0,0066; für *Mn* 0,0012 (0,0005—0,0021); 0,0012; 0,0011. K. Rintelen. 4572□

Untersuchungen über das Fötalhämoglobin bei persistenter hochquantitativer Hämoglobin-F-Anomalie. R. B. Thompson, J. W. Mitchener und Titus H. J. Huisman. (Blood **18,** 267—84, Sept. 1961; Augusta, Ga., Med. Coll. of Georgia, Dep. of. Pathol. and Biochem.; engl.) — Durch Unters. einer Negerfamilie (3 Generationen) mit vererbbarer Persistenz von *Hämoglobin F* läßt sich die Möglichkeit nicht ausschließen, daß diese Anomalie mit den für *Hämoglobin A, S* u. *C* zusammenhängt; es lagen gleichzeitig jeweils Hämoglobin A u. S vor. U. Tausendfreund. 4572□

In vivo-Kultivierung von Leukocyten in Diffusionskammern: Bedarf an Ascorbinsäure zur Differenzierung mononuclearer Leukocyten in Fibroblasten. Nicholas L. Petrakis. (Blood **18,** 310—16, Sept. 1961; San Francisco, Calif., Univ. of California, School of Med., Dep. of Prevent. Med. and Med.; engl.) — *Ascorbinsäure* (I)-verarmte mononucleare Leukocyten entwickeln in I-Mangelmeerschweinchen anormale Zellformen; eine Rückkehr zur normalen Differenzierung in Fibroblasten ist erst durch I-Zugabe möglich, so daß I eine direkte celluläre Rolle dabei zukommt. U. Tausendfreund. 4573□

Aldolase-Aktivität der Erythrocyten bei Thalassämie und Thalassodrepanocytose. F. Belfiore. (Boll. Soc. ital. Biol. sperim. **38,** 511—13, 15/6. 1962; Catania, Univ., Ist. di Patol. Med.; ital.) — Es wird die Aktivität der *Aldolase* der Erythrocyten in 12 Fällen von Thalassämie (major u. minor) u. 10 Fällen von Thalassodrepanocytose bestimmt. Gegenüber dem mittleren Normalwert ergibt sich eine Zunahme der Aldolase von 37 bzw. 38%. F. Kren. 4573□

Aktivität der Milchsäuredehydrogenase der Erythrocyten bei der Thalassämie und Thalassodrepanocytose. F. Belfiore. (Boll. Soc. ital. Biol. sperim. **38,** 514—16, 15/6. 1962; Catania, Univ., Ist. di Patol. Med.; ital.) — Vgl. vorst. Referat. — Es wird die Aktivität der *Milchsäuredehydrogenase* in den Erythrocyten von 13 Patienten mit Thalassämie u. 10 mit Thalassodrepanocytose sowie Trägern dieser Krankheiten bestimmt. Es ergibt sich eine statist. signifikante Zunahme der Enzymwerte von 25 bzw. 32% bei den Patienten gegenüber den normalen Werten, während sie bei den Trägern nur geringfügig herabgesetzt sind. F. Kren. 4573□

Wirkung von Pseudomonas auf die Lactatbildung durch Mäusemonocyten. R. S. Berk und E. L. Nelson. (Proc. Soc. exp. Biol. Med. **104,** 42—44, Mai 1960; Los Angeles, Calif., Univ. of California, Dep. of Bacteriol.; engl.) — Durch intraperitoneale Mineralölinjektion hervorgerufene Monocyten der Maus bilden *Lactat* (I) nur aus *Glucose* u. *Fructose* als Substrat, während *Glucosamin, Glucuronat, Gluconat, Methylglucose, Galaktose, Maltose, Saccharose, Fructosediphosphat,* I selbst, *Ribose, Sorbose, l-Xylose, Mannose, Arabinose, d-Xylose, l-Fucose, Galakturonat, Stärke, Dextrin, Salicin, Chondroitinsulfat, Trehalose, Raffinose, Cellobiose, Melezitose, Melibiose, l-Rhamnose, Ascorbat* u. *Glykogen* nicht verwertet wurden. Durch in vivo-Infektion der Monocyten mit gewaschenen *Pseudomonas aeruginosa* ist eine wenigstens 2fache Steigerung der I-Bldg. möglich. Ohne Wrkg. bleiben allerdings hitzeabgetötete Pseudomonas oder Ultraschallfraktionen in vitro. Immunisierung gegen Pseudomonas ändert nichts an der I-Bildung. U. Tausendfreund. 4573□

Enzymatische Untersuchungen bei den verschiedenen Typen normaler und leukämischer weißer Blutkörperchen. J. Frei, Cl. Borel, G. Horvath, B. Cullity und A. Vannotti. (Blood **18,** 317—27, Sept. 1961; Lausanne, Univ., Med. Clinic; engl.) — Monocyten, direkt aus den Reticuloendothel stammend, weisen größere glykolyt. u. proteolyt. Aktivität sowie Atmung, Red.-Kraft u. Esteraseaktivität als polynucleare Neutrophile auf. Lymphocyten üben mit Ausnahme der Red.-Kraft im Vgl. zu Neutrophilen geringe enzymat. Funktionen aus. Eosinophile ähneln bzgl. glykolyt. Aktivität den Neutrophilen, besitzen jedoch sehr geringe proteolyt. Kapazität u. geringen O_2-Verbrauch. In leukäm. Zellen ist die proteolyt. Aktivität vermindert, Glykolyse u. Esteraseaktivität gesteigert. In Lymphoblasten ist die Glykolyse niedrig mit leichtem Pasteur-Effekt. Porphobilinogen-Synth. ist in Leukocyten intensiv, zur Porphyrin-Bldg. kommt es jedoch nur in einigen Leukämiefällen. U. Tausendfreund. 4573□

Zur Teilnahme der Lunge an der Regulation der Eiweißzusammensetzung des Blutplasmas. L. T. Pjai. (Pathol. Physiol. exp. Therap. [UdSSR] **4,** Nr. 6, 45—49, Nov./Dez. 1960; Tartu, Univ., Lehrstuhl für Hosp.-Therap. der Med. Fak.; russ., Auszug: engl.) — Das Blut aus V. portae, V. hepatica, A. u. V. femoralis u. aus dem rechten Vorhof von 24 Kaninchen wurde papierelektrophoret. auf den Geh. an Eiweißfraktionen untersucht. 11 Kaninchen waren normal, 10 hatten eine Pneumonie (Hyperfibrinogenämie), 3 waren mit Diphtherieanatoxin immunisiert (Hypergammaglobulinämie). Nach Durchströmung der Lungen war das Blut etwas ärmer an *Albumin* u. *Fibrinogen,* etwas reicher an *Globulinen.* Die Unterschiede für die 3 Tiergruppen waren hauptsächlich durch die verschiedenen Werte des in die Lungen einströmenden Blutes bedingt. Die wesentliche Rolle der Leber für die Albumin- u. Fibrinogen-Bldg. wurde bestätigt, für die Globulin-Bldg. spielt die Leber eine untergeordnete Rolle. K. Rintelen. 4574□

Wirkungen von Proteinauszehrung und -auffüllung auf Serumelektrophoreseformen erwachsener Ratten. Henry E. Weimer, Robert T. Bell und Hisako Nishihara. (Proc. Soc. exp. Biol. Med. **102,** 689—91, Dez. 1959; Los Angeles, Univ. of California, School of Med., Dep. of Infectious Diseases; engl.) — Die Verteilung der Serumproteine wurde mittels Filterpapierelektrophorese bei Gruppen erwachsener Ratten untersucht, die zwischen der Eiweißauszehrung u. -auffüllung getötet wurden. Die Albumin- u. α_1-Globulinfraktionen waren äußerst empfindlich gegenüber Ernährungseinflüssen. Die γ-Globulinfraktion wich von dem allg. Rk.-Muster ab. W. F. Ebel. 4574 □

Charakterisierung von hochgereinigtem Hämopexin. H. E. Schultze, K. Heide und H. Haupt. (Naturwissenschaften **48,** 696—97, 2. Nov.-H. 1961; Marburg/Lahn, Behringwerke AG; dt.) — Hämbindendes Serumprotein *Hämopexin* wurde nach zwei Verff. aus Humanserum rein isoliert. Die chem. Analyse ergab ca. 80% Proteinanteil, 9% Hexosen, 7,4% Acetylhexosamin, 5,8% Acetylneuraminsäure u. 0,41% Fucose. Extinktion bei 280 mμ: $E^{1\%}_{1ccm}$ 19,9. Colorimetr. wurden 4,4% Tyrosin u. 4,7% Tryptophan bestimmt. Sedimentation in der Ultrazentrifuge $S^0_{20,w}$ = 4,8, geschätztes Molgew. ca. 80000. Elektrophoret. Beweglichkeit bei pH 8,6: $-3,1 \cdot 10^{-5}$ cm/V s. Nicht fällbar durch Rivanol bei pH 7,5. Die Bindungskapazität für Hämin beträgt 15—20 Moll. pro Mol. Hämopexin. Weitere Eigg. werden mitgeteilt. K. Heyns. 4574 □

Die Eiweißfraktionen des Blutes bei Herzinfarkt. B. A. Onikijenko. (Sowjet-Med. [UdSSR] **26,** Nr. 1, 34—38, Jan. 1962; Militärmed. Kirow-Akad., 2. Therapeut. Lehrstuhl für Ärztefortbldg.; russ., Auszug: engl.) — Elektrophoret. Unterss. des Blutserums zeigten bei Kranken mit Myocardinfarkt Verminderung der *Albumine* (**I**; normal 59%), Vermehrung der α_1-, α_2- u. *β-Globuline* (**II**) bis auf 6,5, 17,87 bzw. 23,86 (normal 3,5, 8,5 bzw. 16,5%) u. Verminderung des **I**/**II**-Koeff. bis auf 0,74 (normal 1,44), die für die Diagnose u. Prognose des Krankheitsverlaufs charakteristischer waren als die Veränderungen der Temp., Blutsenkungs-Geschw., Leukocytose u. des Elektrocardiogramms. I. v. Kloch-Kornitz. 4574 □

Reihenbestimmung der Serum-Glykoproteine bei Patienten mit Lungentuberkulose. Harold G. Muchmore, Jane A. Faulkner, James F. Hammarsten, Frances G. Felton und George Winkelman. (Amer. Rev. Respirat. Diseases **81,** 918—23, Juni 1960; Oklahoma City, Okla., Veterans Admin. Hosp., Med. Serv. and Clin. Labor. Serv.; Univ. of Oklahoma, Dep. of Microbiol. and Med.; engl.) — Bei ♂ Patienten mit akuter Lungentuberkulose waren die Gesamtserum-*Glykoproteine* (**I**), der Serum-I-Protein-Quotient, das *Serummucoid* (**II**) u. das *γ-Globulin*-I (**III**) anfänglich wesentlich erhöht, u., mit Ausnahme von **II**, dem Ausmaß der Entzündung proportional. Die Anfangswerte wurden durch Auftreten von Cavernen, Fieber, vorangegangene Behandlung, Veränderung der Infektiosität oder radiolog. Besserung nicht beeinflußt. Gesamtserum-I, **II** u. **III** nahmen während der Antibioticabehandlung ab. Bei fortschreitender Krankheit war die Normalisierungsneigung geringer. K. Zingraf. 4574 □

Biochemische Betrachtungen über die Blutkoagulation und Mittel, die diesen Prozeß beeinflussen. C. Apreotesei. (Farmacia [Bucureşti] **7,** 481—93, Nov./Dez. 1959; rum.) — Übersicht über die einzelnen Phasen der Blutkoagulation sowie der fördernden (Fibrinogen, Thromboplastin, Prothrombin, Vitamin K) u. hemmenden Mittel (Heparin, Dicumarin). J. Lehmberg. 4574 □

Gerinnungsaktivität von mütterlichem und foetalem Blut vom Schaf. P. Fantl und H. A. Ward. (J. Physiology **150,** 607—20, März 1960; Melbourne (Australia), Baker Med. Res. Inst., Alfred-Hosp.; engl.) — Der Geh. an Blutfaktor IX war stets niedriger, an Blutfaktor V stets gleich im foetalen Schafsblut gebenüber mütterlichem Blut. Im foetalen Blut wurden Faktor VIII, Prothrombin, Faktor VII, Prower-Stuart-Faktor u. Fibrinogen-Geh. anfangs niedriger, am Ende der Schwangerschaft ansteigend bis auf 60% (Prothrombin, Faktor VII, Prower-Stuart-Faktor), 80% (Fibrinogen) oder 100% (Faktor VIII) des mütterlichen Blutwertes gefunden. Foetales Fibrinogen zeigte eine vom mütterlichen Fibrinogen abweichende Aktivität. S. Hothorn. 4574 □

Untersuchung des Gerinnungssystems des Blutes bei akuter Strahlenkrankheit. N. Ja. Lagutina. (Probleme Hämatol. Blutübertrag. [UdSSR] **5,** Nr. 9, 7—10, Sept. 1960; Minist. für Gesundheitswesen der UdSSR, Zentr. Inst. für Hämatolog. u. Bluttransfusionen der Akad. der Med. Wiss. der UdSSR; russ.) — Bei Hunden kam es nach Totalröntgenbestrahlung (600 r) mit der Entw. des hämorrhag. Syndroms zur Störung der *Thromboplastin*-Bldg.: nach 5—10 Tagen zur Verlängerung der Blutgerinnungszeit bis zu 12 Min. (normal 3—5 Min.), nach 7—15 Tagen zur Erhöhung der freien *Heparin*-Zeit bis zu 46 Sek. (normal 10—20 Sek.), Verlängerung der *Thrombin*-Zeit bis zu 2 Min. (normal 30—40 Sek.), nach 2—3 Tagen zur geringen Thrombocytose, nach 10—15 Tagen zur Thrombopenie bis zu 0—7‰, Verringerung des Geh. an *Thromboplastin* bis zu 15—20%, der Aktivität der Thrombocytokinase u. der Retraktionsfähigkeit des Blutes. Der Geh. an *Fibrinogen* u. die *Prothrombin*-Zeit im Plasma waren normal. I. v. Kloch-Kornitz. 4574□

Die Veränderungen einiger Eigenschaften des Fibrinogens bei Strahlenkrankheit. K. W. Gordejewa, K. Ss. Kossjakow, L. M. Pawlowa und L. W. Popel. (Probleme Hämatol. Blutübertrag. [UdSSR] **5,** Nr. 9, 11—15, Sept. 1960; Militär-Med. Kirow-Akad.; russ.) — Unterss. des *Fibrinogens* (I) von Hunden zeigten bei Strahlenkrankheit (500 r) normalen isoelektr. Punkt (pH 5,18—5,28 im Phosphatpuffer), normale Farbbindungsfähigkeit (Neococcin), Abfall der Extinktionskurve im UV-Licht auf 260—270 mμ (Konz. 0,1%), Verlängerung der Gerinnungszeit u. Erhöhung der Sedimentations-Geschw. des aus dem Blutplasma mit Hilfe von $(NH_4)_2SO_4$ gefällten I. I. v. Kloch-Kornitz. 4574□

Untersuchung der Kennzahlen des Blutgerinnungssystems bei Blutspenden in Abhängigkeit von der Menge des abgegebenen Blutes. M. M. Abdullajew. (Probleme Hämatol. Blutübertrag. [UdSSR] **5,** Nr. 9, 46—49, Sept. 1960; Aserbaidshan. Wiss. Inst. für Hämatolog. u. Bluttransfusionen, Labor. zur Erforschung der Blutgerinnung.; russ.) — Bei Blutspendern war nach häufigen Spenden (mehr als 20—30) durch die Stimulierung der hämopoet. Organe die Blutgerinnungs- u. Blutungszeit verkürzt, der Thrombocyten-Geh. erhöht, die Recalzifizierung beschleunigt u. der *Prothrombin*-Verbrauch erhöht. Der erhöhte Geh. an Thrombocyten empfiehlt das Blut zur Gewinnung konz. Thrombocytenmasse u. Erlangung von Hämostase. I. v. Kloch-Kornitz. 4574□

Über den Mechanismus der Kobaltwirkung auf die Retraktion des Blutgerinnsels. M. M. Kitschina. (Probleme Hämatol. Blutübertrag. [UdSSR] **5,** Nr. 9, 56—57, Sept. 1960; russ.) — In Verss. in vivo mit Kaninchen u. in vitro hob Zusatz von 60 mg bzw. 0,2 mg *Cystein* (I) zur Co-Injektion (2 mg/kg subkutan bzw. 0,2 mg/3 cm³ Blut) die durch die Blockade bzw. Verringerung der Sulfhydrylgruppen hervorgerufene verringernde Wrkg. des Co (auf 64,4 bzw. 45,44%) u. des I (in vitro auf 84%) auf den Retraktions-Index des Blutes auf u. erhöhte ihn nach 24 Std. auf 106,82 bzw. 109,1%. I. v. Kloch-Kornitz. 4574□

Zur Frage der Fibrinolyse. L. D. Orlowa. (Probleme Hämatol. Blutübertrag. [UdSSR] **5,** Nr. 9, 15—23, Sept. 1960; Minist. für Gesundheitswesen der UdSSR, Zentr. Inst. für Hämatolog. u. Bluttransfusionen, Hämatolog. Klinik; russ.) — Zur Therapie der akuten u. chron. Fibrinolyse, die als Begleiterscheinung verschiedener Erkrankungen durch akute oder chron. Vermehrung des *Fibrinolysins* im Blut auftritt u. die neben Unterss. des Geh. an *Fibrinogen*, Thrombocyten u. dem *Prothrombin*-Index in zwei beschriebenen Meth. untersucht wurde, werden Gaben von 2—8 g *Fibrinogen* u. bes. bei Leukämien neben der Grundtherapie Transfusionen von 450—500 cm³ frischem *Citrat*-Vollblut oder 200—300 cm³ Plasma empfohlen. I. v. Kloch-Kornitz. 4574□

Thrombelastographische Untersuchung der durch verschiedene Proteasen aktivierten Fibrinolyse im Plasma von Kaninchen. D. Quivy. (Arch. int. Pharmacodynam. Thérap. **131,** 455—66, 1961; Paris, Univ., Fac. de Méd., Labor. de Physiol.; franz.) — Thrombelastograph. Unterss. am Kaninchenplasma ergaben eine Verkürzung der Latenzzeit r u. der Gerinnungszeit k in Ggw. von *Trypsin* (I) u. *Cerastesgift* (II). Die Elastizität des Gerinnsels wird durch I oder *Streptokinase* (III) stark verringert. Eine deutliche Fibrinolyse besteht in Ggw. von I, II, III u. *Thrombin.* K. Zingraf. 4574□

Choleretische Eigenschaften einiger den Prothrombinspiegel senkender, gerinnungshemmender Substanzen. Darius Molho, Louis Fontaine und Maryse Belleville. (C. R. hebd. Séances Acad. Sci. **252,** 336—38, 9/1. 1961; Paris, Muséum d'Hist. nat., Labor. de Chim.; Lyon, Univ., Fac. de Méd. et Pharm., Labor. de Pharm. chim. et Pharmacol.; franz.) — Einige den Prothrombinspiegel senkende, gerinnungshemmende Mittel, wie *p-Methoxyphenyl-2-indandion-(1.3)*, *p-Bromphenyl-2-indandion-(1.3)*, *Dicumarol*, *Syntron* usw., nicht jedoch *Heparin* u. *Vitamin* K_1, besitzen bei der Ratte eine choleret. Wrkg., die stärker ist als die von *Dehydrocholsäure.* K. Zingraf. 4574□

Neuer Typ der Antithrombosewirkung eines Monoaminoxydasehemmstoffes bei experimenteller Thrombose. Takio Shimamoto und Tsutomu Fujita. (Proc. Japan Acad. **37,** 105—10, Febr. 1961; Tokyo, Tokyo Med. and Dental Univ., Dep. of Clin. Physiol. and Med.; engl.) — *Nialamid* beseitigte experimentelle Thrombosen in den Ohrarterien u. -venen von Kaninchen, besaß jedoch keinen Einfl. auf die extravasculäre Blutgerinnung. K. Zingraf. 4574□

Kryoglobulinämie. Beschreibung der Therapie eines Falles, basierend auf ungewöhnlichen Eigenschaften des Kryoproteins. Robert D. Koler, Demetrios A. Rigas, Arthur J. Seaman, Bernard Pirofsky und Roy L. Swank. (Amer. J. Med. **29,** 857—64, Nov. 1960; Portland, Oreg., Univ. of Oregon, Med. School, Div. of Exp. Med. and Neurol.; engl.) — Die durch die Gel-Bldg. des *Kryoglobulins* eines Patienten entstehende Störung des Gerinnungsmechanismus, der Blutviscosität (Steigerung) u. der peripheren Zirkulation (Verlangsamung) konnte durch eine Verhütung der Bldg. von H-Bindungen, die ursächlich beteiligt zu sein schien, mit Hilfe von $6 \cdot 10^{-3}$ m *Lysin* beseitigt werden. Das Kryoprotein, immunolog. als γ-Globulin identifiziert, wies eine Umsatzzeit von 18,8 Tagen auf. Bei negativer N-Bilanz kam es zur Verringerung der Kryoglobulin-Konzentration. Durch Plasmaphorese konnte seine Konz. von 9,5 auf 4—5 g/100 ml bei gleichzeitigem Rückgang der klin. u. Labor.-Befunde vermindert werden. U. Tausendfreund. 4574□

Der gegenwärtige Stand der Frage der Blutersatzmittel. A. N. Filatow. (Sowjet-Med. [UdSSR] **24,** Nr. 12, 74—81, Dez. 1960; russ., Auszug: engl.) — Übersicht. — 20 Literaturangaben. I. v. Kloch-Kornitz. 4576□

Der Zusammenhang zwischen Dextranschwellung und Serotoninfreisetzung. K. Mörsdorf. (Med. exp. [Basel] **4,** 345—48, 1961; Bonn, Friedrich-Wilhelm-Univ. Pharmakol. Inst.; dt.) — Die durch subplantar in die Hinterpfoten von Ratten injiziertes Dextran auftretende Ödem-Bldg. u. *Serotonin* (**I**)-Freisetzung sind korreliert. Eine **I**-Verarmung tritt nur auf, wenn die ödematösen Veränderungen ein bestimmtes Ausmaß erreichen. Die **I**-Freisetzung ist nicht Ursache, sondern Folge der Schwellung. P. Gregorzewski. 4576□

Bestimmung von Neuramin-(Sial-)säure, Glucose und Fructose in der Spinalflüssigkeit. Nicholas M. Papadopoulos und Walter C. Hess. (Arch. Biochem. Biophysics **88,** 167—71, Mai 1960; Washington, D.C.; Georgetown Univ. Schools of Med. and Dentistry, Dep. of Biol. Chem.; engl.) — Vff. beschreiben Best.-Meth. für *Neuraminsäure* (**I**), *Glucose* (**II**) u. *Fructose* (**III**) in der Spinalflüssigkeit. Zuerst wird der Orcintest durchgeführt. Durch ihn werden **I, II** u. **III** angefärbt, danach erfolgt **III**-Best. mit Resorcin u. **II**-Best. mit Glucoseoxydase. Die aus dem **II**- u. **III**-Geh. berechneten Extinktionswerte werden von dem aus dem Orcintest erhaltenen Wert abgezogen. Der erhaltene Restwert stellt den **I**-Geh. dar. Eine Meth. zur Best. der gebundenen u. freien **I** wird angegeben. Die Meth. werden mit anderen verglichen u. erhaltene Werte aus der Spinalflüssigkeit werden gegeben. W. Hiller. 4578□

Alkalische Phosphatase-Aktivität in den Gelenkflüssigkeiten des Menschen. U. Quatrini und G. Salomone. (Boll. Soc. ital. Biol. sperim. **37,** 41—43, 31/1. 1961; Palermo, Univ., Ist. di Fisiol. Umana; ital.) — Es wird die Aktivität der *alkal. Phosphatase* (**I**) im Extrakt der patholog. Kniegelenk-Fl. von 49 Personen untersucht. Im Vgl. zu den in Gelenk-Fl. bei Entzündungen erhaltenen **I**-Werten sind die traumat. Fll. um 11,1 u. die degenerativen um 18,4% in ihrer **I**-Aktivität erhöht; sie ist jedoch allg. gleich der im Blutserum. F. Kren. 4578□

Die Zusammensetzung der Endolymphe, Perilymphe und anderer Körperflüssigkeiten von Elasmobranchiern. R. W. Murray und W. T. W. Potts. (Comparat. Biochem. Physiol. **2,** 65—75, Jan. 1961; Birmingham, Univ. of Birmingham, Dep. of Zool. and Comp. Physiol.; engl.) — Bei *Raja clavata* enthielt die Perilymphe (in mm/kg W.) Na 281, K 3,54, Cl 321, *Harnstoff* (**I**) 447, die Endolymphe Na 295, K 63,4, Cl 391, **I** 381 u. Gallerte aus der Lorenzinischen Ampulle Na 443, K 12,5, Cl 581 u. **I** 74,8. K. Zingraf. 4578□

Fraktionierung von Proteinfraktionen von Ascaris lumbricoides (Schweinestamm) nach Abtrennung durch Elektrophorese mit Ammoniumsulfat und Ultrazentrifugenuntersuchung von Ascarisprotein. Yasuo Shimo. (Folia pharmacol. japon. **57,** 393—98, 20/7. 1961; Tokyo, Juntendo Univ., School of Med., Dep. of Pharmacol.; jap., Auszug: engl. S. 25.) — Durch Papierelektrophorese aus der Perienteralfl. von *Ascaris lumbricoides* isolierte Proteinfraktionen wurden durch $(NH_4)_2SO_4$ ausgesalzen. Aussalzungsbereiche [in g $(NH_4)_2SO_4$/100 ml]: γ-Globulin 16—33, β_1-Globulin 24—28, α_2-Globulin 30—45, Albumin (**I**) >34, Hämoglobin 32—38. Das Sedimentationsdiagramm zeigte 2 Maxima (7,8 s Globulin, 1,6 s **I**). K. Zingraf. 4578□

Einfluß der Nahrung mit erhöhtem Gehalt an Kochsalz beziehungsweise an Kochsalz und Zucker (Saccharose) auf den Blutdruck bei Ratten verschiedenen Alters. 2. Mitt. A. Chranowa. (Bull. Inst. Physiol., Acad. Sci. Bulg. **5,** 119—32, 1962; bulg., Auszug: franz.) — 1. vgl. Bull. Inst. Physiol., Acad. Sci. Bulg. **3,** 55, 1960; vgl. auch C. **1961,** 15099. — Verss. mit 90 ♀ Ratten im Alter von 3, 6 u. 24 Monaten ergaben, daß bei erhöhtem Geh. der Nahrung an *NaCl* der Blutdruck steigt, am schnellsten bei den ältesten Ratten. Der Grad der Erhöhung ist dem Alter proportional. Bei erhöhtem Geh. an *Zucker* sinkt der Blutdruck, am schnellsten u. am stärksten bei den ältesten Ratten. G. Wesirow. 4585

Wirkung von zugegebenem Casein auf den kropfbildenden Effekt verschiedener Sojagehalte in der Nahrung. Frederic W. Nordsiek. (Proc. Soc. exp. Biol. Med. **110,** 417—20, Juli 1962; New York City, N. Y., Columbia Univ., Inst. of Nutrition Sci.; engl.) — Ratten, die eine Diät mit 60% Soja erhielten, hatten Schilddrüsen mit höherem Frisch- u. Trockengew. im Vgl. zu normal ernährten Tieren. Bei einer 35% Soja enthaltenden Diät war nur das Trockengew. erhöht, der J-Geh. zeigte höhere Werte im Vgl. zu Normaltieren. Zusatz von 15—17% Caseinhydrolysat zur Sojadiät führte zu einer Zunahme des Körper-Gew. u. beseitigte den Einfl. von Sojabohnen auf die Schilddrüse. W. Hiller. 4585◇

Serumcholesterinuntersuchungen an Kindern. Ein Vergleich von Kindern, die mit Brustmilch, kondensierter Milch oder mit bestimmten Milchpräparaten ernährt wurden. Julius Pomeranze. (Amer. J. clin. Nutrit. **9,** 570—72, Sept./Okt. 1961; New York, N.Y., New York Med. Coll., Dep. of Pediatrics; Flower and Fifth Avenue Hosp.; engl.) — Bei Neugeborenen wird 12 Wochen lang der Serum-*Cholesterin* (**I**)-Geh. verfolgt. Bei Brustkindern u. solchen, die mit kondensierter Milch ernährt werden, erreicht der **I**-Geh. nach kurzer Zeit den Maximalwert von 172—187 mg/100 ml. Kinder, die mit einer isocalor. Diät, die reich an Maisöl ist, ernährt werden, zeigen nur 127 mg/100 ml; der **I**-Geh. dieser Kinder erreicht aber sehr schnell den Wert der anderen, wenn ihrer Diät Getreide, Fleisch u. Gemüse zugesetzt werden. P. Gregorzewski. 4585◇

Über die Quantität und Qualität der von Japanern verzehrten Fette und Öle. 2. Mitt. **Fettaufnahme der Patienten mit Hypertension.** S. Isobe und S. Nagamine. (Jap. J. Nutrit. **20,** 135—38, Juli 1962; Nat. Inst. of Nutrition, Div. of Surveys and Statistics; jap., Auszug: engl.) — Die Patienten mit Hypertension verzehrten täglich 32,5 g Fett, sie lagen damit über dem japan. Durchschnitt. Die Fettcalorien betrugen 17,3% der Gesamtcalorien. Von den aufgenommenen reinen Fetten u. Ölen machten die gesätt. Fettsäuren (*Palmitin-*, *Stearinsäure*) 26% aus, die ungesätt. Fettsäuren (*Öl-*, *Linol-*, *Linolensäure*) 22%. W. Hiller. 4585□

Wirkungen der Linolen- und Stearinsäure auf die cholesterinbedingte Lipoid-Ablagerung in Aortazellen des Menschen in Gewebekulturen. David D. Rutstein, Estelle Fasolino Ingenito, John M. Craig und Marcello Martinelli (Lancet **1958(I),** 545—52, 15/3.; Boston, Mass., Harvard Univ. Med. School, Dep. of Preventive Med. and Pathol.; Children's Med. Center, Dep. of Pathology; engl.) — Die Verss. wurden in einer bes. entwickelten Kultur in Ggw. von menschlichem Blutserum vorgenommen. Bei Zugabe reinen, in A. gelösten *Cholesterins* (**I**) wächst die Lipoid-Ablagerung proportional dem zugefügten **I**. 1 mg **I** pro 100 ml erzeugt nur ganz geringe Effekte, bei 3 bzw. 5 mg **I** nehmen die intracellulären Ablagerungen eindeutig zu, wobei sich auch die Zellen außerordentlich vergrößern. Ein gleichartiger Effekt wird beobachtet, wenn **I** an β-Lipoprotein gebunden u. der Kultur in dieser Form zugegeben wird. Beide Effekte verschwinden spätestens nach 5 Tagen, sobald das das **I** enthaltende Medium durch ein normales ersetzt ist. Wird jedoch mit **I** zugleich entweder *Linolensäure* (**II**) oder *Stearinsäure* (**III**) (jeweils 1 mg/100 ml) hinzugefügt, so tritt mit **II** völlige Löschung, mit **III** umgekehrt eine Verstärkung des **I**-bedingten Ablagerungsprozesses ein. Die unterschiedliche Wrkg. wird auf den ungesätt. bzw. gesätt. Charakter der beiden Fettsäuren zurückgeführt. R. Klockmann. 4585◇

Einfluß verschiedener Lipide auf das menschliche Serumcholesterin. 5. Mitt. **Die Wirkung von Reisöl.** S. Suzuki, T. Tezuka, S. Kajiwara und T. Kuga. (Jap. J. Nutrit. **20,** 139—41, Juli 1962; Nat. Inst. of Nutrition; jap., Auszug: engl.) — 4. vgl. C. **1962,** 11628. — Pflanzenöle erhöhen im allg. den *Cholesterin*-Geh. des Serums. Safflor-, Mais- u. Sonnenblumenöl senken den Gehalt. Reisöl zeigt den stärksten senkenden Effekt. Diese Wrkg. kann auf die unverseifbaren Eigg. des Reisöls zurückgeführt werden. Der *Linolensäure*-Geh. des Reisöls beträgt nur 36%. Die den Cholesterin-Geh. senkende Wrkg. des Reisöls ist abhängig von den Meth. der Raffination. W. Hiller. 4585□

Quantitative Aspekte des Cholesterinflusses bei der Kaninchen-Atheromatosis. H. A. I. Newman und D. B. Zilversmit. (J. biol. Chemistry **237,** 2078—84, Juli 1962; Memphis, Tenn., Univ., Dep. of Physiol.; engl.) — Quant. Unterss. über die Dynamik der *Cholesterin* (**I**)-Akkumulation an 8 Wochen alten Kaninchen ergaben, daß bei 21—87tägiger Verfütterung einer Diät mit 1% **I**, das $^{14}C_{(4)}$-**I** enthielt, das Plasma-**I** die Hauptquelle des **I** in der atheromatösen Aorta ist. Der **I**-Einfl. in das intimale Atherom ist bei Verfütterung einer Diät mit 0,2% I niedriger als bei Verabreichung von 1% I. Bei Atheromatosis strömen größere Mengen I in das Atherom. Tiere mit einer höheren I-Serum-Konz. zeigen eine höhere Einfl.-Geschw. des I als solche mit einem niedrigem I-Spiegel. Wurden die Tiere längere Zeit auf einer I-Diät gehalten, so zeigten sich jedoch bei gleichem Serum-I-Geh. höhere Einfl.-Geschw. des I als bei Tieren, die I in kürzeren Intervallen erhielten. Entsprechend der Plasma-I-Konz. strömt freies I wesentlich rascher in die Intima als I-Ester. B. Görlich. 4585◇

Eine Laboratoriumsuntersuchung über die Wirkung des Bakteriostaticums Trithiadol auf das Wachstum von Küken. Aaron Arnold und Frederick Coulston. (Toxicol. appl. Pharmacol. **1**, 475—86, Sept. 1959; Rensselaer, N.Y., Sterling-Winthrop Res. Inst., Sect. of Biochem. and of Exp. Pathol. and Toxicol.; engl.) — Küken erhalten 9 Wochen lang eine Diät mit 0,1% *Trithiadol* (I, eine Kombination aus *2.2'-Dihydroxy-3.3'.5.5'-tetrachlordiphenylsulfid* u. *1.2-Dihydro-1-[4-methylmercaptophenyl]-2.2-dimethyl-4.6-diamino-1.3.5-triazinhydrochlorid* im Verhältnis 5:1) oder ein Futter mit 0,0125% *Nicarbazin* (II, Komplex aus *4.4'-Dinitrocarbanilid* u. *2-Hydroxy-4.6-dimethylpyrimidin.* I beeinflußt die Gew.-Zunahme nicht, dagegen verringert II den Zuwachs. P. Gregorzewski. 4585□

Veränderungen des Thiamingehaltes im Gewebe von Ratten, die durch Trypanosomen oder Plasmodien experimentell infiziert wurden. Ira Singer. (Exp. Parasitology **11**, 391—401, Nov. 1961; N.Y., Rockefeller Inst., School of Medicine and Dentistry, Dep. of Microbiol. and Tropical Medicine, Georgetown Univ.; engl.) — ♀ Ratten wurden im Alter von 30—41 Tagen bzw. 131—143 Tagen mit *Plasmodium berghei* bzw. *Trypanosoma rhodesiense* infiziert. Die Tiere wurden nach 4, 8, 12 oder 16 Tagen bzw. 1, 2, 3 oder 4 Tagen getötet u. in Blut, Leber, Gehirn u. Niere der Geh. an *Thiamin* (I) ermittelt u. mit dem in nichtinfizierten Tieren verglichen. Bei einer Infektion mit Pl. berghei findet man nur im Gehirn eine wesentliche Erhöhung der I-Konz., bei einer Infektion mit T. rhodesiense steigt der I-Geh. in der Leber der jüngeren Tiere an, nur am 4. Tag nach der Infektion ist die I-Konz. im Gehirn erhöht. In der Niere nimmt bei beiden Gruppen die I-Konz. nach der Infektion laufend ab. Bei Tieren, die mit einem I-Mangelfutter ernährt wurden, konnten hinsichtlich des I-Geh. der Organe ähnliche Beobachtungen wie bei normal ernährten Tieren gemacht werden. M. Lorenz. 4587□

Untersuchung der photodynamischen Wirkung von Riboflavin auf Bakterien. J. Dony und B. L'Hoest. (J. Pharmac. Belgique [N. S.] **15**(42), 105—17, März/April 1960; Assoc. Pharmaceut. Belge, Service de Contrôle des Médicaments; franz.) — *Riboflavin* (I) besitzt eine direkte photodynam. Wrkg. auf lebende Bakterienzellen, wie *Klebsiella pneumoniae* u. *Staphylococcus aureus.* Die Wrkg. ist im sichtbaren Spektralbereich nicht zu vernachlässigen. Unter bestimmten Bedingungen verhält sich I wie ein „Desinfizienz". Die I-Wrkg. auf Bakterien ist vermutlich indirekter Natur u. ist photochem. Effekten auf Komponenten des Kulturmediums zuzuschreiben. Bei den gebräuchlichen mikrobiolog. Best. ist nicht mit Störungen durch eine photochem. I-Wrkg. zu rechnen. Unter den Vers.-Bedingungen schützte I *K. pneumoniae* gegen die Wrkg. von UV-Strahlung. K. Maier. 4587□

Auf Pyridoxin reagierende Anämie. Spencer O. Raab, Arthur Haut, George E. Cartwright und Maxwell M. Wintrobe. (Blood **18**, 285—302, Sept. 1961; Salt Lake City, Utah, Univ of Utah, Coll. of Med., Dep. of Med.; engl.) — Durch 25—50 mg *Pyridoxin*/Tag, peroral, konnte in 2 Fällen mit hypochromer Microcytenanämie u. gleichzeitiger Hyperferrämie sowie Hämosiderose eine hämatolog. Remission erzielt werden. Bierhefe, Leberextrakt, EDTA, Äthinylöstradiol, Pantothensäure, Pyridoxal, Pyridoxamin, Ascorbinsäure, Niacin, Riboflavin, Glutaminsäure u. Tryptophan waren wirkungslos. U. Tausendfreund. 4587□

Anwendung von Vitamin B_6 bei chronischer Intoxikation durch Benzol. L. A. Sorina. (Probleme Hämatol. Blutübertrag. [UdSSR] **5**, Nr. 9, 31—34, Sept. 1960; Akad. der med. Wiss. der UdSSR, Inst. für Arbeitshygiene u. Prophylaxe, Klin. Abt.; russ.) — Unterss. von 32 Kranken mit chron. *Benzol*-Intoxikation zeigten nach Therapie mit *Vitamin* B_6 (I; 50—300 mg i.m. oder i.v. täglich) Normalisierung der Leuko- u. Neutropenie (bei 9 Kranken) u. des Differentialblutbildes u. Besserung der asthenovegetativen Symptome. Bei 11 Patienten mit schwerem chron. Krankheitsverlauf (1—3 Jahre) war I-Therapie erfolglos. I. v. Kloch-Kornitz. 4587□

Nicotinsäure und Perspiration insensibilis. A. Janni. (Boll. Soc. ital. Biol. sperim. **37**, 81—84, 31/1. 1961; Messina, Univ., Ist. di Patol. Spec. Med. e Metodol. Clin.; ital.) — Es wird die Perspiratio insensibilis von Stirn, Vorderarm u. Beinen vor u. nach i.v. Verabfolgung von 90 mg *Nicotinsäure* gemessen. Allg. ergibt sich durch Nicotinsäure eine Zunahme der Perspiration, die weitgehend mit der hyperäm. Rk. der geprüften Hautsegmente korreliert ist. F. Kren. 4587□

Anwendung von Nicotinsäure bei Kranken mit Coronaratherosklerose. Juli Popa. (Therap. Arch. [UdSSR] **33**, Nr. 2, 49—54, Febr. 1961; Moskau, Med. Pirogow-Inst., Therapeut. Hosp.-Klin.; russ., Auszug: engl.) — Bei 50 Kranken mit Coronaratherosklerose ohne Stauungserscheinungen im großen Kreislauf u. der Leber war Therapie mit *Nicotinsäure* (0,1—1 g 3mal täglich in wachsender Dosierung, 20 Tage) gut verträglich u. führte zur Verringerung des erhöhten Geh. an *Cholesterin* (I) um 29%. Verringerung der I-*Ester*, des freien I, Vermehrung oder Verminderung des Geh. an *Phospholipiden*, Verringerung der *β-Lipoproteide*, Vermehrung der *Albumine* u. Verringerung der *β-Globuline* u. zur klin. Besserung. I. v. Kloch-Kornitz. 4587◇

Spezifische Funktionen von Vitamin B_{12} im Stoffwechsel. M. S. Netrawali, D. S. Pradhan und A. Sreenivasan. (J. sci. ind. Res. [New Delhi], Sect. A **20**, 513, Sept. 1961; Mysore, Central Food Techn. Res. Inst.; engl.) — Übersicht; Sulfhydryl-Stoffwechsel, Methylgruppenstoffwechsel u. C_1-Übertragung, Methionin-Synth. in Mikroorganismen, Nucleinsäure-Synth., Beteiligung am Proteinstoffwechsel, Coenzymfunktionen u. verschiedene Einflüsse. — 154 Literaturangaben. P. Gregorzewski. 4587◇

Die Anwendung radioaktiven Vitamins B_{12} in der klinischen Diagnose. R. Gräsbeck. (Int. Z. Vitaminforsch. **31**, 390—91, 1961; Helsingfors, Maria Hospital, Labor. Dep.; engl.) — Kurze Übersicht. K. Maier. 4587□

Vitamin-B_{12}-Aktivität in Serum und Leber bei Ratten nach Totalgastrektomie. Maureen A. Booth und G. H. Spray. (Brit. J. Haematol. **6**, 288—95, Juli 1960; Univ. of Oxford, Nuffield Dep. of Clin. Med.; engl.) — Rattenserum enthält eine in Ggw. von Alkali hitzelabile u. eine stabile Fraktion mit *Vitamin-B_{12}* (I)-Aktivität für *Lactobacillus leichmannii*. Die erste, anscheinend die echte I-Aktivität des Serums, zeigt 2—4 Wochen nach Gastrektomie einen rapiden Abfall, ebenfalls nimmt I in der Leber allmählich ab. Diese Beobachtung zeigt, daß die I-Konz. im Serum keinen direkten Einfl. auf die I-Vorräte des Körpers hat. P. Gregorzewski. 4587□

Die Bestimmung der Ascorbinsäure (Vitamin C) durch Bromat — eine amperometrische Methode. Bharat R. Sant und Anil K. Mukherji. (Current Sci. **28**, 16—17, Jan. 1959; Baton Rouge, La., Louisiana State Univ., Coates Chem. Labor.; engl.) — *Ascorbinsäure* (I) kann mit Hilfe von Bromat nach $HBrO_3 + C_6H_8O_6 + 4H^+ \rightarrow HBr + C_6H_6O_6 + 3H_2O$ bestimmt werden. Bei normalen I-Geh. kann p-Äthoxychrysoidin als reversibler Indicator benutzt werden. Geringe I-Konzz. bis herab zu 0,1 mg per 100 ml können durch amperometr. Endpunkt-Best. ermittelt werden. W. Hiller. 4587□

Die Aktivität der Arginase der Leber bei Mangel an Biotin. A. M. Giuffrida. (Boll. Soc. ital. Biol. sperim. **38**, 527—30, 15/6. 1962; Catania, Univ., Ist. di Chim. biol.; ital.) — Es wird die Aktivität der *Arginase* der Leber von Albinoratten bestimmt, die normale Diät in beschränkter Menge u. solche ohne *Biotin* erhielten. Nur bei einem Futter ohne Biotin wird eine Abnahme der Arginase-Aktivität um 6% beobachtet. F. Kren. 4587□

Der Darm-Resorptionskoeffizient von p-Aminohippursäure beim Menschen und bei einigen Laboratoriumstieren. G. Colalongo und G. Dedola. (Boll. Soc. ital. Biol. sperim. **37**, 55—57, 31/1. 1961; Bologna, Univ., Ist. di Farmacol. e Terap. Speriment; ital.) — Der Resorptions-Koeff. wird bei Mensch, Kaninchen u. Ratte bestimmt, wobei 6 bzw. je 20 g *p-Aminohippursäure* (*Na-Salz*) verabfolgt werden. Es zeigt sich, daß bei den Tieren die Resorptionsdauer viel kürzer ist u. die Resorptionswerte in den ersten Minuten rasch ansteigen u. ebenso rasch wieder abfallen, während sie beim Menschen ein Plateau mit langsamen Anstieg bilden. F. Kren. 4594□

Wirkung des Penicillins auf den Resorptions-Koeffizienten beim Menschen und bei der Albinoratte. G. Colalongo und G. Dedola. (Boll. Soc. ital. Biol. sperim. **37**, 58—60, 31/1. 1961; Bologna, Univ., Ist. di Farmacol. e Terap. Speriment; ital.) — Vgl. vorst. Referat. — Bei 10 Patienten wird untersucht, ob Penicillin (10 Tage lang parenteral 1000000 E.) den Resorptions-Koeff. von *p-Aminohippursäure* beeinflußt. Es zeigt sich, daß der Resorptions-Koeff. gegenüber normalen Personen om 25,74% verringert ist; bei Albinoratten sind es 21,71%. F. Kren. 4594□

Vergleichende Untersuchung von vier Methoden, den Stoffwechsel-Umsatz von Ratten auszudrücken. C. C. Chiu und A. C. L. Hsieh. (J. Physiology **150**, 694—706, März 1960; Hongkong, Univ. of Hongkong, Dep. of Physiol.; engl.) — Um fehlerhafte Vers.-Auswertung zu vermeiden, berechneten Vff. den Stoffwechselumsatz von Ratten auf 4 verschiedene Arten, indem sie den O_2-Verbrauch 1. als abs. Wert angaben, 2. auf das Körper-Gew. (kg) bezogen, 3. ihn als sog. Stoffwechselgröße als ml/kg$^{2/3}$ oder ml/kg$^{3/4}$ ausdrückten oder 4. auf die Körperoberfläche bezogen. Die Berechnung auf Körper-Gew. versagte bei heranwachsenden Tieren, im Hungerzustand oder bei Hitzebelastung. Vff. diskutierten die günstigsten Anwendungsmöglichkeiten. S. Hothorn. 4595□

Untersuchung des austauschbaren Calciums der Mineralsubstanz des Knochens mit Hilfe von ^{45}Ca. 6. Mitt. Prozentsatz des scheinbaren Austausches und Umsätze im wässerigen und alkoholischen Milieu. Léon Richelle. (Bull. Soc. Chim. biol. **42,** 1125—38, 1960; Liège, Univ. de Liège, Inst. de Thérap. Exp.; franz.) — 5. vgl. C. **1961,** 561. —Mit der Isotopen-Meth. wird die Ca-Aufnahme aus wss. bzw. alkohol. Lsgg. in unterschiedlich vorbehandelte Knochenproben untersucht. Dabei werden folgende Vorgänge im Gesamtablauf der ^{45}Ca-Aufnahme untersucht: Therm. Diffusion des an der Oberfläche befindlichen Isotopen in das Innere des Kristallgerüsts — Umkristallisation als „Alterungs"- oder „Reifungs"-Prozeß-Austausch-Rk. — Vorgänge, die sich an demineralisierten Proben abspielen, wenn die Demineralisation unter Fernhalten von W. vorgenommen wird. Unter diesen Bedingungen wird beim ersten Kontakt mit W. eine zusätzliche Menge des Isotopen aufgenommen. Dieser Vorgang entspricht einer chem. Rk., vielleicht einer Neutralisation von Phosphatgruppen, die bei der Demineralisation freigesetzt werden, im intakten Knochengewebe aber abgebunden sind.
H. Aman. 4596□

Geschwindigkeit der Acetatverwertung beim Wiederkäuer. H. W. Essig, H. W. Norton und B. Connor Johnson. (Proc. Soc. exp. Biol. Med. **108,** 194—97, Okt. 1961; Urbana, Univ. of Illinois, Dep. of Animal Sci.; engl.) — Bei 1 jährigen Lämmern verschwand $^{14}C_{(1)}$-*Acetat* (I) sehr rasch aus dem Blut (Halbwertszeit ca. 2,1 Min.; Umsetzungs-Geschw. der Gesamtmenge im Körper ca. 3 Min.), es dauerte aber über eine Std., bis 50% aus der Ausatemluft in Form von $^{14}CO_2$ zurückgewonnen werden konnten. Das deutet auf die Bldg. von Intermediärverbb., die viel langsamer umgesetzt werden als I des Körpers. K. Zingraf. 4596□

Die angeborenen Anomalien des Fructose-Stoffwechsels. K. Schreier. (Dtsch. med. Wschr. **85,** 1733—34, 23/9. 1960; Heidelberg, Univ., Kinderklinik-Luisenheilanstalt; dt.) — Übersicht über bisher beschriebene Fälle der seit einigen Jahren bekannten hereditären *Fructose*-Intoleranz, die der Galaktoseintoleranz ähnelt, mit jedoch foudroyanterem Erscheinungsbild; vermutlich liegt genet. bedingte Störung der *Fructokinase*-Aktivität vor. — 18 Literaturangaben. U. Tausendfreund. 4596□

Untersuchung der Assimilation der stickstoffhaltigen Stoffe von Eiweißhydrolysaten durch den tierischen Organismus mit Hilfe der radioaktiven Isotopen. S. A. Tschaplygina. (Probleme Hämatol. Blutübertrag [UdSSR] **5,** Nr. 8, 35—41, Aug. 1960; Leningrad, Forsch.-Inst. für Bluttransfusionen, Labor. für Blutersatz; russ.) — Die Aufnahme von N-Prodd. des mit ^{35}S markierten Eiweißhydrolysates, das in vivo aus den Blutproteinen von Hunden hergestellt u. Hunden (259000—279000 Impulse/Min. täglich) oder Kaninchen i.v. oder subkutan injiziert wurde, führte bei experimenteller Hypoproteinämie (20—30 Tage Eiweißhunger) zur Vermehrung des Geh. an *Gesamt-N*, freiem *Amino-N* (I) u. *Harnstoff* im Harn u. zur Positivierung der negativen N-Bilanz, bei normalen Tieren zur stärkeren I-Ausscheidung u. geringeren positiven N-Bilanz. Unterss. der *Proteine* von Blut, Leber u. Muskeln der Kaninchen zeigten in der Leber die stärkste, in den Muskeln die schwächste Radioaktivität.
I. v. Kloch-Kornitz. 4596□

Untersuchungen über die Biosynthese des Carnitins. G. Lindstedt und S. Lindstedt. (Biochem. J. **84,** 84 P, Sept. 1962; Stockholm, Karolinska Inst., Dep. of Chem. I; engl.) — Ratten u. Mäuse erhalten verschiedene Verbb. intraperitoneal injiziert, danach werden der Urin u. der Trichloressigsäureextrakt des Kadavers chromatograph. analysiert. Wird $^{14}C_{(COOH)}$-*γ-Butyrobetain* (I) injiziert, so erscheinen 40% der Aktivität im Urin. Die Hälfte der Aktivität besteht aus *Carnitin* (II), die andere aus unverändertem I. Wird $^{14}C_{(COOH)}$-*γ-N.N-Dimethylaminobuttersäure* benutzt, so finden sich 0,1% u. bei $^{14}C_{(COOH)}$-*γ-Aminobuttersäure* 0% der Aktivität im **II**. Ebenfalls kein Einbau erfolgt bei Injektion von $^{14}C_{(COOH)}$-*γ-Amino-β-hydroxybuttersäure*, $^{14}C_{(2)}$-*Ornithin* u. $^{14}C_{(CNH_2)}$-*Homocarnosin*. W. Hiller. 4596□

Neue Fortschritte in der Erforschung des Stoffwechsels der Reismottenlarve (Corcyra cephalonica St.). P. R. Adiga und P. S. Sarma. (J. sci. ind. Res. [New Delhi], Sect. A **20,** 319—22, Juni 1961; Bangalore, Indian Inst. of Sci., Dep. of Biochem.; engl.) — Übersicht; Ernährungsgesichtspunkte, Vitamin- u. Lipidstoffwechsel, Stoffwechselzusammenhänge zwischen Aminosäuren u. Vitaminen, Stoffwechsel von Nicotinsäure, Nicotinamid, Thyroxin u. Spurenelementen. — 49 Literaturangaben.
P. Gregorzewski. 4596◇

5α-Cholestan-3β-ol: Seine Verteilung in Geweben und seine Synthese aus Cholesterin im Meerschweinchen. Harold Werbin, I. L. Chaikoff und Miles R. Imada. (J. biol. Chemistry **237,** 2072—77, Juli 1962; Berkeley, Calif., Univ., Dep. of Physiol.; engl.) — Vgl. C. **1963,** 6666. — Vff. bestimmten mittels der reverse-Isotopen–Deriv.-

Verdünnungs-Meth. von Henriques u. Margnetti [1946] den Geh. an mit Digitonin fällbaren *Nichtcholesterinsterinen* (I) in verschiedenen Geweben des Meerschweinchens. Das aus den Nebennieren isolierte krist. Steringemisch enthielt 23% I mit 16% *5α-Cholestan-3β-ol* [*Dihydrocholesterin* (II)], während in Leber, Blut u. Testes 4—12% I mit weniger als 3% II gefunden wurden. Die Isolierung der krist. Sterine aus den Geweben der Meerschweinchen, die mit $^{14}C_{(4)}$-*Cholesterin* (III) gefüttert wurden, erfolgte nach der Meth. von Werbin u. Chaikoff (l. c.). Aus der Leber der Meerschweinchen, die $^{3}H_2O$ erhielten, konnte ^{3}H-markiertes II isoliert werden. Aus der Best. des Verhältnisses $^{3}H : ^{14}C$ in den Sterinen der Nahrung u. in denen der verschiedenen Gewebe der Meerschweinchen, die mit einem Gemisch von III + ^{3}H–II gefüttert wurden, ergab sich, daß beim intakten Tier III in II überführt wird. B. Görlich. 4596◇

Rindermuskelproteine. 2. Mitt. Heterogenität in H-Meromyosin-Präparaten. Albert J. Fryar und Robert Gibbs. (Arch. Biochem. Biophysics **88**, 177—78, Mai 1960; Beltsville, Md., U. S. Dep. of Agric., Agric. Res. Serv.; Eastern Utilization Res. and Developm. Div.; Meat. Labor.; engl.) — Vff. präparierten von Rindermyosin nach der Meth. von Szent-Györgyi *L-Meromyosin* (I). I war in der Ultrazentrifuge homogen u. zeigte ähnliche Eigg. wie Kaninchen-I. Die in 0,0067m Phosphatpuffer lösl. Fraktion des Rindermyosins wurde weiter untersucht. Sie ergab bei der Sedimentation 2 Fraktionen, wobei die schnellere Fraktion 85% ausmachte. Die langsamere Komponente war lösl. in W. u. zeigte verstärkte Adenosintriphosphataseaktivität u. geringe Desaminaseaktivität. Vff. sind der Meinung, daß die langsame Komponente eine andere Form von H-Meromyosin oder ein drittes Prod. sein kann, das sich bei der vorausgehenden trypt. Spaltung gebildet hat. W. Hiller. 4597□

Die Unterscheidung von Myosinpräparaten, die aus verschiedenen Muskeltypen extrahiert wurden, auf der Basis ihrer antigenen Eigenschaften. Emil Varga, András Kövér, Tibor Kovács, István Jôkay und Tibor Szilágyi. (Arch. Biochem. Biophysics **88**, 179—80, Mai 1960; Univ. of Debrecen, Inst. of Pathophysiol.; Inst. of Physiol.; engl.) — Immunserum von Hähnen ergibt einen Nd. mit Myosin von 2 Tage alten Kaninchenmuskeln in großer Verdünnung, in weniger großer Verdünnung werden Ndd. mit Myosin von Regenwurm-, Muschel- u. Schneckenmuskel erhalten. Mit Katzenmuskelmyosin (Gastrocnemius- u. Soleusmuskel) wurden keine Ndd. erhalten. W. Hiller. 4597□

Die spektrophotometrische Untersuchung der Phosphorverbindungen bei der Kontraktion des intakten Muskels. N. Ss. Pantelejewa. (Fortschr. gegenwärt. Biol. [UdSSR] **53**, 289—305, Mai/Juni 1962; russ.) — Übersicht an Hand der Literatur. — 51 Literaturangaben. O. Lebtag. 4597△

Ionentransport und Ionenwirkung in der Muskelzelle. G. Rudolph. (Verh. dtsch. Ges. Kreislaufforsch. **27**, 93—113, 7.—9/4. 1961; Homburg, Univ. des Saarlandes, Physiol. Inst.; dt.) — Übersicht. — Über 120 Literaturangaben. H. Jordan. 4597□

Die Einflüsse adrenergischer Blockade auf den kationischen Austausch im kontrahierenden Muskel. Frank A. Sréter und Sydney M. Friedman. (J. Pharmacol. exp. Therapeut. **131**, 158—66, Febr. 1961; Vancouver, Univ. of British Columbia, Dep. of Anat.; engl.) — Bei der Reizung des Gastrocnemius bei Ratten nimmt innerhalb 1 Std. der intracelluläre *Na*-Geh. um 50 mVal/kg zu u. der *K*-Geh. ungefähr gleich stark ab. *Phenoxybenzamin* verringert die Kontraktilität u. den Kationenaustausch. P. Gregorzewski. 4597◇

Stoffwechsel, Energetik und regulatorische Mechanismen der Herzmuskelzelle. W. Lamprecht. (Verh. dtsch. Ges. Kreislaufforsch. **27**, 3—31, 7—9. April 1961; München, TH, Organ.-Chem. Inst.; Univ., 1. Med. Klin.; dt.) — Zusammenfassende Darstellung. — 42 Literaturangaben. H. Jordan. 4597□

Die Entstehung von Harnstoff im Myocard. F. Menne und E. Schlaak. (Verh. dtsch. Ges. Kreislaufforsch. **27**, 219—23, 7.—9. April 1961; Münster, Univ., Physiol.-Chem. Inst.; dt.) — Durchströmungs-Verss. an isolierten Rattenherzen zeigen, daß sich der *Harnstoff* (I) des Myocards größtenteils, aber nicht vollständig auswaschen läßt. Bei guter O_2-Versorgung vermag jedoch das Myocard selbst I zu bilden u. freizusetzen, nicht jedoch bei relativer Hypoxie. Bei Zusatz von NH_4Cl zur Perfusions-Krebs-Ringer-Lsg. war die I-Bldg. ebenso vermehrt; sie kommt ohne Mitwirkung von Citrullin oder Arginase zustande. Als I-Quelle können Purin- oder Pyrimidin-Derivv. sowie Kreatin in Frage kommen. H. Jordan. 4597□

Die Wirkung von ATP auf die Herzdynamik. W. Gebhardt. (Verh. dtsch. Ges. Kreislaufforsch. **27**, 197—207, 7.—9. April 1961; Frankfurt, Univ., Inst. für animal. Physiol.; dt.) — Am isolierten, spontanschlagenden Kaninchenherz wurde die hämodynam. Wrkg. von 10 mg *Adenosintriphosphorsäure* (ATP) bei Perfusion in Blut-Locke-Lsg. 1 : 100000, entsprechend ca. 70—100 mg ATP/100 g Herz-Gew. studiert. Es kommt zu einer Steigerung des Schlag-Vol., der Herzleistung, der Kontraktions-Geschw., der diastol. Dehnung u. bes. deutlich der Herzarbeit. Die Herzfrequenz nimmt ab. Das Coronar-Vol. erreicht sein Maximum später als das Min.-Vol. u. ist unter ATP vermindert. Es scheint eine direkte Wrkg. des ATP auf die Kontraktion des Herzmuskels vorzuliegen. H. Jordan. 4597 □

Über den Stoffwechsel des Herzens bei vermehrtem Milchsäureangebot. H. J. Hirche und W. Lochner. (Verh. dtsch. Ges. Kreislaufforsch. **27**, 207—12, 7.—9. April 1961; Düsseldorf, Med. Akad., Physiol. Inst.; dt.) — Verss. an narkotisierten Hunden zeigen, daß eine Dauerinfusion von *Milchsäure* (I) den Anteil derselben am O_2-Verbrauch des Herzmuskels mit einem Maximum von ca. 40% u. einer arteriellen I-Konz. von ca. 400—500 mg/Liter erhöht. Entsprechend werden die Glucose u. vor allem die unveresterten Fettsäuren vermindert verbraucht. Es ist wahrscheinlich, daß die während der I-Infusion nur zu 70% gedeckte Substratversorgung des Myocards durch zusätzlichen Verbrauch an Brenztraubensäure ausgeglichen wird. H. Jordan. 4597 □

Inotropismus des Herzens und Phosphorylase-a-Aktivität. I. Leusen und E. Lacroix. (Verh. dtsch. Ges. Kreislaufforsch. **27**, 265—70, 7.—9. April 1961; Gent, Univ., Physio-Pathol. Inst.; dt.) — Die *Phosphorylase-a*-Aktivität des isolierten Rattenherzens steigert sich unter Einw. positiv ino- oder chronotroper Substanzen, etwa *Isoproterenol* (I), *Noradrenalin* (II) oder *Tyramin* (III) u. bei künstlicher Frequenzerhöhung der Herzaktion (elektr. Stimuli oder Ca). Diese Steigerung entfällt bei Blockade der sympathicomimet. Amine, etwa von II durch das Dichlorderiv. von I oder von III durch *Reserpin* (IV). Andererseits läßt sich auch unter Dichlor-I oder unter IV eine Aktivitätserhöhung ohne wesentliche Zunahme der Inotropie erzielen, desgleichen eine Zunahme der totalen Phosphorylase nach IV-Einwirkung. Bei negativer Chronotropie (Abkühlung, Acetylcholin) war die Fermentaktivität unverändert. H. Jordan. 4597 □

Pharmakologische Beeinflussung von Elementarprozessen im Herzen. H. Lüllmann. (Verh. dtsch. Ges. Kreislaufforsch. **27**, 277—84, 7.—9. April 1961; Mainz, Univ., Pharmakol. Inst.; dt.) — Der Kontraktionsvorgang des Herzens setzt eine Reihe energiebeanspruchender Elementarprozesse voraus, die den Myocardstoffwechsel ihrerseits beeinflussen. Stoffwechsel u. Elementarprozesse müssen in ihrer Abhängigkeit quant. erfaßt werden. 2.4-Dinitrophenol als Stoffwechselhemmstoff beeinflußt z. B. selektiv die Kontraktionsfähigkeit des Myocards, ohne den Erregungsprozeß bzw. das Membranpotential zu alterieren. Die prim. Erhöhung des O_2-Verbrauches des Myocards ist vermutlich nicht das Ergebnis einer positiv inotropen Wrkg. von Strophanthin, überhaupt greifen Glykoside (Digitoxigenin) an der elektromechan. Koppelung offenbar selektiv an. Ihr positiv inotroper Effekt ist z. B. unabhängig von K-Austritt an der Membran. Barbiturate (Hexobarbital, Pentobarbital, Butallylonal, Thiopental, Methitural) wirken depressiv bzw. hemmend auf die Inotropie durch Angriff am Erregungsvorgang. Acetylcholin erhöht die K-Permeabilität, ohne die Kontraktilität zu beeinflussen. Die Verss. zeigen, daß es selektive Beeinflussungen des Membranpotentials, des Aktionspotentials, der elektromechan. Koppelung u. der Kontraktion gibt, die pathogenet. u. therapeut. gleichermaßen von Interesse sind. H. Jordan. 4597 □

Oxydative Phosphorylierung in der Leber normal und unterernährter Kinder. J. C. Waterlow. (Proc. Roy. Soc. [London], Ser. B **155**, 96—114, 17/10. 1961; Jamaica, Univ. Coll. of the West Indies, Med. Res. Council, Tropical Metabol. Res. Unit; engl.) — In der Leber unterernährter Kinder (Biopsieproben) ist zwar eine gut erhaltene Atemfunktion nachweisbar, die Phosphorylierung ist gegenüber der Leber von Kindern, die sich bereits vom Zustand der Unterernährung erholt haben, jedoch leicht vermindert; die P-Aufnahme in Phosphatidinsäure ist verringert. Durch Präinkubation wird die Phosphorylierung in Leberhomogenaten unterernährter Kinder stärker als in normalen Homogenaten vermindert. Albumin übt leichte Schutz-Wrkg. aus. Die Veränderungen bei Unterernährung sind bei stärkerer Verfettung der Leber stärker ausgeprägt. Leberhomogenate Unterernährter können die Phosphorylierung normaler Rattenlebermitochondrien hemmen. Es wird deshalb angenommen, daß die Verminderung der Phosphorylierung eine Folge der entkoppelnden Wrkg. freier Fettsäuren oder einiger anderer Lipoid-Derivv. ist; möglicherweise kommt es auch zu Änderungen der Mitochondrienfunktion. U. Tausendfreund. 4597 □

Der Nutzen der klinischen Bestimmung von Serumtransaminasen und der Milchsäuredehydrogenase. N. Brouhon. (J. Pharmac. Belgique [N. S.] **16** (**43**), 286—99, Juli/Aug. 1961; Liège, Fac. de Méd., Labor. des Recherches chimiques; franz., Auszug:

niederl.) — Mangel an *Glutaminsäure–Oxalessigsäure-Transaminase* (I) u. an *Glutaminsäure–Brenztraubensäure-Transaminase*(II) im Serum deutet auf nekrot. Vorgänge in der Leber. Zunahmen von I u. II werden beobachtet bei Herzinfarkt, bei sich entwickelnder Cirrhose u. bei akuter Pankreatitis. Bei Myocardinfarkt, infektiöser Hepatitis u. bei Cirrhose ist auch Best. von *Milchsäuredehydrogenase* (III) von Bedeutung; eine Zunahme von III kann auch bei malignen Tumoren, verschiedenen Formen der Anämie u. bei myeloiden Leukämien auftreten. — Vf. gibt für klin. Zwecke geeignete Arbeitsvorschriften zur Best. von I, II u. III u. erörtert Fehlermöglichkeiten. A. Hesse. 4597 □

Einige Aspekte der neueren Fortschritte in der Neurochemie. B. K. Bachhawat, A. S. Balasubramanian, D. K. Basu, A. Guha und T. N. Pattabiraman. (J. sci. ind. Res. [New Delhi], Sect. A **20,** 694, Dez. 1961; Vellore, Christian Med. Coll. and Hosp., Dep. of Neurolog. and Neurosurgery, Neurochem. Labor.; engl.) — Übersicht; Polysaccharid-, Cerebrosulfatid-, Gangliosid- u. Aminosäure- u. Glutaminsäurestoffwechsel. — 82 Literaturangaben. P. Gregorzewski. 4598◇

Die chemische Erregung von Rückenmarksnervenzellen durch bestimmte saure Aminosäuren. D. R. Curtis, J. W. Phillis und J. C. Watkins. (J. Physiology **150,** 656—82, März 1960; Canberra, Australia, Austral. Nat. Univ., Dep. of Physiol.; engl.) — Vff. brachten *Asparaginsäure, Glutaminsäure* u. *Cystein* ionophoret. auf die äußeren Membranen von Nervenzellen im Rückenmarkstrang von Katzen u. beobachteten dabei eine Erregung der Zwischenneuronen, Renshaw-Zellen u. motor. Nervenzellen durch Depolarisation der Membran. Vff. diskutierten den wahrscheinlichen Einfl. dieser natürlich vorkommenden Substanzen auf das Nervensystem. S. Hothorn. 4598 □

Über den physiologischen Eisengehalt einiger Stammhirnganglien und seine Abhängigkeit vom Lebensalter. A. Sundermann und G. Kempf. (Z. Alternsforsch. **15,** 97—105, Mai 1961; Erfurt, Med. Akad., Med. Klin.; dt.) — Vff. untersuchen durch photometr. Best. mit *o-Phenanthrolin* den Fe-Geh. in der Asche von 100 Stammhirnganglien von Menschen verschiedener Altersgruppen. Der Fe-Geh. sinkt in folgender Reihenfolge: Pallidum, Putamen, Nucleus caudatus, Thalamus, Großhirnrinde, Nucleus ruber u. Großhirnmark. Der Fe-Geh. des Pallidum, Putamen u. Nucleus caudatus steigt mit zunehmendem Alter stetig an, während er in Thalamus u. Hirnrinde bis zum 40. bis 50. Lebensjahr ansteigt u. dann eine sinkende Tendenz zeigt. Da das Fe in den zuletzt genannten Geweben nur in diffuser Form vorliegt, während die anderen auch granuläres Fe in Form von *Ferritin* enthalten, folgern Vff., daß der weitere Anstieg des Fe-Geh. nach dem 40. Lebensjahr vorwiegend durch die Zunahme des *Ferritins* zu erklären ist. Daraus wird weiter gefolgert, daß nur das diffus verteilte Fe Beziehungen zum Ferment-Syst. u. zur Funktion der Ganglienzellen vermuten läßt. A. Gude. 4598 □

Die Konfiguration des im Rattenhirnhomogenat gebildeten Sphingosins. Y. Fujino und Irving Zabin. (J. biol. Chemistry **237,** 2069—71, Juli 1962; Los Angeles, Calif., Univ., School of Med., Dep. of Physiol. Chem.; engl.) — Vff. untersuchten die Konfiguration des *Sphingosins* (I), das in Rattenhirnhomogenaten (15—20 Tage alte Ratten) unter Zusatz von Palmityl–Coenzym A u. $^{14}C_{(3)}$-Serin gebildet wird. Mittels Dünnschichtchromatographie auf Kieselgel (Laufmittel: Chlf.–Methanol = 4:1 oder Chlf.–Aceton = 2:1, Entwickler: 0,04% Bromphenolblau, blaue Flecken auf schwachblauem Untergrund) u. Isolierung des krist. *erythro-Tribenzoyldihydrosphingosins* (F. 143—144°) wird gezeigt, daß unter diesen Bedingungen *erythro-Dihydrosphingosin* (II) neben geringen Mengen erythro-I entstehen. Die threo-Derivv. werden nicht gebildet. R_F-Werte für erythro- u. threo-I u. -II werden angegeben.
B. Görlich. 4598◇

E₆. Pharmakologie. Therapie. Toxikologie. Hygiene

Der Gehalt der Milz an Spurenelementen nach Ganzkörperbestrahlung. Kenneth B. Olson, Carl F. Edwards, George E. Heggen, Abbott S. Weinstein, Leonard B. Clark und Margaret Kaulfuß. (Radiation Res. **13,** 424—31, Sept. 1960; Albany, N.Y., Albany Med. Coll., Dep. of Med.; Saratoga Springs, N.Y., Saratoga Springs Comm. Res. Labor.; Schenectady, N.Y., Union Coll., Dep. of Biol.; engl.) — 144 erwachsene ♂ Sprague-Dawley-Ratten wurden in Gruppen mit 200, 400 oder 600 r totalbestrahlt. Bestrahlungsdaten: 200 kV, Filter 0,15—0,20 mm Cu, HWS 9,8 mm Al, FHA 52 cm, Dosisleistung 81,3 r/Minute. Den nach 4, 8 oder 12 Tagen getöteten Tieren wurde die Milz entnommen u. ihr Geh. an den Spurenelementen Fe, Zn, Cu, Mn, Mo u. Cr nach Anreicherung spektroskop. gemessen. Der Geh. an Fe erwies sich als erhöht, ebenso derjenige an Mn u. Cr bei geringerem Gesamtgehalt. Bei Zn ergaben sich größere Exemplarstreuungen. Der P-Geh., bezogen auf das Milz-Gew. wurde durch die Bestrahlung herabgesetzt. W. Reusse. 4601 □

Physikochemische Strahlenwirkungen. 5. Mitt. **Die Wirkung von γ-Strahlen auf Rinderfibrinogen.** Virgil L. Koenig, Raymond Sowinski, Lubomyra Oharenko, Vera Freling und George C. Wei. (Radiation Res. **13,** 432—44, Sept. 1960; Chicago, Ill., Northwestern Univ. Med. School, Dep. of Biochem.; engl.) — 4. vgl. C. **1961,** 202; 6. u. 7. vgl. C. **1961,** 11355. — Rinderfibrinogen wurde in getrocknetem oder gelöstem Zustand mit ^{60}*Co-γ*-Strahlen bestrahlt. Die Gesamtdosis war von der Größenordnung 10^5—10^6 r bei den trockenen, 10^4—10^5 r bei den gelösten Proben. Unterss. der Sedimentation in NaCl-Lsg., der Viscosität u. der Lichtstreuung ergaben: Die Abhängigkeit der Sedimentations-Konst. von der Konz. wird durch die Bestrahlung deutlich verringert, ferner werden die Viscosität u. die Löslichkeit herabgesetzt. Bei der Auflösung werden sowohl Fragmentationen der Moll. wie auch Aggregation u. Gel-Bldg. beobachtet. Letztere ist nach einer Dosis von $5 \cdot 10^5$ r komplett. W. Reusse. 4601 □

Eine neue strahlensensibilisierende Verbindung und ihre Wirkungsweise. Adolf Wacker. (Sonderbände zur Strahlentherapie **49** (**3**), 126—29, 1962; Frankfurt/M., Univ., Inst. für Therap. Biochem.; dt.) — Durch Einbau von *5-Bromuracil* (**I**) an Stelle von Thymin in das Desoxyribonucleinsäure (DNS)-Mol. werden Zellen gegen UV- u. Röntgenstrahlen empfindlicher. Für Säugetierzellen wird *5-Bromuracildesoxyribosid* (**II**) benötigt. Da sich Tumorzellen oft rascher als gesunde Zellen teilen u. dabei bes. DNS beteiligt ist, kann erwartet werden, daß **II** bevorzugt in Tumorzellen eingebaut wird. Da **I** von den Enzymen der Säugerzellen deshalogeniert wird, wäre ein Ersatz von Brom im Mol. durch Cl oder J zu erwägen. Unterss. an Bestrahlungspatienten stehen noch aus. K. Neumeister. 4601 □

Die Pharmakologie von Strahlenschutz-Chemikalien. Allgemeine Pharmakologie von β-Mercaptoäthylamin. Roy L. Mundy und Melvin H. Heiffer. (Radiation Res. **13,** 381—94, Sept. 1960; Washington, D.C., Walter Reed Army Inst. of Res., Pharmacol. Section; engl.) — Vgl. C. **1962,** 2811, 3894. — Zur Prüfung der pharmakolog. Eigg. von *β-Mercaptoäthylamin* (**I**) erhielten Hunde i.v. Injektionen mit 100 mg **I**/kg u. wurden auf ihre physiolog. Rk. beobachtet, bes. auf die cardiovasculären Erscheinungen, den Blutdruck, die Respiration usw. Es wurden beobachtet: Erbrechen, ton.-klon. Konvulsionen, Ataxie, vermindertes Schmerzempfinden, Diarrhoe, gedämpfte Respiration. Erfolgte die Injektion unter Anästhesie (Pentobarbital-Na), dann wurden die Erscheinungen gemindert. Es blieben aber die cardiovasculären Beschwerden. Im einzelnen durchgeführte Unterss. der eintretenden Hypotension, z. B. durch Gaben von Atropin, Diphenhydramin führen zu dem Ergebnis, daß diese durch verminderten Blutstrom zum Herzen bedingt ist. Die **I**-Injektionen führen ferner zu Bradycardie u. einer Erhöhung der Hämatokritwerte. Bei Vorbehandlung der Tiere durch i.v. Injektionen mit 3 mg *Hexamethonium*/kg löst die folgende **I**-Injektion Hypertension aus. Es wird die Beziehung zwischen dieser pharmakolog. u. der Strahlenschutz-Wrkg. von **I** erörtert. — 27 Literaturangaben. W. Reusse. 4601 □

Über den Einfluß von Schutzstoffen auf die strahleninduzierte Hemmung des Eiseneinbaues in die Erythrocyten. Hans A. Künkel und Hans-Jörg Mauss. (Sonderbände zur Strahlentherapie **49** (**3**), 234—37, 1962; Hamburg, Univ., Frauenklinik; dt.) — Totalbestrahlungen von Ratten (600—800 r) vermindern den Einbau von ^{59}Fe in die Erythrocyten signifikant. Bei den vorliegenden Unterss. wurden Ratten 5 bis 10 Min. vor der Bestrahlung (800 r) i.v. *Cystein* (**I**), *Aminoäthylisothiuronium*-Verb. (**II**) oder *5-Hydroxytryptamin* (**III**) injiziert. Nach der Bestrahlung wurden ca. 0,5 μc einer mit ^{59}Fe markierten trägerarmen Eisencitrat-Lsg. i.v. verabreicht. Unterss. von Blut, Leber, Milz u. Knochenmark 1, 3, 5 oder 8 Tage nach der Bestrahlung zeigten einen deutlichen Schutzeffekt von **I, II** u. **III**. Die Schutzsubstanzen vermindern bereits nach 24 Std. die strahleninduzierte Hemmung der Erythrocytenbildung. K. Neumeister. 4601 □

Der Einfluß einer zusätzlichen Blumenkohlernährung auf die durch Röntgenstrahlen induzierten Enzymänderungen beim Meerschweinchen. Russell Hilf, Richard Adachi und Gladys Eckfeldt. (Radiation Res. **15,** 86—93, Juli 1961; Chicago, Ill., QM Res. and Engin. Command, U. S. Army QM Food and Container Inst. for the Armed Forces; engl.) — ♂ Albinomeerschweinchen wurden ad libitum mit Weizenkleie u. Hafer gefüttert. Nach 2 Wochen wurde eine Hälfte der Vers.-Tiere abgetrennt u. zusätzlich mit 50 g Blumenkohl/Tag gefüttert. 2 Wochen später erhielten sämtliche Tiere eine Röntgenbestrahlung mit 400 r. Nach 1, 3, 5, 7 u. 14 Tagen getötete Tiere wurden mit dem Ziel untersucht, die Ursachen für die von anderen Autoren gefundene Strahlenschutz-Wrkg. der Blumenkohldiät zu finden. Bes. geprüft wurden verschiedene Enzymaktivitäten, wobei sich ergab: Gegenüber Tieren ohne Blumenkohlgaben findet sich kein Unterschied bei der Aktivität der Serumphosphatasen, der Glutamin-Oxalessigsäuretransaminase u. der Glutamin-Pyruvatransaminase. Dagegen zeigte sich, daß der strahlenbedingte Anstieg der *Adenosintriphosphatase* u. der *5'-Nucleotidase* in der Milz durch die Blumenkohlgaben inhibiert wird. Diese spezielle Erscheinung wird als maßgebender Strahlenschutzeffekt des Blumenkohles diskutiert. W. Reusse. 4601 □

Der Einfluß eines Kaliumgehaltes der Nahrung auf die Retention von chronisch zugeführtem Caesium 137 bei der Ratte. R. H. Wasserman und C. L. Comar. (Radiat. Res. **15**, 70—77, Juli 1961; Ithaca, N.Y., Cornell Univ., New York State Veterin. Coll., Dep. of Phys. Biol.; engl.) — ♂ Ratten erhielten während 2 Wochen eine K-freie Diät, anschließend enthielt die Nahrung bei 3 Gruppen dieser Tiere 0,2, 0,6 oder 1,8% K als Acetat. Gleichzeitig enthielt das Trinkwasser 0,01 μc trägerfreies ^{137}Cs/ml. Nach 1, 3, 7, 14 oder 35 Tagen wurden je 5 Tiere getötet u. das Blut, Muskelsubstanz, Femur, Leber, Testes u. Gehirn auf ihre Radioaktivität untersucht (Scintillationszähler, Einkanaldiskriminator). Es zeigte sich, daß nach 35 Tagen die mit 1,8% K in der Nahrung gefütterten Tiere eine 2fach geringere ^{137}Cs-Retention zeigten als die mit 0,2% K ernährten. Die ^{137}Cs-Speicherung erfolgte nach 35 Tagen in den Geweben in der Reihenfolge Muskel, Leber, Testes, Gehirn, Femur, Blut, nach einem Tage in der Reihenfolge Leber, Muskel, Testes, Femur, Blut, Gehirn. Das Verhältnis der Geh. Cs/K in der Nahrung zu dem in den Geweben steigerte sich dabei um den Faktor 5, wenn der Geh. der Nahrung an K von 0,2 auf 1,8 erhöht wurde. Bei einem zweiten Vers. erhielten Ratten während 2 Wochen wie oben bestimmte Mengen K (0,2 oder 1,8%) in der Nahrung, danach Gaben von 0,01 μc ^{137}Cs + 15 μc ^{42}K/ml. Getrennte Best. von ^{137}Cs u. ^{42}K ergab, daß das in der Nahrung enthaltene K die ^{42}K-Retention verringerte, die ^{137}Cs-Retention jedoch unbeeinflußt ließ. Die Befunde werden diskutiert.
W. Reusse. 4601 □

Durch die Ernährung bedingte Änderungen bei dem Radiostrontium-Stoffwechsel und der Speicherung im Skelett der Ratte. S. H. Cohn, S. Nobel und A. E. Sobel. (Radiation Res. **15**, 59—69, Juli 1961; Upton, N.Y., Brookhaven Nat. Labor., Med. Res. Center; Brooklyn, N.Y., Jewish Hosp. of Brooklyn, Dep. of Biochem.; engl.) — Wistar- u. Sprague-Dawley-Ratten erhielten während 2—7 Tagen mit der Nahrung gegenüber dem Normalwert erhöhte Beträge an *Sr*, *Ca* oder *Zr*, danach eine intraperitoneale Injektion von 1 μc ^{85}Sr. In einem Ganzkörperzähler wurde die Gesamtretention an ^{85}Sr bei den 3 Gruppen von Tieren untersucht u. festgestellt, daß die nach 7 Tagen gegebene Menge ^{85}Sr um 76% weniger im Organismus gespeichert wird als bei normal ernährten Tieren, weniger wirksam sind *Zr* u. *Ca*. Wird das ^{85}Sr erst 7 Tage nach Beendigung der Diät gegeben, dann entfällt die Herabsetzung der ^{85}Sr-Speicherung. Best. des ^{85}Sr-Geh. allg. mittels Röntgenfluorescenzmessung ergab eine erheblich geringere Zuwachsrate der Geh. bei den mit *Ca* u. *Sr* vorbehandelten Tieren.
W. Reusse. 4601 □

Die Verwendung von Calcium 47 für diagnostische Untersuchungen bei Patienten mit Knochenschäden. K. R. Corey, P. Kenny, E. Greenberg, A. Pazianos, O. H. Pearson und J. S. Laughlin. (Amer. J. Roentgenol., Radium Therapy Nuclear Med. **85**, 955—75, Mai 1961; New York, N.Y., Sloan-Kettering Inst., Memorial Center, Div. of Biophys. and Clin. Invest.; engl.) — Zusammenfassender Bericht über ^{47}Ca, seine physikal. Eigg. u. seine Einsatzmöglichkeit als Mittel zur Unters. des Ca-Stoffwechsels von gesundem oder cancerösem Gewebe, autoradiograph. Unters.-Möglichkeiten u. die Verw. eines Scanners (Strahlendetektor) zur externen Feststellung von Ca-Depots in normalem u. krankem Gewebe. W. Reusse. 4601 □

Skelettsklerose infolge chronischer Fluoridvergiftung. Fälle aus einem endemischen Fluorose-Gebiet am Persischen Golf. Henry A. Azar, Charles K. Nucho, Shibli I. Bayyuk und Wardih B. Bayyuk. (Ann intern. Med. **55**, 193—200, Aug. 1961; Beirut, Lebanon, Amer. Univ. of Beirut, Dep. of Pathol. and Chem.; Hammana, Lebanon, Hamlin Hosp. for Chest. Dis.; engl.) — Bei 8 Patienten mit Tuberkulose wurde eine ausgeprägte diffuse Skelettsklerose beobachtet, obwohl der F^--Geh. im Trinkwasser nur 0,8—3,45 ppm betrug. In den USA wurden bisher osteosklerot. Erscheinungen infolge chron. Fluoridvergiftung nur bei einem F^--Geh. im Trinkwasser von $>$4 ppm beobachtet. K. Zingraf. 4606 □

Der Einfluß einer längeren Einwirkung von 15% CO_2 auf den Calcium- und Phosphorstoffwechsel. K. E. Schaefer, Mary Hasson und H. Niemoeller. (Proc. Soc. exp. Biol. Med. **107**, 355—59, Juni 1961; New London, Conn., U.S.N. Med. Res. Labor.; New Haven, Conn., Yale Univ. School of Med., Dep. of Pathol.; engl.) — Chron. respirator. Acidose bei Meerschweinchen durch längeren Aufenthalt in einer

15% ig. CO_2-Atmosphäre erhöht den Ca-Spiegel u. erniedrigt den P-Spiegel des Plasmas signifikant. Diese Erscheinung steht mit einer erhöhten parathyroiden Aktivität in Zusammenhang. Histolog. Unterss. zeigen eine renale Calcifizierung. P. Gregorzewski. 4607 □

Lokale Wirkungen alkoholischer Lösungsmittel auf die Rückenhaut von Kaninchen. Mamoru Suzuki. (Folia pharmacol. japon. **57**, 501–11, 20/7. 1961; Shizuoka, Pola Cosmetics Co. Ltd.; Kyoto, Kyoto Univ., Fac. of Med., Dep. of Pharmacol.; jap., Auszug: engl. S. 29.) — Es wurde die Wrkg. von alkohol. Lsgm. nach intrakutaner Injektion in die Rückenhaut von Kaninchen auf die Capillarfragilität (Blaufärbung durch Evans-Blau) u. Nekrosen-Bldg. geprüft. Nach 100% ig. *Propylenglykol* (I) trat mkr. Nekrose auf. Isoton. *Glucose* (II)-Lsg. besaß eine schwächere Wrkg. als hyperton. oder hypoton. II-Lsg. oder dest. Wasser. Lsgg. von I, *Polyoxyäthylenglykol 400*, A., *n-Propanol*, *Glycerin* u. *NaCl*-Lsgg. mit gleichem osmot. Druck waren in ihrer lokalen Wrkg. verschieden. Von 2 m Lsgg. einbas. *n-Alkohole* (III) mit 1—10 C-Atomen waren n-Butanol in W. u. n-Amylalkohol in Olivenöl am stärksten wirksam, von den zweibas. **III** mit 2—4 C-Atomen 1.4-Butylenglykol. K. Zingraf. 4607 □

^{45}Ca-Aufnahme im Frakturkallus normaler und Aminoacetonitril-behandelter Ratten. Lorenzo Bolognani und I. V. Ponseti. (Proc. Soc. exp. Biol. Med. **109**, 933—35, April 1962; Iowa, Iowa, State Univ. of Iowa, Dep. of Orthop. Surg.; engl.) — *Ca*-Ablagerung u. ^{45}*Ca*-Aufnahme im Kallus von 5—10 Tage alten Tibiafrakturen sind bei *Aminoacetonitril*-Behandlung (Ratten) höher als normal. Nach 20 Tagen entspricht die Mineralisation auch der behandelten Tiere der Norm. U. Tausendfreund. 4607 □

Verhalten des Blutzuckers bei der akuten experimentellen Intoxikation durch Amyl-, Butyl- und Propylacetat. C. Spagna, A. Inserra und G. B. Petrillo. (Boll. Soc. ital. Biol. sperim. **38**, 521—23, 15/6. 1962; Catania, Univ., Ist. di Med. del Lav.; ital.) — Kaninchen werden 30 Tage lang täglich 30 Min. lang einer Konz. von 160 mg Propyl-, Butyl- u. Amylacetat ausgesetzt. Die Glucosekurven nehmen nach der Intoxikation mit den Acetaten einen patholog. Verlauf, wobei die Hyperglykämie lange anhält. F. Kren. 4607 □

Vergleich der toxischen Wirkungen von 3-Nitropropionsäure, Natriumnitrit und Indigofera endecaphylla an Küken. E. J. Britten, H. Matsumoto und A. L. Palafox. (Agronomy J. **51**, 462—64, Aug. 1959; Honolulu, Hawaii Agric. Exp. Station.) — Küken erhielten eine Standardkost, der Alfalfamehl, Mehl des kriechenden Indigo (*Indigofera endecaphylla*), Alfalfamehl + *3-Nitropropionsäure* (I), Alfalfamehl + *Natriumnitrit* (II) u. Alfalfamehl + I + II zugesetzt waren. Die charakterist. Symptome der Vergiftung mit kriechendem Indigo wurden durch **I**, nicht aber durch **II** hervorgerufen. Die Toxizität nach einer Zufuhr von **I** + **II** war nicht größer als die von **I** allein. Der Haupt- u. wahrscheinlich einzige tox. Stoff im kriechenden Indigo ist demnach **I**. K. Böhm. 4607 □

Auswirkungen von Phenol auf die Nervenleitung. P. W. Nathan und T. A. Sears. (J. Physiology **150**, 565—80, März 1960; London, Nation. Hosp. for Nervous Diseases, Med. Res. Counc., Neurological Res. Unit and Inst. of Neurology; engl.) — Vff. untersuchten die Einw. von *Phenol* (I), welches in Äthyl–Jodphenylundecylat (Myodil) oder in wss. Ringer-Locke-Lsg. gelöst war, auf die Nervenleitung in den Rückenmarks-Nervensträngen der Katze. Abhängig von der Konz. u. der Länge der Einw.-Dauer sowie vom Lsgm. verursachte **I** reversible oder irreversible Unterbrechung der Nervenleitung, wobei die feinen Nervenfasern rascher u. nachhaltiger geschädigt wurden als die stärkeren. Die rasch leitenden A-Fasern erholten sich schneller als die C-Fasern. S. Hothorn. 4607 □

Wirkung des α-Dinitrophenols auf den Kaliumgehalt des Plasmas und auf die Bildung von Wärme. V. Castro und A. F. La Commare. (Boll. Soc. ital. Biol. sperim. **37**, 43—45, 31/1. 1961; Palermo, Univ., Ist. di Fisiol. Umana; ital.) — Meerschweinchen werden intraperitoneal 6,25, 18,75 bzw. 37,5 mg *α-Dinitrophenol* (in 0,8% ig. NaCl-Lsg.) injiziert. Während die Dosis von 6,25 mg ohne Wrkg. ist, wird durch 18,75 mg der K-Geh. im Blut u. die Bldg. von Wärme deutlich erhöht, was durch die letale Dosis von 37,5 mg noch etwas ausgeprägter ist. F. Kren. 4607 □

Toxikologische Untersuchungen an Polyphenylverbindungen, die als Moderator-Kühlmittel für Atomreaktoren verwendet werden. Thomas J. Haley, L. E. Detrick, N. Komesu, P. Williams, H. C. Upham und L. Baurmash. (Toxicol. appl. Pharmacol. **1**, 515—23, Sept. 1959; Los Angeles, Univ. of California, School of Med., Dep. and Labor. of Nuclear Med. and Rad. Biol.; engl.) — Untersucht wird die Reiz-Wrkg. von *Monoisopropylbiphenyl* (I), bestrahlt u. unbestrahlt, *Terphenyl*-Gemisch (II), bestrahlt u. unbestrahlt, *o-Terphenyl-* (III), *m-Terphenyl-* (IV), *p-Terphenyl* u. *Biphenyl* auf Auge u.

Haut bei Kaninchen sowie die intradermale Reizung u. Sensibilisierung bei Meerschweinchen. Nur I, bestrahltes I u. II reizen die Kaninchenkonjunktiva u. die unbestrahlten die Haut. Alle Verbb. rufen beim Meerschweinchen große Zerstörungen der Haut hervor, u. alle außer bestrahltem I wirken sensibilisierend u. nekrotisierend. I, III u. IV wirken nach Inhalation tödlich. P. Gregorzewski. 4607 □

Pharmakologie des Phenylindandions. L. Fontaine, M. Odievre, Y. Cachet und B. Drevon. (Thérapie **16,** 34—50, Jan./Febr. 1961; Lyon, Labor. de Pharmacie chim. et la Fac. mixte de Méd. et Pharmacie; franz.) — Untersucht wurden die akute u. chron. Toxizität von *Phenylindandion* (I), seine Wrkg. auf das Zentralnerven-Syst. (ZNS) u. das autonome Nerven-Syst., sein choleret. Effekt u. seine entzündungshemmenden Wirkungen. Die DL_{50} beträgt bei der Maus bei oralen Gaben 285 mg I/kg, bei i.v. Injektion 130 mg I/kg, bei der Ratte bei i.v. Injektion 195 mg I/kg. Bei den chron. Verss. erhielten Ratten oral 3 bzw. 6 mg I/kg/Tag u. Kaninchen 8 mg I/kg/Tag 84 Tage lang. Es trat kein Todesfall auf, es fanden sich keine Gewichtsabnahmen, keine herabgesetzten Prothrombinwerte, keine histolog. markanten Schädigungen. Am ZNS besitzt I keine depressiven Wrkg., es fehlt auch ein analget. Effekt. Die spasmolyt. Wrkg. ist gering, der Antihistamineffekt beträgt 1/1000 von dem des Antistins. Atmung u. Kreislauf werden durch I prakt. nicht beeinflußt. I wirkt gut choleret. u. besitzt auch lokal entzündungshemmende Effekte. K. Böhm. 4607◇

Pharmakologische Untersuchungen über Flavonoide. Wirkung von Flavonoiden auf die Adrenalinwirkung im Kohlenhydratstoffwechsel. 1. Mitt. Motoo Oka. (Folia pharmacol. japon **57** 493—500, 20/7. 1961; Osaka, Univ., Fac. of Pharmacy, Dep. of Pharmacol.; engl.) — Bei der Ratte wurden die Phosphorylase- u. Glucose-6-phosphatase-Aktivität durch *Adrenalin* (I) erhöht. *Myricitrin* (II), *d-Catechin* (III), *Qercetin* (IV) u. *Rutin* (V) hemmten die Wrkg. von I deutlich, *Hesperidin, 3'.4'-Methylendihydroxyflavonol* u. *3.3'.4'-Triacetylflavonol* zeigten nur geringe Wirkung. Die Hexokinase-Aktivität in der Leber wurde durch I herabgesetzt; II, III, IV u. V wirkten hier ebenfalls antagonistisch. K. Zingraf. 4607 □

Chemie und Pharmakologie von Muscarin, Muscaron und einigen verwandten Verbindungen. Peter G. Waser. (Pharmacol. Rev. **13,** 465, Dez. 1961; Zürich, Univ. of Zürich, Pharmacol. Dep.; engl.) — Übersicht; Botan. Herkunft von *Muscarin* (I), Äthnomycologie u. Intoxikation, Chemie von I u. *Muscaron,* Isolierung, Struktur-Best., Synth. von I u. seinen Isomeren, Pharmakologie von L(+)-I, Wrkg. am intakten Tier, an isolierten Organen, auf Cholinesterasen, Struktur-Aktivitätsbeziehungen bei I-ähnlichen Verbb., Derivv. von Furan, Glykol u. Propandiol, Isoxazolidin- u. Morpholin-Verbb., Wechselwrkg. mit cholinergen Receptoren. — 104 Literaturangaben. P. Gregorzewski. 4608 □

Pharmakologische Untersuchungen über das wirksame Prinzip von Atractylus gummifera. 10. Mitt. **Hemmung der oxydativen Phosphorylierung in isolierten Rattenlebermitochondrien.** A. Bruni, M. Bistocchi und A. R. Contessa. (Arch. ital. Sci. farmacol. [3] **10,** 86—94, Jan. 1960; Perugia, Univ., Ist. di Farmacol. u. Ist. di Chim. Biol.; ital.) — In einer Konz. von $3{,}6 \cdot 10^{-5}$m verringerte *K-Atractylat* (I) den O_2-Verbrauch bei der oxydativen Phosphorylierung von Substraten des Citronensäure-Cyclus, von Glutaminsäure u. β-Hydroxybuttersäure in isolierten Rattenlebermitochondrien um 47—70% u. den Verbrauch von organ. Phosphat um 81—100%. Der P/O-Quotient war immer kleiner als 1,0. Die Wrkg. ist auch bei einer I-Konz. von $3{,}6 \cdot 10^{-6}$m noch feststellbar. K. Zingraf. 4608 □

Pharmakologische Untersuchungen über das aktive Prinzip von Atractylus gummifera. 11. Mitt. **Wirkung von K-Atractylat auf die oxydative Phosphorylierung von reduziertem Diphosphopyridinnucleotid und Cytochrom c in isolierten Rattenlebermitochondrien.** A. Bruni, M. Bistocchi und A. R. Contessa. (Arch. ital. Sci. farmacol. [3] **10,** 115—21, April 1960; Perugia, Univ., Ist. di Farmacol u. Ist. di Chim. Biol.; ital.) — 10. vgl. vorst. Referat. — Bei der oxydativen Phosphorylierung von β-Hydroxybuttersäure, nicht aber von red. Diphosphopyridinnucleotid oder von (durch Ascorbinsäure) red. Cytochrom c, durch isolierte, mit 0,075m Saccharose vorbehandelte Rattenlebermitochondrien hemmte *K-Atractylat* den O_2-Verbrauch. Die Phosphorylierungs-Rkk. von Adenosindiphosphat werden immer von dem Glykosid gehemmt. K. Zingraf. 4608 □

Verhalten des während des durch Hypoglycin A ausgelösten hypoglykämischen Zustandes entnommenen isolierten Rattenzwerchfells. L. Vantaggi Cozzari, A. Bruni und A. R. Contessa. (Arch. ital. Sci. farmacol. [3] **10,** 103—09, April 1960; Perugia, Univ., Ist. di Farmacol.; ital.) — Vgl. die beiden vorst. Referate. — Das während des durch *Hypoglycin A* (akt. Prinzip mit α-Aminosäurestruktur aus den Früchten von *Blighia sapida*) oder *K-Atractylat* (I) ausgelösten hypoglykäm. Zustandes entnommene isolierte Rattenzwerchfell zeigte einen erhöhten *Glucose* (II)-Verbrauch. In Zwerchfellen von I-behandelten Tieren war auch eine Verringerung der *Glykogen* (III)-Synth. u. des O_2-Verbrauchs zu beobachten. Durch Insulin wurde die III-Synth. stärker gesteigert als der II-Verbrauch. K. Zingraf. 4608 □

Wirkung von Inhibitoren auf den Stoffwechsel von spezifisch markierter Glucose im Gehirn. F. C. G. Hoskin. (Biochim. biophysica Acta [Amsterdam] **40,** 309—13, 20/5. 1960; New York, N.Y., Columbia Univ., Dep. of Neurology, Coll. of Phys. and Surgeons; engl.) — Vf. untersuchte den Einfl. folgender Verbb.: *Benzol, Pyridin-2-aldoximjodmethylat, Pyridinjodmethylat, Dodecyljodid, 2-Methylnaphthohydrochinon-(1.4)-bis-[methylphosphonsäureester]* (I), *Chlorpromazin* (II), *Jodacetat* (III), *Pyridin-2-aldoximjoddodecylat* (IV), *Pyridinjoddodecylat* (V), *Arsenat* (VI), *Arsenit* (VII) u. *Synkavit* auf den Glucose-Stoffwechsel in Schnitten von Meerschweinchenhirnrinde. VII u. I verursachen eine Zunahme der direkten oxydativen Stufen gegenüber dem Embden-Meyerhof-Schema. II, IV, V, III u. vermutlich auch VI sind ganz allg. Stoffwechsel-Inhibitoren von nur geringem selektiven Einfluß. R. Heinrich. 4608 □

Ulcerogene Arzneimittel und Techniken. Experimentelles und Klinisches. Harry L. Segal. (Amer. J. Med. **29,** 780—92, Nov. 1960; Rochester, N.Y., Univ. of Rochester, School of Med. and Dent., Genesee, Strong Mem. and Rochester Municipal Hosp., Dep. of Med.; engl.) — Betrachtungen über die Entstehung von Magenulcera unter Bezugnahme u. Stützung auf die Literatur, wobei als spezif. ulcerogene Stoffe genannt werden: *Cinchophen* (*Atophan*), *Histamin, Coffein, Butazolidin, adrenocorticotropes Hormon* u. *Nebennierenrindensteroide, Salicylate, Reserpin.* Als hauptsächliche Faktoren sind die Kombination von *HCl* u. *proteolyt. Enzymen* mit verminderter Resistenz der Magenschleimhaut gegenüber der Verdauungs-Wrkg. des Magensaftes anzusehen. Günstig ist, daß die arzneimittelinduzierte Ulceration rasch auf antacide Maßnahmen u. die Absetzung des Mittel anzusprechen pflegt. — 124 Literaturangaben. U. Tausendfreund. 4608 □

Toxische Wirkungen bestimmter Medikamente auf die Leber. Sven Moeschlin (Rev. méd. Suisse romande **81,** 601—20, Sept. 1961; Genf, Clinique thérapeut.; franz.) — Vf. untersuchte 1. Stoffe, die eine direkte Gift-Wrkg. auf die Leber haben: Amanitin, Helvelle, gelben Phosphor, Kohlenstofftetrachlorid, Trinitrotoluol; 2.) Stoffe, die eine mehr allerg., medikamentöse, durch Gallenstauung bedingte Lebererkrankung hervorrufen. Ausführlich werden behandelt: *Chlorpromazin, Androsteronderivv.* (*Methyltestosteron, Noräthandrolon, Stilböstrol*) u. *Iproniazid.* Weiterhin werden angeführt: *Pyrazinamid, Nicotinsäure, Chlorthiazid, Äthylharnstoff, PAS, Phenylbutazon, Cincophen, Atophan, Thiouracil, Chlorpropamid, Metahexamid, Bishydroxycumarin, Phenindion, Phenacemid, Thiantoin, Dinitrophenol, Penicillin, Goldsalze.* Die auf die allerg. Wrkg. hinweisenden Symptome werden genannt. Bemerkenswert ist, daß bei diesen Noxen im Blut des Kranken keine Antikörper gefunden worden sind. Hingewiesen wird auf einige Sensibilisierungszeichen, wie Exantheme, Eosinophilie, Agranulocytose u. a., die für den allerg. Wrkg.-Mechanismus sprechen, wie z. B. Latenzperiode, Spezifität der Rk. u. verschiedene andere. — 72 Literaturangaben. P. Nachtwey. 4608 □

Der Einfluß einiger Arzneimittel auf die Resorption des Blutes aus der Pleurahöhle von Kaninchen. I. F. Grech. (Pathol. Physiol. exp. Therap. [UdSSR] **4,** Nr. 6, 53—57, Nov./Dez. 1960; Leningrad, Med. Militär-Akad., Lehrstuhl für Pharmakol., Pharmaz. u. Pharmakognosie; russ., Auszug: engl.) — In Verss. an 35 Kaninchen wurde der Einfl. von *ACTH-Zinkphosphat* (I; 2 E/kg i.m.), *Cortison* (II; 10 mg/kg per os) u. *Cytosin-HCl* (III; *2-Hydroxy-6-aminopyrimidin*; 50 oder 200 mg/kg) jeweils vor u. sofort, 24 u. 48 Std. nach Anlegen eines künstlichen Hämothorax bestimmt. Nach 72 Std. wurden die Tiere getötet. In 3 Tabellen sind die Werte für die Fl.-Mengen in Bauch-, linker Pleura- u. Pericard-Höhle, sowie der Anteil an fl. u. geronnenem Blut aufgeführt. Die Resorption des Hämothorax wurde durch I, II u. III beschleunigt. I u. II hemmten dabei die Wiederherstellung des normalen Hämoglobinspiegels u. der normalen Erythrocytenzahl im peripheren Blut, während III beides förderte. K. Rintelen. 4608 □

Tierexperimentelle Untersuchungen über die toxikologischen Wirkungen einiger in der Milchwirtschaft gebräuchlichen Desinfektionsmittel. Walter F. Rehm. (Kieler milchwirtsch. Forschungsber. **13,** 381—87, 1961; Kiel, Inst. für Milchhygiene d. Bundesforschungsanst. für Milchwirtschaft; dt.) — Von den in der Milchwirtschaft gebräuchlichen Desinfektionsmitteln wurden *Neomoscan M, P 2-asepto, Calgonit D, Hibitane* u. eine *Ampholytseife* auf ihre tox. Wrkg. an Mäusen geprüft. In Fütterungs-Verss. erhielten Mäuse neben ihrer Trockennahrung (Latz-Standarddiät) die genannten Desinfektionsmittel in Konzz. von 5,0, 0,5 u. 0,05% im Trinkwasser. Es wurden Gewichtskontrollen durchgeführt u. den mit 0,05% ig. Lsgg. gefütterten Tieren bei Versuchsende in Äthernarkose Blut zur Best. des Blutbildes entnommen. Die Versuchsdauer betrug 30 Tage. Außerdem wurde in Injektions-Verss. mit 19—22 g schweren Mäusen pro 10 g Körpergewicht 0,1 ml der zu prüfenden Desinfektionsmittel-Lsgg. intraperitoneal injiziert. Die Sterblichkeit wurde nach 48 Std. bestimmt. Es wurde festgestellt, daß die genannten Desinfektionsmittel mit Ausnahme der Ampholytseife bei 30tägiger Verfütterung in 0,5% ig. Lsg. auf die normale Gewichtszunahme, die Sterblichkeit u. das Blutbild der Tiere keinen signifikanten Einfl. ausübten. Die Amphotylseife führte zu erheblichen Entwicklungsstörungen. Die Aufnahme von P 2-asepto in 5% ig. Konz. wurde von den Vers.-Tieren verweigert. Nach intraperitonealer Injektion erwies sich Calgonit D als am wenigsten toxisch. H. Zeller. 4608□

Einige Aspekte bei der Untersuchung des Wirkungsmechanismus phosphororganischer Insekticide. N. N. Melnikow. (Chem. Ind. [UdSSR] **1961,** 684—86, Okt.; russ.) — Die insekticide Wrkg. von P-organ. Präpp. beruht in den meisten Fällen auf einer Unterdrückung der Aktivität der Cholinesterase (I) oder anderer Esterasen. An Beispielen wird gezeigt, daß das gleiche Radikal, je nach seiner Stellung, die insekticide Aktivität in verschiedenen Richtungen beeinflussen kann. In einer Tabelle werden die insekticiden Eigg. einiger Ester von Dialkoxyphosphoalkylcarbonsäuren verglichen. Die Hemmung von I u. ihrer Analoga erfolgt nicht nur durch Phosphorylierung, sondern auch durch andere Rkk., die die Struktur u. Aktivität der Fermente verändern. Die Rkk. von Deriv. der Säuren des P mit prim., sek. u. tert. Aminen u. NH_3 werden untersucht. Die verschiedene insekticide Wirksamkeit der P-Verbb. kann auf der verschiedenen Orientierung ihrer Rkk. mit Enzymen u. organ. Substraten im Organismus der Insekten beruhen. — 12 Literaturangaben. R. K. Müller. 4608◇

Aktivierung von Cholinacetylase durch einen proteinfreien wässerigen Extrakt aus Herzmuskel. Enisa Bašagić, B. Bošković und P. Stern. (Arch. int. Pharmacodynam. Thérap. **137,** 49—53, 1/5. 1962; Sarajevo, Univ., Fac. of Med., Inst. of Pharmacol.; engl.) — Der proteinfreie wss. Herzextrakt „*Recosen*" (I) aktiviert in vitro u. in vivo bei Ratten u. Kaninchen *Cholinacetylase*; die Aktivierung hängt von der I-Menge ab u. ist der ausschlaggebende Faktor für die klin. Wirksamkeit von I.
P. Gregorzewski. 4609□

Ein aus Seehasen extrahiertes cholinergisches Agens. Lindsay R. Winkler, Bernard E. Tilton und Mervyn G. Hardinge. (Arch. int. Pharmacodynam. Thérap. **137,** 76—83, 1/5. 1962; Loma Linda, Calif., Loma Linda Univ., School of Med., Dep. of Pharmacol.; engl.) — Der Acetonextrakt (I) von Verdauungsdrüsen von *Aplysia coaccaria* wird untersucht. I (i.v.) verursacht beim Hund einen sofortigen kurzen Blutdruckabfall, Atmung wird stimuliert, dann verringert, die Herz-Geschw. ist anfangs unregelmäßig, danach verlangsamt. Das Ganglion cervicale anterior der Katze wird anfangs stimuliert, danach reversibel blockiert. I zeigt somit Acetylcholin-artige Eigenschaften. Das tox. Prinzip wird *Aplysin* genannt. P. Gregorzewski. 4609□

Behandlung der Carréschen Krankheit mit einem Sulfonderivat von Tryptophan. André Tercinet. (Thérapie **17,** 477—81, Mai/Juni 1962; Chambéry, Savoie; franz.) — Das *Aminoxid eines Sulfons* (mit Strychnin-ähnlichem Gerüst), $[C_{19}H_{21}N_2OS]_2 \cdot SO_2$, hat sich bei Hunden zur Behandlung der Carréschen Krankheit bewährt; es erzeugt ungefährliche Konvulsionen mit anschließender Remission der schlaffen Lähmung.
K. Zingraf. 4610□

Bindung der Sulfonamide an Eiweiße. 1. Mitt. **Papierelektrophoretische Untersuchungen über die Bindung einiger Sulfonamide an die Eiweißfraktionen des normalen Humanplasmas in vitro.** B. Tóth, H. Kiss und T. Vályi-Nagy. (Arzneimittel-Forsch. **11,** 652—57, Juli 1961; Debrecen (Ungarn), Med. Univ., Biochem. u. Pharmakol. Inst.; dt.) — Mit Hilfe der Papierelektrophorese wird die Bindung der Sulfonamide (SA) Sulfanilamid (**I**; Deseptyl), Deseptyl-N-4-lactosid (**II**), Sulfadimidin (**III**; Superseptyl), Superseptylmethylenbisulfit (**IV**) u. Sulfamethylthiazol (**V**; Ultraseptyl) in vitro untersucht. Abhängig von der Konz. werden die SA an die Fraktionen des menschlichen Serumeiweißes gebunden. Bei 10 mg% ist **III** mit 5,1; **I** mit 5,4; **V** mit 5,94; **II** mit 7,45 u. **IV** mit 9,0% mg am Eiweiß gebunden. Die gebundene Menge ist abhängig von der Struktur der SA. Die größte Menge wurde in der γ-Globulinfraktion gefunden. E. Carstens. 4610□

Experimentelle Daten zur Durchlässigkeit der Placenta weißer Ratten für Penicillin und Streptomycin bei Untersuchungen zu verschiedenen Zeiten der Schwangerschaft. W. G. Kurdjukowa. [Pädiatrie [UdSSR] **38,** Nr. 10, 30—33, Okt. 1960; Moskau, 1. Med. Ssetschenow-Inst., Zentr. I. Tschetschulin-Forsch.-Labor.; russ.) — Die Durchlässigkeit der Placenta (Unterschied des Geh. im mütterlichen Blut u. im fötalen Gewebe) wurde am 11., 16. u. 20. Schwangerschaftstag nach Gabe von *Peni-*

cillin (I; Na-Salz, i.m., 20000 E/kg, 61 Ratten) oder *Streptomycin* (II; Sulfat, 20000 E/kg, 58 Ratten) untersucht (bei I 0,5, 2 u. 3 Std. nach der Injektion, bei II nach 2, 5 u. 8 Std.). Die I-Konz. im mütterlichen Blut betrug 30 Min. nach der Injektion am 20 Schwangerschaftstag 26,9, im fötalen Gewebe 0,07, bei II (2 Std. nach der Injektion am 20. Tag) im Blut 14,5, im Gewebe 12,63 (am 16. Tag 13,64 bzw. 1,93). Bald nach der Injektion fielen die Werte sehr stark ab. K. Rintelen. 4611 □

Die Wirkung von Puromycin auf die Nucleotid- und Aminosäurenübertragung von löslicher Ribonucleinsäure in Mikrosomen. L. Bosch und H. Bloemendal. (Biochim. biophysica Acta [Amsterdam] **51**, 613—15, 19/8. 1961; Amsterdam; Netherlands Cancer Inst., Antoni van Leeuwenhoek-Huis, Dep. of Biochem.; engl.) — Das Antibioticum *Puromycin* (I) hemmt stark den Einbau von ^{14}C aus ^{14}*C-Leucyl-Ribonucleinsäure* in Rattenlebermikrosomen-Protein, bes. wenn die Mikrosomen mit I vorinkubiert wurden. Andererseits beeinflußt I kaum den Einbau von ^{32}P aus *lösl.* ^{32}*P-Ribonucleinsäure* in Mikrosomen-*Ribonucleinsäure* (Inkubationen in Ggw. von *Guanosintriphosphat* (II), *Phosphoenolpyruvat* (III), *Pyruvatkinase* (IV) u. 105000·*g*-Überstand aus Rattenleberhomogenat). In Abwesenheit von II, III u. IV sinkt der ^{14}C-Einbau auf 1%, die ^{32}P-Übertragung auf 20%. S. Dittmann-Mitzscherlich. 4611 □

Die Wirkungen einer Überdosierung mit Antibioticis und das Überleben von Ratten infolge eines Arterienverschlusses des Mesenteriums. Ming K. Lin und Benjamin W. Zweifach. (Proc. Soc. exp. Biol. Med. **108**, 27—31, Okt. 1961; New York, N.Y., Nat. Taiwan Univ., Coll. of Med., Dep. of Surgery, New York Univ. Med. Center, Dep. of Path.; engl.) — Es wurde der Schock studiert, der durch den vorübergehenden Verschluß der oberen Gekrösearterien bei Ratten nach Überfütterung mit verschiedenen Antibioticis auftrat. *Terramycin, Neomycin* oder *Gantrisin,* während 6 Tagen oral verabreicht, schützen eindeutig die Ratten; diese Tiere hatten die höchsten Überlebensraten von 73—80%. Mit *Aureomycin, Chloromycetin* behandelte Ratten waren nicht entsprechend geschützt, denn die Überlebensrate betrug nur 22—33%. Außer den Antibioticis wurde auch intraperitoneal *E. coli-Endotoxin* (Difco) verabreicht. Die Toleranz gegen solche bakterielle Endotoxine war nur mäßig wirksam gegen den Verschlußschock. Die Schutz-Wrkg. der ersterwähnten drei Antibiotica dürfte auf die Verhinderung von patholog. Veränderungen im Darmtrakt zurückführbar sein. L. Macher. 4611 □

Salicylamid- und Salicylsäure-Vergiftungen bei der Katze im Vergleich mit anderen Tieren. 2. Mitt. H. Bekemeier. (Arch. int. Pharmacodynam. Thérap. **137**, 212—17, 1/5. 1962; Halle-Wittenberg, Martin-Luther-Univ., Pharmakol. Inst.; dt.) — 1. vgl. C. **1957**, 7424. — *Salicylamid* (I) ist bei intraperitonealer, rektaler u. subkutaner Verabreichung für die Katze ca. 10mal so tox. wie für Maus, Ratte, Meerschweinchen, Kaninchen u. Hund. Nur bei Katzen treten starke Proteinurie u. Urämie auf, der Urin ist dunkelbraun gefärbt, was auf den Geh. an huminartigen Oxydations-Prodd. von I zurückzuführen ist. P. Gregorzewski. 4615 □

Die sympathomimetische Wirkung von Acetaldehyd auf isolierte Atria. M. Ashwini Kumar und U. K. Sheth. (Arch. int. Pharmacodynam. Thérap. **137**, 188—98, 1/5. 1962; Bombay, Seth G. S. Med. Coll., Dep. of Pharmacol.; engl.) — *Acetaldehyd* (I) zeigt am isolierten normalen oder Chinidin-behandelten Kaninchenatrium sympathomimet. Wirkung. Diese I-Wrkg. wird durch *Dichlorisoproterenol* oder *Reserpin*-Vorbehandlung aufgehoben. Ganglionblockierung durch *Pentoliniumtartrat* oder adrenerge Blockierung durch *Bretyliumtosylat* beeinflussen die Rk. auf I oder *Adrenalin* nicht signifikant. *Guanethidine* hemmt teilweise die I-Wirkung. P. Gregorzewski. 4620 □

Pharmakologische Untersuchung von 2-Diäthylaminopropiophenon. 1. Mitt. **Toxizität.** Raymond Cahen, Jacqueline Montagne, Jeanne Pessonnier und André Pessonier. (Thérapie **17**, 373—83, Mai/Juni 1962; Maison-Alfort, Centre de Rech. Lafon.; franz.) — *2-Diäthylaminopropiophenon* (*Amfepramon*) ist bei der Maus 1,5mal (DL_{50} intraperitoneal 160 ± 9,68 mg/kg) u. bei der Ratte 2,5mal (DL_{50} intraperitoneal 280 ± 24,53 mg/kg) weniger tox. als *d-Amphetamin.* Zusatz von Polyoxyäthylenoxypropylen erhöht seine Toxizität nicht. Bei 146 Tage langer Verabreichung der Kombination bei der Ratte traten erhöhte Mortalität, Vitaminmangel, hämatolog. oder Organveränderungen nicht ein. K. Zingraf. 4620 □

Pharmakologische Untersuchung von 2-Diäthylaminopropiophenon. 2. Mitt. **Appetitverringernde Wirkung.** R. Cahen, André Pessonnier und Simone Taurand-Aubron. (Thérapie **17**, 384—94, Mai/Juni 1962; Maisons-Alfort, Centre de Rech. Lafon.; franz.) — 1. vgl. vorst. Referat. — Bei der hungernden Ratte intraperitoneal oder intragastral oder beim Hund subkutan oder intragastral angewandt wirkt *2-Diäthylaminopropiophenon* 4mal geringer appetitverringernd als d-Amphetamin. Die Wrkg. wird durch gleichzeitige Anwendung von Polyoxyäthylenoxypropylen verlängert. K. Zingraf. 4620□

Pharmakologische Untersuchung von 2-Diäthylaminopropiophenon. 3. Mitt. **Periphere sympathicomimetische Wirkung.** R. Cahen, J. Nadaud, S. Taurand-Aubron und M. Sautai. (Thérapie **17,** 395—403, Mai/Juni 1962; Maisons-Alfort, Centre de Rech. Lafon.; franz.) — 2. vgl. vorst. Referat. — Die sympathicomimet. Wrkg. von *2-Diäthylaminopropiophenon* (I) auf Herz u. Gefäße bei Hund u. Katze sowie auf die glatte Darmmuskulatur, die isolierten Gefäße u. die Mydriasis ist deutlich geringer als die von d-Amphetamin. Selbst 15 mg I/kg bewirken keine Hypertension u. keine Konstriktion der Nierengefäße. K. Zingraf. 4620□

Pharmakologische Untersuchung von 2-Diäthylaminopropiophenon. 4. Mitt. **Zentrale sympathicomimetische Wirkung.** R. Cahen, J. Montagne und J. Pessonnier. (Thérapie **17,** 404—12, Mai/Juni 1962; Maisons-Alfort, Centre de Rech. Lafon; franz.) — 3. vgl. vorst. Referat. — Im Gegensatz zu d-Amphetamin besitzt *2-Diäthylaminopropiophenon* (I) bei der Ratte u. der Maus nur in hohen Dosen eine zentral stimulierende Wirkung. In niedrigen Dosen verringert I sogar die Spontanmotilität von Mäusen. K. Zingraf. 4620□

Toxikologie von Nialamid, einem neuen psychotherapeutischen Agens. C. S. Delahunt und J. M. Pepin. (Toxicol. appl. Pharmacol. **1,** 524—33, Sept. 1959; Maywood, N.J., Chas. Pfizer Therapeutic Inst.; engl.) — Die orale DL_{50} für *Nialamid* (*1-[β-Benzylcarbamyläthyl]-2-isonicotinoylhydrazin*) beträgt für Mäuse u. Ratten 1000 bzw. 1700 mg/kg. Tox. u. letale Dosen bewirken keine Leberschäden bei Hunden u. Ratten. Auch nach 6monatiger Behandlung zeigten sich keinerlei histolog. Veränderungen. P. Gregorzewski. 4620□

Pharmakologische Aspekte von 10-[2′-Methyl-3′-dimethylaminopropyl]-phenothiazin-S-dioxid (Dysedon). Takeo Oda, Toshiaki Murano und Shinobu Yoshimoto. (Folia pharmacol. japon **57,** 460—66, 20/7. 1961; Osaka, Osaka City Univ. Med. School, Dep. of Pharmacol.; engl.) — Das Formalinödem der Ratte wird durch *Dysedon* (I) stärker gehemmt als durch *Promethazin* (II) u. *Chlorpromazin* (III); gegen das Dextranödem ist III am stärksten wirksam, u. die Wrkg.-Weise von II auf das *Hyaluronidase* (IV)-Ödem ist von der von I u. III verschieden. Die infolge von *Histamin* (V) oder IV erhöhte Capillarpermeabilität wird durch I stärker als durch II oder III herabgesetzt. Die I-, Acetylcholin- u. allerg. Rk. des isolierten Meerschweinchenileums wird durch II stärker gehemmt als durch III oder I. Die Schlafdauer nach Methylhexabital wird durch III wirksamer verlängert als durch I oder II. Die Wrkg. von I u. II auf den Blutdruck u. die Atmung von Kaninchen u. die Toxizität ist gleich. K. Zingraf. 4620□

Pharmakologie und therapeutische Anwendung neuer Phenothiazinderivate. Gh. Feszt. (Farmacia [Bucureşti] **6,** 203—08, Mai/Juni 1958; rum.) — Übersicht über folgende Pharmaka: *Phenergan, Dibutil, Latibon, Äthizin, Padisal, Chlorpromazin, 10-[γ-Dimethylaminopropyl]-phenothiazin, 10-[N-Methylpiperidyl-(3)-methyl]-phenothiazin.* — 28 Literaturangaben. J. Lehmberg. 4620□

Über einige Wirkungen von Propyromazin am cerebro-spinalen Nervensystem. Jacques-R. Boissier, Claude Dumont, Jeanette Pagny und Charles Malen. (Thérapie **17,** 463—75, Mai/Juni 1962; Paris, Inst. de Pharmacol.; franz.) — *10-[1-Methyl-1-pyrrolidinopropionyl-(2)]-phenothiazin* (*Propyromazin, SD 104.19, Diaspasmyl*; I) u. *10-[α-Pyrrolidinopropionyl]-phenothiazin* (*SD 104.23*) besitzen keine psycholept. Wirkung. I zeigt prakt. fast keine krampfhemmende Wrkg., u. die Antitremor-Wrkg. beschränkt sich auf Rkk. cholinerg. Charakters. I hemmt die kontrahierende Wrkg. von Acetylcholin auf den isolierten Froschrectus, übt aber keine curarisierende Wrkg. am Ischiadicus-Gastrocnemius-Präp. der Ratte aus, stellt jedoch die durch d-Tubocurarin oder Succicurariumjodid erfolgte Curarisierung nach Abklingen wieder her. K. Zingraf. 4620□

Alarmierende neuromuskuläre Reaktionen infolge von Prochlorperazine. Janis Gailitis, Richard R. Knowles und Arturo Longobardi. (Ann. intern. Med. **52,** 538—43, März 1960; Newport, R. I., Newport Hosp.; engl.) — Bei 2—4tägiger Behandlung mit 5—60 mg *Prochlorperazin* täglich traten bei 4 Patienten dyskinet. neuromuskuläre Rkk. auf. K. Zingraf. 4620□

Der Einfluß von Reserpin auf das im Mauseschwanz durch Thiopental verursachte Gangrän. J. H. Burn und D. B. McDougai jun. (J. Pharmacol. exp. Therapeut. **131,** 167—70, Febr. 1961; St. Louis, Mo., Washington Univ. School of Med., Dep. of

Pharmacol.; engl.) — Die durch *Thiopental*-Injektionen am Mäuseschwanz entstehenden Nekrosen u. Ulcerationen werden durch *Reserpin*-Behandlung verlangsamt.
P. Gregorzewski. 4620◇

Die Antireserpinwirkungen einiger zentral wirksamer Agentien. Graham Chen und Barbara Bohner. (J. Pharmacol. exp. Therapeut. **131,** 179—84, Febr. 1961; Ann Arbor, Mich., Parke, Davis and Comp.; engl.) — *Monaminoxydase-Hemmer* wirken *Reserpin* (I) stärker entgegen, wenn sie vor I an Mäuse verabreicht werden. Antikonvulsiv wirkende Arzneimittel, wie *Dilantin,* haben keinen Einfl. auf die I-induzierte Ptosis. Dagegen sind sie wirksamer gegen Pentylentetrazolkrämpfe als die Monaminoxydase-Inhibitoren. *Dopa* (II), *Dopamin, 5-Hydroxytryptamin* (III) u. *5-Hydroxytryptophan* zeigen Anti-I-Wrkg., *Iproniazid* erhöht diese Wrkg. von II u. III noch.
P. Gregorzewski. 4620◇

Eine experimentelle Untersuchung über die Verhaltensbeeinflussung durch Carbäthoxysyringoylmethylreserpat. James G. Miller und Leonard Uhr. (Toxicol. appl. Pharmacol. **1,** 534—44, Sept. 1959; Ann Arbor, Mich., Univ. of Michigan, Dep. of Psych., Mental Health Res. Inst.; engl.) — Eine 28tägige Behandlung mit 1 bzw. 5 mg/Tag *Syrosingopin* (*Carbäthoxysyringoylmethylreserpat*) bewirkt bei 32 ♂ Patienten keine Verhaltensänderungen. P. Gregorzewski. 4620□

Hypothermische und antipyretische Aktivität von Piperidyl-(4)-diphenylcarbinolhydrochlorid (Azacyclonol). B. N. Dhawan und G. P. Gupta. (Arch. int. Pharmacodynam. Thérap. **137,** 54—60, 1/5. 1962; Lucknow, K. G's Med. Coll., Dep. of Pharmacol. and Therapeutics; engl.) — *Azacyclonol* (I; *Piperidyl-(4)-diphenylcarbinolhydrochlorid,* i.m.) erniedrigt bei normalen Kaninchen u. Tauben die Körpertemperatur. Bei Kaninchen wirkt I der pyret. Wrkg. von Lysergsäurediäthylamid (LSD-25), Dinitrophenol u. TAB-Vaccin entgegen. Bei Tauben wird der hypotherme Einfl. von LSD-25 nicht durch I verändert. Die ähnliche *Reserpin*-Wrkg. wird signifikant erhöht.
P. Gregorzewski. 4620□

Wirkung der γ-Aminobuttersäure und der γ-Amino-β-hydroxybuttersäure auf das Elektroencephalogramm normaler Personen und von Epileptikern. V. Floris, C. Morocutti, G. Gaggino und A. Napoleone-Capra. (Boll. Soc. ital. Biol. sperim. **38,** 538—41, 15/6. 1962; Cagliari, Univ., Clin. delle Malat. e Ment.; ital.) — Die Unterss. werden an normalen Personen u. Epileptikern durchgeführt, die 5% ig. *γ-Amino-* u. 10% ig. *γ-Amino-β-hydroxybuttersäure* in Mengen von 25 mg—3,9 g erhalten. Während die bioelektr. Aktivität der normalen Kurven nicht verändert wird, werden manche patholog. Bedingungen verbessert, u. zwar bei den spezif. u. aspezif. schweren u. laufenden Veränderungen des EEG bei schweren klin. Formen der Epilepsie, wobei beide Verbb. etwa gleich wirksam sind. F. Kren. 4622□

Elektroencephalographische Synchronisierung und Veränderung der Schwelle des Wiedererwachens der Hirnrinde durch Verabfolgung von Imipramin bei der Katze. P. Crepax, E. Fadiga und A. Volta. (Boll. Soc. ital. Biol. sperim. **37,** 66—69, 31/1. 1961; Urbino, Univ., Ist. di Fisiol. gener. Sezione I del Centro di Neurofisiol. del CNR; ital.) — Katzen wird i.v. 0,3—5 mg *N-[3-Dimethylaminopropyl]-10.11-dihydro-5H-dibenz-[b.f]-azepinhydrochlorid* (I)/kg injiziert, worauf die elektr. Hirnrindenkurve ca. 1 Std. lang ein synchronisiertes Aussehen aufweist, während die Schwelle der Wiederweck-Rk. 90—100 Min. verändert bleibt. Im isolierten Hirn u. Encephalum verringern schon kleine I-Dosen die diffusen Wrkg., die durch die peripheren Erregungen auf die elektr. Aktivität der Hirnrinde verursacht werden.
F. Kren. 4622□

Chromatographische Untersuchungen über die Eliminierung von Imipramin durch den Harn. M. Ferrari und C. E. Toth. (Boll. Soc. ital. Biol. sperim. **38,** 530—33, 15/6. 1962; Padua, Univ., Ist. di Farmacol.; ital.) — Die Unterss. werden an Kaninchen durchgeführt, die oral 70 mg *Imipramin* (I)/kg erhalten. Die chromatograph. Analyse des Harns liefert 11 Fraktionen. Aus dem chem. Verh. einiger Fraktionen scheint bewiesen, daß Konjugation, Hydroxylierung u. Dimethylierung die wichtigsten Prozesse der Bioumwandlung von I sind. F. Kren. 4622□

Stoffwechsel und Bestimmung von Imipramin. T. Berti und M. Ferrari. (Arch. ital. Sci. farmacol. [3] **10,** 122—27, April 1960; Padova, Univ., Ist. di Farmacol.; ital.) — Beschreibung einer spektrophotometr. Meth. zur Best. von *Imipramin* (I) im Harn u. in Organhomogenaten. Bei Mäusen u. Ratten erfolgt eine Anreicherung von I vor allem im Lungengewebe. Beim Kaninchen wird nur ein kleiner Teil des verabreichten I in Form von freiem I im Harn ausgeschieden; der größte Teil erscheint in Form von Konjugations-Prodd., wobei wenigstens 2 Metaboliten auftreten. K. Zingraf. 4622□

Salicylamid: Entzündungshemmende Wirkung. P. Duchêne-Marullaz und J. Vacher. (Thérapie **17**, 433—38, Mai/Juni 1962; Riom, Puy-de-Dôme; franz.) — Die entzündungshemmende Wrkg. von *Salicylamid* wurde in 4 verschiedenen Testverff. mit der von *Aspirin* (I), *Phenylbutazon* u. *Hydrocortison* verglichen; sie war etwa halb so stark wie die von I. K. Zingraf. 4627□

Salicylamid: Analgetische Wirkung. P. Duchêne-Marullaz und J. Vacher. (Thérapie **17**, 439—44, Mai/Juni 1962; Riom, Puy-de-Dôme, Centre Europ. de Rech. Fondam. et Appl.; franz.) — Die analget. Wrkg. von *Salicylamid* wurde in 3 Test-Verff. (Heizplatte bei Mäusen, Druck auf entzündete Pfote bei der Ratte, Reizung der Zahnpulpa beim Kaninchen) geprüft; sie war der von Aspirin gleich u. der von Aminopyrin deutlich unterlegen. K. Zingraf. 4627□

Asparaginsäure und Tryptophan heben die Wirkung einiger Lokalanästhetica auf. G. Marras. (Arch. ital. Sci. farmacol. [3] **10**, 46—51, Jan. 1960; Sassari, Univ., Ist. di Farmacol.; ital.) — *Asparaginsäure* u. *Tryptophan* bewirken an der Kaninchencornea eine Verringerung der lokalanästhet. Wrkg. von *Cocain, Farmocain, Lidocain* u. *Percain.* K. Zingraf. 4627□

Ähnlichkeit zwischen den für die Entstehung von Analgesie und von Linsentrübung verantwortlichen Receptoren. Marta Weinstock. (Brit. J. Pharmacol. Chemotherapy **17**, 433—41, Dez. 1961; London, St. Mary's Hosp. Med. School, Dep. of Pharmacol.; engl.) — Es bestand eine enge Korrelation zwischen der analget. Wirkstärke von *Levorphanol, Papaverin,* (±)-*Methadon, Diamorphin, Dextromoramid, Normorphin, Levomethorphan, Codein, Dihydrocodein, Morphin* u. einigen Derivv. von *1-Phenyläthylpiperidin* u. der Wirksamkeit der Verbb. auf die Linse (Erzeugung reversibler Linsentrübung) bei der Maus. Für beide Wrkg. wurde eine Stereospezifität für D-Isomere nachgewiesen. *Nalorphin* wirkte an der Linse nur gegenüber den Verbb. antagonist., deren analget. Wrkg. es aufhob. K. Zingraf. 4627□

Untersuchungen über Depressiva des Zentralnervensystems. 1. Mitt. Allgemeine pharmakologische Eigenschaften von Trimeglamide, J. D. Sharma und P. C. Dandiya. (Arch. int. Pharmacodynam. Thérap. **137**, 218—30, 1/5. 1962; Jaipur, S.M.S. Med. Coll., Dep. of Pharmacol.; engl.) — *Trimeglamide* (*Trimethoxybenzoylglycindiäthylamid*) erhöht die Schlafdauer nach Pentobarbital, Hexobarbital u. Ä., senkt die rectale Temp. der Maus, verringert kurzzeitig den Blutdruck u. hat psychotrope Wirkungen. P. Gregorzewski. 4627□

Analgesierung der Geburtswehen mit Promedol in Kombination mit Propazin. N. W. Archangelskaja. [Sowjet-Med. [UdSSR] **25**, Nr. 3, 80—84, März 1961; Saratow, Med. Inst., Therapeut. Fakultät, Klinik für Gynäkolog. u. Geburtshilfe; russ., Auszug: engl.) — Simultangaben von 25—50 mg *Propazin*, in Abhängigkeit von den Besonderheiten des Nerven-Syst. u. dem Geburtsverlauf, erhöhten die analget. Wrkg. des *Promedols* (40 mg) auf die Geburtswehen von Frauen, so daß diese 7—10 Min. nach der Zufuhr eintrat u. im Mittel 4—6 Std. andauerte. I. v. Kloch-Kornitz. 4627□

Analgetische und psychotrope Wirkungen von Morphin. J. Jacob. (Thérapie **17**, 507—18, Mai/Juni 1962; Paris, Inst. Pasteur, Serv. de Chim. Thérap., Labor. de Pharmacol.; franz.) — Übersicht. — 28 Literaturangaben. K. Zingraf. 4627□

Ist Morphin ein Tranquillizer? J.-R. Boissier. (Thérapie **17**, 519—28, Mai/Juni 1962; Paris, Univ., Fac. de Méd., Inst. de Pharmacol.; franz.) — Bei Hunden tritt nach 0,5—1 mg *Morphin* (I)/kg Bradycardie, Salivation, Schlafneigung u. Miosis auf. Im Feld-Vers. an der Ratte (Messung der durchlaufenen Strecken u. der Wendungszahl) übte I eine psycholept. Wrkg. aus. Im Ausbruchtest der Maus zeigte I in analget. Dosen keine Wirkung. In Kombination mit Mebubarbital-Natrium war es nicht möglich, mehr als 30% der Mäuse einzuschläfern. Das motor. Exzitationssyndrom bei Mäusen nach Gaben von Iminodipropionitril bzw. trans-Cinnamylcarbamat konnte durch I nicht beeinflußt werden. K. Zingraf. 4627□

Wechselwirkungen zwischen einigen Vitaminen des B-Komplexes und Morphin. I. Taddei, M. P. Ricottilli und E. Panni. (Arch. ital. Sci. farmacol. [3] **9**, 364—68, Juli 1959; Siena, Univ., Ist. di Farmacol.; ital.) — Bei Ratten verzögerten bes. *Vitamin* B_1 u. B_2, aber auch *Vitamin* B_6, *PP* u. *Na-Pantothenat* den Eintritt einer *Morphin* (I)-Gewöhnung (gemessen an der Atemfrequenz, der Analgesie, dem Schlaf u. der motor. Aktivität) u. beschleunigten eine Entwöhnung. Auch die Mortalität infolge länger dauernder Verabreichung von I wurde durch die Vitamine verringert. K. Zingraf. 4627□

Wirkung einiger oxytocischer Mittel auf die Kontraktion des gestreiften Muskels und die Curarisierung mit d-Tubocurarin. J. Cheymol, J. van den Driessche und F. Bourillet. (Thérapie **16**, 51—58, Jan./Febr. 1961; Paris, Inst. de Pharmacol., Fac. de Méd.; franz.) — Untersucht wurden die Wrkg. von *Hypophysenhinterlappenextrakt* (I),

Sparteinsulfat (II), *Chininbichlorid* u. *-sulfat* (III), *Östradiolbenzoat* (IV) u. *Tolazolinhydrochlorid* (V) auf die Muskelkontraktion am Ischiadicus–Tibialis anterior-Präp. von Kaninchen u. Ischiadicus–Tibialis anterior–Soleus-Präp. der Katze sowie die Kopffall-Rk. des Kaninchens nach *d-Tubocurarin* (VI). Die Beeinflussung der neuromuskulären Übertragung variiert bei den verschiedenen benutzten Präpp. u. Substanzen. **V** ist immer ohne Wirkung. **III** steigert bei der Katze u. beim Kaninchen die Amplitude der maximalen Kontraktion. **I, II** u. **IV** vergrößern nur beim Kaninchen die Amplitude der maximalen Kontraktion. Die Wrkg. von **VI** werden durch **V** u. **IV** nicht verändert, durch **II** u. **III** werden sie aber potenziert. **I** erleichtert beim Kaninchen das Wiederauftreten von Kontraktionen bei einem teilweise curarisierten Muskel. K. Böhm. 4628◇

Der Einfluß photokatalytischer Umsetzungen auf die pharmakodynamischen Eigenschaften der Ergotalkaloide. Adrenolytischer Effekt von Lumiergotamin(I) und Lumiergocristin(I). L. H. Eklund. (Svensk farmac. Tidskr. **64**, 345–53, 20/4. 1960; Stockholm, Roy. Pharmaceut. Inst., Dep. Pharmacodyn. u. Toxicol.; engl.) — Der adrenolyt. Effekt, die akute u. die subakute Toxizität von *Lumiergotamin(I)* (I) u. *Lumiergocristin(I)* (II) wurden bestimmt u. mit den entsprechenden Eigg. von *Dihydroergotamin* (III), *Ergocristin* (IV) u. *Dihydroergocristin* (V) verglichen. Best.-Meth.: Adrenolyt. Effekt an der Meerschweinchensamenblase, akute u. subakute Toxizität an Mäusen (Meth. von Burns). Relative Potenz im adrenolyt. Effekt (Ergotamin = 1), **III** 3,3, **I** 0,30, **IV** 2,4, **V** 7,7, **II** 0,35. DL_{50} (mg/kg) u. relative Toxizität (Ergotamin = 1) *Ergotamintartrat* 46,2, 1,00, **III**-*Tartrat* 163, 0,283, **I**-*Tartrat* > 200, < 0,25, **II**-*Tartrat* 226, 0,204. Die subakute Toxizität ist bei **III** u. **II** < **I** u. Ergotamin. Die Einführung eines H_2O-Mol. in ein *Lysergsäure*-Mol. bewirkt demnach eine beträchtliche Verminderung der Toxizität, aber auch eine Verminderung des adrenolyt. Effektes. Walter Schäfer. 4628□

Wirkungen von Antiparkinsonstoffen auf eine Phenothiazin-induzierte katatonische Reaktion. Clara Morpurgo. (Arch. int. Pharmacodynam. Thérap. **137**, 84–90, 1/5. 1962; Galesburg, Ill., Galesburg State Res. Hosp.; engl.) — An Ratten wird der Einfl. von *Atropin, Scopolamin* (II), *Trihexyphenilylhydrochlorid* [1-Phenyl-1-cyclohexyl-3-piperidinopropanol-(1)], *Benztropin, Biperidin, Amphetamine, Coffein* u. *Methylphenidate* auf die durch *Perphenazine* (I) verursachte Rk. untersucht. Alle anticholinerg. Mittel wirken antagonist. auf die durch 5 mg/kg intraperitoneal **I** verursachte kataton. Reaktion. Am wirksamsten ist **II**. P. Gregorzewski. 4628□

Der Einfluß einer vorhergehenden Reserpinbehandlung in vivo auf das isolierte Herzohr des Kaninchens und Meerschweinchens auf ganglienerregende Substanzen. J. J. Reuse und R. Bourgain. (Arch. int. Pharmacodynam. Thérap. **125**, 227–31, 1/4. 1960; Bruxelles, Univ., Labor. de Pharmacodyn. et Centre Belge d'Anesthésiologie; franz.) — Unterss. am isolierten Kaninchen- u. Meerschweinchenherzohr nach vorausgegangener *Reserpin*-Behandlung (intraperitoneal, i.v.), wodurch dessen Geh. an sympathicomimet. Aminen stark vermindert ist, zeigen, daß ganglienerregende Verbb., wie *Nicotin* (saures Tartrat) oder *1.1-Dimethyl-4-phenylpiperaziniumjodid*, schwächer wirken. Deren inotrope u. vor allem positiv chronotropen Wrkg. auf das isolierte atropinisierte Aurikelpräp. sind verringert, selten jedoch vollkommen aufgehoben. K. Maier. 4630□

Amin-Konzentrationen im Gewebe und Sympathicusblockade nach Guanethidin und Bretylium. Rosemary Cass und T. L. B. Spriggs. (Brit. J. Pharmacol. Chemotherapy **17**, 442–50, Dez. 1961; London, School of Pharm., Dep. of Pharmacol.; engl.) — Eine Einzeldosis von *Guanethidin* (I), nicht aber von *Bretylium* (II), bewirkt bei der Ratte eine lang dauernde Verarmung des Gewebes an *Brenzcatechinaminen* (III). **I** u. **II** blockieren den durch *Eserin* (IV) ausgelösten, durch den Sympathicus bewirkten Blutdruckanstieg. Bei maximaler **III**-Verarmung des Gewebes kann die Rk. auf **IV** durch Noradrenalin wiederhergestellt werden (nicht jedoch bei der **II**-behandelten Katze). Die **III**-Konzz. in isolierten Geweben werden nicht verringert, wenn durch **I** eine vollständige Blockierung der Rk. auf Sympathicusreizung erfolgt ist. Es wird angenommen, daß **I** eine prim., **II**-ähnliche u. eine sek., reserpinähnliche blockierende Wrkg. besitzt. **I** verringert vorübergehend die Serotonin-Konz. im Darm bei gleichzeitiger gesteigerter Darmmotilität. K. Zingraf. 4630□

Wirkung von N-[3′-Phenylpropyl-(2′)]-1.1-diphenylpropyl-(3)-amingluconat auf den Herzmuskelstoffwechsel. E. Lindner. (Verh. dtsch. Ges. Kreislaufforsch. **27**, 256–59, 7.–9. April 1961; Höchst, Farbwerke Hoechst, Pharmakol. Labor.; dt.) — Die genannte Substanz, *Segontin* (I), gilt als Coronarmittel. Es wirkt positiv inotrop. Bei Ratten läßt sich jedoch keine Abnahme des Herzmuskel-Geh. an Glykogen feststellen. In Hirn, Herz, Aorta u. Halsganglien des Hundes vermag **I** den Gewebe-*Noradrenalin* (II)-Geh. entscheidend zu senken, ohne den Serotoninspiegel zu ändern. Im

Gegensatz zu *Reserpin* führt aber **I** auch bei höherer Dosis niemals zu einem völligen Verlust von **II**, wie der Tyramineffekt am Meerschweinchenvorhof erweist. An der Ratte wird der **II**-Geh. des Gehirns u. des Herzmuskels ebenfalls gesenkt. In der Beeinflussung des **II**-Spiegels scheint ein Wrkg.-Mechanismus von **I** gefunden worden zu sein. H. Jordan. 4630□

Untersuchungen zur Beeinflussung des Energiestoffwechsels am erschöpften Herzvorhofpräparat. M. Siess. (Verh. dtsch. Ges. Kreislaufforsch. **27**, 259—65, 7.—9. April 1961; Marburg, Univ., Pharmakol. Inst.; dt.) — Die Wrkg. von *Persantin* (*2.6-Bis-[diäthanolamino]-4.8-dipiperidinopyramido-[5.4:d]-pyrimidin*; **I**, K. Thomae G. m. b. H., Biberach/Riss) wurde am präparierten Meerschweinchenherzvorhof unter verschiedenen Bedingungen untersucht. Bei anaerober Glykolyse — reversibel nach O_2-Zufuhr bis zu 10 Std. — ließ sich der typ. Erschöpfungsherzstillstand unter **I** u. gleichzeitigen Gaben positiv inotroper Substanzen wie Strophantin oder Adrenalin bis zu 1 Std. verhindern, was mit einer Restituierung bzw. Erhaltung der energiereichen Phosphate erklärt wird. Vermutlich wirkt **I** als energieliefernder Wasserstoffacceptor. Methylenblau u. Flavinmononucleotid waren nicht bzw. nur wenig im gleichen Sinne wirksam. Unter aeroben Bedingungen verzögert **I** den diastol. Erschöpfungsstillstand oder verkürzt die Erholungsphase. Es unterbleibt unter **I**-Einwirkung ferner der für Erstickung unter gleichzeitiger Blockade der Brenztraubensäure-Bldg. (Wasserstoffacceptor!) durch NaF typ. Anstieg des red. Diphosphopyridinnucleotids. Diesen experimentellen Herzstillstand vermag **I** im Verein mit Adrenalin, gesteigert durch Addition von Natriumlactat, aufzuheben. **I** scheint also effektiv als energieliefernder H-Acceptor im Myocard zu wirken. H. Jordan. 4630□

Die antagonistische Wirkung von Dichlorisopropylarterenol auf die direkten und ndirekten Herzwirkungen von Sympathin. P. F. Mannaioni. (Arch. ital. Sci. farmacol. [3] **10**, 12—20, Jan. 1960; Firenze, Univ., Ist. di Farmacol.; ital.) — In Konzz. von 10^{-4} bis 10^{-6} blockiert *Dichlorisopropylarterenol* selektiv die Wrkg. von Adrenalin, Noradrenalin, Isopropylarterenol u. Nicotin auf den Meerschweinchenvorhof oder das isolierte Langendorffsche Meerschweinchenherz, verändert jedoch den positiven inotropen u. chronotropen Effekt nicht. K. Zingraf. 4630□

Wirkung von Chinidin und Procainamid auf die isolierte Herzkammer der Ratte. M. Libonati und G. Segre. (Arch. ital. Sci. farmacol. [3] **10**, 166—80, April 1960; Torino, Univ., Ist. di Farmacol. e Terap. sperim.; ital.) — Die Wrkg. von *Chinidinsulfat* auf die Erregbarkeit der elektr. gereizten isolierten Herzkammer der Ratte war 21- bis 54mal stärker als die von Procainamid. K. Zingraf. 4630□

Die Synthese und Untersuchung des Chinidinpolygalakturonats. Alfred Halpern, Norman Shaftel und A. J. Monte Bovi. (Amer. J. Pharmacy Sci. support. publ. Health **130**, 190—201, Juni 1958; New York City, N.Y., Stuyvesant Polyclinic; Brooklyn, N.Y., Kings County Hosp.; Maimonides Hosp.; St. John's Univ., Coll. of Pharm., Dep. of Chem.; engl.) — Die Struktur des *Chinidinpolygalakturonats* (*Cardioquin*, G. F. Harvey Co., Saratoga Springs, N.Y.) konnten durch IR- u. UV-Spektralanalyse bestätigt werden. Es handelt sich um ein neues Komplex-Alkaloidsalz. Es übt den vollen cardiodynam. Effekt des Chinidins aus. — 26 Literaturangaben. W. F. Ebel. 4630□

Die durch Methylxanthine im Vergleich zu Natriumnitrat bewirkte Coronarerweiterung und -constriction. G. Segre. (Arch. ital. Sci. farmacol. [3] **9**, 369—88, Juli 1959; Torino, Univ., Ist. di Farmacol. e Terap. Sperim.; ital.) — An isolierten durchströmten Kaninchenherzen wurde die Wrkg. von *Theobromin* (**I**), *Theophyllin* (**II**), *Coffein* (**III**) u. *$NaNO_2$* auf den Coronardurchfluß bestimmt. **II** war am wirksamsten (100mal stärker als $NaNO_2$ bei 25%ig. Wrkg.). **II** u. $NaNO_2$ bewirkten in jeder Konz. eine Erweiterung der Coronarien, **I** u. **III** dagegen nur in niedrigen Konzz., während bei höheren Konzz. Coronarconstriction eintrat. K. Zingraf. 4630□

Hypotensive und Nebenwirkungen von Syrosingopin im Vergleich zu Reserpin. Pablo Thomsen und Pablo Casanegra. (Amer. J. med. Sci. **244**, 211—13, Aug. 1962; Santiago, Chile, Catholic Univ., School of Med.; engl.) — *Syrosingopin* wird an 35 Patienten mit Hypertension verabreicht: es besitzt ähnliche, nur schwächere Wrkg. als Reserpin, wird besser toleriert u. hat weniger Nebenwirkungen.
P. Gregorzewski. 4630□

Die Einflüsse von Reserpin- und Thyreoidhormongaben auf den Herzrhythmus des Hundes. Joseph H. Gans und Paul F. Mercer. (Arch. int. Pharmacodynam. Thérap. **137**, 179—87, 1/5. 1962; Ithaca, N.Y., Cornell Univ., New York State Vet. Coll., Dep. of Physiol.; engl.) — *Reserpin* (**I**; 0,15 mg/kg, i.v.) bewirkt bei hyperthyreoiden Hunden eine signifikante Herabsetzung der Puls-Geschw., ohne daß sich der Blutdruck oder der O_2-Verbrauch ändert. *Brenzcatechinàmine* verursachen im Gegensatz zu I-behandelten euthyroiden Hunden bei I-behandelten hyperthyreoiden Tieren keine Arrhythmien. P. Gregorzewski. 4630□

Hypotensive Veratrumester-Alkaloide. S. Morris Kupchan. (J. pharmac. Sci. **50**, 273—87, April 1961; Madison, Wis., Univ. of Wisconsin, Dep. of Pharm. Chem.; engl.) — Übersicht. — 58 Literaturangaben. P. Gregorzewski. 4630□

Durch einige Rauwolfia-Alkaloide unter verschiedenen Versuchsbedingungen bewirkte Veränderungen im Brenzcatechingehalt des Nebennierenmarks. Histochemische Untersuchungen. F. Camanni, G. M. Molinatti und M. Olivetti. (Arch. ital. Sci. farmacol [3] **10**, 78—85, Jan. 1960; Torino, Univ., Ist. di Clin. Med. Generale e Terap. Med.; ital.) — *Rescinnamin* oder *Reserpin*, nicht aber *Raubasin*, bewirkte eine Abnahme des *Brenzcatechinamin*-Geh. im Nebennierenmark der Ratte u. des Hamsters; diese Wrkg. konnte durch Denervierung der Nebenniere oder durch Vorbehandlung mit *Iproniazid* (I) aufgehoben werden. *Chlorpromazin* hemmte die Wrkg. von I. K. Zingraf. 4630□

Wirkung eines Peptids auf das humorale und histologische Bild der experimentellen Hypercholesterinämie. A. Califano, L. Nanetti und S. Gaiatto. (Arch. ital. Sci. farmacol. [3] **10**, 128—40, April 1960; Ferrara, Univ., Ist. di Farmacol.; ital.) — Das durch Hydrolyse von Protamin gewonnene *Peptid 67-82* (*Solvosterol*) schützt Kaninchen gegen die durch lang dauernde orale Anwendung hoher *Cholesterin* (I)-Dosen ausgelösten Schädigungen des Serums u. der Leber (Klärwrkg. im Serum, Verringerung des I-Geh. im Serum u. des Lipid-Geh. in der Leber, Einsparung von Eiweiß u. Leberglykogen). K. Zingraf. 4630□

Behandlung der Atherosklerose mit einem jodierten Heparinderivat in niedrigeren als gerinnungshemmenden Dosen. P. Meriel, F. Galinier, J.-P. Bounhoure und Y. Lespinasse. (Thérapie **17**, 427—32, Mai/Juni 1962; Toulouse, Hôp. de Purpan, Chaire de Clin. Méd.; franz.) — *Natriumjodheparinat* in kleinen, die Blutgerinnung noch nicht hemmenden Dosen bewirkt bei ca. 70% der Patienten mit Atherosklerose eine Verringerung der β-Lipoproteine u. des Cholesterins im Blut u. einen weniger schweren Verlauf der Angina pectoris-Anfälle. K. Zingraf. 4630□

Lokale Behandlung verschiedener Augenerkrankungen mit Natriumjodheparinat. M. Sorato und J. Giboudeau. (Thérapie **17**, 445—51, Mai/Juni 1962; Centre Nat. ophthalmol. des Quinze-Vingts; Hôp. Saint-Antoine; franz.) — *Natriumjodheparinat* wurde in Form von 1,5%ig. Augentropfen mit Erfolg bei traumat. Ulcerationen der Cornea, bei Viruskeratitiden u. bei entzündlichen u. exsudativen Prozessen des vorderen Auges angewandt. Eine bes. gute therapeut. Wrkg. zeigte es bei der Vernarbung traumat. Schädigungen der Cornea. K. Zingraf. 4630□

Einfluß der galenischen Präparate aus den Blättern des Olivenbaumes auf das Herzgefäßsystem. P. A. Jusbaschinskaja. (Ber. Akad. Wiss. ArmenSSR **15**, 1171 bis 1175, 1959; armen., Auszug: russ.) — Die Unterss. mit Infusen u. alkohol. Extrakten aus den Blättern des Olivenbaumes an weißen Mäusen, Fröschen, Katzen u. Kaninchen durchgeführt zeigten, i.v. bei Katzen, auch in großen Konzz. u. Dosen verabreicht (bis zu 20%ig. Infus in Mengen von 30 ml), keine tox. Wirkungen. In schwachen Konzz. verstärkten sie die Herztätigkeit, in starken schwächten sie sie ab. Sie verminderten den Blutdruck ohne gleichzeitige Schwächung der Herzarbeit. Sie wirkten dabei anscheinend über den Vagus u. förderten dessen gefäßerweiternde Wirkung. Sie wirkten auch sonst gefäßerweiternd. F. du Mans. 4630□

Wirksamkeit von Elektrolyt-Schlepperverbindungen auf den Herzmuskelstoffwechsel, gezeigt am Mg- und K-Asparaginat. H. A. Nieper und Kj. Blumberger. (Verh. dtsch. Ges. Kreislaufforsch. **27**, 238—42, 7.—9. April 1961; Aschaffenburg, Städt. Krankenhaus; dt.) — Das therapeut. Ziel der Behandlung mit Elektrolytschleppern besteht in einem gezielten Einschleusen u. intracellulärem Freisetzen bestimmter wirksamer Elektrolyte. Ein 1 : 1-Gemisch von *K*- u. *Mg-Asparaginat* (*Trophicard*) vermag bei coronarer oder muskulärer Herzinsuffizienz (i.v. Gaben von 1,0 g) bzw. bei durch therapeut. Glykosidgaben (Strophantin, Digoxin) bedingten K- oder Mg-Mangelzuständen die dafür typ. Störung der Substratbilanz zu normalisieren. Erhöhte Milchsäurewerte fallen dabei ab, der erniedrigte Brenztraubensäure/Milchsäure-Quotient steigt an, die Ketoglutarsäurewerte, als Ausdruck eines Substratmangels im Citronensäurecyclus erniedrigt, nähern sich der Norm. Auch durch intracelluläre K-Verminderung bedingte Herzrhythmusstörungen lassen sich folgerichtig beeinflussen. H. Jordan. 4630□

Physiologische Grundlage für die Wirkung neuer Diuretica. Karl H. Beyer und John E. Baer. (Pharmacol. Rev. **13**, 517—62, Dez. 1961; West Point, Pa., Merck Sharp and Dohme Res. Labor.; engl.) — Übersicht; glomerulo-tubuläres Ungleichgewicht, Elektrolyt- u. Wasserrückresorption durch das Nephron, die Bedeutung der Carbonsäureanhydrase für den renalen Elektrolyttransport, Sulfanilamid u. Acetazolamid, Struktur-Aktivitäts-Beziehungen bei Thiaziden, u. Chlorthalidone, renale Eliminierung der Thiazide, natriuret. Wrkg. der Thiazide, die Beeinflussung des K^+-Na^+-Austauschmechanismus im distalen Teil des Nephron, Hemmung der Aldosteron-Synth., Aldosteronantagonisten: Spirolactone, Hemmung des distalen K^+-Na^+-Austauschmechanismus durch nichtsteroide Agentien, Organoquecksilber-Verbb., Chlorazanil, Triamterene, Harnsäureexkretion. — 133 Literaturangaben. P. Gregorzewski. 4634 □

Über die Wirkung eines neuen Diureticum, des p-Chlorbenzolsulfonamidothiadiazolsulfonamids. E. Göres und H. Weimann. (Dtsch. Gesundheitswes. **15**, 244—47, 4/2. 1960; Berlin, Humboldt-Univ., Inst. für Pharmakol. u. Toxikol.; Seelow/Mark, Kreiskrankenhaus; dt.) — In klin. Verss. an 50 Patienten bewirkte eine einmalige Gabe von 125 mg *p-Chlorbenzolsulfonamidothiadiazolsulfonamid* (*Siccamid*; I) eine Diuresesteigerung von 200% mit gesteigerter Na- u. K-Ausscheidung. Die Befunde entsprechen denen bekannter Carboanhydrasehemmer. Nach wiederholter Gabe von I verschwindet am 3.—4. Tage die diuret. Wrkg. vollständig. Nebenwrkg. wurden bisher nach I nicht beobachtet. K. Böhm. 4634 □

Der Einfluß der Salidiuretica auf die Aldosteron-Ausscheidung im Harn. J. D. Romani. (Ann. d'Endocrinol. **22**, 239—47, März/April 1961; Paris, Inst. Nat. d'Hyg. et Coll. de Méd. des Hôp. de Paris, Clin. d'Endocrinol.; franz.) — Folgende Salidiuretica wurden an 10 ödemfreien Patienten auf die Beeinflussung der Elektrolyt- u. Aldosteronauscheidung im Harn untersucht: *Chlorothiazide* (1 g/Tag), *Hydrochlorothiazide* (50 bis 150 mg), *SU. 7057* (*1.1-Dioxydichlormethyl-6-chlor-7-sulfamyl-1.2.3-benzothiadiazin*; 10 mg) u. *Hydrofluomethiazid* (*6-Trifluormethyl-7-sulfamyl-3.4-dihydro-1.2.4-benzothiadiazin-1.1-dioxid*; 100—200 mg). Die diuret. Wrkg. aller Verbb. ist mit unterschiedlich stark ausgeprägtem Hyperaldosteronismus verbunden, bei dem 3 Typen zu unterscheiden sind: a) begrenzt auf den Zeitraum der Zufuhr des Diureticums; b) Fortbestehen auch nach dem Absetzen des Diureticums; c) der Hyperaldosteronismus wird durch Absetzen des Diureticums gesteigert oder tritt nach Absetzen überhaupt erst auf. Die meisten Fälle gehören zu den Typen b u. c. Na^+ wird retiniert. Diskussion der prakt.-therapeut. Konsequenzen. U. Laschet. 4634 □

Modifikationen der Uricämie und der Uricurie durch Benzhydroflumethiazid. F. Consolo und A. D'Arrigo. (Boll. Soc. ital. Biol. sperim. **37**, 93—97, 31/1. 1961; Messina, Univ., Ist. di Patol. Spec. Med. e Metodol. Clin.; ital.) — Die Unterss. werden an 12 Patienten durchgeführt, die oral 2mal 5 mg *Benzhydroflumethiazid* (I) erhalten. In allen Fällen kommt es durch I zu einer 80—150%ig. Zunahme der Ausscheidung von Harnsäure; daneben hat I einen diuret. Effekt. F. Kren. 4634 □

Choleretische Aktivität einiger α-Naphthylessigsäure-Derivate. N. P. Buu-Hoi. (Med. exp. [Basel] **4**, 393—96, 1961; Gif-sur-Yvette, Centre Nat. de la Rech. Sci., Inst. de Chim.; franz.) — *2-Methylnaphthyl-(1)-essigsäure* besitzt bei der Ratte eine choleret. Wrkg., während *4-Methylnaphthyl-(1)-essigsäure* unwirksam ist. In Abhängigkeit von der Dosis verursacht *Indolyl-(3)-essigsäure* eine Anregung oder Verminderung der Gallensekretion. P. Gregorzewski. 4640 □

Anwendung einer Albuminlösung in Alkohol-Glucose bei Erkrankungen des Magen-Darm-Traktes. P. M. Alperin, W. Je. Krupjanko und F. I. Loginowa. (Probleme Hämatol. Blutübertrag. [UdSSR] **5**, Nr. 8, 44—48, Aug. 1960; Zentralinst. für Hämatolog. u. Bluttransfusionen der Akad. der Med. Wiss. der UdSSR; russ.) — Tranfusionen von 100—150 cm^3 *Albumin* in A.-Glucose-Lsg. (4,5 g NaCl, 5 g Albumin, 60 g Glucose, 40 cm^3 96%ig. A., 500 cm^3 dest. W.) führten bei Kranken mit Ulcus ventriculi u. duodeni, chron. Gastritis u. Magenresektion zur Normalisierung der Magensekretion, des Proteinogramms des Blutserums, der Hämodynamik u. der klin. Symptome. I. v. Kloch-Kornitz. 4645 □

Vergleichende pharmakologische Untersuchungen der hauptsächlich bei Verdauungsstörungen benutzten Wismutsalze. P. Guiroy, Bradel-Gay, F. Bourillet und R. Levillain. (Thérapie **16**, 59—66, Jan./Febr. 1961; Paris, Labor. Bruneau et Cie.; franz.) — In vitro wurden die neutralisierende u. die antipept. Wrkg. von *Bi-Aluminat*, *-Carbonat*, *bas.-Nitrat* (4 Proben), *-Aluminocarbonat* (neues Bi-Salz der Formel 3 $Al_2O_3Bi_2O_3$, CO_2, 5 H_2O; I) u. *-Silicat* (2 Proben) am künstlichen Magensaft mit Pepsinzusatz untersucht. Die Wrkg. aller Verbb. auf die Acidität ist sehr begrenzt. Eine Probe *bas.-Bi-Nitrat* bzw. I konnte den pH-Wert von 1,4 auf 2,3—2,4 heben, während alle anderen Verbb. weniger wirksam waren. Der neutralisierende Effekt spielt daher bei der klin. Wrkg. der Bi-Salze keine große u. bedeutende Rolle. Die Inaktivierung des Pepsins variiert bei den verschiedenen Verbb., sie ist am ausgeprägtesten bei **I**. Histolog. Unterss. der Magenschleimhaut bei Ratten, die mit *Bi*-Salzen behandelt worden waren, zeigten eine Verdickung der Schleimhaut u. gesteigerte Schleimsekretion, die bei den verschiedenen Verbb. unterschiedlich war. **I** war auch hier am wirksamsten.

K. Böhm. 4645◇

Über die Pharmakologie der Antiemetica. Experimentelle Untersuchungen über Chlorpromazin und Morphin. D. Piccinelli. (Arch. ital. Sci. farmacol. [3] **9**, 419—24, Juli 1959; Bari, Univ., Ist. di Farmacol.; ital.) — Bei Hunden konnte das durch 0,035—0,05 mg *Apomorphin*/kg (subkutan) ausgelöste Erbrechen durch 0,03 bis 0,9 mg *Chlorpromazin* (**I**)/kg (subkutan) u. durch 0,2—0,4 mg *Morphin* (**II**)/kg (subkutan) aufgehoben werden. Für die Aufhebung des durch 40—95 ml von 1⁰/₀₀ig. $CuSO_4$ oral ausgelösten Erbrechens waren 1—2,8 mg **I**/kg (subkutan) oder 0,02—0,06 mg **II**/kg (subkutan) erforderlich.

K. Zingraf. 4646□

Grundlegende Untersuchungen über Anthelmintica. 13. Mitt. Über den Einfluß von 4-Jodthymol und einigen Anthelminticis auf den respiratorischen Stoffwechsel im Muskel von Ascaris lumbricoides var. suis. Michiko Koshiyama, Mutsunosuke Iwashina und Akiko Takeo. (Folia pharmacol. japon. **57**, 428—34, 20/7. 1961; Shizuoka, Shizuoka Coll. of Pharmacy, Dep. of Pharmacol.; jap., Auszug: engl. S. 26.) — *Hexylresorcin, 4-Jodthymol* u. *4-[4-Chlorphenylazo]-phenol* sowie, in geringerem Grade, *1-Bromnaphthol-(2), Thymol* u. *Santonin* hemmten den respirator. Stoffwechsel im Muskel von *Ascaris lumbricoides*.

K. Zingraf. 4649□

Über die Anti-Myasthenie-Wirksamkeit eines Derivates der Oxamide (WIN 8077). C. Gentili und E. Loperfido. (Arch. ital. Sci. farmacol. [3] **9**, 517—28, Okt. 1959; Bologna, Univ., Ist. di Clin. delle Mal. Nerv. e Ment.; ital.) — *N.N'Bis-[β-(2-chlorbenzyl diäthylammonio)-äthyl]-oxamiddichlorid* (*WIN 8077*) wurde bei 9 Patienten mit Myasthenie angewandt. Im Vgl. zu Prostigmin u. Mestinon besaß es bei geringerer Dosierung eine längere Wrkg.-Dauer u. weniger Nebenwrkg. (bes. im Magen-Darmtrakt).

K. Zingraf. 4670□

Bleivergiftung bei Bergleuten in Bleiglanzminen. L. J. Petrović und M. Stanković. (Arhiv Hig. Rada Toksikol. **11**, 35—44, 1960; Beograd, Hig. inst. NR Srbije; kroat.) — Bei der Unters. von Bergleuten in Bleiglanzgruben wird der *Pb*-Geh. im Blut u. im Urin bestimmt u. eine Koproporphyrinanalyse vorgenommen. Gegenüber Personen, die nicht mit Pb zu tun haben, werden Unterschiede von $>$ 1% festgestellt. Die Unterss. werden durch Verss. in vitro bestätigt.

R. K. Müller. 4675□

Chronische Quecksilbervergiftungen. Eine Übersicht. Frances E. Noe. (Ind. Med. Surgery **29**, 559—64, Dez. 1960; Wayne State Univ. Coll. of Med., Dep. of Anesthesiology, Pulmonary Labor.; Detroit Receiving Hosp.; engl.) — Übersicht, Ursachen, Pathogenese, Symptome, Diagnose, Schutzmaßnahmen. — 41 Literaturangaben.

P. Gregorzewski. 4675□

Über die Kontrolle und den Schutz von mit organischen Quecksilberverbindungen beschäftigten Arbeitern. K. D. Lundgren und Å. Swensson. (Arhiv Hig. Rada Toksikol. **11**, 27—34, 1960; Stockholm, Karolinska Sjukhus; engl.) — Verss. an Tieren zeigen, daß eine *Hg*-Ausscheidung mit dem Urin stattfindet, sobald Hg in den Blutstrom eingetreten ist, u. solange andauert, wie Hg im Körper nachweisbar ist. Mit Hilfe der Hg-Best. im Urin kann daher die Wirksamkeit von Schutzmaßnahmen gegen Hg-Vergiftung bei Arbeitern kontrolliert werden, die mit Hg zu tun haben. Die Hg-Best. im Urin erfolgt zweckmäßig mit dem UV-Photometer von Krüger, das auch zur Best. von Hg-Dämpfen u. solcher von organ. Hg-Verbb. in der Luft von Arbeitsräumen anzuwenden ist. Die organ. Hg-Verbb. sind stärker tox. als Hg-Dämpfe. Schutzmaßnahmen gegen Hg-Vergiftung werden erörtert.

R. K. Müller. 4675□

Toxikologische Untersuchungen über Kohlenwasserstoffe. 5. Mitt. Kerosin. Horace W. Gerarde. (Toxicol. appl. Pharmacol. **1**, 462—74, Sept. 1959; Linden, N.J., Esso Res. and Engineering Co.; New Brunswick, N.J., Rutgers State Univ., Bur. of Biol. Res.; engl.) — Vgl. C. **1962**, 5760. — Im Tier-Vers. (Ratten, Kaninchen, Hühner) wird gezeigt, daß *Kerosin* (**I**) bei subkutaner u. intraperitonealer Verabreichung als auch bei Gaben mit der Magensonde in hoher Dosis vertragen wird u. keine Lungenschäden verursacht. Dagegen entstehen nach Inhalation oder i.v. Injektion Lungenschäden. Nur aromat. KW-Stoffe gelangen aus dem Magen-Darmtrakt in die Blutbahn. Als Gegenmittel bei **I**-Vergiftungen werden oral verabreichtes Olivenöl zur Verringerung der Resorption aromat. KW-Stoffe, O_2-Atmung u. Antibiotica u. die Vermeidung von Emeticis vorgeschlagen.

P. Gregorzewski. 4675□

Über die Vergiftungen durch Bienengift bei zahlreichen Stichen. Ss. S. Andrejew. (Sowjet-Med. [UdSSR] **26,** Nr. 1, 121—23, Jan. 1962; Wjasma, Städt. Krankenhaus; russ.) — Die klin. Beobachtung von 3 Patienten mit akuter Bienengiftvergiftung (bis zu 2000 Einstiche) ergab wachsende lokale Ödeme des Bindegewebes u. der Schleimhaut, Phantasie- u. Krampfzustände, Hyperemesis, Verringerung des Blutdruckes, laute stoßweise Atmung, anwachsende akute Herz- u. Kreislaufinsuffizienz, Lungenödem u. Leukocytose. Es wird i.v. *A.*-Injektion empfohlen. I. v. Kloch-Kornitz. 4675□

Beobachtungen bei einer Massenpilzvergiftung mit Lactarius hevus Fries. G. Klemm, W. Wegner, D. Mann und H. Liebmann. (Planta med. [Stuttgart] **8,** 474—79, Dez. 1960; Magdeburg, Med. Akad., Med. Klinik; dt.) — Vff. beschreiben das Krankheitsbild einer Massenpilzvergiftung mit *Lactarius helvus.* Nach pharamkolog. Unterss. ist in dem alkohol. Extrakt dieses Pilzes ein parasympathicomimet. wirkendes Toxin enthalten. D. Groß. 4675□

F. Pharmazeutische Chemie. Desinfektion

Tabelle der Schmelztemperaturen von Arzneistoffen, zugleich Synonymenverzeichnis. W. Horsch und W. Höber. (Beih. „Pharmazie" Heft **8,** 2—52, 1962; dt.) J. Lehmberg. 4750◇

Das Tablettenfestigkeitsprüfgerät nach Pfizer. H. J. Fairchild und F. Michel. (J. pharmac. Sci. **50,** 966—69, Nov. 1961; Brooklyn, N.Y., Chas. Pfizer & Co., Inc., Process Control Labor.; engl.) — Beschreibung eines neuen Prüfgeräts zur Best. der Tablettenfestigkeit. U. Drehmann. 4766◇

Untersuchung der den Tablettenzerfall beeinflussenden Faktoren. T. Bánó, T. Szarvas und L. Aradi. (Pharmaz. Zentralhalle Deutschland **100,** 221—25, Mai 1961; Budapest, Med. Univ., Pharm. Inst.; dt.) — Ausschlaggebend für die Zerfallbarkeit von Tabletten ist nicht die Quellung der Stärke — denn diese gelangt nur in Ggw. gewisser Stoffe in der Kälte zur Wrkg. — sondern die Benetzungsfähigkeit des Capillar-Syst. u. die Porosität der Tablettenmasse, die beide von dem bei der Tablettierung angewendeten Druck beeinflußt werden. Die Aufsauge-Geschw. von W. in Kartoffelstärke, Maisstärke, Coffein, Theophyllin u. Theobromin wurde mit der App. nach Freundlich-Schmidt-Buzágh ermittelt, die aus einem flüssigkeitsgefüllten, auf der einen Seite mit einer Glasfritte zur Aufnahme von 1 g Unters.-Substanz versehenem U-Rohr besteht, das auf der anderen Seite in eine waagerechte graduierte Capillare zur Ablesung des verbrauchten Fl.-Vol. mündet. Die Ermittlung der Fl.-Aufnahme-Geschw. von Tabletten in Abhängigkeit des beim Pressen verwendeten Druckes erfolgte mittels Methylenblau, die der Porosität aus dem tatsächlichen u. dem scheinbaren spezif. Gewicht. Ergebnisse in graph. Darstellungen. Frank Günther. 4766□

Harte Gelatinesteckkapseln. G. Müller. (Adhäsion **6,** 66—73, Febr. 1962; Köln; dt.) — Die Herst. harter Gelatinesteckkapseln besteht in folgenden (vollautomatisierten) Arbeitsgängen: Auflösen der physikal. u. pharmazeut. einwandfreien Gelatine, Temperieren, Entgasen, evtl. Zusatz von Farbstoffen u. Trübungsmitteln, Auftragen auf Matrizen, Trocknen (45 Min.), Zuschneiden u. Justieren der beiden Hälften u. Schlußkontrolle. Die Füllung erfolgt in Abfüllmaschinen mit pulvrigen, körnigen oder auch halbfesten Präpp., die kein W. u. mit der Gelatine reagierende Komponenten enthalten. Die Auflösungszeit im Magen beträgt 30—50 Sekunden. Für dünndarmlösl. Kapseln wird durch 3—4 Min. langes Eintauchen in A.-Formalin gehärtet.
Helmut Schäfer. 4766△

Polyäthylenformen für Suppositorien. Ole Weis-Fogh. (Arch. Pharmac. og Chem. **68 (118),** 736—49, 15/7. 1961; København, Danmarks Apothekerforen. Kontrollabor.; dän.) — Bei Verw. von Polyäthylengießformen in der Herst. von Zäpfchen muß stets genügende Leicht-Fl. des Forminhalts beachtet werden. Für die Verpackung ist Polyäthylen zu verwenden, wenn die Zäpfchen nicht zu weich sind. Als Beispiele werden 10 Gemische, meist mit Kakaobutter oder Witepsol H ®) als Grundmasse, angegeben. Außer Chlorbutol, Campher u. Menthol diffundiert auch Benzocain durch Polyäthylen. R. K. Müller. 4766◇

Testosteronsuppositorien. Kommentare zur Herstellungsvorschrift. Ole Weis-Fogh. (Arch. Pharmac. og Chem. **68 (118),** 885—900, 23/9. 1961; København, Danmarks Apotekerforenings Kontrollabor.; dän.) — Bei 90° lösen sich 2,5% *Testosteron* (**I**) in Witepsol H (**II**) oder in Kakaobutter (**III**), beim Abkühlen fällt aber ein Teil des **I** aus u. in Lsg. bleiben nur 1,1%. Die Kristalle aus **II** sind sehr klein, die aus **III** größer. In Benzylalkohol (**IV**) ist **I** gut lösl., aus Gemischen von **II** oder **III** mit 5% **IV** scheidet sich aber **I**

aus, bei III sofort beim Abkühlen, bei II in 1—2 Wochen. In Kontakt mit W. fallen aus geschmolzenen I-Zäpfchen mit II oder II + 5% IV als Basis Kristalle aus, aus Zäpfchen mit III nicht. Mit der Grundlage kalt gepreßte I-Kristalle behalten ihre Größe u. Form. Gelöstes u. auskrist. I wird bei Kristallgrößen zwischen 2 × 3 u. 30 × 50 μ aus dem Zäpfchen gut resorbiert, aus größeren Kristallen langsamer. R. K. Müller. 4766◇

Die Entwicklung der Kamillenblütenköpfe und deren Gehalt an ätherischem Öl. Branka Akačić und Danica Kuštrak. (Farmac. Glasnik **16**, 419—23, Dez. 1960; Zagreb, Farmac. fak., Zav. za farmakogn.; serbokroat.) — Die hinsichtlich des Geh. an äther. Öl u. Azulenogenen qual. beste Droge liefern die normalen Blütenköpfchen gedüngter Kamillenpflanzen. Bei Drogen aus verschiedenen Teilen Jugoslawiens wurden keine wesentlichen Unterschiede im Geh. am Chamazulen bzw. Prochamazulen (I) gefunden. Bei vorschriftsmäßig gegen Licht u. Feuchtigkeit geschützt aufbewahrten Drogen sinkt der I-Geh. langsam, bei unvorschriftsmäßig aufbewahrten rasch, bes. bei Drogen aus überreifen Blütenköpfchen. Vff. empfehlen im jugoslaw. Arzneibuch eine qual. Prüfung der Droge *Chamomillae Flos* auf I mit p-Dimethylaminobenzaldehyd aufzunehmen. S. Beckmann. 4782◇

Oleanolsäure in Lardizabala biternata. Mario Silva und Pedro Mancinelli. (J. pharmac. Sci. **50**, 975, Nov. 1961; Concepción, Chile, Univ. Inst. Central Biológica, Labor. Fitoquím.; engl.) — *Oleanolsäure* wurde durch Extraktion mit A. aus getrockneter u. pulverisierter *Lardizabala biternata* isoliert u. als Sapogenin einer Glykosidfraktion identifiziert. U. Drehmann. 4782◇

Beitrag zur Herstellung der injizierbaren Natriumbicarbonatlösungen. A. Moldovanu. (Farmacia [Bucureşti] **6**, 451—56, Sept./Okt. 1958; rum.) — Beschreibung einer vereinfachten Herst.-Meth. von injizierbaren $NaHCO_3$-Lsgg. mit konst. u. optimalem pH (8,2—8,4), die wirksam zu sterilisieren sind. J. Lehmberg. 4790◇

Kolloidchemische Untersuchungen an pharmazeutischen Suspensionen. 3. Mitt. Über das rheologische Verhalten in dem System ranziges Erdnußöl–Aluminiumstearat. Hisakichi Matsumura, Sadao Iguchi, Magobei Yamamoto und Shigeru Goto. (Chem. pharmac. Bull. [Tokyo] **6**, 55—58, Febr. 1958; Katakasu, Fukuoka, Univ. of Kyushu, Med. Fac., Pharmaceut. Inst.; engl.) — 2. vgl. C. **1962**, 12014. — Bei einer Zunahme der Ranzidität von Erdnußöl (I) ändern sich die rheolog. Eigg. der mit Al-Stearat hergestellten I-Gele in unerwünschter Weise. Die Konsistenz nimmt ab, d. h. das Gel wird zunehmend fl. u. verliert die Gelierungseigenschaft. S. Erbe. 4790□

Stabilität von Morphin in wässeriger Lösung. 2. Mitt. Trennung des Morphins von seinen Zersetzungsprodukten. Shu-Yuan Yeh und John L. Lach. (J. pharmac. Sci. **50**, 30—34, Jan. 1961; Iowa City, Univ. of Iowa, Coll. of Pharm.; engl.) — 1. vgl. C. **1958**, 3413. — Zur Trennung des *Morphins* (I) von seinen Zers.-Prodd. wird das Substanzgemisch an *Celite 535*, das mit Phosphatpuffer pH 6,5 gepuffert ist, adsorbiert. Die Oxydations-Prodd. werden von dieser Säule mit 5%ig. n-Butanol in Chlf. eluiert. Dann wird I mit 15%ig. n-Butanol in Chlf. eluiert. Das Papierchromatogramm der Zers.-Prodd. mit n-Butanol–Essigsäure-W. (40:10:20) zeigt, daß bei der Zers. nicht zur Pseudomorphin u. I-N-oxid entstehen, sondern zahlreiche Zers.-Prodd., deren Natur noch nicht aufgeklärt ist. S. Erbe. 4790□

Stabilität von Morphin in wässeriger Lösung. 3. Mitt. Kinetik der Morphinzersetzung in wässeriger Lösung. Shu-Yuan Yeh und John L. Lach. (J. pharmac. Sci. **50**, 35—42, Jan. 1961; engl.) — 2. vgl. vorst. Referat. — Morphin (I) zersetzt sich in wss. Lsg. unter Verfärbung der Lsg. u. unter Bldg. von Präzipitaten. Die Zers. nimmt zu bei steigendem pH, in Ggw. von O_2 u. bei UV-Einwirkung. I-Derivv. mit alkylierter phenol. Gruppe wie *Codein* werden nicht in gleicher Weise zersetzt. Ein Zers.-Mechanismus wird diskutiert. Die Aktivierungsenergie wurde zu 22,8 kcal berechnet. Spezif. Geschw.-Konst. bei verschiedenen pH-Werten werden angegeben. — 25 Literaturangaben. S. Erbe. 4790□

Eine neue Klasse von Medikamenten: Die radioaktiven Isotope. Yves Cohen. (Produits pharmac. **17**, 3—18, Jan. 1962; Caen, Ecole Nat. Méd. et Pharm. Saclay, Centre d'Etudes nucléaires; franz.) — Übersicht. — 21 Literaturangaben. U. Drehmann. 4800◇

Verteilung von Vitamin B_{12} (Cobalamine) in tierischen und pflanzlichen Produkten in Cuba. Gicela Céspedes Ponce. (Inst. Cubano Invest. tecnol., Ser. Estud. Trabajos Invest. Nr. **21**, 1—31, Jan. 1962; Havanna, Cuba, Minist. de Ind., Inst. Cubano de Invest. Tecnol.; span.) — Erläuterung des Begriffs „Cobalamine", Möglich-

keiten der Gewinnung von Vitamin B_{12} (I), therapeut. Wrkg. von I, Konstit., Biosynth. sowie physikal., chem.-biolog. u. mikrobiolog. Best.-Meth. von I u. Konz. von Cobalaminen in tier. u. pflanzlichen Prodd. werden eingehend beschrieben.
H. Guischard. 4808◇

Eine neue Methode zur Herstellung von Fibrinfilmen. D. Petrescu und Al. Theodorescu. (Farmacia [Bucureşti] **6**, 461—65, Sept./Okt. 1958; Bucureşti, Central hematol.; rum.) — Beschreibung einer neuen Meth. zur Herst. von Fibrinfilmen aus menschlichem Plasma mittels $CaCl_2$-Lsg. zur Anwendung in der Chirurgie u. Neurochirurgie.
J. Lehmberg. 4812◇

Probleme, welche durch die Verwendung von natürlichem und künstlichem Gummi und von plastischen Mineralien in der pharmazeutischen Industrie auftreten. Y. De Roeck-Holtzhauer. (Rev. gén. Caoutchouc **38**, 1643—49, Nov. 1961; Nantes, Fac. Méd. et Pharm.; franz.) — Die verschiedenen Gummi- u. Plastikmaterialien sind bzgl. ihrer Eignung für die Verpackung von Pharmazeutica schwer zu klassifizieren. Vf. schlägt vor, die Auswahl nach dem physikal. u. chem. Verh. gegenüber verschiedenen Reagentien, bes. nach der Permeabilität gegenüber Gasen u. Dämpfen, die in der Pharmazie verwendet werden, vorzunehmen. Dazu müssen besondere Vers.-Anordnungen festgelegt werden. Ferner ist die Alterung der verwendeten Materialien durch künstliche Schnellalterungs-Verff. zu erforschen. — 45 Literaturangaben. B. Franz. 4828◇

Vorschläge zur Konservierung leicht verderblicher galenischer Mittel. T. Kelemen. (Farmacia [Bucureşti] **6**, 457—60, Sept./Okt. 1958; rum.) J. Lehmberg. 4832

Anwendung der Bestimmungsmethode für Blei mittels Mercaptanen zur Arzneimittelkontrolle. E. Popper, Lidia Popa, V. Junie und L. Roman. (Farmacia [Bucureşti] **6**, 423—30. Sept./Okt. 1598; Cluj, Fac. farm., Labor. chim. anal.; rum.) — Vff. beschreiben die Best. des Pb in Arzneimitteln bis zu einer Verdünnung von 6 μg Pb^{2+}/ml mit 2-Mercapto-5-anilino-1.3.4-thiodiazol. J. Lehmberg. 4880◇

Refraktometrie der Jodtinktur. K. H. Lüdde. (Pharmaz. Zentralhalle Deutschland **100**, 226—29, Mai 1961; Weimar; dt.) — Mit dem Abbe-Refraktometer läßt sich *Jodtinktur* (I) im reflektierten Licht einer starken Lichtquelle messen u. der Geh. durch Brechungsindex (n) u. Trommelzahl (Tz) unter Verw. der vom Vf. ermittelten Umrechnungszahlen bestimmen. Zwischen Geh. der I u. der spezif. Refraktion (r) besteht eine lineare Beziehung, weshalb diese am günstigsten zur Best. herangezogen werden kann. Es wurden n, Tz u. r sowohl für I verschiedener Zus. als auch für A., Methanol, Isopropanol, n-Propanol u. Brennspiritus ermittelt. Frank Günther. 4880□

Prüfungen auf Aminosäuren mit Alkaloid-Reagentien. Charles L. Winek und Thomas J. Fitzgerald. (J. pharmac. Sci. **50**, 976, Nov. 1961; Columbia, Ohio State Univ., Coll. of Pharm.; engl.) — Vff. stellen nach Verss. mit 27 Aminosäuren fest, daß diese mit 4 verschiedenen Alkaloid-Fällungsreagentien keinen positiven Test geben.
U. Drehmann. 4880◇

Beitrag zur papierchromatographischen Analyse pflanzlicher Phenolderivate. 1. Mitt. Identifizierung des Arbutins und Hydrochinons. G. Rácz und V. Blaszek. (Farmacia [Bucureşti] **6**, 443—50, Sept./Okt. 1958; rum.) — Vff. beschreiben eine papierchromatograph. Meth. (Ring-Meth.) zur Best. von *Arbutin* (I) u. *Hydrochinon* (II) im Anschluß an die Extraktion mit 70%ig. A. unter Verw. von 15%ig. Essigsäure als Lsgm.; R_F-Wert 0,91 für I u. 0,76 für II. I wurde in verschiedenen Pflanzenorganen von *Pyrus communis L.* u. in den Blättern von *Vaccinium vitis idaea L.* festgestellt, in den Blättern von *Vaccinium myrtillus L.* dagegen nicht. — 25 Literaturangaben.
J. Lehmberg. 4880◇

Beitrag zur Kontrolle einiger offizineller Sirupe mit Hilfe der refraktometrischen Methode. R. Vasiliev, M. Jecu und Elena Şişman. (Farmacia [Bucureşti] **6**, 431—41, Sept./Okt. 1958; Bucureşti, Inst. cercet. farm. si controlul med.; rum.) — Vff. beschreiben die Zucker-Best. in Sirupen nach der chem., refraktometr. u. polarimetr. Meth. u. geben Hinweise für die Analyse des Zuckers in Codein- u. Opiumsirup.
J. Lehmberg. 4880◇

Die Bestimmung der Anthra-Verbindungen in Rhizoma Rhei. F. Gstirner. (Pharmaz. Rdsch. **4**, 201—07, Nov. 1962; dt.) — Übersicht über die verschiedenen Best.-Meth. von Anthraglykosiden (Chrysophanol, Aloe-Emodin, Rheum-Elodin, Physcion, Rhein) in *Rheum palmatum*, wobei die photometr. Meth. nach Auterhoff [1951] (Eisessig-Meth.) u. nach Floret [1960], die papierchromatograph. Meth. u. die Chromatographie an einer Polyamidsäule nach Hörhammer u. a. [1959] erläutert werden.
G. Alcer. 4880◇

Eine photometrische Methode zur Gehaltsbestimmung von Scilla-Drogen und Scilla-Präparaten nach papierchromatographischer Trennung der herzwirksamen

Glykoside. M. Wichtl und L. Fuchs. (Arch. Pharmaz. Ber. dtsch. pharmaz. Ges. **295/67,** 361—73, Mai 1962; Wien, Univ., Pharmakognost. Inst.; dt.) — Herzwirksame Glykoside der *Bulbus Scillae* sowie daraus hergestellte Präpp. lassen sich papierchromatograph. trennen u. durch UV-Absorption quant. bestimmen. Die Absorptionskurven der Glykoside mit einem Cumalinring zeigen ein ausgeprägtes Maximum bei 300 mμ u. sind sich sehr ähnlich. Als Lsgm.-Gemisch für die papierchromatograph. Trennung eignet sich Chlf./Tetrahydrofuran/Formamid (50:50:6,5). Charakterist. ist die intensive gelbe Fluorescenz der Scillirosidflecke im UV. Zum Anfärben der Chromatogramme wurde $SbCl_3$ benutzt: Scillarenin, $C_{24}H_{32}O_4$; λ_{max} 300 mμ. *Scillaren A*, $C_{36}H_{52}O_{13}$; λ_{max} 300 mμ; R_F 0,15—0,20; rotviolett ($SbCl_3$). *Proscillaridin A*, $C_{30}H_{42}O_8$; λ_{max} 298 mμ; R_F 0,70 bis 0,80; violettblau. *Scilliglaucosid*, $C_{30}H_{40}O_{10}$; λ_{max} 300 mμ; R_F 0,09—0,11; olivbraun. *Scillicyanosid*, $C_{32}H_{42(44)}O_{12}$; λ_{max} 295 mμ; R_F 0,05—0,08; graurosa. *Scillirosid*, $C_{32}H_{44}\cdot O_{12}$; λ_{max} 300 mμ; R_F 0,10—0,15; gelbgrün. *Restliche Scillaren B-Glykoside* u. *Glucoscillaren A*, R_F 0,02—0,04; violett-grau. Chromatographiert man absteigend, so tropft das schnell laufende *Proscillaridin A* nach 14—16 Std. u. bei einer Laufstrecke von 40 cm bereits ab. Die restlichen Glykoside sind genügend scharf getrennt. Es wird nun mit 96%ig. A. 6 Std. lang bei Raum-Temp. eluiert. Die Extinktionswerte der Lsgg. fallen durchweg höher aus, wahrscheinlich durch Rk.-Prodd. des Formamids u. des Tetrahydrofurans beim Trocknen der Chromatogramme (Notwendigkeit der Berechnung des Papierblindwerts). Die Extraktion der Glykoside aus trockenen Drogen erfolgt mit 70%ig. A. in der Hitze. Bei stark gefärbten Lsgg. ist eine Reinigung mit bas. Pb(II)-Acetat erforderlich (Entbleiung der Filtrate mit Na_2HPO_4). Die verd. alkohol. Lsgg. werden darauf mit Chlf./Isopropanol (3:2) ausgeschüttelt. H.-J. Schönherr. 4880◇

Ein neues Verfahren zur Bestimmung des Gesamtjod- beziehungsweise Thyroxinjodgehalts in Thyreoidpräparaten. P. Menyhárth. (Arch. Pharmaz. **295/67,** 412—15, Juni 1962; Budapest, Chem. Fabrik Gedeon Richter AG, Anal. Labor.; dt.) — Zur Best. des Gesamtjod-Geh. von Thyreoid-Präpp. beschreibt Vf. ein „nasses" Verfahren. Eine ausgewogene Probe von 0,1—0,15 g wird mit 100—150 ml W., 10 ml 20% ig. NaOH u. 20 ml frischer NaOCl-Lsg. ca. 30 Min. auf einem Wasserbad erwärmt u. mit W. auf das Doppelte des ursprünglichen Vol. verd.; mit ca. 100 ml 10% ig. H_2SO_4 wird das überschüssige NaOCl zersetzt, Cl_2 vollständig verkocht (Nachw. durch Methylrot-Lsg.), ClO_3^- mit 10 ml 6—8% ig. $NaHSO_3$-Lsg. red., SO_2 verkocht (5—10 Min.). Nach Neutralisation in der Siedehitze mit 20% ig. NaOH-Lsg. versetzt man mit 1 ml 10% ig. H_2SO_4 u. ca. 100 ml Br_2-Wasser, verkocht den Br_2-Überschuß, versetzt nach dem Abkühlen mit 10 ml 25% ig. H_3PO_4 u. 10 ml 1% ig. KJ-Lsg. u. titriert nach 1—2 Min. J_2 mit einer 0,005 n $Na_2S_2O_3$-Lsg. gegen Stärke. Die Abweichung zwischen den Ergebnissen einzelner paralleler Best. beträgt weniger als 1%. Zur Best. des im *Thyroxin* (I) gebundenen u. des sog. säurelösl. J_2 muß I vorher isoliert werden. Eine ausgewogene Probe von ca. 0,25 g wird mit 50 ml 20% ig. NaOH 2 Std. auf dem Wasserbad erhitzt, mit 10% ig. H_2SO_4 zur Fällung von I angesäuert (Methylrot), mit 1 ml Überschuß versetzt u. filtriert; der Nd. wird erneut mit 1 n NaOH 15 Min. erhitzt u. I gefällt. Die Ndd. werden in warmer verd. Lauge gelöst u. sowohl in dieser als auch in den Filtraten J_2 wie oben bestimmt. J. Weiner. 4880◇

Ciba Ltd., Basel, Schweiz, **Herstellung von Alkylhydrazinen.** Man versetzt eine Lsg. von 50 (g) $N_2H_4\cdot H_2O$ in 500 cm³ 2 n HCl unter Eiskühlung mit 86 Methylpropyl- bzw. Methylisopropylketon u. red. anschließend bei Raum-Temp. in Ggw. von 2 Pt-Oxid bei 19 at, bis innerhalb ca. 1 Std. 22,4 Liter H_2 aufgenommen sind, filtriert, dampft zur Trockene u. erhält mit 500 cm³ konz. wss. NaOH *Pentyl-(2)-hydrazin* ($Kp._{11}$ 56—60°) bzw. *2-Methylbutyl-(3)-hydrazin,* $Kp._{11}$ 39—44°. — *Psychotherapeutica* zur Bekämpfung von Depressionszuständen. — Vgl. D. A. S. 1 106 335; C. **1961,** 16197. (**E. P P. 870 581** u. **870 582** vom 26/11. 1958, ausg. 14/6. 1961. Schwz. Prior. 26/11. 1957, 28/3. u. 25/6. 1958.) O. Müller-Meiningen. 4807

Abott Laboratories, North Chicago, Ill., V.St.A., **Herstellung von 1-Methyl-1-[1-phenylpropyl-(2)]-hydrazin,** $Kp._{0,5}$ 88—90° (I). Man rührt ein Gemisch aus 24 (g) d-Desoxyephedrinhydrochlorid [$C_6H_5-CH_2-CH(CH_3)-N(H)CH_3\cdot HCl$], 12,1 $NaNO_2$, 5,8 konz. HCl u. 150 cm³ W. 1 Std. bei Raum-Temp., extrahiert mit Ae., trocknet, versetzt mit 6,8 Li-Al-Hydrid, gelöst in 125 cm³ absol. Ae. u. erhitzt 1 Std. lang unter Rückfluß, setzt dann unter Kühlen 6,8 cm³ W., anschließend 6,8 15% ig. NaOH u. schließlich 20,4 cm³ W. zu, filtriert nach 2 std. Rühren von LiOH u. $Al(OH)_3$ ab u. erhält durch Vakuum-Dest. I, das als *Psychotherapeuticum* mit stimulierender Wrkg. auf das Zentralnerven-Syst. dient. (**E. P. 874 198** vom 8/9. 1959, ausg. 2/8. 1961. A. Prior. 8/9. 1958.) O. Müller-Meiningen. 4807

Miles Laboratories, Inc. (Erfinder: Otis Earl Fancher), **Herstellung von 2-Äthyl-cis-crotonylharnstoff,** F. 190—192°, durch Erhitzen von 2-Äthyl-2-brombutyrylharnstoff (I) in Ggw. eines Metalloxids mit Ausnahme von Ag_2O, evtl. in einem inerten Lösungsmittel. — Man erhitzt 90 (g) I, 120 rotes CuO u. 600 n-Butanol 8 Std. unter Rückfluß, filtriert heiß u. läßt bei 2° kristallisieren. — *Schlafmittel.* (**Aust. P. 232 148** vom 25/9. 1958, ausg. 23/2. 1961. A. Prior. 30/9. u. 20/11. 1957.) C. Lüttgen. 4807

Chinoin Gyógyszer és Vegyészeti Termékek Gyára R.T., übert. von: Rezso König und Zoltán Földi, Budapest, Ungarn, **Herstellung von 1-[α-Alkoxy-alkylamino]-3-chlorbenzol-4.6-disulfonsäureamide** der allg. Zus. I (R = H, niedermol. Alkyl; R^1 = Alkyl) erfolgt durch Rk. der entsprechenden Disulfochloride mit NH_3, indem man z. B. 1,85 (g) 3-Chlor-N-[methoxymethyl]-anilin-4.6-disulfonylchlorid (F. 165°) zu 12,5 cm^3 3,35n-absol. äthanol. NH_3 unter Eiskühlung gibt, rührt, bis die Gelbfärbung des Rk.-Gemisches verschwunden ist, anschließend 1 Std. unter Rückfluß erhitzt, A. im Vakuum entfernt, 10 cm^3 Aceton (II) zugibt, NH_4Cl abfiltriert, mit II wäscht, Filtrat im Vakuum zur Trockne dampft, 5 cm^3 abs. CH_3OH u. nach Beginn der Kristallisation 5 cm^3 W. zugibt, das Prod. mit 50% ig. A. wäscht. Man erhält 1 *1-[Methoxymethylamino]-3-chlorbenzol-4.6-disulfonylamid*, F. 170°. — Zwischenprodd., *blutdrucksenkende Mittel, Diuretica.* — Vgl. Ung. P. 148 743; C. **1961,** 18415. (**A. P. 2 995 586** vom 6/10. 1959, ausg. 8/8. 1961.) O. Müller-Meiningen. 4807

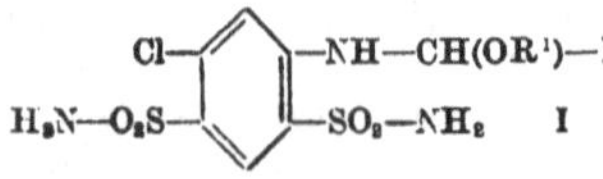

I

Monsanto Canada Ltd. (Erfinder: Arthur Ferguson McKay und David Lyon Garmaise), **Herstellung von substituierten Benzylisothiocyanaten** durch Rk. von substituiertem Benzylamin mit CS_2 in einem inerten Lsgm. u. in Ggw. von einem tert. Amin, Umsetzen des erhaltenen Benzyldithiocarbamatsalzes mit Chlorameisensäure-äthylester (I) zu Carbäthoxybenzyldithiocarbamat, das mit 1 Mol-Äquivalent einer tert.-Base zersetzt wird. — 5,9 (Teile) CS_2 in 45 Chlf. gibt man tropfenweise zu einer Lsg. von 10 2-Chlorbenzylamin u. 7,2 $N(C_2H_5)_3$ (II) in 30 CH_2Cl_2 bei —10°, rührt 20 Min. bei 15—20°, gibt bei —10° tropfenweise 7,7 I zu, rührt 20 Min. bei 15—20°, gibt eine Lsg. von 7,2 II in 40 Chlf. zu, läßt 1 Std. stehen, gibt 150 Chlf. zu, wäscht je 3 mal mit je 50 4% ig. H_2SO_4, 2% ig. NaOH u. W. u. trennt durch fraktionierte Dest. 10,3 *2-Chlorbenzylisothiocyanat*, $Kp._{0,23}$ 94—98°, n_D^{25} 1,60914, $D._4^{20}$ 1,282, ab. Analog: *4-Chlor-*, $Kp._{0,35}$ 105—108°, n_D^{25} 1,61114; $D._4^{20}$ 1,291, *2.4-Dichlor-*, $Kp._{0,53}$ 117—120°, n_D^{25} 1,62371, $D._4^{20}$ 1,375, *3.4-Dichlor-*, $Kp._{0,37}$ 124—128°, n_D^{25} 1,62150, $D._4^{20}$ 1,409, *4-Cyan-*, $Kp._{0,35}$ 128—130°, F. 73—73,5° u. *4-Nitrobenzylisothiocyanat*, $Kp._{0,19}$ 149—151°, F. 37—38°. — Die Verbb. wirken *bakteriostatisch.* (**Aust. P. 232 250** vom 9/2. 1959, ausg. 23/2. 1961. A. Prior. 24/2. 1958.) C. Lüttgen. 4807

Whitmoyer Laboratories, Inc., Myerstown, Pa., V.St.A., übert. von: Geza Szabados Delmar, Lachine, Quebec, Canada, **Herstellung von p-Ureidobenzolarsonsäure** (I), Man löst Arsanilsäure in einer wss. Lsg. von K-Cyanat unter Kühlung, gibt HCl bis zur Einstellung eines pH-Werts von 2,3—2,7 unter weiterer Kühlung hinzu, wobei I nach Ausfällung filtriert, gewaschen u. getrocknet wird. — *Heilmittel.* (**A. P. 2 981 745** vom 25/1. 1960, ausg. 25/4. 1961.) J. Mühleisen. 4807

Cilag Akt.-Ges. (Erfinder: Ernst Habicht), Schaffhausen, Schweiz, **Herstellung von Bis-sulfonylharnstoffen** der untenst. Formel I (R_1 = ggf. durch —O—, —S— oder —S—S— unterbrochene Alkyl- oder Cycloalkylkette, R_2 = Alkylkette oder je 1 H-Atom an jedem N-Atom) werden durch Umsetzung von Verbb.

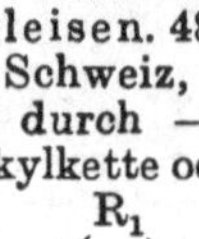

mit Verbb. der Formel p-Tolyl—SO_2—X (Y u. X = zur Bldg. von Harnstoffgruppen befähigte Reste, z. B. Y=NH_2 u. X= —NCO, =N—CO-Halogen oder =N—CO—NH_2) im Verhältnis 1:2 gewonnen. — *Bis-β.β'-[ω-p-tosyl)-carbamido]-diäthyläther*, sintert bei 100°, aus β.β'-Diaminodiäthyläther u. p-Tosylisocyanat (I) in Dioxan durch 1std. Kochen. — Analog: *Bis-β.β'-[ω-(p-tosyl)-carbamido]-diäthylsulfid*, F. 193—194°, aus Cystamin.— *1.4-Bis-[p-tosylaminocarbonyl]-piperazin*, F. 260—263°, aus Piperazin. — Bis-[ω-(p-tosyl)-harnstoffe]: *Äthylen-*, F. 202 bis 203°, aus Äthylendiamin u. I in Benzol. — *Propylen-*, F. 196—197°, aus 1.3-Diaminopropan. — *Butylen-*, F. 160—163°, aus 1.4-Diaminobutan u. I in Bzl. in Ggw. von Triäthylamin. — *Hexamethylen-*, F. 186°, aus 1.6-Diaminohexan u. I in Dioxan. — *1.4-Bis-[ω-(p-tosyl)-carbamido]-cyclohexan*, F. 180—190°, aus 1.4-Diaminocyclohexan u. I in Dioxan. — *Mittel zur Senkung des Blutzuckers.* — Vgl. E. P. 828 987; C. **1961,** 16199.

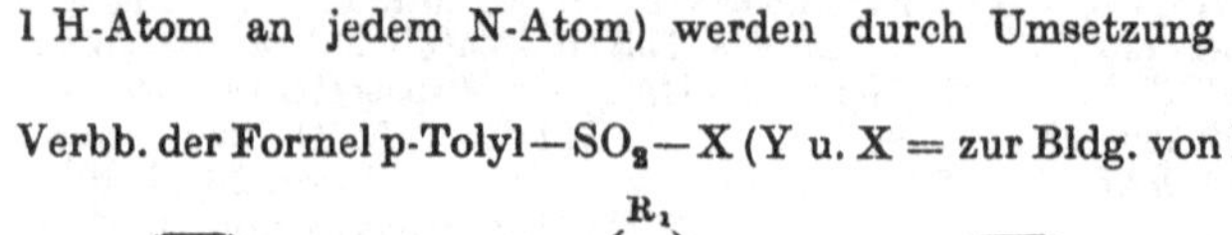

I

(F. P. 1 210 665 vom 24/1. 1958, ausg. 10/3. 1960. Schwz. Prior. 24/1., 6/6. u. 11/12. 1957. **Oe. P. 203 014** vom 16/1. 1958, ausg. 25/4. 1959. Schwz. Prior. 24/1. u. 6/6. 1957. **Belg. P. 563 908** vom 13/1. 1958, ausg. 17/6. 1960. Schwz. Prior. 24/1., 6/6. u. 11/12. 1957.) Eberhard Riedel. 4807

Scherico Ltd. (Erfinder: Frank John Villani), **Herstellung von cis-α.α-Bis-[thienyl-(2)]-4-dimethylaminocyclohexylcarbinol und dessen Methobromid.** Man erhitzt ein Gemisch aus 52 (g) Äthylaminocyclohexylcarboxylat, $Kp._{11}$ 117—118°, hergestellt durch Red. von Aminobenzoesäure mit H_2 u. Verestern mit Äthanol, 80 85% ig. HCOOH u. 69 ml 37% ig. CH_2O-Lsg. 8 Std. auf dem Dampfbad, konz. im Vakuum, löst den Rückstand in W., macht mit NaOH bas. u. extrahiert mit Chlf. *Äthyl-4-dimethylaminocyclohexylcarboxylat* (I), $Kp._{10}$ 125—127°, n_D^{27} 1,3490. Man gibt 314 Brombenzol im gleichen Vol. wasserfreiem Ae. tropfenweise zu einer Suspension von 27,5 Li-Körnern in 2 Ae., kocht 1 Std. unter Rückfluß, gibt schnell 168 Thiophen zu, kocht weitere 2 Std., gibt zu dem gebildeten 2-Thienyllithium 100 **II** im gleichen Vol. Ae., erhitzt 6 Std. auf dem Wasserbad, läßt über Nacht stehen, gibt 1000 W. zu, trennt die wss. Schicht ab, extrahiert sie mit Chlf., vereinigt die beiden organ. Fll., die mit gesätt. NaCl-Lsg. gewaschen u. dest. werden: *cis-α.α-Bis-[thienyl-(2)]-4-dimethylaminocyclohexylcarbinol* (**IV**), $Kp._1$ 195°, F. 93—96° (Hexan). Man leitet CH_3Br 4 Std. durch eine Lsg. von **IV** in wasserfreiem Bzl., unter Kühlung, läßt über Nacht stehen u. trennt den Nd. aus **IV**-Methobromid, F. 239—241° (abs. Methanol), ab. — *Arzneimittel.* (**Aust. P. 232 239** vom 26/11. 1958, ausg. 23/2. 1961. A. Prior. 19/12. 1957.) C. Lüttgen. 4807

Ciba Akt.-Ges., Basel, Schweiz, **Herstellung von Guanidinverbindungen** der Formel *Z—Alk—NH—C(=NH)—NH₂* (Z = Tetra- bis Dekamethyleniminorest, Alk = C_{1-7}-Alkylenrest) durch Kondens. von Verbb. Z—Alk—NHR (R = H oder Alkylrest) mit Verbb. Y—C(=NH)—NH_2 (Y = abspaltbarer Rest), bes. S-Alkylisothioharnstoffen oder mit Cyanamid u. ggf. Acylierung der erhaltenen Guanidine oder Überführung in *Salze* oder *quatern. Ammoniumsalze.* — Guanidinsulfate: *β-Oktamethyleniminoäthyl-*, F. 272—275° (Zers.; W.), aus β-Oktamethyleniminoäthylamin in W. durch 1½std. Kochen mit S-Methylisothioharnstoffsulfat. — Analog: *γ-Heptamethyleniminopropyl-*, F. 248—252° (A./Hexan). — *β-Hexamethyleniminoäthyl-*, F. 233—236° (Zers.; A./Ae.). — *β-Piperidinoäthyl-*, F. 203—207° (Zers.; A./Ae.). — *β-Dekamethyleniminoäthyl-*, F. 260 bis 273° (Zers.; A.). — *Blutdrucksenkende Mittel.* Vgl. Schwz. PP. 342 957; C. **1961,** 936 u. 346 879; C. **1961,** 6596. (**Oe. P. 210 431** vom 30/5. 1959, ausg. 10/8. 1960. A. Prior. 10/6. 1958.) Eberhard Riedel. 4807

S.I.M.E.S. S. p. A., Mailand, Italien, **Herstellung von 4-Methylpiperidyl-(4)-o-chlor-p-aminobenzoat,** F. 155°, durch katalyt. Red. der entsprechenden Nitro-Verb., hergestellt durch Kondens. von o-Chlor-p-nitrobenzoylchlorid mit N-Methylpiperidinol-(4) in Ggw. eines HCl-Acceptors, in Ggw. von Raney-Ni, Pt oder Pd als Katalysator. — *Zwischenprod. für die Herst. von Lokalanästhetica.* (**E. P. 873 469** vom 29/6. 1959, ausg. 26/7. 1961. Belg. Prior. 16/5. 1959.) W. Heyer. 4807

Parke, Davis & Co., Detroit, Mich., V.St.A., **Herstellung von 3.6-Dichlor-9-[ε-piperidinoamylamino]-acridin** u. seiner Säureadditionssalze, *Dihydrochlorid,* F. 278—279°, dad. gek., daß man 3.6.9-Trichloracridin bei einer Temp. von ca. 75° oder höher mit ε-Piperidinoamylamin (I) oder ein Säureadditionssalz davon) in einem wasserfreien inerten Lsgm., wie Phenol, Dioxan oder PAe., kondensiert. Man kann auch 4-Chlor-N-[m-chlorphenl]-anthranilsäurechlorid mit I kondensieren u. das erhaltene Amid mit z. B. $POCl_3$ cyclisieren. — *Bandwurmmittel.* (**E. P. 871 275** vom 2/12. 1959, ausg. 28/6. 1961. A. Prior. 5/12. 1958.) W. Heyer. 4807

Ciba Akt.-Ges., Basel, Schweiz, **Herstellung von Pyrazolopyrimidinen.** Zu Oe. P. 200 575; C. **1960,** 11119 ist nachzutragen, daß einige 3-Amino-4-carbäthoxypyrazole mit Formamid (I) oder Harnstoff (II) zu entsprechenden *Pyrazolo-[3.4:d]-pyrimidinen* cyclisiert werden. — 1-Alkyl-4-halogen- oder -4.6-dihalogenpyrazolo-[3.4:d]-pyrimidine werden durch Behandlung entsprechender 4-Hydroxy- oder 4.6-Dihydroxy-Derivv. mit Phosphorsäurehalogeniden, bes. $POCl_3$, gewonnen. — Durch Behandlung von 1-Alkyl-4-hydroxy-, -4.6-dihydroxy-, -4-halogen-, -4.6-dihalogen- oder -4-halogen-6-hydroxypyrazolo-[3.4:d]-pyrimidinen mit P_2S_5, Thioharnstoff oder Metallmercaptiden oder -mercaptanen werden entsprechende 4-Mono- oder 4.6-Dimercapto-Verbb. erhalten, die ggf. veräthert werden können. — Pyrazolo-[3.4:d]-pyrimidine: *4-Hydroxy-*, F. $>$350°, aus 3-Amino-4-carbäthoxypyrazol u. **I** durch 8std. Erhitzen auf 190—200°. — *1.5-Dimethyl-4-oxo-4.5-dihydro-*, F. 287—289° (A.), aus vorst. Verb. u. Dimethylsulfat (**III**) in 2nNaOH bei Raumtemperatur. — *1-Phenyl-4-hydroxy-*, F. 286 bis 288°, aus 2-Phenyl-3-amino-4-carbäthoxypyrazol u. **I.** — *1-Phenyl-4-chlor-*, F. 125 bis

126° (Ligroin) aus vorst. Verb. durch 2std. Kochen mit $POCl_3$. — *1-Phenyl-4-[β-diäthylaminoäthylamino]-*, *Hydrochlorid*, F. 141—143°, aus vorst. Verb. durch 6std. Kochen mit β-Aminoäthyldiäthylamin in Toluol. — *1-Phenyl-4-furfurylamino-*, F. 158 bis 160° (Ligroin), aus vorvorst. Verb. durch 6std. Kochen mit Furfurylamin in Toluol. *Hydrochlorid*, F. 201—203°. — *1-Phenyl-4.6-dihydroxy-*, F. 297—299°, aus 2-Phenyl-3-amino-4-carbamylpyrazol u. **II** durch mehrstd. Erhitzen auf 200°. — *1-Isopropyl-4-hydroxy-*, F. 197—198°, aus 2-Isopropyl-3-amino-4-carbäthoxypyrazol u. **I** durch 4std. Erhitzen auf 200—210°. — *1-Isopropyl-4-methoxy-*, F. 162—163° (W.), aus vorst. Verb. u. **III** in 2nNaOH. — *1-Isopropyl-4.6-dihydroxy-*, F. 286—287° (Zers.; W.), aus 2-Isopropyl-3-amino-4-carbamylpyrazol u. **II**. — *1-Isopropyl-4.6-dioxo-5.7-dimethyl-4.5.6.7-tetrahydro-*, F. 141—142° (A.), aus vorst. Verb. u. **III**. — *1-[p-Chlorphenyl]-4-hydroxy-*, F. >300° (Dimethylformamid), aus 2-[p-Chlorphenyl]-3-amino-4-carbäthoxypyrazol u. **I**. — *1-Cyclohexyl-4-chlor-*, F. 67—68° (PAe.), aus der 4-Hydroxy-Verb. durch 8std. Kochen mit $POCl_3$. — Analog: *1-[n-Butyl-(2)]-4-chlor-*, $Kp._{10}$ 137—138°. —*1-[3-Methylbutyl-(2)]-4-chlor-*, F. 45—46° (PAe.). — *1-[Pentyl-(3)]-4-chlor-*, $Kp._{11}$ 139—140°. — — *1-Cyclopentyl-4-chlor-*, F. 51—52°. — *1-Cyclohexyl-4.6-dichlor-*, F. 82—83°. — *1-[Butyl- (2)]-4.6-dichlor-*, $Kp._{0,2}$ 102°, Öl. — *1-[Butyl-(2)]-4-mercapto-*, F. 152—153°, aus der 4-Hydroxy-Verb. durch 5std. Kochen mit P_2S_5 in Pyridin. — *1-[Butyl-(2)]-4-methylmercapto-*, $Kp._{0,2}$ 102—105°, aus vorst. Verb. u. **III** in 1nNaOH. — *Heilmittel*. Vgl. Oe. P. 199 652; C. **1960**, 7939. (**F. P. 1 234 107** vom 9/2. 1957, ausg. 14/10. 1960. Schwz. Prior. 10/2., 7/4., 16/7., 28/9. 1956 u. 2/1. 1957. **Oe. PP. 212 835** u. **212 836** vom 21/11. 1958, ausg. 10/1. 1961. Beide Schwz. Prior. 26/11. 1957.) Eberhard Riedel. 4807

Abbott Laboratories, North Chicago, Ill., V.St.A., **Arzneimittel** zur oralen Behandlung von Diabetes, enthaltend in der Dosiseinheit wenigstens 25 mg *Dicyclopropylketazin* (Kristalle aus Methanol, F. 92—93°). (**E. P. 861 781** vom 20/12. 1957, ausg. 22/2. 1961. A. Prior. 24/12. 1956.) K. Koebke. 4807

Dr. Karl Thomae G. m. b. H., Biberach/Riß, **Herstellung von Benzo-1.3-thiazindionen-(2.4).** Zu D. A. S. 1 110 647; C. **1962**, 3192 sind folgende Benzo-1.3-thiazindione-(2.4) nachzutragen: *Unsubstituiert*, F. 211° (A.), aus 30 (g) Thiosalicylsäure (**I**) u. 42 Chlorameisensäureäthylester in Tetrahydrofuran in Ggw. von Triäthylamin bei —5° u. Stehen nach Zugabe von wss. NH_4OH; 21 g (Ausbeute). — *3-Methyl-*, F. 121°, aus 30 **I** u. 47,5 Chlorameisensäureisopropylester durch Umsetzung in Ggw. von Tributylamin in Tetrahydrofuran, Versetzen mit wss. 35%ig. Methylamin-Lsg. u. Stehen über Nacht; 19 g. — Ähnlich: *3-Phenyl-*, F. 146°. — *3-[p-Methoxyphenyl]-*, F. 212° (Dioxan). — *3-[p-Chlorphenyl]-*, F. 187° (Dioxan). — *3-Benzyl-*, F. 103° (A.). — *3-Cyclohexyl-*, F. 148° (CH_3OH). — *3-[p-Diäthylaminophenyl]-*, F. 214° (Dioxan/W.). — *3-[p-Nitrophenylamino]-*, F. 197° (CH_3OH). — *3-Thioureido-*, F. 207° (Aceton). — *3-Äthyl-*, F. 84° (CH_3OH). — *3.3'-Äthylen-bis-*, F. 213° (A.). — *Antipyretica, Bakteriostatica, Fungistatica*. (**Oe. P. 210 425** vom 10/10. 1958, ausg. 10/8. 1960. D. Prior. 24/10. 1957.) Eberhard Riedel. 4807

Farbenfabriken Bayer Akt.-Ges., Leverkusen (Erfinder: Ulrich Hörlein, Wuppertal, Klaus-Heinz Risse, Solingen, und Wolfgang Wirth, Wuppertal), **Herstellung von in 3-Stellung acetylierten Phenthiazinderivaten** der allg. Formel **I**, in der Ac eine ggf. verzweigte Acylgruppe u. A eine ggf. verzweigte Alkylengruppe bedeutet, dad. gek., daß man entweder a) 3-acylierte Phenthiazine oder ihre Abkömmlinge mit geschützter Carbonylgruppe in ihre Metall-Verbb. umwandelt u. diese mit reaktionsfähigen Estern von bas. Alkoholen der Formel **II** in der A die oben bezeichnete Bedeutung hat, umsetzt, oder b) daß man zur Umwandlung eines 3-Acylphenthiazins bzw. eines funktionellen Deriv. desselben in die Metall-Verb. mindestens 2 Äquivalente einer geeigneten metallabgebenden Verb. anwendet u. die bas. Alkylierung mit der äquivalenten Menge eines Salzes der reaktionsfähigen Ester der genannten bas. Alkohole durchführt, oder daß man c) 3-Acylphenthiazine bzw. deren funktionelle Abkömmlinge mit reaktionsfähigen Estern der genannten bas. Alkohole ohne zusätzliches säureabspaltendes Mittel bei erhöhter Temp. mit oder ohne Lsgm. u. ggf. unter Druck umsetzt, oder daß man d) den Aufbau der Seitenkette stufenweise vollzieht, indem man 3-Acylphenthiazine bzw. deren funktionelle Abkömmlinge mit reaktionsfähigen Estern von Alkoholen umsetzt, die an Stelle des N'-Methylpiperazinorestes einen in

I

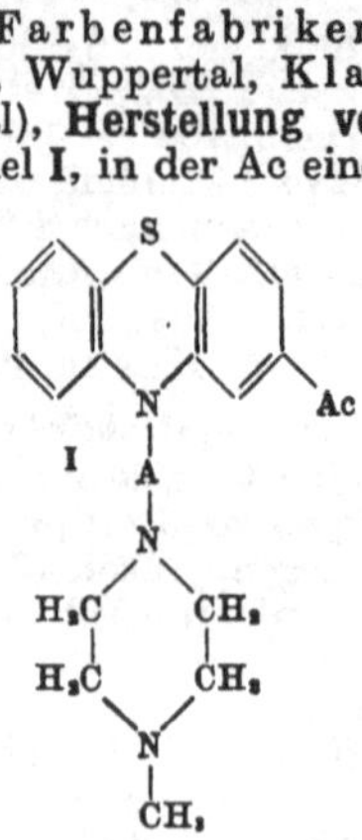

II

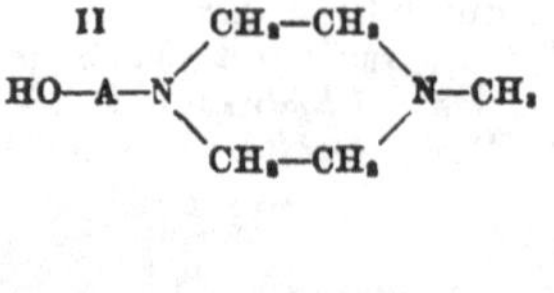

diese Gruppierung umwandelbaren Substituenten tragen u. die Umwandlung in die Verf.-Prodd. nach üblicher Weise nachträglich durchführt u. in den Fällen, in denen man nach a) bis d) die bas. Alkylierung an funktionellen Abkömmlingen von 3-Acylphenthiazinen durchführt, den blockierenden Rest nach erfolgter bas. Alkylierung wieder abspaltet. — 3-Propionylphenthiazin in Xylol werden mit $NaNH_2$ 3—4 Std. unter Rückfluß gekocht. Man läßt eine benzol. Lsg. von N'-Methyl-N-[β-chloräthyl]-piperazin eintropfen u. kocht weitere 8 Std. unter Rückfluß. Man extrahiert das Rk.-Prod. mit verd. Säure, alkalisiert u. extrahiert mit Ae., trocknet mit K_2CO_3 u. dest. *3-Propionyl-10-[β-(N'-methylpiperazino)-äthyl]-phenthiazin* ab, $Kp._{0,01}$ 245—260°, F. des Hydrochlorids 242—244°. — Es werden ferner folgende Phenthiazine hergestellt: *3-Acetyl-10-[γ-(N'-methylpiperazino)-propyl]-*, $Kp._{0,05}$ 245—255°, *Maleinat*, F. 190—191°; *3-Butyryl-10-[γ-(N'-methylpiperazino)-propyl]-*, $Kp._{0,05}$ 270—280°, *Maleinat*, F. 180—182°; *3-Propionyl-10-[γ-(N'-methylpiperazino)-propyl]-*, $Kp._{0,01}$ 255—265°, *Maleinat*, F. 195—197°; *3-Benzoyl-10-[γ-(N'-methylpiperazino)-propyl]-*, $Kp._{0,01}$ 240°, *Fumarat*, F. 207—208°; *3-Butyryl-10-[β-(N'-methylpiperazino)-äthyl]-*, $Kp._{0,01}$ 270—275°, *Maleinat*, F. 169 bis 170°; *3-Propionyl-10-[β-methyl-γ-(N'-methylpiperazino)-propyl]-*, $Kp._{0,01}$ 178—185°, *Fumarat*, F. 175—178°; *3-Butyryl-10-[β-methyl-γ-(N'-methylpiperazino)-propyl]-*, $Kp._{0,01}$ 180—190°, *Fumarat*, F. 192—193°; *3-Acetyl-10-[β-methyl-γ-(N'-methylpiperazino)-propyl]-*, $Kp._{0,01}$ 175—185°, *Fumarat*, F. 172—173°; *3-Acetyl-10-[β-(N'-methylpiperazino)-propyl]-*, $Kp._{0,01}$ 185—190°, *Maleinat*, F. 157—158°; *3-Propionyl-10-[β-(N'-methylpiperazino)-propyl]-*, $Kp._{0,01}$ 190—195°, *Maleinat*, F. 142—144°; *3-Butyryl-10-[β-(N'-methylpiperazino)-propyl]-*, $Kp._{0,01}$ 190—200°, *Maleinat*, F. 138—141°; *3-Acetyl-10-[γ-(N'-methylpiperazino)-propyl]-*, $Kp._{0,05}$ 245—255°; *3-n-Valeroyl-10-[γ-(N'-methylpiperazino)-propyl]-*, $Kp._{0,005}$ 210—220°, *Hydrochlorid*, F. 235—236°. — *Sedative Wrkg., antiemet. Effekt.* (**D. A. S. 1 120 451** Kl. 12p vom 30/5. 1956, ausg. 28/12. 1961.) G. König. 4807

J. R. Geigy Akt.-Ges., Basel, Schweiz (Erfinder: Helmuth Teufel, Biberach/Riß), **3-Oxotetrahydro-1.2.6-thiadiazin-1.1-dioxide** der allg. Formel **I** erhält man nach 3 verschiedenen Verff.: 1. N-Acylsulfamide der allg. Formel $R_5XCH—R_3R_4—C—CO—NR_2—SO_2—NHR_1$ werden in Ggw. von säurebindenden Mitteln (**II**) erhitzt; 2. β-Sulfamidocarbonsäure-Derivv. der allg. Formel $YOC—CR_3R_4—CHR_5—NR_1—SO_2—NHR_2$ werden in Ggw. von Kondens.-Mitteln oder Basen unter Abspaltung von HY cyclisiert; 3. Verbb. der allg. Formel **III** werden in Ggw. von **II** oder von sauren Katalysatoren mit anorgan. Säurehalogeniden behandelt u. die Rk.-Prodd. mit HJ, nascierendem oder katalyt. aktiviertem H hydriert, bis 2 Mol H_2 aufgenommen sind. In den Formeln bedeuten R_1 u. R_2 ein H-Atom, ein niedrigmol. Alkyl- oder Alkenyl-, ein Cycloalkyl-, Cycloalkenyl-, Phenyl- oder Benzylrest, R_3, R_4 u. R_5 H-Atome, niedrigmol. Alkyl- oder Alkenyl-, Phenyl- oder Benzylreste, R_5 kann auch ein Halogenatom sein, u. die ggf. in $R_1—R_5$ vorhandenen Phenylreste können durch Halogenatome, NO_2-, niedrigmol. Alkyl- oder Alkoxygruppen substituiert sein. R_1' u. R_2' sind gleich R_1 u. R_2 mit Ausnahme von H, R_5' ist ein Halogenatom; X ist ein Cl-, Br- oder J-Atom, Y eine OH-, Alkoxy- oder Aryloxygruppe. Die Ausgangs-Prodd. für die vorst. Verff. können nach bekannten Meth. hergestellt werden. Die Anwendung von erhöhten Temp. u. Lsgm. richtet sich nach der Rk.-Fähigkeit der Ausgangsprodukte. Hergestellt wurden folgende 3-Oxotetrahydro-1.2.6-thiadiazin-1.1-dioxide (**IV**): *6-Phenyl-***IV**, F. 123 bis 124°; *5-Chlor-2.6-diphenyl-***IV**, F. 169—170,5°; *2.6-Diphenyl-***IV**, F. 133—133,5°, weiterhin folgende **I** mit: R_1 = *Isopropyl*, R_2, R_3, R_4, R_5 = *H*, F. 140—142°; R_1 = *n-Butyl*, R_2, R_3, R_4, R_5 = *H*, F. 110—112°; R_1 = *Cyclohexyl*, R_2, R_3, R_4, R_5 = *H*, F. 142—144°; R_1 = C_6H_5, R_2, R_3, R_4, R_5 = *H*, F. 122—124°; R_1 = *Benzyl*, R_2, R_3, R_4, R_5 = *H*, F. 190—192°; R_1 = *Benzyl*, R_2, R_3, R_4 = *H*, R_5 = CH_3, F. 138—140°; R_1 = *Cyclohexyl*, R_2, R_3, R_4 = *H*, R_5 = CH_3, F. 164—166°; R_1 = C_6H_5, R_2, R_3, R_4 = *H*, R_5 = CH_3; R_1 = CH_3, R_2, R_4 = *H*, R_3, R_5 = C_6H_5, F. 230—232°. — *Heilmittel.* (**D. A. S. 1 120 457** Kl. 12p vom 30/9. 1959, ausg. 28/12. 1961. Schwz. Prior. 1/10. 1958.) A. Kalix. 4807

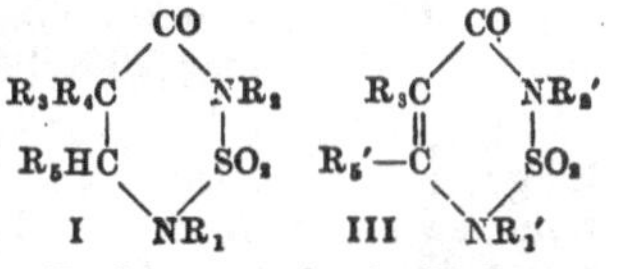

Ciba Soc. An., Schweiz (Erfinder: Charles Ferdinand Huebner), **Gewinnung von Reserpin und analogen Verbindungen.** *Reserpin*, F. 250—265°, wird aus 3-Isoreserpin durch Isomerisierung in saurem Medium, z. B. durch Kochen mit Eisessig, Erhitzen mit p-Toluolsulfonsäure (**I**) in Kollidin/Chlf., oder Erhitzen in 3n alkohol. HCl, gewonnen. — Analog: O-Acetyl-3-isoreserpinsäuremethylester in Essigsäure → *O-Acetylreserpinsäuremethylester*, F. 297—298° (Aceton). — 3-Isodeserpidin in Eisessig in Ggw. von **I** → *Deserpidin*, F. 224—227° (CH_3OH). — dl-3-Isoreserpinsäuremethylester → *dl-Reserpinsäuremethylester* (in Essigsäure). — dl-3-Isodeserpidin → *dl-Deserpidin* (in

Essigsäure in Ggw. von I). — dl-3-Isodeserpidinsäuremethylester → *dl-Deserpidinsäuremethylester.* — Vgl. A. P. 2 857 386; C. **1961,** 11050. (**F. P. 1 173 498** vom 5/4. 1957, ausg. 25/2. 1959. A. Prior. 9/4. u. 30/4. 1956.) Eberhard Riedel. 4807

Soc. Italiana Prodotti Schering, Mailand, Italien (Erfinder: Paolo Galimberti, Vittorina Gerosa und Marcello Melandri), **α-Mercaptoisobuttersäure** (I) wird hergestellt durch saure Hydrolyse einer α-[4-Hydroxypyrimidyl-(2)-mercapto]-isobuttersäure der allg. Formel II (R^1, R^2 = H, Alkyl mit 1—8 C-Atomen, Aryl).

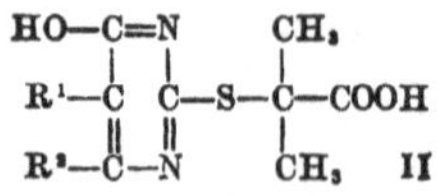

II

— 10 g II (R^1, R^2 = H) u. 100 ml 10%ig. wss. HCl kocht man ½ Std. unter Rückfluß, kühlt, filtriert vom Uracil, F. 332—334° (5 g), ab, extrahiert das Filtrat mit Ae. → 5,2 g I; 93% (Ausbeute). — Analog: 10 g II (R^1 = H; R^2 = CH_3) → 5,2 g *6-Methyluracil,* F. 318—320°; 93%, u. 4,75 g I; 90%. — Aus II (R^1 = CH_3; R^2 = H) → I; 80%. — Weitere möglichen R^1 u. R^2 sind angegeben, die Ausbeuten liegen bei 80—95%. — *Zwischenprodd.* für östrogene Verbindungen. (**E. P. 863 509** vom 24/12. 1957, ausg. 22/3. 1961.) A. Debo. 4809

Upjohn Co., übert. von: Gunther S. Fonken, Kalamazoo, und Herbert C. Murray, Barry Township, Mich., V.St.A., **16α-Hydroxy-5β-pregnan-3.11.20-trion,** F. 220—225°, erhält man durch mikrobiolog. Hydroxylierung von 5β-Pregnan-3.11.20-trion mit einer Kultur von *Sepedonium ampullosporum* unter üblichen aeroben u. submersen Bedingungen u. chromatograph. Aufarbeitung des Gärungs-Prod. an Florisil. — *Heilmittel.* (**A. P. 3 007 950** vom 23/11. 1960, ausg. 7/11. 1961.) U. Sievers. 4809

Schering Corp., Bloomfield, übert. von: Alexander L. Nussbaum, Leonia, N.J., V.St.A., **6α-Halogenmethyl-5α-pregnan-3β.20β-diol-3.20-diacetate** erhält man durch Rk. von z. B. 6α-Hydroxymethyl-5α-pregnan-3β.20β-diol-3.20-diacetat (**Ia**) mit Triphenylphosphitmethojodid in Ae. → *6α-Jodmethyl-5α-pregnan-3β.20β-diol-3.20-diacetat* (I), F. 152—154°. — Alternativ kann man I auch durch Rk. von 6α-Tosyloxy-allopregnan-3β.20β-diol-3.20-diacetat, F. 167—169°, mit NaJ in Aceton herstellen. — I läßt sich sodann mit $AgNO_3$ in Ggw. einer geringen Menge W. sowie von NaOH u. HF in Acetonitril überführen → *6α-Fluormethyl-5α-pregnan-3β.20β-diol-3.20-diacetat,* F. 175 bis 177°; *freier Alkohol,* F. 199—201°. — **Ia** + p-Toluolsulfonylchlorid in Ggw. von Pyridin → *6α-Chlormethyl-5α-pregnan-3β.20β-diol-3.20-diacetat,* F. 186—187,5° (Zers.); $[\alpha]_D$ +45°. — *Heilmittel* sowie Zwischenprodd. zu deren Herstellung. (**A. P. 2 996 522** vom 29/7. 1960, ausg. 15/8. 1961.) U. Sievers. 4809

Schering Corp., Bloomfield, übert. von: Richard Rausser, Union, und Eugene P. Oliveto, Glen Ridge, N.J., V.St.A., **16-Nitroalkylsteroide der Pregnanreihe** erhält man durch Rk. einer entsprechenden Δ^{16}-Pregnen-20-oxo-Verb. mit einem Nitroalkan in Ggw. einer starken Base. — Man setzt z. B. Δ^{16}-Pregnen-3α-ol-11.20-dion-3-acetat mit Nitromethan in Ggw. von K-tert.-Butylat in tert.-Butanol um → *16α-(Nitromethyl)-pregnan-3α-ol-11.20-dion.* — Im Anschluß an die Nitroalkylierung können weitere Verf.-Stufen, z. B. zur 17α-Hydroxylierung, 21-Acetoxylierung, Dehydrierung des Ringes A, Fluorierung der 9α-Stellung nach bekannten Meth. durchgeführt werden unter Bldg. der entsprechenden 16α-(Nitroalkyl)-Verbb. vom Nebennierenrindenhormontyp. — Physikal. Daten werden im einzelnen nicht angegeben. — *Heilmittel* sowie Zwischenprodd. zu deren Herstellung. (**A. P. 2 999 103** vom 1/5. 1959, ausg. 5/9. 1961.) U. Sievers. 4809

G. D. Searle & Co., übert. von: Frank B. Colton, Chicago, Ill., V.St.A., **6-Methylensteroide der Pregnanreihe** erhält man durch Oxydation eines 6α-Methyl-3-enolalkyläthers eines entsprechenden Δ^4-3-Ketosteroids mit MnO_2. — Man setzt z. B. 17α-Acetoxy-3-äthoxy-6α-methyl-$\Delta^{3.5}$-pregnadien-20-on, F. 161—168°, in Bzl. mit MnO_2 um → *17α-Acetoxy-6-methylen-Δ^4-pregnen-3.20-dion,* F. 248—251°. — *Heilmittel.* (**A. P. 2 980 711** vom 28/4. 1960, ausg. 18/4. 1961.) U. Sievers. 4809

G. D. Searle & Co., Chicago, übert. von: Joseph S. Mihina, Skokie, Ill., V.St.A., **6β-Halogen-5-methyl-19-nor-5β-Δ^9-pregnen-20-one** erhält man durch Erhitzen einer entsprechenden 3-Alkanoyloxy-5-hydroxy-6β-halogen-5α-pregnan-Verb. unter dehydrierenden u. acylierenden Bedingungen u. ggf. Verseifung der 3-Acyloxygruppe bzw. Oxydation der erhaltenen 3-Hydroxyverbindung. — Man setzt z. B. 3β-Acetoxy-6β-fluor-5-hydroxy-5α-pregnan-20-on in Ggw. von $KHSO_4$ u. Acetanhydrid 30 Min. bei 70° um → *3β-Acetoxy-6β-fluor-5-methyl-19-nor-5β-Δ^9-pregnen-20-on.* — Analog: *3β-Acetoxy-6β-chlor-5-methyl-19-nor-5β-Δ^9-pregnen-20-on,* F. 114—115°; $[\alpha]_D$ +219°, → das sich mit methanol. K_2CO_3 verseifen läßt → *6β-Chlor-3β-hydroxy-5-methyl-19-nor-5β-Δ^9-pregnen-20-on,* F. 165—168°; $[\alpha]_D$ +232,5°; daraus durch Oxydation mit CrO_3

in Ggw. von Essigsäure → *6β-Chlor-5-methyl-19-nor-5β-Δ^{9}-pregnen-3.20-dion*, F. 164 bis 166°; $[\alpha]_D$ +179°. — *Heilmittel.* (**A. P. 2 984 676** vom 12/6. 1959, ausg. 16/5. 1961.) U. Sievers. 4809

Olin Mathieson Chemical Corp., New York, N. Y., übert. von: Josef Fried und Josef E. Herz, New Brunswick, N.J., V.St.A., **9α-Fluorsteroide der Pregnanreihe.** Man spaltet z. B. 11β.12β-Epoxyprogesteron mit HF in Chlf.-A. *9α-Fluor-12β-hydroxyprogesteron* (I), F. 194—195° u. 220—222°; $[\alpha]_D^{23}$ +85°, welches sich durch Oxydation mit CrO_3 in Aceton überführen läßt → *9α-Fluor-12-ketoprogesteron*, F. 224—225°; $[\alpha]_D^{23}$ +186°. — Analog: *9α-Fluor-12β-hydroxypregnan-3.20-dion* (II), F. 187—189°; $[\alpha]_D^{23}$ —4°, welches sich durch Bromierung der 4-Stellung u. anschließende Dehydrobromierung mit LiCl in Dimethylformamid überführen läßt → I. — II läßt sich mit CrO_3 in Aceton oxydieren → *9α-Fluorpregnan-3.12.20-trion* (III), F. 224—225°; $[\alpha]_D$ +135°. — II + p-Toluolsulfonylchlorid in Ggw. von Pyridin → II-*12-Tosylat*, F. 161—162°; $[\alpha]_D^{23}$ +84°. — III läßt sich durch Rk. mit methanol. KOH überführen → *$\Delta^{9,11}$-Pregnen-3.12.20-trion*, F. 183—184°. — *Heilmittel* sowie Zwischenprodd. zu deren Herstellung. (**A. P. 3 000 911** vom 28/6. 1957, ausg. 19/9. 1961.) U. Sievers. 4809

Syntex Soc. An., Mexico, Mexico, übert. von: Carl Djerassi, Birmingham, Mich., V.St.A., und George Rosenkranz, Mexico, Mexico, **Herstellung von Δ^{1}-Allopregnen-3.11.20-trion.** Inhaltlich ident. mit A. P. 2 788 353; C. **1958,** 8419. (**A. P. 2 979 516** vom 21/3. 1957, ausg. 11/4. 1961. Mexican. Prior. 7/3. 1952.) U. Sievers. 4809

Merck & Co., Inc., Rahway, übert. von: George J. Poos, North Plainfield, und Lewis H. Sarett, Princeton, N.J., V.St.A., **3-Äthylendioxy-11-oxigenierte 20-Keto-$\Delta^{5.15}$-pregnadiene.** Man setzt z. B. 3-Äthylendioxy-Δ^{5}-pregnen-11.16.20-trion in Aceton u. in Ggw. von K_2CO_3 mit Isopropyljodid um → *3-Äthylendioxy-16-isopropoxy-$\Delta^{5.16}$-pregnadien-11.20-dion*, F. 237—239°, u. *3-Äthylendioxy-20-isopropoxy-$\Delta^{5.17}$-pregnadien-11.16-dion* (I), F. 184—186° (nach chromatograph. Aufarbeitung). — I läßt sich mit einer begrenzten Menge $NaBH_4$ in A. reduzieren → *3-Äthylendioxy-20-isopropoxy-$\Delta^{5.17}$-pregnadien-16-ol-11-on*, F. 152—155°; daraus durch Rk. mit 10%ig. H_2SO_4 in Tetrahydrofuran → *3-Äthylendioxy-$\Delta^{5.17}$-pregnadien-11.20-dion* (II), F. 193 bis 195°. — Hieraus erhält man durch Red. mit $LiAlH_4$ in Tetrahydrofuran → *3-Äthylendioxy-$\Delta^{5.16}$-pregnadien-11.20-diol*, F. 186—187°, welches sich mit CrO_3 in Ggw. von Pyridin reoxydieren läßt → II. — Man kann auch I mit $NaBH_4$ in A. reduzieren → *3-Äthylendioxy-20-isopropoxy-$\Delta^{5.16}$-pregnadien-11.16-diol*, F. 135—144°; daraus durch Rk. mit 10%ig. H_2SO_4 in Tetrahydrofuran → *3-Äthylendioxy-$\Delta^{5.16}$-pregnadien-11-ol-20-on*, F. 214—216°. — *Zwischenprodd.* zur Herst. von *Heilmitteln.* (**A. P. 2 999 859** vom 8/7. 1955, ausg. 12/9. 1961.) U. Sievers. 4809

Olin Mathieson Chemical Corp., New York, N.Y., übert. von: Josef Fried und Josef E. Herz, New Brunswick, N.J., V.St.A., **9α-Halogen- und 9β.11β-Epoxysteroide der Pregnanreihe.** Man setzt z. B. 9β.11β-Epoxy-Δ^{4}-pregnen-17α.21-diol-3.20-dion-21-mesylat bei 110° in Dimethylsulfoxid mit KF um → *Δ^{4}-Pregnen-9β.11β.17α.21-dioxido-3.20-dion*, F. 196—199°; $[\alpha]_D^{23}$ +59°, neben *21-Fluor-Δ^{4}-pregnen-9β.11β-oxido-17α-ol-3.20-dion*, F. 245—246°; $[\alpha]_D^{23}$ —11,5°. — Analog: *9α-Fluor-Δ^{4}-pregnen-17α.21-oxido-11β-ol-3.20-dion* (I), F. 272—274°; $[\alpha]_D^{23}$ +186°. — *9α-Fluor-$\Delta^{1.4}$-pregnadien-17α.21-oxido-11β-ol-3.20-dion*, F. 227—228°; $[\alpha]_D^{23}$ +181°. — I läßt sich durch Rk. mit methanol. H_2SO_4 unter Rückfluß umlagern → *9α-Fluor-17β-methyl-18-nor-17α-Δ^{4}-pregnen-13α.21-oxido-11β-ol-3.20-dion*, F. 252—254° (Zers.); $[\alpha]_D^{23}$ +49°, welches sich durch Oxydation mit CrO_3 in Aceton überführen läßt → *9α-Fluor-17β-methyl-17α-Δ^{4}-pregnen-13α.21-oxido-3.11.20-trion*, F. 226—228°; $[\alpha]_D^{23}$ —18°. — Alternativ läßt sich I durch Rk. mit HF in Chlf.-abs. A. überführen → *9α-Fluor-17β-methyl-18-nor-17α-$\Delta^{4.13}$-pregnadien-11β.21-diol-3.20-dion*, F. 181—182°; $[\alpha]_D^{23}$ +195°; *11.21-Diacetat*, F. 118—120° u. 98—100°; $[\alpha]_D^{23}$ +202°. — *Heilmittel* u. Zwischenprodd. zu deren Herstellung. (**A. P. 3 007 925** vom 19/10. 1956, ausg. 7/11. 1961.) U. Sievers. 4809

Upjohn Co., übert. von: John A. Hogg und Frank H. Lincoln jun., Kalamazoo, Mich., V.St.A., **2-Methyl-1-dehydrohydrocortison-21-ester und deren 11-Ketoanaloge.** Man dehydriert z. B. 2-Methyl-11β.21-dihydroxy-$\Delta^{4.17,20}$-pregnadien-3-on mit einer Kultur von *Septomyxa affinis* unter üblichen aeroben u. submersen Bedingungen u. acetyliert das durch Chromatographie an Florisil gereinigte Gärungs-Prod. → *2-Methyl-11β.21-dihydroxy-$\Delta^{1.4.17,20}$-pregnatrien-3-on-21-acetat*, F. 207—210°; $[\alpha]_D^{25}$ +95°, welches sich durch Hydroxylierung mit OsO_4 in Ggw. von N-Methylmorpholinoxidperoxid in tert.-Butanol überführen läßt → *2-Methyl-1-dehydrohydrocortisonacetat*, F. 203—204°; $[\alpha]_D$ +95°. — Alternativ kann man 2-Methylhydrocortison mit einer Kultur von *Septomyxa affinis* zu *2-Methyl-1-dehydrocortison* dehydrieren, F. 270—272°; daraus (nach vorausgegangener Acetylierung) durch Oxydation mit $Na_2Cr_2O_7$ in Essigsäure → *2-Methyl-1-dehydrocortisonacetat*, F. 195—197°; $[\alpha]_D$ +177°. — *Heilmittel*. (**A. P. 3 009 937** vom 17/1. 1957, ausg. 21/11. 1961.) U. Sievers. 4809

Olin Mathieson Chemical Corp., New York, N.Y., übert. von: Gordon H. Thomas, New Brunswick, und Josef Fried, Princeton, N.J., V.St.A., **9α-Halogen-11α-alkylsteroide der Androstanreihe.** Man setzt z. B. 9α-Fluor-11-keto-17α-methyltestosteron in Methanol mit Pyrrolidin um → *3-Pyrrolidino-9α-fluor-17α-methyl-$\Delta^{3.5}$-androstadien-17β-ol-11-on*, F. 195—202° (Zers.), welches sich durch Rk. mit Li-Methyl in Bzl.-Ae. überführen läßt → *9β.11β-Oxido-11α.17α-dimethyltestosteron*, F. 249—250°; $[\alpha]_D$ —24°; daraus durch Spaltung mit HCl in Chlf. → *9α-Chlor-11β-hydroxy-11α.17α-dimethyltestosteron*, F. 253—255°; $[\alpha]_D$ +132,2°. — Analog: *3-Pyrrolidino-9α-fluor-$\Delta^{3.5}$-androstadien-17β-ol-11-on*, F. 125—135° (Zers.); *17-Acetat*, F. 160—170° (Zers.). — *11α-Methyl-9β-11β-oxidotestosteron*, F. 198—203°; $[\alpha]_D$ —6,5°. — *Heilmittel* sowie Zwischenprodd. zu deren Herstellung. (**A. P. 3 001 990** vom 6/12. 1957, ausg. 26/9. 1961.) U. Sievers. 4809

Upjohn Co., übert. von: Robert D. Birkenmeyer, Daniel Lednicer und Fred Kagan, Kalamazoo, und Barney J. Magerlein, Portage Township, Mich., V.St.A., **17-Isonitroso-3-aminoäther der Androstanreihe** erhält man durch Rk. eines entsprechenden 3-Amino- oder 3-Thioaminoäthers eines 17-Ketons dieser Reihe mit $NH_2OH \cdot HCl$ (I) in Ggw. einer Base u. anschließende Hydrolyse mit einer Mineralsäure. — Man setzt z. B. 3β-[2-Diäthylaminoäthoxy]-Δ^5-androsten-17-on in A. mit I in Ggw. von wss. KOH um u. säuert mit CO_2 (Gas) an → *3β-[2-Diäthylaminoäthoxy]-17-isonitroso-Δ^5-androsten*, F. 140—142°. — Analog: *3β-[2-Diäthylaminoäthoxy]-17-isonitroso-5α-androstan*, F. 120—125°. — *Heilmittel*. (**A. P. 3 000 910** vom 7/4. 1961, ausg. 19/9. 1961.) U. Sievers. 4809

G. D. Searle & Co., Chicago, übert. von: Robert C. Tweit, Wilmette, Ill., V.St.A., **3-Alkylmercapto-17α-carboxyäthyl-$\Delta^{3.5}$-androstadien-17β-ollactone.** Man setzt z. B. 17α-Carboxyäthyl-17β-hydroxy-Δ^4-androsten-3-onlacton in Methanol mit Methylmercaptan in Ggw. von konz. H_2SO_4 um → *17α-Carboxyäthyl-3-methylmercapto-$\Delta^{3.5}$-androstadien-17β-ollacton*, F. 237—241°. — Analog: *17α-Carboxyäthyl-3-methylmercapto-19-nor-$\Delta^{3.5}$-androstadien-17β-ollacton*. — *17α-Carboxyäthyl-3-äthylmercapto-$\Delta^{3.5}$-androstadien-17β-ollacton*. — *Heilmittel*. (**A. P. 3 004 023** vom 23/3. 1960, ausg. 10/10. 1961.) U. Sievers. 4809

G. D. Searle & Co., Chicago, übert. von: Raphael Pappo, Skokie, Ill., V.St.A., **18-Hydroxy-3.5-cycloandrostan-6-one.** Man setzt z. B. 18.20-Epoxy-3.5-Δ^{20}-cyclopregnen-6-on in Ggw. von p-Toluolsulfonsäuremonohydrat mit 90%ig. H_2O_2 um → *18.20-Epoxy-3.5-cyclopregnan-6-onhydroperoxid*, welches sich durch Rk. mit Methansulfonylchlorid in Ggw. von Pyridin überführen läßt (nach chromatograph. Aufarbeitung) → *18-Acetoxy-17α-chlor-3.5-cycloandrostan-6-on*, F. 121—123°, u. *18-Acetoxy-17β-hydroxy-3.5-cycloandrostan-6-on* (I), F. 142—144°. — I läßt sich durch Hydrolyse mit alkohol.-wss. NaOH überführen → *17β.18-Dihydroxy-3.5-cycloandrostan-6-on*, F. 174—175°. — I + CrO_3 in Aceton → *18-Acetoxy-3.5-cycloandrostan-6.17-dion*, F. 188—191°. — *Heilmittel*. (**A. P. 3 001 987** vom 11/7. 1960, ausg. 26/9. 1961.) U. Sievers. 4809

Olin Mathieson Chemical Corp., New York, N.Y., übert. von: Josef Fried und Josef E. Herz, New Brunswick, N.J., V.St.A., **6-Dehydromethyltestosteron**, F. 192—194°, erhält man durch Rk. von 6β-Hydroxymethyltestosteron (I) mit Methansulfonylchlorid in Ggw. von Pyridin → I-*6-Mesylat*, F. 115—117° (Zers.), u. anschließende Rk. mit KF in Ggw. von Dimethylsulfoxid. — *Heilmittel*. (**A. P. 3 007 945** vom 2/4. 1957, ausg. 7/11. 1961.) U. Sievers. 4809

Upjohn Co., übert. von: J. Allan Campbell, Kalamazoo, und John C. Babcock, Portage Township, Mich., V.St.A., **7-Methylprogesterone.** Man oxydiert z. B. ein Gemisch aus 7α- u. 7β-Methyl-20-hydroxy-Δ^4-pregnen-3-on (I) mit $Na_2Cr_2O_7$ in Ggw. von Essigsäure u. arbeitet das Prod. chromatograph. auf → *7α-Methylprogesteron*, F. 191—199°; $[\alpha]_D$ +197°. — Zur Herst. von 7β-Methylprogesteron dehydriert man I zunächst mit Chloranil in tert.-Butanol → *7-Methyl-20-hydroxy-$\Delta^{4.6}$-pregnadien-3-on*, welches sodann partiell mit Pd-Kohle/H_2 hydriert wird. — *Heilmittel*. (**A. P. 3 002 005** vom 24/10. 1958, ausg. 26/9. 1961.) U. Sievers. 4809

Upjohn Co., übert. von: Raymond L. Pederson, Kalamazoo, Mich., V.St.A., **17α-Hydroxyprogesteron** (I), F. 221—223°; $[\alpha]_D$ 94°, erhält man durch Oxydation von 3-Keto-bisnor-$\Delta^{4.17.20}$-choladien-22-al mit einer organ. Persäure, bes. Peressig- oder

Perbenzoesäure, in z. B. Chlf. → *3-Keto-17.20-epoxy-Δ^4-pregnen-20-ol-20-formiat*, F. 164 bis 166°, welches sich z. B. mit äthanol. NaOH hydrolysieren läßt → I. — Die Rk. kann auch einstufig ausgeführt werden, wenn man das Oxydations-Prod. in Ggw. eines hydrolysierenden Mediums, z. B. wss. Alkalien, aufarbeitet. — *Heilmittel.* (**A. P. 3 000 883** vom 18/3. 1957, ausg. 19/9. 1961.) U. Sievers. 4809

Schering Corp., Bloomfield, übert. von: Hans Reimann, Bloomfield, und David H. Gould, Leonia, N.J., V.St.A., **6-Fluor-9α.11β-dihalogenprogesterone.** Man dehydratisiert z. B. 6β-Fluor-11β-hydroxyprogesteron über das 11-Mesylat → *6β-Fluor-$\Delta^{4.9,11}$-pregnadien-3.20-dion*; daraus durch Rk. mit Cl_2 in CCl_4 u. in Ggw. von Pyridin → *6β-Fluor-9α.11β-dichlorprogesteron.* — Analog: *6β.11β-Difluor-9α-bromprogesteron.* — Die Herst. weiterer analoger Verbb. einschließlich der 6α-Fluorisomeren u. 1-Dehydro-Verbb. wird, jedoch ohne Angabe physikal. Kennzahlen für die Prodd., beschrieben. — *Heilmittel.* (**A. P. 3 009 930** vom 1/6. 1959, ausg. 21/11. 1961.) U. Sievers. 4809

Upjohn Co., übert. von: J. Allan Campbell, Kalamazoo, John C. Babcock, Portage Township, und John A. Hogg, Kalamazoo, Mich., V.St.A., **1-Dehydro-6-fluorprogesteronverbindungen** erhält man z. B. durch mikrobiolog. Dehydrierung von 6α-Fluor-11α-(oder 11β)-hydroxyprogesteron mit einer Kultur von *Septomyxa affinis* unter üblichen aeroben u. submersen Bedingungen unter Bldg. von *6α-Fluor-1-dehydro-11α-*(oder *11β*)*-hydroxyprogesteron.* — Analog: *6α-Fluor-1-dehydro-11-ketoprogesteron.* — Alternativ kann die Dehydrierung auch mit SeO_2 durchgeführt werden. — *Heilmittel.* (**A. P. 3 004 044** vom 9/6. 1958, ausg. 10/10. 1961.) U. Sievers. 4809

Schering Corp., übert. von: Hans Reimann, Bloomfield, und David H. Gould, Leonia, N.J., V.St.A., **6-Fluor-9α.11β.21-trihalogenprogesterone.** Man setzt z. B. 6α-Fluor-17α.21-dihydroxy-$\Delta^{4.9,11}$-pregnadien-3.20-dion (I) mit Methansulfonylchlorid in Pyridin um → I-*21-Methansulfonat*, welches sich durch Rk. mit NaJ in Aceton überführen läßt → *6α-Fluor-21-jod-17α-hydroxy-$\Delta^{4.9,11}$-pregnadien-3.20-dion* (II). — II-*17-Acetat* wird sodann durch Rk. mit Cl_2 in CCl_4 übergeführt → *6α-Fluor-9α.11β-dichlor-21-jod-17α-hydroxyprogesteron-17-acetat.* — Man kann auch II mit AgF umsetzen → *6α.21-Difluor-17α-hydroxy-$\Delta^{4.9,11}$-pregnadien-3.20-dion* u. aus diesem, wie beschrieben, *6α.21-Difluor-9α.11β-dichlor-17α-hydroxyprogesteron-17-acetat* herstellen. — Die Herst. entsprechender 9α-Brom-, 17α-Brom-Verbb. sowie von deren 1-Dehydroanalogem wird, jedoch ebenfalls ohne Angabe physikal. Daten, beschrieben. — *Heilmittel* sowie Zwischenprodd. zu deren Herstellung. (**A. P. 3 009 932** vom 1/6. 1959, ausg. 21/11. 1961.) U. Sievers. 4809

G. D. Searle & Co., Chicago, übert. von: Joseph S. Mihina, Skokie, Ill., V.St.A., **6β-Halogen-5-methyl-19-norverbindungen der 5β-Δ^9-Cholestenreihe** erhält man durch Rk. einer 3β-Acyloxy-6β-halogen-5α-cholestan-5-ol-Verb. mit einem Carbonsäureanhydrid in Ggw. eines Dehydratisierungsmittels. — Man erhitzt z. B. 3β-Acetoxy-6β-fluor-5α-cholestan-5-ol 45 Min. auf 65—75° in Ggw. von Acetanhydrid u. $KHSO_4$ → *3β-Acetoxy-6β-fluor-5-methyl-19-nor-5β-Δ^9-cholesten*, F. 92,5—93°; $[\alpha]_D$ +92,3°. — Analog: *3β-Acetoxy-6β-brom-5-methyl-19-nor-5β-Δ^9-cholesten*, F. 141,5—142,5°; $[\alpha]_D$ +133,5°. — *3β-Acetoxy-6β-chlor-5-methyl-19-nor-5β-Δ^9-cholesten*, F. 139—141°; $[\alpha]_D$ +131,9°, welches sich durch Verseifung mit methanol. K_2CO_3 überführen läßt → *6β-Chlor-5-methyl-19-nor-5β-Δ^9-cholesten-3β-ol*; daraus durch Oxydation mit CrO_3 in Ggw. von Essigsäure → *6β-Chlor-5-methyl-19-nor-5β-Δ^9-cholesten-3-on.* — *Heilmittel.* (**A. P. 2 984 675** vom 12/6. 1959, ausg. 16/5. 1961.) U. Sievers. 4809

Merck & Co., Inc., Rahway, übert. von: Norman L. Wendler, Summit, N.J., V.St.A., **D-Homo-ätiocholollactone.** Man red. z. B. 3α.17α-Dihydroxy-11.20-diketo-21-acetoxypregnan mit $LiAlH_4$ in Tetrahydrofuran → *3α.11.17α.20.21-Pentahydroxypregnan*, welches sich durch Rk. mit HJO_4 in Dioxan u. anschließende Rk. mit $NH_2OH \cdot HCl$ in Ggw. von Na-Acetat überführen läßt → *3α.17α-Dihydroxy-11-keto-20-oximino-21-norpregnan*; daraus durch katalyt. Hydrierung mit H_2/PtO in Essigsäure → *3α.17α-Dihydroxy-11-keto-20-amino-21-norpregnan*, welches sich durch Rk. mit $NaNO_2$, Acetylierung u. CrO_3-Oxydation abbauen läßt → *3α-Acetoxy-11.17a-diketo-D-homoätiocholan* (I), F. 164,5—165,5°; daraus durch Rk. mit Perbenzoesäure in Bzl. → *3α-Acetoxy-11-keto-D-homoätiochololacton* (II), F. 172—174°; $[\alpha]_D$ —24°. — Alternativ kann man 3α-Acetoxy-11.17-diketoätiocholan mit KCN in A. umsetzen u. reacetylieren → *3α.17β-Diacetoxy-11-keto-17α-cyanätiocholan*, F. 183—185°; daraus durch Red. mit $LiAlH_4$ → *3α.11β.17β-Trihydroxy-20-amino-21-norpregnan*, F. 190—192°, welches sich durch Rk. mit $NaNO_2$, Acetylierung u. CrO_3-Oxydation überführen läßt → I; $[\alpha]_D$ +28,7°; *2.4-Dinitrophenylhydrazon*, F. 220—225°, neben einem *3α-Acetoxy-11.17-diketo-D-homoätiocholan*, F. 205—207°; $[\alpha]_D$ +23°; *2.4-Dinitrophenylhydrazon*, F. 281—283°. —

II läßt sich durch Rk. mit wss. NaOH unter Rückfluß überführen → *Δ^{2}-1-Carboxypropyl-2.4b-dimethyl-4-keto-7α-hydroxy-4aα.8aβ.10aβ-dodekahydrophenanthren,* F. 164—166°; $[\alpha]_D$ —27°. — Analog: 3α-Hydroxy-11-ketoätiochololacton (III), F. 216—220°; $[\alpha]_D$ —12°, + Na-Methylat in Methanol → *Δ^{2}-1-Carboxyäthyl-2.4b-dimethyl-4-keto-7α-hydroxy-4aα.8aβ.10aβ-dodekahydrophenanthren* (IV), F. 178—179°; $[\alpha]_D$ —32,5°. — Alternativ kann man auch III-3-Acetat, F. 181—184°; $[\alpha]_D$ +14°, mit wss. NaOH in IV überführen. — *Zwischenprodd.* zur Herst. *aldosteronartiger Verbindungen.* (**A. P. 3 005 829** vom 24/1. 1955, ausg. 24/10. 1961.) U. Sievers. 4809

G. D. Searle & Co., Chicago, übert. von: Willard M. Hoehn, Wilmette, Ill., V.St.A., **4-Methylverbindungen der Östranreihe.** Man hydriert z. B. 1-Hydroxy-4-methyl-$\Delta^{1.3.5.10}$-östratrien-17-on (I) in Essigsäure-Äthylacetat mit H_2/PtO u. arbeitet chromatograph. auf → *17β-Acetoxy-4β-methyl-5α.10α-östran,* F. 65—68°; $[\alpha]_D$ —5,9°, neben *4β-Methyl-5α.10α-östran-17β-ol,* F. 112—114°; $[\alpha]_D$ + 7,5°, *4β-Methyl-5α.10α-östran-1β.17β-diol* (II), F. 183—185°; $[\alpha]_D$ —38,2°, u. *4α-Methyl-5β-östran-1α.17β-diol* (III), F. 206—208°; $[\alpha]_D$ +57°. — Durch Red. von I mit H_2 in Ggw. eines Rh-auf-Al-Katalysators erhält man (in den gleichen Lsgm. wie beschrieben) → *17α-Hydroxy-4β-methyl-5α.10α-östran-1-on,* F. 145—146°; $[\alpha]_D$ —10,5°, neben II, III u. *4α-Methyl-5α-östran-1α.17β-diol,* F. 165—166°; $[\alpha]_D$ +31,9°. — Führt man die Hydrierung in Ggw. von RuO_2 aus, so erhält man nach chromatograph. Aufarbeitung → *17β-Hydroxy-4β-methyl-5α.10α-östran-1-on* (IV), F. 130—132°; $[\alpha]_D$ —17,9°, neben *4β-Methyl-5β-östran-1α.17β-diol* (IVa), F. 189—190°; $[\alpha]_D$ +27°. — IV läßt sich mit CrO_3 in Aceton oxydieren → *4β-Methyl-5α.10α-östran-1.17-dion* (V), F. 122—124°; $[\alpha]_D$ +54°. — Analog: *4α-Methyl-5β-östran-1.17-dion,* F. 128—130°; $[\alpha]_D$ +27,5°. — *4α-Methyl-5α-östran-1.17-dion,* F. 134—136°; $[\alpha]_D$ +185,7°. — V läßt sich durch Erhitzen mit äthanol. KOH umlagern → *4β-Methyl-5α-östran-1.17-dion,* F. 110—112°; $[\alpha]_D$ +80,2°. — IVa + CrO_3 in Aceton → *4β-Methyl-5β-östran-1.17-dion,* F. 110—112°; $[\alpha]_D$ +19,5°. — 4β-Methyl-5α-östran-1α.17β-diol + Acetanhydrid in Pyridin → *17-Acetoxy-4β-methyl-5α-östran-1α-ol,* F. 141 bis 143°; $[\alpha]_D$ +24°. — *Heilmittel.* (**A. P. 3 002 007** vom 20/8. 1959, ausg. 26/9. 1961.) U. Sievers. 4809

G. D. Searle & Co., Chicago, übert. von: David A. Tyner, Glenview, Ill., V.St.A., **16-Alkenyl- und 16-Alkinylöstrytrien-3.16.17-trione.** Man setzt z. B. 3-Methoxy-$\Delta^{1.3.5.10}$-östratrien-17β-ol-16-on (I) in Bzl. mit Dihydropyran in Ggw. von p-Toluolsulfonsäure um → *I-Pyranyläther,* F. 117—130°, welcher sich durch Rk. mit C_2H_2 in Ggw. von K-tert.-Butylat überführen läßt → *3-Methoxy-16α-äthinyl-$\Delta^{1.3.5.10}$-östratrien-16β.17β-diol-17-pyranyläther,* F. 152—160°; daraus durch saure Abspaltung der Äthergruppe → *3-Methoxy-16α-äthinyl-$\Delta^{1.3.5.10}$-östratrien-16β.17β-diol* (II), F. 190 bis 194°. — Analog: *3-Methoxy-16α-[octin-(1)-yl]-$\Delta^{1.3.5.10}$-östratrien-16β.17β-diol,* F. 130 bis 132°. — *3-Methoxy-16α-allyl-$\Delta^{1.3.5.10}$-östratrien-16β.17β-diol,* F. 124—130°. — II läßt sich durch katalyt. Hydrierung mit H_2/Pd-Kohle in Dioxan überführen → *3-Methoxy-16α-vinyl-$\Delta^{1.3.5.10}$-östratrien-16β.17β-diol,* F. 99—100°. — *Heilmittel.* (**A. P. 3 002 008** vom 16/8. 1960, ausg. 26/9. 1961.) U. Sievers. 4809

G. D. Searle & Co., Chicago, übert. von: William F. Johns, Morton Grove, Ill., V.St.A., **3-Methoxy-D-homo-18-nor-$\Delta^{1.3.5.10.16}$-östratetraen-17a-on (I),** F. 163 bis 164°; $[\alpha]_D$ +38°, erhält man durch Rk. von $\Delta^{1.3.5.10}$-Östratrien-3.17β-diol-3-methyläther mit Borsäure u. anschließende Hydroxylierung der erhaltenen 17-Methyl-Δ^{16}-18-nor-Verb. mit OsO_4 in Ae. → *17β-Methyl-18-nor-13α-$\Delta^{1.3.5.10}$-östratrien-3.16α.17α-triol-3-methyläther,* F. 184—187°; $[\alpha]_D$ +91,8° (nach chromatograph. Aufarbeitung); daraus durch Rk. mit HJO_4 in Pyridin → *1-Formylmethyl-7-methoxy-1.2.3.4.4a.9.10.10a-oktahydrophenanthryl-(2)-methylketon,* F. 91—93°; $\alpha]_D$ +62°, welches sich mit methanol. KOH cyclisieren läßt → *16β-Hydroxy-3-methoxy-D-homo-18-nor-$\Delta^{1.4.5.10}$-östratrien-17a-on,* F. 174—180°; $[\alpha]_D$ +39°; daraus durch Dehydratisierung mit methanol. KOH überführen läßt → I. — *Heilmittel.* (**A. P. 3 005 835** vom 13/9. 1960, ausg. 24/10. 1961.) U. Sievers. 4809

Serotherapeutisches Institut Wien G. m. b. H. (Erfinder: Walter Luhan), Wien, Österreich, **Herstellung eines pulverförmigen Plasmapräparats zur Frühdiagnose des Carcinoms.** Aus Blut, bes. Pferdeblut, wird unter Zusatz einer Citrat-Lsg. das Plasma vom Blutkuchen durch Abhebern u. Zentrifugieren getrennt. Das Plasma wird mit Kochsalz-Lsg. verd. u. der gebildete Nd. in W. gelöst. Die erhaltene Lsg. wird einer Gefriertrocknung unterworfen, ggf. nach Digerieren mit Aceton u. nach abermaligem Trocknen in doppeltdest. W. gelöst u. mit Kochsalz eingestellt. Die so eingestellte Lsg. wird der Gefriertrocknung unterworfen. (**Oe. P. 215 599** vom 2/6. 1958, ausg. 12/6. 1961.) M. F. Müller. 4813

William E. Petersen, St. Paul, und Berry Campbell, Minneapolis, Minn., V.St.A., **Gewinnung von spezifischen Schutzkörpern gegen Antigene**, dad. gek., daß man ein aus Bakterien oder Viren stammendes Antigen 1—8mal in Abständen von 2 Tagen bis 2 Wochen in das Euter eines Huftieres (Kuh) injiziert, bes. in der Zeit, während das tragende Tier trocken steht, u. während der Lactationsperiode das Colostrum u. die Milch gewinnt, entrahmt, ansäuert, das Casein abtrennt, die caseinfreie Milch auf ca. -5^0 abkühlt u. mit 25 A. das antikörperhaltige γ-Globulin fällt. Man kann auch Gemische von Antigenen einsetzen. (**Schwz. P. 361 089** vom 6/4. 1956, ausg. 15/5. 1962. A. Prior. 7/4. 1955.) K. Koebke. 4813

Reheis Co., Inc., Berkeley Heights, N.J., V.St.A., **Antacidum**, welches den Magensaft wenigstens 1 Std. auf ein pH von 3—4,5 abpuffert, dad. gek., daß ein ggf. in situ gebildetes wss. Al-Hydroxycarbonatgel mit Mg-Trisilicat im Mol-Verhältnis $Al_2O_3 : MgO$ wie 1 : 2 bis 32 : 2 vermischt wird. (**E. P. 882 554** vom 6/4. 1960, ausg. 15/11. 1961. A. Prior. 6/4. 1959.) W. Heyer. 4815

Upjohn Co., Kalamazoo, Mich., V.St.A., **Analgeticum, Antipyreticum und Antirheumaticum.** Es enthält als Wirkstoff *Acetylsalicylsäureanhydrid* im Gemisch mit Na-Biphosphat, Citronensäure, Pyridoxinhydrochlorid, Weinsäure oder Maleinsäure u. 6-Methylprednisolon bzw. Coffein, Codein, Reserpin, Acetophenitidin oder ein Vitamin, ggf. auch noch ein Antibioticum wie das Penicillin-V. (**E. P. 885 081** vom 19/3. 1959, ausg. 20/12. 1961. A. Prior. 18/4. 1958.) W. Heyer. 4815

Abbott Laboratories (Erfinder: John Leo Schmidt), **Arzneimittel gegen Arrhytmie** u. als Präanästheticum, gek. durch einen Geh. an einem wasserlösl. Salz der *1-[2-Diäthylaminoäthyl]-5-äthyl-5-phenylbarbitursäure*. (**Aust. P. 232 701** vom 2/7. 1958, ausg. 16/3. 1961. A. Prior. 12/7. 1957.) C. Lüttgen. 4815

Nathan Millman, Somerville, N.J., V.St.A., **Schlafmittel.** Es enthält als Wirkstoff ein *2-Aminopyrimidin* der allg. Formel I, worin R_1 eine Alkoxy-, Aryloxy- oder Aralkoxygruppe u. R_2 u. R_3 = H oder eine Alkoxy-, Aryloxy- oder Aralkoxygruppe bedeuten, z. B. 2-Amino-5-butoxy-, 2-Amino-5-benzoxy-, 2-Amino-5-phenoxypyrimidin oder z. B. 2-Amino-4-äthoxy-5-butoxypyrimidin, sowie ein *Barbiturat*, *Methyläthyläthinylcarbinol*, *1-Äthinylcyclohexylcarbamat*, *3.3-Diäthyl-5-methylpiperidindion-(2.4)* oder *3-o-Toloxypropandiol-(1.2)* als Hypnoticum. (**E. P. 881 838** vom 26/2. 1958, ausg. 8/11. 1961. A. Prior. 28/2. 1957.) W. Heyer. 4815

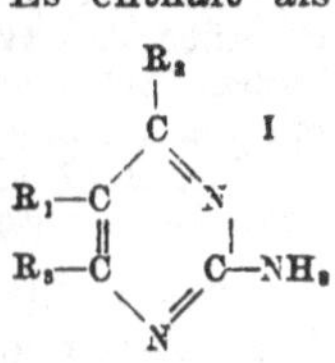

I

Smith, Kline & French Laboratories, Philadelphia, übert. von: Richard A. McLean, Havertown, und Richard J. Mohrbacher, Drexel Hill, Pa., V.St.A., **Blutdrucksenkendes Mittel**, enthaltend als Wirkstoff *dl-[2-(2.6-Dimethylphenoxy)-propyl]-trimethylammoniumchlorid*. Herst. von Tabletten oder Lsgg. in Erdnußöl oder W. unter Zusatz von Citronensäure, Na-Citrat, Na-Sulfat u. Na-Bisulfat. (**A. P. 2 987 442** vom 17/2. 1959, ausg. 6/6. 1961.) W. Heyer. 4815

Ciba Ltd., Basel, Schweiz, **Blutdrucksenkendes Mittel**, enthaltend in Form von Tabletten, Dragées oder Lsgg. neben üblichen pharmazeut. Trägern, wie Lactose, Mg-Stearat, Talk u./oder Polyäthylenglykol 4000, als Wirkstoff auf 1—20 (Teile) *6-Chlor-7-sulfamyl-3.4-dihydro-1.2.4-benzothiadiazin-1.1-dioxid*, 1—60 *1-Hydrazinophthalazin* u./oder 0,005—0,5 eines *Indolalkaloids* aus der Familie Apocyanaceae, bes. *Reserpin* oder *Rescinnamin*. (**E. PP. 881 377** vom 9/4. 1959, ausg. 1/11. 1961. Schwz. Prior. 9/2. 1959, **879 881** u. **879 882** vom 9/4. 1959, ausg. 11/10. 1961. A. Prior. 9/4. 1958 u. 9/2. 1959.) W. Heyer. 4815

Gaba Akt.-Ges., Basel, Schweiz, **Herstellung von quaternären Ammoniumfluoriden.** Hergestellt werden Verbb., die die Atomgruppe I enthalten, in der R eine Alkyl-, Alkenyl-, Alkylol-, Alkoxyalkyl-, Aryl-, Aryloxyalkyl-, Aralkyl-, Cycloalkyl- oder herterocycl. Gruppe darstellt oder einen weiteren quart. Ammoniumrest, der an das N-Atom durch eine R_4—COY-Brücke gebunden sein kann. Hierbei steht Y für OH, eine Alkoxy-, Aralkoxy- oder Cycloalkoxygruppe oder $-NR_5R_6$, R_4 ist ein Alkylen- oder Arylenrest, R_5 u. R_6 sind H-Atome oder Alkyl-, Aryl-, Aralkyl-, Cycloalkyl-, Alkylol-, Alkenyl- oder heterocycl. Gruppen, weiterhin können $R_5 + R_6$ auch mit dem zugehörigen N-Atom einen Heterocyclus bilden. Bevorzugt hergestellt werden Verbb. vom Typus $[N(R_1)(R_2)(R_3)(R_4)]^+F^-$. Hierin ist R_1 ein KW-Stoffrest mit 8—20, bes. 12—18 C-Atomen, die substituiert sein können, außerdem kann die Kette durch O-, S- u.

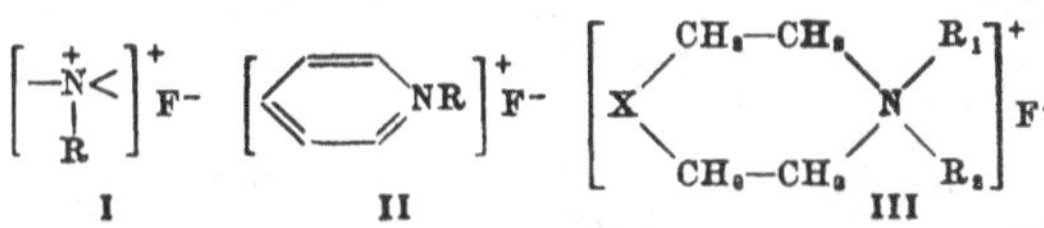

I II III

$[(R_1)(R_2)(R_3)N^+—R_4—CON(R_5)(R_6)]^+F^-$ IV

N-Atome, sowie CO-Gruppen unterbrochen sein, R_2=R_1 oder eine Alkyl-, Alkenyl-, Alkylolgruppe mit 1—8 C-Atomen, eine Aryl-, Aralkyl- oder Cycloalkylgruppe, R_3 u. R_4 sind hier niedrigmol. Alkyl-, Alkenyl, Alkoxy-, Alkylol-, Aralkyl-, Cycloalkyl- oder Arylgruppe, oder R_4 ist ein (ggf. kernsubstituierter) Benzyl-, Naphthyl-, Phenyläthyl- oder Phenoxyäthylrest oder ein weiterer quart. NH_4-Rest, der an das N-Atom direkt oder über eine Brücke gebunden ist. Weiterhin werden Verbb. der allg. Formeln **I**, **II** u. **III** hergestellt. Hierbei ist X ein O- oder S-Atom. Die Verbb. werden nach bekannten Meth. durch Quaternisierung der entsprechend substituierten sek. u. tert. Amine mit HF-Estern, ggf. unter Anwendung von Lsgm. u. Temp.-Erhöhungen hergestellt. — Beispiele: Aus 101 (Teilen) Triäthylamin u. 188 Dodecylfluorid erhält man nach 6 std. Erhitzen auf 50° *Dodecyltriäthylammoniumfluorid* als kristalline hygroskop. Masse. In gleicher Weise entsteht aus 79 Pyridin u. 244 Cetylfluorid nach 2 std. Erhitzen mit 750 A. auf 50° *Cetylpyridiniumfluorid* als kristalline Masse. Weiterhin wurden folgende Ammoniumfluoride (**V**) hergestellt: *Dodecyläthyldimethyl*-**V**, *Dilauryldimethyl*-**V**, *Cyclohexylcetyldimethyl*-**V**, *Furfuryllauryldimethyl*-**V**, *Phenoxyäthylcetyldimethyl*-**V**, *N.N'-Tetramethyl-N.N'-dilauryläthylendi*-**V**, *N-Cetylpyridiniumfluorid*, *N.N-Dilaurylmorpholiniumfluorid*, *N-[2-Carbomethoxyäthyl]-N-benzyldimethyl*-**V**, *N-[2-Carbocyclohexoxyäthyl]-N-myristyldimethyl*-**V**, *N-[2-(N'.N'-Dimethylaminocarbonyl)-äthyl]-N-dodecyldimethyl*-**V**, 12 weitere Beispiele. Die **V** werden als Mittel gegen Zahncaries zu *Mundpflegemitteln* u. Zahnpasten zugesetzt. Im letztgenannten Falle müssen jedoch die hier als Schleifmittel üblichen Ca-Salze durch TiO_2 oder Zn-Phosphate ersetzt werden. (**E. P. 865 272** vom 26/5. 1959, ausg. 12/4. 1961. Schwz. Prior. 29/5. 1958.) A. Kalix. 4823

Reckitt & Colman Ltd., Hull, England, **Herstellung eines Reinigungsmittels für Zahnprothesen in Tablettenform.** Damit aus einem wasserlösl. Reinigungsmittel u. einer Peroxy-Verb., z. B. aus Na_2CO_3 u. Na-Percarbonat oder Na-Perboratmonohydrat, bestehende Tabletten in W. schneller zerfallen, verleibt man ihnen zusätzlich ein wasserfreies Alkali-, Ammonium- oder Erdalkaliperborat ein, das durch Erhitzen des Monohydrates im Vakuum auf 100° erhalten worden ist. (**Niederl. P. 101 468** vom 10/8. 1956, ausg. 15/6. 1962. E. Prior. 1/9. 1955.) F. Böhm. 4823

Clark-Cleveland, Inc., übert. von: Donald P. Germann, Binghamton, N.Y., Edward L. Kropa, Greensboro, N.C., Robert W. King und Palmer B. Stickney, Columbus, Ohio, V.St.A., **Haftmittel für Gebisse,** bestehend aus dem Mischsalz, bes. Ca-Na-Salz, eines Mischpolymerisats von Methylvinyläther u. Maleinsäureanhydrid, in Pulverform, das mit Mineralöl u. Petrolatum in die Form einer Creme gebracht ist. (**A. P. 3 003 988** vom 16/10. 1958, ausg. 10/10. 1961.) C. Lüttgen. 4823

VEB Fahlberg-List Chemische und Pharmazeutische Fabriken (Erfinder: Heinz Caßebaum und Rudolf Drux), Magdeburg, **Di- und Trijodphenole,** verwendbar als *Zwischenprodd.* für die Herst. von *Röntgenkontrastmitteln*, erhält man durch Rk. einer Lsg. von Phenol oder einem m-substituierten Phenol in wss. NH_3 oder methanol. Alkalihydroxid, NH_3 oder Methylamin mit der äquivalenten Menge einer Lsg. von Chlorjod in einer wss. NaCl-Lsg. (gewonnen durch Einleiten von Cl_2 in einer Jodsuspension in wss. NaCl) u. Isolierung des Jodierungsproduktes. — Man gibt z. B. innerhalb 15 Min. 170 cm³ 2 m $NaJCl_2$-Lsg. zu einer Lsg. von 9,4 g Phenol in 600 cm³ 25%ig. wss. NH_3, entfärbt nach $^1/_2$ Std. den gerade noch rührfähigen Kristallbrei mittels 15 cm³ konz. $NaHSO_3$-Lsg., saugt ab, suspendiert den Nd. in 400 cm³ W., säuert mit HCl an, saugt nach Zugabe von $NaHSO_3$-Lsg. erneut ab, wäscht reichlich mit W. u. trocknet. Das schwach rosafarbene Rohprod. (45,8 g; F. 153°) liefert nach Umlösen aus 40%ig. NaOH u. Methanol reines, fast weißes *2.4.6-Trijodphenol*, F. 157 bis 158°; aus der Mutterlauge wird *2.4-Dijodphenol*, lange Nadeln, F. 68—71°, isoliert. Analog werden hergestellt: *2.4.6-Trijod-m-kresol*, F. 122°; *2.3.4.6-Tetrajodphenol*, F. 169 bis 170°; *Dijod-m-butyrylaminophenol*, F. 225°; *Dijod-m-acetylaminophenol*, F. 237—238°; *2.4.6-Trijod-3-hydroxybenzoesäure*, F. 206—208°; *2.4.6-Trijod-3-hydroxyphenoxyessigsäure*, F. 205°; *2.4.6-Trijod-3-butyrylaminophenol*, F. 184°; *2.4.6-Trijod-m-acetylaminophenol*, F. 206—207°; *2.4.6-Trijod-3-nitrophenol*, F. 137°; *2.4.6-Trijod-3-chlorphenol*, F. 136°; *2.4.6-Trijod-3-hydroxybenzophenon*, F. 190°. (**D. A. S. 1 134 084** Kl. 12q vom 15/8. 1960, ausg. 2/8. 1962.) A. Mohr. 4825

Unilever Ltd. (Erfinder: Thomas Gwyn Davies und Doreen Lois Wedderburn), **Keimtötendes Mittel,** bestehend aus einer wss. *Hypochlorit*-Lsg. mit 0,1—5 (Gew.-%) akt. Cl u. einem Zusatz von 0,01—10 quart. NH_4-Salz, z. B. *Benzyldimethylalkylammoniumchlorid*, *Cetylpyridiniumbromid*, *β-[p-tert.-Octylphenoxyäthyl]-di-*

äthylbenzylammoniumchlorid, *Cetyltrimethylammoniumbromid* oder *-chlorid*. (**Aust. P. 231 882** vom 23/7. 1958, ausg. 9/2. 1961. E. Prior. 8/8. 1957.) K. Demmler. 4833

Joseph Nicholas Masci und Henry Frank Maso, Metuchen, N.J., V.St.A., **Antiseptisches Mittel** mit erhöhter Antiurease-Wrkg., gek. durch einen Geh. an 3—97% eines Bisphenols, bes. *Hexachlorophen*, u. 97—3% eines substituierten Phenols, z. B. *p-Chlor-m-xylenol*, *Bis-[2-hydroxy-5-chlorphenyl]-methan-Na-Salz*, *o-Phenylphenol*, *o-Benzyl-p-chlorphenol-Na-Salz*, u. evtl. *Na-Sesquicitrat*. (**Ind. P. 64 884** vom 6/8. 1958, ausg. 27/3. 1961. **Aust. P. 232 226** vom 18/7. 1958, ausg. 23/2. 1961. **E. P. 899 064** vom 8/8. 1958, ausg. 20/6. 1962. Letzteren zwei A. Prior. 8/8. 1957.) C. Lüttgen. 4833

Farbenfabriken Bayer Akt.-Ges., Deutschland (Erfinder: Christian Wiegand und Maria Brömmelhues), **Desinfektionsmittel** (Nachtrag zu D. A. S. 1 040 752; C. **1959**, 6235). Als Wirkstoffe sind noch zu nennen: *1-Methyl-2-furyl-3-dodecylbenzimidazoliumbromid* (I), *1-Methyl-2-phenyl-3-[carbododecyloxymethyl]-benzimidazoliumchlorid*, *1-[Carbäthoxymethyl]-2-phenyl-3-[carbododecyloxymethyl]-benzimidazoliumchlorid* (II). — I wird hergestellt durch Einw. von Dimethylsulfat auf 2-Furylbenzimidazol unter Bldg. der 1-Methyl-Verb. u. anschließendes Erhitzen mit Dodecylbromid. — II entsteht aus 2-Phenylbenzimidazol durch Erhitzen mit Choressigsäureäthylester, dann Chloressigsäuredodecylester u. Kristallisation aus Essigester. (**F. P. 1 248 412** vom 27/11. 1957, ausg. 9/3. 1961. D. Prior. 1/12. 1956 u. 12/4. 1957.) M. F. Müller. 4833

Recherches & Documentation Chimiques (Redchim), Frankreich, **Desinfektions- und Konservierungsmittel** aus einer oder mehreren Verbb. der allg. Formel $R{\cdot}O(CR_1R_2{-}CR_3R_4{-}O)_n{\cdot}H$ (R, R_1, R_2, R_3 u. R_4 = H, Alkyl, Aralkyl oder Aryl) u. einer oder mehreren Verbb., welche eine desinfizierende, desodorierende oder konservierende Wrkg. haben. Die Mittel dienen zum Desinfizieren von Aufenthaltsräumen von Menschen u. Tieren, von verderblichem Gut, von Leder u. Cellulosematerial aller Art, z. B. Holz u. Papier, sowie von Stoffen, die von Bakterien u. Pilzen sowie anderen Schädlingen angegriffen werden. (**F. P. 1 249 933** vom 24/11. 1959, ausg. 22/3. 1961.) M. F. Müller. 4833

Yardney International Corp., New York, N.Y., V.St.A., **Herstellung eines antimikrobiologisch wirksamen Präparates.** Man versetzt eine wss. oder alkohol. Lsg. von Polyvinylpyrrolidon (I) mit einer Verb. eines oligonam. wirksamen Metalls, vor allem Ag, bes. mit teilweise depolymerisiertem Ag-Alginat (**II**) mit F. 240—265°, in gelöster oder suspendierter Form u. läßt das gelöste I mit der Metall-Verb. zweckmäßig in Ggw. einer die Umsetzung beschleunigenden UV-Lichtquelle reagieren. Das verwendete II kann durch Rk. einer anorgan. Ag-Verb. mit einem Depolymerisations-Prod. (**III**) der normalen Alginsäure bzw. einem Teilpolymerisat der Mannuronsäure erhalten werden, wobei das III ein Molgew. von 1000—5000 aufweist. Ein so erhältliches Präp. besitzt bakteriostat. bzw. auch baktericide Wrkg., ist mehr oder weniger filmbildend u. läßt sich sowohl für industrielle als auch für pharmazeut. Zwecke, z. B. als Zusatz zu Bohnerwachs, Möbelpoilitur oder Farben, in kosmet. Präpp. oder als Wundbehandlungsmittel verwenden; seine Eigg. können durch Vermischen mit einem Polyvinylamin oder -amid noch verbessert werden. — Beispiele. (**Oe. P. 218 677** vom 5/3. 1959, ausg. 11/12. 1961. A. Prior. 6/3. u. 16/4. 1958.) W. Raetz. 4833

Jean Solomides, Frankreich, **Herstellung von synthetischen diastatisch wirksamen Substanzen** mit peroxydierender Wrkg. für die chem., therapeut. u. metallurg. Industrie. Eine 20%ig. wss. Lsg. einet Äthers aus Polyäthylenglykol u. Ricinolalkohol, welche mit Fe(III)-Perchlorid aktiviert worden ist, wird mit einer 10%ig. wss. Fluorescein-Lsg. u. danach mit einer neuen Menge des aktivierten Äthers versetzt. Man erhält ein koll. Prod., welches eine große peroxydierende, bakteriostat. u. baktericide Wrkg. besitzt. (**F. P. 1 246 706** vom 13/10. 1955, ausg. 10/2. 1961.) M. F. Müller. 4833

Jacques Meyer, Frankreich, **Baktericide und fungicide Behandlung** von Cellulose, Papier, Textilien. Im letzten Stadium der Herst. werden die Stoffe mit einer Suspension behandelt, die einerseits in W. lösl. Stoffe, z. B. Phenol u. seine Homologen u. Halogen-Derivv., andererseits in W. unlösl. u. feinpulverisierte organ. Stoffe enthalten, z. B. Derivv., von Dithiocarbamaten, Cyclohexendicarboximid, Phthalimid, gewisse Chlorchinone u. Organometall-Verbb., z. B. organ. Zn-, Hg-, Cu- oder Sn-Verbindungen Genannt sind Tributyl-Sn-Oxid, Dimethyl-Zn-Dithiocarbamat, Cu-Diisobutylphenolat Pyridyl-Hg-Stearat. (**F. P. 1 241 932** vom 2/11. 1959, ausg. 4/1. 1961.) M. F. Müller. 4833

Monsanto Chemicals Ltd., London, übert. von: Ernest Bryson McCall Llangollen, Wales, und David Alexander Lindsay Seiler, Burnham, England, **Bekämpfung von Pilzen und Bakterien.** Man verwendet Wirkstoffe der Formel I,

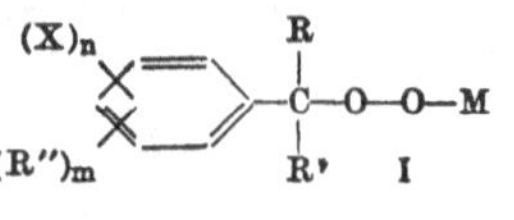

in der X ein Halogenatom u. R, R' u. R'' Alkylgruppen mit 1—4 C-Atomen, die auch mit Halogenatomen substituiert sein können, m u. n 0, 1 oder 2 u. M H oder ein salzbildendes Metall bedeuten (*Cumolhydroperoxid*). Die Wirkstoffe eignen sich zum *Einarbeiten in Seifen, Wachse* u. *Kunststoffe*, sie wirken bes. gegen Staphylococcus aureus, Salmonella typhi u. Bacillus mycoides. (**A. P. 2 970 081** vom 31/7. 1958, ausg. 31/1. 1961.) K. Koebke. 4833

Dermasan Ltd. (Erfinder: George Baxter Frost), London, England, **Herstellung von Bis-[8-hydroxychinolin]-p-aminosalicylat** durch Umsetzen von 8-Hydroxychinolin in einem inerten Lsgm. wie Alkohole mit 1—4 C-Atomen oder W. bei 50—70° mit p-Aminosalicylsäure. — Das Prod. hat eine *antibakterielle Wrkg.* gegen gram-positive Bakterien. (**E. P. 871 630** vom 23/4. 1959, ausg. 28/6. 1961.) W. Heyer. 4833

Unilever N. V., Rotterdam, Niederlande (Erfinder: Willard Mead Bright, Ridgewood, N.J., V.St.A.), **Wässeriges Luftbehandlungsmittel,** bestehend aus einem wss. Medium mit einem Geh. an einem Luftbehandlungsstoff, welcher sich normalerweise bei Raum-Temp. verflüchtigt, u. aus einem Gelierungsmittel, dad. gek., daß es 0,1—10% eines oberflächenakt. Stoffes (Kondens.-Prod. von Äthylenoxid mit Sorbitanmonolaurat) enthält. (**D. A. S. 1 128 602** Kl. 30i vom 1/2. 1961, ausg. 26/4. 1962. A. Prior. 4/2. 1960.) K. Koebke. 4833

American Cyanamid Co. (Erfinder: Gaetano Salvatore Buccino, Edwin Henry Carnarius und David Kaufman), V.St.A., **Verpacken und Sterilisieren von chirurgischem Nähmaterial** unter Verw. eines Mehrfachfilms aus Polyester in Verb. mit einem Film aus einem Polyvinyl-Deriv. oder aus Polyäthylen. Zum Verkleben der Verpackungsfolien dient Polyäthylen, welches bes. in der Wärme angewandt wird. — Vgl. A. P. 2 917 878; C. **1961,** 7324. (**F. P. 1 244 570** vom 7/11. 1959, ausg. 23/1. 1961. A. Prior. 13/11. 1958.) M. F. Müller. 4833

Hans Voigt, Berlin, *Haltbare Lösungen von Pflanzenextrakten.* (**A. P. 3 035 975** vom 22/1. 1958, ausg. 22/5. 1962. D. Prior. 24/6. 1957. — C. **1962,** 13866 [D. A. S. 1 116 861].)

Röhm & Haas G.m.b.H., Darmstadt, übert. von: **Franz Götz, Günther Will,** Darmstadt, und **Helmuth Will,** Hanau, *Herstellung poröser und hydrophiler Acrylharze.* (**A. P. 3 027 336** vom 7/3. 1958, ausg. 27/3. 1962. D. Prior. 9/3. 1957. — C. **1960,** 17305 [Oe. P. 202 279] u. C. **1962,** 16059 [Oe. P. 217 704].)

Hoffmann-La Roche, Inc., Nutley, N.J., V.St.A., übert. von: **John Mervyn Osbond und Peter George Philpott,** Welwyn Garden City, Herts, England, *Ungesättigte aliphatische Alkohole.* (**A. P. 3 031 512** vom 30/6. 1959, ausg. 24/4. 1962. E. Prior. 5/7. 1958. — C. **1962,** 1709 [D. A. S. 1 104 498].)

Farbwerke Hoechst Akt.-Ges., vormals Meister Lucius & Brüning, Frankfurt/M., *Derivate des β-Hydroxybuttersäureamids.* (**E. P. 884 150** vom 1/12. 1958, ausg. 6/12. 1961. D. Prior. 30/11. 1957 u. 4/10. 1958. — C. **1962,** 5017 [F. P. 1 217 156].)

Badische Anilin- & Soda-Fabrik Akt.-Ges. (Erfinder: **Kurt Demmler,** Ludwigshafen/Rh., **Horst Gölz,** Schwetzingen, **Ferdinand Meyer,** Ziegelhausen, **Hans Oettel und Gertrud Wilhelm,** Ludwigshafen/Rh.), *Herstellung von ungesättigten Derivaten des Äthylenimins.* (**D. A. S. 1 115 256** Kl. 12p vom 26/4. 1957, ausg. 19/10. 1961. — C. **1960,** 14112 [Oe. P. 202 992].)

Ciba Ltd. (Erfinder: **Jean Druey und Paul Schmidt**), *Sulfonamide.* (**Aust. P. 234 297** vom 28/1. 1959, ausg. 20/7. 1961. Schwz. Prior. 18/2. 1958. — C. **1962,** 2085 [Oe. P. 209 336].)

J. R. Geigy Akt.-Ges. (Erfinder: **Wilfred Graf, Erich Schmid und Willy Stoll**), *Herstellung von Benzophenonsulfamiden.* (**Aust. P. 233 768** vom 24/10. 1958, ausg. 8/6. 1961. Schwz. Prior. 4/11. 1957. — C. **1962,** 5019 [F. P. 1 216 991].)

Ciba Akt.-Ges. (Erfinder: **Adrian Marxer**), Basel, Schweiz, *Herstellung von 2.5-Bis-[äthylenimino]-3.6-bis-[acylamino]-p-benzochinonen.* (**D. A. S. 1 117 585** Kl. 12p vom 17/11. 1956, ausg. 23/11. 1961. Schwz. Prior. 25/11. 1955 u. 19/9. 1956. — C. **1959,** 17306 [F. P. 1 163 465].)

J. R. Geigy Akt.-Ges., Basel, Schweiz, *Carbostyrylderivate.* (**E. P. 855 022** vom 30/7. 1958, ausg. 30/11. 1960. Schwz. Prior. 6/8. 1957. — C. **1961,** 15123 [Oe. P. 205 502].)

Geigy Chemical Corp., Ardsley, N.Y., V.St.A., übert. von: **Rudolf Pfister und Franz Häfliger,** Basel, Schweiz, *Carbostyrylderivate.* (**A. P. 3 025 299** vom 31/7. 1958, ausg. 13/3. 1962. Schwz. Prior. 6/8. 1957. — C. **1961,** 15123 [Oe. P. 205 502].)

Farbwerke Hoechst Akt.-Ges., vormals Meister Lucius & Brüning, Frankfurt/M. (Erfinder: **Walter Siedel und Karl Sturm**), *Herstellung von Thiophendisulfonamiden-(3.5).* (**Ind. P. 66 700** vom 10/2. 1959, ausg. 31/7. 1961. **Aust. P. 233 764** vom 29/9. 1958, ausg. 8/6. 1961. D. Prior. 17/12. 1957. — C. **1962,** 5768 [Oe. P. 208 355].)

E. Merck Akt.-Ges., Darmstadt, *Pyridoxalderivate.* (**E. P. 852 398** vom 5/11. 1958, ausg. 26/10. 1960. D. Prior. 16/11. 1957, 14/4. u. 17/9. 1958. — C. **1962,** 14243 [F. P. 1 214 324].)

J. F. MacFarlan & Co. Ltd., Hertfordshire, übert. von: **Peter Marshall Frearson,** Accrington, England, und **Edward Severin Stern,** Edinburgh, Schottland, *Norpethidine.* (**A. P. 3 024 241** vom 25/2. 1959, ausg. 6/3. 1962. E. Prior. 28/11. 1955. (!) — C. **1962,** 12020 [E. P. 797 448].)

Eli Lilly & Co. (Erfinder: **Max C. McCowen und Paul F. Wiley**), *Wurmmittel.* (**Aust. P. 234 201** vom 25/11. 1958, ausg. 13/7. 1961. — C. **1961,** 11808 [A. P. 2 893 914].)

Ciba Akt.-Ges., Basel (Erfinder: **Jean Druey**, Riehen, **Konrad Meier** und **Alexander Staehelin**, Basel), Schweiz, *1-Aryl-2-niederalkyl-4.5-dihalogen-3.6-dioxo-hexahydropyridazine.* (**D. A. S. 1 085 883** Kl. 12p vom 20/3. 1958, ausg. 28/7. 1960. Schwz. Prior. 29/3., 23/5., 23/10. 1957 u. 27/1. 1958. — C. **1961**, 9520 [Oe. P. 203 012] u. C. **1962**, 6140 [Oe. P. 206 443].)

J. R. Geigy Akt.-Ges., Basel (Erfinder: **Walter Schindler**, Riehen), Schweiz, *Herstellung von N-substituierten Azepinen.* (**D. A. S. 1 136 707** Kl. 12p vom 19/12. 1958, ausg. 20/9. 1962. **A. P. 2 948 718** vom 20/11. 1958, ausg. 9/8. 1960. Beide Schwz. Prior. 20/12. 1957. — C. **1962**, 14246 [F. P. 1 223 382].)

Merck & Co., Inc. (Erfinder: **David Frederick Hinkley**), *Benzothiadiazin-1.1-dioxide.* (**Aust. P. 234 232** vom 30/4. 1959, ausg. 13/7. 1961. A. Prior. 25/9. 1958. — C. **1962**, 15334 [F. P. 1 224 766].)

Chemische Werke Albert, übert. von: **Mario Reiser**, **Emil A. Eidebenz** und **Heinz Georg von Schuh**, Wiesbaden, *O.N-Dipropionyl-, Di-n-butyryl- und Diisobutyrylcorynanthin.* (**A. P. 2 975 183** vom 13/10. 1958, ausg. 14/3. 1961. D. Prior. 17/10. 1957. — C. **1961**, 4096 [D. A. S. 1 076 698].)

Sandoz Akt.-Ges. (Erfinder: **Jürg Rutschmann**), *Herstellung von Podophyllsäurederivaten.* (**Aust. P. 233 988** vom 11/6. 1958, ausg. 29/6. 1961. Schwz. Prior. 20/6. 1957. — C. **1961**, 16572 [F. P. 1 198 268].)

N. V. Philips' Gloeilampenfabrieken, Eindhoven (Erfinder: **Arie Lambertus Koevoet**, Leiden, **Arie Verloop**, **Jan Anne Keverling Buisman**, Weesp, und **Pieter Westerhof**, Leiden), Niederlande, *Herstellung von Tachysterin oder anderen Verbindungen mit Tachysterinstruktur.* (**Schwz. P. 363 342** vom 14/12. 1955, ausg. 14/9. 1962. Niederl. Prior. 14/6. 1955. — C. **1958**, 11026 [D. A. S. 1 021 365].)

Nopco Chemical Co., Harrison, N.J., übert. von: **Howard C. Klein**, Brooklyn, N.Y., **Roland Kapp**, East Orange, und **Richard Griffith**, Middletown, N.J., V.St.A., *d-(—)-α-Hydroxy-β.β-dimethyl-γ-butyrolacton.* (**A. P. 3 009 922** vom 19/6. 1958, ausg. 21/11. 1961. — C. **1962**, 5396 [E. P. 856 395].)

Ciba Akt.-Ges., Basel (Erfinder: **Albert Wettstein**, Riehen, und **Georg Anner**, Basel), Schweiz, *Herstellung von Steroiden.* (**Schwz. P. 362 408** vom 5/7. 1957, ausg. 31/7. 1962. — C. **1961**, 232 [D. A. S. 1 078 572].)

Soc An. Farmaceutici Italia (Erfinder: **Bruno Camerino** und **Bianca Patelli**), Mailand, Italien, *Herstellung von in 4-Stellung substituierten Steroiden.* (**Schwz. P. 363 340** vom 17/7. 1956, ausg. 14/9. 1962. It. Prior. 20/7. 1955. — C. **1959**, 12634 [D. A. S. 1 041 042].)

N. V. Organon, Oss, Niederlande (Erfinder: **Guy Henri Ourisson**, Mundolsheim, Frankreich, **Stefan Antoni Szpilfogel** und **Cornelis Maurits Siegmann**, Oss, Niederlande), *Herstellung von biologisch aktiven Steroidestern.* (**Schwz. P. 362 409** vom 7/1. 1959, ausg. 31/7. 1962. Niederl. Prior. 21/1. 1958. — C. **1961**, 4815 [D. A. S. 1 073 494].)

Upjohn Co., Kalamazoo (Erfinder: **Adolph Weintraub**, Kalamazoo, **Samuel Hillel Eppstein**, Galesburg, und **Peter Dietrich Meister**, Kalamazoo), Mich., V.St.A., *Herstellung von 1-Dehydrosteroiden.* (**Schwz. P. 363 341** vom 13/2. 1956, ausg. 14/9. 1962. A. Prior. 9/3. 1955. — C. **1959**, 225 [D. A. S. 1 021 845].)

Charles E. Frosst & Co., übert. von: **Clarence H. Gleason**, Montreal, Quebec, Canada, *Herstellung von Steroidhydrazonen.* (**A. P. 3 032 469** vom 2/5. 1958, ausg. 1/5. 1962. — C. **1960**, 15148 [D. A. S. 1 700 631].)

Farbwerke Hoechst Akt.-Ges., vormals Meister Lucius & Brüning, Frankfurt/M., übert. von: **Heinrich Ruschig**, Bad Soden, **Werner Haede**, Hofheim, und **Werner Fritsch**, Frankfurt/M., *Herstellung von Steroidthioäthern.* (**A. P. 3 028 400** vom 17/3. 1960, ausg. 3/4. 1962. D. Prior. 21/3. 1959. — C. **1962**, 13135 [D. A. S. 1 093 795].)

Glaxo Laboratories Ltd., Greenford, England, übert. von: **Alan Gibson Long**, Greenford, England, und **John Selwyn Hunt**, Montrose, Schottland, *Herstellung von 2.4-Dibromallosteroiden.* (**A. P. 3 013 029** vom 26/7. 1957, ausg. 12/12. 1961. E. Prior. 30/7. 1956. — C. **1960**, 13461 [E. P. 813 756].)

Schering Akt.-Ges., Berlin, *Herstellung von Alkyläthern tertiärer Steroidalkohole der Androstan-, Östran- und Pregnanreihe.* (**Ind. P. 67 175** vom 26/3. 1959, ausg. 26/7. 1961. — C. **1960**, 5582 [D. A. S. 1 062 698].)

Ciba Akt.-Ges., Basel (Erfinder: **Albert Wettstein**, Riehen, und **Julius Schmidlin**, Basel), Schweiz, *Herstellung von Halogenandrostanen.* (**Schwz. P. 362 691** vom 25/5. 1956, ausg. 15/8. 1962. — C. **1962**, 5775 [Oe. P. 212 500].)

Laboratoires Français de Chimiothérapie, übert. von: **Andre Allais**, Paris, und **Charles Hoffmann**, Noisy-le-Grand, Frankreich, *Herstellung von 19-Nortestosteron-17-trans-hexahydroterephthalat.* (**A. P. 3 006 928** vom 5/4. 1960, ausg. 31/10. 1961. F. Prior. 10/12. 1956. — C. **1960**, 15837 [D. A. S. 1 060 390] u. C. **1960**, 935 [F. P. 70 127].)

Schering Akt.-Ges., Berlin, *Prednisolon-21-sulfatnatrium.* (**Ind. P. 68 426** vom 18/7. 1959, ausg. 2/8. 1961. — C. **1960**, 6253 [D. A. S. 1 066 581].)

Soc. des Usines Chimiques Rhône-Poulenc, Paris, Frankreich (Erfinder: **Paul Gailliot** und **Jean Baget**), *Dihydrodesoxystreptomycinsulfat.* (**Aust. P. 231 360** vom 17/2. 1959, ausg. 22/12. 1960. F. Prior. 25/2. 1958. — C. **1960**, 14794 [D. A. S. 1 077 213].)

André Jean Pierre Joseph Thomas, Seine, Frankreich, *Massenproduktion und Behandlung pathogener Viren und der sie begleitenden Stoffe.* (**E. P. 716 920** vom 28/5. 1952, ausg. 20/10. 1957. F. Prior. 31/7. 1951, 21/1. u. 30/4. 1952. — C. **1956**, 1389 [F. P. 1 040 246].)

J. R. Geigy Akt.-Ges., Basel, übert. von: **Jakob Bindler**, Riehen, Schweiz, *Guanidinderivate.* (**A. P. 3 027 370** vom 8/6. 1959, ausg. 27/3. 1962. Schwz. Prior. 20/6. 1958. — C. **1962**, 16068 [Oe. P. 212 309].)

G. Analyse. Laboratorium

Neue Konstruktion von Handschuhkästen für die Arbeit mit radioaktiven Substanzen. N. I. Gussew, P. N. Palei, I. G. Ssentjurin und I. Ss. Skljarenko. (J. analyt. Chem. [UdSSR] **14**, 606—11, Sept./Okt. 1959; Moskau, Vernadsky-Inst. für Geochem. u. anal. Chem. der Akad. der Wiss. der UdSSR; russ.) Ch. Weiske. 5010◇

Elektrisches Mikromanometer. H. R. Hart. (J. sci. Instruments **38**, 300—02, Juli 1961; Lower Hutt, New Zealand, Dep. of Sci. and Ind. Res., Dominion Phys. Labor.; engl.) — Beschreibung eines direkt registrierenden Instruments zur Messung von Differentialdrücken im Bereich 10^{-4} bis 1,0 in. H_2O mit einer Erfassungsgrenze von 10^{-6}in. H_2O. Das Instrument eignet sich bei Ausrüstung mit einem stat. Pitot-Rohr zur Messung von Wind-Geschw. im Bereich 0,3—70 ft./s. Für höchsten Genauigkeitsanspruch ist Ablesung nach Null-Ausgleich vorgesehen. W. Betcke. 5016◇

Temperaturmessung mit Hilfe einer modifizierten D_{Na}-Linien-Umkehr-Methode. Soji Tsuchiya. (Aeronaut. Res. Inst., Univ. Tokyo, Rep. **27,** 157—74, Juni 1961; Tokyo, Univ., Aeronaut. Res. Inst., Dep. of Propulsion; engl.) — Ein speziell für die Temp.-Messung an Arbeitsgasen im Raketenmotor konstruiertes photoelektr. Pyrometer wird beschrieben. Das automat. registrierende Instrument ist mit einem Bichromator-Syst. ausgerüstet u. arbeitet nach 2 Meth.: D_{Na}-Linien-Umkehr (Eigen-Ausgleichs-Meth.) u. einer modifizierten Meth. ohne Ausgleich. Die Meßgenauigkeiten bei 2000°K betragen 30° bzw. 10°, die Ansprechzeiten 6 bzw. 0,1 Sekunden. Die zweite Meth. gestattet auch Messungen bei einem geringen Emissionsvermögen der Gase. Einige Meßergebnisse werden wiedergegeben. W. Betcke. 5016□

Automatische, von Luft angetriebene Ölpumpe für 10 Kilobar. E. Whalley und A. Lavergne. (Rev. sci. Instruments **32,** 1062—63, Sept. 1961; Ottawa, Canada, Nat. Res. Council, Div. of Appl. Chem.; engl.) — Mechan. Ölpumpe für 10 kb, die wegen ihrer geringen Abmessungen transportabel ist. Einzelheiten der Pumpe, bes. der Kolbenverschluß, werden genau beschrieben. Fr. Voigt. 5026□

Verfahren zur Dichtebestimmung im Mikromaßstab. J. M. Jones. (J. sci. Instruments **38,** 303—04, Juli 1961; Newcastle-upon-Tyne, King's Coll., Dep. of Geol.; engl.) — Zur Dichte-Best. beim Vorliegen kleinster Substanzmengen (10 mg) wird ein mit verd. K_2HgJ_4-Lsg. nach Thoulet mit von unten nach oben graduierter Dichte gefülltes Hohlprisma mit Glaswänden verwendet. Nach dem Suspendieren der pulverisierten Substanz in der Fl. wird der Brechungsindex in Höhe des Spiegels der angesammelten Substanz gemessen u. aus diesem die Dichte abgeleitet. W. Betcke. 5042◇

Dampfdichte-Apparat für Laboratorien der allgemeinen Chemie. W. L. Masterton und T. R. Williams. (J. chem. Educat. **36,** 528, Okt. 1959; Storrs, Conn., Univ. of Connecticut; engl.) — Es wird eine App. zur Messung der Dampfdichte leicht flüchtiger Fll. beschrieben (Molgew.-Best.). W. Betcke. 5044◇

Metallblock-Thermostat. Klaus Schriever. (Chemiker-Ztg./Chem. Apparatur **86,** 286—87, April 1962; Berlin-Charlottenburg; dt.) — Beschreibung eines Metallblock-Thermostaten aus Al mit elektr. Heizung u. Übertemp.-Sicherung. W. Luchsinger. 5046□

Analytische Chemie. Allgemeines. P. F. S. Cartwright und D. W. Wilson. (Annu. Rep. Progr. Chem. **57,** 411—13, 1960, herausgeg. 1961; engl.) — Fortschrittsbericht. — 25 Literaturangaben. R. Gutzschebauch. 5050□

Qualitative Analyse. P. F. S. Cartwright und D. W. Wilson. (Annu. Rep. Progr. Chem. **57,** 416—22, 1960, herausgeg. 1961; engl.) — Fortschrittsbericht. — 77 Literaturangaben (vorwiegend 1960). R. Gutzschebauch. 5050□

Gravimetrische und titrimetrische Analyse. P. F. S. Cartwright und D. W. Wilson. (Annu. Rep. Progr. Chem. **57,** 439—50, 1960, herausgeg. 1961; engl.) —; Fortschrittsbericht.— 161 Literaturangaben (1960). R. Gutzschebauch. 5050□

Moderne Anwendungen der Polarisationsmikroskopie. 2. Mitt. N. H. Hartshorne (Sci. Progr. **50,** 11—45, Jan. 1962; Leeds, Univ., School of Chem.; engl.) — 1. vgl. C. **1962,** 17149. — Fortsetzung der Übersicht (l. c.). Es werden behandelt: Unterss. der Textur, der Struktur u. der Orientierung organ. u. anorgan. Verbb. sowie die Meth. u. Apparaturen. — 90 Literaturangaben. E. Klever. 5056◇

Präparative Chromatographie in der Gasphase. C. Mechelynck-David. (Ind. chim. belge **26,** 196—202, 1961; franz.) — Kurze Übersicht über App. zur präparativen Gaschromatographie, bes. solcher mit großem Säulendurchmesser, kontinuierlicher Einspritz-Vorr., automat. Fraktionsabnahme u. beweglichen Adsorbentien. Vf. beschreibt eine Labor.-App., die zur Trennung von Grammengen brauchbar ist u. erläutert deren Arbeitsweise an den Syst. *Ae.–Bzl.–Toluol*, *Bzl.–Biphenyl* (**I**)–*Phenanthren* (**II**), *Bzl.*–**I**–**II**–*Pyren* u. den Prodd. der Rk. von CCl_4 mit C_2H_4. G. Kirsten. 5062□

Die Untersuchung des Einflusses verschiedener Versuchsparameter in der präparativen Chromatographie. K. W. Alexejewa, A. A. Shuchowitzki und N. M. Turkeltaub. (Chem. Technol. Brennstoffe Öle [UdSSR] **7,** Nr. 4, 60—66, April 1962; Projektierungs-Inst. für Betriebe der Gummi-Ind.; russ.) — Untersucht wird die Abhängigkeit der Effektivität von chromatograph. Kolonnen von der Geschw. des Trägergases für Rk.-Rohre von verschiedenen Durchmessern unter Variierung der Rk.-Bedingungen. Für leere Rk.-Rohre wird die Verwaschung der Rk.-Zone vollständig durch die

Längs- u. dynam. Diffusion bestimmt. Eine Steigerung der Verwaschung in breiten Rohren wird im Fall einer geringen Sorptionsfähigkeit bei Austausch von N_2 durch H_2 beobachtet. Eine zusätzliche Verwaschung der Zone in der präparativen Chromatographie wird hauptsächlich durch den Wandeffekt bestimmt. Zur Erhöhung der Wirksamkeit des Chromatographen müssen Kolonnen mit Verengungen, die einen mit der fl. Phase getränkten Sorbenten (30—40% des Gew. des Trägergases) enthalten, verwendet werden. Zur Verringerung des Wandeffektes wird ein Sorbent mit höherer Korngröße (0,5—1 mm) u. als Trägergas H_2 empfohlen. W. Hantzsch. 5062

Eichung von Prismen-Infrarot-Spektrometern. A. S. Filler und L. Indyk. (J. opt. Soc. America **51**, 572—74, Mai 1961; Philadelphia, Pa., Univ. of Pennsylvania, Dep. of Phys.; engl.) — Angabe einer einfachen Beziehung zwischen der Wellenzahl u. der Spektrometereinstellung, die leicht mit der einfachen Rechenmaschine zu behandeln ist, sowie einer Erläuterung der graph. Best. der Konst. u. der Leistungsfähigkeit der Methode. Wiedergabe eines Wasserdampfspektrums mit Eichwerten für charakterist. Banden im Bereich von 640—375 cm^{-1}. H.-J. Eichhoff. 5063□

Störende Polarisation bei dem Infrarot-Spektrometer UR-10. Jan Jokl und Milena Závětová. (Chem. Listy **55**, 1471—72, Dez. 1961; Praha, Ústav makromol. chem. ČSAV a Ústav techn. fyz. ČSAV; tschech.) — Vff. machen auf die störende Polarisation beim Spektrometer UR-10 (Zeiss) aufmerksam. M. Ryba/Prag. 5063

Infrarotspektrometrie anorganischer Verbindungen. W. W. Klimow. (Betriebs-Lab. [UdSSR] **27**, 292—94, 1961; russ.) — Überblick. — 32 Literaturstellen. K.-D. Schubert. 5063□

Absorptionsspektrophotometrie. T. Hara, T. Sakaguchi und T. Yoshida. (Japan Analyst, annu. Rev. **1961**, 1 R—23 R; jap.) — Übersicht mit 329 Literaturangaben. E. Klever. 5063□

Acidimetrische Titrationen schwacher Säuren nach Zusatz von Natriumchlorid. Wolfgang Leithe. (Z. analyt. Chem. **189**, 396—406, 1962; Linz/Donau, Österreich. Stickstoffwerke AG., Haupt-Labor.; dt.) — Schwache Säuren mit pK $>$ 7 (H_2CO_3 2. Stufe, H_3PO_4 3. Stufe, H_3BO_3, HCN u. Phenol) lassen sich mit NaOH-Lsg. direkt titrieren, wenn man die zu titrierende Lsg. mit NaCl sättigt. Als Indicatoren werden in ca. 0,5m Lsgg. Azoviolett, in verdünnteren Lsgg. (unter 0,1m) Thymolphthalein angewendet. Es werden schnelle Titrier-Verff. zur Best. von HCO_3^-/CO_3^{2-}-Gemischen, von OH^- neben CO_3^{2-}, von CO_3^{2-} in Ätzalkalien, von H_3PO_4 u. Alkaliphosphaten u. von H_3BO_3 beschrieben. Durch Vgl. mit Standard-Färbungen kann die an sich schon recht befriedigende Schärfe der Titrationen erhöht werden. P. Kurzmann. 5066□

Tetramethylguanidin: Ein neues Lösungsmittel für die Titration von schwachen Säuren. Theodore R. Williams und Jack Custer. (Talanta [London] **9**, 175—77, Febr. 1962; Wooster, Ohio, Coll. of Wooster, Dep. of Chem.; engl.) — 1.1.3.3-Tetramethylguanidin (TMG) ist nur wenig flüchtig (Kp. 159—160°) u. kann auch in Ggw. von geringen Mengen W. als Lsgm. benutzt werden. Als Titranten dienten Tetrabutyl- u. Tetramethylammoniumhydroxid, gelöst in Bzl.-Methanol-Gemisch (4 : 1) u. eingestellt gegen Benzoesäure in TMG. Titriert wurden β-Naphthol, 2.4-Dichlorphenol, p-Bromphenol, 2.4-Dibromphenol, p- u. m-Nitrophenol sowie Phenol. Zur Messung der Potentiale wurde eine Glaselektroden-Kalomelelektroden-Kombination verwendet. Geringe Wasser-Geh. bis 1% wirken eher günstig als nachteilig; der Potentialsprung ist scharf ausgebildet. Größere Geh. an W. wirken sich ungünstig auf den Potentialsprung aus. P. Kurzmann. 5066□

Eigenschaften von quaternären Ammoniumtitranten bei Titrationen. G. A. Harlow. (Analytic. Chem. **34**, 1482—87, Okt. 1962; Emeryville, Calif., Shell Dev. Co.; engl.) — Phthalsäure, Maleinsäure u. H_2SO_4 wurden mit Tetrabutyl-, Tetramethyl-, Tributylmethyl-, Tetraäthyl-, Trimethylbenzyl-, Hexadecyltrimethyl-, Tetrapropyl-, Tetraheptyl-, Hexadecyldimethylbenzyl- u. Trimethylphenylammoniumhydroxid potentiometr., in einigen Fällen auch gleichzeitig konduktometr. in Isopropanol, W. oder einem Isopropanol–W.-Gemisch (90 : 10) titriert. Der Einfl. der Struktur des Kations auf die Stufenzahl bei der Titration wurde untersucht. P. Kurzmann. 5066□

Faktoren, die die Stabilität von nichtwässerigen quaternären Ammoniumtitranten beeinflussen. G. A. Harlow. (Analytic. Chem. **34**, 1487—91, Okt. 1962; engl.) — Vgl. vorst. Referat. — Der Einfl. von Kationenstruktur, Lsgm.-Zus., Temp. u. Wasser-Geh. auf die Stabilität von Tetramethyl-, Tetraäthyl-, Tetrapropyl-, Tetrabutyl-, Tetrapentyl-, Tetrahexyl-, Tetraheptyl-, Hexadecyltrimethyl-, Äthylhexadecyldimethyl-, Phenyltrimethyl-, Methyltributyl- u. Hexadecyldimethylbenzylammoniumhydroxid wurde untersucht. Es wird im Gegensatz zu anderen Autoren festgestellt, daß die Zers. nach einer Rk. 1. Ordnung abläuft. P. Kurzmann. 5066□

Trifluormethylsulfonsäure als Titrant in Eisessigsystemen. E. S. Lane. (Talanta [London] 8, 849—52, Dez. 1961; Harwell, U.K.A.E.A., Chem. Div.; engl.) — Trifluormethylsulfonsäure (I) wurde mit $HClO_4$ als Titrant in Eisessig bei der Titration von Guanidincarbonat, Ephedrin, Diphenylguanidin, Dekamethylendipyridiniumnitrat, o-Phenanthrolinhydrat u. Triisooctylamin verglichen. I ist mit $HClO_4$ vergleichbar, soweit es die Stärke u. das Ansprechen des Instruments bei Potentiometrie u. HF-Titration betrifft. Der einzige auffindbare Vorteil von I liegt in dem Nichtauftreten von Ndd., was jedoch die wesentlich höheren Kosten nicht rechtfertigt. P. Kurzmann. 5066□

Darstellung einer Standardlösung von Chrom(III) durch potentialkontrollierte Coulometrie. D. E. Harrington, R. C. Propst und R. D. Britt jun. (Analytic. Chem. 34, 1663, Nov. 1962; Aiken, S.C., E. I. du Pont de Nemours & Co., Savannah River Labor.; engl.) — Eine schwefelsaure Lsg. von $K_2Cr_2O_7$ wird coulometr. red., wobei die Cr^{3+}-Menge aus der Ablesung am geeichten Integrator ermittelt werden kann. P. Kurzmann. 5070□

Beitrag zur analytischen Verwendung einer Standardlösung von Jodtrichlorid. E. Schulek und L. Ladányi. (Talanta [London] 9, 727—30, Aug. 1962; Budapest, L. Eötvös Univ., Inst. of Inorg. and Analyt. Chem.; engl.) — Es wurde die Zus. einer 0,1n JCl_3-Lsg. untersucht. Die Lsg. enthält kein JCl_3, wie opt. u. chem. nachgewiesen wurde, sondern durch Hydrolyse nach $2\,JCl_3 + 3\,H_2O \rightarrow JCl + HJO_3 + 5\,HCl\ JO_3^-$, das 75% der Oxydationskraft ausmacht, u. JCl, auf das die restlichen 25% entfallen. P. Kurzmann. 5070◇

Über einige Eigenschaften von Formaldoxim und seine Reaktionen mit Metallionen. Z. Marczenko und J. Minczewski (J. analyt. Chem. [UdSSR] 17, 23—27, Jan./Febr. 1962; russ.) — Formaldoxim bildet mit zahlreichen Ionen farbige Komplexe, deren Absorptionsspektren aufgenommen werden. Bei den Ionen der Elemente Ni, Mn, Fe, Cu, V, Ce u. Co ergeben sich genügend hohe Extinktions-Koeff., um ihre quant. opt. Best. mit Formaldoxim lohnend erscheinen zu lassen. E. Asmus. 5072□

Vergleich der Reaktionen von Guanylharnstoff und Guanylthioharnstoff mit verschiedenen Metallionen. Russell H. Trimble. (Analytic. Chem. 34, 1633—35, Nov. 1962; Kingsport, Tenn.; engl.) — Die Rkk. von Ag^+, Cu^{2+}, Ni^{2+}, Pd^{2+}, Zn^{2+}, Co^{2+}, Cd^{2+}, MoO_4^{2-}, WO_4^{2-}, As(III), Sb(III), VO_4^{3-}, MnO_4^-, Th^{4+}, Mg^{2+}, Mn^{2+}, UO_2^{2+}, Li^+, Y^{3+} u. Ge(IV) mit Guanylharnstoff (I) u. Guanylthioharnstoff (II) als Reagentien zum Nachw. der Metallionen wurden untersucht u. miteinander verglichen. I u. II bilden mit Ni einen 1 : 2-Komplex. I bildet mit Cu einen 1 : 2-Komplex, II dagegen einen 1 : 1-Komplex. II liefert mit Co in schwach saurer Lsg. eine stabile wasserlösl. Verb., in alkal. Lsg. dagegen eine wasserunlösl.; mit I entsteht keine stabile Verbindung. Ag bildet nur mit I einen stabilen Komplex. Pd bildet mit I u. II Komplexe; die Analysenergebnisse ließen keine näheren Schlüsse zu. Alle übrigen Metalle reagierten nicht oder nur unter Fällung ihrer Hydroxide. P. Kurzmann. 5072□

Kondensationskeime. Eine neue Methode zur Gasanalyse. Frank W. Van Luik jun. und Ralph E. Rippere. (Analytic. Chem. 34, 1617—20, Nov. 1962; Schenectady, N.Y., Gen. Electr. Co., Gen. Engng. Labor.; engl.) — Das zu bestimmende Gas wird auf chem., photochem., elektrochem. oder pyrolyt. Weise in kleine feste oder fl. Teilchen übergeführt, die für Wasserdampf als Kondens.-Keime dienen können. Die nach dem Einblasen von Wasserdampf eintretende Trübung der Gasphase ist ein Maß für die Konz. des zu bestimmenden Gases; sie wird photoelektr. gemessen. P. Kurzmann. 5086□

Chromathermographische Methode der getrennten Bestimmung der Kohlenwasserstoffe in der Luft. M. L. Krassowitzkaja, T. Ss. Ssaporoshez und A. Ss. Ssobolew. (Hyg. u. Sanitätswes. [UdSSR] 27, Nr. 7, 27—30, Juli 1962; Ufa, Forsch.-Inst. für Hygiene u. Berufskrankheiten; russ.) — Die getrennte Best. der KW-Stoffe in der Luft erfolgt mit Hilfe eines kurz beschriebenen Chromathermographen. Als Absorbens wurde bei 120° getrocknetes u. mit 3,6%ig. *NaOH*-Lsg. getränktes Al_2O_3 (Korngröße 0,25—0,50 mm) angewandt. Die Meth. ermöglicht es, bei KW-Stoff-Konzz. von 0,05—0,1 mg/Liter in der Luft den Geh. an einzelnen KW-Stoffen mit einer Abweichung von 4—6% durchzuführen. Die Empfindlichkeit der App. beträgt für Äthylen 0,018 (mg/Liter), für Propylen 0,012 u. für Butylen 0,009. S. Baryschnikow. 5088

Katalytische Methode der Xanthogenatbestimmung in der Luft. Je. E. Gerschkowitsch. (Hyg. u. Sanitätswes. [UdSSR] 27, Nr. 7, 30—32, Juli 1962; Leningrad, Inst. für Arbeitshyg. u. Berufskrankheiten; russ.) — Die katalyt. Best. von Xanthogenaten (I) in der Luft beruht auf der Rk. von J_2 mit I u. auf der katalyt. Rk. von J_2 mit NaN_3. Die zu untersuchende Luft wird mit einer Geschw. von 5 Liter/Min. durch ein Papierfilter durchgeleitet u. das Filter mit 10 ml W. extrahiert. 5 ml dieses Auszuges,

20 ml einer 0,01 n *Jod-Azid*-Lsg. werden 15 Min. stehengelassen, der Überschuß an J_2 mit 0,01 n As_2O_3-Lsg. zurücktitriert. Auf Grund der Vers.-Ergebnisse wurde das Verhältnis I/gebundenes J festgestellt. S. Baryschnikow. 5088

Bestimmung des Tributylphosphates in der Luft. A. M. Worobjew und A. N. Jefimowa. (Hyg. u. Sanitätswes. [UdSSR] **27**, Nr. 7, 32—33, Juli 1962; russ.) — 10—20 Liter Luft werden mit einer Geschw. von 0,5 Liter/Min. durch 10 ml A. geleitet; die Lsg. wird auf dem Wasserbad zur Trockene eingedampft. Nach Zugabe von 1 ml konz. H_2SO_4 u. 0,020—0,030 g $NaNO_2$ wird der Rückstand (R) nochmals auf dem Sandbad zur Trockene gebracht; die Operation wird nach Zugabe von je 1 ml W. 3mal wiederholt. Nach Auflösung des R in 2—3 ml W., Zugabe von NH_3-Lsg. bis pH 5,6 werden 3 Tropfen *Sulfomolybdän*-Reagens (seine Herst. ist beschrieben) u. 1 Tropfen 2,5% ig. $SnCl_2$-Lsg. in 30% ig. H_2SO_4 zugefügt u. die Lsg. colorimetriert. Die Empfindlichkeit der Meth. beträgt 0,002 mg/5 ml *Tributylphosphat*. Die Ggw. von P- bzw. As-Verbb. wirkt störend. S. Baryschnikow. 5088

Bestimmung und kontinuierliche Registrierung des Luftgehaltes an Aerosolen von kurzlebigen radioaktiven Isotopen nach der Methode der „Filtersättigung". Ss. P. Golenetzki. (Hyg. u. Sanitätswes. [UdSSR] **27**, Nr. 7, 33—42, Juli 1962; russ.) — Theoret. Behandlung der Best. der Aerosole von radioakt. Isotopen in der Luft an Hand der Literatur (13 Literaturangaben). S. Baryschnikow. 5088

a) Elemente und anorganische Verbindungen

Die Ultraviolettspektren von Chlor und seinen Oxiden in Tetrachlorkohlenstoff. Zdenek Spurný. (Talanta [London] **9**, 885—89, Nov. 1962; Prag, Czechoslovak. Acad. of Sci., Nucl. Res. Inst.; engl.) — Die UV-Spektren von Cl_2, Cl_2O, ClO_2, Cl_2O_6 u. Cl_2O_7 in CCl_4 wurden aufgenommen, wobei folgende Maxima (Max.) beobachtet wurden: Cl_2 320 (nm), Cl_2O 395 u. 415, ClO_2 375 u. 355, Cl_2O_6 340 u. 305 u. Cl_2O_7 350 u. 385. Mit Ausnahme von Cl_2O_7 verschieben sich die Max. mit abnehmendem O-Geh. nach kürzeren Wellenlängen. Die quant. Best. von Cl_2 wird beschrieben, wobei die untere Best.-Grenze bei ca. $2 \cdot 10^{-5}$ m liegt. Cl_2O u. ClO_2 können nach Photolyse in CCl_4 als Cl_2 photometr. bestimmt werden. Auf die Möglichkeit einer Simultan-Best. der Oxide nebeneinander wird hingewiesen. Harro Zimmer. G 247 □

Untersuchung von Dischwefeldichlorid. Sándor A. Kiss. (Magyar Kémikusok Lapja [Z. Ver. ung. Chemiker] **15**, 565—66, Dez. 1960; Borsodi Vegyikombinát; ung.) — S_2Cl_2 wird zu SO_2, H_2S u. HCl hydrolysiert. Da SO_2 u. H_2S miteinander unter Bldg. von S, H_2SO_3, H_2SO_4 u. Polythionsäuren reagieren u. diese die Best. stören, wird die Hydrolyse in HNO_3-Lsg. durchgeführt. Die Cl^--Ionen werden durch Zugabe von überschüssiger $AgNO_3$-Lsg. u. Titration des Überschusses mit $(NH_4)SCN$-Maßlsg. bestimmt. G. Halmi. G 253 □

Colorimetrische Bestimmung von Selen in Tellur. Teru Yuasa. (Japan Analyst **10**, 965—67, Sept. 1961; Sumitomo Electr. Ind., Ltd.,; jap.) — Die günstigsten Konz.-Bedingungen für die colorimetr. Se-Best. in Te mit 3.3'-Diaminobenzidin (I) als Farbreagens wurden ermittelt. Die Acidität (gewöhnlich pH 2—3) kann ohne Nachteil für die Absorption auf 2n Säure-Konz. gesteigert werden. Toluol erwies sich im Vgl. zu Butanol, Essigester u. Bzl. als besseres Extraktionsmittel; die Absorptionsmaxima in Toluol liegen bei 420 u. 340 mμ. Zur Best. von 30 μg Se sind mindestens 2 ml 0,5% ig. wss. I-Lsg. erforderlich. Die Rk. ist erst 10 Min. nach der I-Zugabe beendet. W. Betcke. G 254 □

Über die colorimetrische Bestimmung von Bor. M. T. Beck. (Acta Univ. Szegediensis, Acta physica chem. **3**, 89—90, 1957; Szeged, Univ., Inst. of Inorgan. and Analyt. Chem.; engl.) — Das Verf. von Monnier, Rusconi u. Wenger (Analytica chim. Acta [Amsterdam] **1**, [1947], 13) zur B-Best. (teilweise Entfärbung des Fe^{3+}-Sulfosalicylsäure-Komplexes durch F^- infolge Bldg. von $[FeF_6]^{3-}$ u. Rückgängigmachen der Entfärbung durch Bindung des F^- als BF_4^- nach Zusatz von z. B. Borax) wird krit. überprüft. Die pH-Abhängigkeit der Absorption ist zu groß u. der Effekt des B^{3+} bei konst. pH zu klein, als daß die Meth. brauchbare Ergebnisse liefern könnte. Die Extinktionsänderung kann nur z. T. auf die Einw. des B^{3+} zurückgeführt werden. W. Betcke. G 258 □

Ultraviolettspektrophotometrische Bestimmung von Bor mit Benzoin. Kazuo Hiiro. (Japan Analyst **10**, 999—1004, Sept. 1961; Osaka, Ind. Res. Inst.; jap.) — Die Probe-Lsg. (H_3BO_3) wird mit 20 ml 0,02 m alkohol. Benzoin-Lsg. u. 0,5 ml 0,2 n-NaOH versetzt u. mit A. auf 25 ml aufgefüllt. Nach 20 Min. langem Verweilen in einem Thermostaten bei 15° wird die Absorption bei 353 mμ gemessen. Das Beersche Gesetz ist im Konz.-Bereich von 0,2—1,2 ppm B erfüllt. W. Betcke. G 258 □

Der Bor–Curcumin-Komplex bei der Bestimmung von Bor in Spuren. M. R. Hayes und J. Metcalfe. (Analyst **87,** 956–69, Dez. 1962; Salwick, Preston, Lancs., U.K.A.E.A., Prod. Group, Chem. and Metallurg. Serv. Dep., Springfields Works; engl.) — Borsäure bildet mit Curcumin einen (wahrscheinlich 1 : 3)-Komplex, dessen Eigg. in verschiedenen Medien untersucht wurden. Er kann zur photometr. Best. von B-Spuren bei 555 nm herangezogen werden, wobei je 10 mg Be, Mg, Al, Na, K, Ca, Fe, Ti, Zr, Zn, U, PO_4^{3-} u. Cl^- die Best. von 1 μg B nicht stören. F^- u. NO_3^- stören. Die Empfindlichkeit der Meth. nach Sandells-Definition beträgt $(6{,}0-6{,}5)\cdot 10^{-5}$ $\mu g/cm^2$. Es werden Meth. zur Best. von einigen ppm B in Fe, Al, Mg, Zr, organ. Stoffen, Graphit u. NH_3-Lsgg. angegeben. Durch Abtrennen des B als Borsäuremethylester kann die Empfindlichkeit gesteigert werden. Nach dieser Meth. wurde B in Be, Mg, rostfreiem Stahl, UO_2, Uranaten, Zr u. Zr-Legg. bestimmt. — Diskussion. P. Kurzmann. G 258◇

Die Ausarbeitung einer reproduzierbaren spektrophotometrischen Curcumin-Methode zur Bestimmung von Bor und ihre Anwendung auf Meerwasser. Robert Greenhalgh und J. P. Riley. (Analyst **87,** 970–76, Dez. 1962; Liverpool, Univ., Dep. of Oceanography; engl.) — Vgl. vorst. Referat. — Der Bor–Oxalsäure–Curcumin-Komplex (Rubrocurcumin) bildet sich bei 120° in geschmolzenem Phenol. Die äthanol. Lsg. des Rk.-Prod. wird bei 548 nm gegen W. photometriert. Die Empfindlichkeit beträgt 0,00013 $\mu g/cm^2$; das Beersche Gesetz wird bis hinauf zu 1 μg B befolgt. Die Einfl. von Al^{3+}, Br^-, Ca^{2+}, Cl^-, F^-, Fe^{2+}, Mg^{2+}, NO_3^-, PO_4^{3-}, K^+, Sr^{2+}, SO_4^{2-}, Glycerin, Mannit, Sorbit, Citronen- u. Weinsäure wurden untersucht. Die Varianzen betrugen bei der Best. von 0,5 ppm B in dest. W. u. von 4,54 μg B/ml in Meerwasser 0,28 bzw. 0,45 Rel-%. P. Kurzmann. G 258◇

Eine hochempfindliche Tieftemperaturfraktionierungsmethode zur Trennung und Bestimmung von Borhydriden. W. C. Kreye und R. A. Marcus. (Analytic. Chem. **34,** 1665–66, Nov. 1962; Brooklyn, N.Y., Polytechn. Inst. of Brooklyn, Dep. of Chem.; engl.) — Nach Abtrennung von H_2 u. des Hauptanteiles an B_2H_6 wurden B_2H_6, B_4H_{10} u. B_5H_{11} in einer LeRoy-Kolonne getrennt; die Trennung B_4H_{10}/B_5H_{11} bei −120° wurde bei einem Druck von ca. 10^{-3} Torr durchgeführt. Die Mengen-Best. erfolgte in einer Spezialgasbürette. P. Kurzmann. G 258□

Gaschromatographische Bestimmung von Chloroboranen, Diboran und Chlorwasserstoff. Hulon W. Myers und Roy F. Putnam. (Analytic. Chem. **34,** 664–68, Mai 1962; Nimbus, Calif., Stauffer-Aerojet Labor.; engl.) — Vff. gelingt die gaschromatograph. Trennung von H_2, HCl, B_2H_6 u. B_2H_5Cl bei 0° über Säulen mit Chromosorb u. 20% Siliconöl. Weiterhin lassen sich Gemische von BCl_3 u. $BHCl_2$ mit 0,01–5,0 Mol-% HCl bei −78° an Teflonpulver (I) ohne fl. Phase trennen; an Chromosorb mit 20% Mineralöl oder an I mit 10% Fluorolube können bei 25° BCl_3 u. HCl voneinander getrennt werden. Zur analyt. Best. von $BHCl_2$ u. B_2H_5Cl in Ggw. von überschüssigem BCl_3 eignen sich bei 40° Säulenfüllungen aus Chromosorb mit 30% Hexadekan, wenn die Proben in regelmäßigen Abständen eingebracht werden.
F.-M. Friedrich-Anderseck. G 258□

Fehlerquellen bei der Arsenbestimmung. W. Stross. (Talanta [London] **9,** 740–41, Aug. 1962; Aylesbury, Bucks., Haydon Hill, Internat. Alloys Ltd.; engl.) — As wird bei Ggw. von F^- durch HNO_3-H_2SO_4-Gemisch in beträchtlichen Mengen aus Glas herausgelöst, bei Abwesenheit von F^- dagegen nicht. P. Kurzmann. G 265◇

Beitrag zur Trennung der Alkaliionen am Kationenaustauscher. H. Holzapfel, H. Erhardt und W. Tischer. (J. prakt. Chem. [4] **18,** 62–71, 1962; Leipzig, Karl-Marx-Univ., Inst. für anorg. Chem.; dt.) — Es wurde ein Verf. zur analyt. u. präparativen Trennung von Li^+, Na^+ u. K^+ mit Hilfe der Ionenverdrängungschromatographie ausgearbeitet. Bei Verw. von Wofatit KPS (Ammoniumform) als Austauscher u. 0,5n NH_4Cl-Lsg. als Elutionsmittel konnte bei hinreichender Säulenlänge (240 cm) eine quant. Li–K- u. Na–K-Trennung erzielt werden, eine Li–Na-Trennung dagegen nur dann, wenn eine (geringfügige) mittlere Fraktion, bei der sich ein Überschneiden der Elutionskurven nicht vermeiden läßt, verworfen wurde. Zur Aufladung der Säule wurden die Chlorid-Lsgg. verwendet; zur vollständigen Elution waren ca. 1300 ml NH_4Cl-Lsg. erforderlich. Bei stärkerer Aufladung (ca. $^1/_{10}$ der Gesamtsäulenkapazität) verschieben sich die Fraktionengrenzen zu geringeren Eluiermittelmengen hin; die Trenngrenzen verwischen sich. W. Betcke. G 272□

Schnelle, zerstörungsfreie Bestimmung von Beryllium mit dem van de Graaff-Beschleuniger. Charles A. Levine und Joseph P. Surls jun. (Analytic. Chem. **34,** 1614–17, Nov. 1962; Pittsburg, Calif., Dow Chem. Co., Western Div.; engl.) — Die Be-Best. in Erzen u. Flotations-Prodd. beruht auf der bekannten $^9Be(\gamma, n)2\alpha$-Reaktion.

Die Radioaktivität, die mit dem Geiger-Müller-Zählrohr gemessen wird, ist der vorhandenen Be-Menge direkt proportional. Eine Best. dauert ca. 4 Minuten. Bei einer 20-g-Probe liegt die Nachw.-Grenze einer Einzelbest. bei 0,002%. Der Be-Geh. der Proben lag zwischen 0,05 u. 4%. Über den apparativen Aufbau sowie den Einfl. störender Elemente wird diskutiert. I. Zoll. G 281◇

Eriochrom-Mischindicator zur Bestimmung von Magnesium mit Äthylendiamintetraessigsäure. T. W. Bloxam. (Analyst **87,** 907—08, Nov. 1962; Singleton Park, Swansea, Univ. Coll. of Swansea, Dep. of Geol.; engl.) — Zur Vermeidung der Schwierigkeiten bei der Verw. von Eriochrom oder ähnlicher Indicatoren zur komplexometr. Best. von Mg (oder Mg + Ca), die sich infolge des extrem langsamen Farbwechsels von Purpurfarben nach Blau u. des schnellen Verblassens der Farbe ergeben, verwendet Vf. einen Mischindicator aus Eriochrom u. Naphtholgrün B (Farbumschlag: Blau → Grün). Die von Störelementen freie Probe-Lsg. wird mit NH_3/NH_4Cl-Lsg. auf pH 10—10,5 gepuffert, mit einigen Tropfen der Indicator-Lsg. (0,5 g $NH_2OH \cdot HCl$, 0,1 g Eriochromblauschwarz u. 0,06 g Naphtholgrün B in 50 ml CH_3OH) versetzt u. mit eingestellter EDTA-Lsg. in einem photoelektr. Titriergerät (Orangefilter) titriert. Gerhard Schulze. G 282◇

Bestimmung von radioaktivem Calcium mit einem Flüssigkeitsscintillationszähler. Marlene Sarnat und Henry Jeffay. (Analytic. Chem. **34,** 643—46, Mai 1962; Chicago, Ill., Univ. of Illinois, Coll. of Med., Dep. of Biochem.; engl.) — Zur Best. von ^{45}Ca wird das Oxalat gefällt u. in das Nitrat übergeführt, das 15 Min. lang auf 120° erhitzt, in 20 ml der Scintillations-Lsg. aus 1 Liter Toluol, 11,4 g 2.5-Diphenyloxazol, 1 Liter abs. A., 250 ml Äthylenglykol u. 12,4 ml HNO_3 gelöst u. nach 1 Std. gemessen wird. Die Abhängigkeit der beobachteten von der wahren Zählrate ist für Spuren ^{45}Ca über einen weiten Aktivitätsbereich linear, für Mengen von 50—500 mg ^{45}Ca fast linear. Größere Mengen ^{40}Ca vermindern die Zählausbeute. Die Zählausbeute liegt bei ca. 50%. Im Dunkeln sind die Proben mehrere Tage haltbar. R. Krämer. G 283◇

Bestimmung von Wasserstoff in Calcium durch Vakuumschmelzen. D. T. Peterson und V. G. Fattore. (Analytic. Chem. **34,** 579—81, April 1962; Ames, Iowa, Iowa State Univ., Inst. for Atomic Res. and Dep. of Chem.; Milan, Bollate, Centro Studi e Ric., Sicedison S.p.A.; engl.) — Vff. beschreiben eine einfache Meth. zur Schnellbest. von H in reinem Ca. Mit Hilfe des Vakuumschmelz-Verf. in einem Sn-Bad bei 670° wurde H freigesetzt. Die Flüchtigkeit des Ca wurde unter diesen Bedingungen verringert u. die Geschw. der H-Entw. erhöht. Der H-Geh. wurde durch Druckmessung des sich entwickelten Gases in einem bekannten Vol. bestimmt. Es wurden Proben mit einem H-Geh. von 200 ppm bis zu fast reinem CaH_2 u. folgenden Verunreinigungen untersucht: 300—350 ppm Mg, 70—100 ppm C, <100 ppm Si, 50—70 ppm N, 30—50 ppm Mn, 10—30 ppm Ni, 5—30 ppm Fe u. 10—20 ppm Ba. Die Fehlergrenze lag immer unter 4%. F. Sarfert. G 283□

Fällung aus Lösungsmittelgemischen. 1. Mitt. Aluminium-8-hydroxychinolinat. Lester C. Howick und Jerry L. Jones. (Talanta [London] **8,** 1037—41, Dez. 1962; Fayetteville, Ark., Univ. of Arkansas, Dep. of Chem.; engl.) — Vff. fällen Al-Oxinat aus gepufferter Aceton-W.-Lsg. durch Verdampfen des Acetons. Der Nd. ist kristallin, ebenso wie bei Fällung durch Hydrolyse des 8-Acetoxychinolins. Die Trennung von 10 mg Al von 10 mg Cd u. die von 25 mg Al von 420 mg Mg oder 800 mg Ca konnte gut durchgeführt werden. Eine Arbeitsvorschrift zur Best. von 2—10 ml Al wird angegeben. P. Kurzmann. G 294◇

Eine schnelle und einfache Trennung von ^{90}Sr und ^{90}Y durch Papierelektrophorese. Shoichi Kawamura. (Japan Analyst **10,** 975—79, Sept. 1961; Nat. Inst, of Radiol. Sci.; jap.) — Mit Hilfe der Papierelektrophorese unter Verw. von 0,1 m NH_4-Acetat (pH 5,0), 0,01 m NH_4-Malonat (pH 2,7); 0,05 m NH_4-Citrat (pH 2,7) u. 0,1 m NH_4-Formiat (pH 5,0) als Untergrundelektrolyt-Lsgg. lassen sich ^{90}Sr u. ^{90}Y in 10 Min. bei bei 720—1440 V voneinander trennen. Die Technik gestattet die Herst. von ^{90}Y in >99,7%ig. radiochem. Reinheit mit u. ohne Verw. eines Trägers. W. Betcke. G 300□

Abtrennung des Vanadins von anderen Metallionen durch Kationenaustausch. James S. Fritz und Janet E. Abbink. (Analytic. Chem. **34,** 1080—82, Aug. 1962; Ames, Iowa, Iowa State Univ., Inst. of Atomic Res. and Dep. of Chem.; engl.) — V(V) oder V(IV) läßt sich von anderen Metallionen durch Elution einer Kationenaustauschersäule mit verd. Säure-Lsgg. (0,01 m H_2SO_4 oder $HClO_4$), die 1% oder weniger H_2O_2 enthalten, als V(V)-H_2O_2-Komplex abtrennen. Die anderen Metallionen werden anschließend mit stärkeren Säuren eluiert. Als Austauscher verwenden Vff. Dowex 50 W-X 8, 100 bis 200 mesh, in der H^+-Form. Die Oxydationsstufe des V ist ohne Bedeutung, da H_2O_2 zur V(V)-Stufe oxydiert. Auf diese Weise konnte V erfolgreich von folgenden Ionen

abgetrennt werden: Ag^+, Al^{3+}, Bi^{3+}, Ca^{2+}, Cd^{2+}, Co^{2+}, Cr^{3+}, Cu^{2+}, Dy^{3+}, Fe^{3+}, Ga^{3+}, Hg^{2+}, In^{3+}, La^{3+}, Mg^{2+}, Mn^{2+}, Ni^{2+}, Pb^{2+}, Sc^{3+}, Th^{4+}, Ti^{4+}, UO^{2+}, Y^{3+}, Zn^{2+} u. Zr^{4+}. Ti(IV) bildet zwar einen H_2O_2-Komplex, wird aber von verd. Säuren nicht eluiert. V(V) u. Fe(III) können bis zu einem Verhältnis von 1 : 100 getrennt werden.
Gerhard Schulze. G 330□

Kationaustauscher-Untersuchungen von Vanadin(V) an Dowex 50 W-X 8. Abtrennung aus Gemischen. Anil K. De und Santosh K. Majumdar. (Z. analyt. Chem. **191**, 40—45, 1962; Calcutta, Jadavpur Univ., Dep. of Chem.; engl.) — Vgl. C. **1962**, 9835. — Das Verh. von mg-Mengen V am Kationenaustauscher Dowex 50 W-X 8 wird mit verschiedenen Eluierungsmitteln untersucht. Mit 200 ml 0,5n HCl, 1—2n H_2SO_4, 2—3n H_3PO_4 oder 0,5—1n NH_4Cl-Lsg. kann V quant. eluiert werden. Die Wirksamkeit dieser Eluierungs-Lsgg. wird an Hand der Elutions-Konst. u. der Verteilungs-Koeff. erörtert. Von folgenden Ionen kann V getrennt werden: Cu(II), Fe(III), Co(II), Ni, Zn, Zr(IV), Al, Ce(IV), U(VI), Th(IV), Mn(II), Ti(IV) u. PO_4^{3-}.
J. Peters. G 330□

Analytische Anwendungen von Xylenolorange. 6. Mitt. **Eine spektrophotometrische Untersuchung des Niob–Xylenolorange-Komplexes.** K. L. Cheng und B. L. Goydish. (Talanta [London] **9**, 987—95, Dez. 1962; Princeton, N.J., RCA Labor.; engl.) — 4. vgl. C. **1961**, 3429, 5. vgl. Talanta [London] **5**, [1960], 254. — Vff. beschreiben eine empfindliche u. selektive photometr. Meth. zur Nb-Best., die auf Bldg. eines roten Komplexes (λ_{max} = 535 nm, ε = 16000) mit Xylenolorange (I) in schwach saurer Lsg. beruht. Der optimale pH-Bereich liegt zwischen 2,4 u. 2,8. I-Überschuß bedingt eine Abnahme der Extinktion. Zur Komplex-Bldg. ist es erforderlich, in Ggw. von Weinsäure zu arbeiten, die Lsg. 10—15 Min. lang auf 90—100° zu erhitzen u. langsam abzukühlen. Citronen-, Oxal-, Nitrilotri-, 1.2-Diaminocyclohexantetra-, Diäthylentriaminpentaessigsäure u. NO_2^- verhindern die Farbentw., Essigsäure u. EDTA vermindern die Extinktion. Störungen durch Schwermetallionen lassen sich durch Zugabe von Zn-EDTA eliminieren. Der Einfl. von Anionen u. Kationen wird eingehend untersucht, die Ergebnisse werden tabellar. mitgeteilt. Die Zus. des Nb–I-Komplexes wurde nach der Meth. von Job zu 1 : 1, die Bldg.-Konst. bei pH 2,5 zu $5{,}0 \cdot 10^6$ ermittelt. Die Struktur des Komplexes wird erörtert. Gerhard Schulze. G 331◇

Durch Extraktion eines quaternären Ammoniumionenkomplexes verbesserte Niob-Bestimmung mit Pyrogallol. José A. Catoggio und L. B. Rogers. (Talanta [London] **9**, 377—86, April 1962; Cambridge, Mass., MIT, Dep. of Chem. and Labor. for Nucl. Sci.; engl.) — Die Extinktion einer Nb u. Pyrogallol enthaltenden, schwach alkal. Lsg. wird durch Ggw. einer langkettigen quatern. Ammoinum-Verb. um ca. 60% erhöht. Der gebildete Nb-Komplex wird mit Essigsäureäthylester extrahiert, wodurch die Störungen durch Mo(VI), W(VI) u. Cr(VI) beseitigt werden; die Störung durch V(V) wird auf die Hälfte herabgesetzt. Ta wird mit Nb zusammen extrahiert; die dadurch verursachte Störung kann jedoch durch passende Wahl der Wellenlänge vermindert werden. Ti stört stark, jedoch etwas weniger als bei der Original-Meth. von Hunt u. Wells (C. **1956**, 4815). P. Kurzmann. G 331□

Untersuchungen an Reagentien für Niob und Tantal. 1. Mitt. G. Ackermann und S. Koch. (Talanta [London] **9**, 1015—22, Dez. 1962; Freiberg/Sachsen, Bergakad., Inst. für anorg. u. analyt. Chem.; dt.) — Im sauren, neutralen u. schwach alkal. Medium reagieren die Tartratokomplexe von Nb u. Ta nicht mit Glykol, Glycerin, Mannit, Phenol, m-Kresol, Pikrinsäure, Phloroglucin, Resorcin, Orcin, Hydrochinon, α- u. β-Naphthol u. 1.3-Dihydroxynaphthalin-5.7-disulfonsäure, wohl aber mit Brenzcatechin, Pyrogallol, 2.3-Dihydroxynaphthalin, Chromotropsäure, Alizarin u. Chinalizarin, also mit Verbb., die 2 OH-Gruppen in o- oder peri-Stellung besitzen. Nach Ersetzen einer OH-Gruppe durch —COOH, —CHO oder —OCH_3 bleibt die Rk. aus. SH-Gruppen in o-Stellung wirken wie OH-Gruppen, wie am Toluol-3.4-dithiol gezeigt wurde. Die o-Stellung zweier OH-Gruppen an aromat. Ringen ist als analyt. funktionelle Gruppierung für Nb u. Ta anzusehen. Unter der großen Zahl in Frage kommender Verbb. erwiesen sich Brenzcatechin, Chromotropsäure, Pyrogallol, Tiron u. Tribrompyrogallol wegen der großen Unterschiede der Spektren von Reagens u. Komplex für die analyt. Best. von Nb u. Ta als bes. geeignet. Die Nb-Komplexe weisen in neutraler, die Ta-Komplexe in stark saurer Lsg. die intensivste Färbung auf. Folgende molare Extinktions-Koeff. im neutralen u. sauren Gebiet (ε_n bzw. ε_s) wurden bei den Absorptionsmaxima der Nb- u. Ta-Komplexe gemessen: Brenzcatechin: λ_{max} für den Nb-Komplex 350 nm (ε_n für Nb 2640, ε_n für Ta 227), λ_{max} für den Ta-Komplex 295 nm (ε_s für Nb 801, ε_s für Ta 143); Tiron: 405 (5060, 93), 320 (641, 1070); Chromotropsäure: 380 (1348, 356), — (—, —);

Pyrogallol: 350 (5630, 326), 310 (563, 337); Tribrompyrogallol: 410 (6170, 11), 345 (107, 267). Bei 410 nm ist also in neutraler Lsg. mit Tribrompyrogallol gut eine Best. des Nb neben Ta möglich. P. Kurzmann. G 332◇

Zur Extraktion von Niob und Tantal mit Triisooctylamin (Versuche mit Radioniob und Radiotantal). H. Marchart und F. Hecht. (Mikrochim. Acta [Wien] **1962,** 1152—64; Wien, Univ., Analyt. Inst.; Seibersdorf, Reaktorzentrum; dt.) — Vff. untersuchten die Extrahierbarkeit des Nb aus salzsaurer Lsg. mit Lsgg. von Triisooctylamin in verschiedenen Nitrobenzol–CCl_4-Gemischen, Hexan, Bzl., Toluol, Xylol, Brombenzol, Isopropyläther, Hexanol, Octanol, Phosphorsäuretributylester, Nitromethan, Methylenjodid, Bromoform, Chlf. u. CCl_4. Die Unterschiede in der Extrahierbarkeit mit CCl_4 zwischen Nb u. Ta u. der Einfl. folgender Trennbarkeit von Nb u. Ta wurden ermittelt: HCl, H_2SO_4, HCl + H_2SO_4, HCl + HF, H_2SO_4 + HF, HNO_3 + HF u. $HClO_4$+ HF. Bei Abwesenheit von HF ist der Verteilungs-Koeff. für Ta stets wesentlich kleiner als der des Nb. Die Trennung geht am besten in salpetersaurer, zugleich schwach flußsaurer Lsg. vor sich. Zu den Verss. wurden die Isotope ^{95}Nb u. ^{182}Ta benutzt.
P. Kurzmann. G 332□

Verbesserte Tantal-Bestimmung nach der Pyrogallol-Methode. José A. Catoggio und L. B. Rogers. (Talanta [London] **9,** 387—92, April 1962; engl.) — Vgl. drittvorst. Referat. — Die Störung durch F^- wird durch Zugabe von Borsäure beseitigt. Durch Extraktion mit Essigsäureäthylester in Ggw. von langkettigen quatern. Ammoniumionen wird die Störung durch V(V) beseitigt u. die durch Cr(VI) vermindert. Ti(IV), Mo(VI) u. W(VI) stören nach wie vor. P. Kurzmann. G 332□

Bestimmung von Gasen in Tantal mit dem Vakuumschmelzverfahren. 1. Mitt. **Zinnbad-Methode zur Bestimmung von Sauerstoff und Wasserstoff in Tantal.** Nakaaki Oda, Noboru Katayama und Kazue Endo. (Nippon Kinzoku Gakkai-Si [J. Japan Inst. Metals] **25,** 693—98, 1961; jap., Auszug: engl.) — In einem Vakuum-Schmelz-Gas-Unters.-Gerät kann man den O_2-Geh. von Ta bestimmen, wenn man die Probe in Ggw. von Graphitspänen in Sn-Folie (entsprechend dem 3—4fachen Gew. der Probe) einwickelt u. auf 1960—2000° erhitzt. Auf diese Weise wird auch H_2 frei. Die gefundene O_2-Menge entspricht 98% der Theorie. Die H_2-Werte stimmen mit denen des Verbrennungs-Verf. überein. W. Wesly. G 332□

Die photometrische Bestimmung von Molybdän mit mehrwertigen Phenolen. H. Buchwald und E. Richardson. (Talanta [London] **9,** 631—37, Aug. 1962; Cumberland, Whitehaven Coll. of Further Educat.; engl.) — Vff. untersuchen folgende Verbb. mit phenol. OH-Gruppen auf ihre Eignung zur photometr. Mo-Best.: *Brenzcatechin, 4-Methylbrenzcatechin, 3.4-Dihydroxybenzaldehyd, 3.4-Dihydroxybenzoesäure, Tiron, Gallussäure* (**I**), *Pyrogallol, 2.3.4-Trihydroxybenzoesäure, 4-Methyl-6-sek.-propylbrenzcatechin, 4-Butylbrenzcatechin, 2.3-Dihydroxynaphthalin* u. *Na-2.3-Dihydroxynaphthalin-6-sulfonat* (**II**). Es zeigt sich, daß jedes mehrwertige Phenol mit 2 orthoständigen OH-Gruppen mit Erfolg verwendet werden kann. Die Anwendung von **I** u. **II** wird eingehend untersucht. Die prakt. Empfindlichkeit beträgt für beide Verbb. ca. 0,1 μg Mo/ml. Der optimale pH-Bereich liegt für **I** zwischen 6,5 u. 7,0, für **II** zwischen 6,5 u. 8,0. Bei höheren pH-Werten werden die Reagentien leicht oxydiert. Aus Stabilitätsgründen wird auf Kosten der Empfindlichkeit ein pH-Wert zwischen 5 u. 6 gewählt. Puffert man zuerst die Probe-Lsg. u. setzt dann das Reagens zu, so bildet sich die Farbe prakt. sofort aus. Zwischen 10 u. 50° hat die Temp. keinen Einfl. auf die Extinktion. Infolge Komplex-Bldg. stören Fe^{3+}, OsO_5^{2-}, Cu^{2+}, WO_4^{2-}, UO_2^{2+}, VO_2^{2+} u. Ti(IV); durch Verw. eines Kationenaustauschers lassen sich diese Ionen (bis auf WO_4^{2-} u. OsO_5^{2-}) abtrennen. Der Einfl. von WO_4^{2-} kann durch geeignete Wahl der Wellenlänge eliminiert werden. Halogenide, NO_3^-, SO_4^{2-}, Oxalat u. Tartrat stören nicht. Gerhard Schulze. G 336□

Störung durch Eisen bei der spektrographischen Bestimmung von Molybdän. R. M. McKenzie. (Spectrochim. Acta [London] **18,** 1009—10, Juli 1962; Adelaide, Australia, C.S.I.R.O., Div. of Soils; engl.) — Vf. untersucht den Einfl. der Fe-Linie bei 3170,346 Å auf die Mo-Linie bei 3170 Å, da sich bei Mo-Best. unter Verw. der genannten Linie zu hohe Mittelwerte ergaben u. außerdem eine deutliche Beziehung zwischen dem Fe- u. Mo-Geh. festgestellt wurde. Als Bezugslinie diente Fe 2926,587 (beide Fe-Linien sind Ionenlinien). Es ergibt sich, daß 1% Fe_2O_3 im Mittel 0,6 ppm Mo äquivalent ist, so daß eine entsprechende Korrektur angebracht werden kann. Der große Störeinfl. des Fe dürfte unter den speziellen Vers.-Bedingungen auf die hohe Temp. des Bogens u. die damit verbundene erhöhte Anregung von Ionenlinien zurückzuführen sein. Der Einfl. ist bes. beim Arbeiten nach der Zusatz-Meth. von Bedeutung.
Gerhard Schulze. G 336□

Die Spektralanalyse hochgereinigten Wolframs. R. W. Lewis, C. F. Earl, J. L. Potter und J. R. Wells. (U. S. Dep. Interior, Bur. Mines, Rep. Invest. **1961**, Nr. 5814, 1—12; Boulder City, Nev., Bureau of Mines, Metallurg. Res. Labor.; engl.) — Vff. beschreiben die spektrochem. Best. folgender Verunreinigungen (Konz.-Bereich, ppm) in W: Al (5—80), Sb (20—400), Bi (30—400), B (10—200), Cr (20—600), Co (4 bis 60), Cu (0,3—10), Fe (5—70), Pb (60—600), Mg (2—40), Mn (1—15), Mo (20—600), Ni (6—80), Si (5—70), Ag (0,3—6), Sn (6—80), Ti (4—40), V (20—200), Zn (80—900). Nach der Oxydation der Probe bei 800°, Zusatz von Graphit (zur Best. von Mo stattdessen NaCl) u. Ge bzw. La als Standardsubstanz erfolgt Anregung im Gleichstrombogen, die Auswertung der Aufnahmen wird mit Hilfe von Eichkurven durchgeführt. Der mittlere Fehler der Best. lag bei 15%. W. Herfurt. G 337□

Ionenaustausch in Lösungsmittelgemischen. Adsorptionsverhalten von Uran und Thorium an stark basischen Anionenaustauscherharzen aus Mineralsäure–Alkohol-Gemischen. Trennungsmethoden für Uran und Thorium. J. Korkisch und G. E. Janauer. (Talanta [London] **9**, 957—85, Dez. 1962; Vienna, Univ., Analyt. Inst.; engl.) — Vff. untersuchten das Adsorptions-Verh. von U(VI) u. Th(IV) am stark bas. Anionenaustauscherharz Dowex 1 in Gemischen aus HCl, HNO_3 oder H_2SO_4 u. aliphat. Alkoholen. Die Verteilungs-Koeff. bei verschiedenen Säure-, Alkohol-, U- u. Th-Konzz. sowie bei den unterschiedlichen Kettenlängen u. DK-Werten der verwendeten Alkohole werden graph. mitgeteilt. Der Rk.-Mechanismus wird erörtert. Bereits veröffentlichte Trennungs-Verff. des U u. Th voneinander oder von anderen Elementen werden auf Grund der Vers.-Ergebnisse zusammenfassend erörtert. — 137 Literaturangaben. P. Kurzmann. G 339◇

γ-Scintillationsspektrometrische Bestimmung von Uran-235 und Thorium-232 in Uranylnitratlösung. Kiyokado Nishihara, Sakae Shimizu, Tomonori Hyodo, Takenori Sonoda und Hideto Koga. (Suiyokwai-Shi [Trans. Mining metallurg. Alumni Assoc.] **14**, 94—97, März 1960; jap., Auszug: engl.) — Die gammascintillationsspektrometr. Best. von ^{235}U u. ^{232}Th in Uranylnitrat-Lsg. basiert auf der Messung der während des natürlichen radioakt. Zerfalles emittierten Gammastrahlen. Die Energielage des Peaks des γ-emittierenden Radionuclides ermöglicht eine qual. Identifizierung. Experimentelle Ergebnisse: 1. ^{235}U wird quant. bestimmt durch Vgl. der Fläche unter dem Peak bei 0,184 MeV mit einer Standardprobe bekannter Konzentration. 2. Der Anteil von ^{232}Th in Uranylnitrat-Lsg. kann auf gleiche Weise bei 0,215 MeV bestimmt werden. G. Pankow. G 339□

Die Bestimmung von Uran im Meerwasser durch Polarographie mit pulsierendem Gleichstrom. G. W. C. Milner, J. D. Wilson, G. A. Barnett und A. A. Smales. (J. electroanalyt. Chem. [Amsterdam] **2**, 25—38, Jan./Febr. 1961; Harwell, Berks., Atomic Energy Res. Establ., Chem. Div.; engl.) — Vor der polarograph. Best. in Ggw. von $HClO_4$ u. Na-Tartrat wird U aus dem Meerwasser mit Di-(2-äthylhexyl)-phosphat-CCl_4 extrahiert. Durch Rückextraktion mit 11 m HCl, Zerstören der organ. Substanz durch Abrauchen mit HNO_3 u. $HClO_4$, Extraktion aus $Al(NO_3)_3$–HNO_3-haltiger Lsg. mit Essigester u. erneutes Abrauchen werden alle störenden Verunreinigungen (bes. Mo, Cu u. Pb) entfernt. Die im Verlauf dieser Operationen entstandenen Verluste an U werden durch Radioanalyse (Messung der 0,2 MeV γ-Strahlung von ^{237}U) ermittelt. Die Fehlerbreite beträgt ±1,5% bei ca. 3,5 μg U/Liter. G. Bock. G 339□

Ein neues Verfahren zur Trennung der dreiwertigen Actiniden von den Lanthaniden. Fletcher L. Moore. (Analytic. Chem. **33**, 748—51, Mai 1961; Oak Ridge, Tenn., Oak Ridge Nat. Labor.; engl.) — Vf. beschreibt ein neues fl.–fl.-Extraktions-Verf. zur Trennung der 3wertigen Actiniden von den Lanthaniden. Erstere werden aus einem Lsg.-Gemisch aus verd. HCl u. konz. LiCl-Lsg. bevorzugt mit in Xylol (oder anderen organ. Lsgm.) gelösten Triisooctylamin extrahiert. Der Extraktionsgrad nimmt in der Reihenfolge Am, Cm > Th > Eu, Pm > Ce > Y, Tm ab. Weiterhin ist die Extraktion anion. Chlorokomplexe der Lanthanide u. des Th unter bestimmten Bedingungen möglich. Nach der beschriebenen Extraktions-Meth. wird die Trennung von ^{241}Am u. ^{152}Eu aus salzsaurer 11,8 m LiCl-Lsg. mit 20%ig. Triisooctylamin–Xylol-Lsg. durchgeführt. Ein neues Verf. zur Trennung von Pm^{3+} u. Am^{3+} wird beschrieben, wobei die bevorzugte Extraktion von $[AmCl_6]^{3-}$ aus wss. LiCl-Lsg. mit Triisooctylamin/Xylol ausgenutzt wird. Ferner wird die Trennung der ^{241}Am- u. ^{244}Cm von den Lanthaniden ^{144}Ce, ^{148}Pm, ^{152}Eu, ^{91}Y u. ^{170}Tm beschrieben. Die entwickelten Verff. eignen sich vorzüglich zur Schnellanalyse u. zur Reindarst. (Am, Pm) der Elemente. K. Ohls. G 341□

Die quantitative Abtrennung des Plutoniums von zahlreichen Ionen durch Anionenaustausch. Ivan K. Kressin und Glenn R. Waterbury. (Analytic. Chem. **34**, 1598—1601, Nov. 1962; Los Alamos, N.Mex., Univ. of California, Los Alamos

Sci. Labor.; engl.) — Pu wurde durch Anionenaustausch an dem Harz Dowex 1-X 2 von Al, Sb, As, Ba, Bi, B, Cd, Ca, Ce, Cr, Co, Cu, Ga, Au, In, Ir, Fe, La, Pb, Li, Mg, Mn, Hg, Mo, Nd, Ni, Os, Pd, Pt, Rh, Ru, Sc, Si, Ag, Sr, S, Ta, Tl, Sn, Ti, W, U, V, Y, Zn u. Zr abgetrennt. Pu wird als Pu(IV) in 7,2m HNO_3-Lsg. auf die Säule gegeben; die anderen Ionen werden mit 7,2m HNO_3 herausgewaschen. Pu wird mit HCl–HF-Mischsäure (0,36m an HCl, 0,01 m an HF) eluiert. Bei Pu-Lsgg. bekannten Geh. wurden 100,00 $\pm$0,048% Pu wiedergefunden. Si übt als einziges der überprüften Elemente einen etwas größeren Einfl. aus; in seiner Ggw. wurden $<$99,9% Pu wiedergefunden.
P. Kurzmann. G 343 □

Isotopenanalyse von Plutonium durch optische Spektroskopie. Die Verwendung der Wellenlänge λ = 6887,8 Å. S. Gerstenkorn. (Spectrochim. Acta [London] **18,** 353—62, März 1962; Saclay, Centre d'Etudes Nucl. et Labor. Aimé Cotton; franz.) — Das Pu-Emissionsspektrum wurde im Bereich von 6000—8000 Å auf Linien für die Isotopenanalyse untersucht. Für die Best. von $^{239}Pu/^{240}Pu$ erwies sich λ = 6887,8 Å als bes. geeignet. 3% ^{240}Pu im Isotopengemisch konnten mit einer Genauigkeit von 2% (abs.) u. 1% ^{240}Pu mit einer solchen von 5% (abs.) bzw. 2% (bei Relativmessungen) bestimmt werden. Mit Hilfe der beiden Linien λ = 6887,8 Å u. λ = 5983 Å ist eine Analyse eines Isotopengemisches mit den 5 Bestandteilen ^{238}Pu–^{242}Pu möglich.
W. Betcke. G 343 □

Photometrische Methode zur Bestimmung von Rhenium in Katalysatoren. M. A. Rjaschenzewa und Ju. A. Afanassjewa. (J. analyt. Chem. [UdSSR] **16,** 108—09, Jan./Febr. 1961; Moskau, Zelinsky-Inst. für organ. Chem. der Akad. der Wiss. der UdSSR; russ., Auszug: engl.) — 1 g zerriebenen Re-Al_2O_3-Katalysator (5—20% metall. Re) u. 25 ml 5%ig. HNO_3 werden 15 Min. auf 100° erwärmt, die Lsg. abgekühlt, mit W. auf 100 ml aufgefüllt u. filtriert (Glasfilter Nr. 3). 5 ml der Lsg., 10 ml konz. HCl, 10 ml 5%ig. Thioharnstoff-Lsg. u. 2 ml 20%ig. $SnCl_2$-Lsg. in konz. HCl werden mit W. auf 50 ml aufgefüllt u. 1 Std. stehengelassen. Die photometr. Re-Best. erfolgt nach der Eichkurve u. ist durch eine hohe Genauigkeit charakterisiert.
S. Baryschnikow. G 352 □

Sulfonsäurederivate des 1.10-Phenanthrolins. David E. Blair und Harvey Diehl. (Analytic. Chem. **33,** 867—70, Juni 1961; Ames, Iowa, Iowa State Univ., Dep. of Chem.; engl.) — Vff. konnten nach Sulfonierung durch Schmelzen von 1.10-Phenanthrolin mit $(NH_4)HSO_4$ bei 365° 2 Prodd. isolieren, die *1.10-Phenanthrolin-5-sulfonsäure* (**I**) u. die *1.10-Phenanthrolin-3-sulfonsäure* (**II**), die gleich dem Grundkörper rote Fe(II)-Komplexe mit denselben photometr. Charakteristika bilden. Neben 30% **I** entstehen allerdings nur 4% **II**. Die Löslichkeit in W. beträgt für **I** 0,518 u. für **II** 0,92 g/Liter bei 25°. Die photometr. Unterss. der Fe(II)-Komplexe ergeben die Möglichkeit zur quant. Best. von Fe^{2+}; ihre Beständigkeit im alkal. Gebiet (bis pH 11) ist größer als die des Fe(II)-Komplexes von 1.10-Phenanthrolin (bis pH 9). Die Zus. beider Komplexe beträgt ebenfalls 1 : 3. Die molaren Extinktions-Koeff. werden für $[Fe(I)_3]^{2+}$ bei 512 nm mit $\varepsilon = 1{,}224 \cdot 10^4$ Liter/Mol·cm u. für $[Fe(II)_3]^{2+}$ bei 517 nm mit $\varepsilon = 1{,}084 \cdot 10^4$ Liter/Mol·cm angegeben. Die Perchlorate beider Fe(II)-Komplexe sind im Gegensatz zu denjenigen anderer Phenanthrolin-Derivv. lösl., so daß die Fe-Best. in $HClO_4$-Lsg. erfolgen kann. Beide Komplexe können als Redoxindicatoren benutzt werden u. zeigen scharfe Farbumschläge. Durch die Sulfonierung steigt das Oxydationspotential der roten Fe(II)-Komplexe an. Als Red.-Potentiale werden für $[Fe(I)_3]^{2+}$ 1,20 V (in 1 m H_2SO_4) bzw. 1,16 V (in 1 m $HClO_4$) u. für $[Fe(II)_3]^{2+}$ 1,23 V (in 1 m H_2SO_4) bzw. 1,21 V (in 1 m $HClO_4$) angegeben; sie wurden potentiometr. bestimmt. K. Ohls. G 354 □

Eisenbestimmung mit Pyridin-2.6-dicarbonsäure. Ein photometrisches Präzisionsverfahren für kleine und mittlere Eisengehalte. Heinrich Hartkamp. (Z. analyt. Chem. **190,** 66—78, 1962; Dortmund, Inst. für Spektrochem. u. angew. Spektroskopie; dt.) — Fe(II) bildet mit Pyridin-2.6-dicarbonsäure (**I**) einen orangeroten 1 : 2-Chelatkomplex, dessen Absorptionsmaximum bei 485 nm liegt (ε_{485} = 1614 Liter/Mol·cm) u. der sich zur schnellen u. genauen Best. von Fe-Geh. zwischen 0,1 u. 200 μg/ml eignet. Das Chelat bildet sich bei Zugabe eines ausreichenden **I**-Überschusses zu Fe(II)-Lsgg. sofort u. vollständig; die Extinktionswerte bleiben mindestens 3½ Std. lang konstant. Bei der Red. von Fe^{3+} in Ggw. von **I**-Ionen verläuft die Komplex-Bldg. wesentlich langsamer. Zwischen pH 4,3 u. 7,9 verändern sich die Extinktionswerte nicht. Sie hängen jedoch merklich von der Temp. ab; der Temp.-Koeff. ist negativ, er beträgt im Mittel $-10{,}3 \cdot 10^{-4}$/Grad, so daß die Meßlsgg. auf mindestens 1° temperiert werden müssen. Der Einfl. folgender Ionen wurde untersucht: Mg^{2+}, Ca^{2+}, Sr^{2+}, Ba^{2+}, Al^{3+}, In^{3+}, Pb^{2+}, Th (IV), Zr (IV), Mo(VI), W(VI), Zn^{2+}, Cd^{2+}, Bi^{3+}, Ni^{2+}, Mn^{2+}, Cu^{2+}, Co^{2+}, Cr^{3+}, V(V) u. Ce^{4+}. Die Ionen der meisten Metalle üben bei prakt. vorkommenden Konzz.

keinen oder nur einen geringen Einfl. aus. Bei Ggw. von Ni, Cu, Mn, Ce u. bes. Co, Cr u. V treten system. positive Abweichungen auf; für Cr, Co u. Ni lassen sich die Fehler rechner. eliminieren. Gerhard Schulze. G 354◇

Kontinuierliche coulometrische Titration von Mikromengen Eisen im Wasser. Takeo Takahashi und Hiroshi Sakurai. (Talanta [London] **9**, 195—203, März 1962; Tokyo, Univ., Inst. of Ind. Sci.; engl.) — Vff. untersuchen die kontinuierliche Best. von Mikromengen Fe in wss. Lsg. mit Hilfe der coulometr. Titration mit Br_2. Die Probe-Lsg. strömt durch einen Jones-Reduktor, in dem die Red. zu Fe(II) erfolgt, das anschließend mit Br_2 coulometr. bestimmt wird. Die KBr-haltige Elektrolyt-Lsg. wird mit Essigsäure/Na-Acetat gepuffert. Der Endpunkt wird potentiometr. angezeigt. Zwischen dem Fe-Geh. u. dem Elektrolysestrom besteht innerhalb ca. 15% Proportionalität. J. Peters. G 354□

Submikrobestimmung von Eisen in organischen Substanzen. T. R. F. W. Fennell und J. R. Webb. (Talanta [London] **9**, 795—97, Sept. 1962; Farnborough, Hants., Royal Aircraft Establ.; engl.) — Es wird ein Verf. zur spektrophotometr. Best. von 5—25 μg Fe in festen organ. Verbb., wie Ferrocen u. seinen Derivv., mit 1.10-Phenanthrolin ausgearbeitet. Die Substanz wird mit konz. HNO_3 u. konz. H_2SO_4 bei 300° zersetzt. Fehlergrenze bei ± 0,5% absolut. P. Kurzmann. G 354□

Über die Trennung von Kobalt und Zink durch die Amalgammethode. G. N. Babkin. (Betriebs-Lab. [UdSSR] **24**, 808—10, 1958; Inst. für Chem. Wiss. der Akad. der Wiss. der KasachSSR; russ.) — Die Gegenüberstellung der polarograph. Kurven der Anodenoxydation des Zn-Amalgams u. der Anodenoxydation des Doppelamalgams zeigen, daß die Trennung von Co u. Zn sowohl bei 20 als auch bei 85° unmöglich ist. Bei Zers. des Amalgams an der Anode wurde keine vollständige Abtrennung des Zn erreicht. Für die Trennung von Co u. Zn muß man den Umstand ausnützen, daß Co, im Unterschied zu Zn, in Hg schlecht löslich ist u. man das Co-Amalgam als Zweiphasen-Syst. betrachten muß. — Trennung von Co u. Zn durch Filtrieren von Doppelamalgam im Vakuum durch Glasfilter Nr. 2 — allerdings geht manchmal das gesamte Doppelamalgam durch das Filter. H. Leune. G 355□

Spektrophotometrische Bestimmung von Kobalt mit Thioglykolsäure. V. D. Anand, G. S. Deshmukh und C. M. Pandey. (Analytic. Chem. **33**, 1933—37, Dez. 1961; Varanasi, India, Banaras Hindu Univ., Chem. Labor.; engl.) — Vff. beschreiben eine photometr. Best. von Co^{2+} über dessen gelbroten Komplex mit Thioglykolsäure. Sein Absorptionsmaximum liegt bei 358 nm, das Beersche Gesetz ist im Konz.-Bereich von 1,0—10,0 μg Co/ml erfüllt. Bei Zimmer-Temp. bleibt die Farbintensität über 48 Std. konstant. Zur Festlegung der optimalen Bedingungen werden die Einfl. des pH, der Reagenz-Konz., der Erhitzungszeit u. des Alterns untersucht. Um Störungen durch Cu, Ni, Fe, Cr, Mo, U u. V zu vermeiden, wird Co^{2+} als Dithizonat durch Extraktion abgetrennt. Die meisten Anionen stören nicht. Das Best.-Verf. wird an Stählen u. Legg. erprobt. K. Ohls. G 355◇

Photometrische Bestimmung von Kobalt und Vitamin B_{12} mit Fast Navy 2R. A. A. Abd el Raheem und M. M. Dokhana. (Z. analyt. Chem. **189**, 389—96, 1962; Cairo, Drug Analysis Administr. Agouza, Ministry of Public Health Labor.; engl.) — Fast Navy 2R wird als Reagens zur spektrophotometr. Co-Best. bei 620 nm in reinen Lsgg., in Ggw. von Ca, Mg, Mn, Ni, Pb u. Zn oder in organ. Bindung (z. B. Vitamin B_{12}) benutzt. Die Fremdionen werden mit EDTA maskiert; bei Ggw. von Pb muß noch Weinsäure zur Verhinderung der Hydroxid-Fällung, bei Ggw. von Mn Ascorbinsäure zur Verhinderung der Oxydation zugesetzt werden, da bei pH 8,5 gearbeitet wird. Al, Cu, Th u. U stören. Das Beersche Gesetz ist im Bereich von 0,2—5 μg Co/25 ml erfüllt. Die Färbung ist mindestens 3 Std. lang stabil u. wird von Temp. zwischen 15 u. 80° nicht beeinflußt. Das Verhältnis Co : Farbstoff im Komplex beträgt 3 : 4. Die Standardabweichungen bei der Co-Best. in Ggw. von Ca, Mg, Mn, Ni, Pb u. Zn sowie in Vitamin B_{12} betragen 1,517%, 1,261%, 1,152%, 1,595%, 0,812%, 1,192% bzw. 1,215%. P. Kurzmann. G 355□

Colorimetrische Bestimmung von Ni in Gegenwart von Co unter Verwendung von 1-[2-Pyridylazo]-2-naphthol. Genkichi Nakagawa und Hiroko Wada. (Japan Analyst **10**, 1008—12, Sept. 1961; Nagoya Inst. of Technol.; jap.) — In $Na_4P_2O_7$-Lsg. bildet Co nach der Oxydation mit KJO_4 einen stabilen Co^{3+}-Komplex, der nicht mit 1-[2-Pyridylazo]-2-naphthol (I) reagiert, während Ni(II) mit I reagiert u. sich so in Ggw. von Co getrennt extrahieren läßt. — Zu 5 ml Probe-Lsg. (20 μg Ni u. 100—500 μg Co) werden 2—6 ml 25%ig. $Na_4P_2O_7$-Lsg. gegeben, dann wird das pH auf 8—9 eingestellt, die Lsg. mit 2—4 ml 1%ig. KJO_4-Lsg. versetzt u. einige Min. lang auf ein Wasserbad gestellt. Nach dem Ansäuern (pH 5—6) wird das überschüssige JO_4^- durch 5 Min. langes

Erhitzen auf 80—90° zerstört. Nach Zusatz von 0,2—0,4 ml 0,2%ig. I-Lsg. wird einige Min. lang erhitzt, dann wird der Ni-I-Chelatkomplex in 2 mal je 5 ml Chlf. extrahiert. Die Absorption wird bei 570 mμ gemessen. Die Cu-Störung läßt sich durch Schütteln mit 25%ig. $S_2O_3^{2-}$- oder mit 0,01 m EDTA-Lsg. eliminieren. Fe, Cr, Mn, Zn u. Cd stören nicht. W. Betcke. G 356□

Verwendung von Diphenylthioviolursäure als Reagens zur gravimetrischen Bestimmung von Metallen. 3. Mitt. Bestimmung von Nickel. R. P. Singh. (J. sci. ind. Res. [New Delhi], Sect. B **19**, 468—69, Dez. 1960; Delhi, Univ., Chem. Dep.; engl.) — 2. vgl. C. **1961**, 3429. — Diphenylthioviolursäure (verwendet als NH_4-Salz, I) fällt Ni^{2+} aus neutraler bis schwach saurer Lsg. als gelbbraunen, zur gravimetr. Ni-Best. geeigneten Komplex. Die Lsg. (0,015—0,03 g Ni) wird mit 1,5 g NH_4Cl (Elektrolytzusatz macht den Nd. besser filtrierbar) u. 1—2 ml verd. HCl versetzt, mit verd. NH_3 auf pH 4—5,8 gebracht u. auf 90° erhitzt. Dann wird I-Lsg. in ca. 5fachem Überschuß zugesetzt u. der Nd. 30 Min. lang auf dem Wasserbad digeriert. Nach 2 Std. wird der Nd. (Ni : I = 1 : 2) abfiltriert u. bei 110° getrocknet. — Cu^{2+} u. Fe^{3+} stören, werden aber durch Weinsäure in Lsg. gehalten, ohne daß die Ni-Fällung verhindert wird. — Verss. zur gravimetr. Best. von Ba^{2+}, Sr^{2+}, Mg^{2+} u. Zn^{2+} mit I führten unter allen Bedingungen nur zu unvollständigen Fällungen. W. Betcke. G 356◇

Quantitative Cu/Cd-Trennung durch kontinuierliche Papierelektrochromatographie. C. Bighi und G. Lucci. (Atti Accad. Sci. Ferrara **36**, 121—28, 1958/59, herausgeg. 1960; Ferrara, Univ., Ist. chim.; ital.) — Ein Cu/Cd-Gemisch läßt sich papierelektrophoret. auf Whatman 3/MM-Papier bei 20° in 36 Std. mit 200 V u. 6 mA trennen. Als Leitelektrolyt dient 0,1 n Milchsäure. Cu wird mit Dithioxamid u. Cd mit Na_2S entwickelt. Nach Elution der Flecken wird Cu colorimetr. u. Cd polarograph. bestimmt. G. Platzer. G 358□

Kupferbestimmung mit Hilfe der Atomabsorptionsspektroskopie. A. Strasheim, F. W. E. Strelow und L. R. P. Butler. (J. South African chem. Inst. **13**, 73—81, Okt. 1960; Pretoria, South African Council for Sci. and Ind. Res., Nat. Phys. and Chem. Labor.; engl.) — Cu-Best. in Erzen, Konzentraten u. Rückständen mit Hilfe der Atomabsorptionsspektroskopie. Durch Schnellextraktion (ca. 20 Min.) mit Säuregemischen werden die Proben in Lsg. gebracht. Das Verf. eignet sich zur Produktionskontrolle. Die Genauigkeit ist ~ 6,2%; bei Cu-Konzentraten schwankt sie zwischen 0,18—24%. I. Kalzendorf. G 358□

Spektrophotometrische Bestimmung von Kupfer mit 2.2'-Diaminodiäthyläther-N.N.N'.N'-tetraessigsäure. F. Bermejo-Martínez und A. G. Blas-Pérez. (Analytica chim. Acta [Amsterdam] **27**, 459—64, Nov. 1962; Santiago de Compostela, Spain, Univ., Fac. of Sci., Dep. of Analyt. Chem.; engl.) — Cu(II) bildet mit 2.2'-Diaminodiäthyläther-N.N.N'.N'-tetraessigsäure einen blauen 1 : 1-Komplex, dessen Absorptionsmaximum bei pH 10 bei 680 nm liegt u. sich bei Verringerung des pH-Wertes zu längeren Wellenlängen hin verschiebt (Absorptionsmaximum bei pH 2 bei ca. 720 nm). Die Temp. hat keinen Einfl. auf die Bldg. des Komplexes; er ist wenigstens 3 Tage lang bei Zimmer-Temp. in diffusem Licht stabil. Pb^{2+}, Hg^{2+}, Bi^{3+}, Zn^{2+}, Al^{3+}, Sr^{2+}, Ca^{2+}, Mg^{2+}, Be^{2+}, Li^{+}, Na^{+}, K^{+}, NH_4^{+}, Fe^{3+}, Ni^{2+}, Co^{2+}, Ce^{4+}, Cr^{3+}, Cd^{2+}, Mn^{2+} u. UO_2^{2+} stören nicht. Tartrat, Oxalat, Benzoat, Acetat u. Thiosulfat stören. Keine oder geringe Fehler werden durch $B_4O_7^{2-}$, Salicylat, F^-, SO_4^{2-}, NO_3^-, Cl^-, Br^-, NO_2^-, AsO_4^{3-}, PO_4^{3-}, WO_4^{2-}, $Cr_2O_7^{2-}$, MoO_4^{2-} u. VO_4^{3-} hervorgerufen. Nach dieser Meth. können bei pH 2 u. 720 nm 25—650 μg Cu/ml mit einem Fehler von $< \pm 2$ Rel.-% bestimmt werden. P. Kurzmann. G 358◇

Verwendung von Nitrosochromotropsäure als Metallindicator. A. B. Sen und T. S. Srivastava. (Z. analyt. Chem. **187**, 401—04, 1962; Lucknow, India, Univ. of Lucknow, Inorg. Chem. Labor.; engl.) — Nitrosochromotropsäure (I) bildet in pH-Bereich 5,8—6,5 einen purpurfarbenen Komplex mit Cu^{2+}, der weniger stabil als der Cu(II)-EDTA-Komplex ist. So lassen sich mg Mengen Cu(II) mit EDTA titrieren, indem man zur Probe-Lsg. 24,5 ml 0,2 m Na-Acetat-Lsg. u. 0,5 ml 0,2 m CH_3COOH gibt, mit W. auf 50 ml verd., einige Tropfen I-Lsg. zusetzt u. mit 0,01 m EDTA-Lsg. bis zum Farbumschlag nach Hellgrün oder Farblos titriert. Die I-Lsg. wird durch Behandeln von 0,36 g des Na-Salzes der Chromotropsäure mit 0,5 ml 2 n $NaNO_2$-Lsg., Zugabe eines geringen Überschusses 2 n CH_3COOH, 24 std. Stehen, Filtrieren u. Verdünnen auf 100 ml erhalten. Sie ist mindestens 6 Monate lang stabil. Bei pH-Werten < 5,60 werden wegen der merklichen Dissoziation des Cu-I-Komplexes keine zufriedenstellenden Ergebnisse erhalten. Aus dem gleichen Grund ergaben sich oberhalb 30° zu niedrige Werte, Zn, Cd, Ni, Co, Al u. Fe(III) stören, nicht jedoch die Erdalkalimetalle. Die Störung durch Al u. Fe(III) läßt

sich durch Zusatz von NaF beseitigen. Die Titration läßt sich auch im μg-Bereich ausführen, wenn man einen Tropfen einer 0,05%ig. Lsg. von Xylolcyanol FF zusetzt.
Gerhard Schulze. G 358□

Eine neue gravimetrische Schnellbestimmungsmethode für Silber. E. Popper, L. Popa, V. Iunie und L. Roman. (Rev. Chim. [Bucureşti] **11**, 44—46, Jan. 1960; rum.) — Zur Best. von Ag schlagen Vff. als Fällungsmittel eine alkohol. Mercaptan-Lsg., für Serien-Best. eine wss. Na-Mercaptid-Lsg. vor. H. Guischard. G 359□

Spektrographische Methode zur quantitativen Bestimmung von Verunreinigungen in niedrigen Konzentrationen in hochgereinigtem Feinsilber. A. J. Lincoln und J. Kohler. (Engelhard Ind., Inc., techn. Bull. **1**, 103—05, Dez. 1960; Newark, N.J., Engelhard Ind., Inc. Res. and Dev. Div.; engl.) — Zur spektrograph. Unters. von Ag wird die metall. Probe in HNO_3 (1 : 1) gelöst, zur Trockne eingedampft u. in Nitrat übergeführt, das geschmolzen, pulverisiert u. in einer Graphit-Elektrode im 12 A-Gleichstrom-Bogen angeregt wird. Für 22 Elemente sind die analyt. auswertbaren Linienpaare u. die erfaßbaren Konz.-Bereiche tabellar. aufgeführt. W. Betcke. G 359□

Rücktitration mit Quecksilbernitrat in alkalischem Medium. Mikrobestimmung von Scandium und Palladium und Analyse ihrer Gemische mit einigen anderen Metallen. H. Khalifa und M. M. Khater. (Z. analyt. Chem. **191**, 339—45, 1962; Giza, Egypt, Univ. of Cairo, Fac. of Sci.; engl.) — 0,045—7 mg Sc oder 0,1—4 mg Pd können durch Rücktitration eines EDTA-Überschusses mit $Hg(NO_3)_2$-Lsg. im alkal. Medium bestimmt werden. Meth. zur Analyse der Gemische Sc + Hg(II), Sc + Cu + Hg u. Pd + La, In, Fe(III) bzw. Th werden angegeben. P. Kurzmann. G 365□

Dimethylphenylbenzylammoniumchlorid als Reagens auf Platin. D. E. Ryan. (Canad. J. Chem. **40**, 570, März 1962; Halifax, Nova Scotia, Dalhousic Univ., Dep. of Chemistry; engl.) — Der Autor weist darauf hin, daß die von Westland u. Westland (C. **1960**, 11767) vorgeschlagene Modifizierung des gravimetr. Verf. zur Pt-Best. mit Dimethylphenylbenzylammoniumchlorid (I) nicht notwendig ist, wenn I aus vorgereinigten Substanzen dargestellt wird. Verss. mit der Originalvorschrift u. der modifizierten Methodik ergaben völlig übereinstimmende Ergebnisse. Harro Zimmer. G 368□

Direkte spektrographische Bestimmung von Verunreinigungsspuren in hochreinem Platin. A. J. Lincoln und J. C. Kohler. (Analytic. Chem. **34**, 1247—51, Sept. 1962; Newark, N.J., Engelhard Ind., Inc., Res. & Dev. Div.; engl.) — Vff. beschreiben eine direkte emissionsspektrograph. Meth. zur quant. Best. folgender Elemente als Verunreinigungen in Pt im Bereich von 0,1—800 ppm: Ag, Al, Au, As, B, Bi, Ca, Cd, Co, Cr, Cu, Fe, Ir, Mg, Mn, Mo, Ni, Os, Pb, Pd, Rh, Ru, Sb, Si, Sn, Te u. Zn. Zur Anregung wird ein Gleichstrombogen von 300 V u. 12 A in einer Atmosphäre von 70% Ar u. 30% O_2 in einer Stallwood-Düse benutzt. Ausführlich beschreiben Vff. die Herst. der Standard- u. Vers.-Proben in Form von Graphitpreßlingen. Die Analysenlinien werden tabellar. mitgeteilt. Für einige Verunreinigungen werden die Eichkurven angegeben. Die relative Standardabweichung der Meth. beträgt ± 10%.
J. Peters. G 368◇

Neue Methoden der chemischen Gesteinsanalyse. Max Weibel. (Schweiz. mineralog. petrogr. Mitt. **40**, 6—7, 1960; Zürich; dt.) — Vf. schlägt vor, bei chem. Gesteinsanalysen direkte Best.-Verff. anzuwenden, da hierbei alle Komponenten unmittelbar ermittelt werden können. 3 Analysengänge für die 12 üblichen Komponenten bei Gesteinsanalysen werden tabelliert. J.-E. Hiller. 5290□

Selektive Anfärbung von K-Feldspat und Plagioklas an Gesteinsplatten und Dünnschliffen. Edgar H. Bailey und Rollin E. Stevens. (Amer. Mineralogist **45**, 1020—25, Sept./Okt. 1960; Menloo Park, Calif., U.S. Geol. Surv.; engl.) — Es wird ein Verf. zur selektiven Anfärbung von Plagioklasen in Gesteinen beschrieben. Hierzu wird mit HF geätzt, in eine $BaCl_2$-Lsg. getaucht u. schließlich mit KSCN behandelt. Dadurch werden die Plagioklase ziegelrot gefärbt. Mit Kobaltnitrat-Lsg. können die K-Feldspate gelb gefärbt werden. J.-E. Hiller. 5290□

Quantitative spektrochemische Bestimmung der Hauptkomponenten von Feldspäten und anderen Silikaten. Hans Schwander. (Schweiz. mineralog. petrogr. Mitt. **40**, 8—10, 1960; Basel; dt.) — Für die Best. der Hauptkomponenten von *Feldspäten* u. anderen Silicaten eignet sich am besten die Emissions-Spektralanalyse. Die benutzte App., die Vorbereitung der Proben sowie die Auswertung der Spektrogramme werden skizziert. An 4 Feldspatanalysen wird die Übereinstimmung von chem. u. spektrochem. Analyse dargestellt. J.-E. Hiller. 5292□

Chemismus und Mineralzusammensetzung von Gesteinen des nördlichen Bergeller Massivs. Max Weibel. (Schweiz. mineralog. petrogr. Mitt. **40,** 69—93, 1960; Zürich, E.T.H., Inst. für Kristallograph.; dt.) — 10 Granodiorite aus dem Albigna-Druckstollen im nördlichen Bergeller Massiv wurden chem. u. modal. analysiert. Es zeigt sich, daß man bei so ungleichkörnigen Gesteinen aus der chem. Analyse weder den exakten Mineralbestand noch aus dem gemessenen Modalbestand die genaue Zus. berechnen kann. Die *K-Feldspate* enthalten zwischen 14 u. 30% *Albit*, die *Plagioklase* zwischen 17 u. 32% *Anorthit*. Ein Zusammenhang zwischen Gesteinschemismus u. Feldspaten ist nicht zu erkennen. J.-E. Hiller. 5292□

b) Organische Verbindungen

Bestimmung von Elementen in organischen Verbindungen. P. F. S. Cartwright und D. W. Wilson. (Annu. Rep. Progr. Chem. **57,** 450—53, 1960, herausgeg. 1961; engl.) — Fortschrittsbericht. — 55 Literaturangaben (1960). R. Gutzschebauch. 5350□

Simultanbestimmung von Kohlenstoff, Wasserstoff und Stickstoff. 2. Mitt. **Eine verbesserte Methode für feste organische Verbindungen.** Jack W. Frazer. (Mikrochim. Acta [Wien] **1962,** 993—99, Livermore, Calif., Univ. of California, Lawrence Radiat. Labor.; engl.) — 1. vgl. U.S. Atomic Energy Comm. UCRL [1958], 5134. — Verbesserungen an dem l. c. beschriebenen Verf. zur gleichzeitigen gasvolumetr. Best. von C, H u. N in festen organ. Verbb. werden beschrieben. Bei Serienarbeit können in 8 Std. 6—10 vollständige Analysen ausgeführt werden. Die Genauigkeit ist mit der der üblichen Verbrennungs-Verff. vergleichbar. J. Peters. 5352◇

Über die Mikrobestimmung von Chlor, Brom und Jod im Sauerstoffstrom. E. Pella. (Mikrochim. Acta [Wien] **1962,** 916—21; Milano, Inst. Carlo Erba per Ric. Terapeut.; dt.) — Vf. beschreibt eine Meth. zur Best. von Halogengemischen in organ. Verbindungen. Diese werden im O_2-Strom nach der C. **1962,** 16077 beschriebenen Meth. verbrannt, die Verbrennungsgase in einer gesätt., wss. HSO_3^--Lsg. absorbiert, die Summe der Halogene wird nach dem Entfernen des überschüssigen SO_2 volumetr. mit einer 0,01 n $Hg(ClO_4)_2$-Lsg. in hochprozentigem A. bestimmt. Für die Einzelbest. von Br bzw. J in Ggw. anderer Halogene dagegen benutzt man alkal. Absorptions-Lsgg. u. die übliche Titrationsmethode. J. Peters. 5352□

Eine Methode zur Bestimmung von Hydroxylgruppen. B. Dudley Sully. (Analyst **87,** 940—43, Dez. 1962; London, A. Boake, Roberts and Co. Ltd.; engl.) — Die Meth. zur Best. von OH-Gruppen in prim. u. sek. Alkoholen u. Phenolen beruht auf der Veresterung der OH-Gruppe mit einer bekannten Menge Stearinsäureanhydrid in sd. Xylol, Zers. des überschüssigen Anhydrids mit W. unter Zusatz von Na-Stearat oder Pyridin als Katalysator, titrimetr. Best. der nicht verbrauchten Stearinsäure u. Berechnung der veresterten Säure. Die Meth. wurde zur Best. von OH in Citronellol, Geraniol, Cetylalkohol, Benzylalkohol, β-Phenyläthylalkohol, Menthol, Glycerinmonostearinsäureester, Propylenglykolmonostearinsäureester, Acetoglycerid, Ricinusöl, Phenol, Eugenol, 3.5-Xylenol u. p-Chlor-m-kresol herangezogen. P. Kurzmann. 5358◇

Quantitative Verteilungs-Gaschromatographie kurzkettiger Fettsäuren als 2-Chloräthanolester. Kurt Oette und E. H. Ahrens jun. (Analytic. Chem. **33,** 1847—51, Dez. 1961; New York, N.Y., Rockefeller Inst.; engl.) — Die Fettsäuren (10—25 mg) werden in Glasampullen (1—2 ml) 1—2 Std. lang zusammen mit 1 ml 5% (Gew.-Vol.) HCl-haltigem $Cl(CH_2)_2OH$ (I) oder 10 Min. lang mit 0,5 ml 10% (Gew.-Vol.) BF_3-haltigem I auf 100° erhitzt. Die Rk.-Prodd. werden in 5 Vol. W. gegeben u. dreimal mit $^1/_3$ Vol. PAe. (Formiate u. Acetate viermal mit Pentan) extrahiert. Die Extrakte werden in 1 Std. bei —50° u. 5 mm Druck eingedampft. Die zurückbleibenden Ester (0,02 μl) werden mit einer Ar-Trägergas-Geschw. von 30—60 ml/min. in einer Ionisationsdetektor-App. an Trennsäulen mit 10—15% Polyäthylenglykoladipinsäureester (**II**) oder -bernsteinsäureester (**III**) auf Celite 545 (60—80 mesh) oder 15% Apiezon M (**IV**) auf Celite (140—170 mesh) chromatographiert. Zur COOH- u. CH_3COOH-Best. in Gemischen eignen sich **II** oder **IV** bei 80°, für C_3—C_9-Säureester **II** bei 100—120° oder **III** bei 140—150° am besten. Höhere **I**-Säureester ($> C_9$) können bei 155—185° mit jeder der Trennsäulen bestimmt werden; jedoch ist die Best. mit **III** am schnellsten. **I**-Ester der C_1—C_4-Säuren können bei 80° innerhalb von 30 Min. quant. aus der **II**-Trennsäule eluiert werden, wobei die Formiat-Best. die geringste Genauigkeit aufweist. **I**-Ester der C_3—C_9-Säuren werden innerhalb von 1 Std. bei 155° eluiert. Die Flächenausmessung für **I**-Ester mit Molgew. $>$ 123 (C_2—C_9-Säuren) erfolgte ohne Korrektur. Die Genauigkeit für den C_2-Ester kann durch Verw. eines Faktors von 1,33 gesteigert werden. Die Veresterung kurzkettiger

Dicarbonsäuren mit I ist unvollständig, kann aber zur Identifizierung u. halbquant. Best. herangezogen werden. W. Hein. G 800◇

Darstellung der Fettsäuremethylester für die Verteilungs-Gaschromatographie. Quantitativer Vergleich der Methylierungsmethoden. Marie L. Vorbeck, Leonard R. Mattick, Frank A. Lee und Carl S. Pederson. (Analytic. Chem. **33**, 1512—14, Okt. 1961; Geneva, N.Y., Cornell Univ., New York State Agric. Exper. Station; engl.) — Die Methylester wurden unter Verw. von Diazomethan (**A**), Methanol (I)-HCl mit Sublimation (**B**), I-HCl an Ionenaustauschern (**C**) oder I-BF_3 (**D**) dargestellt. Die nach Meth. **B**, **C** oder **D** erhaltenen Ester wurden mit Ligroin extrahiert. Vor der gaschromatograph. Analyse ist das überschüssige Lsgm. zu entfernen. Die Ester niedermol. Säuren werden am besten nach **A** dargestellt; für die höhermol. Säuren eignen sich alle 4 Meth. gleich gut. Ein Gemisch aus *Butter-*, *Valerian-*, *Capron-*, *Capryl-* (**II**), *Myristin-*, *Palmitin-*, *Stearin-*, *Öl-* u. *Linolsäure* wurden nach **A** verestert. Die niedermol. Ester wurden an einer mit 20 Gew.-% 1.4-Butandiolbernsteinsäureester auf Chromosorb P (60—80 mesh) gefüllten Trennsäule bei 88°, die höhermol. an einer mit 20 Gew.-% Diäthylenglykolbernsteinsäureester auf Celite 545 (80—100 mesh) gefüllten Trennsäule bei 180° getrennt. Trägergas war in beiden Fällen Ar mit einer Geschw. von 30 bzw. 59 ml/min bei einem Anfangsdruck von 17 bzw. 41 lbs./sq.inch. Da der **II**-Ester in beiden Säulen getrennt wird, kann ein quant. Vgl. beider Chromatogramme erfolgen. Die Standardabweichung betrug ± 0,72%. W. Hein. G 810◇

Direkte potentiometrische Bestimmung von Brenztraubensäure mit Vanadium(V). K. S. Panwar und J. N. Gaur. (J. electroanalyt. Chem. [Amsterdam] **3**, 348—49, Mai 1962; Jaipur, Univ. of Rajasthan, Dep. of Chem.; engl.) — Vff. beschreiben eine direkte potentiometr. Titration von Brenztraubensäure (I) mit V^{5+}. Da I in stark sauren Lsgg. zur Decarboxylierung neigt, gibt man bei der Titration die ca. 0,02 m I-Lsg. in die schwefelsaure V-Lsg. (Anfangs-Konz. der H_2SO_4 ca. 9 F). Das Elektroden-Syst. besteht aus einer blanken Pt-Elektrode u. einer Bezugselektrode. A.-M. Fretzdorff. G 870□

Die Bestimmung von Thioharnstoff. Joseph F. Alicino. (Microchem. J. **4**, 551—53, Dez. 1960; New Brunswick, N.J., Squibb Inst. for Med. Res.; engl.) — 3—5 mg Thioharnstoff werden unter Erwärmung in 5 ml Eisessig gelöst, die Lsg. wird mit 1 ml 3%ig. Hg(II)-Acetat-Lsg. in Eisessig versetzt u. in Ggw. von Kristallviolett oder Chinaldinrot gegen 0,01 n $HClO_4$ auf Grün bzw. Farblos titriert. W. Betcke. G 880□

Sehr genaue nichtwässerige Titration von Mononatriumglutamat. Norman Adler. (Analytic. Chem. **34**, 1668—69, Nov. 1962; Rahway, N.J.; Merck and Co., Inc., Chem. Div.; engl.) — Nur durch potentiometr. Titration in wasserfreiem Lsgm. kann der genaue Geh. (± 0,1%) von sehr reinem (mindestens 99,0%ig.) Na-Glutamat (I) bestimmt werden. Da die therm. Ausdehnung der Maßlsg. bei Titrationen in wasserfreiem Lsgm. 4—5 mal so groß ist wie bei Titrationen in W., muß die Hauptmenge an Maßlsg. aus einer Wägebürette u. nur ein kleiner Rest zur exakten Neutralisation aus einer volumetr. Bürette zugegeben werden. Die Aminogruppe von I wird durch Acetylierung blockiert, der Überschuß an Acetanhydrid mit W. verseift, das Acetylierungsgemisch in umkrist. Dioxan aufgenommen, mit 1 n $HClO_4$ in Eisessig (II) aus einer Wägebürette grob u. mit 0,1 n $HClO_4$ in II aus einer Vol.-Bürette exakt neutralisiert. Die Best. wird weder von freier Glutaminsäure oder anderen freien Aminosäuren noch von Na_2SO_4, jedoch von Alkalisalzen anderer Carbonsäuren u. von Alkalihalogeniden gestört.
W. Kupfer. G 950□

Spektrophotometrische Analyse von Isomerengemischen des Äthyltoluols. I. N. Dijarow und M. Ss. Pewsner. (J. analyt. Chem. [UdSSR] **17**, 102—04, Jan./Febr. 1962; Leningrad, Technol. Lensowjet-Inst.; russ.) — Die drei Isomeren des Methyläthylbenzols besitzen in alkohol. Lsg. bei den Wellenlängen 271, 272 u. 273,5 nm jeweils etwas verschiedene molare Extinktions-Koeffizienten. Die Unterschiede reichen aus, um eine indirekte opt. Analyse solcher Gemische zu ermöglichen. Die Fehler betragen nicht mehr als 10% des Meßwertes. E. Asmus. G 1010□

Beitrag zur Bestimmung von freiem Phenol, insbesondere im Bisphenol A. F. Kanne und K. Stange. (Z. analyt. Chem. **189**, 261—65, 1962; Wesseling/Köln, Rhein. Olefinwerke G.m.b.H. Hauptlabor.; dt.) — Vff. berichten über ein gaschromatograph. Verf. zur Best. von Phenolspuren, das bes. auf die Phenol-Best. im Bisphenol A (2.2-Bis-[hydroxyphenol]-propan) angewendet wird. Die Meth. erfordert für eine vollständige Best. 7—8 Min. u. damit wesentlich weniger Zeit als die üblichen Meth. (Wasserdampf-Dest., jodometr. End-Best.). Außerdem arbeitet das beschriebene Verf. im ppm-Bereich mit größerer Genauigkeit; so wurde im Bereich von 75 ppm Phenol im Bisphenol A ein Wiederholstreubereich von ± 6% (relativ) gefunden. In diesem Konz.-Bereich liegen die Abweichungen bei der bisher üblichen Meth. z. T. über 100% vom Sollwert. Gerhard Schulze. G 1060□

Die Trennung von Acetobrenzcatechin von Brenzcatechin und einigen 4-substituierten Phenolen vom Brenzcatechin- oder Guajacoltyp unter Verwendung chelatbildender Reaktionen. Jaakko Halmekoski. (Suomen Kemistilehti B **32**, 170—72, 1959; Helsinki, Univ., Inst. of Chem.; engl.) — Die papierchromatograph. Trennung substituierter Phenole aus Ligninabbau-Prodd. wird beschrieben. Die Trennung erfolgt mit n-Butanol/Essigsäure/W. (4 : 1 : 5). als Laufmittel auf Papier, welches mit Lsgg. der Na-Salze chelatbildender Anionen (von Mo, W, B, V u. As) imprägniert wurde. Entsprechend läßt sich auch papierelektrophoret. (Puffer pH 7—7,5) nach Zusatz der Chelatbildner die Trennung durchführen. Untersucht wurde das Verh. von *Vanillin, Acetoguajacol, Protocatechualdehyd, Acetobrenzcatechin, Brenzcatechin* u. *Protocatechusäure.* E. Moisar. G 1060□

Bestimmung von Benzoesäure in Phthalsäureanhydrid durch Gas-Flüssig-Chromatographie. Carl E. Moore und Siegfried Meinstein. (Analytic. Chem. **34**, 1503—04, Okt. 1962; Chicago, Ill., Loyala Univ., Chem. Dep.; Chicago, Ill., Witco Chem. Co., Inc., Res. and Serv. Labor.; engl.) — Die im Phthalsäureanhydrid (I) enthaltenen Säuren werden in Bzl. mit Diazomethan umgesetzt. Von der eingeengten Lsg. werden 2 μl auf eine 8 ft. lange Säule von 6 mm Ø gegeben, die mit Chromosorb W gefüllt ist. Als Verteilungsphase dient Siliconöl. Bei Temp. von 185° auf der Säule u. 220° in der Zelle werden nicht nur Benzoesäuremethylester (**II**) scharf vom Lsgm. u. **I**, sondern auch die übrigen Verunreinigungen, wie Toluylsäuremethylester, o-Xylol, Naphthalin u. 1.4-Naphthochinon, in 15 Min. getrennt. Vom Vf. wurde ein Whellco-Gaschromatograph Modell 10 mit einem β-Strahl-Ionisationsdetektor (^{226}Ra als β-Strahlenquelle) u. Ar als Trägergas benutzt. Die **II**-Geh. lagen zwischen 0,05 u. 1%. W. Kupfer. G 1210□

Nichtwässerige Titration einiger die Dinitrophenylgruppe enthaltender Nitroverbindungen. Bengt Smith und Åke Haglund. (Acta chem. scand. **15**, 675—77, 1961; Göteborg, Sweden, TH, Inst. för Org. kem.; engl.) — Die zur Charakterisierung von Alkoholen, Phenolen, Mercaptanen u. Aminen benutzten *Di-* u. *Trinitro-Verbb.* lassen sich nach einem Verf. von Fritz u. Hammond (1957) in Aceton oder Pyridin als Lsgm. gegen 0,1 n Tetra-n-butylammoniumhydroxid in Bzl./Methanol potentiometr. titrieren. Das Verf. beruht auf der Bldg. von Additions-Verbb. zwischen der Nitro-Verb. u. der Base bei solchen Nitro-Verbb., die keine sauren H-Atome aufweisen. Folgende Verbb. wurden titriert: *Methyl-, Äthyl-, n-Propyl-* u. *Phenyl-3.5-dinitrobenzoat, Methyl-2.4.6-trinitrobenzoat, 2.4-Dinitrophenylmethyläther, -äthyläther* u. *-phenyläther, 2.4.6-Trinitrophenylmethyläther, 2.4-Dinitrophenyl-tert.-butylthioäther, 2.4-Dinitrophenyl-N-n-propylamin, -N-benzylamin* u. *-N.N-dimethylamin, N-n-Propyl-, N-Benzyl-* u. *N.N-Dimethyl-3.5-dinitrobenzamid, N-n-Propyl-* u. *N-Benzyl-3.5-dinitrobenzalamin.* Die unter Verw. beider Lsgm. verbrauchten Base-Äquivalente sind tabellar. aufgeführt.
W. Betcke. G 1210□

Dünnschichtchromatographie von 3.5-Dinitrobenzoaten. J. H. Dhont und C. De Rooy. (Analyst **86**, 527—30, Aug. 1961; Utrecht, Central Inst. for Nutrit. and Food Res. T.N.O.; engl.) — Das dünnschichtchromatograph. Verh. der 3.5-Dinitrobenzoate (I) von aliphat. Alkoholen (*Methanol–Nonanol*), *Phenol, Thymol, 1-* u. *2-Naphthol, o-, m-* u. *p-Kresol, Eugenol, Isoeugenol, Citronellol, Geraniol, Terpineol, Furfurylalkohol, Benzylalkohol* u. *Maltol* auf Silicagel-G-Platten u. mit Bzl.-Leichtpetroleum (Kp. 60—80°; (1 : 1) als Laufmittel wurde untersucht. Die R_F-Werte werden mit sog. R_B-Werten verglichen, die sich aus dem Verhältnis der Laufstrecke einer Verb. zu der einer Standardsubstanz ergeben. Ferner wird eine Meth. zur I-Darst. aus sehr verd. Lsgg. beschrieben, die zum Nachw. sehr geringer Mengen an Hydroxylverbb. in W., A. oder Methanol geeignet ist.
W. Hein. G 1210□

Diphenylcarbazid und Diphenylcarbazon. 1. Mitt. Ihre Bestimmung. Nripendra Nath Ghosh und Jatindra Nath Ray. (J. Indian chem. Soc. **37**, 650—52, Okt. 1960; Calcutta, Univ. Coll. of Sci. and Technol., Inorg. Chem. Labor.; engl.) — In Essigsäure gelöstes Diphenylcarbazid (I) bzw. Diphenylcarbazon (II) wird mit 10%ig. $KFe(SO_4)_2$-Lsg. in verd. H_2SO_4 oxydiert. Nach Verblassen der roten Farbe werden dem Gemisch 5 ml sirupöse H_3PO_4 u. 5 Tropfen 0,5%ig. Ba-Diphenylaminsulfonat-Lsg. zugegeben u. anschließend das gebildete Fe^{2+} mit $K_2Cr_2O_7$-Lsg. titriert. Das Rk.-Gemisch soll hierbei 1—2 Val Säure enthalten. 1 ml 0,01 n $K_2Cr_2O_7$-Lsg. entspricht 0,605 mg **I** bzw. 1,20 mg **II**. In käuflichem p.a. **II** fanden Vff. auf diese Weise einen hohen Geh. an **I**. Bei Versetzen der Probe-Lsg. mit A. wird der theoret. Wert überschritten, in Ggw. von Aceton unterschritten. F.-M. Friedrich-Anderseck. G 1300□

Kryoskopische Analyse von Pyridinbasen. Je. M. Gepstein. (Koks u. Chem. [UdSSR] **1960**, Nr. 3, 53—56; Östl. Forschungsinst. für Kohlechem.; russ.) — Für die Reinheits- u. Geh.-Best. von *Pyridinbasen* ist die Best. des Kristallisationspunktes

geeignet. Eine Arbeitsweise u. Schmelzdiagramme von Mischungen von *2.6-Lutidin* als Hauptbestandteil mit β- u. γ-*Picolin* u. von β- mit γ-Picolin werden angegeben.
F. Otto. G 3231 □

Bestimmungsmethode von Alkaloiden, die auf der Fluorescenz der Kombinationen vom Typ „saure Farbe–azotierte Base" beruht. Paul Laugel. (C. R. hebd. Séances Acad. Sci. **255,** 692—94, 23/7. 1962; Strasbourg, Fac. de Pharm., Labor. de Chim. anal.; franz.) — Die organ. Basen, namentlich die Alkaloide u. quatern. Ammonium-Verbb. setzen sich allg. quant. mit einigen sauren Farbstoffen, Derivv. des Fluorescein, in $CHCl_3$ (I) zu fluorescierenden Verbb. um. Je nach Art der Base ändert sich bei gleichem Farbstoff die Fluorescenz, welche auch direkt von der Konz. der Verb. in der Lsg. abhängt, womit eine quant. Best. von organ. Basen über diese Erscheinung möglich wird. Verss. wurden mit der Kombination Atropin–Eosin durchgeführt. Das in wss. Lsg. vorliegende Alkaloid wurde mit I extrahiert u. auch in I mit dem sauren Farbstoff umgesetzt. Die Intensität der Fluorescenz der Verb. wurde bei der entsprechenden Wellenlänge für verschiedene Konzz. der Lsg. gemessen. Bei Alkaloidmengen von 10—60 μg war eine Best. mit einer Genauigkeit von $\pm$1—4% möglich. H. Fries. G 3500◇

Mikrochemischer Nachweis und Unterscheidung von Hydrastinin und Cotarnin. Gilda Cavicchi Sandri. (Atti Accad. Sci. Ferrara **34,** 17—27, 1956/57, herausg. 1958; Ferrara, Univ., Ist. di Chim. farm e Tossicol.; ital.) — Der mikrochem. Nachw. von Hydrastinin (I) u. Cotarnin (II) unter Verw. von Cd-, Zn- u. Hg-Halogeniden wurde untersucht. Es wurde gefunden, daß die Halogenid-Lsgg. von Zn u. Hg für die mikrochem. Unterscheidung spezif. sind, woraus mit I u. II Verbb. mit einem charakterist. u. differenzierten Kristallhabitus erhalten wurden. Die ausgeführten Analysen u. die mkr. Unters. lieferten für I u. II folgende Verbb.: $CdCl_2 \cdot C_{11}H_{12}NO_2Cl \cdot 2H_2O$ (dicke, rechteckige Prismen); $CdCl_2 \cdot C_{12}H_{14}NO_3Cl \cdot 2H_2O$ (längliche Prismen); $CdBr_2 \cdot C_{11}H_{12} \cdot NO_2Br \cdot 6H_2O$ (lange, rechteckige Prismen); $CdBr_2 \cdot C_{12}H_{14}NO_3Br \cdot 2H_2O$ (zweigartige, sehr differenzierte Kristalle); $CdJ_2 \cdot C_{11}H_{12}NO_2J$ (nadelförmige Kristalle) u. $CdJ_2 \cdot C_{12}H_{14}NO_3J$ (kleine, rechteckige Prismen); $ZnCl_2 \cdot C_{11}H_{12}NO_2Cl \cdot 8H_2O$ (gelbe Prismen); $ZnCl_2 \cdot C_{12}H_{14}NO_3Cl \cdot 8H_2O$ (nadelförmige Büschel); $ZnBr_2 \cdot C_{11}H_{12}NO_2Br \cdot 8H_2O$ (zweigartige Kristalle); $ZnBr_2 \cdot C_{12}H_{14}NO_3Br \cdot 8H_2O$ (kleine, regelmäßige, rechteckige Prismen). I führt mit $HgCl_2$-Lsg. in Ggw. von HCl zur Bldg. von durchsichtigen Prismen u. II gibt nadelförmige Kristalle. Mit $HgBr_2$ liefern I in Ggw. von HBr nadelförmige Büschel u. II kleine Prismen (mit hexagonaler Umgebung). G. Platzer. G 3500 □

Potentiometrische Schnellbestimmung von Ascorbinsäure. Edmund E. Spaeth, Victor H. Baptist und Martin Roberts. (Analytic. Chem. **34,** 1342, Sept. 1962; Glendale, Calif., Don Baxter, Inc.; engl.) — Bei Verw. einer nicht vorbehandelten (oder in W. gealterten) Pt-Elektrode läßt sich Ascorbinsäure bei pH 2 schnell titrieren. Die Messungen wurden mit Hilfe eines Beckman-pH-Meters in Kombination mit einem automat. Titriergerät (Fisher Modell 36) bei einer Genauigkeit von $\pm$0,1% durchgeführt. E. Beyerle. G 3800 □

c) Bestandteile von Pflanzen und Tieren

Deckglas-Einbettung in Kapseln mit offenem Ende für die Elektronenmikroskopie. Sidney I. Rosen. (Stain Technol. **37,** 195—97, Mai 1962; Newark, N.J., St. Barnabas Aled. Center, Res. Dep.; engl.) — Zur Einbettung von Kulturen u. Abstrichen dienen Kapseln (aus verschiedenen Werkstoffen) mit abgerundeten Enden. Ein Ende wird abgeschnitten, das Präp. eingebracht u. vom anderen Ende Methacrylat eingefüllt. W. Wesly. 5661 □

Vinylpyrrolidon–Vinylacetat-Mischpolymerisate als Einbettungsmedien für Azo- und andere Farbstoffe. N. Joan Lamkie und M. S. Burstone. (Stain Technol. **37,** 109—10, März 1962; Bethesda, Md., Nat. Cancer Inst., Diagnost. Res. Branch.; engl.) — Vinylpyrrolidon–Vinylacetat-Mischpolymerisate (General Aniline and Film Corp., E 735 u. E 635) werden unter Zusatz von A. u. W. zu der konz. alkohol. Lsg. der Mischpolymerisate als Einbettungsmedium verwendet. E 735 ist gegen W. unempfindlicher als E 635. Die Mischpolymerisate sind bes. zur Konservierung von Azo-, Oxydations- u. anderen, histochem. abgeleiteten Farbstoffen, sowie Fett- u. bestimmten metachromat. Farbstoffen geeignet u. werden als Ersatz für Glycerin–Gelatine empfohlen.
W. Wesly. 5661 □

Polyoxyäthylen–Sorbitan-Monopalmitat (Tween 40) als Lösungsmittel für den Fettfarbstoff Oil Red-O. J. Thomas Bell jun. (Stain Technol. **34,** 219—21, Juli 1959; Ames, Iowa, Iowa State Coll., Dep. of Vet. Anat. and Vet. Med. Res. Inst.; engl.) — 250 mg Ölrot-O werden in 100 ml einer 1%ig. Lsg. von Tween-40 in 30%ig. A. gelöst.

Die Lsg. wird 24 Std. bei 60° gehalten u. dann filtriert. Zum Färben werden Gefrierschnitte (Fixierung in $CaCl_2$–$CdCl_2$–Formalin–W., 1:1:10:90) 4 Std. lang mit der Farb-Lsg. behandelt. W. Betcke. 5661 □

Die spektrochemische Analyse einiger Haupt- und Spurenelemente in Pflanzenasche unter Verwendung eines konstanten Gleichstrom liefernden Generators. A. Strasheim und R. J. Keddy. (J. South African chem. Inst. **11**, 21—36, April 1958; Pretoria, South Africa Council for Scient. and Ind. Res., Nat. Chem. Res. Labor.) — Es wird eine Meth. zur Analyse des Metall-Geh. von Pflanzenmaterial (Bohnen-, Rüben-, Pfirsichblätter, Tabak, Panseninhalt, Citrus, Luzerne) beschrieben, wobei als Lichtquelle ein Gleichstromlichtbogen konst. Spannung dient. Die Abhängigkeit der Ergebnisse von den Elektrodenparametern wird untersucht. Die analyt. Befunde (K, Mg, Na, Ca, Ba, Sr, Mn, Fe, Al, Cu) werden besprochen. K. Maier. 5664

Untersuchungen zur Isolierung und Bestimmung von Blausäure in pflanzlichem Material. Gerhard Pulss. (Z. analyt. Chem. **190**, 402—09, 1962; Kiel, Univ., Inst. für Tierphysiol. u. Tierernährungslehre; dt.) — Die Blausäureglykoside in der Probe werden fermentativ bei pH 6 hydrolysiert; das HCN kann bei pH 5 durch Austreiben mit Luft oder N_2, am besten jedoch durch Dest. isoliert werden. An-Stelle der Titration des CN^- mit $AgNO_3$ wird die etwas modifizierte weitgehend störungsfrei arbeitende photometr. Best.-Meth. von Asmus u. Garschagen (vgl. C. **1954**, 5599) empfohlen. Bei der Dest. mit übergehendem Stoffe stören diese Best. nicht, wohl aber die Titration mit $AgNO_3$, bei der immer höhere Werte gefunden wurden als bei der photometr. Bestimmung. Es wurden Weißklee, verschiedene Gräser, Leinsaat-Prodd., Blut- u. Pansensaft untersucht. P. Kurzmann. 5666 □

d) Medizinische und toxikologische Analyse

Über die Extinktionsunterschiede des freien und veresterten Cholesterins bei Anwendung einiger einfacher Bestimmungsmethoden. G. Kurzweg und W. Massmann. (Clin. chim. Acta [Amsterdam] **7**, 515—21, Juli 1962; Berlin-Schöneberg, Städt. Auguste Viktoria Krankenhaus, Zentrallabor.; engl.) — Es wurden die Absorptionskurven für die durch H_2SO_4-Essigsäure, $FeSO_4$, $FeCl_3$, p-Toluolsulfonsäure u. Dimethylbenzolsulfonsäure mit Cholesterin (I) u. seinen Estern gebildeten Farbkomplexe aufgezeichnet. Es ergaben sich wesentliche Unterschiede in der Extinktion von I u. seinen Estern. Für die Best. von Gesamt-I im Serum kann man die Unterschiede durch Wahl eines geeigneten Standards u. Ablesung bei optimaler Wellenlänge kompensieren. K. Zingraf. 5728 □

Bestimmung der β-Lipoproteide und des Koeffizienten des fest an Eiweiß gebundenen Cholesterins. N. W. Okunew und O. N. Nikolskaja. (Laboratoriumswesen [UdSSR] **8**, Nr. 6, 33—37, Juni 1962; Städt. Wolga-Krankenhaus; russ.) — Eine Modifizierung der Best.-Meth. für *β-Lipoproteide* (I) im Blutserum nach Burstein u. Praverman (vgl. C. **1959**, 12611) unter Verw. von gesätt. Heparin- u. 0,25m $MnCl_2$-Lsg. zur Fällung der I wird erörtert. S. Baryschnikow. 5728

Ein Reihenschnelltest zur Bestimmung der gesamten α-Aminosäuren im Harn und Serum. A. Szentirmai, P. Braun, I. Horváth und M. Hauk. (Clin. chim. Acta [Amsterdam] **7**, 459—62, Juli 1962; Budapest, Robert Karoly Hospital, Second Dep. of Med.; engl.) — Beschreibung einer einfachen Ninhydrin-Meth. zur Best. der gesamten α-Aminosäuren in Harn u. Serum. Die Meth. eignet sich für Reihenuntersuchungen. Die Proben werden rasch zubereitet u. auf alkal. Filterpapier gebracht, die gelagert u. später entwickelt werden können. K. Zingraf. 5732 □

Anwendung des Fluorometers EF-3 bei der quantitativen Bestimmung von Adrenalin und Noradrenalin. A. Ss. Scharow. (Laboratoriumswesen [UdSSR] **8**, Nr. 6, 53—55, Juni 1962; Moskau, Inst. für höhere Nerventätigkeit u. Neurophysiologie der Akad. der Wiss. der UdSSR; russ.) — Schema eines modifizierten Verstärkers, der es ermöglicht, bei der Verw. des von L. Fleming beschriebenen Fluorometers (Electronics, Nr. 4 [1951], 181), kleine *Adrenalin-* bzw. *Noradrenalin*-Mengen im Harn quant. zu bestimmen. S. Baryschnikow. 5732

Über die fluorometrische Bestimmung von Thiamin, Riboflavin, 4-Pyridoxsäure und N^1-Methylnicotinamid im Harn. P. D. Starschow. (Laboratoriumswesen [UdSSR] **8**, Nr. 6, 37—42, Juni 1962; Leningrad, Militär.-med. Kirow-Akad., Lehrstuhl für Infektionskrankh.; russ.) — Vf. beschreibt Modifikationen der Best.-Meth. für *Thiamin* (**I**), *Riboflavin* (**II**), *4-Pyridoxsäure* (**III**) u. *N^1-Methylnicotinamid* (**IV**) im Harn nach der bekannten Thiochrom-Meth. für **I**, der Lumiflavin-Meth. (vgl. C. **1958**, 13031) für **II** u. der Meth. von Huff u. Perlzweig für **III** bzw. **IV** (J. biol. Chemistry **155** [1944], **345** u. **167** [1947], **157**). S. Baryschnikow. 5732

Bestimmung von Thiamintriphosphat und anderen Phosphorestern von Thiamin in der Leber. Alessandro Rossi-Fanelli, Franco Olivo, Paolo Fasella und Francesca Riva. (Atti Accad. naz. Lincei, Rend., Cl. Sci. fisiche, mat. natur. [8] **28**, 559–63, Mai 1960; Roma, Univ., Ist. di Chim. biolog. e Centro di Enzimol. del C. N. R.; ital.) — Eine Meth. zur Best. von Thiamin, -mono- (**I**), -di- (**II**) u. -triphosphat (**III**) in Rattenleber wurde ausgearbeitet. — Man zentrifugiert homogenisierte Rattenleber im Dunkeln, trennt die in der überstehenden Schicht neutralisierten Verbb. in einer mit Ionenaustauschharz beschickten Säule u. bestimmt fluorometr. die Menge einer jeden Verbindung. Die **III**-Best. erfolgt manometr., obwohl es nicht — zum Unterschied von **II** — wie ein Coenzym der Carboxylase wirken kann, trotzdem enzymat. zu Cocarboxylase (**IV**) dephosphoryliert wird. **I** u. **III** sind in 10mal geringeren Mengen als **IV** anwesend, aber in größeren als freies **I**. G. Platzer. 5756□

Ein papierchromatographischer Analysengang für toxikologisch wichtige basische Gift- u. Arzneistoffe. E. Vidic und J. Schütte. (Arch. Pharmaz. **295/67**, **342–60**, Mai 1962; Berlin, Freie Univ., Inst. für soz. u. gerichtl. Med.; dt.) — Es werden im ganzen 74 bas. Gift- u. Arzneistoffe nach Polarität u. Basizität durch Extrahieren einer auf pH 9 eingestellten Lsg. (auf 10 ml ca. 0,2 mg Substanz) vorgetrennt. Es wird erst mit Cyclohexan (**I**; Dielektrizitäts-Konst. 2,1), dann mit Amylacetat (**II**; DK 5,0) extrahiert, u. die organ. Phase erst mit Essigsäure (**III**), dann mit HCl ausgeschüttelt. Die Substanzen lassen sich folgenden 6 Gruppen zuordnen: Gruppe **A**: aus **I** mit **III** ausschüttelbar. **B**: aus **II** mit **III**. **C**: aus **II** u. **I** mit **III** zu gleichen Teilen. **D**: >10% Substanz aus **II** u. **I** mit HCl. **E**: Substanz befindet sich im **I**, doch weder mit **III** noch mit HCl ausschüttelbar. **F**: Substanz in **II** u. **I** unlöslich. Die essigsauren u. salzsauren Extrakte werden mit Dichloräthan/III/W. (20:8:2; Syst. **a**) u. mit Butanol/Ameisensäure/W. (12:1:7; Syst. **b**) entwickelt. Zur Unters. einer Analyse unbekannter Zus. empfiehlt sich Syst. **a**, weil sich die Stoffe gleichmäßig über die Laufstrecke verteilen. Substanzen mit höheren R_F-Werten (z. B. Phenothiazin-Derivv., sowie Polamidon, Ticarda u. Jetrium) lassen sich mit den Syst. **a** u. **b** nur lückenhaft identifizieren. Zur Auftrennung dieser Stoffe wird ein Laufmittel-Syst. mit Olivenöl als stationäre Phase u. Methanol/W./25%ig. NH_3 (6:3:1) als mobile Phase vorgeschlagen. — Folgende Stoffe wurden untersucht: *Aconitin* (Gruppe **A**; R_F 0,55 u. 0,79 [Syst. **a** u. **b**]). *Acedicon* (**A**; 0,55; 0,53 u. 0,33). *Allercur* (**A**; 0,68 u. 0,78). *Aludrin* (**B**; 0,03 u. 0,28). *Andantol* (**A**; 0,51 u. 0,68). *Antipyrin* (**D**; 0,81 u. 0,80). *Antistin* (**A**; 0,43 u. 0,75). *Atosil* (**A**; 0,69 u. 0,75). *Atropin* (**B**; 0,25 u. 0,46). *Avil* (**A**; 0,36 u. 0,17). *Benzedrin* (**A**; 0,29). *Brucin* **B**; 0,53 u. 0,31). *Buscopan* **F**; 0,22 u. 0,57). *Butazolidin* (**E**; 0,85 u. 0,92). *Cardiazol* (**F**; 0,80 u. 0,81). *Chinin* (**C**; 0,40 u. 0,34). *Chinidin* (**C**; 0,41 u. 0,34). *Cliradon* (**B**; 0,21 u. 0,58). *Cocain* (**A**; 0,37 u. 0,58). *Codein* (**B**; 0,24 u. 0,31). *Coramin* (**D**; 0,77 u. 0,35). *Detigon* (**A**; 0,53 u. 0,72). *Dicodid* (**C**; 0,46 u. 0,37). *Dilaudid* (**B**; 0,14 u. 0,27). *Dionin* (**C**; 0,34 u. 0,45). *Dolantin* (**A**; 0,59 u. 0,66). *Dromoran* (**C**; 0,25 u. 0,68). *Effortil* (**B**; 0,03 u. 0,43). *Emetin* (**A**; 0,39 u. 0,45). *Ephedrin* (**C**; 0,22 u. 0,54). *Ergometrin* (**B**; 0,11; 0,33 u. 0,12). *Ergotamin* (**B**; 0,41 u. 0,75). *Eserin* (**C**; 0,32 u. 0,52). *Eukodal* (**A**; 0,27 u. 0,30). *Hostacain* (**A**; 0,50 u. 0,78). *Ilvin* (**A**; 0,42 u. 0,27). *Isopropylantipyrin* (**E**; 0,89 u. 0,91). *Jetrium* (**A**; 0,67 u. 0,79). *Katovit* (**A**; 0,57 u. 0,76). *Kolton* (**A**; 0,65 u. 0,74). *Latibon* (**A**; 0,69 u. 0,77). *Lobelin* (**A**; 0,56 u. 0,79). *Megaphen* (**A**; 0,73 u. 0,76). *Metrotonin* (**A**; 0,46 u. 0,59). *Morphin* (**B**; 0,05 u. 0,25). *Narcotin* (**A**; 0,65 u. 0,60). *Nicotin* (**C**; 0,17 u. 0,08). *Novocain* (**C**; 0,15 u. 0,26). *Pacatal* (**A**; 0,72 u. 0,77). *Pantocain* (**A**; 0,47 u. 0,65). *Papaverin* (**A**; 0,54; 0,60 u. 0,64). *Paracodin* (**C**; 0,31 u. 0,34). *Perleain* (**A**; 0,68 u. 0,81). *Pervitin* (**C**; 0,43 u. 0,62). *Pilocarpin* (**B**; 0,16 u. 0,24). *Polamidon* (**A**; 0,62 u. 0,77). *Preludin* (**C**; 0,42 u. 0,59). *Privin* (**B**; 0,26 u. 0,65). *Pyramidon* (**C**; 0,44). *Reserpin* (**A**; 0,83 u. 0,80). *Romilar* (**A**; 0,64 u. 0,72). *Scopolamin* (**B**; 0,14 u. 0,35). *Soventol* (**A**; 0,64 u. 0,38). *Strychnin* (**C**; 0,57 u. 0,44). *Suprarenin* (**F**; 0,00 u. 0,15). *Suprifen* (**B**; 0,01 u. 0,38). *Sympatol* (**F**; 0,00 u. 0,30). *Synpen* (**A**; 0,45 u. 0,31). *Ticarda* (**A**; 0,66 u. 0,78). *Trasentin H* (**D**; 0,74 u. 0,81). *Vasculat* (**B**; 0,09 u. 0,63). *Veratrin* (**A**; 0,30 u. 0,76). *Veritol* (**B**; 0,07 u. 0,45). *Yohimbin* (**B**; 0,24 u. 0,61). — Zur Identifizierung werden neben den korr. R_F-Werten u. den Verteilungsverhältnissen durch Ausschütteln noch einige Farb-Rkk. herangezogen: Dragendorff-Reagens, Ninhydrin, diazotiertes p-Nitranilin, Millons-Reagens, Sulfanilsäure, Na-β-Naphthochinonsulfonat, Chloramin-Lsg., Br_2-Dampf, p-Dimethylaminobenzaldehyd, Cer-Reagens, 2.4-Dinitrophenylhydrazin, Na-Pentacyanonitrosylferrat(II), Pd. Es wird ein Schema des Trennungsganges angegeben. Vff. empfehlen außerdem zur Sicherung der Befunde die nach 1 Std. abgewickelte Dünnschichtchromatographie. H. J. Schönherr. 5764◇

Ist die Pesezsche Methode zur Identifizierung der Barbiturate spezifisch? Raoul Lecoq. (Ann. pharmac. franç. **18**, 634–36, Sept. 1960; St. Germain-en-Laye, Labor.

du Centre hospitalier; franz.) — Die für die Feststellung von Vergiftungen nützliche Pesezsche Meth. zur Identifizierung von Barbitursäure-Derivv. ist nicht streng spezif., da auch *Doriden* (*3-Phenyl-3-äthyl-2.6-dioxopiperidin*) eine gleichartige Rk. gibt.

F. v. Gizycki. 5764◇

Die Zwikker-Bodendorf-Reaktion. Herbert Schreiber. (Arch. Toxikol. **17,** 53—68, 13/3. 1958; Wiesbaden, Bundeskriminalamt, Abt. Kriminaltechnik, toxikol. Labor.; dt.) — Die Zwikker-Bodendorf-Rk. (ZBR) auf Barbiturate (**I**; Blau- bis Violettfärbung durch $Co(NO_3)_2$ u. Piperidin) ist einerseits nicht unbedingt für **I** spezif., sondern auch bei anderen N-haltigen u. N-freien Ringen möglich, zum anderen in ihrem Stärkeeffekt je nach den Bedingungen, z. B. der Wahl des Alkalis, meßbar verschieden. Auf Grund umfangreichen Materials gewinnen Vff. wohl ein Bild des Rk.-Mechanismus u. der jeweils entstehenden Komplextypen, doch kommt nach ihrer Ansicht der ZBR als Farb-Rk. nur der Wert einer Vorprobe oder einer Ausschluß-Rk. zu.

R. Klockmann. 5764□

H. Angewandte Chemie

H_1. Allgemeine chemische Technologie

Optimale Regelung und Steuerung. 1. Mitt. Kazimierz Mańczak und Kazimierz Tuszyński. (Przemysł chem. **40,** 669—71, Dez. 1961; Zakład Automatyzacji IChO i Zakład Automatyki PAN; pol.) — Grundlagen der Prozeßoptimierung.

J. Schneider. 5800□

Rechenmaschinen und ihre Anwendung in der chemischen Verfahrensforschung. G. F. Hewitt. (Ind. Chemist **37,** 591—98, Dez. 1961; Harwell, Atom. Energy Res. Establ.; engl.) — Beschreibung der Analog- u. Digitalrechenmaschinen u. Vgl. der beiden Syst. u. ihre Anwendung auf techn. Probleme, bei z. B. Berechnung von Geschw.-Profilen, Diffusionsproblemen zweier Gase u. porösen Trennwand, Tabellierung experimentell ermittelter Daten u. Aufstellung der zugehörigen Gleichung, Herst. von Kurven aus experimentellen Unterlagen, Berechnungen an Ausströmdüsen; Auswertung experimenteller Daten bei Wärmeübergängen. Obwohl die Programmierungsarbeit solcher Aufgaben gegenüber der eigentlichen Rechenzeit oft ein Vielfaches an Zeit beansprucht, hat sich der Einsatz der Rechenmaschinen pro Jahr vervierfacht.

M. Grenacher. 5800◇

Die Rolle der Vorausregelung in der chemischen Industrie. Seymour Calvert und George Coulman. (Chem. Engng. Progr. **57,** Nr. 9, 45—48, Sept. 1961; engl.) — Die Gründe für die Überlegenheit der Vorausregelung (feed-forward control) gegenüber der Regelung im herkömmlichen Sinne (feed-back control) wird an einfachen Beispielen dargelegt. Während die „feed-back control" zusätzliche Instabilitäten in die Regelung bringt, verlangt die Anwendung der Vorausregelung eine genaue Kenntnis der Zusammenhänge des Prozesses schon beim Entwurf der Anlage, die aber die spätere Durchführung nur erleichtern kann. Für komplexe Anlagen wird eine Mischung beider Regelungs-Verff. empfohlen, wobei erkennbare Änderungen der Prozeßvariablen am Eingang der Regelstrecke prinzipiell nach der Vorausregelungs-Meth. abzufangen sind. M. Grenacher. 5800◇

Optimalwertregler. F. J. Soderquist. (Chem. Engng. Progr. **57,** Nr. 9, 40—44, Sept. 1961; engl.) — Am Beispiel einer Styrolfabrikation werden die mit einem Optimalwertregler nach dem Suchschritt-Verf. erhaltenen Diagramme sowie die Vorbedingungen für den Einsatz eines solchen Reglers besprochen. Die Styrol-Konz. wird mit einem Refraktometer kontinuierlich gemessen. Sie bildet, mit der Eingangsproduktmenge multipliziert, die auf ein Optimum zu regelnde Größe. Dieser Wert beeinflußt u. a. die Dampfzugabe u. die Rk.-Temperatur. Es ist wichtig, vor dem Einleiten eines neuen Suchschrittes die Gleichgewichtseinstellung des Prozesses abzuwarten. Eine Einbeziehung des Erlöses direkt in Geldbeträgen in die Optimierung erfordert zusätzliche Rechner. Diagramme über die Leistungsfähigkeit der Regelgeräte bei künstlich erzeugten Störungen sind wiedergegeben. M. Grenacher. 5800◇

Regelung der Polymerisation in einer Gummifabrik mit Hilfe einer Rechenanlage. K. G. Roquemore und E. E. Eddey. (Chem. Engng. Progr. **57,** Nr. 9, 35—39; Sept. 1961; engl.) — Ein wichtiger Schritt bestand in der Schaffung eines genügend genauen Dichtemessers als Meßgerät für die erfolgte Polymerisation. Ein Rechner liefert dann den Zusammenhang zwischen gemessener Dichte u. den erforderlichen Sollwertverstellungen der Regelorgane. Dem Einsatz des Gerätes ging die Aufstellung eines mathemat. Modells voraus, dessen Parameter bis zur befriedigenden

Übereinstimmung mit experimentellen Daten der bestehenden Anlage variiert wurde. Eine Reihe zusätzlicher Regler sind eingebaut. Anzeigegeräte registrieren z. B. Reaktor-Temp. u. Regelventilstellung. Sicherheitsmaßnahmen bei evtl. Versagen des Rechners sind vorhanden, wie Grenzwertschalter für die Temp., Alarm bei Ausbleiben von Durchflußmengen, bei Ausfall von Rechenelementen, die ggf. eine Umschaltung auf Handverstellung auslösen. M. Grenacher. 5800◇

Die konsequente Anwendung der chemischen Reaktionskinetik auf die Entwicklung eines neuen Verfahrens mit komplexem Reaktionsmechanismus. K. Schoenemann. (Chem. Engng. Sci. **14,** 39—57, Jan. 1961; Darmstadt, TH, Inst. für chem. Technol.; dt.) — Beim Studium der Bldg. von Furfurol (F) aus Pentosen in saurer wss. Lsg. als typ. Beispiel für einen Fall, wo die erwünschte Haupt-Rk. durch unerwünschte Neben-Rk. beeinträchtigt wird, ergibt sich eine wesentliche Ausbeutesteigerung durch Überführung des F in eine schützende Dampfphase. Die optimalen Rk.-Bedingungen werden nach Aufklärung des Rk.-Mechanismus, der Best. der Geschw. der Teil-Rkk. u. der Gleichgewichtsverteilung des F zwischen den beiden Phasen durch die Lsg. eines Syst. von Bilanzgleichungen ermittelt. Unter Berücksichtigung des charakterist. Einfl. der verschiedenen Faktoren kann allein auf Grund der reaktionskinet. Durchrechnung die Gestaltung der Fabrikationsanlage eindeutig bestimmt werden. F. Zeidler. 5800□

Beziehungen zwischen Flüssigphaseneigenschaften. R. Pratap und G. Narsimhan. (Brit. chem. Engng. **7,** 757—59, Okt. 1962; Poona, Indien, Nat. Chem. Labor.; engl.) — Auf der Grundlage der von Eyring entwickelten Vorstellungen des freien Vol. (v_f) von Fll. werden Beziehungen vorgeschlagen, welche im Temp.-Bereich 0—50° wichtige Eigg. der fl. Phase miteinander verbinden. v_f wird dabei durch die ihm indirekt proportionale Schall-Geschw. in der Fl. (u_1) ersetzt. u_1, Viscosität, Mol-Vol., Molgew. u. Temp. lassen sich gemäß $u_1 \cdot \eta \cdot V_m^{2/3}/(MT)^{1/2} = \varphi$ zu einer charakterist. Größe zusammenfassen. Entwickelte Gleichungen wurden an einer Reihe wichtiger Fll., z. B. CCl_4, CH_3OH, Bzl., Chlorbenzol, W., überprüft. — φ steht als Funktionswert über Exponentialfunktionen mit den im Exponenten enthaltenen Größen der Verdampfungs-Energie, der Oberflächenspannung u. dem Prod. aus red. Temp.-Funktion u. Eötvös-Konst. in Beziehung, wobei man in beiden letzten Fällen bei den getesteten Fl. (mit einer Ausnahme) für den auf Null extrapolierten Wert der Exponenten den auch theoret. sich ergebenden φ-Wert von 9,27 erhält. S. Arnhold. 5800□

Ursprung von Rollwellen. Thomas J. Hanratty und Arnold Hershman. (A.I.Ch.E. Journal **7,** 488—97, Sept. 1961; Urbana, Ill., Univ. of Illinois; engl.) — Mit Hilfe der Theorie von Jeffreys (1925) werden Rollwellen durch Zusammenwirken von Gas- u. Fl.-Strömen theoret. behandelt. Unterss. an Luft u. wss. Lsgg. von Glycerin, Butanol u. Natriumlaurylsulfat zeigten relativ gute Übereinstimmung zwischen Experiment u. Theorie. G. Gattow. 5800□

Gleichsinniger Zweiphasenaufwärtsstrom von Luft und Wasser durch ein offenes vertikales Rohr und durch einen Ring. Cecil O. Carter und R. L. Huntington. (Canad. J. chem. Engng. **39,** 248—51, Dez. 1961; Borger, Tex., Phillips Petrol. Co.; Norman, Okla., Univ., School of Chem. Engng., Coll. of Engng.; eng.) — Vff. untersuchten die Vorgänge, die beim gleichzeitigen Durchströmen von Luft u. W. durch ein offenes, senkrecht stehendes Rohr u. durch einen Ring auftreten, bei verschiedenen Geschw. u. Luft/Wasser-Verhältnissen. Filmaufnahmen bei verschiedenen Geschw. erwiesen sich als vorteilhaft bei der Erkennung der Vorgänge. H. Schroeder. 5800□

Photochemische Reaktionen in einem isothermen Rohrreaktor mit Laminarströmung. R. S. Schechter und E. H. Wissler. (Appl. sci. Res. [The Hague], A **9,** 334—44, 1960; Austin, Tex., Univ. of Texas, Dep. of Chem. Engng. USA; engl.) — Die Photolyse lichtempfindlicher Stoffe wurde theoret. untersucht. Neben der Konvektion u. Lichtschwächung wurden im Gegensatz zu Unterss. von Gaertner u. Kent (vgl. C. **1960, 435**) auch die Diffusion u. Konz. des Reaktanden berücksichtigt. Wegen der umständlichen Berechnung der Konz.-Verteilung im Reaktor wurde eine Näherungslösung entwickelt, die den radialen Konz.-Gradienten vernachlässigt u. eine Durchschnittsintensität der Strahlung innerhalb des Reaktors annimmt. Im Bereich kleiner Umsätze u. Werte gleicher Größenordnung für die Diffusions-Konst. u. Rk.-Geschw. ergibt diese Näherungsformel Ergebnisse, die mit denen nach der vollständigen Formel errechneten gut übereinstimmen. K.-D. Asmus. 5902◇

Neue Metalle als Konstruktionsmaterial für chemische Anlagen. A. H. Barber. (Chem. Process Engng. incorp. Atomic Wld. **42,** 451—58, Okt. 1961; Imp. Chem. Ind. Ltd., Metals Div.; engl.) — Von Be, Zr, Nb u. Ta werden Vorkommen u. Herst.-Verf.

besprochen u. mechan. Eigg., wie Dehnbarkeit, Härte, physikal. Eigg., wie Dichte, Schmelzpunkt, therm. u. elektr. Leitfähigkeit, Ausdehnungs-Koeff. in Tabellen wiedergegeben. Bes. ausführliche Angaben beziehen sich auf die Korrosionsbeständigkeit. Hinweise für typ. Verw.-Zwecke, kurze Betrachtung über ökonom. Gesichtspunkte.
M. Grenacher. 5804◇

Über die spezifische Wärmeleitfähigkeit von einigen Kohlenstoffauskleidungen. Stanisław Bretsznajder und Dariusz Ziółkowski. (Przemysł chem. **40**, 705—08, Dez. 1961; Warszawa, Katedra Projektowania Technol. Politechn. i Inst. Chemii Ogolnej; pol.) — Es wird eine App. zur Messung der spezif. Wärmeleitfähigkeit (WL) von festen Stoffen beschrieben, in der drei verschiedene Kohlenstoffauskleidungen, Kohlenstoff WZD-72, Kohlenstoff + Graphit WZS-71, Graphit WZG-73) gemessen wurden. Die WL steigt in der Reihe: WZD-72 → WZS-71 → WZG-73 im Gebiet 9 bis 43 kcal/m·h·Grad, sie hängt vom Graphit-Geh. u. dem Grad der Imprägnierung ab. Die Schwankung des Graphit-Geh. u. die ungleichmäßige Imprägnierung verursacht Abweichungen von dieser Regel. J. Schneider. 5812□

Zweiphasenströmungsphänomene (Gas/Flüssigkeit). 3. Mitt. Die Berechnung der Wärmeübertragung in einem senkrechten Langrohr-Verdampfer. G. H. Anderson, G. G. Haselden und B. G. Mantzouranis. (Chem. Engng. Sci. **16**, 222—30, Dez. 1961; engl.) — 2. vgl. C. **1962**, 2857. — Es wurde eine Meth. zur Vorausberechnung der Wärmeübergangs-Koeff. für in einen stehenden Langrohrverdampfer aufwärts strömende sd. Fll. auf Grundlage der in der 1. Mitt. der Vff. erörterten Theorie für Fl./Gas-Gemische entwickelt. Unter Annahme einer linearen Variation der Scherbeanspruchung zwischen Rohrwand u. Zwischenschichten sowie der konst. fl. Eigg. jeder Schicht eines beliebigen Querschnitts des Verdampfers wurde die Gültigkeit der Meth. an Hand der experimentellen Ergebnisse von Dengler u. Lee nachgeprüft.
A. Sander. 5816□

Analyse der radialen Wärmeabsorption in der Grenzschicht, die einen verdampfenden Tropfen umgibt. T. W. Hoffman und W. H. Gauvin. (Canad. J. chem. Engng. **39**, 252—59, Dez. 1961; Hamilton, Ont., McMaster Univ., Dep. of Chemic. Engng.; Montreal, McGill Univ. and Pulp and Paper Res. Inst. of Canada; engl.) — Der Einfl. der Wärmestrahlungsabsorption auf die Temp.-Gradienten in der Grenzschicht eines verdampfenden Tropfens, der sich in einer Umgebung hoher Temp. befindet, wurde näherungsweise analysiert. Die Hottel-Cohen-Meth. zur Berechnung der Verteilung des Wärmestrahlenflusses in einem Behälter, der ein absorbierendes Medium mit ungleichmäßiger Temp.-Verteilung enthält, wurde auf das sphär., symm. Modell des Syst. angewandt. Einbezogen wurden die Ableitung u. radiale Bewegung des kalten Dampfes vom Tropfen. Vff. zeigen, daß bei Atmosphärendruck die Absorption von Strahlungsenergie in der Grenzschicht sehr klein ist u. weder den Temp.-Gradienten noch die Geschw. der Wärmeübertragung an der Tropfenoberfläche beeinflußt. Die Meth. ist allg. anwendbar. H. Schroeder. 5816□

Einfluß des Rohrdurchmessers von horizontal angeordneten Rohren auf den Wärmeübergang bei der Filmverdampfung. B. P. Breen und J. W. Westwater. (Chem. Engng. Progr. **58**, Nr. 7, 67—72, Juli 1962; engl.) — Hohe Temp.-Differenzen zwischen Wärmequelle u. Fl. sind — bei Normaldruck — die Ursache für die Dampf-Film-Bldg. um die Wärmequelle. Im Bereich der krit. Temp. der Fl. können die ΔT-Werte zwischen Wärmequelle u. Medium erheblich kleiner sein, um Filmverdampfung eintreten zu lassen. Die Wärmeübergangsverhältnisse sind in diesem Verdampfungszustand wesentlich ungünstiger als z. B. bei der Blasenverdampfung. — Eine schon länger beobachtete Besonderheit der Filmverdampfung ist, bes. bei größeren Rohrdurchmessern die Bldg. einer turbulenten Dampfströmung mit Wellencharakter. Vff. untersuchen die Wärmeübergangsverhältnisse bes. in den Bereichen $d < 1/4$ [in.] u. $d > 3/4$ [in.] (d = Rohrdurchmesser) u. leiten eine Beziehung ab, die für den gesamten Bereich der Filmverdampfung bei horizontalen Rohren Gültigkeit besitzt. (Die Verdampfung der beiden Test-Fl. Freon-113 u. Isopropanol erfolgte um das Heizrohr.) Die Vers.-Ergebnisse zeigten, daß die Wärmeübergangszahlen für den Dampffilm (bei variablem ΔT) mit zunehmendem Rohrdurchmesser ein Minimum durchlaufen. Der diesem Minimum zugeordnete krit. Rohrdurchmesser ist keine Funktion von ΔT, sondern stoffabhängig. Für Freon-113 liegt er bei 0,48 u. für Isopropanol bei 0,66. Diese Stoffabhängigkeit ordnen Vff. einer hydrodynam. Wellenlänge λ_D des Dampffilmes zu. λ_D ist u. a. eine Funktion der Oberflächenspannung sowie der Dichte der Fl. u. des Dampfes. Bei Rohrdurchmessern $d > d_{krit.}$ wird die Wärmeübergangszahl allmählich unabhängig von d.
J. Wermann. 5816

Die graphische Behandlung des verfahrenstechnischen Prinzips der Gegenstromschaltung. Günther Adolphi. (Chem. Techn. **14**, 516–20, Sept. 1962; dt.) – Es wird über die graph. Behandlung von Gegenstromschaltungen berichtet. Der Wärmeübergang, seine Darst. im Gleichgewichtsdiagramm, die Berechnung der mittleren Triebkraft werden theoret. abgeleitet. Die Handhabung des Stufendiagramms sowie ein Näherungs-Verf. für die Integration der Triebkraft werden ausführlich beschrieben. H. Hoffmann. 5816□

Eigenschaften von Glasscheiben beim Einsatz in der Wärmetechnik. Julian C. Smith. (Chem. Engng. Progr. **58**, Nr. 7, 53–57, Juli 1962; engl.) – Mit Hilfe einer Vers.-Anlage wird gezeigt, daß der Einsatz einer elektr. beheizten Glasplatte als Strahlungsheizer zur Folge hat, daß die Vers.-Substanzen – unabhängig von ihrer Natur u. Farbe – annähernd gleichmäßig die Wärme absorbieren. Bei der langwelligen Strahlung, die von der Glasplatte ausgesandt wird, liegt der Absorptions-Koeff. überall über 0,9. Die Temp. des Glasplattenstrahlungsheizers lag bei ca. 700° F, also erheblich tiefer als bei sonstigen Strahlungsheizern. Der Einsatz dieser Wärmestrahlungsquelle ist bes. vorteilhaft bei der Aufwärmung oder Trocknung relativ dünnschichtiger u. vielfarbiger Materialien, wo der Prozeßablauf einer exakten Kontrolle unterliegen muß. Auf die theoret. Grundlagen sowie auf den apparativen Teil der Anlage wird näher eingegangen. J. Wermann. 5816

Blasenaufheizer für Raffinationsanlagen. J. W. Palen und J. J. Taborek. (Chem. Engng. Progr. **58**, Nr. 7, 37–46, Juli 1962; engl.) – Die bisherigen Meth. der Auslegung von Aufheizern (Verdampfern) für die Erdölindustrie stellen meist Überschlagsberechnungen dar, was auf die Unsicherheit der Ermittlung der Wärmeübergangszahlen zurückzuführen ist. Der Hauptgrund für die Unsicherheit in der Berechnung der α-Werte liegt in dem Auftreten des Leidenfrostschen Phänomens bei größeren Temp.-Differenzen zwischen Rohrwand u. Medium; die berechneten α-Werte können bis zu 300% größer als die effektiven sein. Vff. wählten aus einer Vielzahl von Arbeitsgleichungen für die Auslegung von Verdampfern 6 aus, die sie auf ihre Brauchbarkeit für den Einsatz von KW-Stoffen (bes. auch bei höheren Drücken) hin untersuchten. Mit Hilfe der statist. Analyse einer Vielzahl von Versuchsreihen sowie einer Meth., die das Leidenfrostsche Phänomen berücksichtigt u. als Parameter die Rohr- u. Rohrbündelabmessungen in sich trägt, werden 2 Möglichkeiten aufgezeigt, die den wirklichen Verhältnissen sehr nahekommen. Die erste Meth. ist bes. für den Einsatz von standardisierten Rohrbündeln geeignet. J. Wermann. 5816

Die Anwendung der Kolmogorowschen Zerkleinerungstheorie auf die Untersuchung der Mahlbarkeit. Gyula Fáy und Boris Schelew. (Épitőanyag [Baumaterial] **14**, 209–17, Juni 1962; Budapest, Forsch. Inst. Wärmetechn.; ung.) – Nach Definition einiger mathemat. Begriffe wird ein diagrammat. Verf. zur Best. der Bruchneigung, des Kornbetrages u. der Mahlbarkeitscharakteristik gegeben. I. Náray-Szabó. 5820

Das Fließen plastischer Massen in einem Zylinderkneter. I. L. Hepner und G. N. Welding. (Génie chim. **88**, 42–48, Aug. 1962; franz.) – Es wurde der Mischvorgang an gefärbtem Plastizin u. farblosem Kreppgummi unter Zusatz eines roten Farbstoffes untersucht. Als Mischer diente ein Doppelzylinderkneter. Die Unters. der gefärbten Wülste, die sich über der Zylinderspalte bilden, ergab, daß ein einer plast. Masse zugesetzter Stoff nur bis zur Hälfte der Schichtdicke eindringt. Im Inneren des Wulstes können 5 verschiedene Fließzonen unterschieden werden. W. Renker. 5822

Der Einfluß der Strömungsgeschwindigkeit der Trübe in den Flotationsmaschinen auf die Flotationszeit. O. Ss. Bogdanow, B. W. Kisewalter und W. Ja. Chainman. (Nichteisenmetalle [UdSSR] **34**, 4–10, Juli 1961; russ.) – Experimentell wird eine Flotationszeitabnahme bei der Erhöhung der Durchströmungs-Geschw. der Trübe durch die Flotationsmaschine ermittelt. Ein Grund hierfür liegt in dem Auftreten einer Längsvermischung in den einzelnen Kammern der Maschine. Eine mengenmäßige Berechnung einer solchen Längsvermischung ergibt, daß bei gleichbleibenden hydrodynam. Bedingungen in der Maschine die Flotationszeit mit der Erhöhung der Strömungs-Geschw. der Trübe nur bis zu der Flotationszeit einer nichtkontinuierlichen Maschine gekürzt werden kann; eine Verringerung der Flotationszeit unter diese angegebene Grenze führt zu Verlusten des zu flotierenden Minerals in den Abgängen. Eine größere Abnahme der Flotationszeit mit einer Erhöhung der Strömungs-Geschw. der Trübe kann bei der Flotation leicht anreicherungsfähiger Erze erreicht werden. H. Hochstein. 5828□

Untersuchungen der Verweilzeit von Flüssigkeiten in Schaumflotationszellen. A. Jowett. (Brit. chem. Engng. **6**, 254–58, April 1961; Leeds, Univ., Dep. of Mining;

engl.) — Mit Hilfe einer neuentwickelten u. an Hand einer Abb. beschriebenen Vers.-App. konnte gezeigt werden, daß die Schaumflotationszellen der meisten Bauarten als „ideale Mischer" betrachtet werden können. Eine Ausnahme bildete nur die Forrester-Zelle. Die Vers.-Ergebnisse wurden mit der Verweilzeit der Fl. in der Zelle in Beziehung gebracht. Es wurde eine gute Übereinstimmung zwischen Theorie u. Praxis gefunden. F. Rosendahl. 5828△

Filtration. H. K. Suttle. (Chem. Process Engng. atomic Wld. **42,** 459 bis 463, Okt. 1961; Longhborough, Coll. of Technol., Dep. of Chem. Engng.; engl.) — Der Überblick über 44 bis 1961 erschienene Arbeiten behandelt grundsätzliche Überlegungen bei der Aufstellung der geltenden mathemat. Gleichungen, Vgl. mit den experimentellen Daten, z. B. an Zuckerlösungen. Es folgen Ergebnisse mit Metallsieben u. Sintermetallfiltern für Teilchen bis 2 μm, mit Kunststoffiltern u. Geweben aus Fasern, Angaben über Zerreißfestigkeit u. Widerstandsfähigkeit gegenüber Temp., über App. zum Testen der Filterwirksamkeit mit radioakt. Stoffe enthaltenden Lsgg., über mkr. Unterss. zur Struktur verschiedener Filtermassen, wie Diatomit, Asbest, Cellulose. Die Feinreinigung von Gasen, Entfernung von Rauch, Nebel, die in Frage kommenden Mengen, Konzz., Temp., Größe der Teilchen, Belastung u. Reinigung der Filter werden ihrer heutigen Bedeutung entsprechend berücksichtigt. Arbeiten über allg. Konstruktion von Filtern, ihre Überwachung u. automat. Bedienung (Umschaltung) werden behandelt. M. Grenacher. 5830◇

Geschmolzene Elektrolyte in Hochtemperatur-Verfahren. R. Littlewood. (Brit. chem. Engng. **7,** 768—70, Okt. 1962; engl.) — Übersicht über Einsatzmöglichkeiten für Elektrolytschmelzflüsse. Zukünftig könnten, ausgehend von der Stahlindustrie kontinuierliche Hochtemp.-Verff. unter Beteiligung von Salzschmelzen zunehmende Bedeutung erhalten. Die Entw. ist hauptsächlich von der Meßtechnik abhängig. S. Arnhold. 5838□

Stoff- und Wärmeübergang durch Fest- und Wirbelschichten. Ashis Sen Gupta und George Thodos. (Chem. Engng. Progr. **58,** Nr. 7, 58—62, Juli 1962; engl.) — Vff. bauen auf einer Arbeit von Gamson (Chem. Engng. Progr. **47,** [1951], 19) auf, in der dieser eine Verbindung zwischen Stoff- u. Wärmeübergangsgrößen darlegte, indem er einen Oberflächenfaktor in eine modifizierte Re-Zahl einführte u. somit eine Wechselbeziehung zu einem fixierten Wärmeübergangs-Koeff. schuf. Der Oberflächenfaktor wurde hierbei willkürlich für Kugelschüttungen mit 1 angesetzt u. war für alle anderen beliebigen Schüttgüter größer als 1. Eine Berechnung dieses Faktors — in Abhängigkeit des Zustandes der einzelnen Schüttschichten — stand jedoch bisher aus. Vff. führten daher einen neuen Faktor f (area availability factor) ein, auf dessen Berechnung näher eingegangen wird. In einer Tabelle werden die berechneten Oberflächenfaktoren für 6 verschiedene Schüttungen (u. a. auch Raschig-Ringe u. Berl-Sättel) mit denen, die sich aus Stoff- u. Wärmeübergangsdaten ermitteln lassen, verglichen. Die Übereinstimmung ist gut. J. Wermann. 5864

Stoffübergang durch laminare Grenzschichten. 1. Mitt. **Die Geschwindigkeitsgrenzschicht.** D. B. Spalding. (Int. J. Heat Mass Transfer **2,** 15—32, März 1961; London, Imp. Coll.; engl.) — Vf. leitet eine Näherungsgleichung ab, mit der die Verteilung der Grenzschichtdicke u. der Wandschubspannung über einen zweidimensionalen oder axialsymm. Körper bei laminarer Strömung berechnet werden kann, wenn die Verteilungen von Freistrom-Geschw. u. Stoffübertragung durch die Wand gegeben sind. Die Berechnung erfolgt mit graph. Darst., die aus „ähnlichen" Lösungen von Grenzschichtgleichungen gewonnen wurden. J. Martins. 5864◇

Regelung einer Destillierkolonne unter Verwendung von Analysengeräten. G. W. Arksey und C. P. Leyel. (Chem. in Canada **13,** Nr. 11, 23—24, Nov. 1961; engl.) — Die Regelung einer Destillierkolonne zur Trennung von n-Propanol u. sek.-Butanol (Kp.-Differenz ∼1,7°) wird mit Hilfe eines kontinuierlich arbeitenden Gaschromatographen befriedigend gelöst, der den Mengenregler für das Destillat auf Grund des Geh. an sek.-Butanol beeinflußt mit einem Analysencyclus von 15 Minuten. Eine tägliche Handanalyse kontrolliert den Chromatographen. M. Grenacher. 5864◇

Vergleich der Wirksamkeit verschiedener Typen von Füllkörpern und Einbauten in Vakuumrektifikationskolonnen. A. Delzenne. (Génie chim. **88,** 33—41, Aug. 1962; franz.) — In einer halbtechn. Vers.-Anlage wurden die Eigg. von Raschig-Ringen in geordneter u. ungeordneter Schüttung sowie von Stedmann-Böden untersucht. Die Unterss. erstreckten sich auf den Wrkg.-Grad u. den Druckverlust. Als Medium diente ein Äthylbenzol–Chlorbenzol-Gemisch. Die Vers.-Drücke betrugen 100 u. 760 mm Hg. Es zeigte sich, daß bei allen Vers.-Körpern der Wrkg.-Grad bei 100 mm Hg gegenüber 760 mm Hg um ca. 40% absinkt. Bei Vakuum sind die Stedmann-Platten den Raschig-Ringen hinsichtlich des Wrkg.-Grades überlegen. Raschig-Ringe besitzen dagegen den Vorteil eines geringeren Druckabfalls je Höheneinheit u. einer höheren Belastbarkeit. J. Renker. 5864

Die Kontrolle eines einstufigen Eindickers. J. A. Andersen, L. W. A. Glasson und F. P. Lees. (Trans. Soc. Instrument Technol. **13**, 21—36, März 1961; Imperial Chem. Ind.; engl.) — Vff. leiten Gleichungen für das dynam. Verh. eines einstufigen Vakuumeindickers ab. Das Frequenz-Verh. der Prod.-Dichte gegenüber Änderungen von Strömung, Dichte u. Temp. des Zulaufs werden damit berechnet u. experimentell mit dem tatsächlichen Verh. in einer Anlage in natürlicher Größe verglichen. Es erwies sich als durch eine einzige Übergangsstufe charakterisiert. Die Größenordnung der Zeit-Konst. dieser Übergangsstufe wird hauptsächlich durch das Verhältnis Vol./Durchsatz u. durch Wärme-Einfl. bestimmt. Auf der Grundlage des mathemat. Modells u. der experimentellen Ergebnisse werden verschiedene Kontroll-Syst. im Analogrechner verglichen. J. Martins. 5864◇

Untersuchungen über Sublimations-Kondensation durch Kaltgaszumischung. J. Ciborowski und J. Surgiewicz. (Brit. chem. Engng. **7**, 763—67, Okt. 1962; Warszawa, Techn. Univ., Abt. Chem.-Ing.-Techn.; engl.) — Die Sublimations-Kondens. eines Phthalsäureanhydrid/Luft-Gemisches im Dampfstrom durch Zumischen kalter Luft wurde hinsichtlich Kondens.-Grad u. Ausbeute pro Einheit des Kühlerraum-Vol. untersucht u. Bedingungen für optimale Arbeitsweise angegeben. Der Kondens.-Grad wird beeinflußt durch die Phthalsäureanhydrid-Konz. in der Einspeisung, das Massenverhältnis u. die Temp.-Differenz von Kühlgas u. Einspeisung sowie dem Durchsatz. S. Arnhold. 5866□

Silicagele mit engen und weiten Poren als Trocknungsmittel. Feliks Polak und Jadwiga Parasiewicz-Kaczmarska. (Przemysł chem. **40**, 702—05, Dez. 1961; Kraków, Katedra Technol. Chem. U. J.; pol.) — Es wurden 3 Arten von Silicagel (Schüttgew. 0,758, 0,451 u. 0,421) untersucht u. ihre Adsorptionsisothermen festgestellt. Die Sorption von Wasserdampf aus der Luft wurde bei 20° mit der dynam. Meth. gemessen. Es wurde festgestellt, daß sich Silicagel mit weiten Poren als Trocknungsmittel eignet. J. Schneider. 5874□

Das Sichtbarmachen einer Strömung zur Beurteilung eines Ventils. D. R. Oliver und Y. Mehrabian. (Brit. chem. Engng. **6**, 246—50, April 1961; Teheran, Nat. Iranian Oil Co.; engl.) — Die Verss. wurden mit einem Schrägsitzventil mit einem Durchmesser von 2 in. in einem Glasrohr entsprechender Größe durchgeführt. Bei Anwendung geeigneter Fll. oder Gase waren photograph. Aufnahmen der Strömungsverhältnisse möglich. Das wichtigste Ergebnis dieser Unterss. war, daß bei Vermeidung abwärtsgerichteter Strömungswirbel, die das Ventil verursachte, ein Druckabfall im Rohr verhindert wurde. Um dies Ziel zu erreichen, sind bestimmte Änderungen am Ventilkörper erforderlich, die angegeben werden. F. Rosendahl. 5882△

Thermoanalytische Bestimmung der Konzentration von Ammoniumnitratlösungen. Istvan Cornides und A. Sandor Kiss. (Przemysł chem. **40**, 694—95, Dez. 1961; Kazincbarzika, Centralne Labor. Zakładów Azotowych, Ungarn; pol.). — Es wird eine schnelle thermoanalyt. Meth. für die Best. des NH_4NO_3-Geh. in Schmelzen mit 0—10% W. beschrieben. Sie beruht auf der Temp.-Messung mit Thermistoren. Die größte Abweichung gegenüber der konventionellen Messung beträgt maximal 0,11% NH_4NO_3. Die Meßergebnisse können registriert werden. J. Schneider. 5888□

Oxydation und Freiwerden von Jod-131 bei der Oxydation von Uranbrennelementen in Luft und Kohlendioxid. W. J. Megaw, R. C. Chadwick, A. C. Wells und J. E. Bridges. (Reactor Sci. Technol. **15**, B 176—84, Dez. 1961; Harwell, Berks., A.E.R.E.; engl.) — An zylinderförmigen Uranproben von 1 kg Gew. wurden in einer ausführlich beschriebenen halbtechn. App. unter Variation von Temp. u. Strömungs-Geschw. die Oxydation durch Luft u. CO_2, die Größenverteilung der dabei entstehenden Oxidteilchen u. das Verbleiben des vom U-Metall abgetrennten ^{131}J untersucht. Auch das Freiwerden von ^{131}J beim plötzlichen Schmelzen von U war Unters.-Objekt. Die umfangreichen Ergebnisse sind in Form von Tabellen u. Diagrammen wiedergegeben. Es zeigte sich, daß die Freigabe des ^{131}J fast nur bei der Oxydation des U stattfindet, daß aber der größte Teil des ^{131}J nicht in die Gasphase übergeht, sondern an die Uranoxidteilchen gebunden transportiert wird. Der Übergang von ^{131}J in die Gasphase bei Temp. unterhalb des F. erfolgt bei Oxydation durch Luft in größerem Umfange als bei Oxydation durch CO_2. T. Tamberg. 5894◇

Geräte zum Schutz vor dem Kritischwerden von chemischen Anlagen. D. K. Cartwright und M. J. Todd. (Nuclear Power **6**, 79—82, Okt. 1961; Capenhurst, Reactor Group; engl.) — Zur Überprüfung von Anlagen, in denen ^{235}U angereichert oder ^{240}Pu erzeugt wird, auf mögliche Ansammlungen von fl. oder festen Bestandteilen wurden Verss. mit Scintillationszählern, die γ-Strahlen von 150—220 keV (γ_{U-235} = 184 keV) u. >40 keV (γ_{Th-231} = ~90 keV) anzeigten, sowie BF_3-Zählern zur Messung der aus (α, n)-Rkk. entstandenen Neutronen mit einer Empfindlichkeit von 5 Impulsen pro n/cm² für schnelle u. therm. Neutronen, durchgeführt. Die Ergebnisse über die Untergrundmessung u. die Messung von Ansammlungen im Bereich von 0—90% ^{235}U sind angegeben. Es konnten mit den Scintillationszählern bei 10% ^{235}U 1,3 kg u. bei 90% ^{235}U 0,13 kg bei einer Detektorentfernung von 6 in. festgestellt werden, während die krit. Massen 11 bzw. 24 kg betragen. Mit den BF_3-Zählern konnten jeweils 0.5 kg Ansammlung festgestellt werden. ^{240}Pu-Ansammlungen von 220 g mit einer Konz. von 6,6 g/Liter konnten in einem Gefäß, das eine Lsg. von 1 g/Liter enthielt, bei einer Detektorentfernung von 9 in. festgestellt werden. E. Schiewer. 5894□

Thermoelektrische Pumpen für flüssige Metalle. Dietrich Rex. (VDI-Z. **103**, 17—19, 1/1. 1961; Braunschweig, TH, Inst. für Maschinenelemente u. Fördertechn.; dt.) — Beschreibung der theoret. Grundlagen, der zu erwartenden Werte von Druck, Strömungs-Geschw. u. Leistung von thermoelektr. Pumpen für fl. Metalle u. ihrer Anwendung zur Förderung fl. Metalle u. zur Aufrechterhaltung des Betriebes von Na-gekühlten Kernreaktoren bei Ausfall der Hauptpumpe. Eine große Na-Anlage dient zur Ermittlung des Einfl. der Abmessungen u. Strömungsformen des umlaufenden Metalls u. der Kanalwandstruktur auf den Betrieb einer thermoelektr. Pumpe.
W. Wesly. 5894□

Anwendung von Ionenaustauschharzen zur Urangewinnung. 1. Mitt. Vorprüfung mittels ruhenden Harzbett-Säulen. Elek Szabó, Miklós Fodor und Zoltán Pokó. (Magyar Kémiai Folyóirat [Ung. Z. Chem.] **68**, 262—68, Juni 1962; Budapest, Zentralforsch.-Inst. Physik; ung.) — Es wurden die physikal. u. chem. Eigg. des Ionenaustauschharzes Mykion PA (stark bas. quatern. Ammonium-Typ) untersucht, die Durchbrechungs- u. Sättigungskapazität der $[UO_2(CO_3)_3]^{4-}$-Ionen bestimmt. Die Kapazitätswerte werden von den Konzz. des Na_2CO_3 bzw. $NaHCO_3$ u. U, wie auch durch die Änderung der Korngröße des Harzes beeinflußt. Die Elution mit NH_4Cl u. NaCl wird durch Zugabe von Na_2CO_3 vergrößert. J. Kis. 5894

Anwendung von Ionenaustauschharzen zur Urangewinnung. 2. Mitt. Untersuchung der Eigenschaften von Mykion PA-Harz im Verlauf der Urangewinnung. Miklós Fodor, Zoltán Pokó, Elek Szabó und József Vályi Nagy. (Magyar Kémiai Folyóirat [Ung. Z. Chem.] **68**, 268—74, Juni 1962; Budapest, Zentralforsch.-Inst. Physik; ung.) — 1. vgl. vorst. Referat. — Es wurden cycl. Unterss. mit künstlicher U-Lsg. u. mit sodahaltiger Aufschluß-Lsg. an den Ionenaustauschharzen Mykion PA u. Amberlite IRA-400 als Vgl.-Stoff durchgeführt, um die Vol.-Änderung, den Verlust, die Änderung der durchschnittlichen Korngröße, der Menge von Perlpolymeren u. der Sättigungskapazität zu bestimmen. J. Kis. 5894

Die Kinetik der Katalyse in Theorie und Praxis. Michel Boudart. (Chem. Engng. Progr. **58**, Nr. 7, 73—79, Juli 1962; engl.) — Vf. unterscheidet zwischen reiner u. angewandter chem. Kinetik. Erstere befaßt sich bes. mit der Kinetik der Teilschritte einer Gesamt-Rk., letztere mit der Zerlegung der Gesamt-Rk. in die einzelnen Elementarstufen. Die Katalyse stellt ein Hauptgebiet der angewandten chem. Kinetik dar. Es wird allg. auf die mathemat. Erfassung der Kinetik von katalyt. Prozessen eingegangen, wobei die Elementarstufen unter Einbeziehung von akt. Zentren dargestellt werden. Der geschwindigkeitsbestimmende Einfl. bestimmter Elementarstufen einer Rk. auf den Ablauf des Gesamtprozesses wird näher erläutert. Die gegenwärtig noch bestehenden Probleme auf dem Gebiet der Katalysekinetik — z. B. bei Parallel- u. Folge-Rkk. — werden genannt. J. Wermann. 5904

Vorläufige Untersuchungen über die Produktverteilung in einem Füllkörperschichtreaktor. R. S. Kapner und H. E. Hoelscher. (A. I. Ch. E. Journal **7**, 509—14, Sept. 1961; Baltimore, Md., Johns Hopkins Univ.; engl.) — Unters. der Verteilung von Rk.-Mitteln u. -Prodd. in einem vorgegebenen katalyt. Reaktor mit festen Füllkörpern. In einer ausführlich beschriebenen Vers.-Anordnung wurde das Auflösen von Zn als Füllkörpermaterial in HCl (u. Ggw. von KNO_3) unter variablen Bedingungen untersucht. G. Gattow. 5904□

Bestimmung der spezifischen Oberfläche von Katalysatoren und Trägern durch Adsorption von Lösungen. Leszek Grzelewski, Nadzieja Krawczyk und Andrzej Teichert. (Przemysł chem. **40**, 684—87, Dez. 1961; Warszawa, Zakład Syntezy Kontaktowej Inst. Chemii Ogólnej; pol.) — Die spezif. Oberfläche wurde bei folgenden Katalysatoren u. Trägern gemessen: Fe, SnO_2, CuO, MnO_2, MgO, Al_2O_3, TiO_2, Ni u. V_2O_5 an Trägern, Fe_2O_3 + ZnO + Cr_2O_3 u. verschiedene keram. Böden.

Die Meth. beruht auf der Messung der adsorbierten Menge Cetylalkohol in Bzl.-Lsgg. u. Phenol in CCl_4-Lösungen. Die Resultate wurden mit der BET-Meth. verglichen, bei welcher CO_2 adsorbiert wird, u. gute Übereinstimmung festgestellt. Diese Meth. eignet sich für Betriebsanalysen. J. Schneider. 5904□

Druckabfall in idealen Fließbetten. K. E. Bertil Andersson. (Chem. Engng. **15**, 276—97, Sept. 1961; Stockholm, Royal Inst. of Technol., Div. of chem. Technol.; engl.) — Es wird eine Gleichung für den Druckabfall in Fließbetten, die aus gleichförmigen Kugeln bestehen, aufgestellt. Die neue Gleichung unterscheidet sich von der durch Ergun aufgestellten dadurch, daß sie einen „tortuosity-", einen Querschnitts- u. einen „inertial drag"-Koeff. enthält, welcher nur von der Reynoldsschen Zahl abhängig ist. Es wird eine konst. Reynoldssche Zahl eingeführt, die den „tortuosity"- u. den Querschnittsfaktor einschließt. Die Gleichung ist für die ganze Breite von der Leerregion in einem Festbett bis zum Alleinfall einer Kugel verwendbar. Da die Gleichung bei nichtidealen Fließbetten nicht angewendet werden kann, ist ein Hilfsfaktor anzuwenden, um die Abweichungen vom Idealfall festzustellen. F. Rosendahl. 5904△

Druckabfall von Gasen beim Durchströmen von Festbettschichten. Abraham Lapin. (Chem. Engng. Progr. **58**, Nr. 7, 47—52, Juli 1962; engl.) — Der häufige Einsatz von Festbettkolonnen in der chem. Industrie erfordert, vor allem bei Anlagen, deren Fahrweise optimalisiert werden soll, u. a. eine exakte Druckverlust-Best. des Gasstroms durch die verschiedenen Schüttgüter. Der Druckverlust ist abhängig von der Größe u. Oberfläche des Schüttgutes, dem Lücken-Vol., den physikal. Eigg. des strömenden Mediums sowie dessen Durchsatz-Geschw. u. dem Verhältnis von Schüttgut zu Kolonnendurchmesser. Vf. geht auf bisher übliche Druckverlustgleichungen u. ihre Anwendungsmöglichkeiten ein. Die Auswertung der Vers.-Ergebnisse hat gezeigt, daß der Druckverlust vom Lücken-Vol. bei allen untersuchten Schüttkörpern gleichartig abhängt. J. Wermann. 5904

Gasverteilung in Fest–Flüssig-Fließbetten. L. Massimilla, A. Solimando und E. Squillace. (Brit. chem. Engng. **6**, 232—39, April 1961; Mailand; engl.) — Alle Parameter, die die Eigg. von Fest–Flüssig-Fließbetten (FFF) bestimmen, sind auch maßgebend für die Bldg. von Gasblasen im Zusammenhang mit der Gas-Geschw. u. dem Durchmesser der Düsen. Dagegen hängt das Zusammenfließen der Blasen (BS) von der Länge des FFF ab. Hierzu konnte eine empir. Gleichung entwickelt werden, mit der das Wachsen der BS je Längeneinheit des FFF in bezug auf den reziproken Wert der FFF-Länge errechnet werden kann. Die angestellten theoret. Betrachtungen über das Zusammenfließen der BS eröffnen einige Einblicke in diese Erscheinung, doch konnte eine Auswertung für die Praxis nicht durchgeführt werden. Hat der Rk.-Behälter andere Ausmaße als der für die Verss. verwendete, so können die Vers.-Ergebnisse nicht ohne weiteres auf die neuen Verhältnisse extrapoliert werden. Die gewonnenen Ergebnisse können zur Berechnung des Stofftransports in FFF verwendet werden. F. Rosendahl. 5904△

H_2. Betriebsschutz. Feuerschutz

Untersuchungen der Entzündungsmöglichkeit des Methans durch Funken, die während eines Kurzschlusses der in Grubenlampen und Meßgeräten angewandten Akkumulatoren entstehen. J. Wronski, J. Ciok und B. Kołodziejski. (Prace Głownego Inst. Górnictwa, Komunikat **1962**, Nr. 299, 3—10, Kopalnia Dóswiadezalna Barbara-Inst. Begpieczeństwa Górniczego; pol.) — Die Wahrscheinlichkeit der CH_4-Entzündung durch einen minimalen Zündungsstrom wird bei konst. Spannung u. konst. Induktivität bestimmt. Die Abhängigkeit eines minimalen Zündungsstroms von der Spannung (bis 10 V) wird mit 10^{-3} Wahrscheinlichkeit ermittelt. Bei sehr kleiner Induktivität des Leiterkreises hängt der minimale Zündungsstrom stark von der Größe der Induktivität ab; er steigt bei fallender Induktivität rasch. Der Schlagwetterschutz bei Akkumulatoren wird für den Kurzschlußfall bestimmt; die CH_4-Entzündungswahrscheinlichkeit ist $<10^{-8}$. W. Wesly. 5936◇

Brandschutz im Industriebau. W. Halpaap. (VFDB-Z., Forsch. Techn. Brandschutz **11**, 116—26, Aug. 1962; Leverkusen; dt.) — Übersicht. — 17 Schrifttumshinweise. W. Wesly. 5944◇

Brandgefahren und Schutzmaßnahmen in Chemiefaserwerken. A. Linn. (VFDB-Z., Forsch. Techn. Brandschutz **11**, 98—103, Aug. 1962; Wuppertal; dt.) — Beschreibung der in Chemiefaserwerken durch brennbare Stoffe (CS_2, Diphenyläther, Diphenyl, Methanol, Dimethylformamid) hervorgerufenen Brandgefahren u. der erforderlichen Schutzmaßnahmen. W. Wesly. 5944◇

Verbrennung in Feuerungen von Öfen und Reinhaltung der Luft. Heinz Wilke. (Sprechsaal Keram., Glas, Email **94,** 5—9, 5/1., 29—31, 20/1., 50—51, 5/2., 70—75, 20/2. 1961; dt.) I. Koschitzki. 5948

Deutsche Gold- und Silber-Scheideanstalt vormals Roessler, Deutschland, *Feuerlöschmittel.* (**F. P. 71 283** vom 23/4. 1957, ausg. 2/11. 1959. D. Prior. 12/5. 1956. Zusatz zu F. P. 1 116 119; C. 1958, 14528. — C. **1958,** 12794 [D. A. S. 1 019 181].)

Chemische Fabrik Grünau Akt.-Ges., Deutschland, übert. von: **Deutsche Gold- und Silber-Scheideanstalt vormals Roessler**, *Trockenlöschprodukt.* (**F. P. 1 212 692** vom 8/1. 1959, ausg. 25/3. 1960. D. Prior. 22/1. u. 7/11. 1958. — C. **1962,** 16089 [E. P. 843 086].)

Benjamin Foster Co., Philadelphia, Pa., V.St.A., *Feuerhemmendes Überzugsmittel.* (**Oe. P. 217 604** vom 17/12. 1958, ausg. 10/10. 1961. A. Prior. 26/12. 1957. — C. **1962,** 7649 [E. P. 858 699].)

H_3. Elektrotechnik

Radio Corp. of America, Del., übert. von: Carl L. Carlson und Herbert Nelson, New Providence, N.J., V.St.A., **Halbleitereinrichtung mit Gallium enthaltenden Elektroden** besteht aus einem Halbleiter aus *Si*, dessen Oberflächen mit einer Schicht aus einer Gleichrichter-Leg. aus *In* mit 0,05—1% *Ga* versehen sind. Besteht der Halbleiterkörper aus *Ge*, so wird eine Gleichrichterschicht aus einer *In*-Leg. mit 0,5—1% *Ga* u. bis 10% *Ag* oder *Au* aufgebracht. Zwischen dem Halbleiterkörper u. der Oberflächenschicht kann ein Lot aus *Ni* oder 49% *Sn*, 49% *Pb* u. 2% *Sb* angeordnet sein. (**A. P. 2 977 262** vom 19/5. 1955, ausg. 28/3. 1961.) F. Vier. 5953

General Electric Co., New York, N.Y., V.St.A., **Überzugsmittel (I)** für *elektr.* Vorrichtungen. Sie enthalten 25—94 (%) eines Epoxyharzes, 1—25 Polyvinylacetalharz u. 5—70 eines Acryl- oder Methacrylsäureesterharzes. Die I werden in einem fl. Bad angewendet; Härter, wie Dicyandiamid sowie geringe Mengen von koll. SiO_2 werden zugesetzt. (**E. P. 884 619** vom 3/6. 1960, ausg. 13/12. 1961. A. Prior. 23/6. 1959.) M. Böttcher. 5957

Philips Electrical Industries Ltd., London, England, **Herstellung ferromagnetischer, monokristalliner Oxide** der allg. Formel x AO-y MeO-z Fe_2O_3 (I), in der $x > 0$ u. $z > x + y$ ist u. worin A für Ba, Sr, Ca oder Pb u. Me für Fe, Mn, Co, Ni, Zn, Mg oder Cu oder den 2wertigen Komplex $Li^{I} + Fe^{III}/2$ stehen. Man erhält I durch Pelletisieren eines Gemisches der Carbonate von A u. Oxide von Me u. schmilzt das Gemisch in einem Pt-Tiegel oxydierend unter Zuschlag eines Flußmittels bei $>1000^0$. Dann kühlt man langsam ab u. nach Erscheinen einiger kleiner Kristalle hexagonaler Struktur kühlt man weiter, u. zwar um 1^0/h. Man erhitzt z. B. monokristalline Verbb. der Formeln $BaSr_2Zn_{1,73}Fe^{II}Fe^{III}O_{41}$ oder $Ba_{0,21}Sr_{0,79}Co_{1,83}Fe^{II}_{0,17}FeO^{III}_{16}O_{27}$. — *Verw. in Niederfrequenzgeräten.* (**E. P. 883 067** vom 23/6. 1958, ausg. 22/11. 1961. Niederl. Prior. 22/6. 1957.) H. Nebelsiek. 5959

International Business Machines Corp., New York, übert. von: James M. Brownlow, Fishkill, N.Y., V.St.A., **Mangan-Ferrite,** bes. für magnet. Speicherelemente mit einer rechteckigen Hysteresiskurve wird hergestellt aus einem Gemisch von ca. 38,7—43,5 (Mol-%) Fe_2O_3; 51,6—58,4 MnO; u. 0—8,8 mindestens eines der Oxide von Cr, Mg, Cu, Ni, Zn, Li, Al durch Erhitzen auf 1200—1500° zur Bldg. einer Ferrospinellphase, Senken der Temp. auf 950—1050° während 16 Std. zur Bldg. einer α-Fe_2O_3-Phase an der Teilchenoberfläche u. plötzliches Abkühlen auf Zimmer-Temp., wobei α-Fe_2O_3 erhalten bleibt. (**A. P. 2 987 481** vom 15/10. 1956, ausg. 6/6. 1961.) G. Frikell. 5959

Sylvania Electric Products, Inc., V.St.A. (Erfinder: Michael Alfred Aid und Stanley Marian Poss), **Fluorescenzmaterial auf Basis von Calciumhalogenphosphat** mit einem Geh. von 0,01—0,25 g Cd auf 3 Mol Phosphat. Als Aktivierungsmittel enthält es Sb u./oder Mn. In der Fluorescenzlampe befindet sich eine Ar-Atmosphäre von niedrigem Druck. — Vorrichtung. (**F. P. 1 253 015** vom 30/3. 1960, ausg. 12/5. 1961. A. Prior. 30/4. 1959.) M. F. Müller. 5973

Soc. d'Électronique et d'Automatisme, Courbevoie, Seine, Frankreich, **Herstellung dünner kristalliner Schichten von elektrolumineszierenden Stoffen,** z. B. *Sulfiden* oder *Oxiden.* Aus einem, eine capillare Öffnung aufweisenden Kolben wird das Ausgangsmaterial in eine z. B. H_2S oder O_2 enthaltende Röhre unter solchen Temp.-Bedingungen verdampft, daß sich Einkristalle bilden. Diese Einkristalle werden dann im Vakuum verdampft u. auf einem Träger, auf dem sie rekristallisieren, niedergeschlagen. (**E. P. 861 543** vom 12/9. 1957, ausg. 22/2. 1961. F. Prior. 24/9. 1956.) O. Steil. 5975

Plessey Co. Ltd., London, England (Erfinder: John Martin Herbert), **Hitzebeständige dielektrische Körper.** In Sr–Bi-Titanat-Massen gemäß dem E. P. 834 076, die z. B. zur *Herst. von Kondensatoren* verwendet werden, können bis zu $^2/_3$

des SrO durch PbO u. bis 100% durch CaO, BaO, oder Gemische von CaO + PbO oder BaO + CaO + PbO ersetzt werden. Dabei liegt das Mol-Verhältnis der genannten Oxide zu PbO zwischen 2 u. 0,1. Die Herst. erfolgt durch Calcinieren des Oxidgemisches bei 1000—1200°, Mahlen, Formen unter Druck u. Brennen bei 1200—1400°. (**E. P. 882 944** vom 1/11. 1957, ausg. 22/11. 1961. **Zusatz zu E. P. 834 076; C. 1962, 3934.**) G. Frikell. 5983

International Business Machines Corp., New York, übert. von: Bertram A. Calhoun und Wilbert L. Shevel jun., Poughkeepsie, N.Y., V.St.A., **Synthetischer Yttrium-Aluminium-Eisen-Granat,** der niedrige magnet. Eigg. aufweist u. bes. zur Verw. als *Schaltelement* in Rechenmaschinen geeignet ist. Die Verb. $Y_3AlFe_4O_{12}$ wird hergestellt durch Sintern eines Gemisches der calcinierten Oxide bei 1440—1470° ca. 8 Std. lang in Luft oder O_2. (**A. P. 3 006 856** vom 31/12. 1959, ausg. 31/10. 1961.) G. Frikell. 5983

Manufacture Independante de Construction Radio (MICRO) (Erfinder: Maurice Henri Louis Pacaud), **Umhüllung für elektrolytische Zellen,** hergestellt aus organ., mineralorgan. oder anorgan., nichtmetall. Material, z. B. Polystyrol, Cellulose, Asbest, Glimmer, Glasfasergeweben, das mit einer Schicht eines dünnen Metallüberzugs, bes. 95%ig. Al in 5—100 μ Dicke, als Schutz gegen Feuchtigkeitsverluste versehen ist. (**Aust. P. 231 809** vom 6/2. 1959, ausg. 2/2. 1961. F. Prior. 6/2., 21/5. u. 18/7. 1958.) K. Demmler. 5993

Accumulatoren-Fabrik Akt.-Ges., Hagen, übert. von: **Dietrich Evers,** Hagen, **Herbert Gumprecht,** Volmarstein, und **Manfred Rasche,** Hagen, *Bleiakkumulator.* (**A. P. 3 011 007** vom 20/8. 1959, ausg. 28/11. 1961. D. Prior. 21/8. 1958. — **C. 1960,** 17237 [D. A. S. 1 079 141].)

Chloride Batteries Ltd., Manchester, England, *Röhrenplatte für Bleiakkumulatoren.* (**Ind. P. 65 734** vom 4/11. 1958, ausg. 26/4. 1961. E. Prior. 21/11. 1957. — **C. 1961,** 3774 [E. P. 836 262].)

Union Carbide Corp., New York, N.Y., V.St.A., *Wiederaufladbares galvanisches Primärelement.* (**Ind. P. 65 294** vom 17/9. 1958, ausg. 22/2. 1961. — **C. 1962,** 260 [E. P. 851 202].)

Dow Chemical Co., Midland, Mich., V.St.A., *Magnesiumelektrode für Primärelemente.* (**Ind. P. 66 841** vom 25/2. 1959, ausg. 25/7. 1961. — **C. 1960,** 15173 [D. A. S. 1 081 090].)

Union Carbide Corp., New York, N.Y., V.St.A., *Primäres Trockenelement.* (**Ind. P. 65 372** vom 26/9. 1958, ausg. 5/1. 1961. — **C. 1962,** 3584 [E. P. 858 205].)

Union Carbide Corp., New York, N.Y., V.St.A., *Depolarisationsgemisch für Trockenelemente.* (**Ind. P. 65 389** vom 29/9. 1958, ausg. 25/1. 1961. — **C. 1962,** 260 [E. P. 851 201].)

Sylvania Electric Products, Inc. (Erfinder: **Paul Goldberg** und **Allen Louis Solomon**), *Elektrolumineszierender Phosphor.* (**Aust. P. 232 175** vom 23/12. 1958, ausg. 23/2. 1961. A. Prior. 30 12. 1957. — **C. 1963,** 2198 [E. P. 843 907].)

N. V. Philips' Gloeilampenfabrieken (Erfinder: **Johannes Christian Duran** und **Henricus Maria Krijbolder**), *Glühkathode.* (**Aust. P. 231 761** vom 16/3. 1959, ausg. 26/1. 1961. Niederl. Prior. 18/3. 1958. — **C. 1961,** 5568 [D. A. S. 1 090 332].)

Permutit Co. Ltd. (Erfinder: **George Stefan Solt**), *Elektrodialyse.* (**Aust. P. 232 351** vom 19/11. 1958, ausg. 23/2. 1961. E. Prior. 25/11. 1957. — **C. 1962,** 2125 [E. P. 845 186].)

H_4. Wasser. Abwasser

Probleme von Geschmack und Geruch. Robert A. Baker. (J. Water Pollut. Control Federat. **33,** 1099—1106, Okt. 1961; Philadelphia, Pa., Franklin Inst.) — Abriß über Unters.-Programm u. Probleme der Wasserbeurteilung nach Geruch u. Geschmack. — 22 Literaturangaben. R. F. Haar. 6010□

Beitrag zur Untersuchung der magnetischen Behandlung kalkhaltiger Wässer. R. Delhez. (Cebelcor, Rapp. Techn. **1961,** Nr. 95, 1—26, Juli; Liège, Univ.; franz.) — Vf. untersucht das Verh. kalkhaltiger W. (speziell das von Lüttich) unter dem Einfl. einer magnet. Behandlung. Er benutzt eine App., die den Durchsatz von 27 Liter/Std. bei einer Feldstärke von 6800 Oe zuläßt. In zahlreichen Verss. bestimmt er die Zus. von ausgefällten Ndd. sowie Inkrustationen unter verschiedenen Vers.-Bedingungen. — 50 Literaturangaben. G. Hofer. 6010□

Wasser bei der Erzeugung der Zellstoff- und Sanitätswatte. Jaromír Nosek und Arnošt Tuček. (Vodní Hospodářství **1960,** 346—47, Aug.; tschech.) — Überblick über den Wasserbedarf u. die Anforderungen an das W. bei der Fabrikation von Zellstoff u. Watte. Eine Reihe von Problemen bei der Wasserversorgung u. Abwasserableitung entsprechenden Problemen in Papierfabriken. R. K. Müller. 6014□

Zwanzig Jahre Fortschritt im Ionenaustausch. W. S. Morrison und Joseph Thompson. (Water Sewage Works **107,** 225—30, Juni 1960; Rockford, Ill., Illinois Water Treatment Co.; engl.) — Übersicht über die neuere Entw. organ., bes. schwach u. stark bas. Ionenaustauscher speziell für die Wasserentsalzung. Erläuterung moderner Verff. wie Na-Ionenaustausch (IA.) nach vorherigem Kalken, Entalkalisieren durch

Cl⁻-IA., Mischbettentsalzung, Gegenstromregenerierung u. Automatisierung von IA.-Einheiten bei hohem Durchsatz u. kontinuierlicher IA. — 37 Literaturangaben.
P. Olschinka. 6020◇

Trinkwasserreinigung. Alfred Torricelli. (Advances Chem. Ser. Nr. **21**, 453—65, 1959; Bern; engl.) — Es werden 2 neu entwickelte Ozon-Verff. zur Desinfektion von Trinkwasser mit den konventionellen Verff. verglichen. H. Dorsch. 6024◇

Experimentelle Untersuchungen zur Dekontaminierung von Wasser im Hinblick auf die Bereitung von Trinkwasser aus radioaktiv verseuchten Oberflächenwässern. 1. u. 2. Mitt. E. H. Graul und E. K. Reinhardt. (Atompraxis **4**, 397—402, Nov. 1958; **5**, 5—10, Jan. 1959; Marburg, Philipps Univ., Abt. für Strahlenbiolog. u. Isotopenforsch.; Bad Kreuznach, Seitz-Werke G.m.b.H., Wissenschaftl. Labor.; dt.) — Grundlagen u. Wirkungsweise eines kontinuierlichen 4-Stufen-Verf. zur Bereitung von Trinkwasser aus verseuchten Wässern sowie Verss. zur radioakt. Dekontaminierung mit Modellanlagen im Labor.-Maßstab werden beschrieben. Als Kontaminierung wurden 250 μc ^{90}Sr-^{90}Y/Liter u. 100 μc ^{32}P bzw. 1 μc/Liter gemischte Spalt-Prodd. gewählt. Im Falle der gemischten Spalt-Prodd. liegen für ^{90}Sr, ^{89}Sr u. ^{137}Cs die erzielten Dekontaminierungsfaktoren zwischen 22000 u. 7200. Ein nach dem gleichen Verf. arbeitendes, mehrteiliges tragbares Filteraggregat mit Motorpumpe u. 400 Liter stündlicher Wasserleistung wird wiedergegeben. Gerhard Schmidt. 6024□

Möglichkeiten der kontinuierlichen Überwachungen des Abwassers und der Gewässer. 1. Mitt. W. Husmann und F. Malz. (Wasser, Luft Betr. **6**, 176—81, April 1962; Essen; dt.) — Übersicht über Erfahrungen mit kontinuierlichen Temp.-, pH-Wert- u. Leitfähigkeitsmeß-Meth. zur Abwasser- u. Flußwasserüberwachung.
P. Olschinka. 6036□

Möglichkeiten der kontinuierlichen Überwachungen des Abwassers und der Gewässer. 2. Mitt. W. Husmann und F. Malz. (Wasser, Luft Betr. **6**, 244—48, Mai 1962; Essen; dt.) — Allg. Bericht über Einsatzmöglichkeiten u. Funktion automat. Geräte zur Kontrolle des Salz-Geh. (Dephimeter), des Geh. an Sinkstoffen u. der Trübung von Abwässern. P. Olschinka. 6036◇

Abwasserentgiftung automatisch oder nichtautomatisch. Robert Weiner. (Industrie-Rdsch. **17**, 21—23, Febr. 1962; dt.) — Vf. gibt einen Überblick über die Problematik der Abwasserentgiftung. Zur Automatisierung kann folgendes gesagt werden: Je größer die Anlage, desto höher der Automatisierungsgrad. Durch eine Automatisierung können Abwasserbehälter eingespart werden, sie ist billiger als der Handbetrieb. Leider nimmt aber die Wirksamkeit der Abwasserentgiftung mit zunehmendem Automatisierungsgrad ab. Eine Vollautomatisierung lohnt sich also nur für sehr große Anlagen. R. Worbis. 6036◇

Behandlung der Abgänge aus der Orlon-Herstellung. E. Folger Taylor, Frank T. Bodurtha jun., Robert F. Rocheleau und George C. Gross. (J. Water Pollut. Control Federat. **33**, 1076—89, Okt. 1961; Waynesboro, Va., Textile Fibers Dep., E. I. du Pont de Nemours & Co.; engl.) — Vff. berichten über Unterss. zur Beseitigung des *Dimethylamins* u. *Dimethylformamids* aus dem Abgas der Orlonherstellung. Die günstigsten Ergebnisse wurden durch katalyt. Verbrennung des Abgases mit Luftüberschuß an Pt-Kontakten erzielt. Die Abwasseraufbereitung wird unter Zusatz von H_3PO_4 u. Spurennährstoffen durch Zwischenschaltung einer Belüftung u. eines Abscheiders durchgeführt. Der aus dem Abscheider abgezogene Schlamm wird z. T. im Kreislauf geführt u. in den Belüftungstank zurückgegeben. Durch diese Maßnahmen wird die Verunreinigungsmenge des Prozesses auf 8% des Ausgangswertes gesenkt. R. F. Haar. 6036□

Abscheiden von Stoffen aus Abwasser und industriellen Abfällen. Hunter McKay. (Proc. annu. Arkansas Water Sewage Conf. **28**, 31—37, März 1959; engl.) — Beschreibung von mechan. Sieb-Vorr. u. deren Wrkg.-Grad in Abhängigkeit von der Korngröße der Feststoffe. H. Dorsch. 6040◇

Die Reinigung von Lederabwässern in der Deutschen Demokratischen Republik. Max Merz. (Kožařství **11**, 75—81, 1961; Leipzig; tschech.) — Vf. bespricht vom ökonom. Standpunkt der Lederindustrie aus die mechan. Reinigung, die chem. Klärung u. die biolog. Reinigung der Abwässer. E. Knopp. 6040□

Die Zusammensetzung und Behandlung von Rübenzuckerfabrik-Abwässern. A. Carruthers, P. J. Gallagher und J. F. T. Oldfield. (Z. Zuckerind. **11 (86)**, 443 bis 447, 20/8. 1961; dt.) — Ausführliche Beschreibung u. Analysentabellen über den Abbau der organ. Stoffe aus dem Klarwasser der Klärteiche durch biolog. Behandlung mit Tropfkörpern. H. Dorsch. 6044◇

Das anaerobe Kontaktverfahren in der Praxis. Edwin B. Fall jun. und L. S. Kraus. (J. Water Pollut. Control Federat. **33**, 1038—49, Okt. 1961; Peoria, Ill., Peoria Sanitary Distr.; engl.) — Vff. geben von einer aus Kontakttank, Tropfkörper u. Klärteich bestehenden Kläranlage für einen Zeitraum von 20 Monaten die monatlichen Durchschnittswerte der Abnahme des BSB-Wertes der 3 Verff.-Stufen. Hiernach tritt die Funktion von Tropfkörpern u. Klärteich in den Wintermonaten zugunsten der des Kontakttanks u. in den Sommermonaten die des Kontakttanks zugunsten von Tropfkörper u. Klärteich zurück. Die BSB-Abnahme beträgt im Mittel 34%, die des suspendierten Feststoffanteils 77%. Die BSB-Abnahme im Kontakttank ist in den Sommermonaten geringer, die Abnahme des suspendierten Feststoffanteils bleibt konstant. In einem Diskussionsbeitrag von Coulter u. Ettinger wurde hervorgehoben, daß anaerobes Kontakt-Verf. u. aerobe Zers. sich ergänzen, indem im Winter bei verringerter Funktion von Tropfkörper u. Klärteich der Abbau im Kontakttank am höchsten u. im Sommer bei erhöhtem Abbau in Tropfkörper u. Teich der BSB-Rückgang hier am geringsten ist. R. F. Haar. 6044□

Die Simplex-Hochleistungs-Belüftung bei der Reinigung von Abwässern nach dem Belebungsverfahren. Wolfgang Christ. (Wasser, Luft Betr. **6,** 340—43, Juli 1962; Essen; dt.) — Allg. Bericht über Oberflächenbelüftung u. Umwälzung des Abwassers beim Belebtschlamm-Verf. mittels Simplexkreisel. P. Olschinka. 6044◇

Untersuchungen über die Behandlung eines Abwassers mit Belebtschlamm. Julian Mokrzycki, Tadeusz Sedzikowski und Jerzy Stasiak. (Prace Inst. Włókiennictwa **11,** 116—27, 1961; Łódź, Biuro Projektow Bud. Komun.; pol.) — Vff. berichten über die Behandlung des zu 80—85% aus industriellem (davon 50% Textilabwasser) u. 10—15% häuslichem Abwasser bestehenden Abwassers von Lodz mit Belebtschlamm in 10-Liter-Vers.-Becken (Belüftung durch G 4-Fritte). Hierbei interessierte die Frage einer Störung durch den Geh. des Abwassers an Cr^{3+}, Cr^{6+}, *Cu*, *Zn* u. *Detergentien*. Ferner sollte geprüft werden, ob Faktoren wie Belüftungszeit, Beckenbelastung, Schlammbelastung u. Belüftungsrate gegenüber der Behandlung von häuslichem Abwasser wesentlich verändert werden müssen. Das zur Unters. verwandte Abwasser [340—600 (mg/Liter) BSB_5, 110—220 $KMnO_4$-Verbrauch] wurde mit 750 bis 2800 Schlamm (Trockensubstanz) behandelt u. enthielt für biolog. Prozesse ausreichend N (60) u. PO_4^{3-} (30). Es wird gezeigt (Vers. über 2—3 Wochen), daß bei einer Beckenbelastung von 5,76 kg BSB_5/m^3/Tag bei 2 std. Aufenthaltszeit ein BSB_5-Abbau von 89% erreicht werden kann. Hierbei wird ein $KMnO_4$-Abbau von 70—85% erzielt. Die erhaltenen Ergebnisse werden mit Angaben der Literatur verglichen. Demnach scheint die biolog. Reinigung der Abwässer von Lodz bei Einhaltung günstiger OC/Load-Werte (OC = Oxydationskapazität) u. einer Schlammbelastung von 0,5—2 kg möglich zu sein. Hans Thiele. 6044□

Abbau von Cellulose durch Belebtschlamm-Behandlung. E. Hurwitz, A. J. Beck, E. Sakellariou und M. Krup. (J. Water Pollut. Control Federat. **33,** 1070—75, Okt. 1961; Gr. Chicago, Metrop. Sanitary Distr.; engl.) — Vff. berichten, daß bei der aeroben Cellulose-Zers. die Umsetzungs-Geschw. temperaturabhängig u. im Sommer höher als im Winter ist. Zur Ausschaltung dieses Temp.-Effektes wird diskutiert, entweder die Mikroorganismenzahl zu erhöhen oder längere Verweilzeiten für den Abbau zu gestatten. R. F. Haar. 6044□

Entfernung von Enteroviren aus Abwasser durch Belebtschlamm. Sally Kelly, Wallace W. Sanderson und Carol Neidl. (J. Water Pollut. Control Federat. **33,** 1056—62, Okt. 1961; Albany, N.Y., Div. of Labor. and Res., New York State Dep. of Health; engl.) — Vff. ermitteln, daß durch Sedimentation u. Ausflockung die Mikroorganismen nur z. T. entfernt u. während der nachfolgenden Belüftung in Ggw. von Belebtschlamm u. Nährstoffen vollständig inaktiviert werden. Eine Belüftung ohne gleichzeitigen Zusatz von Belebtschlamm hatte keine Wrkg., auch die mechan. Stabilität des Schlammes war im Hinblick auf die Entfernung der Viren ohne Einfluß. — 24 Literaturangaben. R. F. Haar. 6044□

Toxizitätsänderungen gelagerter Ölraffinerieabwässer. Wm. R. Gould und Troy C. Dorris. (J. Water Pollut. Control Federat. **33,** 1107—11, Okt. 1961; Stillwater, Okla., Okla. State Univ., Aquatic Biol. Labor.; engl.) — Raffinierieabfälle steigender Toxicität (T.) wurden inkubiert u. unter Verw. von *Elritzen* (*Pimephales promelas*) auf die Veränderung der mittleren Toleranzgrenzen untersucht. Hierbei zeigte sich, daß unter Luftabschluß bei Proben hoher T. keine, bei Proben mittlerer T. schon nach 4 bis 8 Tagen eine signifikante Abnahme der T. eintrat. R. F. Haar. 6050□

Kontinuierliche Direktüberwachung kleiner β-Aktivitäten im Wasser. H. Kiefer und R. Maushart. (Atompraxis **5,** 431—33, Okt. 1959; Karlsruhe, Kernreaktor Bau- u. Betriebs-GmbH.; dt.) — Vff. beschreiben eine Wasserüberwachungsanlage zur laufenden Registrierung der β-Aktivität. Sie arbeitet mit 2 großflächigen Methandurchflußzählern, von denen einer gegen β-Strahlen abgeschirmt ist u. deren Anzeige zur

Unterdrückung des Nulleffekts in Differenz geschaltet wird. Es wird über Eichung u. Empfindlichkeit der Anordnung berichtet, diese liegt in der Größenordnung 10^{-6} $\mu c/cm^3$ für $^{90}Sr/^{90}Y$, reicht also aus, die maximal zulässigen Konzz. aller β-Strahler zu erfassen. Auch für die Überwachung dünner Luftschichten auf β-Aktivitäten ist die Anordnung einsetzbar. W. Reusse. 6050□

Die Quellen des oberen Beckens der Wildbäche Dolo und Secchiello in den reggianischen Appenninen. Luigi Olivari und Roberto Benassi. (Boll. Lab. chim. provinc. **11**, 710—31, Okt./Dez. 1960; Reggio Emilia, Labor. chim. provinc.; ital.) — Es wurden die W. von 16 Quellen untersucht u. analysiert. In allen untersuchten Fällen wurden Spurenminerale gefunden. Die mit den klass. quant. Meth. von Fresenius erhaltenen Ergebnisse sind nach der Klassifizierung von Marotta-Sica [1929] tabellar. wiedergegeben. G. Platzer. 6058□

Analyse der medizinalen Mineralwässer von „Valle Niza" bei Velez-Malaga (Malaga). R. Casares. (An. Bromatol. [Madrid] **13**, 167—73, 1961; Madrid, Univ.; span.) — Chem. Analyse sowie die physikal.-chem. Best. der medizinalen Mineralwässer von „*Valle Niza*". Die hypothet. Gruppierung der Ionen wird nach der Meth. von Trech u. Suckling berechnet. B. Franz. 6058□

Analyse der medizinalen Mineralwässer des „Monte del Duque" bei Majada Madrid, Casares (Malaga). R. Casares. (An. Bromatol. [Madrid] **13**, 175—81, 1961; Madrid, Univ.; span.) — Es werden die chem. Analyse sowie die physikal.-chem. Best. der medizinalen Mineralwässer des „Monte des Duque" wiedergegeben. Aus den Ergebnissen wird die hypothet. Gruppierung der Ionen nach der Meth. von Trech u. Suckling berechnet. B. Franz. 6058□

Labor- und Feldmethode für den Nachweis anionaktiver Detergentien in Oberflächen-, Grund- und Abwasser. E. Michelsen und E. Märki. (Mitt. Gebiete Lebensmittelunters. Hyg. [Bern] **52**, 557—66, 1961; Zürich, Eidg. Anstalt für Wasserversorgung, Abwasserreinigung u. Gewässerschutz; dt.) — Die Meth. zur Best. von Detergentien (Dg.) nach Longwell-Maniéce wird durch Fortfall der mehrstufigen Extraktion vereinfacht. Arbeitsweise: 100 ml W. (Dg.-Geh. 0,02—0,12 mg) werden mit 10 ml Phosphatpuffer (pH 10) versetzt. In Anwesenheit von Sulfit wird mit 2 ml H_2O_2 (20%ig.) oxydiert. Dann werden 5 ml neutrale, wss. *Methylenblau-Lsg.* (**I**) zugegeben u. der Komplex mit 50 ml $CHCl_3$ extrahiert. Der Extrakt (E.) wird mit einer Lsg. von 5 ml angesäuerter **I** in 110 ml W. gewaschen, filtriert u. bei 640—650 mμ colorimetriert. Als Eichsubstanz wird *Tetrapropylenbenzolsulfonat* (*PTS*) verwendet. Zur Schnellbest. im Freiland vergleicht man E. direkt gegen eine Reihe TPS-Standards. P. Olschinka. 6060◇

Schnelle Bestimmung von Coli-Organismen mit ^{14}C. Gilbert V. Levin, Virginia L. Stauss und Walter C. Hess. (J. Water Pollut. Control Federat. **33**, 1021—37, Okt. 1961; Washington, D. C., Georgetown Univ.; engl.) — Vgl. C. **1960**, 10358. — Vff. entwickeln von dem McConkey MF-Test ausgehend ein Verf. zur Best. von *Coli*-Bakterien in Wasserproben. Hiernach wird die Wasserprobe durch ein Membranfilter abgesaugt, das Filter in einem radioakt. markierten Nährsubstrat inkubiert, das entwickelte CO_2 in Barytlauge aufgefangen u. die Radioaktivität in der Vorlage gemessen. Zur Ermittlung der Spezifität dieses Testes wurden Vgl.-Unterss. mit reinen Kulturen *E. Coli*, *Pseudomonas sp.* u. *Alcaligenes sp.* durchgeführt, aus denen sich ergab, daß von der Filtermembran tox. Wrkg. ausgehen, die einen Einfl. auf die Bakterienpopulation auszuüben vermögen. — 11 Literaturangaben. R. F. Haar. 6064□

Beitrag zur analytischen Bestimmung von Phenolverbindungen. J. Morkowski. (Wasser, Luft Betr. **6**, 345—48, Juli 1962; Köln, dt.) — Vf. prüfte den qual. Nachw. für Phenol (**I**) nach Splittgerber u. Nolte (1931) auf seine Eignung als quant. Methode. 100 ml W. (0,4—100 mg/Liter **I**) werden mit 10 ml HNO_3 (65%ig.) 10 Min. lang unter Rückfluß gekocht, nach Abkühlen mit 20 ml NH_4OH (25%ig.) versetzt u. unter Verw. der Zeiss-Filter S 42 E ($\leqq$ 8—10 mg **I**) u. S 47 E ($>$10 mg **I**) colorimetriert. Der HNO_3-Zusatz wird bei größerem Geh. an oxydierbaren Stoffen auf 15 ml erhöht. Das Verf. ist im Vgl. zur Bromierungs-Meth. nach den „Deutschen Einheits-Verf." schneller u. genauer. Die Störanfälligkeit gegen hohe SO_3^{2-} u. SO^{2-}-Geh. der analysierten Lsgg. ist geringer. P. Olschinka. 6068◇

Messung von organischen Verunreinigungen in nordamerikanischen Flüssen. Francis M. Middleton und James J. Lichtenberg. (Ind. Engng. Chem., int. Edit. **52**, 73A—76A, Juni 1960; Robert A. Taft Sanitary Engng. Center; engl.) — Größere Wassermengen werden im Verlauf von 10 Tagen durch ein Filter mit Aktivkohle filtriert (Ø = 3 inch u. Länge = 18 inch). Die Kohle wid danach getrocknet, mit Chlf. u. dann mit A. extrahiert. Nach dem Abdampfen des Lsgm. wird die wachsartige bis viscose Masse getrennt in ätherunlösl., wasserlösl., schwache Säuren, starke Säuren, Basen u. Neutralsubstanzen. Nähere Charakterisierung durch chromatograph. Meth. u. IR-Spektroskopie. H. Dorsch. 6068◇

S.E.T.U.D.E. (Soc. d'Études pour le Traitement et l'Utilisation des Eaux) (Erfinder: Cyril Gomella), *Enthärten von Wasser durch Ionenaustausch.* (**Aust. P. 231 796** vom 28/9. 1958, ausg. 2/2. 1961. F. Prior. 10/10. 1957. — C. **1962,** 263 [F. P. 1 184 166].)

George Henderson Graves und George Washington Gray, V.St.A., *Chlorieren von Schwimmbeckenwasser.* (**F. P. 1 221 375** vom 21/3. 1959, ausg. 1/6. 1960. — C. **1962,** 12793 [A. P. 2 887 444].)

Bran & Lübbe, Deutschland, *Herstellung ClO_2 enthaltender Lösungen für die Wasserreinigung.* (**F. P. 1 241 406** vom 17/11. 1959, ausg. 21/12. 1960. D. Prior. 18/12. 1958. — C. **1961,** 972 [D. A. S. 1 082 580].

Coal Industrie (Patents) Ltd. (Erfinder: **Harold Arthur Page**), London, England, *Behandeln von Abwässern.* (**E. P. 876 664** vom 19/9. 1956, ausg. 6/9. 1961. — C. **1962,** 263 [Ind. P. 61 691].)

H_5. Anorganische Industrie

Dow Chemical Co., übert. von: Robert Palmer Ruh und Ralph Anderson Davis, Midland, Mich., V.St.A., **Herstellung von Fluorwasserstoff.** Man leitet ein Gemisch von überschüssigem H_2 u. einer F enthaltenden organ. Verb. bei $>500^0$ über akt. Kohle, die ggf. noch einen Metallkatalysator enthalten kann, u. trennt den erhaltenen HF ab. Als Ausgangsstoffe können CF_4, C_2F_6, $CBrClF_2$, $CClF_3$, CCl_2F_2, $CF_2BrCF_2 \cdot Br$, $CFHClCHCl_2$, $CFCl_2CHClCCl_2F$, $CF_3(CF_2)_{14}CF_3$ usw. (**A. P. 3 006 727** vom 3/7. 1958, ausg. 31/10. 1961.) K. Demmler. H 246

Dow Chemical Co., Midland, Mich., übert. von: Franciszek Olstowski, Freeport, Tex., V.St.A., **Herstellung von Uran-, Bor-, Yttrium- und Magnesiumfluoriden,** indem man ein das entsprechende Oxid enthaltende Material mit einem Fluorkohlenstoff, z. B. CF_4 oder C_2F_6, bei 700—900° zur Rk. bringt u. in bekannter Weise das Fluorid von nicht umgesetztem Oxid trennt. (**A. P. 3 007 772** vom 23/5. 1957, ausg. 7/11. 1961.) K. Demmler. H 246

E. I. du Pont de Nemours & Co., Wilmington, Del., übert. von: William Channing Smith, Wilmington, Del., und Earl Leonard Muetterties, Chadds Ford, Pa., V.St.A., **Herstellung von Verbindungen der Formel $nSF_4 \cdot MF_x$** (M = H, B oder ein Element der Gruppen IVa oder Va, das eine Atomnummer von wenigstens 15 aufweist u. ein $<800^0$ bei 760 mm Hg sd. bin. Fluorid bildet; n = 1—3; x = Wertigkeit von M) durch Rk. von SF_4 mit den entsprechenden bin. Fluoriden. — Beispiele: $SF_4 \cdot SbF_5$; $SF_4 \cdot SbF_3$; $SF_4 \cdot PF_5$; $SF_4 \cdot AsF_3$; $2\,SF_4 \cdot GeF_4$. (**A. P. 3 000 694** vom 25/3. 1957, ausg. 19/9. 1961.) K. Demmler. H 246

Matthias Thoma, Waldkraiburg, **Gewinnung von Chlor aus Chlorwasserstoff.** Das Verf. nach D. A. S. 1 068 676; C. **1960,** 7639 wird statt bei 300—450° bei 400—650° durchgeführt. (**A. P. 2 987 378** vom 15/10. 1958, ausg. 6/6. 1961. D. Prior. 17/10. 1957.) K. Demmler. H 247

Esso Research and Engineering Co., Del., V.St.A., übert. von: Jackson Eng und Sydney H. J. Greenwood, Sarnia, Canada, **Trennen von Chlor und Chlorwasserstoff.** Man bringt die Gasgemische in Kontakt mit einem krist. Al-Silicat-Zeolith (Porengröße 4—5 Å) bei 50—200° F, wobei HCl selektiv adsorbiert wird, erhitzt den Zeolith auf 700—1000° F u. erhält reinen HCl. (**A. P. 3 001 607** vom 4/11. 1958, ausg. 26/9. 1961.) K. Demmler. H 247

Food Machinery & Chemical Corp., New York, N.Y., übert. von: Robert J. Fuchs, Clark Township, und Irwin A. Lichtman, Oradell, N.J., V.St.A., **Stabilisieren von wässerigen, aktives Chlor enthaltenden Lösungen** gegen Zers. durch UV-Licht u. durch Kontakt mit Fe u. Cu durch Zusatz von Cyanursäure, Ammelid u. deren Salzen in größeren Gewichts-Konzz. als die Konz. des verfügbaren Cl in der Lsg., z. B. bei 0,4—15 (ppm) Cl 2—50 Cyanursäure. (**A. P. 2 988 471** vom 2/1. 1959, ausg. 13/6. 1961.) K. Demmler. H 247

Union Carbide Corp., übert. von: John P. Oliver, Berea, Ohio, V.St.A., **Graphitanoden für die Chloralkalielektrolyse nach dem Amalgamverfahren.** Die Anodenplatten sind auch an den Stellen mit für den Abzug von Cl_2 bestimmten Löchern versehen, an denen die Anodenstifte eingelassen sind. Die mit Bohrungen versehenen Anodenschäfte — die Bohrungen verlaufen vom Schaftende schräg zum Schaftumfang — reichen jedoch mit ihren Endflächen nicht bis zur Oberseite der für Aufnahme der Schaftenden in der Anodenplatte vorgesehenen Aussparungen, so daß das Cl_2 auch durch im Bereich des Anodenschaftes in der Platte befindliche Löcher am Schaftende vorbei u. durch den Schaft hindurch auf die Oberseite der Anodenplatte gelangt. Es wird eine gleichmäßigere Abnutzung der Anodenunterseite erreicht. — Zeichnungen. (**A. P. 2 974 098** vom 9/4. 1958, ausg. 7/3. 1961.) K. Wolk. H 247

Pennsalt Chemicals Corp., Philadelphia, übert. von: William A. La Lande jun., Wyndmoor, Pa., V.St.A., **Herstellung von Perchlorylfluorid.** Man erhitzt unter Rühren ein Gemisch aus $HFSO_3$ u. einem anorgan. Perchlorat, z. B. Na-, Li-, Mg-Perchlorat, im Verhältnis von wenigstens 6 Mol. $HFSO_3$ pro Mol. Perchlorat auf wenigstens 40, z. B. 125°. (**A. P. 2 982 617** vom 1/4. 1960, ausg. 2/5. 1961.)
K. Demmler. H 247

Pennsalt Chemicals Corp., Philadelphia, Pa., übert. von: Howard M. Dess, Niagara Falls, N.Y., V.St.A., **Herstellung von Perchlorylfluorid.** Man bringt ein anorgan. Perchlorat mit $HFSO_3$ in Ggw. von BF_3, SbF_3 oder wasserfreiem HF bei 40 bis 145° zur Rk., wobei das Verhältnis von Fluorid:$HFSO_3$ 1:1 bis 1:100 u. das Verhältnis von Perchlorat:$HFSO_3$, z. B. 10:100 Gew.-Teile beträgt. — Vgl. A. P. 2 982 617; vorst. Referat. (**A. P. 2 982 618** vom 24/5. 1960, ausg. 2/5. 1961.) K. Demmler. H 247

Imperial Chemical Industries Ltd., London, England (Erfinder: Thomas Reginald Scott, Norman Gunning Bromby und Coningsby Allday), **Nichtzusammenbackendes Kochsalz** wird dadurch erhalten, daß trockenes oder filterfeuchtes Salz oder die zu filtrierenden Salzsuspensionen mit *Nitrilotriessigsäureamid*, $N(CH_2CONH_2)_3$, in Mengen von 0,0001—0,05% vermischt wird. (**E. P. 871 456** vom 1/12. 1958, ausg. 28/6. 1961.) K. Wolk. H 247

International Salt Co., Inc., Scranton, Pa., übert. von: Kurt Ladenburg, Chappaqua, N.Y., und Arthur Bloomberg, Roselle, N.J., V.St.A., **Calciumsulfatfreie wässerige Natriumchloridsolen** werden dadurch erhalten, daß man entweder dem der Herst. der Solen dienendem Rohsalz oder dem W. vor Zusammenbringen beider ein Alkalicarbonat (I), bes. Na_2CO_3 u. ein Alkalipolyphosphat (II), bes. Natriumpyro- oder Natriumhexameta- oder Natriumtripolyphosphat, zusetzt, wobei der Zusatz an **I** 0,3—3 (g) u. an **II** 0,06—1 PO_4^{3-} je kg NaCl betragen soll. (**A. P. 2 977 189** vom 29/10. 1956, ausg. 28/3. 1961.) K. Wolk. H 247

Thiokol Chemical Corp., Trenton, N.J., übert. von: Harold W. Ritchey, Huntsville, Ala., V.St.A., **Herstellung von Ammoniumperchlorat,** das frei von okkludiertem W. ist u. einen Reinheitsgrad von wenigstens 90% aufweist. Man bringt $KClO_4$ u. NH_4Cl in fl., wasserfreiem NH_3 unter Druck bei —35 bis +50° zur Rk., trennt KCl ab, dampft das Filtrat ein u. erhält z. B. ein 94,1%ig. NH_4ClO_4. (**A. P. 2 972 514** vom 9/6. 1958, ausg. 21/2. 1961.) K. Demmler. H 247

N. V. Philips' Gloeilampenfabriken (Erfinder: Wilhelmus Bernadus Huising, Herman Hendrik Philip Moeken und Dirk Nonhebel), **Isolieren von radioaktivem Jod-131** aus mit langsamen Neutronen beschossenen TeO_2 (I), dad. gek., daß man das **I** in einer wss. sauren Lsg., bes. 50%ig. H_2SO_4, suspendiert, die Suspension auf eine Temp. erhitzt, bei welcher das TeO_2 hydratisiert u. das J in die wss. Lsg. übergeht, aus der es in üblicher Weise gewonnen wird. (**Aust. P. 232 488** vom 29/1. 1959, ausg. 23/2. 1961.) C. Lüttgen. H 249

United States of America, Secretary of Agriculture, übert. von: Charles L. Mehltretter und Carl S. Wise, Peoria, Ill., V.St.A., **Abtrennen von wenigstens 90% des Natriummetaperjodats aus seinen Herstellungslösungen.** Die Lsgg. werden unter Eindampfen u. Abkühlen durch fraktionierte Kristallisation in $NaJO_4$ u. $Na_2SO_4 \cdot 10\,H_2O$ getrennt, wobei beim 1. Eindampfen u. Kristallisieren bei 37° $NaJO_4$ in einer Reinheit von 93% gewonnen wird. — Diagramme. (**A. P. 2 989 371** vom 1/8. 1958, ausg. 20/6. 1961.) K. Demmler. H 249

Allen G. Eickmeyer, Prairie Village, Kans., V.St.A., **Gewinnung von Schwefel** aus einem H_2S u. ggf. CO_2 enthaltenden Gas. Man läßt heißen, geschmolzenen S in einer Kontaktzone mit dem Gas zusammentreten u. hält dabei die Temp. auf 425°F; dabei wird H_2S von dem heißen S absorbiert. Mit SO oder einem anderen O_2-haltigen Gas führt man den H_2S in S u. Wasserdampf über, kontrolliert aber dabei die Temp., so daß sie im Bereich von 425—500°F gehalten wird. — Zeichnungen. (**A. P. 2 994 588** vom 9/10. 1958, ausg. 1/8. 1961.) H. Nebelsiek. H 253

Universal Oil Products Co., Des Plaines, übert. von: Lester G. Massey, Arlington Heights, Ill., V.St.A., **Zersetzung von Schwefelwasserstoff** in H_2 u. S, dad. gek., daß man eine größere Menge H_2 mit einer kleineren Menge H_2S kontinuierlich über glühendes W leitet. (**A. P. 2 984 548** vom 30/12. 1957, ausg. 16/5. 1961.)
A. Gradl. H 253

Tennessee Valley Authorithy, übert. von: Grady Tarbutton, Thomas M. Jones und John C. Driskell, Sheffield, und Carter M. Smith, Florence, Ala.,

V.St.A., **Gewinnung von Schwefeldioxid aus Abgasen.** Die Abgase werden durch einen Scrubber-Turm im Gegenstrom zu einem wss. Schlamm von Manganoxiden geleitet zwecks Bldg. von $MnSO_4$, das in einer nachfolgenden Stufe calciniert wird. Das dabei gebildete MnO_2 kehrt im Kreislauf zum Schlamm. Zwecks Kontrolle des Anteils der niederen Manganoxide, die bei der Calcination mitentstehen, wird die heiße Mischung von Manganoxiden einem Luftstrom ausgesetzt u. dabei werden die niederen Oxide oxydiert. (**A. P. 2 984 545** vom 27/2. 1958, ausg. 16/5. 1961.) W. Hauswald. H 253

Laporte Chemicals Ltd., Luton, England (Erfinder: Stanley Kenneth May), **Herstellung von Natriumsulfid-Hydrat** ($Na_2S \cdot 5^1/_2\, H_2O$), dad. gek., daß in eine über 48,9° erwärmte, wss., gesätt. Na_2S-Lsg. eine wss. Na_2 S-Lsg. höherer Konz. u. höherer Temp. eingebracht wird, wobei $Na_2S \cdot 5\frac{1}{2}\, H_2O$-Kristalle ausfallen. (**E.P. 873 233** vom 30/4. 1959, ausg. 19/7. 1961.) A. Gradl. H 253

E. I. du Pont de Nemours & Co., Wilmington, Del., übert. von: George Martin James, Columbia, Tenn., V.St.A., **Reinigung von verdünnten Natriumthiocarbonate, -sulfide und -polysulfide enthaltenden Natriumsulfatlösungen** erfolgt dadurch, daß die Lsgg. mit H_2SO_4 bis zu pH 7—8 versetzt u. dann auf 110—120° F erhitzt werden. — Verf.-Schema. (**A. P. 2 970 890** vom 23/8. 1957, ausg. 7/2. 1961.) K. Wolk. H 253

Bell Telephone Laboratories, Inc., New York, N.Y., übert. von: Earl S. Greiner, Short Hills, N.J., V.St.A., **Herstellung von kompaktem Bor.** Ein länglicher, senkrecht in einem Quarzgefäß befestigter Preßling (I) aus B + B_2O_3 wird in inerter Gesamtatmosphäre so durch eine Induktionsheizung geführt, daß jeweils nur eine schmale Zone des I erhitzt u. zum Schmelzen gebracht wird u. diese Zone von oben nach unten durch den I wandert. In der Schmelzzone verdampft das B_2O_3 u. das B sintert zusammen, so daß ein länglicher kompakter Körper aus hochreinem B erhalten wird. — Vorrichtung. (**A. P. 2 990 261** vom 11/12. 1958, ausg. 27/6. 1961.) H. Roos. H 258

Callery Chemical Co., Pittsburgh, Pa., übert. von: Cecil C. Chappelow jun., und Roland L. Hughes, Kansas City, Mo., V.St.A., **Herstellung von Diboran** erfolgt dadurch, daß man niedere Dialkoxyborine (I), bes. $BH(OCH_3)_2$, in Ggw. von niederem Borsäurealkylestern (II), bes. $B(OCH_3)_3$, bei 40—80° u. 35—50 lb/ft disproportionieren läßt, zunächst B_2H_6 vom Gemisch u. dann **II** abtrennt u. das nichtdisproportionierte **I** zusammen mit neuem **I** wiederverwendet. — Schema. (**A. P. 2 970 894** vom 5/4. 1956, ausg. 7/2. 1961.) K. Wolk. H 258

Olin Mathieson Chemical Corp., Va., übert. von: Charles J. Smith jun. †, Williamsville, N.Y., und Judson A. Wood, Niagara Falls, N.Y., V.St.A., **Herstellung von Diboran in Handelsmengen** durch Rk. von B_2H_6 mit LiH in Ae. bei 10—30° u. u. 3—5 lbs./sq.in. u. Umsetzung des gebildeten $LiBH_4$ mit BCl_3 unter gleichen Bedingungen. Ein Teil des erhaltenen B_2H_6 wird in die 1. Rk.-Stufe zurückgeführt, das gleichzeitig gebildete LiCl wird elektrolysiert u. aus dem so gewonnenen metall. Li wieder LiH dargestellt. (**A. P. 2 983 582** vom 29/7. 1957, ausg. 9/5. 1961.) H. Roos. H 258

E. I. du Pont de Nemours & Co., Wilmington, Del., übert. von: George H. Kalb, Landenberg, Pa., V.St.A., **Herstellung von Diboran** durch Rk. eines B-Esters [z. B. $B(OR)_3$, $(OBOR)_3$, wobei R ein einwertiger KW-Stoff-Rest] mit H_2 in einer Metallhalogenidschmelze (z. B. $AlCl_3$ + NaCl; $AlCl_3$ + KCl) bei 100—800° in Ggw. eines Katalysators (metall. Fe, Al). (**A. P. 2 985 510** vom 1/4. 1957, ausg. 23/5. 1961.) H. Roos. H 258

Callery Chemical Co., Pittsburgh, übert. von: George F. Huff, Fox Chapel, und William H. Schechter, Zelienople, Pa., V.St.A., **Herstellung von Diboranen** durch Rk. wenigstens einer Verb. aus den Gruppen $B(OR)_3$ u. $B_2O_3(OR)_3$ mit wenigstens einem Hydrid aus den Gruppen MeH u. $MeBH_n(OR)_{4-n}$, wobei R ein Alkylrest, bes. CH_3- u. Me = Alkalimetall, bes. Na, ist, bei erhöhter Temp. u. erhöhtem Druck, wobei sich als Zwischenprod. Dialkoxyborat bildet. Man kann auch Dimethoxyborat mit Trimethylborat reagieren lassen. (**A. P. 2 992 072** vom 24/10. 1958, ausg. 11/7. 1961.) H. Roos. H 258

Olin Mathieson Chemical Corp., Va., übert. von: William De Acetis, Niagara Falls, und Samuel I. Trotz, Buffalo, N.Y., V.St.A., **Herstellung von Dekaboranen** durch therm. Zers. von B_2H_6 bei 100—200° in Anwesenheit einer Lewis-Base (z. B. Dimethyläther) u. ggf. Pentaboran. (**A. P. 2 983 581** vom 5/12. 1956, ausg. 9/5. 1961.) H. Roos. H 258

Olin Mathieson Chemical Corp., Va., übert. von: Joseph A. Neff, Arcadia, Calif., V.St.A., **Herstellung von Dekaboran (I)**, wobei die Bldg. von nichtflüchtigen, hochmol. Borhydriden vermieden wird, durch Erhitzen von Tetraboran auf 40—90°, bes. 50—70°, bei einem Druck von 1000—7000, bes. 1500—4000 lbs./sq.in., Abdampfen der flüchtigen Prodd., Behandeln des Rückstandes mit Methylcyclohexan u. Sublimieren des I nach Abdestillieren des Lsg. im Vakuum. (**A. P. 2 989 374** vom 13/6. 1956, ausg. 20/6. 1961.) H. Roos. H 258

Callery Chemical Co., Pittsburgh, Pa., übert. von: Lawrence J. Edwards, Zelienople, und William V. Hough, Butler, Pa., V.St.A., **Herstellung von Alkalimetall-Dekaboran** (I) ($MeB_{10}H_{13}$, Me = Na, K, Li) durch Einw. einer stark bas. Alkalimetall-Verb. (Hydride, Borhydride, Alkoxyborhydride, Hydroxide, niedere Al-Alkoholate) auf Dekaboran (II) in einem inerten Lsgm. (niedere Äther, Polyäthylenglykoldialkyläther, Hexan) bei Raum-Temp. u. Atmosphärendruck. Nach Abdampfen des Lsgm. wird das restliche II absublimiert, der Rückstand ist reines I. Es ist lösl. in W., Äthern, Polyäthylenglykoldialkyläthern. (**A. P. 2 993 751** vom 12/3. 1956, ausg. 25/7. 1961.) H. Roos. H 258

Thiokol Chemical Corp., Trenton, N.J., übert. von: Murray S. Cohen, Morristown, N.J., und Carl E. Pearl, Azusa, Calif., V.St.A., **Herstellung von Monobromdekaboran (I)**, $B_{10}H_{13}Br$, Fp. 108—109,5°, durch Rk. von Br_2 mit Dekaboran in einem inerten Lsgm. (CS_2) bei —30 bis 45° in Ggw. eines Friedel-Crafts-Katalysators. Das Lsgm. wird abgedampft, der Rückstand mit Hexan aufgenommen u. das gebildete I bei —80° auskristallisiert. (**A. P. 2 990 239** vom 1/5. 1958, ausg. 27/6. 1961.) H. Roos. H 258

Callery Chemical Co., übert. von: David M. Kyllonen, Pittsburgh, Pa., V.St.A., **Kontinuierliche Gewinnung von Natriumborhydrid.** NaH u. Trimethylborat werden in Tetrahydrofuran gemäß $4\,NaH + 4\,B(OCH_3)_3 \rightarrow NaBH_4 + 3\,NaB(OCH_3)_4$ umgesetzt, das ausfallende $NaBH_4$ von der Lsg. abgetrennt, die Mutterlauge mit CO_2 behandelt, das dabei gemäß $NaB(OCH_3)_4 + CO_2 \rightarrow B(OCH_3)_3 + NaH_3CO_3$ anfallende $NaCH_3CO_3$ von dem $B(OCH_3)_3$ gelöst enthaltenden Hydrofuran abgetrennt u. letzteres an den Verf.-Ausgang zurückgeführt. — Schema. (**A. P. 2 969 274** vom 9/6. 1955, ausg. 24/1. 1961.) K. Wolk. H 258

Callery Chemical Co., Pittsburgh, übert. von: William H. Schechter, Bradford Woods, Pa., V.St.A., **Herstellung von Bortrichlorid** durch Überleiten von $SiCl_4$, CCl_4, S_2Cl_2 oder PCl_3 über B_2O_3 bei 600—1000°. (**A. P. 2 983 583** vom 28/3. 1958, ausg. 9/5. 1961.) H. Roos. H 258

American Potash & Chemical Corp., Del., übert. von: Frank H. May, Whittier, und James L. Bradford, Anaheim, Calif., V.St.A., **Herstellung von Bortribromid** (I) durch Einw. von überschüssigem Br_2 auf Borcarbid bei 800—1000° u. Reinigung des erhaltenen I durch Destillation. (**A. P. 2 989 375** vom 7/12. 1956, ausg. 20/6. 1961.) H. Roos. H 258

Thiokol Chemical Corp., Del., übert. von: Murray S. Cohen, Dover, und John E. Paustian, Morristown, N. J., V.St.A., **Herstellung von Kaliumboranat** durch Rk. des gelben Prod., das beim Erhitzen von B_2H_6 erhalten wird, mit wss. oder methanol. Lsg. von KOH bei 0—60° u. Abtrennen der erhaltenen Substanz (z. B. durch Zentrifugieren). (**A. P. 2 983 575** vom 1/10. 1956, ausg. 9/5. 1961.) H. Roos. H 258

Columbian Carbon Co., New York, N.Y., V.St.A., **Herstellung von Ruß.** Man führt das zu zersetzende Öl in die senkrechte Rk.-Kammer, die von unten nach oben von einem ruhigfließenden Luftstrom durchströmt wird, in Form von mehreren parallelen Strahlen mit einer Geschw. von 1—6 ft./sec ein, wobei das Öl aus einem am Boden der Rk.-Kammer angeordneten Düsenbündel eingespritzt wird u. die Zwischenräume zwischen den einzelnen Düsenöffnungen gegen den Luftstrom abgedeckt sind. — Abbildungen. (**E. P. 870 720** vom 4/6. 1959, ausg. 21/6. 1961. A. Prior. 21/8. 1958.) K. Demmler. H 260

Zsigmond de Galocsy, Brüssel, Belgien, und Jean Prunet, Paris, Frankreich, **Herstellung von Ruß.** Man erhitzt getrennt voneinander einen KW-Stoff (C_nH_m) auf eine Temp. < seiner Zers.-Temp. u. eine mol. äquivalente Menge CO_2 in Form eines >40% CO_2 enthaltenden Gases auf eine so viel höher liegende Temp., daß nach Mischen des KW-Stoffs mit CO_2 das Gemisch eine Temp. von 900—1200° aufweist u. führt das Gemisch durch eine Rk.-Zone in der die Rk. $C_n H_m + (m/4)\,CO_2 = [(n/1) + (m/4)]\,C + (m/2)\,H_2O$ in 0,001—0,1 Sek. bewirkt wird. (**A. P. 2 992 075** vom 24/7. 1958, ausg. 11/7. 1961. F. Prior. 9/8. 1957.) K. Demmler. H 260

Sheer-Korman Associates, Inc., New York, N.Y., übert. von: Charles Sheer, Teaneck, N.J., und Samuel Korman, Cedarhurst, N.Y., V.St.A., **Herstellung von Ruß.** Ein Strom der zu zersetzenden KW-Stoff-Verbb. wird bei > 4000° einer ionisierenden elektr. Entladung ausgesetzt u. anschließend schnell unter die Temp. der Wiederverbindung der entstandenen Atome gekühlt. — Abbildungen. (**A. P. 3 009 783** vom 4/12. 1959, ausg. 21/11. 1961.) K. Demmler. H 260

United Engineers & Constructors, Inc., übert. von: Gerald L. Eaton, Philadelphia, Pa., V.St.A., **Gewinnung von Ruß aus ammoniakalischer Sulfitablauge.** Man mischt das ca. 2—75 Gew.-% feste Bestandteile enthaltende Material mit einem mit hoher Geschw. strömenden Gas von 2500—4000° F, wobei die flüchtigen Bestandteile in ca. 0,01 Sek. verdampft u. die festen Bestandteile pyrolysiert werden, Ruß aus den Rk.-Gasen abgeschieden wird u. die heißen Gase zwischen 0,01 u. 0,5 Gew.-Teile O_2 pro Gew.-Teil Sulfitmaterial enthalten. — Verf.-Schema. (**A. P. 2 972 520** vom 6/9. 1957, ausg. 21/2. 1961.) K. Demmler. H 260

E. I. du Pont de Nemours & Co., Wilmington, Del., V.St.A., **Schmelzverfahren für hochreines Silicium,** dad. gek., daß das Si im hochfrequenten elektromagnet. Feld einer Induktionsspule geschmolzen wird, wobei das Schmelzen in nicht verunreinigender Umgebung in einem nicht leitenden Behälter durchgeführt wird, der durch äußerliche Kühlung mit einer nicht leitenden Kühl-Fl. auf eine Temp. unterhalb des F. des Si gehalten wird. — Zeichnung. (**E. P. 870 408** vom 18/3. 1959, ausg. 14/6. 1961. A. Prior. 4/4. 1958.) A. Gradl. H 261

General Electric Co., übert. von: Arthur M. Bueche und Curtis S. Oliver, Schenectady, N.Y., V.St.A., **Herstellung als Füllstoff geeigneter Kieselsäure,** dad. gek., daß $SiCl_4$ in Ggw. von H_2 u. O_2 therm. umgesetzt u. der gebildete SiO_2-Rauch bei erhöhter Temp. oben unterhalb 500° mit einem organohydrolysierbaren Silan der Formel $R_mH_nSiX_{4-(m+n)}$ (R = einwertiger KW-Stoff-Rest, X = Halogen oder Alkoxyrest, m = eine Zahl von 1—3, n = eine Zahl von 0—2, m + n = mindestens 3) in Kontakt gebracht wird, wobei so viel überschüssiger H_2 eingesetzt wird, daß alles Si-gebundene Cl in Silanolgruppen umgewandelt wird. — Zeichnung. (**A. P. 2 993 809** vom 23/10. 1959, ausg. 25/7. 1961.) A. Gradl. H 261

General Electric Co., übert. von: John W. Wetzel und Kenneth B. Goldblum, Pittsfield, Mass., V.St.A., **Herstellung eines Kieselsäure-Aerogels,** dad. gek., daß man aus einem Alkalisilicat durch Fällung ein wss. Sol herstellt u. daraus unter Zus. eines Azeotrops (einwertiger, aliphat. Alkohol) mit einer krit. Temp. unter 300° das W. abtreibt, wobei man die Menge des Alkohols konst. hält, u. daß man aus dem wasserfreien Prod. den Alkohol unter Bedingungen, die mindestens der krit. Temp. u. dem krit. Druck entsprechen, entfernt. (**A. P. 2 978 298** vom 4/9. 1956, ausg. 4/4. 1961.) A. Gradl. H 261

Farbenfabriken Bayer Akt.-Ges., Leverkusen, **Calcinieren von feinteiligen Kieselsäure- oder Silicatfüllstoffen** durch Erhitzen auf 500—1200° in einem aufwärtssteigenden turbulenten Gasstrom derart, daß die suspendierten Füllstoffteilchen die Temp. von 500—1200° durch ein Verweilen von 1 Sek. u. weniger in der Calcinierungszone erreichen, worauf sie innerhalb weniger als 30 Min. nach Einführen in den Gasstrom auf $<300°$ gekühlt werden. (**E. P. 866 326** vom 1/1. 1959, ausg. 26/4. 1961. D. Prior. 2/1. 1958.) K. Demmler. H261

Farbenfabriken Bayer Akt.-Ges., Leverkusen, **Trocknen von Kieselsäure- oder Silicatfüllstoffen.** Die thixotropen Filterkuchen werden durch mechan. Mittel in eine pastenförmige oder fl. Konsistenz übergeführt u. in einem turbulenten Gasstrom bei wenigstens 200°, z. B. bei 800—900°, atomisiert, wobei wenigstens 100 kg Wasserdampf pro Std. u. pro m^3 Trockenraum ausgetragen werden. — Zeichnungen. (**E. P. 866 325** vom 18/12. 1958, ausg. 26/4. 1961. D. Prior. 21/12. 1957.) K. Demmler. H 261

E. I. du Pont de Nemours & Co., Wilmington, Del., übert. von: Lawrence A. Dirnberger, Westfield, N.J., und Robert T. Nelson, Pasadena, Tex., V.St.A., **Herstellung eines wässerigen Kieselsäuresols** mit einem Trübungsfaktor von ca. $\leqq 6$, gemessen an der linearen Skala des Fisher-Elektrophotometers AC unter Verw. eines Grünfilters B 525 u. einer zylindr. Zelle von 23 mm durch Vgl. der Lichtdurchlässigkeit des Sols mit derjenigen von W. in der gleichen Zelle, Neutralisieren des Alkalis in einer Alkalisilicat-Lsg. mit einem Kationenaustauscher in der H-Form bei pH >8, dad. gek., daß man den Ionenaustausch bei 88—90° ausführt, einer bestimmten Wassermenge Alkalisilicat bei pH 8,3—8,7 zusetzt, der Lsg. weitere Silicat-Lsg. u. Ionenaustauscher in der H-Form während 27—33 Min. u. in solchen Anteilen zusetzt, daß der pH-Wert bei 8,3—8,7 verbleibt u. das Verhältnis SiO_2:W. = 0,236:0,304 beträgt. Nach Abfiltrieren des Harzes wird ein Sol mit folgenden Eigg. erhalten: Trübung: 6; Oberfläche: 222 m^2/g; Konz.: 10,7% SiO_2. — Mengenbeispiel. (**A. P. 2 974 109** vom 12/2. 1958, ausg. 7/3. 1961.) G. Vogel. H 261

E. I. du Pont de Nemours & Co., Wilmington, Del., übert. von: Ralph K. Iler, Brandywine Hundred, Del., V.St.A., **Stabile Kieselsäureorganosole** mit einem SiO_2-Geh. von 26—60%, in einem alkoxysubstituierten Alkohol (I) als Dispersionsmittel, aus kugelförmigen SiO_2-Teilchen von 5—130 mμ $\varnothing$, wobei die Kieselsäure an der

Oberfläche mit **I** verestert ist, durch Mischen eines mit Alkali stabilisierten, fremdionenfreien, wss. SiO_2-Sols mit der 3—6fachen Menge mit W. mischbaren **I** u. Abdestillieren des Wassers. (**A. P. 2 974 105** vom 1/5. 1956, ausg. 7/3. 1961.) H. Roos. H 261

Diamond Alkali Co., Cleveland, übert. von: John P. Hyde, Euclid, Ohio, V.St.A., **Herstellung von hydratisiertem, festem Alkalisilicat** durch therm. Kristallisation einer durch Vermengen entsprechender Mengen Alkalimetasilicat u. Alkalihydroxid hergestellten, hydrolysierten Alkalisilicat-Lsg., dad. gek., daß die therm. Kristallisation in einer Mischpumpe mit mindestens einer Zahnscheibe vollzogen wird. — Zeichnung. (**A. P. 2 970 038** vom 8/11. 1957, ausg. 31/1. 1961.) A. Gradl. H 261

British Titan Products Co. Ltd. (Erfinder: Robert William Ancrum und Arthur Wallace Evans), Billingham, England, **Herstellung 4-wertiger Metallhalogenide,** einschließlich Si-Halogeniden, dad. gek., daß ein schmelz-fl. Metallsalzbad ($CaCl_2$) elektrolysert wird, wobei die Anode aus einem Gemisch von Kohle oder C-haltigem Material u. dem entsprechenden 4wertigen Metall besteht. (**E. P. 864 538** vom 27/11. 1957, ausg. 6/4. 1961.) A. Gradl. H 261

Union Carbide Corp., New York, N.Y., V.St.A., **Reinigung von Silan** von B-haltigen Verunreinigungen, dad. gek., daß das unreine Silan mit NH_3 oder mit aliphat. oder heterocycl. Aminen behandelt wird, wobei abtrennbare B-haltige NH_3- bzw. Amin-Verbb. entstehen. (**E. P. 866 612** vom 23/10. 1958, ausg. 26/4. 1961. A. Prior. 24/10. 1957.) A. Gradl. H 261

John N. Carothers und Rudolph J. Hurka jun., Atlanta, Ga., V.St.A., **Aufarbeitung von Rohphosphat,** dad. gek., daß das Gestein mit nur 80% der zur Umwandlung des P_2O_5-Geh. erforderlichen H_2SO_4 in Ggw. von genügend W., um eine filtrierbare Lsg. zu erhalten, behandelt wird. (**A. P. 2 976 141** vom 9/9. 1957, ausg. 21/3. 1961.) A. Gradl. H 264

International Minerals & Chemical Corp., New York, N.Y., übert. von: Raymond E. Tuttle, William W. Harwood und Donald J. Smatler, Lakeland, Fla., V.St.A., **Klären von konzentrierten Phosphorsäurelösungen,** auch solchen mit $Ca(H_2PO_3)_2$-Geh., dad. gek., daß die Lsgg. unter Rühren mit 0,5—2% eines Oxydationsmittels versetzt, 3—10 Min. gerührt, mit 0,08—0,3 lb./ton Säure eines Flockungsmittels versetzt wird, wobei eine Temp. von 180—200° F eingehalten wird. Geeignete Oxydationsmittel sind HNO_3, $KMnO_4$, $K_2Cr_2O_7$ sowie HOCl; als Flockungsmittel eignen sich hochmol., wasserlösl. Polyacrylnitrilharze u. deren K- u. Na-Salze. (**A. P. 2 968 528** vom 1/7. 1957, ausg. 17/1. 1961.) A. Gradl. H 264

Monsanto Chemical Co., St. Louis, Mo., übert. von: Bernard A. Gruber, Dayton, Ohio, V.St.A., **Stabilisieren von Borphosphid,** dad. gek., daß kristallines BP im Bereich von 3600—5000° F einer oxydierenden Atmosphäre wie Luft, O_2 bzw. an O_2 angereicherter Luft, ausgesetzt wird. Das resultierende Prod. ist im Bereich von 2000 bis 2500° F gegen oxydative Verunreinigung stabilisiert. (**A. P. 3 009 230** vom 16/4. 1958, ausg. 21/11. 1961.) A. Gradl. H 264

Food Machinery & Chemical Corp., New York, N.Y., übert. von: Richard W. Cummins, Rahway, N.J., V.St.A., **Gleichzeitige Herstellung von Phosphinen und Natriumhypophosphit,** dad. gek., daß man P mit mehr als 0,6 Mol NaOH u. der stöchiometr. erforderlichen Menge W. in mindestens 70%ig. CH_3OH oder A.-Lsg. umsetzt. (**A. P. 2 977 192** vom 26/8. 1958, ausg. 28/3. 1961.) A. Gradl. H 264

Swift & Co., Chicago, Ill., übert. von: William A. Hodges, Plant City, Fla., V.St.A., **Herstellung von trockenem, kristallinem Diammoniumphosphat,** dad. gek., daß H_3PO_4 teilweise, bis zur Bldg. von $NH_4H_2PO_4$ mit NH_3 neutralisiert u. daraus ein feuchtes Kristall-Prod. hergestellt wird (mit 10—15% Feuchtigkeit) u. daß dieses Prod. mit wasserfreiem NH_3 zu $(NH_4)_2HPO_4$ umgesetzt wird. (**A. P. 2 999 006** vom 22/8. 1957, ausg. 5/9. 1961.) A. Gradl. H 264

Food Machinery & Chemical Corp., New York, N.Y., übert. von: William E. Yates, James Wilding und John L. Morrow, Lawrence, Kans., V.St.A., **Herstellung von reinem Kohlendioxid neben Alkaliphosphaten,** dad. gek., daß H_3PO_4, Alkalicarbonate u. W. in einer besonderen Vorr. zur Rk. gebracht werden, wobei das Ausgasen der CO_2 schaumfrei vor sich geht. — Zeichnung. (**A. P. 2 977 190** vom 18/4. 1956, ausg. 28/3. 1961.) A. Gradl. H 264

Canadian Industries Ltd., Montreal, Canada, **Herstellung von Calciummetaphosphat-haltigem Material,** dad. gek., daß man gasförmiges SO_3 mit Phosphatgestein, Hydroxylapatit oder $Ca_3(PO_4)_2$ bei Temp. unter 350° umgesetzt. (**E. P. 873 421** vom 12/2. 1960, ausg. 26/7. 1961. Can. Prior. 18/2. 1959.) A. Gradl. H 264

Metal & Thermit Corp., Woodbridge Township, übert. von: Hugh E. Ramsden, Scotch Plains, N.J., V.St.A., **Vinylarsen- oder -antimonverbindungen** erhält man durch Rk. eines Olefin-Mg-Chlorids mit As- oder Sb-Trihalogeniden oder deren partiellen Organoverbb. in Ggw. von heterocycl. Äthern, wie Tetrahydrofuran (I), 2-Methyltetrahydrofuran, Tetrahydropyran, Dihydropyran, 2-Äthoxytetrahydropyran, Tetrahydrofurfuryläthyläther, Ditetrahydrofurfuryläther u. N-Methylmorpholin. — 0,667 (Mol) $AsCl_3$ in 1 Liter Pentan werden mit 2,4 $CH_2{=}CHMgCl$ in 864 cm^3 I unter Rückfluß erhitzt, wobei man *Trivinylarsen*, Kp.$_{760}$ 122—124°, in 39,6%ig. Ausbeute erhält. — *Insekticide, Antiseptika* u. *Ausgangsstoffe* für *Polymere*. (**A. P. 3 010 983** vom 12/7. 1957, ausg. 28/11. 1961.) J. Mühleisen. H 266

Hooker Chemical Corp., New York, übert. von: Burton S. Marks und Blaine O. Schoepfle, Niagara Falls, N.Y., V.St.A., **Ester der antimonigen Säure** erhält man bei der Einw. eines aliphat. oder araliphat. Alkohols auf Sb_2O_3 bei Rücklauf-Temp. unter Entweichen des Rk.-W., unter Mithilfe zugesetzter inerter Lösungsmittel. Die Ester der antimonigen Säure hydrolysieren leicht, man führt sie durch Anlagerung stöchiometr. Mengen Br, ggf. in Ggw. eines inerten Lsgm., in die Dibromester über. — 250 ml n-Octanol u. 0,1 Mol Sb_2O_3 erhitzt man auf 190° während 30 Std. wobei W. entweicht. Man filtriert u. dest. überschüssig eingeführtes n-Octanol ab. Man erhält den *Tri-(n-octylester) der antimonigen Säure* als schwachgelblich schimmerndes Öl, ($C_{24}H_{51}O_2Sb$). Analog werden, ggf. unter Zugabe eines inerten Lsgm., folgende *Antimonite* hergestellt: *Tri-(2-äthylhexyl)-*, ($C_{24}H_{51}O_3Sb$); *Tribenzyl-*, $(C_6H_5CH_2O)_3Sb$. — Tri-(n-octyl)-antimonit (0,04 Mol) wird allmählich mit Br (0,04 Mol) unter Rühren versetzt. Man erhält als viscoses gelbes Öl *Tri-(n-octyloxy)-antimondibromid*, ($C_{24}H_{51}O_3 \cdot SbBr_2$). Aus dem Tribenzylantimonit erhält man *Tribenzoxyantimondibromid*, $(C_6H_5 \cdot CH_2O)_3SbBr_2$. — Folgende Verbb. werden analog hergestellt: *Tri-(2-äthylhexoxy)-*; *Tri-(β-chloräthoxy)-*; *Tri-(β-chlorpropoxy)-* u. *Tri-(β-chlorbutoxy)-SbBr₂*. Zusatzmittel für *Feuerlöschmittel*, *Zwischenprod.* für die Herst. von Imprägniermitteln u. Filmen. (**A. P. 2 993 924** vom 4/10. 1957, ausg. 25/7. 1961.) G. König. H 266

Associated Electrical Industries Ltd., London, England (Erfinder: Frederick George William Stickland und John Michael Hibbs), **Herstellung von innigen Metallcarbonat- und -hydroxidgemischen.** Man erhitzt die aus den Vorratsbehältern kommenden Metallsalz-Lsgg. sowie Lsgg. von Alkali- bzw. NH_4-Carbonaten oder -Hydroxiden in den zum Rk.-Behälter führenden getrennten Leitungen auf Rk.-Temp. u. mischt die in den Rk.-Behälter eingespritzten Lsg.-Ströme unter Rühren. So wird z. B. ein homogenes Gemisch aus Ni- u. Zn-Carbonat hergestellt. (**E. P. 869 554** vom 19/12. 1958, ausg. 31/5. 1961.) K. Demmler. H 270

Scientific Design Co., Inc., New York, N.Y., V.St.A., **Gewinnung von Lithiumchlorid.** Aus Li-Erzen u. $CaCl_2$ bestehende Gemische werden zunächst in einer Vorerhitzungszone getrocknet, dann das vorerhitzte Gemisch unter Austreiben von LiCl-haltigen Gasen in einer von der Vorerhitzung getrennten Röstzone geröstet, wobei das entweichende Gas, ohne daß es mit dem in der Vorerhitzungszone befindlichen Material in Kontakt kommt, abgeführt wird. — Vorr., Zeichnung. (**E. P. 891 784** vom 8/5. 1958, ausg. 21/3. 1962. A. Prior. 27/6. 1957.) K. Wolk. H 273

Soc. d'Études Chimiques pour l'Industrie et l'Agriculture (Erfinder: René Kircher und Robert Perlat), *Herstellung von Bariumbromit.* (**Aust. P. 233 170** vom 17/6. 1959, ausg. 27/4. 1961. F. Prior. 25/6. 1958. — **C. 1960,** 14485 [D. A. S. 1 076 096].)

New Jersey Zinc Co. (Erfinder: Lawrence John Reimert und Erastus Amazon Fatzinger), *Herstellung von Titan durch Schmelzflußelektrolyse.* (**Aust. P. 232 001** vom 10/2. 1959, ausg. 9/2. 1961. A. Prior. 19/3. 1958. — **C. 1962,** 16834 [D. A. S. 1 115 033].)

British Titan Products Co. Ltd. (Erfinder: William Hughes), *Eisen(II)-sulfatsuspensionen.* (**Aust. P. 231 942** vom 18/6. 1958, ausg. 9/2. 1961. — **C. 1963,** 256 [D. A. S. 1 123 654].)

H₆. Silicatchemie. Baustoffe

Beitrag zur Synthese asbestartiger und einiger anderer Silicate. H. Espig. (Silikattechnik **13,** 131—36, April 1962; Leipzig; dt.) — Vf. erhielt nach mehrstd. Erhitzen eines Gemisches aus 1 (g) *CaO*, 1 *MgF₂*, 1 *Na₂SiF₆*, 0,5 *CaF₂*, 10 *Kieselsäuregel* (Korngröße ca. 3 mm), 2 *NaCl*, 4 *MgO* u. 10 *NH₄F* bei 1000° im Pt-Tiegel auf der locker u. porös gebliebenen Masse nach 24 Std. reinweiße Faserbüschel bis zu 7 mm Länge. Dieser Grund-Vers. wurde in bezug auf die Zus. des Gemisches verschieden variiert. Die Resultate führen zu einer neuen Annahme über den Verlauf der Faserbildung. Modifikationen des Verf. in Hinsicht auf die Herst. von faserigen Kristallen, von Glimmer u. Turmalin werden beschrieben. Der dopochem. Umbau von Chrysotil gelang im HF-beladenen erhitzten Luftstrom zu 80—85% unter Beibehaltung der Faserfestigkeit. K. Radscheit. 6160□

Flüssige Entmischungen in den Systemen Seltene Erden–SiO_2. N. A. Toropow und I. A. Bondar. (Silikattechnik 13, 137—39, April 1962; Leningrad; dt.) — In den Zustandsdiagrammen bin. Syst. des Typs R_2O_3–SiO_2 (R = La, Sm, Y, Yb u. a.) wurden in einem breiten Temp.- u. Konz.-Bereich Gebiete fl. Entmischung festgestellt. Die krit. Temp. liegen bei 2050°—200°. Vff. berechneten die Zus. der Schmelzen mit dem höchsten R_2O_3-Geh. nach der O_2-Vol.-Methode. Voraussetzungen für derartige Berechnungen sowie errechnete Grenz-Zus. für vier Syst. werden mitgeteilt. K. Radscheit. 6160□

Hängekonstruktion feuerfester Ofenbauteile. W. S. Sinclair. (Glass Technol. 2, 47—52, April 1961; Smethwick, The Incandescent Heat Co. Ltd.; engl.) — Unter Berücksichtigung der in der Praxis gemachten Erfahrungen werden die wichtigsten Merkmale moderner Konstruktionen von Hängedecken aufgezeigt. Zwei Konstruktionen, die für die Glasindustrie von bes. Interesse sind, werden vergleichend betrachtet. Dabei handelt es sich um Hängedecken aus feuerfesten Steinen in Verbindung mit einer Metallkonstruktion, wie sie bei Schlackentaschen u. Brennerschächten aus bas. Steinen in Siemens-Martin-Öfen angewendet wird. H.-O. Mulfinger. 6172□

Glasverbindungen. Anastase Ghiţă. (Ind. uşoară 7, 21—28, Jan. 1960; rum.) — Vf. beschreibt die Eigg. bestimmter Glas-Verbb.: F., Entglasung u. Entglasungsgrenzen, Viscosität, chem. Stabilität, Ausdehnungs-Koeff., spezif. Wärmewerte, Härte, mechan. Widerstände, Brechungsindices. Außerdem werden inländ. u. ausländ. Glasrezepturen miteinander verglichen. H. Guischard. 6200◇

Glasfehler in Borosilicatgläsern. Rolf Katzschmann. (Silikattechnik 13, 96—101, März 1962; Jena, VEB Jenaer Glaswerk Schott u. Gen.; dt.) — An Hand von Mikroaufnahmen werden einige Glasfehler besprochen u. versucht, aus dem Aussehen der Steine über Entstehungsart u. Entstehungsursachen etwas aussagen zu können. K. Radscheit. 6200□

Untersuchungen an Glas-Metall-Verschmelzungen. S. Baselt. (Glas-Instrumenten-Techn. 6, 106—13, April 1962; Darmstadt, Röhrenlabor. der Fernseh GmbH.; dt.) — Für die vakuumdichte Haftung von Gläsern auf Metallen wird eine Übergangsschicht von im Glas gelösten Metalloxid für erforderlich gehalten. Die Spannungen beim Einschmelzen von Runddrähten in Gläser hängen nicht nur von den Ausdehnungs-Koeff., sondern auch vom Verhältnis der Spannungen von Glas u. Metall u. von der Abkühlungs-Geschw. ab. Über polarisations-opt. Verss. zur Ableitung der günstigsten Herst.-Bedingungen wird berichtet. H. Roschkowski. 6200□

Ein Glasscintillator für den Neutronennachweis. Adli M. Bishay. (J. Amer. ceram. Soc. 44, 231—33, 1/5. 1961; Argonne, Ill., Argonne Nat. Labor.; engl.) — Aus einem sog. „*Cabalglas*“ [*Na–Al*-Boratglas mit 73 (Mol-%) B_2O_3 u. 8 *Ce*] wurde durch Austausch von K gegen Na ein wasserhelles Glas geschaffen, das bei Zusatz von Ce^{3+} einen ausgezeichneten Scintillationsdetektor für langsame Neutronen ergab, ohne daß Kristallausscheidung eintrat. Mit steigendem Ce/B-Verhältnis ließ sich die Pulszahl vermehren, obwohl ihr Maximum mit steigendem B_2O_3-Geh. abfiel. Mit zunehmender Neutronen-Belastung sank auch der Wrkg.-Grad, er war aber bei dem Glas Nr. 463 mit der Zus. 1,5 (%) Al_2O_3. 10 B_2O_3, 1 Na_2O, 1,13 Ce des Argonne Nat. Labor. noch um 25—30% höher als bei dem vom Naval Res. Labor. verwendeten Glas Nr. 55. R. Kaiser. 6200□

Ein automatisches Gerät zur Bestimmung der Korngrößenverteilung disperser Phasen. Hanspeter Stolterfoht. (Keram. Z. 14, 526—29, Sept. 1962; Göttingen; dt.) — Eine automat. Sedimentationswaage der Firma Sartorius für den Bereich 1—60 μm Korndurchmesser zur Best. der Korngrößenverteilung keram. Rohstoffe wird beschrieben. Mathemat. u. physikal. Grundlagen, die Auswertungsvorschrift u. Beispiele für die Kurvendiskussion werden gegeben. J. Heinze. 6206◇

Keramographische Verfahren: 1. Mitt. **Polykristalline, Einphasen-Hartstoffe.** M. C. Houle und R. L. Coble. (Amer. ceram. Soc. Bull. 41, 378—81, 15/6. 1962; Schenectady, N.Y., Gen. Electr. Res. Labor.; engl.) — Die Herst. von Schliffen für mkr. Unterss. im reflektierten Licht, bei denen Verluste an MgO, BeO, UO_2, ZrO_2, Cr_2O_3 u. Al_2O_3 durch das Schleifen, Polieren u. Ätzen auf ein Minimum gesenkt werden, wird beschrieben u. an Mikrophotographien erläutert. Dabei wird zum Schleifen die Verw. harter u. relativ trockener Schwabbelscheiben unter Anwendung leichten Drucks u. zum Polieren die Benutzung leicht filziger Tücher empfohlen. G. Frikell. 6206◇

Einige Wirkungen der Thermoschocks bei intensiven Gasentladungen. R. A. Dugdale, J. T. Maskrey und R. C. McVickers. (Trans. Brit. ceram. Soc. 60, 427—48, Juni 1961; Harwell, A.E.R.E.; engl.) — Einw. des Thermoschocks des Plasmas eines intensiven Niederdruckkohlebogens (20 μs, mehrere 100 kW/cm²) auf Soda- u. Borosilicatglas, Quarz, glasiertes Porzellan, Elektroporzellan, gesintertes u. einkristallines Al_2O_3 sowie MgO-Einkristalle wird im Hinblick auf die Verw. für keram. Durchflußbehälter für kontrollierte thermonucleare Rkk. untersucht. Oberflächenschäden führen zu erhöhter Verdampfung, Erosion u. Schwächung des Gefüges. Beschreibung der App. u. der Vers.-Durchführung. J. Noack. 6206◇

Rißbildung in Einbrandwandfliesen durch Cristobalit in der Zwischenschicht. D. Paetsch. (Ber. dtch. keram. Ges. e.V. **39**, 495—98, Okt. 1962; Medellin, Colombia, Loveria Colomb. S.A., Centr. de Invest.; dt.) — In der Zwischenschicht von Glasur u. Scherben hatte sich bei der Produktion von Einbrandwandfliesen in Abhängigkeit von Glasur- u. Masse-Zus. Cristobalit gebildet. Die entstandenen starken Spannungen führten zu leichtem Bruch. Die Fehlerursache wurde durch ein besonderes Unters.-Verf. mit dem Dilatometer entdeckt, bei dem die Wärmeausdehnung glasierter Massestäbchen gemessen wurde. J. Heinze. 6206◇

Österreichische Lagerstätten keramischer Rohstoffe. Eva Schramke. (Keram. Z. **14**, 504—08, Sept. 1962; Kapfenberg; dt.) — Die in Österreich vorhandenen keram. Rohstoffe, ihre Fundorte u. einige wirtschaftliche Daten werden zusammengestellt. J. Heinze. 6208◇

Magnesit- und Talklagerstätten in Österreich. Franz Angel. (Keram. Z. **14**, 508—26, Sept. 1962; Graz; dt.) — Die Arbeit enthält Angaben über die wirtschaftliche Bedeutung, Produktionsvorgänge, Vork. u. nutzbare Lagerstätten, geolog. Situation u. über die bergmänn. Verarbeitung. J. Heinze. 6208◇

„Cornish Stone". P. S. Keeling. (Trans. Brit. ceram. Soc. **60**, 390—426, Juni 1961; British Ceram. Res. Assoc.; engl.) — „*Cornish Stone*" ist entstanden im Granitgebiet von St. Austell durch späte Kristallisation des Magmas u. spätere hydrothermale Einwirkungen. Ausführliche geolog. u. mineralog. Unterss., Verh. beim Erhitzen (röntgenograph.), Schmelzbarkeit u. Brennverlust, Einfl. von Korngröße u. Alkali-Geh. auf Temp.-Verh. u. Ergebnisse der chem. Analysen werden gegeben. „Cornish Stone" wird als Flußmittel in der keram. Industrie verwendet. J. Noack. 6208◇

Fluor in „Cornish Stone". W. E. Worrall. (Trans. Brit. ceram. Soc. **60**, **381**—89, Juni 1961; Leeds, Univ.; engl.) — Es wird ein Schaumflotations-Verf. zur Entfernung von Flußspat aus *Cornish Stone* unter Verw. eines handelsüblichen Beschleunigers, Na_2CO_3 als Bremsmittel für andere Minerale u. pine oil als Schaumbildner beschrieben. Als optimale Korngröße wird für die Flotation 300 BSS angegeben. J. Noack. 6208◇

Verwendung von Quarzsand und Schluff aus dem Freienwalder Raum zur Herstellung von säurefestem Material. Sieghart Linke. (Silikattechnik **13**, 86—92, März 1962; Bad Freienwalde/Oder; dt.) — Verss. ergaben, daß im Labormaßstab erzielte Werte an Versätzen, bei denen das Porzellan vollständig durch Sand u. Schluff ersetzt worden war, sich in der Praxis nicht reproduzieren ließen. Großtechn. Verss. mit verschiedenen Schluffsanden aus dem Freienwalder Raum ergaben, daß unter bestimmten Bedingungen bei Brenntemp. um SK 14 bis SK 15 die laut TGL geforderten Werte überboten werden. — 24 Literaturangaben. K. Radscheit. 6208□

Der Zerdrückungsgrad, die Gangartverteilung und die Verwachsungsgröße des albanischen Chromerzes. W. Harjes, H. Rohn und O. Verworner. (Silikattechnik **13**, 92—95, März 1962; dt.) — Statist. Unterss. an Körnerproben alban. *Cr*-Erzes ergaben einen Zerdrückungsgrad von 10—30 Phg/mm (Phg = Phasengrenzen). Die in Auswertung der Gangartverteilungskurven ermittelte Verwachsungsgröße läßt den Schluß zu, daß eine Aufbereitung des alban. Cr-Erzes in einer für die Feuerfestindustrie verwertbaren Kornfraktion möglich ist. K. Radscheit. 6208□

Differential-Thermo-Analyse einiger indischer Kalksteine. B. V. S. Subba Rao, D. S. Datar und Abde Ali. (J. Sci. ind. Res. [New Delhi], Sect. D **21**, 163—64, Mai 1961; Hyderabad, Reg. Res. Labor.; Osmania Univ., Dep. of Chem. Technol.; engl.) — Angabe der Zus. von 13 ind. Kalksteinen auf Grund der DTA u. chem. Analyse; die Hauptbestandteile sind Calcit oder Dolomit. W. Wesly. 6208□

Das chemische und physikalische Verhalten von Kalkstein beim Brennen, 1. Mitt. **Grundlegende Untersuchungen über Kalk-Schachtöfen.** Kiyoshi Terada und Mitsuru Wakamatsu. (Gypsum & Lime [Tokyo] **1961**, Nr. 55, 251—61, Nov.; Kyoto, Techn. Univ., Fac. of Ind. Arts.; jap., Auszug: engl.) — Vff. untersuchten die chem. u physikal. Eigg. von Kalkstein bei langsamem u. schnellem Temp.-Anstieg an Probekörpern von 8,5·3,5 cm in einem elektr. geheizten Ofen, bes. die therm. Expansion u. Kontraktion in der Nähe der Brenntemperatur. Die Zers. von $CaCO_3$ erfolgte zwischen 880—930°, wobei die obere Grenze für schnelles Anheizen gilt. Die Zusammenhänge zwischen therm. Expansion u. Heiz-Geschw. wurden durch Vgl. der Expansion bei 20—1200° mit derjenigen einer plötzlich auf Zers.-Temp. erhitzten Probe ermittelt. G. Frikell. 6208□

Dilatanz — eine Eigenschaft magerer keramischer Massen. Th. Plaul. (Silikattechnik **13,** 139—40, April 1962; Weimar; dt.) — Vf. führt die Erscheinung der Dilatanz auf Veränderungen der Packungsdichte der Teilchen infolge vorhandener bzw. nicht vorhandener mechan. Beanspruchung zurück. Der nachteilige Einfl. auf keram. Massen, der sich in Ermüdungserscheinungen des Materials, Drachenzahn-Bldg., Oberflächenrissen, Festfahren der Masse im Mundstück beim Strangpressen sowie Zerfließen des Stranges äußert, wird beschrieben u. Maßnahmen zur Abhilfe mitgeteilt. K. Radscheit. 6208□

Anwendung von Feuerbeton-Fertigbauteilen im Industrieofenbau. Erhard Kuntzsch. (Freiberger Forsch.-H., Reihe A Heft **242,** 33—48, März 1962; Rietschen, O.-L.; dt.) — Es werden technolog. u. Standardisierungsfragen, Zus. der Zemente u. Zuschlagsstoffe, Temp. u. Temp.-Wechselbeständigkeit, Fragen der Fugenzahl u. Maßhaltigkeit, die Verw. von Stampfmasse u. eine große Zahl prakt. Anwendungen von Fertigteilen (Abgaskanäle, Herdwagenausmauerungen, Öfen usw.) unter bes. Berücksichtigung der Wirtschaftlichkeit besprochen. J. Noack. 6210◇

Direktes Emaillieren unter Verwendung einer Katalysator-Zwischenschicht. James D. Sullivan. (Amer. ceram. Soc. Bull. **41,** 369—73, 15/6. 1962; Milwaukee, Wis., Ceramic. Res. Labor., A. O. Smith Corp.; engl.) — Das direkte Aufbringen von Emailschlicker auf die Stahloberfläche durch Sprühen oder Tauchen, ohne daß diese durch Ätzen oder andere Verff. vorbehandelt zu werden braucht, wird ermöglicht durch Aufbringen eines aus NiO, $Ba_3(PO_3)_2$ u. Trägersubstanzen bestehenden Filmes. Hierdurch wird der Stahl gegen die Einw. von W. aus dem Glas oder der Ofenatmosphäre geschützt u. Rückstände von Störungen verursachendem H_2 zu W. oxydiert, das sich im Glas löst. G. Frikell. 6212◇

Gerät zur Bestimmung von Glasurhärten. I. Weisner. (Ber. dtsch. keram. Ges. e. V. **39,** 499—500, Okt. 1962; Langenthal, Schweiz, Porzellanfabr. Langenthal; dt.) — Die Oberflächenhärte keram. Werkstoffe wird durch Berieselung mit Korundkörnern u. nachfolgender Best. des Gew.-Verlustes gemessen. Einige Ergebnisse werden mitgeteilt. J. Heinze. 6212◇

Vergleiche zwischen Meßergebnissen und visueller Schätzung des Glanzes von glasierten Keramikteilen. Arno M. Illing. (Mater. Res. Standards **2,** 117—21, Febr. 1962; engl.) G. Frikell. 6212◇

C_4-Kohlenwasserstoffe als Brenngas für den Porzellanbrand. H. Metzel und K.-H. Olschewski. (Ber. dtsch. keram. Ges. e. V. **39,** 501—16, Okt. 1962; Arzberg, Porzellanfabrik Arzberg; dt.) — Die Eigg. der Flüssiggase Butan u. Butylen als Brenngase für den Porzellanbrand wurden festgestellt. Die Brennkammer-Temp. lagen zwischen 1200 u. 1500°, die Rauchgasatmosphären enthielten zwischen 4 Vol.-% oxydierende u. 4 Vol.-% reduzierende Bestandteile. In dem untersuchten Bereich zwischen 0,6 u. 3 kg/h Brenngasdurchsatz treten bei Sekundärluft-Temp. bis zu 550° keine Verrußungserscheinungen an der Brennermündung auf. Die Ruß-Bldg. im Rauchgas ist relativ gering. J. Heinze. 6214◇

Kennzeichen zur Identifizierung von Kaolinit, „Fireclay"-Mineral und Halloysit, ihre Verbreitung und Bildung. Hans Beutelspacher und Hermann W. van der Marel. (Tonind.-Ztg. keram. Rdsch. **85,** 517—25, 30/11., 570—82, 30/12. 1961; Braunschweig-Völkenrode, Inst. für Biochem. des Bodens; Delft, TH; Wageningen, Inst. für Bodenkartierung; dt.) — Kaolinite, „Fireclay"-Minerale, Halloysite u. Tonfraktionen (<2 μm) von Böden aus verschiedenen Ländern wurden röntgenograph., IR-spektroskop., elektronenmkr. u. durch DTA untersucht. Die Kombination dieser röntgenograph. u. elektronenopt. Meth. ergibt die zuverlässigsten Resultate der Best. der Tonfraktion von Böden, in denen gewöhnlich Illit, Böhmit, Hydrargillit, Hämatit, Nadeleisenerz, Quarz u. amorphe Stoffe enthalten sind. Beispiele für Pseudomorphosen von Tonmineralien nach Feldspat u. Glimmern wurden gegeben. Es konnte festgestellt werden, daß Halloysit als dominierender Anteil sehr große Flächen von Küsten-, Inland- u. Bergböden vulkan. Ursprungs auf Sumatra, Java u. Celebes bedeckt. Er war dort zu finden, wo heiße, regenreiche Gebiete mit einer sehr kurzen Trockenperiode vorherrschten. Die Kaolinit u. Halloysitteilchen sind in den Böden im allg. sehr klein u. schlecht ausgebildet, weil die Beimengungen bei der Neu- u. Umbildung stark störend auf die Kristallisation einwirken. — 170 Literaturangaben. R. Walcker. 6216□

Das sonderbarste Tonmineral, der Halloysit. U. Hofmann, S. Morcos und F. W. Schembra. (Ber. dtsch. keram. Ges. e. V. **39,** 474—82, Okt. 1962; Heidelberg, Univ., Anorg.-Chem. Inst.; dt.) — Die Strukturaufklärung von Endellit u. Metahalloysit wird betrachtet. Messungen der spezif. Oberfläche zeigen, daß die Kristalle des Halloysits hohle Röhrchen sind. Diese Ausbildung läßt sich durch die Vorstellung erklären, daß sich eine Silicatschicht spiralig zu einer Rolle eingerollt hat. Massen aus Halloysit besitzen eine auffallend hohe Trockenbiegefestigkeit. J. Heinze. 6216◇

Die Grundlagen der trockengepreßten Massen und die Ursachen der Raumerfüllung der trockenen Masse. U. Hofmann, E. Scharrer, W. Czerch, K. Frühauf und W. Burck. (Ber. dtsch. keram. Ges. e. V. **39,** 125—30, Febr. 1962; Heidelberg Univ., Anorgan. Chem. Inst.; dt.) — Kaolin- u. Tonmassen erfahren durch ihre Trocken- oder Naßverpressung mit steigendem Vol.-Anteil an Feststoff gesteigerte Biegedruck- u. Zerreißfestigkeiten, was mit der optimalen Korn-Zus. u. der Berührungshaftung vermehrter Kanten u. Flächen im Zusammenhang steht. Die gleiche Erscheinung rufen auch ausgetauschte Kationen hervor, z. B. beim Bentonit mit 34 mval ausgetauschter Kationen/100 g Feststoff u. höchsten Festigkeiten gegenüber anderen Tonen u. Kaolinen. Die Abnahme der Festigkeiten in der Reihe Na^+, Ca^{2+}, Ba^{2+}, La^{3+} ausgetauschter Kationen wird mit der geringer werdenden Beweglichkeit der Gitter erklärt, die auch in der Trocknungsschwindung zum Ausdruck kommt. R. Kaiser. 6216□

Die Porenbildung in feinkörniges Siliciumcarbid enthaltendem Steinzeug. Robert L. Green. (Amer. ceram. Soc. Bull. **41,** 382—85, 15/6. 1962; Trenton, N.J., Lenox, Inc.; engl.) — Durch Oxydation des Carbids beim Brennprozeß tritt Gas-Bldg. ein. Sie ist abhängig von der Menge u. der Form der SiC-Teilchen. Bei niedriger Konz. bilden sich in der verglasten hochviscosen Phase einzelne Bläschen. Innerhalb gewisser Grenzen nimmt die Dichte im linearen Verhältnis zur Menge des SiC ab. Wenn das Gas mehr als 3 Vol.-% beträgt, fließen einzelne Bläschen unter Bldg. länglicher Poren zusammen. Die dabei erfolgende Bewegung der SiC-Teilchen unter gleichzeitiger Zerstörung eines SiO_2-Schutzfilmes bewirkt bessere Bedingungen zur Oxydation u. eine gesteigerte Gasentwicklung. Bei einem Poren-Vol. $>15\%$ erfolgt Entw. offener Poren, die an der Oberfläche sicht- u. spürbar werden. G. Frikell. 6216◇

Fortschritt — neue Entwicklungen und die Zukunft feuerfester Materialien. Yves Letort. (Trans. Brit. ceram. Soc. **60,** 363—80, Juni 1961; Paris, Soc. Gén. de Produits Réfractaires; engl.) — Es wird die Entw. in den letzten 40 Jahren im Hinblick auf wissenschaftliche Meth., Geräte, Herst.-Verff. sowie zukünftige Entw.-Möglichkeit für Kernenergie u. Flugkörper gegeben. J. Noack. 6218◇

Verhalten von Chromit-Spinell hinsichtlich seiner Mikrostruktur. Walter S. Treffner. (J. Amer. ceram. Soc. **44,** 583—91, 1/12. 1961; Baltimore, Md., Gen. Refract. Co., Res. Labor.; engl.) — Mkr. Unterss. an *Cr*-Erzen zur Best. der Eigg. Cr-erzhaltiger Feuerfeststoffe ergaben Einblicke in die Rk.-Mechanismen von Cr-Erzen mit ihren Begleitmineralien bzw. in Gemischen mit *MgO* in schlackenfreier Umgebung. Solche Rkk. vollzogen sich beim Erhitzen vielfach als Diffusions-Feststoff-Reaktionen. Der in der Metallurgie beobachtete Kirkendall-Effekt trat auch hier, wie an einer Anzahl Mikrophotos dargelegt werden konnte, in Anwesenheit von Fe-Oxiden als Ausblüherscheinung auf. R. Kaiser. 6218□

Die Eigenschaften von pyrolytischem Graphit. J. Pappis und S. L. Blum. (J. Amer. ceram. Soc. **44,** 592—97, 1/12. 1961; Waltham, Mass., Raytheon Co., Res. Div.; engl.) — Ein pyrolit. Graphit (polykristalline Form), welcher sich beim Erhitzen eines Graphitstückes in einem Vakuumkammerofen bei 2100° als Kondensat auf demselben niedergeschlagen hatte, wurde opt. u. physikal. untersucht. Die erreichte Dichte von 2,20 entsprach 97,3% der theoret. Dichte. Sonstige Eigg. waren: gemeinsame Ausrichtung der c-Achse ⊥ zur Basisfläche, hohe mit der Temp. steigende Wärme- u. elektr. Leitfähigkeit parallel zur Basis, sehr niedrige parallel zur c-Achse, hohe Biege- u. Druckfestigkeiten u. *Feuerfestigkeit.* R. Kaiser. 6218□

Über die Phasenumwandlung verschiedener ZrO_2-Präparate. I. Hinz und A. Dietzel. (Ber. dtsch. keram. Ges. e. V. **39,** 489—94, Okt. 1962; Würzburg, Max-Planck-Inst. für Silikatforsch.; dt.) — Die Umwandlung von *ZrO_2* monoklin ⇌ tetragonal wurde erneut untersucht. Die Größe des Hysteresiseffektes bei der Umwandlung läßt sich auch durch Mineralisatoren nicht verringern. Durch Tempern verschiebt sich die Umwandlung um 20° nach höheren Temperaturen. Bei der Abkühlung bleiben Reste der tetragonalen Modifikation z. T. noch unter 700° bestehen. Verunreinigungen von SO_3 im Präp. oder anred. ZrO_2 erniedrigen den Umwandlungsbereich. J. Heinze. 6220◇

Die Gewinnung von Cristobalit für technische Zwecke aus Quarzsand. R. Ja. Popilski und G. A. Sserowa. (Feuerfeste Mater. [UdSSR] **24,** 462—70, 1959; Chem.-Technolog. Mendelejew-Inst.; russ.) — Brennen von nicht brikettiertem Quarzsand bei 1550—1600° ohne Zusatz liefert techn. Cristobalit mit geringem Restquarz-Geh., ist jedoch techn. schwer durchführbar. Durch Zusatz von Na_2CO_3 kann die Brenn-Temp. auf 1350—1400° gesenkt werden. Bes. geeignet erwies sich ein Zusatz von FeO + CaO im

Verhältnis 4:1 neben dem alkal. Mineralisator bei der Brikettierung. Als optimale Zus. des Mineralisators zeigte sich ein Zusatz von ca. 1% Na_2CO_3 u. bis zu 1% FeO + CaO, die Ausbeute an Cristobalit betrug beim Brand im Temp.-Bereich von 1300—1400° ca. 85—90%. D. Rost. 6220□

Die Aktivierung und Passivierung von chemischen Reaktionen und Sintervorgängen durch eine mechanische Bearbeitung. G. Naesser und W. Scholz. (Ber. dtsch. keram. Ges. e. V. **39,** 106—14, Febr. 1962; Duisburg-Wanheim, Forsch.-Inst. G. m. b. H. der Mannesmann A.G.; dt.) — Das Problem der „mechan. Katalyse" wird an Verss. über die chem. u. physikal. Veränderung der Eigg. kalt verformter Pulver u. Metalle erörtert. Z. B. zeigen Zement nach 15 Min. Mahlen in einer Schwingmühle kürzere Abbindezeit, gewalzte Bleche höhere Rkk. gegenüber N_2, O_2, C, S u. anderen. Nähere Unterss. ergaben, daß je nach der Dauer der Kaltverformung Maxima u. Minima der Rk.-Empfindlichkeit durchschritten werden (z. B. Änderung der Bruchfestigkeit von Dolomitsinter nach kürzerer u. längerer Mahldauer). Die Ursachen dieser Erscheinung konnten noch nicht geklärt werden. — 64 Literaturhinweise. R. Kaiser. 6220□

Pulvereigenschaften und das Sintern von reinem Magnesiumoxid und Magnesiumoxid mit Nickel. H. J. Oel. (Ber. dtsch. keram. Ges. e. V. **39,** 78—95, Febr. 1962; Würzburg, MPI für Silikatforsch.; dt.) — Zu den Kenngrößen krist. Pulver gehören Art u. Lage der Kristallitfehler, die durch Röntgen- u. Elektronenstrahlmessungen erkennbar gemacht werden. Ihre Änderung ist für die Formgebung hochreiner Pulver durch Sinterung von Bedeutung. An *MgO* u. Gemischen von MgO mit hochreinem *Ni*-Pulver ist die Änderung des Raum-Gew., der Mikrohärte u. der Bruchfestigkeit unter Beobachtung des Kristallwachstums untersucht worden. Letzteres wird durch Ni-Zusätze gehemmt, aber die Bruchfestigkeit von bei 1580° gebrannten Stäbchen bleibt nahezu die gleiche wie diejenige von reinen MgO-Stäbchen. Mikrohärte u. Sprödigkeit sind geringer. MgO-Geräte besitzen hohe Wärmeleitfähigkeit u. hohen Widerstand gegen bas. Schmelzen u. gewisse Salze. Bei diesen kann man keine Voraussagen machen, da z. B. Ni-haltiges MgO von geschmolzenem $K_2S_2O_7$ weniger angegriffen wird als reines MgO, umgekehrt $NaBF_4$ reines MgO weniger angreift als MgO–Ni-Gemische. Für das Kristallitenwachstum u. die Sinterungs-Geschw. ließen sich aus den gefundenen Werten mathemat. Zeitgleichungen ableiten. Die Formgebung durch Pressen wurde durch Anmachen einer Paste mit einer 1%ig. Stearinsäure-Lsg. in Methanol erleichtert. — 120 Literaturhinweise. R. Kaiser. 6220□

Gesinterte Körper aus anorganischen Fluoriden für Arbeiten mit flüssigem Fluor. C. E. Albertson, H. H. Houston, G. A. Keitel und H. S. Okubo. (J. Amer. ceram. Soc. **44,** 248—49, 1/5. 1961; Des Plaines, Ill., The Roy C. Ingersoll Res. Center; engl.) — Durch Sinterung von aus verschiedenen Fluoriden geformten Preßlingen bei 1650° F ergaben sich Körper mit hohen Zugfestigkeiten u. Oberflächenhärten, fast völliger Unangreifbarkeit gegen fl. *F*, Unempfindlichkeit gegen Wiedererwärmen. Dem F^--Gemisch konnten ohne Schaden 5% *Sb* oder *Co* als feines Pulver vor dem Pressen auf 10000 lb./sq. in. zugefügt werden. R. Kaiser. 6220□

Ölheizung in Zementfabriken. R. Pasteka. (Stavivo **39,** 316—18, Sept. 1961; Přerov; tschech.) — Technolog. Vorteile der Ölheizung werden durch Vgl. gleichartiger Anlagen mit Kohle- u. Ölheizung abgeleitet. J. Noack. 6222◇

Theorie und Technologie der Zementvermahlung. Béla Beke. (Silikattechnik **13,** 115—23, April 1962; Budapest, Forschungsinst. für Baustoffe; dt.) — Vgl. C. **1962,** 267. — Übersicht. — 30 Literaturstellen. K. Radscheit. 6222□

Die sowjetische Zementindustrie. Ivan Kholin. (Cement, Lime Gravel **36,** 283—86, Okt. 1961; engl.) — Nach einer einleitenden Zusammenfassung über die Entw., den jetzigen Stand u. die weitere Planung werden die in der SU angewendeten Arbeits-Meth. kurz erläutert. Auf die Vor- u. Nachteile des Trocken- u. Naß-Verf. beim Mischen der Rohstoffe, auf die Führung u. Überwachung des Mahlprozesses u. die weitgehende Automation wird hingewiesen. Neben Portlandzement, der 45% der Prodd. ausmacht, werden ca. 20 Spezialzemente hergestellt. Durch Erhöhung des Geh. an Tricalciumsilicat u. -aluminat wird das Abbinden beschleunigt u. die Festigkeit erhöht (10000 bis 11400 lb./sq.in. nach 28 Tagen). Sulfatbeständiger u. korrosionsfester Zement für Unterwasserbauten wird unter Verw. von 25—50% Puzzolan erzeugt. Lagerbeständige, hydrophobe Zemente werden erhalten durch Beimischungen, wie Naphthaseife u. Ölsäure, plast. Zemente mit guter Frostbeständigkeit durch Zusatz von 0,2% Sulfitcelluloseablauge. Weiter wurden entwickelt: Weißzement, Hochofenschlackenzement, Dichtungszement für Bohrlöcher, Tonerdezement u. Portlandzement mit geschmolzenem Klinker. G. Frikell. 6222□

Beeinflussung der Eigenschaften von Zement durch Zusätze. Richard D. Gaynor. (Cement, Lime Gravel **36,** 297—301, Okt. 1961; engl.) — Es wurde untersucht, welche unerwünschten Nebenwrkg. bei Verw. bekannter Mittel, wie Luftporenbildner, Abbindebeschleuniger, wassereinsparende Mittel, Verzögerer, Puzzolane, porenverkleinernde Mittel, dichtende, färbende, oberflächenhärtende u. a. Mittel, auftreten u. Angaben über die Behebung derartiger Mängel gemacht. So sinkt die Festigkeit um ca. 5% bei Einbringen von 1% Luft. Der Ausgleich kann z. B. durch Reduzieren des Anmachwassers, durch Verw. eines höherwertigen Zementes oder größerer Mengen Zement u. weniger Füllstoffe erzielt werden. Als Abbindebeschleuniger, bes. für niedrige Temp., zeigen 2% $CaCl_2$ bes. gute Wirkung. Puzzolane, natürliche u. künstliche, wie Flugasche, sind an sich billig, beanspruchen jedoch auf Grund geringer Anfangsfestigkeit längere Wartung, so daß dadurch neue Kosten entstehen. Wassersparende Mittel, wie Lignosulfonsäure oder Hydroxycarbonsäuren, wirken meist abbindeverzögernd, z. T. porenbildend, z. T. nicht porenbildend. Sie können jedoch durch weitere Zusätze modifiziert werden. G. Frikell. 6222□

Aufstellung von Normen für Leicht-Eisenbeton in Schweden. Sven G. Bergström, Gunnar Essunger und Birger Warris. (Proc. Sympos. light Weight Concrete, Göteborg **1960,** 133—51, 1962, Sep.; engl.) — Übersicht über die Tätigkeit des schwed. Normenausschusses für Leicht-Eisenbeton, der mit Hochdruckdampf gehärtet worden ist; sie umfaßt ein Schema des Normenumfangs, eine Aufzählung der Prüf-Verff. u. eine Planung der vor Aufstellung der Normen nötigen Untersuchungen. Die geforderten Eigg. des Eisenbetons werden beschrieben. W. Wesly. 6224□

Schwere und hydratisierte Betone, ihre Zusammensetzung und Anwendung. Jaroslav Elfmark und Miloš Panyr. (Jaderná Energie **6,** 50—52, Febr. 1960; Praha, Chemoprojekt; tschech.) — Schwerbeton mit einem spezif. Gew. von 3,6—4,2 t/m³ schützt besser gegen γ-Strahlung, hydratisierter Beton (I) besser gegen Neutronenstrahlung. I wird zweckmäßig unter Verw. von Limonit (2 $Fe_2O_3 \cdot 3\ H_2O$) oder einem anderen hydratbildenden Material an Stelle von Kies hergestellt. Für die Zus. wird eine Gleichung angegeben u. in Beispielen angewandt. R. K. Müller. 6224□

Die Verwendung von Vakuumbeton für spezielle Industriebauten. Milan Dembowski und J. Skokánek. (Inž. Stavby **10,** 321—29, Sept. 1962; Praha; tschech.) R. Grundmann. 6224◇

Über die Bildung von Mikrorissen im Beton. R. Jones. (Rheol. Acta (Ergänzungsh. zu Kolloid-Z.) **2,** 34—40. März 1962; Middlesex, England, Road Res. Labor., Dep. of Sci. and Ind. Res. Harmondsworth; engl.) — Mittels mkr. Unterss. u. Ultraschall-Verff. wurde festgestellt, daß in Betonproben vor der Zerstörung Mikrobrüche auftreten, die, wenn die Zuschlagstoffe (I) fester als das Bindematerial sind, von I ausgehen. Der Einfl. der Ausbreitung der Risse auf die Festigkeit des Betons wird erörtert. G. Frikell. 6224◇

Eigenschaften von Gipsmörtel aus Gips verschiedener Herkunft. R. K. Sapre und M. P. Bhatt. (J. sci. ind. Res. [New Delhi], Sect. D **21,** 168—69, Bhavnagar, Centr. Salt and Marine Chem. Res. Inst.; engl.) — Tabellar. Wiedergabe der Eigg. (Farbe, Dichte, Aussehen, Reinheit, Glühverlust, Wasserbindung, Abbindezeit) von Gips aus 2 verschiedenen Quellen in Indien. W. Wesly. 6226□

Untersuchungen über das Abbinden und Erhärten von gebranntem Gips durch Messung der Lichtdurchlässigkeit. Junichi Kasai, Isamu Iwama, Masahiko Kondo und Manjiro Nakahara. (Gypsum & Lime [Tokyo] **1961,** Nr. 55, 261—65, Nov.; Nihan, Univ., Fac. of Sci. and Engng.; jap., Auszug: engl.) — Bei Zusatz einer kleinen Menge von $CaSO_4 \cdot \frac{1}{2}\ H_2O$ zu W. erfolgt zunächst eine Trübung, dann infolge von Übersättigung Klärung u. erneute Trübung durch Bldg. von $CaSO_4 \cdot 2\ H_2O$. Durch Messung des Lichtdurchganges kann die Konz. einer Suspension gemessen werden; jedoch nur, wenn das Verhältnis $CaSO_4$: W. $\lesssim$ 0,007 ist. Beim Anrühren von Gips mit W. wurde die entgegengesetzte Erscheinung festgestellt. Zu Anfang des Abbindens ist die Probe lichtundurchlässig, um am Ende des Abbindens durchlässig u. dann beim Härten wieder weniger durchlässig zu werden. Die trockene Probe ist lichtdicht. G. Frikell. 6226□

Einfluß der technologischen Einrichtung auf die Qualität des Baumaterials. M. Holec. (Stavivo **39,** 319—22, Sept. 1961; Praha; tschech.) — Vorschläge zur Verbesserung der Technologie mit dem Ziel der Herst. normengerechter Produkte. J. Noack. 6228◇

Moderne Verwendungsmöglichkeiten von festem PVC in der Bauindustrie. M. J. Moreaux. (Ind. Plast. mod. **13,** Nr. 8, 23—36, Okt. 1961; franz.) — Übersicht über die Anwendung von durch Extrusion, Kalander- oder Spritzverf. hergestellte Bauelemente u. Einzelteile aus Polyvinylchlorid. J. Lehmberg. 6228◇

Hochofenschlacke im Straßenunterbau. K. Kühn. (Strassen- u. Tiefbau **16,** 162—64, Febr. 1962; Düsseldorf; dt.) — Vorteile der Verw. von Hochofenschlacke im Straßenunterbau unter Berücksichtigung der Korngröße, mechan. u. hydraul. Eigg. u. Frostbeständigkeit, technolog. Fragen. J. Noack. 6230◇

Die Bestimmung von Aluminium und Eisen in Silicaten durch photometrisch-komplexometrische Titration. F. Hegemann und G. Wilk. (Ber. dtsch. Ges. e. V. **39,** 483—88, Okt. 1962; Regensburg, Staatl. Forsch.-Inst. f. angew. Miner.; dt.) — Zur photometr.-komplexometr. Best. von *Al* u. *Fe* wird ein Schnellverf. unter Verw. von *Eriochromcyanin R* als Indicator entwickelt. Fe wird bei pH = 2,0 direkt titriert, während Al durch Rücktitration eines Überschusses von *Komplexon III* mit Eisenchlorid-Lsg. bestimmt wird. Kiesel- u. Flußsäure dürfen nicht anwesend sein. Arbeitsvorschrift u. Analysenbeispiele werden angegeben. J. Heinze. 6240◇

Bestimmung des Gelierungsvermögens von Bentoniten durch den Methylenblauindex. G. Loose. (Ing. Chimiste [Bruxelles] **40,** 258—67, Dez. 1958; Saint-André-lez-Bruges, Aciéries et Fonderies de la Brugeoise; franz.) — Zur Best. des Methylenblauindex werden 2,5 g bei 100—105° im Vakuum getrockneter Bentonit in 400 cm^3 dest. W. suspendiert. In der Suspension werden dann 100 cm^3 einer genau 0,5%ig. wss. Methylenblau-Lsg. gegeben. Nach kurzem Schütteln setzt sich das Bentonitgel, das Methylenblau absorbiert hat, in dicken Flocken von tiefblauer Farbe ab. Ist die überstehende Fl. farblos, dann fügt man noch so viel Methylenblau-Lsg. zu, bis sie eine schwach bläuliche Farbe angenommen hat. Die Anzahl verbrauchter cm^3 an Methylenblau-Lsg., multipliziert mit 20, ergibt die Menge einer 1%ig. Methylenblau-Lsg., die für 100 g Bentonit verwendet wurde, u. stellt den Methylenblauindex dar. Die besten Bentonite haben einen Index von wenigstens 3000. C. Gottfried. 6248△

Röntgenspektrographische Untersuchung von hydraulischen Bindemitteln. J. Bens. (Silicates ind. **26,** 526—34, Nov. 1961; Paris, Co. Gén. de Radiologie; franz.) — Als Verf., das auch für Gläser u. Silicate anwendbar ist, kann sowohl die Fluorescenz als auch die direkte Strahlung verwendet werden. Arbeitsbedingungen u. App. werden beschrieben. G. Frikell. 6254◇

North American Philips Co., Inc., New York, N.Y., V.St.A., und **Pieter Willem Haayman, Gerardus Hendricus Janssen** und **Petrus Cornelis van der Linden,** Eindhoven, Niederlande, *Aufbringen lichtstreuender Schichten auf Glasoberflächen.* (**A. P. 3 006 783** vom 6/12. 1956, ausg. 31/10. 1961. Niederl. Prior. 8/12. 1955. — **C. 1959,** 4280 [D. A. S. 1 026 929].)

Carl-Zeiss-Stiftung (Jenaer Glaswerk Schott & Gen.), Mainz, *Einschmelzglas.* (**E. P. 876 016** vom 17/3. 1960, ausg. 30/8. 1961. D. Prior. 19/3. 1959. — **C. 1961,** 4493 [D. A. S. 1 078 294].)

Ernst Leitz G. m. b. H., Wetzlar, *Optisches Glas.* (**E. P. 889 237** vom 25/7. 1960, ausg. 14/2. 1962. D. Prior. 1/8. 1959. — **C. 1961,** 14794 [D. A. S. 1 089 935].)

Ernst Leitz G. m. b. H., Wetzlar, *Optische Krongläser.* (**E. P. 880 323** vom 3/9. 1959, ausg. 18/10. 1961. D. Prior. 19/9. 1958. — **C. 1961,** 15885 [D. A. S. 1 090 398].)

Corning Glass Works, Corning, N.Y., V.St.A. (Erfinder: **Raymond Olson Voss**), *Herstellung halbkristalliner Glaskörper.* (**E. P. 896 655** vom 3/10. 1960, ausg. 16/5. 1962. — **C. 1962,** 5435 [A. P. 2 960 802].)

Carl-Zeiss-Stiftung (Jenaer Glaswerk Schott & Gen.), Mainz, *Herstellung kristalliner Sinterkörper aus Silicatglaspulver.* (**E. P. 883 287** vom 19/2. 1960, ausg. 29/11. 1961. D. Prior. 8/4. 1959. — **C. 1961,** 4493 [D. A. S. 1 082 016].)

H_7. Agrikulturchemie. Schädlingsbekämpfung

Über die Zersetzungsgeschwindigkeit der Phosphorite von Kara-Tau nach dem kammerfreien Verfahren (in nichteingedickten Pulpen). M. Je. Posin, B. A. Kopylew, A. Sseitmagsimow und Je. L. Wilnitz. (J. angew. Chem. [UdSSR] **34,** 259—65, Febr. 1961; Leningrad, technolog. Lensowjet-Inst.; russ.) — Vff. untersuchen die Superphosphat-Herst. aus Phosphoriten von Kara-Tau durch Zers. mit H_2SO_4 (**I**) nach dem kammerfreien Verf. in nicht eingedickten Pulpen in Abhängigkeit von der Konz. der **I**, dem Überschuß an **I**, der Temp. u. dem Verhältnis von fester zu fl. Phase. Maximale Zers.-Geschw. wird bei Verw. von 55%ig. **I**, 10%ig. Überschuß an **I**, 70° u. einem Anfangsverhältnis fest/fl. = 1 : 1,5 erreicht. D. Hoene. 6282□

Halbtechnische experimentelle Nachprüfung des Verlaufs der Ammonisierung von Nitrosulfatdüngemitteln. Vladimír Lakota. (Chem. Průmysl **12 (37),** 113—16, März 1962; Pardubice-Semtín, Východočeské chem. závody Synthesia, n.p.; tschech.) — Es wurde festgestellt, daß die Ammonisierung des sauren Breies bei der Herst. der Nitrosulfatdüngemittel vom Typ NPK_2 nach folgenden Gleichungen verläuft: $5{,}2\ Ca(NO_3)_2 + 2\ HF + 6\ H_3PO_4 + 3{,}9\ HNO_3 + 5{,}9\ NH_3 = CaF_2 + 5{,}9\ NH_4NO_3 + 4{,}2\ Ca(NO_3)_2 + 6\ H_3PO_4$, $4{,}2\ Ca(NO_3)_2 + 6\ H_3PO_4 + 6\ NH_3 = 3\ Ca(H_2PO_4)_2 + 1{,}2\ Ca(NO_3)_2 + 6\ NH_4NO_3$ u. $3\ Ca(H_2PO_4)_2 + 1{,}2\ Ca(NO_3)_2 + 4{,}2\ NH_3 = 4{,}2\ CaHPO_4 + 2{,}4\ NH_4NO_3 + 1{,}8\ NH_4H_2PO_4$. Die Beendigung der einzelnen Rkk. entspricht Wendepunkten auf der pH-Kurve. Beim pH 4,6 enthält der Dünger 30% wasserlösl. P_2O_5. Bei Überschreitung dieses Werts beginnt die Retrogradation von $NH_4H_2PO_4$ zu in W. unlösl. $CaHPO_4$. Das Viscositätsmaximum liegt bei pH 2—3, es wird durch Ausscheidung von $Ca(H_2PO_4)_2$ verursacht. J. Schneider. 6290□

Kalkstein und Dolomit: Ihre Rolle in der Düngemittel-Technologie. Housden L. Marshall. (Agric. Chemicals **17**, Nr. 10, 50—80, Okt. 1962; engl.) — In Mischdüngern soll etwas weniger $CaCO_3$ oder Dolomit erhalten sein als zur Neutralisation des Mischdüngers erforderlich ist, weil sonst NH_3 entweichen u. zusätzliche, bei der Lagerung unerwünschte Wärme entstehen könnte außer der beim Ammonisieren entstehenden Wärme. Außerdem kann in neutralen bis schwach alkal. Mischdüngern in Ggw. von W. ein Teil des Phosphats unlösl. werden. W. Wesly. 6290◇

Über die Nährstoffanlieferung aus mit Kunststoff umhüllten Düngergranulaten. J. Jung. (Z. Pflanzenernähr., Düng., Bodenkunde **91 (136)**, 122—30, Nov. 1960; Ludwigshafen, BASF, Landw. Versuchsstat. Limburgerhof; dt.) — Es wurde in Gefäß-Verss. mit Weidelgras geprüft, ob u. inwieweit die Nährstoffanlieferung aus Düngergranulaten (Nitrophoska, Kalkammonsalpeter) durch Umhüllung dieser Granulate mit Kunststoff-Filmen vermindert wird. Geprüft werden in erster Linie Polymerisate auf Basis von Vinylchlorid, Vinylidenchlorid, Vinyläthern, Isobutylen, Styrol, Acrylsäureestern sowie Harnstoff-Formaldehyd-Kondensate, Polyäthylen u. Polyäthylenpolysulfit. Mehrmalige Behandlung von Nitrophoskagranulaten (10—15 mm) mit einer Diofan-Lsg. (Mischpolymerisat des Vinylidenchlorids) bewirkte eine deutlich verlangsamte N- u. K-Aufnahme durch Weidelgras, sofern der Diofanaufwand bei >2,3% lag. Besonders stark verlangsamt war die Nährstoffaufnahme aus nach mehrmaligem Bepudern mit Aceton benetzten Granulaten. Ein Plastopalfilm (Harnstoff-Formaldehyd-Harz) war wenig, Filme aus Acronal (Polyacrylester) u. Lutofan (Mischpolymerisat auf Vinylchloridbasis) waren nicht wirksam. Bei Kalkammonsalpetergranulaten konnte die N-Anlieferung durch Kunststoffumhüllung je nach der Granulatgröße unterschiedlich stark vermindert werden. Wilfried Werner. 6290◇

Die Verwendung von Torf. Eine Literaturstudie. G. Rigot. (Bull. agric. Congo **52**, 1305—33, Dez. 1961; franz.) — 56 Literaturangaben. M. Winiker. 6294◇

Durch Regen veranlaßte Bodenabspülung. C. W. Rose. (Soil Sci. **89**, 28—35, Jan. 1960; Makerere College, Uganda, engl.) — Durch künstliche Beregnung von Bodenproben mit verschiedener Tropfengröße (3,2—6,2 mm ∅) u. Fallhöhe (bis 6 m) ließen sich die Regenmenge, das Druckmoment M des Regenfalls (proportional zur Auftreff-Geschw. V) u. die kinet. Energie K des Regens (proportional zu V^2) pro Flächeneinheit variieren. 5 Böden verschiedener Textur (Ton bis Sand) wurden untersucht. Die Masse des abgespülten Bodens (= S, $kg/m^2/min$) war der Regendauer einfach proportional. Zwischen S, dem Plastizitätsindex u. dem Texturverhältnis (% Sand + % Schluff)/% Ton bestand eine Korrelation: Die schweren Böden wurden schwerer, die leichten Böden leichter abgespült. Weiterhing hing S, entgegen bisherigen Annahmen, mehr von M als von K ab. Der Druck M scheint demnach mehr mit dem Zusammenbruch der Bodenaggregate zusammenzuhängen. G. Jagnow. 6302◇

Überwachte Bodenrisse als mögliches Mittel zur Feuchtigkeitskonservierung auf Weizenfeldern der großen Ebenen im Südwesten der USA. Wendell C. Johnson. (Agronomy J. **54**, 323—25, Juli/Aug. 1962; Bushland, Tex., U.S. Dep. of Agric., South Plains Branch, Southwest. Great Plains Field Stat.; engl.) — Durch halbmonatliche Entfernung des Weizens in 18 in. breiten Streifen u. Abständen von 10, 20 oder 30 ft. werden Unregelmäßigkeiten in der Feuchtigkeitsextraktion u. dadurch Risse im Boden von ca. 0,5 cm Breite verursacht, die das 1,5—2fache der natürlichen Rißbreite beträgt. Auf diese Weise läßt sich die Tiefe u. Geschw. des Eindringens von Regen in Weizenfelder steigern. W. Wesly. 6302□

Einige thermodynamische Eigenschaften des Bodenwassers. Sterling A. Taylor und Gordon L. Stewart. (Proc. Soil Sci. Soc. America **24**, 243—47, Juli/Aug. 1960; Logan, Utah State Univ., Utah Agric. Exp. Stat.; engl.) — In Labor.-Verss. wurde die partielle spezif. Gibbssche freie Energie bzw. das Feuchtigkeitspotential des Bodenwassers gemessen. Verschiedene andere thermodynam. Eigg., die bei den Bodenwasser-Beziehungen von Wichtigkeit sind, wie z. B. die partielle spezif. Entropie u. die Enthalpie (Wärmeinhalt) des Bodenwassers wurden aus der Temp.-Abhängigkeit des Feuchtigkeitspotentials berechnet. Bei den Verss. wurden Feuchtigkeit, gelöste Bestandteile u. Druck der Bodenproben konst. gehalten. Die Temp. wurde stufenweise von 2 u. 45°, jeweils bis zur Gleichgewichtseinstellung, variiert. Bei jeder Temp. wurde das Feuchtigkeitspotential mit Tensiometern gemessen. Aus dessen

Temp.-Abhängigkeit wurde gefunden, daß die Änderung der partiellen Entropie des Bodenwassers stärker negativ ist als die von freiem Wasser. Signifikante Entropieunterschiede ergaben sich bei Böden, deren Feuchtigkeits-Geh. (bei 20°) 0,008 Joule/g (0,08 bar Saugkraft) betrug. Es wurde gefunden, daß die partielle spezif. Entropie u. Enthalpie des Bodenwassers von dem Feuchtigkeits-Geh. u. der Temp. des jeweiligen Bodens abhängen. G. Jagnow. 6302◇

Verdunstung aus geschichteten Böden bei wechselnder Tiefe des Grundwasserspiegels. W. O. Willis. (Proc. Soil Sci. Soc. America **24,** 239—42, Juli/Aug. 1960; Riverside, Calif., U.S. Salinity Labor.; engl.) — Es wird die Verdunstung aus 2schichtigen Boden-Syst. bei wechselnder Tiefe des Grundwasserspiegels unter Gleichgewichtsbedingungen beschrieben. Der Unterschied zwischen der Verdunstung aus einem 2schichtigen Syst. mit einer tonigen Ober- u. einer sandigen Unterschicht u. einem homogenen Tonboden kann relativ gering sein. Jedoch wird eine Umkehrung der Schichtung die Verdunstungsraten stark beeinflussen. Es scheint, daß für viele prakt. Zwecke Bodeninhomogenitäten eine geringe Rolle spielen, solange der Grundwasserspiegel tief liegt. G. Jagnow. 6302◇

Beziehung zwischen Bodenfeuchtigkeit und Ionenabsorption von Maispflanzen. H. J. Mederski und J. H. Wilson. (Proc. Soil Sci. Soc. America **24,** 149—52, Mai/Juni 1960; Wooster, Ohio Agric. Exp. Stat., Dep. of Agronomy; engl.) — Es wurde eine Kulturtechnik mit geteilten Wurzeln benutzt, bei der sich der obere Teil von Maiswurzeln in einer Sandschicht, u. der untere Teil (durch eine wurzeldurchdringbare Wachsmembran getrennt) in einem Schlufflehmboden mit 7 verschiedenen Feuchtigkeitsstufen vom Welkepunkt bis zur Feldkapazität (12,1, 13,2, 14,9, 16,1, 17,8, 19,7 u. 20,8%) entwickelten. Die Pflanzen wurden kultiviert, ohne daß W. zugesetzt oder eine signifikante Menge W. verbraucht wurde. Außerdem wurde die Luftfeuchtigkeit variiert (35 u. 85%). Das Trocken-Gew. der Sprosse u. Wurzeln nahm linear mit der Bodenfeuchte zu, ebenso die P- u. K-Aufnahme in trockener Atmosphäre. In feuchter Atmosphäre war die Beziehung zwischen Bodenfeuchte u. P- sowie K-Aufnahme nicht signifikant. Die Mg- u. Ca-Aufnahme wiesen in trockener Atmosphäre keine Beziehung zur Bodenfeuchte auf, wohl aber in feuchter Atmosphäre. G. Jagnow. 6302◇

Einige physiologische Reaktionen von zwei Tomatensorten auf unterschiedliche Bodendichte. William J. Flocker und Robert C. Menary. (Hilgardia **30,** 101—21, Juli 1960; engl.) — Die Auflauf-Geschw. von Tomaten auf einem sandigen Lehmboden nahm mit zunehmender Bodendichte (D. 1,1, 1,4, 1,7) ab, was auf die Verminderung des Bodenluft-Vol. von 40 auf 7% zurückgeführt wird. Das Wachstum der Pflanzen war durch die Bodenverdichtung gehemmt. Nach 9 Wochen waren die Pflanzen bei D. 1,1 doppelt so hoch wie bei D. 1,7. Die Trockenmasse-Bldg. war um 13% vermindert; die Zahl der Blütenknospen betrug nur etwa ein Viertel. Die auf dem verdichteten Boden gewachsenen Pflanzen zeigten eine Anthocyananreicherung, was auf einer Hemmung der P-Aufnahme beruht. Der Gesamt-Zucker-Geh. war bei D 1,7 erniedrigt, der Protein-Geh. erhöht. Die Ca- u. Mg-Aufnahme wurde durch die Unterschiede in der Bodendichte nicht gesichert beeinflußt. Wilfried Werner. 6302□

Die Bedeutung von Polysacchariden für die Bodenaggregation. N. C. Mehta, H. Streuli, M. Müller und H. Deuel. (J. Sci. Food Agric. **11,** 40—47, Jan. 1960; Zürich, ETH, Inst. für Agrikulturchemie; engl.) — Aggregate (von 2—4 mm) aus dem Oberboden einer Braunerde (3,2% organ. C; 30% Ton) sowie künstliche Aggregate [hergestellt durch Trocknen einer Mischung von 10 g feingemahlenem Boden mit 100 mg *Polysacchariden* (I) u. 10 ml W.] werden mit verschiedenen Chemikalien behandelt u. anschließend einer Stabilitätsprüfung durch Naßsiebung unterworfen. Die Ergebnisse dieser Stabilitätsteste nach Behandlung der Krümel mit Perjodat (Oxydation von I), HCl (Hydrolyse von I) u. ClO_2 (Oxydation von Lignin- u. Huminsäure-Verbb., wobei I nicht angegriffen werden) lassen die Schlußfolgerung zu, daß I nicht allein für die natürliche Krümel-Bldg. des Bodens verantwortlich sind. Vielmehr müssen an der Aggregierung noch andere Substanzen beteiligt sein (Humusstoffe, Ton, Fe-Oxide usw.). Natürliche Aggregate erwiesen sich als wesentlich stabiler als die durch Behandlung mit langkettigen I entstandenen künstlichen Krümel. Wilfried Werner. 6302◇

Oxydations-Reduktionsstudien über den Mechanismus der Bildung des B-Horizontes in Podsolen. L. J. McKenzie, E. P. Whiteside und A. E. Erickson. (Proc. Soil Sci. Soc. America **24,** 300—05, Juli/Aug. 1960; East Lansing, Mich., Michigan State Univ., Agric. Exp. Stat., Dep. of Soil Sci.; engl.) — Bei einer Reihe sandiger Böden im Podsolgebiet von Michigan wurden 2 Jahre hindurch die Redoxpotentiale im Bodenprofil u. ihre jahreszeitlichen Schwankungen untersucht. Die untersuchten Böden waren ein gut drainierter Kalsaska-Sand, ein unvollständig drainierter Saugatuck-Sand u. ein schlecht drainierter Roscommon-Sand. Die Redoxpotentiale waren abhängig von Jahreszeit, Temp., Feuchtigkeit u. Horizont. Feuchtigkeitsschwankungen wurden durch Nd., Drainage u. biolog. Verbrauch des W. bestimmt. Verzögerte, nicht mit Feuchtigkeitsschwankungen zusammenfallende Redoxschwankungen wurden (a) durch Temp.-Schwankungen, (b) indirekt durch die Aktivität der Mikroorganismen u. (c) durch den Laubfall verursacht. Die Variation mit der Tiefe hing vom Horizontcharakter u. der Beeinflussung obiger Charakteristika durch diesen ab. Zwei mögliche Mechanismen der Mobilisierung der *Fe-Oxide* (**I**) im A-Horizont u. ihrer Ausfällung im B-Horizont der Podsole werden diskutiert. Die Zahl der *Fe-Citrat* oxydierenden Mikroorganismen nahm stark mit der Bodentiefe ab. Es erscheint danach möglich, daß die Mobilisierung der **I** durch Komplex-Bldg. mit organ. Di- oder Tricarbonsäuren erfolgt, die demnach in der organ. Substanz des A-Horizontes vorhanden sein müssen. Diese Vermutung liegt durch die große Zahl Citrat oxydierender Organismen, die im B-Horizont fast auf 0 abfällt, nahe. Diese Komplex-Verbb. dienen diesen Mikroorganismen als Energiequelle, werden während des Transportes zum B-Horizont zersetzt u. als Fe(II) freigesetzt. Dieses wird durch dort ebenfalls nachgewiesene Fe(II)-oxydierende Mikroorganismen im B-Horizont als Fe(III) ausgefällt. Andererseits ist auch ein Übergang von Fe(II) zu Fe(III) durch die Valenzinduktion möglich. G. Jagnow. 6304◇

Gewinne und Verluste von Stickstoff sowie Tiefenverteilung von Stickstoff und organischem Kohlenstoff im Boden eines Lysimeterversuches. P. F. Pratt, H. D. Chapman und M. J. Garber. (Soil Sci. **90,** 293—97, Nov. 1960; Riverside, Calif., Univ. of California, Citrus Exp. Stat.; engl.) — 12 Lysimetertanks mit 10 Fuß Durchmesser u. 4 Fuß Tiefe wurden 1926 mit Oberflächenboden gefüllt (0—30 cm jungfräulicher Lehmrückstandsboden aus Granit) u. bis 1933 brach u. unbewässert belassen. 1934 begann der Vers. mit der ersten Sommerfrucht. Die Gefäße wurden im Winter verschieden behandelt: Getreidestroh, Wicken, Steinklee u. Senf in Verbindung mit 0, 100 u. 200 lb. N/acre aus $Ca(NO_3)_2$. N wurde mit Stroh zusammen eingegraben, zu den Winterfrüchten wurde 100 lb. N bei Aussaat u. weitere 100 lb (beim 200-lb.-N-Vers.-Glied) mit dem Eingraben der Gründüngungspflanzen verabreicht. Die ungedüngten Sommerfrüchte waren von 1934—1939 Gerste, von 1940—1953 einschließlich Sudangras. Die Sommerernte wurde gewogen u. analysiert, die Winterernte gewogen, eine Analysenprobe von 20 g genommen u. eingegraben. Die N-Bilanz wurde unter Berücksichtigung der Zufuhr durch Samen, Regen, Bewässerungswasser, Dünger u. Stroh u. des Verlustes durch Ernte u. Auswaschung für die vier 5-Jahres-Perioden u. die Gesamtperiode von 20 Jahren angegeben. Positive Bilanz wird als Gewinn aus atmosphär. N, negative Bilanz als Verlust von N (in Form von Gas) angesehen. Die Bilanz für Wicken- u. Steinkleegründüngung ist positiv durch deren N-Bindung. Die Bilanz der anderen Vers.-Glieder, Stroh u. Senf, war weder signifikant positiv noch negativ. Organ. C u. Gesamt-N des Oberflächenbodens (0—6 in.) nahmen linear als Funktion der Bebauung zu. In 6—12 in. Tiefe wurde eine Abnahme von einer leichten Zunahme gefolgt. In allen größeren Tiefen nahmen C u. N schnell ab, erreichten jedoch einen Gleichgewichtswert nach 13 Jahren. J. Jagnow. 6304◇

Die Wirkung des Partialdrucks des Sauerstoffs auf die Denitrifikation im Boden. F. E. Allison, J. N. Carter und Luann D. Sterling. (Proc. Soil Sci. Soc. America **24,** 283—85, Juli/Aug. 1960; Beltsville, Md., USDA, Eastern Soil and Water Management Res. Branch.; engl.) — Verss. mit einem mit *Nitrat* (**I**) versetztem sandigem Lehm zeigten, daß nur Spuren von **I** während der Bebrütung kleiner Proben an Luft mit einem Feuchtigkeits-Geh. von $^1/_3$ atm (Saugkraft) durch Denitrifikation verloren gingen. Das traf auch bei Zusatz von 1% Glucose oder 2% Weizenstroh zu. Bei 1—3wöchiger Belüftung der Proben mit 2,27% O_2 enthaltendem N_2 traten bei der Hälfte der Teste signifikante N-Verluste auf. Bei 0,46% O_2 betrugen die N-Verluste 10% in Boden ohne Glucose u. 50% in Boden mit 0,5% Glucosezusatz. Obwohl Denitrifikation erst bei sehr geringer O_2-Konz. auftrat, wird sie selbst in offenen, gut drainierten Böden zeitweilig für möglich gehalten. G. Jagnow. 6304◇

Die Isolierung einiger Harnstoff–Formaldehyd-Verbindungen und ihr Abbau im Boden. M. I. E. Long und G. W. Winsor. (J. Sci. Food Agric. **11,** 441—45, Aug. 1960; Littlehampton, Sussex, Glasshouse Crops Res. Inst.; engl.) — Es wurden folgende Harnstoff–Formaldehyd-Verbb. präparativ hergestellt: *Methylendiharnstoff* (**I**): nach Kodawaki [1936]; *Dimethylentriharnstoff* (**II**): 1 Mol Dimethylolharnstoff (12% wss. Lsg.) wird langsam zu 4 Mol Harnstoff (25% wss. Lsg.) bei 30° u. pH 3,0 zugegeben, nach 2 Std. wird der Nd. gewaschen u. bei 40° getrocknet. — *Trimethylentetraharnstoff* (**III**): Dimethylolharnstoff (2 Mol) u. Monomethylolharnstoff (1 Mol) werden in

70% ig. A. (gepuffert auf pH 4,0) gelöst. Nach 4 Std. wird der Nd. rekrist., in W. gelöst (2,5% ig. Lsg.) u. zu einer 25% ig. Harnstoff-Lsg. von pH 3 u. 40° zugefügt. Die Temp. wird dann langsam auf —5° erniedrigt, wobei **III** ausfällt. Der Nd. wird mit A. gewaschen u. getrocknet. — *Tetramethylenpentaharnstoff* (**IV**): Nach Zigeuner u. Mitarbeitern (C. **1959**, 3098). Eine Analyse dieser Prodd. ergab folgende Geh. an N bzw. Formaldehydäquivalenten: **I** = 41,7 bzw. 22,6%, **II** = 40,7 bzw. 29,0%, **III** = 40,4 bzw. 32,8% u. **IV** = 40,2 bzw. 35,3%. — Proben dieser Prodd. werden in einer Menge äquivalent 300 ppm N (bezogen auf trocknen Boden) mit 700 g feuchten Bodens 26 Wochen bei 23,5° inkubiert, u. zwar mit u. ohne Zusatz von $CaCO_3$. Es zeigte sich, daß im nicht aufgekalkten Boden **I** sehr schnell abgebaut wird, dicht gefolgt von **II**. Der N von **III** wurde weniger schnell mineralisiert, erreichte aber auch schon nach 8 Wochen sein Maximum. Demgegenüber wurde **IV** nur langsam abgebaut; nach 26 Wochen waren nur 15% des N aus **IV** freigesetzt. Nach Aufkalkung des Bodens wurde die N-Mineralisierung aus allen Prodd. etwas verzögert. — Auf Grund ihrer Ergebnisse halten Vff. es für wenig wahrscheinlich, daß Harnstoff–Formaldehyd-Verbb. des Methylenharnstofftyps, die durch Kondens. unter sauren Bedingungen hergestellt werden, jemals die Eigg. eines idealen „langsam-fließenden" N-Düngers haben können.

Wilfried Werner. 6304◇

Die Beeinflussung der Keimung von kleinkörnigen Getreidearten und Mais durch Harnstoff und andere Stickstoffdüngemittel. B. L. Brage, W. R. Zich und L. O. Fine. (Proc. Soil Sci. Soc. America **24**, 294—96, Juli/Aug. 1960; Brookings, South Dakota Agric. Exp. Stat.; engl.) — Es wurden Feld-Verss. zur Unters. der Wrkg. verschiedener N-Dünger auf die Keimung durchgeführt. In allen, außer 2, Verss. wurde der Dünger zusammen mit dem Samen in den Tonboden eingebracht. *Harnstoff* (**I**), der 2,5% *Biuret* (**II**) enthielt, verminderte den Pflanzenbestand von Winterweizen u. Gerste bei einer (mit Samen eingebrachten) Gabe von 20 lb./acre um 30%. 80 lb. NH_4NO_3 verminderten den Pflanzenbestand um 10%. Reiner **I** in Höhe von 40 u. 80 lb. verminderte den Bestand um 25 bzw. 60%. 160 lb. **I** mit 10% **II**, im Breitwurf gegeben, hemmten die Keimung von Mais u. Gerste nicht. In einem Gewächshaus-Vers. zu Weizen nahm **I** hinsichtlich der keimhemmenden Wrkg. eine Mittelstellung zwischen dem (sehr schädlichen) $(NH_4)_2CO_3$ u. NH_4NO_3 ein. Wenn **I**, NH_4OH oder $(NH_4)_2CO_3$ mit Boden gemischt wurden, wurde viel NH_3 freigesetzt, dagegen nur Spuren bei Verw. von NH_4NO_3, $(NH_4)_2SO_4$ oder **II**. Handelsüblicher **I** ist somit sowohl durch die Bldg. von NH_3 als auch durch die Wrkg. von **II** schädlich für keimende Samen. G. Jagnow. 6304◇

Coniferenaufforstung von Kohlentagebau-Abraumhalden u. ihre Beeinflussung durch bestimmte Bodencharakteristika u. Zufuhr organischer Substanzen beim Pflanzen. Gerald L. Lowry. (Proc. Soil Sci. Soc. America **24**, 316—18, Juli/Aug. 1960; Wooster, Ohio Agric. Exp. Stat., Forestry Dep.; engl.) — 8 Coniferenarten wurden auf 5 sehr voneinander verschiedenen Kohlentagebau-Abraumhalden gepflanzt. Auf jeder Halde wurden 5 Arten (a) ohne Mulch, (b) mit dampfsterilisiertem Sägemehlmulch (1 pint über Wurzelballen beim Auspflanzen) u. (c) mit unsterilisiertem Sägemehl ausgepflanzt. 5 Teile Hartholzsägemehl wurden mit 0,5 Teilen verrottetem Mist u. 1,5 Teilen von Boden aus F-, H- u. A-Horizonten unter Coniferenbeständen vermischt. Zweijährige Messungen zeigten signifikante Unterschiede im Überleben der einzelnen Baumarten in allen Gebieten, wo die Überlebensrate größer als 10% war. Die Mulchbehandlung zeitigte signifikante Unterschiede, bes. auf stark sauren Halden, wo unsterilisierter Mulch die Überlebensrate um 90% verbesserte. Sterilisierter Mulch verbesserte die Überlebensrate auf sandigen Böden, verschlechterte sie aber in Gebieten mit hohem Schluff- u. Lehmgehalt. Das Wachstum wurde durch Mulch nicht beeinflußt. Einige Standortsfaktoren wurden in ihrer Wrkg. auf die Überlebensrate geprüft. Es erwiesen sich nur das Feuchtigkeitsäquivalent (nach der Zentrifugen-Meth.), der Sand-Geh. u. der pH-Wert, nicht dagegen der Feuchtigkeits-Geh. bei 15 atm u. der Salz-Geh. als signifikant. Mittelschwere Böden mit pH 5—6 sind für eine Aufforstung am aussichtsreichsten. Jedoch können bei richtiger Baumwahl u. Mulchzufuhr Kiefern auch auf sehr sauren sandigen Böden (pH 3,2) angepflanzt werden. G. Jagnow. 6304◇

Entwicklung von Kohlendioxid aus einigen Grubenabraumhalden. H. A. Wilson und H. G. Hedrick. (Appl. Microbiol. **5**, 17—21, Jan. 1957; Morgantown, W.Va., Univ., Dep. of Plant Pathol., Bacteriol. and Entomol.; West Virginia Agric. Exp. Stat.; engl.) — Unterss. über die Entw. von CO_2 aus bebauten u. nicht bebauten Proben aus Abraum von Kohlengruben u. benachbarten Böden zeigen, daß der Zusatz von N (allein oder zusammen mit K_2O u. P_2O_5) mehr Einfl. auf die Mikrobentätigkeit u. damit auf die CO_2-Erzeugung als jeder andere Zusatz hat (Weizenstroh). $Ca(OH)_2$ erhöht die Mikrobentätigkeit in einigen Fällen durch pH-Einstellung. W. Wesly. 6306

Die Wirkung von Allylalkohol auf die Mikrobenpopulation von Prärieböden und das Wachstum von Baumsämlingen. M. Yatazawa, D. J. Persidsky und S. A. Wilde. (Proc. Soil Sci. Soc. America **24,** 313—16, Juli/Aug. 1960; Madison, Wis., Univ. of Wisconsin, Dep. of Soils; engl.) — Die Behandlung eines von Mykorrhizen freien, jungfräulichen Präriebodens (Carrington-Schlufflehm) mit 25, 50, 100 u. 200 Gallonen *Allylalkohol* (I)/acre bewirkte eine starke Stimulierung des Wachstums von aus sterilisierten Samen gezogenen Monterey-Kiefern. Die Behandlung mit I verdrängt unmittelbar die autochthone Pilzflora durch Trichoderma viride. Bakterien u. Actinomyceten wurden durch steigende Gaben von I zunehmend unterdrückt. Die Behandlung mit I erhöhte die Aufnahme von Nährstoffen, bes. von P u. K durch die Pflanzen. Verfügbares P_2O_5 u. K im Boden wurden durch I erhöht. Das betont sukkulente Wachstum nach I-Behandlung läßt die Wrkg. einer wachstumsfördernden Substanz vermuten. Einige in I-behandeltem Boden aufwachsende Sämlinge hatten gut entwickelte coralloide Mykorrhizen. Die Herkunft der mykorrhizenbildenden Organismen ist ungewiß. G. Jagnow. 6306◇

Landwirtschaftliche Mikrobiologie in Polen. Jadwiga Marszewska-Ziemięcka, (Rev. Pol. Acad. Sci. **5,** Nr. 1, 63—69, Jan./März 1960; engl.) — Allg. Ausführungen. M. Winiker. 6306◇

Chemische und biologische Prüfung handelsüblicher Pyrethrum-Extrakte auf insekticide Bestandteile. R. M. Sawicki und E. M. Thain. (J. Sci. Food. Agric. **12,** 137—45, Febr. 1961; London, Trop. Products Inst.; Harpenden, Herts., Rothamsted Exp. Stat.; engl.) — Die in Pyrethrumextrakten enthaltenen Insekticide wurden mit Nitromethan extrahiert u. durch Verdrängungschromatographie getrennt. Die insekticide Wirksamkeit des Eluats beruhte auf der Ggw. von Cinerin I u. II u. Pyrethrin I u. II. Pyrethrin II ist wirksamer als I; die Cinerine sind weniger aktiv. W. Wesly. 6312◇

Physikalische und chemische Eigenschaften einiger als Bodenverbesserungsmittel verwendeter Torfe. R. S. Dyal. (Proc. Soil Sci. Soc. America **24,** 268—71, Juli/Aug. 1960; Beltsville, Md., USDA; engl.) — Hinsichtlich der Beurteilung von Torfen als Bodenverbesserungsmitteln sind folgende Eigg. am wichtigsten: Wasserhaltekraft unter verschiedenen Bedingungen, pH, Asche-Geh., Wasser-Geh. beim Verkauf, botan. Zus. u. Zers.-Grad. Die hohe wasserhaltende Kraft von Sphagnummoos u. von teilweise zersetztem Sphagnumtorf wird von anderen Moosen u. Pflanzen nicht erreicht. Diese wird außerdem stark durch den Zers.-Grad bestimmt u. bei starker Zers. ist die Herkunft nicht mehr erkennbar. Die Druckplatten- u. Druckmembran-Meth. erwiesen sich auch bei Torfen als zur Best. der Wasserhaltekraft geeignet. G. Jagnow. 6322◇

Untersuchungen an dem Janertschen Gerät zur Messung der Luftdurchlässigkeit von Böden im Gelände. U. Babel. (Z. Pflanzenernähr., Düng., Bodenkunde **91** **(136),** 14—21, 1/10. 1960; Siegmaringen, Wasserwirtschaftl. Planungsstelle, Bodenphysikal. Labor.; dt.) — Vf. diskutiert das von Janert u. Witt entwickelte Gerät (Abb.) zur Best. der Luftdurchlässigkeit von Böden. In eigenen Unterss. an Moor- u. Anmoorböden wurde festgestellt, daß dasselbe nur sehr ungenaue Werte liefert, bes. bei sehr undurchlässigen Böden. Das Gerät wird daher unter Beibehaltung des Meßprinzips derart modifiziert, daß es sich auch für die erwähnten Böden eignet (Verw. verschiedener Düsen). In Analogie zu der Angabe der Wasserdurchlässigkeit von Böden K_f (cm/s) wird als Maß für die Luftdurchlässigkeit die Durchströmungs-Geschw. d v/d t verwendet (Zeit in Sek., in der 1 Liter Luft den Boden durchströmt). Wilfried Werner. 6324◇

Die Anwendung der Thermogravimetrie zur Carbonatanalyse in Böden. 1. Mitt. Analyse reiner Carbonate und natürlich vorkommender Kalksteine. J. R. Wright, I. Hoffman und M. Schnitzer. (J. Sci. Food Agric. **11,** 163—67, März 1960; Ottawa, Canada, Canada Dep. of Agric., Res. Branch; engl.) — Mittels einer Thermowaage von 0,1 mg Empfindlichkeit u. einer Erhitzungs-Geschw. von 300°/Std. u. einer maximal erreichbaren Temp. von 1030° wurde an *Dolomit* (I) sowie krist. *Calcit* (II) u. *Magnesit* (III) eine quant. Carbonatanalyse auf thermogravimetr. Basis ausgearbeitet. Da auch bei 1030° der Gew.-Verlust noch anhält, wird bei dieser Temp. bis zur Gew.-Konstanz erhitzt. Die Pyrolyse wurde in CO_2-Atmosphäre durchgeführt, da in Luft keine quant. Differenzierung zwischen I u. II möglich war. In CO_2-Atmosphäre wird CO_2 aus II bei ca. 1000°, aus III im Bereich von 640—850° u. aus I in den Bereichen von 820—870° sowie 970—1010° (zweistufige Pyrolysekurve) abgespalten. Verunreinigungen von III durch I usw. ließen sich deutlich erkennen. Durch einen Vgl. mit der chem. bzw. röntgenograph. Meth. konnte die Brauchbarkeit des thermogravimetr. Verf. zur quant. u. qual. Carbonatanalyse nachgewiesen werden. Wilfried Werner. 6324◇

Die Anwendung der Thermogravimetrie zur Carbonatanalyse in Böden. 2. Mitt. Analyse von Carbonaten in Böden. I. Hoffman, M. Schnitzer und J. R. Wright. (J. Sci. Food Agric. **11,** 167—72, März 1960; engl.) — 1. vgl. vorst. Referat. — Die an reinem *Dolomit* (I), *Calcit* (II) u. *Magnesit* ausgearbeitete u. überprüfte Meth. wird nunmehr an 14 verschiedenen Bodenproben auf ihre Brauchbarkeit für die quant. u. qual. Carbonat-Best. in Böden geprüft. Die thermogravimetr. ermittelten Gesamtcarbonat-Geh. stimmten gut mit den chem. Werten überein. Jedoch erlaubten die Pyrolysekurven nicht in allen Böden eine Differenzierung zwischen den einzelnen Carbonaten. In den meisten Böden, in denen eine Auftrennung möglich war, waren die ermittelten I-Geh. höher u. die II-Geh. niedriger als die mittels chem. Meth. erhaltenen Werte. Als mögliche Ursache für diese Schwierigkeiten wird eine Wechselwrkg. zwischen K u./oder Na u. SiO_2 einerseits mit II andererseits während der Pyrolyse angesehen. Es wird deshalb zur Vorsicht bei der Benutzung der Pyrolysekurven von Böden zur Auftrennung des Gesamtcarbonat-Geh. in I u. II geraten. Wilfried Werner. 6324◇

Die Bestimmung der Schwefelreserve und der löslichen Sulfate in Böden. C. E. Bardsley und J. D. Lancaster. (Proc. Soil Sci. Soc. America **24**, 265—68, Juli/Aug. 1960; Mississippi Agric. Exp. Stat.; engl.) — Es wird eine Arbeitsvorschrift zur Best. des *Gesamt-S* gegeben: 2,5 g Boden werden mit 0,5 g $NaHCO_3$ im Tiegel gemischt, mit 0,5 g $NaHCO_3$ gleichmäßig bedeckt u. 3 Std. bei 500° geglüht. Nach Abkühlung wird der Inhalt in einen 50-ml-Kolben gebracht, mit 25 ml $NaH_2PO_4 \cdot H_2O$-Lsg. (0,1n an $NaH_2PO_4 \cdot H_2O$ u. 2n an Essigsäure) 30 Min. unter Schütteln extrahiert u. abfiltriert. 10 ml Filtrat werden mit 1 ml Acacia-Lsg. (0,5% in 50%ig. Eisessig), 1 ml 1 : 1 verd. konz. HCl versetzt u. geschüttelt. Darauf werden 0,5 g $BaCl_2$-Kristalle zugefügt. Nach kurzem Stehenlassen (1 Min.) wird bis zur Auflösung geschüttelt. Innerhalb von 12 Min. wird dann der Gesamt-S als $BaSO_4$ turbidimetr. (420-mμ-Filter) bestimmt (Eichkurve mit $MgSO_4 \cdot 7\,H_2O$). Die lösl. Sulfate (*Sulfat-S*) werden aus 10 g Boden mit 25 ml NH_4-Acetat-Lsg. (39 g in 1000 ml 0,25n Essigsäure) unter Schütteln (30 Min.) extrahiert. Nach Zufügung von 0,25 g Aktivkohle u. weiterem Schütteln (3 Min.) wird filtriert. 10 ml des Filtrats werden mit 1 ml „Impflsg.“ (1 : 1 verd. konz. HCl mit 20 ppm SO_4-S) u. 0,5 g $BaCl_2$ versetzt. Nach Auflösung u. Schütteln werden dann die lösl. Sulfate ebenfalls als $BaSO_4$ turbidimetr. bestimmt. Der Reserve-S wird durch Subtraktion des Sulfat-S von dem Gesamt-S erhalten. Als Mittelwert von 23 Analysen von Oberflächenbodenproben ergab sich 198 lbs./acre Gesamt-S, davon 179 lbs./acre Reserve-S u. 19 lbs./acre Sulfat-S. Allg. liegen ca. 10% des Gesamt-S als lösl. Sulfate vor. Weiter ergab sich, daß die Gesamt-S-Geh. von der Textur abhingen: Sie betrugen für sandige Lehme, Lehme u. schluffige Lehme, tonige Lehme u. Tone 158, 206, 238 u. 380 lbs./acre. Das N/Gesamt-S- bzw. N/Reserve-S-Verhältnis der Böden betrug 8,2 bzw. 9,1 $\pm$0,3. Zwischen Kjeldahl-N u. Reserve-S bestand eine hoch signifikante Korrelation. G. Jagnow. 6324◇

Eine Untersuchung über das extrahierbare Boden-Kobalt in Böden im Südosten der Vereinigten Staaten. L. A. Alban und Joe Kubota. (Proc. Soil Sci. Soc. America **24**, 183—85, Mai/Juni 1960; Ithaca, N.Y., Cornell Univ., Dep. of Agron.; engl.) — 5 g Boden werden mit 25 ml 2,5%ig. *Essigsäure* (I) u. 25 ml *Dithizon* (II)-Lsg. (in Tetrachlorkohlenstoff) 1 Std. geschüttelt u. dann zentrifugiert. Die wss. Schicht wird verworfen. 10—20 ml der II–Tetrachlorkohlenstoff-Schicht werden mit 2 ml $HClO_4$ versetzt u. bis zur Farblosigkeit erhitzt. Darauf wird vorsichtig zur Trockne eingedampft u. der Rückstand mit 10 ml 0,01n HCl aufgenommen. Die Best. des Co erfolgte colorimetr. mit der o-Nitrokresolmethode. Weiter wurden Blätter der Co-Indicatorpflanze Nyassa sylvatica Marsh. var. biflora (Walt.) Sarge mittels Röntgenspektralanalyse auf Co untersucht. Für 71 weit über den Südosten der USA verteilte Böden wurde die Beziehung zwischen mit I u. II extrahierbarem Co u. dem Co-Geh. der genannten Indicatorpflanze untersucht. Die Proben stammten aus gut mit Co versorgten Gebieten u. aus solchen, bei denen auf Grund früherer Analysen Co-Mangel bei Wiederkäuern zu erwarten war. Die Beziehung war verschieden für Grundwasserpodsole, Humusgley- u. niedere Humusgleyböden auf der einen Seite u. für die besser drainierten Regosole u. rotgelben podsoligen Böden auf der anderen Seite. Bei vergleichbaren Blatt-Konzz. enthielt die erstgenannte Gruppe von Böden weniger extrahierbares Co als die letztgenannte. Wegen variabler Dicke der A_1-Horizonte wurden sowohl Analysenwerte für die 0—6- sowie für die 0—12-in.-Schicht berechnet. Zu der dickeren Schicht bestanden ebenfalls gute Korrelationen. Die beschriebene Extraktions-Meth. scheint zur Auffindung von Gebieten im Südosten der USA mit potentiellem Mangel an Boden-Co geeignet zu sein. G. Jagnow. 6324◇

Spurenanalyse mit Hilfe der temperaturprogammierten Gaschromatographie. Gleichzeitige Bestimmung von Monuron- und Diuronherbicidrückständen. J. J. Kirkland. (Analytic. Chem. **34**, 428—33, März 1962; Wilmington, Del., E. I. du Pont de Nemours & Co., Ind. and Biochem. Dep.; engl.) — Beschreibung einer gaschromatograph.

Meth. zur gleichzeitigen Best. von *Monuron* [*3-(p-Chlorphenyl)-1.1-dimethylharnstoff*] u. *Diuron* [*3-(3.4-Dichlorphenyl)-1.1-dimethylharnstoff*] in verschiedenen Getreidesorten u. Böden. Durch Kochen unter Rückfluß mit wss. Lauge entstehen die entsprechenden Aniline, die in konz. HCl mit Wasserdampf dest. werden. Das Destillat wird mit NaOH neutralisiert u. mit Hexan oder Dichloräthan extrahiert. Die organ. Phase wird nach Einengen auf eine mit Apiezon L auf Chromosorb W (KOH-behandelt) gefüllte Trennsäule gegeben. Das Temp.-Programm lief von 75—278°. Mit einem Flammenionisationsdetektor betrug die Erfassungsgrenze 0,1 ppm. W. Hein. 6328◇

Bestimmung von Parathion. H. H. Lausen. (Nature [London] **194,** 1174, 23/6. 1962; Copenhagen, Univ., Dep. of Pharmacol., Forensic-Chem. Sect.; engl.) — Meth. zur Best. von *Parathion* mit $TiCl_3$. 5 ml einer neutralen alkohol. Probe-Lsg. werden mit 50 µl der $TiCl_3$-Lsg. (1 Vol. 15% ig. $TiCl_3$-Lsg., 1 Vol. 2m Essigsäure u. 2 Vol. 2m Na-Acetat-Lsg.) (2 Min.), 200 µl 8n HCl (2 Min.), 100 µl einer 3,2% ig. $NaNO_2$-Lsg. (4 Min.), 500 µl einer 2% ig. Sulfanilsäure-Lsg. (3 Min.), 500 µl einer 1% ig. N-1-Naphthyläthylendiaminhydrochlorid-Lsg. versetzt, mit A. u. W. auf 10 ml aufgefüllt u. bei einer endgültigen A.-Konz. von 30—50% die Extinktion bei 560 nm bestimmt. In reiner wss. Lsg. liegt das Absorptionsmaximum bei 555 nm. J. Weiner. 6328◇

Amchem Products, Inc., Ambler (Erfinder: **Alan Walter Schneider,** Lamsdale Mounted Route), Pa., V.St.A., *Pflanzenvertilgungsmittel, insbesondere herbicide Mittel.* (**D. A. S. 1 138 278** Kl. 451 vom 24/4. 1958, ausg. 18/10. 1962. — C. **1960,** 15543 [E. P. 819 127].)

N. V. Philips' Gloeilampenfabrieken, Eindhoven, Niederlande, *Mittel zur Vernichtung von Monocotyledonen, besonders von Flughafer.* (**Belg. P. 570 632** vom 25/8. 1958, ausg. 20/10. 1961. Niederl. Prior. 26/8. 1957. — C. **1961,** 7005 [Oe. P. 206 697].)

Spencer Chemical Co., Kansas City, Mo. (Erfinder: **Thomas Robert Hopkins,** Kansas City, **Joe Weldon Pullen,** Overland Park, und **Paul Donovan Strickler,** Kansas City, Kans.), V.St.A., *Regelung des Pflanzenwachstums oder Bekämpfung von Nematoden und Fungi.* (**D. A. S. 1 137 255** Kl. 451 vom 23/3. 1959, ausg. 27/9. 1962. A. Prior. 24/3. u. 29/10. 1958 u. 14/1. 1959. — C. **1960,** 9008 [A. P. 2 906 614].)

Pittsburgh Coke & Chemical Co., New York, N.Y., übert. von: **Waldo B. Ligett,** Pontiac, Mich., und **Calvin N. Wolf,** New York, N.Y., V.St.A., *α-Cyan-β-bromphenylacrylsäure.* (**Can. P. 562 915** vom 20/4. 1953, ausg. 9/9. 1958. A. Prior. 6/5. 1952. — C. **1961,** 15533 [Schwz. P. 341 182].)

Soc. des Usines Chimiques Rhône-Poulenc, Paris (Erfinder: **Jean Métivier,** Arpajon), Frankreich, *Schädlingsbekämpfungsmittel mit insekticider und acaricider Wirkung.* (**D. A. S. 1 137 257** Kl. 451 vom 2/12. 1957, ausg. 27/9. 1962. — F. Prior. 3/12. 1956 u. 27/9. 1957. — C. **1961,** 14433 [A. P. 2 877 155] u. C. **1962,** 6940 [F. P. 72 280].)

Farbenfabriken Bayer Akt.-Ges., Leverkusen, *Organische phosphorsäurehaltige acaricide Mittel mit ovicider Wirkung.* (**E. P. 890 320** vom 2/10. 1959, ausg. 28/2. 1962. D. Prior. 3/10. 1958. — C. **1962,** 12808 [D. A. S. 1 116 468].)

Farbenfabriken Bayer Akt.-Ges., Leverkusen (Erfinder: **Ernst Schegk** und **Gerhard Schrader,** Wuppertal), *Herstellung von Thionophosphorsäureestern.* (**Niederl. P. 100 207** vom 20/3. 1957, ausg. 15/1. 1962. D. Prior. 22/3. 1956. — C. **1961,** 13697 [D. A. S. 1 101 406].)

Union Carbide Corp., New York, N.Y., V.St.A. (Erfinder: **John Robert Kilsheimer** und **Harry Leonard Haynes**), *Insekticides Mittel.* (**Aust. P. 232 227** vom 22/7. 1958, ausg. 23/2. 1961. A. Prior. 5/8. 1957. **Ind. P. 64 713** vom 21/7. 1958, ausg. 20/9. 1960. — C. **1961,** 9952 [D. A. S. 1 097 750].)

Monsanto Chemical Co., St. Louis, Mo., übert. von: **Marion W. Harman** und **John F. D'Amico,** Nitro, W. Va., V.St.A., *Schädlingsbekämpfungsmittel.* (**A. P. 2 912 357** vom 29/3. 1956, ausg. 10/11. 1959. — C. **1960,** 14494 [D. A. S. 1 075 890].)

Farbenfabriken Bayer Akt.-Ges., übert. von: **Hugo Malz,** Leverkusen, **Adam Müller,** Hallstadt, und **Richard Wegler,** Leverkusen, *Nagetierbekämpfungsmittel.* (**A. P. 2 994 638** vom 17/2. 1959, ausg. 1/8. 1961. D. Prior. 20/2. 1958. — C. **1960,** 10032 [D. A. S. 1 076 437].)

H_8. Metallurgie. Korrosion

Schwereaufbereitung von feinem Cassiterit. I. R. M. Chaston. (Bull. Instn. Metallurgy Nr. 662, Trans. **71,** 215—25, Jan. 1962; Renasqueira, Portugal, Beralt Tin and Wolfram Ltd.; engl.) — Es wurden verschiedene Aufbereitungs-Verff. für Cassiterit <30 µ untersucht. Die besten Ergebnisse erhält man bei der Behandlung der Trübe in einem Cyclon für mittlere Körnungen bei niedrigem Druck zur Abscheidung des Grobkorns >40 µ. Der Überlauf wird bei höheren Drücken cycloniert zur Abscheidung des Korns über 10 µ. Grobkorn >40 µ wird entweder der Herdaufbereitung zugeführt oder nachzerkleinert. Das Korn 10—40 µ wird auf Herden aufgearbeitet. Das Unterkorn geht über Feinsandherde, ggf. unter Zusatz von Flokulationsmitteln. F. Ensslin. 6360□

Rationelle Arbeitsweise elektrischer Öfen für Stahlguß. Manzō Yakushiji und Naoo Haneda. (Imono, J. Japan Foundrymen's Soc. **34,** 89—96, Febr. 1962; jap., Auszug: engl.) — Eine rationellere Arbeitsweise elektr. Öfen für Stahlguß wird erzielt durch Verbesserungen der Instandsetzungs-Verff., ein neues O_2-Einspritzverf., die Vorwärmung des Metalls mit Rohöl u. Wahl geeigneter Chargenmengen u. -abmessungen. W. Wesly. 6370◇

Verwendung von Sauerstoff-Gasbrennern zum Niederschmelzen von Schrott in einem kleinen Lichtbogenofen. V. J. Howard. (Electr. Furnace Steel Conf. Iron Steel Divis., Amer. Inst. Mining, metallurg., Petroleum Engr., Proc. **18,** 398—408, 30/11. 1960; Tulsa, Okla., Oklahoma Steel Castings Co.; engl.) — Mit Diskussion.
H. Hochstein. 6370◇

Über das Diagramm der Verbrennungsüberwachung. Takeshi Tanaka. (Imono, J. Japan Foundrymen's Soc. **34,** 637—43, Sept. 1962; jap., Auszug: engl.) — Unterss. über die gegenseitigen Beziehungen der Gase beim Verfeuern von Brennstoffen führen zu einer allg. Verbrennungsgleichung u. einem Verbrennungsdiagramm, das die genannten Beziehungen wiedergibt. W. Wesly. 6370◇

Die Gewinnung von gesiebtem Agglomerat und dessen Verwendung beim Hochofenbetrieb. W. M. Sudin, I. I. Ssagaidak, A. P. Jakobsson, N. N. Babarykin, W. G. Dorman, A. L. Galatonow und P. W. Lekin. (Stahl [UdSSR] **22,** 675—79, Aug. 1962; Magnitogorsk, Metallurg. Kombinat; russ.) — Die Konstruktion einer Vers.-Anlage mit Trommelsieb zum Absieben von Feingut wird beschrieben u. Angaben über die Güte des Agglomerats, die Leistung der Sintermaschine sowie die Vor- u. Nachteile der Anlage werden gemacht. Hierbei ergibt sich, daß die Siebtrommel nach vollständiger Beseitigung der aufgetretenen Unzulänglichkeiten für einen Hochofenbetrieb empfohlen werden kann. Der Verschleiß der Roststäbe im Trommelsieb ist um das 4—6fache geringer als in einer stationären Anlage. Bei Verw. des abgesiebten Agglomerats im Hochofenmöller wird die Hochofenleistung um 2,5—3,5% erhöht u. der spezif. Koksverbrauch um 1,2—3,9% verringert. H. Hochstein. 6378□

Verbesserung der Gewinnung von Nebenprodukten der Pb–Zn-Hütten bei Vieille-Montagne. Jim Morrison. (Engng. Mining J. **162,** Nr. 12, 92—98, Dez. 1961; engl.) — Beschreibung der Verff. u. der App. dieses belg. Hüttenwerks. Außer *Pb*, *Zn* u. H_2SO_4 werden als Nebenerzeugnisse *Cu, Ge, As, Ag, Cd, Sn, Sb, Au, Hg* u. *Bi* teils als Metalle, teils als Salze gewonnen. F. Hochstetter. 6380◇

Energetische Analogie des elektrischen Bogens und der Elektrolyse. P. W. Ssergejew. (Nachr. Akad. Wiss. KasachSSR **18,** Nr. 6, 30—39, Juni 1962; russ.) — Die festgestellte energet. Analogie des elektr. Bogens (EB) u. der Elektrolyse berechtigt zur Annahme, daß in gewissen Fällen (wie im Anodenprozeß) der EB zur Trennung von Materialien (*Zn*-Entfernung aus den Schlacken) analog der Elektrolyse verwendet werden kann. S. Baryschnikow. 6380

Untersuchung über die Seigerung von Fremdstoffen in Formsand und ihre Einflüsse. Shuichi Sugihara und Kōshi Iwata. (Imono, J. Japan Foundrymen's Soc. **34,** 481—86, Juni 1962; jap., Auszug: engl.) — Die durch Seigerung von Fremdstoffen in Formsand verursachten Einfl. rühren her von den in Formsand allg. verwendeten Stoffen, beigemischten Fremdstoffen, Formwerkstoffen u. Verunreinigungen (Schrott) im Formsand. Die Einfl. werden untersucht. W. Wesly. 6382◇

Spezial-Kernsandgemisch für den Guß von gußeisernen Zylindern. L. G. Ssolodownik, O. A. Majkow, I. A. Waschukow und W. A. Podergin. (Giesserei-Betr. [UdSSR] **1962,** Nr. 6, 36, Juni; russ.) — Zur Herst. von bis zu 10 t schweren Gußstücken für dickwandige gußeiserne Zylinder wird ein Spezialkernsandgemisch verwendet, das aus 80 (%) gemahlenem *Chrommagnetit*, 20 *Graphit*, 9—10 *Sulfitablauge* sowie aus *W.* bis zu einem Feuchtigkeits-Geh. von 7,0—9,0 besteht.
H. Hochstein. 6382□

Über die Beziehung zwischen dem für Formen verwendeten Bentonit und den Krusten an Stahlgußstücken. Tokurō Nishigori. (Imono, J. Japan Foundrymen's Soc. **34,** 644—52, Sept. 1962; jap., Auszug: engl.) — Die durch Krusten verursachten Mängel an Stahlgußstücken werden vermindert, wenn man für den in den Formen angewandten Bentonit höhere Fl.-Grenzwerte festsetzt. W. Wesly. 6382◇

Härtungsreaktion der exothermen und selbsthärtenden Form durch Natriumsilicat und Silicium. Takio Nishiyama. (Imono, J. Japan Foundrymen's Soc. **34,** 591 bis 600, Aug. 1962; jap., Auszug: engl.) — Die Härtungs-Rk. der selbsthärtenden Form verläuft nach den Gleichungen: $Na_2O \cdot n\ SiO_2 + H_2O \rightleftharpoons 2\ NaOH + n\ SiO_2$, $m\ Si + 2\ NaOH + (2\ m - 1)\ H_2O = Na_2O, m\ SiO_2 + 2\ m\ H_2$, wie Gas- u. massenspektrometr. Analysen, pH u. Viscosität des Rk.-Syst. u. Röntgenbeugungsbilder der Rk.-Prodd. zeigen. W. Wesly. 6382◇

Über Gegendruck in Grünsandformen für Stahlguß. Kazurō Suzuki und Hiroshi Yamaoka. (Imono, J. Japan Foundrymen's Soc. **33,** 733—37, Okt. 1961; jap., Auszug: engl.) — Unterss. über den Gegendruck in Grünsandformen beim Gießen von Stahl zeigen, daß der Gegendruck in Formen mit 0—3% W. mit dem Wasser-Geh. steigt. Beim Anstieg des Wasser-Geh. von 3 auf 4% erhöht sich der Gegendruck stark; bei 8% erreicht er ca. 60 mm Wassersäule. W. Wesly. 6382◇

Experimentelle Untersuchungen über die Beziehungen zwischen der Trockentiefe der Formen und der Dicke von Stahlgußstücken. Tomosaburō Mitsui. (Imono, J. Japan Foundrymen's Soc. **34**, 601—10, Aug. 1962; jap., Auszug: engl.) — Unterss. über die Beziehungen zwischen der Trockentiefe der Formen u. der Dichte von Stahlgußstücken ergeben Unterschiede zwischen den theoret. u. experimentellen Ergebnissen, weil der Gasdruck der Schmelze beim Erstarren für die Berechnung unbekannt war. Bei Proben gleicher Dicke wird die Intensität der Hohlräume bei steigendem Querschnitt von Eingußkanal u. Steiger geringer. Bei konst. Steigerquerschnitt nimmt die Intensität der Hohlräume mit dem Steiger-Gew. zu. W. Wesly. 6382◇

Das Spül-Gußverfahren zur Verhinderung von Hohlräumen. Kazurō Suzuki und Hiroshi Yamaoka. (Imono, J. Japan Foundrymen's Soc. **34**, 80—88, Febr. 1962; jap., Auszug: engl.) — Beim Spülguß-Verf. wird Luft oder Ar auf die Berührungsfläche zwischen Formoberfläche u. Oberfläche der Schmelze geleitet, um einen Luftstrom in bestimmter Richtung zu erzeugen. Das infiltrierte Gas wird aus der Form durch das Trägergas beseitigt. Die Vor- u. Nachteile des Verf. werden erörtert. W. Wesly. 6382◇

Untersuchungen über das Verhalten von Gußmetall in einer Form mit dem Farbstoffverfahren. Kenji Chijiiwa. (Imono, J. Japan Foundrymen's Soc. **34**, 660—69, Sept. 1962; jap., Auszug: engl.) — Der gleiche Werkstoff wird, nacheinander mit verschiedenen Farbstoffen versetzt, in eine Form gegossen. Die erstarrten Gußstücke werden zerschnitten, um die Farbstoffverteilung zu untersuchen. Auf diese Weise läßt sich die Bewegung jedes Teilchens in jedem Augenblick u. die Füllung der Form verfolgen. W. Wesly. 6382◇

Öl und Erdgas bei der Eisenerz-Reduktion. Leo Walter. (Petroleum Times **65**, 527—28, 11/8. 1961; engl.) — Überblick über Probleme u. Unterss. in Wissenschaft u. Technik über Öl- u. Erdgas-Verw. bei der Roheisengewinnung. Zum Beispiel ergibt eine Zugabe von *Erdgas* bis zu 7% der verbrauchten Windmenge im Hochofen eine 30%ig. Senkung des Koksverbrauches, ohne den glatten Verlauf des Ofenprozesses zu beeinträchtigen, u. erlaubt eine wesentliche Steigerung der Durchsatzmenge. Deshalb wird der Wärmeverbrauch vermindert, obwohl die benötigten Wind-Temp. höher sind als bei Verw. von reinem Koks. Durch geringere Beladung des Ofens mit S ergibt sich eine Verbesserung der Roheisenqualität. Die Verw. von *Mineralölen*, die H enthalten u. als Red.-Mittel wirken, bringt ebenfalls eine Erhöhung der Ofenkapazität u. Senkung der Produktionskosten. M. Prause. 6390□

Die Reduktionswirkung von Gasen im Schacht des Hochofens. M. A. Stefanowitsch, L. Ja. Schparber und W. W. Bogdanow. (Stahl [UdSSR] **22**, 687—92, Aug. 1962; Magnitogorsk, Inst. für Bergbau u. Hüttenwesen; Metallurg. Kombinat; russ.) — Bei den Betriebsbedingungen der Hochöfen des Magnitogorsker Metallurg. Kombinats, die sich in den letzten 5—6 Jahren bedeutend verändert haben, gehen 50% des O_2 der zu reduzierenden Oxide in den Gasstrom im Hochofenschacht über, u. fast über den gesamten Umfang des Ofens zwischen der Gicht u. der Formzone tritt eine gemischte (direkte u. indirekte) Red. der *Fe-Oxide* auf, wobei der Anteil der direkten Red. in den Umfangs- u. Zentralzonen des Hochofens höher ist. H. Hochstein. 6390□

Die Verwendung von selbstgängigem Agglomerat aus schwefelhaltigen Erzen bei der Siemens-Martin-Ofenschmelzung. W. F. Agapow, A. A. Besdeneshnych, P. N. Pertschatkin und Je. I. Dikstein. (Stahl [UdSSR] **22**, 697—700, Aug. 1962; Magnitogorsk, Inst. für Bergbau u. Hüttenwesen; Metallurg. Kombinat; russ.) — Bei Vers.-Schmelzen unter Verw. von durch geeignete Zuschläge selbstgängig gemachtem Agglomerat aus *S*-haltigen Erzen mit einer Basizität von 1,71 u. 0,63, die in drei Siemens-Martin-Öfen des Magnitogorsker Hüttenwerkes durchgeführt wurden, wird die erwartete Abnahme der mittleren Schmelzleistung im Vgl. zu einer üblichen, aus Erz u. Kalk bestehenden Beschickung sowie eine geringe Verminderung des spezif. Brennstoffverbrauches festgestellt. H. Hochstein. 6390□

Die Raffination von Gußeisen und Stahl außerhalb des Ofens. W. F. Ssurow, O. W. Trawin und L. A. Schwarzman. (Hochschulnachr. [Moskau], Eisenmetallurgie **4**, Nr. 5, 47—49, 1961; Forschungsinst. für das Eisenhüttenwesen; russ.) — Allg. Überblick über die Meth. der Raffination von Roheisen u. Stahl von schädlichen Bestandteilen außerhalb des Hochofens bzw. der Stahlschmelzöfen durch Behandlung mit besonderen Schlacken. H. Hochstein. 6390□

Verbesserung von Gußeisen durch Anwendung der Sauerstofflanze. Tomojiro Tottori, Isao Aoki und Yōichi Kawasaki. (Imono, J. Japan Foundrymen's Soc. **34**, 571—78, Aug. 1962; jap., Auszug: engl.) — Übersicht über Zweck, Ausführung u. Vorteile der Verw. der O_2-Lanze zur Verbesserung der Eigg. von Gußeisen. W. Wesly. 6402◇

Die Oberflächenspannung von Gußeisen. K. I. Waschtschenko und A. P. Rudoi. (Giesserei-Betr. [UdSSR] **1962**, Nr. 6, 24—27, Juni; russ.) — Die Neigung des Gußeisens zur Unterkühlung steht in einem Zusammenhang mit der Beständigkeit der fl. Phase u. hängt von der Ggw. solcher Elemente ab, welche die C-Adsorption u. damit die Oberflächenspannung verändern. Elemente, welche die Hartgußabschreckung bewirken u. eine größere Oberflächenaktivität als C besitzen, erhöhen die Unterkühlung, u. umgekehrt erhöhen die graphitisierenden Elemente die C-Adsorption u. führen zu einer Abnahme der Unterkühlungsneigung von Gußeisen. Eine Erhöhung der Unterkühlung in Gußeisen mit Kugelgraphit wird nicht durch die Kugelgraphit-Bldg. verursacht, sondern durch die Wrkg. des positiven Modifikators, der die C-Adsorption erniedrigt u. dadurch die Stabilität des fl. Zustandes des Gußeisens erhöht. — 10 Schrifttumsangaben. H. Hochstein. 6402□

Die plastischen Eigenschaften von Gußeisen. O. Ju. Kotzjubinski, Ss. I. Ssyssojew, W. N. Ssemenow und Ss. A. Schewtschuk. (Giesserei-Betr. [UdSSR] **1962**, Nr. 6, 27—29, Juni; russ.) — Die Bldg. von Restspannungen in Gußstücken u. der Verzug im Laufe der Zeit werden in der Hauptsache durch die plast. Eigg. des Gußeisens bestimmt, aus dem sie hergestellt sind. Es werden daher die plast. Eigg. von Gußeisen bei erhöhten Temp. (bis 600°) bestimmt, indem der Grad der Erniedrigung der Ausgangsspannung während seiner Relaxation in einem bestimmten Zeitabschnitt bestimmt wird. Die Sorten *21*, *31*, *32* u. *33* sind vom Standpunkt des Verzugs als Folge der Relaxation der Restspannungen im Gußstück prakt. gleichwertig u. unterscheiden sich nur wenig vom Gußeisen *Ss Tsch 21-40*. Bei den Gußeisensorten *41* u. *42* der Marken *Ss Tsch 15-32* u. *Ss Tsch 12-28* ist der Verzug merklich höher als beim Gußeisen *Ss Tsch 21-40*. Unter Berücksichtigung ihrer leichten plast. Verformbarkeit bei äußeren Belastungen kann die Verw. dieser Gußeisensorten zur Herst. genauer Gußstücke nicht empfohlen werden. H. Hochstein. 6402□

Einflüsse verschiedener Flußmittel auf die Kugelgraphitbildung in Gußeisen durch Ca–Si-Legierung und ihren Verlauf. Masuteru Maruyama. (Imono, J. Japan Foundrymen's Soc. **34**, 151—60, März 1962; jap., Auszug: engl.) — Unterss. über Flußmittel, die die Kugelgraphit-Bldg. in Gußeisen bewirkende *Ca–Si*-Leg. daran hindern, auf der Oberfläche eine Schale mit hohem F. zu bilden, zeigen, daß dazu Fluoride wirksamer als Chloride des gleichen Elements u. *Mg*-Salze wirksamer als *Na*- u. *Ca*-Salze sind. Auf die Kugelgraphit-Bldg. haben die Salze selbst keinen Einfl.; die Ca-Salze verhindern die Schalen-Bldg. oder beseitigen sie. Mg-Salze reagieren mit Ca der Ca–Si-Leg. zu Ca-Salz. Ähnlich, aber schwächer, ist die Wrkg. der Na-Salze. W. Wesly. 6404◇

Untersuchungen über besonderes, hämmerbares Gußeisen mit geregelten Gehalten an Silicium, Mangan und Schwefel. Masao Homma, Yoshihiko Abe, Hiroshi Meguro und Akira Minato. (Imono J. Japan Foundrymen's Soc. **34**, 579—84, Aug. 1962; jap., Auszug: engl.) — Vgl. C. **1963**, 269. — Durch Steigerung des *Mn*-Geh. von hämmerbarem Gußeisen wird die Bldg. von Weißeisen ohne Erhöhung des *S*-Geh. gefördert. Bei unausgeglichenem Mn–S-Verhältnis erscheint ein fleckiger Bruch selbst in Si-reichen Proben schwer; die Steigerung des *Si*-Geh. macht die durch S-Überschuß bewirkte Verzögerung der Graphit-Bldg. rückgängig. Im Vgl. mit gewöhnlichem, hämmerbarem Gußeisen gleicher Wichte wird die Graphit-Bldg. durch hohen Si-Geh. gefördert, der auch höhere Festigkeit verursacht. Zur Herst. dieses Spezial-Gußeisens wird Schmelzen in reduzierender Atmosphäre empfohlen. W. Wesly. 6404◇

Die Einflüsse von C, Si, Mn, P, S und Cr auf die Schlageigenschaften von schmiedbarem Gußeisen. Takeomi Okumoto und Kenji Kondō. (Imono, J. Japan Foundrymen's Soc. **34**, 471—81, Juni 1962; jap., Auszug: engl.) — *C*, *Si*, *Mn*, *P* u. *S* vermindern die Schlageigg. von schmiedbarem Gußeisen. *Cr*-Geh. bis 0,1% verbessern seine Zähigkeit. W. Wesly. 6404◇

Untersuchungen über die Warmfestigkeit von S–H-Gußeisen. Über die Eigenschaften der Oxydationsfestigkeit. Masatoshi Tsuda, Akitsu Tomita und Sanzo Nakagawa. (Imono, J. Japan Foundrymen's Soc. **34**, 96—105, Febr. 1962; jap., Auszug: engl.) — Vgl. C. **1963**, 4508. — Unterss. über das Verh. von *S–H-Gußeisen* bei wiederholtem Erhitzen u. Abkühlen zwischen 600 u. 920° bzw. 5std. Erhitzen auf 900° zeigen, daß die Gewichtszunahme mit der Zus. der Proben schwankt. Die Dicke der entkohlten Ferritschicht ist der Gewichtszunahme proportional. Bei konst. *C*- u. *Si*- u. steigendem

Mn-Geh. oder konst. C- u. Mn- u. steigendem Si-Geh. steigt die Oxydationsfestigkeit von *S–H-Proben* mit dem Mn- bzw. Si-Gehalt. *S–H*-Gußeisen hat fast die gleiche Warmfestigkeit wie perlit. u. Kugelgraphit-Gußeisen. Die erhöhte Warmfestigkeit wird durch die Si- u. Mn-Geh. erzielt. W. Wesly. 6404◇

Die Kinetik der Kristallisation und Abkühlung einer gegossenen schweren Kurbelwelle. A. A. Tunik, B. Je. Begun, L. D. Dobrynina, W. P. Schtscherbina und I. M. Ljubarski. (Giesserei-Betr. [UdSSR] **1962,** Nr. 6, 40—41, Juni; russ.) — Beschrieben wird die Herst. einer schweren Kurbelwelle aus einem *Mg*-haltigen Gußeisen mit 3,48 (%) *C*, 0,68 *Mn*, 2,11 *Si*, 0,04 *P*, 0,015 *S*, 0,32 *Cr*, 0,23 *Ni*, 0,045 *Mo*, die bei 1375° abgegossen ist u. deren Erstarrung u. Abkühlung in der Form in bezug auf die Gefügeumwandlung u. -ausbldg. sowie auf die mechan. Eigg. u. Ausbldg. von Spannungen behandelt wird. Hierbei zeigt sich u. a., daß eine beschleunigte Abkühlung der Welle durch Entnahme aus der Form bei 830—900° die mechan. Eigg. erhöht sowie das Gefüge u. die Härte vergleichmäßigt. Innere Spannungen im Gußstück wurden durch eine Glühung bei 600° verringert. H. Hochstein. 6404□

Druckgießen von Stahlguß. T. S. Quinn jun. (Electr. Furnace Steel Conf. Iron Steel Divis., Amer. Inst. Mining. metallurg., Petroleum Engr., Proc. **18,** 184—97, 30/11. 1960; Lebanon, Pa., Lebanon Steel Foundries; engl.) — Erörterung der Vorzüge des Druckguß-Verf. bei der Herst. von Stahlgußbeilen. — Diskussion. H. Hochstein. 6408◇

Mechanische Eigenschaften von bei hoher Drehgeschwindigkeit erzeugtem Stahlschleuderguß. Mitsuo Ochiai. (Imono, J. Japan Foundrymen's Soc. **34,** 113—17, Febr. 1962; jap., Auszug: engl.) — Die mechan. Eigg. von Stahlschleuderguß verschlechtern sich bei Drehgeschw. von >1700 (U/Min.), sie werden durch Erhöhung der Anlaßzeit verbessert, aber bei <1700 wieder verschlechtert. Erhöhte Drehgeschw. führt zu verstärkter C-Steigerung. W. Wesly. 6408◇

Durchspülen von Kokillen mit Argon. William R. Lysobey und L. K. Johnston. (Electr. Furnace Steel Conf. Iron Steel Divis., Amer. Inst. Mining metallurg., Petroleum Engr., Proc. **18,** 387—94, 30/11. 1960; Union, N.J., Air Reduction Co., Inc.; Jessop Steel Co.; engl.) — Die mit Ar in der Kokille durchspühlten Stahlblöcke besaßen eine sehr gute Oberflächenbeschaffenheit u. ließen sich unter einer geringeren Oberflächenbearbeitung als normal gut warmverformen. Hinsichtlich der isomeren Blockbeschaffenheit zeigen sich zwischen den mit Ar durchspülten u. regulären Blöcken keine wesentlichen Unterschiede. — Diskussion. H. Hochstein. 6408◇

Eine Untersuchung über die Hohlräume von Stahlguß. Tadao Shinoda. (Imono, J. Japan Foundrymen's Soc. **34,** 462—70, Juni 1962; jap., Auszug: engl.) — Unterss. über die Entstehung von Hohlräumen auf der Oberfläche von zugerichteten Stahlgußstücken zeigen, daß in geschmolzenem Stahl enthaltenes Gas mit einer Geschw. von 15 cm/Sek. aufsteigt (außer in sehr kleinen Proben). Für die Beziehung zwischen Hohlraumgröße, Gußstückdichte, Gießzeit u. -Temp. wird eine Gleichung abgeleitet; berechnete u. gefundene Werte stimmen miteinander überein. Zur Verhütung der Hohlraum-Bldg. auf der Oberfläche zugerichteter Gußstücke wird empfohlen, die Gießtemp. u. die zulässige Maßabweichung beim Bearbeiten zu erhöhen u. bes. die Gießzeit abzukürzen. W. Wesly. 6408◇

Petrographische Werkzeuge und Technik bei der Bestimmung nichtmetallischer Einschlüsse in Stählen. R. G. Wells und J. M. Snook. (Electr. Furnace Steel Conf. Iron Steel Divis., Amer. Inst. Mining metallurg., Petroleum Engr., Proc. **18,** 60—70, 30/11. 1960; Crucible Steel Co.; engl.) — Zur petrograph. Best. nichtmetall. Einschlüsse in Stählen dienen als Kennzeichen die Form, das Reflexionsvermögen, die Farbe, Lichtdurchlässigkeit, Härte u. die Ätz-Rkk. der Einschlüsse. H. Hochstein. 6408◇

Besonderheiten der stufenweisen, monotonen Prozesse der plastischen Verformung von Stahl. 1. Mitt. L. G. Afendik. (Metallphysik u. Metallkunde [UdSSR] **6,** Nr. 2, 304—10, 1958; Lwow, Polytechn. Inst.; russ.) — 2. vgl. C. **1960,** 16576. — Untersucht werden die 2stufigen Prozesse der plast. Verformung von Baustählen bei normaler Temperatur. Beim Übergang von einer Verformungsstufe zur anderen bleiben die Richtungen der Hauptverformungsachsen erhalten, jedoch wird die Einförmigkeit der Veränderung der Hauptverschiebungen zerstört. Die sich bei solchen Prozessen zeigende Anisotropie der mechan. Eigg. u. bes. die Anisotropie der Verfestigung wird durch die Komponenten eines Tensors der Verfestigungsanisotropie gekennzeichnet. H. Hochstein. 6408□

Untersuchung der Erstarrung eines 21-t-Gußblockes aus unberuhigt vergossenem Stahl. W. N. Sseliwanow. (Stahl [UdSSR] **22,** 714—15, Aug. 1962; Magnitogorsk, Metallurg. Kombinat; russ.) — Die beschleunigte Erstarrung schwerer Blöcke aus unberuhigt vergossenem Stahl u. die Verbesserung ihrer Qualität, die ein Auswalzen zu Knüppeln ohne Ausschuß gewährleistet, wird durch eine Verkürzung der Haltezeit der Blöcke in den Kokillen bis auf einen Tiefstwert von 40—45 Min. u. bei ihrem Einsatz in die Tieföfen nicht später als 90 Min. nach Beendigung des Abgusses erreicht. H. Hochstein. 6408□

Die Verbesserung der Technologie der Gewinnung von Kugellagerstahl. I. A. Baranow, G. N. Oiks und I. I. Anscheless. (Hochschulnachr. [Moskau], Eisenmetallurgie [UdSSR] **4,** Nr. 5, 50—57, 1961; Moskau, Stahl-Inst.; russ.) — Durch statist. Analyse wird der Einfl. der einzelnen Faktoren einer Vakuumbehandlung auf die Reinheit von Stahl an nichtmetall. Einschlüssen festgestellt. Eine Veränderung der Zus. u. der Menge des Schlackenraffinationsgemisches wird im fertigen Kugellagerstahl im Mittel um 0,002% *S* weniger als in den gewöhnlichen Schmelzen gewährleistet. Ein Mauerwerk aus bas. feuerfesten Ringen in der Gießpfanne in Schlackenhöhe erhöht die Haltbarkeit der bei der Vakuumbehandlung benutzten Pfannen etwa um das 1,5fache u. verbessert den Verteilungs-Koeff. des S zwischen Schlacke u. Stahl. Der Schutz des Stahlstrahles durch Naturgas beim Abguß des im Vakuum behandelten Stahles bringt eine weitere Verbesserung hinsichtlich der Stahlreinheit an Oxiden. Zweckmäßig wird für die Desoxydation des Stahles das 73%ig. Ferrosilicium durch das 45%ig. zwecks besserer Verteilung das Si im Metall-Vol. ersetzt. H. Hochstein. 6408□

Die Verteilung von Arsen im Block eines unberuhigt vergossenen Stahls. L. M. Jefimow und W. I. Jakuschin. (Hochschulnachr. [Moskau], Eisenmetallurgie [UdSSR] **4,** Nr. 5, 68—75, 1961; Zentr. Forsch.-Inst. für das Eisenhüttenwes.; russ.) — Auf Grund einer Unters. der Verteilung von *As*-Seigerungen innerhalb eines Blockes eines unberuhigt vergossenen Stahles wird festgestellt, daß As wesentlich schwächer als *P* u. *S* ausseigert u. sich hinsichtlich seines Seigerungsgrades dem Verh. des *C* annähert. H. Hochstein. 6408□

Sauerstoff-Praxis bei der Herstellung von nichtrostendem Stahl bei der Sharon-Steel Corporation. R. P. Hill. (Electr. Furnace Conf. Iron Steel Divis., Amer. Inst. Mining, metallurg., Petroleum Engr., Proc. **18,** 367—71, 30/11. 1960; Sharon, Pa., Sharon Steel Corp.; engl.) H. Hochstein. 6410◇

Über den Ausschluß von Kupfer aus dem Stahl der Marke 10G2SsD. A. W. Prochorow und P. I. Ssokolowski. (Standardisierung [UdSSR] **25,** Nr. 4, 28—31, April 1961; russ.) — Auf Grund von Unters.-Ergebnissen wird empfohlen, aus dem Stahl *10G2SsD* den bisher vorgesehenen Cu-Geh. zu entfernen u. ihn in den Stahl *10G2Ss* nach GOST 5058-57 einzuführen. Die chem. Zus. des letztgenannten Stahles ist dann bis 0,12 (%) *C*, 1,3—1,65 *Mn*, 0,8—1,2 *Si*, bis 0,3 *Cr*, bis 0,3 *Ni*, bis 0,3 *Cu*, bis 0,04 *S*, bis 0,04 *P*. Die mechan. Eigg. dieses Stahles werden angegeben. H. Hochstein. 6410□

Vakuumthermische Gewinnung von Natrium und Kalium. W. M. Gusskow, A. I. Woinitzki, N. M. Sujew, A. Ju. Taitz und W. M. Tschelzow. (J. angew. Chem. [UdSSR] **32,** 1373—77, Juni 1959; russ.) — Als Ausgangsstoff für die vakuumtherm. Gewinnung von *Na* u. *K* werden ihre *Chloride* verwendet. Als Red.-Reagentien können Si (Ferrosilicium), Al u. seine Leg. mit Si (Silicoaluminium), Calciumcarbid oder seine Mischung mit Ferrosilicium dienen. Obligator. Komponenten bei der Gewinnung von Na u. K sind Kalk u. F-Salze von Na, K, Ca oder Al. Das Zusammenwirken dieser Komponenten wird ausführlich behandelt. H. Treumann. 6442□

Untersuchung über den Verlauf der Entgasung geschmolzenen Aluminiums unter Verwendung von Cl_2 und Chloriden. Tomoya Minegishi. (Light Metals [Tokyo] **12,** Nr. 2 (52), 53—61, März 1962; Chiba Inst. of Technol.; jap., Auszug: engl.) — Unterss. über den Verlauf der Entgasung von geschmolzenem *Al* mit Cl_2 oder geschmolzenen Chloriden (*NaCl*, *KCl*, $CaCl_2$ u. Gemische) zeigen, daß die Haupt-Rk. zu $AlCl_3$ führt, das verdampft u. dabei H_2 mitreißt, wobei HCl entsteht. Dadurch vermindert sich die EMK der aus geschmolzenem Al u. geschmolzenen Chloriden bestehenden Zelle. W. Wesly. 6446◇

Einfluß kleiner Mengen von Elementen auf die in Al absorbierten Gase. Shigeo Muromachi, Tomoya Minegishi und Teruo Kojima. (Light Metals [Tokyo] **12,** Nr. 2 (52), 44—52, März 1962; Toyama Univ., Chiba Inst. of Technol.; jap., Auszug: engl.) — Unterss. über die Beziehung zwischen den Geh. an Gas in Al u. geringen Mengen Fremdelementen zeigen, daß schwach absorbierende Elemente (*Zn*, *Cu*, *Fe*, *Mn*, *Mg*, *Be*) u. stark absorbierende (*Si*, *Ca*, *Ba*) anwesend sein können. Die Einfl. von Si, Zn, Cu u. Fe auf die Gasabsorption sind merklich, die von Mn, Mg u. Be sind stark; sie wirken wie Ca u. Ba. Zusätze kleiner Mengen Ba, Be u. bes. Ca sind wirksamer als Entgasungsmittel. Si u. Fe in Mengen von ca. 0,1% verschlechtern die Entgasung. W. Wesly. 6446◇

Untersuchung über das Rekristallisationsverhalten von hochreinem Aluminium (99,999%). Namio Kawashima, Hajime Yamada, Motoshi Nishisaka, Takamasa Yokote und Isao Iwaya. (Light Metals [Tokyo] **12,** Nr. 2 (52), 17—24,

März 1962; Toyo Aluminium K.K.; jap., Auszug: engl.) — Unterss. über die Rekristallisation (RK) von *Al* mit 99,999% Reinheit zeigen, daß beim Kaltwalzen Selbstanlassen stattfindet. Das RK-Verhältnis beim Kaltwalzen bei 20° (mit 90—96,7% Dickenabnahme) beträgt 10—18%. Die Einw. der Dickenabnahme auf die RK ist beträchtlich. Mit zunehmender Dickenabnahme fallen RK-Temp. u. Aktivierungsenergie. Proben mit 96,7% Dickenabnahme zeigen RK nach 2—3monatiger Lagerung bei Temp. $<0°$. In 100 Tagen weisen Proben mit 96,7, 90 u. 75% Dickenabnahme bei Zimmer-Temp. RK von ca. 70, 50 u. 2% auf. RK tritt in der gleichen Zeit nicht bei Dickenabnahme von 60% auf. Die Alterung bei 58° führt in 8 Tagen zu einer RK, die der 100tägigen Alterung bei Raum-Temp. entspricht. W. Wesly. 6446◇

Über das Anlassen von kalt gewalztem, polykristallinem Aluminium handelsüblicher Reinheit bei 300°. Isamu Igarashi und Tamotu Igarashi. (Light Metals [Tokyo] **12,** Nr. 2 (52), 25—33, März 1962; Iwate Univ., Fac. of Engng.; Akita Univ.; jap., Auszug: engl.) — Angaben über Erweichung, Wiedergewinnung der physikal. Eigg. u. Rekristallisation von kalt gewalztem, polykrist. *Al* handelsüblicher Reinheit beim Anlassen bei 300°. W. Wesly. 6446◇

Schrumpfen von Gußaluminium und seinen Legierungen vor und nach der Erstarrung. Goro Ohira, Toshio Kobayashi und Akira Sakamoto. (Imono, J. Japan. Foundrymen's Soc. **34,** 160—68, März 1962; jap., Auszug: engl.) — Unterss. über das Schrumpfen von Guß-Al(-Legg.) zeigen, daß die prim. Ausdehnung der Gußstücke vor dem Ende der Erstarrung mit dem inneren Druck der Schmelze in Beziehung steht; dieser Druck steigt durch Gaseinschluß, Dampfdruck eingeschlossener Metalle niedrigen Kp. u. stat. Druck der Schmelze. Die Kontraktion beginnt infolge der Kohärenz der Kristalle, deren Beginn u. Temp. mit dem Gas-Geh. u. der Kristallform schwanken. Der Verlauf der Temp.-Kontraktionskurve 100—150° unterhalb der Anfangs-Temp. der Kontraktion wird durch die Gasausscheidung u. die Kristallform beeinflußt. W. Wesly. 6446◇

Untersuchungen über die Hartflecken der Seigerung in Aluminium-Spritzgußlegierungen. 1. Mitt. Torazo Uehara. (Light Metals [Tokyo] **12,** Nr. 2 (52), 62—68, März 1962; Furukawachuzo Co. Ltd.; jap., Auszug: engl.) — Neben den 3 bekannten Arten von Hartflecken in *Al*-Spritzguß tritt eine als Seigerungshartflecken bezeichnete Art auf, die das Gefüge von Al-Legg. zeigt u. an der Seigerseite des Gußstücks erscheint. Das Gefüge ist fein; die Leg.-Elemente sind darin angereichert. Es läßt sich in 5 Arten einteilen (Abb.). Manches Gefüge ist homogen; andere sind unhomogen. Die Grenzen der Hartflecken lassen sich auch in mehrere Arten einteilen. Die im Gefüge enthaltenen Körner der Leg.-Elemente sind äußerst fein. W. Wesly. 6446◇

Reaktionsfähige Metalle Zirkonium, Hafnium und Titan. Donald R. Spink. (Ind. Engng. Chem. **53,** 97—104, Febr. 1961; Akron, N.Y., Carborundum Metals Co.; engl.) — Fortschrittsbericht (ohne Literaturangaben). H. Lange. 6448□

Die Reduktion von Te aus TeO_2 durch Elektrolyse. L. A. Ssoschnikowa und M. Je. Jesernitzkaja. (Nichteisenmetalle [UdSSR] **35,** Nr. 7, 60—64, 1962; russ.) — Forschungsbericht. — 12 Literaturangaben. H. Hochstein. 6448□

Ein Versuchsverfahren zur Beurteilung der Qualität von Grauguß. Nobutaro Kayama, Kisao Abe und Yukio Masaki. (Imono, J. Japan Foundrymen's Soc. **34,** 169—75, März 1962; jap., Auszug: engl.) — Zur Best. der Qualität von Grauguß dienen Prüfstäbe mit 30 mm Ø. Sie werden auf Grund mkr. Unters. eingeteilt in Proben mit Graphitgefüge Typ A, Graphitgefüge Typ B u. ungünstigem Gefüge. Zuverlässige Werte ergeben die Prüfungen: Biegefestigkeit gegen gesätt. C, Zugfestigkeit gegen gesätt. C u. Brinell-Härte gegen Biegefestigkeit. Als Grenzwerte zwischen guter u. schlechter Qualität gelten die Beziehungen: $\sigma_b = 139{,}2 - 99\ S_c$ (kg/mm²), $H_B = 35{,}8 + 3{,}2\sigma_b$. W. Wesly. 6480◇

Kriechen von Gold-Nickel-Legierungen bei hohen Temperaturen. C. M. Sellars und A. G. Quarrell. (J. Inst. Metals **90,** 329—36, Mai 1962; Sheffield, Univ.; engl.) — Für die reinen Metalle *Au* u. *Ni* sowie für eine Reihe ihrer Legg. wurden die Kriechkurven bei konst. Belastung bei 820—940° ermittelt, wobei alle Legg. als Mischkristalle vorliegen. Die Spannungsabhängigkeit der Kriechgeschw. folgte einem Gesetz mit einem Spannungsexponenten von 5,6 für die reinen Metalle u. 3,0—3,5 für alle untersuchten Legierungen. Die Aktivierungsenergie für das Kriechen wurde aus der Änderung der Kriechgeschw. in Abhängigkeit von schnellem Temp.-Wechsel ermittelt. Für die reinen Metalle lagen die Werte dicht bei denen der Selbstdiffusion, für die Legg. folgte sie denen von Ni, waren aber höher. In allen Fällen konnten die Voraussagen von Weertman über die Abhängigkeit des Kriechens von der Diffusion bei Legg. bestätigt werden. — 38 Literaturangaben. F. Vier. 6480□

Zur Messung von Eigenspannungen in galvanisch abgeschiedenen Metallüberzügen. H. Spähn. (Metalloberfläche **16,** 109—14, April 1962; Darmstadt, TH; dt.) — Das zur Ermittlung von Eigenspannungen in galvan. aufgebrachten Schichten verwendete Spiralkontraktometer-Verf. nach Brenner u. Senderoff [1949] wird im Hinblick auf die der Spannungsberechnung zugrunde gelegten Annahmen erläutert. Für die Eigenspannungsmessung nach dem Kreisplatten-Verf. von Popereka u. Frusin [1958] wird eine Auswertungsformel angegeben. F. Vier. 6480□

Anwendung der Elektronenspektrographie in der Metallforschung. M. Paganelli. (Alluminio-nuova Metallurgia **31,** 119—26, März 1962; Novara, Ist. sperim. dei Metalli Legg., Div. Ric.; ital.) — Durch elektronenmkr. u. Elektronenbeugungsaufnahmen werden das Mikrogefüge von Metallen, Rekristallisationserscheinungen u. strukturelle Eigg. der Oberflächenschichten bestimmt. So zeigte z. B. mechan. poliertes *Reinst-Al* deutlich eine oberflächliche Härtung, die durch zusätzliches Elektropolieren beseitigt werden konnte. A. Sander. 6482□

Röntgenuntersuchung der sich bei der Herstellung von hochfestem Stahl durch Verformung und Härten abwickelnden Prozesse. L. I. Mirkin. (Metallphysik u. Metallkunde [UdSSR] **11,** 472—73, März 1961; Wiss. Forsch.-Inst. für Technol. der Automobil-Ind.; russ.) — Vgl. C. **1962,** 761 u. C. **1961,** 18621. — Bei der röntgenograph. Unters. der Prozesse, die in Stahl *3ChW8* mit 0,3 (%) *C*, 2 *Cr* u. 8 *W* nach Luftabkühlung von 1050° auf 500—600°, einer bei dieser Temp. in einer Presse durchgeführten 60%ig. Verformung u. nachfolgenden Abschreckung in W. während einer folgenden 1std. Haltezeit auf Anlaß-Temp. von 250—700° auftreten, wird festgestellt, daß bei der Austenitverformung im Temp.-Bereich von 500—600° eine starke Zertrümmerung der Austenitblöcke u. die Bldg. einer großen Anzahl von Gitterfehlern auftritt. Infolge der hohen Rekristallisations-Temp. des untersuchten Stahles u. der geringen Zeit zwischen der Verformung u. der Abschreckung schreiten diese Gefügeveränderungen fort. Es treten eine weitere Zertrümmerung der Blöcke u. eine Erhöhung der Dichte der Fehler beim Härten auf. Der entstehende Martensit hat eine sehr feinkörnige Struktur. Die Blöcke sind sehr klein, aber die Gitterfehlerdichte ist außerordentlich groß, was auch die hohe Festigkeit des Stahles bedingt. Die hohe Festigkeit ist nicht nach oben begrenzt; sie kann durch die Wahl der Behandlungsmaßnahmen wesentlich erhöht werden. Die Rekristallisation bei hohen Temp. nach einer solchen Behandlung verläuft intensiver, was auch der Rekristallisationstheorie entspricht. H. Hochstein. 6484□

Autoradiographische Ortsbestimmung kleiner Anteile von Chrom, Mangan und Kupfer in Aluminium-Zink-Magnesium-Legierungen. G. T. Rogers und D. E. Glanville. (J. Inst. Metals **90,** 354—60, Mai 1962; Wantage, Berks., Wantage Res. Labor.; engl.) — Die Verteilung von *Cr*, *Mn* u. *Cu* in *Al*-Legg. mit 5 (%) *Zn* u. 2,5 *Mg* wurde autoradiograph. unter Verw. von ^{51}Cr, ^{54}Mn u. ^{64}Cu untersucht. In der Cr-haltigen Leg., die im Gußzustand aus Al-reichen Dendriten u. Zn–Mg-reichen interdendrit. Material besteht, reichert sich Cr in den Zentren der Dendriten an. Es verändert seine Lage weder durch Lsg.-Behandlung noch durch Heißpressen. Mn ist in kleinen Partikeln konz., wahrscheinlich als $MnAl_2$, u. verändert seine Lage ebenfalls nicht. Cu dagegen, das im Gußzustand im interdendrit. Material konz. ist, diffundiert bei der Wärmebehandlung u. ist im heiß gepreßten Zustand überall gleichmäßig verteilt. F. Vier. 6484□

Untersuchung der Tiefziehbarkeit von Al–Mg-Legierungen mit konischer Düse. Akira Fujiwara und Masahiro Chikuda. (Light Metals [Tokyo] **12,** Nr. 2 (52), 34—43, März 1962; Kobe Steel Works, Chofu Res. Dep.; jap., Auszug: engl.) — Unterss. über *Al–Mg*-Legg. zeigen, daß der Mg-Geh. die Tiefziehbarkeit (TZ) der Leg. wenig beeinflußt. TZ u. Dehnbarkeit gewährleisten bin. Al–Mg-Legg. mit geringem Mg-Geh.; Verunreinigungen durch *Fe* u. *Si* beeinflussen die Eigg. nicht. Zusätze von *Mn* oder *Cr* oder höhere Fe- u. Si-Geh. steigern die Biegefestigkeit. Cr neben Mn verschlechtert TZ u. Dehnbarkeit. Stärkere Kaltdickenverminderung wirkt sich günstig auf TZ aus, ebenso hohe Endanlaßtemperatur. Anlassen bei $\geqq 350°$ verändert die mechan. Eigg. nicht, verbessert aber die TZ. In diesem Anlaß-Temp.-Bereich besteht eine Beziehung zwischen TZ u. mechan. Eigenschaften. W. Wesly. 6490◇

Über den Einfluß der Oberfläche auf das Verhalten des Werkstoffs bei der Verarbeitung und im Konstruktionsteil. H. Wiegand. (Metalloberfläche **16,** 97—101, April 1962; Darmstadt, TH; dt.) — An Hand von Beispielen über den geometr., physikal. u. chem. Aufbau metall. Oberflächen werden die Bedeutung des Spannungszustandes u. der -verteilung an kräftefreien u. -gebundenen Oberflächen, des Reibungsbeiwertes an gepaarten Oberflächen sowie die Bedeutung von Härte, Gefüge u. Eigenspannungen auf das Werkstoff-Verh. untersucht. F. Vier. 6490□

Der Reibungs- und Adhäsionsvorgang in der Kaltumformung. K. H. Kloos. (Metalloberfläche **16**, 102—08, April 1962; Damstadt; TH; dt.) — Zusammenfassende Darstellung. — 30 Literaturangaben. F. Vier. 6490□

Über die Beziehung zwischen den allgemeinen Eigenschaften von Koks und den Aufkohlungsvorgängen. Toshisada Makiguchi, Yutaka Kurihara und Katsutoyo Nozaki. (Imono, J. Japan Foundrymen's Soc. **34**, 653—59, Sept. 1962; jap., Auszug: engl.) — Unterss. über die Beziehungen zwischen den Eigg. von *Koks* u. den Aufkohlungsvorgängen führen zu der Gleichung $C = a \log T + b$ ($C = \%\,C$ im geschmolzenen Fe, T = Min. Aufkohlungszeit, a u. b = vom Aufkohlungsmittel abhängige Koeff.). Bei Verw. von Kohle mit geringer Verkokbarkeit u. von *Ölkoks* sind a u. b während der Aufkohlung konst.; das wird durch eine gerade Linie mit halblogarithm. Beziehung ausgedrückt. Bei Verw. von Kohle mit hoher Verkokbarkeit u. von *Anthracit* werden a u. b in der 1. u. 2. Aufkohlungsstufe durch verschiedene Werte wiedergegeben. W. Wesly. 6492◇

Neue Elektroden für die Schweißung von Stahl 15Ch2N4MDA. L. W. Grischtschenko. (Schweisstechn. Betr. [UdSSR] **1961**, Nr. 3, 22—26, März; russ.) — Auf der Grundlage des Drahtes *EI395* werden die austenit. Elektroden *EA-981/15* (**I**) zum Schweißen hochfester Stähle *15Ch2N4DA* (**II**) entwickelt, die eine Festigkeit des aufgetragenen Metalls von 50—60 kg/mm², eine Dehnung von 28—36% sowie eine Kerbzähigkeit von 11—14 kgm/cm² gewährleisten. Ein Zusatz von 0,7—1,0% *V* zur Zus. des Drahtes *EI395* sowie zu seiner Umhüllung verbessert die Struktur u. erhöht die Streckgrenze des Schweißnahtmetalls; eine gleichzeitige Verringerung der *C*- u. *Si*-Geh. führt zur Abnahme der Neigung zur Bldg. von Warmrissen. Die Verw. von **I** ermöglicht das Schweißen von **II** ohne Risse in der Schweißnahtzone. Die gleiche stat. u. dynam. Festigkeit der Schweißverbindungen von **II**, die mit **I** gefüllt wurden, werden durch eine vergrößerte Vollnaht gewährleistet. H. Hochstein. 6506□

Untersuchung von Elektroden für Punktschweißung. Ss. K. Ginsburg. (Schweisstechn. Betr. [UdSSR] **1961**, Nr. 3, 14—17, März; Allunions-Forsch.-Inst. für Elektroschweißausrüstung; russ.) — Während der Schweißung tritt eine Entfestigung der Kontaktstirnfläche der Elektroden der Punktschweißmaschinen auf. In einer dünnen Schicht in der Nähe dieser Stirnfläche verlaufen die Prozesse der Verfestigung u. Rekristallisation. Infolge der geringen Wärmeleitfähigkeit von Stahl u. der hohen Wärmeleitfähigkeit der Elektroden-Legg. wird der mittlere Teil der Berührungsoberfläche der Elektrode beim Schweißen auf eine höhere Temp. erwärmt u. einer Rekristallisation unterworfen; die Ränder der Kontaktoberfläche bleiben verhältnismäßig kalt u. verfestigt, was bes. beim Schweißen eines nichtrostenden austenit. Stahles mit sehr geringer Wärmeleitfähigkeit u. hoher Warmfestigkeit in Erscheinung tritt. Unzureichender Druck auf die Elektroden führt zur Bldg. von Vorsprüngen des zu verschweißenden Metalls. Bei Erhöhung der Anzahl der Schweißpunkte wird die Intensität der Elektroden-Entfestigung erhöht, jedoch bleibt die Tiefe der entfestigten Schicht unverändert. H. Hochstein. 6506□

Bedingungen für das Auftreten von Poren beim Schweißen von Aluminium und dessen Legierungen. G. D. Nikiforow und A. G. Machortowa. (Schweisstechn. Betr. [UdSSR] **1961**, Nr. 3, 5—8, März; Moskau, Inst. für Technologie des Flugzeugbaus; russ.) — Die Hauptgründe der Entstehung von Poren im Schweißnahtmetall beim Schweißen von *Al* u. Al-Legg. werden untersucht u. dabei wird festgestellt, daß hierzu im Metall eine über 0,69 cm³/100 g gehende *H*-Konz. sowie die Ggw. von im Keimzustand befindlichen Mikrolunkern vorhanden sein müssen. Es wird die Möglichkeit einer teilweisen Entgasung der Schweiße durch Aufsteigenlassen gebildeter Blasen bei hohen, über 0,69 cm³/100 g liegenden H-Konzz. behandelt. H. Hochstein. 6506□

Änderung des Habitus während der elektrolytischen Abscheidung von Kupfer durch einige Zusatzstoffe. G. G. Storey und S. C. Barnes. (J. Inst. Metals **90**, 336—40, Mai 1962; Birmingham, Joseph Lucas Ltd.; engl.) — Mit wachsenden Zusätzen von 10^{-8} bis 10^{-2} (Mol/Liter) *Glycin*, 10^{-4} bis 10^{-1} *Glucose* oder 10^{-8} bis 10^{-1} *Harnstoff* verstärkten sich die topograph. u. strukturellen Änderungen in epitax. *Cu*-Ndd. auf Einkristall-Cu-Oberflächen nahe der kub. Orientierung aus $CuSO_4/H_2SO_4$-Elektrolyten bei 35°. Konzz. von Glycin $> 5 - 10^{-2}$ ergaben einen polykristallinen Nd. u. Gitterverzerrung. F. Vier. 6516□

Ein zerstörungsfreies Messen der Dicke von elektrolytisch abgeschiedenen Kupfer- und Nickel-Überzügen auf Eisen. V. Riccio. (Plating **49**, 862—69, Aug. 1962; Turin, Italien, Fiat.; engl.) — Zur Best. der Dicke von *Cu* + *Ni*-Schichten, wobei die Dicke jeder Schicht für sich gemessen wird, kann das Hochfrequenzgerät Demitron, das für die Dickenmessung einer elektrolyt. abgeschiedenen Schicht Verw. findet, eingesetzt werden, wenn die Messungen mit verschiedenen Frequenzen durchgeführt u. die Ergebnisse verglichen werden. So können Ni-Schichten bis zu einer Dicke von 35 μ u. Cu-Schichten bis zu einer von 50 μ gemessen werden. F. Vier. 6516□

Legierungsüberzüge aus dem Sulfamatbad: Cadmium–Zink. S. Venkatachalam und T. L. Rama Char. (Plating **49,** 872—79, Aug. 1962; Bangalore, Indian Inst. of Sci.; engl.) — Die optimalen Bedingungen für das Abscheiden von *Cd–Zn*-Leg.-Überzügen aus dem Sulfamatelektrolyten wurden ermittelt. Mit einem Zusatz von *Koffein* konnten festhaltende, glatte Überzüge mit 0—78% Zn erzielt werden. Durch Zusatz von *Dextrin* u. *Na-Laurylsulfonat* konnte der Glanz des Nd. erhöht werden. Ohne Zusatz von Koffein hatten *Gelatine*, Dextrin u. $Al_2(SO_4)_3$ keine Wirkung. Die Überzüge waren korrosionsbeständig u. änderten in der Labor.-Atmosphäre im Laufe von 2 Jahren weder Farbe noch Aussehen. F. Vier. 6516□

Apparatur zum Bedampfen mit hoher Geschwindigkeit. Richard B. Belser und Albert P. Youmans. (Plating **49,** 771—74, Juli 1962; Atlanta, Ga., Georgia Inst. of Technol.; Sunnyvale, Calif., Signetics Corp.; engl.) — Beschreibung einer Bedampfungs-App. (sputtering) zur Herst. von Metallüberzügen. — 11 Literaturangaben. F. Vier. 6516□

Laminare, elektrolytisch abgeschiedene Chromüberzüge. Jodie Doss. (Plating **49,** 979—85, Sept. 1962; Rock Island, Ill., Rock Island Arsenal; engl.) — Die Haftfestigkeit vielschichtiger elektrolyt., auf Stahl abgeschiedener *Cr*-Überzüge wurde untersucht. Sie war nicht so groß wie die einer Einzelschicht derselben Dicke. Eine Vorbehandlung der Stahloberfläche mit *Oxalsäure* ergab die beste Haftfestigkeit. Elektrolyt. polierte Oberflächen ergaben ähnliche Werte für die Haftfestigkeit. Laminare Cr-Schichten waren korrosionsbeständiger als nichtlaminare Schichten derselben Dicke. F. Vier. 6518□

Mechanische Eigenschaften von galvanoplastisch aus Sulfamat-Elektrolyten abgeschiedenem Nickel. R. K. Asher und W. B. Harding. (Plating **49,** 783—88, Juli 1962; Kansas City, Mo., Bendix Corp.; engl.) — Der Einfl. von pH-Wert, Temp. u. Stromdichte auf die Eigg. von galvanoplast. aus Sulfamat-Elektrolyten abgeschiedenen *Ni*-Proben wurde untersucht. Mit steigender Stromdichte nahm die Festigkeit ab u. die Dehnung zu. Mit steigender Bad-Temp. bis 120° F nahm die Festigkeit zu u. dann ab. Die Festigkeit bei einer Bad-Temp. von 140° F ist größer als die bei 100° F. Mit steigender Temp. nimmt die Duktilität stark ab. Von 3,5 auf 4,0 steigender pH-Wert erhöht die Festigkeit bei 100° F u. hat keinen Einfl. bei 120 u. 140° F. Die Dehnung nimmt mit steigendem pH-Wert ab. F. Vier. 6520□

Hartüberzüge als Finish-Verfahren für Metalle. Donald R. Johnson. (Plating **49,** 986—88, Sept. 1962; Malden, Mass., Lawson Machine and Tool Co.; engl.) — Beschrieben wird die anod. Herst. von harten Oxidschichten auf *Al* u. Al-Legg., bes. das „*Alumilite Hard Coat* (*AHC*)" u. das „*Martin Hard Coat* (*MHC*)". Letzteres wird bes. bei stark *Cu* enthaltenden Legg. anwendbar. Die Eigg. der Überzüge wie ihr Einfl. auf die Dauerfestigkeit, Zugfestigkeit, Druckfestigkeit, ihre Korrosionsbeständigkeit, elektr. Widerstand, Wärmedämmung, Glüh-Eigg., Mikrohärte u. Bearbeitbarkeit werden untersucht. F. Vier. 6530□

Korrosionsschutz für Stahl durch Phosphatierung bei erhöhter Temperatur. André Hache. (C. R. hebd. Séances Acad. Sci. **254,** 102—03, 3/1. 1962; Saint-Germain-en-Laye, Inst. Rech. de la Sidérurgie; franz.) — Vf. phosphatiert Stahl unter einem Druck von 1400 kg, dem eine Temp. von ca. 125° entspricht. Die Schutz-Wrkg. dieser Schichten z. B. gegen atmosphär. Einfl. oder Meerwasser ist bedeutend besser als die der nach den üblichen Meth. bei erhöhter Temp. erzeugten Schutzschichten. Auch geringe Mengen Rost beeinträchtigen nicht die Schutz-Wrkg. der unter Druck behandelten Stähle. I. Zoll. 6532◇

Korrodierende Wirkung des Wassers in anodisierten Aluminiumkochern. S. Tajima. (Alluminio-nuova Metallurgia **31,** 135—41, März 1962; Tokyo, Corros. Prevent. Committee of Light Metal Sheet Products Soc. of Japan; ital.) — Unters. der an in Ggw. von Oxalsäure oder von H_2SO_4 anod. oxydierten *Al*-Kesseln auftretenden Lochkorrosionen. Als Ursache der Korrosionen werden aus dem städt. Leitungsnetz herrührende *Cu*-Spuren vermutet, da in den Korrosions-Prodd. Cu gefunden wurde. A. Sander. 6538□

Korrosionsermüdungsbeobachtungen an einer hochreinen Aluminium–Zink–Magnesium-Legierung und der handelsüblichen Legierung D.T.D.683. C. A. Stubbington und P. J. E. Forsyth. (J. Inst. Metals **90,** 347—54, Mai 1962; Farnborough, Hants., Royal Aircraft Establ.; engl.) — Beobachtungen an der freitragenden Rotationsmaschine nach Rolls Royce u. Korrosionsermüdungsprüfungen wurden an einer

Al-Leg. mit 7,35 (%) *Zn* u. 2,55 *Mg* sowie der Leg. *D.T.D. 683* mit 5,68 *Zn*, 2,67 *Mg*, 0,30 *Cu*, 0,37 *Fe*, 0,25 *Si*, 0,46 *Mn*, 0,01 *Ti*, Rest *Al* vorgenommen. Im lösungsbehandelten u. im vollausgealterten Zustand trat Wachstum der Ermüdungsrisse sowohl an Luft als auch unter 3% ig. NaCl-Lsg. zunächst entlang der Scherrichtung, erst später senkrecht zur Scherrichtung ein. Aus den akt. Gleitzonen wurde unter der Korrosionsermüdung Gas-Entw. beobachtet. F. Vier. 6540□

Untersuchungsmethoden zur Beurteilung der Korrosion an entgrateten Außenteilen von Kraftfahrzeugen. J. Nasea jun., B. E. Tiffany und G. F. Bush. (Plating **49**, 989—97, Sept. 1962; Detroit, Mich., Ford Motor Co.; engl.) — Die in den V.St.A. üblichen Korrosions-Unterss. werden mit der bei Ford angewendeten Meth. verglichen. Es wird gezeigt, daß die Meth. bei Ford zu brauchbaren Ergebnissen führt. F. Vier. 6540□

Beobachtungen über die Verschleißeigenschaften verschiedener Gußeisenarten mit verschiedenen Graphitarten. Hajime Ichimura. (Imono, J. Japan Foundrymen's Soc. **34**, 186—98, März 1962; jap., Auszug: engl.) — Die Verschleiß-Eigg. von Gußeisen mit Flocken-, Kugel-, eutekt. oder anderem Graphit werden durch Anwendung des Verf. der kleinsten Quadrate untersucht. W. Wesly. 6546◇

Bell Telephone Laboratories, Inc., New York, N.Y., übert. von: William G. Pfann, Far Hills, N.J., V.St.A., **Zonenschmelzen durch Joulesche Wärme.** Das zu schm., stabförmige Material wird durch direkte Widerstandserhitzung über seinen F. erhitzt u. gleichzeitig durch W. u./oder Luft gekühlte Einspann-Vorr. derart gekühlt, daß lediglich eine kurze Zone geschmolzen bleibt. Durch entsprechende Variierung der Kühlung wandert die geschmolzene Zone durch den Stab. Hierdurch werden Schwierigkeiten, welche durch die Erhitzung des Materials von außen entstehen, vermieden. — Abbildung. (**A. P. 2 932 562** vom 27/12. 1956, ausg. 12/4. 1960.) M. Neckermann. 6381

Bell Telephone Laboratories, Inc., New York, N.Y., übert. von: William G. Pfann, Far Hills, N.J., V.St.A., **Zonenschmelzen,** z. B. von *Si*, *Ge*, *Al*. Das stabförmige Material wird in horizontaler Lage gleichzeitig mit einem Stoff geschmolzen, der mit dem zonengeschmolzenen Material nicht mischbar ist u. als Stütze oder Träger für das zu behandelnde Material dient. So wird z. B. ein Si-Stab in CaF_2 eingebettet u. in einem Graphitschiffchen mittels einer Induktionsspule mit dem CaF_2 geschmolzen. — Abbildung. (**A. P. 2 875 108** vom 25/6. 1957, ausg. 24/2. 1959.) M. Neckermann. 6381

N. V. Philips' Gloeilampenfabrieken, Eindhoven, Niederlande, **Zonenschmelzen fester Stoffe,** wie *Metalle*, *Legg.*, *Salze* u. dgl., bes. Halbleitermaterial, wie *Ge* u. *Si*, bei dem das Material in einem beispielsweise aus Graphit bestehenden Gefäß in einer geeigneten Atmosphäre durch einen mit Hochfrequenz beheizten Raum hindurchgeführt wird. Für die Wärmebehandlung sind wenigstens 2 Räume vorhanden, die je mit mindestens 2 Hochfrequenzheizelementen versehen sind, wobei je 1 Element des einen Raumes mit einem Element des anderen Raumes in Reihe geschaltet ist, wobei die Anordnung so getroffen ist, daß, wenn das Material wenigstens durch einen Teil eines Hochfrequenzraumes hindurchgegangen ist, im anderen Raum wenigstens von einem Teil des in Reihe mit dem erwähnten Hochfrequenzelement liegenden Elements erwärmt wird, wodurch der Generator prakt. konst. belastet wird. — Abbildung. (**Oe. P. 204 082** vom 15/4. 1958, ausg. 25/6. 1959. Niederl. Prior. 18/4. 1957.) M. Neckermann. 6381

Siemens & Halske Akt.-Ges., Berlin und München (Erfinder: Theodor Rummel, München), **Tiegelloses, nahe am Schmelzpunkt erfolgendes Glühen eines an seinen Enden in horizontaler Lage gehaltenen Stabes aus Halbleitergrundstoff,** der während des Erhitzungsvorgangs der Wrkg. der Schwerkraft durch eine entgegengesetzt gerichtete, im Zusammenwirken eines den Halbleiter durchfließenden Stroms u. eines entsprechend abgestimmten Magnetfeldes entsprechenden Kraft entzogen ist. Dabei wird der von einem mittels Stromzuführungen an den Enden zugeführten Wechselstrom durchflossene Halbleiterkörper durch die Wrkg. eines die gleiche Frequenz wie der Wechselstrom aufweisenden magnet. Wechselfeldes gestützt u. die Stützkraft durch Regelung der Phasendifferenz zwischen den Schwingungen des Wechselstroms u. des Magnetfeldes eingestellt. — Abbildung. (**D. A. S. 1 091 342** Kl. 40d vom 13/7. 1956, ausg. 20/10. 1960.) M. Neckermann. 6381

Bell Telephone Laboratories, Inc., New York, N.Y., übert. von: William G. Pfann, Basking Ridge, N.J., V.St.A., **Tiegelloses Schmelzen von Stoffen,** wie *Ge*, *Si*, *Ti*, *Zr*, *Fe*, *Ta* u. *Be*, Salzen u. Elektrolyten mit geeigneter Leitfähigkeit. Durch waagerecht liegendes stabförmiges Material wird elektr. Strom geschickt, während gleichzeitig im Bereich der geschmolzenen Zone senkrecht zur Stromrichtung ein elektromagnet. Feld wirksam ist. Das genannte Schmelz-Verf. eignet sich z. B. zum Zonenschmelzen von Halbleitermaterial, zur Herst. von kompaktem ausgesintertem Material oder zum Einschmelzen von pulverförmigen Stoffen, indem diese in die geschmolzene Zone eingetragen u. dort aufgeschmolzen werden. Durch entsprechendes Abziehen des Materials aus dem Schmelzbereich erstarrt dieses. Zugeführtes u. erstarrtes Material halten sich hierbei die Waage. — Abbildung. (**A. P. 2 904 411** vom 17/6. 1955, ausg. 15/9. 1959.) M. Neckermann. 6381

International Nickel Co. of Canada Ltd., Canada, **Behandlung von lateritischen Kobalt- und Nickelerzen.** Die Erze werden zerkleinert u. eine wss. Trübe hiervon wird bei 20—95° u. atmosphär. Druck mit SO_2 u. H_2SO_3 bis zur Extraktion von 90—96% *Co* behandelt u. die Lsg. vom *Ni*-haltigen Rückstand abgetrennt. Lsg. u. Rückstand werden zur Gewinnung von *Co* u. *Ni* getrennt weiterverarbeitet. — Fließbild. (**F. P. 1 268 954** vom 4/10. 1960, ausg. 8/12. 1961. Can. Prior. 16/10. 1959.) M. Neckermann. 6381

Pierre Jean Xavier Antier, Neu-Kaledonien, **Naßbehandlung silicatischer Nickelerze.** Der wss. Erzschlamm wird in der Wärme mit H_2SO_4 behandelt, um die Metalle in Lsg. zu bringen u. das *Fe* in $FeSO_4$ überzuführen. Die Lsg. wird vom Rückstand abgetrennt u. bis zur Ausscheidung von wasserfreien Sulfaten entwässert. Letztere werden in oxydierender Atmosphäre calciniert, um unlösl. *Fe-Sesquioxid* zu bilden. worauf die Sulfate des *Ni* u. *Mg* herausgelöst werden können. Die Lsg. wird mit konz. Soda-Lsg. versetzt u. bei einem pH-Wert von wenig über 7 selektiv das Ni als $Ni(OH)_2$ ausgefällt. Aus der abfiltrierten Lsg. wird bei etwas höherem pH-Wert das Mg ebenfalls mit einer konz. Soda-Lsg. ausgefällt. Das Na_2SO_4 enthaltende Filtrat wird mit Kalk versetzt, wobei $CaSO_4$ ausfällt, das nach Filtration u. Auswaschen mit dem SiO_2-reichen Rückstand aus dem H_2SO_4-Aufschluß gemischt wird. Diese Mischung wird getrocknet u. calciniert, um z. T. einen Zementklinker u. zum anderen Teil H_2SO_4- u. H_2SO_3-*Anhydrid* zu liefern, welche zu H_2SO_4 verarbeitet werden, die wieder zum Aufschließen der silicat. Erze verwendet wird. — Abbildung. (**F. P. 1 261 884** vom 10/9. 1958, ausg. 15/9. 1961.) M. Neckermann. 6381

International Nickel Co. of Canada Ltd., Canada, **Behandlung von nickelhaltigen silicatischen Erzen.** Die Erze werden in einer Atmosphäre, bestehend aus *CO*, CO_2, Wasserdampf, H_2 u. H_2S, behandelt, wobei das gesamte *Ni* u. ein Teil des *Fe* red. u. das gesamte Ni geschwefelt wird. Das red. u. geschwefelte Material wird zwecks Bldg. eines Ni-Steins eingeschmolzen u. zur Herst. von Ni verblasen. — Abbildung. (**F. P. 1 271 317** vom 8/9. 1960, ausg. 17/1. 1962. A. Prior. 11/9. 1959 u. 23/8. 1960.) M. Neckermann. 6381

International Nickel Co., Inc., New York, N.Y., übert. von: Paul Etienne Queneau, Fairfield, Conn., V.St.A., **Behandlung von nickelhaltigen silicatischen Erzen.** Die Erze werden in feinkörnigem Zustand bei erhöhter Temp. mit einer Mischung selektiv reduzierender u. *S*-haltiger Gase behandelt, um prakt. das gesamte *Ni* u. eine kleine kontrollierte *Fe*-Menge zu reduzieren u. im wesentlichen das gesamte Ni zu sulfidieren. Das so behandelte Erz wird zwecks Bldg. eines Nickelsteins eingeschmolzen, der zu Ni aufgearbeitet wird. — Abbildung. (**A. P. 3 004 846** vom 23/8. 1960, ausg. 17/10. 1961.) M. Neckermann. 6381

Quebec Metallurgical Industries Ltd., Ottawa, Ontario, Canada, übert. von: Philip B. Dettmer, Calvert City, Ky., V.St.A., und Lyall J. Lichty, Ottawa, Ontario, Canada, **Abtrennung von Arsen** aus As enthaltenden sulfid. Erzen, z. B. einem an As reichen sulfid. Co-Erz. Dieses wird mit einer solchen Menge eines an As ärmeren sulfid. Co-Erzes vermischt, daß eine Erzmischung mit einem As/S-Verhältnis von ca. 1/1 erhalten wird, die in Ggw. eines inerten Gasstroms auf 850—900° erhitzt wird, bis der As-Geh. der Rk.-Masse auf $<4\%$ gesunken ist. (**Can. P. 562461** vom 5/3. 1956, ausg. 26/8. 1958. A. Prior. 5/1. 1956.) Eberhard Riedel. 6381

Shaw Process Development Corp., Port Washington, N.Y., V.St.A., übert. von: Clifford Shaw, London, England, **Gießen leicht oxydierbarer Metalle.** In den Steiger wird ein Stückchen festes *Hexamethylentetramin* eingelegt, das beim Gießen verdampft u. das Gußstück beim Abkühlen gegen Oxydation schützt. Um die schützende Gashülle zu erhalten, wird eine Haube über die abgegossene Form gesetzt. (**A. P. 2 935 772** vom 3/4. 1957, ausg. 10/5. 1960.) W. Schwarzmaier. 6383

Steel Founders' Soc. of America, übert. von: Cameron G. Harman, Cleveland, Ohio, V.St.A., **Kernmasse für Stahlguß** besteht aus 96 (Gew.-%) *Formsand*, 4 eines Binders, der ca. 33 $Na_6P_6O_{18}$, 29 ZrO_2-Mehl mit einer Korngröße zwischen

1—10 μ, 10 *Kaolin*-Mehl, Rest *W*. enthält. Die Druckfestigkeit der Kerne, gemessen bei Raum-Temp., erreicht bei Behandlungs-Temp. zwischen 1500 u. 1800° F je nach Zus. ihren Höchstwert (ca. 2000 lbs./sq.in.), fällt bei höheren Temp. rasch ab. Die Heißfestigkeit liegt bei niedrigem $Na_6P_6O_{18}$-Geh. gegenüber höheren Zusätzen verhältnismäßig hoch, fällt dafür rascher mit zunehmender Temp. ab. (**A. P. 2 930 709** vom 2/1. 1958, ausg. 29/3. 1960.) W. Schwarzmaier. 6383

Ciba Soc. An., Basel, Schweiz, **Modell für Schalenformverfahren** wird aus *Epoxy*-Kunstharz in Mischung mit der gleichen bis zur 10fachen Menge *Metall*-Pulvers hergestellt. (**Belg. P. 561 000** vom 21/9. 1957, ausg. 20/5. 1960.) W. Schwarzmaier. 6383

Union Carbide Corp., New York, N.Y., V.St.A., **Aufheizen des Gießkopfes** zum Vermindern des Lunkerns mit Hilfe einer auf den Gießkopf gerichteten Gasflamme, in der das Verhältnis von O_2 zu Brenngas für Naturgas 1,3—1,8, für Propangas 2,5—4 u. für Kokerei- u. Leuchtgas 0,5—1,1 beträgt. (**Belg. P. 563 404** vom 20/12. 1957, ausg. 17/6. 1960. A. Prior. 24/12. 1956. **Zusatz zu Belg. P. 516 809; C. 1958, 14510.**) W. Schwarzmaier. 6383

F. & M. Supplies Ltd., England, **Kernöl** enthält *Acetylenöle* (5—90%), z. B. *Bolekoöl*, *Äthylenöle* (0—40), deren Peche oder Rückstände, z. B. *Leinöl*, *Peche*, *Harze* (0—65), z. B. *Petroleumharz*, *Katalysatoren*, *Sikkative*, Beschleuniger (0—2), z. B. *Co-*, *Pb-*, *Mn-Naphthenate*, andere Zusätze, die bei höheren Temp. reaktionsbeschleunigend wirken (0—2), z. B. *Dithiocarbamate* sowie Lsgm., (0—40), z. B. *Naphtha*, *Toluol*. (**F. P. 1 241 885** vom 28/8. 1959, ausg. 28/12. 1960. E. Prior. 20/1. 1959.) W. Schwarzmaier. 6383

British Oxygen Co. Ltd. (Erfinder: John Lawrence Harrison), **Erhitzen von Eisen** mit Hilfe von zerstäubten fl. Brennstoffen, dad. gek., daß diese mit reinem O_2, evtl. im Gemisch mit Wasserdampf oder Luft, zerstäubt werden. — Zeichnung. (**Aust. P. 230 879** vom 30/7. 1958, ausg. 17/11. 1960. E. Prior. 2/8. 1957.) C. Lüttgen. 6391

Dhun Cursetjee Baxter, Jamshedpur, Indien, **Gewinnung von Eisen aus Erzen**, bes. staubförmigen Abfall-Prodd., dad. gek., daß man diese kontinuierlich in einem Strom reduzierender Gase einbläst u. die zu metall. *Fe* red. Teilchen magnet. abtrennt. — Zeichnung. (**Ind. P. 64 891** vom 7/8. 1958, ausg. 29/12. 1960.) C. Lüttgen. 6401

Dayton Malleable Iron Co., Dayton, übert. von: Lester C. Crome, West Alexandria, Ohio, V.St.A., **Herstellung von Gußeisen mit Kugelgraphit** aus einem schmelzfl. Graugußgemisch, dad. gek., daß im Schmelzofen ein untereutekt. geschmolzenes Graugußgemisch mit einem niedrigen C-Geh. hergestellt u. dieses auf eine hohe Gieß-Temp. von mindestens 2850° F zur Auflösung des gesamten in der Schmelze befindlichen C gebracht wird, worauf die Schmelze dem Ofen entnommen u. mit einem ca. 5% betragenden Zusatz eines festen Metalls, wie *Cu*, *Ni*, *Roheisen*, *Gußeisen*, versehen wird, das eine plötzliche Abkühlung der Schmelze von ca. 100 F bewirkt, worauf die so behandelte Schmelze mit einem die Kugelgraphit-Bldg. fördernden Mittel versetzt u. in eine Form zur Bldg. des Gußstückes aus Gußeisen mit Kugelgraphit vergossen wird. (**A. P. 2 980 531** vom 28/1. 1959, ausg. 18/4. 1961.) H. Hochstein. 6403

Dayton Malleable Iron Co., Dayton, übert. von: Lester C. Crome, West Alexandria, Ohio, V.St.A., **Herstellung von Gußeisen mit Kugelgraphit** durch Zusatz von Seltenen Erdmetallen zur Gußeisenschmelze als die Kugelgraphit-Bldg. bewirkendes Mittel, dad. gek., daß eine Graugußschmelze hergestellt u. mit einem schlackenbildenden Material, das $CaCO_3$, ein kohlehaltiges Material, z. B. *Koks* u. CaF_2 enthält, behandelt wird, worauf der Schmelze vor dem Abguß ein *Fluorid eines Seltenen Erdmetalls* u. ein dieses zum Seltenen Erdmetall reduzierendes Mittel, z. B. *Ca-Silicid*, zwecks Kugelgraphit-Bldg. zugesetzt u. die so behandelte Schmelze in eine Form gegossen wird. (**A. P. 2 980 530** vom 11/12. 1958, ausg. 18/4. 1961.) H. Hochstein. 6403

Deutsche Edelstahlwerke Akt.-Ges., Krefeld (Erfinder: Max Schmidt, Strümp, Karl Bungardt und Albert von den Steinen, Krefeld), **Stahl für die Herstellung von Helmen.** Verwendet wird ein Stahl, der aus 0,30—0,50 (%) *C*, 0,50 bis 1,00 *Mn*, 1,20—2,00 *Si*, 0,20—2,00 *Cr*, 0,30—0,80 *Mo*, 0,50—1,50 *Ni*, 0,05—0,30 *V*, Rest *Fe* mit den erschmelzungsbedingten Verunreinigungen an *S* u. *P* besteht, als Werkstoff zur Herst. von Stahlhelmen u. ähnlich beanspruchten Gegenständen, die bei Temp. bis —40° bei ausreichender Zähigkeit eine Festigkeit von wenigstens 190 kg/mm² aufweisen müssen. Eine bevorzugte Stahl-Zus. ist: 0,35—0,43 C, 0,60—0,90 Mn, 1,60—1,90 Si, 1,40—1,70 Cr, 0,40—0,60 Mo, 1,15—1,45 Ni, 0,15—0,25 V, Rest Fe mit den üblichen Verunreinigungen an P u. S. (**Oe. P. 219 636** vom 7/6. 1960, ausg. 12/2. 1962. D. Prior. 13/10. 1959.) H. Hochstein. 6411

General Electric Co., Schenectady, N.Y., V.St.A., **Entkohlung von magnetischem Si-Stahl** für elektr. Zwecke, z. B. für Transformatorbleche, dad. gek., daß der Stahl zunächst gereinigt u. darauf in einer wasserdampfhaltigen Atmosphäre eines inerten Gases bei 875—1025° geglüht wird. Zweckmäßig kann der Stahl mit einer blanken Oberfläche bei 925—955° in wasserdampfhaltigem reinem N_2 mit einem Taupunkt von wenigstens —40° F geglüht werden. (**E. P. 887 866** vom 21/10. 1958, ausg. 24/1. 1962. A. Prior. 15/11. 1957.) H. Hochstein. 6411

Sherritt Gordon Mines Ltd., Canada, **Abtrennung von Kobalt aus einer wässerigen ammoniakalischen Lösung mit gelösten Nickel- und Kobaltsalzen.** Die Lsg. wird bei einem pH-Wert von über 6,5 mit einem Schwefelungsmittel, wie H_2S, $(NH_4)_2S$, versetzt, wobei *CoS* zur Ausfällung kommt. Es werden wenigstens 2 Mol Schwefelungsmittel pro Mol gelöstes Co angewandt. (**F. P. 1 264 996** vom 12/8. 1960, ausg. 20/10. 1961. Can. Prior. 5/7. 1960.) M. Neckermann. 6435

Allis-Chalmers Mfg. Co., übert. von: Patrick G. Grimes, Milwaukee, Wis., V.St.A., **Herstellung von nickelfreiem Kobalt** aus einer *Ni-* u. *Co*-haltigen Lösung. Unter Aufrechterhaltung eines pH-Wertes von 4—7 wird die Lsg. mit einem *β-Diketon* behandelt, um *Ni* u. *Co* als *β*-Diketonate auszufällen. Der Nd. wird von der Lsg. abgetrennt, auf eine Temp. von wenigstens 140° erhitzt, um *Co-β-Diketonat* zu verdampfen. Das Ni-freie Co-B-Diketonat wird gesammelt u. auf Co weiterverarbeitet. — Fließbild. (**A. P. 3 007 793** vom 27/5. 1960, ausg. 7/11. 1961.) M. Neckermann. 6435

General Mills, Inc., V.St.A., **Gewinnung von Metallen, wie Molybdän, Vanadin, aus wässerigen Lösungen.** Die Lsg. wird mit einer quart. NH_4-Verb. mit 3 Fettsäureradikalen versetzt, in welcher sich die genannten Metalle anreichern. Man trennt die organ. Phase von der wss. u. versetzt die organ. mit einer wss. Salz-Lsg., z. B. einer *NaCl*-Lsg., um das Metall wieder in wss. Lsg., aber in konz. Form, überzuführen. (**F. P. 1 266 363** vom 1/9. 1960, ausg. 10/11. 1961. A. Prior. 18/11. 1959.) M. Neckermann. 6441

John Bryant Kasey, V.St.A., **Gewinnung von reinem, molybdänfreiem Wolframoxid** aus wolframathaltigem Material, z. B. *Scheelit* ($CaWO_4$), dessen W-Verb. in *HCl* lösl. ist, gek. durch folgende Stufen: Lösen des Erzes oder Konzentrates in HCl (z. B. 22° Bé) bei 60—70°, Abfiltrieren der in HCl unlösl. Bestandteile, Erhitzen des Filtrats auf 70—95°, Filtrieren u. Waschen des Nd. aus WO_3. (**F. P. 1 176 445** vom 3/6. 1957, ausg. 10/4. 1959.) K. Bayer. 6441

Fémipari Kutató Intézet (Erfinder: László Gillemot), Budapest, Ungarn, **Herstellung von Titan** durch Red. von $TiCl_4$ mit einem *Erdalkalimetall* in einem horizontal oder geneigt (Neigungswinkel maximal 20°) angeordnetem Behälter. (**D. A. S. 1 124 247** Kl. 40a vom 17/10. 1957, ausg. 22/2. 1962. Ung. Prior. 23/10. 1956.) K. Bayer. 6449

Phillips Petroleum Co., übert. von: Robert A. Koble, Bartlesville, Okla., V.St.A., **Kontinuierliche Uranerzlaugung.** Das Erz wird zerkleinert u. mit einer wss. Lauge-Lsg. von Na_2CO_3 bei 190° u. 50 lbs./sq.in. Druck gelaugt, wobei der Erzschlamm durch mehrere Laugebehälter fließt. Zur Verbesserung der Löslichkeit wird im Gegenstrom ein O_2-O_3-Gemisch eingeleitet, wobei der nicht zur Rk. gelangte O_2 nach Zumischung von neuem O_3 in den Prozeß zurückgeführt wird. — Abbildung. (**A. P. 2 979 378** vom 18/12. 1957, ausg. 11/4. 1961.) M. Neckermann. 6449

United States Atomic Energy Commission, Washington, D.C., übert. von: Robert B. Kimball, Idaho Falls, Idaho, und Robert A. Ewing, Worthington, Ohio, V.St.A., **Gewinnung von Uran aus Erzen durch Lösungsextraktion.** U- u. Ca-Carbonat enthaltendes Erz wird in so viel wss. *HCl* dispergiert, als zur Neutralisierung von 0,4—0,6% der Carbonate erforderlich ist, u. mit konz. H_2SO_4 umgesetzt. Bei 75° wird aus der Rk.-Mischung W. abdest., der Rückstand in Aceton aufgenommen, der Acetonschlamm mit 50—150 g/Liter W. versetzt u. das Gemisch filtriert. Aus dem Filtrat werden mit NH_3 *U-*, *V-* u. *Fe*-Anteile gefällt, die Ndd. werden mit W. gewaschen, in H_2SO_4 aufgelöst, u. die Lsgg. werden mit NH_3 bis pH-Wert 2 versetzt, wobei Fe u. V gefällt u. abgetrennt werden. Aus den Filtraten wird U mit NH_4OH bei pH 7 als *Ammoniumdiuranat* gefällt, das mit NH_4OH gewaschen u. zum U_3O_8 calciniert wird. — Verf.-Schema. (**Can. P. 563 441** vom 20/11. 1956, ausg. 16/9. 1958. A. Prior. 24/1. 1956.) Eberhard Riedel. 6449

Röhm & Haas G. m. b. H., übert. von: Theodor Völker und Herbert Zima, Darmstadt, **Extraktion von Edelmetallverbindungen aus wässeriger Lösung.** Die Lsg. wird mit einer wasserunlösl. makromol. Verb. behandelt, im wesentlichen aus *Paracyan*, *Polyazomethin*, *cycl. Polyacrylonitril*, *cycl. Polymethacrylonitril*, *cycl. Polyvinylidencyanid, cycl. Polymethacrylonitril, cycl. Polyvinylidencyanid, cycl. Copolymeren* von *Acrylonitril* u. *Methylmethacrylat* u. *cycl. Copolymeren* von *Acrylonitril* u. *Methylacrylat*. Genannte Lsg. u. makromol. Verb. werden getrennt, wobei der Geh. an Metall-Verbb. in der genannten wss. Lsg. herabgesetzt wird. (**A. P. 3 006 756** vom 20/8. 1957, ausg. 31/10. 1961. D. Prior. 6/9. 1956.) M. Neckermann. 6459

Stefan Keller, München, **Erhöhung der Streckgrenze und der Festigkeit von Walzstahlerzeugnissen,** wie Betonbewehrungsstählen, Baustahldrähten u. Baustahlstäben für Armierungen von Stahlbetonbauwerken u. ähnlichen Bauwerken durch Recken auf kaltem Wege, dad. gek., daß man die Erzeugnisse durch eine von Biegerollen gebildete Führungsbahn zieht, die wenigstens zwei u. in zueinander entgegengesetzten Richtungen verlaufende Krümmungen aufweist u. durch ihre Krümmungen einen derartigen Widerstand auf die Erzeugnisse bei deren Durchziehen ausübt, daß sie gereckt werden. — Abbildungen. (**Schwz. P. 358 456** vom 3/8. 1957, ausg. 15/1. 1962. D. Prior. 6/8. 1956.) H. Hochstein. 6491

Bauer & Schauerte, Deutschland, **Herstellung von hochfesten Formkörpern,** wie Schrauben u. Muttern, durch Kaltumformung, dad. gek., daß C-arme unlegierte u. unberuhigte Massenstähle (Ringe, Stangen, Materialabschnitte) aus Temp. oberhalb des Ac_3-Punktes abgeschreckt u. dann durch Kaltumformung weiter verfestigt werden. Beim Aufheizen auf die Abschrecktemp. u. beim Halten auf dieser werden die Randzonen aufgekohlt. (**F. P. 1 231 973** vom 23/7. 1959, ausg. 4/10. 1961. D. Prior. 30/7. 1958.) H. Hochstein. 6491

General Electric Co. Ltd., London, übert. von: David John Jones, Harrow, und Brian Stephen Gossling, Richmond, England, **Herstellung von Fäden aus hitzebeständigem Material in abgeflachter Zick-Zack-Form.** Eine Spirale aus fadenförmigem, hitzebeständigem Material, z. B. *W*, wird über einen Dorn aus duktilem Metall, wie Cu, gezogen u. das Ganze dann zwischen Stahlplatten flachgepreßt, wobei die Spirale innerhalb des duktilen Metalls in der gewünschten Form abgeflacht wird. Durch Weglösen des duktilen Metalls mit einer Säure wird der Zick-Zack-förmige Faden freigelegt u. kann als Kathode in Röntgenröhren verwendet werden. — Abbildung. (**A. P. 2 881 104** vom 5/12. 1955, ausg. 7/4. 1959. E. Prior. 3/12. 1954.) M. Neckermann. 6491

Modine Mfg. Co., Racine, Wis., übert. von: Stanley W. Peterson und Carl W. Danzer, Racine, Wis., V.St.A., **Löt- und Überzugsmittel für Aluminium,** bestehend aus 15—50 (%) *Zn*, 0,5—1,5 *Cu*, 0—4,0 *Al*, 0—1,5 *Mg*, 9—50 *Methyläthylketon* (oder Dimethylketon, Methylpropylketon, Isopropylketon), 20—45 $ZnCl_2$, 2—5 NH_4Cl, 0,5—10 KHF_2. Je nach den angewandten Prozentmengen erhält man einen leichten Schlamm bis zu einer schweren Lötpaste. Das Lötmittel hat eine hohe Bindekraft, einen hohen Korrosionswiderstand u. eine hohe Zugfestigkeit. (**A. P. 2 981 648** vom 10/12. 1957, ausg. 25/4. 1961.) W. Hauswald. 6505

Bristol Siddeley Enginers Ltd., Bristol (Erfinder: Geirionydd Llewelyn und Raymond George Ubank), **Flußmittel** beim Löten von Titan besteht aus 20—30 (%) *NaCl*, 20—30 *KCl*, 4—8 *LiF*, 5—10 *AgCl*, 10—34 $ZnCl_2$ u. 10—34 NH_4Cl. (**E. P. 879 463** vom 26/6. 1957, ausg. 11/10. 1961.) W. Hauswald. 6505

General Motors Corp., Detroit, Mich., übert. von: Robert C. Matter und Ira T. Landon, Anderson, Ind., V.St.A., **Lötflußmittel** besteht aus einem Salz des *Hydrazinhydrobromids*- oder *-chlorids* u. einem in Alkohol lösl. Nylon-Typ-Polyamid u. Alkoholen, wie *Äthyl-*, *Methyl-*, *Isopropylalkohol*. Die Zus. ist z. B. folgende: 8 (Teile) Isopropylalkohol, 1 Hydrazinmonobromid u. 1 in A. lösl. Polyamid. (**A. P. 2 980 562** vom 12/8. 1957, ausg. 18/4. 1961.) W. Hauswald. 6505

Küppers Metallwerk G. m. b. H., Bonn, übert. von: Horst Melchiors, Wesseling, und Wolf-Dieter Luz, Frankfurt/M., **Flußmittel für Lote** besteht aus einem Aktivator u. Harzen u. Wachsen. Der Aktivator ist ein Halogensalz eines niederen Alkanolamins, das mit Phenyl- u. Alkylgruppen mit 1—6 C-Atomen am N-Atom disubstituiert ist. Ein Beispiel ist der Aktivator *N.N-Diäthyläthanolaminhydrochlorid*. (**A. P. 2 992 949** vom 12/5. 1959, ausg. 18/7. 1961. D. Prior. 14/5. 1958.) W. Hauswald. 6505

International Nickel Co., Inc., New York, N.Y., übert. von: Roland Arthur Kozlik, Livingston, N.J., V.St.A., **Hartlöten.** Als Lötmittel dient eine Mischung, die bis zu 25% Flußmittel enthält; Rest ist eine reduzierbare, O-enthaltende *P*-Verb., wie P_2O_3, P_2O_4, P_2O_5, $H_2(HPO_3)$, $H_4P_2O_7$, $H_4P_2O_6$, H_4PO_5, $(NH_4)_2H_2P_2O_6$, $NH_4H_2PO_2$, $Na_4P_2O_7$, NaH_2PO_2, $(NaNH_4HPO_4)$, K_2HPO_4 u. *Erdalkaliphosphate*. Bei den Alkaliphosphaten u. -phosphiten soll das Verhältnis von Alkali zu P nicht größer als 2:1 betragen, bei Erdalkali nicht größer als 1:1. Das Löten wird in reduzierender Atmosphäre bei 1600—2100° F durchgeführt. (**A. P. 2 987 817** vom 3/6. 1957, ausg. 13/6. 1961.) W. Hauswald. 6505

Electro-Hydraulics Ltd., England, **Hartlot** zum Löten von Metallen mit einem F. von <890°, bestehend aus *Ni* mit einem *P*-Geh. von <15%. Das Lot wird aus einer Lsg. auf eine zu verlötende Fläche z. B. elektrolyt. aufgebracht. Die Lsg. enthält im Liter z. B. 175 (g) $NiSO_4 \cdot 6\,H_2O$, 50 $NiCl_2 \cdot 6\,H_2O$, 50 H_3PO_4 u. 1,3 $HyPO_3$). (**F. P. 1 242 813** vom 24/7. 1957, ausg. 9/1. 1961. E. Prior. 25/7. 1956 u. 18/7. 1957.) W. Hauswald. 6505

General Electric Co., New York, N.Y., übert. von: George S. Hoppin III, Cincinnati, und Kimble S. Songer, Hamilton, Ohio, V.St.A., **Kupferhaltige Hartlotlegierung** besteht aus 27—29 (%) *Ni*, 1,8—2,2 *Si*, 9,7—10,3 *Mn*, Rest *Cu*. Für das Löten breiter Risse dient bes. ein Lotpulver mit 75—85 Cu-Leg., die aus 27 bis 29 Ni, 1,8—2,2 Si, 9—10,3 Mn, 15—25 Fe, Rest Cu besteht. (**A. P. 3 006 757** vom 3/10. 1960, ausg. 31/10. 1961.) W. Hauswald. 6505

C.-R. E. Ringström und H. E. Anderberg, Stockholm, Schweden, **Wärmebehandlung von galvanisierten Metallgegenständen,** die teilweise kalt bearbeitet worden sind. Die kalt bearbeiteten Stellen werden unter N_2-Atmosphäre u. unter Zusatz eines Flußmittels einigen Stromimpulsen ausgesetzt, wobei eine schnelle Erwärmung der betreffenden Stellen erfolgt u. die Härte des Materials vermindert wird. — Abbildungen. (**Schwed. P. 171 832** vom 22/11. 1954, ausg. 28/6. 1960.) K. H. Kähler. 6515

Metallwerk Plansee G. m. b. H., Reutte, Tirol, Österreich (Erfinder: William H. Hertz, Yonkers, N.Y., und Egon Pipitz, Indianapolis, Ind., V.St.A.), **Schützen der Oberfläche von Eisen gegen flüssiges Aluminium,** dad. gek., daß eine metall. krist. Verb. aus Cr, Ni u. B unter Verw. eines Spritzstabes, der 7—50 (%) Cr_2NiB_4, Rest CrB_2, jedoch kein freies Ni, Ni_2B u. NiB enthält, mit einer Flamme von über 3000° aufgespritzt wird. (**Schwz. P. 359 338** vom 1/8. 1957, ausg. 15/2. 1962.) F. Vier. 6517

British Insulated Callender's Cables Ltd., London, England (Erfinder: Ronald John Beishon), **Herstellung von Metallüberzügen auf Metalldrähten und -bändern** unter Abstreifen des überschüssigen Überzugsmetalls nach dem Tauchen in das fl. Metallbad durch Abstreifer aus Natur- oder synthet. *Kautschuk* oder *Neopren*. Der Druck der Abstreifer auf Draht bzw. Band wird hydraul. oder durch Luftdruck geregelt. — Vorrichtung. (**E. P. 868 514** vom 26/2. 1959, ausg. 17/5. 1961.) F. Vier. 6517

Electric & Musical Industries Ltd., Hayes, Middlesex, England (Erfinder: Hans Gerhard Lubszynski), **Aufdampfen von schwammigen Schichten.** Der aufzudampfende Stoff wird, in einem Behälter mit dem zu behandelnden Gegenstand angeordnet, im Vakuum erhitzt, z. B. durch elektr. indirekte Beheizung, u. der entstandene Dampf konvergiert (im Orig. „converge"). Dabei wird ein solcher Druck in bezug auf die Konvergenz (im Orig. „convergence" Die Red.) angewendet, daß sich der Dampf schwammig auf der Oberfläche niederschlägt. — Vorrichtung. (**E. P. 869 927** vom 27/10. 1956, ausg. 7/6. 1961.) F. Vier. 6517

Harshaw Chemical Co., Cleveland, Ohio, V.St.A., **Stromloses Metallisieren von Gegenständen** durch Erhitzen der zu überziehenden Gegenstände auf eine Temp., bei der Metallüberzug abgeschieden wird, u. Tauchen des so erhitzten Gegenstandes in das Metallisierungsbad, das auf einer Temp. gehalten wird, bei der sich der Metallüberzug noch nicht abscheidet. Zum Beispiel wird zum Vernickeln eine Lsg. verwendet, die 15—75 (g/Liter) *Ni*-Salz u. 5—50 *Na-Hypophosphit* bei einem pH von 3,5—6,0 enthält. Die Lsg. wird dabei auf einer Temp. unter 185° F gehalten. (**E. P. 865 891** vom 18/9. 1959, ausg. 19/4. 1961. A. Prior. 22/9. 1958.) F. Vier. 6517

Comp. Française Thomson-Houston (Erfinder: James Martin Mc Quade), Frankreich, **Überziehen von Folien aus Metallen, wie Ferrosilicium, Eisen, Eisen-Nickel-Legierungen mit isolierenden Überzügen.** Die Folien werden durch kathod. Behandlung in einer Lsg. von *Ca*- oder *Mg-Salzen*, wie $Ca(NO_3)_2$ oder $Mg(NO_3)_2$, behandelt, wo sich eine *Hydroxid*-Schicht des betreffenden Metalls auf der Folie bildet. Durch anschließende therm. Behandlung entsteht eine gut haftende, hitzebeständige u. isolierend wirkende Oxidschicht. (**F. P. 1 249 786** vom 3/3. 1960, ausg. 22/3. 1961. A. Prior. 5/3. 1959.) F. Markhoff. 6529

G. I. Fedorow und W. I. Fedorow, **Verkleben von Teflon mit Metallen.** Die entfetteten u. aufgerauhten Flächen werden vor dem endgültigen Kleben mit einem geeigneten Kleber, z. B. dem heiß härtenden Kleber BF 2, wiederholt verklebt u. voneinander getrennt. — Abbildung. (**UdSSR. P. 112 991** vom 17/12. 1956.) L. Großner. 6529

W. I. Fedorow und G. I. Fedorow, **Verkleben von Teflon mit Isolierstoffen,** dad. gek., daß die Teflonoberfläche durch wiederholtes Verkleben mit Metall u. Abreißen gemäß UdSSR. P. 112 991 vorbehandelt wird. (**UdSSR. P. 122 508** vom 10/1. 1958. **Zusatz zu UdSSR. P. 112 991; s. vorst. Ref.**) L. Großner. 6529

Pneumo-Dynamics Corp., Cleveland, Ohio, übert. von: Vee C. Tsien und Charles Bommerscheim, Kalamazoo, Mich., V.St.A., **Erzeugen eines Ventils mit scharfen Kanten.** Die Ventilflächen aus *Al* werden anod. oxydiert. Dann wird die Oxidschicht auf den die Kanten begrenzenden Flächen soweit abgeschliffen, daß an den ursprünglich abgerundeten Kanten eine scharfe Kante aus Al_2O_3 entsteht. — Abbildungen. (**A. P. 2 985 566** vom 5/4. 1957, ausg. 23/5. 1961.) F. Markhoff. 6531

Atomic Energy of Canada Ltd., Ottawa, Ontario, Canada, **Herstellung von Lagerteilen aus Zirkonium.** Die Gleitflächen werden so lange (ca. 2 Std.) bei 700 bis 900° in Luft, O_2 oder Wasserdampf oxydiert, bis diese Flächen eine blauschwarze Färbung zeigen. Die sich hierbei ergebende Oxydationsschicht weist eine monokline kristalline Struktur auf u. haftet fest an. (**E.P. 870 170** vom 9/2. 1959, ausg. 14/6. 1961. A. Prior. 10/2. 1958.) H. Baur. 6531

Giovanni Apra, Paderno Dugnano, Mailand, Italien, **Herstellung von schützenden Überzügen auf Gegenständen aus Aluminium durch anodische Oxydation.** Man verwendet ein Elektrolytbad von 20—32° Bé, das H_2SO_4, CH_3COOH u. die Salzmischung *Oxanal* enthält, behandelt in 1. Stufe 13—20 Min. mit einem elektr. Strom von 15 bis 20 V u. 5—15 A/dm², in 2. Stufe 18—22 Min. mit einem Strom von 10—12 V u. 1—2 A/dm², bringt in ein mit HNO_3 leicht angesäuertes warmes Bad, behandelt 15—30 Min. mit überhitztem Dampf von 150—180° u. trocknet nach einem *Acetat*-Bad von 90—120° in strömender Luft bei Temp., die von 145° bis auf 45° absinken. (**It. P. 541 352** vom 26/5. 1955.) K. Koebke. 6531

Gerhard von Hintzenstern und Kurt Thinius, Leipzig, **Herstellung von temporärem Korrosionsschutzlack,** der für den vorübergehenden Schutz von Metallen dient, auf Basis der Rk.-Prodd. von Dicarbonsäurediamiden mit Polyisocyanaten u. Modifizierungsmitteln. Die Rk. findet in Ggw. von für die Bldg. von Polyureiden bzw. Polyisocyanuraten katalyt. wirkenden Lsgm. statt, z. B. N-Formylaminen, die ein tert. N-Atom besitzen, ggf. mit Zusatz von gegen Isocyanate indifferenten Lacklösungsmitteln. Solche Lsgm. sind z. B. substituierte Amide von Monocarbonsäuren, bes. HCOOH. Genannt sind *N-Formylmethylanilin, N-Formylmorpholin, N-Formylpiperidin* u. *Dimethylformamid.* — 60 (g) Adipinsäurediamid u. 290 Toluylendiisocyanat werden 1 Std. bei 155° erhitzt; nach dem Auftreten der exothermen Rk. wird auf maximal 170° erhöht. Nach dem Klarwerden der Masse werden $<$170° 200 kaltes Diglykolformal zugegeben, u. es wird schnell auf Raum-Temp. abgekühlt (Prod. **A**). Daneben wird das Prod. **B** hergestellt durch Lösen von 1—35 Polydiglykylformal in 200 Dimethylformamid u. Zusatz von 0,5 Äthanolamin u. einigen Tropfen $HClO_4$ als zusätzlichen Katalysator. Danach wird zur Bereitung des gebrauchsfertigen temporären Korrosionsschutzlackes das **A** im Wasserbad bei 80—90° geschmolzen u. mit dem **B** im Verhältnis 61:26 vermischt. Das Gemisch wird 15 Min. bei 80° erhitzt u. dann bei Raum-Temp. 1 Std. stehen gelassen. Die erhaltene kalte Rk.-Lsg. wird durch Gießen, Streichen, Spritzen oder Tränken auf die zu überziehenden Gegenstände aufgebracht u. in wenigen Min. an der Luft zur Trockne gebracht. (**D. P. [DDR] 22 391** Kl. 22h vom 11/8. 1959, ausg. 6/12. 1961 [Wirtschaftspatent].) M. F. Müller. 6539

Comp. des Métaux d'Overpelt-Lommel et de Corphalie, übert. von: **Albert A. J. Quintin,** Overpelt, Belgien, *Rösten von Sulfiderzen.* (**Can. P. 561 299** vom 17/8. 1954, ausg. 5/8. 1958. E. Prior. 21/8. 1953. — C. **1957,** 4523 [E. P. 739213].)

Metallgesellschaft Akt.-Ges., Fankfurt/M., übert. von: **Werner Goedecke,** Düsseldorf, *Rösten feinkörniger sulfidischer Erze.* (**Can. P. 560 398** vom 26/4. 1954, ausg. 15/7. 1958. D. Prior. 25/4. 1953. — C. **1958,** 2566 [F. P. 1099379].)

Foundry Services Ltd., übert. von: **George J. N. Cherry,** Nechells, Birmingham, England, *Behandlung von Metallen und Legierungen.* (**Can. P. 560348** vom 23/10. 1956, ausg. 15/7. 1958. E. Prior. 31/10. 1955. — C. **1960,** 3684 [E. P. 794604].)

Mannesmann Akt.-Ges., Düsseldorf, *Entgasung von Metallschmelzbädern, insbesondere von Eisen- oder Stahlbädern.* (**Belg. P. 569 800** vom 26/7. 1958, ausg. 16/6. 1961. D. Prior. 28/8. 1957. — C. **1961,** 2779 [F. P. 1 199 772].)

Soc. d'Électro-Chimie, d'Électro-Métallurgie et des Aciéries Électriques d'Ugine, Paris, Frankreich, *Entsilicierung und Entschwefelung von Roheisenschmelzen.* (**Oe. P. 217 066** vom 10/1. 1955, ausg. 11/9. 1961. F. Prior. 14/1. 1954. Zusatz zu Oe. P. 193 411; C. 1959, 8433. — C. **1959,** 5949 [F. P. 65 658].

Bot Brassert Oxygen Technik Akt.-Ges., Zürich, Schweiz, *Frischen von Roheisen.* (**E. P. 872 224** vom 16/8. 1957, ausg. 5/7. 1961. Oe. Prior. 10/5. 1957. — **C. 1960,** 1520 [A. P. 2 893 861].)

Hüttenwerk Oberhausen Akt.-Ges., übert. von: **Rudolf Graef**, Oberhausen, *Raffinieren von P-haltigem Roheisen.* (**Can. P. 560 371** vom 5/11. 1954, ausg. 15/7. 1958. D. Prior. 9/11. 1953. — **C. 1958,** 3159 [E. P. 763 417].)

Jan-Erik Östberg, Surahammar, Schweden, *Herstellung von Stahl aus Roheisen und Erz im elektrischen Lichtbogenofen.* (**Oe. P. 217 074** vom 29/5. 1959, ausg. 11/9. 1961. — **C. 1961,** 14820 [F. P. 1 226 204].)

Hüttenwerk Oberhausen Akt.-Ges., Oberhausen, *Frischen von Roheisen zu Stahl unter Einblasen von handelsüblich reinem Sauerstoff.* (**E. P. 870 184** vom 7/10. 1958, ausg. 14/6. 1961. D. Prior. 30/11. 1957. — **C. 1961,** 9190 [F. P. 1 203 484].)

Beteiligungs- und Patentverwaltungsgesellschaft m. b. H., Essen, *Stahlerzeugung durch Frischen von Roheisen mit Sauerstoff oder sauerstoffangereicherter Luft unter Zusatz von Schrott und/oder Erz im Konverter.* (**Oe. P. 218 051** vom 5/11. 1959, ausg. 10/11. 1961. D. Prior. 4/12. 1958. — **C. 1962,** 2530 [F. P. 1 242 495].)

Cleveland Electro Metals Co., Cleveland, Ohio, V.St.A., *Desoxydieren von geschmolzenem Stahl.* (**Oe. P. 218 557** vom 13/11. 1957, ausg. 11/12. 1961. A. Prior. 13/11. 1956 u. 13/6. 1957. — **C. 1961,** 9191 [Belg. P. 562 298].)

Administration-Séquestre der Röchling'sche Eisen- und Stahlwerke G. m. b. H. (Erfinder: **Christian Alexander Müller, Erwin Plöckinger** und **Walter Peter**), Völklingen/Saar, *Stahl mit hoher Dauerschwingfestigkeit.* (**Schwz. P. 357 753** vom 28/11. 1956, ausg. 15/12. 1961. D. Prior. 1/12. 1955. — **C. 1960,** 3685 [F. P. 1 161 687].)

Timken Roller Bearing Co., Canton, Ohio, V.St.A., *Graphitischer Stahl.* (**E. P. 871 167** vom 1/7. 1958, ausg. 21/6. 1961. A. Prior. 6/12. 1957. — **C. 1960,** 10052 [A. P. 2 883 281].)

American Steel Foundries, Chicago, Ill., V.St.A., *Sonderstahl.* (**Belg. P. 569 810** vom 26/7. 1958, ausg. 30/6. 1961. — **C. 1960,** 5634 [A. P. 2 861 908].)

Yawata Iron & Steel Co. Ltd., Tokyo, Japan, *Herstellung von orientiertem Si-haltigem Stahl.* (**E. P. 873 149** vom 14/10. 1957, ausg. 19/7. 1961. Jap. Prior. 8/11. 1956. — **C. 1960,** 13518 [F. P. 1 192 271].)

Allegheny Ludlum Steel Corp., Pittsburgh, Pa., V.St.A., *Herstellung von siliciumhaltigem Stahl mit starker Kornorientierung.* (**Belg. P. 570 815** vom 30/8. 1958, ausg. 17/11. 1961. — **C. 1961,** 18116 [F. P. 1 209 308].)

Vacuumschmelze Akt.-Ges., Hanau/M., *Herstellung von Gegenständen aus Eisen–Siliciumlegierungen mit Würfeltextur.* (**Oe. P. 215 452** vom 29/8. 1958, ausg. 12/6. 1961. D. Prior. 9/11. 1957. — **C. 1961,** 6671 [F. P. 1 206 587].)

American Metal Climax, Inc., Borough Manhatten, N.Y. (Erfinder: **George Ansel Timmons**, Ferndale, und **Marion Semchyshen**, Dearborn, Mich.), V.St.A., *Titan- und kobalthaltige Molybdängußlegierung.* (**Schwz. P. 357 875** vom 4/12. 1956, ausg. 15/12. 1961. A. Prior. 6/12. 1955. — **C. 1961,** 5602 [A. P. 2 884 324].)

Pechiney Comp. de Produits Chimiques et Électrométallurgiques, Paris, übert. von: **René Périères**, La Tronche, und **Louis Ruelle**, Grenoble, Isère, Frankreich, *Aluminiumgewinnung.* (**Can. P. 562 140** vom 30/10. 1956, ausg. 19/8. 1958. F. Prior. 4/11. 1955. — **C. 1962,** 3620 [A. P. 2 835 566].)

Kaiser Aluminum & Chemical Corp., Oakland, übert. von: **Alva C. Byrns**, Lafayette, Calif., V.St.A., *Titanherstellung.* (**Can. P. 562 101** vom 14/4. 1954, ausg. 19/8. 1958. A. Prior. 28/4. 1953. — **C. 1957,** 8933 [F. P. 1 102 665].)

Metropolitan-Vickers Electrical Co. Ltd., London (Erfinder: **Thomas Raine**, Bramhall, Cheshire, und **James Alan Robinson**, Hunger Hill, Bolton, Lancashire), England, *Zirkoniumlegierungen und deren Wärmebehandlung.* (**D. A. S. 1 118 976** Kl. 40b vom 21/7. 1958, ausg. 7/12. 1961. E. Prior. 26/7. 1957. — **C. 1961,** 9583 [F. P. 1 199 996].)

Armour Research Foundation of Illinois Institute of Technology, Chicago, Ill., V.St.A., *Herstellung von Titanpulver.* (**E. P. 883 721** vom 27/1. 1958, ausg. 6/12. 1961. A. Prior. 8/2. 1957. — **C. 1962,** 9508 [A. P. 2 857 264].)

Vacuumschmelze Akt.-Ges., Hanau/M., *Erzeugung von Würfeltextur in Eisen–Silicium-Legierungen.* (**Oe. P. 215 453** vom 23/12. 1958, ausg. 12/6. 1961. D. Prior. 15/3. 1958. — **C. 1961,** 14449 [F. P. 1 225 122].)

Vacuumschmelze Akt.-Ges. (Erfinder: **Klaus Detert und Dietrich Ganz**), Hanau/M., *Erzeugung von Würfeltextur bei der Herstellung von Gegenständen aus Fe–Si-Legierungen.* (**D. A. S. 1 115 279** Kl. 18c vom 27/3. 1957, ausg. 19/10. 1961. Zusatz zu D. A. SS. 1 029 845; C. 1959, 5950; 1 049 409; C. 1960, 293; 1 101 471; C. 1961, 14449 u. 1 106 354; C. 1962, 6578. — **C. 1962,** 296 [Belg. P. 564 192].)

General Electric Co. (Erfinder: **H. C. Fiedler**), Schenectady, N.Y., V.St.A., *Herstellung von magnetisierbarem Material aus einer polykristallinen Eisen–Silicium-Legierung.* (**Belg. P. 571 059** vom 9/9. 1958, ausg. 15/12. 1961. A. Prior. 29/10. 1957. — **C. 1961,** 13708 [E. P. 845 167].)

Westinghouse Electric Corp. (Erfinder: **R. G. Aspden**), East Pittsburgh, Pa., V.St.A., *Herstellung magnetischer Bleche aus Eisen–Silicium-Legierungen.* (**Belg. P. 570 821** vom 30/8. 1958, ausg. 17/11. 1961. A. Prior. 30/8. 1957. — **C. 1961,** 14450 [E. P. 845 061].)

Westinghouse Electric Corp., V.St.A. (Erfinder: **Karl Foster** und **Paul A. Albert**), *Herstellung von magnetisch weichen Blechen mit kubisch flächenzentrierter Doppelorientierung.* (**F. P. 1 255 333** vom 18/3. 1959, ausg. 9/6. 1961. A. Prior. 20/3. 1958. — **C. 1962,** 8777 [D. A. S. 1 111 225].)

Deutsche Gold- und Silber-Scheideanstalt vormals Roessler, Deutschland, *Nitrierung von Metallen, besonders von Eisenlegierungen in alkalicyanid- und alkalicyanathaltigen Bädern.* (**F. P. 1 262 312** vom 9/7. 1960, ausg. 22/9. 1961. D. Prior. 9/7. 1959. — **C. 1962,** 1787 [D. A. S. 1 108 246].)

General Electric Co., Schenectady, N.Y., V.St.A., *Herstellung blechförmiger Gegenstände aus einer polykristallinen Eisen–Silicium-Legierung.* (**Ind. P. 65 070** vom 26/8. 1958, ausg. 12/5. 1960. Zusatz zu Ind. P. 62 411; C. 1962, 3977. — **C. 1961,** 13708 [E. P. 845 167].)

Küppers Metallwerk G. m. b. H., Bonn/Rh., übert. von: **Horst Melchiors**, Wesseling, *Flußmittel für Weichlote.* (**A. P. 3 000 769** vom 12/5. 1959, ausg. 19/9. 1961. D. Prior. 14/5. 1958. — **C. 1961,** 13708 [D. A. S. 1 096 169].)

Gebr. Böhler & Co. Akt.-Ges., Wien, Österreich, **Verkaufsniederlassung Büderich** (Erfinder: **Otto Knotek**, Büderich bei Düsseldorf, und **Irma Birk**, Düsseldorf), *Herstellung gesinterter Schweißelektroden.* (**D. A. S. 1 132 169** Kl. 18b vom 5/11. 1958, ausg. 28/6. 1962. Oe. Prior. 15/11. 1957. — C. **1962,** 6574 [Oe. P. 214 735].)

Imperial Chemical Industries Ltd., London, übert. von: **Richard Elliott Shaw**, Windsor, England, *Bäder zur Behandlung von Metalloberflächen.* (**A. P. 2 987 425** vom 16/9. 1957, ausg. 6/6. 1961. E. Prior. 25/9. 1956. — C. **1961,** 5241 [F. P. 1 183 345].)

Imperial Chemical Industries Ltd., London, England (Erfinder: **Richard Elliott Shaw**), *Bäder zur Behandlung von Metalloberflächen.* (**E. P. 879 715** vom 30/1. 1957, ausg. 11/10. 1961. — C. **1961,** 5241 [F. P. 1 183 345].)

Amchem Products, Inc., Ambler, Pa., V.St.A. (Erfinder: **N. J. Newhard jun.** und **D. Y. Dollman**), *Ätzen von Aluminium.* (**Belg. P. 570 921** vom 3/9. 1958, ausg. 1/12. 1961. A. Prior. 27/9. 1957. — C. **1961,** 5604 [D. A. S. 1 073 272].)

Ball Brothers Co., Inc., Muncie, Ind., V.St.A., *Ätzlösung.* (**E. P. 874 365** vom 1/7. 1958, ausg. 2/8. 1961. A. Prior. 8/10. 1957. — C. **1962,** 8054 [Schwz. P. 350 853].)

Régie Nationale des Usines Renault, Billancourt, Seine, Frankreich, *Oberflächenbehandlung von Bauteilen aus Eisen und Stahl.* (**E. P. 875 430** vom 24/4. 1958, ausg. 16/8. 1961. F. Prior. 7/5. 1957. — C. **1962,** 5838 [F. P. 1 200 715].)

Deutsche Gold- und Silber-Scheideanstalt vormals Roessler, Frankfurt/M., übert. von: **Johannes Fischer**, Hanau/M., *Galvanisches Bad.* (**Can. P. 562 332** vom 28/4. 1954, ausg. 26/8. 1958. D. Prior. 28/4. 1953. — C. **1955,** 9436 [D. B. P. 924 489].)

E. I. du Pont de Nemours & Co., Wilmington, Del., übert. von: **Christian J. Wernlund**, Niagara Falls, N.Y., V.St.A., *Galvanisches Kupferbad.* (**Can. P. 562 351** vom 25/6. 1952, ausg. 26/8. 1958. A. Prior. 11/7. 1951. — C. **1956,** 9299 [A. P. 2 701 234].)

Asbest- und Gummiwerke Martin Merkel K. G. (Erfinder: **Ewald Merkel**), Hamburg, *Leitendmachen von Gegenständen aus Perhalogenkohlenwasserstoffen für Zwecke des Galvanisierens.* (**E. P. 875 544** vom 13/11. 1959, ausg. 23/8. 1961. D. Prior. 15/11. 1958. — C. **1962,** 12452 [D. A. S. 1 110 487].)

DEHYDAG Deutsche Hydrierwerke G. m. b. H., Düsseldorf (Erfinder: **Wennemar Strauss** und **Hans Wedell**, Düsseldorf), *Galvanisches Abscheiden von Kupferüberzügen.* (**A. P. 3 000 800** vom 14/4. 1958, ausg. 19/9. 1961. D. Prior. 16/4. 1957. — C. **1960,** 16253 [Oe. P. 202 414].)

Harshaw Chemical Co., Cleveland, Ohio, V.St.A., *Galvanisches Abscheiden von Kupferüberzügen.* (**E. P. 880 707** vom 27/11. 1957, ausg. 25/10. 1961. A. Prior. 19/2. 1957. — C. **1961,** 7389 [A. P. 2 862 861].)

Sherritt Gordon Mines Ltd., Toronto, Ontario, übert. von: **Vladimir N. Mackiv, Vasyl Kunda** und **John Haworth**, Fort Saskatchewan, Alberta, Canada, *Überzug nichtmetallischer Körper mit Metall.* (**Can. P. 562 160** vom 10/4. 1956, ausg. 19/8. 1958. — C. **1961,** 18120 [E. P. 827 016].)

General American Transportation Corp. (Erfinder: **Prans Budininkas**), *Regenerierung von Nickelplattierungsbädern.* (**Aust. P. 233 112** vom 13/11. 1958, ausg. 27/4. 1961. A. Prior. 17/1. 1958. — C. **1962,** 4334 [F. P. 1 219 249].)

General American Transportation Corp., Chicago (Erfinder: **Paul Talmey**, Barrington, Ill., und **Gregoire Gutzeit**, Highland, Ind.), V.St.A., *Chemische Vernicklung.* (**D. A. S. 1 131 483** Kl. 48b vom 1/12. 1953, ausg. 14/6. 1962. A. Prior. 3/6. 1953. — C. **1961,** 13347 [E. P. 786 175].)

General American Transportation Corp., Chicago, übert. von: **Paul Talmey**, Barrington, Ill., und **Gregoire Gutzeit**, Highland, Ind., V.St.A., *Chemisches Vernickeln.* (**Can. P. 570 272** vom 6/11. 1953, ausg. 10/2. 1959. A. Prior. 3/6. 1953. — C. **1960,** 16587 [A. P. 2 762 723].)

General American Transportation Corp., Chicago, Ill., übert. von: **Gregoire Gutzeit**, Highland, Ind., V.St.A., *Chemisches Vernickeln.* (**Can. P. 570 273** vom 23/11. 1953, ausg. 10/2. 1959. A. Prior. 27/8. 1953. — C. **1959,** 6290 [Oe. P. 193 674].)

General American Transportation Corp., Chicago, Ill., übert. von: **Gregoire Gutzeit**, Highland, Ind., **Paul Talmey**, Barrington, Ill., und **Warren G. Lee**, East Chicago, Ind., V.St.A., *Chemisches Vernickeln.* (**Can. P. 570 274** vom 17/12. 1953, ausg. 10/2. 1959. A. Prior. 27/8. 1953. — C. **1959,** 8327 [Oe. P. 195 205].)

General American Transportation Corp., Chicago, Ill., übert. von: **Donald E. Metheny**, Hammond, Ind., V.St.A., *Chemisches Vernickeln.* (**Can. P. 570 275** vom 23/9. 1954, ausg. 10/2. 1959. A. Prior. 12/1. 1954. — C. **1959,** 7629 [E. P. 782 363].)

General American Transportation Corp., Chicago, übert. von: **Paul Talmey**, Barrington, Ill., und **Gregoire Gutzeit**, Highland, Ind., V.St.A., *Chemisches Vernickeln.* (**Can. P. 570 276** vom 20/4. 1955, ausg. 10/2. 1959. A. Prior. 3/6. 1953. — C. **1961,** 13347 [E. P. 786 175].)

General American Transportation Corp., Chicago, Ill. (Erfinder: **Gregoire Gutzeit**, Highland, Ind., **Paul Talmey**, Barrington, und **Warren G. Lee**, East Chicago, Ill.), V.St.A., *Chemisches Vernickeln.* (**D. A. S. 1 135 261** Kl. 48b vom 29/12. 1953, ausg. 23/8. 1962. **Schwz. P. 361 954** vom 8/1. 1954, ausg. 30/6. 1962. Beide A. Prior. 27/8. 1953. — C. **1959,** 8327 [Oe. P. 195 205].)

General American Transportation Corp., Chicago, Ill., V.St.A., *Vernickelung nichtmetallischer Oberflächen.* (**Niederl. P. 101 544** vom 24/12. 1955, ausg. 15/6. 1962. A. Prior. 11/4. 1955. — C. **1960,** 14859 [Aust. P. 214 057].)

Hanson-Van Winkle-Munning Co., New Jersey, übert. von: **Donald Gardner Foulke**, Watchung, **Otto Kardos**, Red Bank, und **Hermann Koretzky**, Belleville, N.J., V.St.A., *Galvanisches Abscheiden von Nickelüberzügen.* (**A. P. 3 002 904** vom 26/9. 1958, ausg. 3/10. 1961. — C. **1962,** 11358 [F.P. 1 241 313].)

N. V. Philips' Gloeilampenfabrieken, übert. von: **Popko R. Dijksterhuis** und **Albertus R. Hovingh**, Eindhoven, Niederlande, *Elektrolytisches Platinieren von Metallen.* (**Can. P. 560 109** vom 16/10. 1956, ausg. 8/7. 1958. Niederl. Prior. 19/10. 1955. — C. **1959,** 14250 [Oe. P. 195 708].)

Engelhard Industries, Inc., Newark, übert. von: **James S. Hill**, Cranford, N.J., V.St.A., *Oberflächenbehandlung.* (**A. P. 2 973 283** vom 25/10. 1957, ausg. 28/2. 1961. — C. **1961,** 16272 [F. P. 1 195 986].)

Dow Chemical Co., Midland, Mich., übert. von: **Lyle G. Treat**, Ferguson, Mo., V.St.A., *Überzüge für Metalle.* (**Can. P. 562 018** vom 11/10. 1956, ausg. 19/8. 1958. A. Prior. 3/11. 1955. — C. **1959,** 13326 [E. P. 796 628].)

Pyrene Co. Ltd., Brentford, Middlesex, England, *Bildung von Schutzüberzügen auf Metalloberflächen.* (**E. P. 863 098** vom 21/5. 1959, ausg. 15/3. 1961. — C. **1962,** 5839 [F. P. 1 230 653].)

Dow Chemical Co., Midland, übert. von: **Fred K. Quigley jun.**, Midland, und **Harold A. Walters**, Beaverton, Mich., V.St.A., *Überzugsmaterial für Behälterwände.* (**Can. P. 561 694** vom 5/9. 1956, ausg. 12/8. 1958. A. Prior. 29/9. 1955. — C. **1959**, 16475 [F. P. 1 159 280].)

Metallgesellschaft Akt.-Ges., übert. von: **Wilhelm Ruppert** und **Gottfried Schwedler**, Frankfurt/M., *Herstellung von Titancarbidüberzügen.* (**A. P. 2 962 399** vom 29/4. 1957, ausg. 29/11. 1960. D. Prior. 7/5. 1956. — C. **1961**, 295 [F. P. 1 174 847].)

Gerhard Collardin G. m. b. H., Köln, *Phosphatieren von Metallen.* (**Oe. P. 211 123** vom 27/2. 1959, ausg. 26/9. 1960. D. Prior. 1/3. 1958. — C. **1962**, 8055 [D. A. S. 1 095 624 u. F. P. 1 217 584].)

Gerhard Collardin G. m. b. H., Köln, *Phosphatieren von Metallen.* (**E. P. 875 972** vom 18/1. 1960, ausg. 30/8. 1961. — C. **1962**, 8055 [D. A. S. 1 095 624 u. F. P. 1 217 584].)

E. I. du Pont de Nemours & Co., Wilmington, Del., übert. von: **Frederick G. Low**, West Grove, Pa., V.St.A., *Phosphatieren metallischer Gegenstände.* (**A. P. 2 992 146** vom 26/2. 1959, ausg. 11/7. 1961. — C. **1962**, 5839 [F. P. 1 227 866].)

H_9. Organische Industrie

Fortschritte in der Untersuchung und den Anwendungen von Algen. Carlos Otero Suárez. (Ion [Madrid] **20**, 666—69, Nov. 1960; „Zeltia", S.A., Dep. de Algas y Derivados; span.) — Überblick über die Entw. der *Verwertung* von *Algen* durch Unters. ihrer Ökologie, Physiologie u. Mikrobiologie u. ihrer Anwendung z. B. als Verdünner von Reaktivfarbstoffen, in Nahrungsmitteln, in der Medizin.
R. K. Müller. 6550◇

Anwendung der Ionenaustauscher in der Praxis der organischen Chemie. 2. Mitt. János Mikes. (Magyar Kémikusok Lapja [Z. Ver. ung. Chemiker] **14**, 433—40, Nov. 1959; Budapest, Szerves Vegyipari és Műanyagipari Kutató Intézet; ung.) — 1. vgl. C. **1961**, 11839. — Literaturübersicht über die Verw. von *Ionenaustauschern* als *Katalysator* bei Hydrolysen, Veresterungen, Alkoholysen, Dehydratationen, Hydratationen, Cyanäthylierungen.
G. Halmi. 6556□

Die Petroleumprodukte für die Synthese der Fettsäuren und der langkettigen Fettalkohole. M. Moulin. (Riv. ital. Sostanze grasse **39**, 394—99, Aug. 1962; Parigi, Direction des Prod. Chim. d'Esso Standard, S.A.F.; ital.) — Ausführlich beschrieben u. diskutiert werden die verschiedenen Verff. zur Synth. aliphat. Säuren u. Alkohole aus den in Petroleum enthaltenen KW-Stoffen.
H. P. Fiedler. 6582◇

Phenol und Cyclohexanon aus Cyclohexylbenzol. G. Caprara und G. Lemetre. (Chim. e Ind. [Milano] **42**, 974—77, Sept. 1960; Colleferro, Roma, Soc. Brombini Parodi-Delfino, Centro studi chim.; ital.) — Verss., *Cyclohexylbenzol* (**I**) mit reinem O_2 zu Cyclohexylbenzolperoxid (**II**) zu oxydieren, zeigen, daß in Ggw. von 1—2% **II** die Rk.-Dauer auf ½—1 Std. vermindert werden kann. Ein Zusatz von 0,5—1% $CaCO_3$ stabilisiert **II**. Bei 20° u. Anwendung von H_3PO_4 u. H_2SO_4 zu gleichen Teilen werden bei der Spaltung von **II** 79% *Phenol* u. 75% *Cyclohexanon* gewonnen.
J. Lehmberg. 6582◇

Der Prozeß einer thermischen Desalkylierung von aromatischen Kohlenwasserstoffen. M. G. Gonikberg, A. S. Dorogotschinski, M. G. Mitrofanow, A. Je. Gawrilowa, A. P. Dronin, W. A. Kuprijanow, Ss. W. Makarjew, W. W. Samanow und L. M. Wowk. (Chem. Technol. Brennstoffe Öle [UdSSR] **7**, Nr. 4, 11—15, April 1962; russ.) — Die Verss. der therm. Desalkylierung monocycl. alkylaromat. KW-Stoffe gehen mit geringer Koks-Bldg. vor sich, die Ausbeute von *Bzl.* hoher Reinheit aus Toluol übersteigt 92%. Mit Methylnaphthalin als Ausgangsstoff wird bei 700° u. 50 at 50% *Naphthalin* gewonnen. Die Vers.-Ergebnisse dienen als Unterlage für die Projektierung von Industrieanlagen, worüber Kennzahlen angegeben werden.
J. Lehmberg. 6598△

Über die Kinetik der Elektrocrackung von Methan. Je. N. Jeremin. (J. physik. Chem. [UdSSR] **32**, 2543—49, Nov. 1958; Moskau, Lomonossow-Univ.; russ., Auszug: engl.) — Vgl. C. **1959**, 7289. — Bei der Unters. der Elektrocrackung von *Methan* u. anderen KW-Stoffen wurde bisher festgestellt, daß die Menge der reagierenden Verb. proportional zur Energie der Entladung u. zum Molenbruch der Ausgangs-Verb. ist. Als Charakteristik der Kinetik der Rk. wird hier das Verhältnis Menge an KW-Stoff/Energie im Anfangsstadium, d. h. bei 0%ig. Umwandlung, beschrieben u. als „Energiewirkungsgrad" bezeichnet. Der Energiewirkungsgrad der Entladungsformen ist in bezug auf CH_4 prakt. unabhängig von den geometr. Abmessungen der Entladung, der Stromdichte, der Stromstärke u. dem Verdünnungsgrad des anfänglichen Gases mit H_2 u. nimmt mit steigendem Druck ab.
H. Roschkowski. H 510□

Die kontinuierliche Gewinnung von Ricinolsäuremethylester. W. P. Ssemenow. (Öl- u. Fett-Ind. [UdSSR] **23**, Nr. 6, 44, 1957; russ.) — Beschreibung einer kontinuierlich funktionierenden Anlage zur Herst. von *Ricinolsäuremethylester* durch Umesterung der

Ricinolsäureglyceride des Ricinusöls mit Methanoldämpfen, welche an der Oberfläche des angewandten granulierten KOH kondensiert werden. S. Baryschnikow. H 850

Darstellung von Terephthalsäure. Ichiro Hirao, Kunihiko Matui, Fumitaka Sato und Takeo Imamura. (J. chem. Soc. Japan, ind. Chem. Sect. [Kōgyō Kagaku Zassi] **63**, 1475, Aug. 1960; Tobata, Kyûsyû-Kôgyô-Daigaku; jap., Auszug: engl. S. A81.) — *Terephthalsäure* (I) wird aus Tri-K-Hemimellitat (II) u. K-Benzoat (III) durch Erhitzen auf 390° im Autoklaven unter CO_2 in guter Ausbeute hergestellt, die durch Verw. von CdJ_2, $CdCl_2$ oder CdO als Katalysator wesentlich erhöht werden kann. I bildet sich nicht nur aus II durch CO_2-Abspaltung sowie aus III durch Disproportionierung unter gleichzeitiger Bldg. von Bzl., sondern offenbar auch durch Rk. von II mit III. E. Maekawa. H 1220

Die Reaktion von Monokaliumsalicylat mit Kaliumphenolat. Ryuzo Ueno und Yasukazu Muramoto. (J. chem. Soc. Japan, ind. Chem. Sect. [Kōgyō Kagaku Zassi] **63**, 1410—12, Aug. 1960; Ôsaka-Higasiku, Ueno-Seiyaku KK.; jap., Auszug: engl. S. A78.) — Mono-K-Salicylat (I) gibt mit K-Phenolat (II) bei $>180°$ unter vermindertem Druck *Di-K-p-Hydroxybenzoat* (III) u. *Phenol* (IV); daraus wird gefolgert, daß I u. II zuerst IV u. *Di-K-Saliyclat* (V) bilden, das in III übergeht. Die Bldg. von III u. IV wird bei $<180°$ kaum beobachtet; bei zu hoher Temp. nimmt die Ausbeute an III infolge therm. Zers. ab. Unter CO_2 (2,5 atü) wird daneben noch die Bldg. von V aus II u. CO_2 beobachtet. E. Maekawa. H 1250

Institut Française du Pétrole des Carburants et Lubrifiants, Paris, Frankreich, **Isopren** erhält man durch Spaltung von 4.4-Dimethyl-m-dioxan (erhältlich nach E. P. 825 034; C. **1960**, **14521**) im Dampfzustand in Ggw. inerter Gase oder Wasserdampf als Verdünnungsmittel (N_2, Paraffin- oder Naphthendämpfe) bei 200—300, bes. 250—280°, in Ggw. von H_3PO_4, die auf gekörntem, bes. geschmolzenem SiC (Teilchengröße ca. 6 mm) aufgebracht ist. Wird der Katalysator als Festbett angewendet, so beträgt der H_3PO_4-Geh. auf SiC 5—60, bes. 10—30%, beim Fließ- oder Wirbelbett (Teilchengröße 20 μ bis 1 mm, bes. 50—500 μ) 0,5—5%. Die Rk.-Gase werden auf 80—20° abgeschreckt. Der Katalysator wird durch Behandeln mit O_2 bei 300—600° wiederbelebt u. dann wieder mit H_3PO_4 getränkt; Ausbeute 89,6%, neben 1,8% Isobuten u. 3-Methylbutan-1.3-diol; die abgespaltene Menge HCHO beträgt bis zu 95%. — Nach dem anderen Verf. wird als Katalysator ein mit H_3PO_4 getränktes Silicat, wie Glaswolle, Glasfasern oder Asbestwolle, verwendet, dessen Oberfläche höchstens 100, bes. <20 m² je g, beträgt u. das selbst nicht sauer ist. — Nach dem weiteren Verf. dient als Träger für die H_3PO_4 gekörnter Rutil (Teilchengröße ca. 3 mm), der vor dem Imprägnieren 5—20, bes. 10 Std., bei 1200° geschmolzen wurde. Der H_3PO_4-Geh. beträgt 1—10, bes. 2—6%. — Vorr., Zeichnungen. (**E. PP. 874 569** vom 25/9. 1959, ausg. 10/8. 1961. F. Prior. 29/9. 1958 u. 13/5. 1959, **876 960** vom 25/9. 1959, ausg. 6/9. 1961. F. Prior. 29/9. 1958 u. **879 728** vom 25/9. 1959, ausg. 11/10. 1961. F. Prior. 29/9. 1958 u. 13/5. 1959.) G. Krauß. H 520

Monsanto Chemical Co., St. Louis, Mo., V.St.A., **Alkyl- und/oder aralkylsubstituierte aromatische Äther** der allg. Formel I (n = Zahl im Wert von 3, 4 oder 5;

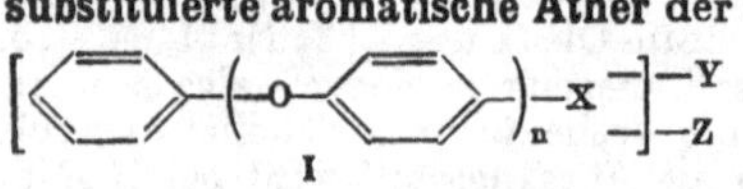

I

X u. Y = H, Alkyl oder Aralkyl; Z = Alkyl oder Aralkyl mit der Maßgabe, daß wenigstens eines der Symbole X u. Y Alkyl oder Aralkyl u. wenigstens eines der Symbole X, Y u. Z ein Rest mit 2 u. mehr C-Atomen ist), verwendbar als *Schmiermittel*, *hydraul. Fll.* u. *Wärmeüberträger*, erhält man durch Rk. der entsprechenden Alkaliphenolate mit einem alkylsubstituierten einkernigen aromat. Halogenid in Ggw. eines Katalysators, wie Cu oder ein Cu-Salz. — So erhält man durch Erhitzen von K-p-Äthylphenolat (erhalten durch Abtreiben von 25 ml W. aus einem Gemisch aus 73 g KOH u. 183 g p-Äthylphenol) auf 200°, Zusatz von 5 g Cu-Pulver u. 164 g p.p'-Dibromdiphenyläther, 4std. Erhitzen des Ganzen auf 240—250°, Eingießen des Gemisches in eine Lsg. von 50 g KOH in 1 Liter W., Extraktion dieser Lsg. mit 4 500-ml-Portionen Bzl. u. übliches Auswaschen u. Trocknen der Extrakte den weißen, äußerst hitzestabilen *Bis-[p-(p'-äthylphenoxy)-phenyl]-äther*, F. 110—111°. — Analog können *Bis-(p-phenoxyphenyl)-äther*, F. 109°, *Bis-[p-(p'-methylphenoxy)-phenyl]-äther*, F. 144°, u. *Bis-[p-(p'-tert.-butylphenoxy)-phenyl]-äther*, F. 80°, hergestellt werden. (**E. P. 874 979** vom 16/12. 1958, ausg. 16/8. 1961. A. Prior. 16/12. 1957.) A. Mohr. H 1060

Distillers Co. Ltd., Edinburgh, Schottland (Erfinder: Bernard Hammond Markham Thompson), **Resorcin.** Aus den bei der katalyt. Spaltung von m-Diisopropylbenzoldihydroperoxid erhaltenen Gemischen (I), die aus der Oxydation von m-Diisopropylbenzol stammen, isoliert man das Resorcin (II) dadurch, daß man das weniger als **II** flüchtige Material vermittels Durchleiten von Wasserdampf durch **I** zersetzt, gleichzeitig die so zusätzlich gebildeten Mengen von **II** u. m-Isopropenylphenol (**III**) abdest., aus dem wss. Destillat die Ölphase abtrennt u. das Destillat einer Kurzzeit-Dest. unterwirft, um über den Kopf der Kolonne eine Fraktion abziehen zu können, die W. u. **III** enthält, wodurch man eine im wesentlichen wasserfreie Rückstandsfraktion gewinnt, die aus **II** besteht u. frei von **III** ist. Die Kurzzeit-Dest. führt man zweckmäßig bei 50 mm Druck u. 170° bis herauf zu Normaldruck u. 250°, am besten in einem Dünnschichtverdampfer bei einem Druck von 200 mm u. 210° Wand-Temp. aus. — Ein Spaltgemisch (**II**-Geh. ca. 41%, Nebenprod.-Geh. 29%, Wasser-Geh. 30%) wurde mit wenig wss. NH_3 auf pH 3,7 eingestellt, mit überhitztem Wasserdampf behandelt, die heißen übergehenden Dämpfe wurden in einem wassergekühlten Kondensator abgeschreckt, u. man ließ Schichten-Bldg. im Kondensat eintreten. Die untere wss. **II**-Phase (**II**-Geh. 60%; pH 4) wurde durch Kurzzeit-Dest. in einem Dünnschichtverdampfer bei 200 mm Druck u. 210° entwässert. Das wss. Destillat aus dem Verdampfer enthielt eine ölige Phase, die ca. 10 Gew.-% des Destillats ausmachte, u. ca. 1,5% **II**. Man benötigte je 1 (Gew.-Teil) Nebenprod., 9 Wasserdampf u. 0,67 Wasserdampf je 1 **II**. Es konnten insgesamt 96% der erhaltenen Nebenprodd. abgetrennt werden. 96% des im Ausgangsgemisch enthaltenen **II** konnten in einer Reinheit von 98% isoliert werden. (**E. P. 873 676** vom 8/8. 1958, ausg. 26/7. 1961. **Zusatz zu E. PP. 739 907; C. 1956, 8214 u. 775 813; C. 1958, 4932.**) A. Mohr. H 1060

Robert Edward David Clark, Cambridge, England, **S-Derivate von 3.4-Dimercaptotoluol** (**I**). Zu 1 Mol **I** in 2 Mol n-NaOH werden unter N_2 bei 0° 2 Mol Acetanhydrid gegeben → *S-Diacetyl-3.4-dimercaptotoluol* (100% Ausbeute), F. 48° (aus PAe., 40—60°; E. P. 861 571). — Analog wird *S-Dibenzoyl-3.4-dimercaptotoluol* (100%), F. 94° (aus A.) hergestellt (E. P. 861 573). — Beide Verbb. sind lagerfähig u. gestatten leicht, mit KOH, W. u. A. **I** frei zumachen. — *Komplexbildner*, die Anwendung für qualitative u. quantitative Analyse ist ausführlich beschrieben. (**E. PP. 861 571** u. **861 573** vom 22/3. 1956, ausg. 22/2. 1961.) A. Debo. H 1090

Food Machinery & Chemical Co., New York, N.Y., V.St.A. (Erfinder: Harold Kenneth Latourette, Oscar Hugo Johnson und John Warren Getz), **Die Reinigung von rohem m-Chloranilin** (**I**), das durch Chlorierung von Nitrobenzol in Ggw. von 3% $FeCl_3$ bei 40° gewonnen wurde, erfolgt durch mehrstd. Erhitzen unter Rückfluß mit einer 20%ig. Lsg. von NaHS in W., Abtrennen u. Dest. im Vakuum. Die Gesamtausbeute beträgt 91,9% **I**, wovon 87% einen $Kp._{50,5}$ 138—138,5° haben. (**E. P. 873 866** vom 21/5. 1959, ausg. 26/7. 1961.) A. Debo. H 1310

Whiffen & Sons Ltd., Loughborough, England (Erfinder: Louis Harmon Cloak und Ronald Arthur Reed), **Herstellung von Cyanursäure.** Harnstoff wird in mindestens der gleichen Menge 2.6-Xylenol (**I**) 1—10 Std. auf 180—200° erhitzt, bis mindestens die Hälfte der theoret. Menge NH_3 entwichen ist. Hierbei fällt Cyanursäure aus, die abfiltriert u. mit A. zur Entfernung des anhaftenden **I** gewaschen wird. **I** wird dann ohne weitere Reinigung wieder zur Durchführung einer neuen Rk. verwendet. (**E. P. 873 297** vom 21/5. 1958, ausg. 19/7. 1961.) A. Kalix. H 3313

N. V. Philips' Gloeilampenfabrieken (Erfinder: **Cornelis Johannes Schoot**, **Klass Hinderikus Klaassens** und **Johannes Jacobus Ponjee**), *Aliphatisch substituierte Aromaten.* (**Aust. P. 231 658** vom 1/10. 1958, ausg. 26/1. 1961. Niederl. Prior. 3/10. 1957. — **C. 1962**, 4714 [F. P. 1 211 711].)

Rütgerswerke Akt.-Ges., Frankfurt/M., übert. von: **Helmut Meis** und **Hubert Sauer**, Letmathe, *Kondensationsprodukte des Carbazols mit α-Methylstyrol.* (**A. P. 2 983 731** vom 26/8. 1955, ausg. 9/5. 1961. D. Prior. 6/6. 1953. — **C. 1959**, 621 [Oe. P. 191 883].)

American Cyanamid Co., New York, N.Y., übert. von: **Kenneth W. Saunders**, Darien, **James E. Longfield**, Stamford, Conn., und **Robert C. Ryder**, Library, Pa., V.St.A., *Herstellen von Phthalsäureanhydrid.* (**A. P. 2 989 544** vom 7/2. 1956, ausg. 20/6. 1961. — **C. 1960**, 12846 [F. P. 1 171 468].)

Socony Mobil Oil Co., Inc., übert. von: **Richard W. Baker**, Baltimore, Md., und **George W. Munns jun.**, West Deptford, und **Robert L. Smith**, Pitman, N.J., V.St.A., *Isomerisierungskatalysator.* (**A. P. 3 003 974** vom 5/2. 1957, ausg. 10/10. 1961. — **C. 1962**, 2165 [E. P. 841 174].)

Farbwerke Hoechst Akt.-Ges., vormals Meister Lucius & Brüning, übert. von: **Otto Scherer**, Frankfurt/M., **Alfons Steinmetz**, Kelkheim/Taunus, **Heinrich Kühn**, **Walter Wetzel** und **Karlheinz Grafen**, Frankfurt/M., *Herstellung von Tetrafluoräthylen.* (**A. P. 2 994 723** vom 20/7. 1959, ausg. 1/8. 1961. D. Prior. 29/7. 1958. — **C. 1960**, 8344 [D. A. S. 1 073 475].)

Monsanto Chemical Co., St. Louis, Mo., V.St.A. (Erfinder: **John Williams Andersen** und **Robert Arthur Helmsch**), *Reinigung von Alkoholen.* (**Aust. P. 231 566** vom 30/6. 1958, ausg. 19/1. 1961. **E. P. 882 946** vom 3/7. 1958, ausg. 22/11. 1961. Beide A. Prior. 3/7. 1957. — **C. 1962**, 19005 [A. P. 2 965 680].)

Inventa Akt.-Ges. für Forschung und Patentverwertung, Zürich, übert. von: **Wilhelm Deiters**, Chur, und **Johann Giesen**, Haldenstein, Schweiz, *Mehrwertige Alkohole aus Sorbit.* (**A. P. 3 007 972** vom 23/9. 1958, ausg. 7/11. 1961. Schwz. Prior. 29/10. 1957. — **C. 1961**, 16652 [Ind. P. 59 989].)

Consortium für Elektrochemische Industrie G. m. b. H., München, *Herstellung von Carbonylverbindungen.* (**Ind. P. 65 529** vom 15/10. 1958, ausg. 25/1. 1961. E. Prior. 11/7. 1958. — **C. 1962**, 4341 [F. P. 1 214 881].)

Montecatini Soc. Gen. per l'Industria Mineraria e Chimica, übert. von: **Giulio Natta, Raffaele Ercoli,** Monza, und **Salvatore Castellano,** Mailand, Italien, *Herstellung von Aldehyden.* (**A. P. 3 008 996** vom 1/4. 1955, ausg. 14/11. 1961. It. Prior. 10/4. 1954. — C. **1959,** 622 [F. P. 1 128 536].)

VEB Leuna-Werke „Walter Ulbricht", Leuna, übert. von: **Gerhard Meier** und **Arndt Striegler,** Leuna, *Trockene, reine Ketoxime.* (**A. P. 3 002 996** vom 10/7. 1956, ausg. 3/10. 1961. — C. **1958,** 8761 [Oe. P. 192 396] u. C. **1960,** 647 [D. A. S. 1 034 629].)

Sicedison S.p.A., übert. von: **Germano Patron** und **Massimo Scatena,** Mailand, Italien, *Reinigung von Methylvinylketon enthaltendem Acrylsäurenitril mit Aluminiumchlorid.* (**A. P. 3 007 853** vom 10/12. 1958, ausg. 7/11. 1961. It. Prior. 24/12. 1957. — C. **1962,** 4342 [F. P. 1 214 461].)

Deutsche Gold- und Silber-Scheideanstalt vormals Roessler, übert. von: **Heinrich Brendlein,** Hanau, **Hans Huemer,** Königstein, **Theodor Lüssling,** Hanau, und **Hermann Schulz,** Frankfurt/M., *ω-Halogenfettsäurenitrile.* (**A. P. 2 981 749** vom 2/9. 1958, ausg. 25/4. 1961. D. Prior. 10/9. 1957. — C. **1959,** 13314 [D. A. S. 1 046 013].)

Kemball, Bishop & Co. Ltd., London, England, *Herstellung von 1.4-Zuckersäurelacton.* (**Ind. P. 66 448** vom 17/1. 1959, ausg. 9/6. 1961. E. Prior. 28/1. 1958. — C. **1962,** 8417 [F. P. 1 221 065].)

Farbenfabriken Bayer Akt.-Ges., Leverkusen, übert. von: **Hans Holtschmidt,** Köln, und **Hugo Wilms,** Leverkusen, *Amine.* (**A. P. 3 013 049** vom 30/1. 1959, ausg. 12/12. 1961. D. Prior. 1/2. 1958. — C. **1962,** 11733 [D. A. S. 1 122 075].)

J. R. Geigy Akt.-Ges., Basel, Schweiz, *Herstellung von α-Amino-ε-caprolactam.* (**Ind. P. 66 573** vom 29/1. 1959, ausg. 31/7. 1961. — C. **1961,** 14830 [A. P. 2 938 029].)

Imperial Chemical Industries Ltd., London, England, *Herstellung von Organosilanen.* (**Ind. P. 65 811** vom 13/11. 1958, ausg. 18/1. 1961. E. Prior. 4/12. 1957. — C. **1961,** 13718 [F. P. 1 220 843].)

Farbwerke Hoechst Akt.-Ges., vormals Meister Lucius & Brüning, übert. von: **Ernst Hieronymus,** Frankfurt/M., *Herstellung von aromatischen Kohlenwasserstoffen.* (**A. P. 3 002 036** vom 10/5. 1957, ausg. 26/9. 1961. D. Prior. 16/5. 1956. — C. **1960,** 2007 [Oe. P. 198 742].)

Farbwerke Hoechst Akt.-Ges., vormals Meister Lucius & Brüning, übert. von: **Ernst Hieronymus,** Frankfurt/M., *Herstellung von p-Xylol.* (**A. P. 3 002 035** vom 10/5. 1957, ausg. 26/9. 1961. D. Prior. 16/5. 1956. — C. **1960,** 2006 [Oe. P. 198 743].)

Koppers Co., Inc., Pittsburgh, Pa., V.St.A., *Herstellung von Glycidyläthern mehrwertiger Phenole.* (**Ind. P. 66 389** vom 12/1. 1959, ausg. 4/2. 1961. — C. **1962,** 11003 [D. A. S. 1 112 528].)

Soc. des Usines Chimiques Rhône-Poulenc, übert. von: **Jean Le Bras** und **Christian Pinazzi,** Paris, Frankreich, *Hydroxymethylderivate des Resorcins.* (**A. P. 2 982 788** vom 11/9. 1958, ausg. 2/5. 1961. F. Prior. 20/9. 1957. — C. **1961,** 9978 [F. P. 1 189 191].)

Henkel & Cie. G.m.b.H., Düsseldorf, übert. von: **Bruno Blaser, Bernhard Raecke** und **Hubert Schirp,** Düsseldorf, *Herstellung aromatischer Polycarbonsäuren.* (**A. P. 3 014 067** vom 15/10. 1957, ausg. 19/12. 1961. D. Prior. 15/10. 1956. — C. **1959,** 5631 [D. A. S. 1 026 300].)

VEB Chemische Werke Buna, Schkopau, übert. von: **Johannes Nelles,** Schkopau, und **Horst Schiller,** Halle, *Herstellung von Terephthalsäure und Isophthalsäure.* (**A. P. 3 014 961** vom 6/5. 1959, ausg. 26/12. 1961. D. Prior. 9/7. 1958. — C. **1960,** 10762 [D. A. S. 1 072 614].)

American Cyanamid Co., New York, N.Y., übert. von: **Allen G. Potter jun.,** Somerville, und **Robert G. Weyker,** North Plainfield, N.J., V.St.A., *Herstellung von Diphenylamin.* (**A. P. 2 968 676** vom 6/10. 1958, ausg. 17/1. 1961. — C. **1962,** 4346 [D. A. S. 1 101 433].)

Lubrizol Corp., Wickliffe, übert. von: **William E. Bacon,** Painesville, Ohio, V.St.A., *Dithiophosphorsäuretriester.* (**A. P. 2 976 308** vom 13/10. 1954, ausg. 21/3. 1961. — C. **1959,** 3976 [F. P. 1 134 171].)

Badische Anilin- & Soda-Fabrik Akt.-Ges., übert. von: **Otto von Schickh** und **Horst Metzger,** Ludwigshafen/Rh., *Kontinuierliche Herstellung von alicyclischen Ketoximhydrochloriden.* (**A. P. 2 985 572** vom 9/2. 1959, ausg. 23/5. 1961. D. Prior. 14/2. 1958. — C. **1961,** 1016 [D. A. S. 1 070 172].)

Badische Anilin & Soda-Fabrik Akt.-Ges., Ludwigshafen/Rh., übert. von: **Walter Stilz,** Heidelberg, und **Horst Pommer,** Ludwigshafen/Rh., *Herstellung symmetrisch substituierter konjugierter Hexatriene und deren Derivate.* (**A. P. 3 009 921** vom 30/9. 1959, ausg. 21/11. 1961. D. Prior. 2/10. 1958. — C. **1961,** 8835 [D. A. S. 1 092 472].)

Union Carbide Corp., übert. von: **André Laurent Halleure,** Brüssel, Belgien, *Herstellung von kondensierten aromatischen Kohlenwasserstoffen.* (**A. P. 3 000 984** vom 12/12. 1957, ausg. 19/9. 1961. — C. **1961,** 18508 [E. P. 852 981].)

N. V. de Bataafsche Petroleum Mij., Den Haag, Niederlande, *Gewinnung von 1.2.3.4.7.7-Hexachlorbicyclo-[2.2.1]-heptadien-(2.5).* (**Ind. P. 65 267** vom 16/9. 1958, ausg. 3/5. 1961. — C. **1962,** 10644 [D. A. S. 1 082 592].)

Ciba Ltd., Basel, übert. von: **Daniel Porret,** Monthey, **Willi Fisch,** Binningen, und **Otto Ernst,** Pfeffingen, Schweiz, *Epoxidgruppenhaltige Diels-Alder-Addukte.* (**A. P. 2 992 193** vom 7/7. 1959, ausg. 11/7. 1961. Schwz. Prior. 8/7. 1958. — C. **1962,** 13951 [D. A. S. 1 094 253].)

Ciba Pharmaceutical Products, Inc., Summit, N.J., V.St.A., übert. von: **Karl Hoffmann,** Binningen, und **Jindrich Kebrle,** Basel, Schweiz, *2-Aminoindolderivate.* (**A. P. 3 000 899** vom 14/7. 1958, ausg. 19/9. 1961. Schwz. Prior. 18/7. 1955. — C. **1960,** 4027 [F. P. 1 167 947].)

Farbenfabriken Bayer Akt.-Ges., übert. von: **Eberhard Degener** und **Siegfried Petersen,** Leverkusen, *1.2-Dicyan-3.6-dithiacyclohexen-(1).* (**A. P. 2 991 292** vom 18/3. 1958, ausg. 4/7. 1961. D. Prior. 18/3. 1957. — C. **1962,** 2910 [F. P. 1.205 227].)

Vitamins Ltd., übert. von: **Joseph Green,** London, **Stanley Albert Price,** Crawley, und **Elisha Eliazer Edwin,** Surbiton, England, *Gewinnung von Ergosterin aus Hefe.* (**A. P. 3 006 932** vom 8/5. 1956, ausg. 31/10. 1961. E. Prior. 12/5. 1955. — C. **1960,** 999 [E. P. 801 390].)

British Drug Houses Ltd., London, England, *Herstellung von 3β-Hydroxy-6-methyl-25D-Δ^6-spirosten.* (**Ind. P. 64 972** vom 18/8. 1958, ausg. 7/6. 1961. E. Prior. 28/8. 1957. — C. **1962,** 9522 [Aust. P. 227 203].)

H_{10}. Färberei. Organische Farbstoffe

Beitrag zum Zusammenhang zwischen Lichtabsorption, Abklingzeit und absoluter Fluorescenzquantenausbeute bei organischen Farbstoffen. Horst Rammensee und Valentin Zanker. (Z. angew. Physik **12,** Nr. 5, 237—40, Mai 1960; München, TH, Phys.-Chem. Inst.; dt.) — Von einer großen Anzahl *organ. Farbstoff-Moll.* werden die abs. *Luminescenzquantenausbeute,* die mittlere Lebensdauer u. die integrale *Absorption* bei 20 u. 180° im Spektralbereich von 400—700 nm gemessen, u. daraus wird die Ladenburg-Konst. bestimmt. Auf Grund auftretender Abweichungen vom mittleren K-Wert werden die Fehler aller Meßgrößen ausführlich diskutiert. Die starken positiven Abweichungen von K werden auf Assoziation zurückgeführt, für die das Ladenburg-Gesetz in seiner Gültigkeit beschränkt ist. Heinz Fischer. 7002

Über Farbstoffe aus Thiodiphenylamin und deren farbentheoretische Bedeutung. R. Wizinger und H. Rembold. (Chimia [Schweiz] **13,** 156—58, 15/5. 1959; Basel, Univ., Inst. für Farbenchem.; dt.) — Die starke bathochrome Wrkg. der O- bzw. S-Brücke bei den aus Phenoxazin (**I**) bzw. Phenthiazin (**II**) u. aromat. Ketonen gebildeten *Phenthiazinyl-(3)-diarylmethyliumperchloraten* (**A**) u. den entsprechenden **I**-Derivv. gegenüber den aus Diphenylamin erhaltenen analogen Farbstoffen wird untersucht u. festgestellt, daß der bathochrome Effekt mit steigender Basizität der Arylreste fällt. Besonders starke Effekte werden bei Farbstoffen vom Typ **A** durch Eintritt eines weiteren **II**-Restes erreicht [λ_{max} u. log ε in ()]: *4.4'-Bis-phenylaminotriphenylmethyliumperchlorat* (633; 4,76) u. dessen *N.N'-Dimethyl-Deriv.* (626; 4,88), *Phenyldiphenthiazinyl-(3)-methyliumperchlorat* (865; 4,60) u. dessen *N.N'-Dimethyl-Deriv.* (815; 4,55) zeigen bes. die gegenüber den ringoffenen Verbb. starke Verbreiterung der Maxima bei den **II**-Derivv. (log ε bei 960 mμ: 4,18 bzw. 3,68). Der Einfl. der Basizität ist bes. deutlich bei den aus 3-Formyl-10-methylphenthiazin dargestellten unsymm. *Cyaninfarbstoffen* gegenüber den mit 4-Dimethylaminobenzaldehyd erhaltenen Verbb., wo die bathochrome Wrkg. des S-Ringschlusses durch die geringe Basizität der **II**-Reste überkompensiert wird: 2-substituierte Chromyliumperchlorate: *2-[4-Dimethylaminophenyl]-* (538); *2-[4-Dimethylaminostyryl]-* (635); *2-[10-Methylphenthiazinyl-(3)]-* (620); *2-{2-[10-Methylphenthiazinyl-(3)]-vinyl}-* (680). 2-Substituierte 4.6-Diphenylpyryliumperchlorate: *2-[4-Dimethylaminophenyl]-* (563); *2-[4-Dimethylaminostyryl]-* (645); *2-[10-Methylphenthiazinyl-(3)]-* (594); *2-{2-[10-Methylphenthiazinyl-(3)]-vinyl}-* (635). *2-[4-Dimethylaminobenzyliden]-2.3-dihydrobenzothiophenon-(3)* (492); *2-{[10-Methylphenthiazinyl-(3)]-methylen}-2.3-dihydrobenzothiophenon-(3)* (472). F. Heller. 7002◇

Egalisierprobleme in der Wollfärberei. J. G. Graham. (SVF Fachorg. Textilveredl. **16,** 464—70, Juli 1961; Manchester, England, Imp. Chem. Ind. Ltd., Dyestuffs Div.; dt.) — Vgl. C. **1963,** 2242. — Die Wirksamkeit des kationenakt. *Egalisierhilfsmittels Dispersol CWL* beim *Färben* mit Säurewalkfarbstoffen, Chromfarbstoffen u. gewissen sauren Egalisierfarbstoffen wird erläutert u. an Hand von Abb. über Färbe-Verss. u. Tabellen über Ausziehgrad u. Egalisieren erörtert. Sein Einsatz in der Färbepraxis wird unter Angabe anwendungstechn. Hinweise beschrieben. H. Sontag. 7006□

Das Färben von Geweben aus Polyesterfasern und deren Mischgespinsten mit Baumwolle beziehungsweise Wolle nach dem Thermosol-Verfahren. H. Kuth. (SVF Fachorg. Textilveredl. **16,** 562—72, Sept. 1961; dt.) — Kurz eingegangen wird auf die Grundlagen des *Thermosol-Verf.*, d. h. das Klotzen u. das Fixieren, bes. auf die dazu benötigten Klotzhilfsmittel u. Farbstoffkombinationen. An Hand von Kurven u. Abb. werden die Abhängigkeit der fixierten Farbstoffmenge von Temp. u. Zeit u. die Wrkg. der Hilfsmittel veranschaulicht. Prakt. Beispiele für das Färben von *Polyesterfasern, Polyester/Cellulosefasermischungen, Polyacryl-* u. *Polyamidfasern* werden angeführt. L. Jentgen. 7020□

Die Infrarot-Fixierung, eine weitere Fixiermöglichkeit für Cibacron-Farbstoffe. 1. Mitt. P. Ulrich und W. Back. (SVF Fachorg. Textilveredl. **16,** 298—313, Mai 1961; dt.) — Verss. über die Einsatzmöglichkeiten von *IR-Strahlen* zur *Fixierung* von Färbungen mit *Cibacron-Farbstoffen* werden beschrieben. Die Ergebnisse werden an Hand zahlreicher Abb. u. Diagramme eingehend diskutiert, u. die IR-Fixier-Meth. wird mit der Pad-Dry-Meth. u. der Thermofixier-Meth. verglichen, wobei einige eindeutige Vorteile der ersteren festgestellt werden. L. Jentgen. 7020□

Die Infrarot-Fixierung, eine weitere Möglichkeit zur Fixierung von Cibacron-Farbstoffen. 2. Mitt. P. Ulrich und H. P. Schaub. (SVF Fachorg. Textilveredl. **16,** 314—19, Mai 1961; dt.) — Verss. über die Anwendung eines einstufigen *IR-Trocknungs/Fixier-Verf.* für *Cibacron-Drucke* werden durchgeführt. Der übliche Druckansatz mit Na-Alginat als Verdickungsmittel wird verwendet u. auf einer Rouleaux-Druckmaschine auf Baumwolle u. Zellwolle gedruckt. Als Vorteile zeigen sich einstufige Arbeitsweise, kurze Trocken- u. Fixierzeit, geringer Harnstoffbedarf, kein „Fließen", ruhiges Warenbild, Unabhängigkeit von Dampfschwankungen u. vorzügliche Reproduzierbarkeit. L. Jentgen. 7020□

Das Einbad-Klotz-Aufdock-Verfahren für Remazol-Farbstoffe. H.-U. von der Eltz und K. Wagner. (SVF Fachorg. Textilveredl. **16**, 320—40, Mai 1961; dt.) — Die Zusammenhänge u. verschiedenen Einfl.-Faktoren werden näher beleuchtet. An verschiedenen *Remazol-Farbstoffen* wird die Abhängigkeit der Fixierung vom Flottenverhältnis gezeigt, woraus hervorgeht, daß es sich bei dem *Einbad-Klotz-Aufdock-Verf.* im Grunde um ein Färben in extrem kurzen Flottenverhältnis handelt. Der Einfl. der Alkaliart u. -menge auf die Klotzflottenhaltbarkeit, die Abhängigkeit der Farbtiefe von der Alkali-Konz. bei gleicher Verweilzeit u. -Temp., der Einfl. verschiedener Alkalien auf die Farbtiefe, sowie die Abhängigkeit der Fixier-Geschw. vom Alkali, von der Temp., von der Verweilzeit, von Farbstoff- u. Elektrolyt-Konz., der Cellulosefaser u. der sog. Halbwertszeit der Klotzflotte werden erörtert. Abschließend werden prakt. Erfahrungen u. die Vorteile des Verf. angeführt. L. Jentgen. 7020

Über die Ursache von Endenungleichheit beim Färben nach dem Kalt-Aufdockverfahren. M. Capponi. (SVF Fachorg. Textilveredl. **16**, 341—51, Mai 1961; dt.) — Als Faktoren, die die *Endengleichheit* von Färbungen mit *Drimaren Z-Farbstoffen* nach dem *Kalt-Aufdock-Verf.* beeinflussen, werden durch die beschriebenen Verss. folgende festgestellt: Substantitivitätseffekte der Farbstoffe u. Verarmung der Klotzflotte an OH-Ionen während des Foulardierens. Nach der durchgeführten Meth. können beide Einfl. getrennt untersucht u. quant. Aussagen gemacht werden. Mit einigen Ausnahmen, auf die bes. hingewiesen wird, treten unter normalen Foulardierbedingungen mit den genannten Farbstoffen keine Substantivitätseffekte auf. Die Verarmung an OH-Ionen kann durch Verw. eines Gemisches Natronlauge/Na-Metasilicat sehr stark zurückgedrängt werden. L. Jentgen. 7020

Werdegang und Entwicklungslinien des Standfast-Kontinue-Färbeverfahrens. Eine kritische Betrachtung. W. Ernst. (Melliand Textilber. **43**, 968—72, Sept. 1962; Winterthur, Schweiz; dt.) — Der Ablauf des *Standfast-Verf.* u. die Abwandlung dieses Syst. werden beschrieben. Zahlreiche Anregungen zur Verbesserung der Verff. werden gegeben. I. Beßer. 7020◇

Die Katalyse, ein neues Prinzip in der Applikation der Cibacron-Farbstoffe. P. Ulrich. (Textil-Rdsch. [St. Gallen] **17**, 411—18, Aug. 1962; Basel, CIBA AG.; dt.) — Mit tert. Aminen können *Monochlortriazinfarbstoffe* quaternisiert werden. Solche quaternisierten Farbstoffe sind in Substanz herstellbar. Sie zeigen im Vgl. zu den Ausgangs-Prodd. eine höhere Reaktivität. Durch Einsatz „unterstöchiometr." Mengen kann eine ähnliche hohe Reaktivität vermittelt werden. Der Rk.-Ablauf wird skizziert. Es wird versucht, den *Katalysenmechanismus* zu deuten. Die Wrkg. einiger *Katalysatoren* auf die Fixierung des Farbstoffs wird betrachtet. Auf dem Gebiet der Applikation von Monochlortriazinfarbstoffen im Kaltverweil-Verf. werden neue Wege aufgezeigt. I. Beßer. 7020◇

Druck auf Wolle mit Cibacron-Farbstoffen. W. Badertscher. (SVF Fachorg. Textilveredl. **16**, 351—52, Mai 1961; dt.) — Die zu dem früher veröffentlichten Artikel (C. **1962**, 2550) gehörenden graph. Darst. werden mit einem kurzen Begleittext wiedergegeben. Es handelt sich um die Abhängigkeit der Reißfestigkeit der Wolle von der Harnstoffmenge u. den optimalen Bicarbonat-Geh. der Druckpasten. L. Jentgen. 7022□

Importfarbstoffe für die Textilindustrie. Kurt Lippold und Wolfgang Schön. (Dtsch. Textiltechn. **12**, 472—80, Sept. 1962; Wolfen, VEB Farbenfabrik; dt.) — Ein Überblick über *Importfarbstoffe* aus den sozialist. Ländern wird gegeben. Es werden die einzelnen Farbstoffgruppen, Farbstoffe für Cellulosefasern, für animal. Fasern, für Halbwolle kurz charakterisiert u. die Farbstoffe in bezug auf färber. Eigg., Echtheiten u. Anwendungsgebiete erläutert. I. Beßer. 7048◇

Besitzt das Sudanschwarz B die Eigenschaft der Metachromasie? Herbert J. Schott. (Naturwissenschaften **49**, 449—50, 1. Okt.-H 1962; Mainz, Univ., Pathol. Inst.; dt.) — Auf Grund von Verss. wird festgestellt, daß *Sudanschwarz B* wahrscheinlich aus mehreren Komponenten besteht, d. h. keinen einheitlichen Farbstoff darstellt u. damit nicht von einer Metachromasie, sondern von *Allochromasie* bzw. bei den verschiedenen Lsgm.-Effekten von Dietel u. Neimanis (Naturwissenschaften **44**, [1957], 560), von einer *Solvatochromie* gesprochen werden kann. H.-H. Michel. 7052◇

Neue Azofarbstoffe aus Ditolyl-Derivaten. E. Angeletti. (Boll. sci. Fac. Chim. ind. Bologna **18**, 27—28, 1960; Torino, Univ., Ist. chim.; ital.) — Durch Kupplung der aus 6-substituierten 6'-Amino-2.2'-ditolyl erhaltenen Diazonium-Verbb. mit β-Naphthol werden einige *Azofarbstoffe* dargestellt u. ihr Verh. als Wollfarbstoffe untersucht. Versuche: 6-substituierte 6'-[2-Hydroxynaphthyl-(1)-azo]-2.2'-ditolyle: *6-Nitro-*, $C_{24}H_{19}N_3O_3$, F. 200—202°, aus Cyclohexanon orangegelbe Schuppen; 65% (Ausbeute); auf Wolle dunkelaprikosenfarbig. — *6-Chlor-*, $C_{24}H_{19}ClN_2O$, F. 188 bis 190°, aus A. dunkelrote Schuppen; 72%; auf Wolle hellaprikosenfarbig. — *6-Brom-*, $C_{24}H_{19}BrN_2O$, F. 100° (Zers.), aus Aceton/W. dunkelrote Schuppen; 50%; auf Wolle orangefarben. — *6-Jod-*, $C_{24}H_{19}JN_2O$, F. 100° (Zers.), aus Aceton/W. dunkelrote Schuppen; 48%; auf Wolle rosabeigefarben. — *6-[2-Hydroxynaphthyl-(1)-azo]-*, $C_{34}H_{26}N_4O_2$, F. 263—265°, aus Aceton scharlachrote Schuppen; 70%; auf Wolle beigefarben. F. Heller. 7052◇

Untersuchungen über Rapidogenfarbstoffe. 2. Mitt. Diazoaminoverbindungen, dargestellt mit N-Methylanthranilsäure, Guanylharnstoff und Amino-G-säure als Stabilisatoren. Ryu Asaoka und Tatsuo Sekiguchi. (Rep. Government chem. ind. Res. Inst., Tokyo **56**, 64—68, Febr. 1961; jap., Auszug: engl. S. 7). — 1. vgl. C. **1961**, 6687. — 12 Reihen von *Diazoamino-Verbb.* (**A**) werden aus 4-Nitro-o-toluidin (Echtscharlach-G-Base), 2.5-Dichloranilin (Echtscharlach-GG-Base; **I**), 4-Chlor-o-anisidin (Echtrot-R-Base; **II**) u. 5-Chlor-o-toluidin (Echtrot-TR-Base) als Diazokomponente dargestellt unter Verw. von N-Methylanthranilsäure, Guanylharnstoff (**III**) u. Amino-G-Säure (**IV**) als Stabilisatoren. Löslichkeit in W. u. therm. Beständigkeit von **A** werden untersucht. Die Verbb. aus **II** mit **III** lassen sich in guter Ausbeute gewinnen; dagegen bewirken **I** u. **IV** hohe Stabilität bzw. Löslichkeit von **A**. H.-J. Weigmann. 7052□

United Merchants & Manufactures, Inc., New York, N.Y., übert. von: **Julien Paul**, Fall River, Mass., V.St.A., *Konzentrate zur Erzeugung von Emulsionen.* (**A. P. 2 995 414** vom 16/5. 1958, ausg. 8/8. 1961. — C. **1963**, 1439 [E. P. 850 109].)

J. R. Geigy Soc. An., Basel, Schweiz, übert. von: **Leslie L. Balassa**, Madison, N.J., V.St.A., *Färbe- und Druckpräparate für Textilien.* (**A. P. 3 002 939** vom 6/3. 1957. ausg. 3/10. 1961. — C. **1962**, 1804 [E. P. 830 872].)

Farbenfabriken Bayer Akt.-Ges., Leverkusen, *Reduktion von organischen Verbindungen.* (**Ind. P. 66 048** vom 8/12. 1958, ausg. 7/1. 1961. E. Prior. 9/10. 1958. — C. **1962**, 15043 [F. P. 1 212 907].)

Farbenfabriken Bayer Akt.-Ges., Leverkusen, übert. von: **Walter Hees**, Köln, *Färbeverfahren.* (**A. P. 2 989 361** vom 5/8. 1958, ausg. 20/6. 1961. D. Prior. 14/8. 1957. — C. **1962**, 9161 [E. P. 844 822].)

Ciba Ltd., übert. von: **Jacques Wegmann und Peter Stahel**, Basel, Schweiz, *Färben von Hydroxylgruppen enthaltendem Material.* (**A. P. 3 007 762** vom 5/8. 1957, ausg. 7/11. 1961. Schwz. Prior. 14/8. 1956. — C. **1960**, 3046 [D. A. S. 1 058 467].)

J. R. Geigy Akt.-Ges., Basel, Schweiz, *Färben und Bedrucken von Acrylnitrilpolymerisaten- und -mischpolymerisaten.* (**Ind. P. 65 657** vom 30/10. 1958, ausg. 2/6. 1961. — C. **1960**, 13531 [D. A. S. 1 069 563].)

Farbwerke Hoechst Akt.-Ges., vormals Meister Lucius & Brüning, Frankfurt/M., *Herstellung echter Färbungen auf Gebilden aus aromatischen Polyestern.* (**Ind. P. 66 000** vom 2/12. 1958, ausg. 12/6. 1961. — C. **1959**, 15511 [D. A. S. 1 054 960].)

Farbenfabriken Bayer Akt.-Ges., Leverkusen, übert. von: **Konrad Weis, Helmut Kleiner**, Köln, und **Otto Bayer**, Leverkusen, *Oxydationsfärbungen und -drucke.* (**A. P. 3 005 677** vom 29/10. 1959, ausg. 24/10. 1961. D. Prior. 15/3. 1956. — C. **1958**, 1432 [D. A. S. 1 011 849].)

Dieter Goerrig, Lohmar, übert. von: **Friedrich Schubert** und **Manfred Söll**, Leverkusen, *Verküpen von Küpenfarbstoffen.* (**A. P. 3 000 688** vom 21/1. 1958, ausg. 19/9. 1961. D. Prior. 2/2. 1957. — C. **1959**, 8722 [D. A. S. 1 041 462].)

Farbenfabriken Bayer Akt.-Ges., übert. von: **Karl Gustav Kleb**, Leverkusen, *Färben und Bedrucken von Hydroxylgruppen enthaltendem Textilmaterial.* (**A. P. 2 995 412** vom 8/7. 1958, ausg. 8/8. 1961. — C. **1963**, 3012 [Belg. P. 569 439].)

Farbenfabriken Bayer Akt.-Ges., Leverkusen, *Färben beziehungsweise Bedrucken von Hydroxylgruppen enthaltenden Materialien.* (**Ind. P. 65 390** vom 29/9. 1958, ausg. 3/5. 1961. E Prior. 14/7. 1958. — C. **1962**, 9911 [Oe. P. 205 451].)

Farbwerke Hoechst Akt.-Ges., vormals Meister Lucius & Brüning, Frankfurt/M., *Herstellung echter Färbungen und Drucke auf Gebilden aus aromatischen Polyestern.* (**Ind. P. 64 933** vom 12/8. 1958, ausg. 8/2. 1961. — C. **1960**, 4680 [D. A. S. 1 057 558].)

J. R. Geigy Akt.-Ges., übert. von: **Guido Schetty, Walter Biedermann** und **Fabio Beffa**, Basel, Schweiz, *Chromhaltige Farbstoffe.* (**A. P. 2 985 646** vom 10/3. 1958, ausg. 23/5. 1961. **E. P. 877 461** vom 13/3. 1958, ausg. 13/9. 1961. Beide Schwz. Prior. 14/3. 1957. — C. **1963**, 3015 [Schwz. P. 352 432].)

Sandoz Akt.-Ges., Basel, übert. von: **August Schweizer**, Muttenz, und **Walter Wehrli**, Riehen, Schweiz, *Metallhaltige Polyazofarbstoffe.* (**A. P. 3 005 814** vom 2/12. 1957, ausg. 24/10. 1961. Schwz. Prior. 5/12. 1956. — C. **1963**, 2635 [Schwz. P. 351 356].)

Farbenfabriken Bayer Akt.-Ges., Leverkusen, *Herstellung kupferhaltiger Disazofarbstoffe.* (**Ind. P. 65 478** vom 10/10. 1958, ausg. 2/5. 1961. E. Prior. 7/8. 1958. — C. **1962**, 12469 [D. A. S. 1 061 463].)

Farbenfabriken Bayer Akt.-Ges., Leverkusen, *Herstellung kupferhaltiger Disazofarbstoffe.* (**Ind. P. 65 479** vom 10/10. 1958, ausg. 27/7. 1961. E. Prior. 7/8. 1958. — C. **1961**, 17016 [D. A. S. 1 061 464].)

Ciba Ltd., Basel, übert. von: **Kurt Weber**, Bottmingen, Schweiz, *Anthrachinonküpenfarbstoffe.* (**A. P. 2 985 656** vom 21/2. 1958, ausg. 23/5. 1961. Schwz. Prior. 22/3. 1957. — C. **1963**, 3016 [F. P. 1 203 643].)

Ciba Ltd., Basel, Schweiz, *Neue Dioxazinfarbstoffe.* (**Ind. P. 64 730** vom 22/7. 1958, ausg. 30/1. 1961. — C. **1963,** 1449 [Aust. P. 229 419].)

Sandoz Akt.-Ges., übert. von: **Klaus Ehrhardt** und **Fritz Kehrer**, Basel, und **Wolfgang Schoenauer**, Riehen, Schweiz, *Pigmentierung von geformten Gebilden mit Anthrachinonfarbstoffen.* (**A. P. 3 003 989** vom 28/7. 1958, ausg. 10/10. 1961. Schwz. Prior. 16/8. 1957. — C. **1963,** 3770 [D. A. S. 1 124 628].)

Farbenfabriken Bayer Akt.-Ges., Leverkusen, *Wasserlösliche Farbstoffe der Porphinreihe.* (**Ind. P. 66 400** vom 13/1. 1959, ausg. 10/8. 1961. E. Prior. 1/12. 1958. — C. **1962,** 8798 [Oe. P. 209 459].)

Ciba Ltd., Basel, übert. von: **Peter Jaeger**, Binningen, **Wernhard Huber**, Basel, und **Heinrich Zollinger**, Binningen, Schweiz, *Epichlorhydrin enthaltende Phthalocyaninfarbstoffe.* (**A. P. 3 009 920** vom 25/9. 1958, ausg. 21/11. 1961. Schwz. Prior. 25/9. 1957. — C. **1963,** 1447 [Oe. P. 207 977].)

Farbenfabriken Bayer Akt.-Ges., Leverkusen, übert. von: **Berthold Bienert** †, Leverkusen, **Kurt Breig** und **Manfred Groll**, Köln, *Wasserunlösliche Azophthalocyaninfarbstoffe.* (**A. P. 3 013 006** vom 4/9. 1959, ausg. 12/12. 1961. D. Prior. 11/10. 1955. — C. **1960,** 17288 [D. A. S. 1 071 863].)

H_{IIa}. Farben. Anstriche. Lacke. Naturharze

Funktion der Füllstoff-Pigmente in Vinylemulsionsaußenanstrichen. F. P. Liberti. (Paint Technol. **24,** Nr. 274, 28—34, Sept. 1960; Plainfield, N.J., Nat. Starch and Chem. Corp., Res. Labor.; engl. — C. **1962,** 3272.) M. Hagedorn. 7092◇

Metallkomplexazopigmente aus 2.4-Dihydroxyisochinolin. Yoshié Bansho, Shigeru Suzuki und Iho Saito. (J. chem. Soc. Japan, ind. Chem. Sect. [Kōgyō Kagaku Zassi] **63, 1390—94,** Aug. 1960; Tôkyô-Sibuya, Tôkyô-Kôgyô-Sikenzyo; jap., Auszug: engl. S. A 77.) — Die besten Bedingungen zur Darst. von *2.4-Dihydroxychinolin* (**I**) aus Na-N-Acetylanthranilat (**II**) u. $NaNH_2$ werden experimentell festgestellt. Aus einigen Aminen werden durch Diazotieren u. Kuppeln mit **I** *Azopigmente* hergestellt, die weiter in die *Co-*, *Ni-* u. *Cu-Komplexe* übergeführt werden. Die Metallkomplexe sind viel beständiger gegen Licht, Wärme u. Lsgm. als die entsprechenden metallfreien Azopigmente. Die Ni-Komplexe erweisen sich als bes. brauchbare *Pigmente.*

Versuche: *2.4-Dihydroxychinolin* (**I**), $C_9H_7NO_2$, F. 353° (korr.), aus 120 g $NaNH_2$ durch Zugabe zu einem Gemisch aus 200 g NaOH u. 200 g KOH, das bei 200° getrocknet wurde, bei 100°, Erwärmen auf 150°, portionsweises Versetzen mit 100 g pulverisiertem **II**, 3std. Rühren bei 180—190°, Lösen in 1200 cm^3 heißem W., Filtrieren, Absaugen des Nd. (91,5 g), Umkristallisieren aus W. über das *Mono-Na-Salz* (**III**; 82,0 g; Reinheit 99,1%; Ausbeute 90% bezogen auf **II**) u. Ansäuern in wss. Lsg.; UV- u. IR-Spektren sind angegeben. — *2.4-Dihydroxy-3-[p-toluolazo]-chinolin* (**IV**) u. **III**-Ni-Komplex (**V**), aus 10,7 g p-Toluidin durch Diazotieren mit 26,2 cm^3 35% ig. HCl u. 6,9 g $NaNO_2$, tropfenweises Versetzen mit einer eisgekühlten Lsg. von 20,5 g **III** u. 12,0 g Na_2CO_3 in 1000 cm^3 W. bei 0—3°, Abfiltrieren des ausgefallenen Nd. (**IV**), durch Suspendieren der Hälfte von **IV** in 1 Liter W., Versetzen mit einer Lsg. von 5,0 g $(CH_3COO)_2Ni$ in 50 cm^3 W. u. 16 cm^3 28% ig. NH_4OH, 1std. Kochen u. Abfiltrieren des Nd.; 30,2 g (Ausbeute); oder aus der Hälfte von **IV** durch Lösen in 200 cm^3 heißem $HCON(CH_3)_2$, Versetzen mit 16 cm^3 28% ig. NH_4OH u. Auffüllen auf 1,5 Liter; 28,1 g. — *Absorptionsmaxima der Azopigmente u. der Ni-Komplexe* (Ausgangsamin, λ_{max} des Azopigmentes, λ_{max} des Ni-Komplexes), *p-Nitroanilin*, 593,2 (mμ), 589,5, 580,7; o-Nitroanilin, 585,1, 585,8; *p-Chloranilin*, 586,2, 577,0; *p-Toluidin*, 586,4, 574,6; *Kresidin*, 599,1, 589,5; *3.3'-Dichlorbenzidin*, 594,5, 597,5; *4.4'-Diaminodiphenylmethan*, 597,6, 590,8; *4.4'-Diaminodiphenylharnstoff*, 596,9, 608,0. E. Maekawa. 7092□

Viscositätsverhalten von polymerisierten vegetabilischen Ölen. R. P. A. Sims. (J. Amer. Oil Chemists' Soc. **35,** 257—61, Juni 1958; Ottawa, Ontario, Canada, Dep. of Agric.; engl.) — Bei der Extraktion von therm. *polymerisiertem Leinöl* mit Aceton bei verschiedenen Temp. werden Fraktionen mit hohen Molgew. u. *intrinsic-Viscositäten* sowie krit. Mischbarkeiten, die denjenigen von Hochpolymeren gleichen, erhalten. Der Temp.-Koeff. der intrinsic-Viscosität von unerhitztem Öl läßt darauf schließen, daß es kein indifferenetes Lsgm. für polymerisierte Öle ist. Molgew.-Best. mit nicht bis zum statist. Gleichgewicht umgeesterten Proben zeigen eine lineare Beziehung zwischen dem log der Viscosität u. dem Zahlenmittel der Molgew. hoch ½, bei Molgew. bis zu 2500. Bei Molgew. $>$40000 besteht eine lineare Beziehung zwischen dem log der Viscosität u. dem Gew.-Mittel der Molgew. hoch ½. Durch Umesterung bis zum stabilem Gleichgewicht nimmt die Schmelzviscosität ab, während der Polymeren-Geh. zunimmt. E. Tiedemann. 7096□

Diepoxide für die Industrie der Oberflächenanstriche. K. L. Hoy. (Chem. in Canada **12,** Nr. 11, 27—31, Nov. 1960; South Charleston, W.Va., Union Carbide Chem. Co.; engl.) — Vgl. C. **1963, 1447.** — Die Cyclohexenoxidstruktur ist im Vgl. mit der Glycidstruktur gegenüber Carbonsäuren reaktiver; auch Substituenten im Cyclohexanring haben darauf Einfluß. Die Verw. von *Unox Epoxide 201* (3.4-Epoxy-6-methylcyclohexan-

carbonsäure-3.4-epoxy-6-methylcyclohexylmethylester; I) für *Epoxidlacke* wird besprochen. I entsteht aus dem Kondens.-Prod. von Butadien mit trans-Crotonaldehyd durch Epoxidieren mit Peressigsäure. I wird mit solchen Mengen von langkettigen Fettsäuren verestert, daß noch Epoxidgruppen übrig bleiben. Dabei wird immer etwas mehr als berechnet an Epoxidgruppen verbraucht. Auch setzt bereits eine erhebliche Kondens. ein. Diese wird in Xylol-Lsg. (50—55% polymeres Harz) durch Zugabe von BF_3 oder $SnCl_4$ bei 20—40° bzw. 80—110° zum fertigen Lackharz beendet. Das Molgew. wird weitgehend durch das Verhältnis Fettsäure/I bestimmt; Werte von 0,40—0,50 hierfür sind am günstigsten. Viscositätsverhältnisse bei der Polymerisation, der Einfl. der Art der Fettsäuren u. die Eigg. der luftgetrockneten oder eingebrannten *Lackfilme* werden besprochen, Vgl. mit handelsüblichen Epoxidharz- u. Alkydharzlacken angegeben.
M. Hagedorn. 7096□

Hitzebeständige Lackfarbenüberzüge auf Grundlage siliciumorganischer Polymerer. N. G. Konstantinowa, A. A. Shdanow, K. A. Andrianow, M. Ja.. Scharow, M. A. Kjutner und A. A. Sacharowa. (Chem. prakt. Anwend. siliciumorg. Verbind., Konferenzber. [Leningrad] **1958,** Nr. 4, 24—28; russ.) — Lacke auf Grundlage Si-organ. Verbb. sind bes. hitzebeständig. Die Beständigkeit wächst mit Zugabe von Pigmenten, wie Al_2O_3, Graphit, Cr_2O_3, TiO_2 usw. Bes. wirkungsvoll ist TiO_2 u. Al_2O_3. Im Lack *FG-9* sind 30—40% Al_2O_3 enthalten. Bei höherem Geh. sinkt die Elastizität. Die Beständigkeit des Lackes erhöht sich von 200—250° bei Zufügen von Al_2O_3 auf 450—550°.
Eberhard Fischer. 7106□

Eigenschaften und Anwendung von Zementfarben. K. I. Karassew und B. M. Jabko. (Baumaterialien [UdSSR] **6,** Nr. 11, 15—19, Nov. 1960; russ.) — Auf Grund von Verss. wird folgende Farb-Zus. vorgeschlagen: 75—90 (%) weißer Zement, bis 15 Staubkalk, 2—4 $CaCl_2$, 0,5—1 Ca-Stearat, 2—8 basenbeständige Pigmente, bis 2 Asbestabfälle u. evtl. Zusätze von lichtbeständigen organ. Pigmenten. Kalk verbessert die technolog. Eigg. der Farbe; $CaCl_2$ erhöht die Erhärtungs-Geschw., Ca-Stearat erhöht infolge seiner hydrophoben Eig. die Feuchtigkeitsbeständigkeit u. muß bei Verw. hydrophiler Pigmente in größeren Mengen zugesetzt werden. Als Pigmente wurden Ocker, Eisenmennige, Ultramarin u. Cr_2O_3 erprobt. Hydrophobe Pigmente können der Farbe in größerer Menge (bis 15%) als hydrophile Pigmente (bis 8%) zugesetzt werden. Als weiße Pigmente eignen sich Ti-Weiß u. Lithopone am besten. Asbestabfälle, Sand oder Kieselgur dienen als Füllmittel zum Ausgleich der Schrumpfung u. zur Verbilligung der Farbe. Zur Erhöhung der Adhäsion können Zusätze, wie Polyvinylacetat (5%), verwendet werden.
G. Winkhaus. 7106□

Wege zur Verbindung von Polymeren. C. A. Uraneck und R. J. Sonnenfeld. (Ind. Engng. Chem., int. Edit. **52,** 790—94, Sept. 1960; Bartlesville, Okla., Phillips Petroleum Co.; engl.) — Wenn *Mischpolymerisate* von *Butadien* mit *Vinylpyridin* u. *Acrylsäure* reagieren, weichen die Eigg. des entstandenen *Polymeren* von denen der einzelnen Mischpolymerisate stark ab. Die aus *Gemischen* von *Latices* oder Lsgg. der *Mischpolymerisate* gebildeten *Filme* zeigen, daß die Spannungs-Dehnungs-Eigg. beeinflußt werden vom Verhältnis der Monomeren in den Mischpolymerisaten, der Stöchiometrie der funktionellen Gruppen in den Gemischen, dem Verf. der Mischung der Latices oder Lsgg. u. der Behandlung der Filme. W. Wesly. 7106◇

Blockpolymere aus Polyorganosiloxanen für elektroisolierende, an der Luft trocknende Überzüge. M. B. Fromberg, K. A. Andrianow und K. I. Sabyrina. (Chem. prakt. Anwend. siliciumorg. Verbind., Konferenzber. [Leningrad] **1958,** Nr. 4, 28—36; Moskau Allunions-Lenin-Inst. für Elektrotechn.; russ.) — Die Rk. von *Polyorganosiloxanen* (I) mit Polyestern verläuft günstig, wenn I einige Alkoxygruppen (OCH_3 oder OC_2H_5) enthalten. Bei der Rk. wird Alkohol abgespalten. Triäthoxyphenylsilan (II) reagiert mit einem Teilester des Glycerins aus Leinöl unter Abspaltung von A. u. Bldg. eines Kieselsäureglycerinesters. Bes. Interesse besitzen Blockpolymere aus I u. Diisocyanaten (III). Bei zu geringer Anzahl freier Hydroxylgruppen am Si (2—4%) verläuft die Rk. zu langsam, es bilden sich keine lufttrocknenden Lackfilme. Hydrolysate aus Phenyltriacetoxysilan oder Dimethylacetoxysilan sind vorwiegend lineare Polymere, die mit III in wenigen Std. trocknende Lacke geben. Bis 120° tritt keine Erweichung ein. Für die Synth. von Blockpolymeren aus I können Epoxidharze verwendet werden. Noch besser reagiert bei 170—180° II mit Epoxidharzen unter Abspaltung von 8,1% Alkohol. Diamine, wie Polyäthylenpolyamin, Hexamethylendiamin, m-Phenylendiamin u. m-Toluylendiamin geben mit I an der Luft trocknende, nicht thermoplast. Lackfilme. Bei 200° besitzen sie hohe Thermoelastizität. Aus Polydimethylphenylsiloxanen wurden elektr. isolierende Emailüberzüge erhalten. Eberhard Fischer. 7106□

Schutzwirkung und ohmscher Widerstand von Überzügen. N. Mjagkow und L. Lepin. (Nachr. Akad. Wiss. LettSSR **1961**, Nr. 6, 77—84; Chem. Inst. der Akad. der Wiss. der LettSSR; russ.) — Die Unters. der Abhängigkeit des elektr. Widerstandes von Überzügen aus *Firnis* (I), *Äthinol* (II; Lsg. von Divinylacetylenpolymeren in Xylol) u. *Lack auf Basis Steinkohle* (III) von der Konz. des Pigmentes (ZnO, TiO_2, Pb_3O_4) u. von der Verweilzeit im Elektrolyten ergab, daß der höchsten Schutz-Wrkg. der höchste Widerstand entspricht. Bei den Überzügen von I u. II tritt das Maximum der Schutz-Wrkg. bei einer bestimmten Konz. des Pigmentes auf. Bei den III-Überzügen ist diese Beziehung nicht einwandfrei festzustellen. Bei den Überzügen aus I u. II ist der Zeitpunkt des Auftretens von Korrosions-Prodd. in der Lsg. u. von Zerstörungen des Überzugs abhängig von der Konz. des Pigmentes; bei III wird dies nicht beobachtet. Der Widerstand des Überzugs nimmt im Anfangsstadium rascher ab als später, dadurch erklärbar, daß im Anfangsstadium der Elektrolyt in den Überzug eintritt.

O. Lebtag. 7106△

Bestimmung der Benetzung von Pigmenten durch Messen der Durchdringungsgeschwindigkeit. Shigeo Hayano und Teruzo Arahara. (J. chem. Soc. Japan, ind. Chem. Sect. [Kōgyō Kagaku Zassi] **63**, 1279—82, Aug. 1960; Tôkyô-Azabu, Tôkyô-Daigaku, Seisan-Gizyutu-Kenkyûzyo; jap., Auszug: engl. S. A71.) — Die Geschw. der *Benetzung* von *Chromgelb* (I) u. *Ruß* (Carbon Black; II) in Capillaren durch Aceton, Heptan, CCl_4, Bzl. u. W. wird gemessen. Bei den Verss. mit I stellt das Verhältnis l^2/t (l Länge der benetzten Kolonne, t Zeitdauer) eine vom Lsgm. sowie von der Oberflächenfeuchtigkeit von I abhängige reproduzierbare Konst. dar, die von anderen Vers.-Bedingungen unabhängig ist. Bei den Verss. mit II konnten keine reproduzierbaren Daten erhalten werden.

E. Maekawa. 7152□

Buckman Laboratories, Inc., V.St.A. (Erfinder: Stanley Joseph Buckman und John Dominic Pera), **Herstellung von einem Ba-Metaboratpigment,** welches mit einem amorphen SiO_2-Hydrat umgeben ist, dessen Menge ca. 3—20% vom Pigment-Gew. beträgt. Ein Gemisch von Ba-Metaborat mit einem Na-Silicat wird in wss. Medium 2 Std. lang gerührt u. in einem Trockenofen bei 105° getrocknet, ggf. wird das Trocknen unter vermindertem Druck bei 50° ausgeführt, oder das Gemisch wird auf einen Büchner-Filter gebracht, mit W. gewaschen u. der Filterkuchen im Ofen bei 105° getrocknet. (**F. P. 1 250 393** vom 10/3. 1960, ausg. 31/3. 1961. A. Prior. 14/12. 1959.)

M. F. Müller. 7093

Charles Ritter, Frankreich, **Herstellung von entfärbten oder bläulich gefärbten Silicaten von Al-Hydraten** der Zus. 50 (%) $Al_2O_3 \cdot 2\,SiO_2 \cdot 2\,H_2O$, 35—47 $CaCO_3$, 3—15 $[Fe(CN)_6]_3Fe_4$ u. 1—2% TiO_2. — Ein Prod. von großer Reinheit wird z. B. erhalten durch Mischen von 90% $Al_2O_3 \cdot 2\,SiO_2 \cdot 2\,H_2O$ mit 4% TiO_2 u. 6 $[Fe(CN)_6]_3Fe_4$. (**F. P. 1 264 241** vom 23/7. 1960, ausg. 13/10. 1961.) M. F. Müller. 7093

N. V. Philips' Gloeilampenfabrieken, Niederlande, **Leuchtsubstanzen für Infrarotstrahler,** die Sulfide, Selenide oder Telluride von Zn oder Cd u. als Aktivatoren V zusammen mit Cu, Ag oder Au enthalten. — 100 g ZnS werden mit 20 ml einer Lsg. von NH_4-Metavanadat, welche pro Liter 0,525 g V, u. 20 ml einer $AgNO_3$-Lsg., welche im Liter 1,11 g enthält, versetzt. Das Gemisch wird bei 80—150° getrocknet u. danach in einem Quarzgefäß 2 Std. lang auf 1100° in einer trockenen H_2S-Atmosphäre erhitzt. — Diagramme. (**F. P. 1 265 568** vom 10/8. 1960, ausg. 27/10. 1961. Niederl. Prior. 11/8. 1959.)

M. F. Müller. 7093

Miehle-Goss-Dexter, Inc., Chicago, Ill., V.St.A., **Lacke, Lack- und Druckfarben** enthalten ein trocknendes Öl mit konjugierten Doppelbindungen, z. B. Holzöl, ein öllösl., organ. Peroxid, z. B. Dibenzoylperoxid, u. ein tert. Amin, z. B. N.N-Dimethylanilin, N-Methylmorpholin. Bei Einw. von UV-Licht wird eine schnelle Trocknung der Lackfilme erzielt. (**E. P. 861 429** vom 22/7. 1959, ausg. 22/2. 1961. A. Prior. 23/7. 1958.)

M. Böttcher. 7107

Alex Kamp & Co. K. G. (Erfinder: Ernst Kamp und Karl Jahn), Nürnberg, **Lacke zum Überziehen von Behältern** zur Aufnahme flüchtiger Stoffe, wie Parfümerien, Kosmetika usw., enthalten ein Polymerisations-Prod. von Estern, α,β-ungesätt. Carbonsäuren, z. B. Polymethacrylat, ein Alkydharz, u./oder ein Epoxyhaz, sowie einen Weichmacher; die Lacke enthalten außerdem ein Isocyanat oder ein Polyamid u. gaben Alkohol- u. chemikalienfeste Überzüge. (**Schwz. P. 355 552** vom 12/4. 1956, ausg. 31/8. 1961. D. Prior. 22/4., 13/5. u. 14/12. 1955.) M. Böttcher. 7107

Manufactures de Produits Chimiques du Nord (Établissements Kuhlmann), Frankreich (Erfinder: Adolfas Damusis), **Herstellung von verzweigten Urethanen auf Polyätherbasis mit endständigen Hydroxylgruppen,** welche ggf. ein tert. Amin-N-Atom enthalten, zur Verw. in *Polyurethanlacken* zusammen mit einem organ. Polyisocyanat. Die Urethane entsprechen der allg. Formel **I**, worin R = H oder CH_3, y = 0 oder 1, Q = verzweigter Polyätherpolyolrest, welcher 3 oder 4 Hydroxylgruppen enthält. Die zugrunde liegende Polyätherpolyol-Verb. entspricht der allg. Formel **II**, worin R' u. die daran gebundenen O-Atome einen niedermol. Alkanolrest darstellen, n = 1, 2 oder 3, x u. Z = 0 oder 1. Die Verbb. **II** entstehen durch Addition von Glycerin, Hexantriol oder Trimethylolpropan an 3—9 Moll. Propylenoxid (**V**) oder von Pentaerythrit an 4—12 Moll. **V**, ggf. bei weiterer Addition von Äthylenoxid. Als Verbb. mit einem tert. Aminstickstoffatom kommen verzweigte Polyätherpolyole in Betracht, die durch Addition von **V** an ein Polyol, das ein tert. N-Atom enthält, entstehen, z. B. **III** (Z = Alkylenrest mit 2—6 C-Atomen; n = 1, 2 oder 3; x = 0 oder 1). Solche Polyole entstehen z. B. aus N.N.N'.N'-Tetrakis-[2-hydroxypropyl]-äthylendiamin u. 4—12 Moll. **V** oder aus N.N.N'.N'-Tetrakis-[2-hydroxypropyl]-propylendiamin u. 4 bis 12 Moll. **V**, sowie aus N.N.N'.N'-Tetrakis-[2-hydroxypropyl]-tetramethylendiamin u. N.N.N'.N'-Tetrakis-[2-hydroxypropyl]-hexamethylendiamin u. 4—12 Moll. **V**, oder sind Prodd., welche noch 1 Mol Äthylenoxid nachträglich addiert haben. Genannt sind als Polyole auch Verbb. der Formel **IV**, z. B. die Additions-Prodd. von Triisopropylamin an 3—9 Moll. **V**, die ggf. noch 1 Mol Äthylenoxid nachaddiert haben. — Beispiele für die Lack-Herst.: 3288 (Gew.-Teile) eines Trimethylolpropanpolyoxypropylen-Deriv. (Pluracol TP-440) werden mit 696 Toluoldiisocyanat langsam verrührt. Die Temp. steigt auf 60° u. wird 1 Std. lang gehalten. Danach werden 223 2-Äthoxyäthylacetat u. 223 Xylol zugegeben. Die Temp. wird auf 80° gesteigert u. 3 Std. lang gehalten. Danach werden 273 des Acetats u. 273 Xylol nachgegeben. Mit dem viscosen Prod. wird der Urethanlack hergestellt, der einen Überzug liefert, welcher wasser- u. lösungsmittelwiderstandsfähig ist. — Tabellen. (**F. P. 1 251 727** vom 18/3. 1960, ausg. 24/4. 1961. A. Prior. 26/3. 1959.)

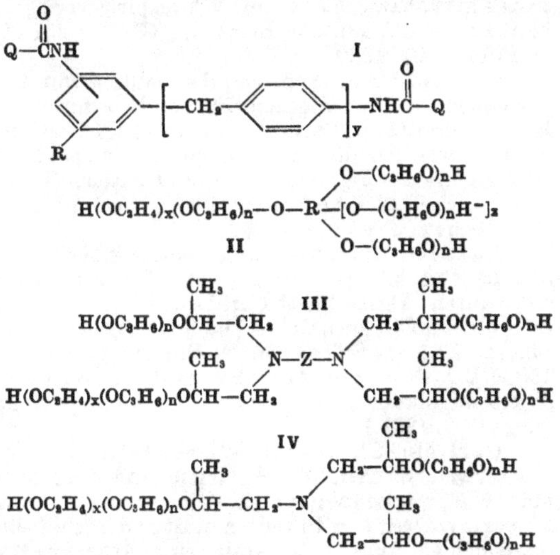

M. F. Müller. 7107

Farbenfabriken Bayer Akt.-Ges., Deutschland (Erfinder: Wolfram Neumann und Erich Zankl), **Herstellung von Lacken** mit thixotropen Eigg. mit einem Geh. von 0,1—30% der Rk.-Prodd. von Mono- u./oder Polycarbonsäuren mit symm. Mono- u./oder Polyisocyanaten, wovon wenigstens einer der Bestandteile eine C-Kette mit wenigstens 10 C-Atomen enthält. Als Ausgangsstoffe für die Mono- oder Polycarbonsäuren dienen z. B. Stearin-, Palmitin-, Öl-, Linolen-, Ricinusöl-, Methyladipin-, Sebacinsäure, ferner di- u. trimerisierte ungesätt. Fettsäuren. An Stelle der Polycarbonsäuren können auch Polyester oder Polyesteramide mit freien Carboxylgruppen verwendet werden, welche erhalten werden durch Rk. von Polyalkoholen mit überschüssigen Mengen von Polycarbonsäuren, ggf. in Ggw. von polyfunktionellen Aminen, Aminoalkoholen oder Aminocarbonsäuren. Als Polyalkohole kommen Äthylenglykol, Propylenglykole, Diäthylenglykol, Butendiol, 4.4'-Dihydroxydicyclohexyldimethylmethan, Diäthanolamin, Glycerin, Trimethylolpropan, Hexantriol, Ricinusöl, Pentaerythrit, Äthylenoxid, Propylenoxid in Betracht. Als COOH-Gruppen enthaltende Verbb. sind z. B. genannt: Oxalsäure, Bernsteinsäure, Adipinsäure, Phthalsäure, Isophthalsäure, Citronensäure, Diphenylsulfon-4.4'-dicarbonsäure, Benzol-1.3.5-tricarbonsäure, Maleinsäure, di- u. trimerisierte Leinölfettsäuren. Als Isocyanate sind z. B. genannt: Cyclohexyl-, 3.5-Dicarbomethoxyphenyl-, Dodecylisocyanat, Tetramethylendiisocyanat, Cyclohexen-1.4-diisocyanat, 4.4'-Diisocyanatodiphenyldimethylmethan, 1.5-Dimethyl-2.4-bis-[2-isocyanatoäthyl]-benzol, 4-[3-Isocyanatopropyl]-phenylisocyanat. — 280 (Teile) Leinölfettsäure werden in einer inerten Gasatmosphäre auf 120° erwärmt, innerhalb $1\frac{1}{2}$ Std. werden 87 Tolylen-2.6-diisocyanat eingetragen, u. die Temp. wird allmählich auf 250° gesteigert. Nach dem Abkühlen erhält man ein klares weiches Harz von brauner Farbe, welches in Xylol lösl. ist u. thixotrope Eigg. besitzt. 50 dieses Harzes werden mit 950 eines Alkydharzes gemischt, welches 56% Ölfettsäuresikkative u. 44% Phthalsäureharz enthält. Man rührt 1—2 Std. bei 250° lang u. erhält nach dem Abkühlen ein stark thixotropes Alkydharz, dessen mit Whitespirit verd. Lsgg. eine ausgesprochene Thixotropie besitzen. — 22 weitere Beispiele. (**F. P. 1 251 091** vom 14/3. 1960, ausg. 14/4. 1961. D. Prior. 14/3. 1960.) M. F. Müller. 7107

Ciba Soc. An., Schweiz, **Herstellung von stabilen wässerigen Pigmentdispersionen** aus einem feuchten Pigmentfilterkuchen durch Vermischen mit einem nicht ionogenen Dispergiermittel in Form von Polyglykoläther-Derivv., welche in saurem Medium lösl., in konz. wss. Alkali-Lsgg. dagegen unlösl. sind, u. Zusatz eines Alkalihydroxids. Nach Abtrennung des Pigments aus der erhaltenen Dispersion wird mit W. erneut angerührt, das restliche Alkali neutralisiert u. filtriert. (**F. P. 1 265 491** vom 27/6. 1960, ausg. 27/10. 1961. Schwz. Prior. 7/7. 1959.) M. F. Müller. 7107

Lazare Pauret, Frankreich, **Herstellung von unveränderlicher Leuchtschrift und Leuchtschildern.** Die ggf. mit Beschriftung versehene Trägerunterlage wird mit einer durch Wärme härtbaren Leuchtschicht versehen, welche als Leuchtpigment ZnS, CdS oder $MgCO_3$ enthält. — Die Schicht enthält z. B. 250 (g) ZnS, 75 Na-Silicat, 52,5 K-Silicat, 37,5 Ca-Silicat, 45 Al-Silicat, 135 $Na_2B_4O_7$, 67,5 K-Borat, 187,5 Ca-Borat, 150 H_3BO_3 u. W. zum Anrühren. Auf die Leuchtfläche wird eine Schutzschicht oder eine Fritte aufgebracht, die durchsichtig u. unangreifbar ist. (**F. P. 1 249 334** vom 10/11. 1959, ausg. 17/3. 1961.) M. F. Müller. 7107

Carlisle Chemical Works, Inc., V.St.A. (Erfinder: Brian De Hoff), **Wasserwiderstandsfähige Anstrich- und Überzugsmittel** aus einer wss. Emulsion einer homo- oder mischpolymeren Verb. von Vinylacetat, Acrylnitril, Acrylaten oder von Mischpolymeren von Butadien u. Styrol u. zusätzlich 0,25—4% (berechnet auf die Polymerenmenge) eines Diesters oder eines Ätheresters von Polyalkylenglykolen, welche 2 bis 15 Alkylengruppen mit 2—3 C-Atomen enthalten. Die Estergruppe wird von einer aliphat. Monocarbonsäure mit 2—12 C-Atomen oder von einer Äthersäure oder einer Dicarbonsäure gebildet, die Äthergruppe liefert aliphat. oder aromat. Alkohole, Ketoalkohole oder Polyalkyl-Verbb. dieser Alkohole. — 350 (g) Methoxypolyäthylenglykol werden nach Zugabe von 1 g $NaOCH_3$ als Katalysator mit 58 Acrylnitril im Laufe von 3 Std. bei 20—25° versetzt, worauf 1½ Std. lang nachgerührt wird: Wasserlösl. Methoxypolyäthylenglykolpropionitril. — 120 Methylcarbitol, 50 Bzl. u. 80 50%ig. NaOH werden so lange auf 150° erhitzt, bis 50 W. übergegangen sind. Danach werden 72 β-Propiolacton zugegeben unter Bldg. des Na-Methylcarbitolpropionats. Dieses bildet mit Methoxypolyäthylenglykol den entsprechenden Ester. — 2,5 Teile des Esters werden zu 56 Teilen Polyvinylacetat gegeben, das 55% Harzbestandteile enthält. Der Ester wirkt als oberflächenakt. u. Weichmachungsmittel. — Analog erhält man durch Erhitzen von 350 (g) Methoxypolyäthylenglykol (Molgew. 350) mit 80 50%ig. NaOH u. 50 Toluol nach Rk. mit dem Methylcarbitolester der Chloressigsäure das Methylcarbitolacetat des α-Methoxypolyäthylenglykols (350) als wasserlösl. Produkt. — Methylcarbitol u. Phosgen bilden das Chlorformiat des Methylcarbitols, welches mit Methoxypropylenglykol das wasserlösl. Carbonat von Methylcarbitolmethoxypolyäthylenglykol (**I**; 350) bildet. — Herst. einer Anstrichfarbe auf Basis von Polyvinylacetat: 6 (Gew.-Teile) **I**, 28,9 Na-Salz eines Polyacrylharzes „Alcogum NN-35", 26 Äthylenglykol, 18,7 Diäthylenglykolmonoäthyläther, 8 Dibutylphthalat, 214 TiO_2, 108 hydrat. Al-Silicat, 347 W., 63,4 Hydroxyäthylcellulose (7,5%ig.), 274 Polyvinylacetat. (**F. P. 1 266 028** vom 30/6. 1960, ausg. 6/11. 1961. A. Prior. 3/7. 1959.) M. F. Müller. 7107

Carlisle Chemical Works, Inc., V.St.A. (Erfinder: Brian De Hoff), **Wasserwiderstandsfähige Anstrich- und Überzugsmittel.** In weiterer Ausbildung des Verf. des F. P. 1 266 028 werden wss. Emulsionen einer homo- oder mischpolymeren Verb. mit Zusätzen von 0,25—4% eines Diesters einer aliphat. Dicarbonsäure versetzt. Dabei kommen Ester in Betracht, welche den Rest eines Polyalkylenglykols mit 2—15 Alkylengruppen enthalten, z. B. von Polyäthylenglykol, Polypropylenglykol oder ihrer Monoalkyläther; eine andere Estergruppe leitet sich her von einem niedermol. aliphat. Alkohol, einem Ketoalkohol oder Tetrahydrofurfurylalkohol. Die Dicarbonsäureester werden gebildet z. B. von Oxal-, Malon-, Bernstein-, Glutar-, Adipin-, Pimelin-, Sebacin-, Diglykol- oder Thiodiglykolsäure. — 175 (Teile) Methoxypolyäthylenglykol (Molgew. 350), 37 Adipinsäure, 50 Bzl. u. 1 Benzolsulfonsäure werden unter Rühren erhitzt, bis 14,5 W. abdest. sind; danach wird die Temp. auf 180° gesteigert, wobei 35 Bzl. abdest. werden. — 350 Polyäthylenglykol (Molgew. 300), 118 Maleinsäureanhydrid u. 180 Methylcarbitol werden in Ggw. von 70 Bzl. u. 3 Benzolsulfonsäure ½ Std. bei 140° unter Rückfluß destilliert. Mit dem Bzl. wird W. als azeotropes Gemisch abdestilliert. Später wird das restliche Bzl. u. das überschüssige Methylcarbitol abdestilliert. Das restliche Prod. (**I**) wird zu einer Farbe folgender Zus. verarbeitet: 2 oberflächenakt.

Alkylphenyläthers von Polyäthylenglykol, 175 TiO_2-Rutil, 100 Ton, 150 $CaCO_3$, 3 Polyglykol (Molgew. 1200), 10 **I**, 200 2%ig. Methylcellulose, 15 Diäthylenglykol, 290 Mischpolymerisat von Butadien u. Styrol u. 165 Wasser. (**F. P. 1 266 027** vom 30/6. 1960, ausg. 6/11. 1961. A. Prior. 3/7. 1959.) M. F. Müller. 7107

Soc. des Usines Chimiques Rhône-Poulenc, Paris, Frankreich, **Anstrichmittel zur Herstellung von hitzebeständigen Überzügen mit Hammerschlageffekt,** bestehend aus der Lsg. eines Methylphenylsiloxanharzes (I) in einem organ. Lsgm. mit weiterem Zusatz von Al-Pulver u. einem Dimethylpolysiloxankautschuk eines Molgew. von 100000—500000. **I** hat ein R : Si-Verhältnis von 1,3—1,6 u. ein Phenyl : Si-Verhältnis von 0,4—0,7; das Molgew. beträgt wenigstens 4000. In **I** können 0,5—2% Vinylgruppen an Si gebunden sein. (**E. P. 872 411** vom 23/7. 1959, ausg. 12/7. 1961. F. Prior. 5/8. 1958.) P. Krug. 7107

E. I. du Pont de Nemours & Co., Wilmington, Del., V.St.A., **Präparat zur Erzeugung pigmentierter Deckschichten** auf Basis von Methylmethacrylatpolymerisaten. Zwecks Erzielung einer gleichmäßig pigmentierten Schicht setzt man dem Präp. 0,1—10 Gew.-% (bezogen auf nichtflüchtige Bestandteile) Cellulosenitrat, -propionat, -butyrat, -acetatbutyrat u./oder -acetatpropionat zu. (**Niederl. P. 98 270** vom 28/10. 1957, ausg. 15/6. 1961.) F. Böhm. 7107

Forestal Land, Timber & Railways Co. Ltd., London, und Research Association of British Paint, Colour & Varnish Manufacturers, Teddington, England (Erfinder: Theodore White, Edward Knowles, Jeremy Ralph Barnes Hastings und Louis Arnold Jordan), **Gegen Rost schützende Überzugsmassen,** enthaltend als Pigment das Rk.-Prod. aus einer mehrwertigen Metall-Verb. z. B. Pb-Acetat, mit einem natürlichen Tanninextrakt. (**E. P. 860 277** vom 28/8. 1957 ausg. 1/2. 1961.) P. Krug. 7107

Benjamin Foster Co., Del., V.St.A., **Überzugsmittel** enthalten als Bindemittel eine Mischung von hartem Naturasphalt, weichem Erdölbitumen u. eine harzartige chlorhaltige, feuerfeste Verb., wie chloriertes Biphenyl oder Paraffin, gelöst in unbrennbaren organ. Lsgm., wie Trichloräthan u. Perchloräthylen. Die Überzüge isolieren Metallflächen gegen Wärmeeinwirkung. (**E. P. 860 659** vom 17/9. 1959, ausg. 8/2. 1961. A. Prior. 17/11. 1958.) M. Böttcher. 7107

Bataafse Petroleum Mij. N.V., Niederlande, **Bituminöse Überzugsmassen für Wasserbauten** enthalten 85—60 (Gew.-Teile) Sand u./oder Füllstoffe u. 15—40 eines Bindemittels, das aus Erdölbitumen u. einem KW-Stoffwachs besteht, mit einer Penetration von 1—50. (**E. P. 860 507** vom 2/1. 1959, ausg. 8/2. 1961. Niederl. Prior. 3/1. 1958.) M. Böttcher. 7107

E. I. du Pont de Nemours & Co., Wilmington, Del., V.St.A., **Modifizieren von festen synthetischen Polymeren,** wie linearen Polyamiden, Polyvinylhalogeniden, Polyvinylacetalen, halogenierten u. halogensulfonierten Alken-(1)-Polymeren oder Polymeren von Vinyl-Verbb., dad. gek., daß man das Polymer, bes. Polyäthylen, in Form eines 2 $m\mu$ dicken Films, im Kontakt mit Monomeren, wie Tetrafluoräthylen, Hexafluorpropylen oder Perfluorcyclobutylen mit hochaktin. Partikeln, z. B. aus einem Van de Graaff-Generator, Cyclotron, Atommeiler usw. oder radioakt. Stoffen, Isotopen usw. bombardiert. Durch die Ggw. des Monomeren (0,01—1%) wird die Vernetzung des Polymers beschleunigt. — *Hitzebeständige Überzüge,* bes. in Verbindung mit Drahtwickeln. (**E. P. 860 408** vom 7/6. 1957, ausg. 1/2. 1961. A. Prior. 11/6. 1956.) G. Vogel. 7107

E. I. du Pont de Nemours & Co., Wilmington, Del., V.St.A. (Erfinder: George Robert McKay jun. und Emory Menefee), **Polymere** erhält man aus Äthylen (**I**) mit einem Katalysator, der durch Rk. eines Al-Tri-KW-Stoffes, bes. einer Trialkyl- oder Triaryl-Verb., wie Triisobutyl-Al (**II**), Triäthyl-Al oder Triphenyl-Al, mit einem Metallalkoholat der allg. Formeln: $M-[-O-C(R_4)(R_5)-C(R_1)=C(R_2)(R_3)]_n$, bes. $M-[-O-CH_2-C(R_1)=C(R_2)(R_3)]_n$ (M = Metall der Gruppen IVb oder Vb des Period. Syst., bes. Ti oder V; R_1-R_5 = H oder KW-Stoffrest; n = Zahl von 1 bis normale Valenz von M) entsteht, bes. in einem inerten organ. Lsgm. (aromat., gesätt. aliphat. oder cycloaliphat. KW-Stoffe), wie Bzl., Xylol, Cyclohexan, Decahydronaphthalin (**III**) oder Heptan. Als Metallalkoholate sind genannt: Tetraallyltitanat $Ti-(OCH_2-CH=CH_2)_4$, Tetramethallyltitanat $Ti-[OCH_2-C(CH_3)=CH_2]_4$, Tetrabenzyltitanat $Ti-(OCH_2-C_6H_5)_4$, Tetracinnamyltitanat $Ti-(OCH_2-CH=CH-C_6H_5)_4$, Tetrabenzhydryltitanat $Ti-[OCH(C_6H_5)_2]_4$, Tetrageranyltitanat $Ti-[OCH_2-,CH=C(CH_3)-CH_2-CH_2-CH=C(CH_3)_2]_4$, Diallylvanadat (IV) $O=V(OCH_2-CH=CH_2)_2$

u. Tetramethallylvanadat $V-[OCH_2-C(CH_3)=CH_2]_4$. Es werden bes. 2 (Mol) Al-Tri-KW-Stoff mit 1 Metallalkoholat umgesetzt, bei 1—300° u. 1—1000 at polymerisiert, wobei, bes. bei höheren Rk.-Temp., vermutlich durch Bldg. eines Butens (Nebenrk.), hochmol. Mischpolymerisate mit zahlreichen CH_3-Resten an den Enden von Seitenketten entstehen. Man erhitzt z. B. in einem 330-ml-Reaktor 200 ml Heptan, 0,005 (Mol) Tetrallyltitanat u. 0,02 II auf 150—158°, drückt I unter 775 at ein, schüttelt $1^1/_2$ Std. lang, kühlt u. filtriert → 15,5 g festes Polymer mit 2,4 CH_3-Resten auf 100 C-Atome, D. 0941; aus 0,3 (mMol) Tetracinnamyltitanat, 1 II in 25 ml III u. I nach 400 Min. bei 50°, Absorption von 600 ml I → 0,35 g Polymerisat = 48% Ausbeute; analog aus 0,6 Tetramethallyltitanat, 2 II u. 373 ml I → 0,15 g Polymerisat = 32% Ausbeute; aus 0,6 Tetrageranyltitanat, 2 II u. 832 ml I nach 110 Min. → 0,186 g Polymerisat = 18% Ausbeute; aus 2 Vanadylalloxid, 5 II in 150 ml III u. I bei 68 at u. 75° → 13,8 g Polymerisat; I mit 400 at in 100 ml Heptan auf 180° erhitzt, $2^1/_2$ Std. mit einer Mischung aus 50 ml Heptan, 5 Tetraallyltitanat u. 20 II geschüttelt → 10 g Polymerisat mit 3,9 CH_3-Resten auf 100 C-Atome. — *Herst. von Filmen, Platten, Voll- u. Hohlkörpern, Überzügen auf Drähten u. anderen Oberflächen.* (**E. P. 860 353** vom 20/6. 1958, ausg. 1/2. 1961. A. Prior. 20/6. 1957.) G. Vogel. 7107

American Viscose Corp., Philadelphia, Pa., V.St.A. (Erfinder: Genevieve Reavis und Charles M. Rosser), **Polyäthylenüberzüge** mit ungewöhnlich niedriger Wasserdampfdurchlässigkeit bestehen aus einem Polyolefin, bes. *Polyäthylen* (D. 0,92 bis 0,96) oder *Polypropylen* u. 10—30% eines höheren Alkylketons mit 11—30 C-Atomen in jeder Alkylkette (bes. < 23 C-Atomen), bes. Stearon, Lauron, Myriston, Behenon, Ceroton, Montanon, Melisson. (**E. P. 859 250** vom 5/8. 1959, ausg. 18/1. 1961.) A. Jahn. 7107

Soc. Chimique de Gerland, Frankreich, **Farbüberzugsmittel** aus einer Emulsion aus Polyvinylacetat und Gips. Das Ausgangsgemisch von beiden Komponenten wird zusammengerührt, wobei während der einsetzenden Rk. das Rühren unterbrochen u. die Rk.-Temp. beobachtet wird. Wenn die Temp. zu sinken beginnt, wird wieder weitergerührt. — 1 (kg) Hydroxymethylcellulose wird mit 115 W. angerührt u. 4 Std. zum Quellen stehengelassen. Nach weiterem Zusatz von 38,8 $CaCO_3$ u. 76,5 TiO_2 erhält man eine Paste, in die 115 einer 60%ig. Vinylacetatemulsion n. 134,5 Gipsmehl eingetragen werden. Es wird einige Min. gerührt, bis die Masse dicklich wird. Das Rühren wird unterbrochen. Die Temp. steigt um ca. 12°. Danach wird das Rühren fortgesetzt, wobei innerhalb 5—10 Min. eine schnelle Verflüssigung der Masse stattfindet. Durch Einrühren von 9,6 Dibutylphthalat u. 9,6 Hexylenglykol wird die Herst. beendet u. das Prod. 24 Std. stehengelassen. (**F. P. 1 265 875** vom 23/5. 1960, ausg. 3/11. 1961.) M. F. Müller. 7107

Polymer Corp., V.St.A. (Erfinder: Fritz John Nagel und Harold Michael Gruber), **Überzugsmittel auf Vinylharzbasis,** welches auf 100 (Teile) Harz-Fl. (spezif. Viscosität < 1) wenigstens 10 eines Plastifizierungsmittels enthält. Das Polymerisat besteht z. B. aus einem Gemisch von Vinylchlorid, -acetat u. dem Copolymeren von Vinyl- u. Vinylidenchlorid. Der Überzug schmilzt bei 162—265°. (**F. P. 1 251 594** vom 14/3. 1960, ausg. 19/4. 1961. A. Prior. 13/3. 1959.) M. F. Müller. 7107

Ciba Soc. An., Schweiz, **Trocknende Überzugsmasse,** welche bei gewöhnlicher Temp. sowohl oberflächlich als auch im Innern trocknet, aus dem Rk.-Prod. eines Allyläthers von Methylolaminotriazin (I), welches wenigstens 2 NH_2- u. wenigstens 2 Allylgruppen im Mol. enthält, mit einer $\alpha.\beta$-ungesätt. Verb. (II), welche wenigstens 2 freie Gruppen enthält, die befähigt sind, mit I zu reagieren. Daneben enthält das Prod. ein Metallsikkativ der Eisengruppe, z. B. von Co, außerdem enthält das Prod. eine polymerisierbare Verb., z. B. Styrol, ggf. im Gemisch mit einem ungesätt. Polyester. Als II sind Ester einer $\alpha.\beta$-ungesätt. Carbonsäure mit einem mehrwertigen Alkohol genannt. Dieser Ester enthält wenigstens 2 Gruppen, die befähigt sind, mit I zu reagieren. Hierzu gehören z. B. Glycerinmono- oder Pentaerythritdiacrylat. (**F. P. 1 252 013** vom 12/7. 1957, ausg. 3/5. 1961. Schwz. Prior. 16/7. 1956.) M. F. Müller. 7107

Henri Carmouze, Frankreich, **Herstellung von Überzügen auf Metallen zur Silber- und Goldimitation.** Auf die Gegenstände wird ein Überzug mit der Pistole aufgespritzt, z. B. aus einem *Celluloselack,* gelöst in *A.*, in dem ein Farbstoff, z. B. *Chrysoidin,* enthalten ist. Zur Erzielung eines Patinaeffektes muß der Lack unter sehr hohem Druck aufgespritzt werden. Durch Bürsten der Überzüge mit einer harten Bürste kann ein zu gleichmäßiges Aussehen vermieden werden. (**F. P. 1 247 134** vom 30/1. 1960, ausg. 17/2. 1961.) F. Vier. 7107

E. I. du Pont de Nemours & Co., Wilmington, Del., V.St.A., **Stabile, flüssige, an der Luft trocknende Überzugsmittel,** enthaltend in einem organ. Lsgm. ein Polyurethan, das durch Rk. von a) einem (OH-Äquivalent) eines Polyesters (I), b) 0—1 eines gesätt. aliphat. Alkohols mit 2—6 C-Atomen, c) 0—6 eines gesätt. Triols mit 3—6 C-Atomen sowie d) einem organ. Diisocyanat in solchen Mengen, daß 1,2—2,0 Isocyanatgruppen für jede Hydroxylgruppe der Bestandteile a), b) u. c) vorhanden sind, in Ggw. von mindestens 0,003%, bezogen auf d), einer sauren, Cl-Ionen abspaltenden Verbb. erhalten worden ist. I hat Molgew. 500—3000, SZ. < 5 u. 2—3 OH-Gruppen je Molekül. (**E. P. 862 675** vom 13/6. 1958, ausg. 15/3. 1961. **Belg. P. 569 062** vom 1/7. 1958, ausg. 17/3. 1961. Beide A. Prior. 1/7. 1957.) P. Krug. 7107

National Research Development Corp., London, England (Erfinder: Leslie Nathan Phillips), **Polyesterurethanüberzüge** erhält man aus Polyestern, Polyisocyanaten u. hydrolysierbaren Antimon-Verbb. (I) As_2Cl_3, As_2Cl_5, die ggf. in Toluol bzw. Methylisobutylketon oder Äthylglykolacetat gelöst sind. In dünnen Schichten aufgetragen oder in Mengen von 0,08—0,5%, bezogen auf Polyurethan, zugesetzt, bewirken I erhöhte Lagerfähigkeit u. beschleunigte Aushärtung. (**E. P. 872 569** vom 3/1. 1958, ausg. 12/7. 1961.) E. Dörfel. 7107

Jenolite Ltd., London, England (Erfinder: Frank Stubbs Bricknell und Harry Augustus Cork), **Oberflächenschutz von Gegenständen aus Eisen, die in Beton eingebettet werden.** Die Oberflächen werden von Zunder u. Oxiden durch Beizen befreit u. phosphatiert, was ggf. auch in einer Lsg. erfolgen kann, die gleichzeitig Oxide u. Zunder löst u. phosphatiert. Dann wird die Phosphatschicht mit einem dicht abschließenden Überzug aus einem organ., filmbildenden Material (lufttrocknendes oder härtbares Harz, wie *Chlorkautschuk, Epoxidharz, Vinylharz*) versehen, der ein Pigment (*Fe_2O_3, $Fe_3(PO_4)_2$, $SrSO_4$, $BaCrO_4$*) enthalten kann. Beispiel: 7 (Teile) $SrCrO_4$, 43 $SrSO_4$, 33 mit Leinölfirnis modifizierter Epoxyester, 16 Lackbenzin, 1 Co-Naphthenat. (**E. P. 873 615** vom 21/3. 1957, ausg. 26/7. 1961. **A. P. 2 992 131** vom 11/3. 1958, ausg. 11/7. 1961. E. Prior. 21/3. 1957.) H. Baur. 7107

Lawter Chemicals, Inc., Chicago, Ill., V.St.A., **Am Tageslicht fluorescierende Überzüge.** Man verwendet in den Anstrichmitteln u. Druckfarben, welche übliche Fluorescenzfarbstoffe enthalten, Mischkondens.-Prodd. aus einem Aldehyd mit Arylsulfonamiden, z. B. p-Toluolsulfonamid u. Benzoguanamin (weniger als 100%, bezogen auf Arylsulfonamid) als Bindemittel. (**E. P. 870 357** vom 26/1. 1959, ausg. 14/6. 1961. A. Prior. 11/6. 1958.) P. Krug. 7107

Goodyear Tire & Rubber Co., V.St.A. (Erfinder: Donald A. Hilliard), **Mittel zur Herstellung eines mehrfarbigen Überzuges.** Es enthält ein harzartiges Mischpolymerisat aus einem konjugierten Dien-KW-Stoff u. einer monomeren vinylaromat. Verb., z. B. Butadien-(1.3), Isopren, Styrol, α-Methylstyrol, Vinyltoluol. Man polymerisiert z. B. ein Gemisch aus 75—95% an Vinylaromaten u. 15—5% Dien-KW-Stoffen. Ein Sikkativharz vom Lacktyp, das in aliphat. KW-Stoffen lösl. ist, wird z. B. durch Mischpolymerisation von 85 (Teilen) Vinyltoluol u. 15 Butadien-(1.3) in wss. Emulsion erhalten. Als Katalysator wird dabei ein organ. Peroxid, z. B. Benzoylperoxid, ein Perborat oder Percarbonat, ein Alkali- oder NH_4-Persulfat u. bes. K-Persulfat in Mengen von 0,01—10% verwendet. Das Mischpolymerharz wird in Form einer Lsg. in einem mit W. nicht mischbaren Lsgm. angewandt u. danach mit W. in eine fein dispergierte Form übergeführt. Als Verdickungsmittel wird ein Alkyl-Deriv. von Montmorillonit (Octyl-, Hexadecyl-, Dimethyldidodecyl-, Disebacyldimethyl-, Distearyldimethylammoniummontmorillonit) zugegeben, dessen Alkylrest 8—40 C-Atome enthält, außerdem ein Schutz-Koll., z. B. Hydroxyäthylcellulose, Methylcellulose, Carboxymethylcellulose u. dessen Na-Salz, Polyvinylalkohol, Casein, Tragant, Gelatine, Eiweiß, Na-Oleat, Pektin, $BaSO_4$ oder koll. Ton. — Eine rote Farbe wird z. B. hergestellt mit 108,7 (Teilen) Eisenoxydrot, 96,5 Ton, 149,1 Butadien-Vinyltoluol-Harz (85/15), 14,9 fl. chloriertem Paraffin mit 40% Cl-Geh. als Weichmachungsmittel, 7,5 chines. Holzöl, 480 Lackbenzin. Dazu kommen die weiteren vorst. Zusätze, um eine wss. Dispersion zu erhalten. Diese wird z. B. mit einer Spritzpistole auf eine vertikale Wand gespritzt, wobei ein Farbenbild von mehreren Farben in mehreren gefärbten Zonen entsteht. (**F. P. 1 265 683** vom 20/8. 1960, ausg. 30/10. 1961. A. Prior. 28/8. 1959.) M. F. Müller. 7107

National Research Development Corp., London (Erfinder: Francis Schollick, Stourbridge), England, **Biocid wirksame, lufttrocknende Überzüge bildende Auftragsmassen,** enthaltend ein Biocid (I) in der Lsg. eines synthet. Harzes vom Typ der Alkydharze oder einer Cellulose-Verb. als filmbildendem Bestandteil mit weiterem Zusatz einer geringeren Menge eines verätherten Aminoplastharzes. Geeignete I sind z. B. Dichlordiphenyltrichloräthan, γ-Hexachlorbenzol oder 1.2.3.4.10.10-Hexachlor-6.7-epoxy-1.4.4a.5.6.7.8.8a-octahydro-1.4.5.8-diendomethannaphthalin. Als Trockenstoffe kann man z. B. Pb-, Co- oder Mn-Naphthenat zusetzen. (**Schwz. P. 355 243** vom 7/12. 1956, ausg. 15/8. 1961. E. Prior. 7/12. 1955 u. 29/11. 1956.) P. Krug. 7107

Suzanne Marie Augusta Delabre, Frankreich, **Kaltemaillieren** unter Verw. eines Gemisches aus 50—75 (%) „Wyp nidon", 50—25 Aceton u. 5—10 einer Emulsion von wss. Polyvinylacetat oder 3—8 einer Emulsion von trocknem Polyvinylacetat. (**F. P. 1 263 917** vom 3/5. 1960, ausg. 11/10. 1961.) M. F. Müller. 7107

Soc. des Usines Chimiques Rhône-Poulenc, Frankreich (Erfinder: Paul Rouault), **Gleichzeitiges Herstellen und Bedrucken von thermoplastischen Folien.** Die Blätter werden nach ihrer Formung unter Saugdruck auf ein mit der Druckfarbe versehenes Klischee gebracht. (**F. P. 1 263 977** vom 4/5. 1960, ausg. 11/10. 1961.) M. F. Müller. 7107

Imperial Chemical Industries Ltd., England, **Poliermittel** aus einem Mischpolymerisat von Methacrylsäuremethyl- u. -butylester u. Nitrocellulose im Verhältnis 3 : 1 bis 1 : 1. Das Mischpolymerisat enthält bis zur Hälfte den Methylester, z. B. 10 bis 30% Methylester u. 90—70% Butylester. Die Nitrocellulose wird in einem Gemisch aus 95 Vol.-Teilen Aceton u. 5 W. gelöst verwendet. Dem Gemisch werden bis zu 30% eines Weichmachungsmittels zugesetzt. — Das Poliermittel besteht z. B. aus 9,2 (Gew.-Teilen) TiO_2, 8,2 Nitrocellulose HX 30-50, 2 Nitrocellulose HL 30-40, 10,2 Mischpolymerisat, 3,6 Phthalsäuremethylcyclohexylester, 9 Isopropylalkohol, 18,8 Toluol, 2 Xylol, 7 Äthylenglykolmonoäthylätheracetat u. 30 Aceton. (**F. P. 1 251 515** vom 11/2. 1960, ausg. 21/4. 1961. E. Prior. 11/2. 1959.) M. F. Müller. 7119

Farbwerke Hoechst Akt.-Ges., vormals Meister Lucius & Brüning, Frankfurt/M., *Pigmentfarbstoffe.* (**Ind. P. 66 478** vom 21/1. 1959, ausg. 21/3. 1961. — **C. 1960,** 16950 [D. A. S. 1 082 045].)

Bee Chemical Co., Chicago, Ill., übert. von: **Charles F. Roney,** Hammond, Ind., V.St.A., *Flüssige Überzugsmasse.* (**A. P. 2 990 386** vom 31/12. 1956, ausg. 27/6. 1961. — **C. 1962,** 6222 [Belg. P. 563 675].)

Canadian Industries Ltd., Montreal, Canada, *Mittel zum Überziehen von Metallen, Holz und Polyvinylchlorid.* (**Ind. P. 65 836** vom 15/11. 1958, aus. 26/7. 1961. E. Prior. 4/6. 1958. — **C. 1962, 6599** [A. P. 2 964 483].)

E. I. du Pont de Nemours & Co., Wilmington, Del., übert. von: **Robert E. Burk** und **Edward H. Price,** West Chester, Pa., V.St.A., *Überzogener Gegenstand, bestehend aus einem Träger aus Polyäthylen oder Polyamid und einem durch Propfpolymerisation aufgebrachten Überzug aus Polytetrafluoräthylen oder Polymethylmethacrylat.* (**A. P. 2 999 772** vom 6/11. 1952, ausg. 12/9. 1961. — **C. 1957, 4543** [E. P. 750 923].)

Dow Corning Corp., übert. von: **William C. May,** Midland, Mich., V.St.A., *Organosiloxanester und ihre Verwendung als Emulgiermittel.* (**A. P. 2 990 377** vom 1/8. 1955, ausg. 27/6. 1961. — **C. 1960, 4685** [F. P. 1 151 974].)

H_{11b}. Plaste (Kunstharze. Plastische Massen)

Grundbegriffe und Wörterbuch der Plaste. Anonym. (Mod. Plastics **40,** Nr. 1 A, 16—36, Sept. 1962; engl.) — Umfangreiche Übersicht über das „know-how" u. die Terminologie des gesamten Plastgebietes in Form von zu Gruppen vereinigten Definitionen mit Zeichnungen u. graph. Darstellungen. H. Czech. 7170◇

Harze und Plaste. Owen Wansbrough-Jones. (Plast. Inst., Trans. and J. **30,** 278—85, Okt. 1962; engl.) — Übersicht über Eigg., Verarbeitung u. Produktions-Entw. von Plasten. H. Drechsel. 7170◇

Durchlässigkeit von Kunststoff-Folien für Gase und Dämpfe. W. L. H. Moll. (Kolloid-Z. **167,** 55—62, Nov. 1959; Walsrode, Wolff & Co., Anwendungstechn. Abt.; dt.) — Übersicht über Meß-Meth. u. App. zur Messung der Permeabilität von *Kunststofffolien* für Gase u. Dämpfe, die theoret. Grundlagen des Diffusionsprozesses sowie strukturelle u. chem. Einflüsse. Für eine Reihe von Kunststoffen sind die N_2-, O_2-, CO_2-, H_2- u. H_2O- (Dampf-)Durchlässigkeitswerte tabellar. zusammengestellt. — 139 Literaturangaben. W. Betcke. 7170◇

Beryllium-Kupfer-Gießformen für Plaste. H. H. Scholefield, N. Rolaston und A. S. Stephens. (Plast. Inst., Trans. and J. **30,** 292—98, Okt. 1962; engl.) — Cu-Legg. in der Plastverarbeitung u. ihre Vorteile gegenüber anderen Materialien werden beschrieben. H. Drechsel. 7170◇

Über den Schneidemechanismus von Hochpolymeren. Akira Kobayashi und Katsumasa Saito. (J. Polymer Sci. **58,** 1377—95, 1962; Tokyo, MITI, Techn. Sect., Electrotechn. Labor.; Sapporo, Hokkaido Univ., Fac. of Engng.; engl.) — Die charakterist. Erscheinung beim Schneiden linearer Hochpolymerer, wie *Polytetrafluoräthylen, Polystyrol* u. *Polymethylmethacrylat,* werden beschrieben, um den Schneidemechanismus aufzuzeigen, der zur Erzeugung qual. hochwertiger u. genauer Teile führt. Die Schnitzeltypen, die Deformation des Arbeitsstoffes u. der von den Autoren definierte Arbeitswinkel werden beschrieben. Auch die therm. Abhängigkeit, die Zeit- (oder Schneide-Geschw.-) u. Reibungsabhängigkeit werden diskutiert. Die Schnitzel werden in kontinuierliche (Kräusel-, Fließ- u. Schertyp) u. diskontinuierliche (Sprung- u. Reißtyp) eingeteilt. Einfl. darauf haben Art u. Temp. des Arbeitsstoffes, Arbeitswinkel eines Werkzeugs u. auch Schnittiefe u. Schnittgeschwindigkeit. Auch das viscoelast. Verh. des Arbeitsstoffes ist für das Schneiden von Hochpolymeren wichtig. Die Schnitttypen bei Hochpolymeren werden eingeteilt in Gleitung auf der Scherungsebene, Springen an der Spitze eines Werkzeugs, Reißen an der Schneidekante, begleitet von starker Spannung u. einige Kombinationen davon. Bei Schneiden unter dem krit. Arbeitswinkel, d. h. ein Arbeitswinkel, bei welchem die Schubkraft während des Schneidens gleich Null ist, wird der Arbeitsstoff weder nach aufwärts noch nach abwärts deformiert, u. es wird daher die größte Genauigkeit erhalten. Weiterhin muß Gleichheit mit dem Reibungswinkel an der Arbeitsoberfläche eines Werkzengs bestehen, was durch das Reibungs-Verh. der Schnitzel auf der Arbeitsoberflächebestimmt wird. — Diskussionsbemerkungen. H. Czech. 7170◇

Polyäthylen von niedrigem Molgewicht. M. O. Brunson. (Mod. Plastics **40,** Nr. 1 A, 233, Sept. 1962; Kingsport, Penn., Eastman Chem. Prod.; engl.) — Übersicht über Verwendung. H. Czech. 7172◇

Polyäthylen mittlerer Dichte. T. O. J. Kresser. (Mod. Plastics **40,** Nr. 1 A, 226—27, Sept. 1962; Kansas City, Mo., Spencer Chem. Co.; engl.) — Übersicht über die Verarbeitung. H. Czech. 7172◇

Polyäthylen von hohem Molgewicht. Walter E. Gloor. (Mod. Plastics **40,** Nr. 1 A, 234—36, Sept. 1962; Wilmington, Del., Hercules Powder Co.; engl.) — Übersicht über Eigg. u. Verarbeitung. H. Czech. 7172◇

Polypropylen. D. R. Hammel, J. B. Mackenzie und C. W. Williamson. (Mod. Plastics **40,** Nr. 1 A, 263—69, 306, Sept. 1962; Linden, N.J., Enjay Chem. Co.; engl.) — Übersicht mit zahlreichen Tabellen. H. Czech. 7172◇

Styrolpolymere und -Copolymere. Anonym. (Mod. Plastics **40,** Nr. 1 A, 288 bis 294, 311—13, Sept. 1962; engl.) — Übersicht unter bes. Berücksichtigung der Verwendung. H. Czech. 7172◇

Fluorcarbonharze. R. B. Fehr, H. J. Haon, R. J. Bertrand und L. E. Robb. (Mod. Plastics **40,** Nr. 1 A, 173—78, Sept. 1962; engl.) — Übersicht über 5 handelsübliche Typen u. deren Verwendung. H. Czech. 7172◇

Cumaron-Inden-, Petroleum- und Polyterpenharze. P. O. Powers. (Mod. Plastics **40,** Nr. 1 A, 167—68, Sept. 1962; Clairton, Pa., Pennsylvania Ind. Chem. Corp.; engl.) — Übersicht. H. Czech. 7172◇

Phenolharze. C. F. Martino und W. A. Keutgen. (Mod. Plastics **40,** Nr. 1 A, 247—52, Sept. 1962; New York, N.Y., Union Carbide Plastics Co.; engl.) — Übersicht über Herst.-Meth., Eigg., Verarbeitung u. Verwendung. H. Czech. 7176◇

Chlorierte Polyäther. John Y. Lomax. (Mod. Plastics **40,** Nr. 1 A, 164—66, Sept. 1962; Wilmington, Del., Hercules Powder Co.; engl.) — Übersicht über die Verwendung. H. Czech. 7176◇

Deltrin. E. F. Hamilton jun. (Mod. Plastics **40,** Nr. 1 A, 118—21, Sept. 1962; Wilmington, Del., E. I. du Pont de Nemours & Co.; engl.) — Übersicht über Eigg. u. Verwendung. H. Czech. 7176◇

Polyester. John R. Lawrence. (Mod. Plastics **40,** Nr. 1 A, 206—14, Sept. 1962; Cleveland, Ohio, Glidden Co.; engl.) — Übersicht über Verw. unter bes. Berücksichtigung des Einsatzes für verstärkte Plaste. H. Czech. 7176◇

Alkyd-Preßmassen. John T. Long. (Mod. Plastics **40,** Nr. 1 A, 144—45, Sept. 1962; Morristown, N.J., Allied Chem. Corp.; engl.) — Übersicht über Eigenschaften. H. Czech. 7176◇

Polycarbonate. E. F. Fiedler. (Mod. Plastics **40,** Nr. 1 A, 253—58, Sept. 1962; Pittsfield, Mass., General Electric Co.; engl.) — Übersicht über Eigg., Verarbeitung u. Verwendung. H. Czech. 7176◇

Schaumstoffherstellung aus Derivaten pflanzlicher Öle. C. M. Thierfelder, H. M. Teeter und J. C. Cowan. (J. Amer. Oil Chemists' Soc. **39,** 215—17, 1962; Peoria, Ill., USDA, Northern Regional Res. Labor.; engl.) — Dimerisierte *Sojabohnen-, Baumwollsaat-* u. *Leinsaatfettsäuren* werden in Ggw. von K_2CO_3 oder $NaOCH_3$ bei 110—240° mit *Äthylenoxid* annähernd drucklos in ein Gemisch von *Polyolestern* vom Mol-Verhältnis Äthylenoxid/Säure wie 0,8/1,4 übergeführt. Der daraus mit Toluylendiisocyanat

(TDI) hergestellte Schaumstoff von der D. 2—4,4 lbs./ft³ ist flexibel; seine physikal. Eigg. werden mitgeteilt. Ein steifer Schaum von 1,2 lbs./ft³ entsteht analog mit TDI aus hydriertem „Aldehydöl", zur Hauptsache wohl aus dem Triglycerid der 9-Hydroxynonansäure bestehend; das „Aldehydöl" bildet sich bei der reduzierenden Zers. der Ozonisierungs-Prodd. von Sojaölfettsäure u. anderen pflanzlichen Fettsäuren. M. Hagedorn. 7176◇

Furanharze. John Delmonte. (Mod. Plastics **40**, Nr. 1A, 183, 315, Sept. 1962; Los Angeles, Calif., Furane Plastics, Inc.; engl.) — Übersicht. H. Czech. 7176◇

Nylon 6. T. O. J. Kresser. (Mod. Plastics **40**, Nr. 1 A, 202—04, Sept. 1962; Kansas City, Mo., Spencer Chem. Co.; engl.) — Übersicht über Lieferformen, Verarbeitungs-Meth. u. Verwendungen. H. Czech. 7180◇

Isocyanate (Urethane). Anonym. (Mod. Plastics **40**, Nr. 1 A, 186—90, Sept. 1962; engl.) — Übersicht über die Verw. zur Herst. von Schäumen, Elastomeren, Überzügen u. Fasern. H. Czech. 7180◇

Casein. H. K. Salzberg. (Mod. Plastics **40**, Nr. 1 A, 238, 317, Sept. 1962; Bainbridge, N.Y., Borden Chem. Co.; engl.) — Übersicht. H. Czech. 7180◇

Füllstoffe in Preßmassen. Anonym. (Mod. Plastics **40**, Nr. 1 A, 612—18, Sept. 1962; engl.) — Übersicht über Eigg. u. Anwendungen. H. Czech. 7204◇

Verstärkte Kunststoffe. Anonym. (Mod. Plastics **40**, Nr. 1 A, 665—80, Sept. 1962; engl.) — Umfassende Übersicht zahlreicher Spezialisten. H. Czech. 7204◇

Untersuchungen zum Fließverhalten von Duroplasten. Dietrich Northmann. (Wiss. Z. Techn. Hochschule Dresden **9**, 453—59, 1959/60; dt.) — Um die bisher noch weitgehend verbreitete Empirie bei der Verarbeitung von *Duroplasten* durch technolog. Prüfmeth. schrittweise zu beseitigen, werden Fließweg, Fließzeit u. Fließ-Geschw. als Kenngrößen für das verarbeitungstechn. Merkmal „Fließverh." herausgearbeitet. Es werden Weg-Meßverf., Zeit-Meßverf. u. kombinierte Weg-Zeit-Meßverff. als Entw.-Stufen dargestellt sowie Erfahrungen u. Ergebnisse bei der Fließprüfung mit dem in DIN 53478 vorgeschlagenen kombinierten Meßverf. mitgeteilt. Gesichtspunkte für die Anwendung der Fließprüfung zur Kontrolle von Güteanforderungen u. zur Festlegung von Verarbeitungsvorschriften werden erörtert. P. Golinske. 7210◇

Bestimmung von freiem Formaldehyd in alkoholischen Lösungen von Harnstoffharzen. Halina Zowall. (Tworzywa wielkocząsteczkowe **6**, 82, März 1961; Warszawa, Inst. Tworzyw sztuczn.; pol.) — Die Harzproben werden in A. gelöst u. freies CH_2O mit NH_4SCN (an Stelle von NH_4Cl) u. NaOH zu Urotropin umgesetzt. Nichtumgesetztes NH_4SCN wird zurücktitriert. Um eine Abspaltung von Methylolgruppen durch Einw. von NaOH zu verhindern, ist der pH-Wert der Lsg. bei 8 zu halten. Der maximale Geh. an CH_2O in der Probe soll 0,6 g nicht übersteigen. F. Urban. 7210◇

Phillips Petroleum Co., Bartlesville, Okla., V.St.A., *Polymerisationsverfahren.* (**E. P. 837 974** vom 24/9. 1956, ausg. 22/6. 1960. A. Prior. 4/10. 1955. — C. **1961**, 16296 [F. P. 1 164 256].)

Phillips Petroleum Co. (Erfinder: **Howard Brownlee Irvin**), *Verfahren zur Polymerisation von Olefinen.* (**Aust. P. 224 501** vom 28/6. 1957, ausg. 5/11. 1959. A. Prior. 9/7. 1956. — C. **1961**, 3499 [Belg. P. 559 038].)

Perfogit S. p. A., Mailand, Italien, *Olefinpolymerisation.* (**It. P. 550 814** vom 23/3. 1956. — C. **1962**, 10661 [F. P. 1 173 294].)

Montecatini Soc. Gen. per l'Industria Mineraria e Chimica und **Karl Ziegler** (Erfinder: **Giulio Natta, Mario Farina, Ettore Giachetti** und **Italo Pasquon**), *Polymerisation von α-Olefinen.* (**Aust. P. 233 098** vom 5/8. 1958, ausg. 27/4. 1961. It. Prior. 8/8. 1957. — C. **1961**, 2458 [Oe. P. 206 645].)

Soc. An. Ethylène-Plastique, Nord, Frankreich (Erfinder: **Claudine Lumbrose, Henri Sack** und **Gaston Stroh**), *Herstellung von Pfropfpolymerisaten.* (**Aust. P. 230 435** vom 26/3. 1958, ausg. 20/10. 1960. F. Prior. 23/5. 1957. — C. **1962**, 7344 [F. P. 1 175 699].)

Montecatini Soc. Gen. per l'Industria Mineraria e Chimica, Mailand, Italien, und **Karl Ziegler**, Mülheim/Ruhr, *Polymerisieren von ungesättigten Verbindungen.* (**Ind. P. 64 629** vom 11/7. 1958, ausg. 18/10. 1960. — C. **1961**, 2112 [F. P. 1 207 783].)

Gerald Oster, New York, N.Y., V.St.A., *Vernetzen von Kohlenwasserstoffen.* (**A. P. 3 014 799** vom 20/9. 1956, ausg. 26/12. 1961. — C. **1963**, 314 [E. P. 848 414].)

Montecatini Soc. Gen. per l'Industria Mineraria e Chimica, Mailand, Italien (Erfinder: **Guilio Natta, Enrico Beati** und **Febo Severini**), *Herstellung einer Polymermischung mit hoher Schlagfestigkeit.* (**Aust. P. 230 449** vom 30/7. 1958, ausg. 20/10. 1960. It. Prior. 2/8. 1957. — C. **1961**, 2808 [Oe. P. 207 565].)

Montecatini Soc. Gen. per l'Industria Mineraria e Chimica, Mailand, Italien, *Polymerisate hoher Schlagzähigkeit.* (**E. P. 879 907** vom 8/4. 1958, ausg. 11/10. 1961. It. Prior. 9/4. 1957. Zusatz zu E. P. 835 578; C. 1961, 14488. — C. **1961**, 11917 [D. P. [DDR] 19 872].)

Phillips Petroleum Co. (Erfinder: **Martin Richard Cines, George Edward Hanson** und **William La Moine Stalder**), *Rückgewinnung von Polymerisationskatalysator.* (**Aust. P. 224 503** vom 3/7. 1957, ausg. 5/11. 1959. A. Prior. 27/7. u. 10/9. 1956. — C. **1961**, 3499 [Belg. P. 559 400].)

Ruhrchemie Akt.-Ges., Oberhausen, *Reinigung von Kohlenwasserstoffpolymerisaten.* (**E. P. 878 678** vom 30/1. 1958, ausg. 4/10. 1961. D. Prior. 7/3. 1957. Zusatz zu E. P. 817 132; C. 1961, 10001. — C. **1961**, 3500 [Oe. P. 207 114].)

Standard Oil Co., Chicago, Ill., V.St.A., *Reinigung von festen Olefinpolymerisaten.* (**E. P. 854 531** vom 31/10. 1957, ausg. 23/11. 1960. A. Prior. 19/11. 1956. — **C. 1961,** 9224 [A. P. 2 914 453].)

Bergwerksgesellschaft Hibernia Akt.-Ges., Herne, *Aufarbeitung von nichtwässerigen Waschlösungen aus der Olefinpolymerisation.* (**E. P. 853 769** vom 26/8. 1957, ausg. 9/11. 1960. D. Prior. 25/9. 1956. — **C. 1959,** 10075 [D. A. S. 1 029 152].)

Montecatini Soc. Gen. per l'Industria Mineraria e Chimica, Mailand, Italien, und **Karl Ziegler**, Mülheim/Ruhr, *Polymerisieren von α-Olefinen.* (**Ind. P. 64 816** vom 31/7. 1958, ausg. 5/11. 1960. — **C. 1961,** 18521 [Oe. P. 211 543].)

Montecatini Soc. Gen. per l'Industria Mineraria e Chimica, Mailand, Italien, *Herstellung von überwiegend amorphen hochmolekularen α-Olefinpolymeren.* (**E. P. 855 753** vom 23/5. 1957, ausg. 7/12. 1960. It. Prior. 28/5. 1956. — **C. 1960,** 7700 [F. P. 1 176 194 u. D. P. [DDR] 16 952].)

Farbwerke Hoechst Akt.-Ges., vormals Meister Lucius & Brüning, übert. von: **Hans-Joachim Lenz**, Frankfurt/M., *Färben von geformten Gebilden aus Polyolefinen.* (**A. P. 3 009 760** vom 8/4. 1958, ausg. 21/11. 1961. D. Prior. 11/4. 1957. — **C. 1960,** 12517 [Oe. P. 207 115].)

Argus Chemical Corp., Brooklyn, N.Y., V.St.A. (Erfinder: **Olga H. Knoepke, William Edwards Leishner** und **Arthur Calvin Heeker**), *Plastische Massen aus Polyäthylen und Polypropylen.* (**Aust. P. 231 252** vom 29/10. 1958, ausg. 15/12. 1960. A. Prior. 14/11. 1957 u. 31/1. 1958. — **C. 1963,** 1459 [E. P. 838 502].)

Imperial Chemical Industries Ltd., London, England, *Stabilisierungsmittel für Polypropylen.* (**Ind. P. 65 617** vom 29/10. 1958, ausg. 12/6. 1960. E. Prior. 8/11. 1957. — **C. 1960,** 12517 [Oe. P 207 117].)

Imperial Chemical Industries Ltd., London, England (Erfinder: **Vivien Reid**), *Zusammensetzungen auf Basis von Polypropylen.* (**Aust. P. 231 251** vom 28/10. 1958, ausg. 15/12. 1960. E. Prior. 8/11. 1957. — **C. 1960,** 12517 [Oe. P. 207 117].)

Badische Anilin- & Soda-Fabrik Akt.-Ges., Ludwigshafen/Rh. (Erfinder: **Heinz Mueller-Tamm, Fritz Stastny** und **Karl Buchholz**), *Herstellung von schwer entflammbaren Styrolpolymerisaten.* (**Aust. P. 231 243** vom 8/7. 1958, ausg. 15/12. 1960. D. Prior. 13/7. 1957. Zusatz zu Aust. P. 219 854; C. 1961, 6703. — **C. 1959,** 11418 [D. A. S. 1 050 545].)

W. R. Grace & Co., New York, N.Y., V.St.A., *Herstellung von isotaktischem Polystyrol.* (**E. P. 875 976** vom 12/4. 1960, ausg. 30/8. 1961. A. Prior. 14/4. 1959. — **C. 1962,** 10666 [D. A. S. 1 110 867].)

Montecatini Soc. Gen. per l'Industria Mineraria e Chimica, Mailand, Italien, *Herstellung von hochschmelzenden linearen Äthylenpolymeren.* (**It. P. 547 314** vom 9/12. 1955. — **C. 1959,** 7645 [Oe. P. 197 080].)

Montecatini Soc. Gen. per l'Industria Mineraria e Chimica, Mailand, Italien, *Herstellung von hochkristallinem, linearem Polyäthylen.* (**E. P. 854 164** vom 4/3. 1957, ausg. 16/11. 1960. It. Prior. 8/3. 1956. — **C. 1959,** 317 [Oe. P. 196 621].)

Soc. des Usines Chimiques Rhône-Poulenc, Paris, Frankreich (Erfinder: **Gilbert Bo, Edouard Fichet, André Perrot** und **Phillipe Perras**), *Polymerisation von Äthylen.* (**Aust. P. 231 162** vom 13/5. 1958, ausg. 8/12. 1960. F. Prior. 29/5. 1957. — **C. 1960,** 9740 [F. P. 1 176 337].)

E. I. du Pont de Nemours & Co., Wilmington, Del., übert. von: **Leon E. Wolinski**, Buffalo, N.Y., V.St.A., *Titan enthaltende Polyäthylenmischung.* (**A. P. 2 984 641** vom 20/6. 1956, ausg. 16/5. 1961. — **C. 1962,** 18656 [E. P. 842 556].)

E. I. du Pont de Nemours & Co., Wilmington, Del., V.St.A., *Copolymere von Äthylen und tricyclischen Olefinen.* (**E. P. 857 099** vom 11/3. 1958, ausg. 29/12. 1960. A. Prior. 14/3. 1957. — **C. 1960,** 12177 [A. P. 2 883 372].)

Hercules Powder Co., Wilmington, übert. von: **Anderson E. Robinson**, Newark, und **William D. Willis**, Wilmington, Del., V.St.A., *Vernetzen von Copolymeren von Äthylen und Propylen.* (**A. P. 2 983 714** vom 26/12. 1957, ausg. 9/5. 1961. — **C. 1963,** 1460 [E. P. 865 793].)

Chemische Werke Hüls Akt.-Ges., Marl, Kr. Recklinghausen, *Aufarbeitung von Niederdruckolefinen.* (**E. P. 844 832** vom 30/12. 1958, ausg. 17/8. 1960. D. Prior. 16/1. 1958. — **C. 1961,** 7769 [D. A. S. 1 077 869].)

Union Carbide Corp. (Erfinder: **Richard Joseph Pecha, Herbert Samuels** und **David Clark Kay**), *Polyäthylenprodukte.* (**Aust. P. 231 601** vom 2/6. 1959, ausg. 19/1. 1961. A. Prior. 16/6. 1958. — **C. 1963,** 705 [E. P. 851 686].)

Farbwerke Hoechst Akt.-Ges., vormals Meister Lucius & Brüning, Frankfurt/M. (Erfinder: **Günter Messwarb**, Kelkheim), *Geruchdichtes Verpackungsmaterial aus Polyäthylen.* (**Schwz. P. 345 821** vom 5/4. 1956, ausg. 31/5. 1960. D. Prior. 6/4. 1955. — **C. 1959,** 4642 [F. P. 1 145 088].)

E. I. du Pont de Nemours & Co., übert. von: **Harry Bowman West**, Wilmington, Del., V.St.A., *Stabilisiertes Polyvinylfluoridharz.* (**A. P. 2 996 478** vom 7/2. 1958, ausg. 15/8. 1961. — **C. 1963,** 2648 [E. P. 862 572].)

Solvic Soc. An. (Erfinder: **Robert de Coene**), *Polymerisation von Vinylchlorid.* (**Aust. PP. 234 117 u. 234 118** vom 2/4. 1959, ausg. 6/7. 1961. Belg. Prior. 5/4. 1958. — **C. 1962,** 9537 [D. A. S. 1 114 322].)

Kodak S. p. A., Mailand, Italien, *Herstellung von Vinylchlorid- und/oder Vinylidenchloridpolymerisaten.* (**It. P. 550 979** vom 26/11. 1955. A. Prior. 26/11. 1954. — **C. 1961,** 17405 [D. A. S. 1 098 203].)

Farbenfabriken Bayer Akt.-Ges., Leverkusen, *Polymerisieren von Chloropren.* (**Ind. P. 66 457** vom 19/1. 1959, ausg. 1/3. 1961. E. Prior. 31/12. 1958. — **C. 1961,** 11917 [D. A. S. 1 100 964].)

Deutsche Gold- und Silber-Scheideanstalt vormals Roessler, Frankfurt/M., *Herstellung von (α-Alkyl-) Acroleinpolymeren.* (**E. P. 855 888** vom 29/1. 1959, ausg. 7/12. 1960. D. Prior. 5/2. 1958. — **C. 1961,** 1389 [D. A. S. 1 062 012].)

Montecatini Soc. Gen. per l'Industria Mineraria e Chimica, Mailand, Italien, und **Karl Ziegler**, Mülheim/Ruhr, *Verbessern der Affinität von Filmen aus polymeren α-Olefinen gegenüber Druckfarben.* (**Ind. P. 64 244** vom 30/5. 1958, ausg. 22/12. 1960. — **C. 1961,** 18521 [F. P. 1 196 542].)

E. I. du Pont de Nemours & Co. (Erfinder: **Richard Glenn Alsup** und **Philip Ervin Lindvig**), Wilmington, Del., V.St.A., *Stabilisiertes hochmolekulares Polyoxymethylen.* (**Schwz. P. 361 399** vom 25/7. 1957, ausg. 30/5. 1962. A. Prior. 26/7. 1956. — **C. 1961,** 14483 [D. A. S. 1 066 739].)

Westinghouse Electric Corp., East Pittsburgh (Erfinder: **Stanley H. Langer**, Pittsburgh), Pa., V.St.A., *Härten von Glycidylpolyäthern.* (**Schwz. P. 357 867** vom 20/2. 1956, ausg. 15/12. 1961. A. Prior. 28/2. 1955. — **C. 1959,** 3989 [A. P. 2 809 184].)

Schering Akt.-Ges., Deutschland, *Härtungsmittel für Epoxydharze.* (**F. P. 1 230 155** vom 29/6. 1959, ausg. 14/9. 1960. D. Prior. 19/7. 1958. — C. **1962,** 323 [D. A. S. 1 100 281].)

Ciba Ltd., Basel, Schweiz, *Härter für Epoxidharze.* (**Ind. P. 65 000** vom 19/8. 1958, ausg. 24/1. 1961. — C. **1961,** 3503 [D. A. S. 1 085 667].)

Ciba Ltd., Basel, Schweiz, *Härten von Epoxyharzen.* (**Ind. P. 64 999** vom 19/8. 1958, ausg. 27/3. 1961. — C. **1962,** 1049 [D. A. S. 1 106 492].)

Rütgerswerke Akt.-Ges., Frankfurt/M., *Härten von ungesättigten Polyestern.* (**E. P. 885 577** vom 20/6. 1960, ausg. 28/12. 1961. D. Prior. 1/7. 1959. — C. **1963,** 3042 [D. A. S. 1 122 253].)

Onderzoekingsinstituut Research, Arnheim, übert. von: **Gijsbertus J. Zoetbrood**, Velp, Niederlande, *Polymethylenterephthalat.* (**A. P. 2 998 408** vom 23/4. 1956, ausg. 29/8. 1961. Niederl. Prior. 6/5. 1955. — C. **1959,** 11746 [Niederl. P. 87 085].)

Badische Anilin- & Soda-Fabrik Akt.-Ges., übert. von: **Herbert Willersinn**, Ludwigshafen/Rh., *Ungesättigte Polyester.* (**A. P. 3 001 967** vom 19/8. 1958, ausg. 26/9. 1961. D. Prior. 27/8. 1957. — C. **1960,** 5993 [D. A. S. 1 060 590].)

Farbenfabriken Bayer Akt.-Ges., Leverkusen, übert. von: **Hermann Schnell, Walter Kimpel, Ludwig Bottenbruch, Heinrich Krimm** und **Gerhard Fritz**, Krefeld, *Thermoplastische Polycarbonate.* (**A. P. 2 997 459** vom 8/5. 1956, ausg. 22/8. 1961. D. Prior. 13/5. 1955. — C. **1958,** 8203 [D. A. S. 1 011 148].)

Farbenfabriken Bayer Akt.-Ges., Leverkusen (Erfinder: **Ludwig Bottenbruch** und **Hermann Schnell**, Krefeld), *Herstellung von Kohlensäureestern.* (**Schwz. P. 361 792** vom 11/3. 1957, ausg. 30/6. 1962. D. Prior. 6/4. u. 4/12. 1956. — C. **1960,** 17516 [E. P. 808 490].)

Union Carbide Corp., V.St.A., übert. von: **Donald M. Young**, Geneva, Schweiz, und **Christian F. Horn**, New York, N.Y., V.St.A., *Sulfongruppen enthaltende Polyester.* (**A. PP. 2 999 848** u. **2 999 850** vom 7/10. 1957, ausg. 12/9. 1961. — C. **1962,** 7716 [E. P. 844 826].)

Farbwerke Hoechst Akt.-Ges., vormals Meister Lucius & Brüning, Frankfurt/M., *Phosphor enthaltende Polyester.* (**E. P. 891 704** vom 10/3. 1958, ausg. 14/3. 1962. D. Prior. 8/3. u. 28/3. 1957. — C. **1960,** 1014 [D. A. S. 1 045 649].)

Ciba Ltd., Basel, Schweiz, *Härtbare Mischung aus Epoxyharzen und Polyamidharzen.* (**E. P. 874 970** vom 7/10. 1958, ausg. 16/8. 1961. Schwz. Prior. 11/10. 1957. — C. **1960,** 14535 [Oe. P. 207 120].)

Ciba Ltd., Basel, Schweiz, *Herstellung von neuen, Epoxidgruppen enthaltenden Äthern von N-Methylamino-1.3.5-triazinen.* (**Ind. P. 64 696** vom 19/7. 1958, ausg. 27/7. 1960. — C. **1961,** 9228 [Oe. P. 206 181].)

Farbenfabriken Bayer Akt.-Ges., Leverkusen, und **Mobay Chemical Co.**, Pittsburgh, Pa., V.St.A., übert. von: **Fritz Steinfatt**, Opladen, **Günther Braun**, Leverkusen, und **Bernhard Schmidt**, Berlin, *Bactericide Polyurethanschaumstoffe.* (**A. P. 3 006 870** vom 25/9. 1956, ausg. 31/10. 1961. D. Prior. 26/9. 1955. — C. **1961,** 678 [F. P. 1 157 642].)

Farbenfabriken Bayer Akt.-Ges., Leverkusen, und **Mobay Chemical Co.**, Pittsburgh, Pa., V.St.A., übert. von: **Erwin Müller, Otto Bayer** und **Heinrich Morschel**, Leverkusen, *Herstellung von Polyester- und Polyätherurethanen.* (**A. P. 2 998 403** vom 25/4. 1956, ausg. 29/8. 1961. D. Prior. 28/4. 1955. — C. **1958,** 2882 [D. B. P. 963 104].)

Ciba Ltd., Basel, Schweiz, *Härtbare Epoxyharzmasse.* (**E. P. 872 148** vom 15/5. 1958, ausg. 5/7. 1961. Schwz. Prior. 16/5. 1957 u. 14/4. 1958. — C. **1960,** 8701 [D. A. S. 1 069 870].)

Ciba Ltd., Basel, Schweiz, *Härtbare Epoxyharze.* (**E. P. 871 350** vom 6/8. 1957, ausg. 28/6. 1961. Schwz. Prior. 3/8. 1956 u. 20/6. 1957. — C. **1960,** 4371 [D. A. S. 1 061 067].)

Kalle & Co. Akt.-Ges. (Erfinder: **Otto Herrmann** und **Hermann Müller**), Wiesbaden, *Verbundfolien.* (**Schwz. P. 350 581** vom 16/2. 1956, ausg. 14/1. 1961. D. Prior. 19/2. 1955. — C. **1960,** 14537 [A. P. 2 911 321].)

H_{12}. Kautschuk

Die neuen Kautschuke. Vicente Trius. (Rev. Plásticos **13,** 379—85, Juli/Aug. 1962; Unicolor, S.A.; span.) — Übersicht über neue Entw. auf dem Gebiet des synthet. Kautschuks. M. Hagedorn. 7224◇

Isobutylen-Copolymere von Vinylbenzylchlorid und Isopropenylbenzylchlorid. Giffin D. Jones, James R. Runyon und Josephine Ong. (J. appl. Polymer Sci. **5,** 452—59, Juli/Aug. 1961; Midland, Mich., Dow Chem. Co., Phys. Res. Labor.; engl.) — *Vinylbenzylchlorid* (I) u. *Isopropenylbenzylchlorid* (II) werden mit *Isobutylen* (**III**) u. *Propylen* copolymerisiert. **I** u. **III** ergeben ein Copolymerisat, das reicher an **III** ist als das Ausgangsgemisch. Bei **II** u. **III** ist es umgekehrt. Copolymerisate mit kleinen Geh. an reaktionsfähigen $-CH_2Cl$-Gruppen werden mit Aminen oder nach einem üblichen Butylkautschukrezept vulkanisiert. Aus Copolymerisaten, die reich an $-CH_2Cl$-Gruppen sind, werden semipermeable Membrane hergestellt. W. Wesly. 7224□

Die oxydative Alterung im UV-Licht von Dicumylperoxid-Vulkanisaten von Naturkautschuk in Gegenwart verschiedener Antioxydantien. J. R. Dunn. (J. appl. Polymer Sci. **4,** 151—58, Sept./Okt. 1960; Rubber Chem. and Technol. **34,** 686—96, April/Juni 1961; Welwyn Garden City, Herts., England, The british Rubber Producers' Res. Ass.; engl.) — Der oxydative Abbau von peroxidvulkanisiertem *Naturkautschuk* bei Wellenlängen von 300 mμ u. darüber wurde nach dem Spannungsrelaxations-Verf. untersucht. Substituierte Naphthylamine u. p-Phenylendiamine, u. zwar bes. das erstere, photosensibilisieren anfänglich den Abbau der Vulkanisate, geben aber dann Anlaß zur Bldg. gefärbter Prodd., die als Antioxydantien wirken. Die Schutz-Wrkg. dieser Amine geht nicht auf eine Vernetzungs-Wrkg. zurück. Phenole mit völliger ster. Hinderung erwiesen sich als wirksame Antioxydantien mit langer Lebensdauer; Phenole ohne ster. Hinderung sind jedoch keine guten Antioxydantien gegen Licht. Die Kombination eines UV-Absorbers mit einem Phenol mit ster. Hinderung liefert eine ausgezeichnete Schutz-Wrkg., die sich erst voll entwickelt, sobald ein Bruchteil des Phenols zu einer gefärbten Verb. oxydiert wurde. Viele Dithiocarbamate, Dithiophosphate u. Xanthate schützen gegen Licht, ihre Wrkg. ist jedoch von kurzer Dauer, mit Ausnahme des Falles von Ni- u. Cr-Isopropylxanthat. Die bes. Stabilität dieser Stoffe wird darauf zurückgeführt, daß sie sowohl als UV-Absorber, als auch als Antioxydantien wirken. Da ein Zusatz eines UV-Absorbers zu Ni- u. Cr-Xanthat deren Wirksamkeit nicht weiter erhöht, bildet die Kombinatio eines Phenols mit ster. Hinderung u. eines UV-Absorbers das bestwirksame Schutzmittel gegen Licht zum Einbau in durchscheinende Kautschukvulkanisate. F. Rochlitz. 7230◇

Die Schwund-Abhängigkeit der Kautschuk-Viscoelastizität. 2. Mitt. Der Einfluß von Ruß. P. Mason. (J. appl. Polymer Sci. **4**, 212—18, Sept./Okt. 1690; Welwyn Garden City, Herts, England, The british Rubber Producers' Res. Assoc.; engl.) — 1. vgl. C. **1963**, 537. — Die elast. u. viskose Komponente des dynam. Young-Moduls wurden bei Verformungen bis zu 80% u. in einem Temp.-Bereich von -30^0 bis $+30^0$ an *Naturkautschuk* mit einem Ruß-Geh. von 18 Vol.-% gemessen. Diese Komponenten wurden aus der Fortpflanzungs-Geschw. u. Dämpfung von Longitudinalwellen mit 1 kHz/Sek. u. gestreckten Fäden abgeleitet. 2 Rußtypen mit mittlerem Partikeldurchmesser von ca. 0,4 μ (MT-Ruß) u. von 0,04 μ (HAF-Ruß), wurden untersucht. Die Verformungsabhängigkeit der Modulkomponenten des MT-gefüllten Materials konnte durch die früher für den „Gum"-Kautschuk entwickelten linearen Beziehungen dargestellt werden: Division durch einen aus der Genth-Simka-Gold-Gleichung abgeleiteten Vol.-Beladungsfaktor lieferte eine gute Übereinstimmung mit den entsprechenden Werten für das „Gum" bei gleicher Verformung u. Temperatur. Die Verformungsabhängigkeit des HAF-gefüllten Kautschuks wurde an Hand der Kurve Gleichgewichtsmodul–Dehnung analysiert. Dieses Material zeigte eine viel größere Zunahme der Modulkomponenten als nach dem Vol.-Beladungsfaktor zu erwarten war u. der Temp.-Koeff. dieser Komponenten war viel geringer als beim „Gum"-Kautschuk. Die Glasumwandlungs-Temp. des „Gum"-Kautschuks von $-65{,}7^0$ wurde durch die Ggw. eines der beiden Ruße wesentlich beeinflußt. F. Rochlitz. 7230◇

Dunlop Rubber Co. Ltd., London, England, **Mischpolymerisate aus aliphatischen Monoolefinen und endocyclischen Dienen.** Man polymerisiert eine Mischung aus einem oder mehreren aliphat. Monoolefinen, z. B. Äthylen, Propylen, Buten-(1), Isobuten, Penten, Hexen, Decen u. einem endocycl. Dien, z. B. Bicyclopentadien, Dicyclo-(2.2.1)-hepta-2.5-dien, Bicyclo-(2.2.2)-octa-2.5-dien, in Ggw. eines Katalysators aus einer Verb. von Metallen der Gruppen IVa—VIIIa u. einer metallorgan. Verb. der Gruppen I—IV des Period. Syst. in einem inerten organ. Lsgm. u. erhält *kautschukartige, vulkanisierbare Mischpolymerisate.* (**E. P. 880 904** vom 17/7. 1957, ausg. 25/10. 1961.) L. Stadelmann. 7225

Goodyear Tire & Rubber Co., Akron, Ohio, V.St.A., **Behandlung von Latex aus Emulsionspolymerisaten von Dienmonomeren.** Man beseitigt nicht umgesetzte Monomere in Ggw. von Hydrazin oder asymmetr. Dimethylhydrazin. — So gibt man zu einem Emulsionspolymerisationsansatz mit Butadien u. Styrol nach Polymerisation von 60% der Monomeren zur Verhütung des Entstehens oder Wachsens von Popcornpolymeren ca. 0,03% (der Ausgangsmonomeren) Hydrazin u. 0,2% K-Dimethyldicarbamat u. entfernt aus dem ca. 40%ig. Latex Butadien u. anderes bei 65—75°F Flüchtiges, hält dann bei 100°F u. 200 mm u. entfernt schließlich Styrol mit Wasserdampf. (**Jap. A. S. 17340/1960** vom 2/2. 1959, ausg. 25/11. 1960.) M. Pankow. 7225

Esso Research and Engineering Co., Elizabeth, N.J., V.St.A., **Bromierung von Äthylenmischpolymerisaten,** die 5—95% Äthylen u. 95—5% eines höheren α-Olefins enthalten. Die Bromierung mit üblichen Bromierungsmitteln in Lsg. oder Quellung führt zu amorphen kautschukartigen Prodd., die 1—50% Br gebunden enthalten u. deren Vulkanisate gegen hohe Temp. u. Ozon beständig sind, u. hohe dynam. Festigkeit u. niedrige relative Dämpfung haben. — Verw. bes. für *Reifenmischungen.* (**E. P. 883 731** vom 24/12. 1958, ausg. 6/12. 1961. A. Prior. 13/1. 1958.) L. Stadelmann. 7231

Polymer Corp. Ltd., Sarnia, Canada, *Friedel-Crafts-Polymerisation von Isoolefinen.* (**E. P. 887 779** vom 23/11. 1959, ausg. 24/1. 1962. A. Prior. 28/11. 1958. — C. **1961**, 12666 [D. A. S. 1 107 764].)

Dow Chemical Co., Midland, Mich., V.St.A. (Erfinder: **Kenneth Elmer Stober, Clifford Harry Engwis** und **Theodore Woolsey Dwight jun.**), *Pfropfpolymerisate aus Natur- oder Synthesekautschuk.* (**E. P. 892 345** vom 23/3. 1959, ausg. 28/3. 1962. — C. **1960**, 12184 [A. P. 2 895 939].)

Siemens-Schuckertwerke Akt.-Ges., Berlin und Erlangen, *Herstellung von Schutzhüllen für elektrische Kabel.* (Niederl. P. 101 498 vom 30/10. 1953, ausg. 15/6. 1962. D. Prior. 18/12. 1952. Zusatz zu Niederl. P. 88 593; C. 1960, 254. — C. 1960, 1696 [D. A. S. 1 032 520].)

Montecatini Soc. Gen. per l'Industria Mineraria e Chimica, Mailand, Italien, *Herstellen von vulkanisierten Elastomeren.* (E. P. 896 939 vom 17/11. 1958, ausg. 23/5. 1962. It. Prior. 21/11. 1957. — C. 1962, 4012 [D. P. [DDR] 20 905].)

Polyplastic, Paris, Frankreich, *Herstellen von gepfropften Polymeren.* (E. P. 883 793 vom 25/11. 1957, ausg. 6/12. 1961. F. Prior. 24/11. 1956. — C. 1959, 17527 [Oe. P. 202 353].)

H_{13}. Ätherische Öle. Parfümerie. Kosmetik

Die Beschleunigung des Abklärens von Parfümerieflüssigkeit. I. W. Winogradowa. (Öl- u. Fett-Ind. [UdSSR] 23, Nr. 6, 29—34, 1957; russ.) — Allg. Ausführungen über das Abklären von Parfümerie-Fll. mit Hilfe der Dekantation u. Filtration bei erniedrigten Temp. bzw. die Verw. von Absorbentien ($MgCO_3$ u. Kaolin).
S. Baryschnikow. 7276

Flamm- und Brennpunkte von Parfümerieflüssigkeiten. I. Ss. Budko und A. I. Aleschina. (Öl- u. Fett-Ind. [UdSSR] 23, Nr. 6, 38—39, 1957; Kuban. Landw. Inst.; russ.) — Die Flamm- u. Brennpunkte von 33 Parfümeriekompositionen werden angegeben. S. Baryschnikow. 7276

Eine technische Methode zur Gewinnung von Santalydol. L. A. Cheifitz, E. A. Ssimanowskaja, W. N. Below, P. W. Iwanow, Je. Ss. Schapiro und M. Ja. Brainess. (Öl- u. Fett-Ind. [UdSSR] 23, Nr. 6, 35—38, 1957; Unionsforschungsinst. für synthet. u. natürl. Duftstoffe; russ.) — 18,2 (kg) Guajacol, 10 Camphen u. 0,9 35%ig. Lsg. von BF_3 in Eisessig werden 1 Std. bei 25—30°, 1 Std. bei 40°, 2 Std. bei 80° u. 4 Std. bei 95—100° erwärmt; das Rk.-Prod. wird mit gesätt. NaCl-Lsg. gewaschen u. bei 6 mm fraktioniert. 9 kg der Fraktion mit $Kp._6$ 188—195° (n_D^{20} 1,5440—1,4550) u. 0,9 kg Raney-Ni werden 6—8 Std. lang bei 180—195° u. bei 110—120 atü H_2-Druck hydriert. Das hydrierte Prod. wird bei 5 mm fraktioniert. Die Ausbeute an Handelsfraktion mit $Kp._5$ 165—175° bzw. *Santalydol* (I) beträgt 78—85° der Gesamtbeschickung. Das hergestellte I ist farblos, stark zäh, von santalartigem Geruch. Der n_D^{20} des Prod. beträgt 1,5060—1,5085; $D._4^{20}$ 0,9937—1,0133, die Bromzahl $\leq$8. Die chem. Zus. von I wurde nicht festgestellt. S. Baryschnikow. 7276

Das offene Problem der biologischen Aktivität kosmetischer Präparate. Emil G. Klarmann. (J. Soc. Cosmet. Chemists 13, 65—80, Febr. 1962; New York, Lehn & Fink Products Corp.; engl.) — In einer Übersicht werden die durch Zusatz von Desodorantien, Vitaminen, Hormonen, Steroiden, Strahlungsfiltern u. Bakteriostatica zu kosmet. Präpp. sich ergebenden Probleme erörtert. — 51 Literaturangaben.
H. Sontag. 7284◇

Die Verwendung von Enzymen in kosmetischen Präparaten. Kenneth L. Howard. (J. Soc. Cosmet. Chemists. 13, 59—63, Febr. 1962; Staten Island, N.Y., Wallerstein Co., Div. Baxter Labor.; engl.) — Die in der Medizin zur Hauptbehandlung bereits seit längerer Zeit eingesetzten Proteasen bakterieller, tier. u. pflanzlicher Herkunft werden angeführt u. ihre kosmet. Wirksamkeit erörtert, wobei bes. auf den Einfl. der Herkunft der Enzyme eingegangen wird. Vf. legt dar, daß der kontrollierte Einsatz von Enzymen in kosmet. Präpp. eine Bereicherung darstellt u. verweist auf die Einhaltung bes. Maßnahmen, die bei der Herst. solcher Präpp. bzgl. ihres Feuchtigkeits-Geh. u. pH-Wertes, der Wahl des Lsgm. u. der Herst.-Temp. zu berücksichtigen sind.
H. Sontag. 7284◇

Möglichkeit und Bedingungen des Übergangs schädlicher Substanzen aus Blei-Zinn-Verpackungen, die in der kosmetischen Industrie verwendet werden. Bronisława Legatowa. (Roczniki państwowego Zakładu Hig. 12, 329—38, 1961; PZH, Zakł. Bad. Żywn. i Przedm. Uzytku; pol.) — Bei sauren u. stark alkal. Präpp. ist die Schutz-Wrkg. der Sn-Plattierung von Pb-Tuben elektrochem. Art: Pb wird nicht gelöst, so lange noch Sn (Anode) vorhanden ist. Bei neutralen oder schwach alkal. Präpp. schützt Sn die Pb-Tube mechan. vor Korrosion. Die Sn-Schicht muß aber in diesem Fall dicht u. unverletzt sein, da sonst Mikroelemente entstehen. F. Urban. 7284◇

Versuche zur chemischen Identifizierung und Bestimmung des Matricariaesters aus Wurzeln von Solidago virgaurea. 10. Mitt. **Mikroanalytik ätherischer Öle.** S. Knütter und R. Pohloudek-Fabini. (Pharmazie 17, 456—62, Aug. 1962; Greifswald, Univ., Pharm. Inst.; dt.) — 9. vgl. Th. Beyrich, Pharmazie 16, [1961], 360. — Vff. berichten über mikrochem. Meth. zum Nachw. des *Matricariaesters* (I; $CH_3-CH=CH-C\equiv C-C\equiv C-CH=CH-COOCH_3$). In Lsg. ist der Ester mit Alkalilaugen (Rotbraunfärbung), Dinitrobenzol (Braunfärbung), $KMnO_4$ (Braunfärbung) u. Dimethylthiazolyl-diphenyltetrazoliumbromid (Violettfärbung) nachweisbar. Mittels Papierchromatographie (Fließmittel Octan, Papier imprägniert mit Dimethylformamid) können bis 0,5 μg mit der $KMnO_4$-Benzidin-Rk. nachgewiesen werden. Zur quant. Best. wurde der I-Fleck mit Chlf. eluiert u. die Extinktion des Eluats bei 337 nm gemessen (20—80 μg I sind mit einem Fehler von $\pm 5\%$ zu erfassen). — 17 Literaturangaben.

M. Luckner. 7286 □

Soc. des Usines Chimiques Rhône-Poulenc (Erfinder: Marc Julia), Paris, Frankreich, **Cyclopropan (I)-Derivate** der allg. Formel **II**, in der R_1 ein Alkylrest mit 1—4 C-Atomen oder ein Aralkylrest u. R_2 ein Alkylrest mit 1—3 C-Atomen ist, erhält man durch Rk. einer Verb. R_1X (X = Halogen) mit einem α-Acyl-γ-butyrolacton in Ggw. eines alkal. Mittels (Alkalimetalle u. ihre Derivv., wie Hydride, Amide, Alkoholate) u. eines wasserfreien aromat. KW-Stoffes (Bzl., Toluol) oder substituierten Amids niedriger Fettsäuren, wie Dimethylformamid oder Dimethylacetamid, Behandeln des erhaltenen Prod. mit einer sd. Lsg. von Halogenwasserstoffsäure u. Cyclisieren der erhaltenen Verb. der allg. Formel $YCH_2-CH_2-CHR_1-CO-R_2$ (Y = Cl oder Br) mit NaOH oder KOH. — Zum Beispiel setzt man 256 (g) α-Acetyl-γ-butyrolacton u. 312 CH_3J tropfenweise unter Rühren mit 1,31 einer benzol. 1,5n tert. Na-Amylat-Lsg. um, hydrolysiert mit W., neutralisiert, extrahiert mit Bzl., dampft aus dem getrockneten Extrakt das Lsgm. ab, dest. den Rückstand u. erhält 195 α-Methyl-α-acetyl-γ-butyrolacton, $Kp._{20}$ 128°; n_D^{20} 1,4563. — 315 davon werden in ein sd. Gemisch von 500 ml konz. HCl (6 Mol) u. 600 ml W. gegeben, das Gemisch wird lebhaft dest., das Destillat in 2 Schichten getrennt, neutralisiert, mit Ae. extrahiert, getrocknet u. das Filtrat dest.; man erhält 270 3-Methyl-1-chlorpentanon-(4), hellgelbe Fl., $Kp._{0,1}$ 52°; n_D^{23} 1,4345. 126 davon werden mit 60 NaOH u. 60 ml W. 2 Std. lang unter Rückfluß erhitzt u. dann dest.; man trennt die ölige Phase des Destillats ab, extrahiert die wss. Phase mit Ae., entfernt den Ae. u. erhält aus den vereinigten organ. Phasen durch Dest. 46,5 *α-Acetyl-α-methyl*-**I**, $Kp._{760}$ 124 bis 126°. — Analog erhält man: *α-Acetyl-α-äthyl*-**I**, $Kp._{110}$ 100—110°; n_D^{20} 1,4400. — *α-Acetyl-α-benzyl*-**I**, $Kp._{0,2}$ 125°; n_D^{20} 1,5332. — *Riechstoffe* mit einer flüchtigen Ambranote bzw. Geruchsnote nach frischen, saftigen Kakteen bzw. Note nach Moschus mit einer warmen Benzoegeruchsnuance, bes. geeignet zur Fixierung von Ambragerüchen, u. Zwischenprodd. zur Herst. von terpenähnlichen Verbindungen. (**D. A. S. 1 119 261** Kl. 12o vom 20/4. 1960, ausg. 14/12. 1961. **E. P. 884 637** vom 17/6. 1960, ausg. 13/12. 1961. Beide F. Prior. 8/7. 1959.) R. Hauß. 7277

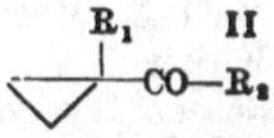

II

Schenley Industries, Inc., New York (Erfinder: Bruno Puetzer, White Plains, und Armando Boschetti, Long Island), N.Y., V.St.A., **Siliconhaltige Hautschutzsalbe** auf paraffin. Grundlage, dad. gek., daß sie 45 bis 60 (Gew.-%) eines Dimethyl- u./oder Diphenylpolysiloxans mit einer Viscosität von 150—350 cSt. bei 25°, 15—30 Zn-Stearat u. 25 einer paraffin. Salbengrundlage enthält. (**D. A. S. 1 134 478** Kl. 30i vom 5/3. 1960, ausg. 9/8. 1962. A. Prior. 7/5. 1959.) K. Koebke. 7285

Rohm & Haas Co., Philadelphia (Erfinder: Wayne E. Feely, Rydal), Pa., V.St.A., **Kosmetisches Präparat zur Verhütung von Sonnenbrand,** gek. durch einen Geh. an Verbb. der Formel **I** als strahlenabsorbierendes Mittel, wobei R u. R_1 H oder Alkylgruppen mit 1—4 C-Atomen darstellen, bes. in einem ölhaltigen Trägermedium. (**D. A. S. 1 134 799** Kl. 30i vom 9/3. 1961, ausg. 16/8. 1962. A. Prior. 10/3. 1960.) K. Koebke. 7285

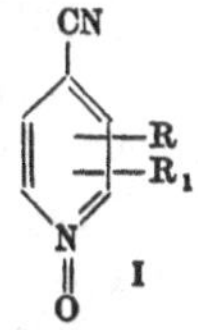

I

Revlon, Inc., New York (Erfinder: Everett Alexander, Yorkers, Norman Greif, Brooklyn, Herman Jass, Hartsdale, und Raymond Stetzer, Roslyn Heights), N.Y., V.St.A., **Bräunendes Schutzmittel gegen Sonnenbrand,** dad. gek., daß es aus mindestens einer Verb. der allg. Formel **I**, in welcher R ein KW-Stoffrest wie $CH_3—$, $C_2H_5—$, $CH_3\cdot CH_2\cdot CH_2—$, $(CH_3)_2\cdot CH—$, $CH_3\cdot CH_2\cdot CH_2\cdot CH_2—$, $(CH_3)_2\cdot CH\cdot CH_2—$, $CH_3(CH_2)_4—$ oder $C_6H_5\cdot CH_2—$ darstellt, u. aus einem fl., kosmet. Träger besteht, wobei die Verb. 1—5 Gew.-% des fl. Trägers ausmacht. Beschrieben wird die Herst. von *Methylsalicylcinnamat*, F. 71,2°. (**D. A. S. 1 134 182** Kl. 30i vom 3/3. 1961, ausg. 2/8. 1962. A. Prior. 7/3. 1960.) K. Koebke. 7285

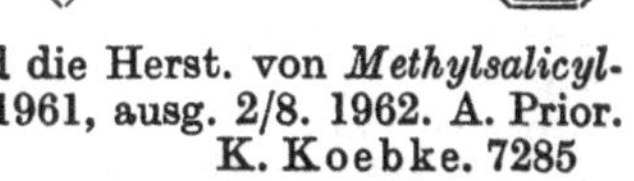

I

Ciba Akt.-Ges., Basel (Erfinder: Erich Matter, Riehen, Armin Hiestand, Binningen, und Otto Albrecht, Neue Welt), Schweiz, **Haarwaschmittel,** enthaltend Säureadditionssalze von Alkylenpolyaminen oder Polyalkylenpolyaminen (I), die mindestens einen nichtaromat. KW-Stoff- oder Acylrest mit ≧7 C-Atomen an einem N-Atom tragen u. die mindestens einen an ein anderes, bes. tert. Amin-N-Atom gebundenen Rest der Formel $ACDNB_1B_2$ aufweisen, wobei A einen Alkylrest, B_1 u. B_2 Hydroxylalkyl- oder Hydroxyalkoxyalkylreste u. B_1 außerdem H bedeuten, bes. die Monoacylierungs-Prodd. aus 1 (Mol) Laurin-, Myristin-, Palmitin-, Stearin- oder Ölsäure mit 1 I, z. B. Verbb. der Formel $R-CONHC_2H_4N(C_2H_4OH)-CH_2CON-(C_2H_4OH)_2$ (R = Rest der Cocosfettsäure). Die Mittel können außerdem noch nichtion. waschakt. Stoffe, inerte Verdünnungsmittel u. andere in Haarwaschmitteln übliche Zusätze enthalten. (**D. A. S. 1 132 292** Kl. 30h vom 8/7. 1958, ausg. 28/6. 1962. Schwz. Prior. 16/7. u. 30/12. 1957.) C. Lüttgen. 7285

Gillette Co., Boston, Mass. (Erfinder: Du Yung Hsiung, Chicago, Ill.), V.St.A., **Verwendung von saugfähigem Papier beim Dauerwellen von Haar** nach dem Kaltwell-Verf., dad. gek., daß es in trockener, fester Form Mg-Bis-thioglykolat oder dessen Hydrat u. eine alkal. Substanz, bes. 2-Amino-2-methylpropandiol-(1.3), NaOH, KOH oder Na-Glycinat, enthält. (**D. A. S. 1 131 362** Kl. 30h vom 30/10. 1957, ausg. 14/6. 1962. A. Prior. 9/11. 1956 u. 6/5. 1957.) C. Lüttgen. 7285

Raymond Dubois, Genf, Schweiz, **Herstellung eines Mittels zur Pflege des Haares und der Kopfhaut,** dad. gek., daß man Getreidekeimlinge u. Zucker oder Glucose in einem wss. Medium mit Hefe, z. B. Bierhefe, versetzt u. bei 25—30° der Gärung unterwirft. (**D. A. S. 1 131 361** Kl. 30h vom 22/5. 1959, ausg. 14/6. 1962. Schwz. Prior. 23/5. 1958.) C. Lüttgen. 7285

Hans Schwarzkopf, Hamburg (Erfinder: Rolf Blanke, Tornerch/Holst., und Annemarie Herzog, Berlin), **Färben von lebenden Haaren** mit einer neutralen oder schwach alkal. eingestellten Lsg., Creme oder Paste, die Oxydationsfarbstoffe enthält, dad. gek., daß die verwendete Lsg. oder Creme a) 1.4-Diaminobenzol oder 1.4-Aminophenol u./oder deren Substitutions-Prodd. sowie b) Polyhydroxybenzole u./oder 1.3-Aminophenol u./oder deren Substitutions-Prodd. im mol. Verhältnis von 1 : 1 u. einen O_2 abgebenden Stoff enthält. — Man löst 2,2 g 1-Methyl-2.5-diaminobenzolsulfat, 1,1 g 1.3-Dihydroxybenzol u. 5 (cm^3) 25%ig. NH_3-Lsg. in 100 W. u. gibt 20 6%ig. H_2O_2-Lsg. zu. Die Lsg. färbt stark ergrautes Haar intensiv blond. (**D. A. S. 1 134 181** Kl. 30h vom 17/12. 1959, ausg. 2/8. 1962.) C. Lüttgen. 7285

Ciba Ltd., Basel, übert. von: **Otto Albrecht**, Neue Welt, und **Erich Matter**, Riehen, Schweiz, *Haarwaschmittel.* (**A. P. 2 992 994** vom 18/7. 1955, ausg. 18/7. 1961. Schwz. Prior. 20/7. 1954. — **C. 1958,** 9925 [F. P. 1 134 849].)

Ciba Ltd., Basel, übert. von: **Arthur Maeder**, Therwil, Schweiz, *Aerosol-Haarfestlegemittel.* (**A. P. 3 025 219** vom 7/10. 1959, ausg. 13/3. 1962. Schwz. Prior. 28/12. 1956. — **C. 1961,** 9624 [D. A. S. 1 091 290].)

H_{14}. Zucker. Kohlenhydrate. Stärke

Ergebnisse von Vergleichsversuchen über Zuckerrübenarten in Belgien von 1957 bis 1961. N. Roussel. (Publ. techn. Inst. belge Amélioration. Betterave **29, 163** bis 192, 1961; Tirlemont, Belgien, Inst. de la Betterave; franz.) G. Vogel. 7406◇

Untersuchungen des chemischen Prozesses und der Verarbeitungsmöglichkeiten gelagerter Rüben. St. David, Ilinca Izvernariu und Ghizela Ciul. (Ind. Alimentară — Produse veget. **12,** 65—70, März 1961; rum.) — Vff. beschreiben die chem. Behandlungs-Meth. u. die analyt. Prüf-Verff. für gelagerte Rüben, die von Mikroorganismen befallen wurden. H. Guischard. 7406◇

Über die Verbesserung der Sedimentation des Saftes der I. Saturation durch Zusatz von Diffusionssaft. M. I. Barabanow. (Zucker-Ind. [UdSSR] **36,** Nr. 2, 25—27, Febr. 1962; russ.) — Die Verw. von Polyelektrolyten zur Aggregierung hochmol. Koll. ist verlustbringend. Ein hoher Geh. an Pektinen, wie Araban, Galaktan u. Polymere der Galakturonsäure, im Diffusionssaft wirkt nachteilig auf die Filtrationseigenschaften. Salze vom Typ des Calciumtetragalakturonats können bei der Defäkosaturation entstehen. Verss. mit Pektin aus Zuckerrüben zeigten, daß die Filtrations-Eigg. bei Erhöhung der Absetzungs-Geschw. des Nd. im Saft der 1. Saturation nicht verschlechtert werden u. die Transparenz des Dekantats verbessert ist. An Stelle von Spezialpektin-Lsgg. setzte man dem Saft der 1. Saturation vor der Absetzung des Nd. Diffusionssaft in Mengen von 5—40 Vol.-% zu. Ein Eiweiß–Pektin-Komplex der Koll. des Diffusionssaftes ist zur Beschleunigung der Absetzung des Nd. im Saft der 1. Saturation fähig. Ein Zusatz von Diffusionssaft bis 20% verringert die Filtrations-Geschw. des Saftes nicht. Günstig wirkt sich die Erhöhung der Basizität des Saftes der 1. Saturation auf 0,07—0,10% CaO aus. E. Hollstein. 7412◇

Verarbeitungsverluste im Raffineriebetrieb. E. Schulze. (Zuckererzeugung **6**, 198—201, Aug. 1962; Halle; dt.) — An Hand von Unterss. beweist Vf., daß das Aschenrendement für die Ausbeuteberechnung von Raffinat aus Rohzucker u. die Feststellung der Zuckerverluste unzureichend ist. Die auf dem gesamten Nichtzucker beruhenden Rendementsformeln liefern bessere, jedoch nicht völlig befriedigende Werte u. erlauben keinen Rückschluß auf die Zuckerverluste. Diese lassen sich am besten nach beendigter Arbeit aus Raffinat u. Zucker-Geh. der Melasse durch Bezug auf den Einwurf berechnen. Zur Berechnung vor Abschluß der Arbeit wird eine Modifikation der Schneiderschen Formel mit Korrekturen für Rohzucker- u. Melassepolarisation u. Änderung des Nichtzucker-Geh. bei der Verarbeitung vorgeschlagen. Langjährige Erfahrungswerte können hierbei benutzt werden. R. Ristow. 7416□

Die Rolle reduzierender Stoffe bei der Verarbeitung von Zuckerrohrrohstoff. I. F. Bugajenko. (Zucker-Ind. [UdSSR] **36**, Nr. 8, 19—21, Aug. 1962; Moskau, Technolog. Inst. der Lebensmittelind.; russ.) — Die Unterschiede im Nichtzucker der Rohrzucker- u. der Rübenzuckerproduktion sind durch das Reinigungs-Verf. des Saftes bedingt. Bei der Rohrzuckerproduktion führt die Zers. von reduzierenden Stoffen zur Bldg. neuen Nichtzuckers (Farbstoffe, Säuren). Da der Rohrzuckerrohstoff 0,5—2% reduzierende Stoffe enthält, vermeidet man bei der Reinigung hohe Basizität in Verbindung mit hohen Temp., die bei der Defäkosaturation angewendet werden. Die Anwendung der Affination entfernt den größten Teil an reduzierenden Stoffen mit der Melasse. Die Zers. der reduzierenden Stoffe während der Prod. kann nach dem Verhältnis des Geh. an reduzierenden Stoffen zum Geh. bas. Asche beurteilt werden, weil eine Änderung des Geh. an bas. Asche durch Zers. reduzierender Stoffe bewirkt wird. 5 Tabellen geben sowohl den Geh. an reduzierenden Stoffen im Zuckerrohrrohstoff als auch die Zus. der Melasse bei den Verss. an. E. Hollstein. 7440◇

Moderne Fabrikationsverfahren in der Glucoseindustrie. Mariana Popa. (Ind. Alimentară-Produse veget. **12**, 77—82, März 1961; rum.) — Beschreibung moderner Fabrikationsverfahren. H. Guischard. 7442◇

Die Bestimmung von Pektinstoffen in der Zuckerrübe. T. K. Gaponenkow und S. I. Protzenko. (Zucker-Ind. [UdSSR] **36**, Nr. 8, 27—29, Aug. 1962; Woronesh, Landwirtsch. Inst.; russ.) — Die Meth. beruht auf vollständiger Hydrolyse von Polygalakturonsäuren zu Galakturonsäure (**I**) u. Violettrotfärbung dieser mit Carbazol (**II**) in schwefelsaurem Medium. Färbung tritt nach 5—10 Min., das zu messende Farbmaximum nach ca. 2 Std. ein. Zucker-Lsgg. bei Konzz. unter 0,01% u. Aminosäuren bis 0,1% geben unter gleichen Bedingungen keine Färbung. Die opt. Dichte der mit **II** angefärbten Vers.-Lsg. ist direkt proportional der Konz. von **I**. Man mißt an einer Eichkurve mit photoelektr. Colorimeter. Die Messung ist bei einem Geh. zwischen 10 u. 75 mg **I**/ml Lsg. durchzuführen. Es werden Selenlichtfilter u. Küvetten von 20 mm Länge verwendet. E. Hollstein. 7472◇

Eine colorimetrische Methode zur Bestimmung von Betain in der Melasse und in Abfallaugen der Separation. M. I. Barabanow, Ss. T. Wiltschinski und I. M. Litwak. (Zucker-Ind. [UdSSR] **36**, Nr. 2, 41—44, Febr. 1962; russ.) — Beschreibung einer colorimetr. Best.-Meth. von Betain (**I**) als Reineckat, die durch Anwesenheit von Glutaminsäure nicht gestört wird. Gefärbte Lsgg., wie Melasse u. Abfallaugen, werden vor der Best. durch Erwärmen mit akt. Kohle entfärbt. Die Genauigkeit der Meth. beträgt $\pm 0{,}06$ mg **I** in der Melasse u. Abfallauge. Die lineare Abhängigkeit der opt. Dichte von der Konz. besteht in den Grenzen 0,5—10 mg Betain je Probe. E. Hollstein. 7476◇

Alejandro Rubio Baró, Perico, Kuba, **Reinigen von rohem Zuckerrohrsaft.** Der Saft wird nach Verlassen der Mahlwerke in kaltem Zustand durch Siebe von den Festbestandteilen befreit, mit H_3PO_4 oder einer anderen nicht giftigen Säure auf einen pH-Wert von 4—5, bes. 4,5, eingestellt, unmittelbar darauf mit Kalk oder anderem Alkali bis zum pH-Wert 7—8 versetzt u. mechan. von den ausgeschiedenen Verunreinigungen befreit. Darauf werden durch Erhitzen des Saftes auf 200—240° F die Albuminoide, Pektine usw. gefällt u. ebenfalls mechan. abgetrennt. (**Ind. P. 64 174** vom 24/5. 1958, ausg. 20/2. 1961.) C. Lüttgen. 7413

Eugen Gottlieb von Langen, Ottmar von Loessl, Köln, und Joachim Pfeifer, Elsdorf, **Reinigung von Rohzuckersäften,** dad. gek., daß sie progressiv mit ungefilterten Säften der 1. Carbonisierungsstufe u./oder Schlamm, der kein $Ca(OH)_2$ oder nur Spuren an suspendiertem $Ca(OH)_2$ enthält, behandelt werden, u. zwar in solchen Portionen, daß in der letzten Stufe der optimale Ausfällungspunkt bei pH 10,9 erreicht wird. (**E. P. 884 460** vom 1/4. 1958, ausg. 13/12. 1961. D. Prior. 9/4. 1957.) A. Gradl. 7413

Ajinomoto Co., Inc., Tokyo, Japan, **Reinigung von Rübenzucker-Abfallflüssigkeiten,** dad. gek., daß die Fll., z. B. Stephens Filtrat, bis zu einer Pyroglutaminsäure-Konz. von >3% eingeengt u. mittels einer Anionenaustauschermembran elektrodialysiert werden, worauf nach Verdünnung auf eine Pyroglutaminsäure-Konz. <3% u. Einstellung auf einen pH-Wert von 3—7 die Lsg. mittels einer Anionenaustauschermembran einer Elektrophorese unterworfen wird. (**E. P. 883 922** vom 17/9. 1959, ausg. 6/12. 1961. Jap. Prior. 24/7. 1959.) A. Gradl. 7413

A. E. Staley Mfg. Co., übert. von: Ralph E. C. Fredrickson, Decatur, Ill., V.St.A., **Verflüssigung von Stärkepulver.** Das Pulver wird mittels Durchleiten eines Gases suspendiert. Man fügt dem Stärkepulver 1 Gew.-% $Ca_3(PO_4)_2$ zu. (**A. P. 3 003 894** vom 17/9. 1959, ausg. 10/10. 1961.) H. Maaß. 7449

Vaessen-Schoemaker Holding N.V., Deventer, Niederlande (Erfinder: Adreaan Dekker), **Herstellung wässeriger Amyloselösungen hoher Konzentration.** Man verteilt die Amylose (I), die ggf. mit Amylopektin gemischt sein kann, in einer wss. >6% ig. CH_2O- oder Glyoxal-Lsg. u. erwärmt dann auf höchstens 100°. Auf diese Weise werden stabile Lsgg. mit einem I-Geh. bis zu 75% erhalten, die durch Eindampfen noch weiter konz. werden können. (**Niederl. P. 98 574** vom 29/1. 1958, ausg. 17/7. 1961. **Aust. P. 231 807** vom 23/1. 1959, ausg. 2/2. 1961. Niederl. Prior. 29/1. 1958.) F. Böhm. 7449

Rohm & Haas Co. (Erfinder: Giuseppe Assalini), *Reinigen von Zuckersäften.* **(Aust. P. 234 264 vom 14/10. 1959, ausg. 13/7. 1961. A. Prior. 2/6. 1959. — C. 1961, 5635 [A. P. 2 929 746].)**

H_{15}. Gärungsindustrie

Haltbarmachen von Hefekulturen durch Gefriertrocknung. Jean Wynants. (J. Inst. Brewing **68** ([N. S.] **59**), 350—54, Juli/Aug. 1962; Brüssel, Belgien, Brasserie St. Josse; engl.) — 7 Brauhefestämme werden der Gefriertrocknung unterworfen u. die behandelten Hefen durch manometr. Messungen auf ihr Oxydations- u. Gärungsvermögen untersucht. Die gefriergetrockneten Stämme zeigen geringere O_2-Aufnahme u. entwickeln auf festen Nährböden auch abnorm kleine Kolonien. Hierdurch wird bewiesen, daß einige Zellen ihre Fähigkeit zur Oxydation von Glucose u. anderen untersuchten Atmungssubstraten verloren haben. Zellen aus normalen Kolonien erweisen sich jedoch als ganz ähnlich solchen, die unbehandelt sind; Wachstumskurven u. Assimilations-Rkk., Sporen-Bldg. u. Flockungsfähigkeit bleiben unverändert. F. Zeidler. 7506□

Annäherungsmethode für die Charakteristik der Hefesedimentation. J. B. Woof. (J. Inst. Brewing **68** ([N. S.] **59**), 315—17, Juli/Aug. 1962; London, Arthur Guinness Son & Co. Ltd.; engl.) — Der Unterschied zwischen Flockung u. Sedimentation wird bes. hervorgehoben. Die Sedimentationskurven (Zellenanzahl gegen Zeit) verschiedener Hefen in Bier werden untersucht. Sie lassen sich durch 2 durch einen scharfen Knick verbundene Geraden darstellen. Der steile Teil dieser Kurven entspricht der Bldg. u. Sedimentation großer Hefeflocken, der flache Kurventeil der langsamen Sedimentation einzelner Zellen. Der Schnittpunkt beider Kurvenzweige scheint für jeden Hefestamm charakterist. zu sein u. kann durch 2 Parameter ausgedrückt werden, für die die Ausdrücke Endzeit (Terminal Time) u. Endzahl (Terminal Count) vorgeschlagen werden. F. Zeidler. 7506□

Cytochrome Farbstoffe von Back- und Brauhefen. J. P. Hennessy. (J. Inst. Brewing **68** ([N. S.] **59**), 332—43, Juli/Aug. 1962; Dublin, Arthur Guinness Son & Co. Ltd.; engl.) — Aerob. gewachsene Backhefe hat 5 Absorptionsbanden im sichtbaren Spektrum, zufolge der Anwesenheit von Cytochrom a u. a_3 bei 605 $m\mu$, von Cytochrom b bei 565 u. 530 $m\mu$ u. von Cytochrom c bei 550 u. 523 $m\mu$. Anaerob. gewachsene Brauhefe kann bis zu 3 Banden haben, zufolge der Anwesenheit von a_1 bei annähernd 590 $m\mu$ u. von Cytochrom b_1 bei 558 u. 530 $m\mu$. Unter anaeroben Bedingungen gewachsene Backhefe läßt sich von Brauhefe nicht unterscheiden. Aerob. gewachsene Brauhefe wiederum läßt sich nicht von Backhefe unterscheiden u. zeigt Banden für Cytochrom a u. a_3, b u. c. Cytochrom a_1 u. b_1 sollen die Vorstufen in der Biosynth. der Cytochrome a u. a_1, b u. c sein. Eine bei 37° bebrütete Brauhefe verliert ihre Cytochrombanden für a_1 u. b_1 u. entwickelt 2 neue Banden bei 583 u. 549 $m\mu$. Die Verbb., die diese beiden Banden hervorbringen, können biosynthet. wichtig sein zufolge ihrer Ähnlichkeit mit den Spektren von Verbb., die schon in Hefe beobachtet worden sind, nämlich Hämoglobin u. Cytochrom c. — 28 Literaturangaben. F. Zeidler. 7506□

Die Einwirkung von Gibberellinsäure auf das Endosperm von Gerste. Anna M. MacLeod und A. S. Millar. (J. Inst. Brewing **68** ([N. S.] **59**), 322—32, Juli/Aug.

1962; Edinburgh, Heriot-Watt Coll.; engl.) — Wenn man Schnitte von Gerstenendosperm unter asept. Bedingungen mit Gibberellinsäure (GS) bebrütet, wird die Aktivität von salzlösl. Endo-β-glucanase u. Endopentosanase stark erhöht u. Enzyme u. lösl. Abbau-Prodd. der Zellenwand (Hexosan u. Pentosan) ins umgebende Medium ausgeschieden. Diese cytolyt. Wrkg. zusammen mit der erhöhten stärkelösenden Aktivität, die man am isolierten Endosperm bei der Einw. von GS beobachten kann, genügt, um in 3 Tagen bei 25° vollkommenes Löslichwerden des stärkehaltigen Endosperms zu bewirken. Die durch GS verursachte Ausscheidung von Zucker aus Endospermschnitten hat ein Maximum bei 30° u. wird bei 37° vollständig gehemmt; Ausscheidung von Zucker u. Endo-β-glucanase wird unter Bedingungen, die Proteolyse hemmen, nicht beeinflußt. — 24 Literaturangaben. F. Zeidler. 7540□

Kontinuierlicher Brauprozeß. 3. Mitt. Neue Vorrichtung zur kontinuierlichen Extraktion von Hopfen durch siedende Würze. A. D. Davis, J. R. A. Pollock und P. E. Gough. (J. Inst. Brewing **68** ([N. S.] **59**), 309—14, Juli/Aug. 1962; Nutfield, Surrey, Brewing Ind. Res. Found.; engl.) — 2. vgl. C. **1962,** 8453. — Ein Hopfenbett auf einem langsam wandernden, endlosen, perforierten Band wird mittels sd. Würze im Gegenstrom ununterbrochen extrahiert, wobei der ausgelaugte Hopfen als Filter für die Trennung der sd. Würze vom Bruch dient. Selbst bei dem jetzigen Frühstadium seiner Entw. hat dieses Gerät bereits dazu gedient, annehmbare Biere durch die Extraktion der Hopfenbitterstoffe zu bereiten, wobei ihr Wirkungsgrad sich mit dem mittels üblichen Siedens erreichbaren vergleichen läßt. F. Zeidler. 7544□

Die Bestimmung des Verhältnisses „Gramm Zucker/Grad Alkohol" bei der alkoholischen Gärung des Traubenmostes. P. Ilinca. (Ind. Alimentară — Produse veget. **12,** 82—88, März 1961; rum.) — Labor.-Verss. zeigten, daß bei dem mit ausgesuchter Hefe vergorenen Most im Durschschnitt 1 Grad Alkohol aus 17,8 ± 0,3 g Zucker gewonnen wird. H. Guischard. 7552◇

„Nicht vergärbare" Substanzen in Apfel- und Birnenweinen. G. C. Whiting. (Annu. Rep. agric. horticult. Res. Stat., Long Ashton, Bristol **1960,** 135—39; engl.) — Als wichtigste Kohlenhydrate wurden in Apfelweinen Hexit (0,35—0,75%) u. in geschwefelten Glycerin (bis zu 0,5%) festgestellt, als wichtigster nichtvergärbarer Zucker D-Xylose (0,05%). In Spuren konnten papierchromatograph. Galaktose, Arabinose, Ribose, Rhamnose, Sorbose u. Inosit nachgewiesen werden, deren Herkunft aus Araban, Galaktan u. Flavonoidglykosiden diskutiert wird. Außerdem wurden mehrere Oligosaccharide gefunden. Viele der Spurenzucker verschwinden während der Lagerung. In Birnenweinen wurden Sorbit-Geh. von 1—5% gefunden, daneben Glycerin, Xylose (0,2% maximal) u. als Spuren Galaktose, Arabinose, Ribose, Inosit u. ein Oligosaccharid. Durch die Anwesenheit von Sorbit, Leukoanthocyanin, Citronen- u. Äpfelsäure kann das hohe spezif. Gew. einiger Birnenweine erklärt werden. Für Apfel- u. Birnenwein werden Meth. zur Best. von Glycerin auf papierchromatograph. u. für Sorbit auf titrimetr. Wege angegeben. R. Ristow. 7556□

Chromatographie von Hefelipiden an Kieselsäure. R. Letters. (J. Inst. Brewing **68** ([N. S.] **59**), 318—21, Juli/Aug. 1962; Dublin, Arthur Guinness Son & Co. Ltd.; engl.) — Man hat Hefelipide durch Extraktion ganzer Hefezellen mit Lsgm. isoliert u. den Lipidextrakt durch steigende Elutionschromatographie an Kieselsäure fraktioniert; zur Elution werden Chlf.–Methanol-Gemische verwendet. Unter Anwendung von chem. Verf. u. durch UV-Absorptions-Nachw. bei der Papier- u. Dünnschichtchromatographie hat man die Lipidauszüge charakterisiert. Die Ergebnisse zeigen, daß die neutralen Fraktionen Coenzym Q zusammen mit Sterinestern, Glyceriden, freien Fettsäuren u. Sterin enthalten, u. daß Phosphatidyl-Cholin, -Äthanolamin, -Serin, -Inosit u. Kohlenhydrate enthaltende Lipide in den Phospholipidfraktionen vorhanden sind. — 25 Literaturangaben. F. Zeidler. 7592□

Bestimmung von Heißwasser- und Kaltwasser-Malz-Auszügen mit kleiner Einwaage. J. R. A. Pollock. (J. Inst. Brewing **68** ([N.S.] 59), 308—09, Juli/Aug. 1962; Nutfield, Surrey, Brewing Ind. Res. Found.; engl.) — Es wird ein einfaches Verf. beschrieben, das die Berechnung der mit heißem bzw. kaltem W. zu erhaltenden Malzextrakte bei Einwaagen von 2,5—7,5 g aus dem Trocken-Gew. des Malzes u. dem spezif. Gew. der Würze bzw. eines Kaltwasseraufgusses gestattet. Korrektionsfaktoren, abhängig von der Einwaage, sind angegeben; Vgl. dieses Berechnungs-Verf. mit der etwas mühsamen Best. nach der diesen Berechnungen zugrunde liegenden Meth. ergeben gute Übereinstimmung. F. Zeidler. 7598□

Die Bestimmung von Anthocyanogenen. 3. Mitt. Analyse von Gerste und Malz. W. D. McFarlane und P. T. Sword. (J. Inst. Brewing **68** ([N.S.] **59**), 344—50,

Juli/Aug. 1962; Toronto, Canada, Canadian Breweries Ldt.; engl.) — 2. vgl. C. **1963**, 8781. — Die früher beschriebene AT-Meth. zur Best. von Anthocyanogenen (An) in Bier ist nunmehr für die Analyse von Gerste u. Malz abgeändert worden. Bei der Extraktion von An aus dem Korn mit A. erhält man die Höchstausbeute mit 60%ig. A. in ca. 5 Std.; längere Extraktionszeiten verursachen erhebliche Verluste an An, die man durch Zugabe von Ascorbinsäure verhindern kann. 95%ig. A. extrahiert nur ca. 30% der im Malz vorhandenen An, extrahiert aber auch die Substanzen, die beim Erhitzen mit HCl sich braun färben. Die Unters.-Ergebnisse bestätigen die größere Spezifität des AT-Agens u. des MP-Reagens verglichen mit Nylon u. dem Butanolreagens bei der Best. von An. Die Meth. ist in vorläufigen Unterss. über den An-Geh. verschiedener Gersten u. die Veränderungen während des Mälzens u. Maischens verwendet worden. F. Zeidler. 7598□

H_{16}. Nahrungs-, Genuß- und Futtermittel

Neuere Anregungen für die Bäckerei in der Heeresverpflegung: Entwicklung einer sofort verwendbaren Brotmehlmischung. Samuel A. Matz, Jason Miller und Julius Davis. (Food Technol. **12,** 625—29, Nov. 1958; Chicago, Ill., Quartermaster Food & Container Inst. for the Armed Forces; engl.) — Eine Brotmehlmischung wurde entwickelt, die durch Gärung mit *Gluconsäure-δ-lacton* unter Zusatz einer durch Lyophilisierung getrockneten geschmackgebenden Lsg. hergestellt wird. Diese Mischung muß bei der Verw. nur in einem bestimmten Verhältnis mit W. zu einem Teig angerührt werden, der in einem einfachen Ofen gebacken wird. Durch weitere Zusätze beim Backen können verschiedene Brot- oder Kuchen-Arten hergestellt werden. K. Schleich. 7634□

Chemie, Mikrobiologie und physikalische Behandlung von Getreide bei der Lagerung. W. F. Geddes. (Food Technol. **12,** 7—14, Nov. 1958; St. Paul, Minn., Univ., Dep. of Agric. Biochemistry; engl.) — In gelagertem *Getreide* (a) finden chem. Veränderungen statt, die abhängig von Wassergeh., O_2-Anwesenheit, Temp. u. Kornbeschaffenheit sind, jedoch auch durch Enzyme u. Pilzbefall von a verursacht werden. Wenn insektenfreies Korn bei Feuchtigkeit u. Temp. gelagert wird, die das Wachstum von Schimmel ausschließen, ist die Atmung gering, u. daher sind Veränderungen kaum zu befürchten. Weitere Unterss. sind nötig, namentlich auch über Verff. zum Trocknen von a ohne Schädigungen. K. Schleich. 7664□

Weitere Studien über die Stärkebeschädigung beim Zerkleinern und Sichten von Mehlen. P. F. Pelshenke, W. Seibel und H. Zwingelberg. (Mühle **99,** 103—06, 1/3. 1962; 131—32, 8/3. 1962; 139—40, 15/3. 1962; Detmold, Bundesforschungsanstalt für Getreideverarbeitung; dt.) — Die Verss. gelten der Feststellung von Unterschieden im Protein-, Feuchtigkeits- u. Asche-Geh., der Stärkebeschädigung u. Backfähigkeit der groben u. feinen Fraktionen zweier Mehlsorten verschiedener Struktur. J. Lehmberg. 7670◇

Der Einfluß der Lagerung auf die Veränderungen des Gehaltes an Vitamin C in der Kartoffel. Jaroslav Šimek. (Průmysl Potravin **13,** 311—12, Juni 1962; Havlíčkův Brod, ČSAZV, výzk. úst. bramb.; tschech.) — Der Geh. an *Ascorbinsäure* in der *Kartoffel* (**A**) nimmt bei der Lagerung in den Monaten Januar bis März unabhängig von der Menge des eingekellerten Materials am meisten ab. Bei 16° hat die **A** nur eine sehr kurze Vegetationsruhezeit. E. Vevera. 7678

Der Einfluß des Gehalts bestimmter Inhaltsstoffe von Kartoffelknollen auf ihren Geschmack. Bohumil Miča. (Průmysl Potravin **13,** 309—10, Juni 1962; Havlíčkův Brod, ČSAZV, výzk. úst. bramb.; tschech.) — Kartoffeln mit hohem Asche-Geh. u. hoher Trockensubstanz haben einen schlechteren Geschmack als Kartoffeln mit hohem N-Gehalt. E. Vevera. 7678

Pommes frites: Bekömmlichkeit in Abhängigkeit von der mikroskopischen Struktur der nach dem Vorbacken gefrorenen Kartoffeln. Shirley Lyman Spiruta und Andrea Mackey. (J. Food Sci. **26,** 656—62, Nov./Dez. 1961; Corvallis, Oreg., Oreg. State Univ., Home Econom. Res. Agric. Exp. Stat.; engl.) — Bei mkr. Unters. fertig- oder vorgebackener Pommes frites (A) erscheinen die Zellen relativ dick u. die Oberflächen ziemlich glatt, wobei die Umrisse der gelierten Stärke (GS) schwach sichtbar sind. Dagegen zeigen bes. die nach dem Vorbacken bei —18° gefrorenen Kartoffeln gegenüber den bei —78° gefrorenen eine erhebliche Vernetzung der Zellen. Während des Gefrierens zeigt sich zunächst eine ausgeprägte Trennung der Zellen, sodann ein Zusammenstoßen u. Schrumpfen der GS sowie eine Deformierung der Zellen. Beim Auftauen erlangen die Zellen zum Teil ihre ursprüngliche Form zurück. Die Gelierung der Stärke erreicht nach dem Tauen u. Fertigbacken jedoch nicht das ursprüngliche Ausmaß. Ein Geschmackstest ergab, daß zwischen Vor- u. Fertigbacken gefrorene A bevorzugt wurden, wobei bes. die geringere Zähigkeit des Gewebes sowie die Zartheit der Kruste hervorgehoben wurden. Hans Thiele. 7678◇

Gesundheitskontrolle bei der Verarbeitung der Konzentrate von Citrusfrüchten. 1. Mitt. Quellen für den Bakterienbefall auf dem Wege vom Fruchtbehälter zum Extraktions-Apparat. D. I. Murdock und Charles H. Brokaw. (Food Technol. **12,** 573—76, Nov. 1958; Orlando, Fla., Minute Maid Corp.; engl.) — Weil die zu verarbeitenden Früchte einen pH von 3,4—4,0 haben, kommt hauptsächlich *Lactobacillus* in Betracht. Der erste Befall tritt in den Fruchtbehältern auf. In der nachfolgenden Bürstenmaschine, die mit Cl_2-W. durchspült wird, verringert sich die Bakterienzahl. Bei Passage der Früchte in Elevatoren, Transportbändern u. Sortier-App., die alle nur schwer gereinigt werden können, wird ein erneuter starker Befall verursacht. Namentlich die Sortier-App. sollten zwecks Reinhaltung im Bau wesentlich verbessert werden. K. Schleich. 7688□

Einfluß von Temperatur und Lagerungszeit auf einige physikalische und chemische Charakteristika von Citronen. Irving L. Eaks. (J. Food Sci. **26,** 593—99, Nov./Dez. 1961; Riverside, Calif., Univ. of Calif., Citrus Exp. Stat.; engl.) — Vf. beobachtete die Änderungen von Frischgewicht, Saft-Geh., lösl. Feststoffen, Gesamtacidität u. *Ascorbinsäure*- (I)-Geh. von Zitronen nach 4, 8 u. 12 wöchiger Aufbewahrung bei 4, 13 u. 24° u. nach 3 u. 14 Tagen bei 24° im Anschluß an 4, 8 u. 12 wöchige Lagerung bei 4 u. 13°. Saft-Geh., lösl. Feststoffe u. Gesamtacidität stiegen während der Lagerung an, u. zwar am stärksten bei 24, am wenigsten bei 4°. Nach Steigerung der Temp. von 4 u. 13 auf 24° erfolgte ebenfalls eine Zunahme der 3 Faktoren. Änderungen des I-Geh. dürften nicht auf Kälteschädigung zurückzuführen sein. Die I-Verluste bei Übergang auf 24° sind sek. u. gehen möglicherweise mit dem Auftreten von Symptomen einher. Hans Thiele. 7688◇

Lagerung von „Granny-Smith"-Äpfeln aus Queensland bei überwachter Atmosphäre. C. D. Stevenson, J. B. Watkins und J. R. Blake. (Queensland J. agric. Sci. **18,** 463—75, Dez. 1961; Queensland Dep. of Agric. and Stock, Food Preserv. Res. Labor.; engl.) — 8 jährige Unterss. zeigen, daß „Granny-Smith"-Äpfel beim Lagern in einer CO_2-Atmosphäre ihre Festigkeit bewahren u. nicht faulen. Allerdings steigt die Oberflächenschrumpfung mit der CO_2-Menge, bes. bei Früchten, die vor Mitte April geerntet worden sind. Am besten wirken Atmosphären mit 5 (%) O_2 oder Gemische von 16 O_2 u. 5 CO_2. W. Wesly. 7688◇

Untersuchungen auf Glanz und Haltbarkeit von Fudge. William Duck. (Zucker- u. Süßwaren-Wirtsch. **15,** 339—43, Juli 1962; engl. u. dt.) — Bericht über Verss. mit industriell hergestelltem Fudge, aus deren Ergebnissen hervorgeht, daß der Glanz desselben durch den Geh. an Stärke u. Sorbit wesentlich beeinflußt wird. Der Fett-Geh. ist für den Glanz von geringerer Bedeutung. Für die Erhaltung des Glanzes von Fudge bei der Lagerung ist die relative Luftfeuchtigkeit von ausschlaggebender Bedeutung; dieselbe sollte zwischen 50 u. 55% liegen. M. Winiker. 7704◇

Technologische Betrachtungen über den Transport von Citrus-Säften in großen Einheiten. David O. Hamrick. (Food Technol. **12,** 579—81, Nov. 1958; Bradenton, Fla., Tropicana Prod., Inc., Quality Control Director; engl.) — *Orangensaft* wurde in Tanks aus rostfreiem Stahl von 35000—78000 gallons zu Schiff von Florida nach New York transportiert. Die Tanks, sämtliche Leitungen u. Pumpen wurden zunächst mit W., dann mit einer heißen alkal. Lsg. unter Druck gereinigt, u. mit kaltem W. durchgespült. Die bakteriolog. Kontrolle ergab, daß während des Transports keine Vermehrung der Bakterienzahl auftrat. K. Schleich. 7706□

Eine flüchtige saure Geschmackskomponente von Apfelsauce. L. R. Mattick, J. C. Moyer und R. S. Shallenberger. (Food Technol. **12,** 613—15, Nov. 1958; Geneva, N.Y., Cornell Univ., N.Y. State Agric. Exp. Station; engl.) — Durch Wasserdampf-Dest. wurde in während eines Jahres bei Raum-Temp. gelagerter Apfelsauce *Capronsäure* (I) gefunden, die in frischen Äpfeln nicht vorkommt, sondern sich bei der Lagerung bildet (in meßbarer Menge schon nach 8 Wochen). 3 mg I in 100 g Apfelsauce wurden geschmacklich nicht unangenehm empfunden, wohl aber 8 mg u. größere Mengen. K. Schleich. 7706□

Einige Wirkungen der ionisierenden Bestrahlung auf Gelatine. Richard I. Mateles und Samuel A. Goldblith. (Food Technol. **12,** 633, Nov. 1958; Cambridge, Mass., Massachusetts Inst. of Technol.; engl.) — Gelatine-Lsgg. wurden mit 50000—2000000 rep bestrahlt. Aus der Abnahme der Viscosität mit zunehmender Erhöhung der Be-

strahlungsdosis wurde geschlossen, daß die Neigung zur gegenseitigen Bindung von Polymer-Ketten verhältnismäßig klein ist im Vgl. zur Spaltung von Peptidbindungen in einzelne Moleküle. Auf die Gel-Festigkeit hatte die Bestrahlung keinen Einfluß.
K. Schleich. 7708□

Ein neues Fett für Überzugsmassen. J. V. Luck. (Zucker- u. Süßwaren-Wirtsch. **15,** 291—95, Juni 1962; engl. u. dt.) — Vf. berichtet über ein neues Fett für Überzugsmassen, das aus Pflanzenfetten gewonnen wird u. folgende Fettsäure-Zus. (in %) aufweist: 0,7 *Laurinsäure*, 0,8 *Myristinsäure*, 17,3 *Palmitinsäure*, 14,2 *Stearinsäure*, ungesätt. C_{16}-Fettsäure, 17,9 *Ölsäure*, 48,5 *Elaidinsäure* u. Spuren Linolsäure.
M. Winiker. 7726◇

Tabakfermentierung im kombinierten Verfahren. I. Trifu. (Ind. Alimentară — Produse veget. **12,** 18—21, Jan. 1961; rum.) — Die Vorteile der Meth. zur Tabakfermentierung im kombinierten Verf. werden erörtert. In der 1. Phase wird mit hohen Temp. bei verhältnismäßig niedriger Feuchtigkeit gearbeitet, während in der 2. Phase das Verhältnis umgekehrt ist. H. Guischard. 7734◇

Einflüsse der Temperatur auf das Gelbwerden von heißluftgetrocknetem Tabak bei Anwendung von Preßluft. E. K. Walker und L. S. Vickery. (Canad. J. Plant Sci. **41,** 780—90, Okt. 1961; Delhi, Ontario, Canada Dep. of Agric.; engl.) — Unterss. über den Einfl. der Temp. auf das Gelbwerden von *Tabakblättern* beim Heißlufttrocknen zeigen, daß die herkömmliche Mehrstufentrocknung mit Temp.-Steigerungen um 5 u. 10° im Temp.-Bereich 80—110°F zu einer Blätterqualität führt (BQ), die der BQ bei 2stufiger Trocknung (24 Std. bei 90°F, danach bis zum Gelbwerden bei 105°F) entspricht. Beide Verff. geben eine nur geringfügig bessere BQ als die 1stufige Trocknung bei 95—105°F. Blätter, die $<90°$ u. $>110°$F gelb werden, sind von geringer BQ. Schwankungen im Feuchtigkeits-Geh. der angewandten Luft haben bis zu 75 gr./lb. Luft keinen Einfl. auf die Ergebnisse. W. Wesly. 7734□

Der Einfluß einer kurzen Lagerung mit oder ohne Sauerstoff-Entferner bei hoher Temperatur auf die Genießbarkeit von vorgekochtem bestrahltem Fleisch. A. M. Pearson, L. E. Dawson, L. J. Bratzler und R. N. Costilow. (Food Technol. **12,** 616—19, Nov. 1958; East Lansing, Mich., Michigan Agric. Exp. Stat.; engl.) - Fleisch von Rind (a), Schwein (b), Huhn (c) u. Kalb (d) wurde im elektr. Ofen auf eine Innen-Temp. von 160—170°F erwärmt, dann mit oder ohne O_2-Entferner (*Glucoseoxydase*) unter Vakuum in Büchsen verpackt. Die Büchsen wurden teilweise mit 2,79 megarad bestrahlt, während 0—30 Tagen bei 100—125°F gelagert u. dann geprüft. Anwesenheit des O_2-Entferners hatte keinen Einfluß. Fleisch von a, c u. d wurde durch die Bestrahlung geschädigt, von b dagegen nicht. K. Schleich. 7750□

Die Wirkung einer Bestrahlung auf mit Antibiotica behandeltes Fleisch. R. F. Cain, A. W. Anderson und A. S. Malaspina. (Food Technol. **12,** 582—84, Nov. 1958; Corvallis, Oreg., Agric. Exp. Stat.; Brooklyn, N.Y., Chas. Pfizer & Co.; engl.) — Mit *Hydroxytetracyclin* oder *Chlortetracyclin* behandelte, für den Kleinverkauf verpackte Fleischschnitten blieben länger haltbar, wenn sie zusätzlich mit 0,3 megarad bestrahlt wurden, als ohne diese Behandlung. Zu hohe Dosierung der Bestrahlung (4,65 megarad) zerstörte die Tetracycline u. verursachte geschmackliche Schädigungen des Fleisches.
K. Schleich. 7750□

Die Kältetechnik und der Verderb von Milch und Milchprodukten. J. Moreno Calvo. (Rev. Ci. apl. **14,** 107—20, März/April; 229—37, Mai/Juni 1960; span.) — C. **1960,** 10792. M. Winiker. 7756◇

Über die „puddingartige" Gerinnung ungezuckerter Kondensmilch. Helena Dočekalová. (Průmysl Potravin **13,** 322—23, Juni 1962; Praha, Průmysl mléčné výživy n. p., výzk. prác.; tschech.) — Ein grampositiver Erreger, der keine Sporen bildet u. dem *Streptococcus lacticus var. maltigenes* ähnelt, läßt ungezuckerte *Kondensmilch* gerinnen. E. Vevera. 7756

Verwendung eines Lichtschutzes zur Verzögerung der Oxydation von Käse-Schnitten. B. E. Ellickson und V. Hasenzahl. (Food Technol. **12,** 577—79, Nov. 1958; Glenview, Ill., Nat. Dairy Prod. Corp., Res. and Dev. Div.; engl.) — Das Fett von in *Wachs-Cellophan* (a) verpackten *Käseschnitten* (b) kann schon nach 12 Std. oxydiert sein, so daß die oberste Schnitte nach 48 Std. nicht mehr genießbar ist. Dieser Vorgang kann stark verzögert werden, wenn dem a ein *Benzophenon-Deriv.* (*Uvinul 490*) beigegeben wird, das die b vor Licht-Einfl. schützt. K. Schleich. 7760□

Der praktische Einsatz von Fett in den Rationen landwirtschaftlicher Nutztiere. K. Barth. (Fette, Seifen, Anstrichmittel **64,** 521—24, Juni 1962; Krefeld-Uerdingen, Firma Holtz u. Willemsen; dt.) R. Grundmann. 7780◇

Die Qualitätsbeurteilung von Futterfett. K.-H. Niesar. (Fette, Seifen, Anstrichmittel 64, 525—39, Juni 1962; München, Univ., Inst. für Physiol. u. Ernährung der Tiere; dt.) R. Grundmann. 7780◇

Nährstoffkonservierung und Verwendbarkeit von Futtermitteln, die mit Natriummetabisulfit bei verschiedener Zusammenpressung und Trockensubstanz siliert worden sind. W. E. Cordukes und D. A. Shearer. (Canad. J. Plant Sci. **41**, 720—27, Okt. 1961; Ottawa, Ontario, Canada, Dep. of Agric.; engl.) — $Na_2S_2O_5$ (I) vermindert die Silageverluste in *Futtergemischen* mit verschiedener Dichte u. verschiedenen Geh. an Trockensubstanz (TS) nicht, verbessert jedoch Qualität u. Geruch von Silage mit geringer TS, nicht aber von Proben mit hoher TS. Von Färsen wird mit I behandeltes Futter von geringer bis mittlerer TS, das bei mittlerer Dichte siliert worden ist, gern genommen, wogegen I den Anreiz der Futtermittel, die bei geringer Dichte siliert worden sind, für Färsen nicht erhöht. W. Wesly. 7782□

Untersuchungen über die Futterwertverluste beim Heumachen mittels Ventilation. N. D. Dijkstra und P. J. J. Philipsen. (Versl. landbouwkund. Onderz. **1962**, Nr. 68. 4, 3—64; Hoorn, Inst. voor Veevoedingsonderz.; Wageningen, Inst. voor Bewaring en Verwerk. van Landbouwprodukten; niederl.) — An Hammel ausgeführte Fütterungs-Verss. zeigen, daß *Heu*, das mehrfach auf dem Feld gewendet u. im Heuschober gut belüftet worden ist, viel geringere Futterwertverluste aufweist als in herkömmlicher Weise gewonnenes Heu. Früh gemähtes Gras kann auf diese Art in Heu mit einem Stärkeäquivalent von ca. 50 (in der Trockensubstanz) verwandelt werden. Bei der Ventilation mit nicht angewärmter Luft muß das Heu beim Einbringen ca. 65, mindestens aber 60% Trockensubstanz enthalten. Der Vorteil warmer Luft liegt hauptsächlich in der Möglichkeit, nasses Heu einzubringen. W. Wesly. 7786◇

Systematische Methode zur Identifizierung von Azofarbstoffen, die zum Färben von Nahrungsmitteln, pharmazeutischen und kosmetischen Präparaten verwendet werden. José M. Plá-Delfina. (J. Soc. Cosmet. Chemists **13**, 214—44, Juni 1962; Barcelona, Univ. of Barcelona, Pharm. Dep.; engl.) — Es wird eine einfache papierchromatograph. Meth. zum Nachw. u. zur Identifizierung der wichtigsten verwendbaren wasserlösl. Azofarbstoffe angegeben. H. P. Fiedler. 7788□

'**Riboflavin-Gehalt in Lebensmitteln von Tadshikistan.** W. Ss. Smorodina. (Fragen d. Ernähr. [UdSSR] **21**, Nr. 5, 84—85, Sept./Okt. 1962; Duschaube, Med. Inst. der Akad. der Wiss. der TadshikSSR; russ.) — Der *Riboflavin*-Geh. von 10 Lebensmitteln (Milch u. Milch-Prodd., Obst u. Gemüse) von Tadshikistan in Abhängigkeit von der Jahreszeit wird erörtert. S. Baryschnikow. 7788

Die Säuerung, ein wichtiger Faktor in der Brotbäckerei. Ioana Olaru. (Ind. Alimentară — Produse veget. **12**, 6—10, Jan. 1961; rum.) — Vf. untersucht die Beziehungen zwischen dem Säuregrad des Mehls sowie den Halb- u. Fertigprodd. von Backwaren (Brot) u. der Qualität u. beschreibt den Einfl. des technolog. Arbeitsablaufs auf den durch Titration bestimmten Säuregrad. H. Guischard. 7800◇

Einfluß der Autoklavenbehandlung von Sojabohnenprotein auf das Freisetzen von Asparagin- und Glutaminsäure sowie Lysin durch verschiedene Abbauverfahren. Robert John Evans, Selma L. Bandemer und Doris H. Bauer. (J. Food Sci. **26**, 663—69, Nov./Dez. 1961; East Lansing, Mich., Michigan State Univ., Dep. of Biochem.; engl.) — 4 Std. lange Erhitzung von *Sojamehl* oder isoliertem *Sojaprotein* (**A**) mit *Saccharose* auf 121° (im Autoklaven) hatte eine partielle Zerstörung des *Lysins* (**I**) zur Folge. Dagegen war keine Abnahme des **I**-Geh. zu verzeichnen, wenn **A** ohne Zuckerzusatz erhitzt wurde. Durch Behandlung mit *Trypsin* (**B**) oder *Erepsin* (**C**) in vitro wurde aus autoklaviertem **A** weniger **I** freigesetzt als aus nicht erhitztem, sofern dieses nicht gleichzeitig **B**-Inhibitor enthielt. Ebenso wurde durch partielle Hydrolyse mit HCl aus nicht erhitztem **A** mehr *Asparaginsäure* (**II**) u. *Glutaminsäure* (**III**) freigesetzt als aus autoklaviertem. Hydrolyse mit konz. HCl über 7 Tage bei 40° u. in vitro-Behandlung mit **B** oder **C** führte (außer bei Proteinen mit **B**-Inhibitor) zu gleichen **I**-Mengen. Durch Säurehydrolyse wurden größere Mengen an **II** u. **III** gebildet als durch enzymat. Hydrolyse. Das spricht dafür, daß die Autoklavenbehandlung von **A** zur Bldg. von **I**-**II**- u. **I**-**III**-Bindungen führt, die gegenüber milder Hydrolyse resistent sind. Hans Thiele. 7804◇

Ein neues Handgerät zum Messen der Festigkeit von Fruchtfleisch. Ondrej Nemček. (Průmysl Potravin **13**, 314—16, Juni 1962; Bratislava, univ., přírod. fak., úst. fyziol. rastl.; slowak.) — Beschreibung eines Gerätes. E. Vevera. 7808

Einige Einflüsse der γ-Bestrahlung auf gelagerte Zwiebeln. V. W. Nuttall, L. H. Lyall und K. F. Mc Queen. (Canad. J. Plant Sci. **41**, 805—13, Okt. 1961; Ottawa, Canada Dep. of Agric.; engl.) — Die γ-Bestrahlung (a; 3200—9500 rad) von *Zwiebeln* (b) verhindert in 300 Tagen das Keimen; Vgl.-Proben keimen zu 75%. Nach a mit 400 oder 8000 rad keimen nur 3% von gelagerten b; Vgl.-Proben keimen zu >79%. Kleine b unterliegen in bestrahltem u. nicht bestrahltem Zustand in geringerem Maße der Fäulnis. Bestrahlte b sind milder im Geschmack. W. Wesly. 7810□

Die flüchtigen Bestandteile des Saftes von Passiflora edulis. Dawes N. Hiu und Paul J. Scheuer. (J. Food Sci. **26**, 557—63, Nov./Dez. 1961; Honolulu; Univ. of Hawaii, Dep. of Chem.; engl.) — Vff. untersuchte durch Gas–Fl.-Verteilungschromatographie ein aus dem Saft der Passionsfrucht gewonnenes u. mit Wasserdampf flüchtiges Öl. Das den charakterist. Geschmack bedingende Öl ist in einer Menge von ca. 36 mg/Liter im Saft enthalten u. besteht zu 95% aus *n-Hexylcaproat* (I), *n-Hexylbutyrat*, *Äthylcaproat* u. *Äthylbutyrat*, wobei I allein 70% ausmacht. Die nicht näher identifizierten restlichen 5% dürften aus Verbb. größer struktureller Komplexe bestehen. Hierfür spricht die spezif. Rotation des Rohöls. Es wird angenommen, daß die nachgewiesene Fraktion ungesätt. Olefine vorwiegend im nichtidentifizierten Anteil des Öls vorliegt. Die Ergebnisse werden mit den durch Unters. anderer Fruchtessenzen erhaltenen verglichen. Hans Thiele. 7818◇

Das Problem der Gegenwart von Formaldehyd in Milch. Luigi Lipparini. (Rass. chim. **14**, Nr. 1, 14—17, Jan./Febr. 1962; Bologna, Univ., Ist. di Merceologia; ital.) — Zum Nachw. von CH_2O in *Milch* wird folgende Meth. empfohlen: 100 ml der zu untersuchenden Milch werden mit 2 ml H_2SO_4 angesäuert u. sodann mit dem gleichen Vol. W. versetzt. Alsdann wird dieses Gemisch der Dest. unterworfen. Es werden 100 ml Destillat aufgefangen, denen 20 ml n-NaOH-Lsg. u. 10 ml 0,1n Jod-Lsg. zugefügt werden. Nach einer Wartezeit von $^1/_2$ Std. werden 25 ml n-HCl zugegeben. Schließlich wird das freigesetzte Jod mit 0,1n $Na_2S_2O_3$-Lsg. titriert. — Beleganalysen. M. Winiker. 7856◇

Chemische Analyse und Beurteilung der mit Kaliumbichromat konservierten Milch. František Žlábek. (Průmysl Potravin **10**, 308—09, Juni 1959; Praha; tschech.) — Das spezif. Gew. u. n_D^{20} von Milchserum aus einer mit $K_2Cr_2O_7$ (I) für die Analyse konservierten Milch (a) sind deutlich erhöht. Um beide Werte für die nicht konservierte a zu bestimmen, wird I bestimmt, wobei zu berücksichtigen ist, daß ein Teil des I zum Cr^{3+} red. ist, das durch Oxydation wieder in I umgewandelt wird. Arbeitsvorschriften u. Tabelle der Fettwerte für mit 0,2—1,2% I versetzte Milch werden angegeben. E. Rotter. 7856□

Flüchtige Carbonylverbindungen in gelagerter Trockenvollmilch. Owen W. Parks und Stuart Patton. (J. Dairy Sci. **44**, 1—9, Jan. 1961; Pennsylvania Agric. Exp. Stat., Dep. of Dairy Sci.; engl.) — Zur Best. der flüchtigen Carbonyl-Verbb. in Trockenvollmilch wurden Poben von einwandfreier Herkunft (a) u. alte oxydierte Prodd. (b) rekonstituiert u. 3 Std. lang bei 35—40° u. 15—20 mm Hg erhitzt u. die flüchtigen Bestandteile aufgefangen. Die 2.4-Dinitrophenylhydrazone wurden hergestellt u. durch Papier- u. Säulenchromatographie sowie durch UV-Spektralanalyse identifiziert. In a wurde nachgewiesen: C_3-, C_4-, C_5-, C_6-, C_7-, C_9-, C_{11}- u. C_{15}-*n-Alkan-2-on*, C_1-, C_2- u. C_9-*Aldehyd* sowie *cis*- u. *trans-Furfural*. In b wurde gefunden: C_3-, C_4-, C_9-, C_{11}- u. C_{15}-*n-Alkan-2-on*, C_1-, C_2-, C_3-, C_5-, C_6-, C_7-, C_9-, C_{10}- u. C_{12}-*Aldehyd*, *Benzaldehyd* sowie 2 einfach u. 2 doppelt ungesätt. Carbonylverbindungen. E. Wiehr. 7856□

Reinigungsverfahren für Butterfett vor der Untersuchung auf Dieldrinrückstände. W. P. McKinley und G. Savary. (J. agric. Food Chem. **10**, 229—32, Mai/Juni 1962; Ottawa, Ontario, Canada, Dep. of Nat. Health and Welfare, Food and Drug Director.; engl.) — Zur Reinigung von Butterfett u. Isolierung von *Dieldrin* (I) verteilt man das Fett zwischen CH_3CN u. n-Hexan, gibt die Lsg. auf eine mit Holzkohle u. Holzcellulose gefüllte Säule u. eluiert mit Aceton. Die I-Best. erfolgt nach der von Ke Kinley u. Mahon (C. **1961**, 8871) angegebenen Arbeitsweise. W. Wesly. 7858□

Industrija Skrobajabuka und Stevan Longar, Jugoslavien, **Herstellung einer Creme aus einem Saccharose–Glucose-Gemisch.** Ein Saccharose–Glucose-Sirup wird in 2 gleiche Teile geteilt, der eine Teil mit einer $NaHCO_3$- oder K_2CO_3-Lsg. u. einer wss. Albumin-Lsg. versetzt, der andere mit einer wss. Citronensäure- oder wss. Weinsäure-Lsg. u. einem Geschmacksstoff nach Wahl vermischt. Dann werden die beiden Teile miteinander vermengt, wobei sich durch CO_2-Entw. eine beständige Creme von schaumiger Struktur bildet. — Schema der Anlage. (**F. P. 1 235 825** vom 11/9. 1959, ausg. 9/11. 1960. Jug. Prior. 21/2. 1959.) T. Oppermann. 7631

Laboratoires Protex, Seine, Frankreich, **Umhüllungsmittel für Nahrungsmittel** (z. B. Reis, Kaffee) aus einer in W. lösl., gummiartigeu Substanz (z. B. Gummi arabicum), einer Farbsubstanz (z. B. karamelisiertem Maiszucker) u. bis zu 0,5 Gew.-% Gelatine. (**F. P. 1 225 769** vom 17/2. 1959, ausg. 4/7. 1960.) T. Oppermann. 7633

Farbenfabriken Bayer Akt.-Ges., Leverkusen (Erfinder: Wilhelm Thoma, Köln, und Hermann Genth, Krefeld), **Konservierungsmittel für verderbliche Lebensmittel** aus Mischanhydriden von Carbonsäuren oder von H_2CO_3 u. Carbonsäuren, z. B. von Sorbinsäure (I) u. Äthylkohlensäure (II) oder CH_3COOH (III) u. II oder I u. III oder Propionsäure u. I oder Benzoesäure u. II. Die Mittel eignen sich zum Konservieren, bes. von Fruchtfleisch, wie Apfelmus, Fruchtauszügen, Fruchtsäften, wie Orangensaft, auch von pharmazeut. Drogenauszügen, eiweißhaltigen Stoffen, wie Casein, Injektions-Lsgg. oder anderen verderblichen pharmazeut. oder kosmet. Präparaten. — Beispiele. (**F. P. 1 263 913** vom 2/5. 1960, ausg. 11/10. 1961. **Oe. P. 219 960** vom 29/4. 1960, ausg. 26/2. 1962. Beide D. Prior. 2/5. 1959.) W. Raetz. 7635

A/B Bröderne Ameln, Stockholm, Schweden (Erfinder: R. Westergren), **Verlängerung der Haltbarkeit von Lebensmitteln.** Die Lebensmittel werden zunächst in kleineren Plastbeuteln mit relativ geringer Permeabilität unter Vakuum verpackt, die kleineren Beutel werden dann in einen größeren Plastbeutel unter Vakuum eingeschlossen, der eine äußerst geringe Permeabilität aufweist. (**Schwed. P. 170 013** vom 19/8. 1958, ausg. 5/1. 1960.) K. H. Kähler. 7635

Fa. Dr. August Oetker, Bielefeld, **Gewinnung eines haltbaren Lebensmittelfarbstoffes.** Man vermahlt *Anthocyanin* enthaltendes pflanzliches Material, z. B. rote Rüben, bei Raum-Temp. in einer Kolloidmühle zu einer Paste, preßt diese aus, filtriert den Saft so schnell wie möglich u. dampft die erhaltene klare Lsg. zu einem Sirup ein oder unterwirft sie, zweckmäßig nach Zusatz von Gelatine, einer Sprühtrocknung. Farbtonänderungen können durch einen Zusatz von Säure, z. B. Citronen- oder Weinsäure, vor dem Filtrieren des Saftes, vermieden werden. Die nach dem beschriebenen Verf. ohne Anwendung höherer Temp. gewonnenen Prodd. besitzen die gleiche Haltbarkeit wie das Ausgangsmaterial. (**Niederl. P. 100 637** vom 28/2. 1955, ausg. 15/3. 1962. D. Prior. 1/3. 1954.) F. Böhm. 7639

Rinaldo Mario Amoretti, Frankreich, **Kaugummi** aus 60% eines Pulvers von Pflanzenteilen von Tabernanthe-Iboga (äquatorialafrikan. Pflanze) u. 40% einer Gummisubstanz, z. B. vom Breiapfelbaum (Achras sapota), ggf. mit Zusätzen von Aroma-, Frucht-, Farbstoffen u. Zucker. (**F. P. 1 241 899** vom 8/10. 1959, ausg. 28/12. 1960.) M. F. Müller. 7731

Council of Scientific & Industrial Research, Neu-Delhi (Erfinder: Mysore Ramarao Chandrasekhara, Maturu Narayan Rao, Mahadeva Swaminathan, Nripendra Lal Lahiry, Darshan Singh Bhatia und Vaidyanatha Subrahmanyan, Mysore), Indien, **Herstellung von Malzmilchgetränken.** Man mischt Milchpulver mit Malzextrakt, Zucker, Fett, Salz, Vitaminen u. evtl. Geschmacksstoffen, wie Kakao, Caramel, u. evtl. Antioxydantien, wie Lecithin, Nordihydroguajaretsäure, unter Zugabe von W. u. trocknet im Vakuumtrockner oder durch Versprühen. (**Ind. PP. 64 457** vom 25/6. 1958, ausg. 26/7. 1960 u. **64 458** vom 25/6. 1958, ausg. 17/4. 1961.) C. Lüttgen. 7757

Adolf Rosenberg, Forest Hills, N.Y., V.St.A., **Stabilisieren von fettlöslichen Vitaminen,** *bes. in mineral. Futtermitteln.* Eine Lsg. des Vitamins in einem Fett mit einem F. von wenigstens 35° wird bei einer Temp., die 10° über dem F. des Fetts liegt, mit der wss. Lsg. eines hitzekoagulierbaren Proteinmaterials, z. B. entöltes Sojamehl oder Weizenkleber, gemischt: Die Mischung wird bis zur Denaturierung des Proteins auf 65—85° erhitzt, homogenisiert u. sprühgetrocknet. — Zum Beispiel wird hydriertes Cocosnußöl mit F. 37° auf 47° erhitzt. Nach Zugabe von Vitamin D_3, butyliertem Hydroxyanisol u. Vitamin-A-Palmitat wird die Masse unter N_2 zu einer klaren Lsg. gerührt. Unter weiterer Zugabe einer Dispersion von extrahiertem Sojamehl in warmem W. von 45—50° wird unter N_2 eine Emulsion gebildet, ca. 30 Min. auf 75° erwärmt u. dann auf 55—60° abgekühlt. Die Mischung wird unter hohem Durck homogenisiert u. dann sprühgetrocknet. (**A. P. 2 973 266** vom 5/2. 1958, ausg. 28/2. 1961.) W. Kranz. 7781

Chas. Pfizer & Co., Inc., Brooklyn, übert. von: Edward G. Martin, East Northport, und Ward J. Haas, Bronxville, N.Y., V.St.A., **Futtermittel mit einem Gehalt an Oleandomycin-Harz-Adsorbat.** Ernährungsmäßig ausgeglichene Mischfuttermittel werden je t mit 1—40 g Oleandomycin-Harz-Adsorbat vermischt, in dem dieses *Antibioticum* auf einem porösen, nicht tox. Kationen-Austauscherharz vom Sulfonsäure-Typ adsorbiert ist. Als Ausgangs-Prodd. können Streptomyces-Gärbrühen oder das Hydrochlorid, Sulfat, Nitrat, Acetat oder dgl. des Oleandomycins verwendet werden. Die Adsorbate sind sehr stabil, beschleunigen das Wachstum der gefütterten Tiere, bes. des Geflügels, u. erhöhen die Futterausnutzung. An Stelle der Oleandomycin-Adsorbate können auch solche des *Erythromycins* verwendet werden. (**A. P. 2 970 053** vom 28/10. 1958, ausg. 31/1. 1961.) H. Karst. 7787

Montecatini Soc. Gen. per l'Industria Mineraria e Chimica (Erfinder: Bruno Pescarolo und Sergio Ricci), Mailand, Italien, **Herstellung von Dicalciumphosphat** (I), wobei man in einer 1. Stufe die Lsg. der rohen Phosphorsäure auf 15—29% verd., unter Rühren in der Kälte mit Kalkmilch bis zur bleibenden Trübung versetzt u. dann auf eine Temp. unterhalb des Kp., ca. 90—98°, erhitzt. In der 2. Stufe wird die Lsg. nach Filtrieren u. Abkühlen bis zur vollkommenen Ausfällung des I neutralisiert. — *Futtermittel.* (**D. A. S. 1 131 646** Kl. 12i vom 29/1. 1959, ausg. 20/6. 1962. It. Prior. 7/2. 1958.) R. Zimmermann. 7787

Chas. Pfizer & Co., Inc., Brooklyn, N.Y., übert. von: Herbert G. Luther, Warren M. Reynolds und William C. Sherman, Terre Haute, Ind., V.St.A., **Tierfuttermittel.** Den normalen Futtermitteln für Haustiere werden je 45 kg Lebend-Gew. ca. 10—40 mg *N-p-Chlorbenzhydryl-N'-hydroxyäthoxyäthylpiperazin* zugefügt, ggf. im Gemisch mit Antibiotica vom Tetracyclin-Typ u. einem weiblichen Sexualhormon. Die Mittel werden den Tieren laufend verabreicht oder durch Einpflanzen oder dgl. in den Tierkörper eingebracht, wobei Pellets von 0,02—2 mg je kg Lebend-Gew. verwendet werden, deren Wrkg. mehrere Wochen anhält. Tabellen mit Ergebnissen aus Vgl.-Versuchen. Beschleunigung des Wachstums u. Erhöhung der Fleischproduktion. (**A. P. 2 971 885** vom 10/9. 1958, ausg. 14/2. 1961.) H. Karst. 7787

Benjamin Clayton, Refining, Inc., übert. von: Benjamin H. Thurman, New York, N.Y., V.St.A., **Herstellung von Futtermitteln.** Aus Ölsaaten, bes. Baumwollsaat, Sojabohnen, Erdnüsse, Leinsaat, Sonnenblumenkerne u. dgl., wird durch Extraktion oder Pressung ein rohes Öl gewonnen, das freie Fettsäuren, Gummiarten, Phosphatide, Pigmente, Carotin, Xanthophyll u. dgl. enthält. Die rohen Öle werden auf ca. 80° erhitzt u. mit der 1,5—3fachen Menge an Na_2CO_3-Lsg., die zur Neutralisierung der freien Fettsäuren erforderlich ist, innig vermischt. Der nach Kühlung des Öls durch Zentrifugieren oder dgl. von dem Öl abgetrennte Seifen-Nd., der die Gummiarten u. dgl. sowie überschüssiges Na_2CO_3 enthält u. in PAe. lösl. ist, wird mit den Extraktions- oder Preßrückständen innig vermischt, worauf das Gemisch auf 93—120° erhitzt, von den Resten der Lsgm. befreit, pelletisiert u. getrocknet wird. Das Stauben der Ölsaat-Extraktionsmehle oder dgl. wird verhindert, ihr Fett-Geh. erhöht, die Pelletisierung verbessert u. ihr Geh. an *Gossypol* u. anderen tox. Verbb. von z. B. 0,41 auf $<$0,03% verringert. — Fabrikationsschema. (**A. P. 2 968 559** vom 30/12. 1958, ausg. 17/1. 1961.) H. Karst. 7787

J. R. Geigy Akt.-Ges., Basel, Schweiz, **Futtermittel für Jungtiere.** Wasserlösl., ganz oder teilweise hydrolysierte Proteine, z. B. aus fettfreien Sonnenblumensamen, Erdnüssen, Sojabohnen u. Baumwollsaat, Fisch- u. Blutmehlen, werden in Pastenform warm mit Fetten, Mono- u. Disacchariden, abgebauten Kohlenhydraten, z. B. Maismehl, Hafermehl, Magermilchpulver, Weizenkeimöl, Trockenhefe, Glucose, Malzextrakt, Rindertalg, Sojalecithin u. Lebertran, innig zu einer homogenen Masse vermischt u. in Mühlen zu einer Teilchengröße von 5—30 μ vermahlen, worauf das Gemisch getrocknet u. gemahlen wird. Als Proteinhydrolysate können dem Gemisch auch Rückstände von der Glutaminsäure-Herst. zugesetzt werden. Ein Zusatz von Vitaminen, Antibiotica u. Mineralsalzen kann ebenfalls erfolgen. Die Futtermittel sollen 20—35 (%) N-Verbb., 25—45 Saccharide, 8—25 Fett u. 6—12 anorgan. Verbb. enthalten. Sie sind bes. zur Aufzucht von Kälbern u. Ferkeln als Milchersatz geeignet. (**E. P. 865 837** vom 26/5. 1959, ausg. 19/4. 1961. It. Prior. 27/5. 1958.) H. Karst. 7787

Beacon Milling Co., Inc., Cayuga, N.Y., V.St.A., **Futtermittel für Geflügel.** Normale, ausgeglichene Mischfuttermittel für Geflügel in Brei-, Pellets- oder Körnerform werden mit Verbb. mit Progesteron-Aktivität in Mengen von 0,1—25,0 internationale Progesteron-Aktivitäts-Einheiten je 0,45 kg Futtermittel innig vermischt (1 Einheit = 1 mg reines, krist. Progesteron). Die Futtermittelgemische sollen ca. 5—20 (Teile) pflanzliches Protein, 0—20 tier. Protein, 2—9 Mineralsalze, 0—8 Vitaminkonzentrate, 0—10 Lipide u. 40—80 Cerealien enthalten. Als Zusatzstoffe sind bes. geeignet: *Progesteron, 10-Norprogesteron, Desoxycorticosteron, Pregneninolon, Pregnandiol* u. dergleichen. Die Eierproduktion des Geflügels wird angeregt u. aufrechterhalten. (**E. P. 866 089** vom 12/3. 1958, ausg. 26/4. 1961. A. Prior. 15/3. 1957.) H. Karst. 7787

Ciba Akt.-Ges., Basel, Schweiz, **Zusatz zu Tierfutter,** bes. *Geflügelfutter* zur Förderung des Wachstums u. der Gew.-Zunahme u. zur Verhütung von Darmkrankheiten (z. B. Coccidiosen) aus ca. 0,05—0,5 Gew.-% *3-[p-Aminobenzolsulfonamido]-6-hydroxypyridazin* oder seinen Salzen. (**Oe. P. 214 758** vom 27/4. 1959, ausg. 25/4. 1961. Schwz. Prior. 28/4. 1958 u. 19/2. 1959.) T. Oppermann. 7787

Chas. Pfizer & Co., Inc., Brooklyn, N.Y., übert. von: Joseph J. Ursprung, Waterford, Conn., V.St.A., **Beifuttermittel zur Bekämpfung der Geflügel-Coccidiose,** enthaltend als Wirkstoff 3.5-Diketo-*2.3.4.5-tetrahydro-1.2.4-triazin* oder ein Alkali- oder Erdalkalisalz davon. (**A. P. 2 956 924** vom 12/8. 1958, ausg. 18/10. 1960.) K. Koebke. 7787

Soc. des Alcools du Vexin, Seine, Frankreich (Erfinder: V. Naiditch und S. Dikansky), **Behandlung von Milchserum.** Ein Teil des Serums wird in einem großen Turm (Nutzraum 80 Hektoliter) im Verlauf von 6—9 Std. einer lebhaften Einw. von Mikroorganismen (z. B. Torula crémoris) unterworfen, ein anderer Teil des Serums in einem zweiten Turm (Nutzraum 20 Hektoliter) innerhalb 2 Std. einer nicht so heftigen Gärung mittels der gleichen Mikroorganismen unterzogen. Die Prodd. beider Türme werden danach vermischt u. das Gemisch einem Verdampfer, Trommeltrockner oder einem Zerstäuber zugeführt. — *Viehfutter.* (**F. P. 1 235 978** vom 14/5. 1959, ausg. 10/11. 1960.) T. Oppermann. 7787

International Minerals & Chemical Corp., N.Y., übert. von: Raymond C. Fleming jun., Lakeland, Fla., V.St.A., **Entfernen von Fluor aus phosphatischen Verbindungen** in wss. Lsg., dad. gek., daß man die Lsg., bes. von H_3PO_4 oder $Ca(H_2PO_4)_2$, zusammen mit so viel Dampf, daß auf >3 (pounds) Dampf 20 P_2O_5 treffen, in eine Verbrennungszone einführt, in der man durch eine Flamme eine Temp. $\geqq 300$, bes. 500—900° F, aufrechterhält, die in den Verbrennungsgasen feinverteilte Lsg. mit den Gasen u. dem Dampf aus der Verbrennungszone entfernt, die Gase von der Lsg. (in einem Separator) abtrennt u. eine Lsg. mit niedrigem F-Geh. gewinnt. Aus den Abgasen werden F-Verbb. wie üblich gewonnen. Das Gew.-Verhältnis P : F beträgt z. B. im Rohstoff 6 : 1 u. im Prod. 37,4 : 1 (beim Reinigen von H_3PO_4). Das Prod. ist nach Umsetzung zu $CaHPO_4$ als *Beifuttermittel* verwendbar. — Beispiele, Zeichnung. (**A. P. 2 977 196** vom 1/7. 1955, ausg. 28/3. 1961.) G. Vogel. 7787

H_{17}. Fette. Seifen. Wasch- und Reinigungsmittel. Wachse usw.

Einige wichtige Neuerungen auf dem Gebiete der fettverarbeitenden Industrie O. J. Debrus. (Seifen-Öle-Fette-Wachse **87,** 289—92, 24/5. 1961, 342—46, 31/5, 1961; Brüssel; dt.) — Patent- u. Literaturübersicht über Entsäuern, Raffinieren u. Desodorieren von Fettstoffen u. über Trennung von Fettsäure- u. Glyceridgemischen. J. Böss. 7870 □

Studien auf dem Fettgebiet. 242. Mitt. **Umesterungen auf dem Fettgebiet.** 4. Mitt. **Tropfpunktsänderungen bei der Ein- und Mehrfach-Umesterung.** H. P. Kaufmann und B. Grothues. (Fette, Seifen, Anstrichmittel **62,** 489—95, Juni 1960; Münster/Westf., Dtsch. Inst. für Fettforsch.; dt.) — 3. vgl. C. **1962,** 17604. — Wird das zu untersuchende Fett 1 Std. im Wasserstrahlvakuum bei 100° unter Durchleiten von CO_2 getrocknet u. anschließend 12 Std. bei —20° aufbewahrt, so kann nachfolgend der Tropfpunkt (T.) nach Ubbelohde in üblicher Weise mit ausreichender Genauigkeit bestimmt werden. Die Verss. zeigen, daß die Best. des T. für die Kontrolle von Ein- u. Mehrfettumesterungen wertvolle Dienste leisten kann. Die Einphasenumesterung mit Na-Methylat in Xylol lieferte Fette mit recht unterschiedlichem T., während die gerichtete Umesterung in Ggw. einer K-Na-Leg. in Xylol zu ausgeprägteren Erhöhungen des T. führt. Weiter kann gezeigt werden, daß eine empir. Beziehung zwischen dem Geh. eines Fettes an höheren Fettsäuren u. seinem T. nach der Einphasenumesterung besteht, so daß man den T. eines Umesterungsgemisches näherungsweise vorausberechnen kann. Auch zur Kontrolle des Umesterungsverlaufes sowie zur Prüfung der Aktivität von Umesterungskatalysatoren ist die Best. des T. geeignet, wie dies am Beispiel von Zn- u. Sn-Pulver u. von feinverteiltem Ni gezeigt werden kann. H. P. Fiedler. 7870 □

Zweckbestimmte Fette. 1. Mitt. **Herstellung durch Umesterung und Fraktionierung im halbtechnischen Ausmaß.** J. J. Spadaro, N. V. Lovegren, R. O. Feuge und E. L. Patton. (J. Amer. Oil Chemists' Soc. **38,** 461—65, Sept. 1961; New Orleans, La., Southern Reg. Res. Labor.; engl.) — Ausgehend von den vielfachen Bemühungen zur Herst. von Fetten, die in ihren technolog. Eigg. der Kakaobutter möglichst ähnlich sind, werden Verss. im halbtechn. Ausmaß durchgeführt, indem Gemische verschiedener Zus. aus Hartfett (hochhydriertes Baumwollsamenöl) u. Triolein bzw. raffiniertem Olivenöl während 30 Min. bei 65—70° mit Natriumäthylat als Katalysator (0,13%)

umgesetzt werden. Nach Auswaschen des Rk.-Prod. mit 4%ig. Essigsäure u. W. erfolgt Abkühlung seiner aceton. Lsg. zunächst auf 28—19° zur Kristallisation der Fraktion der trigesätt. Glyceride, die abfiltriert werden; das Filtrat liefert nach Abkühlung auf +1 bis —2° das kakaobutterähnliche Prod.; aus dem verbleibenden Filtrat wird eine ölige Fraktion von di- u. tri-umgesätt. Glyceriden abgeschieden; die Vor- u. die Nachfraktion werden erneut in den Prozeß eingesetzt. Aus den Ergebnissen wird abgeleitet, daß das Arbeits-Verf. wirtschaftlich durchführbar ist. K. Täufel. 7892□

Zweckbestimmte Fette. 2. Mitt. Charakterisierung der durch Umesterung und Fraktionierung erhaltenen Produkte. Werner Landmann, N. V. Lovegren und R. O. Feuge. (J. Amer. Oil Chemists' Soc. **38,** 466—69, Sept. 1961; engl.) — 1. vgl. vorst. Referat. — Die aus hochgehärtetem Baumwollsaatöl (JZ. 1,8) u. Triolein bzw. raffiniertem Olivenöl durch statist. Umesterung hergestellten kakaobutterähnlichen Prodd. werden unter Vgl. mit Kakaobutter (I) analyt. charakterisiert durch JZ., Geh. an freien Fettsäuren sowie an fl. Anteilen, durch F., Härte, Geh. an trans-Fettsäuren sowie an Linolsäure durch graph. Darst. des dilatometr. Verh. u. der Erweichungspunkte einiger Prodd. sowie ihrer Gemische mit I. Die in den umgeesterten Prodd. enthaltenen, über 37° schmelzenden, die technolog. Verw. störenden Glyceride können durch variierte fraktionierte Kristallisation der aceton. Lsg. entfernt bzw. verringert werden. Die am besten geeigneten Prodd., die der I im Temp.-Bereich 0—30°, bes. auch hinsichtlich der Härte sehr ähnlich sind, lassen sich prakt. ohne Veränderung des F. mit I mischen.
K. Täufel. 7892□

Nebenbestandteile von Olivenölen. 1. Mitt. Triterpenoidsäuren in einem mit Aceton extrahierten Oliventresteröl. E. Vioque und L. J. Morris. (J. Amer. Oil Chemists' Soc. **38,** 485—88, Sept. 1961; Austin, Minn., Univ., The Hormel Inst.; engl.) — Ein mittels Aceton aus den Preßrückständen der Oliven gewonnenes Öl (aceite de orujo) liefert beim Lösen in der 10fachen Menge von PAe. nach dem Abfiltrieren, Auswaschen mit W. u. Trocknen eine bräunlichweiße, feste, in Dioxan u. Äthanol leicht, in PAe. u. W. unlösl. Substanz (0,9%, bezogen auf das Oliventresteröl). Im Dünnschichtchromatogramm (Silicagel G; Fließmittel Ae./Hexan 1 : 1; Sprühmittel 50%ig. H_2SO_4) treten 4 Flecke in Erscheinung. Zur Abtrennung dieser Konstituenten wird die Adsorptionschromatographie an Kieselsäure herangezogen. In der ersten Fraktion treten Triolein u. Ölsäure auf; Fraktion 3 besteht im wesentlichen aus Monohydroxy-C_{18}-säuren neben wenig Monoglyceriden; Fraktion 4 wird zusammen mit Fraktion 2 mittels Silicagel nach Hagedahl [1948] erneut differenziert. Man erhält 2 krist. weiße sauer reagierende Substanzen, F. 307—308° bzw. 280—282°, mit positiver Liebermann-Burchard-Reaktion. Nach den analyt. Kennzahlen handelt es sich bei der einen Verb. um die *Oleanolsäure,* deren Vork. in Olivenblättern bekannt ist; bei der anderen Verb. wahrscheinlich um eine *Dihydroxytriterpenoidsäure.* — 22 Literaturangaben.
K. Täufel. 7894□

Nebenbestandteile von Olivenölen. 2. Mitt. Trans-9.10-Epoxystearinsäure im Oliventresteröl. E. Vioque, L. J. Morris und R. T. Holman. (J. Amer. Oil Chemists' Soc. **38,** 489—92, Sept. 1961; engl.) — 1. vgl. vorst. Referat. — Vff. beschreiben systemat. Unterss. der im Oliventresteröl vorhandenen oxydierten Fettsäuren; herangezogen wird ein Extraktionsöl aus einem 3 Monate alten Preßkuchen. Die mit Diazomethan hergestellten Methylester der Fettsäuren werden mittels der Adsorptionschromatographie an Silicagel in 6 Fraktionen getrennt u. dann charakterisiert. Zusammenfassend wird festgestellt, daß im Oliventresteröl mehr als 10% der Gesamtfettsäuren auf oxydierte Fettsäuren verschiedener Art entfallen. Einen wichtigen Bestandteil (2%) stellt die *trans-9.10-Epoxyoctadecansäure* dar, begleitet von ihrem cis-Isomeren sowie von der *cis-12.13-Epoxyoctadecen-(9)-säure.* Es sind ferner Hydroxysäuren (ca. 6%) anwesend, von denen einige vicinal, einige konjugiert ungesätt. sind. Die Epoxy- u. die Hydroxysäuren des Oliventresteröles, nur in sehr geringer Menge im Olivenöl enthalten, werden als Prodd. einer sich während der Lagerung an den Oliven bzw. den Preßrückständen vollziehenden enzymat. bzw. bakteriellen Oxydation hingestellt u. nur partiell auf Autoxydation zurückgeführt. — 21 Literaturangaben. K. Täufel. 7894□

Untersuchung einheimischer Sonnenblumenarten und der aus ihnen mittels verschiedener Aufarbeitungsmethoden gewonnenen Öle. Miklós Jáky und P. Homonnay. (Növényolaj-és Háztartási Vegiypari Kutatóintézet Közleményei [Mitt. Forsch.-Inst. Pflanzenöl- u. chem. Ind. Haushalts] **1959,** 6—8; ung.) — Vgl. C. **1959,** 1306. — Die Zus. mehrerer, aus ungar. Sonnenblumensamen gewonnener Öle, bes. ihre Geh. an nicht verseifbaren Anteilen u. Phosphatiden, werden angegeben. Auf Grund der während der Ölraffination auftretenden, quant. Veränderungen wird zur Erhaltung biolog. wichtiger Stoffe eine schonende Behandlung der Öle empfohlen.
W. Wesly. 7894□

Eigenschaften eines Baumwollsaatöles, extrahiert mit einem Lösungsmittelgemisch aus Aceton, Hexan und Wasser. William H. King und Vernon L. Frampton. (J. Amer. Oil Chemists' Soc. **38**, 497—99, Sept. 1961; New Orleans, La., Southern Reg. Res. Labor.; engl.) — Vgl. C. **1961**, 17044. — Unter Hinweis auf die Ergebnisse früherer Unterss. über die Extraktion von Baumwollsaat mit dem Gemisch aus 44% Hexan (Kp. 67—71°), 53% Aceton u. 3% W. u. die sich dabei ergebenden Unterschiede gegenüber der Extraktion mit Hexan allein wird ein derart gewonnenes Rohöl analyt. charakterisiert: Best. des Geh. an W., an freien Fettsäuren, an Neutralöl, an Hexan u. Aceton, Ermittlung der Ausbeute, Abscheidung des Öles aus dem Gemisch der Lsgm.; gemäß den tabellar. mitgeteilten Befunden erweist sich die geprüfte Extraktionsweise hinsichtlich Lsg. von Öl u. Gossypol aus Baumwollsaat als sehr wirksam. Trotz erhöhtem Geh. an Begleitstoffen im Rohöl liefert die Raffination u. Bleichung ein Prod. besserer Qualität (Farbe) u. erhöhter Ausbeute; die Wiedergewinnung der Lsgm. wird erörtert.
K. Täufel. 7894□

Über die Herkunft der Stearinsäure im Wiederkäuer-Depotfett. Raymond Reiser, R. Basu, Roy Choudhury und R. E. Leighton. (J. Amer. Oil Chemists' Soc. **36**, 129—30, März 1959; Texas A u. M. Coll., Dep. of Biochem. and Nutrition u. Dep. of Dairy Sci.; engl.) — Im Vers. wird ein junger Jersey-Stier 173 Tage mit einem fettfreien, in der Zus. definierten Futter gehalten. Das nach dem Schlachten abgetrennte Nierenfett wird in üblicher Weise auf polyolefin. Fettsäuren (UV- u. IR-spektrophotometr. sowie gaschromatograph.) geprüft. Nach den tabellar. mitgeteilten Befunden liegt ein typ. Rinderfett vor. Zur Erklärung des hohen Geh. des Rindertalges an Stearinsäure (I) werden an Hand des Schrifttums theoret. Betrachtungen angestellt. Entweder verbrauchen Mikroorganismen des Pansens bevorzugt ungesätt. Säuren oder produzieren I selbst. K. Täufel. 7896□

Betriebserfahrungen mit dem Apparat TNB zur kontinuierlichen Carbonatverseifung von gespaltenen Fetten. M. P. Besspjatow, Je. A. Preobrashenskaja und W. I. Polstjanoi. (Öl- u. Fett-Ind. [UdSSR] **22**, Nr. 7, 29—30, 1956; Charkow, Polytechn. Inst. u. Seifenkombinat; russ.) — Bei Anwärmen der Na_2CO_3-Lsg. u. des zu spaltenden Fettes auf 75—90° blieb die Verseifungs-Temp. unter 100°, u. es blieben auch bei kleinem Durchsatz (1,2 t/Std.) beträchtliche Mengen an freien Fettsäuren (I) ungenutzt. Bei erhöhtem Durchsatz von 2,5—3 t/Std. wurden sogar 38—42% I nicht umgesetzt. Bei einer Anfangs-Temp. der Reagentien von 95—100° trat infolge der bei der Rk. frei werdenden Wärme eine Überhitzung mit starker Wasserverdampfung u. CO_2-Entw. ein, wodurch eine intensive Mischung u. Rk.-Beschleunigung erzielt wurde. Zu empfehlen ist eine Temp. der Soda-Lsg. von 95° u. des Fettes von 105—115° sowie gute Isolierung der App.; bei einem Durchsatz von 2,5 t/Std. werden dann 95% I neutralisiert. Die Konz. der Sodamasse soll 65% betragen; der Überschuß an Soda braucht 0,2—0,4% nicht zu übersteigen. W. Schmelz. 7906

Hochprozentige Schwimmseifen. Milos Fock. (Indian Oil Soap J. [Calcutta] **27**, 223—28, Mai 1962; engl.) — Inhaltlich ident. mit der C. **1962**, 9196 referierten Arbeit. I. Ohme. 7910◇

Kolloidchemische Klassifizierung der oberflächenaktiven Stoffe. P. A. Demtschenko. (Öl- u. Fett-Ind. [UdSSR] **28**, Nr. 7, 27—30, Juli 1962; Akad. der Wiss. der UkrainSSR, Inst. für allg. u. anorg. Chem.; russ.) — Es wird die krit. Micell-Konz. u. Solubilisierungsfähigkeit von Na-Salzen verschiedener Alkylsulfate, Alkylbenzolsulfonate, Naphthensäuren u. gesätt. Fettsäuren bestimmt u. ihre Änderung bei Zusatz von Elektrolyten (Na_2CO_3, NaOH, $Na_2B_4O_7$, Na_3PO_4) u. polarer Verbb. (Benzylalkohol, Phenol) untersucht. Die bekannten oberflächenakt. Stoffe (I) werden in 3 große Gruppen eingeteilt: 1. I, die keine koll. Lsgg. bilden sowie solche Stoffe, die nur bei verhältnismäßig hohen Konzz. ($>$7—10 g/Liter) Micellstrukturen bilden. Sie besitzen entweder keine oder nur geringe Wasch- u. Solubilisierungs-Eigg. (Netzmittel, Flotationsmittel, Dispergiermittel, Stabilisatoren), 2. I (mit oder ohne akt. Zusätzen), die koll. Lsgg. bilden mit einer krit. Micell-Konz. von 0,2 bis 7—10 g/Liter u. einer Solubilisierungsfähigkeit von 0,1 Mol eines niedrigmol. KW-Stoffes auf 1 Mol oberflächenakt. Substanz (typ. Waschmittel, Solubilisatoren, Emulgatoren), 3. I, die in W. schwer lösl. sind u. deren krit. Micell-Konz. kleiner als 0,1—0,2 g/Liter ist. I. Eichhorn. 7912◇

Die oberflächenaktiven Eigenschaften und das Waschvermögen von Lösungen der Natriumsalze normaler und verzweigter Fettsäuren. F. W. Newolin, T. G. Tipissewa, W. A. Poljakowa, A. M. Ssemenowa, G. I. Nikischin und A. D. Petrow. (Öl- u. Fett-Ind. [UdSSR] **28**, Nr. 7, 15—22, Juli 1962; Allunions Forsch.-Inst. für Fette, Akad. der Wiss. der UdSSR, Inst. für org. Chem.; russ.) — Es werden die oberflächenakt. Eigg. u. das Waschvermögen von Na-Salzen verzweigter Fettsäuren (C_{14}, C_{16}, C_{18}) u.

von Fettsäuren, die Heteroatome enthalten (S, O), bestimmt. Die Oberflächenspannung von Na-Salz-Lsgg. verzweigter Fettsäuren ist größer als die der entsprechenden unverzweigten Säuren mit gleicher C-Zahl. Der Zusatz alkal. Elektrolyte bedingt eine Vergrößerung, der Zusatz neutraler Elektrolyte (Na_2SO_4) eine Verringerung der Oberflächenspannung dieser Lösungen. Die Benetzbarkeit u. krit. Micell-Konz. von Na-Salz-Lsgg. verzweigter Fettsäuren ist größer, das Waschvermögen dagegen niedriger als bei den Lsgg. der entsprechenden Salze unverzweigter Fettsäuren. Das Waschvermögen von n-Fettsäuren kann bei verzweigten Fettsäuren durch Vermehrung der C-Zahl erreicht werden. I. Eichhorn. 7912◇

Der Einfluß aktiver Zusätze auf die oberflächenaktiven Eigenschaften von Asolat-B. M. A. Aschimow, Sch. A. Mchitarjan, M. A. Mamedowa und Ss. Je. Kansaweli. (Erdöl-Wirtsch. Aserbaidshan [UdSSR] **41**, Nr. 5, 35—38, Mai 1962; russ.) — Im Gegensatz zu den Alkylaromaten u. den sulfatierten Alkylaromaten zeichnet sich das oberflächenakt. Waschmittel Asolat B (I) durch einfache Herst.-Technologie mit billigen Ausgangsstoffen u. brauchbaren Nebenprodd. aus. Es wird die Wirksamkeit von I u. Sulfonol NP-1 mit Zusätzen von Na-Carbonat, -Sulfat, -Metasilicat, -Tripolyphosphat u. KMZ (Carboxymethylcellulose) gegenübergestellt. H. V. Adolphi. 7912□

Trocknung und Rückgewinnung in der Perchloräthylen-Reinigung. L. Herbrand. (Färber-Ztg. **14**, 400—03, Sept. 1961; dt.) — Durch ungenügende Rückgewinnung wird Perchloräthylen im Kreislauf wieder in die Trommel der Reinigungsmaschine eingeführt, wodurch die Trocknung verzögert wird. Vf. schlägt vor, die aus der Trommel herausgebrachten Lsgm.-Mengen nicht in den Kreislauf zurückzuführen. M. Dittmar. 7914□

Einige Beispiele der Möglichkeiten und Grenzen der spektrophotometrischen Analyse im UV. Jean-Pierre Wolff. (Bull. Soc. chim. France **1962**, 657—63, März; Paris, École Supérieure d'Appl. des Corps Gras; franz.) — Vf. diskutiert die Anwendung der spektrophotometr. Analyse im UV-Licht an Fettkörpern, Antioxydantien u. Detergentien. G. Krien. 7930□

Gas-Flüssigkeit-Verteilungschromatographie und UV-Absorption von Ölen vor und nach der Hydrierung. F. L. Kauffman, T. J. Weiss, G. D. Lee und B. N. Rockwood. (J. Amer. Oil Chemists' Soc. **38**, 495—97, Sept. 1961; Chicago, Ill., Swift and Comp.; engl.) — Unter Hinweis auf die Best. polyolefin. Fettsäuren aus verschiedenen Ölen mittels der UV-Spektrophotometrie bzw. der Gaschromatographie u. auf die diesen Verff. gezogenen Grenzen werden vergleichende Unterss. mit Schweineschmalz, Talg, Soja-, Baumwollsaat-, Lein- u. Safloröl vor bzw. nach partieller Hydrierung durchgeführt unter Verw. des Gaschromatographen Barber-Colman-Modell 10 (I) sowie des Beckman-DU-Spektrometers (II). Nach den tabellar. mitgeteilten Ergebnissen besteht gute Übereinstimmung bei beiden Verff. hinsichtlich des Geh. an Linolsäure bei nichthydrierten Ölen. Verf. II liefert bei Linolensäuren gegenüber I erniedrigte Werte. Bei hydrierten Prodd. ergeben sich für Linol- u. Linolensäure bei Verf. II zumeist niedrigere Resultate, vor allem, wenn beide Fettsäuren in erheblicher Menge vorliegen. Nach den Angaben der Literatur werden nach Verf. II nur die natürlichen Vertreter der polyolefin. Fettsäuren, nach Verf. I aber alle Isomere erfaßt; dies wird als Ursache für die unterschiedlichen Ergebnisse der Analyse zwischen nichthydrierten u. hydrierten Ölen hingestellt. K. Täufel. 7930□

Bestimmung der Ungesättigtheit und des mittleren Molekulargewichts von natürlichen Fetten durch magnetische Kernresonanz. Leroy F. Johnson und James N. Shoolery. (Analytic. Chem. **34**, 1136—39, Aug. 1962; Palo Alto, Calif., Varian Assoc. Instrument Div.; engl.) — Aus den Protonenkernresonanzspektren von Triglyceriden in CCl_4 lassen sich quant. Aussagen über die an doppelt gebundenen C-Atomen sitzenden Protonen, die Methylengruppen des Glycerins sowie an die 2 doppelt gebundenen C-Atomen sitzenden CH_2-Gruppen, die in den Säureresten α-ständigen CH_2-Gruppen, die an einem gesätt. u. einem doppelt gebundenen C-Atom sowie die an zwei gesätt. C-Atomen sitzenden CH_2-Gruppen u. die 3 endständigen CH_3-Gruppen ablesen. Bei Verw. eines inneren Standards läßt sich aus solchen Best. das mittlere Molgew. berechnen. Aus der Anzahl der olefin. Protonen u. dem Molgew. ergibt sich die Jodzahl. Die JZZ. einiger natürlicher Fette wurden so bestimmt. Sie stimmen im allg. gut mit den nach der Meth. von Wijs erhaltenen überein. W. Betcke. 7932□

Quantitative Analyse von Gemischen höherer gesättigter Fettsäuren (C_{12}—C_{20}) nach der papierchromatographischen Trennung. Giovanni Ceresa. (Ann. Sperimentaz. agrar. [N. S.] **14**, Nr. 4, Suppl. CXXI—CXL, 1960; Torino, Staz. chim.-agrar. sperim.; ital.) — Vf. beschreibt die quant. Best. von Laurin- (I), Myristin- (II), Palmitin- (III), Stearin- (IV) u. Arachinsäure (V) nach der papierchromatograph. Trennung in umgekehrter Phase. Als Imprägnierungsmittel werden 100 ml 100%ig. (D. 1,055 bis 1,064) mit 10 ml Erdöl-KW-Stoff gesätt. Essigsäure, die mit 7,5% W. auf eine Konz. von 92,5% gebracht wird, bei 18° verwendet. Zur Herst. der Säure-Lsgg. werden 0,1 g. **I, II, III, IV** u. 0,05 g **V** eingewogen u. mit Toluol genau auf ein Vol. von 10 ml aufgefüllt. Nach 24std. Chromatographie werden die Streifen ½ Std. bei 100° im Ofen getrocknet. Die Entw. erfolgt durch Eintauchen des Papiers in eine Cu–Acetat-Lsg. (10 ml gesätt. Lsg. mit dest. W. auf 500 ml), ½std. Waschen mit fließendem W. u. Besprühen mit einer 1%ig. Dithiooxamidlösung. Die einzelnen so getrennten Säuren werden durch Messung der Extinktionen quant. unter Verw. eines Photometers ermittelt.

G. Platzer. 7936□

Procter & Gamble Co., Cincinnati, übert. von: **Wayne L. St. John**, Wyoming, Ohio, V.St.A., *Wasch- und Reinigungsmittel*. (A. P. 2 985 592 vom 20/1. 1956, ausg. 23/5. 1961. — C. **1959**, 14910 [D. A. S. 1 041 189].)

Procter & Gamble Co., Ivorydale, Ohio, V.St.A., übert. von: **Peter J. Pengilly**, Stocksfield, England, *Flüssiges Reinigungsmittel*. (A. P. 2 992 993 vom 21/1. 1958, ausg. 18/7. 1961. E. Prior. 23/1. 1957. — C. **1962**, 8107 [A. P. 2 947 702].)

N. V. Chemische Fabriek „Andrelon", Noordstraat, Niederlande, *Aminsalze von sauren Sulfaten aus Laurylalkohol und Äthylenoxid*. (E. P. 891 631 vom 31/7. 1958, ausg. 14/3. 1962. Niederl. Prior. 2/8. 1957. — C. **1960**, 16978 [D. A. S. 1 074 570].)

H_{18a}. Holz. Cellulose. Zellstoff. Papier. Papierdruck. Celluloid. Linoleum

Die Beschaffenheit des Wassers und ihr Einfluß auf die Herstellung von Cellulose und Papier. Julius Grant. (Cellulosa e Carta **13**, 21–25, Jan. 1962; ital.) — Vgl. des Einfl. der in Suspension befindlichen oder gelösten anorgan. u. organ. Verunreinigungen von *W.* mit den von der TAPPI aufgestellten Normen für *Cellulose* u. Papier. J. Lehmberg. 7950◇

Die Bestimmung von Aldehyd- und Carboxylgruppen in Präparaten von Cellulose. Ch. U. Ussmanow und R. W. Perlina. (Usbek. chem. J. [UdSSR] **1961**, Nr. 4, 22–31; Inst. für Chem. der Polymeren der Akad. der Wiss. der UsbekSSR; russ., Auszug: usbek.) — Bei *Glucose* u. *Maltose* werden durch 0,03n J_2-Lsg. (pH 9,2, 20°) in 6 Std. die Aldehydgruppen zu 97% oxydiert. *Saccharose* wird unter diesen Bedingungen nicht angegriffen. Übertragung der Hypojodit-Meth. auf *Cellulosen*, wobei eine Rk.-Dauer von 2 Std. genügt, führte beim Vgl. der bestimmten Aldehydgruppen in Präpp. von Cellulose, Hydratcellulose u. Hydrolysaten mit einer aus dem Polymerisationsgrad errechneten Endgruppenzahl zur Schlußfolgerung, daß Aldehydgruppen auch im Innern der Makromoll. vorliegen können. Die Unters. wachsender Fasern von *Baumwolle* ergab, daß während der Vegetationsperiode der Geh. an Aldehydgruppen abnimmt. Gleichzeitig steigt die Menge der COOH-Gruppen an. *Sulfitcellulose* u. *Viscosefasern* besitzen fast 3mal mehr Aldehydgruppen als reife Baumwollfasern. M. Ulmann. 7954□

Carbonisierung und Graphitisierung organischer Substanzen. 11. Mitt. Konstitution der auf 250–600° erhitzten Cellulose und ihre Oxydation. Sugio Ôtani, Akira Ogura und Toshiko Furudatsu. (J. chem. Soc. Japan, ind. Chem. Sect. [Kogyo Kagaku Zassi] **63**, 1448–52, Aug. 1960; Kiriu, Gunma-Daigaku, Kôgakubu; jap., Auszug: engl. S. A 80.) — 10. vgl. C. **1960**, 13047. — *Cellulose* (**I**) wird im N_2-Strom auf 250–600° erhitzt, abgekühlt u. die gebildeten Prodd. werden in der Luft mit einer Geschw. von 5°/Min. bis auf 700° erhitzt. Die Gew.-Abnahme beim Erhitzen der bei 300–450° gebildeten Prodd. erfolgt 2stufig, während sie bei den bei niedrigeren oder höheren Temp. gebildeten Prodd. 1stufig verläuft. Die Temp., bei der eine wesentliche Gew.-Abnahme erfolgt, nimmt mit steigender Temp. zu. Die Entzündungs-Temp. des Gemisches aus dem erhitzten Prod. u. KNO_3 ist bei einer Temp. von ca. 275° am niedrigsten u. der in A. u. Aceton lösl. Teil des erhitzten Prod. ist auch bei dieser Temp. maximal. Es wird gefolgert, daß der Typ der Gew.-Abnahmekurve durch die Beziehung zwischen der Bldg. der C=O-Gruppen sowie der schwachen C—C-Bindungen u. der Reaktivität der Gerüststruktur bestimmt wird, u. daß die Reaktivität mit KNO_3 hauptsächlich von der Reaktivität der Gerüststruktur abhängt.

E. Maekawa. 7954

Feinstruktur von nativen Cellulosefasern. 1. Mitt. Veränderungen der Feinstruktur von Holzzellstoff-Fasern bei der Behandlung mit Alkalien. Hiroshi Nishimura, Osakazu Nakao und Nobuhiko Migita. (J. Soc. Textile Cellulose Ind., Japan [Sen-i Gakkaishi] **14**, 684–88, Okt. 1958; Tokyo, Univ., Fac. of Agric.; jap., Auszug: engl.) — *Sulfitzellstoff* wird bei 20° mit 4–18%ig. *NaOH* behandelt u. anschließend gewaschen u. getrocknet. An den Proben wird Säurehydrolyse, Kristallinität, Polymerisationsgrad u. Feuchtigkeitsaufnahme bestimmt u. mit der Länge u. Breite der Micellen in Beziehung gesetzt. H.-A. Wannow. 7956◇

Untersuchungen über die Mercerisierung von Zellstoff in Bogenform. 4. Mitt. Aufschwimmen von Zellstoffbögen beim Preßtauchverfahren. Akira Iuchi, Toshiro Owashi und Akira Miyamoto. (J. Soc. Textile Cellulose Ind. Japan [Sen-i Gakkaishi] **12,** 276—79, April 1956; jap., Auszug: engl.) — 2. vgl. J. Soc. Textile Cellulose Ind. Japan [Sen-i Gakkaishi] **11,**[1955], 11. — Wenn *Zellstoffbögen* üblicher Größe als Ballen getaucht werden, enthalten sie mehr Luft je Masseeinheit, als die einzeln getauchten Blätter. Die zusätzliche Luftmenge wird auf $^1/_{10}$—$^1/_5$ der Gesamtluft geschätzt. Das Ausmaß des *Aufschwimmens* nimmt mit zunehmender Bogengröße u. zunehmender Anzahl Bögen je Ballen zu. Diese Beobachtungen zeigen, wie schwierig die Tauchlauge bis in die Mitte größerer Blätterballen vordringen kann. Das Ausmaß des Aufschwimmens bei dem üblichen *Preßtauch-Verf.* pflegt im allg. mit steigender Dichte der Zellstoffblätter abzunehmen. Das Aufschwimmen wird bei geeigneter Laugeeinfüllzeit auf ein Minimum reduziert. F. Zeidler. 7956□

Der Einfluß bestimmter Metallspuren auf Farbe und Farbbeständigkeit von gereinigten Baumwollinters. Thomas P. Czepiel. (Tappi **43,** 289—99, April 1960; Appleton, Wis., Inst. of Puper Chem.; engl.) — Der *Einfl.* von *Spuren* verschiedener *Metalle* auf *Farbe* u. *Farbbeständigkeit* von Handblättern aus hochgereinigten *Linters* (**A**) wird an der Änderung des Kubelka-Munk spezif. Absorptions-Koeff. K der Reflexion verfolgt. Bei nichtgealterten **A** wird der Wert für K nur durch gefärbte anorgan. Salze u. ihre Hydrolyse-Prodd. erhöht. Bei gealterten **A** ist nach 42 std. Alterung im geschlossenen Raum bei 100—107° die Änderung von K durch: $Fe^{III} > Fe^{II} > Cu > Al \geqq$ Kontrolle $\geqq Cd \geqq La \geqq Mg \geqq Mn$ bestimmt. Bis auf Mn-Salze bewirken alle eine Farbverschlechterung (FV), Mn hält die FV auf. Die FV durch Metallsalze ist bes. bei Fe- u. Cu-Salzen feuchtigkeitsabhängig, bei ca. 4% Feuchtigkeit als Maximum. Die FV schreitet bei der künstlichen Alterung von **A** in 2 Phasen voran: in einer nach 2 Std. abgeschlossenen u. durch die Bldg. anorgan. Rk.-Prodd. gekennzeichneten 1. u. in einer nach 66 Std. noch nicht abgeschlossenen 2. Phase (P_2). Die FV in P_2 geht auf organ. Rk.-Prodd. zurück; parallel zu ihr läuft ein, an der Intrinsic-Fließbarkeit meßbarer hydrolyt. Abbau von Cellulose. Da normale Abbau-Prodd. von Cellulose farblos sind, müssen sich vor Anwachsen des Wertes für K weitere Rkk. abspielen. Es wird das Auftreten von Hydroxymethylfurfurol in Betracht gezogen. Kinet. Überlegungen zur FV in P_2 werden angestellt. M. Hagedorn. 7956◇

Weitere Untersuchungen über den Mechanismus der Chlordioxidbildung. F. Lenzi und W. H. Rapson. (Pulp Paper Mag. Canada **63,** Nr. 9, techn. Sect. T 442—T 448, Sept. 1962; Toronto, Ont., Univ. of Toronto, Dep. of Chem. Engng.; engl.) — Die von Rapson (C. **1957,** 4510) aufgestellte Hypothese bzgl. der fundamentalen Rolle, die die Chlorid–Chlorat-Rk. bei der Herst. von *ClO_2* infolge der Red. der Chlorate in stark sauren Lsgg. durch SO_2 spielt, ist im allg. bestätigt u. durch die Verw. anderer reduzierender Verbb. unterbaut worden. Ein weiterer von Taube u. Dodgen (J. Amer. chem. Soc. **71,** [1949], 3330) vorgeschlagener Rk.-Mechanismus für die grundlegende Chlorid–Chlorat-Rk. ist noch befriedigender. Er kann auch die SO_2-Chlorat-, Chlorid–Chlorat-, Chlorit–Chlorat- u. Chlorit–Disproportionierungs-Rkk. in stark sauren Medien erklären. Hierzu werden neue Daten gebracht. Durch diese Unterss. sind bedeutende Verbesserungen beim Entwurf u. Betrieb bestehender ClO_2-Anlagen erreicht worden. F. Zeidler. 7956□

Der Einfluß der Schnitzeldicke auf Zellstoffausbeute und Qualität. J. H. Feiner und W. Gallay. (Pulp Paper Mag. Canada **63,** Nr. 9, techn. Sect. T-435—T 441, Sept. 1962; Hull, Que., E. B. Eddy Comp.; engl.) — Die von einer gebräuchlichen Hackmaschine anfallenden *Holzschnitzel* können zu den Verss. mittels einer bes. Einrichtung mechan. nach ihrer Dicke klassiert werden. Die nach dem sauren Ca-Bisulfit-Verf. u. Na-Bisulfit-Verf. erhaltenen *Zellstoffe* werden nach ihrer Qualität, dem Anfall an sortiertem Stoff u. der Menge der Abfälle beurteilt. Die besten Ergebnisse werden beim sauren *Ca-Bisulfit-Verf.* mit Schnitzeln von 3/16″ Dicke erhalten, beim *Na-Bisulfit-Verf.* beträgt die optimale Dicke 5/16″. Schnitzel einheitlicher Dicke bringen bessere Resultate als der Aufschluß eines Gemisches verschieden dicker Schnitzel. Dickere Schnitzel werden ungenügend imprägniert u. geben nicht aufgeschlossene u. verbrannte Kerne. Sehr dünne Schnitzel werden von der Hackmaschine zu sehr beschädigt u. geben, wie auch das Hackmehl schlechte Resultate. Auf die zusätzliche Bedeutung der Schnitzellänge wird hingewiesen. F. Zeidler. 7962□

Untersuchungen über die Fabrikation von Lösungszellstoff nach dem Sivola-Verfahren. 1. Mitt. Das Sivola-Verfahren gibt höhere Zellstoffausbeute. Shinichi Oki, Yuichiro Sumi und Eizo Nokihara. (J. Soc. Textile Cellulose Ind., Japan [Sen-i Gakkaishi] **17,** 407—13, Mai 1961; Tokyo, Japan, Kohusaku Pulp Ind. Co. Ltd., Res. Labor.; jap., Auszug: engl.) — Um die Ursachen für die höhere *Ausbeute* an

Zellstoff (**A**) aufzuklären, werden lösbare **A** in 6 Variationen hergestellt u. nach Ausbeute u. α-Cellulose-Geh. (α-CG) charakterisiert. Werden mit Sulfitlauge gekochte Schnitzel vor dem Sieben mit Alkali digeriert, ist die Ausbeute an gebleichtem Endzellstoff (**gA**) größer als bei der Alkalidämpfung nach dem Sieben. Ob die Cl_2-Behandlung vor oder nach der Alkalibehandlung vorgenommen wird, ist von geringem Einfl. auf die Ausbeute. Unter gleichartigen Vers.-Bedingungen bleiben die α-CG der **gA** die gleichen, unabhängig davon, an welchen Stellen der Verf. die alkal. Dämpfung eingeschaltet wird. Auch bei gleichem α-CG ist die **A**-Ausbeute bei Alkalikochung vor dem Sieben höher als nach dem Sieben. Digerieren mit einem Gemisch von Na_2CO_3/Na_2SO_3 führt zu höherer Ausbeute an **gA** als mit NaOH. Die Beziehungen zwischen α-CG bei **gA** werden anscheinend durch die Gesamtmenge an Na_2CO_3/Na_2SO_3 u. das Mol-Verhältnis innerhalb des Vers.-Bereichs nicht verändert. M. Hagedorn. 7962◇

Untersuchungen über die Fabrikation von Lösungszellstoff nach dem Sivola-Verfahren. 2. Mitt. Ursachen für die höhere Zellstoffausbeute bei dem Sivola-Verfahren. Shinichi Oki, Yuichiro Sumi und Eizo Nokihara. (J. Soc. Textile Cellulose Ind., Japan [Sen-i Gakkaishi] **17**, 1035—39, Okt. 1961; jap., Auszug: engl.) — 1. vgl. vorst. Referat. — Ein Zusammenhang zwischen der höheren *Zellstoffausbeute* nach dem *Sivola-Verf.* (SV) u. der für das SV charakterist. Anwesenheit von verbrauchter *Sulfitablauge* (**A**) während der alkal. Kochung wird festgestellt. **A** stammt aus der 1. Kochstufe; sie verhindert den Celluloseabbau während der 2. Stufe, ohne das Herauslösen niedrigmol. Anteile zu beeinflussen. Die Wrkg. von **A** im SV wird auf ihren Geh. an reduzierenden Substanzen u. auf ihre starke Puffer-Wrkg. im alkal. Medium zurückgeführt. Unabhängig von der **A**-Ggw. führt das Digerieren mit einem Gemisch von Na_2CO_3 u. Na_2SO_3 bei gegebenem α-Celluloseausgangs-Geh. zu höherer Zellstoffausbeute als mit konst. Alkali. M. Hagedorn. 7962□

Untersuchung über die Verwendbarkeit von Nebenprodukten der Zellstoffherstellung. 5. Mitt. Oxydation von Ligninsulfonat aus Sulfitzellstoffabwässern. Hiroshi Sobue und Yoshitami Saito. (J. Soc. Textile Cellulose Ind., Japan [Sen-i Gakkaishi] **14,** 689—92, Okt. 1958; Tokyo, Japan, Univ. of Tokyo, Fac. of Engng.; jap., Auszug: engl.) — 3. vgl. C. **1961,** 18125. — 40 g einer *Abwasserprobe*, die 3 g *Ligninsulfonsäure*, ca. 30 g W. u. 70 g Kalk oder andere Substanzen enthält, wird unter magnet. Rühren in Ggw. verschiedener Mengen NaOH im Autoklav oxydiert. Die höchste Ausbeute an *Vanillin* wird erhalten, wenn die NaOH-Konz. ca. 2n ist. H.-A. Wannow. 7966◇

Behandlung von Zellstoff mit kinematischer Hochfrequenz und Ultraschall. P. Willems. (Pulp Paper Mag. Canada **63,** Nr. 9, techn. Sect. T455—T62, Sept. 1962; Switzerland, Res. Inst. for Ultrasonics; engl.) — Theorie u. prakt. Anwendung der kinemat. *Hochfrequenz* u. des *Ultraschalls* im Willems-„Fibrotom"-Raffineur oder „Entstipper" wird diskutiert. *Zellstoff* wird in ca. 4%ig. Stoffdichte zwangsläufig durch kleine Schallkammern von 0,1—0,5 ml Fassungsraum hindurchgetrieben, in denen er durch die Einw. der hochfrequenten Schwingungen u. Ultraschallwellen defibriert u. defibrilliert wird. Die Behandlungszeit beträgt nur Sek., sie wird durch Regulierung des Gegendrucks in der App. bestimmt. Das Verf. ist für gleichzeitiges Zerfasern, Mahlen u. Bleichen geeignet, vorteilhaft ist die Behandlung von Alt- u. Druckpapier, wobei ein hochwertiges bzw. von Druckerschwärze befreites Material erhalten wird. F. Zeidler. 7976□

Echtheit von Pigmenten gegen Ausbluten. T. E. Ludwig. (Amer. Ink Maker **35,** Nr. 5, 43—45, Mai 1957; Chicago, Sherwin-Williams Co.; engl.) — Repräsentative *Standard-Pigmente* werden in einer Standard-Buchdruck-Anreibung auf Papier aufgestrichen u. nach den in der Industrie üblichen Meth. 16 verschiedenen *Ausblut-Tests* unterworfen. Nicht geprüft werden anorgan. u. Phthalocyanin-Pigmente. Die Ergebnisse gibt eine Tabelle wieder. Sie können nach Grad der Pigmentierung, Art des Bindemittels, Viscosität u. Filmdicke variieren, weshalb immer die betreffende Farbe unter den bes. Praxis-Bedingungen geprüft werden muß. Eine weitere Tabelle gibt zu den Eigenbezeichnungen der Firma die allg. Handelsnamen u. die chem. Zus. an. G. Grunow. 7990◇

Foliendruckfarben-Herstellung (Anilingummidruckfarben — Flexographdruckfarben). Hal-Curtis Felsher und Martin V. Azarian. (Adhäsion **4,** 367—68, 370, 372, Juli 1960; Roslyn, N.Y., Claremont Pigment Dispersion Corp.; dt.) — Vor- u. Nachteile von gelösten Farbstoffen u. Pigmenten (organ. u. anorgan.) werden erörtert. Das Bindemittelsortiment wird wegen steigender Ansprüche an Druck-Geschw., mechan. Festigkeit, chem. Echtheiten u. neuer Folienmaterialien immer größer, ebenso die Zusätze verschiedenster Art gegen Fadenziehen, Sprödigkeit, Kleben, Blocken u. zur Verbesserung der Fließeigg. u. Abriebfestigkeit. Der Einfl. neuer Lsgm. für Polyamidharze auf Kautschuksorten wird in Tabellen gezeigt, ebenso derjenige von Pigmentsorte, Bindemittelart, Schichtdicke u. Druckträger auf die Lichtechtheit. Druckschwierigkeiten ergeben sich aus Teilchengröße u. dem spezif. Gew. der Pigmente, sowie durch Farbzers. aus der Rk. mit Bindemittel durch dessen Säurezahl, bes. bei Bronzefarben. Abhilfe wird angegeben. G. Grunow. 7990◇

NPIRI-Standard-Nachweise für Pigmente. Carolyn E. Moore. (Amer. Ink Maker **35**, Nr. 5, 50—52, 35, Mai 1957; Bethlehem, Pa., Lehign Res. Inst., Nat. Printing Ink Res. Inst.; engl.) — Das unter obigem Titel vom *NPIRI* 1956 neu herausgegebene Buch enthält *Nachw.*, die zum größten Teil aus der *Druckfarben-Industrie* stammen u. eingehend auf Brauchbarkeit geprüft wurden (Reproduzierbarkeit, Empfindlichkeit, leichte Durchführbarkeit, evtl. Versagen), u. zwar durch mindestens 3 voneinander unabhängige Laboratorien. Wegen der hohen Kosten der Nachw. durch IR-, UV-, Massen- u. Röntgen-Spektrographie wurden nur qual. Tests aufgenommen; abgehandelt sind Chromat-Pigmente, Benzidin- u. Hansagelb, Phloxin- u. Rhodamintoner, Alkaliblau, Molybdat- bzw. Wolframat-Toner, Berliner Blau, Phthalocyanine, Ultramarin, Sulfidpigmente, Cadmiumrot u. Titandioxid. Für die zukünftige, immer schwieriger werdende Analyse von Druckfarben sollen noch weitere Nachw.-Meth. ausgearbeitet werden. G. Grunow. 8014◇

Armstrong Cork Co., V.St.A. (Erfinder: David Alexander Feigley jun. und Leonard Nixon Ray jun.), **Herstellung von wässerigen Dispersionen zum Leimen von Papierfaserstoff** unter Verw. von Asphalt, synthet. Kautschuk oder synthet. thermoplast. Harzen, bes. Polytetrafluoräthylen, u. eines wasserlösl. Salzes einer aliphat. Polycarbonsäure mit wenigstens 36 C-Atomen, z. B. der Di- u. Trilinolsäure. Als Emulgierungsmittel enthält die Dispersion die Ester u. Äther von Polyalkoholen, z. B. die Maleinsäureester von substituierten Polyäthylenglykolen, die Monoester von Mannitan oder Sorbitan mit höheren Fettsäuren, z. B. Palmitin-, Stearin- oder Ölsäure, ferner ihre Kondens.-Prodd. mit Äthylenoxid, sowie Arylalkylpolyätheralkohole der allg. Formel **I**, in welcher X = 5—15 ist. — Beispiel: 40 (Gew.-Teile) Chrysotil-Asbest, 4000 W., 2 Alaun, 24 Asphalt in Form einer 60%ig Emulsion, 1,6 K-Salz der dimerisierten aliphat. Carbonsäuren in Form einer 16%ig. Lösung. — 40 Sulfitpaste (Puget Sound), 4000 W., 1 Alaun, 10 Polyvinylchloridlatex in Form einer 56%ig. Dispersion, welche das Na-Salz der Decylbenzolsulfonsäure enthält, ggf. mit Zusatz von 1,2 dimerisierter Carbonsäuren. (**F. P. 1 250 132** vom 22/2. 1960, ausg. 24/3. 1961. A. Prior. 24/2. 1959.) M. F. Müller. 7979

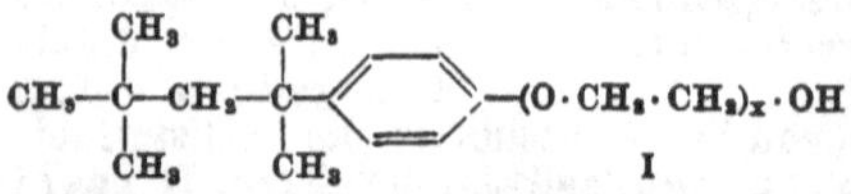
I

Columbia-Southern Chemical Corp., V.St.A. (Erfinder: Gosta Bertil Lagerstrom), **Herstellung von Kieselsäurepigmenten,** bes. für die *Papierfabrikation,* aus einer wss. Alkalisilicat-Lsg. durch Zusatz einer Säure, z. B. wss. HCl, so daß pH < 4 wird. Dabei entsteht eine Lsg. von SiO_2, in die eine Lsg. eines Alkalisilicats eingetragen wird, wobei pH $= 6$ wird. Das Silicatpigment wird daraus durch genügend Salz, z. B. NaCl oder $CaCl_2$, abgetrennt. — Nach F. P. 1 264 512 wird das Silicatpigment in der Weise hergestellt, daß man eine Alkalisilicat-Lsg. teilweise neutralisiert, um eine wss. SiO_2-Lsg. zu erhalten, welche die Fähigkeit hat, eine SiO_2-Substanz zu fällen. Diese Fällung wird erreicht durch Zusatz eines Metallsalzes, nachdem die partielle Neutralisation erreicht ist, aber bevor die nachfolgende Fällung einsetzt. — 2 Zeichnungen. (**F. PP. 1 264 511 u. 1 264 512** vom 3/5. 1960, ausg. 18/10. 1961. Beide A. Prior. 5/5. 1959.) M. F. Müller. 7979

Mead Corp., V.St.A., **Herstellung von gegautschtem Papier.** Die noch feuchte Papierstoffschicht wird gegen eine erhitzte zylindr., verchromte Oberfläche eines drehbaren Zylinders gepreßt, an welcher die feuchte Papierbahn zunächst haftenbleibt. Während des Drehens des Zylinders wird das W. der Papierbahn verdampft, u. das Papier löst sich bei ausreichender Trocknung ab. Sie braucht dann nicht mehr kalandert zu werden. Das gegautschte Papier hat den Glanz der Chromoberfläche angenommen. Um das Ablösen des Papiers von der Chromoberfläche der Trommel zu erleichtern, wird von einem passiven Cr ausgegangen, welches gegenüber akt. Cr den Vorzug hat, gegen chem. Mittel inert zu sein. Das Cr wird in den passiven Zustand übergeführt, durch Behandlung mit einem Oxydationsmittel, z. B. wird die sauber gewaschene Chromoberfläche mit wss. 2,5—10%ig. Essigsäure-Lsg. oder mit 1—3%ig. wss. HNO_3 behandelt u. danach mit einem weichen Tuch poliert. (**F. P. 1 246 579** vom 28/1. 1960, ausg. 8/2. 1961.) M. F. Müller. 7985

Th. Goldschmidt Akt.-Ges., Deutschland, **Herstellung von mit synthetischen Harzen imprägnierten ein- und mehrschichtigen Papier- und Pappebahnen,** bes.

für die *Wandbekleidung*. Auf einer Duplex-Papiermaschine werden 2 noch feuchte Papierbahnen hergestellt, von denen die obere kein Pigment u. die untere ca. 30% TiO_2 enthält. Die beiden vereinigten Papierbahnen werden mit einer ca. 50% Melaminharz enthaltenden Lsg. imprägniert u. 6 Min. in 130° heißer Luft getrocknet. Das Material wird danach auf eine Hartfaserplatte gelegt u. 12 Min. bei 145° heiß gepreßt. — 2 Papierbahnen mit hohem α-Cellulose-Geh. werden auf einer Duplex-Papiermaschine hergestellt u. vereinigt. Die obere enthält 30% ZnS u. die unter 30% TiO_2. Beide vereinigten Bahnen werden mit einer Melaminharz-Lsg. imprägniert u. getrocknet. Danach wird die Bahn mit einer 50%ig. wss. Melaminharz-Lsg. imprägniert, anschließend getrocknet u. auf eine Hartfaserplatte unter 40 at 12 Min. bei 145° gepreßt. (**F. P. 1 265 707** vom 22/8. 1960, ausg. 2/11. 1961. D. Prior. 28/8. 1959.) M. F. Müller. 7987

Leicester, Lovell & Co. Ltd., England, **Herstellung von mehrschichtigem Papier,** welches einen Kern aus hygroskop. Material enthält u. welches ein- oder beiderseitig einen Überzug eines Metallflitterblattes besitzt. Als Klebemittel dienen polymeres oder mischpolymeres Vinylchlorid, Vinylacetat, Chlorkautschuk, Butadienkautschuk, Acrylnitrilpolymere, ferner Epoxidharze, z. B. die Glycidyläther von mehrwertigen Phenolen, unter Verw. eines Stabilisierungsmittels in Form eines Anilinharzes u. CH_2O. (**F. P. 1 264 331** vom 3/8. 1960, ausg. 16/10. 1961. E. Prior. 4/8. 1959.) M. F. Müller. 7987

Cassella Farbwerke Mainkur Akt.-Ges., Deutschland, **Herstellung von Dekorationspapier** aus mehrschichtigem Papier durch Imprägnieren mit Aminoplastharz in Form einer Lsg., welche die Viscosität steigernde Substanzen enthält. — Ein Dekorativpapier aus Na-Cellulose wird mit einer Lsg. imprägniert, welche 0,5 kg Celluloseäther „Tylose KN 2000" u. 373 kg W. mit Zusätzen von 580 kg eines wasserlösl. Melamin-Formaldehydharzes u. einer Lsg. von 5 kg Na-Salz des sulfonierten Äthers des Hydroxystearinsäure-N-äthylanilids enthält. (**F. P. 1 265 487** vom 24/6. 1960, ausg. 27/10. 1961. D. Prior. 25/6. 1959.) M. F. Müller. 7987

Permaco Soc. An., Vésenaz, Schweiz, **Herstellung eines temperaturempfindlichen Registrierpapiers,** dad. gek., daß eine Lsg. einer festen, hochpolymerisierten Substanz in einem niedrigsd. organ. Lsgm. mit einer höhersd. organ. Fl., die das Trägerpapier nicht angreift u. die kein Lösevermögen für die hochpolymere Substanz hat, in solchen Mengen vermischt wird, daß der Gesamtgeh. an Feststoffen 6—20% beträgt u. die hochpolymere Substanz noch nicht ausfällt, u. daß mit dieser Mischung ein dunkles Trägerpapier belegt wird, worauf das niedrigsd. Lsgm. u. dann die höhersd. organ. Fl. abgedampft wird. (**E. P. 868 579** vom 15/9. 1959, ausg. 17/5. 1961. Schwz. Prior. 16/9. 1958 u. 12/6. 1959.) A. Gradl. 7987

Permaco Soc. An., Schweiz, **Herstellung von wärmeempfindlichem Registrierpapier.** Der Papierträger wird mit einer Lsg. überzogen, welche eine hochpolymerisierte organ. Substanz von heller Farbe in einem niedrigsd. Lsgm. (I) u. eine organ. Fl. von hohem Kp., enthält, in welcher die hochpolymere Substanz unlösl. ist. Als I sind z. B. genannt: Aceton, Methylacetat, Tetrahydrofuran, Dimethylacetal, CH_2Cl_2. Als hochsd. Fl. kommen in Betracht: Cyclohexan, Hexan, Bzn., Heptan. Als hochpolymere Substanzen werden verwandt: Celluloseester oder -äther, Polystyrol, Polyvinylacetat, Ketonharze, Kolophonium-Derivv., Phenol–Formaldehyd-Harze, Polyvinylchlorid, Polyvinylidenchlorid, Polymethacrylate, Cumaronharze. — 16,5 (g) Celluloseacetobutyrat u. 0,8 Dicyclohexylphthalat werden in 120 Aceton gelöst u. 80 Cyclohexan zugerührt. Die Lsg. wird auf Papier in 0,05 mm Dicke aufgetragen, worauf 10 Sek. mit einem Luftstrom bei 35° u. weitere 10 Sek. bei 75° mit Luft getrocknet wird. — 20 Polystyrol u. 2,2 Ketonharz (hergestellt aus Cyclohexan u. Methylcyclohexanon) werden in 120 Methylacetat gelöst, dazu 80 Heptan gerührt. Die mit der Lsg. behandelte Papierbahn wird wie vorst. getrocknet. (**F. P. 1 242 396** vom 15/9. 1959, ausg. 4/1. 1961. Schwz. Prior. 16/9. 1958 u. 12/6. 1959.) M. F. Müller. 7987

Raduner & Co. Akt.-Ges., Horn/Thurgau, Schweiz, **Herstellung von falzbaren, hochnaßfesten bedruckbaren, aus Faserstoffen hergestellten, versteiften Flächengebilden (I)** von hoher Dimensionsstabilität, dad. gek., daß man den I durch möglichst vollständige Befreiung von Fremdsubstanzen ein Präp., enthaltend das Monomere oder ein Vorkondensat eines hitzehärtbaren Harzes, sowie ein Vernetzungsmittel aufbringt, teilweise trocknet, nachkondensiert bzw. -polymerisiert, wobei die I vor der Polymerisation der Kondens. in Längs- u. Querrichtung bis zu einer geringen bleibenden Verstreckung gedehnt werden. Herst. von Landkarten. (**Schwz. P. 356 108** vom 16/9. 1957, ausg. 29/9. 1961. **Zusatz zu Schwz. P. 351 938; C. 1963, 1127.**) M. Böttcher. 7987

Allied Chemical Corp., V.St.A., **Überziehen von Pappe oder Papier mit Gips** unter Verw. eines mit NH_3 neutralisierten Gipsabfalls von dem Aufschluß von rohem

Ca-Phosphat mit H_2SO_4. Das Überziehen geschieht bei 38—54°, um ein schnelles Festhaften auf dem Papier zu erreichen. — 2 Abbildungen. (**F. P. 1 266 205** vom 23/8. 1960, ausg. 8/11. 1961.) M. F. Müller. 7987

Dow Corning Corp., V.St.A. (Erfinder: Joseph W. Keil), **Mit einem Überzug versehenes Papier für den Offsetdruck** zur Vermeidung des Auslaufens der Druckfarbe u. zur Erhöhung der Brillanz des Druckes. Das Überzugsmittel besteht aus einem Gemisch aus einem Pigment, z. B. Kaolin, Stärke u. einem Alkalisalz eines Monoorganosilanols in Wasser. Man verwendet z. B. eine Dispersion von 55 (Teilen) Kaolin in 45 W., zu der man 1 einer wss. Lsg. gibt, die 10% Na_2HPO_4, 0,5 einer wss. Dispersion von 10% NH_4-Stearat u. 36 einer 25%ig. wss. Stärke-Lsg. enthält. Danach werden bis zu 1% des Na-Salzes von Monoäthylsilanol zugegeben. (**F. P. 1 263 643** vom 27/7. 1960, ausg. 6/10. 1961. A. Prior. 8/9. 1959.) M. F. Müller. 7989

Imperial Chemical Industries Ltd., England, **Herstellung von lithographischem Offsetdruck.** Der Druck wird ganz oder teilweise überzogen oder imprägniert mit einem Organopolysiloxanharz, in welchem die Organogruppen, z. B. Methylgruppen, zu den Si-Atomen im Verhältnis von 1 : 1 bis 1,8 : 1 stehen. — Ein hochpolymerisiertes Organopolysiloxan, welches 1,1 organ. Gruppen pro Si-Atom enthält u. welches durch Mischhydrolyse u. Kondens. eines Gemisches von Methyltrichlorsilan u. Dimethyldichlorsilan im Verhältnis 9 : 1 erhalten wurde, wird zu einer 5%ig. Lsg. in Toluol gelöst. Ein lithograph. Offset-Druck wird in die Lsg. des Organopolysiloxans getaucht u. danach getrocknet. (**F. P. 1 264 233** vom 21/7. 1960, ausg. 13/10. 1961. E. Prior. 29/7. 1959 u. 8/6. 1960.) M. F. Müller. 7989

S. D. Warren Co., V.St.A. (Erfinder: Stephen Vail Worthen und Raymond Lee Oransky), **Papierblätter für planographischen Druck.** Man verwendet ein Papierblatt, das mit einem Dimeren eines aliphat. Ketens mit 6—20 C-Atomen im Mol. geleimt ist u. mit einer Schicht aus einem Gemisch eines Mineralpigments mit einem Bindemittel bei Zusatz eines Mittels, welches das Bindemittel unlösl. macht, auf einer Seite überzogen ist. — Die Überzugsschicht enthält z. B. 100 (Gew.-Teile) feinen Ton, 40 Gomme Penford, 280 (fester Stärkeoxäthyläther), 14 Parez 611 (Melamin-Formaldehyd, partiell kondensiert), 40 Zn-Acetat, 3,5 Chloressigsäure, 30 Propylalkohol u. W., bis das Gemisch 38% Feststoffe enthält. (**F. P. 1 265 722** vom 22/8. 1960, ausg. 2/11. 1961. A. Prior. 28/8. 1959.) M. F. Müller. 7989

Ellams Duplicator Co. Ltd., Watford, Hertfordshire, England (Erfinder: Frederick Ellam), **Vervielfältigungsverfahren.** Auf einer Unterlage wird ein Bild in lösl. Farbe seitenrichtig erzeugt; davon werden spiegelbildliche Abzüge auf durchsichtige Blätter gemacht, die einseitig eine feste, nicht hygroskop. Oberfläche besitzen u. in dieser ein nicht flüchtiges Lsgm. für den Farbstoff enthalten. (**E. P. 864 054** vom 10/7. 1957, ausg. 29/3. 1961. **Zusatz zu E. P. 844 364; C. 1963, 759.**) C. Kittler. 7989

Kodak-Pathé, Frankreich (Erfinder: William Owen O'Neill), **Druckerschwärze,** bes. zum Bedrucken von Papierschutzhüllen u. Filmverpackungsmaterial, aus 5—15 (%) Ruß, 3—5 Mischpolymeren aus Styrol u. Maleinsäureanhydrid, 30—60 A., 40—60 W., 0,74 Ligninsulfonsäure als Dispergiermittel, 0,05 NaOH u. 1,15 NH_4OH. (**F. P. 1 265 131** vom 17/8. 1960, ausg. 20/10. 1961. A. Prior. 17/8. 1959.) M. F. Müller. 7991

Charles Abel Maurice Milloux, Frankreich, **Undurchlässige Wellpappe für Verpackungszwecke,** bes. für Obst u. Gemüse, durch Imprägnieren von Wellpappe mit einem Gemisch aus 84 (%) Erdölbitumen, 5,5 mikrokrist. Paraffinwachs u. 0,5 Polyisobutylen. Anstelle oder zusammen mit dem Paraffinwachs können Polydienharze u./oder Polyisobutylen- oder Butylkautschuk verwendet werden. (**F. P. 1 263 692** vom 30/7. 1960, ausg. 9/10. 1961.) M. F. Müller. 7993

Escher Wyss G. m. b. H., Ravensburg, *Gewinnung von Zellstoff und Halbzellstoff.* (**Ind. P. 66 975** vom 9/3. 1959, ausg. 3/7. 1961. — **C. 1960,** 10800 [D. A. S. 1 070 013].)

Badische Anilin- & Soda-Fabrik Akt.-Ges., übert. von: **Hubert Wilfinger**, Ludwigshafen/Rh., *Imprägnierte Celluloseregeneratfilme.* (**A. P. 3 009 831** vom 9/2. 1959, ausg. 21/11. 1961. D. Prior. 10/2. 1958. — **C. 1961,** 18920 [E. P. 853 240].)

British-American Tobacco Co. Ltd., übert. von: **David Robert Davies** und **Henry Herbert Evers**, London, England, *Verhindern des Anlaufens von Bronzedrucken.* (**A. P. 3 000 751** vom 14/5. 1958, ausg. 19/9. 1961. E. Prior. 15/5. 1957. — **C. 1962,** 5896 [Aust. P. 221 187].)

H_{18b}. Textilfasern

Thermodynamische Betrachtungen zum Spinnprozeß. F. H. Müller. (Österr. Chemiker-Ztg. **63**, 157—62, Mai 1962; Marburg/L., Univ., Inst. für Polymer; dt.) — Änderungen des Zustandes durch die *Verstreckung* vom thermodynam. Standpunkt aus werden betrachtet. *Entropie* u. *innere Energie* sind stets so verändert, daß die freie Energie ansteigt. Eingefroren ist nach dem Streckprozeß ein thermodynam. Ungleichgewicht, das zeitlich prinzipiell nicht abs. stabil sein kann (Lagerungs- bzw. Alterungseffekte). Quasigleichgewichte können durch Tempern bei best. Temp. u. Feuchtigkeit hergestellt werden. Innerhalb der Meßgenauigkeit kann die Änderung der inneren Energie exakt ermittelt werden. I. Beßer. 8030◇

Eine einheitliche Darstellung der optischen Anisotropie von Folien und Fasern. H. de Vries. (Angew. Chem. **74**, 574—80, 7/8. 1962; Arnhem, Niederlande, Algemene Kunstzijde Unie N.V. u. Konzernges. Zentrales Forsch.-Inst.; dt.) — *Fasern* u. *Folien* aus *regenerierter Cellulose* [Viscosereyon (I), Viscose (II) u. Kupferoxidammoniak-Cellulose (III)] werden in lufttrockenem Zustand auf ihre Doppelbrechung mit monochromat. Licht (grüne Hg-Linie) durch Best. des Gangunterschiedes, der Dicke u. der Richtung der opt. Achsen untersucht. Die Fasern von regenerierter Cellulose sind einachsig doppelbrechend; in einseitig verstreckten Folien tritt zweiachsige Doppelbrechung auf. In der Längs- u. Querrichtung verstreckte („balanced", ausgeglichene) Filme aus *Polyester* (Polyäthylenterephthalat, IV) sind positiv einachsig doppelbrechend, d. h., im zugehörigen einachsigen Brechungsindexellipsoid entspricht die Symmetrieachse der Richtung des größten Indexes. Die Ergebnisse werden in einem Netz von gleichseitigen Dreiecken graph. dargestellt. Unverstreckte Folien sind isotropisch. Für Folien aus II liegt n_{iso}–n_α zwischen $50 \cdot 10^{-4}$ u. $60 \cdot 10^{-4}$, für solche aus III zwischen $70 \cdot 10^{-4}$ u. $90 \cdot 10^{-4}$ ($\bar{n}_{iso} = 1{,}5300$). Für I u. III ergibt die Doppelbrechung n_γ–n_β Werte zwischen $250 \cdot 10^{-4}$ u. $400 \cdot 10^{-4}$, für unverstrecktes I Werte zwischen $100 \cdot 10^{-4}$ u. $200 \cdot 10^{-4}$. Für nichtverstreckte Fasern aus IV beträgt die Doppelbrechung $50 \cdot 10^{-4}$ bis $60 \cdot 10^{-4}$, für verstreckte $1500 \cdot 10^{-4}$ u. $2400 \cdot 10^{-4}$; die definitionsgemäße Längsrichtung stimmt aber nicht immer mit der Längsrichtung der Rolle, auf der das Prod. geliefert wird, überein. — Die Diagramme werden spannungsopt. erläutert u. ein Modell für Molekularorientierungen in Folien u. Fasern aufgestellt. S. Neue. 8040□

Sorption von Wasser an Fasern und die Abnahme des ζ-Potentials der Fasern beim Stehen an feuchter Luft. Kisou Kanamaru. (J. chem. Soc. Japan, ind. Chem. Sect. [Kōgyō Kagaku Zasshi] **63**, 1452—56, Aug. 1960; Tôkyô-Meguroku, Tôkyô-Kôgyô-Daigaku; jap., Auszug: engl.) — Beim Stehen verschiedener *Fasern* an *Luft* mit relativer *Feuchtigkeit von 100%* besteht zwischen der Sorption des W. V u. der Änderung des *ζ-Potentials* $\Delta\zeta_\infty = (\zeta_0 - \zeta_\infty)/\zeta_\infty$ eine gute Beziehung, wo ζ_0 abs. Wert des ζ-Potentials der Fasern gleich nach dem Tauchen in W., ζ_∞ abs. Wert des ζ-Potentials im Gleichgewichts-Zustand ist. Unter der Annahme, daß das Coehnsche Gesetz $\zeta = K(1 - D_f/D_w)$ auch in diesem Fall gilt (D_f = DK der Faser im feuchten Zustand, D_w DK von W.), daß D_f aus D_f^0 u. D_w linear abzuleiten ist (D_f^0 DK der Faser im vollkommen getrocknetem Zustand), u. daß die Sorption von W. an der Faser monomol. verläuft, werden die Gleichungen: $-d\zeta/dt = k(\zeta_0 - \zeta_\infty)$ u. $(\zeta_0 - \xi_\infty)/\zeta_0 = h_\infty$, wo h_∞ der Abbruch der mit Wassermoll. besetzten Oberfläche der Faser ist, abgeleitet. Der Wert $V/h_\infty^{3/2}$ ist ein Maßstab der homogenen bzw. nichthomogenen Verteilung von W. in der Faser; wenn $V/h_\infty^{2/3} < 1$ bzw. > 1 ist, so ist der Sorptionsgrad von W. in den oberen Schichten größer bzw. kleiner als der in den inneren Schichten. E. Maekawa. 8040

Einige Eigenschaften von Baumwollgeweben, die Einlagerungen von Vinylpolymeren enthalten. A. G. Chitale und A. Y. Kulkarni. (J. sci. ind. Res. [New Delhi], Sect. D **20**, 223—25, Juni 1961; Ahmedabad, Ahmedabad Tex. Ind. Res. Assoc.; engl.) — Die Eigg. von *Baumwollgeweben*, in die durch Polymerisation im Faserinneren *Polystyrol*, *Polymethylmethacrylat* u. *Polyacrylonitril* abgelagert wurde, wird untersucht. Die Reißfestigkeit u. die Knitterwinkel bleiben unbeeinflußt, dagegen vermindert sich die Einreiß- u. die Scheuerfestigkeit. Die Einlagerungen von Polyacrylonitril zeigen eine höhere Beständigkeit gegen Wäschen als die der anderen untersuchten Polymeren.
H.-A. Wannow. 8044◇

Spinnprozeß und Kristallstrukturen von Perlonfäden. A. Reichle und A. Prietzschk. (Angew. Chem. **74**, 562—69, 7/8. 1962; Dormagen, Farbenfabriken Bayer AG., Wiss. Labor.; dt.) — Das Röntgendiagramm von amorphen oder fl. *Perlon* (*Polycaprolactam*, I) hat einen Halo bei $\Theta = 9{,}5^0$, der sich nicht orientieren läßt. Unterschieden wird ferner a) hexagonal krist. I mit einem scharfen Interferenzring bei $\Theta = 10{,}65^0$, der sich nach Tempern in 2 eng zusammenliegende Interferenzringe auflöst, u. einem inneren Ring bei ca. $5{,}5^0$; b) 2 monokline α- u. β-Strukturen mit 2 Hauptinterferenzen. In den Diagrammen verstreckter Fäden von I sind die Interferenzringe zu sichelförmigen Reflexen zusammengeschrumpft. Die direkt verstreckten Fäden krist. bevorzugt hexagonal, die nach längerer Verweilzeit verstreckten dagegen nur monoklin. Die Festigkeit der letzteren ist größer als die der ersteren u. nimmt mit steigendem

Molgew. stärker zu. Ebenso ist die Dichte der monoklin krist. Fäden größer als die der hexagonal kristallisierten. Die direkt verstreckten Fäden enthalten noch einen völlig unorientierten u. schlecht krist. monoklinen Anteil. Die dadurch bedingte höhere Beweglichkeit der Bereiche erklärt die größere Schlingendehnung u. die Unterschiede im Elastizitätsmodul. S. Neue. 8080□

Pyrrolidon, Capryllactam und Laurinlactam als neue Grundstoffe für Polyamidfasern. K. Dachs und E. Schwartz. (Angew. Chem. **74,** 540—45, 7/8. 1962; Ludwigshafen/Rhein, BASF; dt.) — Umfassender Bericht über die aus *Pyrrolidon* (C_4), *Capryllactam* (C_8) u. *Lauryllactam* (C_{12}) durch Polymerisation herstellbaren *Faserstoffe*: Synth. der Monomeren, ihre Polymerisation bzw. Polykondens., Eigg. der Polymeren u. ihre Verspinnung; Vgl. der Fasern; techn. u. wirtschaftliche Aussichten. S. Neue. 8080□

Untersuchungen an Polyurethanfasern. 1. Mitt. **Darstellung langkettiger Polyurethane durch Polykondensation.** Kiyoshi Mizutani, Eitaro Shiraki und Shosaku Suzuki. (J. chem. Soc. Japan, ind. Chem. Sect. [Kogyo Kagaku Zassi] **63,** 146—64, Aug. 1960; Urawa, Nittô-Rikagaku-Kenkyûzyo; jap., Auszug: engl. S. A80.) — Die Darst. *langkettiger Polyurethane* aus *Butandiol* (**I**) u. *Hexamethylen-* (**II**) oder *Tetramethylendiisocyanat* (**III**) wird unter verschiedenen Bedingungen untersucht. Um gut spinnbare Prodd. mit höherem Polymerisationsgrad herzustellen, wird die Rk. zweckmäßig in Abwesenheit eines Lsgm. durchgeführt. Homogene Prodd. lassen sich unter kräftigem Umrühren im N_2-Strom so herstellen, daß ca. 80% der benötigten Menge an **II** bzw. **III** bei Raum-Temp. zu **I** tropfenweise zugegeben werden, das Gemisch auf 100° erwärmt u. der Rest des Diisocyanates nach der Beendigung der exotherm. Rk. bei erhöhter Temp. (195° bzw. 210°) dem Gemisch zugegeben wird, anstatt daß **II** bzw. **III** bei 100° zu **I** zugetropft u. das Gemisch sofort langsam auf ca. 200° erwärmt wird. **I** muß vor der Rk. durch wiederholtes Umkristallisieren sowie rektifizierende Dest. gut gereinigt werden. Verw. eines 1mol-%ig. Überschusses an **II** bzw. **III** (bezogen auf **I**) gibt ein hochviscoses Harz mit guten physikal. Eigg., z. B. guter Spinnbarkeit. E. Maekawa. 8080

Die Verwendung von Glasfasern. Motochika Kawai. (J. Soc. Textile Cellulose Ind., Japan [Sen-i Gakkaishi] **18,** 775—80, Sept. 1962; jap.) — Übersicht. R. Grundmann. 8082◇

Metalleffektfäden in Web- und Wirkwaren, ihre Eigenschaften und Ausrüstungsmethoden. Walter Ernst. (Melliand Textilber. **43,** 956—61, Sept. 1962; dt.) — Über die hauptsächlich verwendeten *Metallfäden*-Typen *Lurex*- u. *Bedor-Garne*, ihre Eigg., Verarbeitung u. ihr Verh. bei den verschiedenen Textilveredlungsprozessen auf Grund von Praxiserfahrungen, wird berichtet. I. Beßer. 8090◇

Ein neues Gerät für die Messung der Härte von Textilfasern. A. C. Chakravarty. (J. sci. ind. Res. [New Delhi], Sect. D **20,** 238—39, Juni 1961; Calcutta, Indian Central Jute Committee, Technol. Res. Labor.; engl.) — Ein neues *Meßgerät* zur *Best.* der *Härte* von *Textilfasern* wird beschrieben. Das Gerät beruht auf dem einfachen Hebelsystem. Die Vorteile des neuen Meßgerätes werden angegeben. H.-A. Wannow. 8100◇

Die schnelle Bestimmung der Sorption von Dämpfen an Jute-Einfäden mit Hilfe einer Mikrosorptionswaage. M. Ramaswamy und R. R. Mukherjee. (J. sci. ind. Res. [New Delhi], Sect. B **16,** 548—54, Dez. 1957; Calcutta, Indian Jute Mills Assoc. Res. Inst.; engl.) — Die zur *Best.* der *Sorption* von *Dämpfen* der *Fasern* geeignete Vorr. besteht im wesentlichen aus einer *Quarzfaden-Mikrotorsionswaage* (Empfindlichkeit $2{,}97 \cdot 10^{-5}$ g/cm), die in einen Vakuumexsiccator eingebaut ist. Die Waage wird erfolgreich zur Best. der Adsorptions-Geschw. von Wasserdampf an *Jute-Einfäden* bei verschiedenen Feuchtigkeiten sowie zur Aufnahme der Adsorptions- u. Desorptionsisothermen von Rohjute, mit Alkali behandelter Jute u. delignifizierter Jute verwendet. Behandeln mit 5- u. 17,5%ig. NaOH setzt die Hygroskopizität der Jute etwas herab, Delignifizierung ergibt keine wesentliche Veränderung. W. Wirtz. 8104□

Die Vorbereitung der Proben für die DP-Bestimmung von Rohbaumwollfasern. G. von Hornuff. (Dtsch. Textiltechn. **12,** 480—83, Sept. 1962; Dresden, TU, Inst. für Textilchem.; dt.) — *Vorbehandlungs-Meth.* der *Baumwollprobe* werden zur Diskussion gestellt, die eine Erhaltung des *Durchschnittspolymerisationsgrades* der Baumwolle während der Vorbehandlung der Probe gewährleisten. Die Extraktion mit Lsgm., die Entpektinisierung u. die alkal. Vorbehandlung der Baumwolle werden untersucht. I. Beßer. 8102◇

Querschlagprüfungen an Reifencord verschiedener Vor- und Ausdrehungen. Walther Wegener. (Melliand Textilber. **43,** 928—35, Sept. 1962; dt.) — Dynamometr. Eigg. (A) von Fäden aus *Viscosereyon* werden mit Hilfe eines neu entwickelten *Querschlagprüfgeräts* bestimmt. A eines Cordes stehen mit der Höhe der *Vor-* u. *Ausdrehungen* (B) in gesetzmäßigem Zusammenhang. Dabei macht sich der Einfl. der Ausdrehungen in stärkerem Maße bemerkbar. Restdehnung u. Dehnung wachsen bei höheren Drehungen, ebenso bei Erhöhung der Beanspruchungsstufe (C) sowie der Schlaganzahl (D). Werte der Verformungsarbeit u. Maximalspannung fallen bei Erhöhung von B ab, bei Erhöhung von C u. D steigen sie. Die Materialmerkmale sind über der Zwirnstärke graph. aufgetragen. I. Beßer. 8112◇

Bleachers Association Ltd., Manchester, England (Erfinder: Frederick Richard Wilfred Sloan), **Bleichen von Cellulosematerial mit Chlorit.** Um die Entw. von freiem ClO_2 zu vermeiden, arbeitet man bei relativ hohem pH-Wert, bes. 6,5—8. Dieses wird ermöglicht durch die Verw. von Monomethyloldimethylhydantoin oder Dimethylhydantoin–CH_2O-Harz an Stelle der sonst üblichen sauren oder säurebildenden Aktivatoren. (**E. P. 875 020** vom 25/3. 1958, ausg. 16/8. 1961.) F. Böhm. 8033

Kunstzijdespinnerij Nyma N. V., Nijmegen, Niederlande, **Bleichen von Textilien** durch Imprägnieren mit Chlorit-Lsg. u. anschließendes Hindurchführen durch eine Dampfkammer auf einem Transportband. Als Material für das Transportband haben sich Polyolefinfasern als geeignet erwiesen, da sie unter den herrschenden Bedingungen beständig sind. (**E. P. 870 308** vom 5/5. 1959, ausg. 14/6. 1961. Niederl. Prior. 6/5. 1958.) F. Böhm. 8033

Unilever Ltd., Port Sunlight, England (Erfinder: Francis Robert Maxwell McDonnell), **Bleichmittel** besteht aus einem Gemisch aus granulierter Dichlorcyanursäure oder einem Salz davon mit üblichen Stell- u. Reinigungsmitteln. Das Gemisch ist lange Zeit haltbar. (**E. P. 872 815** vom 13/8. 1958, ausg. 12/7. 1961.) F. Böhm. 8033

Unilever Ltd., Port Sunlight, England (Erfinder: George Charlesworth Hampson und Francis Robert Maxwell McDonnell), **Bleichmittel.** Um das im E. P. 836 988 beschriebene, aus Persalzen u. Estern bestehende Bleichmittel länger lagerfähig zu machen, setzt man den Ester in granulierter Form ein. (**E. P. 864 798** vom 20/3. 1958, ausg. 6/4. 1961. **Zusatz zu E. P. 836988; C. 1962, 15808.**) F. Böhm. 8033

Imperial Chemical Industries Ltd., England, **Imprägnieren von Fasern und Fäden** unter Verw. einer wss. Dispersion eines Mischpolymerisates von Butadien-(1.3) u. 25—70% Methacrylsäuremethylester, ggf. mit Zusatz von 0,01—0,5% einer monomeren, polymerisierbaren Verb., welche mindestens 2 $>C{=}CH_2$-Gruppen im Mol. enthält. Das Mischpolymerisat wird in Ggw. eines Formaldehydharzes, z. B. aus Melamin u. HCHO, als Härtungsmittel gehärtet. — Beispiel: In einem Autoklaven werden 1,6 (Teile) Na-Dodecylbenzolsulfonat (I), 0,3 K-Persulfat, 0,2 KOH, 0,05 Na-Hexametaphosphat, 0,1 tert.-Dodecylmercaptan, 50 Methacrylsäuremethylester u. 91 W. unter Vakuum in N_2-Atmosphäre mit 50 Butadien-(1.3) versetzt u. auf 45° erwärmt. Dabei wird die monomere Substanz polymerisiert. Danach werden 1,6 **I** als Emulgierungsmittel zugefügt, u. die Temp. wird auf 60° gesteigert. Wenn das Monomere zu 99% polymerisiert ist, werden weitere 1,6 **I** zugesetzt. Nach ca. 18 Std. ist die Polymerisation beendet. Der erhaltene Latex hat 48% Feststoff-Geh. u. einen Gel-Geh. von 75—85%. Er wird mit W. auf 30% Feststoff-Geh. verd., worauf 10 eines Melamin–Formaldehyd-Harzes u. 3 $(NH_4)_2SO_4$ zugegeben werden. In die Latexemulsion wird ein Gewebe aus einem Fasergemisch von Viscoseseide u. Nylon eingetragen. Nach dem Abpressen der überschüssigen Fl. wird das Fasermaterial bei 60—70° getrocknet u. danach 7 Min. auf 150° erhitzt. Das Gewebe hat einen weichen Griff u. wird von Lsgm., wie Trichloräthylen, nicht angegriffen. (**F. P. 1 265 516** vom 6/7. 1960, ausg. 27/10. 1961. E. Prior. 6/7. 1959 u. 24/6. 1960.) M. F. Müller. 8037

Industrial Rayon Corp., Cleveland, Ohio, V.St.A., **Behandlung wässeriger mit öligen Substanzen verunreinigter Lösungen,** bes. verbrauchter Bäder der Viscoseindustrie. Man mischt die zu reinigenden Fll. mit einer Bentonitdispersion u. dann mit einer kation. Substanz, z. B. Laurylpyridiniumchlorid. Durch den letztgenannten Zusatz agglomerieren die Bentonitteilchen u. können leicht mit den aufgenommenen öligen Bestandteilen abgetrennt werden. (**E. P. 867 450** vom 9/12. 1958, ausg. 10/5. 1961. A. Prior. 17/12. 1957.) F. Böhm. 8075

Textile & Chemical Research Co. Ltd., Guernsey, England, **Herstellung von Proteinfäden.** Man erhält Fäden erhöhter Festigkeit, wenn man Protein, bes. Casein, gemeinsam mit einem geringen Anteil Na-Carboxymethylcellulose verspinnt, zweckmäßig im Gew.-Verhältnis 90 : 10 bis 65 : 35. Die Verformung u. Nachbehandlung mit CH_2O erfolgt in üblicher Weise. (**E. P. 867 935** vom 16/12. 1959, ausg. 10/5. 1961. F. Prior. 17/12. 1958.) F. Böhm. 8079

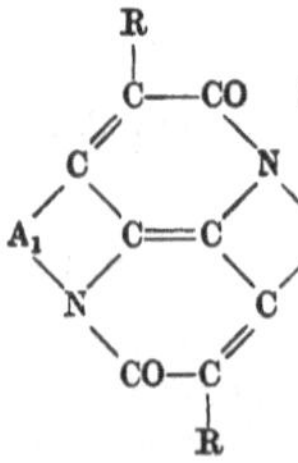
I

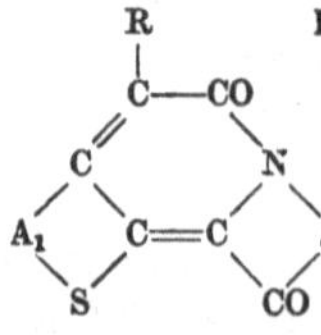
II

Ciba Ltd., Basel, Schweiz, **Herstellung spinngefärbter künstlicher Fäden.** Zur Einarbeitung in die Spinnmasse, z. B. Viscose oder eine Polyamidschmelze, gelangen Farbstoffe der allg. Formel I oder II ($A_{1,2}$ = Arylenreste ohne wasserlösl. machende Gruppen; R = Arylrest ohne wasserlösl. machende Gruppen). — Zum Beispiel erhält man mit dem Farbstoff, in welchem A_1 u. A_2 o-C_6H_5 u. R C_6H_5 darstellen, eine leuchtendrote Färbung. (**E. P. 875 039** vom 18/12. 1958, ausg. 16/8. 1961. Schwz. Prior. 24/12. 1957.) F. Böhm. 8081

E. I. du Pont de Nemours & Co., Wilmington, Del., V.St.A., **Polyacrylnitrilfäden** mit hoher Schrumpffähigkeit, die bes. zur Herst. künstlicher Pelze geeignet sind, werden erhalten, indem man lösungsmittelfreie, unverstreckte Fasern aus Acrylnitrilpolymeren oder Mischpolymeren mit mindestens 70% Acrylnitril bei 100—130° trocknet bis zu einem Feuchtigkeits-Geh. von $<10\%$, dann mindestens 15 Sek. in wss. Medium auf 96—110° erhitzt u. anschließend auf das 1,5—2,5fache ihrer Länge verstreckt. (**E. P. 875 052** vom 19/2. 1960, ausg. 16/8. 1961. A. Prior. 20/2. 1959.) F. Böhm. 8081

E. I. du Pont de Nemours & Co., Wilmington, Del., V.St.A., **Polyesterstapelfaser** mit geringem Pillingeffekt werden erhalten, wenn man als Ausgangsmaterial Polyäthylenterephthalat mit mindestens 90% Struktureinheiten der Formel $-OC \cdot p\text{-}C_6H_5 \cdot CO \cdot O \cdot CH_2 \cdot CH_2 \cdot O-$ u. einer relativen Viscosität von 14—17 verwendet. Wenn die übrigen Struktureinheiten sulfonierte Gruppen enthalten, soll die relative Viscosität $(14 + 0{,}75\,x)$ bis $(17 + 0{,}75\,x)$ betragen (x = Mol-% SO_3H-Gruppen im Mischpolymerisat). (**E. P. 868 497** vom 8/1. 1959, ausg. 17/5. 1961. A. Prior. 8/1. 1958.) F. Böhm. 8081

Tootal Broadhurst Lee Co. Ltd., Lancashire, übert. von: **Frank Harry Burkitt**, Manchester, England, *Aldehydharzherstellung.* (**A. P. 3 009 832** vom 30/4. 1956, ausg. 21/11. 1961. E. Prior. 11/2. 1956. — **C. 1962**, 1462 [E. PP. 827 645 u. 827 646].)

Tootal Broadhurst Lee Co. Ltd., übert. von: **John James Ryan** und **Peter John Taylor**, Manchester, England, *Katalysierung von Aldehydkondensation besonders auf Textilien.* (**A. P. 3 006 784** vom 30/4. 1956, ausg. 31/10. 1961. E. Prior. 29/4. 1955. — **C. 1962**, 1462 [E. P. 827 645].)

Deutsche Gold- und Silber-Scheideanstalt vormals Roessler, übert. von: **Karl Dithmar**, Frankfurt/M., *Peroxidbleiche.* (**A. P. 3 003 910** vom 28/5. 1959, ausg. 10/10. 1961. D. Prior. 29/5. 1958. — **C. 1961**, 10030 [D. A. S. 1 083 221].)

Farbenfabriken Bayer Akt.-Ges., Leverkusen, *Aufhellungsmittel.* (**Ind. P. 64 975** vom 18/8. 1958, ausg. 21/3. 1961. E. Prior. 30/5. 1958. — **C. 1959**, 11767 [D. A. S. 1 047 162].)

Farbenfabriken Bayer Akt.-Ges., Leverkusen, *Aufhellungsmittel.* (**Ind. P. 65 477** vom 10/10. 1958, ausg. 30/5. 1961. E. Prior. 25/7. 1958. — **C. 1961**, 13769 [D. A. S. 1 090 168].)

Esso Research and Engineering Co., übert. von: **Francis P. Baldwin**, Colonia, und **Samuel B. Robison**, Roselle, N.J., V.St.A., *Textileinlagen für Kautschuk.* (**A. P. 2 968 587** vom 19/12. 1955, ausg. 17/1. 1961. — **C. 1960**, 13888 [E. P. 803 182].)

Farbenfabriken Bayer Akt.-Ges. (Erfinder: **Friedrich Kassack, Hugo Malz** und **Friedrich Lober**), *Feuersichermachen von Holz und dergleichen.* (**Aust. P. 231 633** vom 1/7. 1958, ausg. 26/1. 1961. D. Prior. 5/7. 1957. — **C. 1961**, 17438 [F. P. 1 197 507].)

Imperial Chemical Industries Ltd., London, übert. von: **James Cargill Somerville**, Trovn, England, *Textilhydrophobierung.* (**A. P. 3 009 833** vom 12/2. 1959, ausg. 21/11. 1961. E. Prior. 7/3. 1958. — **C. 1962**, 4778 [F. P. 1 221 168].)

Soc. d'Études Chimiques pour l'Industrie et l'Agriculture (Erfinder: **Jacqueline Leclerc**), *Entschlichten von Cellulosetextilien.* (**Aust. P. 231 605** vom 9/7. 1957, ausg. 26/1. 1961. F. Prior. 10/7. 1956. — **C. 1959**, 4014 [D. A. S. 1 033 173].)

Ciba Ltd., Basel, Schweiz, *Schutz von Cellulosematerial gegen Sonnenstrahlen und atmosphärische Einflüsse.* (**Ind. P. 66 008** vom 2/12. 1958, ausg. 27/2. 1961. — **C. 1962**, 3680 [F. P. 1 217 092].)

J. R. Geigy Akt.-Ges., Basel, übert. von: **Wilhelm Ernst Frick**, Pfeffingen, **Guido Schetty** und **Walter Stammbach**, Basel, Schweiz, *Keratin-Schutzmittel.* (**A. P. 3 011 942** vom 18/8. 1959, ausg. 5/12. 1961. Schwz. Prior. 26/8. 1958. — **C. 1961**, 10030 [Schwz. P. 347 037].)

American Enka Corp., Enka, N.C., V.St.A., übert. von: **Hugo Elling**, Oberbruch, **Richard Elssner**, Randerath, **Heinz Grotjahn**, Dremmen, und **Kurt Heuer**, Grebben, *Herstellung von Viscosekunstseide.* (**A. P. 2 983 572** vom 6/6. 1958, ausg. 9/5. 1961. — **C. 1958**, 9946 [D. A. S. 1 023 559].)

American Enka Corp., Enka, übert. von: **Charles L. Henry**, Candler, N.C., V.St.A., *Herstellung von Kunstseide.* (**A. P. 2 987 371** vom 26/12. 1957, ausg. 6/6. 1961. — **C. 1960**, 13888 [D. A. S. 1 071 277].)

American Enka Corp., Enka, N.C., V.St.A., übert. von: **Berthold Daimler**, Heinsberg, **Hugo Elling**, Oberbruch, **Richard Elssner**, Randerath, und **Kurth Heuer**, Kassel, *Herstellung von Viscosekunstseide.* (**A. P. 3 002 803** vom 22/7. 1957, ausg. 3/10. 1961. D. Prior. 24/7. 1956. — **C. 1959**, 13038 [D. A. S. 1 041 205].)

American Enka Corp., Enka, N.C., V.St.A., übert. von: **Richard Elssner**, Randerath, und **Hugo Elling**, Oberbruch, *Herstellung von Viscosekunstseide.* (**A. P. 3 007 766** vom 19/12. 1958, ausg. 7/11. 1961. D. Prior. 4/1. 1958. — **C. 1959**, 16825 [D. A. S. 1 052 054].)

Wacker-Chemie G. m. b. H., München, übert. von: **Paul Ernst**, Burghausen, *Herstellung von mattierten Fasern aus Celluloseestern.* (**A. P. 2 995 416** vom 16/5. 1957, ausg. 8/8. 1961. D. Prior. 16/5. 1956. — **C. 1962**, 10318 [D. A. S. 1 109 313].)

Montecatini Soc. Gen. per l'Industria Mineraria e Chimica, Mailand, übert. von: **Bianeo Battaglioli**, Terni, Italien, *Färbbare Polypropylenzusammensetzungen.* (**A. P. 3 013 998** vom 16/9. 1957, aus. 19/2. 1961. It. Prior. 27/9. 1956. — **C. 1960**, 14563 [Oe. P. 206 643].)

Air Reduction Co., Inc., New York, N.Y., V.St.A., übert. von: **Tetsuro Osugi, Kenichi Tanabe, Yasuji Ohno** und **Teruo Suda**, Kurashiki, Japan, *Polyvinylalkoholfäden mit verbesserter Farbstoffaffinität.* (**A. P. 2 992 204** vom 30/3. 1956, ausg. 11/7. 1961. — **C. 1959**, 16513 [D. A. S. 1 047 373].)

Vereinigte Glanzstoff-Fabriken Akt.-Ges., übert. von: **Ernst Pirot**, Wuppertal, *Polyacrylnitril-Spinnlösung.* (**A. P. 3 009 894** vom 6/7. 1956, ausg. 21/11. 1961. D. Prior. 8/7. 1955. — **C. 1958**, 300 [D. A. S. 1 007 945].)

Farbenfabriken Bayer Akt.-Ges., Leverkusen, übert. von: **Walter Maier** und **Kurt Bernklau**, Dormagen, *Heißverstrecken von Polyacrylnitrilfäden.* (**A. P. 3 001 236** vom 16/7. 1958, ausg. 26/9. 1961. D. Prior. 26/7. 1957. — **C. 1961**, 16705 [E. P. 836 340].)

British Nylon Spinners Ltd., übert. von: **Trevor Raymond White**, West Pontnewydd, Cwmbran, England, *Stabilisierung von Polyamiden.* (**A. P. 2 984 647** vom 11/6. 1959, ausg. 16/5. 1961. E. Prior. 14/6. 1958. — **C. 1961**, 16705 [D. A. S. 1 107 398].)

E. I. du Pont de Nemours & Co., übert. von: **Donald J. Lyman**, Wilmington, Del., V.St.A., *Herstellung von Fäden aus Diisocyanaten und Äthylenglykol.* (**A. P. 2 984 636** vom 8/5. 1957, ausg. 16/5. 1961. — **C. 1961**, 4936 [D. A. S. 1 093 086].)

United States Rubber Co., New York, N.Y., übert. von: **Robert C. Kohrn, David G. Slovin**, Cranston, R. I., und **Francis L. Bliven**, South Attleboro, Mass., V.St.A., *Herstellung von Polyurethanfaserma terial.* (**A. P. 3 009 762** vom 21/8. 1958, ausg. 21/11. 1961. — **C. 1962**, 18328 [E.P. 847 673].)

Farbwerke Hoechst Akt.-Ges., vormals Meister Lucius & Brüning, übert. von: **Joseph Nüsslein**, Frankfurt/M., und **Carl Kuch**, Hofheim, *Bedrucken von Polyäthylenglykolterephthalatfasern.* (**A. P. 2 990 231** vom 19/7. 1956, ausg. 27/6. 1961. D. Prior. 25/7. 1955. — **C. 1959**, 16199 [Niederl. P. 89 330].)

H_{19}. Brennstoffe. Erdöl. Mineralöle

Die Verbrennung von Kohle. P. L. Start und G. Underwood. (J. Inst. Fuel **35**, 496—502, Nov. 1962; Sheffield, Univ., Dep. of Fuel; Technol. and Chem. Engng.; engl.) — Überblick. — 46 Literaturhinweise. F. Rosendahl. 8128△

Umwandlung von Methan (Naturgas) in der Gasturbine. Kiroku Yamazaki und Hiroshi Mitsui. (J. chem. Soc. Japan, ind. Chem. Sect. [Kōgyō Kagaku Zassi] **63**, 1358—60, Aug. 1960; Tôkyô-Meguro, Tôkyô-Daigaku, Kôkû-Kenkyûzyo; jap., Auszug: engl. S. A75.) — CH_4 (I) wird in einer *Gasturbine* mit O_2 (O_2 : I = 2 : 2 bis 2 : 3) teilweise verbrannt, wobei das *Abgas CO* u. H_2 zu 80—89% enthält u. als Ausgangs-Prod. zur organ. Synth. verwendet werden kann. Der Geh. an nicht umgesetztem I im Abgas beträgt <0,4%. Der therm. Wrkg.-Grad der Gasturbine beträgt 5,5—6,7% bei einer Triebkraft von 0,55—0,67 kW/h pro 1 Nm^3 I. E. Maekawa. 8128□

Umwandlung von Methan (Naturgas) im Verbrennungsmotor. Kiroku Yamazaki und Hiroshi Mitsui. (J. chem. Soc. Japan, ind. Chem. Sect. [Kōgyō Kagaku Zassi] **63**, 1361—63, Aug. 1960; jap., Auszug: engl. S. A75.) — Vgl. vorst. Ref.; C. **1961**, 14152. — Die Herst. von Gemischen aus *CO* u. H_2 aus CH_4 (I) durch teilweise Oxydation wird in einem *Viertaktverbrennungsmotor* unter verschiedenen Bedingungen untersucht. Die Zus. des Abgases hängt vom Kompressionsverhältnis sowie vom Verhältnis I/O_2 im Ausgangs-Prod. ab, während die Triebkraft vom Kompressionsverhältnis, vom Verhältnis I/O_2 u. von der Zeit der Zündung abhängig ist. Dagegen üben Temp. u. Druck des eingeführten Gases u. die Drehzahl der Maschine kaum einen Einfl. aus. Gute Ergebnisse werden bei den Verss. mit Ausgangsgasgemischen, die viel I enthalten (I/O_2 >2,5), bei größerer Kompression erzielt. E. Maekawa. 8128□

Mechanische Verfahrenstechnik für bergmännisch gewonnenes körniges Massengut (Aufbereitung). G. A. Hermann Meyer. (VDI-Z. **104**, 1343—45, 11/9. 1962; Essen, Steinkohlenbergbauverein; dt.) — Fortschrittsbericht. — 74 Literaturhinweise. W. Wesly. 8134◇

Laboratoriumsuntersuchungen über den Einfluß der Temperatur auf die Flotation von Steinkohlen. J. B. Gayle und W. H. Eddy. (U.S. Dep. Interior, Bur. Mines, Rep. Invest. **1961**, Nr. 5852, 1—11; Tuscoloosa, Ala., Bur. of Mines, Tuscoloosa Metallurgy Res. Center; engl.) — Unterss. im Labor.-Maßstab über die *Flotations*-Ausbeuten bei Änderungen der *Schlamm-Temp.* (im Bereich von 3—70°) werden unter Verw. von verschiedenen Reagentien an 10 *Steinkohle*-Sorten durchgeführt. Sowohl im kontinuierlichen als auch absatzweisen Verf. werden die Flotationsausbeuten, unabhängig von der Kohlesorte, wesentlich beeinflußt, wenn gewisse Reagentien, bes. einfache aliphat. Alkohole, zugesetzt werden. Bei anderen Zusätzen, z. B. Kerosin, sind die Ausbeuten von Temp.-Änderungen unabhängig. Rückstandsanalysen zeigen, daß sie die Selektivität der Trennung nicht nennenswert beeinflussen. F. Zeidler. 8134□

Messung der örtlichen Geschwindigkeit von Braunkohle in Röhrentrocknern mit Hilfe radioaktiv markierter Kohlekörner. H.-K. Bothe und H. Langer. (Isotopentechnik **1**, 11—13, Aug. 1960; Leipzig, Inst. für angew. Radioaktivität; dt.) — Durch *Markierung* mit ^{24}Na u. ^{198}Au werden die örtlichen *Durchfluß-Geschw.* von *Kohleteilchen* in einem *Drehrohrofen* bestimmt. Die Markierung der Kohleteilchen mit Hilfe wss. Lsgg. von ^{24}NaCl bzw. ^{198}AuNaCl_4 u. die Vers.-Durchführung werden beschrieben. H. Hart. 8134◇

Mechanische Verfahrenstechnik der Oberflächenverkleinerung von körnigem Massengut (Brikettierung, Pelletisierung, Sinterung). G. A. Hermann Meyer. (VDI-Z. **104**, 1346, 11/9. 1962; Essen, Steinkohlenbergbauverein; dt.) — Fortschrittsbericht. — 18 Literaturhinweise. W. Wesly. 8136◇

Die Auswahl optimaler Parameter für die Thermobrikettierung von Kohlen. G. W. Jefaschkin und I. A. Andrejewa. (Chem. Technol. Brennstoffe Öle UdSSR **7**, Nr. 4, 38—40, April 1962; Moskau, Bergbauinst.; russ.) — Die Verss. werden mit Braun- u. Steinkohle durchgeführt u. ergeben, daß die optimale Temp. für die Thermobrikettierung zwischen den Temp. der maximalen u. minimalen Gas-Bldg.-Geschw. liegt. J. Lehmberg. 8136△

Der Einfluß der Heizzugtemperatur auf die Hochtemperaturverkokung im Horizontalkammerofen bei Schüttbetrieb. Wilhelm Weskamp, Wilhelm Dressler und Erich Schierholz. (Glückauf **98**, 567—77, 9/5. 1962; Essen; dt.) — Die Ergebnisse des Einfl. der *Heizzug-Temp.* im Bereich von 1100—1350° auf die Leistung u. das wärmetechn. Verh. der Koksöfen, auf das *Koksausbringen* u. die *Koksqualität* sowie die Ausbeute u. die Zus. der Kohlenwertstoffe werden mitgeteilt. R. Bätz. 8142◇

Koksbrikettherstellung aus nichtbackenden oder schwach backenden Kohlen. Ferenc Mosóczi. (Energia és Atomtechn. **13**, 462—66, Okt. 1960; ung.) — Übersicht, bes. der poln. Verss. zur Herst. von *Hochofenkoks* mit *Teer* als *Bindemittel.* J. Plank. 8144◇

Vergasungsverfahren. Anonym. (Gas & Coke **24**, 398—401, 408, Okt., 449—51, Nov. 1962; engl.) — Überblick über die verschiedenen Verff. zur Vergasung von festen u. fl. Brennstoffen mit dem Endziel der Stadtgaserzeugung. F. Rosendahl. 8148△

Material- und Wärmebilanz der Generatoren der Kokereiofen des Glover-West-Systems. Jadwiga Rudzińska, Jerzy Naczyński, Janina Pleskacz, Janusz Tromszczyński und Karol Fuchs. (Gaz, Woda, Techn. sanit. **35**, 327—29, Sept. 1961; Warszawa, Centr. Labor. Gazown.; Warszawa, Zakłady Gazownictwa Okręgu; pol.) — Übersicht. F. Urban. 8148◇

Katalytische Reaktion von Kohlenwasserstoff und Wasserdampf. 1. Mitt. Reaktion von Kerosin und Wasserdampf mit Katalysatoren aus Mehrkomponenten-Systemen. Ken-ichi Yamamoto, Yoshiro Morita, Ryosaku Kawakami und Tôru Ozawa. (J. chem. Soc. Japan, ind Chem. Sect. [Kōgyō Kagaku Zassi] **63**, 1372—76, Aug. 1960; Tôkyô-Sinzyuku, Waseda-Daigaku, Rikôgakubu; jap., Auszug: engl. S. 76.) — Die Herst. von *CO* u. H_2 aus *Kerosen* (I) u. *W.* wird unter verschiedenen Bedingungen mit *Katalysatoren* aus *Mehrkomponenten-Syst.* bei 800° oder höheren Temp. untersucht. Von den untersuchten Katalysatoren zeigt der aus 10 (Gew.-%) NiO, 10 V_2O_5 u. 80 Al_2O_3 die besten Ergebnisse. Die Aktivität der Katalysatoren aus NiO u. Al_2O_3 nimmt mit steigenden NiO-Geh. zu, erreicht jedoch bei einem NiO-Geh. von ca. 5 Gew.-% einen gesätt. Zustand. Die Rk. findet bei 750° kaum u. bei $>850°$ langsam statt. 1 cm^3 I benötigt 1—2 cm^3 W., um die besten Ergebnisse zu erreichen. Auf Grund der Temp.-Verteilung im Reaktor wird gefolgert, daß I sich therm. zu Fragmenten zersetzt, die katalyt. mit W. reagieren. E. Maekawa. 8152□

Einige Betrachtungen über die Wobbezahl. Nikolaus Hessler. (Gas- u. Wasserfach, Ausg. Gas **103**, 212—13, Hannover; dt.) — Die Eigenart der Wobbezahl (WZ) als Meßwert für die Gasbeschaffenheit wird durch ihre Ableitung aus der Düsenformel erklärt. Betrachtet man sie nicht als isolierte Größe, sondern als Bestandteil dieser Formel, dann stellen die übrigen Formelgrößen zusammengefaßt eine ausströmende Luftmenge dar, u. zwar 1 m^3/Zeiteinheit, wenn der Zahlenwert gleich 1 ist. Unter diesen Voraussetzungen lassen sie sich dimensionsmäßig mit dem WZ-Begriff verbinden. Die WZ, die sonst nur ein Umrechungsfaktor wäre, erhält dadurch bei unverändertem Zahlenwert auch mathemat. einwandfrei den Charakter der Wärmebelastung einer Normaldüse. Das gilt auch für die erweiterte WZ, die aus der gleichen Formel abgeleitet ist u. gegenüber der WZ nur auf einer anderen Anordnung der Einzelgrößen der Formel beruht. F. Rosendahl. 8156△

Die mechanochemische Reaktion von Kiesabbrand mit Schwefelwasserstoff. R. Schrader und H. Hennek. (J. prakt. Chem. [4] **14**, 234—40, 1961; Freiberg, Bergakad., Inst. für anorg. Chem.; dt.) — Über die *mechan. Aktivierung* von zu 84% aus α-Fe_2O_3 bestehendem *Kiesabbrand* (**A**) in einer Schwingmühle u. die anschließende Rk. mit H_2S wird berichtet. Der gleiche Vorgang wird als mechanochem. Rk. durchgeführt, wobei **A** während der Schwingmahlung unter Einw. von H_2S steht. Eine App. zur mechanochem. Rk. von **A** mit H_2S u. eine ausführliche Vers.-Anordnung werden angegeben. In beiden Fällen wird gegenüber H_2S wenig akt. **A** so aktiviert, daß er als *Gasreinigungsmasse* brauchbar wird. Nach dem 1. Verf. wird ein Aktivierungsfaktor von 2,9 erreicht. Beim 2. Verf. nimmt **A** in jedem Falle während der Mahlung mehr H_2S auf als im Ruhezustand u. die Aktivierungsfaktoren liegen je nach der Vers.-Temp. zwischen 1,69 u. 3,1. Ferner zeigt sich bei der mechanochem. Rk., daß der Aktivierungsfaktor systemat. mit steigender Temp. fällt u. daß die H_2S-Aufnahme (110°) ein Maximum von 6013 ml bei 20 g **A** erreicht .Bei der mechanochem. Rk. zwischen α-Fe_2O_3 u. H_2S erfolgt der Hauptumsatz immer früher als bei der mechan. Aktivierung mit anschließender Beschwefelung. A. Nebelung. 8164□

Eine Untersuchung des Einflusses der Gesteinseigenschaften auf die Erdölgewinnung durch Eindrücken von Gas. Martin Felsenthal. (Proc. Oklahoma Acad. Sci. **37**, 84, 1959; Ponca City, Continental Oil Comp. Dev. and Res. Dep.; engl.) — Die relativen *Permeabilitätsmerkmale* von Bohrkernproben aus 20 *Sandstein-Reservoiren* werden untersucht. Ein Einfl. der *Gesteinsporosität* bei 11 bzw. 5 anderen Sandsteinen gleicher Lithologie, aber unterschiedlicher mittlerer Porosität, auf die relativen Permeabilitätsdaten wird festgestellt. Für eine gegebene Permeabilität werden die Permeabilitätskurven ungünstiger, wenn die Porosität der Proben größer wird. Bei gegebener Permeabilität u. Porosität besitzen tonige u./oder kalkreiche Sandsteine weniger günstige Permeabilitätsmerkmale als vergleichsweise reine Sandsteine. Noch ungünstigeres Verh. zeigen schiefer-, konglomerathaltige u. Kohleeinschlüsse enthaltende Sandsteine. Die Unters. mit einer Hg-Injektions-Meth. zeigt bei relativ reinen Sandsteinen ein ausgeprägtes Maximum der Porengrößenverteilung für größere Poren, das bei den Proben mit den weniger günstigen Permeabilitätsmerkmalen allg. fehlt. Es ist daher anzunehmen, daß das *eingedrückte Gas* zunächst das Öl aus den größeren, dann aus den kleineren Poren treibt. Da der Strömungswiderstand exponentiell mit kleineren Porengrößen ansteigt u. das Gas dem Weg des geringsten Widerstandes folgen wird, führt dies zu einem schlechteren u. für den Fall der Verteilung der größeren Poren auf einen engen Bereich zu einem weitaus günstigeren Wrkg.-Grad der *Ölgewinnung* mittels der angeführten Methode. H.-P. Rettig. 8190◇

Synthese von Inhibitoren für Mineralöle und Motortreibstoffe auf der Basis substituierter Phenole. V. I. Isaguljanc, V. N. Tiškova und N. A. Favorskaja. (Nafta [Zagreb] **11**, 233—36, Okt. 1960; Moskau, Gubkin-Erdölinst.; kroat.) — Das durch Alkylierung von Dikresol in Ggw. von H_2SO_4 erhaltene *2.6-Di-tert.-butyl-4-methylphenol* (Di-tert.-butyl-p-kresol, DTBPK; vgl. C. **1962**, 18439) u. seine Homologen eignen sich als *oxydationshemmende Zusätze* für *Erdölprodukte*. Die Inhibitor-Wrkg. ist am größten, wenn die tert. Alkylgruppe in o-Stellung u. eine normale Alkylgruppe in p-Stellung zur OH-Gruppe des Phenols stehen. R. K. Müller. 8192◇

Die Struktur von Crackkatalysatoren. 1. Mitt. A. Fiumara und G. Salvi (Riv. Combustibili **14**, 5—29, Jan. 1960; ital.) — Bei den *SiO_2–Al_2O_3-Katalysatoren* wurden bis vor einigen Jahren akt. Zentren nach Art der Brönstedschen Säuren angenommen. An Hand von Skizzen möglicher *Strukturen* über neue Unters.-Ergebnisse verschiedener Forscher mit synthet. u. natürlichen Katalysatoren dieser Art wird gefolgert, daß auch akt. Zentren nach Art der Lewisschen Säuren zur Erklärung herangezogen werden können, so daß je nach dem Dehydratationsgrad der Katalysatoren angenommen werden kann, daß der eine oder der andere Säuretyp überwiegt. E. A. Wernicke. 8196◇

Die Struktur von Crackkatalysatoren. 2. Mitt. **Physikalisch-chemische Bestimmungen.** A. Fiumara und G. Salvi. (Riv. Combustibili **14**, 271—90. April 1960; ital.) — 1. vgl. vorst Referat. — Verschiedene *Titrations-Meth.* zur Best. von Lewis- u. Brönsted-Säuren u. die *Best.-Meth.* für Oberfläche, Porosität, mittleren Porendurchmesser, Porengrößenverteilung u. für metall., N- u. S-haltigeVerunreinigungen werden besprochen u. verglichen. W. Holland. 8196□

Ein neues System der Bestimmung der Acidität der Katalysatoren der Petroleumcrackung. J. F. García de la Banda und E. Hermana. (An. Real Soc. españ. Física Quím., Ser. B **57**, 563—66, Juli/Aug. 1961; Inst. de Quím. Fis. „Rocasolano“, Secc. de Catálisis; span.) — Mit Hilfe der App. CAT „A“ wird eine neue Meth. zur *Best.* der *Acidität* von *Crackkatalysatoren* entwickelt. Die Meth. beruht auf einer Unters. der Veresterung von Eisessig mit abs. A. mit Crackkatalysatoren bei Bedingungen ähnlich denen des Crackprozesses. Die erhaltenen Resultate sind der CAT „A"-Aktivität der gleichen Katalysatoren direkt proportional. K. Huste. 8196□

Der kombinierte Prozeß des Reformierens von Ligroin mit leichtem Cracken von Masut in Zweiofenanlagen des thermischen Crackens. R. G. Issmailow, M. I. Kornejew und O. T. Karagedowa. (Chem. Technol. Brennstoffe Öle UdSSR **7**, Nr. 4, 3—5, April 1962; Volkswirtschaftsrat der AserbaidschanSSR; russ.) — Der Reformingprozeß von Ligroin in Verbindung mit dem leichten Cracken von Masut findet bei 560 bzw. 473° u. 40 at statt u. ergibt ein Prod., das sich von dem tiefgecrackten Prod. des Masuts durch den hohen Geh. an ungesätt. KW-Stoffen unterscheidet. Kp. vom erhaltenen *Bzn.* 77—83°, Octanzahl 73—74. Der Rückstand eignet sich als Heizöl.
J. Lehmberg. 8200△

Vorgeschlagene IP-Standardmethoden für den Kalt-Fließ-Test von Flugzeugturbinentreibstoffen. Anonym. (J. Inst. Petroleum **48**, 388—90, Nov. 1962; engl.) — Die Meth. dient dazu, festzustellen, wie das Fließ-Verh. von Flugzeugturbinentreibstoffen bei niederen Temp., bes. wenn sie im halbfesten Zustand vorliegen, ist. Der Test beruht auf der Bldg. halbfester Massen beim Einfrieren u. stellt keine Funktion der Viscosität dar. Die Meth. A bestimmt quant. die Beziehungen zwischen Fließvermögen u. Temp. u. ist geeignet, die Mindesttemp. festzustellen, bei der der Treibstoff noch aus dem Tank ausfließt. Die Meth. B bestimmt lediglich das Fließvermögen bei einer bestimmten Temperatur. Beide Meth. werden mit den dazu benötigten App. beschrieben.
F. Rosendahl. 8204△

Untersuchungen über die Verbrennung des Schweröls. 2. Mitt. Bildung und Zerstörung der Schweröl-Wasser-Emulsion. Takeshi Sakai. (J. chem. Soc. Japan, ind. Chem. Sect. [Kogyo Kagaku Zasshi] **63**, 1368—71, Aug. 1960; Tôkyô-Itabasi, Nippon-Tenkazai-Kôgyô; jap., Auszug: engl. S. A76.) — 1. vgl. C. **1961**, 3867. — Die Stabilität von *Schweröl-W.-Emulsionen* nimmt im Laufe der Zeit zu u. erreicht nach ca. 2 Wochen ein Maximum. Im allg. bilden die Schweröle, die eine kleinere Grenzflächenspannung an der Grenzfläche mit W. zeigen, stabilere Emulsionen. Die sich an der Grenzfläche zwischen Schweröl u. W. bildende Zwischenschicht besitzt eine schwache Festigkeit (rigidity). Ausnahmsweise bilden einige Schweröle trotz hoher Grenzflächenspannung mit W. sehr stabile Emulsionen, wobei die Zwischenschicht sehr starr zu sein scheint. In diesem Fall steht die Festigkeit der Zwischenschicht offenbar mit der Gelstruktur der Schwerölphase in Zusammenhang. Die Schweröl-W.-Emulsionen werden durch Zusatz der schweröllösl. grenzflächenakt. Mittel vom O/W-Typ, die einen H.L.B. (Hydrophile-Lipophile-Balance)-Wert von ca. 10 haben, am wirkungsvollsten zerstört. Die Bldg. u. Zerstörung von Schweröl-W.-Emulsionen werden am besten durch die Theorie der Zwischenschicht von Bowcott u. Schulman (C. **1955**, 9506) erklärt.
E. Maekawa. 8216□

Entstehung von Schwefeltrioxid in den Verbrennungsprodukten von Heizölen aus Erdölen. J. J. Macfarlane. (J. Inst. Fuel **35**, 502—05, Nov. 1962; Pyestock, Farnborough, Hants., Ministry of Aviation, Nat. Gas Turbine Establ.; engl.) — Unter Verw. des Gleichgewichts $SO_2 + \frac{1}{2} O_2 \rightleftharpoons SO_3$ wird der prozentuale Anteil der Umwandlung von SO_2 in SO_3 in den Verbrennungs-Prodd. eines Marineheizöls berechnet. Die Ergebnisse wurden so wenig durch die Zus. des Heizöls beeinflußt, daß sie auf die meisten Heizöle auf Erdölbasis übertragen werden können. F. Rosendahl. 8216△

Untersuchung des Einflusses der Temperatur auf die dielektrischen Eigenschaften der plastischen Schmiermittel. Ju. F. Deinega und A. W. Lobasstowa. (Ber. Akad. Wiss. UkrainSSR **1962**, 1212—14, Inst. für allg. anorgan. Chem. der Akad. der Wiss. der UkrainSSR; ukrain., Auszug: engl.) — Aus den bei verschiedenen Temp. aufgenommenen Kurven dielektr. Permeabilität ε gegen Frequenz des elektr. Feldes bzw. tg δ (dielektr. Verluste) gegen Frequenz geht hervor, daß mit steigender Temp. das Gebiet der starken ε-Abnahme von *Konstalin* (erhalten durch Verdicken von leichten Naphthaölen mit Na-Seife von Ricinusöl) nach den höheren Frequenzen verschoben wird. Dies ist durch die Zunahme der Relaxationszeit mit steigender Temp. bedingt. Bei Anstieg der Temp. von 0° auf 80° nehmen die ε-Werte zu. Bei 98° sind sie dagegen geringer als bei 80°, bedingt durch Phasenübergänge. Das durch die Relaxationsverluste verursachte Maximum der tg δ-Werte wird mit steigender Temp. nach den höheren Frequenzen verschoben. Auch die Höhe des Maximums steigt an. Mit zunehmender Orientierung der Teilchen der dispersen Phase senkrecht zum elektr. Feld wird der Einfl. der steigenden Temp. auf die Desorientierung der Teilchen u. auf ε u. tg δ größer. Bei *Solidol* (mit Ca-Seife von Baumwollsaatöl verdickte Leichtöle) u. *Zialim-201* (mit Li-Stearat verdickte Leichtöle) ist die ε-Zunahme mit steigender Temp. geringer als bei Konstalin. Die Werte von tg δ nehmen hier mit steigender Temp. im niederen Frequenzgebiet stark zu.
O. Lebtag. 8222△

Leichtschmelzende Paraffine aus östlichen Erdölen. K. Ss. Lipowskaja und Je. W. Wosnessenskaja. (Chem. Technol. Brennstoffe Öle UdSSR **7,** Nr. 4, 25—29, April 1962; Unions-Forschungsinst. für Verarbeitung von Erdöl u. Erdgas u. Prod. synthet. Kraft- u. Treibstoffe; russ.) — Die Verss. werden mit Filtraten vom entölten Gatsch der 350—500°-Fraktion (I), Raffinaten der 300—400°-Fraktion von Tuimasi-Erdöl (II), sowie einem Gemisch von Werkraffinaten der 350—500°-Fraktion mit S-haltigem Erdöl vorgenommen. Die Paraffine werden durch Harnstoff (III) in 2 Gruppen u. die KW-Stoffe, die keinen Komplex mit III bilden, durch Adsorption auf Silicagel getrennt. Die Ausbeute an KW-Stoffen aus I, die nicht Komplex-Verbb. bilden, beträgt ca. 43% gegen 6% aus II u. nur 10—12% aus I der engen Fraktion 350—440°. Die mikrokristalline Struktur der nicht Komplex-Verbb. eingehenden KW-Stoffe unterscheidet sich sehr von den feinen Kristallen der komplexbildenden KW-Stoffe. Die Paraffine aus I sind Gemische von cycl. Verbb. u. Paraffin-KW-Stoffen mit Isostruktur. Hauptsächlich handelt es sich um Naphthene mit verzweigten Seitenketten.
J. Lehmberg. 8226△

Die Spurenelemente in den Torfen der Ukraine. Je. Ss. Burksser, Je. M. Bradiss, O. A. Kulska und G. M. Foka. (Ber. Akad. Wiss. UkrainSSR **1962,** 1222 bis 1226; Geolog. Inst. der Akad. der Wiss. der UkrainSSR; ukrain., Auszug: engl.) — Die Best. des Geh. an Bunt- u. Seltenen Metallen in 14 Niederungs- u. 8 Hochmoor- oder Übergangstorfen nach der Meth. der Emissionsspektren ergab, daß nur Cu u. Ti in allen Torfarten vorhanden sind; Ni kommt in fast allen Sorten vor. Weit verbreitet sind Co, Pb, Ba, Cr, V, Sr, Zr, weniger Ag, Sc, sehr selten Zn u. Mo. O. Lebtag. 8244△

Bestimmung der Zusammensetzung der 70°-Fraktion von Schieferöl durch kombinierte Gas–Flüssigkeit-Chromatographie und Infrarot-Spektroskopie. Ho-Fu Kuo, Shuo-Yuen Tang, Teh-Shu Kwan, Xue-Ren Yang und Dai Liang. (Acta focal. sinica **5,** 95—107, 1960; chin., Auszug: russ.) — Aus der 70°-Fraktion des Fuschunsker Schieferteers werden 41 Verbb. darunter 8 Alkane, 31 Olefine (z. T. zum ersten Mal), Bzl. u. Thiophen bestimmt. Es wird eine feste Phase neuen Typs, die aus n-Octadecen-(1) besteht, benutzt, die eine bessere Trennwrkg. für niedere Alkane u. Olefine besitzt.
J. Lehmberg. 8248◇

Strukturelle Gruppenzusammensetzung von Brennstoffen und ihre chemischen Eigenschaften. G. Ss. Schimonajew und L. Ss. Stepanowa. (Chem. Technol. Brennstoffe Öle [UdSSR] **4,** Nr. 12, 41—45, Dez. 1959; russ.) — 11 Proben der *Kerosin-Solar*-Fraktion werden chromatograph. mit Silicagel als Adsorbent u. Isopentan als Desorbent getrennt. Die mittlere Abweichung zwischen den parallelen Beobachtungen beträgt bei der Methan–Naphthen-Fraktion 1,2%, bei der aromat. 3,9%. Molgew., Brechungsindex u. JZ. werden nach der strukturellen Gruppenanalyse ermittelt, wodurch die Gew.-% der Ringe, der C-Atome im Ring, die Zahl der Ringe u. der C-Atome in den Methan–Naphthen- u. den Moll. der Aromaten festgestellt werden können. Zur Charakterisierung der chem. Zus. werden die Gew.-% der Naphthene u. aromat. Ringe, der Paraffin-KW-Stoffe u. Seitenketten, der ungesätt. Verbb. u. der Harze ausgewählt. Um den Zusammenhang zwischen der strukturellen Gruppen-Zus. u. den chem. Eigg. zu untersuchen, werden die experimentell ermittelten Daten über die Verbrennungswärme u. die aus der strukturellen Gruppenanalyse errechneten gegenübergestellt, die gute Übereinstimmung zeigen. J. Lehmberg. 8252△

Über eine neue Methode zur Analyse von Erdöl und Bitumen ohne vorherige Veraschung. W. I. Malinina und W. P. Warlamow. (Betriebs-Lab. [UdSSR] **24,** 1374—75, 1958; Unions-Forschungsinst. für geolog. Erdölerkundung; russ.) — Zur Best. der Mikroelemente im Erdöl wird an Stelle der bisher üblichen Meth. über die Veraschung wegen des außerordentlich geringen Ascheanteils im Erdöl der Weg über die Verkokung vorgeschlagen, der Zeit u. Material spart. Der Koks wird durch Erhitzen des Erdöls bei 300° erhalten u. auf spektroskop. Wege untersucht. Mn, Ni, V, Fe, Cu, Na u. Ti werden quant. bestimmt. Die Genauigkeit beträgt ca. 15%. H. V. Adolphi. 8252□

Indirekte Messung der Abnutzung eines Explosionsmotors durch Schätzung der Farbe des Benzins im Schmieröl. Carlo Versino. (Riv. ital. Sostanze grasse **38,** 236—38, April 1961; Torino, Univ., Ist. Chimica fis.; ital.) — *Colorimetr. Best.-Meth.* von in *Schmieröl* befindlichem mit *Sudan IV* gefärbtem *Bzn.* zur Klärung der Ursache der Schmierölverdünnung. J. Lehmberg. 8258◇

Die Bestimmung der dispergierenden Eigenschaften von Waschzusätzen zu Motorölen. Je. A. Myschkin. (Chem. Technol. Brennstoffe Öle [UdSSR] **4,** Nr. 12, 50—54, Dez. 1959; Allunions-Forschungsinst. für Verarbeitung von Erdöl u. Erdgas u. Prod. synthet. Kraft- u. Treibstoffe; russ.) — Als genaue u. einfache Best.-Meth. der Stabilität von Suspensionen wird die Best. der elektr. Leitfähigkeit von Rußsuspensionen nach U-Schi-Zju u. Mitarbeiter (C. **1959**, 15266) empfohlen, nach der die Erhöhung des Dispersionsgrades von Ruß u. Vaselin unter dem Einfl. der Oberflächenaktivität des Zusatzes eine gesetzmäßige Verminderung der elektr. Leitfähigkeit der Suspension verursacht. Nach dieser Meth. wird die Abhängigkeit der Wrkg. von sauren u. alkal. Waschzusätzen von ihren Dispersions-Eigg. untersucht. J. Lehmberg. 8258△

Elektronenmikroskopische Untersuchung von Altöl mit Spülzusätzen. A. B. Wipper und B. I. Leontjew. (Chem. Technol. Brennstoffe Öle [UdSSR] **7**, Nr. 4, 53 bis 56, April 1962; russ.) — Bei den elektronenmkr. Unterss. des in PAe. oder Bzl. (1:15) gelösten Altöls mit Spülzusätzen wird 10000fache Vergrößerung angewandt. Bei Verw. von PAe. wird der Charakter der Ölproben nicht verändert, Bzl. dagegen zerstört die im Altöl enthaltenen Verunreinigungsprodukte. Um die Stoffe zu untersuchen, die die Koagulation der im Öl nichtlösl. Teilchen beeinflussen, wird Altöl DS-8 mit dem Zusatz ZIATIM-339 durch Silicagel getrennt, die Harzstoffe durch Bzl. u. Alkohol–Bzl.-Gemisch herausgezogen u. dem Frischöl zugesetzt. Es zeigt sich, daß der Geh. an Alkohol–Bzl.-Harz im Altöl in dem Maße wächst, wie die Temp. im Motor zunimmt, gleichzeitig steigt die Größe der Verunreinigungspartikel. J. Lehmberg. 8258△

Die Struktur des Steinkohlenteerpechs. 1. Mitt. Saure und basische Verbindungen im Pech und in Pechfraktionen. E. J. Greenhow und J. W. Smith. (Austral. J. appl. Sci. **11**, 169—79, März 1960, Chatswood, Austral., C.S.I.R.O., Coal Res. Sect.; engl.) — Vgl. C. **1961**, 16334. — Durch eine nichtwss. potentiometr. Titration konnten in Fraktionen von Pech aus Koksofen-, Vertikalretorten- u. Tieftemp.-Teeren phenol. OH- u. bas. N-Gruppen nachgewiesen werden. 40—68% des O_2 des Benzollöslichen bzw. des Petrolätherunlöslichen u. 28—63% des Pyridinlöslichen bzw. Benzolunlöslichen lagen in Form von phenol. OH-Gruppen vor. Die entsprechenden Werte für die N-Gruppen lagen bei 50—70 bzw. 72—100. Ein mit Alkali u. Mineralsäuren behandelter Teer hat nur einen geringen Anteil an Petrolätherlöslichem u. ebenso einen geringeren Anteil an phenol. OH-Gruppen bzw. bas. N-Gruppen. Der höchste Geh. an Phenolgruppen konnte in den harzigen Anteilen des Hochtemp.-Teeres, der niedrigste in den C_2-Fraktionen des Tieftemp.-Teeres aufgefunden werden. In allen Fällen waren die höchsten Werte für die N-Gruppen in den letzten Fraktionen zu finden. Mit Ausnahme beim Braunkohlenteer ist das Verhältnis phenol.O-/neutraler O-Geh. bei Tieftemp.-Teeren höher als bei den Hochtemp.-Teeren, was durch Äther-Bldg. erklärt wird. Bei den N-Gruppen wird eine mol. Assoziation angenommen. Die Löslichkeit der einzelnen Pechfraktionen wird durch ihr Molgew. u. die Konz. polarer Gruppen erklärt. Die Geeignetheit der Best. der funktionellen Gruppen zur Unters. der Befeuchtungs- u. Bewetterungsbeständigkeit von Teeren wird diskutiert. F. Rosendahl. 8264△

Houillères du Bassin de Lorraine (Erfinder: Jully), **Verkokung von Flammkohlen.** Zur Erleichterung der Verkokung werden nach F. P. 1 155 851 die Kohlen mit einer Hülle von leichtschmelzbaren Stoffen überzogen. Hierfür werden Emulsionen von KW-Stoffen (Teeremulsionen) verwendet. In weiterer Ausgestaltung dieses Verf. kann nach F. P. 74 006 eine Emulsion, die zu 20 (%) W. u. ca. 80 KW-Stoff-haltige Prodd. enthält, wobei letztere aus Cumaronharz u. anderen Benzol-Dest.-Rückständen oder auch Petroleum-Dest.-Prodd. bestehen. Die angewandte Emulsionsmenge beträgt höchstens 5%. (**F. PP. 1 155 851** vom 26/5. 1950, ausg. 9/5. 1958 u. **74 006** [Zusatz-Pat.] vom 23/5. 1952, ausg. 8/3. 1961.) W. Hauswald. 8143

Engelhard Industries, Inc., Newark, N.J., V.St.A., **Herstellung eines Pt-auf-Al_2O_3-Katalysators** durch Überführung eines Al_2O_3-Hydrates durch Calcinierung bei 400—1500° F zu 70% in γ-Al_2O_3 (I), Kontaktieren mit W., bis I zu 10—75% rehydratisiert ist u. Imprägnieren des erhaltenen Trägers mit einer Pt-Lösung. — Verw. bes. als *Reformierungs-Katalysator.* (**E. P. 867 478** vom 7/2. 1958, ausg. 10/5. 1961. A. Prior. 6/3. 1957.) H. Roos. 8201

Continental Oil Co., Ponca City, Okla., V.St.A., **Basische Bariumsulfonate** erhält man durch Lösen einer Mischung von 15—35 (Gew.-Teilen) einer öllösl. Sulfonsäure (z. B. Dodecylbenzolsulfonsäure, Mahoganysulfonsäure) u. 15—35 eines nichtflüchtigen Lsgm. (z. B. mineral. Schmieröl) in 30—70 eines flüchtigen aromat. KW-Stoffs (z. B. Toluol, Bzl., Xylol). Hierzu gibt man eine heiße wss. Lsg. von $Ba(OH)_2$ in 1½ bis 2½ molarem Überschuß u. erhitzt das Gemisch unter Rückfluß. Das W. entfernt man mit dem aromat. KW-Stoff durch azeotrope Dest., dest. die Reste des KW-Stoffs, ggf. im Vakuum, ab u. filtriert. — *Schmierölzusätze.* — Vgl. D. A. S. 1 092 589; C. **1961**, 6014. (**E. P. 875 044** vom 22/9. 1959, ausg. 16/8. 1961. A. Prior. 13/10. 1958.) A. Debo. 8221

Office National d'Études et de Recherches Aéronautiques, Chatillon sous-Bagneux, Frankreich, **Schmiermittel** bestehen aus einer Esterbasis wenigstens eines Dicarbonsäurediesters, Trikresylphosphat (I) als verschleißminderndes Mittel u. einem mit I verträglichen Oxydationsschutzmittel, ausgewählt aus folgenden Verbb.: Xyliden-(1.2.6); p-Nitroanilin; 5-Nitrotoluidin-1.2; α-Naphthylamin; β-Naphthylamin; o-Phenylendiamin; p-Phenylendiamin; Pyrogallol; Phloroglucin; Indol; α-Aminopyridin; Xanthydrol; Diphenylguanidin; Alloxan; Naphthalindiol-(2.7); Poly-(hydroxyphenyl)-pentadecan. (**E. P. 864 897** vom 13/5. 1957, ausg. 12/4. 1961. **Belg. P. 557 418** vom 11/5. 1957, ausg. 11/3. 1960. Beide F. Prior. 14/5. 1956 u. 18/4. 1957.)
E. Drews. 8223

Giovanni Hilgers, Hau/Bergisch Gladbach, *Brenngaserzeugung durch Vergasen feinverteilter und/oder flüssiger Brennstoffe oder durch thermische Umsetzung gasförmiger Brennstoffe.* (**Ind. P. 64 894** vom 8/8. 1958, ausg. 4/1. 1961. E. Prior. 16/5. 1958. — **C. 1960**, 9430 [D. A. S. 1 067 167].)

Union Rheinische Braunkohlen Kraftstoff Akt.-Ges., Wesseling, übert. von **Roman Rummel**, Brühl/Köln, und **Rudolf Hüttner**, Köln-Raderberg, *Gleichzeitige Herstellung von Starkgas und Schwachgas aus festen Brennstoffen.* (**A. P. 3 008 815** vom 21/4. 1954, ausg. 14/11. 1961. — **C. 1957**, 2368 [D. B. P. 950 317].)

N. V. de Bataafsche Petroleum Mij., Den Haag, Niederlande, *Herstellung methanreicher Gasgemische.* (**Ind. P. 65 461** vom 8/10. 1958, ausg. 4/7. 1961. — **C. 1960**, 3748 [D. A. S. 1 062 880].)

N. V. de Bataafsche Petroleum Mij., Den Haag, Niederlande, *Katalytische Entschwefelung von Kohlenwasserstoffölen.* (**Ind. P. 66 100** vom 11/12. 1958, ausg. 27/4. 1961. — **C. 1962**, 2596 [E. P. 837 401].)

Universal Oil Products Co., Des Plaines, Ill., V.St.A., *Alkylieren von Kohlenwasserstoffen.* (**Ind. P. 65 743** vom 5/11. 1958, ausg. 10/7. 1961. — **C. 1960**, 14570 [A. P. 2 910 522].)

Universal Oil Products Co., Des Plaines, Ill., V.St.A., *Alkylieren von Aromaten.* (**Ind. P. 66 362** vom 8/1. 1959, ausg. 10/3. 1961. — **C. 1961**, 2493 [E. P. 827 830].)

British Petroleum Co. Ltd., London, übert. von: **John Arthur Edgar May, Peter Thomas White** und **Bernard Whiting Burbidge**, Sunbury-on-Thames, England, *Katalytische Reformierung nichtaromatischer Kohlenwasserstoffe.* (**A. P. 3 001 929** vom 17/2. 1958, ausg. 26/9. 1961. E. Prior. 19/2. 1957. — **C. 1960**, 11525 [D. A. S. 1 071 254].)

British Petroleum Co. Ltd. (Erfinder: **John Arthur Edgar May** und **Peter Thomas White**), *Herstellung von Benzol.* (**Aust. P. 231 642** vom 23/7. 1958, ausg. 26/1. 1961. E. Prior. 8/8. 1957. — **C. 1961**, 17072 [E. P. 850 973].)

Esso Research and Engineering Co., übert. von: **Benjamin Thomas Fowler**, Abingdon, England, *Flugzeuggasturbinentreibstoff.* (**A. P. 2 993 766** vom 7/1. 1959, ausg. 25/7. 1961. E. Prior. 13/1. 1958. — **C. 1961**, 18932 [E. P. 846 512].)

Farbenfabriken Bayer Akt.-Ges., übert. von: **Hans Haberland** und **Rudolf Stroh**, Leverkusen, *Trialkylaminoborane.* (**A. P. 3 013 016** vom 16/5. 1958, ausg. 12/12. 1961. D. Prior. 24/5. 1957. — **C. 1962**, 8848 [D. A. S. 1 088 971].)

Union Carbide Corp., New York, N.Y., V.St.A., übert. von: **Ernst Otto Fischer, Walter Hafner** und **Hans-Otmar Stahl**, München, *Herstellung von Cyclopentadienylmetallcarbonylen.* (**A. P. 3 006 940** vom 7/3. 1956, ausg. 31/10. 1961. D. Prior. 12/3. 1955. — **C. 1959**, 3691 [F. P. 1 142 861].)

Esso Research and Engineering Co., Del., V.St.A., übert. von: **Peter J. V. J. Agius**, Abingdon, **Alan M. Dominey**, Oxford, und **Ronald E. Pegg**, Kennington, England, *Phosphosulfurierter Schmiermittelzusatz.* (**A. P. 2 969 323** vom 12/8. 1957, ausg. 24/1. 1961. E. Prior. 23/8. 1956. — **C. 1959**. 4671 [D. A. S. 1 038 689].)

Esso Research and Engineering Co., Del., V.St.A., übert. von: **Peter J. V. J. Agius** und **Peter R. Morris**, Abingdon, England, *Öllösliche Mischpolymerisate auf Azomethinbasis.* (**A. P. 2 984 654** vom 30/4. 1956, ausg. 16/5. 1961. E. Prior. 4/5. 1955. — **C. 1960**, 17584 [E. P. 795 963].)

Phoenix-Rheinrohr Akt.-Ges. Vereinigte Hütten- und Röhrenwerke, übert. von: **Werner Lückerath** und **Georg Graue**, Homberg/Ndrrh., *Wärmebeständiges öl- und fettfreies, wasserlösliches, Phosphat und Borat enthaltendes Schmiermittel.* (**A. P. 2 990 610** vom 14/5. 1957, ausg. 4/7. 1961. D. Prior. 16/5. 1956. — **C. 1959**, 15880 [D. A. S. 1 050 486].)

Lubrizol Corp., Wickliffe, übert. von: **William A. Higgins** und **William M. Le Suer**, Cleveland, Ohio, V.St.A., *Dithiophosphorsäureester.* (**A. P. 3 000 822** vom 22/1. 1957, ausg. 19/9. 1961. — **C. 1961**, 5309 [D. A. S. 1 090 361].)

Edeleanu G. m. b. H., übert. von: **Alfred Hoppe**, Frankfurt/M., *Abtrennen von n-Paraffinen aus Kohlenwasserstoffölen.* (**A. P. 2 999 857** vom 3/10. 1958, ausg. 12/9. 1961. D. Prior. 10/10. 1957. — **C. 1959**, 6006 [D. A. S. 1 035 298].)

H_{20}. Schieß- und Sprengstoffe. Zündmittel

Entzündung von Gasgemischen durch heiße Gase. Übersicht. J. Fripiat. (Explosifs [Bruxelles] **13**, 29/39, Jan./März 1960; franz.) — Die Mindest-Temp., bei der sich eine Flamme ausbreitet, d. h. die „*Entzündungs-Temp.*“, von *Gasgemischen* wird bestimmt, wobei die Temp. durch Einführen *heißer Gase* (Luft) erreicht wird. W. Wesly. 8292◇

Untersuchungen über Entflammbarkeit und Detonierbarkeit von Wasserstoffperoxid-Systemen mit organischen Substanzen. J. M. Kuchta, G. H. Martindill, M. G. Zabetakis und G. H. Damon. (U. S. Dep. Interior, Bur. Mines, Rep. Invest. **1961**, Nr. 5877, 1—20; Pittsburgh, Pa., Bureau of Mines, Explosives Res. Labor.; Washington, D.C., Div. of Bituminous Coal, Branch of Explosives Res.; engl.) — In den letzten Jahren hat sich der Weltverbrauch von H_2O_2 ständig erhöht, was jedoch nur z. T. auf seine Verw. als Raketentreibstoff zurückzuführen ist. Obwohl immer wieder vor der Gefährlichkeit konz. H_2O_2-Lsgg. gewarnt wird, liegen keine Ergebnisse über seine *Entzündbarkeit* u. *Detonierbarkeit*, vor allem in Verbindung mit *organ. Substanzen*, vor. Die Zers. von konz. H_2O_2 verläuft stark exotherm u. wird durch viele Stoffe katalysiert. Die Rk. ist temperaturabhängig. Eine 90%ig. Lsg. z. B. zersetzt sich zu 1% bei 30° in 1 Jahr, bei 66° in 1 Woche u. am Kp. sehr schnell. H_2O_2/Wasserdampf-Gemische mit 30% H_2O_2 entzünden sich selbst, jedoch konnten nur bei 99% H_2O_2-Detonationen beobachtet werden. Die Entflammbarkeitsgrenzen werden für H_2O_2/W./o-Xylol (I) bzw. HCOOH-Gemische verschiedener Zus. in der Gasphase untersucht. In fl. Phase werden die Detonationsgrenzen für H_2O_2/W.-Gemische mit Essig-, Ameisen- u. Weinsäure bestimmt. Das H_2O_2/W./I-Syst. ist deshalb von Interesse, weil es keine untere Entflammbarkeitsgrenze besitzt. Wss. H_2O_2-Lsgg. mit HCOOH haben jedoch einen weiteren Entflammungsbereich als mit I. H. Pförtner. 8294◇

Untersuchung über die Fortpflanzungsfähigkeit von Detonationen in Felsgesteinen verschiedener Art. L. Deffet, C. Boutry und C. Fosse. (Explosifs [Bruxelles] **13**, 7—15, Jan./März 1960; Centre de Rech. Sci. et Techn. pour l'Ind. Res. Prod. Explosifs; franz.) — *Detonationen* von *Sprengschüssen* pflanzen sich in harten oder halbharten *Gesteinen* besser als in der Luft fort. In bröckliger Umgebung (Kohle) zeigen einige Sprengschüsse Fortpflanzungsfähigkeiten, die geringer als in Luft sind; andere entsprechen der in Luft oder übertreffen sie. Die Zwischenschaltung von Kohlenstaub setzt den Stoß- u. Druckwellen eine Schranke entgegen, so daß die Fortpflanzungsfähigkeit von Detonationen erschwert wird. W. Wesly. 8294◇

Bibliographische Untersuchung über die Verwendung von Inhibitoren in schlagwetterfesten Sprengstoffen. J. Boucart. (Explosifs [Bruxelles] **13**, 127—40, Okt./Dez. 1960; Centre de Rech. pour l'Ind. des Prod. Explosifs; franz.) — In *schlagwettersicheren Sprengstoffen* wirken als *Inhibitoren*, die die entstehende Wärme absorbieren, Alkalihalogenide. Ihre Wirksamkeit entspricht der Rangordnung $Li^+ > Na^+ > K^+ > Rb^+$; $F^- > Cl^- > Br^- > J^-$. $NaHCO_3$ ist auch ein Inhibitor. W. Wesly. 8304◇

Melvin Alonzo Cook, Salt Lake City, Utah, V.St.A., und **Henry Earl Farnam jun.**, Town of Seven Islands Canada, *Sprengmischung*. (Ind. P. **65 744** vom 5/11. 1958, ausg. 3/6. 1961. Can. Prior. 21/11. 1957. — C. **1962**, 12158 [E. P. 869 155].)

Union Carbide Corp., übert. von: **Donald J. Foster**, South Charleston, und **Erich Tobler**, Charleston, W.Va., V.St.A., *Herstellung von Divinylmagnesium*. (A. P. **2 999 889** vom 10/8. 1959, ausg. 12/9. 1961. — C. **1962**, 10703 [D. A. S. 1 122 523].)

H_{21}. Leder. Gerbstoffe

Beitrag zur Rekonstitution des Kollagens. Arnošt Leška. (Kožařství **11**, 49—50, 1961; Gottwaldov, výzk. úst. kožed.; tschech.) — Weitere Berichte zur Rekonstitution des Kollagens u. Stellungnahme hierzu seitens der Fachleute werden veröffentlicht. E. Knopp. 8330□

Die gleichzeitige Durchführung von Vorgerbe- und Gerbereioperationen wie auch Färbungen im Gerbfaß „Gigant". N. W. Kartawych. (Leder- u. Schuhwaren-Ind. [UdSSR] **3**, Nr. 9, 28—29, Sept. 1961; russ.) — Im Gerbfaß „Gigant", (18,7 m³) werden die für Juchten bestimmten Häute (ca. 5000 kg) 30—40 Min. bei 28° gewaschen, bei 37° enthaart u. mit 2(%) $(NH_4)_2SO_4$ entkalkt, mit Bauchspeicheldrüsenextrakt bei 37° 30 Min. gebeizt, 50 Min. gewaschen, dann gepickelt, mit gebrauchter Chrombrühe u. 0,4 Cr_2O_3 enthaltender frischer Brühe mit einer Basizität von 40—43 gegerbt, u. zum Schluß werden 2 Na_2SO_3 zugegeben. Es folgt vegetabil. Gerbung mit 12 Gerbstoff aus 25 Eichen-, 45 Weiden- u. 30 synthet. Extrakt. Am Anfang der Gerbung werden 2 sulfurierter Tran zugegeben. Nach Beendigung der Gerbung wird gewaschen u. bei 45—55° gefärbt. J. v. Schroeder. 8332□

Statistische Untersuchungen über die Beziehung der Dickenveränderung der Basalmembran und der Epidermis von Kuhhäuten. Edward A. Botan und Albert E. Chouinard. (J. Amer. Leather Chemists Assoc. **57**, 426—33, Sept. 1962; Lowell, Mass./USA; Lowell Technol. Inst.; engl.) — An den für die vorliegenden Unterss. verwendeten Proben (Flanke, Kern, Rücken, Schulter u. Klauen von gereinigten, tiefgefrorenen schweren Kuhhäuten) wurde vor u. nach dem Fixieren mit alkohol. $Pb(NO_3)_2$-Lsg. oder CH_2O die Dicke der Basalmembran (I) u. der Epidermis (II) gemessen. Hierbei wurde gefunden, daß bei nichtfixierten Proben in den Flanken I am dicksten (11,7 μ), in den Schulterteilen jedoch am dünnsten (10,0 μ) war. Das gleiche gilt auch für **II**, wobei die Dicken bei 24,90 μ für die Schulter u. 32,07 μ für die Flanken gefunden wurden. Bei den fixierten Proben schwankte die Dicke von I zwischen 10,01—10,95 μ u. von

II zwischen 25,85 u. 27,37 μ. Bei einer dünneren Basalmembran wurde immer eine dünnere Epidermis festgestellt u. umgekehrt. H. G. Fröhlich. 8334◇

Neue Gerbereimaschinen und die Rationalisierungsbemühungen im Auslande. Arnošt Leška. (Kožařství 11, 21—27, 1961; Gottwaldov, výzk. úst. kožed.; tschech.) E. Knopp. 8336□

Über das Verhalten verschiedener pflanzlicher Gerbmaterialien bei der Beschleunigung der pflanzlichen Gerbung. Untersuchungen zur Gerbung mit pflanzlichen und synthetischen Gerbstoffen. 9. Mitt. H. Herfeld und K. Härtewig. (Leder- u. Häutemarkt **1962,** 3—19, Jan./Febr., Beil. zu: Gerbereiwiss. u. Prax., Sep.; Reutlingen, Westdeutsche Gerberschule; dt.) — 8. vgl. C. **1962, 5163.** — Kernstücke aus Rindhäuten wurden mit Extrakten aus Mimosa, Quebracho, Kastanienholz (ungesüßt) u. Eichenholz gegerbt, wobei in einem 4stufigen Farbengang (12 Tage) angegerbt u. in einer 2stufigen (4—6 Tage) Faß- bzw. Hotpitausgerbung fertig gegerbt wurde. Der pH-Wert beim Angerben lag bei 5,4, bei Fertiggerbung bei 4,0 bzw. 3,3. Die Auswertung der Gerb-Verss. hinsichtlich Gerbstoffaufnahme, chem.-physikal. Eigg. sowie Lederbeschaffenheit ergaben für Mimosa das für eine Gerbbeschleunigung günstigste Verh. (rasche Durchgerbung ohne großen pH-Einfluß). Ähnlich verhält sich auch Quebracho, während Eichen- u. Kastanienholzextrakte wesentlich langsamer gerben, vor allem bei niedrigeren pH-Werten. Entsprechend wurden auch geringe Lederqualitäten erzielt im Vgl. zur Mimosa- u. Quebrachogerbung. H. G. Fröhlich. 8336◇

Neue Quellen von Phenolrohstoffen für die Herstellung hochwertiger Gerbstoffe. Ss. K. Golubewa und Ss. A. Kuraitis. (Leder- u. Schuhwaren-Ind. [UdSSR] **4,** Nr. 9, 24—27, Sept. 1962; russ.) — Aus den phenolhaltigen Wässern der Koks- u. Gasfabriken gewinnt man durch Dest. ein konz. Prod. mit ca. 15% Phenolaten. Durch Kondens. mit CH_2O u. nachfolgender Formalsulfurierung des Phenolformaldehydharzes erhielt man den Gerbstoff MGS-5. Mit ihm erhält man ein gutes, fast weißes Leder. Durch Kondens. der Phenole mit 2.6-Hydroxynaphthalinsulfonsäure u. CH_2O erhält man den Gerbstoff MGS-4 u. durch Kondens. der Phenole mit CH_2O u. nachfolgender Dispergierung des Harzes in Disulfodinaphthylmethan den Gerbstoff MGS-3. Mit allen diesen Prodd. wurden brauchbare Leder erzeugt. J. v. Schroeder. 8336◇

Die Qualitätsverbesserung von Chevrettes durch wässerige Dispersionen von Polymeren. K. M. Surabjan. (Leder- u. Schuhwaren-Ind. [UdSSR] **4,** Nr. 9, 20—24, Sept. 1962; russ.) — Bei der Imprägnierung von chromgaren Schaffellen mit Polymeren (z. B. Polymethylacrylat) zur Qualitätsverbesserung ist darauf zu achten, daß durch Verbesserung einer Eig. nicht andere, nicht wünschenswerte Eigg. das Leder minderwertiger machen. So ist z. B. bei der Erhöhung der Reißfestigkeit durch Imprägnieren dadurch eine Grenze gesetzt, daß die Wasserdampfdurchlässigkeit erniedrigt wird. Bei der Gerbung muß eine Entfettung mit 2—3% oberflächenakt. Substanzen u. die Entsäuerung mit höchstens 0,3—0,4% $NaHCO_3$ erfolgen. J. v. Schroeder. 8336◇

Eigelb. A. Sippel. (Leder **13,** 193—95, Aug. 1962; Hamburg, Fa. Behrens & Lundin; dt.) — Die Bedeutung von techn. Eigelb für die Lederfettung wird auf eine naturgegebene Kombination von bestimmten Fettsäuregemischen in den Triglyceriden in Verb. mit einem spezif. Emulgator-Syst. zurückgeführt. Außerdem wird auf die chem. Zus. u. die analyt. Bewertung von Eigelb eingegangen. H. G. Fröhlich. 8338◇

Neue Farbstoffe für Leder. I. N. Alatyrzewa, R. I. Krimker und G. L. Metrik. (Leder- u. Schuhwaren-Ind. [UdSSR] **3,** Nr. 11, 26—28, Nov. 1961; russ.) — Eine Übersicht über die in der Lederindustrie verwendeten Farbstoffe, bes. die neueren Marken, die Metallatome enthalten, wie Neolane, Palatine, Erganile. Auch Irgalane, Cibalane, Lanasile u. Verilane finden Verwendung. Diese geben sehr gleichmäßige u. lichtechte Farben. Eine Reihe neuer erprobter Farbstoffe wird angeführt. Über die Arbeiten zur Einführung der neuen akt. Farbstoffe, die Dichlortriazin u. Monochlortriazin enthalten, wird berichtet (Procione). J. v. Schroeder. 8338□

Kaltfettung ohne Flotte. K. Rosenbusch. (Leder **13,** 185—88, Aug. 1962; Frankfurt/M.-Höchst, Farbwerke Hoechst AG, Ledertechn. Abt.; dt.) — Die Kaltfettung ohne Flotte mit hierfür geeigneten Fettungsmitteln ergibt bei Rind- u. Schleifbox eine wesentlich bessere Fettaufnahme verglichen mit derjenigen aus warmem Fettlicker. Auf diese Weise erreicht man in den Innenschichten des Leders einen höheren Fett-Geh., der sich in einer stärkeren Weichheit u. einer bes. hohen Narbenfestigkeit des Leders bemerkbar macht. Abschließend wird eine Nachgerb-Meth., bei der ohne Flotte bei 25° gearbeitet wird, beschrieben. Durch Zusatz von pulverförmigem Farbstoff kann hierbei gleichzeitig gefärbt werden, wobei eine gute Gleichmäßigkeit u. eine höhere Einfärbung erreicht werden. H. G. Fröhlich. 8340◇

Untersuchungen über das Fetten. 4. Mitt. Ein Vergleich über den Einfluß beim Fetten von chrom- und chromnachgegerbtem Flankenleder mit einem Gemisch von sulfatiertem Dorschtran mit rohem Dorschtran oder Mineralöl auf die physikalische Eigenschaften des Leders. Conrad L. Ornes. (J. Amer. Leather Chemists Assoc. **57,** 434—60, Sept. 1962; Cincinnati 21, Ohio, Univ. of Cincinnati, Tanners' Council Res. Labor.; engl.) — 3. vgl. C. **1962,** 13634. — Sulfatierter Dorschtran wurde entweder mit steigenden Mengen an Mineralöl oder rohem Dorschtran gemischt u. zum Fetten von Cr-gegerbtem sowie mit Quebrachoextrakt nachgegerbtem Cr-Oberleder verwendet. Die Unters. der technolog. u. physikal. Eigg. der mit verschiedenem Fettlicker gefetteten Lederproben ergab, daß bei steigendem Anteil des Lickers an sulfatiertem Dorschtran die Ausreißfestigkeit, die Dehnung u. Narbenfestigkeit zunehmen, während die anderen Eigg. wie Sprung u. Weichheit sich kaum ändern. Größere Unterschiede in der Wrkg. von Mineralöl oder rohem Dorschtran wurden nicht beobachtet. Unterss. über die Fettaufnahme durch das Leder ergaben die günstigsten Werte für Licker aus rohem Dorschtran in Ggw. höherer Mengen an sulfatiertem Dorschtran, während in Ggw. von Mineralöl bei geringeren Mengen an sulfatiertem Dorschtran der Anteil an freiem Öl am größten ist. Die Nachgerbung der Cr-Leder mit Quebracho beeinflußt die bei Cr-Leder gefundenen Ergebnisse nicht. Weitere Unterss. sind erforderlich, da der unterschiedliche Anteil an gebundenem u. freiem Öl im Leder die physikal. Eigg. in unterschiedlicher Weise beeinflußt. H. G. Fröhlich. 8340◇

Die Herstellung von Schweinsvelour mit verbesserten Eigenschaften. N. I. Morosjuk. (Leder- u. Schuhwaren-Ind. [UdSSR] **3,** Nr. 9, 29—31, Sept. 1961; russ.) — Minderwertige Schweinshäute können durch folgendes Verf. zu brauchbarem Velourleder verarbeitet werden: nach einer Chromgerbung mit 1,8(%) Cr_2O_3 bei einer Basizität von 28—42 werden die Leder von beiden Seiten gefalzt u. erhalten eine Chromnachgerbung mit 0,8 Cr_2O_3 (Basizität 40) bei 35°. Nach dem Trocknen wird nochmals chromiert u. mit 12—14 Na_2SO_4 behandelt, wodurch die Leder voller werden u. ein kurzer Velour erreicht wird. Geschliffen werden die Leder 3mal. J. v. Schroeder. 8340□

Neuere Erfahrungen über die Chemischreinigungsechtheit von Bekleidungsleder. Untersuchungen zur Lederbehandlung bei Verarbeitung und Gebrauch. 4. Mitt. H. Herfeld und W. Pauckner. (Leder- u. Häutemarkt **1962,** 3—15, Juli, Beil. zu: Gerbereiwiss. u. Prax., Sep.; Reutlingen, Westdeutsche Gerberschule; dt.) — 2. vgl. C. **1962,** 2233; 3. vgl. Gerbereiwissenschaft u. Praxis, Mai 1961. — Die vorliegenden Unterss. zeigen, daß für die Chemischreinigung von Lederbekleidung an Stelle von Perchloräthylen u. anderen chlorierten KW-Stoffen Schwerbenzin (I) verwendetwerden sollte, da **I** die Polymerisatbinderzurichtungen des Leders weitaus am wenigsten angreift. Eine deutliche Verbesserung hinsichtlich der Widerstandsfähigkeit der Binderzurichtungen gegenüber organ. Lsgm. erreicht man durch Überspritzen mit Appreturen, wobei man mit reiner Kollodiumappretur die besten Ergebnisse erzielt. Was das Reinigen selbst anbelangt, so sollte man eine Reinigungsdauer von 30 Min. bei Temp. nicht $>40^0$ nicht überschreiten. Zusätze an Reinigungsverstärker sollen auf 0,1—0,2% u. an W. auf 0,5% beschränkt werden. H. G. Fröhlich. 8340◇

Papierchromatographische Untersuchung von Lederfetten. W. Fischer und L. Jaehn. (Leder **13,** 188—93, Aug. 1962; Pirmasens, Prüf- u. Forschungsinst. für Schuhherst.; dt.) — Die papierchromatograph. Unters. von Lederfetten wird beschrieben u. gezeigt, daß man die aus Leder durch Extraktion gewonnenen Fette zunächst durch Verseifen in die freien Fettsäuren überführt u. letztere absteigend chromatographiert. Zu diesem Zweck verwendet man Schleicher & Schüll-Papier 2043 bM, das mit mit Undecan gesätt. Eisessig zunächst imprägniert wird. Als Laufmittel dient ebenfalls mit Undecan gesätt. Eisessig. Das Sichtbarmachen der freien Fettsäuren auf dem Papier erfolgt durch Einlegen der trockenen Chromatogramme in eine verd. Cu-Acetat-Lsg. (30 Min.) u. nach gründlichem Spülen in W. durch nachfolgende Behandlung in einer mit Essigsäure angesäuerten ca. 1,5%ig. $K_4Fe(CN)_6$-Lösung. Nach der 45 Min. dauernden Behandlung wird gut ausgewaschen. Für eine exakte Identifizierung ist das Mitlaufen von Testsubstanzen ratsam. — 15 Literaturangaben. H. G. Fröhlich. 8366◇

Bemerkungen über die Kubelka-Methode zur Bestimmung der Wasseraufnahme von Leder. Raymond L. Hebert und Alex E. McDonell. (J. Amer. Leather Chemists Assoc. **57,** 461—69, Sept. 1962; Washington, D.C./USA; National Bureau of Standards; engl.) — In 2 verschiedenen Labor. wurde die Wasseraufnahme an 7 verschiedenen Lederqualitäten unter Verw. der Kubelka-Meth. bestimmt, wobei gut übereinstimmende Werte erhalten wurden. Im Vgl. hiermit ergab die ALCA E 30-Meth. weniger gut übereinstimmende Ergebnisse. H. G. Fröhlich. 8368◇

M. R. Litwinow, M.-E. L.-I. Derbaremdiker, M. M. Ssafra und Ja. B. Wladawski, **Herstellung von Fettgemischen und -emulsionen zur Konservierung von Häuten** unter Verw. von Hydroxydiphenyl (I), das als Lsg. in synthet. Fetten (Ester hochmol. synthet. Fettsäuren mit Äthylenglykol) zugesetzt wird. — Ein Fettgemisch besteht z. B. aus 50(%) synthet. Fett, 25 Fischtran, 20 sulfiertem Fischtran u. 5 Teer; I wird in Mengen von 2 (bezogen auf die geschorenen Häute) im synthet. Fett gelöst, worauf die anderen Bestandteile zugesetzt werden. (**UdSSR. P. 126 577** vom 12/5. 1959.) L. Großner. 8335

Stiftelsen Svensk Cellulosaforskning, Stockholm, Schweden (Erfinder: E. Adler und E. K. M. Hägglund), **Herstellung von sulfonierten Ligninprodukten.** Die beim Sulfatcelluloseprozeß anfallende Schwarzlauge oder daraus gewonnenes Lignin wird mit Sulfit u. gleichzeitig oder vorher mit einem Oxydationsmittel in alkal. Milieu behandelt. Die erhaltenen Prodd. eignen sich als *Gerbstoffe*. (**Schwed. P. 171 720** vom 27/5. 1950, ausg. 21/6. 1960.) K. H. Kähler. 8337

Georg Szalay, Zoltán Kaposy, Adalbert Üstöke, Franz Szimics und Michael Nagy, Budapest, Ungarn, **Kunstleder.** Pelze-, Haar-, Leder-, Papier-Abfälle, die zerfasert u. in W. suspendiert sind u. 2—6% feste Bestandteile in der Suspension enthalten sollen, werden mit synthet. Latex, welcher mit Eiweiß, wie Bluteiweiß, Ei-Eiweiß, Casein, stabilisiert ist, vermischt u. verrührt, bis das Latex, z. B. „Igetex S 3", die Fasern umhüllt hat u. die festen Teilchen ausgefällt sind. Die überstehende Fl. ist klar. Der Nd. wird zu Platten gepreßt u. anschließend getrocknet. (**Ung. P. 145 245** vom 21/3. 1957, ausg. 15/9. 1959.) G. König. 8353

Göppinger Kaliko- und Kunstleder-Werke G. m. b. H., Göppingen, *Lederaustauschstoffe*. (**E. P. 834 938** vom 27/5. 1957, ausg. 11/5. 1960. D. Prior. 18/4. 1957. — **C. 1960**, 14574 [D. A. S. 1 074 001].)

H_{24}. Photographie

Neuere Anschauungen über den photographischen Elementarprozeß. H. Frieser und E. Klein. (Mitt. Forsch.-Lab. AGFA Leverkusen-München **1**, 1—9, 1955; dt.) — Die Kenntnisse über den photograph. Elementarprozeß konnten in der Zeit zwischen 1940 u. 1954 durch eine Reihe von experimentellen u. theoret. Arbeiten wesentlich erweitert werden. Nach der Theorie von Gurney u. Mott (1940) erfolgt der photograph. Elementarprozeß in zwei Stufen, einem Elektronen- u. einem Ionenprozeß. Obwohl diese Theorie eine große Anzahl von Erfahrungen erklären konnte, wurden vor allem von Stasiw u. Teltow (1950) u. Mitchell gegen einige ihrer Grundlagen Bedenken geäußert. Mitchell legte (1951) eine neue Theorie vor u. belegte sie durch aufschlußreiche Versuche. Trotz einer Reihe von wertvollen Ansätzen liegt jedoch noch keine ausreichende Erklärung aller bei der Entstehung des latenten Bildes ablaufenden Vorgänge vor. — 18 Literaturhinweise. W. Günther. 8594□

Bildung und Wachstum von Silberkeimen an Halogensilbermikrokristallen. E. Klein und R. Matejec. (Sci. Photogr., Proc. int. Colloqium, Liège **1959**, 75—87, 1962; Leverkusen, Agfa AG, wiss.-photograph. Labor.; dt.) — Es wird über Experimente zum Aufbau des latenten Bildes im elektr. Feld sowie über die elektronenmkr. Sichtbarmachung von latenten Bildkeimen berichtet. Es können Aussagen zu folgenden Problemen gemacht werden: 1. Direkter Nachw., daß bewegliche fehlgeordnete Silberionen im Kristall am photograph. Elementarprozeß beteiligt sind. 2. Anzahl der latenten Bildkeime am Korn bei verschiedenartiger Belichtung (auch im Solarisationsgebiet). 3. Silberionentransport bei Photolyse. H. Czech. 8596◇

Das Copyrapid-Verfahren der AGFA. Edith Weyde. (Mitt. Forsch.-Lab. AGFA Leverkusen-München **1**, 262—66, 1955; dt.) — Das Copyrapid-Verf. beruht im Prinzip auf einem Silbersalzdiffusionsvorgang, der darin besteht, unbelichtetes u. deswegen nicht entwickelbares *Halogensilber* einer Negativschicht während oder nach der Entw. zu lösen u. in einer zweiten Schicht, einer Positivschicht, die während der Verarbeitung mit der Negativschicht in engem Kontakt steht, als Ag auszufällen. Es werden Fragen der Keim-Bldg. in der Negativschicht behandelt sowie das Problem, auf welche Weise die gelösten Ag-Salze in der Positivschicht sehr schnell red. werden können. Ferner werden Angaben über die Haltbarkeit von Kopien nach dem Copyrapid-Verf. gemacht. W. Günther. 8600□

Methode zur Prüfung photographischer Objektive. C. Baur. (Mitt. Forsch.-Lab. AGFA Leverkusen-München **1**, 157—64, 1955; dt.) — Vf. beschreibt eine Meth., die in Erweiterung eines Prüfverf. für Astro-Objekte durch terrestr. „Stern"-Aufnahmen eine objektive Wertung der geometr.-opt. Leistung, bes. feinkorrigierter photograph.

Objektive, speziell in bezug auf Farbfehler, ermöglicht. Die Meth. erlaubt eine gute Reproduzierbarkeit unter gleichen Bedingungen u. gibt ein anschauliches Bild über den Korrektionszustand der Fehler Astigmatismus, Koma u. Bildfeldwölbung durch Beurteilung der geometr. Form des Bildes im Gegensatz zu der subjektiven Beurteilung der Schärfe, wie sie bei Testtafelaufnahmen vorgenommen wird. Beispiele von 6 Objektiven verschiedener Konstruktion. W. Günther. 8614□

Über das Agfacolor-Bleichfixierbad. M. Heilmann. (Mitt. Forsch.-Lab. AGFA Leverkusen-München **1**, 256—61, 1955; dt.) — Bei der Entw. von Mehrschichtenfarbfilmmaterialien hat sich das Agfacolor-Bleichfixierbad gut bewährt, das aus *Thiosulfat* u. dem *Fe-Komplex der Äthylendiamintetraessigsäure* besteht. Ausgehend von einem frischen Bleichfixierbad mit dem pH-Wert 6,05 wird durch Zusatz steigender Mengen Soda untersucht, welcher pH-Bereich zu einer optimalen Wrkg. führt. Gegenüber dem früher verwendeten Kaliumferricyanid hat das neue Bleichfixierbad u. a. den Vorteil, daß es sowohl bei Farbnegativ- als auch bei Farbpositivfilmen bessere Schleierwerte ergibt. — 8 Literaturhinweise. W. Günther. 8620□

Das Directoflex-Papier. W. Stracke. (Mitt. Forsch.-Lab. AGFA Leverkusen-München **1**, 267—73, 1955; dt.) — Das Directoflexpapier ist ein hart arbeitendes, gering empfindliches Kopiermaterial, das ohne zusätzliche Arbeitsgänge sich zu einem Direktpositiv entwickeln läßt. Bei der Herst. dieses Papiers wird eine Emulsion verwendet, die sich den Herschel-Effekt zunutze macht. Die Belichtung muß mit weißem Kopierlicht unter Verw. einer Gelbfilterfolie erfolgen. Anwendung auf dem Gebiet der Dokumentation im Durchleuchtungs- wie im Reflexkopierkontakt-Verf. zur Herst. von Zwischenpositiven oder in Verbindung mit dem Silbersalzdiffusions-Verf. zur Herst. eines seitenrichtigen Negativs von einer positiven Vorlage. W. Günther. 8624□

20 Jahre Agfacolor-Photographie — ein Rückblick und ein Ausblick. H. Berger. (Mitt. Forsch.-Lab. AGFA Leverkusen-München **1**, 165—69, 1955; dt.) — Kurzer Überblick über die Entw. des Agfa-Farbfilmverfahrens. W. Günther. 8630□

Schmalfilm mit Magnetspur und die Agfa-Magnetonauftragmaschine. F. Biedermann. (Mitt. Forsch.-Lab. AGFA Leverkusen-München **1**, 326—32, 1955; dt.) — Es werden die Forderungen für eine optimale Tonqualität der Magnettonspur diskutiert. Sie ist weitgehend von den physikal. u. chem. Eigg. der γ-Fe_2O_3 enthaltenden Gießlsg. u. der Auftragsvorrichtung für den Film abhängig. Es wird eine im Agfa Camera-Werk konstruierte Auftragsmaschiee beschrieben, wie sie zum Auftragen von Magnettonspuren auf 8-, 16- u. 35-mm-Filmen dient. — 22 Literaturhinweise.
W. Günther. 8636□

Photogrammetrische Lotrechtaufnahmen. Friedrich Lachner. (Photogr. Korresp. **98**, 168—72, Nov. 1962; Wien; dt.) — Es wird über die Auswertung von Lotrechtaufnahmen berichtet u. bes. auf die Bedeutung exakter Lotrechtbilder für die Landkarten-Herst. hingewiesen. H. Czech. 8652◇

Redaktionsschluß: 1. März 1963

Herausgeber: Prof. Dr. Heinrich Bertsch, Berlin, u. Prof. Dr. Dr. h. c. Wilhelm Klemm, Münster. Chefredakteure und verantwortlich für den Inhalt: Dr. Eugen Klever, Berlin 30, Geisbergstraße 39, Fernsprecher: 249541 u. Prof. Dr.-Ing. Eberhard Leibnitz Berlin N 4, Schiffbauerdamm 19, Fernsprecher: 425571.

©

Verlag: Akademie-Verlag GmbH, Berlin W 8, Leipziger Str. 3—4 (Fernsprecher: 220441, Telex-Nr. 011773, Postscheckkonto Berlin 35021), und Verlag Chemie, GmbH, Weinheim/Bergstr. (Fernsprecher: Weinheim 3635 [Sammelnummer]; Fernschreiber: 0465516 chemieverlwhn; Postscheckkonten: Frankfurt/M. 145314 u. Berlin [West] 7430). Bestellnummer: 1007/134. Das Chemische Zentralblatt erscheint wöchentlich. Preis des Jahrganges einschl. Autoren-, Patent-, Sach- u. Formelregister: DM 1200,—; einseitig bedruckte Ausgabe: DM 1350,—. Abgabe der Zeitschrift nur mit sämtlichen Registern. Abbestellungen nur bis spätestens 6 Wochen vor Ablauf des Kalenderjahres.

Satz u. Druck: VEB Leipziger Druckhaus, Leipzig, III/18/203. V. 63.
Veröffentlicht unter der Lizenznummer 1273 des Presseamtes beim Vorsitzenden des Ministerrates.
Printed in Germany.

FSC
www.fsc.org
MIX
Papier | Fördert gute Waldnutzung
FSC® C083411

Kolibri 360 GmbH
Ferdinand-Jühlke-Straße 7
99095 Erfurt, Deutschland
produktsicherheit@kolibri360.de